About this Reprint

Prepared for publishing by HP

TAFELN

COMPLEXER PRIMZAHLEN,

WELCHE

AUS WURZELN DER EINHEIT GEBILDET SIND.

AUF DEM GRUNDE DER KUMMERSCHEN THEORIE DER COMPLEXEN ZAHLEN

BERECHNET

VON

DR. C. G. REUSCHLE,
PROFESSOR IN STUTTGART.

BERLIN.
BUCHDRUCKEREI DER KÖNIGL. AKADEMIE DER WISSENSCHAFTEN (G. VOGT).
UNIVERSITÄTSSTRASSE 8.
1875.

IN COMMISSION BEI F. DÜMMLER'S VERLAGS-BUCHHANDLUNG
(HARRWITZ UND GOSSMANN).

Einleitendes Vorwort.

Die allgemeine Beschreibung der nachstehenden Tafeln schliesst sich füglich an den gewählten Titel an. Die Einheitswurzeln, von welchen derselbe spricht, sind die imaginären Wurzeln der Einheit, deren Grade die sämmtlichen Zahlen des ersten Hunderts (nebst einigen aus dem zweiten Hundert) sind; jedoch mit Weglassung derjenigen Zahlen, welche Doppelte von ungeraden Zahlen sind, weil die Wurzeln vom Grade $2(2m+1)$ auf diejenigen vom Grade $2m+1$ zurückkommen. Hierbei unterscheiden sich die Fälle wesentlich: einerseits, wo die Gradzahl eine ungerade Primzahl λ und wo sie eine zusammengesetzte Zahl n ist, für welche als Modul es hinsichtlich der Potenzreste keine primitiven Wurzeln gibt; anderseits, wo die Gradzahl eine ungerade und wo sie eine gerade Zahl ist, für welche die Wurzeln zur Hälfte die Entgegengesetzten von den übrigen sind. Da es endlich auch einen Unterschied macht, ob die Gradzahlen Primzahl-Potenzen sind, oder ob sie aus verschiedenen Primfactoren bestehen, so zerfallen die Tafeln in fünf Abtheilungen, welche mit eigenen Titeln versehen sind:

I. Einheitswurzeln deren Gradzahlen die ungeraden Primzahlen des ersten Hunderts sind:
3, 5, 7, 11, 13, 17, 19, 23, 29, 31, 37, 41, 43, 47, 53, 59, 61, 67, 71, 73, 79, 83, 89, 97.

II. Einheitswurzeln, deren Gradzahlen Potenzen ungerader Primzahlen sind:
9, 25, 27, 49, 81.

III. Einheitswurzeln, deren Gradzahlen aus verschiedenen Primzahlen bestehende ungerade Zahlen sind:
15, 21, 33, 35, 39, 45, 51, 55, 57, 63, 65, 69, 75 77, 85, 87, 91, 93, 95, 99, 105.

IV. Einheitswurzeln, deren Gradzahlen Potenzen von zwei sind:
4, 8, 16, 32, 64, 128.

V. Einheitswurzeln, deren Gradzahlen aus verschiedenen Primzahlen bestehende, durch 4 theilbare Zahlen sind:
12, 20, 24, 28, 36, 40, 44, 48, 52, 56, 60, 68, 72, 76, 80, 84, 88, 92, 96, 100, 120.

Die einzelnen Gradzahlen bilden sozusagen die Capitel des vorliegenden Werks.

Die complexen Primzahlen, welche der Titel ferner nennt, sind diejenigen, deren Normen die realen Primzahlen des ersten Tausends sind, oder die aus jenen Einheitswurzeln gebildeten conjugirten Primfactoren derselben. Diese Primzahlen der natürlichen Zahlenreihe theilen sich für jede Gradzahl n (einschliesslich den Fall $n = \lambda$) in verschiedene Gruppen nach den Exponenten e, zu welchen sie für n als Modul gehören. Diese Exponenten sind im Allgemeinen*) die sämmtlichen Factoren von $\phi(n)$, d. h. von der Anzahl derjenigen Zahlen, welche kleiner als n und zu n prim sind; zugleich sind sie die Gliederzahlen der Perioden, aus welchen die complexen Primfactoren der zum Exponenten e gehörigen Primzahlen gebildet werden. Hiernach theilen sich die Tafeln jedes Capitels, d. h. für jede Gradzahl n (oder λ), in Partien I, II, III u. s. w., wovon die zwei ersten, d. h. für die zu den Exponenten 1 und 2 gehörigen Primzahlen, bei keiner Gradzahl fehlen. Für ungerade Primzahlen und ihre Potenzen als Gradzahlen ist jede dieser Partien einartig; für die übrigen Gradzahlen aber theilen sie sich wiederum in mehrere Unterpartien, wenn der Exponent e, zu welchem die betreffenden Primzahlen gehören, eine gerade Zahl ist; es gibt dann mehrere einem und demselben Exponenten entsprechende Perioden und Primzahlengruppen.

In jeder solchen Partie (resp. Unterpartie) enthalten die Tafeln drei Rubriken:

A. Die erste Rubrik definirt die Perioden und gibt deren fundamentale Relationen unter einander, meistens auch die Gleichung, deren Wurzeln sie sind. Bei den zusammengesetzten Gradzahlen n waren hier die primitiven und die nichtprimitiven Einheitswurzeln (resp. Perioden) zu unterscheiden. Bei den Gradzahlen λ ist diese Rubrik stets vollständig ausgeführt, bei den höheren Gradzahlen n aber nur summarisch, unter Hervorhebung der (z. B. für die Berechnung der Congruenzwurzeln) wichtigsten Relationen.

B. Die zweite Rubrik gibt die Congruenzwurzeln, welche den Perioden (resp. in der Partie I den Wurzeln) für die einzelnen Primzahlen der hierher gehörigen Gruppe als Moduln entsprechen. Was auch die Gradzahl n sein mag (also mit Einschluss des Falls $n = \lambda$), so sind die Congruenzwurzeln für die Primzahlen von der Form $kn + 1$ stets aus dem Canon Arithmeticus von Jacobi genommen. Für alle übrigen Primzahlen, bei welchen es sich um die Perioden handelt, war ein Unterschied zu machen zwischen den zwei ersten und den drei letzten Abtheilungen der Tafeln. In den drei letzten Abtheilungen war es geboten, die Congruenzwurzeln auf diejenigen zu gründen, welche sich in der ersten Abtheilung bei den die Factoren von n bildenden Primzahlen ergeben hatten, und diess ist in jedem einzelnen Capitel der Tafeln in Anmerkungen angegeben. In den zwei ersten Abtheilungen aber konnte über die Anordnung der Congrunenzwurzeln frei verfügt werden, und es ist dabei durchgängig als Princip festgehalten worden, ihre Reihenfolge mit der absolut kleinsten zu beginnen. Ihrer Bestimmung liegt zunächst die Congruenz mod. p zu Grunde, welche der Gleichung der betreffenden Perioden entspricht, und in dem Fall, wo der Grad dieser Congruenz eine Primzahl ist, ist man lediglich auf diese Congruenz angewiesen. Die unmittelbare Auflösung ist aber äusserst mühsam, wenn der Grad eine grössere Primzahl ist, und es hätte vielleicht auf die Congruenzwurzeln für die zweigliedrigen Perioden von der Form $\alpha^k + \alpha^{-k}$ verzichtet werden müssen in Fällen wie $\lambda = 47, 59, 83$, wo der Grad der Congruenz resp. 23, 29, 41 ist, wenn sich nicht als Auskunftsmittel dargeboten hätte, die Versuche, anstatt mit der Congruenz selbst, vielmehr mit der Reihenfolge von Congruenzen anzustellen, welche der ersten fundamentalen Relation entsprechen:

$$\eta_a \equiv \eta_0^2 - 2, \quad \eta_b \equiv \eta_a^2 - 2, \quad \eta_c \equiv \eta_b^2 - 2, \quad \ldots\ldots \quad \eta_0 \equiv \eta_r^2 - 2 \pmod{p},$$

indem man hier der Reihe nach für η_0 die Zahlen 2, 3, 4 u. s. w. einsetzt; kommt man bei der letzten Congruenz auf den Werth (mit + oder —) zurück, von dem man ausgegangen war, so hat

*) Bei den zusammengesetzten Gradzahlen n sind nämlich diejenigen Factoren von $\phi(n)$ ausgeschlossen, deren complementärer Factor f (so dass $ef = \phi(n)$) eine ungerade Zahl wäre.

man die sämmtlichen den Perioden $\overset{2}{\eta}$ entsprechenden Congruenzwurzeln, wofern dieselben zugleich die Congruenz

$$\Sigma \overset{2}{\eta} \equiv -1 \pmod{p}$$

befriedigen. Übrigens beschränke ich mich auf dieses einzige Beispiel, um die mannigfaltigen Kunstgriffe anzudeuten, welche für die Ermittelung der Congruenzwurzeln anzuwenden, beziehungsweise zu erfinden waren.

C. Die dritte Rubrik gibt die aus den betreffenden Perioden (resp. in der Partie I den Einheitswurzeln selbst) gebildeten complexen Primfactoren der hierher gehörigen realen Primzahlen. Schon in seiner ersten Schrift zur Theorie der complexen Zahlen (dem Breslauer Programm von 1844) hat Kummer die beiden Methoden zur Ermittelung complexer Primfactoren berührt: 1) die Congruenzenmethode, welche nur die betreffenden Congruenzwurzeln voraussetzt und zu den einfachsten Formen des gesuchten Primfactors führt; 2) die Divisionsmethode, welche aus einer complexen Zahl, deren Norm das Product von zwei realen Primzahlen ist, mit Hilfe des Primfactors der einen den der anderen durch Division herleitet, denselben aber häufig in complicirterer Form zu Tage fördert. Die Resultate in der Rubrik C. sind nach Umständen bald durch die eine bald durch die andere dieser Methoden erzielt und es ist in der Regel angegeben, wo und von welchen Normen aus die Divisionsmethode in Anwendung gekommen ist.

Unter den unendlich vielen Formen, deren eine complexe Zahl, wegen der complexen Einheiten, die von $\lambda = 5$ und $n = 8$ an in unendlicher Menge vorhanden sind, fähig ist, sind besonders zwei von Bedeutung: 1) die möglichst einfache und 2) die primäre Form. Sowohl um aus der nächsten besten einfachen Form die primäre herzuleiten, als auch um eine complicirte Form auf die möglichst einfache (ja die absolut einfache) zurückzuführen, hat Kummer die Methoden aufgestellt. Das letztere geschah erst in den Monatsberichten der Akademie vom Sommer 1870, als die Tafeln bereits im Concept fertig waren; diese Methode ist daher nur noch in einzelnen Fällen, besonders aber in dem Capitel $\lambda = 31$ bei den 9ten Potenzen idealer Primfactoren zur Anwendung gekommen, zum Theil durch den Urheber der Methode selbst.

Die primäre Form, deren Herstellung Kummer schon in seiner Abhandlung von 1851 (über die Ergänzungssätze zu den allgemeinen Reciprocitätsgesetzen) gelehrt hat, erfordert die Befriedigung der beiden Congruenzen (wo λ eine Primzahl und α eine λte Einheitswurzel):

$$f(\alpha) f(\alpha^{-1}) \equiv f(1)^2 \text{ mod. } \lambda \quad \text{und}$$
$$f(\alpha) \equiv f(1) \text{ mod. } (1-\alpha)^2.$$

Die zweite, welcher sehr leicht zu genügen ist, ist bei den Primfactoren aller Primzahlen von der Form $m\lambda + 1$, in der ersten Abtheilung, in Anwendung gebracht. Die erste Bedingung aber, welche nur zu bald zu sehr mühsamen Multiplicationen und sehr complicirten Resultaten führt, ist nur bis zu $\lambda = 19$ bewerkstelligt worden, und überdiess so, dass für $\lambda = 17$ und $\lambda = 19$ nur die primär machenden Einheiten in Productform aufgenommen sind, während nur von $\lambda = 3$ bis $\lambda = 13$ die vollständig ausgeführten primären Formen, meistens neben den einfachen, angegeben sind.

Aber auch die Herstellung irgend welcher nichtprimären Formen hat theils durch die idealen, theils durch die bei den zusammengesetzten Gradzahlen auftretenden — man gestatte mir der Kürze wegen diese Benennung — nichthomogenen (oder gemischt-complexen) Primfactoren vielfache Schranken gefunden. Die idealen Primfactoren, d. h. die niedrigsten Potenzen derselben, welche wirklich werden, konnten im Allgemeinen nur in den einfacheren Fällen, wo es sich um zweite und dritte Potenzen handelt, ermittelt werden, für höhere Potenzen aber meist bloss bei Zerlegungen in nur zwei Factoren, bei Zerlegungen in eine grössere Anzahl von Factoren nur sehr ausnahmsweise, namentlich bei $\lambda = 31$ und $\lambda = 79$.

Nach dem, was im Capitel $n = 64$ der vierten Abtheilung, allerdings nur beispielsweise, hinsichtlich der Potenzen von zwei (als Gradzahlen) nachgewiesen ist, kommt nur bei den aus verschiedenen Primzahlen zusammengesetzten Gradzahlen der Fall vor, dass die aus Perioden gebildeten

Primfactoren, ausser diesen Perioden, auch noch die Einheitswurzeln selbst (primitive oder nichtprimitive) enthalten, d. h. dass sie, anstatt der homogenen Form $f(\varpi)$, die nichthomogene Form $f(\varpi, \omega)$ haben, und diess kann sowohl bei wirklichen als bei idealen Primfactoren eintreten. Die Ermittlung solcher nichthomogenen Primfactoren hat, auch wenn sie wirklich sind, bedeutende Schwierigkeiten und ist nur in einzelnen Fällen, z. B. bei $n = 15$, $n = 24$, $n = 39$ u. s. w. gelungen, und zwar bei $n = 39$ in einem Fall, wo sie zugleich ideal und in zweiter Potenz wirklich sind.

Übrigens ist auch die Ermittelung der homogenen und wirklichen Primfactoren bei den höheren Gradzahlen nicht immer vollständig durchgeführt, sei es dass die Beschränkung auf einzelne Beispiele schon durch die Schwierigkeiten bei Ermittlung der Congruenzwurzeln geboten war, oder dass die Bestimmung der Primfactoren, trotz wiederholter Versuche, misslungen ist. In dieser Hinsicht ist besonders ein Fall merkwürdig und von theoretischer Tragweite. Während nämlich für alle Gradzahlen n, mag n Primzahl sein oder nicht, die aus den zweigliedrigen Perioden von der Form $\omega^r + \omega^{-r}$ gebildeten complexen Primfactoren der Primzahlen p von der Form $kn - 1$ (beziehungsweise von $-p$ bei zusammengesetzten n) sich als wirklich ergeben haben, so musste nur für die letzte Primzahl des ersten Hunderts ($p = 97$) die Wirklichkeit von $f(\frac{2}{97})$ dahingestellt bleiben.

In allen Fällen aber, wo die Bestimmung der complexen Primfactoren selbst unterblieben ist, sind, — meistens mit besonderer Überschrift: „Normen zusammengesetzter complexer Zahlen“, — Normen in grösserer oder kleinerer Anzahl angeführt, welche die zu zerlegenden Primzahlen als Factoren enthalten. Diese Normen zeigen, in wiefern die complexen Primfactoren der verschiedenen realen Primzahlen, in Beziehung auf die betreffenden Einheitswurzeln, in gleichem oder ungleichem Grade ideal sind; sowie auch wie dieselben, namentlich wenn sie nichthomogen sind, mit den complexen Factoren der in der Gradzahl n selbst enthaltenen Primzahlen sich compliciren.

Der Titel nennt endlich die Theorie der complexen Zahlen von Kummer als die Grundlage der nachstehenden Tafeln. Diejenigen seiner Entdeckungen, welche 1) die Beziehung zwischen den Perioden der Einheitswurzeln und zwischen den zu den verschiedenen Exponenten gehörigen Primzahlen, 2) die idealen Primfactoren und 3) die Classenzahlen der complexen Zahlen betreffen, sind es vornehmlich, welche bei diesen Tafeln in Betracht kommen. Es muss indessen hier genügen, einfach auf Kummers Abhandlungen zu verweisen. Ebenso muss ich auch darauf verzichten, weiter auf verschiedene Kunstgriffe, sei es in Bestimmung der Congruenzwurzeln, oder in Berechnung der Normen u. s. w., einzugehen, wie sie mir theils von Kummer an die Hand gegeben worden sind, theils in der Praxis selbst mir sich ergeben haben. Schliesslich spreche ich der Königlich-Preussischen Akademie der Wissenschaften meinen tiefgefühlten Dank dafür aus, dass sie diesen Tafeln, der Frucht einer zwölfjährigen Arbeit, zur Veröffentlichung in so glänzender Ausstattung verholfen hat.

Stuttgart im December 1874.

Der Verfasser.

Erste Abtheilung.

Einheitswurzeln, deren Grad eine Primzahl λ.

Bezeichnungen:

α ist eine Wurzel der Gleichung

$$\alpha^{\lambda-1}+\alpha^{\lambda-2}\ldots+\alpha+1=0,$$

η eine aus den Wurzeln α bestehende Periode.

Die den Perioden entsprechenden Congruenzwurzeln sind durchaus so geordnet, dass die erste Periode (η_0) der absolut kleinsten entspricht, ausgenommen die $\frac{\lambda-1}{2}$ gliedrigen Perioden, welche so geordnet sind, dass η_0 zwischen -1 und $\frac{1}{2}p$ liegt. Die den Wurzeln α entsprechenden Congruenzwurzeln sind stets aus dem Canon Arithmeticus genommen.

Alle Primfactoren $f(\alpha)$, nicht bloss die vollständig primären, sind so bestimmt, dass $f(1)-f(\alpha)\equiv 0 \text{ mod. } (1-\alpha)^2$.

$\lambda = 3$

I. $p = 3m + 1$

Congruenzwurzeln mod. p.

p	α	α^2	p	α	α^2	p	α	α^2	p	α	α^2
7	+2	−3	199	+92	−93	439	−172	+171	727	−282	+281
13	−4	+3	211	−15	+14	457	+133	−134	733	−308	+307
19	−8	+7	223	+39	−40	463	+21	−22	739	−321	+320
31	−6	+5	229	+94	−95	487	+232	−233	751	+72	−73
37	+10	−11	241	−16	+15	499	+139	−140	757	+27	−28
43	+6	−7	271	−29	+28	523	+60	−61	769	−361	+360
61	+13	−14	277	−117	+116	541	−130	+129	787	−380	+379
67	+29	−30	283	+44	−45	547	+40	−41	811	+130	−131
73	+8	−9	307	−18	+17	571	+109	−110	823	−175	+174
79	−24	+23	313	−99	+98	577	+213	−214	829	+125	−126
97	−36	+35	331	−32	+31	601	+24	−25	853	+220	−221
103	+46	−47	337	+128	−129	607	+210	−211	859	+260	−261
109	−46	+45	349	−123	+122	613	−66	+65	877	−283	+282
127	+19	−20	367	−84	+83	619	+252	−253	883	+337	−338
139	+42	−43	373	−89	+88	631	+43	−44	907	+384	−385
151	+32	−33	379	−52	+51	643	+177	−178	919	+52	−53
157	−13	+12	397	+34	−35	661	−297	+296	937	+322	−323
163	+58	−59	409	+53	−54	673	+255	−256	967	+142	−143
181	+48	−49	421	+20	−21	691	+253	−254	991	−114	+113
193	−85	+84	433	+198	−199	709	−228	+227	997	+304	−305

$f(\alpha)$, Primfactoren der Primzahlen p in der primären Form:

p	$f(\alpha)$	p	$f(\alpha)$	p	$f(\alpha)$	p	$f(\alpha)$	p	$f(\alpha)$
7	$1+3\alpha$	157	$1-12\alpha$	349	$17-3\alpha^2$	571	$5-21\alpha$	757	$1-27\alpha^2$
13	$1-3\alpha$	163	$11-3\alpha$	367	$13-9\alpha^2$	577	$19+27\alpha$	769	$17-15\alpha^2$
19	$2-3\alpha^2$	181	$4+15\alpha$	373	$4+21\alpha$	601	$1-24\alpha^2$	787	$2-27\alpha^2$
31	$1+6\alpha^2$	193	$7-9\alpha$	379	$7-15\alpha^2$	607	$23-3\alpha$	811	$25-6\alpha^2$
37	$4-3\alpha^2$	199	$2+15\alpha^2$	397	$11-12\alpha$	613	$19-9\alpha$	823	$14+33\alpha$
43	$1-6\alpha^2$	211	$1+15\alpha^2$	409	$8-15\alpha^2$	619	$5+27\alpha$	829	$13+33\alpha^2$
61	$4+9\alpha^2$	223	$11-6\alpha$	421	$1+21\alpha$	631	$14-15\alpha$	853	$4-27\alpha^2$
67	$2+9\alpha^2$	229	$5-12\alpha^2$	433	$11+24\alpha$	643	$11-18\alpha^2$	859	$10+33\alpha$
73	$1+9\alpha$	241	$1-15\alpha$	439	$5-18\alpha^2$	661	$20-9\alpha^2$	877	$28-3\alpha$
79	$7-3\alpha$	271	$10-9\alpha$	457	$7+24\alpha$	673	$8-21\alpha^2$	883	$13-21\alpha$
97	$8-3\alpha^2$	277	$7-12\alpha^2$	463	$1-21\alpha^2$	691	$11+30\alpha$	907	$7+33\alpha^2$
103	$2-9\alpha$	283	$13-6\alpha^2$	487	$2-21\alpha$	709	$25-3\alpha$	919	$17-18\alpha$
109	$5+12\alpha^2$	307	$1+18\alpha^2$	499	$7-18\alpha$	727	$13-18\alpha$	937	$29-3\alpha$
127	$7-6\alpha^2$	313	$16-3\alpha$	523	$17-9\alpha$	733	$19-12\alpha^2$	967	$7-27\alpha^2$
139	$10-3\alpha^2$	331	$10+21\alpha$	541	$4-21\alpha^2$	739	$7+30\alpha^2$	991	$26-9\alpha^2$
151	$5-9\alpha^2$	337	$8+21\alpha$	547	$14+27\alpha$	751	$10-21\alpha$	997	$13+36\alpha^2$

$\lambda = 3$

II. p zum Exponenten 2 gehörig, in Beziehung auf dritte Einheitswurzeln selbst complexe Primzahlen:

2, 5, 11, 17, 23, 29, 41, 47, 53, 59, 71, 83, 89, 101, 107, 113, 131, 137, 149, 167, 173, 179, 191, 197, 227, 233, 239, 251, 257, 263, 269, 281, 293, 311, 317, 347, 353, 359, 383, 389, 401, 419, 431, 443, 449, 461, 467, 479, 491, 503, 509, 521, 557, 563, 569, 587, 593, 599, 617, 641, 647, 653, 659, 677, 683, 701, 719, 743, 761, 773, 797, 809, 821, 827, 839, 857, 863, 881, 887, 911, 929, 941, 947, 953, 971, 977, 983.

$\lambda = 5$

I. $p = 5m + 1$

Congruenzwurzeln mod. p.

p	α	α^2	α^3	α^4	p	α	α^2	α^3	α^4
11	+ 4	+ 5	− 2	+ 3	461	− 110	+ 114	− 93	+ 88
31	+ 8	+ 2	− 15	+ 4	491	− 175	+ 183	− 110	+ 101
41	+ 10	+ 18	+ 16	− 4	521	+ 25	+ 104	− 5	− 125
61	− 3	+ 9	− 27	+ 20	541	+ 140	+ 124	+ 48	+ 228
71	+ 5	+ 25	− 17	− 14	571	+ 106	− 184	− 90	+ 167
101	− 6	+ 36	− 14	− 17	601	− 178	− 169	+ 32	− 287
131	+ 58	− 42	+ 53	+ 61	631	+ 279	+ 228	− 119	+ 242
151	+ 59	+ 8	+ 19	+ 64	641	− 284	− 110	− 169	− 79
181	+ 42	− 46	+ 59	− 56	661	− 255	+ 247	− 190	+ 197
191	− 7	+ 49	+ 39	− 82	691	+ 220	+ 132	+ 89	+ 149
211	+ 71	− 23	+ 55	− 104	701	− 237	+ 89	− 63	+ 210
241	+ 91	+ 87	− 36	+ 98	751	− 291	− 182	− 359	+ 80
251	+ 113	− 32	− 102	+ 20	761	+ 168	+ 67	− 159	− 77
271	− 27	− 84	+ 100	+ 10	811	+ 212	+ 339	− 311	− 241
281	+ 86	+ 90	− 128	− 49	821	+ 161	− 351	+ 138	+ 51
311	+ 6	+ 36	− 95	+ 52	881	+ 268	− 418	− 137	+ 286
331	+ 150	− 8	+ 124	+ 64	911	+ 361	+ 48	+ 19	− 429
401	− 29	+ 39	+ 72	− 83	941	+ 349	+ 412	− 185	+ 364
421	− 67	− 142	− 169	− 44	971	− 239	− 168	+ 341	+ 65
431	− 26	− 186	+ 95	+ 116	991	− 166	− 192	+ 160	+ 197

$\lambda = 5$

$f(\alpha)$, Primfactoren der Primzahlen p *)

p	$f(\alpha)$ einfach	$f(\alpha)$ primär	p	$f(\alpha)$ einfach	$f(\alpha)$ primär
11	$\alpha^2+2\alpha^4$	$\alpha-\alpha^3-2\alpha^4$	461		$4+5\alpha^3$
31	$2\alpha^2-\alpha^4$	$1+4\alpha+6\alpha^2+3\alpha^3$	491	$\alpha+3\alpha^3+5\alpha^4$	$7+11\alpha+9\alpha^2+2\alpha^3$
41		$3\alpha+2\alpha^2+\alpha^3$	521		$1+5\alpha^2$
61	$3\alpha+\alpha^2$	$3-2\alpha+2\alpha^2+\alpha^3$	541	$3-3\alpha-\alpha^2$	$7\alpha+8\alpha^2+4\alpha^3$
71	$1-\alpha+3\alpha^2$	$\alpha+4\alpha^2+2\alpha^3$	571	$1-2\alpha+4\alpha^3$	$8+2\alpha+3\alpha^2+9\alpha^3$
101		$\alpha-\alpha^2-3\alpha^3$	601	$5-\alpha^2+2\alpha^4$	$5-3\alpha+3\alpha^2-\alpha^3$
131	$1-3\alpha-\alpha^2$	$3\alpha+2\alpha^3+4\alpha^4$	631	$4-2\alpha^3-\alpha^4$	$2+3\alpha-3\alpha^2-4\alpha^3$
151		$3\alpha+2\alpha^3-\alpha^4$	641	$5+2\alpha+5\alpha^2+\alpha^3$	$6+8\alpha+7\alpha^2+\alpha^3$
181	$3\alpha+4\alpha^2$	$1-2\alpha-3\alpha^2-4\alpha^3$	661	$1+3\alpha+5\alpha^2-\alpha^3$	$2+3\alpha-3\alpha^2+6\alpha^3$
191	$4+2\alpha^3+\alpha^4$	$1-4\alpha-6\alpha^2-3\alpha^3$	691	$3+2\alpha^2-3\alpha^3$	$8+10\alpha^2+5\alpha^4$
211	$2\alpha^2-3\alpha^3$	$2+5\alpha^3+5\alpha^4$	701	$1-3\alpha+2\alpha^2+3\alpha^3$	$7+\alpha+4\alpha^2+2\alpha^3$
241	$4\alpha-\alpha^2+\alpha^3$	$\alpha+4\alpha^3+3\alpha^4$	751	$2-4\alpha-4\alpha^2-\alpha^3$	$12+2\alpha+5\alpha^2+9\alpha^3$
251	$\alpha^2+5\alpha^3+2\alpha^4$	$4+6\alpha-\alpha^2+7\alpha^3$	761	$5+\alpha^3-2\alpha^4$	$5+4\alpha-4\alpha^2-7\alpha^3$
271		$3\alpha-3\alpha^2+\alpha^3$	811		$5+\alpha-\alpha^2-3\alpha^3$
281	$1-\alpha+4\alpha^4$	$6+5\alpha^3+10\alpha^4$	821	$2+\alpha-5\alpha^2-2\alpha^3$	$4+4\alpha-4\alpha^2+3\alpha^3$
311		$5+3\alpha+2\alpha^2+\alpha^3$	881	$2+6\alpha^2+\alpha^3$	$4-5\alpha+5\alpha^4$
331	$4+\alpha^3-2\alpha^4$	$6\alpha+3\alpha^3+7\alpha^4$	911	$\alpha-2\alpha^3+5\alpha^4$	$2+6\alpha+9\alpha^2+7\alpha^3$
401	$1-4\alpha-3\alpha^2$	$3\alpha+4\alpha^3-4\alpha^4$	941	$6+2\alpha^3+\alpha^4$	$2+3\alpha+7\alpha^2+6\alpha^3$
421		$3+5\alpha^3$	971	$5\alpha-2\alpha^3-\alpha^4$	$5-4\alpha+4\alpha^2+2\alpha^3$
431	$1+2\alpha-4\alpha^3$	$5+4\alpha+\alpha^2+3\alpha^3$	991		$6+5\alpha^4$

II. p zum Exponenten 2 gehörig.

2 zweigliedrige Perioden (für die primitive Wurzel 2 von 5):

$$\eta_0 = \alpha + \alpha^{-1}, \qquad \eta_1 = \alpha^2 + \alpha^{-2},$$

Wurzeln der Gleichung:

$$\eta^2 + \eta - 1 = 0,$$

mit den fundamentalen Relationen:

$$\eta_0^2 = 2 + \eta_1, \qquad \eta_0\eta_1 = -1.$$

Congruenzwurzeln mod. p.

p	η_0	η_1	p	η_0	η_1	p	η_0	η_1	p	η_0	η_1	p	η_0	η_1
19	4	−5	179	74	−75	389	151	−152	569	232	−233	769	338	−339
29	5	−6	199	61	−62	409	129	−130	599	24	−25	809	342	−343
59	25	−26	229	81	−82	419	20	−21	619	242	−243	829	95	−96
79	29	−30	239	15	−16	439	69	−70	659	200	−201	839	341	−342
89	9	−10	269	71	−72	449	165	−166	709	170	−171	859	276	−277
109	10	−11	349	143	−144	479	228	−229	719	329	−330	919	316	−317
139	63	−64	359	105	−106	499	224	−225	739	118	−119	929	30	−31
149	40	−41	379	19	−20	509	121	−122						

*) Wo die primäre Form selbst schon gehörig einfach ist, ist in der ersten Colonne kein nichtprimäres $f(\alpha)$ beigefügt. Die primären Primfactoren $f(\alpha)$ entsprechen der kleinstzahligen primären quadratischen Form der p.

$\lambda = 5$

$f(\eta_0)$, Primfactoren der Primzahlen p in der primären Form*):

p	$f(\eta_0)$	p	$f(\eta_0)$	p	$f(\eta_0)$	p	$f(\eta_0)$	p	$f(\eta_0)$
19	$7-10\eta_1$	179	$12-5\eta_0$	389	$18-5\eta_1$	569	$22-5\eta_0$	769	$77-120\eta_1$
29	$13-20\eta_0$	199	$13-10\eta_0$	409	$22-25\eta_1$	599	$47-70\eta_1$	809	$33-40\eta_1$
59	$7-5\eta_0$	229	$17-20\eta_0$	419	$43-65\eta_0$	619	$23-5\eta_1$	829	$43-60\eta_1$
79	$8-5\eta_1$	239	$33-50\eta_0$	439	$32-45\eta_0$	659	$23-10\eta_0$	839	$27-5\eta_0$
89	$17-25\eta_1$	269	$42-65\eta_0$	449	$27-35\eta_1$	709	$62-95\eta_1$	859	$28-25\eta_0$
109	$23-35\eta_0$	349	$17-5\eta_0$	479	$23-25\eta_1$	719	$37-50\eta_1$	919	$32-35\eta_0$
139	$13-15\eta_1$	359	$17-10\eta_1$	499	$67-105\eta_0$	739	$68-105\eta_1$	929	$63-95\eta_0$
149	$18-25\eta_1$	379	$37-55\eta_1$	509	$38-55\eta_0$				

III. p zum Exponenten 4 gehörig, in Beziehung auf 5te Einheitswurzeln selbst complexe Primzahlen:

2, 3, 7, 13, 17, 23, 37, 43, 47, 53, 67, 73, 83, 97, 103, 107, 113, 127, 137, 157, 163, 167, 173, 193, 197, 223, 227, 233, 257, 263, 277, 283, 293, 307, 313, 317, 337, 347, 353, 367, 373, 383, 397, 433, 443, 457, 463, 467, 487, 503, 523, 547, 557, 563, 577, 587, 593, 607, 613, 617, 643, 647, 653, 673, 677, 683, 727, 733, 743, 757, 773, 787, 797, 823, 827, 853, 857, 863, 877, 883, 887, 907, 937, 947, 953, 967, 977, 983, 997.

$\lambda = 7$

I. $p = 7m + 1$.

Congruenzwurzeln mod. p.

p	α	α^2	α^3	α^4	α^5	α^6	p	α	α^2	α^3	α^4	α^5	α^6
29	− 5	− 4	− 9	− 13	+ 7	− 6	491	+153	−159	+223	+240	−105	+138
43	+ 11	− 8	− 2	+ 21	+ 16	+ 4	547	+ 9	+ 81	+182	− 3	− 27	−243
71	+ 32	+ 30	− 34	− 23	− 26	+ 20	617	−197	− 62	−126	+142	−209	−166
113	− 7	+ 49	− 4	+ 28	+ 30	+ 16	631	−204	− 30	−190	+269	+ 21	+133
127	+ 2	+ 4	+ 8	+ 16	+ 32	− 63	659	+144	+307	+ 55	+ 12	−249	−270
197	− 6	+ 36	− 19	− 83	− 93	− 33	673	− 23	−144	− 53	−127	+229	+117
211	− 40	− 88	− 67	− 63	− 12	+ 58	701	−340	− 65	−332	+ 19	−151	+167
239	− 38	+ 10	+ 98	+100	+ 24	+ 44	743	−151	−232	+111	+328	+253	−310
281	−116	− 32	+ 59	−100	+ 79	+109	757	+232	+ 77	−304	−127	+ 59	+ 62
337	−162	− 42	+ 64	+ 79	+ 8	+ 52	827	+270	+124	+400	−337	− 20	+389
379	+119	+138	+125	+ 94	−184	+ 86	883	−176	+ 71	−134	−257	+199	+296
421	+ 75	+152	+ 33	− 51	− 36	−174	911	−409	−343	− 7	+130	−332	+ 49
449	−125	− 90	+ 25	+ 18	− 5	+176	953	−445	−199	− 74	−425	+431	−242
463	−155	− 51	+ 34	−177	+118	+230	967	+ 97	−261	−175	+431	+226	−319

*) Die Primfactoren $f(\eta_0)$ sind so bestimmt, dafs ihre Norm $+p$ ist, und dafs sie der kleinstzahligen primären quadratischen Form entsprechen.

$\lambda = 7$

$f(\alpha)$, Primfactoren der Primzahlen p.*)

p	$f(\alpha)$ einfach	$f(\alpha)$ primär
29	$\alpha + \alpha^2 - \alpha^3$	$2 + 3\alpha - \alpha^2 + 5\alpha^3 - 2\alpha^4 + 4\alpha^5$
43	$\alpha^2 + 2\alpha^6$	$2\alpha - 2\alpha^2 + 4\alpha^4 - \alpha^5 - 5\alpha^6$
71	$1 + \alpha^3 + 2\alpha^6$	$1 + 3\alpha^2 + \alpha^3 + 2\alpha^4 + 3\alpha^6$
113	$\alpha - \alpha^2 + 2\alpha^4$	$2\alpha - 6\alpha^3 - 11\alpha^4 - 10\alpha^5 - 5\alpha^6$
127	$2\alpha - \alpha^2$	$4 + 3\alpha - 5\alpha^3 - 6\alpha^4 - 4\alpha^5$
197	$\alpha + 3\alpha^2 + \alpha^3 + \alpha^4$	$1 - 2\alpha^3 + 5\alpha^5 + 5\alpha^6$
211	$2 - \alpha^2 - \alpha^4 + \alpha^6$	$2\alpha + 6\alpha^2 + 9\alpha^3 + 7\alpha^4 + 3\alpha^5$
239	$1 - \alpha + 2\alpha^4$	$12 + 2\alpha - 2\alpha^2 + 5\alpha^3 + 11\alpha^4 - 3\alpha^5$
281	$2 - \alpha - 2\alpha^3$	$4 - 4\alpha + 2\alpha^2 - 5\alpha^3 - \alpha^6$
337	$\alpha - \alpha^2 + 2\alpha^3 - \alpha^5$	$7 - 2\alpha + 10\alpha^2 - \alpha^3 + 6\alpha^4 + 2\alpha^5$
379	$3\alpha^4 + 2\alpha^5 + \alpha^6$	$2\alpha - 2\alpha^3 + 3\alpha^4 + \alpha^5 - \alpha^6$
421	$1 + \alpha^2 + 3\alpha^4$	$9 + 5\alpha - 9\alpha^2 - 21\alpha^3 - 23\alpha^4 - 14\alpha^5$
449	$1 - \alpha + \alpha^2 - 2\alpha^4$	$18 + 27\alpha + 4\alpha^2 + 6\alpha^3 + 28\alpha^4 + 16\alpha^5$
463	$2\alpha^5 + 3\alpha^6$	$17 + 12\alpha + 8\alpha^3 + 18\alpha^4 + 5\alpha^5$
491	$\alpha^3 + 3\alpha^6$	$6 + 5\alpha^2 - \alpha^3 + \alpha^4 + 2\alpha^5$
547	$2 - \alpha + 2\alpha^5 + 2\alpha^6$	$18 + 3\alpha + 16\alpha^2 + 10\alpha^3 + 7\alpha^4 + 15\alpha^5$
617	$2\alpha - 2\alpha^3 + \alpha^4$	$5 + 5\alpha - 4\alpha^2 - 3\alpha^4 + 2\alpha^6$
631	$\alpha^2 - 2\alpha^4 - 3\alpha^5$	$2\alpha - \alpha^3 + 3\alpha^4 + 2\alpha^5$
659	$2\alpha + 2\alpha^3 + \alpha^4 - \alpha^5$	$8 + 4\alpha^2 + 2\alpha^3 + 5\alpha^4 + 3\alpha^5$
673		$1 - 2\alpha^2 - \alpha^3 + \alpha^4 + 2\alpha^5$
701	$3 - \alpha^4 + \alpha^5 + \alpha^6$	$1 + 3\alpha - \alpha^3 + \alpha^4 + 4\alpha^6$
743	$2 - \alpha^3 + 2\alpha^4 + 2\alpha^5 + \alpha^6$	$10\alpha + 11\alpha^2 + \alpha^4 + 5\alpha^5 + 9\alpha^6$
757	$\alpha^3 - \alpha^4 + 3\alpha^5$	$\alpha^2 + 3\alpha^4 + 2\alpha^5 + 3\alpha^6$
827	$2\alpha - \alpha^2 + 2\alpha^3 + \alpha^6$	$7 + 17\alpha + 22\alpha^2 + 20\alpha^3 + 11\alpha^4 + 2\alpha^5$
883	$2 + \alpha^2 - 2\alpha^4 + \alpha^6$	$2\alpha - 3\alpha^2 - 4\alpha^3 + \alpha^4 - 5\alpha^6$
911	$3\alpha - \alpha^3 + 2\alpha^4 + \alpha^6$	$5 - 9\alpha + 3\alpha^2 + 6\alpha^3 - 8\alpha^4 + 2\alpha^5$
953	$1 + 2\alpha + 3\alpha^2 + 2\alpha^4 + \alpha^5$	$1 + 4\alpha + 5\alpha^2 - \alpha^4 + 4\alpha^5$
967	$3 + \alpha - \alpha^2 - \alpha^3 + \alpha^4$	$6 + 4\alpha - 3\alpha^2 + 4\alpha^4$

*) Bei hinreichender Einfachheit der primären Form von $f(\alpha)$ ist die betreffende Stelle in der ersten Colonne leer gelassen.

$\lambda = 7$

II. p zum Exponenten 2 gehörig.

3 zweigliedrige Perioden (für die primitive Wurzel 5 von 7):

$$\eta_0 = \alpha + \alpha^{-1}, \qquad \eta_1 = \alpha^3 + \alpha^{-3}, \qquad \eta_2 = \alpha^2 + \alpha^{-2},$$

Wurzeln der Gleichung:

$$\eta^3 + \eta^2 - 2\eta - 1 = 0,$$

mit den fundamentalen Relationen:

$$\eta_0^2 = 2 + \eta_1, \qquad \eta_0\eta_1 = \eta_0 + \eta_2, \qquad \eta_0\eta_2 = \eta_1 + \eta_2$$

Congruenzwurzeln mod. p.

p	η_0	η_1	η_2	p	η_0	η_1	η_2	p	η_0	η_1	η_2
13	−3	−6	−5	293	−16	−39	+54	643	+20	−245	+224
41	−4	+14	−11	307	−24	−40	+63	727	+41	+225	−267
83	+10	+15	−26	349	−22	+133	−112	769	−137	+311	−175
97	+25	+41	+30	419	−63	+196	−134	797	+100	−363	+262
139	+5	+23	−29	433	−8	+62	−55	811	+179	−401	+221
167	+19	+25	−45	461	−27	−195	+221	839	−125	−318	−397
181	+37	−81	+43	503	+111	+247	+144	853	−153	+376	−224
223	−12	−81	+92	587	−63	−142	+204	881	−10	+98	−89
251	−46	+106	−61	601	−80	−213	+292	937	+105	−221	+115

$f(\eta_0)$, Primfactoren der Primzahlen p.*)

p	$f(\eta_0)$ einfach	$f(\eta_0)$ primär	p	$f(\eta_0)$ einfach	$f(\eta_0)$ primär
13	$+\eta_0+2\eta_2$	$+3+7\eta_1$	461	$-6+7\eta_0-\eta_1$	$-8+35\eta_0+21\eta_2$
41	$+4+\eta_0$	$-11+7\eta_1-7\eta_2$	503		$-2+7\eta_2$
83	$+5+\eta_0-\eta_1$	$+13+7\eta_0$	587	$-9-3\eta_0-7\eta_1$	$-22+7\eta_1+28\eta_2$
97	$+5+\eta_0-\eta_2$	$-4-7\eta_1$	601	$+11+4\eta_0-\eta_2$	$+76+49\eta_0-28\eta_2$
139	$+5-\eta_0$	$+13-7\eta_0+7\eta_1$	643	$+9+\eta_0-3\eta_2$	$+59-35\eta_0+42\eta_1$
167		$-8+7\eta_1$	727	$+1+13\eta_0+2\eta_2$	$+33-14\eta_1+21\eta_2$
181	$+6+\eta_0-\eta_2$	$-25-14\eta_0$	769	$+10-\eta_0+2\eta_1$	$+13-7\eta_1+14\eta_2$
223	$-3+3\eta_0-2\eta_2$	$+6-14\eta_1+7\eta_2$	797	$-3+8\eta_0$	$+17-14\eta_1+14\eta_2$
251		$-11-7\eta_1$	811	$+9-2\eta_1$	$+5-7\eta_0+7\eta_1$
293	$+7-2\eta_0+\eta_1$	$+38+21\eta_2$	839	$+10+\eta_0-3\eta_1$	$+5-14\eta_1+7\eta_2$
307	$+8+2\eta_0-\eta_1$	$+52-28\eta_1+35\eta_2$	853	$+8-3\eta_1-5\eta_2$	$+8-14\eta_1+7\eta_2$
349	$+8-\eta_1+2\eta_2$	$+3-21\eta_0+7\eta_1$	881	$+10+\eta_0$	$+33+14\eta_0-21\eta_2$
419	$+8-2\eta_0+\eta_2$	$-30+14\eta_0-21\eta_1$	937	$+10+\eta_0-\eta_2$	$-4+21\eta_0-7\eta_1$
433		$-1+7\eta_1$			

*) Bei hinreichender Einfachheit der primären Formen von $f(\eta_0)$ ist die betreffende Stelle in der ersten Colonne leer gelassen.

III. p zum Exponenten 3 gehörig.

2 dreigliedrige Perioden (für die primitive Wurzel 5 von 7):

$$\eta_0 = \alpha + \alpha^2 + \alpha^4, \qquad \eta_1 = \alpha^3 + \alpha^5 + \alpha^6,$$

Wurzeln der Gleichung:

$$\eta^2 + \eta + 2 = 0.$$

mit den fundamentalen Relationen:

$$\eta_0^2 = \eta_0 + 2\eta_1, \qquad \eta_0\eta_1 = +2.$$

Congruenzwurzeln mod. p.

p	η_0	η_1	p	η_0	η_1	p	η_0	η_1	p	η_0	η_1	p	η_0	η_1
2	0	— 1	151	69	— 70	359	128	—129	569	178	—179	809	150	—151
11	4	— 5	163	25	— 26	373	154	—155	571	158	—159	821	40	— 41
23	9	—10	179	53	— 54	389	92	— 93	599	129	—130	823	229	—230
37	8	— 9	191	19	— 20	401	152	—153	613	49	— 50	863	117	—118
53	14	—15	193	73	— 74	431	41	— 42	641	237	—238	877	367	—368
67	11	—12	233	30	— 31	443	157	—158	653	169	—170	907	438	—439
79	12	—13	263	123	—124	457	85	— 86	683	328	—329	919	326	—327
107	48	—49	277	23	— 24	487	103	—104	709	106	—107	947	43	— 44
109	29	—30	317	83	— 84	499	151	—152	739	127	—128	977	62	— 63
137	16	—17	331	156	—157	541	46	— 47	751	77	— 78	991	44	— 45
149	34	—35	347	74	— 75	557	133	—134						

$f(\eta_0)$, Primfactoren der Primzahlen p (an sich primär).

p	$f(\eta_0)$	p	$f(\eta_0)$	p	$f(\eta_0)$	p	$f(\eta_0)$	p	$f(\eta_0)$	p	$f(\eta_0)$
2	η_0	137	$1-8\eta_1$	277	$1+12\eta_0$	443	$3-14\eta_1$	613	$13-12\eta_1$	823	$7-18\eta_0$
11	$1-2\eta_1$	149	$9-4\eta_1$	317	$15-4\eta_0$	457	$5+16\eta_1$	641	$19-8\eta_1$	863	$7+22\eta_1$
23	$3-2\eta_1$	151	$11-2\eta_1$	331	$17-2\eta_1$	487	$5-14\eta_1$	653	$23-4\eta_0$	877	$19-12\eta_0$
37	$1-4\eta_1$	163	$7-6\eta_1$	347	$5+14\eta_0$	499	$13-10\eta_0$	683	$25-2\eta_1$	907	$29-2\eta_1$
53	$3-4\eta_0$	179	$3+10\eta_1$	359	$3+14\eta_0$	541	$11-12\eta_0$	709	$7+20\eta_0$	919	$17-14\eta_1$
67	$1+6\eta_0$	191	$1+10\eta_0$	373	$5-12\eta_1$	557	$21-4\eta_1$	739	$23-6\eta_0$	947	$1+22\eta_0$
79	$1-6\eta_1$	193	$5-8\eta_0$	389	$17-4\eta_1$	569	$3-16\eta_0$	751	$19-10\eta_0$	977	$15-16\eta_0$
107	$9-2\eta_1$	233	$7-8\eta_0$	401	$13-8\eta_0$	571	$7+18\eta_1$	809	$11-16\eta_1$	991	$1-22\eta_1$
109	$7-4\eta_0$	263	$15-2\eta_1$	431	$11-10\eta_1$	599	$9-14\eta_0$	821	$1-20\eta_1$		

IV. p zum Exponenten 6 gehörig, in Beziehung auf 7te Einheitswurzeln selbst complexe Primzahlen:

3, 5, 17, 19, 31, 47, 59, 61, 73, 89, 101, 103, 131, 157, 173, 199, 227, 229, 241, 257, 269, 271, 283, 311, 313, 353, 367, 383, 397, 409, 439, 467, 479, 509, 521, 523, 563, 577, 593, 607, 619, 647, 661, 677, 691, 719, 733, 761, 773, 787, 829, 857, 859, 887, 929, 941, 971, 983, 997.

$\lambda = 11$

I. $p = 11m + 1$.

Congruenzwurzeln mod. p.

p	α	α^2	α^3	α^4	α^5	α^6	α^7	α^8	α^9	α^{10}
23	+ 8	− 5	+ 6	+ 2	− 7	− 10	− 11	+ 4	+ 9	+ 3
67	− 5	+ 25	+ 9	+ 22	+ 24	+ 14	− 3	+ 15	− 8	− 27
89	+ 32	− 44	+ 16	− 22	+ 8	− 11	+ 4	+ 39	+ 2	− 25
199	− 74	− 96	− 69	+ 62	− 11	+ 18	+ 61	+ 63	− 85	− 73
331	+120	−164	−151	+ 55	− 61	− 38	+ 74	− 57	+111	+ 80
353	+ 58	−166	− 97	+ 22	−136	−122	− 16	+131	−168	+140
397	−107	− 64	+ 99	+126	+ 16	−124	+167	− 4	+ 31	−141
419	+152	+ 59	+169	+129	− 85	+ 69	+ 13	−119	− 71	+102
463	+134	−101	−107	+ 15	+158	−126	−216	+225	+ 55	− 38
617	−275	−266	−273	−199	−188	−128	+ 31	+113	−225	+175
661	+ 68	− 3	−214	+ 9	− 49	− 27	+147	+ 81	+220	−243
683	− 2	+ 4	− 8	+ 16	− 32	+ 64	−128	+256	+171	+341
727	+181	+ 46	+329	− 65	−133	− 82	−302	−137	− 79	+241
859	− 66	+ 61	+269	+285	+ 88	+205	+214	−380	+169	+ 13
881	+143	+186	+168	+237	+413	+ 32	+171	−215	+ 90	−345
947	+185	+133	− 17	−304	−367	+289	+433	−390	−178	+215
991	− 46	+134	−218	+118	−473	− 44	+ 42	+ 50	−318	−237

$f(\alpha)$, Primfactoren der Primzahlen p.

p	$f(\alpha)$ einfach	$f(\alpha)$ primär
23	$\alpha+\alpha^4+\alpha^6$	$70+56\alpha+79\alpha^2+125\alpha^3+65\alpha^4+149\alpha^5+26\alpha^6+116\alpha^7-7\alpha^8+76\alpha^9$
67	$\alpha^2+\alpha^3+\alpha^4+\alpha^6+\alpha^7$	$20+12\alpha+47\alpha^2+43\alpha^3+61\alpha^4+51\alpha^5+50\alpha^6+27\alpha^7+21\alpha^8+8\alpha^9$
89	$1+\alpha+\alpha^4+\alpha^6$	$198+520\alpha-105\alpha^2+400\alpha^3+351\alpha^4-75\alpha^5+517\alpha^6+183\alpha^7+14\alpha^8+580\alpha^9$
199	$\alpha-\alpha^4-\alpha^8$	$140+173\alpha+88\alpha^2-88\alpha^3-303\alpha^4-486\alpha^5-580\alpha^6-551\alpha^7-411\alpha^8-205\alpha^9$
331	$\alpha^2-\alpha^3+\alpha^5+\alpha^7$	$30+13\alpha-5\alpha^2+31\alpha^3+9\alpha^4+31\alpha^6+5\alpha^8+39\alpha^9-17\alpha^{10}$
353	$1-\alpha^3+\alpha^7+\alpha^8+\alpha^{10}$	$410+685\alpha+536\alpha^2+1002\alpha^3+810\alpha^4+537\alpha^5+737\alpha^6+179\alpha^7+95\alpha^8+339\alpha^9$
397	$1+\alpha+\alpha^6-\alpha^7$	$9+7\alpha+17\alpha^2+40\alpha^3+2\alpha^4+29\alpha^5-23\alpha^6+41\alpha^7+4\alpha^8+44\alpha^9$
419	$1-\alpha^2+\alpha^4+\alpha^9$	$1020+694\alpha-238\alpha^2+350\alpha^3+1114\alpha^4+310\alpha^5-223\alpha^6+735\alpha^7+998\alpha^8-32\alpha^9$
463	$\alpha^3-\alpha^4-\alpha^5+\alpha^8+\alpha^9$	$32-39\alpha-131\alpha^2-137\alpha^3-49\alpha^4+29\alpha^5+6\alpha^6-90\alpha^7-148\alpha^8-99\alpha^9$
617	$2\alpha+\alpha^3+\alpha^7+\alpha^{10}$	$21+27\alpha+15\alpha^2-11\alpha^3-41\alpha^4-61\alpha^5-69\alpha^6-64\alpha^7-48\alpha^8-26\alpha^9$
661	$\alpha^2-\alpha^5-\alpha^6+\alpha^7-\alpha^9$	$669-1033\alpha-1206\alpha^2+540\alpha^3+196\alpha^4-1481\alpha^5-689\alpha^6+742\alpha^7-462\alpha^8-1537\alpha^9$
683	$2\alpha^7+\alpha^8$	$466-72\alpha-385\alpha^2+241\alpha^3+378\alpha^4-290\alpha^5-234\alpha^6+415\alpha^7+177\alpha^8-407\alpha^9$
727	$1-\alpha^2-\alpha^3-\alpha^5+\alpha^{10}$	$11+6\alpha+4\alpha^2+\alpha^3+15\alpha^4+12\alpha^5+16\alpha^6+\alpha^8+10\alpha^{10}$
859	$\alpha^3-\alpha^4+\alpha^7+\alpha^8+\alpha^9+\alpha^{10}$	$15-12\alpha+23\alpha^2+25\alpha^3-\alpha^4+29\alpha^6+13\alpha^7+7\alpha^9+26\alpha^{10}$
881	$\alpha-\alpha^3-\alpha^4-\alpha^5-\alpha^6+\alpha^7+\alpha^{10}$	$36+214\alpha+228\alpha^3+207\alpha^5+38\alpha^6+158\alpha^7+101\alpha^8+95\alpha^9+167\alpha^{10}$
947	$1+\alpha^2-2\alpha^7-\alpha^{10}$	$46+\alpha+18\alpha^2+35\alpha^3+2\alpha^4+23\alpha^5+34\alpha^6-6\alpha^7+38\alpha^8+19\alpha^9$
991	$1+\alpha+2\alpha^5$	$59-35\alpha+48\alpha^2+15\alpha^3-39\alpha^4+87\alpha^5-16\alpha^6-31\alpha^7+91\alpha^8-29\alpha^9$

$\lambda = 11$

II. p zum Exponenten 2 gehörig.

5 zweigliedrige Perioden (für die primitive Wurzel 2 von 11):

$$\eta_0 = \alpha + \alpha^{-1}, \quad \eta_1 = \alpha^2 + \alpha^{-2}, \quad \eta^2 = \alpha^4 + \alpha^{-4}, \quad \eta_3 = \alpha^3 + \alpha^{-3}, \quad \eta_4 = \alpha^5 + \alpha^{-5},$$

Wurzeln der Gleichung:

$$\eta^5 + \eta^4 - 4\eta^3 - 3\eta^2 + 3\eta + 1 = 0,$$

mit den fundamentalen Relationen:

$$\eta_0^2 = 2 + \eta_1, \quad \eta_0\eta_1 = \eta_0 + \eta_3, \quad \eta_0\eta_2 = \eta_3 + \eta_4, \quad \eta_0\eta_3 = \eta_1 + \eta_2, \quad \eta_0\eta_4 = \eta_2 + \eta_4.$$

Congruenzwurzeln mod. p.

p	η_0	η_1	η_2	η_3	η_4	p	η_0	η_1	η_2	η_3	η_4
43	+ 4	+ 14	− 21	+ 9	− 7	439	+ 26	−204	− 91	− 62	−109
109	+19	+ 32	+ 41	+ 44	− 28	461	− 58	+135	−217	+ 65	+ 74
131	−10	− 33	+ 39	− 53	+ 56	571	− 4	+ 14	+194	− 52	−153
197	− 9	+ 79	− 65	+ 86	− 92	593	+ 82	+199	−132	+225	+218
241	+28	+ 59	+105	− 63	+111	659	− 10	+ 98	−283	−311	−154
263	−47	+103	+ 87	− 60	− 84	769	− 64	+249	−290	+277	−173
307	− 7	+ 47	+ 58	− 15	− 84	857	−148	−380	+422	−174	+279
373	+46	−124	+ 81	−155	+151	967	− 47	+273	+ 68	−213	− 82

$f(\eta_0)$, Primfactoren der Primzahlen p:

p	$f(\eta_0)$ einfach	$f(\eta_0)$ primär
43	$+1 - 2\eta_2$	$+950 + 671\eta_0 + 154\eta_1 + 396\eta_2 + 880\eta_3$
109	$+5 - 6\eta_0$	$+6 - 11\eta_0 - 11\eta_2$
131	$+1 + 4\eta_1$	$+290 - 55\eta_0 - 264\eta_1 + 440\eta_2 + 242\eta_3$
197	$+2 - 3\eta_2$	$+300 + 550\eta_0 + 385\eta_1 + 682\eta_2 + 165\eta_3$
241	$+5 + 4\eta_1$	$-2 - 11\eta_0 - 55\eta_1 - 33\eta_2 - 77\eta_3$
263	$+2 + 3\eta_2$	$+295 + 253\eta_0 + 143\eta_1 - 132\eta_2 - 209\eta_3$
307	$+1 - 2\eta_0 + \eta_3$	$-703 + 1342\eta_0 + 759\eta_1 + 1793\eta_2 - 572\eta_3$
373	$+1 - 3\eta_1$	$+13015 + 4037\eta_0 - 2387\eta_1 + 11759\eta_2 + 8415\eta_3$
439	$+3 - 4\eta_4$	$-454 - 341\eta_0 - 66\eta_1 - 198\eta_2 - 429\eta_3$
461	$+5 - \eta_1 + 2\eta_3$	$+81 + 220\eta_0 + 264\eta_1 - 176\eta_2 - 33\eta_3$
571	$+4 + \eta_0$	$-270 + 473\eta_0 + 253\eta_1 + 605\eta_2 - 198\eta_3$
593	$-4 + 3\eta_1$	$-533 - 253\eta_0 + 66\eta_1 - 616\eta_2 - 341\eta_3$
659	$-3 - \eta_3 + 2\eta_4$	$-58 + 77\eta_0 - 22\eta_1 + 55\eta_2 - 66\eta_3$
769	$+7 + 4\eta_0 + \eta_1$	$-61 + 11\eta_0 - 22\eta_1 + 66\eta_2 + 44\eta_3$
857	$+5 + \eta_0 + \eta_2 - \eta_4$	$-8 + 44\eta_0 + 143\eta_1 + 99\eta_2 + 176\eta_3$
967	$+1 - \eta_1 + 4\eta_2$	$-156 - 22\eta_0 + 99\eta_1 + 187\eta_4$

$\lambda = 11$

III. p zum Exponenten 5 gehörig.

2 fünfgliedrige Perioden (für die primitive Wurzel 2 von 11):

$$\eta_0 = \alpha + \alpha^3 + \alpha^4 + \alpha^5 + \alpha^9, \qquad \eta_1 = \alpha^2 + \alpha^6 + \alpha^7 + \alpha^8 + \alpha^{10},$$

Wurzeln der Gleichung:

$$\eta^2 + \eta + 3 = 0,$$

mit den fundamentalen Relationen:

$$\eta_0^2 = \eta_1 + 2\eta_0, \qquad \eta_0\eta_1 = +3.$$

Congruenzwurzeln mod. p.

p	η_0	η_1	p	η_0	η_1	p	η_0	η_1	p	η_0	η_1	p	η_0	η_1
3	0	−1	179	69	−70	383	19	−20	587	281	−282	773	186	−187
5	1	−2	181	64	−65	389	177	−178	599	181	−182	797	234	−235
31	9	−10	191	53	−54	401	148	−149	619	82	−83	823	368	−369
37	13	−14	223	49	−50	421	35	−36	631	168	−169	829	111	−112
47	20	−21	229	101	−102	433	46	−47	641	271	−272	839	150	−151
53	12	−13	251	47	−48	443	81	−82	643	283	−284	863	309	−310
59	7	−8	257	97	−98	449	183	−184	647	98	−99	883	142	−143
71	14	−15	269	63	−64	467	179	−180	653	25	−26	907	352	−353
97	29	−30	311	30	−31	487	169	−170	691	45	−46	911	440	−441
103	17	−18	313	68	−69	499	86	−87	709	331	−332	929	405	−406
113	10	−11	317	92	−93	509	22	−23	719	282	−283	971	300	−301
137	58	−59	367	128	−129	521	39	−40	751	199	−200	977	401	−402
157	48	−49	379	43	−44	577	184	−185	757	61	−62	983	444	−445
163	28	−29												

$f(\eta_0)$, Primfactoren der Primzahlen p (an sich primär).

p	$f(\eta_0)$	p	$f(\eta_0)$	p	$f(\eta_0)$	p	$f(\eta_0)$	p	$f(\eta_0)$
3	η_0	179	$8-5\eta_1$	383	$19-\eta_0$	587	$23-2\eta_1$	773	$25-4\eta_1$
5	$1-\eta_0$	181	$11-3\eta_0$	389	$2-11\eta_0$	599	$13-10\eta_0$	797	$7+17\eta_0$
31	$1-3\eta_1$	191	$4-7\eta_1$	401	$11-8\eta_1$	619	$7+15\eta_1$	823	$20-9\eta_0$
37	$2-3\eta_0$	223	$4+9\eta_1$	421	$1+12\eta_0$	631	$4+15\eta_0$	829	$7-15\eta_0$
47	$5-2\eta_1$	229	$2+9\eta_1$	433	$10-9\eta_1$	641	$19-7\eta_1$	839	$17-11\eta_1$
53	$1-4\eta_1$	251	$11-5\eta_1$	443	$5-11\eta_0$	643	$16-9\eta_1$	863	$11-14\eta_0$
59	$7-\eta_0$	257	$5-8\eta_0$	449	$17-5\eta_0$	647	$7-13\eta_1$	883	$25-6\eta_1$
71	$1+5\eta_0$	269	$13-4\eta_1$	467	$5+13\eta_1$	653	$25-\eta_0$	907	$5+18\eta_1$
97	$7-3\eta_1$	311	$1-10\eta_1$	487	$20-3\eta_0$	691	$1-15\eta_1$	911	$29-2\eta_1$
103	$1+6\eta_0$	313	$5-9\eta_0$	499	$17-6\eta_0$	709	$2-15\eta_0$	929	$7-16\eta_0$
113	$10-\eta_0$	317	$10-7\eta_0$	509	$22-\eta_0$	719	$23-5\eta_1$	971	$16-13\eta_0$
137	$2+7\eta_1$	367	$17-3\eta_0$	521	$1-13\eta_0$	751	$4-15\eta_1$	977	$5-17\eta_1$
157	$10-3\eta_1$	379	$8-9\eta_0$	577	$22-3\eta_1$	757	$13-12\eta_1$	983	$20-11\eta_1$
163	$5-6\eta_0$								

$\lambda = 11$

IV. *p* zum Exponenten 10 gehörig, in Beziehung auf 11te Einheitswurzeln selbst complexe Primzahlen:

2, 7, 13, 17, 19, 29, 41, 61, 73, 79, 83, 101, 107, 127, 139, 149, 151, 167, 173, 193, 211, 227, 233, 239, 271, 277, 281, 283, 293, 337, 347, 349, 359, 409, 431, 457, 479, 491, 503, 523, 541, 547, 557, 563, 569, 601, 607, 613, 673, 677, 701, 733, 739, 743, 761, 787, 809, 811, 821, 827, 853, 877, 887, 919, 937, 941, 953, 997.

$\lambda = 13$

I. $p = 13m + 1$.

Congruenzwurzeln mod. *p*.

p	α^1	α^2	α^3	α^4	α^5	α^6	α^7	α^8	α^9	α^{10}	α^{11}	α^{12}
53	+ 10	− 6	− 7	− 17	− 11	− 4	+ 13	+ 24	− 25	+ 15	− 9	+ 16
79	+ 10	+ 21	− 27	− 33	− 14	+ 18	+ 22	− 17	− 12	+ 38	− 15	+ 8
131	− 18	+ 62	+ 63	+ 45	− 24	+ 39	− 47	+ 60	− 32	+ 52	− 19	− 51
157	+ 67	− 64	− 49	+ 14	− 4	+ 46	− 58	+ 39	− 56	+ 16	− 27	+ 75
313	+103	− 33	+ 44	+150	+113	+ 58	+ 27	− 36	+ 48	− 64	− 19	− 79
443	+188	− 96	+115	− 87	+ 35	− 65	+184	+ 38	+ 56	−104	− 60	−205
521	+101	−219	−237	+ 29	−197	− 99	−100	−201	+ 18	+255	+226	− 98
547	− 30	−194	−197	−107	− 72	− 28	−254	− 38	+ 46	+261	−172	+237
599	+270	−178	−140	− 63	−238	−167	−165	−224	+ 19	−261	+212	−264
677	−144	−251	+263	+ 40	+333	+115	−312	+246	−220	−139	−294	−315
859	− 86	−335	−396	−304	+374	−381	+124	−356	−308	−141	+100	− 10
911	+ 30	− 11	−330	+121	− 14	−420	+154	+ 65	+128	+196	+414	−334
937	−308	+227	+359	− 6	− 26	−425	−280	+ 36	+156	−261	−194	−216

$f(\alpha)$, Primfactoren der Primzahlen *p* in einfacher Form.

p	$f(\alpha)$	p	$f(\alpha)$	p	$f(\alpha)$
53	$\alpha^3+\alpha^{11}+\alpha^{12}$	443	$1-\alpha^2-\alpha^4-\alpha^7$	677	$\alpha^3-\alpha^4-\alpha^7+\alpha^9+\alpha^{12}$
79	$\alpha^5+\alpha^7-\alpha^{12}$	521	$\alpha^5-\alpha^6-\alpha^{12}$	859	$1-\alpha-\alpha^4+\alpha^6+\alpha^{12}$
131	$\alpha+\alpha^3-\alpha^4$	547	$1+\alpha^7-\alpha^8-\alpha^9+\alpha^{10}$	911	$1+\alpha^2-\alpha^4-\alpha^8+\alpha^{10}$
157	$1+\alpha^3+\alpha^{11}+\alpha^{12}$	599	$\alpha^3-\alpha^4+\alpha^7-\alpha^9-\alpha^{10}$	937	$1-\alpha+\alpha^3-\alpha^6-\alpha^9$
313	$\alpha^2+\alpha^9-\alpha^{10}+\alpha^{12}$				

$\lambda = 13$

$f(\alpha)$, Primfactoren der Primzahlen p in der primären Form.

p	$f(\alpha)$
53	$5047+6726\alpha-14611\alpha^2-10620\alpha^3-28007\alpha^4-37693\alpha^5-29237\alpha^6-41980\alpha^7-25231\alpha^8$ $-16938\alpha^9-15708\alpha^{10}+7359\alpha^{11}$
79	$2+11\alpha-3\alpha^2-24\alpha^3-39\alpha^4-10\alpha^5-26\alpha^6-23\alpha^7-45\alpha^8+8\alpha^{11}-17\alpha^{12}$
131	$56+130\alpha+133\alpha^2+61\alpha^3-17\alpha^4-12\alpha^5+52\alpha^6+110\alpha^7+115\alpha^8+84\alpha^9+39\alpha^{10}-\alpha^{11}$
157	$2705+5017\alpha+3534\alpha^2+6949\alpha^3-4756\alpha^4-2946\alpha^5-426\alpha^6-327\alpha^7+9076\alpha^8+3861\alpha^9-568\alpha^{10}$ $-7210\alpha^{12}$
313	$1167+1850\alpha+1454\alpha^2+491\alpha^3-324\alpha^4-379\alpha^5+556\alpha^6+1641\alpha^7+1780\alpha^8+993\alpha^9+17\alpha^{10}$ $-481\alpha^{11}$
443	$86+144\alpha+70\alpha^2+77\alpha^3+234\alpha^4+255\alpha^5+122\alpha^6+100\alpha^7+155\alpha^8+120\alpha^9+50\alpha^{10}+5\alpha^{11}$
521	$1768+1843\alpha+91\alpha^2-405\alpha^3+1227\alpha^4+2115\alpha^5+701\alpha^6-533\alpha^7+587\alpha^8+2091\alpha^9+1331\alpha^{10}$ $-354\alpha^{11}$
547	$145+116\alpha^2-4\alpha^3+28\alpha^5-180\alpha^6-43\alpha^7-55\alpha^8-89\alpha^9+49\alpha^{10}-62\alpha^{11}+94\alpha^{12}$
599	$33+156\alpha-158\alpha^2-604\alpha^3-432\alpha^4-372\alpha^5+35\alpha^6+257\alpha^7-143\alpha^8-276\alpha^9-592\alpha^{10}-511\alpha^{11}$
677	$39-254\alpha-361\alpha^2-103\alpha^3+65\alpha^4-148\alpha^5-374\alpha^6-218\alpha^7+54\alpha^8-37\alpha^9-334\alpha^{10}-306\alpha^{11}$
859	$5498-409\alpha+2939\alpha^2+3828\alpha^3-846\alpha^4+5256\alpha^5+801\alpha^6+1364\alpha^7+4982\alpha^8-999\alpha^9+4340\alpha^{10}$ $+2328\alpha^{11}$
911	$393+2847\alpha+1942\alpha^3+2520\alpha^4+2989\alpha^6+611\alpha^7+611\alpha^8+3240\alpha^9-469\alpha^{10}+3207\alpha^{11}+1222\alpha^{12}$
937	$4109+5654\alpha+3297\alpha^2-919\alpha^3-3357\alpha^4-1914\alpha^5+2174\alpha^6+5366\alpha^7+4905\alpha^8+1197\alpha^9$ $-2563\alpha^{10}-3124\alpha^{11}$

II. p zum Exponenten 2 gehörig.

6 zweigliedrige Perioden (für die primitive Wurzel 2 von 13):

$$\eta_0 = \alpha + \alpha^{-1}, \quad \eta_1 = \alpha^2 + \alpha^{-2}, \quad \eta_2 = \alpha^4 + \alpha^{-4}, \quad \eta_3 = \alpha^5 + \alpha^{-5}, \quad \eta_4 = \alpha^3 + \alpha^{-3}, \quad \eta_5 = \alpha^6 + \alpha^{-6},$$

Wurzeln der Gleichung:

$$\eta^6 + \eta^5 - 5\eta^4 - 4\eta^3 + 6\eta^2 + 3\eta - 1 = 0,$$

mit den fundamentalen Relationen:

$$\eta_0^2 = 2 + \eta_1, \quad \eta_0\eta_1 = \eta_0 + \eta_4, \quad \eta_0\eta_2 = \eta_3 + \eta_4, \quad \eta_0\eta_3 = \eta_2 + \eta_5, \quad \eta_0\eta_4 = \eta_1 + \eta_2, \quad \eta_0\eta_5 = \eta_3 + \eta_5.$$

Congruenzwurzeln mod. p

p	η_0	η_1	η_2	η_3	η_4	η_5	p	η_0	η_1	η_2	η_3	η_4	η_5
103	+ 12	+ 39	− 26	− 47	+ 44	− 23	467	+ 21	− 28	−152	+219	−142	+ 81
181	+ 32	− 64	− 69	+ 53	− 89	− 45	571	+ 64	+ 97	+271	−220	−137	− 76
233	− 3	+ 7	+ 47	+110	− 18	+ 89	701	+ 74	−134	−272	−324	−176	+130
311	− 19	+ 48	+125	+ 73	+ 40	+ 43	727	+ 13	+167	+261	−219	− 23	−200
337	+ 24	−100	−112	+ 73	− 65	−158	857	− 38	−272	+280	+411	+ 90	+385
389	− 54	+191	− 87	+176	−146	− 81	883	+ 36	+411	+266	+114	−251	+306

$\lambda = 13$

$f(\eta_0)$, Primfactoren der Primzahlen p.*)

p	$f(\eta_0)$ einfach	$f(\eta_0)$ primär
−103	$3+\eta_2-\eta_5$	$42+26\eta_3+13\eta_4-13\eta_5$
+181	$3\eta_0-2\eta_1-2\eta_2$	$6716+6240\eta_0+5148\eta_1+2067\eta_2+663\eta_3+3718\eta_4$
+233	$3+\eta_0$	$1025-91\eta_0+312\eta_1+923\eta_2+364\eta_3-78\eta_4$
−311	$3-\eta_1+\eta_5$	$7921+6656\eta_0+3640\eta_1-3692\eta_2-7137\eta_3-9412\eta_5$
+337	$1-3\eta_2$	$15269+13832\eta_0+10114\eta_1+2509\eta_2+637\eta_3+5824\eta_4$
+389	$3\eta_0-2\eta_5$	$163+91\eta_0+13\eta_1+182\eta_2+130\eta_3+52\eta_4$
+467	$3+3\eta_1+\eta_5$	$6+65\eta_0-39\eta_1-78\eta_2+117\eta_3+130\eta_4$
−571	$3+\eta_2+2\eta_4$	$11114+10465\eta_0+8697\eta_1+3497\eta_2+1274\eta_3+6188\eta_4$
+701	$3+4\eta_4$	$47+1157\eta_0-676\eta_1+299\eta_2+871\eta_3+780\eta_4$
−727	$3-2\eta_0-\eta_4$	$19+156\eta_0+117\eta_3+130\eta_4+78\eta_5$
+857	$4\eta_2+\eta_3+3\eta_4+2\eta_5$	$1496-4082\eta_0-15886\eta_1-20956\eta_2-9789\eta_3-23790\eta_4$
+883	$6+6\eta_0+3\eta_1-\eta_2-\eta_5$	$639+650\eta_0+559\eta_1+221\eta_2+130\eta_3+351\eta_4$

III. p zum Exponenten 3 gehörig.

4 dreigliedrige Perioden (für die primitive Wurzel 2 von 13):

$$\eta_0 = \alpha + \alpha^3 + \alpha^9, \quad \eta_1 = \alpha^2 + \alpha^5 + \alpha^6, \quad \eta_2 = \alpha^{-1} + \alpha^{-3} + \alpha^{-9}, \quad \eta_3 = \alpha^{-2} + \alpha^{-5} + {}^{-6},$$

Wurzeln der Gleichung:

$$\eta^4 + \eta^3 + 2\eta^2 - 4\eta + 3 = 0,$$

mit den fundamentalen Relationen:

$$\eta_0^2 = \eta_1 + 2\eta_2, \quad \eta_0\eta_1 = -1 - \eta_2, \quad \eta_0\eta_2 = 3 + \eta_1 + \eta_3, \quad \eta_0\eta_3 = -1 - \eta_1.$$

Congruenzwurzeln mod. p.

p	η_0	η_1	η_2	η_3	p	η_0	η_1	η_2	η_3	p	η_0	η_1	η_2	η_3
3	0	− 1	− 1	+ 1	269	− 54	+ 86	+ 70	−103	653	+ 66	+206	+116	+264
29	− 3	+14	+12	+ 5	347	+ 18	+ 70	+127	+131	659	−194	+256	+238	−301
61	+10	−15	+27	− 23	367	+122	−170	−180	−140	757	+ 32	+200	−345	+112
107	+18	−46	−29	+ 56	373	− 44	− 83	+ 77	+ 49	809	+193	−330	−222	+358
113	+ 4	−51	−23	− 44	419	+167	−197	−203	−187	887	−146	−233	−313	−196
139	−27	−60	+47	+ 39	503	− 90	−172	+112	+149	919	−140	−411	+356	+194
191	− 5	−67	+46	+ 25	523	+ 8	−109	−175	−248	971	−248	−351	+341	+257
211	−28	+36	−48	+ 39	601	+ 37	−274	− 80	−285	991	− 13	−324	−249	−406
263	−25	−96	−34	−109	607	+ 54	− 84	+286	−257	997	+ 50	+156	+175	−382

*) Das Zeichen — vor p zeigt an, dafs $Nf(\eta_0) = -p$, das Zeichen +, dafs $Nf(\eta_0) = +p$ ist, und zwar je für beide $f(\eta_0)$.

$\lambda = 13$

$f(\eta_0)$, Primfactoren der Primzahlen p.

p	$f(\eta_0)$ einfach	$f(\eta_0)$ primär.
3	η_0	$1-3\eta_0-\eta_3$
29	$2-\eta_1+\eta_2$	$66-109\eta_0+76\eta_1+142\eta_2$
61	$\eta_1+2\eta_3$	$132+43\eta_1-33\eta_2+53\eta_3$
107	$2+2\eta_2+\eta_3$	$3+4\eta_1+5\eta_2+2\eta_3$
113	$2-\eta_2-2\eta_3$	$644+251\eta_0+142\eta_1-687\eta_3$
139	$1-\eta_1+2\eta_3$	$578+720\eta_0+1080\eta_1+393\eta_2$
191	$\eta_1+2\eta_2-\eta_3$	$16+13\eta_0+14\eta_1+9\eta_2$
211	$3+\eta_1-\eta_3$	$29-7\eta_0-20\eta_1-73\eta_2$
263	$3-\eta_0+\eta_1-2\eta_2$	$3-\eta_0+\eta_1-2\eta_2$
269	$\eta_0-\eta_1+2\eta_2$	$50+3\eta_0-43\eta_1+16\eta_2$
347	$4+\eta_2-\eta_3$	$383-403\eta_0+142\eta_1+66\eta_2$
367	$1+3\eta_0$	$1691-2127\eta_0+1080\eta_1+1440\eta_2$
373	$3\eta_0-\eta_1+\eta_3$	$27-4\eta_0-36\eta_1+7\eta_2$
419	$3-\eta_1-2\eta_2+\eta_3$	$5-4\eta_0-14\eta_1$
503	$1-3\eta_0-2\eta_1-\eta_2$	$63-59\eta_0+14\eta_1-13\eta_2$
523	$2+3\eta_2$	$76+20\eta_0-30\eta_1+29\eta_2$
601	$6+2\eta_0+\eta_2$	$9-4\eta_0-3\eta_1-14\eta_2$
607	$2+4\eta_0+6\eta_1+\eta_2$	$2+4\eta_0+6\eta_1+\eta_2$
653	$2\eta_1+\eta_2-2\eta_3$	$142+502\eta_0-796\eta_1-2127\eta_2$
659	$3+2\eta_0-2\eta_1+\eta_2$	$109+16\eta_0-36\eta_1+53\eta_2$
757	$3+2\eta_0-2\eta_2$	$3-\eta_1-5\eta_3$
809	$2\eta_0-\eta_1-2\eta_3$	$13+7\eta_0+5\eta_1+6\eta_2$
887	$1-\eta_1+2\eta_2-2\eta_3$	$9-2\eta_0-7\eta_1-25\eta_2$
919	$4\eta_1-\eta_3$	$10-11\eta_0+5\eta_1+4\eta_2$
971	$1-\eta_0-4\eta_1-2\eta_2$	$43+23\eta_0-73\eta_1-218\eta_2$
991	$1-\eta_0-3\eta_1-4\eta_2$	$13-\eta_0-12\eta_1-40\eta_2$
997	$4+3\eta_1+3\eta_2$	$4-7\eta_0+3\eta_1+5\eta_2$

$\lambda = 13$

IV. p zum Exponenten 4 gehörig.

3 viergliedrige Perioden (für die primitive Wurzel 2 von 13):

$$\eta_0 = \alpha + \alpha^5 + \alpha^{-5} + \alpha^{-1}, \qquad \eta_1 = \alpha^2 + \alpha^3 + \alpha^{-3} + \alpha^{-2}, \qquad \eta_2 = \alpha^4 + \alpha^6 + \alpha^{-6} + \alpha^{-4}.$$

Wurzeln der Gleichung:

$$\eta^3 + \eta^2 - 4\eta + 1 = 0,$$

mit den fundamentalen Relationen:

$$\eta_0^2 = 4 + \eta_1 + 2\eta_2, \qquad \eta_0\eta_1 = -1 + \eta_1, \qquad \eta_0\eta_2 = -1 + \eta_0.$$

Congruenzwurzeln mod. p.

p	η_0	η_1	η_2	p	η_0	η_1	η_2	p	η_0	η_1	η_2
5	−1	−2	+2	307	−12	−118	+129	619	+68	+194	−263
31	−4	−6	+9	317	−25	+61	−37	733	−56	−90	+145
47	−9	−14	+22	359	−70	−91	+160	811	−142	+397	−250
73	+7	+12	−20	421	−94	+195	−102	827	+144	−347	+202
83	−8	+37	−30	463	+13	−193	+179	853	−191	−271	−392
109	+8	+31	−40	499	−102	−218	−180	863	−133	−161	+293
151	−16	−71	−65	541	−109	+241	−133	941	−53	+122	−70
229	+6	−46	+39	577	+14	−222	+207	967	−96	−319	+414
239	+38	−84	+45	593	−62	−160	+221	983	−54	+143	−90
281	+31	+103	−135								

$f(\eta_0)$, Primfactoren der Primzahlen p.

p	$f(\eta_0)$ einfach	$f(\eta_0)$ primär	p	$f(\eta_0)$ einfach	$f(\eta_0)$ primär
5	$-1-\eta_0$	$+618-260\eta_0-949\eta_2$	463	$-1+6\eta_0-2\eta_1$	$+13478+4797\eta_0-12701\eta_1$
31	$+4+\eta_0$	$-93+143\eta_0+39\eta_1$	499	$-11-5\eta_0$	$-136+39\eta_0+91\eta_1$
47	$-3-2\eta_2$	$+318-442\eta_0-143\eta_1$	541	$+9-4\eta_2$	$-5445-1612\eta_0+4277\eta_1$
73	$-13-5\eta_1$	$+18-13\eta_0$	577	$-2-3\eta_0+3\eta_2$	$-135-39\eta_0+689\eta_2$
83	$-7-3\eta_2$	$+322+143\eta_0+195\eta_1$	593	$+8-\eta_0-3\eta_2$	$-33+26\eta_0+13\eta_1$
109	$+5\eta_0+\eta_2$	$-265-78\eta_0+208\eta_1$	619	$+10-3\eta_0+\eta_1$	$-150+65\eta_0+221\eta_2$
151	$-5\eta_0-\eta_1$	$-293-143\eta_0+91\eta_1$	733	$-8-5\eta_2$	$-5+13\eta_0$
229	$+6-\eta_0$	$+580+182\eta_1-429\eta_2$	811	$+12+3\eta_0-\eta_1$	$-57+78\eta_0+26\eta_1$
239	$+14+5\eta_2$	$-1170+1599\eta_0+533\eta_1$	827	$+11-\eta_0+2\eta_1$	$-14971-4433\eta_0-11752\eta_1$
281	$+10+3\eta_0-\eta_1$	$+19-39\eta_0-13\eta_1$	853	$+10-2\eta_0+\eta_2$	$+252-130\eta_0-13\eta_1$
307	$-18-7\eta_2$	$-128+143\eta_0+26\eta_1$	863	$+11-2\eta_0+2\eta_2$	$+1150+377\eta_0-910\eta_1$
317	$-12-5\eta_1$	$-3369+5174\eta_0+1417\eta_1$	941	$-2-4\eta_0+3\eta_2$	$+1666-2561\eta_0-702\eta_1$
359	$-5-4\eta_1$	$+1055+312\eta_0-832\eta_1$	967	$+10-3\eta_1$	$-4451+6838\eta_0+1872\eta_1$
421	$-7+2\eta_0+\eta_2$	$-696+130\eta_0-195\eta_1$	983	$-5\eta_0+3\eta_2$	$-34+52\eta_0+13\eta_1$

$\lambda = 13$

V. p zum Exponenten 6 gehörig.

2 sechsgliedrige Perioden (für die primitive Wurzel 2 von 13):

$$\eta_0 = \alpha + \alpha^3 + \alpha^4 + \alpha^{-4} + \alpha^{-3} + \alpha^{-1}, \qquad \eta_1 = \alpha^2 + \alpha^5 + \alpha^6 + \alpha^{-6} + \alpha^{-5} + \alpha^{-2},$$

Wurzeln der Gleichung:

$$\eta^2 + \eta - 3 = 0,$$

mit den fundamentalen Relationen:

$$\eta_0^2 = 4 + \eta_1, \qquad \eta_0\eta_1 = -3.$$

Congruenzwurzeln mod. p.

p	η_0	η_1	p	η_0	η_1	p	η_0	η_1	p	η_0	η_1	p	η_0	η_1
17	4	— 5	179	13	— 14	433	151	—152	647	25	— 26	823	184	—185
23	8	— 9	199	24	— 25	439	100	—101	673	215	—216	829	389	—390
43	11	—12	251	27	— 28	491	66	— 67	719	191	—192	881	334	—335
101	17	—18	257	114	—115	563	269	—270	751	47	— 48	907	156	—157
127	46	—47	277	86	— 87	569	222	—223	797	220	—221	953	53	— 54
173	39	—40	283	50	— 51	641	298	—299						

$f(\eta_0)$, Primfactoren der Primzahlen p.

p	$f(\eta_0)$ einfach	$f(\eta_0)$ primär	p	$f(\eta_0)$ einfach	$f(\eta_0)$ primär
+ 17	$4-\eta_0$	$271-208\eta_0$	—491	$8-15\eta_0$	$1829-1404\eta_0$
+ 23	$5-2\eta_1$	$4505-3458\eta_1$	—563	$19-21\eta_0$	$2896-2223\eta_0$
— 43	$1-4\eta_0$	$16-13\eta_1$	+569	$23-5\eta_1$	$137-104\eta_1$
+101	$11-5\eta_1$	$19-13\eta_0$	+641	$28-13\eta_0$	$28-13\eta_0$
+127	$11-3\eta_0$	$305-234\eta_1$	—647	$28-27\eta_0$	$355-273\eta_0$
—173	$5-9\eta_0$	$101-78\eta_0$	+673	$25-3\eta_1$	$1372-1053\eta_1$
—179	$11-12\eta_1$	$152-117\eta_1$	+719	$34-19\eta_0$	$41-26\eta_0$
—199	$1+8\eta_1$	$491-377\eta_0$	—751	$1-16\eta_0$	$17949-13624\eta_0$
—251	$1+9\eta_1$	$49-39\eta_0$	—797	$7-18\eta_1$	$2083-1599\eta_1$
+257	$20-11\eta_1$	$2659-2041\eta_0$	+823	$37-21\eta_1$	$4522-117\eta_0$
—277	$10-13\eta_0$	$10-13\eta_0$	+829	$32-15\eta_0$	$5843-4485\eta_1$
—283	$5-11\eta_1$	$1304-1001\eta_1$	+881	$29-8\eta_0$	$188-143\eta_0$
—433	$14-17\eta_1$	$29-26\eta_0$	—907	$17-23\eta_1$	$6080-4667\eta_0$
—439	$4-13\eta_1$	$4-13\eta_1$	—953	$1-18\eta_0$	$965-741\eta_1$

VI. p zum Exponenten 12 gehörig, in Beziehung auf 13te Einheitswurzeln selbst complexe Primzahlen:

2, 7, 11, 19, 37, 41, 59, 67, 71, 89, 97, 137, 149, 163, 167, 193, 197, 223, 227, 241, 253, 271, 293, 331, 349, 379, 383, 397, 401, 409, 431, 449, 457, 461, 479, 487, 509, 557, 587, 613, 617, 631, 643, 661, 683, 691, 709, 739, 743, 761, 769, 773, 787, 821, 839, 877, 929, 947, 977.

$\lambda = 17$

I. $p = 17m + 1$.

Congruenzwurzeln mod. p.

p	α	α^2	α^3	α^4	α^5	α^6	α^7	α^8	α^9	α^{10}	α^{11}
103	− 3	+ 9	− 27	− 22	− 37	+ 8	− 24	− 31	− 10	+ 30	+ 13
137	− 65	− 22	+ 60	− 64	+ 50	+ 38	− 4	− 14	− 49	+ 34	− 18
239	−107	− 23	+ 71	+ 51	+ 40	+ 22	+ 36	− 28	−111	− 73	− 76
307	+ 9	+ 81	+115	+114	+105	+ 24	− 91	+102	− 3	− 27	+ 64
409	+ 25	−193	+ 83	+ 30	− 68	− 64	+ 36	+ 82	+ 5	+125	−137
443	+ 59	− 63	−173	− 18	−176	−195	+ 13	−119	+ 67	− 34	+209
613	+197	+190	+ 37	− 67	+287	+143	− 27	+198	−226	+227	− 30
647	− 92	+ 53	+300	+221	−275	+ 67	+306	+316	+ 43	− 74	−309
919	−216	−213	+ 58	+338	−407	−312	+305	+288	+284	+229	+162
953	−349	−183	+ 16	+134	− 69	+256	+238	−151	+284	− 4	+443

p	α^{12}	α^{13}	α^{14}	α^{15}	α^{16}
103	− 39	+ 14	− 42	+ 23	+ 34
137	− 63	− 15	+ 16	+ 56	+ 59
239	+ 6	+ 75	+101	− 52	+ 67
307	− 38	− 35	− 8	− 72	− 34
409	+ 6	+150	+ 69	+ 89	+180
443	− 73	+123	+169	−218	− 15
613	+220	−183	+116	+171	− 28
647	− 40	−202	−179	+293	+218
919	− 70	+416	+206	−384	+234
953	−221	− 64	+417	+276	− 71

$f(\alpha)$, Primfactoren der Primzahlen p und primär machende Einheiten $E(\alpha)$.*)

p	$f(\alpha)$	$E(\alpha)$
103	$\alpha+\alpha^4+\alpha^{11}$	$e_0^5\ e_1^{11}\ e_2^2\ e_3^{12}\ e_4^8\ e_5^{14}\ e_6^4\ e_7^{11}$
137	$\alpha^3-\alpha^8-\alpha^{12}$	$e_0^{16}\ e_1^7\ e_2^{12}\ e_3^7\ e_4^2\ e_5^0\ e_6^{12}\ e_7^{11}$
239	$\alpha^3+\alpha^5+\alpha^9$	$e_0^{12}\ e_1^7\ e_2^1\ e_3^{10}\ e_4^7\ e_5^0\ e_6^4\ e_7^{16}$
307	$\alpha^2-\alpha^3-\alpha^{16}$	$e_0^1\ e_1^{11}\ e_2^9\ e_3^4\ e_4^{15}\ e_5^{12}\ e_6^{10}\ e_7^5$
409	$\alpha^2+\alpha^{12}-\alpha^{15}$	$e_0^9\ e_1^0\ e_2^7\ e_3^{14}\ e_4^{13}\ e_5^{12}\ e_6^6\ e_7^7$
443	$\alpha^{11}+\alpha^{12}+\alpha^{13}+\alpha^{14}-\alpha^{16}$	$e_0^{14}\ e_1^1\ e_2^{13}\ e_3^{10}\ e_4^{11}\ e_5^9\ e_6^1\ e_7^9$
613	$\alpha^7+\alpha^8-\alpha^{15}$	$e_0^6\ e_1^9\ e_2^3\ e_3^{10}\ e_4^{10}\ e_5^{16}\ e_6^9\ e_7^5$
647	$\alpha^{10}+\alpha^{12}+\alpha^{14}+\alpha^{15}$	$e_0^{12}\ e_1^0\ e_2^3\ e_3^{10}\ e_4^6\ e_5^{16}\ e_6^2\ e_7^2$.
919	$\alpha^3+\alpha^4+\alpha^7+\alpha^8+\alpha^{12}$	$e_0^3\ e_1^5\ e_2^{15}\ e_3^{14}\ e_4^{16}\ e_5^6\ e_6^2\ e_7^7$
953	$\alpha^2-\alpha^6+^{10}+\alpha^{11}$	$e_0^6\ e_1^{15}\ e_2^{16}\ e_3^7\ e_4^{15}\ e_5^1\ e_6^{10}\ e_7^{15}$

*) Die Primfactoren $f(\alpha)$ werden durch Multiplication mit den Einheiten $E(\alpha)$ primär; diese primär machenden Einheiten sind Producte von Potenzen der Kreistheilungseinheiten $e(\alpha^{\gamma^k})$, wo γ eine primitive Wurzel von 17 vorstellt und wofür der Kürze wegen e_k gesetzt wird; es ist aber für $\gamma = 3$: $e_k = 1 + \eta_k$, sofern η die zweigliedrigen Perioden vorstellt, $\eta_k = \alpha^{\gamma^k} + \alpha^{-\gamma^k}$.

$\lambda = 17$

II. p zum Exponenten 2 gehörig.

8 zweigliedrige Perioden (für die primitive Wurzel 3 von 17):

$$\eta_0 = \alpha + \alpha^{-1}, \quad \eta_1 = \alpha^3 + \alpha^{-3}, \quad \eta_2 = \alpha^8 + \alpha^{-8}, \quad \eta_3 = \alpha^7 + \alpha^{-7}, \quad \eta_4 = \alpha^4 + \alpha^{-4},$$
$$\eta_5 = \alpha^5 + \alpha^{-5}, \quad \eta_6 = \alpha^2 + \alpha^{-2}, \quad \eta^7 = \alpha^6 + \alpha^{-6},$$

Wurzeln der Gleichung:

$$\eta^8 + \eta^7 - 7\eta^6 - 6\eta^5 + 15\eta^4 + 10\eta^3 - 10\eta^2 - 4\eta + 1 = 0.$$

mit den fundamentalen Relationen:

$$\eta_0^2 = 2 + \eta_6, \quad \eta_0\eta_1 = \eta_4 + \eta_6, \quad \eta_0\eta_2 = \eta_2 + \eta_3, \quad \eta_0\eta_3 = \eta_2 + \eta_7, \quad \eta_0\eta_4 = \eta_1 + \eta_5.$$
$$\eta_0\eta_5 = \eta_4 + \eta_7, \quad \eta_0\eta_6 = \eta_0 + \eta_1, \quad \eta_0\eta_7 = \eta_3 + \eta_5.$$

Congruenzwurzeln mod. p.

p	η_0	η_1	η_2	η_3	η_4	η_5	η_6	η_7
67	− 4	+ 15	− 20	+ 33	− 7	+ 13	+ 14	+ 22
101	+ 4	− 49	− 39	− 16	− 8	+ 17	+ 14	− 25
271	+15	+ 78	+ 68	−132	+134	+ 35	− 48	+120
373	+10	−149	−111	+120	− 96	− 65	+ 98	−181
509	+ 4	+ 52	− 32	− 96	+194	+215	+ 14	+157
577	−37	+234	− 83	+269	−216	+257	+213	− 61
883	−75	+424	−340	+233	−337	+127	+325	−358

$f(\eta_0)$, Primfactoren der Primzahlen p und primär machende Einheiten $E(\alpha)$.*)

p	$f(\eta_0)$	$E(\alpha)$							
− 67	$1+\eta_5-\eta_6$	e_0^{12}	e_1^{10}	e_2^{9}	e_3^{8}	e_4^{10}	e_5^{11}	e_6^{7}	e_7^{1}
+101	$2\eta_0+\eta_4$	e_0^{0}	e_1^{15}	e_2^{6}	e_3^{10}	e_4^{15}	e_5^{5}	e_6^{14}	e_7^{3}
−271	$2-\eta_3-\eta_4$	e_0^{13}	e_1^{4}	e_2^{12}	e_3^{9}	e_4^{7}	e_5^{15}	e_6^{10}	e_7^{15}
−373	$2-\eta_4-\eta_6$	e_0^{0}	e_1^{11}	e_2^{1}	e_3^{4}	e_4^{15}	e_5^{13}	e_6^{9}	e_7^{15}
−509	$2-2\eta_3-\eta_4$	e_0^{10}	e_1^{14}	e_2^{13}	e_3^{10}	e_4^{9}	e_5^{12}	e_6^{5}	e_7^{12}
+577	$3+\eta_4+\eta_6$	e_0^{11}	e_1^{3}	e_2^{1}	e_3^{16}	e_4^{2}	e_5^{13}	e_6^{14}	e_7^{8}
+883	$3+\eta_2-\eta_4$	e_0^{1}	e_1^{11}	e_2^{6}	e_3^{0}	e_4^{3}	e_5^{13}	e_6^{15}	e_7^{2}

*) Das Zeichen + vor p zeigt an, dafs $Nf(\eta_0) = +p$, das Zeichen −, dafs $Nf(\eta_0) = -p$ ist. — Die Einheiten $E(\alpha)$ haben dieselbe Bedeutung wie in I. bei den $p = 17m + 1$; die Ausführung der Multiplication gibt z. B. für $p = 67$ als primären Primfactor von 67:

$$f(\eta_0)\, E(\alpha) = 2612752 + 1475685\eta_0 - 1454809\eta_1 - 1182537\eta_2 + 750601\eta_3 + 2077315\eta_5$$
$$- 674747\eta_6 - 2474214\eta_7.$$

$\lambda = 17$

III. p zum Exponenten 4 gehörig.

4 viergliedrige Perioden (für die primitive Wurzel 3 von 17):

$$\eta_0 = \alpha + \alpha^4 + \alpha^{-4} + \alpha^{-1}, \quad \eta_1 = \alpha^3 + \alpha^5 + \alpha^{-5} + \alpha^{-3}, \quad \eta_2 = \alpha^2 + \alpha^8 + \alpha^{-8} + \alpha^{-2},$$

$$\eta_3 = \alpha^6 + \alpha^7 + \alpha^{-6} + \alpha^{-7},$$

Wurzeln der Gleichung:

$$\eta^4 + \eta^3 - 6\eta^2 - \eta + 1 = 0,$$

mit den fundamentalen Relationen:

$$\eta_0^2 = 4 + 2\eta_1 + \eta_2, \quad \eta_0\eta_1 = 2\eta_0 + \eta_2 + \eta_3, \quad \eta_0\eta_2 = -1, \quad \eta_0\eta_3 = \eta_1 + \eta_2 + 2\eta_3.$$

Congruenzwurzeln mod. p.

p	η_0	η_1	η_2	η_3	p	η_0	η_1	η_2	η_3	p	η_0	η_1	η_2	η_3
13	−2	+3	−6	+4	293	+11	−48	−80	+116	659	+64	−70	+278	−273
47	+7	−11	+20	−17	353	−57	−62	−161	−74	701	+23	+293	−61	−256
89	−5	−43	+18	+29	421	+25	−161	+101	+34	727	−49	−211	−89	+348
149	+5	−49	−30	+73	463	+169	−206	−200	−227	761	+206	−249	+314	−272
157	−20	−65	+55	+29	523	−41	−182	−51	−250	769	−24	+302	−32	−247
191	−18	+91	−53	−21	557	−66	+121	+211	−267	829	+188	−385	−366	−267
251	−86	−123	+108	+100	599	+54	+197	+122	+225	863	+125	−136	+359	−349

$f(\eta_0)$, Primfactoren der Primzahlen p.*)

p	$f(\eta_0)$ einfach	$f(\eta_0)$ primär	
−13	$2+\eta_0$	$878-204\eta_0-782\eta_1+391\eta_2$	+
+47	$\eta_0+2\eta_2$	$73862-34442\eta_0+35904\eta_1+11543\eta_2$	+
−89	$3-2\eta_1$	$4333008-986306\eta_1-3851962\eta_2+2021215\eta_3$	+
−149	$3+2\eta_3$	$803-544\eta_1-578\eta_2-1292\eta_3$	+
−157	$5-3\eta_0+\eta_1$	$6392-10115\eta_0-5508\eta_1+2890\eta_2$	+
−191	$3-\eta_0+\eta_3$	$29-17\eta_2+17\eta_3$	−
+251	$5-2\eta_1$	$6244-5457\eta_0-8109\eta_1-15844\eta_2$	+
+293	$4+4\eta_0+\eta_1$	$625538+291822\eta_0-142341\eta_2-556223\eta_3$	+
+353	$5-\eta_0+\eta_1$	$20-34\eta_2+17\eta_3$	+
−421	$1+\eta_2-3\eta_3$	$144437-77809\eta_0+81685\eta_1+26809\eta_2$	−
+463	$6+\eta_1-\eta_2$	$377-289\eta_0-459\eta_1-765\eta_2$	−
+523	$3\eta_1+2\eta_3$	$739690-173672\eta_0-665193\eta_1+345695\eta_2$	+
+557	$3-2\eta_0+2\eta_2$	$16080771+635698\eta_1-13841179\eta_2-33634653\eta_3$	+
−599	$8+3\eta_1$	$16527-8891\eta_0+9435\eta_1+3196\eta_2$	−
+659	$6+\eta_0+\eta_1$	$4076202-2195958\eta_0+2304690\eta_1+755837\eta_2$	−
+701	$7-2\eta_1+2\eta_2$	$369-153\eta_0-357\eta_1-238\eta_2$	−
−727	$8+4\eta_2+\eta_3$	$6225-1564\eta_0-6205\eta_1+2907\eta_2$	+
+761	$2+\eta_0-2\eta_1-3\eta_3$	$1163-340\eta_0+510\eta_1+306\eta_2$	+
−769	$8+3\eta_0-2\eta_2$	$3930-918\eta_0-3587\eta_1+1853\eta_2$	+
−829	$2-3\eta_0+\eta_3$	$218-119\eta_0+119\eta_1+34\eta_2$	+
−863	$5-4\eta_0-\eta_1+\eta_2$	$406802904+189324971\eta_0-89056710\eta_2-356544689\eta_3$	−

*) Das Zeichen + vor den p zeigt an, dass $Nf(\eta_0) = +p$, das Zeichen −, dafs $Nf(\eta_0) = -p$ ist, übrigens zunächst nur für die einfachen $f(\eta_0)$; für die primären $f(\eta_0)$ stehen die Zeichen in der Columne rechts.

$\lambda = 17$

IV. p zum Exponenten 8 gehörig.

2 achtgliedrige Perioden (für die primitive Wurzel 3 von 17):

$$\eta_0 = \alpha + \alpha^2 + \alpha^4 + \alpha^8 + \alpha^{-8} + \alpha^{-4} + \alpha^{-2} + \alpha^{-1},$$
$$\eta_1 = \alpha^3 + \alpha^5 + \alpha^6 + \alpha^7 + \alpha^{-7} + \alpha^{-6} + \alpha^{-5} + \alpha^{-3},$$

Wurzeln der Gleichung:

$$\eta^2 + \eta - 4 = 0,$$

mit den fundamentalen Relationen:

$$\eta_0^2 = 5 + \eta_1, \qquad \eta_0\eta_1 = -4.$$

Congruenzwurzeln mod. p.

p	η_0	η_1	p	η_0	η_1
2	0	− 1	457	60	− 61
19	6	− 7	461	109	−110
43	9	− 10	467	222	−223
53	10	− 11	491	205	−206
59	15	− 16	563	47	− 48
83	36	− 37	569	67	− 68
127	57	− 58	587	48	− 49
151	17	− 18	593	34	− 35
179	82	− 83	631	100	−101
223	84	− 85	661	158	−159
229	21	− 22	733	262	−263
257	93	− 94	739	38	− 39
263	32	− 33	757	318	−319
281	85	− 86	773	200	−201
331	51	− 52	797	56	− 57
349	26	− 27	859	41	− 42
359	110	−111	937	178	−179
383	181	−182	967	301	−302
389	39	− 40	971	338	−339
433	29	− 30	977	272	−273

$\lambda = 17$

$f(\eta_0)$, Primfactoren der Primzahlen p.*)

p	$f(\eta_0)$ einfach	$f(\eta_0)$ primär	p	$f(\eta_0)$ einfach	$f(\eta_0)$ primär
$+2$	$2-\eta_0$	$496338-317849\eta_0$	-457	$29-22\eta_1$	$140749-90134\eta_1$
-19	$5-4\eta_0$	$124599-86836\eta_1$	-461	$43-30\eta_0$	$13040387-8350910\eta_0$
$+43$	$11-6\eta_0$	$43463-27846\eta_0$	$+467$	$21-2\eta_1$	$2842429-1820258\eta_1$
-53	$7-6\eta_0$	$17011091-10893702\eta_1$	-491	$5-12\eta_0$	$58933-37740\eta_0$
$+59$	$17-10\eta_1$	$2283-1462\eta_0$	$+563$	$57-34\eta_1$	$57-34\eta_1$
-83	$17-12\eta_0$	$2867-1836\eta_1$	-569	$35-26\eta_0$	$11055035-7079514\eta_0$
$+127$	$11-2\eta_1$	$857077-548862\eta_0$	-587	$1+12\eta_1$	$743-476\eta_1$
$+151$	$19-10\eta_0$	$1115-714\eta_0$	-593	$19-18\eta_0$	$7094331-4536722\eta_0$
-179	$29-20\eta_0$	$16018415-10258004\eta_1$	$+631$	$25-6\eta_1$	$1009-646\eta_1$
$+223$	$31-18\eta_1$	$314681-201518\eta_0$	$+661$	$25-4\eta_1$	$3835005-2455956\eta_1$
$+229$	$23-12\eta_0$	$107-68\eta_1$	-733	$3-14\eta_0$	$64083-41038\eta_0$
-257	$17-14\eta_0$	$8017-5134\eta_1$	-739	$21-20\eta_0$	$1805-1156\eta_0$
-263	$1+8\eta_1$	$2120951-1358232\eta_1$	$+757$	$31-12\eta_0$	$88033483-56375604\eta_1$
-281	$7-10\eta_0$	$54783-34442\eta_0$	-773	$61-42\eta_1$	$498913-319498\eta_0$
-331	$27-20\eta_0$	$105-68\eta_1$	$+797$	$73-44\eta_0$	$109-68\eta_1$
-349	$15-14\eta_0$	$365174319-233853326\eta_0$	$+859$	$43-22\eta_0$	$713337547-456812950\eta_0$
$+359$	$23-10\eta_0$	$53018625-33952502\eta_1$	$+937$	$37-16\eta_0$	$1307357-837216\eta_1$
-383	$47-32\eta_0$	$14033063-8986608\eta_0$	-967	$3-16\eta_1$	$2392149-1531904\eta_0$
-389	$1-10\eta_0$	$191092705-122373514\eta_0$	-971	$17-20\eta_1$	$23467-15028\eta_0$
-433	$13-14\eta_1$	$1221-782\eta_1$	$+977$	$57-32\eta_1$	$764961-489872\eta_0$

VI. p zum Exponenten 16 gehörig, in Beziehung auf 17te Einheitswurzeln selbst complexe Primzahlen:

3, 5, 7, 11, 23, 29, 31, 37, 41, 61, 71, 73, 79, 97, 107, 109,
113, 131, 139, 163, 167, 173, 181, 193, 197, 199, 211, 227, 233, 241, 269, 277,
283, 311, 313, 317, 337, 347, 367, 379, 397, 401, 419, 431, 439, 449, 479, 487,
499, 503, 521, 541, 547, 571, 601, 607, 617, 619, 641, 643, 653, 673, 677, 683,
691, 709, 719, 743, 751, 787, 809, 811, 821, 823, 827, 839, 853, 857, 877, 881,
887, 907, 911, 929, 941, 947, 971, 983, 987.

*) Das Zeichen + vor den Primzahlen p zeigt an, dass $Nf(\eta_0) = +p$, das Zeichen −, dass $Nf(\eta_0) = -p$ ist, und zwar je für beide $f(\eta_0)$.

$\lambda = 19$

1. $p = 19m + 1$

Congruenzwurzeln mod. p.

p	α	α^2	α^3	α^4	α^5	α^6	α^7	α^8	α^9	α^{10}	α^{11}
191	− 84	− 11	− 31	− 70	− 41	+ 6	+ 69	− 66	+ 5	− 38	− 55
229	+ 17	+ 60	+104	− 64	+ 57	+ 53	− 15	− 26	+ 16	+ 43	+ 44
419	+135	+208	+ 7	+107	+199	+ 49	− 89	+136	− 76	−204	+114
457	+174	+114	+185	+200	+ 68	− 50	− 17	−216	−110	+ 54	−201
571	+271	−218	−265	+131	+ 99	− 8	+116	+ 31	−164	+ 94	−221
647	+287	+200	−183	−114	+279	−155	+158	+ 56	−103	+201	+104
761	−351	− 81	+274	−288	−125	−263	+232	− 5	+233	−356	+152

p	α^{12}	α^{13}	α^{14}	α^{15}	α^{16}	α^{17}	α^{18}
191	+ 36	+ 32	− 14	+ 30	− 37	+ 52	+ 25
229	+ 61	−108	− 4	− 68	− 11	+ 42	+ 27
419	−113	−171	− 40	+ 47	+ 60	+139	− 90
457	+215	− 64	−168	+ 16	+ 42	− 4	+218
571	+ 64	+214	−248	+170	−181	+ 55	+ 59
647	+ 86	+ 96	−269	−210	− 99	+ 55	+257
761	− 82	−136	−207	+362	+ 25	+357	+258

$f(\alpha)$, Primfactoren der Primzahlen p und primär machende Einheiten $E(\alpha)$.*)

p	$f(\alpha)$	$E(\alpha)$
191	$\alpha^9+\alpha^{13}+\alpha^{16}$	$\eta_0^7\ \eta_1^{14}\ \eta_2^9\ \eta_3^9\ \eta_4^{14}\ \eta_5^{12}\ \eta_6^1\ \eta_7^0\ \eta_8^{10}$
229	$\alpha^3-\alpha^{10}-\alpha^{12}$	$\eta_0^1\ \eta_1^{15}\ \eta_2^{18}\ \eta_3^{16}\ \eta_4^2\ \eta_5^{15}\ \eta_6^5\ \eta_7^1\ \eta_8^3$
419	$\alpha^7+\alpha^8-\alpha^{15}$	$\eta_0^6\ \eta_1^4\ \eta_2^3\ \eta_3^{11}\ \eta_4^{13}\ \eta_5^{12}\ \eta_6^3\ \eta_7^4\ \eta_8^1$
457	$\alpha^6+\alpha^{14}+\alpha^{18}$	$\eta_0^6\ \eta_1^6\ \eta_2^{14}\ \eta_3^8\ \eta_4^3\ \eta_5^{16}\ \eta_6^9\ \eta_7^{12}\ \eta_8^2$
571	$\alpha^2+\alpha^3+\alpha^9-\alpha^{10}+\alpha^{15}$	$\eta_0^8\ \eta_1^4\ \eta_2^{14}\ \eta_3^3\ \eta_4^{10}\ \eta_5^8\ \eta_6^9\ \eta_7^{12}\ \eta_8^8$
647	$\alpha^8+\alpha^{10}-\alpha^{18}$	$\eta_0^{11}\ \eta_1^4\ \eta_2^{16}\ \eta_3^6\ \eta_4^{13}\ \eta_5^{14}\ \eta_6^{17}\ \eta_7^{13}\ \eta_8^1$
761	$\alpha^2+\alpha^9-\alpha^{11}$	$\eta_0^1\ \eta_1^8\ \eta_2^9\ \eta_3^{18}\ \eta_4^3\ \eta_5^{16}\ \eta_6^{15}\ \eta_7^{18}\ \eta_8^7$

*) Das Product $f(\alpha) \,.\, E(\alpha)$ ist primär; die Kreistheilungseinheiten $e(\alpha^{\gamma^k})$, aus deren Potenzen $E(\alpha)$ zusammengesetzt ist, reduciren sich hier auf die zweigliedrigen Perioden, welche in II. specificirt sind, und zwar ist, für die primitive Wurzel $\gamma = 2$ von 19, $e(\alpha^{\gamma^k}) = \eta_{k-1}$.

$\lambda = 19$

II. p zum Exponenten 2 gehörig.

9 zweigliedrige Perioden (für die primitive Wurzel 2 von 19):

$$\eta_0 = \alpha + \alpha^{-1}, \quad \eta_1 = \alpha^2 + \alpha^{-2}, \quad \eta_2 = \alpha^4 + \alpha^{-4}, \quad \eta_3 = \alpha^8 + \alpha^{-8}, \quad \eta_4 = \alpha^3 + \alpha^{-3}$$
$$\eta_5 = \alpha^6 + \alpha^{-6}, \quad \eta_6 = \alpha^7 + \alpha^{-7}, \quad \eta_7 = \alpha^5 + \alpha^{-5}, \quad \eta_8 = \alpha^9 + \alpha^{-9}.$$

Wurzeln der Gleichung:

$$\eta^9 + \eta^8 - 8\eta^7 - 7\eta^6 + 21\eta^5 + 15\eta^4 - 20\eta^3 - 10\eta^2 + 5\eta + 1 = 0,$$

mit den fundamentalen Relationen:

$$\eta_0^2 = 2 + \eta_1, \quad \eta_0\eta_1 = \eta_0 + \eta_4, \quad \eta_0\eta_2 = \eta_4 + \eta_7, \quad \eta_0\eta_3 = \eta_6 + \eta_8, \quad \eta_0\eta_4 = \eta_1 + \eta_2$$
$$\eta_0\eta_5 = \eta_6 + \eta_7, \quad \eta_0\eta_6 = \eta_3 + \eta_5, \quad \eta_0\eta_7 = \eta_2 + \eta_5, \quad \eta_0\eta_8 = \eta_3 + \eta_8.$$

Congruenzwurzeln mod. p

p	η_0	η_1	η_2	η_3	η_4	η_5	η_6	η_7	η_8
37	− 3	+ 7	+ 10	− 13	− 18	− 11	+ 8	− 12	− 6
113	− 3	+ 7	+ 47	− 53	− 18	− 17	− 52	− 10	− 15
151	+ 8	+ 62	+ 67	− 43	+ 35	+ 15	+ 72	+ 48	+ 37
227	− 8	+ 62	− 17	+ 60	− 34	+ 19	− 95	− 57	+ 69
379	+ 17	− 92	+124	−165	− 65	+ 54	−118	−101	− 34
569	− 37	+229	+ 91	−256	+ 99	+126	− 58	− 52	−143
607	+ 36	+ 80	−279	+143	−191	+ 59	−163	−141	−152
683	+ 81	−271	−325	−242	−176	+239	−253	−195	−225
797	− 18	+322	+ 72	−397	−199	−251	+ 36	−300	− 63
911	− 16	+254	−167	−354	−404	+145	+ 70	+343	+128

$f(\eta_0)$, Primfactoren der Primzahlen p und primärmachende Einheiten $E(\alpha)$.*)

p	$f(\eta_0)$	$E(\alpha)$
37	$+1-2\eta_4$	$\eta_0^{8}\ \eta_1^{3}\ \eta_2^{4}\ \eta_3^{15}\ \eta_4^{4}\ \eta_5^{1}\ \eta_6^{6}\ \eta_7^{18}\ \eta_8^{17}$
113	$-1-\eta_4+\eta_5$	$\eta_0^{13}\ \eta_1^{3}\ \eta_2^{6}\ \eta_3^{18}\ \eta_4^{18}\ \eta_5^{8}\ \eta_6^{0}\ \eta_7^{10}\ \eta_8^{0}$
151	$+2+\eta_4-\eta_8$	$\eta_0^{5}\ \eta_1^{18}\ \eta_2^{15}\ \eta_3^{12}\ \eta_4^{4}\ \eta_5^{2}\ \eta_6^{17}\ \eta_7^{7}\ \eta_8^{15}$
227	$+2\eta_2-\eta_4$	$\eta_0^{4}\ \eta_1^{17}\ \eta_2^{15}\ \eta_3^{17}\ \eta_4^{8}\ \eta_5^{5}\ \eta_6^{6}\ \eta_7^{6}\ \eta_8^{17}$
379	$+2\eta_0+\eta_8$	$\eta_0^{4}\ \eta_1^{8}\ \eta_2^{17}\ \eta_3^{17}\ \eta_4^{5}\ \eta_5^{16}\ \eta_6^{14}\ \eta_7^{5}\ \eta_8^{9}$
569	$+\eta_1+\eta_3-\eta_4+\eta_5$	$\eta_0^{16}\ \eta_1^{10}\ \eta_2^{18}\ \eta_3^{10}\ \eta_4^{3}\ \eta_5^{18}\ \eta_6^{3}\ \eta_7^{9}\ \eta_8^{8}$
607	$-2+\eta_3+\eta_7$	$\eta_0^{18}\ \eta_1^{6}\ \eta_2^{12}\ \eta_3^{13}\ \eta_4^{7}\ \eta_5^{10}\ \eta_6^{14}\ \eta_7^{17}\ \eta_8^{17}$
683	$-2-\eta_0-\eta_2+\eta_3$	$\eta_0^{1}\ \eta_1^{12}\ \eta_2^{14}\ \eta_3^{6}\ \eta_4^{7}\ \eta_5^{9}\ \eta_6^{9}\ \eta_7^{16}\ \eta_8^{2}$
797	$+3-2\eta_3$	$\eta_0^{11}\ \eta_1^{17}\ \eta_2^{16}\ \eta_3^{10}\ \eta_4^{8}\ \eta_5^{2}\ \eta_6^{6}\ \eta_7^{11}\ \eta_8^{14}$
911	$+1-\eta_0-\eta_5+\eta_8$	$\eta_0^{1}\ \eta_1^{17}\ \eta_2^{12}\ \eta_3^{14}\ \eta_4^{1}\ \eta_5^{3}\ \eta_6^{11}\ \eta_7^{14}\ \eta_8^{3}$

*) Es ist $f(\eta_0) \cdot E(\alpha)$ primär; von diesen Einheiten gilt dasselbe wie in Nr. I.

$\lambda = 19$

III. p zum Exponenten 3 gehörig.

6 dreigliedrige Perioden (für die primitive Wurzel 2 von 19):

$$\eta_0 = \alpha + \alpha^7 + \alpha^{11}, \quad \eta_1 = \alpha^2 + \alpha^3 + \alpha^{14}, \quad \eta_2 = \alpha^4 + \alpha^6 + \alpha^9,$$
$$\eta_3 = \alpha^{-1} + \alpha^{-7} + \alpha^{-11}, \quad \eta_4 = \alpha^{-2} + \alpha^{-3} + \alpha^{-14}, \quad \eta_5 = \alpha^{-4} + \alpha^{-6} + \alpha^{-9};$$

Wurzeln der Gleichung:

$$\eta^6 + \eta^5 + 2\eta^4 - 8\eta^3 - \eta^2 + 5\eta + 7 = 0,$$

mit den fundamentalen Relationen:

$$\eta_0^2 = \eta_1 + 2\eta_3, \quad \eta_0\eta_1 = \eta_1 + \eta_2 + \eta_5, \quad \eta_0\eta_2 = \eta_0 + \eta_4 + \eta_5, \quad \eta_0\eta_3 = 3 + \eta_2 + \eta_5$$
$$\eta_0\eta_4 = \eta_2 + \eta_3 + \eta_4, \quad \eta_0\eta_5 = \eta_0 + \eta_1 + \eta_4.$$

Congruenzwurzeln mod. p.

p	η_0	η_1	η_2	η_3	η_4	η_5
7	0	+ 3	+ 1	+ 2	− 3	+ 3
11	− 1	− 3	− 3	+ 2	− 5	− 2
83	− 4	+ 5	− 10	− 36	− 24	− 15
163	− 39	− 48	+ 43	+ 51	+ 71	− 79
197	+ 30	− 38	− 33	+ 75	+ 49	− 84
239	+ 18	− 81	+ 25	+ 83	− 78	+ 32
277	+ 24	−135	+ 41	− 60	− 49	− 99
311	+ 13	+ 34	+ 26	− 88	− 57	+ 71
349	+ 35	− 48	− 60	+113	+135	+173
353	+ 8	+ 23	−103	−156	− 37	− 89
463	− 42	− 65	−143	+220	−131	+160
467	+ 16	+ 28	+ 74	+114	−112	−121
577	+ 59	−142	+227	−208	−129	+192
619	− 52	−207	−285	− 92	− 98	+114
653	+ 36	+206	+315	−108	−162	−288
691	−102	+336	+320	+197	+317	+313
733	+ 4	+299	−105	+225	+ 40	+269
809	− 82	−145	−264	−206	−277	+164
881	− 33	−246	−386	+227	−384	− 60
919	− 47	−405	−320	+388	− 78	−458

$\lambda = 19$

$f(\eta_0)$, Primfactoren der Primzahlen p und primär machende Einheiten $E(\alpha)$. *)

p	$f(\eta_0)$	$E(\alpha)$
7	η_0	$e_0^{4}\ e_1^{14}\ e_2^{1}$
11	$1+\eta_0$	$e_0^{6}\ e_1^{17}\ e_2^{15}$
83	$1-\eta_0-\eta_1$	$e_0^{7}\ e_1^{12}\ e_2^{0}$
163	$1+\eta_0+\eta_1+2\eta_2$	$e_0^{6}\ e_1^{5}\ e_2^{8}$
197	$2-\eta_2+\eta_4+\eta_5$	$e_0^{14}\ e_1^{6}\ e_2^{18}$
239	$2-\eta_1-\eta_3$	$e_0^{11}\ e_1^{17}\ e_2^{10}$
277	$1+2\eta_0+\eta_4$	$e_0^{15}\ e_1^{17}\ e_2^{6}$
311	$2\eta_0-\eta_2$	$e_0^{4}\ e_1^{2}\ e_2^{12}$
349	$\eta_2-\eta_3+\eta_5$	$e_0^{15}\ e_1^{6}\ e_2^{17}$
353	$1+\eta_0+2\eta_2+\eta_3$	$e_0^{13}\ e_1^{11}\ e_2^{14}$
463	$1-2\eta_1+\eta_4$	$e_0^{17}\ e_1^{14}\ e_2^{7}$
467	$2-\eta_3-\eta_4$	$e_0^{14}\ e_1^{5}\ e_2^{0}$
577	$\eta_1-\eta_2+\eta_3$	$e_0^{7}\ e_1^{0}\ e_2^{12}$
619	$1+\eta_1-\eta_3+\eta_5$	$e_0^{18}\ e_1^{0}\ e_2^{1}$
653	$1+\eta_1-\eta_2-\eta_3$	$e_0^{14}\ e_1^{14}\ e_2^{10}$
691	$3-\eta_2+\eta_4$	$e_0^{7}\ e_1^{5}\ e_2^{7}$
733	$\eta_0+\eta_2+\eta_4-\eta_5$	$e_0^{7}\ e_1^{14}\ e_2^{17}$
809	$2\eta_0+\eta_5$	$e_0^{2}\ e_1^{16}\ e_2^{1}$
881	$2+\eta_2-\eta_4$	$e_0^{14}\ e_1^{16}\ e_2^{8}$
919	$3-2\eta_5$	$e_0^{2}\ e_1^{14}\ e_2^{3}$

*) Das Product $f(\eta_0) \, . \, E(\alpha)$ ist primär. Der Kürze wegen ist hier gesetzt:

$$e_0 = \eta_0\eta_3\eta_6, \qquad e_1 = \eta_1\eta_4\eta_7, \qquad e_2 = \eta_2\eta_5\eta_8,$$

wo die η die zweigliedrigen Perioden sind; auch ist $\overset{2}{\eta}_k \overset{2}{\eta}_{k+3} \overset{2}{\eta}_{k+6} = 2 + \overset{6}{\eta}_{k+1}$, wo die Zahlen über den η die Gliederzahlen der Perioden vorstellen. — Die Ausführung der Multiplication gibt z. B. für den primären Primfactor von 7:

$$f(\eta_0)\,E(\alpha) = 23897 - 21782\eta_0 - 42961\eta_2 - 9532\eta_3 + 9532\eta_4 \, .$$

$\lambda = 19$

IV. p zum Exponenten 6 gehörig.

3 sechsgliedrige Perioden (für die primitive Wurzel 2 von 19):

$$\eta_0 = \alpha^1 + \alpha^7 + \alpha^8 + \alpha^{-8} + \alpha^{-7} + \alpha^{-1}, \qquad \eta_1 = \alpha^2 + \alpha^3 + \alpha^5 + \alpha^{-5} + \alpha^{-3} + \alpha^{-2},$$
$$\eta_2 = \alpha^4 + \alpha^6 + \alpha^9 + \alpha^{-9} + \alpha^{-6} + \alpha^{-4},$$

Wurzeln der Gleichung:

$$\eta^3 + \eta^2 - 6\eta - 7 = 0,$$

mit den fundamentalen Relationen:

$$\eta_0^2 = 4 - \eta_1, \qquad \eta_0\eta_1 = -1 + \eta_1 + 2\eta_2, \qquad \eta_0\eta_2 = -1 + \eta_0 + 2\eta_1$$

Congruenzwurzeln mod. p.

p	η_0	η_1	η_2	p	η_0	η_1	η_2	p	η_0	η_1	η_2
31	− 4	− 12	+ 15	373	+50	+115	−166	673	+121	+169	−291
103	−13	+ 41	− 29	449	−86	−208	−156	677	+ 29	−160	+130
107	+ 9	+ 30	− 40	487	−78	−236	−174	787	+ 39	+ 57	− 97
179	−25	− 84	− 71	521	+ 8	− 60	+ 51	829	−148	−346	−336
293	+28	+ 99	−128	563	−72	−113	+184	863	+ 18	−320	+301
331	+56	−153	+ 96	601	− 9	− 77	+ 85	977	+ 43	+109	−153

$f(\eta_0)$, Primfactoren der Primzahlen p und primär machende Einheiten $E(\alpha)$.*)

p	$f(\eta_0)$	$E(\alpha)$	p	$f(\eta_0)$	$E(\alpha)$
31	$+4+\eta_0$	$e_0^{1}\ e_1^{13}\ e_2^{5}$	521	$+8-\eta_0$	$e_0^{2}\ e_1^{2}\ e_2^{14}$
103	$-2+3\eta_0+\eta_1$	$e_0^{2}\ e_1^{5}\ e_2^{12}$	563	$-2-5\eta_1$	$e_0^{12}\ e_1^{7}\ e_2^{18}$
107	$-4\eta_1-3\eta_2$	$e_0^{11}\ e_1^{4}\ e_2^{4}$	601	$+9+\eta_0$	$e_0^{12}\ e_1^{0}\ e_2^{6}$
179	$-4-3\eta_0+\eta_2$	$e_0^{16}\ e_1^{6}\ e_2^{16}$	673	$-3+4\eta_1$	$e_0^{5}\ e_1^{1}\ e_2^{13}$
293	$-4+3\eta_1$	$e_0^{17}\ e_1^{0}\ e_2^{2}$	677	$-2+\eta_0+5\eta_2$	$e_0^{15}\ e_1^{6}\ e_2^{17}$
331	$-2+5\eta_0+4\eta_2$	$e_0^{8}\ e_1^{0}\ e_2^{11}$	787	$-3+3\eta_0-2\eta_1$	$e_0^{11}\ e_1^{9}\ e_2^{18}$
373	$+7-3\eta_0-2\eta_1$	$e_0^{0}\ e_1^{8}\ e_2^{11}$	829	$+10+\eta_1-\eta_2$	$e_0^{10}\ e_1^{8}\ e_2^{2}$
449	$+3\eta_1-4\eta_2$	$e_0^{11}\ e_1^{3}\ e_2^{5}$	863	$-4-2\eta_0+3\eta_2$	$e_0^{18}\ e_1^{11}\ e_2^{9}$
487	$-2+3\eta_0-\eta_1$	$e_0^{15}\ e_1^{5}\ e_2^{18}$	977	$+3+3\eta_0-2\eta_1$	$e_0^{12}\ e_1^{4}\ e_2^{3}$

*) Diese Einheiten sind zusammengesetzt wie in III. Das Product $f(\eta_0)\,.\,E(\alpha)$ ist primär; die Ausführung der Multiplication gibt z. B. für $p = 31$:

$$f(\eta_0)\ E(\alpha) = -302780 + 44536\eta_0 - 156313\eta_2 .$$

$\lambda = 19$

V. p zum Exponenten 9 gehörig.

2 neungliedrige Perioden (für die primitive Wurzel 2 von 19):

$$\eta_0 = \alpha + \alpha^4 + \alpha^5 + \alpha^6 + \alpha^7 + \alpha^9 + \alpha^{11} + \alpha^{16} + \alpha^{17},$$

$$\eta_1 = \alpha^{-1} + \alpha^{-4} + \alpha^{-5} + \alpha^{-6} + \alpha^{-7} + \alpha^{-9} + \alpha^{-11} + \alpha^{-16} + \alpha^{-17},$$

Wurzeln der Gleichung:

$$\eta^2 + \eta + 5 = 0,$$

mit den fundamentalen Relationen:

$$\eta_0^2 = -4 + \eta_1, \qquad \eta_0\eta_1 = +5.$$

Congruenzwurzeln mod. p.

p	η_0	η_1	p	η_0	η_1	p	η_0	η_1	p	η_0	η_1	p	η_0	η_1
5	0	—1	157	41	—42	389	168	—169	593	224	—225	769	302	—303
17	3	—4	199	70	—71	397	44	—45	613	265	—266	821	169	—170
23	10	—11	233	66	—67	443	124	—125	617	55	—56	823	379	—380
43	14	—15	251	52	—53	461	88	—89	631	287	—288	853	356	—357
47	6	—7	263	113	—114	479	143	—144	643	222	—223	859	65	—66
61	7	—8	271	43	—44	491	49	—50	701	181	—182	883	122	—123
73	22	—23	283	99	—100	499	203	—204	709	59	—60	929	351	—352
101	26	—27	313	39	—40	503	240	—241	719	292	—293	937	101	—102
131	25	—26	347	18	—19	541	61	—62	727	159	—160	947	338	—339
137	11	—12	359	140	—141	557	23	—24	739	313	—314	967	69	—70
139	56	—57	367	63	—64	587	266	—267	757	276	—277	997	31	—32
149	58	—59												

$f(\eta_0)$, **Primfactoren der Primzahlen p, an sich in der primären Form.**

p	$f(\eta_0)$	p	$f(\eta_0)$	p	$f(\eta_0)$	p	$f(\eta_0)$	p	$f(\eta_0)$
5	η_0	157	$7-4\eta_0$	389	$9-7\eta_0$	593	$13-8\eta_0$	769	$23-5\eta_1$
17	$3-\eta_0$	199	$11-3\eta_0$	397	$1+9\eta_0$	613	$16-7\eta_0$	821	$24-5\eta_0$
23	$1-2\eta_1$	233	$3+7\eta_1$	443	$11-7\eta_1$	617	$1-11\eta_1$	823	$2+13\eta_1$
43	$1+3\eta_0$	251	$9-5\eta_0$	461	$16-5\eta_1$	631	$2-11\eta_0$	853	$7-12\eta_0$
47	$6-\eta_0$	263	$2-7\eta_0$	479	$3+10\eta_1$	643	$23-3\eta_0$	859	$1-13\eta_1$
61	$7-\eta_0$	271	$7-6\eta_1$	491	$1+10\eta_0$	701	$23-4\eta_0$	883	$22-7\eta_1$
73	$4-3\eta_1$	283	$14-3\eta_0$	499	$17-5\eta_0$	709	$1+12\eta_0$	929	$21-8\eta_0$
101	$3-4\eta_0$	313	$1+8\eta_0$	503	$21-2\eta_1$	719	$22-5\eta_0$	937	$19-9\eta_1$
131	$1-5\eta_1$	347	$18-\eta_0$	541	$8-9\eta_0$	727	$14-9\eta_1$	947	$3+14\eta_0$
137	$11-\eta_0$	359	$13-5\eta_1$	557	$23-\eta_0$	739	$19-7\eta_1$	967	$1+14\eta_0$
139	$2-5\eta_0$	367	$11-6\eta_0$	587	$2+11\eta_1$	757	$8-11\eta_0$	997	$31-\eta_0$
149	$3-5\eta_1$								

$\lambda = 19$

VI. *p* zum Exponenten 18 gehörig, in Beziehung auf 19te Einheitswurzeln selbst complexe Primzahlen:

2, 3, 13, 29, 41, 53, 59, 67, 71, 79, 89, 97, 109, 127, 167, 173, 181, 193, 211, 223, 241, 257, 269, 281, 307, 317, 337, 383, 401, 409, 421, 431, 433, 439, 509, 523, 547, 599, 659, 661, 691, 743, 751, 773, 811, 827, 839, 857, 877, 887, 907, 941, 953, 971, 983, 991.

$\lambda = 23$

I. $p = 23m + 1$.

Congruenzwurzeln mod. *p*.

p	α	α^2	α^3	α^4	α^5	α^6	α^7	α^8	α^9	α^{10}	α^{11}
47	+ 6	− 11	− 19	− 20	+ 21	− 15	+ 4	− 23	+ 3	+ 18	+ 14
139	− 39	− 8	+ 34	+ 64	+ 6	+ 44	− 48	+ 65	− 33	+ 36	− 14
277	+ 30	+ 69	+131	+ 52	−102	− 13	−113	− 66	− 41	−122	− 59
461	+196	+153	+ 23	−102	−169	+ 68	− 41	−199	+181	− 21	+ 33
599	−275	+151	−194	−139	+ 57	−101	+221	−276	−173	+254	+233
691	+ 20	−291	−292	−312	− 21	+271	−108	− 87	+333	−250	−163
829	−322	+ 59	+ 69	+165	− 74	−213	−221	−132	+225	−327	+ 11
967	+187	+157	+349	+474	−326	− 41	+ 69	+332	+196	− 94	−172

p	α^{12}	α^{13}	α^{14}	α^{15}	α^{16}	α^{17}	α^{18}	α^{19}	α^{20}	α^{21}	α^{22}
47	− 10	− 13	+ 16	+ 2	+ 12	− 22	+ 9	+ 7	− 5	+ 17	+ 8
139	− 10	− 27	− 59	− 62	+ 55	− 60	− 23	+ 63	+ 45	+ 52	+ 57
277	−108	+ 84	+ 27	− 21	− 76	− 64	+ 19	+ 16	− 74	− 4	−120
461	+ 14	− 22	−163	−139	− 45	− 61	+ 30	−113	− 20	+229	+167
599	+ 18	−158	−277	+102	+103	−172	− 21	−215	−176	−119	−220
691	+195	−246	− 83	−278	− 32	+ 51	+329	−330	+310	− 19	+311
829	−226	−180	− 70	+157	+ 15	+144	+ 56	+206	− 12	−281	+121
967	−253	+ 72	− 74	−300	− 14	+283	−264	− 51	+133	−271	−393

$\lambda = 23$

Congruenzwurzeln mod. p^3

in der Form $a + bp + cp^2$, wovon der Bestandtheil a in der vorigen Tafel steht.

p	α	α^2	α^3	α^4	α^5
47	$+p-2p^2$	$+13p-23p^2$	$+19p-8p^2$	$-p+11p^2$	$+18p+10p^2$
139	$-53p+27p^2$	$-25p+38p^2$	$+11p+54p^2$	$-17p+20p^2$	$+33p+22p^2$
277	$+34p+70p^2$	$+104p+100p^2$	$-67p+29p^2$	$-35p+15p^2$	$-107p+133p^2$
461	$+126p+58p^2$	$+148p-5p^2$	$-54p-91p^2$	$+161p+188p^2$	$+221p+87p^2$
967	$-5p+200p^2$	$+100p+364p^2$	$-428p+353p^2$	$+481p-415p^2$	$-328p+376p^2$

p	α^6	α^7	α^8	α^9	α^{10}
47	$-9p-8p^2$	$+23p+18p^2$	$+2p-15p^2$	$-14p+5p^2$	$+13p+8p^2$
139	$+61p+45p^2$	$+3p+58p^2$	$-62p+54p^2$	$+67p+8p^2$	$-21p-34p^2$
277	$-41p+113p^2$	$-11p-28p^2$	$-29p+2p^2$	$-74p-17p^2$	$-17p-92p^2$
461	$-178p+108p^2$	$-14p-139p^2$	$-90p-55p^2$	$+74p-102p^2$	$+46p-89p^2$
967	$+185p-79p^2$	$-20p+313p^2$	$-204p-98p^2$	$-97p-264p^2$	$+259p-33p^2$

p	α^{11}	α^{12}	α^{13}	α^{14}	α^{15}
47	$+4p-20p^2$	$-7p-2p^2$	$-6p$	$-4p+19p^2$	$-6p-16p^2$
139	$+13p+67p^2$	$-39p-64p^2$	$-31p-p^2$	$+7p-p^2$	$-48p+42p^2$
277	$+38p+16p^2$	$-41p+132p^2$	$+72p-26p^2$	$+39p+87p^2$	$-125p+17p^2$
461	$-93p+56p^2$	$-226p+220p^2$	$-114p+151p^2$	$+230p+71p^2$	$+40p-158p^2$
967	$-432p-106p^2$	$+304p+73p^2$	$+44p+271p^2$	$+146p+76p^2$	$-385p-322p^2$

p	α^{16}	α^{17}	α^{18}	α^{19}	α^{20}
47	$+13p-13p^2$	$-2p+7p^2$	$+10p-11p^2$	$+23p+21p^2$	$+5p-3p^2$
139	$+32p-36p^2$	$-8p+51p^2$	$+34p+37p^2$	$+38p+25p^2$	$+26p+67p^2$
277	$-34p+37p^2$	$-11p-116p^2$	$-20p-33p^2$	$+48p-63p^2$	$+47p+38p^2$
461	$-52p+103p^2$	$-207p-72p^2$	$+121p-42p^2$	$-151p+55p^2$	$-87p-143p^2$
967	$+38p-388p^2$	$+404p-113p^2$	$-271p-319p^2$	$-91p+56p^2$	$-333p-257p^2$

p	α^{21}	α^{22}
47	$-23p-2p^2$	$+22p+22p^2$
139	$+63p-21p^2$	$+54p+42p^2$
277	$-6p+47p^2$	$-39p+94p^2$
461	$-219p-85p^2$	$-143p-115p^2$
967	$-55p+448p^2$	$-279p-135p^2$

$\lambda = 23$

$f(\alpha)$, Primfactoren der Primzahlen p.

Nur 3 der obigen Primzahlen p haben wirkliche Primfactoren $f(\alpha)$:

p	$f(\alpha)$	p	$f(\alpha)$	p	$f(\alpha)$
599	$\alpha+\alpha^{16}-\alpha^{17}$	691	$\alpha^{3}+\alpha^{21}+\alpha^{22}$	829	$\alpha^{2}+\alpha^{5}+\alpha^{16}$

Die übrigen haben ideale Primfactoren, deren 3te Potenzen $f^3(\alpha)$ wirklich sind:

p	$f^3(\alpha)$
47	$\alpha^{4}+\alpha^{5}+\alpha^{9}+\alpha^{10}+\alpha^{16}-\alpha^{20}+\alpha^{22}$
139	$1-\alpha^{3}-\alpha^{7}+\alpha^{9}+\alpha^{11}+\alpha^{14}+\alpha^{15}+\alpha^{17}+\alpha^{18}+\alpha^{20}+\alpha^{21}$
277	$\alpha^{2}-\alpha^{4}-\alpha^{6}+\alpha^{7}-\alpha^{10}-\alpha^{15}-\alpha^{17}+\alpha^{21}+\alpha^{22}$
461	$\alpha-\alpha^{2}+\alpha^{3}-\alpha^{9}+\alpha^{14}-2\alpha^{15}$
967	$\alpha^{2}-\alpha^{3}-\alpha^{5}+\alpha^{10}+\alpha^{15}-2\alpha^{16}+\alpha^{17}+\alpha^{19}$

II. p zum Exponenten 2 gehörig.

11 zweigliedrige Perioden (für die primitive Wurzel —2 von 23):

$$\eta_0 = \alpha + \alpha^{-1},\quad \eta_1 = \alpha^2 + \alpha^{-2},\quad \eta_2 = \alpha^4 + \alpha^{-4},\quad \eta_3 = \alpha^8 + \alpha^{-8},\quad \eta_4 = \alpha^7 + \alpha^{-7}$$
$$\eta_5 = \alpha^9 + \alpha^{-9},\quad \eta_6 = \alpha^5 + \alpha^{-5},\quad \eta_7 = \alpha^{10} + \alpha^{-10},\quad \eta_8 = \alpha^3 + \alpha^{-3},$$
$$\eta_9 = \alpha^6 + \alpha^{-6},\quad \eta_{10} = \alpha^{11} + \alpha^{-11},$$

Wurzeln der Gleichung:

$$\eta^{11} + \eta^{10} - 10\eta^9 - 9\eta^8 + 36\eta^7 + 28\eta^6 - 56\eta^5 - 35\eta^4 + 35\eta^3 + 15\eta^2 - 6\eta - 1 = 0;$$

mit den fundamentalen Relationen:

$$\eta_0^2 = 2 + \eta_1,\quad \eta_0\eta_1 = \eta_0 + \eta_8,\quad \eta_0\eta_2 = \eta_6 + \eta_8,\quad \eta_0\eta_3 = \eta_4 + \eta_5,\quad \eta_0\eta_4 = \eta_3 + \eta_9$$
$$\eta_0\eta_5 = \eta_3 + \eta_7,\quad \eta_0\eta_6 = \eta_2 + \eta_9,\quad \eta_0\eta_7 = \eta_5 + \eta_{10},\quad \eta_0\eta_8 = \eta_1 + \eta_2,$$
$$\eta_0\eta_9 = \eta_4 + \eta_6,\quad \eta_0\eta_{10} = \eta_7 + \eta_{10}.$$

Congruenzwurzeln mod. p.

p	η_0	η_1	η_2	η_3	η_4	η_5	η_6	η_7	η_8	η_9	η_{10}
137	—11	— 18	+ 48	— 27	+ 42	— 19	— 52	— 38	— 65	— 24	+ 26
229	— 6	+ 34	+ 9	+ 79	+ 56	— 72	— 85	—105	+ 31	+ 43	+ 15
367	— 5	+ 23	+160	— 92	+ 21	+ 72	+ 44	+ 99	—110	— 13	+167
643	+21	—204	—181	— 34	—132	+ 61	—139	+ 29	+196	—166	— 95
827	—17	+287	—333	+ 69	—203	—143	—228	—119	+100	+ 74	—315
919	— 9	+ 79	—194	— 45	+185	+220	—309	— 97	+217	+218	—266

$\lambda = 23$

$f(\eta_0)$, Primfactoren der Primzahlen p.

p	$f(\eta_0)$	p	$f(\eta_0)$	p	$f(\eta_0)$
137	$-1+\eta_1-\eta_5$	367	$-2+\eta_1-\eta_4$	827	$+1-\eta_0+\eta_2-\eta_{10}$
229	$+\eta_1+\eta_2-\eta_9$	643	$+\eta_0-\eta_1-\eta_7-\eta_8$	919	$+1+\eta_8-\eta_9$

Diesen kann noch beigefügt werden $N(1-2\eta_2) = 1747$ für $\eta_0 \equiv -82$; $N(2+3\eta_2) = 4093$ für $\eta_0 \equiv +888$; $N(3-2\eta_4) = 5197$ für $\eta_0 \equiv +57$, wo 1747, 4093, 5197 Primzahlen der Form $23m-1$ sind.

III. p zum Exponenten 11 gehörig.

2 elfgliedrige Perioden (für die primitive Wurzel -2 von 23):

$$\eta_0 = \alpha + \alpha^2 + \alpha^3 + \alpha^4 + \alpha^6 + \alpha^8 + \alpha^9 + \alpha^{12} + \alpha^{13} + \alpha^{16} + \alpha^{18},$$
$$\eta_1 = \alpha^{-1} + \alpha^{-2} + \alpha^{-3} + \alpha^{-4} + \alpha^{-6} + \alpha^{-8} + \alpha^{-9} + \alpha^{-12} + \alpha^{-13} + \alpha^{-16} + \alpha^{-18},$$

Wurzeln der Gleichung:

$$\eta^2 + \eta + 6 = 0;$$

mit den fundamentalen Relationen:

$$\eta_0^2 = -5 + \eta_1, \qquad \eta_0\eta_1 = +6.$$

Congruenzwurzeln mod. p.

p	η_0	η_1	p	η_0	η_1	p	η_0	η_1	p	η_0	η_1	p	η_0	η_1
2	0	−1	173	45	−46	347	164	−165	547	238	−239	811	251	−252
3	0	−1	179	65	−66	349	158	−159	577	176	−177	821	198	−199
13	4	−5	193	19	−20	353	37	−38	587	184	−185	823	40	−41
29	10	−11	197	59	−60	397	84	−85	593	220	−221	853	71	−72
31	7	−8	211	35	−36	409	28	−29	601	216	−217	857	58	−59
41	15	−16	223	36	−37	439	118	−119	607	104	−105	859	101	−102
59	26	−27	233	103	−104	443	51	−52	647	172	−173	863	387	−388
71	20	−21	239	53	−54	449	169	−170	653	304	−305	877	72	−73
73	29	−30	257	78	−79	463	74	−75	673	63	−64	883	151	−152
101	24	−25	269	120	−121	487	112	−113	683	90	−91	887	309	−310
127	27	−28	271	46	−47	491	153	−154	719	214	−215	929	295	−296
131	48	−49	307	49	−50	499	31	−32	739	282	−283	947	61	−62
151	42	−43	311	70	−71	509	110	−111	761	165	−166	991	160	−161
163	62	−63	317	75	−76	541	250	−251	809	98	−99	997	416	−417
167	77	−78	331	44	−45									

Die dem η_0 entsprechenden Congruenzwurzeln mod. p^3 sind für die 6 ersten der vorstehenden p:

$$\begin{cases} p = 2, & p = 3, & p = 13, & p = 29, & p = 31, & p = 41 \\ \eta_0 \equiv -2, & \eta_0 \equiv +12, & \eta_0 \equiv -919, & \eta_0 \equiv +13060, & \eta_0 \equiv +4936, & \eta_0 \equiv -31227 \end{cases}$$ u. s. w.

$\lambda = 23$

$f(\eta_0)$, Primfactoren der Primzahlen p.

Wirkliche Primfactoren $f(\eta_0)$ haben folgende jener Primzahlen p.

p	$f(\eta_0)$	p	$f(\eta_0)$	p	$f(\eta_0)$	p	$f(\eta_0)$	p	$f(\eta_0)$
59	$5-2\eta_1$	223	$1-6\eta_1$	449	$5-8\eta_0$	719	$7-10\eta_1$	877	$1-12\eta_1$
101	$1-4\eta_1$	271	$5-6\eta_0$	463	$13-6\eta_1$	809	$17-8\eta_1$	883	$23-6\eta_0$
167	$11-2\eta_1$	307	$7-6\eta_1$	593	$11-8\eta_1$	821	$25-4\eta_1$	991	$25-6\eta_1$
173	$7-4\eta_0$	317	$13-4\eta_1$	607	$17-6\eta_0$	853	$1+12\eta_0$	997	$7-12\eta_0$
211	$1+6\eta_0$	347	$17-2\eta_1$						

Die übrigen haben ideale Primfactoren deren 3te Potenzen $f^3(\eta_0)$ wirklich sind: *)

p	$f^3(\eta_0)$	p	$f^3(\eta_0)$	p	$f^3(\eta_0)$	p	$f^3(\eta_0)$
2	$1-\eta_1$	193	$1807-672\eta_1$	443	$8317-1162\eta_0$	673	$15797-1992\eta_0$
3	$1-2\eta_1$	197	$2693-116\eta_1$	487	$8933-1806\eta_0$	683	$17173-1018\eta_0$
13	$31-12\eta_1$	233	$2441-872\eta_0$	491	$9631-1414\eta_0$	739	$12553-5442\eta_1$
29	$127-28\eta_1$	239	$3625-118\eta_0$	499	$6253-3282\eta_0$	761	$17975-3176\eta_0$
31	$169-6\eta_1$	257	$853-1576\eta_0$	509	$1735-4492\eta_1$	811	$3121+9606\eta_1$
41	$181-64\eta_0$	269	$413+1828\eta_0$	541	$2155+5244\eta_1$	823	$4223-9138\eta_0$
71	$565-46\eta_0$	311	$1961-1934\eta_0$	547	$9193-2946\eta_0$	857	$9271-8776\eta_1$
73	$589-48\eta_0$	331	$6019-6\eta_1$	577	$9101-3576\eta_0$	859	$25105-138\eta_0$
127	$1181-246\eta_0$	349	$3955-1812\eta_0$	587	$1883+5914\eta_0$	863	$17431-6202\eta_0$
131	$1285-226\eta_0$	353	$377-2672\eta_0$	601	$2909+6144\eta_0$	887	$4339+11006\eta_0$
151	$1721-174\eta_0$	397	$7043-996\eta_0$	647	$12607-3394\eta_1$	929	$21853-5752\eta_0$
163	$419-798\eta_0$	409	$857-3288\eta_0$	653	$8399-5228\eta_0$	947	$3869-11474\eta_0$
179	$965-818\eta_1$	439	$1883-3522\eta_1$				

IV. p zum Exponenten 22 gehörig, in Beziehung auf 23te Einheitswurzeln selbst complexe Primzahlen:

5, 7, 11, 17, 19, 37, 43, 53, 61, 67, 79, 83, 89, 97, 103, 107, 109, 113, 149, 157, 181, 191, 199, 227, 241, 251, 263, 281, 283, 293, 313, 337, 359, 373, 379, 383, 389, 401, 419, 421, 431, 433, 457, 467, 479, 503, 521, 523, 557, 563, 569, 571, 613, 617, 619, 631, 641, 659, 661, 677, 701, 709, 727, 733, 743, 751, 757, 769, 773, 787, 797, 839, 881, 907, 911, 937, 941, 953, 971, 977, 983.

*) Wie in I. beruht die Idealität auf der quadratischen Form. Von den zwei conjugirten idealen Primfactoren einer jeden Primzahl p gehört der eine der einen, der andere der anderen der beiden idealen Classen an.

$\lambda = 29$

I. $p = 29m + 1$.

Congruenzwurzeln mod. p^2 in der Form $a + b\,p$.

p	α	α^2	α^3	α^4	α^5	α^6
59	$-18-27p$	$+29-26p$	$+9-29p$	$+15-19p$	$+25-9p$	$+22+10p$
233	$-105-18p$	$+74+99p$	$-81+123p$	$-116-3p$	$+64-108p$	$+37-93p$
349	$-121-109p$	$-17-104p$	$-37+134p$	$-60+47p$	$-69-173p$	$-27-140p$
523	$+226+129p$	$-178-170p$	$+43+255p$	$-219-87p$	$+191+108p$	$-243-32p$
929	$-361-247p$	$+261+106p$	$-392+285p$	$+304-335p$	$-122+208p$	$+379-315p$

p	α^7	α^8	α^9	α^{10}	α^{11}	α^{12}
59	$+17-14p$	$-11+24p$	$+21-14p$	$-24-26p$	$+19+2p$	$+12-24p$
233	$+76-5p$	$-58+55p$	$+32-45p$	$-98-59p$	$+38+81p$	$-29+114p$
349	$+126-p$	$+110-46p$	$-48+169p$	$-125+156p$	$+118+27p$	$+31-116p$
523	$-3+18p$	$-155+19p$	$+11-78p$	$-129+9p$	$+134-19p$	$-50-25p$
929	$-256+446p$	$+445-130p$	$+72+14p$	$+20+359p$	$+212+158p$	$-354+138p$

p	α^{13}	α^{14}	α^{15}	α^{16}	α^{17}	α^{18}
59	$+20-14p$	$-6+p$	$-10+28p$	$+3+5p$	$+5+5p$	$+28+9p$
233	$+16-18p$	$-49-36p$	$+19+24p$	$+102-75p$	$+8-65p$	$+92-80p$
349	$+88-173p$	$+171+142p$	$-100+67p$	$-115+36p$	$-45-157p$	$-139-163p$
523	$+206-93p$	$+9-108p$	$-58-231p$	$-33-91p$	$-136-256p$	$+121-147p$
929	$-408-331p$	$-423+253p$	$+347+306p$	$+148-291p$	$+454-309p$	$-390+164p$

p	α^{19}	α^{20}	α^{21}	α^{22}	α^{23}	α^{24}
59	$+27+17p$	$-14+19p$	$+16-19p$	$+7+23p$	$-8-15p$	$+26+16p$
233	$-107-54p$	$+51-45p$	$+4+56p$	$+46+104p$	$+63+114p$	$-91-84p$
349	$+67+22p$	$-80+133p$	$-92-16p$	$-36+130p$	$+168+72p$	$-86+140p$
523	$+150+221p$	$-95-198p$	$-27-37p$	$+174+172p$	$+99+202p$	$-115-110p$
929	$-418+118p$	$+400+425p$	$-405+308p$	$+352+152p$	$+201+184p$	$-99-24p$

p	α^{25}	α^{26}	α^{27}	α^{28}
59	$+4+5p$	$-13-22p$	$-2-16p$	$-23-11p$
233	$+2+14p$	$+23-109p$	$-85+70p$	$+71+43p$
349	$-64+142p$	$+66-63p$	$+41+57p$	$-75+137p$
523	$+160+3p$	$+73-56p$	$-238-69p$	$+81+148p$
929	$+437-289p$	$+173-64p$	$-210-185p$	$-368-175p$

$\lambda = 29$

Primfactoren der Primzahlen p, d. h.

Zweite Potenzen $f^2(\alpha)$ dieser idealen Factoren.

p	$f^2(\alpha)$	p	$f^2(\alpha)$
59	$\alpha^9-\alpha^{17}-\alpha^{21}$	523	$\alpha+\alpha^7+\alpha^9-\alpha^{13}+\alpha^{14}+\alpha^{17}+\alpha^{23}$
233	$\alpha^7+\alpha^9+\alpha^{16}+\alpha^{26}$	929	$1-\alpha^8-\alpha^9+\alpha^{16}-\alpha^{28}$
349	$\alpha+\alpha^2+\alpha^3+\alpha^4+\alpha^5+\alpha^9+\alpha^{11}+\alpha^{23}+\alpha^{26}$		

Normen zusammengesetzter complexer Zahlen.

Aus denselben geht hervor, dafs, wenn eines jener fünf p ideale Primfactoren hat, auch die aller übrigen ideal sind:

$$N(1+\alpha^6-\alpha^{11}) = 59.\ 233, \qquad N(1-\alpha^{19}+\alpha^{26}) = 59.\ 349,$$

$$N(1+\alpha^2-\alpha^5+\alpha^8) = 59.\ 523, \quad N(1+\alpha+\alpha^{11}+\alpha^{16}) = 59.\ 929,$$

$$N(1+\alpha^3+\alpha^6-\alpha^{19}-\alpha^{22}) = 233.\ 349.$$

$N(1+\alpha^5-\alpha^{24}) = 59.\ 19489$ (wo 19489 ein p der Form $29m+1$).

II. p zum Exponenten 2 gehörig.

14 zweigliedrige Perioden (für die primitive Wurzel 2 von 29):

$$\eta_0 = \alpha+\alpha^{-1}, \quad \eta_1 = \alpha^2+\alpha^{-2}, \quad \eta_2 = \alpha^4+\alpha^{-4}, \quad \eta_3 = \alpha^8+\alpha^{-8}, \quad \eta_4 = \alpha^{13}+\alpha^{-13},$$

$$\eta_5 = \alpha^3+\alpha^{-3} \quad \eta_6 = \alpha^6+\alpha^{-6}, \quad \eta_7 = \alpha^{12}+\alpha^{-12}, \quad \eta_8 = \alpha^5+\alpha^{-5}, \quad \eta_9 = \alpha^{10}+\alpha^{-10},$$

$$\eta_{10} = \alpha^9+\alpha^{-9}, \quad \eta_{11} = \alpha^{11}+\alpha^{-11}, \quad \eta_{12} = \alpha^7+\alpha^{-7}, \quad \eta_{13} = \alpha^{14}+\alpha^{-14};$$

Wurzeln der Gleichung:

$$\eta^{14}+\eta^{13}-13\eta^{12}-12\eta^{11}+66\eta^{10}+55\eta^9-165\eta^8-120\eta^7+210\eta^6+126\eta^5-126\eta^4-56\eta^3$$
$$+28\eta^2+7\eta-1=0,$$

mit den fundamentalen Relationen:

$$\eta_0^2 = 2+\eta_1, \quad \eta_0\eta_1 = \eta_0+\eta_5, \quad \eta_0\eta_2 = \eta_5+\eta_8, \quad \eta_0\eta_3 = \eta_{10}+\eta_{12}, \quad \eta_0\eta_4 = \eta_7+\eta_{13},$$

$$\eta_0\eta_5 = \eta_1+\eta_2, \quad \eta_0\eta_6 = \eta_8+\eta_{12}, \quad \eta_0\eta_7 = \eta_4+\eta_{11}, \quad \eta_0\eta_8 = \eta_2+\eta_6, \quad \eta_0\eta_9 = \eta_{10}+\eta_{11},$$

$$\eta_0\eta_{10} = \eta_3+\eta_9, \quad \eta_0\eta_{11} = \eta_7+\eta_9 \quad \eta_0\eta_{12} = \eta_3+\eta_6, \quad \eta_0\eta_{13} = \eta_4+\eta_{13}.$$

Congruenzwurzeln mod. p.

p	η_0	η_1	η_2	η_3	η_4	η_5	η_6	η_7	η_8	η_9	η_{10}	η_{11}	η_{12}	η_{13}
173	−18	− 24	+ 55	+ 82	− 25	− 69	− 85	− 43	− 56	+ 20	+ 52	− 66	+ 29	− 26
347	− 7	+ 47	+125	+ 8	+ 62	+ 25	− 71	−166	+141	+100	− 65	+ 59	+ 9	+ 79
463	+13	+167	+107	−128	+177	−157	+108	+ 87	+159	−186	−131	+ 28	−144	−101
521	− 4	+ 14	+194	+122	−227	− 52	+ 97	+ 29	−203	+ 48	+218	+111	−185	−163
811	+ 5	+ 23	−284	+365	+219	+110	− 67	−379	+ 92	+352	−181	+319	+384	−148

$\lambda = 29$

$f(\eta_0)$, Primfactoren der Primzahlen p.*)

p	$f(\eta_0)$	p	$f(\eta_0)$	p	$f(\eta_0)$
− 173	$1 + \eta_2 + \eta_8$	+ 463	$1 + \eta_2 - \eta_6$	− 811	$\eta_0 - \eta_7 - \eta_{12}$
+ 347	$1 - \eta_0 - \eta_3$	+ 521	$\eta_0 - \eta_5 - \eta_9$		

III. p zum Exponenten 4 gehörig.

7 viergliedrige Perioden (für die primitive Wurzel 2 von 29):

$$\eta_0 = \alpha + \alpha^{12} - \alpha^{-12} + \alpha^{-1}, \quad \eta_1 = \alpha^2 + \alpha^5 + \alpha^{-5} + \alpha^{-2}, \quad \eta_2 = \alpha^4 + \alpha^{10} + \alpha^{-10} + \alpha^{-4},$$
$$\eta_3 = \alpha^8 + \alpha^9 + \alpha^{-9} + \alpha^{-8}, \quad \eta_4 = \alpha^{11} + \alpha^{13} + \alpha^{-13} + \alpha^{-11}, \quad \eta_5 = \alpha^3 + \alpha^7 + \alpha^{-7} + \alpha^{-3},$$
$$\eta_6 = \alpha^6 + \alpha^{14} + {}^{-14} + \alpha^{-6};$$

Wurzeln der Gleichung:

$$\eta^7 + \eta^6 - 12\eta^5 - 7\eta^4 + 28\eta^3 + 14\eta^2 - 9\eta + 1 = 0;$$

mit den fundamentalen Relationen:

$$\eta_0^2 = 4 + \eta_1 + 2\eta_4, \quad \eta_0\eta_1 = \eta_0 + \eta_2 + \eta_5 + \eta_6, \quad \eta_0\eta_2 = \eta_1 + \eta_3 + \eta_4 + \eta_5,$$
$$\eta_0\eta_3 = \eta_2 + 2\eta_3 + \eta_5, \quad \eta_0\eta_4 = 2\eta_0 + \eta_2 + \eta_6, \quad \eta_0\eta_5 = \eta_1 + \eta_2 + \eta_3 + \eta_6,$$
$$\eta_0\eta_6 = \eta_1 + \eta_4 + \eta_5 + \eta_6.$$

Congruenzwurzeln mod. p.

p	η_0	η_1	η_2	η_3	η_4	η_5	η_6
17	+ 1	+ 8	− 3	− 3	+ 3	+ 6	+ 4
41	+ 2	+ 11	+ 6	− 8	+ 15	− 6	+ 20
157	+ 26	− 56	− 43	+ 48	+ 50	− 61	+ 35
191	+ 32	+ 94	− 86	+ 63*	+ 81	+ 66	− 60
307	+ 9	+140	− 87	+ 12	+122	−136	− 61
331	+ 6	+158	+119	− 51	− 63	+ 8	+153
389	+ 19	− 94	− 71	− 97	+ 31	− 22	−156
563	− 12	− 34	− 39	+101	+ 87	−249	+145
829	+ 57	−343	−295	−139	+136	+111	−357
853	−107	+235	−199	−315	−366	+414	+337
887	−143	−235	−154	−248	−304	−253	−438
911	−141	−262	−419	+166	−407	+367	−216

*) Das Zeichen + vor den p zeigt an, dafs $Nf(\eta_0) = +p$, das Zeichen −, dafs $Nf(\eta_0) = -p$ ist.

$\lambda = 29$

$f(\eta_0)$, Primfactoren der Primzahlen p.

p	$f(\eta_0)$	p	$f(\eta_0)$	p	$f(\eta_0)$	p	$f(\eta_0)$
17	$+1-\eta_0$	191	$+2+3\eta_3$	389	$+1-4\eta_3$	853	$-2+\eta_2+\eta_3-\eta_6$
41	$+2-\eta_0$	307	$+\eta_4+2\eta_6$	563	$-2+\eta_0+\eta_3-\eta_4$	887	$-2+\eta_0+\eta_4+\eta_6$
157	$+2+\eta_3-\eta_4$	331	$-2-\eta_0+\eta_5$	829	$-3-\eta_3-\eta_4$	911	$-2\eta_0-\eta_1+\eta_5$

IV. p zum Exponenten 7 gehörig.

4 siebengliedrige Perioden (für die primitive Wurzel 2 von 29):

$$\eta_0 = \alpha + \alpha^7 + \alpha^{16} + \alpha^{20} + \alpha^{23} + \alpha^{24} + \alpha^{25}, \qquad \eta_1 = \alpha^2 + \alpha^3 + \alpha^{11} + \alpha^{14} + \alpha^{17} + \alpha^{19} + \alpha^{21},$$

$$\eta_2 = \alpha^{-1} + \alpha^{-7} + \alpha^{-16} + \alpha^{-20} + \alpha^{-23} + \alpha^{-24} + \alpha^{-25},$$

$$\eta_3 = \alpha^{-2} + \alpha^{-3} + \alpha^{-11} + \alpha^{-14} + \alpha^{-17} + \alpha^{-19} + \alpha^{-21};$$

Wurzeln der Gleichung:

$$\eta^4 + \eta^3 + 4\eta^2 + 20\eta + 23 = 0;$$

mit den fundamentalen Relationen:

$$\eta_0^2 = -2 + \eta_1 - 2\eta_2, \qquad \eta_0\eta_1 = -1 + \eta_2 + 2\eta_3, \qquad \eta_0\eta_2 = 6 + \eta_0 + \eta_2,$$

$$\eta_0\eta_3 = -1 + \eta_1 + 2\eta_2.$$

Congruenzwurzeln mod. p.

p	η_0	η_1	η_2	η_3	p	η_0	η_1	η_2	η_3
7	+ 1	+ 1	− 1	− 2	397	− 78	+168	−180	+ 89
23	0	− 10	− 6	− 8	401	− 10	−116	−109	−167
53	− 3	− 17	− 14	− 20	431	− 43	−126	+ 89	+ 79
83	+ 14	− 16	− 24	+ 25	487	+ 4	−159	+187	− 33
103	+ 2	+ 22	+ 8	− 33	509	+ 14	− 73	+119	− 61
107	+ 7	− 16	+ 20	− 12	547	− 13	+172	−273	+113
139	+ 5	− 37	− 32	+ 63	571	+ 18	−175	+ 35	+121
181	− 12	− 48	+ 84	− 25	587	− 48	−208	− 83	−249
197	+ 10	+ 18	− 42	+ 13	661	− 31	+ 97	+228	−295
199	− 4	+ 57	− 80	+ 26	683	− 14	+108	− 45	− 50
223	+ 64	+111	− 98	− 78	691	− 76	+189	+315	+262
227	+ 3	+ 20	−109	+ 85	719	+133	−271	−353	−229
239	− 23	− 85	− 69	− 63	761	+ 39	−277	−139	+376
257	+ 6	− 60	− 49	+102	857	− 9	+255	+ 86	−333
277	+ 40	+ 56	+ 58	+122	877	− 53	−273	+212	+113
281	+ 59	−129	−120	− 92	919	+139	−187	+354	−307
313	+ 45	−119	−134	−106	953	+111	+300	+183	+358
373	− 49	− 72	+ 68	+ 52	977	− 15	+106	+428	+457

$\lambda = 29$

$f(\eta_0)$, Primfactoren der Primzahlen p.

p	$f(\eta_0)$	p	$f(\eta_0)$	p	$f(\eta_0)$	p	$f(\eta_0)$
7	$1+\eta_2$	199	$4+\eta_0$	397	$2+\eta_2+2\eta_3$	683	$5-\eta_2+\eta_3$
23	η_0	223	$1+2\eta_1$	401	$2-2\eta_1-\eta_3$	691	$2-2\eta_1-\eta_2$
53	$3+\eta_0$	227	$3-\eta_0$	431	$3-2\eta_0-\eta_3$	719	$5+2\eta_0+\eta_1$
83	$1-\eta_2-\eta_3$	239	$2\eta_1+\eta_2$	487	$4-\eta_0$	761	$1-\eta_1+2\eta_2$
103	$2-\eta_0$	257	$3\eta_0+2\eta_1+\eta_3$	509	$3+\eta_2+2\eta_3$	857	$6+\eta_0-\eta_1+3\eta_2$
107	$2+2\eta_0+\eta_1$	277	$2+\eta_1-\eta_2$	547	$1-2\eta_2$	877	$6+\eta_0-\eta_1-2\eta_3$
139	$\eta_0+\eta_1-\eta_2$	281	$2+2\eta_0+\eta_3$	571	$1-2\eta_0+\eta_2$	919	$2+3\eta_3$
181	$2-\eta_1+2\eta_3$	313	$5+3\eta_3$	587	$\eta_0-\eta_1+3\eta_3$	953	$5-2\eta_1-\eta_3$
197	$3+\eta_0-\eta_3$	373	$3-\eta_0-\eta_3$	661	$4+3\eta_1+\eta_3$	977	$\eta_0-\eta_1-2\eta_2$

V. p zum Exponenten 14 gehörig.

2 vierzehngliedrige Perioden (für die primitive Wurzel 2 von 29):

$$\eta_0 = \alpha+\alpha^4+\alpha^5+\alpha^6+\alpha^7+\alpha^9+\alpha^{13}+\alpha^{-13}+\alpha^{-9}+\alpha^{-7}+\alpha^{-6}+\alpha^{-5}+\alpha^{-4}+\alpha^{-1}$$

$$\eta_1 = \alpha^2+\alpha^3+\alpha^8+\alpha^{10}+\alpha^{11}+\alpha^{12}+\alpha^{14}+\alpha^{-14}+\alpha^{-12}+\alpha^{-11}+\alpha^{-10}+\alpha^{-8}+\alpha^{-3}+\alpha^{-2};$$

Wurzeln der Gleichung:

$$\eta^2+\eta-7=0;$$

mit den fundamentalen Relationen:

$$\eta_0^2 = 6+\eta_1, \qquad \eta_0\eta_1 = -7.$$

Congruenzwurzeln mod. p.

p	η_0	η_1	p	η_0	η_1	p	η_0	η_1	p	η_0	η_1
5	1	− 2	241	74	− 75	557	62	− 63	709	70	− 71
13	4	− 5	283	122	−123	593	24	− 25	787	215	−216
67	18	−19	353	151	−152	613	146	−147	821	372	−373
71	30	−31	383	142	−143	631	120	−121	863	29	− 30
109	23	−24	419	172	−173	643	25	− 26	883	66	− 67
149	12	−13	439	55	− 56	647	310	−311	937	68	− 69
151	61	−62	457	126	−127	673	153	−154	941	181	−182
167	76	−77	499	22	− 23	701	95	− 96	991	319	−320
179	35	−36									

$\lambda = 29$

$f(\eta_0)$, Primfactoren der Primzahlen p.

p	$f(\eta_0)$	p	$f(\eta_0)$	p	$f(\eta_0)$	p	$f(\eta_0)$
-5	$1-\eta_0$	$+241$	$16-3\eta_1$	-557	$1-9\eta_0$	-709	$1+10\eta_1$
$+13$	$4-\eta_0$	-283	$5-7\eta_0$	$+593$	$24-\eta_0$	-787	$4-11\eta_0$
$+67$	$5-4\eta_0$	-353	$2+7\eta_0$	$+613$	$25-4\eta_1$	-821	$2-11\eta_1$
$+71$	$9-2\eta_1$	-383	$5-8\eta_1$	$+631$	$26-5\eta_1$	$+863$	$29-\eta_0$
-109	$6-5\eta_0$	$+419$	$22-5\eta_0$	$+643$	$25-\eta_0$	-883	$12-13\eta_1$
$+149$	$12-\eta_0$	-439	$1-8\eta_0$	$+647$	$25-2\eta_1$	-937	$15-14\eta_0$
-151	$3-5\eta_0$	-457	$15-11\eta_0$	-673	$17-13\eta_1$	$+941$	$31-5\eta_1$
$+167$	$13-2\eta_1$	$+499$	$22-\eta_0$	$+701$	$29-7\eta_1$	$+991$	$31-3\eta_1$
-179	$1+5\eta_1$						

VI. p zum Exponenten 28 gehörig, in Beziehung auf 29te Einheitswurzeln selbst complexe Primzahlen:

2, 3, 11, 19, 31, 37, 43, 47, 61, 73, 79, 89, 97, 101, 113, 127, 131, 137, 163, 193, 211, 229, 251, 263, 269, 271, 293, 311, 317, 337, 359, 367, 379, 409, 421, 433, 443, 449, 461, 467, 479, 491, 503, 541, 569, 577, 599, 601, 607, 617, 619, 641, 653, 659, 677, 727, 733, 739, 743, 751, 757, 769, 773, 797, 809, 823, 827, 839, 859, 881, 907, 947, 967, 971, 983, 997.

$\lambda = 31$

I. $p = 31m + 1$

Congruenzwurzeln mod. p.

p	α	α^2	α^3	α^4	α^5	α^6	α^7	α^8	α^9	α^{10}	α^{11}
311	− 51	+113	+146	+ 18	+ 15	−143	+140	+ 13	− 41	− 86	+ 32
373	− 13	+169	+ 41	−160	−158	−184	+154	−137	− 84	− 27	− 22
683	+ 76	+312	−193	−325	−112	−316	−111	−240	+201	+250	−124

p	α^{12}	α^{13}	α^{14}	α^{15}	α^{16}	α^{17}	α^{18}	α^{19}	α^{20}	α^{21}	α^{22}
311	− 77	−116	+ 7	− 46	−142	+ 89	+126	+105	− 68	+ 47	+ 91
373	− 87	+ 12	−156	+163	+119	− 55	− 31	+ 30	− 17	−152	+111
683	+138	+243	+ 27	+ 3	+228	+253	+104	−292	−336	−265	−333

p	α^{23}	α^{24}	α^{25}	α^{26}	α^{27}	α^{28}	α^{29}	α^{30}
311	+ 24	+ 20	− 87	+ 83	+121	+ 49	− 11	− 61
373	+ 49	+109	+ 75	+144	− 7	+ 91	− 64	+ 86
683	− 37	− 80	+ 67	+311	−269	+ 46	+ 81	+ 9

Neunte Potenzen der idealen Primfactoren der p, welche wirklich sind:

311 $\quad 2+\alpha-2\alpha^2-\alpha^3+\alpha^5-3\alpha^8-\alpha^{11}+\alpha^{12}-2\alpha^{13}-2\alpha^{15}-\alpha^{16}-\alpha^{17}+\alpha^{19}+\alpha^{20}+\alpha^{22}+\alpha^{23}-3\alpha^{24}$
$\qquad -2\alpha^{25}-3\alpha^{26}-2\alpha^{27}-2\alpha^{28}+2\alpha^{30}$

373 $\quad 1+2\alpha+\alpha^2-2\alpha^3-\alpha^4-2\alpha^5-2\alpha^6-\alpha^7-\alpha^9+2\alpha^{10}-2\alpha^{12}-3\alpha^{13}-2\alpha^{14}+\alpha^{15}+2\alpha^{16}-\alpha^{17}$
$\qquad +2\alpha^{18}+\alpha^{19}-2\alpha^{20}-3\alpha^{21}+\alpha^{22}+2\alpha^{24}-\alpha^{26}+4\alpha^{27}-2\alpha^{28}-\alpha^{29}-3\alpha^{30}$

683 $\quad 4-\alpha-4\alpha^3+\alpha^4+\alpha^5-\alpha^6+2\alpha^7-3\alpha^8+3\alpha^9+\alpha^{10}-\alpha^{11}-\alpha^{12}+\alpha^{13}-\alpha^{14}-2\alpha^{15}-3\alpha^{16}+3\alpha^{17}$
$\qquad +3\alpha^{19}-\alpha^{20}+\alpha^{22}+3\alpha^{23}-5\alpha^{24}+\alpha^{25}-\alpha^{26}+2\alpha^{27}-\alpha^{29}-2\alpha^{30}$.

Normen zusammengesetzter complexer Zahlen.*)

$$N(1+\alpha^6-\alpha^{16}) = 32 \,.\, 311\,, \quad N(1+\alpha+\alpha^{13}) = 32 \,.\, 373\,, \quad N(1-\alpha^9-\alpha^{16}) = 32 \,.\, 683\,,$$
$$N(1+\alpha^9+\alpha^{10}+\alpha^{18}) = 311^2\,.$$

---

*) Aus denselben geht hervor, dafs die Primfactoren dieser Primzahlen p in gleichem Grad ideal sind, wie der von 2 (vgl. IV.), was theils von der quadratischen Form, theils von der Form 6ten Grades herrührt; auch sind mittelst derselben die $f^9(\alpha)$ berechnet.

$\lambda = 31$

II. p zum Exponenten 2 gehörig.

15 zweigliedrige Perioden (für die primitive Wurzel 3 von 31):

$$\eta_0 = \alpha + \alpha^{-1}, \quad \eta_1 = \alpha^3 + \alpha^{-3}, \quad \eta_2 = \alpha^9 + \alpha^{-9}, \quad \eta_3 = \alpha^4 + \alpha^{-4}, \quad \eta_4 = \alpha^{12} + \alpha^{-12},$$
$$\eta_5 = \alpha^5 + \alpha^{-5}, \quad \eta_6 = \alpha^{15} + \alpha^{-15}, \quad \eta_7 = \alpha^{14} + \alpha^{-14}, \quad \eta_8 = \alpha^{11} + \alpha^{-11},$$
$$\eta_9 = \alpha^2 + \alpha^{-2}, \quad \eta_{10} = \alpha^6 + \alpha^{-6}, \quad \eta_{11} = \alpha^{13} + \alpha^{-13}, \quad \eta_{12} = \alpha^8 + \alpha^{-8},$$
$$\eta_{13} = \alpha^7 + \alpha^{-7}, \quad \eta_{14} = \alpha^{10} + \alpha^{-10};$$

Wurzeln der Gleichung:

$$\eta^{15} + \eta^{14} - 14\eta^{13} - 13\eta^{12} + 78\eta^{11} + 66\eta^{10} - 220\eta^9 - 165\eta^8 + 330\eta^7 + 210\eta^6 - 252\eta^5 - 126\eta^4$$
$$+ 84\eta^3 + 28\eta^2 - 8\eta - 1 = 0;$$

mit den fundamentalen Relationen:

$$\eta_0^2 = 2 + \eta_9, \quad \eta_0\eta_1 = \eta_3 + \eta_9, \quad \eta_0\eta_2 = \eta_{12} + \eta_{14}, \quad \eta_0\eta_3 = \eta_1 + \eta_5,$$
$$\eta_0\eta_4 = \eta_8 + \eta_{11}, \quad \eta_0\eta_5 = \eta_3 + \eta_{10}, \quad \eta_0\eta_6 = \eta_6 + \eta_7, \quad \eta_0\eta_7 = \eta_6 + \eta_{11},$$
$$\eta_0\eta_8 = \eta_4 + \eta_{14}, \quad \eta_0\eta_9 = \eta_0 + \eta_1, \quad \eta_0\eta_{10} = \eta_5 + \eta_{13}, \quad \eta_0\eta_{11} = \eta_4 + \eta_7,$$
$$\eta_0\eta_{12} = \eta_2 + \eta_{13}, \quad \eta_0\eta_{13} = \eta_{10} + \eta_{12}, \quad \eta_0\eta_{14} = \eta_2 + \eta_8.$$

Congruenzwurzeln mod. p.

p	η_0	η_1	η_2	η_3	η_4	η_5	η_6	η_7	η_8	η_9	η_{10}	η_{11}
61	− 5	+ 12	− 16	− 22	− 29	− 24	− 27	− 21	+ 13	+ 23	+ 20	+ 10
433	− 5	−110	− 61	+ 94	−192	+ 73	− 36	+216	−161	+ 23	− 26	−178
557	− 3	− 18	−208	+ 47	+ 80	−123	−118	− 85	− 56	+ 7	−235	−184
619	−29	−161	−119	+116	+ 49	−108	+277	−263	−105	+220	− 79	− 78
743	−22	−180	+347	−237	+246	+193	− 47	+338	−252	−261	−294	+ 41
929	+59	−107	−300	+427	+215	+217	−409	+432	−206	−237	+299	−115
991	−17	+ 93	+377	+114	−343	− 49	+427	+242	+462	+287	−272	+414

p	η_{12}	η_{13}	η_{14}
61	− 6	− 15	+ 25
433	+174	+ 57	+131
557	− 21	+271	+ 88
619	−164	− 77	− 99
743	−301	+331	+ 97
929	+243	−227	−292
991	+111	−282	+417

$f(\eta_0)$, Primfactoren der Primzahlen p.

p	$f(\eta_0)$	p	$f(\eta_0)$	p	$f(\eta_0)$
61	$+1-\eta_0+\eta_{12}$	619	$-1-\eta_{11}+\eta_{13}$	929	$-\eta_4-\eta_5+\eta_7$
433	$+1+\eta_0-\eta_2-\eta_{13}$	743	$+1+\eta_2+\eta_6+\eta_{12}$	991	$-1+\eta_0-\eta_1+\eta_{12}$
557	$+\eta_0+\eta_1-\eta_{12}$				

$\lambda = 31$

III. p zum Exponenten 3 gehörig.

10 dreigliedrige Perioden (für die primitive Wurzel 3 von 31):

$$\eta_0 = \alpha + \alpha^{25} + \alpha^{5}, \quad \eta_1 = \alpha^{3} + \alpha^{13} + \alpha^{15}, \quad \eta_2 = \alpha^{9} + \alpha^{8} + \alpha^{14},$$
$$\eta_3 = \alpha^{27} + \alpha^{24} + \alpha^{11}, \quad \eta_4 = \alpha^{19} + \alpha^{10} + \alpha^{2}, \quad \eta_5 = \alpha^{26} + \alpha^{30} + \alpha^{6},$$
$$\eta_6 = \alpha^{16} + \alpha^{28} + \alpha^{18}, \quad \eta_7 = \alpha^{17} + \alpha^{22} + \alpha^{23}, \quad \eta^8 = \alpha^{20} + \alpha^{4} + \alpha^{7},$$
$$\eta_9 = \alpha^{29} + {}^{12} + \alpha^{21},$$

Wurzeln der Gleichung:

$$\eta^{10} + \eta^9 + 2\eta^8 - 16\eta^7 - 9\eta^6 - 11\eta^5 + 43\eta^4 + 6\eta^3 + 63\eta^2 + 20\eta + 25 = 0,$$

mit den fundamentalen Relationen:

$$\eta_0^2 = \eta_4 + 2\eta_5, \quad \eta_0\eta_1 = \eta_2 + \eta_6 + \eta_8, \quad \eta_0\eta_2 = \eta_1 + \eta_2 + \eta_4, \quad \eta_0\eta_3 = \eta_0 + \eta_6 + \eta_9$$
$$\eta_0\eta_4 = \eta_1 + \eta_3 + \eta_8, \quad \eta_0\eta_5 = 3 + \eta_3 + \eta_8, \quad \eta_0\eta_6 = \eta_4 + \eta_7 + \eta_9,$$
$$\eta_0\eta_7 = \eta_3 + \eta_6 + \eta_7, \quad \eta_0\eta_8 = \eta_0 + \eta_2 + \eta_9, \quad \eta_0\eta_9 = \eta_1 + \eta_5 + \eta_7.$$

Congruenzwurzeln mod. p.

p	η_0	η_1	η_2	η_3	η_4	η_5	η_6	η_7	η_8	η_9
5	0	− 2	− 1	0	− 2	+ 1	− 1	+ 1	+ 2	+ 1
67	+ 3	− 27	+ 7	− 26	− 26	− 16	+ 4	− 11	− 25	− 18
149	− 2	− 47	− 40	− 58	+ 18	− 7	+ 65	− 52	+ 69	+ 53
191	−23	− 48	+ 30	− 46	+ 92	− 68	+ 40	+ 48	+ 79	+ 86
211	−12	− 53	+ 29	+ 85	+ 98	+ 23	− 84	− 65	+ 58	− 80
397	+14	−194	+ 65	+125	−152	+174	+ 72	−107	− 74	+ 76
439	−42	− 45	− 88	−219	−122	+ 65	+102	−130	+120	− 81
521	−16	−204	+138	+240	− 58	+157	+150	+ 69	−150	+194
563	−74	−109	− 77	−238	+254	−204	+131	+ 84	+130	+102
769	−16	+319	+ 75	+ 37	− 56	+156	−336	+289	−229	−240
811	+14	+187	+130	−114	−119	−248	+172	+254	−117	−160
997	−18	+472	+190	+ 58	− 94	+209	+122	+ 43	+165	−151

Congruenzwurzeln mod. p^2.

5	−55	− 7	+ 49	+ 40	+ 13	+ 6	− 41	− 29	+ 2	+ 21

$f(\eta_0)$, Primfactoren der Primzahlen p.

Wirkliche Primfactoren $f(\eta_0)$ haben folgende Primzahlen p:

p	$f(\eta_0)$	p	$f(\eta_0)$
67	$\eta_2 + \eta_6 + \eta_7$	521	$\eta_6 + \eta_8$
149	$\eta_2 - \eta_3 - \eta_4$	811	$1 + \eta_3 - \eta_4 - \eta_5 - \eta_7$

$\lambda = 31$

Die übrigen haben ideale Primfactoren, deren dritte Potenzen wirklich sind:

p	$f^3(\eta_0)$	$\phi(\eta_0)$*)
5	$2-\eta_8$	
191	$2+\eta_0-\eta_1+2\eta_4+3\eta_7+3\eta_8+2\eta_9$	$\eta_1+\eta_7$
211	$5+4\eta_1-4\eta_3-6\eta_4-\eta_5-7\eta_6+5\eta_7+2\eta_9$	$1-\eta_5-\eta_8-\eta_9$
397	$31+3\eta_0+6\eta_1+19\eta_3-\eta_5+11\eta_6+10\eta_7+23\eta_8+\eta_9$	$2+\eta_6+\eta_8$
439	$6+10\eta_0-\eta_1-2\eta_2+8\eta_5-4\eta_6-4\eta_7$	$\eta_0+\eta_2-\eta_7$
563	$9+4\eta_0+3\eta_2+2\eta_3+4\eta_5-\eta_6+3\eta_7$	$\eta_1+\eta_2+\eta_7+\eta_9$
769	$11+10\eta_0-25\eta_1-26\eta_2-11\eta_4+7\eta_5-13\eta_6+\eta_8-8\eta_9$	$1-\eta_0+\eta_1+\eta_6$
997	$13+9\eta_0+4\eta_2-4\eta_3+8\eta_5-7\eta_6-4\eta_7+11\eta_8-\eta_9$	$\eta_6+\eta_7-\eta_8$

IV. p zum Exponenten 5 gehörig.

6 fünfgliedrige Perioden (für die primitive Wurzel 3 von 17):

$$\eta_0 = \alpha + \alpha^{16} + \alpha^8 + \alpha^4 + \alpha^2, \qquad \eta_1 = \alpha^3 + \alpha^{17} + \alpha^{24} + \alpha^{12} + \alpha^6,$$
$$\eta_2 = \alpha^9 + \alpha^{20} + \alpha^{10} + \alpha^5 + \alpha^{18}, \qquad \eta_3 = \alpha^{27} + \alpha^{29} + \alpha^{30} + \alpha^{15} + \alpha^{23},$$
$$\eta_4 = \alpha^{19} + \alpha^{25} + \alpha^{28} + \alpha^{14} + \alpha^7, \qquad \eta_5 = \alpha^{26} + \alpha^{13} + \alpha^{22} + \alpha^{11} + \alpha^{21};$$

Wurzeln der Gleichung:

$$\eta^6 + \eta^5 + 3\eta^4 + 11\eta^3 + 44\eta^2 + 36\eta + 32 = 0;$$

mit den fundamentalen Relationen:

$$\eta_0^2 = \eta_0 + 2\eta_1 + 2\eta_2, \qquad \eta_0\eta_1 = \eta_0 + \eta_1 + 2\eta_4 + \eta_5, \qquad \eta_0\eta_2 = \eta_1 + \eta_2 + \eta_4 + 2\eta_5,$$
$$\eta_0\eta_3 = 4 - \eta_2 - \eta_5, \qquad \eta_0\eta_4 = \eta_0 + \eta_2 + 2\eta_3 + \eta_6, \qquad \eta_0\eta_5 = \eta_1 + 2\eta_3 + \eta_4 + \eta_5.$$

Congruenzwurzeln mod. p.

p	η_0	η_1	η_2	η_3	η_4	η_5	p	η_0	η_1	η_2	η_3	η_4	η_5
2	0	1	1	0	0	1	349	+ 21	+ 23	−162	+ 66	−125	−173
47	− 3	− 13	+ 19	− 22	+ 5	+ 13	419	− 36	+ 96	+151	−200	−207	+195
97	− 9	− 29	− 23	− 27	+ 12	− 22	467	+ 4	− 99	+105	+175	+148	+133
101	+15	− 27	+ 31	+ 44	+ 17	+ 20	593	− 31	−162	+ 65	+ 92	+209	−174
109	− 5	− 25	+ 40	− 42	− 50	− 28	653	− 6	− 85	+106	+284	+ 57	+296
157	− 9	− 48	− 64	− 16	+ 55	− 76	659	+ 62	+192	−278	+162	−262	+123
163	−15	+ 52	+ 68	− 46	+ 42	+ 61	839	+181	−249	−241	+323	+312	−327
233	− 4	+ 18	− 8	− 72	+108	− 43	853	+ 77	−145	−341	−163	−383	+101
281	−46	−137	+ 94	+ 86	+ 70	− 68	907	− 88	−169	−450	+303	−412	− 92
283	+42	− 95	+107	− 75	+ 86	− 66	977	+ 6	−158	+173	−313	−441	−245

---

*) Es ist $N\phi(\eta_0) = 5p$; mittelst dieser $\phi(\eta_0)$ und des Factors von 5 sind die $f^3(\eta_0)$ berechnet und die Idealität rührt hier lediglich von der quadratischen Form her.

$\lambda = 31$

Congruenzwurzeln mod. p^3.

p	η_0	η_1	η_2	η_3	η_4
47	$-3-2p-16p^2$	$-13-8p^2$	$+19+7p+19p^2$	$-22-5p-5p^2$	$+5+21p-16p^2$

η_5
$+13-21p-21p^2$

$f(\eta_0)$, Primfactoren der Primzahlen p.

Nur eine der obigen Primzahlen hat wirkliche Primfactoren in η:

$$p = 853 \qquad f(\eta_0) = 5-2\eta_0-2\eta_1-4\eta_2+4\eta_3\ ^{*)}.$$

Die folgenden 5 Primzahlen haben ideale Primfactoren, deren 3te Potenzen wirklich sind:

p	$f^3(\eta_0)$	$\phi(\eta_0)$ **)
47	$1-2\eta_2+4\eta_3+2\eta_4-2\eta_6$	
283	$9+6\eta_0+4\eta_1-4\eta_3-4\eta_5$	$1-2\eta_3-2\eta_5$
349	$63+28\eta_0-14\eta_2+10\eta_2-8\eta_4-28\eta_6$	$3-2\eta_5$
653	$10-33\eta_0-17\eta_1-25\eta_2+35\eta_3+9\eta_4+21\eta_6$	$5-2\eta_1-2\eta_4+2\eta_5$
839	$25-2\eta_1+6\eta_3+2\eta_4+12\eta_5$	$5-2\eta_0+2\eta_2$

Die übrigen haben ideale Primfactoren, deren 9te Potenzen wirklich sind, z. B.

p	$f^9(\eta_0)$	$\phi(\eta_0)$ †)
2	$3+\eta_0+\eta_1+\eta_3$	
101	$2611-742\eta_0+386\eta_1+202\eta_2-576\eta_3+206\eta_4+4\eta_5$	$\eta_1+\eta_3-\eta_4$
109	$1538-193\eta_0+85\eta_1-125\eta_2-523\eta_3+409\eta_4+37\eta_5$	$1-\eta_2+\eta_3+\eta_5$
163	$1664+1095\eta_0-77\eta_1+565\eta_2-697\eta_3-485\eta_4-733\eta_5$	$\eta_0+\eta_3+\eta_5$
281	$217-718\eta_0+1618\eta_1-1174\eta_2-922\eta_3+650\eta_4+502\eta_5$	$1-\eta_1-\eta_4+\eta_5$
593	$9751-2632\eta_0+2708\eta_1-1260\eta_3+944\eta_2+2016\eta_4-3728\eta_5$	$4+\eta_0-\eta_2+\eta_3$

---

*) Die nächste Primzahl dieser Kategorie ist $p = 1031$, gemäss der Norm:

$$N(3+2\eta_2-4\eta_4) = 853\,.\,1031.$$

Für grössere Primzahlen hat man ferner:

$$N(1+2\eta) = 1523\,,\quad (N1-2\eta) = 4007\,,\quad N(3+2\eta) = 3767\,,\quad N(3-4\eta) = 367637\,.$$

**) Es ist $N\phi(\eta_0) = 47p$; mittelst dieser $\phi(\eta_0)$ und des Factors von 47 sind die $f^3(\eta_0)$ berechnet und die Idealität rührt hier von der Form 6ten Grades her.

†) Es ist $N\phi(\eta_0) = 2p$, resp. $= 2^2p$, was bei $p = 101$ der Fall ist. Mittelst dieser $\phi(\eta_0)$ und des Factors von 2 sind die $f^9(\eta_0)$ berechnet; der Factor von 2 aber ist mittelst der Norm $N(1-\eta_1-\eta_2+\eta_4) = 2^3 47$ und des Factors von 47 gefunden; eine ähnliche Norm ist: $N(1-\eta_0+\eta_2+\eta_5) = 2^3 283$.

$\lambda = 31$

Normen zusammengesetzter complexer Zahlen.

$N(1+2\eta_3+2\eta_5) = 97.109$, $N(3+2\eta_2+2\eta_3) = 157.\ 97$, $N(5-4\eta_4) = 163.97.47$
$N(3-2\eta_3-2\eta_5) = 233.109$, $N(5-2\eta_4) = 419.157$, $N(3-2\eta_1+2\eta_5) = 467.163$
$N(5+2\eta_1+4\eta_4) = 659.109$, $N(7-2\eta_2) = 907.281$, $N(3+4\eta_5) = 977.109$
$N(1-6\eta_3-2\eta_5) = 101.373$, $N(1+2\eta_0-2\eta_2+2\eta_5) = 593.311$, $N(1+\eta_0-\eta_1-\eta_3) = 2^9.683$.

Aus diesen und den obigen Normen geht hervor, dass die Primfactoren der 14 zum Exponenten 5 gehörigen p

2, 97, 101, 109, 157, 163, 233, 281, 419, 467, 593, 659, 907, 977,

sowie diejenigen der Primzahlen $p = 31m + 1$ in gleichem Grad ideal sind. Dass aber der Primfactor von 2 in keiner niedrigeren als der 9ten Potenz wirklich ist, hat Hr. Kummer speciell bewiesen (Monatsbericht der Akademie Oct. 1870).

V. p zum Exponenten 6 gehörig.

5 sechsgliedrige Perioden (für die primitive Wurzel 3 von 31):

$$\eta_0 = \alpha + \alpha^{26} + \alpha^{25} + \alpha^{30} + \alpha^5 + \alpha^6, \qquad \eta_1 = \alpha^3 + \alpha^{16} + \alpha^{13} + \alpha^{28} + \alpha^{15} + \alpha^{18},$$
$$\eta_2 = \alpha^9 + \alpha^{17} + \alpha^8 + \alpha^{22} + \alpha^{14} + \alpha^{23}, \qquad \eta_3 = \alpha^{27} + \alpha^{20} + \alpha^{24} + \alpha^4 + \alpha^{11} + \alpha^7,$$
$$\eta_4 = \alpha^{19} + \alpha^{29} + \alpha^{10} + \alpha^{12} + \alpha^2 + \alpha^{21};$$

Wurzeln der Gleichung:

$$\eta^5 + \eta^4 - 12\eta^3 - 21\eta^2 + \eta + 5 = 0,$$

mit den fundamentalen Relationen:

$$\eta_0^2 = 6 + 2\eta_0 + 2\eta_3 + \eta_4, \qquad \eta_0\eta_1 = \eta_1 + 2\eta_2 + \eta_3 + 2\eta_4, \qquad \eta_0\eta_2 = 2\eta_1 + 2\eta_2 + \eta_3 + \eta_4,$$
$$\eta_0\eta_3 = 2\eta_0 + \eta_1 + \eta_2 + 2\eta_4, \qquad \eta_0\eta_4 = \eta_0 + 2\eta_1 + \eta_2 + 2\eta_3.$$

Congruenzwurzeln mod. p.

p	η_0	η_1	η_2	η_3	η_4	p	η_0	η_1	η_2	η_3	η_4
37	+ 4	− 18	+ 17	+ 6	− 10	491	+ 42	+ 91	+ 85	− 71	−148
181	+ 3	+ 81	− 52	+ 30	− 63	677	+ 44	+306	+195	−320	−226
223	+19	+ 91	− 58	− 76	+ 23	719	− 23	+152	−187	−207	+264
347	+ 5	+164	−134	+ 45	− 81	739	+ 44	+357	+ 76	+103	+158
367	+28	+ 98	− 79	+ 36	− 84	863	−137	+409	+340	−199	−414
409	+39	− 82	+169	− 72	− 55	967	−226	−250	−477	+286	−301

$f(\eta_0)$, Primfactoren der Primzahlen p.

p	$f(\eta_0)$	p	$f(\eta_0)$	p	$f(\eta_0)$
37	$+1+\eta_1+\eta_2$	367	$+3\eta_0+\eta_4$	719	$-3-\eta_0-\eta_2+\eta_3$
151	$-3+\eta_0$	409	$+1-2\eta_2+\eta_3$	739	$-1-\eta_1+2\eta_2+2\eta_3$
223	$+1-\eta_0+\eta_2-\eta_3$	491	$-1-2\eta_0+\eta_2$	863	$+5+\eta_1+\eta_4$
347	$+2\eta_0+3\eta_2+\eta_3$	677	$+1+3\eta_4$	967	$+1-\eta_0-\eta_1+\eta_2$

$\lambda = 31$

VI. p zum Exponenten 10 gehörig.

3 zehngliedrige Perioden (für die primitive Wurzel 3 von 31):

$$\eta_0 = \alpha + \alpha^{27} + \alpha^{16} + \alpha^{29} + \alpha^{8} + \alpha^{30} + \alpha^{4} + \alpha^{15} + \alpha^{2} + \alpha^{23},$$
$$\eta_1 = \alpha^{3} + \alpha^{19} + \alpha^{17} + \alpha^{25} + \alpha^{24} + \alpha^{28} + \alpha^{12} + \alpha^{14} + \alpha^{6} + \alpha^{7},$$
$$\eta_3 = \alpha^{9} + {}^{26} + \alpha^{20} + \alpha^{13} + \alpha^{10} + \alpha^{22} + \alpha^{5} + \alpha^{11} + \alpha^{18} + \alpha^{21};$$

Wurzeln der Gleichung:

$$\eta^3 + \eta^2 - 10\eta - 8 = 0;$$

mit den fundamentalen Relationen:

$$\eta_0^2 = 6 - \eta_0 - 2\eta_2, \qquad \eta_0\eta_1 = -4 - 2\eta_1, \qquad \eta_0\eta_2 = -4 - 2\eta_0.$$

Congruenzwurzeln mod. p

p	η_0	η_1	η_2	p	η_0	η_1	η_2	p	η_0	η_1	η_2
23	+ 5	+ 6	+ 11	337	− 40	+142	−103	643	+ 39	+ 94	−134
29	− 5	+ 11	− 7	401	− 37	−103	+139	647	− 44	−308	−296
89	+ 9	+ 32	− 42	449	− 35	+177	−143	709	− 80	−309	−321
139	−21	− 51	− 68	457	− 45	+117	− 73	773	+ 58	+103	−162
151	−14	− 50	+ 63	461	− 16	+132	−117	821	+102	+221	−324
263	−67	− 93	−104	463	− 20	+206	−187	829	− 38	− 92	+129
271	+29	+131	+110	523	+ 16	+116	−133	883	+117	−282	+164
277	−11	+ 62	− 52	587	+143	+170	+273	953	− 13	+ 87	− 75

$f(\eta_0)$, Primfactoren der Primzahlen p.

p	$f(\eta_0)$	p	$f(\eta_0)$	p	$f(\eta_0)$
23	$+1+2\eta_2$	337	$-5-2\eta_0+4\eta_2$	643	$+1-4\eta_1+2\eta_2$
29	$+7+2\eta_1$	401	$-11-4\eta_1$	647	$-7+4\eta_1-2\eta_2$
89	$-5+2\eta_2$	449	$+1-6\eta_1+2\eta_2$	709	$+25-4\eta_0+8\eta_1$
139	$-3-3\eta_2$	457	$-11+4\eta_1$	773	$-9-2\eta_0+4\eta_2$
151	$+3+2\eta_0-2\eta_2$	461	$-7-4\eta_2$	821	$+5+8\eta_0$
263	$-5+4\eta_0$	463	$+11-2\eta_0+2\eta_1$	829	$-19+6\eta_1-2\eta_2$
271	$+9+2\eta_1$	523	$-9-4\eta_2$	883	$-7+2\eta_0+4\eta_2$
277	$+7-2\eta_0+4\eta_1$	587	$+15+4\eta_0$	953	$-19+6\eta_1-6\eta_2$

$\lambda = 31$

VII. p zum Exponenten 15 gehörig.

2 fünfzehngliedrige Perioden (für die primitive Wurzel 3 von 31):

$$\eta_0 = \alpha+\alpha^9+\alpha^{19}+\alpha^{16}+\alpha^{20}+\alpha^{25}+\alpha^8+\alpha^{10}+\alpha^{28}+\alpha^4+\alpha^5+\alpha^{14}+\alpha^2+\alpha^{18}+\alpha^7,$$

$$\eta_1 = \alpha^3+\alpha^{27}+\alpha^{26}+\alpha^{17}+\alpha^{29}+\alpha^{13}+\alpha^{24}+\alpha^{30}+\alpha^{22}+\alpha^{12}+\alpha^{15}+\alpha^{11}+\alpha^6+\alpha^{23}+\alpha^{21};$$

Wurzeln der Gleichung:

$$\eta^2+\eta+8=0;$$

mit den fundamentalen Relationen:

$$\eta_0^2 = -8-\eta_0, \qquad \eta_0\eta_1 = +8.$$

Congruenzwurzeln mod. p.*)

p	η_0	η_1	p	η_0	η_1	p	η_0	η_1	p	η_0	η_1
7	2	−3	227	106	−107	503	195	−196	727	152	−153
19	5	−6	257	22	−23	541	73	−74	733	226	−227
41	12	−13	293	76	−77	547	247	−248	751	102	−103
59	10	−11	307	65	−66	577	217	−218	857	109	−110
71	26	−27	317	35	−36	599	34	−35	877	167	−168
103	40	−41	359	158	−159	607	291	−292	887	59	−60
107	20	−21	379	61	−62	617	78	−79	919	274	−275
113	33	−34	421	183	−184	661	254	−255	937	114	−115
131	60	−61	431	205	−206	691	52	−53	971	98	−99
173	41	−42	443	66	−67	701	221	−222			
193	55	−56	479	87	−88						

$f(\eta_0)$, Primfactoren der Primzahlen p.

Wirkliche Primfactoren $f(\eta_0)$ haben folgende Primzahlen p:

p	$f(\eta_0)$	p	$f(\eta_0)$	p	$f(\eta_0)$	p	$f(\eta_0)$	p	$f(\eta_0)$
131	$9-2\eta_1$	293	$11-4\eta_0$	577	$5-8\eta_0$	857	$15-8\eta_0$	937	$17-8\eta_1$
173	$5-4\eta_1$	379	$7-6\eta_1$	607	$23-2\eta_1$	919	$7-10\eta_1$	971	$9-10\eta_0$
227	$13-2\eta_1$	431	$19-2\eta_1$	617	$7-8\eta_0$				

*) Es ist $\eta_0 \equiv 58$ (mod. 7^3), $\eta_0 \equiv 3349$ mod. (19^2) u. s. w.

$\lambda = 31$

Die übrigen haben ideale Primfactoren, deren 3te Potenzen $f^3(\eta_0)$ wirklich sind:

p	$f^3(\eta_0)$	$\phi(\eta_0)$ *)	p	$f^3(\eta_0)$	$\phi(\eta_0)$
7	$5-6\eta_0$	$2-\eta_0$	443	$7973-1282\eta_0$	$19-7\eta_0$
19	$73-10\eta_1$	$5-\eta_0$	479	$7473-2174\eta_1$	$1+11\eta_0$
41	$99-80\eta_0$	$2-3\eta_1$	503	$11225-122\eta_0$	$26-5\eta_1$
59	$323-94\eta_1$	$10-\eta_0$	541	$12089-692\eta_1$	$23-7\eta_1$
71	$441-118\eta_0$	$7-3\eta_0$	547	$685-4474\eta_0$	$7-11\eta_1$
103	$487-298\eta_0$	$17-3\eta_0$	599	$3563-4810\eta_1$	$34-\eta_0$
107	$665-274\eta_0$	$2-5\eta_1$	661	$13801-2748\eta_1$	$3+13\eta_0$
113	$1197-8\eta_1$	$11-3\eta_1$	691	$14211-3210\eta_0$	$2-13\eta_1$
193	$2015-512\eta_1$	$1+7\eta_0$	701	$5921-5860\eta_0$	$35-3\eta_0$
257	$1511-1264\eta_1$	$22-\eta_0$	727	$13801-4134\eta_1$	$33-5\eta_0$
307	$4589-764\eta_0$	$18-5\eta_0$	733	$10983-5212\eta_1$	$6-13\eta_0$
317	$5481-244\eta_1$	$2+9\eta_0$	751	$19531-1378\eta_1$	$30-7\eta_1$
359	$883-2330\eta_0$	$5-9\eta_1$	877	$16199-6236\eta_0$	$37-5\eta_1$
421	$4789-2260\eta_0$	$18-7\eta_0$	887	$24795-2026\eta_1$	$2+15\eta_0$

VIII. p zum Exponenten 30 gehörig, in Beziehung auf 31te Einheitswurzeln selbst complexe Primzahlen:

3, 11, 13, 17, 43, 53, 73, 79, 83, 127, 137, 167, 179, 197, 199, 229, 239, 241, 251, 269, 313, 331, 353, 383, 389, 487, 499, 509, 569, 571, 601, 613, 631, 641, 673, 757, 761, 787, 797, 823, 827, 829, 859, 881, 911, 941, 947, 983.

*) Es ist $N\phi(\eta_0) = 2p$, mittelst dieser Normen und $N(\eta_1) = 2^3$ sind die $f^3(\eta_0)$ berechnet.

$\lambda = 37$

I. $p = 37m + 1$.

Congruenzwurzeln mod. p.

p	α	α^2	α^3	α^4	α^5	α^6	α^7	α^8	α^9	α^{10}	α^{11}
149	+ 17	− 9	− 4	− 68	+ 36	+ 16	− 26	+ 5	− 64	− 45	− 20
223	+ 68	− 59	+ 2	− 87	+105	+ 4	+ 49	− 13	+ 8	+ 98	− 26
593	+258	+148	+232	− 37	− 58	−139	−282	+183	−226	−194	−240

p	α^{12}	α^{13}	α^{14}	α^{15}	α^{16}	α^{17}	α^{18}	α^{19}	α^{20}	α^{21}	α^{22}
149	− 42	+ 31	− 69	+ 19	+ 25	− 22	+ 73	+ 49	− 61	+ 6	− 47
223	+ 16	− 27	− 52	+ 32	− 54	−104	+ 64	−108	+ 15	− 95	+ 7
593	−248	+ 60	+ 62	− 15	+281	+152	+ 78	− 38	+277	−287	+ 79

p	α^{23}	α^{24}	α^{25}	α^{26}	α^{27}	α^{28}	α^{29}	α^{30}	α^{31}	α^{32}	α^{33}
149	− 54	− 24	+ 39	+ 67	− 53	− 7	+ 30	+ 63	+ 28	+ 29	+ 46
223	+ 30	+ 33	+ 14	+ 60	+ 66	+ 28	−103	− 91	+ 56	+ 17	+ 41
593	+220	−168	− 55	+ 42	+162	+286	+256	+225	− 64	+ 92	+ 16

p	α^{34}	α^{35}	α^{36}
149	+ 37	+ 33	− 35
223	−111	+ 34	+ 82
593	− 23	− 4	+154

Normen zusammengesetzter complexer Zahlen.

$N(1 - \alpha^{11} + \alpha^{13}) = 223 \,.\, 149$, $\qquad N(1 - \alpha^4 + \alpha^{19}) = 593 \,.\, 223$.

Aus diesen geht hervor, dass die Primfactoren der 3 Primzahlen in gleichem Grade ideal und daher bei allen in 37ter Potenz wirklich sind.

$\lambda = 37$

II. p zum Exponenten 2 gehörig.

18 zweigliedrige Perioden (für die primitive Wurzel 2 von 37):

$$\eta_0 = \alpha + \alpha^{-1}, \quad \eta_1 = \alpha^2 + \alpha^{-2}, \quad \eta_2 = \alpha^4 + \alpha^{-4}, \quad \eta_3 = \alpha^8 + \alpha^{-8}, \quad \eta_4 = \alpha^{16} + \alpha^{-16},$$
$$\eta_5 = \alpha^5 + \alpha^{-5}, \quad \eta_6 = \alpha^{10} + \alpha^{-10}, \quad \eta_7 = \alpha^{17} + \alpha^{-17}, \quad \eta_8 = \alpha^3 + \alpha^{-3}, \quad \eta_9 = \alpha^6 + \alpha^{-6},$$
$$\eta_{10} = \alpha^{12} + \alpha^{-12}, \quad \eta_{11} = \alpha^{13} + \alpha^{-13}, \quad \eta_{12} = \alpha^{11} + \alpha^{-11}, \quad \eta_{13} = \alpha^{15} + \alpha^{-15},$$
$$\eta_{14} = \alpha^7 + \alpha^{-7}, \quad \eta_{15} = \alpha^{14} + \alpha^{-14}, \quad \eta_{16} = \alpha^9 + \alpha^{-9}, \quad \eta_{17} = \alpha^{18} + \alpha^{-18};$$

Wurzeln der Gleichung:

$$\eta^{18} + \eta^{17} - 17\eta^{16} - 16\eta^{15} + 120\eta^{14} + 105\eta^{13} - 455\eta^{12} - 364\eta^{11} + 1001\eta^{10} + 715\eta^9 - 1287\eta^8$$
$$- 792\eta^7 + 924\eta^6 + 462\eta^5 - 330\eta^4 - 120\eta^3 + 45\eta^2 + 9\eta - 1 = 0;$$

mit den fundamentalen Relationen:

$$\eta_0^2 = 2 + \eta_1, \quad \eta_0\eta_1 = \eta_0 + \eta_8, \quad \eta_0\eta_2 = \eta_5 + \eta_8, \quad \eta_0\eta_3 = \eta_{14} + \eta_{16}, \quad \eta_0\eta_4 = \eta_7 + \eta_{13},$$
$$\eta_0\eta_5 = \eta_2 + \eta_9, \quad \eta_0\eta_6 = \eta_{12} + \eta_{16}, \quad \eta_0\eta_7 = \eta_4 + \eta_{17}, \quad \eta_0\eta_8 = \eta_1 + \eta_2,$$
$$\eta_0\eta_9 = \eta_5 + \eta_{14}, \quad \eta_0\eta_{10} = \eta_{11} + \eta_{12}, \quad \eta_0\eta_{11} = \eta_{10} + \eta_{15}, \quad \eta_0\eta_{12} = \eta_6 + \eta_{10},$$
$$\eta_0\eta_{13} = \eta_4 + \eta_{15}, \quad \eta_0\eta_{14} = \eta_3 + \eta_9, \quad \eta_0\eta_{15} = \eta_{11} + \eta_{13}, \quad \eta_0\eta_{16} = \eta_3 + \eta_6,$$
$$\eta_0\eta_{17} = \eta_7 + \eta_{17}.$$

Congruenzwurzeln mod. p.

p	η_0	η_1	η_2	η_3	η_4	η_5	η_6	η_7	η_8	η_9	η_{10}	η_{11}
73	− 3	+ 7	− 26	+ 17	− 5	+ 23	+ 16	+ 35	− 18	+ 30	+ 22	− 29
443	+20	− 45	−192	+ 93	−213	+181	− 23	+ 84	− 34	−175	+ 56	+ 33
739	+12	+142	+209	+ 78	+170	+ 77	+ 15	+223	+214	− 24	−165	−120
887	−64	−341	+ 82	−374	−272	+361	− 70	−424	−287	−124	+295	+ 97

p	η_{12}	η_{13}	η_{14}	η_{15}	η_{16}	η_{17}
73	+ 36	− 20	+ 33	− 8	− 11	− 27
443	+201	+ 86	−137	+161	−218	+121
739	+357	+339	−365	+203	−177	+289
887	−350	+ 92	−408	−294	+395	− 89

$f(\eta_0)$, Primfactoren der Primzahlen p.*)

p	$f(\eta_0)$	p	$f(\eta_0)$	p	$f(\eta_0)$	p	$f(\eta_0)$
+73	$1+\eta_1+\eta_{15}$	+443	$1+\eta_8+\eta_{11}$	+739	$1-\eta_3+\eta_5$	−887	$1-\eta_{10}-\eta_{15}$

*) Das Zeichen + vor den Primzahlen p zeigt an, dass $Nf(\eta_0) = +p$, das Zeichen −, dass $Nf(\eta_0) = -p$ ist.

$\lambda = 37$

III. p zum Exponenten 3 gehörig.

12 dreigliedrige Perioden (für die primitive Wurzel 2 von 37):

$$\eta_0 = \alpha + \alpha^{26} + \alpha^{10}, \quad \eta_1 = \alpha^2 + \alpha^{15} + \alpha^{20}, \quad \eta_2 = \alpha^4 + \alpha^{30} + \alpha^3,$$
$$\eta_3 = \alpha^8 + \alpha^{23} + \alpha^6, \quad \eta_4 = \alpha^{16} + \alpha^9 + \alpha^{12}, \quad \eta_5 = \alpha^{32} + \alpha^{18} + \alpha^{24},$$
$$\eta_6 = \alpha^{27} + \alpha^{36} + \alpha^{11}, \quad \eta_7 = \alpha^{17} + \alpha^{35} + \alpha^{22}, \quad \eta_8 = \alpha^{34} + \alpha^{33} + \alpha^7,$$
$$\eta_9 = \alpha^{31} + \alpha^{29} + \alpha^{14}, \quad \eta_{10} = \alpha^{25} + \alpha^{21} + \alpha^{28}, \quad \eta_{11} = \alpha^{13} + \alpha^5 + \alpha^{19};$$

Wurzeln der Gleichung:

$$\eta^{12} + \eta^{11} + 2\eta^{10} - 20\eta^9 - 13\eta^8 - 19\eta^7 + 85\eta^6 + 51\eta^5 + 94\eta^4 - 2\eta^3 - 13\eta^2 - 77\eta + 47 = 0;$$

mit den fundamentalen Relationen:

$$\eta_0^2 = \eta_1 + 2\eta_6, \quad \eta_0\eta_1 = \eta_2 + \eta_4 + \eta_{10}, \quad \eta_0\eta_2 = \eta_2 + \eta_9 + \eta_{11}, \quad \eta_0\eta_3 = \eta_4 + \eta_5 + \eta_8,$$
$$\eta_0\eta_4 = \eta_0 + \eta_7 + \eta_{11}, \quad \eta_0\eta_5 = \eta_8 + \eta_{10} + \eta_{11}, \quad \eta_0\eta_6 = 3 + \eta_4 + \eta_{10},$$
$$\eta_0\eta_7 = \eta_3 + \eta_5 + \eta_6, \quad \eta_0\eta_8 = \eta_3 + \eta_7 + \eta_8, \quad \eta_0\eta_9 = \eta_1 + \eta_2 + \eta_5,$$
$$\eta_0\eta_{10} = \eta_0 + \eta_7 + \eta_9, \quad \eta_0\eta_{11} = \eta_1 + \eta_3 + \eta_9.$$

Congruenzwurzeln mod. p.

p	η_0	η_1	η_2	η_3	η_4	η_5	η_6	η_7	η_8	η_9	η_{10}	η_{11}
47	0	− 10	+ 3	− 12	+ 6	+ 7	+ 5	− 22	− 13	+ 22	− 9	+ 22
137	+ 1	− 16	+ 47	− 36	+ 11	− 5	− 60	+ 36	− 42	+ 26	+ 63	− 26
211	− 4	+ 96	+ 92	+ 57	+ 13	+ 92	− 40	− 80	+ 89	− 70	− 67	+ 32
269	− 1	+ 71	−103	− 8	+ 53	−108	− 35	−118	+ 63	−129	− 21	+ 66
359	+ 8	+ 77	− 47	+ 17	+ 97	+ 20	+173	+116	+ 19	+ 96	−152	− 66
433	+31	−139	−139	+ 50	−170	+ 95	+117	+204	−107	+ 36	−103	+124
491	+21	+ 96	+115	−108	− 93	+242	− 73	−114	+ 38	+252	+ 30	+104
787	+31	+279	−345	−152	+126	−286	+341	−257	+170	−316	+211	+197
877	+ 7	+ 64	+ 65	−295	−319	+379	+431	−177	−371	−178	−175	−309

$f(\eta_0)$, Primfactoren der Primzahlen p.

p	$f(\eta_0)$	p	$f(\eta_0)$	p	$f(\eta_0)$
47	η_0	269	$1+\eta_0$	491	$1-\eta_2-\eta_7$
137	$1-\eta_0$	359	$\eta_0+\eta_3+\eta_5+\eta_8$	787	$1-\eta_3-\eta_4+\eta_8-\eta_{11}$
211	$\eta_3+\eta_4+\eta_9$	433	$\eta_3+\eta_4+\eta_8-\eta_{10}+\eta_{11}$	877	$1+\eta_0-\eta_5-\eta_8$

$\lambda = 37$

IV. p zum Exponenten 4 gehörig.

9 viergliedrige Perioden (für die primitive Wurzel 2 von 37):

$$\eta_0 = \alpha + \alpha^{31} + \alpha^{36} + \alpha^{6}, \quad \eta_1 = \alpha^{2} + \alpha^{25} + \alpha^{35} + \alpha^{12}, \quad \eta_2 = \alpha^{4} + \alpha^{13} + \alpha^{33} + \alpha^{24},$$

$$\eta_3 = \alpha^{8} + \alpha^{26} + \alpha^{29} + \alpha^{11}, \quad \eta_4 = \alpha^{16} + \alpha^{15} + \alpha^{21} + \alpha^{22}, \quad \eta_5 = \alpha^{32} + \alpha^{30} + \alpha^{5} + \alpha^{7},$$

$$\eta_6 = \alpha^{27} + \alpha^{23} + \alpha^{10} + \alpha^{14}, \quad \eta_7 = \alpha^{17} + \alpha^{9} + \alpha^{20} + \alpha^{28}, \quad \eta_8 = \alpha^{34} + \alpha^{18} + \alpha^{3} + \alpha^{19}$$

Wurzeln der Gleichung:

$$\eta^9 + \eta^8 - 16\eta^7 - 11\eta^6 + 66\eta^5 + 32\eta^4 - 73\eta^3 - 7\eta^2 + 7\eta + 1 = 0;$$

mit den fundamentalen Relationen:

$$\eta_0^2 = 4 + \eta_1 + 2\eta_5, \quad \eta_0\eta_1 = \eta_0 + \eta_2 + \eta_3 + \eta_8, \quad \eta_0\eta_2 = \eta_1 + \eta_5 + \eta_6 + \eta_8,$$

$$\eta_0\eta_3 = \eta_1 + \eta_5 + \eta_6 + \eta_7, \quad \eta_0\eta_4 = 2\eta_4 + \eta_6 + \eta_7, \quad \eta_0\eta_5 = 2\eta_0 + \eta_2 + \eta_3,$$

$$\eta_0\eta_6 = \eta_2 + \eta_3 + \eta_4 + \eta_7, \quad \eta_0\eta_7 = \eta_3 + \eta_4 + \eta_6 + \eta_8, \quad \eta_0\eta_8 = \eta_1 + \eta_2 + \eta_7 + \eta_8.$$

Congruenzwurzeln mod. p.

p	η_0	η_1	η_2	η_3	η_4	η_5	η_6	η_7	η_8
31	− 1	− 4	− 12	− 2	− 7	− 15	+ 12	+ 9	− 12
43	+ 2	− 21	− 10	− 16	− 13	− 11	− 13	+ 13	− 18
179	−10	− 86	− 19	+ 24	− 84	− 88	+ 36	+ 77	− 30
191	−12	+ 90	− 44	− 41	+ 14	+ 25	+ 59	− 64	− 28
401	+14	+ 52	− 67	−184	−158	+ 70	− 20	+129	+163
487	−47	+180	−161	−200	+178	−139	+ 93	+153	− 58
709	+80	−313	−320	−191	− 94	+164	−133	−109	+206
857	+19	−204	+424	+154	+ 92	−148	+ 26	−176	−188
919	−75	+447	+437	−403	−377	−170	+432	+108	−400

$f(\eta_0)$, Primfactoren der Primzahlen p.

p	$f(\eta_0)$	p	$f(\eta_0)$	p	$f(\eta_0)$
31	$+1+\eta_0$	191	$+1+\eta_0-\eta_4+\eta_5$	709	$+\eta_3-\eta_4+\eta_7+\eta_8$
43	$+2-\eta_0$	401	$-1-\eta_0-\eta_1-\eta_2$	857	$+2-\eta_5+\eta_6+\eta_7$
179	$-1+\eta_0-\eta_5-\eta_7$	487	$-2+\eta_1-\eta_4$	919	$+2-\eta_2-\eta_3+\eta_6+\eta_8$

$\lambda = 37$

V. p zum Exponenten 6 gehörig.

6 sechsgliedrige Perioden (für die primitive Wurzel 2 von 37):

$$\eta_0 = \alpha + \alpha^{27} + \alpha^{26} + \alpha^{36} + \alpha^{10} + \alpha^{11}, \qquad \eta_1 = \alpha^{2} + \alpha^{17} + \alpha^{15} + \alpha^{35} + \alpha^{20} + \alpha^{22},$$

$$\eta_2 = \alpha^{4} + \alpha^{34} + \alpha^{30} + \alpha^{33} + \alpha^{3} + \alpha^{7}, \qquad \eta_3 = \alpha^{8} + \alpha^{31} + {}^{23} + \alpha^{29} + \alpha^{6} + \alpha^{14},$$

$$\eta_4 = \alpha^{16} + \alpha^{25} + \alpha^{9} + \alpha^{21} + \alpha^{12} + \alpha^{28}, \qquad \eta_5 = \alpha^{32} + \alpha^{13} + \alpha^{18} + \alpha^{5} + \alpha^{24} + \alpha^{19};$$

Wurzeln der Gleichung:

$$\eta^6 + \eta^5 - 15\eta^4 - 28\eta^3 + 15\eta^2 + 38\eta - 1 = 0;$$

mit den fundamentalen Relationen:

$$\eta_0^2 = 6 + 2\eta_0 + \eta_1 + 2\eta_4, \quad \eta_0\eta_1 = -1 - \eta_1 + \eta_4, \quad \eta_0\eta_2 = \eta_1 + 2\eta_2 + 2\eta_3 + \eta_5,$$

$$\eta_0\eta_3 = \eta_1 + 2\eta_2 + \eta_4 + 2\eta_5, \quad \eta_0\eta_4 = 2\eta_0 + 2\eta_1 + \eta_3 + \eta_5, \quad \eta_0\eta_5 = -1 - \eta_0 + \eta_3.$$

Congruenzwurzeln mod. p.

p	η_0	η_1	η_2	η_3	η_4	η_5
11	+ 1	— 4	— 1	— 5	+ 4	+ 4
101	— 4	+ 17	— 37	+ 31	— 50	+ 42
233	+ 2	—101	+107	+ 41	— 69	+ 19
307	+34	— 41	+141	—123	+101	—113
397	+13	—187	— 61	—159	+162	+231
619	— 5	+173	—121	+ 31	— 72	— 7
677	+40	+ 59	—280	+342	—288	+126
751	+ 3	— 84	—244	— 68	—335	— 24

$f(\eta_0)$, Primfactoren der Primzahlen p.*)

p	$f(\eta_0)$	p	$f(\eta_0)$	p	$f(\eta_0)$
+ 11	$1-\eta_0$	—307	$1+\eta_1+\eta_2-\eta_4$	+677	$1-\eta_2+2\eta_3+\eta_4$
+101	$1-\eta_0-\eta_2-\eta_5$	—397	$3-\eta_3-\eta_4$	—751	$3-\eta_0$
—233	$2-\eta_0$	+619	$2-\eta_0+\eta_5$		

*) Das Zeichen + vor den Primzahlen p zeigt an, dass $Nf(\eta_0) = +p$, das Zeichen — dass $Nf(_0) = -p$ ist.

$\lambda = 37$

VI. p zum Exponenten 9 gehörig.

4 neungliedrige Perioden (für die primitive Wurzel 2 von 37):

$$\eta_0 = \alpha + \alpha^{16} + \alpha^{34} + \alpha^{26} + \alpha^{9} + \alpha^{33} + \alpha^{10} + \alpha^{12} + \alpha^{7},$$
$$\eta_1 = \alpha^{2} + \alpha^{32} + \alpha^{31} + \alpha^{15} + \alpha^{18} + \alpha^{29} + \alpha^{20} + \alpha^{24} + \alpha^{14},$$
$$\eta_2 = \alpha^{4} + \alpha^{27} + \alpha^{25} + \alpha^{30} + \alpha^{36} + \alpha^{21} + \alpha^{3} + \alpha^{11} + \alpha^{28},$$
$$\eta_3 = \alpha^{8} + \alpha^{17} + \alpha^{13} + \alpha^{23} + \alpha^{35} + \alpha^{5} + \alpha^{6} + \alpha^{22} + \alpha^{19};$$

Wurzeln der Gleichung:

$$\eta^4 + \eta^3 + 5\eta^2 + 7\eta + 49 = 0;$$

mit den fundamentalen Relationen:

$$\eta_0^2 = -2 - \eta_1 + 2\eta_3, \quad \eta_0\eta_1 = -2 + 2\eta_2 - \eta_3, \quad \eta_0\eta_2 = +7, \quad \eta_0\eta_3 = -2 + 2\eta_1 - \eta_2.$$

Congruenzwurzeln mod. p.

p	η_0	η_1	η_2	η_3	p	η_0	η_1	η_2	η_3
7	0	− 2	+ 1	0	419	− 12	+122	+174	+134
53	+ 4	+ 16	+ 15	+ 17	571	+ 93	+189	−135	−148
71	− 5	+ 23	+ 27	+ 25	599	−143	+218	−240	−261
83	− 14	+ 26	+ 41	+ 29	601	+ 21	− 29	−200	+207
107	+ 2	− 42	− 50	− 18	641	+ 25	+235	− 51	−210
127	− 3	− 29	+ 40	− 9	673	+ 35	+195	−269	+ 38
157	− 22	+ 33	− 36	+ 24	773	−124	−327	+268	+182
181	− 6	− 89	+ 29	+ 65	811	+118	−254	−213	+348
197	− 36	+ 76	+ 60	+ 96	821	− 30	− 44	−356	−392
229	− 15	+107	− 31	− 62	823	+ 26	+410	−158	−279
271	− 40	−133	+115	+ 57	863	+ 14	−364	−431	− 83
293	− 4	+ 46	− 75	+ 32	937	+ 65	− 74	+274	−266
349	− 20	−156	+ 52	+123	941	− 18	+356	+261	+341
367	−102	+108	−126	+119	971	−172	+440	+254	+448
379	+ 30	+167	−164	− 34					

$f(\eta_0)$, Primfactoren der Primzahlen p*).

p	$f(\eta_0)$	p	$f(\eta_0)$	p	$f(\eta_0)$	p	$f(\eta_0)$
7	$1+\eta_1+\eta_2$	197	$\eta_0-\eta_2+\eta_3$	419	$\eta_0-\eta_1+\eta_3$	811	$3-\eta_0-2\eta_3$
53	$2+\eta_2-\eta_3$	229	$2+3\eta_0+2\eta_3$	571	$3+2\eta_0-\eta_1$	821	$7+\eta_1+2\eta_3$
71	$4+\eta_1-\eta_2$	271	$3\eta_0+2\eta_1+\eta_2$	599	$1+\eta_1+2\eta_2-\eta_3$	823	$3+2\eta_1$
83	$3+\eta_0+2\eta_1-\eta_2$	293	$4+\eta_0$	601	$6+2\eta_2-\eta_3$	863	$1-2\eta_2$
107	$2-\eta_0$	349	$3+2\eta_0+2\eta_1$	641	$1+2\eta_0+\eta_2$	937	$9+2\eta_1+3\eta_3$
127	$3+\eta_0$	367	$4+2\eta_2-\eta_3$	673	$3+\eta_0-\eta_3$	941	$3+\eta_0+\eta_1-\eta_3$
157	$2-\eta_0-\eta_3$	379	$3-\eta_1-\eta_2$	773	$5+\eta_0+2\eta_1$	971	$8+3\eta_0+2\eta_2$
181	$3+\eta_0+2\eta_1$						

*) Manche dieser Primfactoren $f(\eta_0)$ sind aus Normen $= 7p$ berechnet, z. B. $N(6-\eta_0-\eta_1) = 7 . 367$, $N(1-3\eta_2) = 7 . 601$ u. s. w.

$\lambda = 37$

VII. p zum Exponenten 12 gehörig.

3 zwölfgliedrige Perioden (für die primitive Wurzel 2 von 37):

$$\eta_0 = \alpha + \alpha^8 + \alpha^{27} + \alpha^{31} + \alpha^{26} + \alpha^{23} + \alpha^{36} + \alpha^{29} + \alpha^{10} + \alpha^6 + \alpha^{11} + \alpha^{14},$$
$$\eta_1 = \alpha^2 + \alpha^{16} + \alpha^{17} + \alpha^{25} + \alpha^{15} + \alpha^9 + \alpha^{35} + \alpha^{21} + \alpha^{20} + \alpha^{12} + \alpha^{22} + \alpha^{28},$$
$$\eta_2 = \alpha^4 + \alpha^{32} + \alpha^{34} + \alpha^{13} + \alpha^{30} + \alpha^{18} + \alpha^{33} + \alpha^5 + \alpha^3 + \alpha^{24} + \alpha^7 + \alpha^{19};$$

Wurzeln der Gleichung:

$$\eta^3 + \eta^2 - 12\eta + 11 = 0;$$

mit den fundamentalen Relationen:

$$\eta_0^2 = 8 - 2\eta_0 + \eta_1, \qquad \eta_0\eta_1 = -3 + 2\eta_0 + \eta_1, \qquad \eta_0\eta_2 = -3 + \eta_0 + 2\eta_2.$$

Congruenzwurzeln mod. p.

p	η_0	η_1	η_2	p	η_0	η_1	η_0	p	η_0	η_1	η_2
23	− 1	− 9	+ 9	347	+ 43	−155	+111	569	− 19	−254	+272
29	− 3	− 5	+ 7	421	+ 42	+156	−199	643	− 55	−308	−281
97	− 6	+ 16	−11	467	+ 62	+224	+180	769	− 10	+ 72	− 63
103	−14	− 46	−44	541	+ 18	−189	+170	859	− 57	−309	+365
193	−37	− 64	−93	547	+110	−269	+158	911	−142	−170	+311
199	− 7	+ 27	−21	563	− 24	− 43	+ 66	991	+ 10	+112	−123
251	−38	+105	−68								

$f(\eta_0)$, Primfactoren der Primzahlen p.

p	$f(\eta_0)$	p	$f(\eta_0)$	p	$f(\eta_0)$
23	$+1+\eta_0$	347	$-14-3\eta_2$	569	$-4+3\eta_0+2\eta_1$
29	$+3+\eta_0$	421	$+4+\eta_0-4\eta_2$	643	$-3\eta_1+\eta_2$
97	$-6-\eta_0$	467	$-3\eta_0+5\eta_1$	769	$-10-\eta_0$
103	$-2-\eta_1+\eta_2$	541	$-5+2\eta_0+3\eta_2$	859	$-8+4\eta_0+3\eta_2$
193	$+7-2\eta_2$	547	$+9-2\eta_1$	911	$-5+2\eta_0-2\eta_2$
199	$-3\eta_0+\eta_2$	563	$-5-2\eta_0+\eta_1$	991	$+10-\eta_0$
251	$-3+\eta_0-2\eta_1$				

$\lambda = 37$

VIII. p zum Exponenten 18 gehörig.

2 achtzehngliedrige Perioden (für die primitive Wurzel 2 von 37):

$$\eta_0 = \alpha+\alpha^4+\alpha^{16}+\alpha^{27}+\alpha^{34}+\alpha^{25}+\alpha^{26}+\alpha^{30}+\alpha^9+\alpha^{36}+\alpha^{33}+\alpha^{21}+\alpha^{10}+\alpha^3+\alpha^{12}+\alpha^{11}+\alpha^7+\alpha^{28},$$
$$\eta_1 = \alpha^2+\alpha^8+\alpha^{32}+\alpha^{17}+\alpha^{31}+\alpha^{13}+\alpha^{15}+\alpha^{23}+\alpha^{18}+\alpha^{35}+\alpha^{29}+\alpha^5+\alpha^{20}+\alpha^6+\alpha^{24}+\alpha^{22}+\alpha^{14}+\alpha^{19};$$

Wurzeln der Gleichung:

$$\eta^2 + \eta - 9 = 0;$$

mit den fundamentalen Relationen:

$$\eta_0^2 = 9 - \eta_0, \qquad \eta_0\eta_1 = -9.$$

Congruenzwurzeln mod. p.

p	η_0	η_1	p	η_0	η_1	p	η_0	η_1	p	η_0	η_1
3	0	−1	263	16	−17	613	113	−114	761	158	−159
41	11	−12	317	53	−54	617	275	−276	839	247	−248
67	14	−15	337	105	−106	659	147	−148	881	51	−52
139	35	−36	373	169	−170	691	120	−121	929	343	−344
151	21	−22	509	224	−225	733	321	−322	953	141	−142
173	13	−14	521	240	−241	743	330	−331	983	31	−32

$f(\eta_0)$, Primfactoren der Primzahlen p.*)

p	$f(\eta_0)$	p	$f(\eta_0)$	p	$f(\eta_0)$	p	$f(\eta_0)$
−3	$2-\eta_1$	+263	$16-\eta_0$	−613	$17-11\eta_0$	+761	$29-5\eta_0$
+41	$14-5\eta_0$	−317	$1-6\eta_0$	−617	$7-9\eta_0$	+839	$37-10\eta_1$
+67	$17-6\eta_0$	+337	$19-3\eta_1$	−659	$5-9\eta_0$	+881	$49-16\eta_1$
−139	$1-4\eta_0$	+373	$29-9\eta_0$	+691	$29-6\eta_0$	+929	$35-8\eta_1$
+151	$19-6\eta_1$	−509	$11-9\eta_1$	+733	$34-9\eta_1$	+953	$34-7\eta_0$
+173	$13-\eta_0$	+521	$35-11\eta_0$	−743	$2+9\eta_0$	+983	$31-\eta_0$

IX. p zum Exponenten 36 gehörig, in Beziehung auf 37te Einheitswurzeln selbst complexe Primzahlen:

2, 5, 13, 17, 19, 59, 61, 79, 89, 109, 113, 131, 137, 163, 167, 227, 239, 241, 257, 277, 281, 283, 311, 313, 331, 353, 383, 389, 409, 431, 439, 449, 457, 461, 463, 479, 499, 503, 523, 557, 577, 587, 607, 631, 647, 653, 661, 683, 701, 757, 797, 809, 827, 829, 853, 883, 907, 947, 967, 977, 997.

---

*) Das Zeichen + vor den Primzahlen p zeigt an, dass $Nf(\eta_0) = +p$, das Zeichen −, dass $Nf(\eta_0) = -p$ ist.

$\lambda = 41$

I. $p = 41m + 1$.

Congruenzwurzeln mod. p.

p	α	α^2	α^3	α^4	α^5	α^6	α^7	α^8	α^9	α^{10}	α^{11}
83	+ 10	+ 17	+ 4	+ 40	− 15	+ 16	− 6	+ 23	− 19	− 24	+ 9
739	+133	− 47	−339	− 8	−325	−363	−244	+ 64	−356	− 52	−265
821	− 37	−273	+249	−182	+166	−395	−163	+284	+165	−358	+110

p	α^{12}	α^{13}	α^{14}	α^{15}	α^{16}	α^{17}	α^{18}	α^{19}	α^{20}	α^{21}	α^{22}
83	+ 7	− 13	+ 36	+ 28	+ 31	− 22	+ 29	+ 41	− 5	+ 33	− 2
739	+227	−108	−323	− 97	−338	+125	+367	+ 37	−252	−261	+ 20
821	+ 35	+347	+297	−316	+198	+ 63	+132	+ 42	+ 88	+ 28	−215

p	α^{23}	α^{24}	α^{25}	α^{26}	α^{27}	α^{28}	α^{29}	α^{30}	α^{31}	α^{32}	α^{33}
83	− 20	− 34	− 8	+ 3	+ 30	− 32	+ 12	+ 37	+ 38	− 35	− 18
739	−296	−201	−129	−160	+151	+130	+293	−198	+270	−301	−127
821	−255	+404	−170	−278	−387	+362	−258	−306	−172	−204	+159

p	α^{34}	α^{35}	α^{36}	α^{37}	α^{38}	α^{39}	α^{40}
83	− 14	+ 26	+ 11	+ 27	+ 21	− 39	+ 25
739	+106	+ 57	+191	+277	−109	+283	− 50
821	−136	+106	+183	−203	+122	−409	+355

Primfactoren der Primzahlen p ideal, in 11ter Potenz wirklich.
Normen zusammengesetzter complexer Zahlen.

$N(1 + \alpha^2 + \alpha^{33}) = 83 \,.\, 1231$, $\quad N(1 + \alpha^3 + \alpha^{20}) = 83 \,.\, 3527$,

$N(1 + \alpha^3 - \alpha^{16}) = 739 \,.\, 1723$, $\quad N(1 - \alpha^5 + \alpha^9) = 821 \,.\, 1559$,

$N(1 - \alpha^7 - \alpha^{22} - \alpha^{30}) = 739 \,.\, 22648237$.

$\lambda = 41$

II. p zum Exponenten 2 gehörig.

20 zweigliedrige Perioden (für die primitive Wurzel 6 von 41):

$$\begin{array}{llll}
\eta_0 = \alpha + \alpha^{-1}, & \eta_1 = \alpha^6 + \alpha^{-6}, & \eta_2 = \alpha^5 + \alpha^{-5}, & \eta_3 = \alpha^{11} + \alpha^{-11}, \\
\eta_4 = \alpha^{16} + \alpha^{-16}, & \eta_5 = \alpha^{14} + \alpha^{-14}, & \eta_6 = \alpha^2 + \alpha^{-2}, & \eta_7 = \alpha^{12} + \alpha^{-12}, \\
\eta_8 = \alpha^{10} + \alpha^{-10}, & \eta_9 = \alpha^{19} + \alpha^{-19}, & \eta_{10} = \alpha^9 + \alpha^{-9}, & \eta_{11} = \alpha^{13} + \alpha^{-13}, \\
\eta_{12} = \alpha^4 + \alpha^{-4}, & \eta_{13} = \alpha^{17} + \alpha^{-17}, & \eta_{14} = \alpha^{20} + \alpha^{-20}, & \eta_{15} = \alpha^3 + \alpha^{-3}, \\
\eta_{16} = \alpha^{18} + \alpha^{-18}, & \eta_{17} = \alpha^{15} + \alpha^{-15}, & \eta_{18} = \alpha^8 + \alpha^{-8}, & \eta_{19} = \alpha^7 + \alpha^{-7};
\end{array}$$

Wurzeln der Gleichung:

$$\eta^{20}+\eta^{19}-19\eta^{18}-18\eta^{17}+153\eta^{16}+136\eta^{15}-680\eta^{14}-560\eta^{13}+1820\eta^{12}+1365\eta^{11}-3003\eta^{10}$$
$$-2002\eta^9+3003\eta^8+1716\eta^7-1716\eta^6-792\eta^5+495\eta^4+165\eta^3-55\eta^2-10\eta+1 = 0;$$

mit den fundamentalen Relationen:

$$\begin{array}{llll}
\eta_0^2 = 2 + \eta_6, & \eta_0\eta_1 = \eta_2 + \eta_{19}, & \eta_0\eta_2 = \eta_1 + \eta_{12}, & \eta_0\eta_3 = \eta_7 + \eta_8, \\
\eta_0\eta_4 = \eta_{13} + \eta_{17}, & \eta_0\eta_5 = \eta_{11} + \eta_{17}, & \eta_0\eta_6 = \eta_0 + \eta_{15}, & \eta_0\eta_7 = \eta_3 + \eta_{11}, \\
\eta_0\eta_8 = \eta_3 + \eta_{10}, & \eta_0\eta_9 = \eta_{14} + \eta_{16}, & \eta_0\eta_{10} = \eta_8 + \eta_{18}, & \eta_0\eta_{11} = \eta_5 + \eta_7, \\
\eta_0\eta_{12} = \eta_2 + \eta_{15}, & \eta_0\eta_{13} = \eta_4 + \eta_{16}, & \eta_0\eta_{14} = \eta_9 + \eta_{14}, & \eta_0\eta_{15} = \eta_6 + \eta_{12}, \\
\eta_0\eta_{16} = \eta_9 + \eta_{13}, & \eta_0\eta_{17} = \eta_4 + \eta_5, & \eta_0\eta_{18} = \eta_{10} + \eta_{19}, & \eta_0\eta_{19} = \eta_1 + \eta_{18}.
\end{array}$$

Congruenzwurzeln mod. p.

p	η_0	η_1	η_2	η_3	η_4	η_5	η_6	η_7	η_8	η_9
163	+ 4	− 69	+ 72	+ 81	+ 33	− 7	+ 14	+ 32	− 34	+ 39
409	−11	+131	+151	+160	−102	−111	+119	− 19	−105	−169
491	+12	−159	+153	+177	+ 36	+ 78	+142	+238	−161	−162
983	−22	+277	+285	+327	−467	+354	+482	+ 53	−366	−220

p	η_{10}	η_{11}	η_{12}	η_{13}	η_{14}	η_{15}	η_{16}	η_{17}	η_{18}	η_{19}
163	− 54	+ 47	+ 31	+ 44	+ 13	+ 52	− 80	− 75	− 19	− 22
409	+177	+ 49	−156	− 50	− 20	− 71	−166	− 55	+203	+ 44
491	−179	+190	+ 31	+177	−104	+219	+124	−236	− 23	− 97
983	−139	+473	+334	−142	+266	+231	−341	−397	+475	−481

$f(\eta_0)$, Primfactoren der Primzahlen p.*)

p	$f(\eta_0)$	p	$f(\eta_0)$	p	$f(\eta_0)$	p	$f(\eta_0)$
+163	$1-\eta_7+\eta_{12}$	−409	$1-\eta_7+\eta_{14}$	−491	$1-\eta_8+\eta_9$	+983	$1-\eta_6-\eta_{19}$

*) Das Zeichen + vor den Primzahlen p zeigt an, dass $Nf(\eta_0) = +p$, das Zeichen − dass $Nf(\eta_0) = -p$ ist.

$\lambda = 41$

III. p zum Exponenten 4 gehörig.

10 viergliedrige Perioden (für die primitive Wurzel 6 von 41):

$$\eta_0 = \alpha + \alpha^{32} + \alpha^{40} + \alpha^9, \quad \eta_1 = \alpha^6 + \alpha^{28} + \alpha^{35} + \alpha^{13}, \quad \eta_2 = \alpha^{36} + \alpha^4 + \alpha^5 + \alpha^{37},$$
$$\eta_3 = \alpha^{11} + \alpha^{24} + \alpha^{30} + \alpha^{17}, \quad \eta_4 = \alpha^{25} + \alpha^{21} + \alpha^{16} + \alpha^{20}, \quad \eta_5 = \alpha^{27} + \alpha^3 + \alpha^{14} + \alpha^{38},$$
$$\eta_6 = \alpha^{39} + \alpha^{18} + \alpha^2 + \alpha^{23}, \quad \eta_7 = \alpha^{29} + \alpha^{26} + \alpha^{12} + \alpha^{15}, \quad \eta_8 = \alpha^{10} + \alpha^{33} + \alpha^{31} + \alpha^8,$$
$$\eta_9 = \alpha^{19} + \alpha^{34} + \alpha^{22} + \alpha^7;$$

Wurzeln der Gleichung:

$$\eta^{10} + \eta^9 - 18\eta^8 - 13\eta^7 + 91\eta^6 + 47\eta^5 - 143\eta^4 - 7\eta^3 + 72\eta^2 - 23\eta + 1 = 0;$$

mit den fundamentalen Relationen:

$$\eta_0^2 = 4 + \eta_6 + 2\eta_8, \quad \eta_0\eta_1 = \eta_2 + \eta_5 + \eta_7 + \eta_9, \quad \eta_0\eta_2 = \eta_1 + 2\eta_2 + \eta_5,$$
$$\eta_0\eta_3 = \eta_4 + \eta_6 + \eta_7 + \eta_8, \quad \eta_0\eta_4 = \eta_3 + \eta_4 + \eta_7 + \eta_9, \quad \eta_0\eta_5 = \eta_1 + \eta_2 + \eta_6 + \eta_7,$$
$$\eta_0\eta_6 = \eta_0 + \eta_3 + \eta_5 + \eta_9, \quad \eta_0\eta_7 = \eta_1 + \eta_3 + \eta_4 + \eta_5, \quad \eta_0\eta_8 = 2\eta_0 + \eta_3 + \eta_9,$$
$$\eta_0\eta_9 = \eta_1 + \eta_4 + \eta_6 + \eta_8.$$

Congruenzwurzeln mod. p.

p	η_0	η_1	η_2	η_3	η_4	η_5	η_6	η_7	η_8	η_9
73	− 3	− 15	− 14	− 32	− 22	+ 12	− 26	+ 19	− 21	+ 28
173	+ 6	+ 79	− 16	− 24	+ 18	+ 30	+ 71	+ 46	+ 67	+ 68
337	+ 9	+ 50	+ 14	+114	+147	+ 48	+ 66	− 35	−163	+ 86
401	+ 23	− 59	− 37	+147	+ 34	+ 84	−108	+131	+116	+ 69
419	− 22	−136	− 38	− 91	− 64	−209	+ 26	+137	−192	+169
647	+ 5	+106	+197	+127	−168	−162	+ 71	+110	− 25	−262
811	− 5	+301	+309	+328	−163	− 31	−368	− 87	−211	− 74
829	+163	−185	−386	+191	+379	+214	+316	+319	+275	+371
911	+ 94	+178	+221	−196	+233	+112	− 99	+207	+366	−206

$f(\eta_0)$, Primfactoren der Primzahlen p.*)

p	$f(\eta_0)$	p	$f(\eta_0)$	p	$f(\eta_0)$
+ 73	$1-\eta_0-\eta_1-\eta_7$	−401	$1-\eta_0-\eta_1+\eta_2$	−811	$1-2\eta_6-\eta_9$
+173	$\eta_0+\eta_3+\eta_4$	+419	$1-\eta_1-\eta_7$	−829	$1+\eta_1+\eta_2+\eta_3+\eta_4$
+337	$1+\eta_1-\eta_7-\eta_9$	−647	$1-\eta_0-\eta_1+\eta_7$	−911	$1-\eta_7-\eta_9$

*) Das Zeichen + vor den Primzahlen p zeigt an, dass $Nf(\eta_0) = +p$, das Zeichen − dass $Nf(\eta_0) = -p$ ist.

$\lambda = 41$

IV. p zum Exponenten 5 gehörig.

8 fünfgliedrige Perioden (für die primitive Wurzel 6 von 41):

$$\eta_0 = \alpha + \alpha^{10} + \alpha^{18} + \alpha^{16} + \alpha^{37}, \qquad \eta_1 = \alpha^{6} + \alpha^{19} + \alpha^{26} + \alpha^{14} + \alpha^{17},$$
$$\eta_2 = \alpha^{36} + \alpha^{32} + \alpha^{33} + \alpha^{2} + \alpha^{20}, \qquad \eta_3 = \alpha^{11} + \alpha^{28} + \alpha^{34} + \alpha^{12} + \alpha^{38},$$
$$\eta_4 = \alpha^{25} + \alpha^{4} + \alpha^{40} + \alpha^{31} + \alpha^{23}, \qquad \eta_5 = \alpha^{27} + \alpha^{24} + \alpha^{35} + \alpha^{22} + \alpha^{15},$$
$$\eta_6 = \alpha^{39} + \alpha^{21} + \alpha^{5} + \alpha^{9} + \alpha^{8}, \qquad \eta_7 = \alpha^{29} + \alpha^{3} + \alpha^{30} + \alpha^{13} + \alpha^{7};$$

Wurzeln der Gleichung:

$$\eta^8 + \eta^7 + 3\eta^6 + 11\eta^5 + 44\eta^4 - 53\eta^3 + 153\eta^2 - 160\eta + 59 = 0;$$

mit den fundamentalen Relationen:

$$\eta_0^2 = 2\eta_1 + \eta_2 + 2\eta_3, \qquad \eta_0\eta_1 = \eta_0 + \eta_2 + 2\eta_5 + \eta_7, \qquad \eta_0\eta_2 = -1 - \eta_0 - \eta_1 - \eta_4,$$
$$\eta_0\eta_3 = \eta_3 + \eta_5 + \eta_6 + 2\eta_7, \qquad \eta_0\eta_4 = 5 + \eta_1 + \eta_2 + \eta_5 + \eta_6, \qquad \eta_0\eta_5 = \eta_0 + \eta_2 + \eta_3 + 2\eta_4,$$
$$\eta_0\eta_6 = -1 - \eta_2 - \eta_3 - \eta_6, \qquad \eta_0\eta_7 = \eta_1 + 2\eta_4 + \eta_6 + \eta_7.$$

Congruenzwurzeln mod. p.

p	η_0	η_1	η_2	η_3	η_4	η_5	η_6	η_7
37	+ 7	− 17	+ 12	+ 17	+ 13	− 7	− 13	− 13
59	0	+ 3	+ 9	+ 22	+ 14	− 18	+ 1	+ 27
139	− 13	− 62	− 56	− 34	+ 49	− 21	+ 53	− 56
223	− 6	+ 97	− 53	+ 59	+ 45	− 15	− 81	− 47
283	+ 3	− 23	− 15	+ 35	− 21	+ 88	−118	+ 50
379	+ 9	− 44	− 38	− 86	− 88	+ 94	− 51	−176
461	− 1	− 25	−157	+104	+187	+141	−151	− 99
467	+ 38	−241	−200	+129	+222	+146	−147	+ 52
631	+ 41	+296	+255	−214	+121	−146	+134	+143
797	− 72	+301	+206	−203	−233	−380	− 93	−324
857	−115	−269	+298	+305	−264	−335	−191	−287
877	+ 28	−112	+427	−148	−220	−224	−117	+365
953	+ 46	+ 97	−418	+217	+249	−179	−440	+427

$f(\eta_0)$, Primfactoren der Primzahlen p.

p	$f(\eta_0)$	p	$f(\eta_0)$	p	$f(\eta_0)$
37	$1+\eta_0+\eta_2+\eta_3$ *)	379	$2-\eta_3+\eta_4$	797	$\eta_5+\eta_6+\eta_7$
59	η_0 (oder $1-\eta_6$)	461	$1+\eta_0$	857	$\eta_0+\eta_4+\eta_6+\eta_7$
139	$2+\eta_3+\eta_5+\eta_6$	467	$1+\eta_5+\eta_6$	877	$2-2\eta_1+\eta_2-\eta_5$
223	$\eta_0+\eta_2+\eta_3$	631	$\eta_1-2\eta_2-\eta_3$	953	$1-\eta_4+\eta_5+\eta_7$
283	$1+\eta_2+\eta_3+\eta_4$				

---

*) Aus den Normen $N(\eta_6-\eta_7) = 37.41$, $N(1+2\eta_1+\eta_2+2\eta_3+2\eta_4+\eta_6) = N(1-\alpha) = 41$

$\lambda = 41$

V. p zum Exponenten 8 gehörig.

5 achtgliedrige Perioden (für die primitive Wurzel 6 von 41):

$$\eta_0 = \alpha+\alpha^{27}+\alpha^{32}+\alpha^{3}+\alpha^{40}+\alpha^{14}+\alpha^{9}+\alpha^{38}, \qquad \eta_1 = \alpha^{6}+\alpha^{39}+\alpha^{28}+\alpha^{18}+\alpha^{35}+\alpha^{2}+\alpha^{13}+\alpha^{23},$$
$$\eta_2 = \alpha^{36}+\alpha^{29}+\alpha^{4}+\alpha^{26}+\alpha^{5}+\alpha^{12}+\alpha^{37}+\alpha^{15}, \qquad \eta_3 = \alpha^{11}+\alpha^{10}+\alpha^{24}+\alpha^{33}+\alpha^{30}+\alpha^{31}+\alpha^{17}+\alpha^{8},$$
$$\eta_4 = \alpha^{25}+\alpha^{19}+\alpha^{21}+\alpha^{34}+\alpha^{16}+\alpha^{22}+\alpha^{20}+\alpha^{7};$$

Wurzeln der Gleichung:

$$\eta^5 + \eta^4 - 16\eta^3 + 5\eta^2 + 21\eta - 9 = 0;$$

mit den fundamentalen Relationen:

$$\eta_0^2 = 8 + 3\eta_1 + 2\eta_2 + 2\eta_3, \qquad \eta_0\eta_1 = 3\eta_0 + 2\eta_2 + \eta_3 + 2\eta_4, \qquad \eta_0\eta_2 = -2 - \eta_3 - \eta_4,$$
$$\eta_0\eta_3 = -2 - \eta_1 - \eta_2, \qquad \eta_0\eta_4 = 2\eta_1 + \eta_2 + 2\eta_3 + 3\eta_4.$$

Congruenzwurzeln mod. p.

p	η_0	η_1	η_2	η_3	η_4
3	0	+ 1	0	− 1	− 1
79	+ 8	+ 38	+ 29	+ 21	− 18
109	− 7	− 34	− 22	+ 39	+ 23
137	+ 4	− 66	− 21	− 13	− 42
167	−11	+ 52	− 59	− 46	+ 63
191	+30	+ 93	− 88	− 83	+ 47
331	− 6	−102	− 79	− 85	− 60
383	+26	−102	− 95	−184	− 29
547	+20	− 34	+ 28	+219	−234
571	− 86	−154	−181	+109	−260
577	+ 79	+105	−153	+227	−259
601	+187	−277	+216	+251	+223
653	− 27	− 99	−252	+108	+269
659	−122	−260	+271	+308	−198
683	− 43	−213	−227	+101	−302
823	− 12	−367	−224	−392	+171
929	+ 44	+262	−425	+ 67	+ 51

$f(\eta_0)$, Primfactoren der Primzahlen p.*)

p	$f(\eta_0)$
3	$+1-\eta_1$
79	$-1+2\eta_0-2\eta_1+\eta_4$
109	$+1-\eta_2-\eta_4$
137	$-1-\eta_0+\eta_2-2\eta_3$
167	$+8-6\eta_0+\eta_1-2\eta_4$
191	$+5-2\eta_1-3\eta_2+\eta_3$
331	$-6+\eta_3+4\eta_4$
383	$-3-\eta_0-\eta_4$
547	$+6+\eta_1+\eta_2$
571	$-5-\eta_0+3\eta_2-\eta_3$
577	$-5+\eta_0-\eta_2-\eta_3$
601	$-5-\eta_0+2\eta_3+4\eta_4$
653	$+2-\eta_1-2\eta_3-2\eta_4$
659	$-5+2\eta_0-2\eta_1-\eta_2$
683	$+2-3\eta_2$
823	$+4-\eta_0-2\eta_1-4\eta_2$
929	$-7-5\eta_0-2\eta_2+6\eta_4$

*) Die meisten dieser Primfactoren $f(\eta_0)$ sind aus Normen $= 3p$, resp. $= 9p$ berechnet. z. B $N(5 - 2\eta_0 - \eta_2) = 9 . 577$.

$\lambda = 41$

VI. p zum Exponenten 10 gehörig.

4 zehngliedrige Perioden (für die primitive Wurzel 6 von 41):

$$\eta_0 = \alpha + \alpha^{25} + \alpha^{10} + \alpha^{4} + \alpha^{18} + \alpha^{40} + \alpha^{16} + \alpha^{31} + \alpha^{37} + \alpha^{23},$$
$$\eta_1 = \alpha^{6} + \alpha^{27} + \alpha^{19} + \alpha^{24} + \alpha^{26} + \alpha^{35} + \alpha^{14} + \alpha^{22} + \alpha^{17} + \alpha^{15},$$
$$\eta_2 = \alpha^{36} + \alpha^{39} + \alpha^{32} + \alpha^{21} + \alpha^{33} + \alpha^{5} + \alpha^{2} + \alpha^{9} + \alpha^{20} + \alpha^{8},$$
$$\eta_3 = \alpha^{11} + \alpha^{29} + \alpha^{28} + \alpha^{3} + \alpha^{34} + \alpha^{30} + \alpha^{12} + \alpha^{13} + \alpha^{38} + \alpha^{7};$$

Wurzeln der Gleichung:

$$\eta^4 + \eta^3 - 15\eta^2 + 18\eta - 4 = 0;$$

mit den fundamentalen Relationen:

$$\eta_0^2 = 10 + 4\eta_1 + 3\eta_2 + 2\eta_3, \quad \eta_0\eta_1 = -2 + 2\eta_0, \quad \eta_0\eta_2 = -2 + \eta_0 + \eta_2,$$
$$\eta_0\eta_3 = -2 + 2\eta_3.$$

Congruenzwurzeln mod. p.

p	η_0	η_1	η_2	η_3	p	η_0	η_1	η_2	η_3
23	− 2	+ 3	+ 9	− 11	373	+106	−181	−134	−165
31	− 4	− 13	− 5	− 10	433	+ 77	− 88	+189	−179
107	− 6	+ 38	+ 47	+ 27	523	− 42	−247	+ 74	+214
113	+ 11	− 29	− 33	+ 50	599	−144	+210	+253	+279
127	+ 11	+ 48	+ 39	+ 28	619	− 8	+157	−282	+124
269	+ 6	− 88	− 53	+134	701	+ 44	+225	+164	+267
271	+ 9	+ 62	− 33	− 39	761	− 13	−232	−162	−355
277	+ 21	−130	− 86	− 73	769	+ 13	+ 61	+ 65	−140
353	− 14	+103	− 46	− 44	947	+ 16	−235	−405	−316
359	+ 55	−109	+114	− 61					

$f(\eta_0)$, Primfactoren der Primzahlen p.*)

p	$f(\eta_0)$	p	$f(\eta_0)$	p	$f(\eta_0)$
+ 23	$3-\eta_1$	+277	$1-\eta_1-2\eta_3$	−599	$2+\eta_1-\eta_2-2\eta_3$
+ 31	$5+\eta_2$	−353	$2+\eta_2-\eta_3$	−619	$1-5\eta_3$
+107	$3-4\eta_0-\eta_3$	+359	$6+\eta_0+\eta_2$	+701	$3+\eta_2+2\eta_3$
−113	$4-\eta_1+\eta_2$	+373	$1+2\eta_0+3\eta_1-2\eta_3$	−761	$7+2\eta_1+3\eta_3$
−127	$1-2\eta_0-2\eta_2-\eta_3$	+433	$3-2\eta_1+\eta_3$	−769	$4+\eta_1-\eta_2$
−269	$1+2\eta_3$	+523	$8-3\eta_2+\eta_3$	−947	$1+3\eta_3$
+271	$6-\eta_2+\eta_3$				

*) Das Zeichen + vor den Primzahlen p zeigt an, dass $Nf(\eta_0) = +p$, das Zeichen − dass $Nf(\eta_0) = -p$ ist.

$\lambda = 41$

VII. p zum Exponenten 20 gehörig.

2 zwanziggliedrige Perioden (für die primitive Wurzel 6 von 41):

$$\eta_0 = \alpha + \alpha^{36} + \alpha^{25} + \alpha^{30} + \alpha^{10} + \alpha^{32} + \alpha^{4} + \alpha^{21} + \alpha^{18} + \alpha^{33} + \alpha^{40} + \alpha^{5} + \alpha^{16} + \alpha^{2} + \alpha^{31} + \alpha^{9} + \alpha^{37} + \alpha^{20} + \alpha^{23} + \alpha^{8},$$

$$\eta_1 = \alpha^{6} + \alpha^{11} + \alpha^{27} + \alpha^{29} + \alpha^{19} + \alpha^{28} + \alpha^{24} + \alpha^{3} + \alpha^{26} + \alpha^{34} + \alpha^{35} + {}^{30} + \alpha^{14} + \alpha^{12} + \alpha^{22} + \alpha^{13} + \alpha^{17} + \alpha^{38} + \alpha^{15} + \alpha^{7};$$

Wurzeln der Gleichung:

$$\eta^2 + \eta - 10 = 0;$$

mit den fundamentalen Relationen:

$$\eta_0^2 = 10 - \eta_0, \qquad \eta_0\eta_1 = -10.$$

Congruenzwurzeln mod. p.

p	η_0	η_1	p	η_0	η_1	p	η_0	η_1	p	η_0	η_1
2	0	1	251	107	−108	487	62	−63	743	357	−358
5	0	−1	307	55	−56	541	164	−165	787	125	−126
43	13	−14	349	37	−38	569	75	−76	853	58	−59
61	11	−12	367	135	−136	607	228	−229	859	414	−415
103	45	−46	389	139	−140	613	237	−238	881	265	−266
131	16	−17	431	163	−164	617	168	−169	907	190	−191
197	44	−45	443	210	−211	677	176	−177	941	43	−44
241	69	−70	449	42	−43	733	301	−302			

$f(\eta_0)$, Primfactoren der Primzahlen p.*)

p	$f(\eta_0)$	p	$f(\eta_0)$	p	$f(\eta_0)$	p	$f(\eta_0)$
+2	$3-\eta_1$	−251	$29-12\eta_0$	−487	$9-8\eta_0$	+743	$27-2\eta_1$
−5	$5-2\eta_0$	+307	$23-6\eta_0$	−541	$17-10\eta_0$	+787	$31-6\eta_1$
−43	$9-4\eta_0$	−349	$21-10\eta_0$	+569	$31-8\eta_0$	−853	$27-14\eta_1$
+61	$13-4\eta_1$	−367	$13-8\eta_1$	−607	$3-8\eta_0$	+859	$29-2\eta_1$
+103	$11-2\eta_1$	+389	$57-20\eta_0$	+613	$79-28\eta_1$	−881	$7-10\eta_0$
+131	$29-10\eta_0$	−431	$11-8\eta_0$	−617	$43-18\eta_1$	+907	$47-14\eta_1$
+197	$17-4\eta_1$	+443	$21-2\eta_1$	+677	$27-4\eta_0$	+941	$61-20\eta_1$
−241	$23-10\eta_1$	−449	$19-10\eta_1$	+733	$41-12\eta_1$		

*) Das Zeichen + vor den Primzahlen p zeigt an, dass $Nf(\eta_0) = +p$, das Zeichen −, dass $Nf(\eta_0) = -p$ ist.

$\lambda = 41$

VIII. p zum Exponenten 40 gehörig, in Beziehung auf 41te Einheitswurzeln selbst complexe Primzahlen:

7, 11, 13, 17, 19, 29, 47, 53, 67, 71, 89, 97, 101, 149, 151, 157, 179, 181, 193, 199, 211, 227, 229, 233, 239, 257, 263, 281, 293, 311, 313, 317, 347, 397, 421, 439, 457, 463, 479, 499, 503, 509, 521, 557, 563, 587, 593, 641, 643, 673, 691, 709, 719, 727, 751, 757, 773, 809, 827, 839, 883, 887, 919, 937, 967, 971, 977, 991, 997.

$\lambda = 43$

I. $p = 43m + 1$

Congruenzwurzeln mod. p.

p	α	α^2	α^3	α^4	α^5	α^6	α^7	α^8	α^9	α^{10}	α^{11}
173	+ 10	− 73	− 38	− 34	+ 6	+ 60	+ 81	− 55	− 31	+ 36	+ 14
431	+ 64	−214	+ 96	+110	+144	+165	−215	+ 32	−107	+ 48	+ 55
947	− 7	+ 49	−343	−440	+239	+221	+347	+412	− 43	+301	−213

p	α^{12}	α^{13}	α^{14}	α^{15}	α^{16}	α^{17}	α^{18}	α^{19}	α^{20}	α^{21}	α^{22}
173	− 33	+ 16	− 13	+ 43	+ 84	− 25	− 77	− 78	+ 85	− 15	+ 23
431	+ 72	−133	+108	+ 16	+162	+ 24	−188	+ 36	+149	+ 54	+ 8
947	−403	− 20	+140	− 33	+231	+277	− 45	+315	−311	+283	− 87

p	α^{23}	α^{24}	α^{25}	α^{26}	α^{27}	α^{28}	α^{29}	α^{30}	α^{31}	α^{32}	α^{33}
173	+ 57	+ 51	− 9	+ 83	− 35	− 4	− 40	− 54	− 21	− 37	− 24
431	+ 81	+ 12	− 94	+ 18	−141	+ 27	+ 4	−175	+ 6	− 47	+ 9
947	−338	+472	−463	+400	+ 41	−287	+115	+142	− 47	+329	−409

p	α^{34}	α^{35}	α^{36}	α^{37}	α^{38}	α^{39}	α^{40}	α^{41}	α^{42}
173	− 67	+ 22	+ 47	− 49	+ 29	− 56	− 41	− 64	+ 52
431	+145	−202	+ 2	+128	+ 3	+192	−211	−143	−101
947	+ 22	−154	+131	+ 30	−210	−424	+127	+ 58	−406

Primfactoren der Primzahlen p ideal, in 211ter Potenz wirklich.

Normen zusammengesetzter complexer Zahlen.

$$N(1 - \alpha^{11} - \alpha^{14}) = 173 \,.\, 2237 \,.$$

$\lambda = 43$

II. p zum Exponenten 2 gehörig.

21 zweigliedrige Perioden (für die primitive Wurzel 3 von 43):

$$\eta_0 = \alpha + \alpha^{-1}, \quad \eta_1 = \alpha^3 + \alpha^{-3}, \quad \eta_2 = \alpha^9 + \alpha^{-9}, \quad \eta_3 = \alpha^{16} + \alpha^{-16}, \quad \eta_4 = \alpha^5 + \alpha^{-5},$$
$$\eta_5 = \alpha^{15} + \alpha^{-15}, \quad \eta_6 = \alpha^2 + \alpha^{-2}, \quad \eta_7 = \alpha^6 + \alpha^{-6}, \quad \eta_8 = \alpha^{18} + \alpha^{-18}, \quad \eta_9 = \alpha^{11} + \alpha^{-11},$$
$$\eta_{10} = \alpha^{10} + \alpha^{-10}, \quad \eta_{11} = \alpha^{13} + \alpha^{-13}, \quad \eta_{12} = \alpha^4 + \alpha^{-4}, \quad \eta_{13} = \alpha^{12} + \alpha^{-12},$$
$$\eta_{14} = \alpha^7 + \alpha^{-7}, \quad \eta_{15} = \alpha^{21} + \alpha^{-21}, \quad \eta_{16} = \alpha^{20} + \alpha^{-20}, \quad \eta_{17} = \alpha^{17} + \alpha^{-17},$$
$$\eta_{18} = \alpha^8 + \alpha^{-8}, \quad \eta_{19} = \alpha^{19} + \alpha^{-19}, \quad \eta_{20} = \alpha^{14} + \alpha^{-14};$$

Wurzeln der Gleichung:

$$\eta^{21}+\eta^{20}-20\eta^{19}-19\eta^{18}+171\eta^{17}+153\eta^{16}-816\eta^{15}-680\eta^{14}+2380\eta^{13}+1820\eta^{12}-4368\eta^{11}-3003\eta^{10}$$
$$+5005\eta^9+3003\eta^8-3432\eta^7-1716\eta^6+1287\eta^5+495\eta^4-220\eta^3-55\eta^2+11\eta+1 = 0;$$

mit den fundamentalen Relationen:

$$\eta_0^2 = 2 + \eta_6, \quad \eta_0\eta_1 = \eta_6 + \eta_{12}, \quad \eta_0\eta_2 = \eta_{10} + \eta_{18}, \quad \eta_0\eta_3 = \eta_5 + \eta_{17},$$
$$\eta_0\eta_4 = \eta_7 + \eta_{12}, \quad \eta_0\eta_5 = \eta_3 + \eta_{20}, \quad \eta_0\eta_6 = \eta_0 + \eta_1, \quad \eta_0\eta_7 = \eta_4 + \eta_{14},$$
$$\eta_0\eta_8 = \eta_{17} + \eta_{19}, \quad \eta_0\eta_9 = \eta_{10} + \eta_{13}, \quad \eta_0\eta_{10} = \eta_2 + \eta_9, \quad \eta_0\eta_{11} = \eta_{13} + \eta_{20},$$
$$\eta_0\eta_{12} = \eta_1 + \eta_4, \quad \eta_0\eta_{13} = \eta_9 + \eta_{11}, \quad \eta_0\eta_{14} = \eta_7 + \eta_{18}, \quad \eta_0\eta_{15} = \eta_{15} + \eta_{16},$$
$$\eta_0\eta_{16} = \eta_{15} + \eta_{19}, \quad \eta_0\eta_{17} = \eta_3 + \eta_8, \quad \eta_0\eta_{18} = \eta_2 + \eta_{14}, \quad \eta_0\eta_{19} = \eta_8 + \eta_{16},$$
$$\eta_0\eta_{20} = \eta_5 + \eta_{11}.$$

Congruenzwurzeln mod. p.

p	η_0	η_1	η_2	η_3	η_4	η_5	η_6	η_7	η_8	η_9	η_{10}
257	− 17	+ 21	− 54	− 18	−124	− 83	+ 30	− 75	+ 87	+ 65	− 46
601	+ 24	− 71	−103	+200	+ 90	−283	− 27	+231	−211	−269	+285
773	−105	−129	+319	+213	−315	−221	+201	−367	−277	−240	+279
859	+ 4	+ 52	−424	−387	−135	+206	+ 14	+125	+243	+301	+184

p	η_{11}	η_{12}	η_{13}	η_{14}	η_{15}	η_{16}	η_{17}	η_{18}	η_{19}	η_{20}
257	− 52	+127	− 31	+114	+111	+ 58	−125	− 64	− 69	−113
601	+154	+126	−130	+ 45	+239	+ 88	+275	+248	+ 70	+220
773	+140	+203	+185	+200	−377	−234	+273	+238	+211	−198
859	+343	+194	+161	−224	+404	+353	− 36	−162	+149	+352

$f(\eta_0)$, Primfactoren der Primzahlen p.

p	$f(\eta_0)$	p	$f(\eta_0)$	p	$f(\eta_0)$	p	$f(\eta_0)$
257	$+1+\eta_6+\eta_{13}$	601	$+1+\eta_1+\eta_{19}$	773	$-1+\eta_6-\eta_{14}$	859	$+1+\eta_{12}+\eta_{18}$

$\lambda = 43$

III. p zum Exponenten 3 gehörig.

14 dreigliedrige Perioden (für die primitive Wurzel 3 von 43):

$$\eta_0 = \alpha + \alpha^{36} + \alpha^{6}, \quad \eta_1 = \alpha^{3} + \alpha^{22} + \alpha^{18}, \quad \eta_2 = \alpha^{9} + \alpha^{23} + \alpha^{11},$$
$$\eta_3 = \alpha^{27} + \alpha^{26} + \alpha^{33}, \quad \eta_4 = \alpha^{38} + \alpha^{35} + \alpha^{13}, \quad \eta_5 = \alpha^{28} + \alpha^{19} + \alpha^{39},$$
$$\eta_6 = \alpha^{41} + \alpha^{14} + \alpha^{31}, \quad \eta_7 = \alpha^{37} + \alpha^{42} + \alpha^{7}, \quad \eta_8 = \alpha^{25} + \alpha^{40} + \alpha^{21},$$
$$\eta_9 = \alpha^{32} + \alpha^{34} + \alpha^{20}, \quad \eta_{10} = \alpha^{10} + \alpha^{16} + \alpha^{17}, \quad \eta_{11} = \alpha^{30} + \alpha^{5} + \alpha^{8},$$
$$\eta_{12} = \alpha^{4} + \alpha^{15} + \alpha^{24}, \quad \eta_{13} = \alpha^{12} + \alpha^{2} + \alpha^{29};$$

Wurzeln der Gleichung:

$$\eta^{14} + \eta^{13} + 2\eta^{12} - 24\eta^{11} - 17\eta^{10} - 27\eta^{9} + 143\eta^{8} + 81\eta^{7} + 83\eta^{6} - 209\eta^{5} + 163\eta^{4} + 88\eta^{3}$$
$$+ 235\eta^{2} - 168\eta + 79 = 0;$$

mit den fundamentalen Relationen:

$$\eta_0^2 = 2\eta_7 + \eta_{13}, \quad \eta_0\eta_1 = \eta_2 + \eta_5 + \eta_{12}, \quad \eta_0\eta_2 = \eta_{10} + \eta_{12} + \eta_{13},$$
$$\eta_0\eta_3 = \eta_3 + \eta_5 + \eta_9, \quad \eta_0\eta_4 = \eta_0 + \eta_3 + \eta_6, \quad \eta_0\eta_5 = \eta_8 + \eta_9 + \eta_{12},$$
$$\eta_0\eta_6 = \eta_7 + \eta_9 + \eta_{12}, \quad \eta_0\eta_7 = 3 + \eta_4 + \eta_{11}, \quad \eta_0\eta_8 = \eta_1 + \eta_2 + \eta_6,$$
$$\eta_0\eta_9 = \eta_3 + \eta_4 + \eta_8, \quad \eta_0\eta_{10} = \eta_1 + \eta_2 + \eta_{10}, \quad \eta_0\eta_{11} = \eta_0 + \eta_2 + \eta_6,$$
$$\eta_0\eta_{12} = \eta_8 + \eta_{10} + \eta_{11}, \quad \eta_0\eta_{13} = \eta_1 + \eta_4 + \eta_{11}.$$

Congruenzwurzeln mod. p.

p	η_0	η_1	η_2	η_3	η_4	η_5	η_6	η_7	η_8
79	0	+ 3	+ 29	+ 26	+ 9	+ 29	− 29	+ 34	− 35
251	+ 6	− 81	+ 64	− 42	−117	+ 86	− 41	− 67	−111
307	− 5	− 78	− 61	+133	− 88	− 88	− 81	− 38	+128
337	− 4	− 36	− 43	+122	−161	− 36	+ 10	− 26	− 24
479	− 51	− 62	−151	−135	+ 40	+139	−212	−201	−208
509	+ 6	+ 10	+102	−220	−203	−189	− 17	+153	+ 47
823	+ 3	−267	+357	− 54	−385	+228	+260	+ 33	+254
853	+102	−112	+372	−373	−274	−296	+395	−398	+250

p	η_9	η_{10}	η_{11}	η_{12}	η_{13}
79	+ 24	− 32	− 12	+ 21	+ 11
251	− 45	+ 97	− 37	+117	− 81
307	− 96	− 28	− 32	− 75	+101
337	+100	−119	− 75	−114	+ 68
479	+175	+ 87	+149	−179	+129
509	+107	+226	+100	+147	+239
823	−336	+ 45	−342	+260	− 57
853	+155	−141	−234	−411	+111

$f(\eta_0)$, Primfactoren der Primzahlen p.*)

p	$f(\eta_0)$	p	$f(\eta_0)$	p	$f(\eta_0)$	p	$f(\eta_0)$
79	η_0	307	$1+\eta_0+\eta_3+\eta_{10}-\eta_{13}$	479	$\eta_4+\eta_5+\eta_{12}$	823	$\eta_1+\eta_4+\eta_5+\eta_{11}+\eta_{13}$
251	$\eta_4+\eta_{13}$	337	$1+\eta_0+\eta_3+\eta_{10}$	509	$\eta_3-\eta_4-\eta_6$	853	$\eta_6+\eta_8+\eta_{11}+\eta_{12}$

*) Zum Theil durch Normen $= 79p$ berechnet.

$\lambda = 43$

IV. p zum Exponenten 6 gehörig.

7 sechsgliedrige Perioden (für die primitive Wurzel 3 von 43):

$$\eta_0 = \alpha + \alpha^{37} + \alpha^{36} + \alpha^{42} + \alpha^{6} + \alpha^{7}, \qquad \eta_1 = \alpha^{3} + \alpha^{25} + \alpha^{22} + \alpha^{40} + \alpha^{18} + \alpha^{21},$$
$$\eta_2 = \alpha^{9} + \alpha^{32} + \alpha^{23} + \alpha^{34} + \alpha^{11} + \alpha^{20}, \qquad \eta_3 = \alpha^{27} + \alpha^{10} + \alpha^{26} + \alpha^{16} + \alpha^{33} + \alpha^{17},$$
$$\eta_4 = \alpha^{38} + \alpha^{30} + \alpha^{35} + \alpha^{5} + \alpha^{13} + \alpha^{8}, \qquad \eta_5 = \alpha^{28} + \alpha^{4} + \alpha^{19} + \alpha^{15} + \alpha^{39} + \alpha^{24};$$
$$\eta_6 = \alpha^{41} + \alpha^{12} + \alpha^{14} + \alpha^{2} + \alpha^{31} + \alpha^{29},$$

Wurzeln der Gleichung:

$$\eta^7 + \eta^6 - 18\eta^5 - 35\eta^4 + 38\eta^3 + 104\eta^2 + 7\eta - 49 = 0;$$

mit den fundamentalen Relationen:

$$\eta_0^2 = 6 + 2\eta_0 + 2\eta_4 + \eta_6, \qquad \eta_0\eta_1 = -1 - \eta_0 - \eta_4 + \eta_5, \qquad \eta_0\eta_2 = -1 - \eta_0 - \eta_2 + \eta_3,$$
$$\eta_0\eta_3 = \eta_1 + 2\eta_2 + 2\eta_3 + \eta_5, \qquad \eta_0\eta_4 = 2\eta_0 + \eta_2 + \eta_5 + 2\eta_6, \qquad \eta_0\eta_5 = -1 - \eta_0 + \eta_1 - \eta_5,$$
$$\eta_0\eta_6 = -1 - \eta_3 + \eta_4 - \eta_6.$$

Congruenzwurzeln mod. p.

p	η_0	η_1	η_2	η_3	η_4	η_5	η_6
7	0	+ 1	+ 1	+ 2	− 1	0	+ 3
37	+ 2	− 15	− 8	+ 16	− 16	− 6	− 11
179	− 21	+ 83	− 56	+ 26	− 59	− 32	+ 58
467	− 77	−161	+210	−158	− 98	+ 81	+202
523	− 4	−173	−259	+251	+ 65	+231	−112
811	+ 61	−316	+251	+215	+ 84	+334	+181
953	− 58	−281	+345	+291	+198	+238	+219
983	+ 99	+208	−265	+141	+188	+237	+374

$f(\eta_0)$, Primfactoren der Primzahlen p.*)

p	$f(\eta_0)$
7	$+1+\eta_4$
37	$+\eta_3+\eta_4$
179	$+1+\eta_4+\eta_6$
467	$+3+\eta_1-\eta_3$
523	$-1+\eta_0+2\eta_2$
811	$-8+\eta_0-4\eta_1-3\eta_3-8\eta_4$
953	$-5+\eta_0-2\eta_2+\eta_5-2\eta_6$
983	$-7+\eta_0-\eta_3+\eta_4-3\eta_6$

*) Manche der $f(\eta_0)$, namentlich die letzten complicirteren, sind aus Normen $= 7p$ berechnet.

$\lambda = 43$

V. p zum Exponenten 7 gehörig.

6 siebengliedrige Perioden (für die primitive Wurzel 3 von 43):

$$\eta_0 = \alpha + \alpha^{41} + \alpha^{4} + \alpha^{35} + \alpha^{16} + \alpha^{11} + \alpha^{21},$$
$$\eta_1 = \alpha^{3} + \alpha^{37} + \alpha^{12} + \alpha^{19} + \alpha^{5} + \alpha^{33} + \alpha^{20},$$
$$\eta_2 = \alpha^{9} + \alpha^{25} + \alpha^{36} + \alpha^{14} + \alpha^{15} + \alpha^{13} + \alpha^{17},$$
$$\eta_3 = \alpha^{27} + \alpha^{32} + \alpha^{22} + \alpha^{42} + \alpha^{2} + \alpha^{39} + \alpha^{8},$$
$$\eta_4 = \alpha^{38} + \alpha^{10} + \alpha^{23} + \alpha^{40} + \alpha^{6} + \alpha^{31} + \alpha^{24},$$
$$\eta_5 = \alpha^{28} + \alpha^{30} + \alpha^{26} + \alpha^{34} + \alpha^{18} + \alpha^{7} + \alpha^{29};$$

Wurzeln der Gleichung:

$$\eta^6 + \eta^5 + 4\eta^4 - 23\eta^3 + 67\eta^2 - 50\eta + 44 = 0;$$

mit den fundamentalen Relationen:

$$\eta_0^2 = 2\eta_1 + 2\eta_2 + 3\eta_3, \qquad \eta_0\eta_1 = -1 + \eta_0 - \eta_3 + \eta_4,$$
$$\eta_0\eta_2 = -1 + \eta_2 - \eta_3 + \eta_5, \qquad \eta_0\eta_3 = 7 + 2\eta_1 + \eta_2 + 2\eta_4 + \eta_5$$
$$\eta_0\eta_4 = -1 + \eta_0 - \eta_1 + \eta_3, \qquad \eta_0\eta_5 = -1 - \eta_2 + \eta_3 + \eta_5.$$

Congruenzwurzeln mod. p.

p	η_0	η_1	η_2	η_3	η_4	η_5
11	0	+ 4	+ 5	+ 5	− 5	+ 1
41	− 5	+ 11	+ 18	− 11	− 19	+ 5
47	− 1	− 9	+ 23	− 9	+ 2	− 7
59	− 7	+ 24	− 9	+ 26	− 16	− 19
97	+ 13	− 41	− 15	+ 29	− 31	+ 44
107	− 6	+ 13	+ 47	− 28	+ 8	− 35
127	+ 4	+ 13	− 29	+ 16	− 62	+ 57
193	− 21	− 23	− 51	− 61	+ 58	− 96
269	+ 33	+ 82	+ 45	+ 99	+ 83	− 74
293	+ 3	+ 16	− 44	− 76	− 30	+130
317	− 65	− 80	− 71	− 76	+118	−144
379	− 8	+135	− 39	−169	−103	+183
557	− 3	+100	−189	+248	− 48	−109
563	− 38	+230	−174	−119	+188	− 88
613	− 26	−207	−214	−107	−215	+155
643	+ 49	−111	−143	−102	+198	+108
661	− 52	−216	+103	−125	− 77	−295
709	+ 8	+350	− 65	+304	+261	−150
809	+ 7	+253	−314	+ 57	+204	−208
821	− 28	−201	+330	−372	+359	− 89
881	+ 87	+373	−311	+426	+194	+111
907	+ 41	−133	+163	+238	+187	+410
919	−159	−445	+331	+232	+384	−344
967	+ 49	+418	−190	+326	+453	− 90

$\lambda = 43$

$f(\eta_0)$, Primfactoren der Primzahlen p.

p	$f(\eta_0)$	Zu Grunde liegende Normen.
11	$\eta_2+\eta_3+2\eta_4$	$N(\eta_0) = 11.4$ oder $N(\eta_2-\eta_3) = 11.43$
41	$\eta_0+2\eta_1-\eta_4+\eta_5$	$N(\eta_0+\eta_5) = 41.11$
47	$5+\eta_0-\eta_2-\eta_4-3\eta_5$	$N(1+\eta_0) = 47.4$ oder $N(\eta_1-\eta_3) = 47.43$
59	$1+\eta_1+2\eta_2-\eta_3-\eta_5$	$N(2+\eta_0+\eta_1+\eta_5) = 59.11$
97	$2-\eta_0-3\eta_1+\eta_3$	$N(2+\eta_0+\eta_3) = 97.11$
107	$2-\eta_0-\eta_4$	
127	$1+\eta_0+\eta_4+\eta_5$	
193	$2-\eta_0+\eta_1$	
269	$1-6\eta_0-\eta_2-3\eta_4-3\eta_5$	$N(2-\eta_1-2\eta_2-\eta_3) = 269.11$ oder $N(1+\eta_1-\eta_4) = 269.4$
293	$4-\eta_1-2\eta_2+\eta_3$	$N(3-\eta_0) = 293.4$
317	$1+\eta_0+\eta_1-\eta_5$	
379	$2-2\eta_2-\eta_4-\eta_5$	$N(3+2\eta_0-2\eta_5) = 379.11$
557	$4+4\eta_0-3\eta_3+3\eta_4+2\eta_5$	$N(2\eta_1-\eta_3-\eta_4) = 557.43$
563	$1-\eta_0-3\eta_1-\eta_5$	$N(3+2\eta_1+\eta_4+\eta_5) = 563.16$
613	$4-\eta_1-4\eta_4+\eta_5$	$N(1-\eta_2+\eta_4) = 613.4$
643	$4-3\eta_2+2\eta_3+\eta_4+2\eta_5$	$N(2-2\eta_0-2\eta_3-\eta_5) = 643.4$
661	$2-\eta_1-\eta_4+\eta_5$	$N(4+\eta_1+2\eta_4+\eta_5) = 661.11$
709	$5-\eta_0+\eta_1-2\eta_2+\eta_4$	$N(1+\eta_0+2\eta_1) = 709.4$
809	$\eta_1+3\eta_3+2\eta_4+4\eta_5$	$N(4+\eta_4+\eta_5) = 809.11$
821	$1-2\eta_0-\eta_1-3\eta_2+\eta_5$	$N(1-\eta_0+\eta_2-\eta_4) = 821.11$
881	$8-\eta_0-5\eta_1+\eta_2-2\eta_4$	$N(2+2\eta_2+\eta_3+\eta_4) = 881.11$
907	$1+\eta_1-\eta_2-\eta_3-2\eta_4$	$N(2-\eta_0+\eta_1-\eta_3+\eta_5) = 907.16$
919	$\eta_0+3\eta_1+\eta_5$	$N(3-2\eta_0+\eta_1-\eta_2-2\eta_3) = 919.16$
967	$5-2\eta_0-5\eta_1-\eta_3-3\eta_4$	$N(2-\eta_1+\eta_3-\eta_5) = 967.11$

*) Wegen der Complication mit den kleinen Primzahlen p, namentlich mit 11 und den geraden Potenzen von 2 liegen die Primfactoren $f(\eta_0)$ sehr versteckt, so dass meistens die durch die Congruenzwurzeln an die Hand gegebenen einfachsten complexen Zahlen als zusammengesetzt sich herausstellen; deshalb sind die der Berechnung zu Grunde liegenden Normen beigefügt und es ist:

$$N(3+\eta_2+\eta_5) = 4\,, \qquad N(1-2\eta_0+2\eta_1+2\eta_2+4\eta_3) = N(1-\alpha) = 43\,.$$

$\lambda = 43$

VI. p zum Exponenten 14 gehörig.

3 vierzehngliedrige Perioden (für die primitive Wurzel 3 von 43):

$$\eta_0 = \alpha + \alpha^{27} + \alpha^{41} + \alpha^{32} + \alpha^{4} + \alpha^{22} + \alpha^{35} + \alpha^{42} + \alpha^{16} + \alpha^{2} + \alpha^{11} + \alpha^{39} + \alpha^{21} + \alpha^{8},$$
$$\eta_1 = \alpha^{3} + \alpha^{38} + \alpha^{37} + \alpha^{10} + \alpha^{12} + \alpha^{23} + \alpha^{19} + \alpha^{40} + \alpha^{5} + \alpha^{6} + \alpha^{33} + \alpha^{31} + \alpha^{20} + \alpha^{24},$$
$$\eta_2 = \alpha^{9} + {}^{28} + \alpha^{25} + \alpha^{30} + \alpha^{36} + \alpha^{26} + \alpha^{14} + \alpha^{34} + \alpha^{15} + \alpha^{18} + \alpha^{13} + \alpha^{7} + \alpha^{17} + \alpha^{29};$$

Wurzeln der Gleichung:

$$\eta^3 + \eta^2 - 14\eta + 8 = 0;$$

mit den fundamentalen Relationen:

$$\eta_0^2 = 11 + 3\eta_1 + \eta_2, \qquad \eta_0\eta_1 = -4 + 2\eta_0, \qquad \eta_0\eta_2 = -4 + 2\eta_2.$$

Congruenzwurzeln mod. p

p	η_0	η_1	η_2	p	η_0	η_1	η_2
2	0	0	1	641	+149	+273	+218
113	+ 17	+ 35	− 53	647	+105	−263	+157
131	− 11	+ 50	− 40	653	+ 11	+ 61	− 73
137	+ 13	− 51	+ 37	677	+ 22	+248	−271
151	+ 7	+ 23	− 31	727	− 71	+299	−229
199	− 17	− 68	+ 84	733	− 15	+100	− 86
211	− 27	− 76	+102	739	+ 18	+166	−185
223	+ 33	+110	+ 79	839	− 67	−311	+377
383	+ 97	+152	+133	887	+ 66	+432	+388
389	− 19	+166	−148	911	+ 27	+373	−401
409	− 54	+199	−146	991	+144	−466	+321
419	− 55	−196	−169	997	+137	+475	+384
457	− 20	+185	−166				

$\lambda = 43$

$f(\eta_0)$, Primfactoren der Primzahlen p.*)

p	$f(\eta_0)$	Zu Grunde liegende Normen
2	$+3-\eta_2$	
113	$+7-2\eta_2$	
131	$-9+2\eta_0-2\eta_1$	$N(1+\eta_1-2\eta_2) = 131 \,.\, 2$
137	$-11+4\eta_2$	
151	$-13-2\eta_0+4\eta_2$	
199	$+3+2\eta_0-2\eta_2$	
211	$-7-2\eta_2$	
223	$-3-2\eta_1$	
383	$-5+4\eta_0$	
389	$+19-8\eta_0+6\eta_1$	$N(2+3\eta_0-3\eta_2) = 389 \,.\, 4$
409	$+11+2\eta_1$	
419	$+15+2\eta_0-8\eta_2$	$N(23-4\eta_0-6\eta_2) = 419 \,.\, 11$
457	$+7-4\eta_0+2\eta_1$	
641	$+15-4\eta_1+2\eta_2$	$N(13-3\eta_2) = 641 \,.\, 2$
647	$+19+4\eta_2$	
653	$+23-8\eta_1+4\eta_2$	$N(11-\eta_0) = 653 \,.\, 2$
677	$-3-5\eta_0+2\eta_2$	
727	$+13+2\eta_0-2\eta_1$	$N(17-10\eta_0) = 727 \,.\, 11$
733	$-11+4\eta_1-4\eta_2$	
739	$-1-4\eta_2$	
839	$-13-4\eta_0+6\eta_2$	$N(29-8\eta_2) = 839 \,.\, 11$
887	$-19+8\eta_1-2\eta_2$	
911	$+1+4\eta_0-2\eta_2$	
991	$+5+2\eta_0-4\eta_2$	
997	$-27-6\eta_0+10\eta_2$	$N(-9+4\eta_0-4\eta_2) = 997 \,.\, 11$

*) Aus ähnlichen Gründen wie in V., betreffend die Complication mit 2 und 11, sind bei einigen Primzahlen p die den Primfactoren $f(\eta_0)$ zu Grunde liegenden Normen beigefügt worden.

$\lambda = 43$

VII. p zum Exponenten 21 gehörig.

2 einundzwanziggliedrige Perioden (für die primitive Wurzel 3 von 43):

$$\eta_0 = \alpha + \alpha^9 + \alpha^{38} + \alpha^{41} + \alpha^{25} + \alpha^{10} + \alpha^4 + \alpha^{36} + \alpha^{23} + \alpha^{35} + \alpha^{14} + \alpha^{40} + \alpha^{16} + \alpha^{15} + \alpha^6 + \alpha^{11} + \alpha^{13} + \alpha^{31} + \alpha^{21} + \alpha^{17} + \alpha^{24},$$

$$\eta_1 = \alpha^3 + \alpha^{27} + \alpha^{28} + \alpha^{37} + \alpha^{32} + \alpha^{30} + \alpha^{12} + \alpha^{22} + \alpha^{26} + \alpha^{19} + \alpha^{42} + \alpha^{34} + \alpha^5 + \alpha^2 + \alpha^{18} + \alpha^{33} + \alpha^{39} + \alpha^7 + \alpha^{20} + \alpha^8 + \alpha^{29};$$

Wurzeln der Gleichung:

$$\eta^2 + \eta + 11 = 0;$$

mit den fundamentalen Relationen:

$$\eta_0^2 = -11 - \eta_0, \qquad \eta_0\eta_1 = +11.$$

Congruenzwurzeln mod. p.

p	η_0	η_1	p	η_0	η_1	p	η_0	η_1	p	η_0	η_1
13	1	−2	197	50	−51	439	152	−153	701	169	−170
17	2	−3	229	72	−73	443	211	−212	719	346	−347
23	3	−4	239	112	−113	461	119	−120	769	289	−290
31	4	−5	271	54	−55	487	79	−80	787	134	−135
53	6	−7	281	55	−56	541	111	−112	797	205	−206
67	7	−8	283	16	−17	547	77	−78	827	399	−400
83	8	−9	311	63	−64	569	163	−164	857	105	−106
101	9	−10	353	18	−19	599	255	−256	877	389	−390
103	33	−34	359	145	−146	617	89	−90	883	98	−99
109	37	−38	367	174	−175	619	297	−298	941	30	−31
139	48	−49	397	95	−96	659	92	−93	971	199	−200
167	12	−13	401	82	−83	683	294	−295	977	368	−369
181	44	−45									

$f(\eta_0)$, Primfactoren der Primzahlen p.

p	$f(\eta_0)$	p	$f(\eta_0)$	p	$f(\eta_0)$	p	$f(\eta_0)$	p	$f(\eta_0)$
13	$1-\eta_0$	139	$5-3\eta_0$	353	$18-\eta_0$	547	$1-7\eta_1$	787	$17-6\eta_0$
17	$2-\eta_0$	167	$12-\eta_0$	359	$7-5\eta_0$	569	$3-7\eta_0$	797	$23-4\eta_0$
23	$3-\eta_0$	181	$1-4\eta_1$	367	$17-2\eta_1$	599	$5-7\eta_1$	827	$27-2\eta_1$
31	$4-\eta_0$	197	$3-4\eta_0$	397	$13-4\eta_1$	617	$6-7\eta_0$	857	$9-8\eta_1$
53	$6-\eta_0$	229	$10-3\eta_1$	401	$9-5\eta_0$	619	$23-2\eta_1$	877	$2+9\eta_1$
67	$7-\eta_0$	239	$13-2\eta_1$	439	$17-3\eta_0$	659	$8-7\eta_1$	883	$1+9\eta_0$
83	$8-\eta_0$	271	$1+5\eta_0$	443	$19-2\eta_1$	683	$9-7\eta_0$	941	$30-\eta_0$
101	$9-\eta_0$	281	$1-5\eta_1$	461	$15-4\eta_0$	701	$21-4\eta_1$	971	$24-5\eta_0$
103	$1-3\eta_1$	283	$16-\eta_0$	487	$7-6\eta_1$	719	$25-2\eta_1$	977	$13-8\eta_0$
109	$2-3\eta_0$	311	$4-5\eta_0$	541	$14-5\eta_0$	769	$5-8\eta_0$		

$\lambda = 43$

VIII. p zum Exponenten 42 gehörig, in Beziehung auf 43te Einheitswurzeln selbst complexe Primzahlen:

3, 5, 19, 29, 61, 71, 73, 89, 149, 157, 163, 191, 227, 233, 241, 263, 277, 313, 331, 347, 349, 373, 421, 433, 449, 463, 491, 499, 503, 521, 571, 577, 587, 593, 607, 631, 673, 691, 743, 751, 757, 761, 803, 829, 929, 937.

$\lambda = 47$

I. $p = 47m + 1$.

Congruenzwurzeln mod. p.

p	α	α^2	α^3	α^4	α^5	α^6	α^7	α^8	α^9	α^{10}
283	−122	−115	−120	− 76	− 67	− 33	+ 64	+116	− 2	− 39
659	+185	− 43	− 47	−128	+ 44	+232	+ 85	− 91	+299	− 41
941	+248	+339	+323	+119	+341	−122	−144	+ 46	+116	−403

p	α^{11}	α^{12}	α^{13}	α^{14}	α^{15}	α^{16}	α^{17}	α^{18}	α^{19}	α^{20}
283	− 53	− 43	−131	+134	+ 66	−128	+ 51	+ 4	+ 78	+106
659	+323	−214	− 50	− 24	+173	−286	−190	−223	+262	−296
941	−198	−172	−311	+ 34	− 37	+231	−310	+282	+302	−384

p	α^{21}	α^{22}	α^{23}	α^{24}	α^{25}	α^{26}	α^{27}	α^{28}	α^{29}	α^{30}
283	+ 86	− 21	+ 15	−132	− 27	−102	− 8	+127	+ 71	+111
659	− 63	+207	+ 73	+325	+156	−136	−118	− 83	−198	+274
941	−191	−318	+180	+413	−145	−202	−223	+215	−317	+428

p	α^{31}	α^{32}	α^{33}	α^{34}	α^{35}	α^{36}	α^{37}	α^{38}	α^{39}	α^{40}
283	+ 42	− 30	− 19	+ 54	− 79	+ 16	+ 29	+141	+ 61	− 84
659	− 53	+ 80	+302	−145	+194	+304	+225	+108	+210	− 31
941	−189	+178	− 83	+118	+ 93	−461	−467	− 73	−225	−281

p	α^{41}	α^{42}	α^{43}	α^{44}	α^{45}	α^{46}
283	+ 60	+ 38	−108	−125	− 32	− 58
659	+196	+ 15	+139	+ 14	− 46	+ 57
941	− 54	−218	−427	+437	+161	+406

$\lambda = 47$

II. p zum Exponenten 2 gehörig.

23 zweigliedrige Perioden (für die primitive Wurzel 10 von 47):

$$\eta_0 = \alpha + \alpha^{-1}, \quad \eta_1 = \alpha^{10} + \eta^{-10}, \quad \eta_2 = \alpha^{6} + \alpha^{-6}, \quad \eta_3 = \alpha^{13} + \alpha^{-13},$$
$$\eta_4 = \alpha^{11} + \alpha^{-11}, \quad \eta_5 = {}^{16}\alpha + \alpha^{-16}, \quad \eta_6 = \alpha^{19} + \alpha^{-19}, \quad \eta_7 = \alpha^{2} + \alpha^{-2},$$
$$\eta_8 = \alpha^{20} + \alpha^{-20}, \quad \eta_9 = \alpha^{12} + \alpha^{-12}, \quad \eta_{10} = \alpha^{21} + \alpha^{-21}, \quad \eta_{11} = \alpha^{22} + \alpha^{-22},$$
$$\eta_{12} = \alpha^{15} + \alpha^{-15}, \quad \eta_{13} = \alpha^{9} + \alpha^{-9}, \quad \eta_{14} = \alpha^{4} + \alpha^{-4}, \quad \eta_{15} = \alpha^{7} + \alpha^{-7},$$
$$\eta_{16} = \alpha^{23} + \alpha^{-23}, \quad \eta_{17} = \alpha^{5} + \alpha^{-5}, \quad \eta_{18} = \alpha^{3} + \alpha^{-3}, \quad \eta_{19} = \alpha^{17} + \alpha^{-17},$$
$$\eta_{20} = \alpha^{18} + \alpha^{-18}, \quad \eta_{21} = \alpha^{8} + \alpha^{-8}, \quad \eta_{22} = \alpha^{14} + \alpha^{-14},$$

Wurzeln der Gleichung:

$$\eta^{23} + \eta^{22} - 22\eta^{21} - 21\eta^{20} + 210\eta^{19} + 190\eta^{18} - 1140\eta^{17} - 969\eta^{16} + 3876\eta^{15} + 3060\eta^{14}$$
$$- 8568\eta^{13} - 6188\eta^{12} + 12376\eta^{11} + 8008\eta^{10} - 11440\eta^{9} - 6435\eta^{8} + 6435\eta^{7} + 3003\eta^{6} - 2002\eta^{5}$$
$$- 715\eta^{4} + 286\eta^{3} + 66\eta^{2} - 12\eta - 1 = 0;$$

mit den fundamentalen Relationen:

$$\eta_0^2 = 2 + \eta_7, \quad \eta_0\eta_1 = \eta_4 + \eta_{12}, \quad \eta_0\eta_2 = \eta_{15} + \eta_{17}, \quad \eta_0\eta_3 = \eta_9 + \eta_{22},$$
$$\eta_0\eta_4 = \eta_1 + \eta_9, \quad \eta_0\eta_5 = \eta_{12} + \eta_{19}, \quad \eta_0\eta_6 = \eta_8 + \eta_{20}, \quad \eta_0\eta_7 = \eta_0 + \eta_{18},$$
$$\eta_0\eta_8 = \eta_6 + \eta_{10}, \quad \eta_0\eta_9 = \eta_3 + \eta_4, \quad \eta_0\eta_{10} = \eta_8 + \eta_{11}, \quad \eta_0\eta_{11} = \eta_{10} + \eta_{16},$$
$$\eta_0\eta_{12} = \eta_5 + \eta_{22}, \quad \eta_0\eta_{13} = \eta_1 + \eta_{21}, \quad \eta_0\eta_{14} = \eta_{17} + \eta_{18}, \quad \eta_0\eta_{15} = \eta_2 + \eta_{21},$$
$$\eta_0\eta_{16} = \eta_{11} + \eta_{16}, \quad \eta_0\eta_{17} = \eta_2 + \eta_{14}, \quad \eta_0\eta_{18} = \eta_7 + \eta_{14}, \quad \eta_0\eta_{19} = \eta_5 + \eta_{20},$$
$$\eta_0\eta_{20} = \eta_6 + \eta_{19}, \quad \eta_0\eta_{21} = \eta_{13} + \eta_{15}, \quad \eta_0\eta_{22} = \eta_3 + \eta_{12},$$

Congruenzwurzeln mod. p.

p	η_0	η_1	η_2	η_3	η_4	η_5	η_6	η_7	η_8	η_9	η_{10}	η_{11}
281	−10	+124	+110	−108	− 42	+104	+107	+ 98	− 81	+ 15	−140	+ 76
563	− 7	−156	+ 90	+266	− 89	+ 80	−128	+ 47	+125	+216	−184	+ 37
751	+16	+243	+233	− 62	−253	+366	− 93	+254	−282	+215	+ 87	+172

p	η_{12}	η_{13}	η_{14}	η_{15}	η_{16}	η_{17}	η_{18}	η_{19}	η_{20}	η_{21}	η_{22}
281	+136	− 74	+48	+ 96	− 58	− 72	−127	− 52	+135	+ 54	− 59
563	+205	+ 55	−45	−141	− 75	+ 74	+241	−202	+208	−229	+174
751	+276	−365	−72	− 84	−339	+ 57	+293	+323	+296	− 75	+295

$f(\eta_0)$, Primfactoren der Primzahlen p.

p	$f(\eta_0)$	p	$f(\eta_0)$	p	$f(\eta_0)$
281	$+1+\eta_3+\eta_6$	563	$+1+\eta_{16}+\eta_{17}$	751	$-1+\eta_{20}-\eta_{22}$

$\lambda = 47$

III. p zum Exponenten 23 gehörig.

2 dreiundzwanziggliedrige Perioden (für die primitive Wurzel 10 von 47):

$$\eta_0 = \alpha + \alpha^6 + \alpha^{36} + \alpha^{28} + \alpha^{27} + \alpha^{21} + \alpha^{32} + \alpha^4 + \alpha^{24} + \alpha^3 + \alpha^{18} + \alpha^{14} + \alpha^{37} + \alpha^{34} + \alpha^{16} + \alpha^2 + \alpha^{12} + \alpha^{25} + \alpha^9 + \alpha^7 + \alpha^{42} + \alpha^{17} + \alpha^8,$$

$$\eta_1 = \alpha^{10} + \alpha^{13} + \alpha^{31} + \alpha^{45} + \alpha^{35} + \alpha^{22} + \alpha^{38} + \alpha^{40} + \alpha^5 + \alpha^{30} + \alpha^{39} + \alpha^{46} + \alpha^{41} + \alpha^{11} + \alpha^{19} + \alpha^{20} + \alpha^{26} + \alpha^{15} + \alpha^{43} + \alpha^{23} + \alpha^{44} + \alpha^{29} + \alpha^{33};$$

Wurzeln der Gleichung:

$$\eta^2 + \eta + 12 = 0;$$

mit den fundamentalen Relationen:

$$\eta_0^2 = -12 - \eta_0, \qquad \eta_0\eta_1 = +12.$$

Congruenzwurzeln mod. p.

p	η_0	η_1	p	η_0	η_1	p	η_0	η_1	p	η_0	η_1
2	0	1	191	89	−90	439	72	−73	719	227	−228
3	0	−1	197	48	−49	457	138	−139	733	76	−77
7	1	−2	239	65	−66	479	53	−54	739	66	−67
17	7	−8	241	107	−108	487	82	−83	761	95	−96
37	14	−15	251	31	−32	491	108	−109	769	274	−275
53	17	−18	263	94	−95	521	230	−231	773	55	−56
59	18	−19	269	69	−70	523	85	−86	811	106	−107
61	10	−11	271	61	−62	541	80	−81	823	140	−141
71	16	−17	277	124	−125	571	67	−68	827	370	−371
79	21	−22	307	113	−114	601	34	−35	853	303	−304
83	38	−39	331	25	−26	613	171	−172	863	203	−204
89	32	−33	337	63	−64	617	182	−183	883	373	−374
97	13	−14	347	45	−46	619	105	−106	907	147	−148
101	42	−43	353	109	−110	643	263	−264	911	104	−105
103	28	−29	379	160	−161	647	285	−286	929	197	−198
131	39	−40	383	103	−104	653	62	−63	947	458	−459
149	64	−65	397	119	−120	661	308	−309	967	201	−202
157	30	−31	401	183	−184	683	239	−240	977	364	−365
173	52	−53	431	134	−135	709	37	−38	991	288	−289

Congruenzwurzeln mod. p^5.

$p = 2, \quad \eta_0 \equiv 4; \qquad p = 3, \quad \eta_0 \equiv 96.$

$\lambda = 47$

$f(\eta_0)$, Primfactoren der Primzahlen p.

Folgende Primzahlen p haben wirkliche Primfactoren $f(\eta_0)$:

p	$f(\eta_0)$	p	$f(\eta_0)$	p	$f(\eta_0)$	p	$f(\eta_0)$	p	$f(\eta_0)$
83	$5-2\eta_1$	269	$7-4\eta_0$	523	$7-6\eta_1$	823	$17-6\eta_0$	947	$29-2\eta_1$
191	$11-2\eta_1$	439	$1-6\eta_1$	619	$11-6\eta_0$	907	$19-6\eta_1$.	977	$11-8\eta_1$
197	$1-4\eta_1$	487	$5-6\eta_0$	761	$1+8\eta_0$				

Die übrigen Primzahlen p haben ideale Primfactoren $f(\eta_0)$, deren 5te Potenzen wirklich sind, in zwei Gruppen:

1) Primzahlen p mit der quadratischen Form $3y^2+2yz+16z^2$, wofür $N\phi(\eta_0) = 3p$.*)

p	$\phi(\eta_0)$	$f^5(\eta_0)$
3		$13-2\eta_1$
17	$1-2\eta_1$	$1085-104\eta_0$
37	$7-2\eta_1$	$8249-132\eta_0$
71	$3-4\eta_1$	$39149-3398\eta_0$
79	$5-4\eta_0$	$10103-15330\eta_1$
101	$15-2\eta_1$	$71659-18388\eta_0$
103	$9-4\eta_0$	$7777-30678\eta_1$
149	$19-2\eta_1$	$62479-73564\eta_1$
239	$21-4\eta_0$	$882853-430\eta_0$
241	$25-2\eta_1$	$508669-194760\eta_1$
251	$3+8\eta_0$	$129031-280390\eta_0$
271	$23-4\eta_1$	$404299-312498\eta_0$
277	$27-2\eta_1$	$76961+371196\eta_0$
307	$9-8\eta_1$	$1577669-89682\eta_0$
347	$13-8\eta_0$	$127681+651782\eta_1$
383	$29-4\eta_0$	$257407+836174\eta_1$
397	$1+10\eta_0$	$2468795-466764\eta_0$
401	$33-2\eta_1$	$78929+932560\eta_1$
457	$9-10\eta_0$	$4390759-113736\eta_0$
571	$27-8\eta_1$	$3712171-1828710\eta_1$
617	$21-10\eta_1$	$1968955-2589136\eta_0$
653	$23-10\eta_1$	$6159085-2350852\eta_0$
661	$43-2\eta_1$	$10160359-1022988\eta_1$
733	$27-10\eta_0$	$196763-4190652\eta_0$
769	$5+14\eta_1$	$8216983-3768720\eta_1$
773	$3+14\eta_0$	$1764167+4842724\eta_1$
811	$37-8\eta_0$	$13265597-3304362\eta_1$
853	$9-14\eta_1$	$18173255-2511372\eta_1$
863	$47-4\eta_1$	$10930523-5034722\eta_1$
929	$15-14\eta_1$	$25635137-941984\eta_0$

*) d. h. es gibt für diese Gruppe stets complexe Zahlen $\phi(\eta_0)$, deren Norm $= 3p$ ist; übrigens auch $= 4p$, z. B. $N(1+\eta_1) = 4.3$.

$\lambda = 47$

2) Primzahlen p mit der quadratischen Form $7y^2+6yz+8z^2$, wofür $N\phi(\eta_0) = 2p$.*)

p	$\phi(\eta_0)$	$f^5(\eta_0)$	p	$\phi(\eta_0)$	$f^5(\eta_0)$
2		$4-\eta_0$	491	$1-9\eta_1$	$465389-1516970\eta_1$
7	$1-\eta_0$	$125-6\eta_0$	521	$5-9\eta_1$	$4023097-1202872\eta_1$
53	$1+3\eta_1$	$5377-5476\eta_0$	541	$19-7\eta_0$	$5958565-1985292\eta_0$
59	$2-3\eta_1$	$17521-5146\eta_0$	601	$34-\eta_0$	$8547247-400872\eta_1$
61	$10-\eta_0$	$14059-6780\eta_0$	613	$22-7\eta_1$	$9278303-47724\eta_0$
89	$7-3\eta_0$	$14563-20560\eta_1$	643	$29-5\eta_0$	$10482647-2718\eta_0$
97	$13-\eta_0$	$16639-25632\eta_1$	647	$14-9\eta_1$	$703339-3037882\eta_1$
131	$11-3\eta_1$	$90689-46658\eta_1$	683	$34-3\eta_0$	$7623067-2447158\eta_0$
157	$2-5\eta_1$	$272579-32076\eta_0$	709	$37-\eta_0$	$4244777-3491844\eta_0$
173	$14-3\eta_1$	$212075-87308\eta_0$	719	$35-3\eta_1$	$4252567-3635554\eta_0$
263	$19-3\eta_0$	$1076326-57027\eta_1$	739	$2-11\eta_1$	$14683673-267906\eta_0$
331	$25-\eta_0$	$214863-563178\eta_1$	827	$22-9\eta_0$	$15728519-2816006\eta_0$
337	$17-5\eta_1$	$645371-546024\eta_1$	883	$31-7\eta_1$	$18017197-3520626\eta_0$
353	$23-3\eta_1$	$1885717-329608\eta_0$	911	$25-9\eta_0$	$3087797-7305778\eta_0$
379	$10-7\eta_1$	$206263+813690\eta_1$	967	$38-5\eta_0$	$2209145-8278326\eta_0$
431	$26-3\eta_1$	$1105847-1021442\eta_1$	991	$34-7\eta_0$	$14412539-7317858\eta_1$
479	$2+9\eta_0$	$4007821-722206\eta_0$			

VI. p zum Exponenten 46 gehörig, in Beziehung auf 47te Einheitswurzeln selbst complexe Primzahlen:

5, 11, 13, 19, 23, 31, 41, 43, 67, 73, 107, 109, 113, 127, 137, 139, 151, 163, 167, 179, 181, 193, 199, 211, 223, 227, 229, 233, 257, 293, 311, 313, 317, 349, 359, 367, 373, 389, 409, 419, 421, 433, 443, 449, 461, 463, 467, 499, 503, 509, 547, 557, 569, 577, 587, 593, 599, 607, 631, 641, 673, 677, 691, 701, 727, 743, 757, 787, 797, 809, 821, 829, 839, 857, 859, 877, 887, 919, 937, 953, 971, 983, 997.

*) d. h. es gibt für diese Gruppe stets eine complexe Zahl $\phi(\eta_0)$, deren Norm $= 2p$ ist.

$\lambda = 53$

I. $p = 53m + 1$.

Congruenzwurzeln mod. p.

p	α	α^2	α^3	α^4	α^5	α^6	α^7	α^8	α^9	α^{10}
107	+ 10	— 7	+ 37	+ 49	— 45	— 22	— 6	+ 47	+ 42	— 8
743	—117	+315	+295	—337	+ 50	+ 94	+147	—110	+239	+271

p	α^{11}	α^{12}	α^{13}	α^{14}	α^{15}	α^{16}	α^{17}	α^{18}	α^{19}	α^{20}
107	+ 27	— 51	+ 25	+ 36	+ 39	— 38	+ 48	+ 52	— 15	— 43
743	+242	— 80	—299	+ 62	+176	+212	—285	— 90	+128	—116

p	α^{21}	α^{22}	α^{23}	α^{24}	α^{25}	α^{26}	α^{27}	α^{28}	α^{29}	α^{30}
107	— 2	— 20	+ 14	+ 33	+ 9	— 17	+ 44	+ 12	+ 13	+ 23
743	+198	—133	— 42	—287	+144	+241	+ 37	+129	—233	—230

p	α^{31}	α^{32}	α^{33}	α^{34}	α^{35}	α^{36}	α^{37}	α^{38}	α^{39}	α^{40}
107	+ 16	+ 53	— 5	— 50	+ 35	+ 29	— 31	+ 11	+ 3	+ 30
743	+162	+364	—237	+238	+388	— 73	+368	+ 38	+ 12	+ 82

p	α^{41}	α^{42}	α^{43}	α^{44}	α^{45}	α^{46}	α^{47}	α^{48}	α^{49}	α^{50}
107	— 21	+ 4	+ 40	— 28	+ 41	— 18	+ 34	+ 19	— 24	— 26
743	+ 65	—175	—329	—143	—358	+278	+166	—104	+280	— 68

p	α^{51}	α^{52}
107	— 46	— 32
743	—217	+127

$\lambda = 53$

II. p zum Exponenten 2 gehörig.

26 zweigliedrige Perioden (für die primitive Wurzel 2 von 53):

$\eta_0 = \alpha + \alpha^{-1}$, $\eta_1 = \alpha^2 + \alpha^{-2}$, $\eta_2 = \alpha^4 + \alpha^{-4}$, $\eta_3 = \alpha^8 + \alpha^{-8}$, $\eta_4 = \alpha^{16} + \alpha^{-16}$,
$\eta_5 = \alpha^{21} + \alpha^{-21}$, $\eta_6 = \alpha^{11} + \alpha^{-11}$, $\eta_7 = \alpha^{22} + \alpha^{-22}$, $\eta_8 = \alpha^9 + \alpha^{-9}$, $\eta_9 = \alpha^{18} + \alpha^{-18}$,
$\eta_{10} = \alpha^{17} + \alpha^{-17}$, $\eta_{11} = \alpha^{19} + \alpha^{-19}$, $\eta_{12} = \alpha^{15} + \alpha^{-15}$, $\eta_{13} = \alpha^{23} + \alpha^{-23}$,
$\eta_{14} = \alpha^7 + \alpha^{-7}$, $\eta_{15} = \alpha^{14} + \alpha^{-14}$, $\eta_{16} = \alpha^{25} + \alpha^{-25}$, $\eta_{17} = \alpha^3 + \alpha^{-3}$,
$\eta_{18} = \alpha^6 + \alpha^{-6}$, $\eta_{19} = \alpha^{12} + \alpha^{-12}$, $\eta_{20} = \alpha^{24} + \alpha^{-24}$, $\eta_{21} = \alpha^5 + \alpha^{-5}$,
$\eta_{22} = \alpha^{10} + \alpha^{-10}$, $\eta_{23} = \alpha^{20} + \alpha^{-20}$, $\eta_{24} = \alpha^{13} + \alpha^{-13}$, $\eta_{25} = \alpha^{26} + \alpha^{-26}$;

Wurzeln der Gleichung:

$$\eta^{26}+\eta^{25}-25\eta^{24}-24\eta^{23}+276\eta^{22}+253\eta^{21}-1771\eta^{20}-1540\eta^{19}+7315\eta^{18}+5985\eta^{17}-20349\eta^{16}$$
$$-15504\eta^{15}+38760\eta^{14}+27132\eta^{13}-50388\eta^{12}-31824\eta^{11}+43758\eta^{10}+24310\eta^9-24310\eta^8-11440\eta^7$$
$$+8008\eta^6+3003\eta^5-1365\eta^4-364\eta^3+91\eta^2+13\eta-1 = 0;$$

mit den fundamentalen Relationen:

$\eta_0^2 = 2 + \eta_1$, $\eta_0\eta_1 = \eta_0 + \eta_{17}$, $\eta_0\eta_2 = \eta_{17} + \eta_{21}$, $\eta_0\eta_3 = \eta_8 + \eta_{14}$, $\eta_0\eta_4 = \eta_{10} + \eta_{12}$,
$\eta_0\eta_5 = \eta_7 + \eta_{23}$, $\eta_0\eta_6 = \eta_{19} + \eta_{22}$, $\eta_0\eta_7 = \eta_5 + \eta_{13}$, $\eta_0\eta_8 = \eta_3 + \eta_{22}$,
$\eta_0\eta_9 = \eta_{10} + \eta_{11}$, $\eta_0\eta_{10} = \eta_4 + \eta_9$, $\eta_0\eta_{11} = \eta_9 + \eta_{23}$, $\eta_0\eta_{12} = \eta_4 + \eta_{15}$,
$\eta_0\eta_{13} = \eta_7 + \eta_{20}$, $\eta_0\eta_{14} = \eta_3 + \eta_{18}$, $\eta_0\eta_{15} = \eta_{12} + \eta_{24}$, $\eta_0\eta_{16} = \eta_{20} + \eta_{25}$,
$\eta_0\eta_{17} = \eta_1 + \eta_2$, $\eta_0\eta_{18} = \eta_{14} + \eta_{21}$, $\eta_0\eta_{19} = \eta_6 + \eta_{24}$, $\eta_0\eta_{20} = \eta_{13} + \eta_{16}$,
$\eta_0\eta_{21} = \eta_2 + \eta_{18}$, $\eta_0\eta_{22} = \eta_6 + \eta_8$, $\eta_0\eta_{23} = \eta_5 + \eta_{11}$, $\eta_0\eta_{24} = \eta_{15} + \eta_{19}$,
$\eta_0\eta_{25} = \eta_{16} + \eta_{25}$.

Congruenzwurzeln mod. p.

p	η_0	η_1	η_2	η_3	η_4	η_5	η_6	η_7	η_8	η_9	η_{10}	η_{11}	η_{12}
211	−4	+14	−17	+76	+77	+19	−63	−42	+74	−12	−69	−94	−28
317	+5	+23	−107	+35	−45	+121	+57	+77	−96	+21	+122	−17	−30
953	−3	+7	+47	+301	+64	+282	+423	−237	−60	−214	+50	−361	−242

p	η_{13}	η_{14}	η_{15}	η_{16}	η_{17}	η_{18}	η_{19}	η_{20}	η_{21}	η_{22}	η_{23}	η_{24}	η_{25}
211	−62	+44	+35	−43	−52	−41	−9	+79	−91	+50	−34	+99	+93
317	−53	−46	−105	−72	+110	+52	−151	−25	−11	+119	−106	+139	−18
953	+429	+110	−291	−138	−18	+322	−195	−97	−123	−121	+344	+162	−442

$f(\eta_0)$, Primfactoren der Primzahlen p.*)

p	$f(\eta_0)$	p	$f(\eta_0)$	p	$f(\eta_0)$
+211	$\eta_9-\eta_{20}-\eta_{21}$	+317	$1+\eta_{13}+\eta_{18}$	+953	$\eta_0-\eta_2+\eta_{10}$

*) Für sämmtliche Primzahlen p ist $Nf(\eta_0) = +p$.

$\lambda = 53$

III. p zum Exponenten 4 gehörig.

13 viergliedrige Perioden (für die primitive Wurzel 2 von 53):

$\eta_0 = \alpha + \alpha^{30} + \alpha^{52} + \alpha^{23}$, $\eta_1 = \alpha^2 + \alpha^7 + \alpha^{51} + \alpha^{46}$, $\eta_2 = \alpha^4 + \alpha^{14} + \alpha^{49} + \alpha^{39}$,
$\eta_3 = \alpha^8 + \alpha^{28} + \alpha^{45} + \alpha^{25}$, $\eta_4 = \alpha^{16} + \alpha^3 + \alpha^{37} + \alpha^{50}$, $\eta_5 = \alpha^{32} + \alpha^6 + \alpha^{21} + \alpha^{47}$,
$\eta_6 = \alpha^{11} + \alpha^{12} + \alpha^{42} + \alpha^{41}$, $\eta_7 = \alpha^{22} + \alpha^{24} + \alpha^{31} + \alpha^{29}$, $\eta_8 = \alpha^{44} + \alpha^{48} + \alpha^9 + \alpha^5$,
$\eta_9 = \alpha^{35} + \alpha^{43} + \alpha^{18} + \alpha^{10}$, $\eta_{10} = \alpha^{17} + \alpha^{33} + \alpha^{36} + \alpha^{20}$, $\eta_{11} = \alpha^{34} + \alpha^{13} + \alpha^{19} + \alpha^{40}$,
$\eta_{12} = \alpha^{15} + \alpha^{26} + \alpha^{38} + \alpha^{27}$;

Wurzeln der Gleichung:

$$\eta^{13} + \eta^{12} - 24\eta^{11} - 19\eta^{10} + 190\eta^9 + 116\eta^8 - 601\eta^7 - 246\eta^6 + 738\eta^5 + 215\eta^4 - 291\eta^3 - 68\eta^2 + 10\eta + 1 = 0;$$

mit den fundamentalen Relationen:

$\eta_0^2 = 4 + \eta_1 + 2\eta_7$, $\eta_0\eta_1 = \eta_0 + \eta_3 + \eta_4 + \eta_5$, $\eta_0\eta_2 = \eta_4 + \eta_8 + \eta_{11} + \eta_{12}$,
$\eta_0\eta_3 = \eta_1 + \eta_7 + \eta_8 + \eta_{12}$, $\eta_0\eta_4 = \eta_1 + \eta_2 + \eta_{10} + \eta_{12}$, $\eta_0\eta_5 = \eta_1 + \eta_7 + \eta_8 + \eta_{10}$,
$\eta_0\eta_6 = 2\eta_6 + \eta_9 + \eta_{11}$, $\eta_0\eta_7 = 2\eta_0 + \eta_3 + \eta_5$, $\eta_0\eta_8 = \eta_2 + \eta_3 + \eta_5 + \eta_9$,
$\eta_0\eta_9 = \eta_6 + \eta_8 + \eta_{10} + \eta_{11}$, $\eta_0\eta_{10} = \eta_4 + \eta_5 + \eta_9 + \eta_{11}$, $\eta_0\eta_{11} = \eta_2 + \eta_6 + \eta_9 + \eta_{10}$,
$\eta_0\eta_{12} = \eta_2 + \eta_3 + \eta_4 + \eta_{12}$.

Congruenzwurzeln mod. p.

p	η_0	η_1	η_2	η_3	η_4	η_5	η_6	η_7	η_8	η_9	η_{10}	η_{11}	η_{12}
23	+1	+7	+8	+2	−10	−9	−1	−5	+7	+6	+5	−5	−7
83	+10	+41	−37	+16	−21	−10	−33	−14	+27	−31	+12	+16	+23
401													
613	+35	−153	+202	−224	+59	+292	+159	+74	+261	+283	+230	+60	−53
659	+48	+186	−71	+227	−243	+329	−298	−261	−132	−231	+183	−297	−100
719													
977													

$f(\eta_0)$, Primfactoren der Primzahlen p.*)

p	$f(\eta_0)$	p	$f(\eta_0)$	p	$f(\eta_0)$	p	$f(\eta_0)$
23	$+1-\eta_0$	83	$-\eta_0-\eta_5$	613	$-1-\eta_3-\eta_9+\eta_{11}$	659	$+1-\eta_5+\eta_9+\eta_{12}$

*) Für grössere Primzahlen ist:
$N(2+\eta) = 1061$, $N(3-\eta) = 52259$, $N(3+\eta) = 68371$, $N(1-2\eta) = 152533$, $N(1+3\eta) = 719633$; ferner $N(4-\eta) = 53 . 200869$ u. s. w.

$\lambda = 53$

IV. p zum Exponenten 13 gehörig.

4 dreizehngliedrige Perioden (für die primitive Wurzel 2 von 53):

$$\eta_0 = \alpha + \alpha^{16} + \alpha^{44} + \alpha^{15} + \alpha^{28} + \alpha^{24} + \alpha^{13} + \alpha^{49} + \alpha^{42} + \alpha^{36} + \alpha^{46} + \alpha^{47} + \alpha^{10},$$
$$\eta_1 = \alpha^2 + \alpha^{32} + \alpha^{35} + \alpha^{30} + \alpha^3 + \alpha^{48} + \alpha^{26} + \alpha^{45} + \alpha^{31} + \alpha^{19} + \alpha^{39} + \alpha^{41} + \alpha^{20},$$
$$\eta_2 = \alpha^4 + \alpha^{11} + \alpha^{17} + \alpha^7 + \alpha^6 + \alpha^{43} + \alpha^{52} + \alpha^{37} + \alpha^9 + \alpha^{38} + \alpha^{25} + \alpha^{29} + \alpha^{40},$$
$$\eta_3 = \alpha^8 + \alpha^{22} + \alpha^{34} + \alpha^{14} + \alpha^{12} + \alpha^{33} + \alpha^{51} + \alpha^{21} + \alpha^{18} + \alpha^{23} + \alpha^{50} + \alpha^5 + \alpha^{27};$$

Wurzeln der Gleichung:

$$\eta^4 + \eta^3 + 7\eta^2 - 43\eta + 47 = 0;$$

mit den fundamentalen Relationen:

$$\eta_0^2 = -2 + \eta_1 + 4\eta_2, \qquad \eta_0\eta_1 = -4 - 2\eta_2 + \eta_3, \qquad \eta_0\eta_2 = 9 - 2\eta_0 - 2\eta_2,$$
$$\eta_0\eta_3 = -4 - 2\eta_1 - \eta_2.$$

Congruenzwurzeln mod. p.

p	η_0	η_1	η_2	η_3	p	η_0	η_1	η_2	η_3
13	+1	−2	−2	+2	593	+13	+136	+157	+286
47	0	−16	−19	−13	599	−13	−143	−221	−223
89	+3	−27	−35	−31	607	+89	−134	−262	−301
97	−1	−41	+11	+30	619	−60	+89	−205	+175
227	+85	−87	−101	+102	683	+118	−159	+277	−237
281	+21	+70	+23	−115	733	+21	−348	−352	−55
293	−3	+71	−15	−54	757	+5	+352	+108	+291
307	+4	−85	−51	+131	811	+70	−182	−351	−349
311	+57	−68	+130	−120	823	−23	+32	−81	+71
331	−23	−89	+155	−44	839	+17	−57	+87	−48
367	−49	−71	+68	+51	863	−251	+338	+348	+427
439	−60	−219	+187	+91	911	+126	−427	−251	−360
487	−72	−204	+130	+145	929	−46	−322	−319	−243
521	−99	−211	+159	+150	937	−5	−260	+306	−42
523	−4	+52	+253	+221	947	−70	−437	+151	+355
577	+54	−166	+194	−83	967	+105	−452	−273	−348

$f(\eta_0)$, Primfactoren der Primzahlen p.

p	$f(\eta_0)$	p	$f(\eta_0)$	p	$f(\eta_0)$	p	$f(\eta_0)$
13	$1-\eta_0$	311	$3-\eta_1-2\eta_3$	593	$2\eta_1+4\eta_2+\eta_3$	823	$2-3\eta_0-\eta_3$
47	η_0	331	$2+\eta_0-2\eta_2$	599	$2-\eta_2+\eta_3$	839	$3-3\eta_0-\eta_3$
89	$3-\eta_0$	367	$2-\eta_0-\eta_3$	607	$5-2\eta_3$	863	$1+\eta_1-\eta_2-2\eta_3$
97	$1+\eta_0$	439	$1-2\eta_1$	619	$3-2\eta_1+\eta_3$	911	$1-2\eta_0-\eta_2$
227	$1-\eta_2-\eta_3$	487	$1-2\eta_0-\eta_3$	683	$1+2\eta_0+\eta_3$	929	$3+\eta_1-\eta_2$
281	$2+\eta_0-\eta_2$	521	$\eta_0+2\eta_1$	733	$4-\eta_1+\eta_2$	937	$5+\eta_0$
293	$3+\eta_0$	523	$4+\eta_0$	757	$5-\eta_0$	947	$3-\eta_0-2\eta_1$
307	$4-\eta_0$	577	$\eta_1-2\eta_3$	811	$2+\eta_2-\eta_3$	967	$1-\eta_0-\eta_1+\eta_3$

$\lambda = 53$

V. p zum Exponenten 26 gehörig.

2 sechsundzwanziggliedrige Perioden (für die primitive Wurzel 2 von 53):

$$\eta_0 = \alpha + \alpha^4 + \alpha^{16} + \alpha^{11} + \alpha^{44} + \alpha^{17} + \alpha^{15} + \alpha^7 + \alpha^{28} + \alpha^6 + \alpha^{24} + \alpha^{43} + \alpha^{13} + \alpha^{52} + \alpha^{49}$$
$$+ \alpha^{37} + \alpha^{42} + \alpha^9 + {}^{36} + \alpha^{38} + \alpha^{46} + \alpha^{25} + \alpha^{47} + \alpha^{29} + \alpha^{10} + \alpha^{40},$$
$$\eta_1 = \alpha^2 + \alpha^8 + \alpha^{32} + \alpha^{22} + \alpha^{35} + \alpha^{34} + \alpha^{30} + \alpha^{14} + \alpha^3 + \alpha^{12} + \alpha^{48} + \alpha^{33} + \alpha^{26} + \alpha^{51}$$
$$+ \alpha^{45} + \alpha^{21} + \alpha^{31} + \alpha^{18} + \alpha^{19} + \alpha^{23} + \alpha^{39} + \alpha^{50} + \alpha^{41} + \alpha^5 + \alpha^{20} + \alpha^{27};$$

Wurzeln der Gleichung:

$$\eta^2 + \eta - 13 = 0;$$

mit den fundamentalen Relationen:

$$\eta_0^2 = 13 - \eta_0, \qquad \eta_0\eta_1 = -13.$$

Congruenzwurzeln mod. p.

p	η_0	η_1	p	η_0	η_1	p	η_0	η_1	p	η_0	η_1
7	2	−3	197	14	−15	449	21	−22	727	89	−90
11	1	−2	199	37	−38	461	77	−78	751	240	−241
17	5	−6	223	80	−81	467	131	−132	857	29	−30
29	6	−7	229	62	−63	541	159	−160	859	350	−351
37	16	−17	241	94	−95	547	96	−97	877	227	−228
43	7	−8	269	112	−113	587	24	−25	907	206	−207
59	8	−9	271	126	−127	643	91	−92	941	419	−420
113	38	−39	347	163	−164	647	277	−278	971	469	−470
131	30	−31	409	177	−178	653	292	−293	983	219	−220
149	32	−33	431	204	−205	661	138	−139	991	430	−431
163	42	−43	433	136	−137	673	247	−248	997	216	−217

$f(\eta_0)$, Primfactoren der Primzahlen p*).

p	$f(\eta_0)$	p	$f(\eta_0)$	p	$f(\eta_0)$	p	$f(\eta_0)$
−7	$2-\eta_0$	+197	$14-\eta_0$	+449	$21-\eta_0$	−727	$7-8\eta_1$
−11	$1-\eta_0$	−199	$9-5\eta_1$	−461	$1-6\eta_0$	+751	$28-3\eta_1$
+17	$5-\eta_0$	+223	$17-3\eta_0$	−467	$10-7\eta_1$	+857	$29-\eta_0$
+29	$6-\eta_0$	+229	$19-4\eta_0$	+541	$31-7\eta_0$	+859	$32-5\eta_0$
−37	$3-2\eta_1$	−241	$7-5\eta_1$	+547	$29-6\eta_0$	+877	$31-4\eta_0$
+43	$7-\eta_0$	+269	$22-5\eta_0$	+587	$24-\eta_0$	+907	$40-9\eta_0$
+59	$8-\eta_0$	+271	$17-2\eta_1$	−643	$1+7\eta_1$	−941	$7-9\eta_0$
−113	$1-3\eta_0$	+347	$19-2\eta_1$	−647	$2+7\eta_0$	+971	$31-2\eta_1$
−131	$7-4\eta_1$	−409	$12-7\eta_0$	−653	$16-9\eta_0$	−983	$5-9\eta_0$
+149	$17-4\eta_1$	+431	$21-2\eta_1$	+661	$29-5\eta_0$	+991	$37-7\eta_0$
−163	$5-4\eta_0$	+433	$22-3\eta_1$	+673	$35-8\eta_1$	+997	$41-9\eta_1$

*) Das Zeichen + vor den Primzahlen p zeigt an, dass $Nf(\eta_0) = +p$, das Zeichen − dass $Nf(\eta_0) = -p$ ist.

$\lambda = 53$

VI. p zum Exponenten 52 gehörig, in Beziehung auf 53te Einheitswurzeln selbst complexe Primzahlen:

2, 3, 5, 19, 31, 41, 61, 67, 71, 73, 79, 101, 103, 109, 127, 137,
139, 151, 157, 167, 173, 179, 181, 191, 193, 233, 239, 251, 257, 263, 277, 283,
313, 337, 353, 359, 373, 379, 383, 389, 397, 419, 421, 443, 457, 463, 479, 487,
491, 499, 503, 509, 557, 563, 569, 571, 601, 617, 631, 641, 647, 691, 701, 709,
739, 761, 769, 773, 787, 797, 809, 821, 827, 829, 853, 881, 883, 887, 919.

$\lambda = 59$

I. $p = 59m + 1$

Congruenzwurzeln mod. p.

p	α	α^2	α^3	α^4	α^5	α^6	α^7	α^8	α^9	α^{10}
709	−324	+ 44	− 76	−191	+201	+104	+336	+322	−105	− 12
827	−387	+ 82	−308	+108	+381	−241	−184	+ 86	−202	−391

p	α^{11}	α^{12}	α^{13}	α^{14}	α^{15}	α^{16}	α^{17}	α^{18}	α^{19}	α^{20}
709	+343	+181	+203	+165	−285	+170	+222	−319	−158	+144
827	− 24	+191	−314	− 51	−111	− 47	− 5	+281	+417	−114

p	α^{21}	α^{22}	α^{23}	α^{24}	α^{25}	α^{26}	α^{27}	α^{28}	α^{29}	α^{30}
709	+138	− 45	−309	+147	−125	+ 87	+172	+283	−231	−310
827	+287	−251	+378	+ 93	+397	+183	+301	+120	−128	− 84

p	α^{31}	α^{32}	α^{33}	α^{34}	α^{35}	α^{36}	α^{37}	α^{38}	α^{39}	α^{40}
709	−238	−169	+163	−346	+ 82	−335	+ 63	+149	− 64	+175
827	+255	−272	+235	+ 25	+249	+396	−257	+219	−399	−236

p	α^{41}	α^{42}	α^{43}	α^{44}	α^{45}	α^{46}	α^{47}	α^{48}	α^{49}	α^{50}
709	+ 20	− 99	+171	−102	−275	−234	− 47	+339	+ 59	+ 27
827	+362	−331	− 88	+149	+227	−187	−407	+379	−294	−348

p	α^{51}	α^{52}	α^{53}	α^{54}	α^{55}	α^{56}	α^{57}	α^{58}
709	−240	−230	+ 75	−194	−245	− 28	−145	+186
827	−125	+409	−326	−369	−268	+341	+353	−156

Primfactoren der Primzahlen p ideal, und zwar, da 827 die quadratische Normform hat, 709 nicht, bei dieser im Kubus von derjenigen Potenz wirklich, in welcher sie bei jener wirklich sind.

$\lambda = 59$

II. p zum Exponenten 2 gehörig.

29 zweigliedrige Perioden (für die primitive Wurzel 2 von 59):

$$\eta_0 = \alpha + \alpha^{-1}, \quad \eta_1 = \alpha^2 + \alpha^{-2}, \quad \eta_2 = \alpha^4 + \alpha^{-4}, \quad \eta_3 = \alpha^8 + \alpha^{-8},$$
$$\eta_4 = \alpha^{16} + \alpha^{-16}, \quad \eta_5 = \alpha^{27} + \alpha^{-27}, \quad \eta_6 = \alpha^5 + \alpha^{-5}, \quad \eta_7 = \alpha^{10} + \alpha^{-10},$$
$$\eta_8 = \alpha^{20} + \alpha^{-20}, \quad \eta_9 = \alpha^{19} + \alpha^{-19}, \quad \eta_{10} = \alpha^{21} + \alpha^{-21}, \quad \eta_{11} = \alpha^{17} + \alpha^{-17},$$
$$\eta_{12} = \alpha^{25} + \alpha^{-25}, \quad \eta_{13} = \alpha^9 + \alpha^{-9}, \quad \eta_{14} = \alpha^{18} + \alpha^{-18}, \quad \eta_{15} = \alpha^{23} + \alpha^{23},$$
$$\eta_{16} = \alpha^{13} + \alpha^{-13}, \quad \eta_{17} = \alpha^{26} + \alpha^{-26}, \quad \eta_{18} = \alpha^7 + \alpha^{-7}, \quad \eta_{19} = \alpha^{14} + \alpha^{-14};$$
$$\eta_{20} = \alpha^{28} + \alpha^{-28}, \quad \eta_{21} = \alpha^3 + \alpha^{-3}, \quad \eta_{22} = \alpha^6 + \alpha^{-6}, \quad \eta_{23} = \alpha^{12} + \alpha^{-12},$$
$$\eta_{24} = \alpha^{24} + \alpha^{-24}, \quad \eta_{25} = \alpha^{11} + \alpha^{-11}, \quad \eta_{26} = \alpha^{22} + \alpha^{-22}, \quad \eta_{27} = \alpha^{15} + \alpha^{-15},$$
$$\eta_{28} = \alpha^{29} + \alpha^{-29};$$

Wurzeln der Gleichung:

$$\eta^{29}+\eta^{28}-28\eta^{27}-27\eta^{26}+351\eta^{25}+325\eta^{24}-2600\eta^{23}-2300\eta^{22}+12650\eta^{21}+10626\eta^{20}-42504\eta^{19}$$
$$-33649\eta^{18}+100947\eta^{17}+74613\eta^{16}-170544\eta^{15}-116280\eta^{14}+203490\eta^{13}+125970\eta^{12}-167960\eta^{11}$$
$$-92378\eta^{10}+92378\eta^{9}+43758\eta^{8}-31824\eta^{7}-12376\eta^{6}+6188\eta^{5}+1820\eta^{4}-560\eta^{3}-105\eta^{2}+15\eta+1=0;$$

mit den fundamentalen Relationen:

$$\eta_0^2 = 2 + \eta_1, \quad \eta_0\eta_1 = \eta_0 + \eta_{21}, \quad \eta_0\eta_2 = \eta_6 + \eta_{21}, \quad \eta_0\eta_3 = \eta_{13} + \eta_{18},$$
$$\eta_0\eta_4 = \eta_{11} + \eta_{27}, \quad \eta_0\eta_5 = \eta_{17} + \eta_{20}, \quad \eta_0\eta_6 = \eta_2 + \eta_{22}, \quad \eta_0\eta_7 = \eta_{13} + \eta_{25},$$
$$\eta_0\eta_8 = \eta_9 + \eta_{10}, \quad \eta_0\eta_9 = \eta_8 + \eta_{14}, \quad \eta_0\eta_{10} = \eta_8 + \eta_{26}, \quad \eta_0\eta_{11} = \eta_4 + \eta_{14},$$
$$\eta_0\eta_{12} = \eta_{17} + \eta_{24}, \quad \eta_0\eta_{13} = \eta_3 + \eta_7, \quad \eta_0\eta_{14} = \eta_9 + \eta_{11}, \quad \eta_0\eta_{15} = \eta_{24} + \eta_{26},$$
$$\eta_0\eta_{16} = \eta_{19} + \eta_{23}, \quad \eta_0\eta_{17} = \eta_5 + \eta_{12}, \quad \eta_0\eta_{18} = \eta_3 + \eta_{22}, \quad \eta_0\eta_{19} = \eta_{16} + \eta_{27},$$
$$\eta_0\eta_{20} = \eta_5 + \eta_{28}, \quad \eta_0\eta_{21} = \eta_1 + \eta_2, \quad \eta_0\eta_{22} = \eta_6 + \eta_{18}, \quad \eta_0\eta_{23} = \eta_{16} + \eta_{25},$$
$$\eta_0\eta_{24} = \eta_{12} + \eta_{15}, \quad \eta_0\eta_{25} = \eta_7 + \eta_{23}, \quad \eta_0\eta_{26} = \eta_{10} + \eta_{15}, \quad \eta_0\eta_{27} = \eta_4 + \eta_{19},$$
$$\eta_0\eta_{28} = \eta_{20} + \eta_{28}.$$

Congruenzwurzeln mod. p.

p	η_0	η_1	η_2	η_3	η_4	η_5	η_6	η_7	η_8	η_9
353	− 3	+ 7	+ 47	+ 89	+153	+109	−123	− 52	−122	+ 56

p	η_{10}	η_{11}	η_{12}	η_{13}	η_{14}	η_{15}	η_{16}	η_{17}	η_{18}	η_{19}
353	− 43	+ 82	+ 15	−130	− 46	− 4	+ 14	−159	−137	+ 58

p	η_{20}	η_{21}	η_{22}	η_{23}	η_{24}	η_{25}	η_{26}	η_{27}	η_{28}
353	−168	− 18	− 31	−100	+114	− 67	−102	+165	+ 42

$f(\eta_0)$, Primfactoren der Primzahlen p.

$p = 353, \qquad f(\eta_0) = -1 - \eta_{10} - \eta_{28}.$

$\lambda = 59$

III. p zum Exponenten 29 gehörig.

2 neunundzwanziggliedrige Perioden (für die primitive Wurzel 2 von 59):

$$\eta_0 = \alpha+\alpha^4+\alpha^{16}+\alpha^5+\alpha^{20}+\alpha^{21}+\alpha^{25}+\alpha^{41}+\alpha^{46}+\alpha^7+\alpha^{28}+\alpha^{53}+\alpha^{35}+\alpha^{22}+{}^{29}+\alpha^{57}+\alpha^{51}+\alpha^{27}$$
$$+\alpha^{49}+\alpha^{19}+\alpha^{17}+\alpha^9+\alpha^{36}+\alpha^{26}+\alpha^{45}+\alpha^3+\alpha^{12}+\alpha^{48}+\alpha^{15},$$
$$\eta_1 = \alpha^2+\alpha^8+\alpha^{32}+\alpha^{10}+\alpha^{40}+\alpha^{42}+\alpha^{50}+\alpha^{23}+\alpha^{33}+\alpha^{14}+\alpha^{56}+\alpha^{47}+\alpha^{11}+\alpha^{44}+\alpha^{58}+\alpha^{55}+\alpha^{43}$$
$$+\alpha^{54}+\alpha^{39}+{}^{38}+\alpha^{34}+\alpha^{18}+\alpha^{13}+\alpha^{52}+\alpha^{31}+\alpha^6+\alpha^{24}+\alpha^{37}+\alpha^{30};$$

Wurzeln der Gleichung:

$$\eta^2 + \eta + 15 = 0;$$

mit den fundamentalen Relationen:

$$\eta_0^2 = -15 - \eta_0, \qquad \eta_0\eta_1 = +15.$$

Congruenzwurzeln mod. p.*)

p	η_0	η_1	p	η_0	η_1	p	η_0	η_1	p	η_0	η_1
3	0	−1	223	77	−78	439	140	−141	647	116	−117
5	0	−1	239	26	−27	449	36	−37	653	67	−68
7	2	−3	241	34	−35	461	111	−112	661	99	−100
17	1	−2	251	72	−73	479	189	−190	677	174	−175
19	6	−7	257	27	−28	487	130	−131	727	123	−124
29	8	−9	263	48	−49	491	58	−59	733	252	−253
41	16	−17	271	117	−118	499	38	−39	743	105	−106
53	21	−22	277	106	−107	521	22	−23	757	47	−48
71	7	−8	281	126	−127	523	68	−69	761	320	−321
79	19	−20	293	85	−86	547	90	−91	787	128	−129
107	17	−18	307	127	−128	557	168	−169	829	228	−229
127	51	−52	311	46	−47	577	171	−172	853	401	−402
137	53	−54	317	81	−82	593	249	−250	877	266	−267
139	45	−46	331	40	−41	599	217	−218	883	408	−409
163	52	−53	359	82	−83	607	42	−43	907	372	−373
167	64	−65	373	129	−130	617	254	−255	911	281	−282
181	79	−80	379	33	−34	619	55	−56	947	427	−428
193	41	−42	383	182	−183	631	103	−104	953	119	−120
197	13	−14	389	156	−157	641	131	−132	971	222	−223
199	54	−55	433	80	−81	643	136	−137	997	70	−71

$f(\eta_0)$, Primfactoren der Primzahlen p.

Die folgenden (23) Primzahlen p haben wirkliche Primfactoren $f(\eta_0)$.

p	$f(\eta_0)$	p	$f(\eta_0)$	p	$f(\eta_0)$	p	$f(\eta_0)$
17	$1-\eta_0$	317	$7-4\eta_0$	479	$8-5\eta_1$	727	$11-6\eta_0$
71	$7-\eta_0$	373	$14-3\eta_0$	521	$22-\eta_0$	733	$23-3\eta_0$
139	$1-3\eta_1$	383	$17-2\eta_1$	547	$1-6\eta_1$	743	$1-7\eta_1$
163	$4-3\eta_1$	389	$2-5\eta_0$	631	$7-6\eta_1$	787	$13-6\eta_1$
197	$13-\eta_0$	439	$16-3\eta_1$	641	$14-5\eta_0$	953	$1+8\eta_0$
223	$8-3\eta_0$	461	$13-4\eta_1$	677	$19-4\eta_0$		

*) mod. p^3 ist, für $p = 3$, $\eta_0 \equiv 3$, $\eta_1 \equiv -4$.

$\lambda = 59$

Die übrigen (53) Primzahlen haben ideale Primfactoren $f(\eta_0)$, deren 3te Potenzen wirklich sind:

p	$f^3(\eta_0)$	$\phi(\eta_0)$ *)	p	$f^3(\eta_0)$	$\phi(\eta_0)$
3	$3-\eta_0$		433	$6626-1371\eta_0$	$28-5\eta_1$
5	$10-\eta_0$	η_0	449	$7657-1225\eta_1$	$36-\eta_0$
7	$13-3\eta_0$	$2-\eta_0$	487	$9304-1113\eta_0$	$33-4\eta_0$
19	$52-15\eta_0$	$6-\eta_0$	491	$9029-1295\eta_1$	$19-8\eta_1$
29	$62-35\eta_1$	$8-\eta_0$	499	$3443-2625\eta_0$	$38-\eta_0$
41	$262-\eta_0$	$7-2\eta_1$	523	$1579-3009\eta_1$	$21-8\eta_0$
53	$118-91\eta_1$	$9-2\eta_1$	557	$11999-1043\eta_1$	$9-10\eta_0$
79	$344-147\eta_0$	$1+4\eta_1$	577	$3091-3387\eta_1$	$11-10\eta_1$
107	$43+287\eta_0$	$17-\eta_0$	593	$13598-881\eta_0$	$29-7\eta_1$
127	$232-357\eta_1$	$1-5\eta_0$	599	$6488-3185\eta_0$	$2+11\eta_1$
137	$29-413\eta_1$	$4-5\eta_1$	607	$11623-2073\eta_1$	$42-\eta_0$
167	$1159-433\eta_0$	$9-5\eta_1$	617	$11962-2107\eta_0$	$36-5\eta_0$
181	$2342-111\eta_0$	$21-2\eta_1$	619	$14956-573\eta_1$	$3-11\eta_1$
193	$643-651\eta_1$	$12-5\eta_0$	643	$11183-3459\eta_0$	$37-5\eta_0$
199	$2608-195\eta_1$	$17-4\eta_0$	647	$1627+4283\eta_1$	$7-11\eta_1$
239	$659-917\eta_0$	$26-\eta_0$	653	$8343-3241\eta_0$	$17-10\eta_0$
241	$2594-615\eta_0$	$3+7\eta_0$	661	$15082-1581\eta_1$	$32-7\eta_0$
251	$388-1009\eta_1$	$2-7\eta_0$	757	$7547-4767\eta_0$	$47-\eta_0$
257	$3553-433\eta_1$	$27-\eta_0$	761	$9782-4481\eta_1$	$36-7\eta_1$
263	$64-1099\eta_1$	$18-5\eta_1$	829	$11533-5025\eta_1$	$21-11\eta_0$
271	$4127-321\eta_1$	$6-7\eta_0$	853	$3811-6431\eta_1$	$49-2\eta_1$
277	$4502-147\eta_0$	$19-5\eta_1$	877	$24529-1533\eta_0$	$29-10\eta_0$
281	$4691-35\eta_0$	$27-2\eta_1$	883	$26228-21\eta_0$	$6-13\eta_0$
293	$3881-702\eta_1$	$9-7\eta_0$	907	$7148-6573\eta_1$	$46-5\eta_0$
307	$2489-1317\eta_1$	$21-5\eta_0$	911	$26543-1169\eta_1$	$9-13\eta_0$
311	$2761-1135\eta_0$	$11-7\eta_0$	947	$6217-7147\eta_0$	$27-11\eta_1$
331	$5956-105\eta_1$	$3-8\eta_1$	971	$6289-7435\eta_1$	$14-13\eta_1$
359	$4976-1043\eta_1$	$27-4\eta_1$	997	$30166-1527\eta_1$	$3-14\eta_1$
379	$6061-903\eta_1$	$33-\eta_0$			

IV. p zum Exponenten 58 gehörig, in Beziehung auf 59te Einheitswurzeln selbst complexe Primzahlen:

2, 11, 13, 23, 31, 37, 43, 47, 61, 67, 73, 83, 89, 97, 101, 103, 109, 113, 131, 149, 151, 157, 173, 179, 191, 211, 227, 229, 233, 269, 283, 313, 337, 347, 349, 367, 397, 401, 409, 419, 421, 431, 443, 457, 463, 467, 503, 509, 541, 563, 569, 571, 587, 601, 613, 659, 673, 683, 691, 701, 719, 739, 751, 769, 773, 797, 809, 811, 821, 823, 839, 857, 859, 863, 881, 887, 919, 929, 937, 941, 967, 977, 983, 991.

---

*) $\phi(\eta_0)$ ist eine zusammengesetzte complexe Zahl, deren Norm $= 3p$ ist. Die quadratische Form dieser Primzahlen p, Ursache der Idealität, ist $3y^2 + yz + 5z^2$.

$\lambda = 61$

I. $p = 61m + 1$.

Congruenzwurzeln mod. p.

p	α	α^2	α^3	α^4	α^5	α^6	α^7	α^8	α^9	α^{10}
367	− 75	+120	+175	+ 87	+ 81	+164	+178	−138	+ 74	− 45
733	+100	−262	+188	−258	−145	+160	−126	−139	+ 27	−232
977	−353	−447	−483	−476	− 16	−214	+313	− 88	−200	+256

p	α^{11}	α^{12}	α^{13}	α^{14}	α^{15}	α^{16}	α^{17}	α^{18}	α^{19}	α^{20}
367	+ 72	+105	−168	+122	+ 25	− 40	+ 64	− 29	− 27	−177
733	+256	− 55	+364	−250	− 78	+263	− 88	− 4	+333	+315
977	−484	−123	+431	+269	−188	− 72	+ 14	− 57	−396	+ 77

p	α^{21}	α^{22}	α^{23}	α^{24}	α^{25}	α^{26}	α^{27}	α^{28}	α^{29}	α^{30}
367	+ 63	+ 46	−147	+ 15	− 24	− 35	+ 56	−163	+114	−109
733	− 19	+299	−153	+ 93	−229	−177	−108	+195	−291	+220
977	+175	−224	− 65	+474	−255	+131	−324	+ 63	+232	+172

p	α^{31}	α^{32}	α^{33}	α^{34}	α^{35}	α^{36}	α^{37}	α^{38}	α^{39}	α^{40}
367	+101	+132	+ 9	+ 59	− 21	+107	+ 49	− 5	+ 8	+134
733	+ 10	+267	+312	−319	+352	+ 16	+134	+206	+ 76	+270
977	−142	+299	− 31	+196	+179	+318	+101	−481	−205	+ 67

p	α^{41}	α^{42}	α^{43}	α^{44}	α^{45}	α^{46}	α^{47}	α^{48}	α^{49}	α^{50}
367	−141	− 68	− 38	− 86	−156	− 44	− 3	−142	+ 7	−158
733	−121	+361	+183	− 25	−301	− 47	−302	−147	− 40	−335
977	−203	+338	−120	+349	− 95	+317	+454	− 34	+278	−434

p	α^{51}	α^{52}	α^{53}	α^{54}	α^{55}	α^{56}	α^{57}	α^{58}	α^{59}	α^{60}
367	+106	+124	−125	−167	+ 47	+145	+135	+151	+ 52	+137
733	+218	−190	+ 58	− 64	+197	− 91	−304	−347	−249	+ 22
977	−187	−425	−433	+437	+105	+ 61	− 39	+ 89	−153	+274

Primfactoren der Primzahlen p ideal, wirklich in 1861ter, resp. in 41 . 1861ter Potenz.

Normen zusammengesetzter complexer Zahlen.

$N(1 + \alpha + \alpha^9) = 367 . 239243$.

$\lambda = 61$

II. p zum Exponenten 2 gehörig.

30 zweigliedrige Perioden (für die primitive Wurzel 2 von 61):

$\eta_0 = \alpha + \alpha^{-1}$, $\eta_1 = \alpha^2 + \alpha^{-2}$, $\eta_2 = \alpha^4 + \alpha^{-4}$, $\eta_3 = \alpha^8 + \alpha^{-8}$, $\eta_4 = \alpha^{16} + \alpha^{-16}$,
$\eta_5 = \alpha^{29} + \alpha^{-29}$, $\eta_6 = \alpha^3 + \alpha^{-3}$, $\eta_7 = \alpha^6 + \alpha^{-6}$, $\eta_8 = \alpha^{12} + \alpha^{-12}$, $\eta_9 = \alpha^{24} + \alpha^{-24}$,
$\eta_{10} = \alpha^{13} + \alpha^{-13}$, $\eta_{11} = \alpha^{26} + \alpha^{-26}$, $\eta_{12} = \alpha^9 + \alpha^{-9}$, $\eta_{13} = \alpha^{18} + \alpha^{-18}$,
$\eta_{14} = \alpha^{25} + \alpha^{-25}$, $\eta_{15} = \alpha^{11} + \alpha^{-11}$, $\eta_{16} = \alpha^{22} + \alpha^{-22}$, $\eta_{17} = \alpha^{17} + \alpha^{-17}$,
$\eta_{18} = \alpha^{27} + \alpha^{-27}$, $\eta_{19} = \alpha^7 + \alpha^{-7}$, $\eta_{20} = \alpha^{14} + \alpha^{-14}$, $\eta_{21} = \alpha^{28} + \alpha^{-28}$,
$\eta_{22} = \alpha^5 + \alpha^{-5}$, $\eta_{23} = \alpha^{10} + \alpha^{-10}$, $\eta_{24} = \alpha^{20} + \alpha^{-20}$, $\eta_{25} = \alpha^{21} + \alpha^{-21}$,
$\eta_{26} = \alpha^{19} + \alpha^{-19}$, $\eta_{27} = \alpha^{23} + \alpha^{-23}$, $\eta_{28} = \alpha^{15} + \alpha^{-15}$, $\eta_{29} = \alpha^{30} + \alpha^{-30}$,

Wurzeln der Gleichung:

$$\eta^{30}+\eta^{29}-29\eta^{28}-28\eta^{27}+378\eta^{26}+351\eta^{25}-2925\eta^{24}-2600\eta^{23}+14950\eta^{22}+12650\eta^{21}-53130\eta^{20}$$
$$-42504\eta^{19}+134596\eta^{18}+100947\eta^{17}-245157\eta^{16}-170544\eta^{15}+319770\eta^{14}+203490\eta^{13}-293930\eta^{12}$$
$$-167960\eta^{11}+184756\eta^{10}+92378\eta^{9}-75582\eta^{8}-31824\eta^{7}+18564\eta^{6}+6188\eta^{5}-2380\eta^{4}-560\eta^{3}+120\eta^{2}$$
$$+15\eta-1 = 0;$$

mit den fundamentalen Relationen:

$\eta_0^2 = 2 + \eta_1$, $\eta_0\eta_1 = \eta_0 + \eta_6$, $\eta_0\eta_2 = \eta_6 + \eta_{22}$, $\eta_0\eta_3 = \eta_{12} + \eta_{19}$,
$\eta_0\eta_4 = \eta_{17} + \eta_{28}$, $\eta_0\eta_5 = \eta_{21} + \eta_{29}$, $\eta_0\eta_6 = \eta_1 + \eta_2$, $\eta_0\eta_7 = \eta_{19} + \eta_{22}$,
$\eta_0\eta_8 = \eta_{10} + \eta_{15}$, $\eta_0\eta_9 = \eta_{14} + \eta_{27}$, $\eta_0\eta_{10} = \eta_8 + \eta_{20}$, $\eta_0\eta_{11} = \eta_{14} + \eta_{18}$,
$\eta_0\eta_{12} = \eta_3 + \eta_{23}$, $\eta_0\eta_{13} = \eta_{17} + \eta_{26}$, $\eta_0\eta_{14} = \eta_9 + \eta_{11}$, $\eta_0\eta_{15} = \eta_8 + \eta_{23}$,
$\eta_0\eta_{16} = \eta_{25} + \eta_{27}$, $\eta_0\eta_{17} = \eta_4 + \eta_{13}$, $\eta_0\eta_{18} = \eta_{11} + \eta_{21}$, $\eta_0\eta_{19} = \eta_3 + \eta_7$,
$\eta_0\eta_{20} = \eta_{10} + \eta_{28}$, $\eta_0\eta_{21} = \eta_5 + \eta_{18}$, $\eta_0\eta_{22} = \eta_2 + \eta_7$, $\eta_0\eta_{23} = \eta_{12} + \eta_{15}$,
$\eta_0\eta_{24} = \eta_{25} + \eta_{26}$, $\eta_0\eta_{25} = \eta_{16} + \eta_{24}$, $\eta_0\eta_{26} = \eta_{13} + \eta_{24}$, $\eta_0\eta_{27} = \eta_9 + \eta_{16}$,
$\eta_0\eta_{28} = \eta_4 + \eta_{20}$, $\eta_0\eta_{29} = \eta_5 + \eta_{29}$

Congruenzwurzeln mod. p.

p	η_0	η_1	η_2	η_3	η_4	η_5	η_6	η_7	η_8	η_9
487	+ 28	−192	−150	+ 96	− 39	+ 58	− 47	−228	−127	+ 56
853	− 5	+ 23	−326	−331	+367	− 87	−110	+156	−403	+337

p	η_{10}	η_{11}	η_{12}	η_{13}	η_{14}	η_{15}	η_{16}	η_{17}	η_{18}	η_{19}
487	+212	+138	+ 49	− 36	−167	+128	−176	−194	+135	+204
853	+118	+274	+ 10	+ 98	+219	+191	−200	− 93	+117	+ 39

p	η_{20}	η_{21}	η_{22}	η_{23}	η_{24}	η_{25}	η_{26}	η_{27}	η_{28}	η_{29}
487	+219	+233	+230	−185	+133	+155	+160	−213	+ 76	− 70
853	−187	− 6	+ 34	+301	+181	+345	−397	−198	− 36	−412

$f(\eta_0)$, Primfactoren der Primzahlen p.

p	$f(\eta_0)$	p	$f(\eta_0)$
487	$1-\eta_8-\eta_{15}$	853	$1-\eta_{10}+\eta_{18}$

$\lambda = 61$

III. p zum Exponenten 3 gehörig.

20 dreigliedrige Perioden (für die primitive Wurzel 2 von 61):

$$\eta_0 = \alpha + \alpha^{47} + \alpha^{13}, \quad \eta_1 = \alpha^2 + \alpha^{33} + \alpha^{26}, \quad \eta_2 = \alpha^4 + \alpha^5 + \alpha^{52},$$
$$\eta_3 = \alpha^8 + \alpha^{10} + \alpha^{43}, \quad \eta_4 = \alpha^{16} + \alpha^{20} + \alpha^{25}, \quad \eta_5 = \alpha^{32} + \alpha^{40} + \alpha^{50},$$
$$\eta_6 = \alpha^3 + \alpha^{19} + \alpha^{39}, \quad \eta_7 = \alpha^6 + \alpha^{38} + \alpha^{17}, \quad \eta_8 = \alpha^{12} + \alpha^{15} + \alpha^{34},$$
$$\eta_9 = \alpha^{24} + \alpha^{30} + \alpha^7, \quad \eta_{10} = \alpha^{48} + \alpha^{60} + \alpha^{14}, \quad \eta_{11} = \alpha^{35} + \alpha^{59} + \alpha^{28},$$
$$\eta_{12} = \alpha^9 + \alpha^{57} + \alpha^{56}, \quad \eta_{13} = \alpha^{18} + \alpha^{53} + \alpha^{51}, \quad \eta_{14} = \alpha^{36} + \alpha^{45} + \alpha^{41},$$
$$\eta_{15} = \alpha^{11} + \alpha^{29} + \alpha^{21}, \quad \eta_{16} = \alpha^{22} + \alpha^{58} + \alpha^{42}, \quad \eta_{17} = \alpha^{44} + \alpha^{55} + \alpha^{23};$$
$$\eta_{18} = \alpha^{27} + \alpha^{49} + \alpha^{46}, \quad \eta_{19} = \alpha^{54} + \alpha^{37} + {}^{31};$$

Wurzeln der Gleichung:

$$\eta^{20}+\eta^{19}+2\eta^{18}-36\eta^{17}-29\eta^{16}-51\eta^{15}+413\eta^{14}+267\eta^{13}+414\eta^{12}-1778\eta^{11}-745\eta^{10}-691\eta^9+3278\eta^8$$
$$+541\eta^7-1330\eta^6-1820\eta^5-261\eta^4+439\eta^3+2983\eta^2+522\eta+611 = 0;$$

mit den fundamentalen Relationen:

$$\eta_0^2 = \eta_1 + 2\eta_{10}, \quad \eta_0\eta_1 = \eta_6 + \eta_8 + \eta_{18}, \quad \eta_0\eta_2 = \eta_2 + \eta_7 + \eta_{13},$$
$$\eta_0\eta_3 = \eta_{12} + \eta_{15} + \eta_{17}, \quad \eta_0\eta_4 = \eta_1 + \eta_7 + \eta_{15}, \quad \eta_0\eta_5 = \eta_1 + \eta_{13} + \eta_{14},$$
$$\eta_0\eta_6 = \eta_2 + \eta_4 + \eta_5, \quad \eta_0\eta_7 = \eta_6 + \eta_9 + \eta_{13}, \quad \eta_0\eta_8 = \eta_0 + \eta_4 + \eta_{11},$$
$$\eta_0\eta_9 = \eta_3 + \eta_4 + \eta_{19}, \quad \eta_0\eta_{10} = 3 + \eta_8 + \eta_{18}, \quad \eta_0\eta_{11} = \eta_{10} + \eta_{14} + \eta_{15},$$
$$\eta_0\eta_{12} = \eta_3 + \eta_{12} + \eta_{16}, \quad \eta_0\eta_{13} = \eta_2 + \eta_6 + \eta_{19}, \quad \eta_0\eta_{14} = \eta_{16} + \eta_{18} + \eta_{19},$$
$$\eta_0\eta_{15} = \eta_8 + \eta_9 + \eta_{16}, \quad \eta_0\eta_{16} = \eta_3 + \eta_{11} + \eta_{17}, \quad \eta_0\eta_{17} = \eta_9 + \eta_{12} + \eta_{14},$$
$$\eta_0\eta_{18} = \eta_0 + \eta_5 + \eta_{11}, \quad \eta_0\eta_{19} = \eta_5 + \eta_7 + \eta_{17}.$$

Congruenzwurzeln mod. p.

p	η_0	η_1	η_2	η_3	η_4	η_5	η_6	η_7	η_8	η_9
13	0	+ 5	+ 6	− 1	− 3	− 3	+ 3	+ 5	+ 3	− 5
47	0	+ 5	− 11	+ 10	− 18	− 18	+ 3	− 1	+ 10	− 15
257	+ 5	− 51	− 10	− 45	+ 82	+ 31	+ 72	−112	−107	+ 67
379	− 22	− 42	+157	+ 64	− 52	− 75	+132	−171	− 57	− 68

p	η_{10}	η_{11}	η_{12}	η_{13}	η_{14}	η_{15}	η_{16}	η_{17}	η_{18}	η_{19}
13	+ 4	+ 3	− 1	+ 2	+ 6	+ 3	+ 2	− 2	− 6	+ 4
47	+ 21	+ 8	− 15	+ 12	− 17	− 4	+ 5	+ 19	− 13	+ 8
257	+ 38	−108	− 56	+ 72	−123	+ 59	+ 78	+ 29	+ 37	+ 41
379	−116	−144	− 25	− 68	+ 63	− 96	−109	−132	− 47	+ 49

Primfactoren der Primzahlen p ideal, in 41ter Potenz wirklich. Normen:

$$N\eta_0 = 13.47, \quad N(\eta_6 - \eta_{13}) = 61.13.257, \quad N(\eta_6 + \eta_{17}) = 13.379;$$
$$N(1 + \eta_3) = 13^2.47, \quad N(1 - \eta_8 + \eta_{11}) = 13^2.257, \quad N(1 - \eta) = 2731.$$

Aus den 3 ersten folgt, dass, wenn eine der 4 Primzahlen ideale Primfactoren hat, die übrigen in demselben Falle sind (denn der Primfactor von 61 ist wirklich, $= \eta_0 - \eta_{10}$); die letzte Norm gibt eine zum Exponenten 3 gehörige Primzahl, deren Primfactor wirklich ist.

$\lambda = 61$

IV. p zum Exponenten 4 gehörig.

15 viergliedrige Perioden (für die primitive Wurzel 2 von 61):

$\eta_0 = \alpha + \alpha^{11} + \alpha^{60} + \alpha^{50}$, $\eta_1 = \alpha^{2} + \alpha^{22} + \alpha^{59} + \alpha^{39}$, $\eta_2 = \alpha^{4} + \alpha^{44} + \alpha^{57} + \alpha^{17}$,
$\eta_3 = \alpha^{8} + \alpha^{27} + \alpha^{53} + \alpha^{34}$, $\eta_4 = \alpha^{16} + \alpha^{54} + \alpha^{45} + \alpha^{7}$, $\eta_5 = \alpha^{32} + \alpha^{47} + \alpha^{29} + \alpha^{14}$
$\eta_6 = \alpha^{3} + \alpha^{33} + \alpha^{58} + \alpha^{28}$, $\eta_7 = \alpha^{6} + \alpha^{5} + \alpha^{55} + \alpha^{56}$, $\eta_8 = \alpha^{12} + \alpha^{10} + \alpha^{49} + \alpha^{51}$,
$\eta_9 = \alpha^{24} + \alpha^{20} + \alpha^{37} + \alpha^{41}$, $\eta_{10} = \alpha^{48} + \alpha^{40} + \alpha^{13} + \alpha^{21}$, $\eta_{11} = \alpha^{35} + \alpha^{19} + \alpha^{26} + \alpha^{42}$,
$\eta_{12} = \alpha^{9} + \alpha^{38} + \alpha^{52} + \alpha^{23}$, $\eta_{13} = \alpha^{18} + \alpha^{15} + \alpha^{43} + \alpha^{46}$, $\eta_{14} = \alpha^{36} + \alpha^{30} + \alpha^{25} + \alpha^{31}$;

Wurzeln der Gleichung:

$$\eta^{15} + \eta^{14} - 28\eta^{13} - 23\eta^{12} + 276\eta^{11} + 182\eta^{10} - 1193\eta^{9} - 592\eta^{8} + 2307\eta^{7} + 956\eta^{6} - 1721\eta^{5} - 908\eta^{4} + 316\eta^{3} + 262\eta^{2} + 42\eta + 1 = 0;$$

mit den fundamentalen Relationen:

$\eta_0^2 = 4 + \eta_1 + 2\eta_8$, $\eta_0\eta_1 = \eta_0 + \eta_6 + \eta_{10} + \eta_{12}$, $\eta_0\eta_2 = \eta_4 + \eta_6 + \eta_7 + \eta_{12}$,
$\eta_0\eta_3 = \eta_4 + \eta_6 + \eta_{11} + \eta_{12}$, $\eta_0\eta_4 = \eta_2 + \eta_3 + \eta_7 + \eta_{13}$, $\eta_0\eta_5 = \eta_6 + \eta_{10} + \eta_{12} + \eta_{14}$,
$\eta_0\eta_6 = \eta_1 + \eta_2 + \eta_3 + \eta_5$, $\eta_0\eta_7 = \eta_2 + \eta_4 + 2\eta_7$, $\eta_0\eta_8 = 2\eta_0 + \eta_{10} + \eta_{12}$,
$\eta_0\eta_9 = \eta_{10} + \eta_{11} + \eta_{12} + \eta_{14}$, $\eta_0\eta_{10} = \eta_1 + \eta_5 + \eta_8 + \eta_9$, $\eta_0\eta_{11} = \eta_3 + \eta_9 + \eta_{12} + \eta_{14}$,
$\eta_0\eta_{12} = \eta_1 + \eta_3 + \eta_8 + \eta_9$, $\eta_0\eta_{13} = \eta_2 + \eta_4 + \eta_5 + \eta_{11}$, $\eta_0\eta_{14} = \eta_5 + \eta_9 + \eta_{11} + \eta_{14}$.

Congruenzwurzeln mod. p.

p	η_0	η_1	η_2	η_3	η_4	η_5	η_6	η_7	η_8	η_9
11	+1	+3	−4	+2	−1	−5	−4	+5	−3	−1
233	−12	+109	+74	+13	+118	−102	+31	−47	−101	−40
499	−40	−47	−150	+128	−108	−212	−230	+220	+73	−70
599	−6	+181	−74	−116	−119	+258	+258	+99	+225	−57
743	−10	−130	−238	+73	+353	−129	+191	+300	+113	−349

p	η_{10}	η_{11}	η_{12}	η_{13}	η_{14}
11	+5	−5	+1	−4	−2
233	+50	−93	+21	−58	+36
499	+206	−239	−52	+130	−109
599	−201	−103	+61	+206	−14
743	−322	+257	−45	+50	−115

$f(\eta_0)$, Primfactoren der Primzahlen p.

p	$f(\eta_0)$
11	$-\eta_0 - \eta_9$
233	$+3 - \eta_3 + \eta_5 + \eta_6 + \eta_8 + \eta_{11} + 2\eta_{12}$
499	$+21 + 5\eta_0 + 9\eta_1 - \eta_2 + 9\eta_3 - 6\eta_4 + 3\eta_5 + 18\eta_6 + 10\eta_7 - 10\eta_8 - 9\eta_{10} + 2\eta_{11} - 15\eta_{12} + 16\eta_{14}$
599	$+\eta_1 + \eta_2 + \eta_5 + \eta_6 + \eta_9 + \eta_{12} + 2\eta_{14}$
743	$-5 + 3\eta_0 + 2\eta_2 - \eta_3 + 4\eta_5 - 4\eta_6 - \eta_7 - 2\eta_8 + \eta_9 - 3\eta_{10} + \eta_{11} - 4\eta_{12} - 2\eta_{14}$

Zu Grunde liegende Normen.

$N(1+\eta_5-\eta_8) = 11 \cdot 233$, $N(-1+\eta_4-\eta_{14}) = 11 \cdot 499$, $N(\eta_6+\eta_9+\eta_{10}) = 11 \cdot 599$,
$N(\eta_2+\eta_4+\eta_{14}) = 11 \cdot 743$.

$\lambda = 61$

V. p zum Exponenten 5 gehörig.

12 fünfgliedrige Perioden (für die primitive Wurzel 2 von 61):

$$\eta_0 = \alpha+\alpha^9+\alpha^{20}+\alpha^{58}+\alpha^{34}, \qquad \eta_1 = \alpha^2+\alpha^{18}+\alpha^{40}+\alpha^{55}+\alpha^7,$$
$$\eta_2 = \alpha^4+\alpha^{36}+\alpha^{19}+\alpha^{49}+\alpha^{14}, \qquad \eta_3 = \alpha^8+\alpha^{11}+\alpha^{38}+\alpha^{37}+\alpha^{28},$$
$$\eta_4 = \alpha^{16}+\alpha^{22}+\alpha^{15}+\alpha^{13}+\alpha^{56}, \qquad \eta_5 = \alpha^{32}+\alpha^{44}+\alpha^{30}+\alpha^{26}+\alpha^{51},$$
$$\eta_6 = \alpha^3+\alpha^{27}+\alpha^{60}+\alpha^{52}+\alpha^{41}, \qquad \eta_7 = \alpha^6+\alpha^{54}+\alpha^{59}+\alpha^{43}+\alpha^{21},$$
$$\eta_8 = \alpha^{12}+\alpha^{47}+\alpha^{57}+\alpha^{25}+\alpha^{42}, \qquad \eta_9 = \alpha^{24}+\alpha^{33}+{}^{53}+\alpha^{50}+\alpha^{23},$$
$$\eta_{10} = \alpha^{48}+\alpha^5+\alpha^{45}+\alpha^{39}+\alpha^{46}, \qquad \eta_{11} = \alpha^{35}+\alpha^{10}+\alpha^{29}+\alpha^{17}+\alpha^{31};$$

Wurzeln der Gleichung:

$$\eta^{12}+\eta^{11}+3\eta^{10}+11\eta^9-17\eta^8-169\eta^7+325\eta^6+167\eta^5-804\eta^4+160\eta^3+1102\eta^2-780\eta+1179 = 0;$$

mit den fundamentalen Relationen:

$$\eta_0^2 = \eta_1+2\eta_7+2\eta_{11}, \qquad \eta_0\eta_1 = \eta_2+\eta_3+\eta_4+2\eta_6, \qquad \eta_0\eta_2 = \eta_0+\eta_2+\eta_4+\eta_9+\eta_{10},$$
$$\eta_0\eta_3 = \eta_0+\eta_3+\eta_8+\eta_{10}+\eta_{11}, \qquad \eta_0\eta_4 = \eta_2+\eta_4+\eta_8+\eta_9+\eta_{11}, \qquad \eta_0\eta_5 = 2\eta_6+\eta_9+\eta_{10}+\eta_{11},$$
$$\eta_0\eta_6 = 5+\eta_2+\eta_3+\eta_8+\eta_9, \qquad \eta_0\eta_7 = 2\eta_1+\eta_4+\eta_5+\eta_6, \qquad \eta_0\eta_8 = \eta_0+\eta_4+\eta_5+\eta_7+\eta_{10}$$
$$\eta_0\eta_9 = \eta_0+\eta_3+\eta_7+\eta_8+\eta_9, \qquad \eta_0\eta_{10} = \eta_1+\eta_2+\eta_7+\eta_8+\eta_{10}, \qquad \eta_0\eta_{11} = \eta_1+\eta_2+\eta_3+2\eta_5.$$

Congruenzwurzeln mod. p.

p	η_0	η_1	η_2	η_3	η_4	η_5	η_6	η_7	η_8	η_9
131	0	+ 31	+ 42	+ 36	+ 63	+ 11	− 5	− 59	+ 1	+ 47
241	− 6	+ 46	− 20	+105	+101	− 21	+ 10	+ 50	+110	− 19
461	+36	+219	−235	+197	−154	−110	−111	+117	+ 90	+ 96
569	+13	−146	+184	−122	+ 29	−198	−141	+ 85	−258	+ 65
607	+ 9	+216	+141	−241	+174	−249	−279	+211	−121	+133
619	+ 8	−204	−122	+ 33	− 56	− 71	+185	+111	−185	−108
691	+39	−147	−212	+ 64	−100	−337	−324	+221	+161	−216
827	+34	+289	−207	+ 95	+211	+351	+315	+359	−347	+413
863	+74	+244	−234	+347	+300	+211	−240	−287	−394	−224

p	η_{10}	η_{11}
131	− 15	− 22
241	− 61	− 55
461	+124	+191
569	+131	−212
607	− 20	+ 25
619	−234	+ 23
691	+237	− 78
827	−348	−339
863	+310	+314

$\lambda = 61$

$f(\eta_0)$, Primfactoren der Primzahlen p, z. B.*)

p	$f(\eta_0)$	Zu Grunde liegende Normen
131	$14\eta_0 + \eta_1 + 6\eta_2 + 13\eta_3 + 20\eta_5 + 3\eta_6 + 11\eta_7 + 16\eta_8 + 18\eta_9 + 21\eta_{10} + 15\eta_{11}$	$N(\eta_0) = 9 . 131$
461	$23 + 3\eta_0 + 3\eta_1 + 2\eta_2 - 12\eta_3 - 10\eta_5 + \eta_7 - 5\eta_8 - 10\eta_9 - 10\eta_{11}$	$N(1 - \eta_5 + \eta_6) = 9 . 461$
619	$\eta_0 + \eta_1 + 3\eta_2 - 2\eta_8 + 2\eta_9 + \eta_{10} + \eta_{11}$	$N(\eta_6 + \eta_8) = 9^2 . 619$
691	$\eta_5 - \eta_6 - \eta_{11}$	
827	$15 + 11\eta_0 + 36\eta_2 - 22\eta_3 + 3\eta_5 - 10\eta_6 - 13\eta_7 - 32\eta_8 + 6\eta_9 + 10\eta_{10} + 17\eta_{11}$	$N(1 - \eta_8 + \eta_{10}) = 9 . 827$
863	$4 + 3\eta_0 + 3\eta_1 - \eta_2 - 3\eta_4 + 2\eta_6 - 2\eta_7 + \eta_8 - 2\eta_{10} + 2\eta_{12}$	$N(\eta_0 - \eta_6 - \eta_{11}) = 9 . 863$

---

*) Sie sind zwar alle wirklich, liegen aber sehr versteckt wegen der Complication mit den geraden Potenzen von 3 — (es gibt indessen auch complexe Zahlen, welche verschiedene Factoren von 3 enthalten, z. B. $N(1+\eta_0+\eta_2+\eta_5) = 81 . 569$); — aber auch wo diese Complication nicht eintritt, zeigen sich häufig eben die einfachsten complexen Zahlen als zusammengesetzte, z. B. $N(1+\eta_2-\eta_9) = 241 . 461$, $N(1-\eta_2+\eta_5) = 241 . 2887$, $N(\eta_2+\eta_8+\eta_{10}) = 607 . 977$, $N(1+3\eta_4+3\eta_5) = 241 . 370606363$ (bei letzterer ist die Complication mit 3 im Voraus vermieden); endlich ist: $N(1-\eta_8) = 9 . 131$, $N(1+\eta) = 2399$.

$\lambda = 61$

VI. p zum Exponenten 6 gehörig.

10 sechsgliedrige Perioden (für die primitive Wurzel 2 von 61):

$$\eta_0 = \alpha + \alpha^{48} + \alpha^{47} + \alpha^{60} + \alpha^{13} + \alpha^{14}, \qquad \eta_1 = \alpha^2 + \alpha^{35} + \alpha^{33} + \alpha^{59} + \alpha^{26} + \alpha^{28},$$
$$\eta_2 = \alpha^4 + \alpha^9 + \alpha^5 + \alpha^{57} + \alpha^{52} + \alpha^{56}, \qquad \eta_3 = \alpha^8 + \alpha^{18} + \alpha^{10} + \alpha^{53} + \alpha^{43} + \alpha^{51},$$
$$\eta_4 = \alpha^{16} + \alpha^{36} + \alpha^{20} + \alpha^{45} + \alpha^{25} + \alpha^{41}, \qquad \eta_5 = \alpha^{32} + \alpha^{11} + \alpha^{40} + \alpha^{29} + \alpha^{50} + \alpha^{21},$$
$$\eta_6 = \alpha^3 + \alpha^{22} + \alpha^{19} + \alpha^{58} + \alpha^{39} + \alpha^{42}, \qquad \eta_7 = \alpha^6 + \alpha^{44} + \alpha^{38} + \alpha^{55} + \alpha^{17} + \alpha^{23},$$
$$\eta_8 = \alpha^{12} + \alpha^{27} + \alpha^{15} + \alpha^{49} + \alpha^{34} + \alpha^{46}, \qquad \eta_9 = \alpha^{24} + \alpha^{54} + \alpha^{30} + \alpha^{37} + \alpha^7 + \alpha^{31};$$

Wurzeln der Gleichung:

$$\eta^{10} + \eta^9 - 27\eta^8 - 56\eta^7 + 161\eta^6 + 500\eta^5 + \eta^4 - 1023\eta^3 - 916\eta^2 - 202\eta - 13 = 0;$$

mit den fundamentalen Relationen:

$$\eta_0^2 = 6 + 2\eta_0 + \eta_1 + 2\eta_8, \quad \eta_0\eta_1 = \eta_0 + \eta_4 + \eta_5 + \eta_6 + 2\eta_8, \quad \eta_0\eta_2 = 2\eta_2 + 2\eta_3 + \eta_6 + \eta_7,$$
$$\eta_0\eta_3 = 2\eta_2 + \eta_5 + \eta_6 + \eta_7 + \eta_9, \qquad \eta_0\eta_4 = -1 - \eta_0 - \eta_2 - \eta_3 - \eta_4,$$
$$\eta_0\eta_5 = -1 - \eta_0 - \eta_2 - \eta_5 - \eta_7, \qquad \eta_0\eta_6 = -1 - \eta_0 - \eta_6 - \eta_8 - \eta_9,$$
$$\eta_0\eta_7 = \eta_2 + \eta_3 + \eta_4 + \eta_6 + 2\eta_9, \qquad \eta_0\eta_8 = 2\eta_0 + 2\eta_1 + \eta_4 + \eta_5,$$
$$\eta_0\eta_9 = \eta_3 + \eta_4 + \eta_5 + 2\eta_7 + \eta_9.$$

Congruenzwurzeln mod. p.

p	η_0	η_1	η_2	η_3	η_4	η_5	η_6	η_7	η_8	η_9
109	+3	+22	−32	−14	−44	+11	+12	−16	+42	+15
197	+18	+33	+19	+84	−79	+51	−39	−22	+26	−92
353	−4	+111	+141	−167	+108	−136	+34	+160	+130	−25
563	+7	−9	+168	+281	+154	−17	−245	−40	+19	+244
719	−30	−331	−301	−56	+309	−168	−94	−228	+283	−104
929	−10	−269	−306	+433	+426	+75	−42	+61	−273	−96

$f(\eta_0)$, Primfactoren der Primzahlen p.*)

p	$f(\eta_0)$	p	$f(\eta_0)$
−109	$1 + \eta_7 + \eta_9$	+563	$2 + \eta_0 + \eta_1$
+197	$5 + 6\eta_0 + \eta_1 - 2\eta_2 + 2\eta_4 + \eta_5 + 4\eta_8 - \eta_9$	+719	$\eta_0 - \eta_1 + \eta_2$
+353	$\eta_1 + \eta_5 - \eta_9$	−929	$\eta_3 - \eta_4 + 2\eta_5 - \eta_7 + \eta_9$

*) Das Zeichen + vor den Primzahlen p zeigt an, dass $Nf(\eta_0) = +p$, das Zeichen −, dass $Nf(\eta_0) = -p$ ist. — Bei den Primfactoren von 197 und 929 liegen die folgenden Normen zu Grunde:

$$N(1+\eta_0-\eta_2) = 13 \, . \, 197, \qquad N(1+\eta_0-\eta_3-\eta_4-\eta_7) = 13 \, . \, 929.$$

Endlich ist:

$$N(\eta) = N(1+\eta) = -13, \qquad N(1-\eta) = -11^2 . 13.$$

$\lambda = 61$

VII. p zum Exponenten 10 gehörig.

6 zehngliedrige Perioden (für die primitive Wurzel 2 von 61):

$$\eta_0 = \alpha + \alpha^3 + \alpha^9 + \alpha^{27} + \alpha^{20} + \alpha^{60} + \alpha^{58} + \alpha^{52} + \alpha^{34} + \alpha^{41},$$
$$\eta_1 = \alpha^2 + \alpha^6 + \alpha^{18} + \alpha^{54} + \alpha^{40} + \alpha^{59} + \alpha^{55} + \alpha^{43} + \alpha^7 + \alpha^{21},$$
$$\eta_2 = \alpha^4 + \alpha^{12} + \alpha^{36} + \alpha^{47} + \alpha^{19} + \alpha^{57} + \alpha^{49} + \alpha^{25} + \alpha^{14} + \alpha^{42},$$
$$\eta_3 = \alpha^8 + \alpha^{24} + \alpha^{11} + \alpha^{33} + \alpha^{38} + {}^{53} + \alpha^{37} + \alpha^{50} + \alpha^{28} + \alpha^{23},$$
$$\eta_4 = \alpha^{16} + \alpha^{48} + \alpha^{22} + \alpha^5 + \alpha^{15} + \alpha^{45} + \alpha^{13} + \alpha^{39} + \alpha^{56} + \alpha^{46},$$
$$\eta_5 = \alpha^{32} + \alpha^{35} + \alpha^{44} + \alpha^{10} + \alpha^{30} + \alpha^{29} + {}^{26} + \alpha^{17} + \alpha^{51} + \alpha^{31};$$

Wurzeln der Gleichung:

$$\eta^6 + \eta^5 - 25\eta^4 + 8\eta^3 + 123\eta^2 - 126\eta + 27 = 0;$$

mit den fundamentalen Relationen:

$$\eta_0^2 = 8-2\eta_0+\eta_1-2\eta_4, \quad \eta_0\eta_1 = -1+2\eta_0+\eta_1+\eta_4, \quad \eta_0\eta_2 = 2\eta_0+\eta_1+3\eta_3+4\eta_4+\eta_5$$
$$\eta_0\eta_3 = -2-\eta_1-\eta_4, \quad \eta_0\eta_4 = 3\eta_1+4\eta_2+\eta_3+2\eta_4+\eta_5, \quad \eta_0\eta_5 = -1+\eta_0+\eta_3+2\eta_5.$$

Congruenzwurzeln mod. p.

p	η_0	η_1	η_2	η_3	η_4	η_5
3	0	0	− 1	0	+ 1	− 1
41	− 6	+ 11	− 20	+ 12	+ 18	− 16
113	− 2	− 32	− 53	− 21	− 12	+ 6
149	− 4	− 39	− 30	− 70	+ 55	− 62
163	+ 27	+ 54	− 36	− 34	+ 47	− 59
271	− 34	− 63	+ 38	+ 89	+106	+134
479	+ 11	+222	+ 75	+ 41	−196	−154
491	− 32	+236	− 79	+119	+133	+113
601	− 48	−249	− 66	− 87	+278	+171
613	−106	−115	−208	−282	+258	−161
773	− 19	+ 85	+217	+324	−115	+280
857	+105	−164	−244	+117	−125	+310
881	+ 19	+293	−385	+358	− 49	−237
967	+143	−348	+361	−191	−384	+418

$\lambda = 61$

$f(\eta_0)$, Primfactoren der Primzahlen p.

p	$f(\eta_0)$	Zu Grunde liegende Normen.*)
-3	$68+20\eta_0-3\eta_1-13\eta_2+7\eta_3-28\eta_4+8\eta_5$	$N(\eta_1-\eta_3) = -3.61$
-41	$4-3\eta_0-2\eta_1-5\eta_2-\eta_4$	$N(1+\eta_1-\eta_2) = 3.41$
-113	$29+5\eta_0+\eta_1-10\eta_2+4\eta_3-8\eta_4+6\eta_5$	$N(2+\eta_0) = 3.113$
$+149$	$9-5\eta_1+\eta_2-2\eta_5$	$N(1-2\eta_1-\eta_2) = 9.149$
$+163$	$3-2\eta_0+\eta_1+2\eta_2-2\eta_4$	$N(2+\eta_2-\eta_3) = 9.163$
$+271$	$122-41\eta_0+11\eta_1-65\eta_2+30\eta_3+53\eta_4+\eta_5$	$N(4-\eta_0-\eta_2) = -3.271$
-479	$35-27\eta_0+11\eta_1+18\eta_2-8\eta_4+2\eta_5$	$N(4+2\eta_2+\eta_5) = 3.479$
$+491$	$2-\eta_0-\eta_2-\eta_5$	$N(2+\eta_1-2\eta_3) = 9.491$
$+601$	$32+2\eta_0-18\eta_1+7\eta_2+12\eta_3-10\eta_5$	$N(3+2\eta_3+\eta_5) = 81.601$
$+613$	$19+2\eta_0-8\eta_1+4\eta_2+5\eta_3+\eta_4-4\eta_5$	$N(4+2\eta_0-\eta_2) = 81.613$
-773	$19-14\eta_1+3\eta_2-5\eta_4-14\eta_5$	$N(2-\eta_0+\eta_3+3\eta_4) = 3.773$
$+857$	$20-12\eta_0+3\eta_1+3\eta_2-6\eta_4$	$N(5-3\eta_0+\eta_5) = 9.857$
-881	$155+10\eta_0-65\eta_1+27\eta_2+5\eta_3+16\eta_4-7\eta_5$	$N(\eta_3-\eta_4-2\eta_5) = 3.881$
$+967$	$11-12\eta_0+2\eta_1-7\eta_4-3\eta_5$	$N(2-2\eta_3+\eta_4) = -3.967$

*) Es gilt hier ähnliches wie in V.; die complexen Zahlen in den beigefügten Normen enthalten stets nur einen der 6 conjugirten Factoren von 3 und es ist $N(1-\eta_4) = 9$, so dass $1-\eta_4$ das Quadrat des Primfactors von 3 ist, ferner $N(28-15\eta_0+3\eta_1+3\eta_2-6\eta_4) = N(1-\alpha) = 61$. Von den 3 Normen für $p = 3$, $N(1-\eta_4) = 3^2$, $N(1+\eta_2) = 3^5$, $N(\eta_0) = 3^3$, enthält die erste 1, die zweite 2, die dritte 3 verschiedene von den 6 conjugirten Primfactoren von 3. Normen, welche den Factor 3 ausschliessen sind:

$$N(2+3\eta_2+3\eta_3) = 149.2309, \qquad N(1+3\eta_1) = 163.367.$$

Das Zeichen $+$ vor den Primzahlen p zeigt an, dass $Nf(\eta_0) = +p$, das Zeichen $-$, dass $Nf(\eta_0) = -p$ ist.

$\lambda = 61$

VIII. p zum Exponenten 12 gehörig.

5 zwölfgliedrige Perioden (für die primitive Wurzel 2 von 61):

$$\eta_0 = \alpha+\alpha^{32}+\alpha^{48}+\alpha^{11}+\alpha^{47}+\alpha^{40}+\alpha^{60}+\alpha^{29}+\alpha^{13}+\alpha^{50}+\alpha^{14}+\alpha^{21}$$
$$\eta_1 = \alpha^2+\alpha^3+\alpha^{35}+\alpha^{22}+\alpha^{33}+\alpha^{19}+\alpha^{59}+\alpha^{58}+\alpha^{26}+\alpha^{39}+\alpha^{28}+\alpha^{42},$$
$$\eta_2 = \alpha^4+\alpha^6+\alpha^9+\alpha^{44}+\alpha^5+\alpha^{38}+\alpha^{57}+\alpha^{55}+\alpha^{52}+\alpha^{17}+\alpha^{56}+\alpha^{23},$$
$$\eta_3 = \alpha^8+\alpha^{12}+\alpha^{18}+\alpha^{27}+\alpha^{10}+\alpha^{15}+\alpha^{53}+\alpha^{49}+\alpha^{43}+\alpha^{34}+\alpha^{51}+\alpha^{46},$$
$$\eta_4 = \alpha^{16}+\alpha^{24}+\alpha^{36}+\alpha^{54}+\alpha^{20}+\alpha^{30}+\alpha^{45}+\alpha^{37}+\alpha^{25}+\alpha^7+\alpha^{41}+\alpha^{31};$$

Wurzeln der Gleichung:

$$\eta^5+\eta^4-24\eta^3-17\eta^2+41\eta-13 = 0;$$

mit den fundamentalen Relationen:

$$\eta_0^2 = 10+\eta_1-2\eta_2+2\eta_3, \qquad \eta_0\eta_1 = -2+\eta_0+\eta_3, \qquad \eta_0\eta_2 = 2\eta_1+4\eta_2+3\eta_3+3\eta_4,$$
$$\eta_0\eta_3 = 4\eta_0+3\eta_1+3\eta_2+2\eta_5, \qquad \eta_0\eta_4 = -2+\eta_2+\eta_5.$$

Congruenzwurzeln mod. p.

p	η_0	η_1	η_2	η_3	η_4
29	+ 4	− 4	+ 6	+ 11	+ 11
101	−12	+ 50	− 22	+ 20	− 37
151	−18	+ 58	+ 56	+ 33	+ 21
223	−17	+ 52	+ 25	+ 27	− 88
337	+12	+ 18	+148	−131	− 48
467	+23	+202	+ 30	− 45	−211
509	+ 71	− 97	+151	+170	+213
631	− 82	−244	+207	−100	+218
761	−241	+373	−376	−253	−365
883	+ 49	−407	−197	+319	+235
947	+ 7	+435	+397	+199	− 92
997	+ 86	−400	−491	+411	+393

$f(\eta_0)$, Primfactoren der Primzahlen p.

p	$f(\eta_0)$
29	$+2+\eta_0-\eta_2$
101	$+2+\eta_2+\eta_3$
151	$-2+\eta_1-\eta_2$
223	$+2+\eta_1-2\eta_3$
337	$-5-\eta_0+\eta_2+\eta_3$
467	$+1-2\eta_0-\eta_3$
509	$-2-\eta_0+\eta_1+\eta_3$
631	$-1+2\eta_3+\eta_4$
761	$-3-\eta_1-\eta_2$
883	$+5+2\eta_1-3\eta_3$
947	$-6+\eta_0+\eta_2-2\eta_3$
997	$+7+\eta_1+\eta_4$

$\lambda = 61$

IX. p zum Exponenten 15 gehörig.

4 fünfzehngliedrige Perioden (für die primitive Wurzel 2 von 61):

$$\eta_0 = \alpha+\alpha^{16}+\alpha^{12}+\alpha^{9}+\alpha^{22}+\alpha^{47}+\alpha^{20}+\alpha^{15}+\alpha^{57}+\alpha^{58}+\alpha^{13}+\alpha^{25}+\alpha^{34}+\alpha^{56}+\alpha^{42},$$

$$\eta_1 = \alpha^{2}+\alpha^{32}+\alpha^{24}+\alpha^{18}+\alpha^{44}+\alpha^{33}+\alpha^{40}+\alpha^{30}+\alpha^{53}+\alpha^{55}+\alpha^{26}+\alpha^{50}+\alpha^{7}+\alpha^{51}+\alpha^{23},$$

$$\eta_2 = \alpha^{4}+\alpha^{3}+\alpha^{48}+\alpha^{36}+\alpha^{27}+\alpha^{5}+\alpha^{19}+\alpha^{60}+\alpha^{45}+\alpha^{49}+\alpha^{52}+\alpha^{39}+\alpha^{14}+\alpha^{41}+\alpha^{46},$$

$$\eta_3 = \alpha^{8}+\alpha^{6}+\alpha^{35}+\alpha^{11}+\alpha^{54}+\alpha^{10}+\alpha^{38}+\alpha^{59}+\alpha^{29}+\alpha^{37}+\alpha^{43}+\alpha^{57}+\alpha^{28}+\alpha^{21}+\alpha^{31};$$

Wurzeln der Gleichung:

$$\eta^4 + \eta^3 + 8\eta^2 + 42\eta + 117 = 0;$$

mit den fundamentalen Relationen:

$$\eta_0^2 = 4\eta_0 + 3\eta_1 + 2\eta_2 + 6\eta_3, \qquad \eta_0\eta_1 = -3 + 3\eta_2, \qquad \eta_0\eta_2 = 12 + \eta_0 + \eta_2,$$
$$\eta_0\eta_3 = -3 + 3\eta_1.$$

Congruenzwurzeln mod. p.

p	η_0	η_1	η_2	η_3	p	η_0	η_1	η_2	η_3
73	− 2	− 30	+ 21	+ 10	449	+ 35	−189	+ 41	+112
83	− 1	− 22	+ 36	− 14	503	− 58	+213	− 93	− 63
103	+15	− 16	+ 24	− 24	571	− 44	−141	−215	−172
137	− 6	− 48	− 40	− 44	683	+ 63	−267	−142	−338
179	−20	− 60	+ 43	+ 36	727	−206	+359	+310	+263
199	+34	− 42	− 77	+ 84	757	− 36	+162	+328	+302
239	−18	−111	− 50	− 61	809	+ 54	+240	+276	+238
269	− 4	+123	+106	+ 43	911	−114	−330	−213	−255
317	+21	+ 25	−141	+ 94	937	+ 9	+430	+354	+143
347	−24	−137	+ 56	+104	971	−110	−120	−454	−288
439	+88	−134	−125	+170	991	−372	+436	+442	+484
443	−14	−196	−118	−116					

$f(\eta_0)$, Primfactoren der Primzahlen p.

p	$f(\eta_0)$	p	$f(\eta_0)$	p	$f(\eta_0)$
73	$2+\eta_0$	317	$4+\eta_0-\eta_1$	727	$15-\eta_0+4\eta_1-3\eta_2$
83	$1+\eta_0$	347	$2\eta_0-\eta_2+\eta_3$	757	$4+2\eta_1-\eta_2$
103	$\eta_2+\eta_3$	439	$5+3\eta_0+\eta_3$	809	$2-\eta_1+\eta_3$
137	$10-\eta_0+2\eta_1-2\eta_2$	443	$2+\eta_2-\eta_3$	911	$4+2\eta_1+\eta_3$
179	$4+2\eta_0+\eta_3$	449	$7+3\eta_0-2\eta_1-\eta_2$	937	$8-\eta_1+2\eta_2-2\eta_3$
199	$7+2\eta_1-\eta_2$	503	$5-\eta_0+\eta_3$	971	$5\eta_0+2\eta_1+4\eta_3$
239	$1+\eta_0+2\eta_2$	571	$\eta_1+2\eta_2$	991	$6+\eta_1-\eta_2$
269	$4+\eta_0$	683	$1-2\eta_0-3\eta_1+2\eta_2$		

$\lambda = 61$

X. p zum Exponenten 20 gehörig.

3 zwanziggliedrige Perioden (für die primitive Wurzel 2 von 61):

$$\eta_0 = \alpha + \alpha^8 + \alpha^3 + \alpha^{24} + \alpha^9 + \alpha^{11} + \alpha^{27} + \alpha^{33} + \alpha^{20} + \alpha^{38} + \alpha^{60} + \alpha^{53} + \alpha^{58} + \alpha^{37} + \alpha^{52} + \alpha^{50} + \alpha^{34} + \alpha^{28} + \alpha^{41} + \alpha^{23},$$

$$\eta_1 = \alpha^2 + \alpha^{16} + \alpha^6 + \alpha^{48} + \alpha^{18} + \alpha^{22} + \alpha^{54} + \alpha^5 + \alpha^{40} + \alpha^{15} + \alpha^{59} + \alpha^{45} + \alpha^{55} + \alpha^{13} + \alpha^{43} + \alpha^{39} + \alpha^7 + \alpha^{56} + \alpha^{21} + \alpha^{46},$$

$$\eta_2 = \alpha^4 + \alpha^{32} + \alpha^{12} + \alpha^{35} + \alpha^{36} + \alpha^{44} + \alpha^{47} + \alpha^{10} + \alpha^{19} + \alpha^{30} + \alpha^{57} + \alpha^{29} + \alpha^{49} + \alpha^{26} + \alpha^{25} + \alpha^{17} + \alpha^{14} + \alpha^{51} + \alpha^{42} + \alpha^{31};$$

Wurzeln der Gleichung:

$$\eta^3 + \eta^2 - 20\eta - 9 = 0;$$

mit den fundamentalen Relationen:

$$\eta_0^2 = 15 + \eta_0 + 2\eta_2, \qquad \eta_0\eta_1 = 5\eta_0 + 8\eta_1 + 7\eta_2, \qquad \eta_0\eta_2 = 8\eta_0 + 7\eta_1 + 5\eta_2.$$

Congruenzwurzeln mod. p.

p	η_0	η_1	η_2
23	−4	+9	−6
37	+2	−11	+8
53	−9	−17	+25
89	−20	−27	−43
191	−18	−92	−82
211	+17	+37	−55
277	+45	+130	+101
281	+21	+135	+124
313	+40	+70	−111
389	−28	−109	+136
419	+57	+140	−198
521	−102	+251	−150
541	+12	−52	+39
557	−19	+82	−64
577	−56	+150	−95
587	−50	−209	+258
643	+18	−116	+97
647	+105	+141	−247
709	−10	−259	+268
769	−55	+314	−260
821	+28	−276	+247
877	−159	−424	−295
887	+130	−394	+263
907	−83	−423	−402
953	−15	−61	+75

$f(\eta_0)$, Primfactoren der Primzahlen p.*)

p	$f(\eta_0)$
23	$+4+\eta_0$
37	$-2+\eta_0$
53	$+17-4\eta_0$
89	$-19-4\eta_1$
191	$-7+2\eta_1$
211	$+3+2\eta_0-\eta_1$
277	$+18+5\eta_0-4\eta_1$
281	$+11+2\eta_1$
313	$+18-5\eta_0+4\eta_2$
389	$-9-2\eta_0+4\eta_1$
419	$-1+3\eta_1$
521	$+17+3\eta_0-3\eta_1$
541	$-21+5\eta_0-\eta_2$
557	$+7-3\eta_0+\eta_2$
577	$+24+5\eta_1-4\eta_2$
587	$-10-\eta_0+3\eta_1$
643	$+76-17\eta_0+9\eta_2$
647	$-12-\eta_1+2\eta_2$
709	$+10+\eta_0$
769	$-11-3\eta_2$
821	$-7-3\eta_1$
877	$-8-3\eta_2$
887	$+3+2\eta_0-\eta_2$
907	$-23-6\eta_1+4\eta_2$
953	$-13-9\eta_0+2\eta_1$

*) Zum Theil aus Normen $= 3p$ oder $= 11p$, indem $N(1-\eta_0) = 11$, $N(3-2\eta_1-\eta_2) = 3$.

$\lambda = 61$

XI. p zum Exponenten 30 gehörig.

2 dreissiggliedrige Perioden (für die primitive Wurzel 2 von 61):

$$\eta_0 = \alpha + \alpha^4 + \alpha^{16} + \alpha^3 + \alpha^{12} + \alpha^{48} + \alpha^9 + \alpha^{36} + \alpha^{22} + \alpha^{27} + \alpha^{47} + \alpha^5 + \alpha^{20} + \alpha^{19} + \alpha^{15} + \alpha^{60} + \alpha^{57} + \alpha^{45}$$
$$+ \alpha^{58} + \alpha^{49} + \alpha^{13} + \alpha^{52} + \alpha^{25} + \alpha^{39} + \alpha^{34} + \alpha^{14} + \alpha^{56} + \alpha^{41} + \alpha^{42} + \alpha^{46},$$
$$\eta_1 = \alpha^2 + \alpha^8 + \alpha^{32} + \alpha^6 + \alpha^{24} + \alpha^{35} + \alpha^{18} + \alpha^{11} + \alpha^{44} + \alpha^{54} + \alpha^{33} + \alpha^{10} + \eta^{40} + \alpha^{38} + \alpha^{30} + \alpha^{59} + \alpha^{53}$$
$$+ \alpha^{29} + \alpha^{55} + \alpha^{37} + \alpha^{26} + \alpha^{43} + \alpha^{50} + \alpha^{17} + \alpha^7 + \alpha^{28} + \alpha^{51} + \alpha^{21} + \alpha^{23} + \alpha^{31};$$

Wurzeln der Gleichung:

$$\eta^2 + \eta - 15 = 0;$$

mit den fundamentalen Relationen:

$$\eta_0^2 = 15 - \eta_0, \qquad \eta_0 \eta_1 = -15.$$

Congruenzwurzeln mod. p.

p	η_0	η_1	p	η_0	η_1	p	η_0	η_1	p	η_0	η_1	p	η_0	η_1
5	0	−1	127	25	−26	283	87	−88	659	99	−100	839	404	−405
19	8	−9	167	13	−14	293	51	−52	751	283	−284	859	396	−397
97	17	−18	229	26	−27	431	80	−81	797	28	−29	919	295	−296
107	37	−38	263	122	−123	463	162	−163	829	64	−65			

$f(\eta_0)$, Primfactoren der Primzahlen p.*)

p	$f(\eta_0)$	p	$f(\eta_0)$	p	$f(\eta_0)$	p	$f(\eta_0)$	p	$f(\eta_0)$
+5	$4-\eta_1$	+127	$23-6\eta_0$	+283	$19-3\eta_1$	+659	$34-7\eta_0$	+839	$29-2\eta_1$
+19	$11-3\eta_1$	+167	$13-\eta_0$	−293	$13-6\eta_0$	−751	$11-8\eta_0$	+859	$58-15\eta_1$
+97	$32-9\eta_1$	−229	$31-10\eta_0$	+431	$26-5\eta_1$	+797	$28-\eta_0$	+919	$31-3\eta_1$
−107	$4-3\eta_0$	+263	$17-2\eta_1$	+463	$23-3\eta_0$	+829	$49-12\eta_1$		

XII. p zum Exponenten 60 gehörig, in Beziehung auf 61te Einheitswurzeln selbst complexe Primzahlen:

2, 7, 17, 31, 43, 59, 67, 71, 79, 139, 157, 173, 181, 193, 227, 251, 307, 311, 331, 349, 359, 373, 383, 397, 401, 409, 421, 433, 457, 523, 547, 593, 617, 641, 653, 661, 673, 677, 701, 739, 787, 811, 823, 941, 983.

---

*) Das Zeichen + vor den Primzahlen p zeigt an, dass $Nf(\eta_0) = +p$, das Zeichen −, dass $Nf(\eta_0) = -p$ ist.

$\lambda = 67$

I. $p = 67m + 1$.

Congruenzwurzeln mod. p.

p	α	α^2	α^3	α^4	α^5	α^6	α^7	α^8	α^9	α^{10}
269	+ 47	+ 57	− 11	+ 21	− 89	+121	+ 38	− 97	+ 14	+120

p	α^{11}	α^{12}	α^{13}	α^{14}	α^{15}	α^{16}	α^{17}	α^{18}	α^{19}	α^{20}
269	− 9	+115	+ 25	+ 99	+ 80	− 6	− 13	− 73	+ 66	−126

p	α^{21}	α^{22}	α^{23}	α^{24}	α^{25}	α^{26}	α^{27}	α^{28}	α^{29}	α^{30}
269	− 4	+ 81	+ 41	+ 44	− 84	+ 87	+ 54	+117	+119	− 56

p	α^{31}	α^{32}	α^{33}	α^{34}	α^{35}	α^{36}	α^{37}	α^{38}	α^{39}	α^{40}
269	+ 58	+ 36	+ 78	−100	−127	− 51	+ 24	+ 52	+ 23	+ 5

p	α^{41}	α^{42}	α^{43}	α^{44}	α^{45}	α^{46}	α^{47}	α^{48}	α^{49}	α^{50}
269	− 34	+ 16	− 55	+105	+ 93	+ 67	− 79	+ 53	+ 70	+ 62

p	α^{51}	α^{52}	α^{53}	α^{54}	α^{55}	α^{56}	α^{57}	α^{58}	α^{59}	α^{60}
269	− 45	+ 37	+125	− 43	+131	− 30	− 65	− 96	+ 61	− 92

p	α^{61}	α^{62}	α^{63}	α^{64}	α^{65}	α^{66}
269	− 20	−133	− 64	− 49	+118	−103

Primfactoren der Primzahlen p ideal,

und sehr wahrscheinlich erst in 67 . 12739ter Potenz wirklich (vgl. die Normen in Nr. III.)

$\lambda = 67$

II. p zum Exponenten 2 gehörig.

33 zweigliedrige Perioden (für die primitive Wurzel 2 von 67):

$$\eta_0 = \alpha + \alpha^{-1},\quad \eta_1 = \alpha^2 + \eta^{-2},\quad \eta_2 = \alpha^4 + \alpha^{-4},\quad \eta_3 = \alpha^8 + \alpha^{-8},\quad \eta_4 = \alpha^{16} + \alpha^{-16},\quad \eta_5 = \alpha^{32} + \alpha^{-32},$$
$$\eta_6 = \alpha^3 + \alpha^{-3},\quad \eta_7 = \alpha^6 + \alpha^{-6},\quad \eta_8 = \alpha^{12} + \alpha^{-12},\quad \eta_9 = \alpha^{24} + \alpha^{-24},\quad \eta_{10} = \alpha^{19} + \alpha^{-19},\quad \eta_{11} = \alpha^{29} + \alpha^{-29},$$
$$\eta_{12} = \alpha^9 + \alpha^{-9},\quad \eta_{13} = \alpha^{18} + \alpha^{-18},\quad \eta_{14} = \alpha^{31} + \alpha^{-31},\quad \eta_{15} = \alpha^5 + \alpha^{-5},\quad \eta_{16} = \alpha^{10} + \alpha^{-10},\quad \eta_{17} = \alpha^{20} + \alpha^{-20},$$
$$\eta_{18} = \alpha^{27} + \alpha^{-27},\quad \eta_{19} = \alpha^{13} + \alpha^{-13},\quad \eta_{20} = \alpha^{26} + \alpha^{-26},\quad \eta_{21} = \alpha^{15} + \alpha^{-15},\quad \eta_{22} = \alpha^{30} + \alpha^{-30},\quad \eta_{23} = \alpha^7 + \alpha^{-7},$$
$$\eta_{24} = \alpha^{14} + \alpha^{-14},\quad \eta_{25} = \alpha^{28} + \alpha^{-28},\quad \eta_{26} = \alpha^{11} + \alpha^{-11},\quad \eta_{27} = \alpha^{22} + \alpha^{-22},\quad \eta_{28} = \alpha^{23} + \alpha^{-23},\quad \eta_{29} = \alpha^{21} + \alpha^{-21},$$
$$\eta_{30} = \alpha^{25} + \alpha^{-25},\quad \eta_{31} = \alpha^{17} + \alpha^{-17},\quad \eta_{32} = \alpha^{33} + \alpha^{-33};$$

mit den fundamentalen Relationen:

$$\eta_0^2 = 2 + \eta_1,\quad \eta_0\eta_1 = \eta_0 + \eta_6,\quad \eta_0\eta_2 = \eta_6 + \eta_{15},\quad \eta_0\eta_3 = \eta_{12} + \eta_{22},\quad \eta_0\eta_4 = \eta_{21} + \eta_{31},\quad \eta_0\eta_5 = \eta_{14} + \eta_{32},$$
$$\eta_0\eta_6 = \eta_1 + \eta_2,\quad \eta_0\eta_7 = \eta_{15} + \eta_{23},\quad \eta_0\eta_8 = \eta_{19} + \eta_{26},\quad \eta_0\eta_9 = \eta_{28} + \eta_{30},\quad \eta_0\eta_{10} = \eta_{13} + \eta_{17},\quad \eta_0\eta_{11} = \eta_{22} + \eta_{25},$$
$$\eta_0\eta_{12} = \eta_3 + \eta_{16},\quad \eta_0\eta_{13} = \eta_{10} + \eta_{31},\quad \eta_0\eta_{14} = \eta_5 + \eta_{22},\quad \eta_0\eta_{15} = \eta_2 + \eta_7,\quad \eta_0\eta_{16} = \eta_{12} + \eta_{26},\quad \eta_0\eta_{17} = \eta_{10} + \eta_{29},$$
$$\eta_0\eta_{18} = \eta_{20} + \eta_{25},\quad \eta_0\eta_{19} = \eta_8 + \eta_{18},\quad \eta_0\eta_{20} = \eta_{18} + \eta_{30},\quad \eta_0\eta_{21} = \eta_4 + \eta_{24},\quad \eta_0\eta_{22} = \eta_{11} + \eta_{14},\quad \eta_0\eta_{23} = \eta_3 + \eta_7,$$
$$\eta_0\eta_{24} = \eta_{19} + \eta_{21},\quad \eta_0\eta_{25} = \eta_{11} + \eta_{18},\quad \eta_0\eta_{26} = \eta_8 + \eta_{16},\quad \eta_0\eta_{27} = \eta_{28} + \eta_{29},\quad \eta_0\eta_{28} = \eta_9 + \eta_{27},\quad \eta_0\eta_{29} = \eta_{17} + \eta_{27},$$
$$\eta_0\eta_{30} = \eta_9 + \eta_{20},\quad \eta_0\eta_{31} = \eta_4 + \eta_{13},\quad \eta_0\eta_{32} = \eta_5 + \eta_{33}.$$

Congruenzwurzeln mod. p.

p	η_0	η_1	η_2	η_3	η_4	η_5	η_6	η_7	η_8	η_9	η_{10}	η_{11}	η_{12}	η_{13}	η_{14}	η_{15}	η_{16}	η_{17}
401	+8	+62	−168	+152	−156	−127	+ 87	− 52	−105	+196	− 82	− 95	−200	−102	− 24	+173	−148	−153
937	−8	+62	+ 94	+401	−365	+169	+449	+144	+120	+343	−415	−185	−446	+270	−188	−264	+356	+239

p	η_{18}	η_{19}	η_{20}	η_{21}	η_{22}	η_{23}	η_{24}	η_{25}	η_{26}	η_{27}	η_{28}	η_{29}	η_{30}	η_{31}	η_{32}
401	+149	+144	−118	−113	− 65	−188	+ 54	+107	−182	−161	−146	+ 61	+110	+ 68	−190
937	− 38	−432	+159	− 20	+398	+ 49	−412	+145	+409	−444	+364	+377	−297	+129	−227

$f(\eta_0)$, Primfactoren der Primzahlen p.

p	$f(\eta_0)$	p	$f(\eta_0)$
401	$+1+\eta_3+\eta_{17}$	937	$+1+\eta_4+\eta_{28}$

$\lambda = 67$

III. p zum Exponenten 3 gehörig.

22 dreigliedrige Perioden (für die primitive Wurzel 2 von 67):

$$\eta_0 = \alpha + \alpha^{37} + \alpha^{29}, \quad \eta_1 = \alpha^2 + \alpha^7 + \alpha^{58}, \quad \eta_2 = \alpha^4 + \alpha^{14} + \alpha^{49}, \quad \eta_3 = \alpha^8 + \alpha^{28} + \alpha^{31}, \quad \eta_4 = \alpha^{16} + \alpha^{56} + \alpha^{62},$$
$$\eta_5 = \alpha^{32} + \alpha^{45} + \alpha^{57}, \quad \eta_6 = \alpha^{64} + \alpha^{23} + \alpha^{47}, \quad \eta_7 = \alpha^{61} + \alpha^{46} + \alpha^{27}, \quad \eta_8 = \alpha^{55} + \alpha^{25} + \alpha^{54}, \quad \eta_9 = \alpha^{43} + \alpha^{50} + \alpha^{41},$$
$$\eta_{10} = \alpha^{19} + \alpha^{33} + \alpha^{15}, \quad \eta_{11} = \alpha^{38} + \alpha^{66} + \alpha^{30}, \quad \eta_{12} = \alpha^{9} + \alpha^{65} + \alpha^{60}, \quad \eta_{13} = \alpha^{18} + \alpha^{63} + \alpha^{53}, \quad \eta_{14} = \alpha^{36} + \alpha^{59} + \alpha^{39},$$
$$\eta_{15} = \alpha^{5} + \alpha^{51} + \alpha^{11}, \quad \eta_{16} = \alpha^{10} + \alpha^{35} + \alpha^{22}, \quad \eta_{17} = \alpha^{20} + \alpha^{3} + \alpha^{44}, \quad \eta_{18} = \alpha^{40} + \alpha^{6} + \alpha^{21}, \quad \eta_{19} = \alpha^{13} + \alpha^{12} + \alpha^{42},$$
$$\eta_{20} = \alpha^{26} + \alpha^{24} + \alpha^{17}, \quad \eta_{21} = \alpha^{52} + \alpha^{48} + \alpha^{34};$$

mit den fundamentalen Relationen:

$$\eta_0^2 = \eta_1 + 2\eta_{11}, \quad \eta_0\eta_1 = \eta_3 + \eta_{14} + \eta_{17}, \quad \eta_0\eta_2 = \eta_9 + \eta_{10} + \eta_{15}, \quad \eta_0\eta_3 = \eta_0 + \eta_5 + \eta_{13}, \quad \eta_0\eta_4 = \eta_5 + \eta_{13} + \eta_{20},$$
$$\eta_0\eta_5 = \eta_1 + \eta_7 + \eta_{10}, \quad \eta_0\eta_6 = \eta_{12} + \eta_{20} + \eta_{21}, \quad \eta_0\eta_7 = \eta_3 + \eta_4 + \eta_6, \quad \eta_0\eta_8 = \eta_4 + \eta_8 + \eta_{20}, \quad \eta_0\eta_9 = \eta_{15} + \eta_{17} + \eta_{19},$$
$$\eta_0\eta_{10} = \eta_4 + \eta_{17} + \eta_{21}, \quad \eta_0\eta_{11} = 3 + \eta_3 + \eta_{14}, \quad \eta_0\eta_{12} = \eta_7 + \eta_{11} + \eta_{16}, \quad \eta_0\eta_{13} = \eta_6 + \eta_8 + \eta_{10}, \quad \eta_0\eta_{14} = \eta_0 + \eta_{12} + \eta_{18},$$
$$\eta_0\eta_{15} = \eta_{16} + \eta_{19} + \eta_{21}, \quad \eta_0\eta_{16} = \eta_6 + \eta_{14} + \eta_{15}, \quad \eta_0\eta_{17} = \eta_2 + \eta_5 + \eta_{18}, \quad \eta_0\eta_{18} = \eta_1 + \eta_9 + \eta_{16}, \quad \eta_0\eta_{19} = \eta_2 + \eta_9 + \eta_{19},$$
$$\eta_0\eta_{20} = \eta_7 + \eta_8 + \eta_{13}, \quad \eta_0\eta_{21} = \eta_2 + \eta_{12} + \eta_{16}.$$

Congruenzwurzeln mod. p.

p	η_0	η_1	η_2	η_3	η_4	η_5	η_6	η_7	η_8	η_9	η_{10}	η_{11}	η_{12}	η_{13}	η_{14}	η_{15}	η_{16}	η_{17}	η_{18}
29	0	+13	+12	+8	−1	−6	−7	+14	+5	+9	+2	+8	+6	+10	−11	−11	+7	+3	−6
37	0	−10	+13	−11	−6	+12	+17	−13	−3	+2	−14	+5	−12	+16	+8	+12	+8	+3	+12
163 (431)	−2	+81	−79	+17	+12	+71	+61	−45	−76	+55	−15	+43	+60	+15	+57	−45	+45	−73	−9
439 (967)	+37	−79	−216	−45	+167	+118	+192	+139	+128	−63	−84	−154	−64	−136	+51	+57	−158	+144	+158

p	η_{19}	η_{20}	η_{21}
29	+8	−4	−2
37	−15	+9	+3
163	+8	+53	−72
439	+102	+51	+93

Primfactoren der Primzahlen p, wahrscheinlich alle ideal, in 67ter Potenz wirklich.

Normen complexer Zahlen in $\overset{3}{\eta}$.

$N(\eta_0) = 29.37$, $N(1+\eta_4) = 29.269$, $N(1-\eta) = 5531$ (p zum Exponenten 3 gehörig), $N(\eta_0-\eta_2) = 269.37.67$, $N(\eta_{14}-\eta_{20}) = 439.29.67$, $N(\eta_7-\eta_{15}) = 163.29^2.67$, $N(\eta_4+\eta_6+\eta_{17}) = 163^2.29$, $N(\eta_8+\eta_{17}) = 37^2.163$, $N(1+\eta_{10}+\eta_{11}) = 29.37.163.269$. Diese Normen deuten die Idealität der Primfactoren, wenigstens einiger der obigen Primzahlen p, an, die dritte gibt ein hierher gehöriges p, dessen Primfactor wirklich ist, und diejenigen welche $p = 269$ $(= 67m + 1)$ enthalten, deuten darauf hin, dass der Primfactor von 269 doppelt ideal ist (vgl. Nr. I.).

$\lambda = 67$

IV. p zum Exponenten 6 gehörig.

11 sechsgliedrige Perioden (für die primitive Wurzel 2 von 67):

$$\eta_0 = \alpha + \alpha^{38} + \alpha^{37} + \alpha^{66} + \alpha^{29} + \alpha^{30}, \qquad \eta_1 = \alpha^2 + \alpha^9 + \alpha^7 + \alpha^{65} + \alpha^{58} + \alpha^{60},$$
$$\eta_2 = \alpha^4 + \alpha^{18} + \alpha^{14} + \alpha^{63} + \alpha^{49} + \alpha^{53}, \qquad \eta_3 = \alpha^8 + \alpha^{36} + \alpha^{28} + \alpha^{59} + \alpha^{31} + \alpha^{39},$$
$$\eta_4 = \alpha^{16} + \alpha^5 + \alpha^{56} + \alpha^{51} + \alpha^{62} + \alpha^{11}, \qquad \eta_5 = \alpha^{32} + \alpha^{10} + \alpha^{45} + \alpha^{35} + \alpha^{57} + \alpha^{22},$$
$$\eta_6 = \alpha^{64} + \alpha^{20} + \alpha^{23} + \alpha^3 + \alpha^{47} + \alpha^{44}, \qquad \eta_7 = \alpha^{61} + \alpha^{40} + \alpha^{46} + \alpha^6 + \alpha^{27} + \alpha^{21},$$
$$\eta_8 = \alpha^{55} + \alpha^{13} + \alpha^{25} + \alpha^{12} + \alpha^{54} + \alpha^{42}, \qquad \eta_9 = \alpha^{43} + \alpha^{26} + \alpha^{50} + \alpha^{24} + \alpha^{41} + \alpha^{17},$$
$$\eta_{10} = \eta^{19} + \alpha^{52} + \alpha^{33} + \alpha^{48} + \alpha^{15} + \alpha^{34};$$

Wurzeln der Gleichung:

$$\eta^{11}+\eta^{10}-30\eta^9-63\eta^8+220\eta^7+698\eta^6-101\eta^5-1960\eta^4-1758\eta^3-35\eta^2+243\eta-29 = 0;$$

mit den fundamentalen Relationen:

$$\eta_0^2 = 6+2\eta_0+\eta_1+2\eta_3, \quad \eta_0\eta_1 = \eta_0+2\eta_3+\eta_5+\eta_6+\eta_7, \quad \eta_0\eta_2 = \eta_4+\eta_6+\eta_8+\eta_9+2\eta_{10},$$
$$\eta_0\eta_3 = 2\eta_0+2\eta_1+\eta_5+\eta_7, \quad \eta_0\eta_4 = -1-\eta_0-\eta_1-\eta_3-\eta_4-\eta_6, \quad \eta_0\eta_5 = -1-\eta_0-\eta_2-\eta_5-\eta_8-\eta_9$$
$$\eta_0\eta_6 = -1-\eta_0-\eta_3-\eta_4-\eta_6-\eta_8, \qquad \eta_0\eta_7 = -1-\eta_0-\eta_2-\eta_7-\eta_8-\eta_{10},$$
$$\eta_0\eta_8 = \eta_2+\eta_4+2\eta_8+2\eta_9, \qquad \eta_0\eta_9 = \eta_2+\eta_4+\eta_6+\eta_7+2\eta_8,$$
$$\eta_0\eta_{10} = 2\eta_2+\eta_4+\eta_5+\eta_6+\eta_{10}.$$

Congruenzwurzeln mod. p.

Von den 6 hierher gehörigen Primzahlen p: 97, 239, 373, 499, 641, 919 sind die Congruenzwurzeln nur für folgende 3 ermittelt:

p	η_0	η_1	η_2	η_3	η_4	η_5	η_6	η_7	η_8	η_9	η_{10}
97	+ 1	+ 40	− 22	+ 25	− 8	+ 6	+ 46	+ 34	− 14	+22	− 34
373	−17	+ 32	+123	− 44	−144	−186	− 38	+158	− 31	−68	−159
499	+26	+140	−154	+239	−246	+163	+248	+230	−229	−53	+134

$f(\eta_0)$, Primfactoren der Primzahlen p, sämmtlich wirklich, z. B.

p	$f(\eta_0)$	p	$f(\eta_0)$	p	$f(\eta_0)$
97	$+\eta_7+\eta_{10}$	373	$+1+\eta_7+\eta_{10}$	499	$-1+\eta_7+\eta_8$

Es ist ferner: $N(\eta_{10}) = 29$, $N(1-\eta_0) = 97.29$, $N(1+\eta_7) = 37$, $N(2+\eta) = -1$, $N(2-\eta) = 3923$, $N(3-\eta) = 8039$. $N(3+\eta_3) = 29.37$ u. s. w.

$\lambda = 67$

V. p zum Exponenten 11 gehörig.

6 elfgliedrige Perioden (für die primitive Wurzel 2 von 67):

$$\begin{aligned}
\eta_0 &= \alpha + \alpha^{64} + \alpha^{9} + \alpha^{40} + \alpha^{14} + \alpha^{25} + \alpha^{59} + \alpha^{24} + \alpha^{62} + \alpha^{15} + \alpha^{22} \\
\eta_1 &= \alpha^{2} + \alpha^{61} + \alpha^{18} + \alpha^{13} + \alpha^{28} + \alpha^{50} + \alpha^{51} + \alpha^{48} + \alpha^{57} + \alpha^{30} + \alpha^{44} \\
\eta_2 &= \alpha^{4} + \alpha^{55} + \alpha^{36} + \alpha^{26} + \alpha^{56} + \alpha^{33} + \alpha^{35} + \alpha^{29} + \alpha^{47} + \alpha^{60} + \alpha^{21} \\
\eta_3 &= \alpha^{8} + \alpha^{43} + \alpha^{5} + \alpha^{52} + \alpha^{45} + \alpha^{66} + \alpha^{3} + \alpha^{58} + \alpha^{27} + \alpha^{53} + \alpha^{42} \\
\eta_4 &= \alpha^{16} + \alpha^{19} + \alpha^{10} + \alpha^{37} + \alpha^{23} + \alpha^{65} + \alpha^{6} + \alpha^{49} + \alpha^{54} + \alpha^{39} + \alpha^{17} \\
\eta_5 &= \alpha^{32} + \alpha^{38} + \alpha^{20} + \alpha^{7} + \alpha^{46} + \alpha^{63} + \alpha^{12} + \alpha^{31} + \alpha^{41} + \alpha^{11} + \alpha^{34}
\end{aligned}$$

Wurzeln der Gleichung:

$$\eta^6 + \eta^5 + 6\eta^4 + 46\eta^3 + 123\eta^2 + 169\eta + 617 = 0;$$

mit den fundamentalen Relationen:

$$\begin{aligned}
\eta_0^2 &= -2 - \eta_1 - 2\eta_3 + 2\eta_4, & \eta_0\eta_1 &= -1 + \eta_0 + 3\eta_3 + \eta_4, \\
\eta_0\eta_2 &= -1 + 3\eta_1 + \eta_2 + \eta_3, & \eta_0\eta_3 &= 9 - \eta_2 - \eta_5, \\
\eta_0\eta_4 &= -1 + \eta_0 + \eta_1 + 3\eta_5, & \eta_0\eta_5 &= -1 + 3\eta_2 + \eta_3 + \eta_5.
\end{aligned}$$

Congruenzwurzeln mod. p.

p	η_0	η_1	η_2	η_3	η_4	η_5
59	− 1	− 29	+ 9	+ 11	− 2	+ 11
89	− 7	+ 21	− 44	+ 23	− 30	+ 36
107	+ 1	+ 9	+ 9	− 26	− 20	+ 26
131	− 7	+ 60	− 18	− 35	− 45	+ 44
149	− 11	+ 73	− 40	− 36	+ 62	− 49
193	+ 13	− 70	− 68	− 26	− 72	+ 29
223	+ 2	− 10	+ 20	+ 51	+ 49	+110
241	+ 29	−119	+110	+ 64	− 56	− 29
263	− 69	−101	+104	+125	+ 89	+114
277	+ 17	+123	− 69	− 87	+120	−105
283	− 32	+ 92	+108	+123	+116	−125
293	− 27	+ 39	+ 66	+ 87	+179	− 52
349	− 13	−121	−139	−133	−108	+164
359	+ 73	−160	−178	−129	+123	− 89
397	− 4	− 55	−108	− 88	+ 92	+162
461	− 10	+136	+164	+ 94	+213	−137
491	− 31	+172	−210	−178	+144	+102
509	− 50	+102	+135	−184	+120	−164
617	0	+238	+ 88	−184	− 64	− 79
643	+123	−315	−291	+166	−142	−185
751	+ 27	−212	−122	−282	+353	+235
761	− 68	−135	+310	+324	− 94	−338
829	+ 19	+ 50	− 68	+285	+ 77	−364
863	+151	−177	−375	+377	−392	+415
911	− 45	−238	+311	+ 74	−398	+295
947	− 3	−161	+441	−333	−408	+463
953	+ 42	−101	− 88	−445	− 89	−273
997	+ 37	−177	+420	−300	+297	−278

$\lambda = 67$

$f(\eta_0)$, Primfactoren der Primzahlen p, z. B.*)

p	$f(\eta_0)$	Zu Grunde liegende Normen
59	$13+7\eta_0-\eta_1-3\eta_2+4\eta_4$	$N(1+\eta_0) = 9.59$
89	$26-4\eta_0+10\eta_1-3\eta_2-8\eta_3+4\eta_5$	$N(2+\eta_1-\eta_3) = 9.89$
107	$13-5\eta_0-4\eta_3+3\eta_4-2\eta_5$	$N(1-\eta_0) = 9.107$
131	$3+2\eta_1+\eta_2+3\eta_3$	$N(1+\eta_4+\eta_5) = 25.131$
149	$31-19\eta_0+17\eta_1+2\eta_2+30\eta_3-17\eta_4-18\eta_5$	$N(4+\eta_2-\eta_3) = 81.149$
223	$3\eta_0-3\eta_1-2\eta_2-4\eta_3+2\eta_4+\eta_5$	$N(2-\eta_0) = 9.223$
241	$2-5\eta_0+3\eta_1+\eta_2+5\eta_3-4\eta_4-3\eta_5$	$N(\eta_0+\eta_5) = 9.241$
263	$14-3\eta_0-5\eta_1-2\eta_2+4\eta_3-\eta_4+8\eta_5$	$N(3-\eta_1-\eta_2) = 9.263$
283	$2+\eta_3+\eta_5$	
349	$\eta_0-\eta_1+\eta_2$	
397	$23+8\eta_0-2\eta_1-7\eta_2+\eta_3+3\eta_4-4\eta_5$	$N(4+\eta_0) = 9.397$
461	$1+\eta_1+\eta_5$	
509	$20+17\eta_0-\eta_2+12\eta_4+6\eta_5$	$N(1+\eta_0-\eta_2-\eta_3) = 9.509$
617	η_0	
643	$19+5\eta_0+9\eta_2-3\eta_4+2\eta_5$	$N(1-\eta_1-\eta_4-\eta_5) = 9.643$
829	$1-\eta_0-\eta_1-\eta_2$	
863	$2-\eta_2-\eta_3$	
911	$8-2\eta_0+2\eta_1-\eta_2-3\eta_3$	$N(1+\eta_1+\eta_2-\eta_3) = 25.911$
947	$3+\eta_0$	
953	$15+4\eta_0-\eta_1+8\eta_2-3\eta_3-5\eta_4-2\eta_5$	$N(1-\eta_2+\eta_4) = 9.953$
997	$12-\eta_0+7\eta_2+3\eta_3+10\eta_4$	$N(3+\eta_3+\eta_4) = 9.997$

*) Sie sind alle wirklich, liegen aber zum Theil sehr versteckt wegen der Complication mit den kleinen Primzahlen 3 und 5, wesshalb ihre Primfactoren meistens indirect vermöge der beigefügten Normen ermittelt sind. Für die übrigen Primzahlen p haben sich folgende Normen ergeben:

$N(2-\eta_1+\eta_4) = 193.59$, $N(3-\eta_1+\eta_4) = 81.277$ und $N(1+\eta_0-\eta_2+\eta_3) = 277.59$,
$N(2+2\eta_0-\eta_5) = 293.241$, $N(\eta_2-2\eta_5) = 359.263$, $N(3+\eta_0+\eta_1-\eta_4) = 491.107$,
$N(1+\eta_3-2\eta_5) = 751.131$, $N(\eta_0+2\eta_1-\eta_5) = 761.149$.

$\lambda = 67$

VI. p zum Exponenten 22 gehörig.

3 zweiundzwanziggliedrige Perioden (für die primitive Wurzel 2 von 67):

$$\eta_0 = \alpha + \alpha^{8} + \alpha^{64} + \alpha^{43} + \alpha^{9} + \alpha^{5} + \alpha^{40} + \alpha^{52} + \alpha^{14} + \alpha^{45} + \alpha^{25} + \alpha^{66} + \alpha^{59} + \alpha^{3} + \alpha^{24} + \alpha^{58} + \alpha^{62} + \alpha^{27} + \alpha^{15} + \alpha^{53} + \alpha^{22} + \alpha^{42},$$

$$\eta_1 = \alpha^{2} + \alpha^{16} + \alpha^{61} + \alpha^{19} + \alpha^{18} + \alpha^{10} + \alpha^{13} + \alpha^{37} + \alpha^{28} + \alpha^{23} + \alpha^{50} + \alpha^{65} + \alpha^{51} + \alpha^{6} + \alpha^{48} + \alpha^{49} + \alpha^{57} + \alpha^{54} + \alpha^{30} + \alpha^{39} + \alpha^{44} + \alpha^{17},$$

$$\eta_2 = \alpha^{4} + \alpha^{32} + \alpha^{55} + \alpha^{38} + \alpha^{36} + \alpha^{20} + \alpha^{26} + \alpha^{7} + \alpha^{56} + \alpha^{46} + \alpha^{33} + \alpha^{63} + \alpha^{35} + \alpha^{12} + \alpha^{29} + \alpha^{31} + \alpha^{47} + \alpha^{41} + \alpha^{60} + \alpha^{11} + \alpha^{21} + \alpha^{34};$$

Wurzeln der Gleichung:

$$\eta^3 + \eta^2 - 22\eta + 5 = 0;$$

mit den fundamentalen Relationen:

$$\eta_0^2 = 16 + 3\eta_1, \qquad \eta_0\eta_1 = -6 + 3\eta_0 + \eta_2, \qquad \eta_0\eta_2 = -6 + \eta_1 + 3\eta_2.$$

Congruenzwurzeln mod. p

p	η_0	η_1	η_2	p	η_0	η_1	η_2
3	+ 1	− 1	− 1	521	− 86	−145	+230
5	0	− 2	+ 1	541	−104	−187	−251
43	− 6	+ 21	− 16	563	− 15	−118	+132
53	− 3	− 20	+ 22	661	+130	−321	+190
109	− 33	+ 67	− 35	673	+ 93	−263	+169
137	+ 33	+ 38	+ 65	809	+167	+392	+249
139	+ 13	+ 51	− 65	857	+114	−244	+129
179	+ 17	− 88	+ 70	929	+ 67	−367	+299
271	+ 23	−100	+ 76	941	+152	+168	−321
311	− 59	− 89	+147	983	− 74	−146	+219
313	− 33	+149	−117	991	+ 62	+285	−348

$\lambda = 43$

$f(\eta_0)$, Primfactoren der Primzahlen p.*)

p	$f(\eta_0)$	Zu Grunde liegende Normen.
3	$-4+\eta_0$	
5	$-\eta_0$	
43	$+6+\eta_0$	
53	$-3-\eta_0$	
109	$-29-5\eta_0+7\eta_2$	$N(-2+\eta_0-\eta_2) = 3.109$
137	$-47+10\eta_0+25\eta_1$	$N(-7-2\eta_2) = 3.137$
139	$+9-2\eta_2$	
179	$+3-2\eta_1$	
271	$-17-3\eta_0-6\eta_2$	$N(-5-2\eta_1+\eta_2) = 5.271$
311	$-169-30\eta_0+42\eta_2$	$N(-8-\eta_0+6\eta_2) = 3.311$
313	$-20+3\eta_1+9\eta_2$	$N(15+2\eta_1) = 5.313$
521	$-\eta_0-3\eta_1$	$N(-5+6\eta_0) = 5.521$
541	$+21-5\eta_1$	
563	$+27+5\eta_1$	
661	$+41-7\eta_1-19\eta_2$	$N(-2+3\eta_0-9\eta_2) = 67.661$
673	$-3+4\eta_2$	
809	$+12-4\eta_1+3\eta_2$	$N(-13-6\eta_1+3\eta_2) = 43.809$
857	$+63-15\eta_1+11\eta_2$	$N(-6+7\eta_1) = 5.857$
929	$+4-5\eta_0-2\eta_2$	$N(23-5\eta_1) = 3.929$
941	$-47+13\eta_1-8\eta_2$	$N(22+3\eta_2) = 5.941$
983	$+2+2\eta_0-\eta_1$	
991	$-9+\eta_0+3\eta_2$	

*) Es gilt hier Ähnliches wie in Nr. V., wesshalb beziehungsweise die zu Grunde liegenden Normen beigefügt sind.

$\lambda = 67$

VII. p zum Exponenten 33 gehörig.

2 dreiunddreissiggliedrige Perioden (für die primitive Wurzel 2 von 67):

$$\eta_0 = \alpha + \alpha^4 + \alpha^{16} + \alpha^{64} + \alpha^{55} + \alpha^{19} + \alpha^9 + \alpha^{36} + \alpha^{10} + \alpha^{40} + \alpha^{26} + \alpha^{37} + \alpha^{14} + \alpha^{56} + \alpha^{23} + \alpha^{25} + \alpha^{33} + \alpha^{65}$$
$$+ \alpha^{59} + \alpha^{35} + \alpha^6 + \alpha^{24} + \alpha^{29} + \alpha^{49} + \alpha^{62} + \alpha^{47} + \alpha^{54} + \alpha^{15} + \alpha^{60} + \alpha^{39} + \alpha^{22} + \alpha^{21} + \alpha^{17},$$

$$\eta_1 = \alpha^2 + \alpha^8 + \alpha^{32} + \alpha^{61} + \alpha^{43} + \alpha^{38} + \alpha^{18} + \alpha^5 + \alpha^{20} + \alpha^{13} + \alpha^{52} + \alpha^7 + \alpha^{28} + \alpha^{45} + \alpha^{46} + \alpha^{50} + \alpha^{66} + \alpha^{63}$$
$$+ \alpha^{51} + \alpha^3 + \alpha^{12} + \alpha^{48} + \alpha^{58} + \alpha^{31} + \alpha^{57} + \alpha^{27} + \alpha^{41} + \alpha^{30} + \alpha^{53} + \alpha^{11} + \alpha^{44} + \alpha^{42} + \alpha^{34};$$

Wurzeln der Gleichung:

$$\eta^2 + \eta + 17 = 0;$$

mit den fundamentalen Relationen:

$$\eta_0^2 = -17 - \eta_0, \qquad \eta_0 \eta_1 = +17.$$

Congruenzwurzeln mod. p.

p	η_0	η_1	p	η_0	η_1	p	η_0	η_1	p	η_0	η_1
17	0	−1	199	13	−14	557	143	−144	797	193	−194
19	1	−2	211	99	−100	569	23	−24	821	234	−235
23	2	−3	227	14	−15	571	183	−184	823	352	−353
47	5	−6	257	15	−16	601	117	−118	827	118	−119
71	34	−35	307	106	−107	607	101	−102	839	331	−332
73	7	−8	317	77	−78	613	211	−212	853	275	−276
83	39	−40	389	94	−95	619	102	−103	859	140	−141
103	48	−49	419	167	−168	659	260	−261	877	249	−250
127	10	−11	421	84	−85	691	141	−142	881	180	−181
151	50	−51	449	178	−179	709	182	−183	887	29	−30
157	51	−52	457	146	−147	719	26	−27	907	311	−312
167	78	−79	467	223	−224	743	358	−359	971	189	−190
173	12	−13	479	21	−22	773	27	−28	977	420	−421
181	58	−59	523	22	−23						

$\lambda = 67$

$f(\eta_0)$, Primfactoren der Primzahlen p.

p	$f(\eta_0)$	p	$f(\eta_0)$	p	$f(\eta_0)$	p	$f(\eta_0)$	p	$f(\eta_0)$
17	η_0	167	$9-2\eta_1$	421	$1+5\eta_0$	613	$20-3\eta_0$	827	$1+7\eta_0$
19	$1-\eta_0$	173	$12-\eta_0$	449	$3-5\eta_1$	619	$1-6\eta_1$	839	$18-5\eta_1$
23	$2-\eta_0$	181	$4-3\eta_1$	457	$16-3\eta_1$	659	$13-5\eta_1$	853	$25-3\eta_1$
47	$5-\eta_0$	199	$13-\eta_0$	467	$19-2\eta_1$	691	$14-5\eta_0$	859	$13-6\eta_1$
71	$1-2\eta_1$	211	$11-2\eta_1$	479	$21-\eta_0$	709	$19-4\eta_0$	877	$4-7\eta_1$
73	$7-\eta_0$	227	$14-\eta_0$	523	$22-\eta_0$	719	$26-\eta_0$	881	$19-5\eta_0$
83	$3-2\eta_1$	257	$15-\eta_0$	557	$15-4\eta_0$	743	$25-2\eta_1$	887	$29-\eta_0$
103	$5-2\eta_1$	307	$11-3\eta_0$	569	$23-\eta_0$	773	$27-\eta_0$	907	$26-3\eta_0$
127	$10-\eta_0$	317	$5-4\eta_1$	571	$19-3\eta_1$	797	$21-4\eta_1$	971	$21-5\eta_1$
151	$1+3\eta_0$	389	$9-4\eta_1$	601	$11-5\eta_1$	821	$3+7\eta_1$	977	$9-7\eta_0$
157	$1-3\eta_1$	419	$3+5\eta_0$	607	$1+6\eta_0$	823	$2+7\eta_1$		

VI. p zum Exponenten 66 gehörig, in Beziehung auf 67te Einheitswurzeln selbst complexe Primzahlen:

2, 7, 11, 31, 41, 61, 79, 101, 113, 191, 197, 229, 233, 251, 281, 331, 337, 347, 353, 367, 379, 383, 409, 433, 443, 463, 487, 503, 547, 577, 587, 593, 599, 631, 647, 653, 677, 683, 701, 727, 733, 739, 757, 769, 787, 811, 883, 919.

$\lambda = 71$

I. $p = 71m + 1$.

Congruenzwurzeln mod. p.

p	α	α^2	α^3	α^4	α^5	α^6	α^7	α^8	α^9	α^{10}
569	−242	− 43	+164	+142	−224	+153	− 41	+249	+ 56	+104
853	+284	−379	−158	+337	+172	+227	−360	+120	− 40	−271

p	α^{11}	α^{12}	α^{13}	α^{14}	α^{15}	α^{16}	α^{17}	α^{18}	α^{19}	α^{20}
569	−132	+ 80	− 14	− 26	+ 33	− 20	−281	−278	+134	+ 5
853	−194	+349	+168	− 56	+303	−101	+318	−106	−249	+ 83

p	α^{21}	α^{22}	α^{23}	α^{24}	α^{25}	α^{26}	α^{27}	α^{28}	α^{29}	α^{30}
569	− 72	−215	+251	+141	+ 18	+196	−205	+107	+280	− 49
853	−312	+104	−319	−178	−225	+ 75	− 25	−276	+ 92	−315

p	α^{31}	α^{32}	α^{33}	α^{34}	α^{35}	α^{36}	α^{37}	α^{38}	α^{39}	α^{40}
569	− 91	−169	− 70	−130	+165	−100	−267	−252	+101	+ 25
853	+105	− 35	+296	−383	+412	+147	− 49	−268	−195	+ 65

p	α^{41}	α^{42}	α^{43}	α^{44}	α^{45}	α^{46}	α^{47}	α^{48}	α^{49}	α^{50}
569	+209	+ 63	+117	+136	+ 90	−158	+113	− 34	+262	−245
853	−306	+102	− 34	−273	+ 91	+254	−369	+123	− 41	+298

p	α^{51}	α^{52}	α^{53}	α^{54}	α^{55}	α^{56}	α^{57}	α^{58}	α^{59}	α^{60}
569	+114	−276	+219	− 81	+256	+ 69	−197	−122	− 64	+125
853	+185	−346	−169	−228	+ 76	+259	+198	− 66	+ 22	+277

p	α^{61}	α^{62}	α^{63}	α^{64}	α^{65}	α^{66}	α^{67}	α^{68}	α^{69}	α^{70}
569	− 93	−254	+ 16	+111	−119	−221	− 4	−170	+172	− 87
853	+192	− 64	−263	+372	−124	−243	+ 81	− 27	+ 9	− 3

Primfactoren der Primzahlen p ideal,

so dass entweder die 7 . 7 . 79241ten oder die 7 . 79241ten Potenzen wirklich sind, und zwar scheint die erste der hierhergehörigen Primzahlen p (569) im ersten, die andere (853) im zweiten Fall zu sein (vermöge der Normen in III.).

$\lambda = 71$

II. p zum Exponenten 2 gehörig.

35 zweigliedrige Perioden (für die primitive Wurzel 62 von 71):

$\eta_0 = \alpha + \alpha^{-1}$, $\eta_1 = \alpha^9 + \alpha^{-9}$, $\eta_2 = \alpha^{10} + \alpha^{-10}$, $\eta_3 = \alpha^{19} + \alpha^{-19}$, $\eta_4 = \alpha^{29} + \alpha^{-29}$, $\eta_5 = \alpha^{23} + \alpha^{-23}$,

$\eta_6 = \alpha^6 + \alpha^{-6}$, $\eta_7 = \alpha^{17} + \alpha^{-17}$, $\eta_8 = \alpha^{11} + \alpha^{-11}$, $\eta_9 = \alpha^{28} + \alpha^{-28}$, $\eta_{10} = \alpha^{32} + \alpha^{-32}$, $\eta_{11} = \alpha^4 + \alpha^{-4}$,

$\eta_{12} = \alpha^{35} + \alpha^{-35}$, $\eta_{13} = \alpha^{31} + \alpha^{-31}$, $\eta_{14} = \alpha^5 + \alpha^{-5}$, $\eta_{15} = \alpha^{26} + \alpha^{-26}$, $\eta_{16} = \alpha^{21} + \alpha^{-21}$, $\eta_{17} = \alpha^{24} + \alpha^{-24}$,

$\eta_{18} = \alpha^3 + \alpha^{-3}$, $\eta_{19} = \alpha^{27} + \alpha^{-27}$, $\eta_{20} = \alpha^{30} + \alpha^{-30}$, $\eta_{21} = \alpha^{14} + \alpha^{-14}$, $\eta_{22} = \alpha^{16} + \alpha^{-16}$, $\eta_{23} = \alpha^2 + \alpha^{-2}$,

$\eta_{24} = \alpha^{18} + \alpha^{-18}$, $\eta_{25} = \alpha^{20} + \alpha^{-20}$, $\eta_{26} = \alpha^{33} + \alpha^{-33}$, $\eta_{27} = \alpha^{13} + \alpha^{-13}$, $\eta_{28} = \alpha^{25} + \alpha^{-25}$, $\eta_{29} = \alpha^{12} + \alpha^{-12}$,

$\eta_{30} = \alpha^{34} + \alpha^{-34}$, $\eta_{31} = \alpha^{22} + \alpha^{-22}$, $\eta_{32} = \alpha^{15} + \alpha^{-15}$, $\eta_{33} = \alpha^7 + \alpha^{-7}$, $\eta_{34} = \alpha^8 + \alpha^{-8}$;

mit den fundamentalen Relationen:

$\eta_0^2 = 2 + \eta_{23}$, $\eta_0\eta_1 = \eta_2 + \eta_{34}$, $\eta_0\eta_2 = \eta_1 + \eta_8$, $\eta_0\eta_3 = \eta_{24} + \eta_{25}$, $\eta_0\eta_4 = \eta_9 + \eta_{20}$, $\eta_0\eta_5 = \eta_{17} + \eta_{31}$,

$\eta_0\eta_6 = \eta_{14} + \eta_{33}$, $\eta_0\eta_7 = \eta_{22} + \eta_{24}$, $\eta_0\eta_8 = \eta_2 + \eta_{29}$, $\eta_0\eta_9 = \eta_4 + \eta_{19}$, $\eta_0\eta_{10} = \eta_{13} + \eta_{26}$, $\eta_0\eta_{11} = \eta_{14} + \eta_{18}$,

$\eta_0\eta_{12} = \eta_{12} + \eta_{30}$, $\eta_0\eta_{13} = \eta_{10} + \eta_{20}$, $\eta_0\eta_{14} = \eta_6 + \eta_{11}$, $\eta_0\eta_{15} = \eta_{19} + \eta_{28}$, $\eta_0\eta_{16} = \eta_{25} + \eta_{31}$, $\eta_0\eta_{17} = \eta_5 + \eta_{28}$,

$\eta_0\eta_{18} = \eta_{11} + \eta_{23}$, $\eta_0\eta_{19} = \eta_9 + \eta_{15}$, $\eta_0\eta_{20} = \eta_4 + \eta_{13}$, $\eta_0\eta_{21} = \eta_{27} + \eta_{32}$, $\eta_0\eta_{22} = \eta_7 + \eta_{32}$, $\eta_0\eta_{23} = \eta_0 + \eta_{18}$,

$\eta_0\eta_{24} = \eta_3 + \eta_7$, $\eta_0\eta_{25} = \eta_3 + \eta_{16}$, $\eta_0\eta_{26} = \eta_{10} + \eta_{30}$, $\eta_0\eta_{27} = \eta_{21} + \eta_{29}$, $\eta_0\eta_{28} = \eta_{15} + \eta_{17}$, $\eta_0\eta_{29} = \eta_8 + \eta_{27}$,

$\eta_0\eta_{30} = \eta_{12} + \eta_{26}$, $\eta_0\eta_{31} = \eta_5 + \eta_{16}$, $\eta_0\eta_{32} = \eta_{21} + \eta_{22}$, $\eta_0\eta_{33} = \eta_6 + \eta_{34}$, $\eta_0\eta_{34} = \eta_1 + \eta_{33}$.

Congruenzwurzeln mod. p.

p	η_0	η_1	η_2	η_3	η_4	η_5	η_6	η_7	η_8	η_9	η_{10}	η_{11}	η_{12}	η_{13}	η_{14}	η_{15}	η_{16}	η_{17}
283	− 4	− 84	+ 58	− 57	−109	− 71	−128	+141	+135	− 81	− 39	− 89	−127	+ 22	+125	+ 47	− 90	−110
709	−11	−193	+266	−279	−285	−159	+218	−345	+103	−303	+332	− 21	−288	+ 44	+111	+209	−242	−350

p	η_{18}	η_{19}	η_{20}	η_{21}	η_{22}	η_{23}	η_{24}	η_{25}	η_{26}	η_{27}	η_{28}	η_{29}	η_{30}	η_{31}	η_{32}	η_{33}	η_{34}
283	− 52	−133	− 49	+ 60	+ 23	+ 14	− 21	− 34	+134	− 7	− 55	− 32	+ 69	+111	+ 50	+104	− 5
709	+120	+ 73	−107	−132	−129	+119	−330	−146	−151	−312	−245	+ 19	− 89	− 28	+346	+327	−270

$f(\eta_0)$, Primfactoren der Primzahlen p.

p	$f(\eta_0)$	p	$f(\eta_0)$
283	$-1+\eta_0-\eta_{34}$	709	$+1-\eta_7-\eta_{32}$

$\lambda = 71$

III. p zum Exponenten 5 gehörig.

14 fünfgliedrige Perioden (für die primitive Wurzel 62 von 71):

$$\eta_0 = \alpha + \alpha^{5} + \alpha^{25} + \alpha^{54} + \alpha^{57}, \quad \eta_1 = \alpha^{62} + \alpha^{26} + \alpha^{59} + \alpha^{11} + \alpha^{55}, \quad \eta_2 = \alpha^{10} + \alpha^{50} + \alpha^{37} + \alpha^{43} + \alpha^{2},$$
$$\eta_3 = \alpha^{52} + \alpha^{47} + \alpha^{22} + \alpha^{39} + \alpha^{53}, \quad \eta_4 = \alpha^{29} + \alpha^{3} + \alpha^{15} + \alpha^{4} + \alpha^{20}, \quad \eta_5 = \alpha^{23} + \alpha^{44} + \alpha^{7} + \alpha^{35} + \alpha^{33},$$
$$\eta_6 = \alpha^{6} + \alpha^{30} + \alpha^{8} + \alpha^{40} + \alpha^{58}, \quad \eta_7 = \alpha^{17} + \alpha^{14} + \alpha^{70} + \alpha^{66} + \alpha^{46}, \quad \eta_8 = \alpha^{60} + \alpha^{16} + \alpha^{9} + \alpha^{45} + \alpha^{12},$$
$$\eta_9 = \alpha^{28} + \alpha^{69} + \alpha^{61} + \alpha^{21} + \alpha^{34}, \quad \eta_{10} = \alpha^{32} + \alpha^{18} + \alpha^{19} + \alpha^{24} + \alpha^{49}, \quad \eta_{11} = \alpha^{67} + \alpha^{51} + \alpha^{42} + \alpha^{68} + \alpha^{56},$$
$$\eta_{12} = \alpha^{36} + \alpha^{38} + \alpha^{48} + \alpha^{27} + \alpha^{64}, \quad \eta_{13} = \alpha^{31} + \alpha^{13} + \alpha^{65} + \alpha^{41} + \alpha^{63};$$

Wurzeln der Gleichung:

$$\eta^{14} + \eta^{13} + 3\eta^{12} + 11\eta^{11} + 44\eta^{10} - 156\eta^{9} - 250\eta^{8} + 749\eta^{7} + 1560\eta^{6} - 4490\eta^{5} + 3202\eta^{4} - 755\eta^{3} + 4050\eta^{2} - 1750\eta + 625 = 0;$$

mit den fundamentalen Relationen:

$$\eta_0^2 = 2\eta_1 + \eta_2 + 2\eta_6, \quad \eta_0\eta_1 = 2\eta_8 + \eta_{11} + \eta_{12} + \eta_{13}, \quad \eta_0\eta_2 = \eta_1 + \eta_4 + \eta_5 + \eta_{11} + \eta_{12},$$
$$\eta_0\eta_3 = \eta_0 + \eta_3 + \eta_5 + \eta_6 + \eta_{12}, \quad \eta_0\eta_4 = \eta_0 + \eta_4 + \eta_6 + \eta_8 + \eta_9, \quad \eta_0\eta_5 = \eta_6 + \eta_8 + \eta_9 + \eta_{10} + \eta_{12},$$
$$\eta_0\eta_6 = \eta_1 + \eta_5 + \eta_8 + 2\eta_{12}, \quad \eta_0\eta_7 = 5 + \eta_3 + \eta_4 + \eta_{10} + \eta_{11}, \quad \eta_0\eta_8 = \eta_2 + 2\eta_7 + \eta_9 + \eta_{13},$$
$$\eta_0\eta_9 = \eta_1 + \eta_3 + \eta_4 + \eta_5 + \eta_7, \quad \eta_0\eta_{10} = \eta_0 + \eta_2 + \eta_4 + \eta_5 + \eta_{10}, \quad \eta_0\eta_{11} = \eta_0 + \eta_2 + \eta_3 + \eta_9 + \eta_{11},$$
$$\eta_0\eta_{12} = \eta_2 + \eta_3 + \eta_9 + \eta_{10} + \eta_{13}, \quad \eta_0\eta_{13} = 2\eta_7 + \eta_{10} + \eta_{11} + \eta_{12}.$$

Congruenzwurzeln mod. p.

p	η_0	η_1	η_2	η_3	η_4	η_5	η_6	η_7	η_8	η_9	η_{10}	η_{11}	η_{12}	η_{13}
5	0	+ 2	− 1	− 2	+ 2	− 1	+ 1	− 1	− 1	− 2	0	0	+ 2	0
167	+ 4	+ 8	− 8	− 82	+ 28	+ 36	+ 4	+ 81	− 67	− 24	+ 20	+ 19	+ 44	− 64
199	− 7	− 73	+ 82	− 92	+ 33	− 20	− 43	− 58	− 45	+ 30	− 11	+ 73	+ 10	− 79
409	− 7	− 60	− 31	−174	− 50	+160	+ 74	−127	+118	+203	+ 35	−154	− 88	+100
431	+13	+219	+208	− 35	− 19	−203	− 23	+ 85	− 89	−129	− 36	−103	−207	−113
593														
857	+46	−146	−425	+304	−107	+ 67	− 74	−120	+127	−275	+124	+153	+194	+131
877														
977														

Primfactoren der Primzahlen p ideal, wirklich in 7ter Potenz, da kein p die quadratische Normform hat, resp. in 49ter Potenz. Normen zusammengesetzter complexer Zahlen in $\mathfrak{H}$.

$$N(\eta_0) = 5^4, \quad N(1+\eta_3) = 5^6, \quad N(1-\eta_6) = 5 \,.\, 569, \quad N(2-\eta_3) = 5^3 569, \quad N(\eta_5+\eta_{10}) = 5^2 853, \quad N(2+\eta) = 5^2 2273,$$
$$N(\eta_1+\eta_2) = 5^5 167, \quad N(\eta_0-\eta_8) = 167 \,.\, 71 \,.\, 5^3, \quad N(\eta_3+\eta_6+\eta_{13}) = 409 \,.\, 5^4, \quad N(1-\eta_2-\eta_{12}) = 431 \,.\, 5^5, \quad N(1+\eta_{10}+\eta_{12}) = 199 \,.\, 5^2 593.$$

$\lambda = 71$

IV. p zum Exponenten 7 gehörig.

10 siebengliedrige Perioden (für die primitive Wurzel 62 von 71):

$$\eta_0 = \alpha + \alpha^{32} + \alpha^{30} + \alpha^{37} + \alpha^{48} + \alpha^{45} + \alpha^{20}, \qquad \eta_1 = \alpha^{62} + \alpha^{67} + \alpha^{14} + \alpha^{22} + \alpha^{65} + \alpha^{21} + \alpha^{33},$$
$$\eta_2 = \alpha^{10} + \alpha^{36} + \alpha^{16} + \alpha^{15} + \alpha^{54} + \alpha^{24} + \alpha^{58}, \qquad \eta_3 = \alpha^{52} + \alpha^{31} + \alpha^{69} + \alpha^{7} + \alpha^{11} + \alpha^{68} + \alpha^{46},$$
$$\eta_4 = \alpha^{29} + \alpha^{5} + \alpha^{18} + \alpha^{8} + \alpha^{43} + \alpha^{27} + \alpha^{12}, \qquad \eta_5 = \alpha^{23} + \alpha^{26} + \alpha^{51} + \alpha^{70} + \alpha^{39} + \alpha^{41} + \alpha^{34},$$
$$\eta_6 = \alpha^{6} + \alpha^{50} + \alpha^{38} + \alpha^{9} + \alpha^{4} + \alpha^{57} + \alpha^{49}, \qquad \eta_7 = \alpha^{17} + \alpha^{47} + \alpha^{13} + \alpha^{61} + \alpha^{35} + \alpha^{55} + \alpha^{56},$$
$$\eta_8 = \alpha^{60} + \alpha^{3} + \alpha^{25} + \alpha^{19} + \alpha^{40} + \alpha^{2} + \alpha^{64}, \qquad \eta_9 = \alpha^{28} + \alpha^{44} + \alpha^{59} + \alpha^{42} + \alpha^{66} + \alpha^{53} + \alpha^{63};$$

Wurzeln der Gleichung:

$$\eta^{10} + \eta^9 + 4\eta^8 + 20\eta^7 - 103\eta^6 + 141\eta^5 + 207\eta^4 - 1254\eta^3 + 2635\eta^2 - 4020\eta + 3737 = 0;$$

mit den fundamentalen Relationen:

$$\eta_0^2 = 2\eta_1 + 2\eta_3 + 2\eta_6 + \eta_8, \qquad \eta_0\eta_1 = \eta_1 + \eta_2 + \eta_3 + 2\eta_5 + 2\eta_9,$$
$$\eta_0\eta_2 = \eta_0 + \eta_2 + \eta_3 + 2\eta_7 + \eta_8 + \eta_9, \qquad \eta_0\eta_3 = \eta_0 + \eta_3 + 2\eta_4 + \eta_5 + \eta_7 + \eta_9,$$
$$\eta_0\eta_4 = \eta_0 + 2\eta_6 + \eta_7 + \eta_8 + 2\eta_9, \qquad \eta_0\eta_5 = 6 - \eta_0 - \eta_1 - \eta_5 - \eta_6,$$
$$\eta_0\eta_6 = 2\eta_2 + \eta_3 + \eta_4 + 2\eta_5 + \eta_6, \qquad \eta_0\eta_7 = \eta_0 + 2\eta_1 + \eta_2 + \eta_4 + \eta_6 + \eta_7,$$
$$\eta_0\eta_8 = \eta_0 + \eta_1 + 2\eta_5 + \eta_6 + \eta_7 + \eta_8, \qquad \eta_0\eta_9 = \eta_0 + \eta_1 + \eta_2 + 2\eta_4 + 2\eta_8.$$

Congruenzwurzeln mod. p.

p	η_0	η_1	η_2	η_3	η_4	η_5	η_6	η_7	η_8	η_9
37	0	− 5	+ 14	− 6	− 6	+ 10	+ 1	+ 1	− 17	+ 7
101	0	− 25	− 16	+ 12	− 28	+ 17	+ 14	− 21	− 2	+ 48
103	+ 3	− 12	+ 10	− 9	− 33	− 36	− 47	+ 6	+ 42	− 28
179	+ 6	+ 20	− 13	+ 34	+ 36	+ 59	− 75	− 37	+ 78	+ 70
233	− 2	− 42	− 10	+ 14	+ 8	− 77	− 27	+ 46	+114	− 95
463	+ 4	+ 56	+ 32	+ 24	+206	−163	−165	+ 63	+186	+219
613	+ 20	+ 32	−172	+ 58	− 57	− 64	+ 72	+222	+ 76	−188
659	+ 40	+190	−154	+235	−289	+173	− 68	−222	+227	−133
811	+ 50	+353	−154	+382	−348	−127	+403	−119	+224	+146
829										
953										
971	− 40	−275	−140	−361	−430	+212	−150	+103	+259	−150

$f(\eta_0)$, Primfactoren der Primzahlen p.

Nur die letzte dieser Primzahlen p hat wirkliche Primfactoren:

$$p = 971 \qquad f(\eta_0) = 1 - \eta_3 - \eta_7 - \eta_8;$$

Die Primfactoren der übrigen, deren keine die quadratische Normform hat, sind in 7ter Potenz wirklich.

Normen zusammengesetzter complexer Zahlen in $\overset{7}{\eta}$.

$$N(\eta_0) = 37 . 101, \qquad N(1 - \eta_6) = 37^2, \qquad N(1 + \eta) = 11593, \qquad N(2 - \eta) = 2557,$$
$$N(2 + \eta_8) = 101 . 233.$$

$\lambda = 71$

V. p zum Exponenten 10 gehörig.

7 zehngliedrige Perioden (für die primitive Wurzel 62 von 71):

$$\begin{aligned}
\eta_0 &= \alpha + \alpha^{17} + \alpha^{5} + \alpha^{14} + \alpha^{25} + \alpha^{70} + \alpha^{54} + \alpha^{66} + \alpha^{57} + \alpha^{46}, \\
\eta_1 &= \alpha^{62} + \alpha^{60} + \alpha^{26} + \alpha^{16} + \alpha^{59} + \alpha^{9} + \alpha^{11} + \alpha^{45} + \alpha^{55} + \alpha^{12}, \\
\eta_2 &= \alpha^{10} + \alpha^{28} + \alpha^{50} + \alpha^{69} + \alpha^{37} + {}^{61} + \alpha^{43} + \alpha^{21} + \alpha^{2} + \alpha^{34}, \\
\eta_3 &= \alpha^{52} + \alpha^{32} + \alpha^{47} + \alpha^{18} + \alpha^{22} + \alpha^{19} + \alpha^{39} + \alpha^{24} + \alpha^{53} + \alpha^{49}, \\
\eta_4 &= \alpha^{29} + \alpha^{67} + \alpha^{3} + \alpha^{51} + \alpha^{15} + \alpha^{42} + \alpha^{4} + \alpha^{68} + \alpha^{20} + \alpha^{56}, \\
\eta_5 &= \alpha^{23} + \alpha^{36} + \alpha^{44} + \alpha^{38} + \alpha^{7} + \alpha^{48} + \alpha^{35} + \alpha^{27} + \alpha^{33} + \alpha^{64}, \\
\eta_6 &= \alpha^{6} + \alpha^{31} + \alpha^{30} + \alpha^{13} + \alpha^{8} + \alpha^{65} + \alpha^{40} + \alpha^{41} + \alpha^{58} + \alpha^{63};
\end{aligned}$$

Wurzeln der Gleichung:

$$\eta^7+\eta^6-30\eta^5+3\eta^4+254\eta^3-246\eta^2-245\eta+137 = 0;$$

mit den fundamentalen Relationen:

$$\eta_0^2 = 8-2\eta_0-\eta_2-2\eta_5, \quad \eta_0\eta_1 = -2-2\eta_3-\eta_4-\eta_5, \quad \eta_0\eta_2 = \eta_0+2\eta_1+\eta_3+3\eta_4+3\eta_5,$$
$$\eta_0\eta_3 = -1+\eta_0-\eta_1+\eta_3+2\eta_5, \quad \eta_0\eta_4 = -1+\eta_0+2\eta_2+\eta_4-\eta_5, \quad \eta_0\eta_5 = \eta_1+3\eta_2+3\eta_3+\eta_5+2\eta_6,$$
$$\eta_0\eta_6 = -2-2\eta_2-\eta_3-\eta_4.$$

Congruenzwurzeln mod. p.

p	η_0	η_1	η_2	η_3	η_4	η_5	η_6
17	− 1	− 2	− 2	+ 3	− 7	− 3	− 6
137	0	+ 35	+ 67	− 42	+ 43	+ 39	− 6
227	+ 6	− 29	+ 94	− 20	+ 52	− 67	− 37
401	+ 4	+193	−108	+101	+181	+ 46	− 17
421	−36	+ 38	−193	−141	−156	+120	− 54
443							
563	−11	+144	+271	+137	−200	−181	−161
653	−13	+322	+236	−276	+ 24	+141	+218
727							
829							
937	+33	+312	+345	+296	+163	+191	−404

$f(\eta_0)$, Primfactoren der Primzahlen p, z. B.*)

p	$f(\eta_0)$	Zu Grunde liegende Normen.
17	$+1+\eta_0-\eta_2-\eta_5$	$N(1-\eta_2-\eta_3) = 17.137$
137	$+\eta_0$	
227	$-7+2\eta_0+4\eta_3+5\eta_4+5\eta_6$	$N(2+\eta_1+\eta_2+\eta_5) = 5.227$
401	$+2+\eta_0+\eta_1+2\eta_3$	$N(4-\eta_0) = 5.401$
421	$+\eta_0-\eta_4-\eta_5$	
563	$+7+\eta_0+\eta_1-2\eta_2+\eta_6$	$N(2-2\eta_4-\eta_6) = 5.563$
653	$+1+4\eta_0+2\eta_1+3\eta_4+3\eta_5+\eta_6$	$N(2+2\eta_0+\eta_4) = 5.653$
937	$+7-5\eta_0-4\eta_1-3\eta_3-2\eta_4-\eta_5$	$N(\eta_0+\eta_1-\eta_2) = 5.937$

*) Sie sind wirklich, liegen aber wegen der Complication mit den Factoren von 5 sehr versteckt, weshalb die der Berechnung zu Grunde liegenden Normen beigefügt sind; es ist ferner:

$N(1-\eta_0-\eta_3-\eta_4) = 5.137$, $N(1+\eta_0) = 5.17$, $N(5-2\eta_6) = 17^2$, $N(1-\eta_1) = 5^2$.

$\lambda = 71$

VI. p zum Exponenten 14 gehörig.

5 vierzehngliedrige Perioden (für die primitive Wurzel 62 von 71):

$$\eta_0 = \alpha + \alpha^{23} + \alpha^{32} + \alpha^{26} + \alpha^{30} + \alpha^{51} + \alpha^{37} + \alpha^{70} + \alpha^{48} + \alpha^{39} + \alpha^{45} + \alpha^{41} + \alpha^{20} + \alpha^{34},$$
$$\eta_1 = \alpha^{62} + \alpha^{6} + \alpha^{67} + \alpha^{50} + \alpha^{14} + \alpha^{38} + \alpha^{22} + \alpha^{9} + \alpha^{65} + \alpha^{4} + \alpha^{21} + \alpha^{57} + \alpha^{33} + \alpha^{49},$$
$$\eta_2 = \alpha^{10} + \alpha^{17} + \alpha^{36} + \alpha^{47} + \alpha^{16} + \alpha^{13} + \alpha^{15} + \alpha^{61} + \alpha^{45} + \alpha^{35} + \alpha^{24} + \alpha^{55} + \alpha^{58} + \alpha^{56},$$
$$\eta_3 = \alpha^{52} + \alpha^{60} + \alpha^{31} + \alpha^{3} + \alpha^{69} + \alpha^{25} + \alpha^{7} + \alpha^{19} + \alpha^{11} + \alpha^{40} + \alpha^{68} + \alpha^{2} + \alpha^{46} + \alpha^{64},$$
$$\eta_4 = \alpha^{29} + \alpha^{28} + \alpha^{5} + \alpha^{44} + \alpha^{18} + \alpha^{59} + \alpha^{8} + \alpha^{42} + \alpha^{43} + \alpha^{66} + \alpha^{27} + \alpha^{53} + \alpha^{12} + \alpha^{63};$$

Wurzeln der Gleichung:

$$\eta^5 + \eta^4 - 28\eta^3 + 37\eta^2 + 25\eta + 1 = 0;$$

mit den fundamentalen Relationen:

$$\eta_0^2 = 12 - 2\eta_0 + 2\eta_1 + 3\eta_3, \quad \eta_0\eta_1 = -2 + 2\eta_0 + \eta_2 + \eta_4, \quad \eta_0\eta_2 = -2 + \eta_1 + 3\eta_3,$$
$$\eta_0\eta_3 = -2 + 3\eta_0 + \eta_4, \quad \eta_0\eta_4 = -2 + \eta_1 + \eta_3 + 2\eta_4.$$

Congruenzwurzeln mod. p.

p	η_0	η_1	η_2	η_3	η_4	p	η_0	η_1	η_2	η_3	η_4
23	+2	+10	−8	−8	+3	467	−64	+78	+201	+177	+74
41	−1	+20	+16	−4	+9	523	+27	−219	−31	−120	−181
97	+19	+46	+27	−31	+35	607	+24	+59	−84	−240	+240
181	+4	+55	+53	+88	−20	619	−74	−283	−141	−309	+187
193	+14	−67	−94	+51	+95	673	−20	−107	+34	−37	+129
239	+16	−78	+49	−95	−132	733	+31	−236	+358	+250	+329
307	−2	+62	−12	+57	−106	751	−6	+179	−270	+135	−39
389	−63	−171	−74	−165	+83	761	+20	+156	−170	−215	+208
449	−17	+33	−24	+59	−52						

$f(\eta_0)$, Primfactoren der Primzahlen p.

p	$f(\eta_0)$	p	$f(\eta_0)$	p	$f(\eta_0)$	p	$f(\eta_0)$
23	$+2-\eta_0$	239	$-3+2\eta_2+\eta_3$	467	$-1+\eta_0-2\eta_2$	673	$+3+\eta_2+\eta_3$
41	$+1+\eta_0$	307	$+2+\eta_0$	523	$-4-\eta_0-\eta_2$	733	$+2-\eta_0+\eta_2-\eta_4$
97	$-4-\eta_2-\eta_3$	389	$-1+\eta_3+2\eta_4$	607	$+\eta_3+\eta_4$	751	$+6+\eta_0$
181	$+4-\eta_0$	449	$+2+\eta_1-\eta_2-\eta_3$	619	$+1-2\eta_2$	761	$+7+\eta_3+\eta_4$
193	$+5-2\eta_2$						

$\lambda = 71$

VII. p zum Exponenten 35 gehörig.

2 fünfunddreissiggliedrige Perioden (für die primitive Wurzel 62 von 71):

$$\eta_0 = \alpha+\alpha^{10}+\alpha^{29}+\alpha^{6}+\alpha^{60}+\alpha^{32}+\alpha^{36}+\alpha^{5}+\alpha^{50}+\alpha^{3}+\alpha^{30}+\alpha^{16}+\alpha^{18}+\alpha^{38}+\alpha^{25}+\alpha^{37}+\alpha^{15}+\alpha^{8}$$
$$+\alpha^{9}+\alpha^{19}+\alpha^{48}+\alpha^{54}+\alpha^{43}+\alpha^{4}+\alpha^{40}+\alpha^{45}+\alpha^{24}+\alpha^{27}+\alpha^{57}+\alpha^{2}+\alpha^{20}+\alpha^{58}+\alpha^{12}+\alpha^{49}+\alpha^{64},$$

$$\eta_1 = \alpha^{62}+\alpha^{52}+\alpha^{23}+\alpha^{17}+\alpha^{28}+\alpha^{67}+\alpha^{31}+\alpha^{26}+\alpha^{47}+\alpha^{44}+\alpha^{14}+\alpha^{69}+\alpha^{51}+\alpha^{13}+\alpha^{59}+\alpha^{22}+\alpha^{7}$$
$$+\alpha^{70}+\alpha^{61}+\alpha^{42}+\alpha^{65}+\alpha^{11}+\alpha^{39}+\alpha^{35}+\alpha^{66}+\alpha^{21}+\alpha^{68}+\alpha^{41}+\alpha^{55}+\alpha^{53}+\alpha^{33}+\alpha^{46}+\alpha^{34}+\alpha^{56}+\alpha^{63};$$

Wurzeln der Gleichung:

$$\eta^2 + \eta + 18 = 0;$$

mit den fundamentalen Relationen:

$$\eta_0^2 = -18 - \eta_0, \qquad \eta_0\eta_1 = +18.$$

Congruenzwurzeln mod. p.

p	η_0	η_1	p	η_0	η_1	p	η_0	η_1	p	η_0	η_1
2	0	−1	191	43	−44	419	158	−159	677	201	−202
3	0	−1	223	89	−90	499	189	−190	719	319	−320
19	4	−5	229	85	−86	503	134	−135	739	121	−122
29	12	−13	251	77	−78	509	123	−124	787	299	−300
43	15	−16	263	39	−40	521	216	−217	797	178	−179
73	20	−21	271	73	−74	547	114	−115	821	286	−287
79	30	−31	277	57	−58	557	258	−259	839	91	−92
83	28	−29	293	72	−73	571	165	−166	881	363	−364
89	37	−38	311	96	−97	577	131	−132	929	105	−106
107	50	−51	313	122	−123	587	76	−77	941	327	−328
109	46	−47	359	65	−66	617	49	−50	947	168	−169
131	22	−23	367	162	−163	641	202	−203	983	313	−314
151	34	−35	373	136	−137	643	107	−108	997	437	−438
157	68	−69	379	47	−48	647	311	−312			

$f(\eta_0)$, Primfactoren der Primzahlen p.

Wirkliche Primfactoren $f(\eta_0)$ haben folgende Primzahlen p.

p	$f(\eta_0)$	p	$f(\eta_0)$	p	$f(\eta_0)$
107	$5-2\eta_1$	509	$13-4\eta_1$	647	$23-2\eta_1$
293	$1-4\eta_1$	643	$1+6\eta_0$	739	$7-6\eta_1$

$\lambda = 71$

Die übrigen Primzahlen p haben ideale Primfactoren, die in 7ter Potenz wirklich sind, und bilden 3 Gruppen:

a) p mit Normen $= 2p$ *), entsprechend der quadratischen Form $9y^2+2yz+8z^2$.

p	$f^7(\eta_0)$	$\phi(\eta_0)$	p	$f^7(\eta_0)$	$\phi(\eta_0)$
2	$10-\eta_0$		571		$13-7\eta_0$
19	$1663-6990\eta_1$	$4-\eta_0$	641	$2950576979-1329869960\eta_0$	$32-3\eta_1$
83	$4000117-683218\eta_0$	$1-3\eta_0$	719	$3495729343-2104973530\eta_0$	$4+9\eta_1$
223	$349645+39042522\eta_0$	$1+5\eta_0$	797	$5773871921-2925398804\eta_1$	$8-9\eta_0$
251		$17-3\eta_1$	821		$37-3\eta_0$
277	$125052839-74596116\eta_0$	$8-5\eta_0$	839	$10947905593-2809018414\eta_0$	$11-9\eta_1$
311	$307888061-24644398\eta_1$	$20-3\eta_1$	929		$16-9\eta_0$
313	$186392485-115019952\eta_1$	$11-5\eta_1$	941	$27249101-6025342612\eta_1$	$40-3\eta_0$
547		$23-5\eta_0$	983		$41-3\eta_1$

b) p mit Normen $= 4p$ **), entsprechend der quadratischen Form $5y^2+4yz+15z^2$.

p	$f^7(\eta_0)$	$\phi(\eta_0)$	p	$f^7(\eta_0)$	$\phi(\eta_0)$
43	$189505-109338\eta_1$	$2-3\eta_0$	373	$995906527-10685988\eta_1$	$35-3\eta_0$
73	$776827-740448\eta_0$	$10-3\eta_1$	521	$2556959459-398765072\eta_1$	$38-5\eta_0$
79	$4373033-17190\eta_0$	$11-3\eta_0$	577		$25-9\eta_0$
131	$20616511-3100990\eta_0$	$22-\eta_0$	617	$558233119-1353459496\eta_0$	$49-\eta_0$
229	$97770973-33492660\eta_1$	$26-3\eta_0$	881		$53-5\eta_0$
263	$144628885-56722078\eta_0$	$10-7\eta_0$	947		$35-11\eta_1$
359		$29-5\eta_1$	997	$23655930371-4215474444\eta_1$	$46-9\eta_1$
367	$120821069-218045526\eta_1$	$1-9\eta_1$			

*) d. h. für jede dieser Primzahlen p gibt es eine complexe Zahl $\phi(\eta_0)$, so dafs $N\phi(\eta_0) = 2p$. Diese ist heigefügt und liegt der Berechnung des Primfactors $f^7(\eta_0)$ zu Grunde. Es ist $\eta_0 \equiv +10 \pmod{2^7}$.

**) d. h. für jede Primzahl p gibt es eine complexe Zahl $\phi(\eta_0)$, welche in der Tafel beigefügt ist, so dass $N\phi(\eta_0) = 4p$. Für dieselben Primzahlen p findet auch stets die Norm $N\phi'(\eta_0) = 5p$ statt, z. B. $N(11-2\eta_1) = 5 . 43$, $N(7-4\eta_0) = 5 . 73$, $N(17-2\eta_1) = 5 . 79$ u. s. w. — Auch ist $N(1-\eta_0) = 4 . 5$ und $N(277-4\eta_1) = 5^7$.

$\lambda = 71$

c) p mit Normen $= 3p$*), entsprechend der quadratischen Form $3y^2+2yz+24z^2$.

p	$f^7(\eta_0)$	$\phi(\eta_0)$	p	$f^7(\eta_0)$	$\phi(\eta_0)$
3	$45-2\eta_0$		379	$285362447-232783350\eta_0$	$3+8\eta_0$
29	$3167-30860\eta_1$	$3-2\eta_1$	419	$1272946397-157478306\eta_1$	$7-8\eta_0$
89	$3894397-1167136\eta_1$	$13-2\eta_1$	499	$1375848547-531241326\eta_1$	$15-8\eta_0$
109	$13374317-225516\eta_1$	$15-2\eta_1$	503		$33-4\eta_0$
151	$39035269-2911182\eta_1$	$11-4\eta_1$	557	$737351195-925194404\eta_1$	$39-2\eta_1$
157	$46827415-1938684\eta_0$	$19-2\eta_1$	587		$21-8\eta_0$
191	$42665261-19197638\eta_0$	$15-4\eta_1$	677	$5010451639-1359431236\eta_0$	$11-10\eta_1$
271		$21-4\eta_0$	787		$31-8\eta_0$

VIII. p zum Exponenten 70 gehörig, in Beziehung auf 71te Einheitswurzeln selbst complexe Primzahlen:

7, 11, 13, 31, 47, 53, 59, 61, 67, 113, 127, 139, 149, 163, 173, 197, 211, 241, 257, 269, 281, 317, 331, 337, 347, 349, 353, 383, 397, 433, 439, 457, 461, 479, 487, 491, 541, 599, 601, 631, 661, 683, 691, 701, 743, 757, 769, 773, 809, 823, 859, 863, 883, 887, 907, 911, 919, 967, 991.

---

*) d. h. für jede dieser Primzahlen p gibt es eine complexe Zahl $\phi(\eta_0)$, so dafs $N\phi(\eta_0) = 3p$. Auch findet für jedes die Norm $N\phi'(\eta_0) = 8p$ statt, z. B. $N(7-3\eta_0) = 3.29$, $N(22-3\eta_0) = 8.89$, und es ist $N(3+\eta_0) = 3.8$; endlich ist $\eta_0 \equiv -1071 \pmod{3^7}$.

$\lambda = 73$

I. $p = 73m + 1$.

Congruenzwurzeln mod. p.

p	α	α^{2}	α^{3}	α^{4}	α^{5}	α^{6}	α^{7}	α^{8}	α^{9}	α^{10}
293	+100	+ 38	− 9	− 21	− 49	+ 81	−104	−145	−143	+ 57
439	− 42	+ 8	+103	+ 64	− 54	+ 73	+ 7	+145	+ 56	−157
877	+220	+165	+343	+ 38	−410	+131	−121	−310	+206	−287

p	α^{11}	α^{12}	α^{13}	α^{14}	α^{15}	α^{16}	α^{17}	α^{18}	α^{19}	α^{20}
293	+133	+115	+ 73	− 25	+137	− 71	− 68	− 61	+ 53	+ 26
439	+ 9	+ 61	+ 72	+ 49	+137	− 47	−221	+ 63	− 12	+ 65
877	−213	−379	− 65	−268	−201	−370	+161	+340	+255	− 28

p	α^{21}	α^{22}	α^{23}	α^{24}	α^{25}	α^{26}	α^{27}	α^{28}	α^{29}	α^{30}
293	− 37	+109	+ 59	+ 40	−102	+ 55	− 67	+ 39	+ 91	+ 17
439	− 96	+ 81	+110	+209	+ 2	− 84	+ 16	+206	+128	−108
877	− 21	−237	+ 43	−187	+ 79	−160	−120	− 90	+371	+ 59

p	α^{31}	α^{32}	α^{33}	α^{34}	α^{35}	α^{36}	α^{37}	α^{38}	α^{39}	α^{40}
293	− 58	+ 60	+140	− 64	+ 46	− 88	− 10	−121	− 87	+ 90
439	+146	+ 14	−149	+112	+125	+ 18	+122	+144	+ 98	−165
877	−175	+ 88	+ 66	−389	+366	−164	−123	+127	−124	− 93

p	α^{41}	α^{42}	α^{43}	α^{44}	α^{45}	α^{46}	α^{47}	α^{48}	α^{49}	α^{50}
293	− 83	− 96	+ 69	−132	− 15	− 35	+ 16	+135	+ 22	−144
439	− 94	− 3	+126	− 24	+130	−192	+162	−219	− 21	+ 4
877	−289	+441	−327	− 26	+419	+ 95	−148	−111	+136	+102

p	α^{51}	α^{52}	α^{53}	α^{54}	α^{55}	α^{56}	α^{57}	α^{58}	α^{59}	α^{60}
293	− 43	+ 95	+124	+ 94	+ 24	+ 56	+ 33	+ 77	+ 82	− 4
439	−168	+ 32	− 27	−183	−216	−147	+ 28	+141	−215	−189
877	−362	+167	− 94	+368	+276	+207	− 64	− 48	− 36	− 27

p	α^{61}	α^{62}	α^{63}	α^{64}	α^{65}	α^{66}	α^{67}	α^{68}	α^{69}	α^{70}
293	−107	+141	+ 36	+ 84	− 97	− 31	+123	− 6	− 14	+ 65
439	+ 36	−195	−151	+196	+109	−188	− 6	−187	− 48	−179
877	+199	− 70	+386	−149	−331	− 29	−241	−400	−300	−225

p	α^{71}	α^{72}
293	+ 54	+126
439	+ 55	−115
877	−388	−291

Primfactoren der Primzahlen p ideal,
wirkllch in 134353 ter, resp. 89 . 134353 ter Potenz.

$\lambda = 73$

II. p zum Exponenten 2 gehörig.

36 zweigliedrige Perioden (für die primitive Wurzel 5 von 73):

$$\eta_0 = \alpha + \alpha^{-1}, \quad \eta_1 = \alpha^5 + \alpha^{-5}, \quad \eta_2 = \alpha^{25} + \alpha^{-25}, \quad \eta_3 = \alpha^{21} + \alpha^{-21}, \quad \eta_4 = \alpha^{32} + \alpha^{-32}, \quad \eta_5 = \alpha^{14} + \alpha^{-14},$$
$$\eta_6 = \alpha^3 + \alpha^{-3}, \quad \eta_7 = \alpha^{15} + \alpha^{-15}, \quad \eta_8 = \alpha^2 + \alpha^{-2}, \quad \eta_9 = \alpha^{10} + \alpha^{-10}, \quad \eta_{10} = \alpha^{23} + \alpha^{-23}, \quad \eta_{11} = \alpha^{31} + \alpha^{-31},$$
$$\eta_{12} = \alpha^9 + \alpha^{-9}, \quad \eta_{13} = \alpha^{28} + \alpha^{-28}, \quad \eta_{14} = \alpha^6 + \alpha^{-6}, \quad \eta_{15} = \alpha^{30} + \alpha^{-30}, \quad \eta_{16} = \alpha^4 + \alpha^{-4}, \quad \eta_{17} = \alpha^{20} + \alpha^{-20},$$
$$\eta_{18} = \alpha^{27} + \alpha^{-27}, \quad \eta_{19} = \alpha^{11} + \alpha^{-11}, \quad \eta_{20} = \alpha^{18} + \alpha^{-18}, \quad \eta_{21} = \alpha^{17} + \alpha^{-17}, \quad \eta_{22} = \alpha^{12} + \alpha^{-12}, \quad \eta_{23} = \alpha^{13} + \alpha^{-13},$$
$$\eta_{24} = \alpha^8 + \alpha^{-8}, \quad \eta_{25} = \alpha^{33} + \alpha^{-33}, \quad \eta_{26} = \alpha^{19} + \alpha^{-19}, \quad \eta_{27} = \alpha^{22} + \alpha^{-22}, \quad \eta_{28} = \alpha^{36} + \alpha^{-36}, \quad \eta_{29} = \alpha^{34} + \alpha^{-34},$$
$$\eta_{30} = \alpha^{24} + \alpha^{-24}, \quad \eta_{31} = \alpha^{26} + \alpha^{-26}, \quad \eta_{32} = \alpha^{16} + \alpha^{-16}, \quad \eta_{33} = \alpha^7 + \alpha^{-7}, \quad \eta_{34} = \alpha^{35} + \alpha^{-35}, \quad \eta_{35} = \alpha^{29} + \alpha^{-29};$$

mit den fundamentalen Relationen:

$$\eta_0^2 = 2 + \eta_8, \quad \eta_0\eta_1 = \eta_{14} + \eta_{16}, \quad \eta_0\eta_2 = \eta_{30} + \eta_{31}, \quad \eta_0\eta_3 = \eta_{17} + \eta_{27}, \quad \eta_0\eta_4 = \eta_{11} + \eta_{25}, \quad \eta_0\eta_5 = \eta_7 + \eta_{23},$$
$$\eta_0\eta_6 = \eta_8 + \eta_{16}, \quad \eta_0\eta_7 = \eta_5 + \eta_{32}, \quad \eta_0\eta_8 = \eta_0 + \eta_6, \quad \eta_0\eta_9 = \eta_{12} + \eta_{19}, \quad \eta_0\eta_{10} = \eta_{27} + \eta_{30}, \quad \eta_0\eta_{11} = \eta_4 + \eta_{15},$$
$$\eta_0\eta_{12} = \eta_9 + \eta_{24}, \quad \eta_0\eta_{13} = \eta_{18} + \eta_{35}, \quad \eta_0\eta_{14} = \eta_1 + \eta_{33}, \quad \eta_0\eta_{15} = \eta_{11} + \eta_{35}, \quad \eta_0\eta_{16} = \eta_1 + \eta_6, \quad \eta_0\eta_{17} = \eta_3 + \eta_{26},$$
$$\eta_0\eta_{18} = \eta_{13} + \eta_{31}, \quad \eta_0\eta_{19} = \eta_9 + \eta_{22}, \quad \eta_0\eta_{20} = \eta_{21} + \eta_{26}, \quad \eta_0\eta_{21} = \eta_{20} + \eta_{32}, \quad \eta_0\eta_{22} = \eta_{19} + \eta_{23}, \quad \eta_0\eta_{23} = \eta_5 + \eta_{22},$$
$$\eta_0\eta_{24} = \eta_{12} + \eta_{33}, \quad \eta_0\eta_{25} = \eta_4 + \eta_{29}, \quad \eta_0\eta_{26} = \eta_{17} + \eta_{20}, \quad \eta_0\eta_{27} = \eta_3 + \eta_{10}, \quad \eta_0\eta_{28} = \eta_{28} + \eta_{34}, \quad \eta_0\eta_{29} = \eta_{25} + \eta_{34},$$
$$\eta_0\eta_{30} = \eta_2 + \eta_{10}, \quad \eta_0\eta_{31} = \eta_2 + \eta_{18}, \quad \eta_0\eta_{32} = \eta_7 + \eta_{21}, \quad \eta_0\eta_{33} = \eta_{14} + \eta_{24}, \quad \eta_0\eta_{34} = \eta_{28} + \eta_{29}, \quad \eta_0\eta_{35} = \eta_{13} + \eta_{15}.$$

Im ersten Tausend existirt keine hierher gehörige Primzahl; dafs aber die Primzahlen $p = 73m - 1$, deren erste 1021 ist, wirkliche Primfactoren in $\frac{2}{\eta}$ haben, ergibt sich daraus, dass die Primzahlen $p = 73m + 1$ wirkliche Factoren in $\frac{3}{\eta}$ haben, z. B.

$$N(1 + \eta_{17} + \eta_{29}) = 293.$$

$\lambda = 73$

III. p zum Exponenten 3 gehörig.

24 dreigliedrige Perioden (für die primitive Wurzel 5 von 73):

$$\begin{array}{lllll}
\eta_0 = \alpha + \alpha^{8} + \alpha^{64}, & \eta_1 = \alpha^{5} + \alpha^{40} + \alpha^{28}, & \eta_2 = \alpha^{25} + \alpha^{54} + \alpha^{67}, & \eta_3 = \alpha^{52} + \alpha^{51} + \alpha^{43}, & \eta_4 = \alpha^{41} + \alpha^{36} + \alpha^{69}, \\
\eta_5 = \alpha^{59} + \alpha^{34} + \alpha^{53}, & \eta_6 = \alpha^{3} + \alpha^{24} + \alpha^{46}, & \eta_7 = \alpha^{15} + \alpha^{47} + \alpha^{11}, & \eta_8 = \alpha^{2} + \alpha^{16} + \alpha^{55}, & \eta_9 = \alpha^{10} + \alpha^{7} + \alpha^{56}, \\
\eta_{10} = \alpha^{50} + \alpha^{35} + \alpha^{61}, & \eta_{11} = \alpha^{31} + \alpha^{29} + \alpha^{13}, & \eta_{12} = \alpha^{9} + \alpha^{72} + \alpha^{65}, & \eta_{13} = \alpha^{45} + \alpha^{68} + \alpha^{33}, & \eta_{14} = \alpha^{6} + \alpha^{48} + \alpha^{19}, \\
\eta_{15} = \alpha^{30} + \alpha^{21} + \alpha^{22}, & \eta_{16} = \alpha^{4} + \alpha^{32} + \alpha^{37}, & \eta_{17} = \alpha^{20} + \alpha^{14} + \alpha^{39}, & \eta_{18} = \alpha^{27} + \alpha^{70} + \alpha^{49}; & \eta_{19} = \alpha^{62} + \alpha^{58} + \alpha^{26}, \\
\eta_{20} = \alpha^{18} + \alpha^{71} + \alpha^{57}, & \eta_{21} = \alpha^{17} + \alpha^{63} + \alpha^{66}, & \eta_{22} = \alpha^{12} + \alpha^{23} + \alpha^{38}, & \eta_{23} = \alpha^{60} + \alpha^{42} + \alpha^{44};
\end{array}$$

mit den fundamentalen Relationen:

$$\begin{array}{lllll}
\eta_0^2 = \eta_8 + 2\eta_{12}, & \eta_0\eta_1 = \eta_4 + \eta_{11} + \eta_{14}, & \eta_0\eta_2 = \eta_8 + \eta_{13} + \eta_{19}, & \eta_0\eta_3 = \eta_3 + \eta_5 + \eta_{23}, & \eta_0\eta_4 = \eta_{16} + \eta_{18} + \eta_{23}, \\
\eta_0\eta_5 = \eta_2 + \eta_{10} + \eta_{23}, & \eta_0\eta_6 = \eta_2 + \eta_7 + \eta_{16}, & \eta_0\eta_7 = \eta_8 + \eta_{14} + \eta_{22}, & \eta_0\eta_8 = \eta_6 + \eta_9 + \eta_{21}, & \eta_0\eta_9 = \eta_0 + \eta_7 + \eta_{20}, \\
\eta_0\eta_{10} = \eta_3 + \eta_4 + \eta_{19}, & \eta_0\eta_{11} = \eta_{15} + \eta_{16} + \eta_{17}, & \eta_0\eta_{12} = 3 + \eta_9 + \eta_{21}, & \eta_0\eta_{13} = \eta_4 + \eta_5 + \eta_6, & \eta_0\eta_{14} = \eta_9 + \eta_{17} + \eta_{18}, \\
\eta_0\eta_{15} = \eta_{11} + \eta_{15} + \eta_{22}, & \eta_0\eta_{16} = \eta_1 + \eta_{13} + \eta_{22}, & \eta_0\eta_{17} = \eta_1 + \eta_7 + \eta_{15}, & \eta_0\eta_{18} = \eta_1 + \eta_{10} + \eta_{20}, & \eta_0\eta_{19} = \eta_5 + \eta_{18} + \eta_{21}, \\
\eta_0\eta_{20} = \eta_{12} + \eta_{14} + \eta_{19}, & \eta_0\eta_{21} = \eta_0 + \eta_2 + \eta_{20}, & \eta_0\eta_{22} = \eta_6 + \eta_{11} + \eta_{17}, & \eta_0\eta_{23} = \eta_3 + \eta_{10} + \eta_{13}.
\end{array}$$

Congruenzwurzeln mod. p.

p	η_0	η_1	η_2	η_3	η_4	η_5	η_6	η_7	η_8	η_9	η_{10}	η_{11}	η_{12}	η_{13}	η_{14}	η_{15}	η_{16}	η_{17}
137	− 2	+ 23	+ 23	+ 25	− 27	+ 48	− 44	− 63	+ 17	− 42	+ 4	+ 61	+ 62	− 57	+ 57	+ 8	− 9	+ 16
227	− 17	+ 20	+ 79	+113	− 70	−100	+ 49	−102	− 39	+ 92	− 77	− 24	− 63	− 73	− 19	− 73	+ 98	− 71
283	0	−118	+ 43	− 33	+ 19	− 22	+ 3	+ 43	+ 66	− 18	−122	− 14	− 33	−104	− 5	+ 75	− 86	+ 11
373	+ 3	+183	+116	+174	+ 34	+ 60	+116	+ 54	+111	− 90	+130	−168	− 51	−182	− 51	− 71	+ 44	+ 26
811	− 7	+381	+154	−322	−327	+343	−170	+194	−392	− 52	+ 78	−372	−185	+ 22	−346	+124	+ 31	+ 16

p	η_{18}	η_{19}	η_{20}	η_{21}	η_{22}	η_{23}
137	+ 49	− 6	+ 12	+ 52	+ 52	+ 14
227	+ 75	− 96	− 83	+ 68	− 24	+109
283	+ 7	+ 38	− 43	+ 15	− 61	+ 79
373	−147	−185	− 16	− 66	+131	+156
811	+ 25	+103	+177	−278	+191	−200

Primfactoren der Primzahlen p ideal, in 89ter Potenz wirklich.

Normen complexer Zahlen in $\overset{3}{\eta}$.

$N(\eta_0) = 8 . 283$, $N(1+\eta) = 8 . 12119$, $N(1-\eta) = 8 . 1249$; $N(\eta_{13}+\eta_{14}) = 137 . 293^2$, $N(\eta_2+2\eta_{14}) = 8 . 137 . 21797509$, $N(1-\eta_1-\eta_{13}) = 64 . 373^2$, $N(\eta_{13}-\eta_{15}) = 8 . 73 . 227 . 373$, $N(1+\eta_0-\eta_7-\eta_{23}) = 811 . 439 . 1979$.

$\lambda = 73$

IV. p zum Exponenten 4 gehörig.

18 viergliedrige Perioden (für die primitive Wurzel 5 von 73):

$$\eta_0 = \alpha + \alpha^{27} + \alpha^{72} + \alpha^{46}, \quad \eta_1 = \alpha^{5} + \alpha^{62} + \alpha^{68} + \alpha^{11}, \quad \eta_2 = \alpha^{25} + \alpha^{18} + \alpha^{48} + \alpha^{55},$$
$$\eta_3 = \alpha^{52} + \alpha^{17} + \alpha^{21} + \alpha^{56}, \quad \eta_4 = \alpha^{41} + \alpha^{12} + \alpha^{32} + \alpha^{61}, \quad \eta_5 = \alpha^{59} + \alpha^{60} + \alpha^{14} + \alpha^{13},$$
$$\eta_6 = \alpha^{3} + \alpha^{8} + \alpha^{70} + \alpha^{65}, \quad \eta_7 = \alpha^{15} + \alpha^{40} + \alpha^{58} + \alpha^{33}, \quad \eta_8 = \alpha^{2} + \alpha^{54} + \alpha^{71} + \alpha^{19},$$
$$\eta_9 = \alpha^{10} + \alpha^{51} + \alpha^{63} + \alpha^{22}, \quad \eta_{10} = \alpha^{50} + \alpha^{36} + \alpha^{23} + \alpha^{37}, \quad \eta_{11} = \alpha^{31} + \alpha^{34} + \alpha^{42} + \alpha^{39},$$
$$\eta_{12} = \alpha^{9} + \alpha^{24} + \alpha^{64} + \alpha^{49}, \quad \eta_{13} = \alpha^{45} + \alpha^{47} + \alpha^{28} + \alpha^{26}, \quad \eta_{14} = \alpha^{6} + \alpha^{16} + \alpha^{67} + \alpha^{57},$$
$$\eta_{15} = \alpha^{30} + \alpha^{7} + \alpha^{43} + \alpha^{66}, \quad \eta_{16} = \alpha^{4} + \alpha^{35} + \alpha^{69} + \alpha^{38}, \quad \eta_{17} = \alpha^{20} + \alpha^{29} + \alpha^{53} + \alpha^{44};$$

mit den fundamentalen Relationen:

$$\eta_0^2 = 4 + \eta_8 + 2\eta_{13}, \quad \eta_0\eta_1 = \eta_4 + \eta_9 + \eta_{14} + \eta_{16}, \quad \eta_0\eta_2 = \eta_3 + \eta_8 + \eta_{12} + \eta_{13},$$
$$\eta_0\eta_3 = \eta_2 + \eta_9 + \eta_{14} + \eta_{17}, \quad \eta_0\eta_4 = \eta_1 + \eta_5 + \eta_7 + \eta_{11}, \quad \eta_0\eta_5 = \eta_4 + 2\eta_5 + \eta_7,$$
$$\eta_0\eta_6 = \eta_8 + \eta_{12} + \eta_{15} + \eta_{16}, \quad \eta_0\eta_7 = \eta_4 + \eta_5 + \eta_{11} + \eta_{14}, \quad \eta_0\eta_8 = \eta_0 + \eta_2 + \eta_6 + \eta_{17},$$
$$\eta_0\eta_9 = \eta_1 + \eta_3 + \eta_{10} + \eta_{12}, \quad \eta_0\eta_{10} = \eta_9 + \eta_{10} + \eta_{12} + \eta_{16}, \quad \eta_0\eta_{11} = \eta_4 + \eta_7 + \eta_{15} + \eta_{16},$$
$$\eta_0\eta_{12} = \eta_2 + \eta_6 + \eta_9 + \eta_{10}, \quad \eta_0\eta_{13} = 2\eta_0 + \eta_2 + \eta_{17}, \quad \eta_0\eta_{14} = \eta_1 + \eta_3 + \eta_7 + \eta_{15},$$
$$\eta_0\eta_{15} = \eta_6 + \eta_{11} + \eta_{14} + \eta_{17}, \quad \eta_0\eta_{16} = \eta_1 + \eta_6 + \eta_{10} + \eta_{11}, \quad \eta_0\eta_{17} = \eta_3 + \eta_8 + \eta_{13} + \eta_{15}.$$

Congruenzwurzeln mod. p.

p	η_0	η_1	η_2	η_3	η_4	η_5	η_6	η_7	η_8	η_9
173	+ 2	− 71	+ 12	− 32	− 63	− 30	+ 13	+ 63	− 54	− 75
557	−13	+ 57	+111	+186	+104	−216	+236	−206	−172	+147
757	−17	+ 40	−266	+127	−363	−285	−133	−278	−227	−306

p	η_{10}	η_{11}	η_{12}	η_{13}	η_{14}	η_{15}	η_{16}	η_{17}
173	+ 43	+ 85	+ 83	+ 27	− 39	− 38	+ 35	+ 38
557	−250	+127	−233	−110	−122	−122	+244	+231
457	− 88	−119	−176	+256	+194	−159	−205	−267

$f(\eta_0)$, Primfactoren der Primzahlen p.*)

p	$f(\eta_0)$	p	$f(\eta_0)$	p	$f(\eta_0)$
+173	$1+\eta_0+\eta_{15}+\eta_{16}$	−557	$1-\eta_2-\eta_{13}$	+757	$1-\eta_0-\eta_{12}-\eta_{14}$

Normen complexer Zahlen in $\overset{4}{\eta}$.

$N(\eta) = 1, \quad N(1+\eta) = 27, \quad N(1-\eta) = 439; \quad N(2-\eta_0) = 27.173,$

$N(2+\eta_0) = 27.173, \quad N(1-\eta_2+\eta_{17}) = -27.757, \quad N(\eta_0+\eta_6-\eta_9+\eta_{12}) = 173.6836569.$

*) Das Zeichen + vor den Primzahlen p zeigt an, dass $Nf(\eta_0) = +p$, das Zeichen −, dass $Nf(\eta_0) = -p$ ist.

$\lambda = 73$

V. p zum Exponenten 6 gehörig.

12 sechsgliedrige Perioden (für die primitive Wurzel 5 von 73):

$$\eta_0 = \alpha + \alpha^9 + \alpha^8 + \alpha^{72} + \alpha^{64} + \alpha^{65}, \qquad \eta_1 = \alpha^5 + \alpha^{45} + \alpha^{40} + \alpha^{68} + \alpha^{28} + \alpha^{33},$$
$$\eta_2 = \alpha^{25} + \alpha^6 + \alpha^{54} + \alpha^{48} + \alpha^{67} + \alpha^{19}, \qquad \eta_3 = \alpha^{52} + \alpha^{30} + \alpha^{51} + \alpha^{21} + \alpha^{43} + \alpha^{22},$$
$$\eta_4 = \alpha^{41} + \alpha^4 + \alpha^{36} + \alpha^{32} + \alpha^{69} + \alpha^{37}, \qquad \eta_5 = \alpha^{59} + \alpha^{20} + \alpha^{34} + \alpha^{14} + \alpha^{53} + \alpha^{39},$$
$$\eta_6 = \alpha^3 + \alpha^{27} + \alpha^{24} + \alpha^{70} + \alpha^{46} + \alpha^{49}, \qquad \eta_7 = \alpha^{15} + \alpha^{62} + \alpha^{47} + \alpha^{58} + \alpha^{11} + \alpha^{26},$$
$$\eta_8 = \alpha^2 + \alpha^{18} + \alpha^{16} + \alpha^{71} + \alpha^{55} + \alpha^{57}, \qquad \eta_9 = \alpha^{10} + \alpha^{17} + \alpha^7 + \alpha^{63} + \alpha^{56} + \alpha^{66},$$
$$\eta_{10} = \alpha^{50} + \alpha^{12} + \alpha^{35} + \alpha^{23} + \alpha^{61} + \alpha^{38}, \qquad \eta_{11} = \alpha^{31} + \alpha^{60} + \alpha^{29} + \alpha^{42} + \alpha^{13} + \alpha^{44};$$

Wurzeln der Gleichung:

$$\eta^{12} + \eta^{11} - 33\eta^{10} - 70\eta^9 + 288\eta^8 + 929\eta^7 - 298\eta^6 - 3421\eta^5 - 2921\eta^4 + 1195\eta^3 + 1718\eta^2 - 162\eta - 211 = 0;$$

mit den fundamentalen Relationen:

$$\eta_0^2 = 6 + 2\eta_0 + \eta_8 + 2\eta_9, \qquad \eta_0\eta_1 = \eta_2 + 2\eta_4 + \eta_5 + \eta_6 + \eta_{11},$$
$$\eta_0\eta_2 = \eta_1 + \eta_5 + \eta_6 + \eta_7 + \eta_8 + \eta_9, \qquad \eta_0\eta_3 = 2\eta_3 + \eta_5 + \eta_{10} + 2\eta_{11},$$
$$\eta_0\eta_4 = 2\eta_1 + \eta_4 + \eta_6 + \eta_{10} + \eta_{11}, \qquad \eta_0\eta_5 = \eta_1 + \eta_2 + \eta_3 + \eta_7 + \eta_{10} + \eta_{11},$$
$$\eta_0\eta_6 = \eta_1 + \eta_2 + \eta_4 + \eta_7 + \eta_8 + \eta_{10}, \qquad \eta_0\eta_7 = \eta_2 + \eta_5 + \eta_6 + \eta_8 + \eta_9 + \eta_{10},$$
$$\eta_0\eta_8 = \eta_0 + \eta_2 + \eta_6 + \eta_7 + 2\eta_9, \qquad \eta_0\eta_9 = 2\eta_0 + \eta_2 + \eta_7 + 2\eta_8,$$
$$\eta_0\eta_{10} = \eta_3 + \eta_4 + \eta_5 + \eta_6 + \eta_7 + \eta_{11}, \qquad \eta_0\eta_{11} = \eta_1 + 2\eta_3 + \eta_4 + \eta_6 + \eta_{10}.$$

Congruenzwurzeln mod. p.

p	η_0	η_1	η_2	η_3	η_4	η_5	η_6	η_7	η_8	η_9
211	0	—101	— 73	+ 36	+ 5	— 55	— 45	—104	— 17	—100
503	+10	—131	— 18	+122	+241	+119	+ 92	—116	+141	+218
593	+20	+284	+ 70	+233	—141	+ 33	+115	—123	+ 49	—149
739	— 7	—220	+244	+297	+194	+361	+126	—132	— 48	—317
941	— 8	—169	+435	+126	—409	—468	—257	+ 17	+366	—146

p	η_{10}	η_{11}
211	+ 79	— 48
503	—203	+ 27
593	—211	—186
739	—181	—318
941	— 66	—363

$f(\eta_0)$, Primfactoren der Primzahlen p z. B.*)

p	$f(\eta_0)$	p	$f(\eta_0)$
—211	η_0	—593	$2+\eta_0-\eta_3-\eta_{10}$
—503	$6-\eta_1+2\eta_2-2\eta_3-\eta_5-\eta_6+\eta_{10}+2\eta_{11}$ (aus der Norm $N(1-\eta_0+\eta_2+\eta_{11}) = -9.503$).		

Normen complexer Zahlen in $\overset{6}{\eta}$.

$N(1+\eta) = 8.9$, $N(1-\eta_1) = -8.373$, $N(\eta_0-\eta_1-\eta_8) = 8.9.503$,
$N(\eta_2-\eta_4+\eta_{10}) = 593^2$, $N(1+\eta_0-\eta_3-\eta_{10}) = 8.593$, $N(\eta_3-\eta_6-\eta_7-\eta_8) = 8.941$,
$N(1-\eta_3-\eta_4+\eta_5-\eta_9-\eta_{10}+\eta_{11}) = 9$, $N(1-\eta_4-\eta_5+\eta_8+\eta_9) = 137.503$,
$N(1-\eta_9+\eta_{11}) = -81.739$.

---

*) Das Zeichen + vor den Primzahlen p zeigt an, dass $Nf(\eta_0) = +p$, das Zeichen —, dass $Nf(\eta_0) = -p$ ist.

$\lambda = 73$

VI. p zum Exponenten 8 gehörig.

9 achtgliedrige Perioden (für die primitive Wurzel 5 von 73):

$$\eta_0 = \alpha + \alpha^{10} + \alpha^{27} + \alpha^{51} + \alpha^{72} + \alpha^{63} + \alpha^{46} + \alpha^{22}, \quad \eta_1 = \alpha^{5} + \alpha^{50} + \alpha^{62} + \alpha^{36} + \alpha^{68} + \alpha^{23} + \alpha^{11} + \alpha^{37}$$

$$\eta_2 = \alpha^{25} + \alpha^{31} + \alpha^{18} + \alpha^{34} + \alpha^{48} + \alpha^{42} + \alpha^{55} + \alpha^{39}, \quad \eta_3 = \alpha^{52} + \alpha^{9} + \alpha^{17} + \alpha^{24} + \alpha^{21} + \alpha^{64} + \alpha^{56} + \alpha^{49}$$

$$\eta_4 = \alpha^{41} + \alpha^{45} + \alpha^{12} + \alpha^{47} + \alpha^{32} + \alpha^{28} + \alpha^{61} + \alpha^{26}, \quad \eta_5 = \alpha^{59} + \alpha^{6} + \alpha^{60} + \alpha^{16} + \alpha^{14} + \alpha^{67} + \alpha^{13} + \alpha^{57}$$

$$\eta_6 = \alpha^{3} + \alpha^{30} + \alpha^{8} + \alpha^{7} + \alpha^{70} + \alpha^{43} + \alpha^{65} + \alpha^{66}, \quad \eta_7 = \alpha^{15} + \alpha^{4} + \alpha^{40} + \alpha^{35} + \alpha^{58} + \alpha^{69} + \alpha^{33} + \alpha^{38}$$

$$\eta_8 = \alpha^{2} + \alpha^{20} + \alpha^{54} + \alpha^{29} + \alpha^{71} + \alpha^{53} + \alpha^{19} + \alpha^{44};$$

Wurzeln der Gleichung:

$$\eta^9 + \eta^8 - 32\eta^7 - 11\eta^6 + 278\eta^5 - 34\eta^4 - 427\eta^3 + 150\eta^2 - 8\eta - 1 = 0;$$

mit den fundamentalen Relationen:

$$\eta_0^2 = 8 + 2\eta_1 + 2\eta_3 + 2\eta_4 + \eta_8, \quad \eta_0\eta_1 = 2\eta_0 + \eta_1 + \eta_3 + \eta_4 + \eta_5 + 2\eta_7,$$

$$\eta_0\eta_2 = 2\eta_3 + 2\eta_4 + \eta_6 + 2\eta_7 + \eta_8, \quad \eta_0\eta_3 = 2\eta_0 + \eta_1 + 2\eta_2 + \eta_5 + \eta_7 + \eta_8,$$

$$\eta_0\eta_4 = 2\eta_0 + \eta_1 + 2\eta_2 + \eta_5 + \eta_7 + \eta_8, \quad \eta_0\eta_5 = \eta_1 + \eta_3 + \eta_4 + 2\eta_5 + \eta_6 + 2\eta_7,$$

$$\eta_0\eta_6 = \eta_2 + \eta_3 + \eta_5 + 2\eta_6 + \eta_7 + 2\eta_8, \quad \eta_0\eta_7 = 2\eta_1 + 2\eta_2 + \eta_4 + 2\eta_5 + \eta_6,$$

$$\eta_0\eta_8 = \eta_0 + \eta_2 + \eta_3 + \eta_4 + 2\eta_6 + 2\eta_8.$$

Congruenzwurzeln mod. p.

p	η_0	η_1	η_2	η_3	η_4	η_5	η_6	η_7	η_8
83	+ 1	+ 23	+ 39	− 4	+ 32	+ 23	− 21	+ 15	− 26
197	+ 14	− 55	+ 86	− 85	+ 96	+ 39	− 74	+ 96	+ 79
229	− 4	− 60	+ 71	+ 66	− 24	− 81	− 72	+ 59	+ 44
241	+ 5	− 24	+ 72	− 93	− 38	−114	− 85	− 51	+ 86
521	+ 7	−174	+137	+ 23	+ 51	+ 94	+233	− 92	+241
647	+ 15	+229	− 18	− 46	+265	+ 82	−316	−180	− 32
971	− 19	−411	−252	−164	− 32	+273	+287	−279	−375

$f(\eta_0)$, Primfactoren der Primzahlen p.

p	$f(\eta_0)$	p	$f(\eta_0)$	p	$f(\eta_0)$
83	$+1-\eta_0$	241	$-1+\eta_6+\eta_8$	647	$+1-\eta_0-\eta_3+\eta_8$
197	$+1-\eta_2-\eta_3$	521	$-2+\eta_5+\eta_7$	971	$-2+\eta_0+\eta_2+\eta_5$
229	$-1-\eta_2-\eta_6$				

$\lambda = 73$

VII. p zum Exponenten 9 gehörig.

8 neungliedrige Perioden (für die primitive Wurzel 5 von 73):

$$\eta_0 = \alpha + \alpha^2 + \alpha^4 + \alpha^8 + \alpha^{16} + \alpha^{32} + \alpha^{64} + \alpha^{55} + \alpha^{37},$$
$$\eta_1 = \alpha^5 + \alpha^{10} + \alpha^{20} + \alpha^{40} + \alpha^7 + \alpha^{14} + \alpha^{28} + \alpha^{56} + \alpha^{39},$$
$$\eta_2 = \alpha^{25} + \alpha^{50} + \alpha^{27} + \alpha^{54} + \alpha^{35} + \alpha^{70} + \alpha^{67} + \alpha^{61} + \alpha^{49},$$
$$\eta_3 = \alpha^{52} + \alpha^{31} + \alpha^{62} + \alpha^{51} + \alpha^{29} +\,^{58} + \alpha^{43} + \alpha^{13} + \alpha^{26},$$
$$\eta_4 = \alpha^{41} + \alpha^9 + \alpha^{18} + \alpha^{36} + \alpha^{72} + \alpha^{71} + \alpha^{69} + \alpha^{65} + \alpha^{57},$$
$$\eta_5 = \alpha^{59} + \alpha^{45} + \alpha^{17} + \alpha^{34} + \alpha^{68} + \alpha^{63} + \alpha^{53} + \alpha^{33} + \alpha^{66},$$
$$\eta_6 = \alpha^3 + \alpha^6 + \alpha^{12} + \alpha^{24} + \alpha^{48} + \alpha^{23} + \alpha^{46} + \alpha^{19} + \alpha^{38},$$
$$\eta_7 = \alpha^{15} + \alpha^{30} + \alpha^{60} + \alpha^{47} + \alpha^{21} + \alpha^{42} + \alpha^{11} + \alpha^{22} + \alpha^{44};$$

Wurzeln der Gleichung:

$$\eta^8 + \eta^7 + 5\eta^6 - 17\eta^5 - 46\eta^4 - 136\eta^3 + 320\eta^2 + 512\eta + 4096 = 0;$$

mit den fundamentalen Relationen:

$$\eta_0^2 = \eta_0 + 2\eta_1 + 2\eta_4 + 2\eta_5 + 2\eta_6, \qquad \eta_0\eta_1 = -1 - \eta_2 + \eta_4 - \eta_5 + 2\eta_7,$$
$$\eta_0\eta_2 = -1 + 2\eta_3 + \eta_4 - \eta_6 - \eta_7, \qquad \eta_0\eta_3 = -1 - \eta_4 + 2\eta_5 - \eta_6 + \eta_7,$$
$$\eta_0\eta_4 = 8, \qquad \eta_0\eta_5 = -1 - \eta_1 + 2\eta_2 - \eta_3 + \eta_4,$$
$$\eta_0\eta_6 = -1 + 2\eta_1 + \eta_2 - \eta_4 - \eta_5, \qquad \eta_0\eta_7 = -1 - \eta_1 + \eta_3 - \eta_4 + 2\eta_6.$$

Congruenzwurzeln mod. p.

p	η_0	η_1	η_2	η_3	η_4	η_5	η_6	η_7
2	0	0	0	0	1	0	1	1
37	+ 1	+ 12	+ 2	− 14	+ 8	+ 13	+ 4	+ 10
89	− 2	+ 15	+ 38	− 26	− 4	− 41	+ 33	− 14
223	+14	+106	+ 22	− 16	− 95	− 42	−101	+111
251	− 1	− 99	− 49	− 74	− 8	− 66	− 77	+122
347	+32	+ 84	−126	+127	+ 87	− 66	+ 44	+164
367	−38	− 52	−181	+ 44	+135	+141	+150	+167
397	− 7	+ 26	+129	−117	+169	+153	+ 77	− 34
659	−95	+299	+225	+285	−229	+205	−328	+296
661	−90	+222	+174	+175	+279	+137	+152	+272
673	− 9	−158	− 21	+ 19	−300	+247	+256	− 35
953	−36	+108	−119	+ 79	−212	−247	+ 64	+362

Primfactoren der Primzahlen p ideal, in 89ter Potenz wirklich.

$\lambda = 73$

Normen complexer Zahlen in $\overset{9}{\eta}$.

$N\eta_0 = 2^{12}$, $N(1-\eta_0) = 2^4.37$, $N(1+\eta_0) = 2^4.251$, $N(2-\eta_2) = 2^7.37$,
$N(2+\eta_0) = 2^5.89$, $N(3-\eta) = 2^5.293$, $N(3+\eta) = 2^7.137$, $N(1+\eta_0-\eta_2) = 2^8.37$,
$N(1-\eta_2-\eta_3) = 2^5.347$, $N(1+\eta_2-\eta_3) = 2^7.661$, $N(1+\eta_0+\eta_4-\eta_5) = 2^9.953$; —

$N(1+2\eta_7) = 223.4517$, $N(1-2\eta) = 1129391$, $N(3+2\eta) = 373.3067$,
$N(3-2\eta_6) = 659.1889$, $N(5-2\eta_2) = 367.3593$, $N(5+2\eta) = 2288771$,
$N(1-2\eta_3+2\eta_6) = 37.27817$, $N(1+2\eta_4+2\eta_5) = 89.1013$,
$N(3-2\eta_4-2\eta_7) = 673.89.37$, $N(7+2\eta_1+2\eta_4) = 397.37.661$.

VIII. p zum Exponenten 12 gehörig.

6 zwölfgliedrige Perioden (für die primitive Wurzel 5 von 73):

$$\eta_0 = \alpha+\alpha^3+\alpha^9+\alpha^{27}+\alpha^8+\alpha^{24}+\alpha^{72}+\alpha^{70}+\alpha^{64}+\alpha^{46}+\alpha^{65}+\alpha^{49},$$
$$\eta_1 = \alpha^5+\alpha^{15}+\alpha^{45}+\alpha^{62}+\alpha^{40}+\alpha^{47}+\alpha^{68}+\alpha^{58}+\alpha^{28}+\alpha^{11}+\alpha^{33}+\alpha^{26},$$
$$\eta_2 = \alpha^{25}+\alpha^2+\alpha^6+\alpha^{18}+\alpha^{54}+\alpha^{16}+\alpha^{48}+\alpha^{71}+\alpha^{67}+\alpha^{55}+\alpha^{19}+\alpha^{57},$$
$$\eta_3 = \alpha^{52}+\alpha^{10}+\alpha^{30}+\alpha^{17}+\alpha^{51}+\alpha^7+\alpha^{21}+\alpha^{63}+\alpha^{43}+\alpha^{56}+\alpha^{22}+\alpha^{66},$$
$$\eta_4 = \alpha^{41}+\alpha^{50}+\alpha^4+\alpha^{12}+\alpha^{36}+\alpha^{35}+\alpha^{32}+\alpha^{23}+\alpha^{69}+\alpha^{61}+\alpha^{37}+\alpha^{38},$$
$$\eta_5 = \alpha^{59}+\alpha^{31}+\alpha^{20}+\alpha^{60}+\alpha^{34}+\alpha^{29}+\alpha^{14}+\alpha^{42}+\alpha^{53}+\alpha^{13}+\alpha^{39}+\alpha^{44};$$

Wurzeln der Gleichung:

$$\eta^6+\eta^5-30\eta^4-31\eta^3+206\eta^2+150\eta-81 = 0;$$

mit den fundamentalen Relationen:

$$\eta_0^2 = 10+\eta^3-2\eta_5, \quad \eta_0\eta_1 = -3-\eta_0-3\eta_1-2\eta_3, \quad \eta_0\eta_2 = -3-\eta_2-3\eta_4-2\eta_5,$$
$$\eta_0\eta_3 = -1+\eta_0+2\eta_2+\eta_3+2\eta_5, \quad \eta_0\eta_4 = -3-\eta_0-3\eta_2-2\eta_3, \quad \eta_0\eta_5 = -3-3\eta_0-2\eta_2-\eta_5.$$

Congruenzwurzeln mod. p.

p	η_0	η_1	η_2	η_3	η_4	η_5
3	0	+ 1	+ 1	0	— 1	+ 1
97	+ 7	+ 27	+ 22	— 43	+ 43	+ 40
149	+17	— 22	— 34	+ 61	+ 59	+ 67
389	—10	— 92	—160	—124	+121	—125
487	—26	+ 78	+ 90	+178	— 33	+199
587	+75	+ 69	+251	+205	—267	+253
727	—81	—163	—304	+225	—249	—156
733	+79	+121	+274	+129	—191	+320
827	+39	+139	—361	+368	— 77	—109

$\lambda = 73$

$f(\eta_0)$, Primfactoren der Primzahlen p, z. B.*).

p	$f(\eta_0)$	Zu Grunde liegende Normen
-3	$1-\eta_3-\eta_4+\eta_5$	$N(1+\eta_4) = -8.3$
-97	$6+2\eta_1-\eta_4+2\eta_5$	$N(\eta_3+\eta_4) = 3.97$
$+149$	$4+\eta_0+\eta_2+\eta_5$	$N(2-\eta_3+\eta_5) = -3.149$
$+389$	$3-2\eta_0-\eta_1-2\eta_3-3\eta_4$	$N(1-\eta_3+\eta_5) = -3.389$
$+487$	$17-6\eta_0+6\eta_1-2\eta_2+3\eta_3-5\eta_5$	$N(1-\eta_2-2\eta_5) = -8.3.487$
$+587$	$4+2\eta_0-\eta_1+2\eta_2$	$N(2+\eta_2-\eta_5) = -3.587$
-827	$18-5\eta_0+7\eta_1-3\eta_2-4\eta_4$	$N(1-2\eta_0-\eta_4) = 8.3.827$

Normen complexer Zahlen in $\overset{12}{\eta}$.

$N(\eta_0) = -3^4$, $\quad N(3-\eta_0) = 2^3 3^2$, $\quad N(1-\eta_1) = 2^3 3^3$, $\quad N(4-\eta_0-\eta_2-\eta_4) = 2^7$,
$N(1+\eta_2+\eta_5) = 3^2$; $\quad N(2+\eta_0-\eta_2-\eta_3) = 9.727$, $\quad N(1-2\eta_0+\eta_1) = -8.9.727$,
$N(4+\eta_0-\eta_2-\eta_4) = -8.3.733$; $\quad N(1-\eta_0-\eta_1-\eta_5) = 503 = N(2+\eta_2+\eta_3+\eta_4)$,
$N(4+\eta_4) = 3^2$(Quadrat des Primfactors von 3), $\quad N(7+6\eta_1) = 733.1171$,
$N(2-\eta_4) = 3.137$, $\quad N(1-2\eta_4) = 9.283$, $\quad N(1-3\eta) = -8.877$,
$N(1+3\eta_0-3\eta_5) = -149.97$ u. s. w.

IX. p zum Exponenten 18 gehörig.

4 achtzehngliedrige Perioden (für die primitive Wurzel 5 von 73):

$$\eta_0 = \alpha + \alpha^{41} + \alpha^{2} + \alpha^{9} + \alpha^{4} + \alpha^{18} + \alpha^{8} + \alpha^{36} + \alpha^{16} + \alpha^{72} + \alpha^{32} + \alpha^{71} + \alpha^{64} + \alpha^{69} + \alpha^{55} + \alpha^{65} + \alpha^{37} + \alpha^{57},$$

$$\eta_1 = \alpha^{5} + \alpha^{59} + \alpha^{10} + \alpha^{45} + \alpha^{20} + \alpha^{17} + \alpha^{40} + \alpha^{34} + \alpha^{7} + \alpha^{68} + \alpha^{14} + \alpha^{63} + \alpha^{28} + \alpha^{53} + \alpha^{56} + \alpha^{33} + \alpha^{39} + \alpha^{66},$$

$$\eta_2 = \alpha^{25} + \alpha^{3} + \alpha^{50} + \alpha^{6} + \alpha^{27} + \alpha^{12} + \alpha^{54} + \alpha^{24} + \alpha^{35} + \alpha^{48} + \alpha^{70} + \alpha^{23} + \alpha^{67} + \alpha^{46} + \alpha^{61} + \alpha^{19} + \alpha^{49} + \alpha^{38},$$

$$\eta_3 = \alpha^{52} + \alpha^{15} + \alpha^{31} + \alpha^{30} + \alpha^{62} + \alpha^{60} + \alpha^{51} + \alpha^{47} + \alpha^{29} + \alpha^{21} + \alpha^{58} + \alpha^{42} + \alpha^{43} + \alpha^{11} + \alpha^{13} + \alpha^{22} + \alpha^{26} + \alpha^{44};$$

Wurzeln der Gleichung:

$$\eta^4 + \eta^3 - 27\eta^2 - 41\eta + 2 = 0;$$

mit den fundamentalen Relationen:

$$\eta_0^2 = 16 + 3\eta_0 + 4\eta_1 + 2\eta_2, \quad \eta_0\eta_1 = -5 + \eta_0 - 3\eta_1, \quad \eta_0\eta_2 = -4 + \eta_1 + \eta_3,$$
$$\eta_0\eta_3 = -5 - 3\eta_0 + \eta_3.$$

*) Sie liegen ganz besonders versteckt durch die Complication mit den Factoren von 2 und von 3; die übrigen sind in den folgenden Normen, wenigstens in gebrochener Form, enthalten. — Vorzeichen der Primzahlen p wie zuvor.

$\lambda = 73$

Congruenzwurzeln mod. p.

p	η_0	η_1	η_2	η_3	p	η_0	η_1	η_2	η_3
41	+ 2	− 17	− 16	− 11	547	+ 93	−227	+255	−122
71	+ 7	− 14	+ 34	− 28	641	+173	−203	−281	+310
109	− 14	− 28	− 51	− 17	653	− 15	−216	− 94	+324
349	− 13	− 68	−117	−152	787	− 37	+279	+174	+370
383	+ 11	−109	−129	−157	821	+ 82	−115	+177	−145
401	+ 13	−200	+ 56	+130	839	− 10	+122	−187	+ 74
479	+ 76	−181	−225	−150	947	+129	+374	−205	−299
509	− 64	− 99	−211	−136	967	−116	−307	−228	−317

$f(\eta_0)$, Primfactoren der Primzahlen p, z. B.*).

p	$f(\eta_0)$	Zu Grunde liegende Normen
+ 41	$67 - 6\eta_1 - 18\eta_2 + 20\eta_3$	$N(2+2\eta_2+\eta_3) = 2.41$
+ 71	$3 + 2\eta_2$	
−109	$1181 + 352\eta_0 - 110\eta_2 - 320\eta_3$	$N(2\eta_0-\eta_1) = -4.109$
−349	$55 + 16\eta_0 - 4\eta_2 - 14\eta_3$	$N(7+4\eta_0+2\eta_3) = -9.349$
−401	$1 - 2\eta_1$	
+479	$41 + 12\eta_0 - 4\eta_2 - 10\eta_3$	$N(2+\eta_1+2\eta_3) = 2.479$
−641	$17 - 2\eta_0 - 4\eta_1 + 4\eta_2$	$N(9-4\eta_0-4\eta_3) = 641.71$
−653	$5 + 2\eta_3$	
+787	$17 - 2\eta_0 + 4\eta_2$	
−947	$25 - 6\eta_0 + 8\eta_1 - 2\eta_3$	$N(9-2\eta_0-4\eta_3) = -947.71$

Normen complexer Zahlen in $\overset{18}{\eta}$.

$N(\eta) = 2$, $N(15-4\eta_0-4\eta_2) = 3^2$, $N(1-\eta_0) = -2^6$, $N(1+\eta_0) = 2^4 = -N(2+\eta_1)$, $N(2-\eta_0) = -4.41$; $N(13+2\eta_2-4\eta_3) = -383.71.9$, $N(9-2\eta_2) = -41.89$, $N(15+2\eta_0+4\eta_1) = -509.89$, $N(\eta_0-2\eta_1) = -4.547$, $N(4+\eta_3) = -2.37$, $N(11-2\eta_1-4\eta_3) = -37.821$, $N(31-6\eta_0-4\eta_2) = 839.349$, $N(29-2\eta_0+4\eta_1) = 967.37.9$ u. s. w. In diesen Normen sind die Primfactoren der übrigen Primzahlen p, wenigstens in gebrochener Form, vorhanden.

---

*) Die doppelte Complication findet auch hier statt wie in VIII. — Desgleichen die Vorzeichen der Primzahlen p.

$\lambda = 73$

X. p zum Exponenten 24 gehörig.

3 vierundzwanziggliedrige Perioden (für die primitive Wurzel 5 von 73):

$$\eta_0 = \alpha + \alpha^{52} + \alpha^{3} + \alpha^{10} + \alpha^{9} + \alpha^{30} + \alpha^{27} + \alpha^{17} + \alpha^{8} + \alpha^{51} + \alpha^{24} + \alpha^{7} + \alpha^{72} + \alpha^{21} + \alpha^{70} + \alpha^{63} + \alpha^{64} + \alpha^{43} + \alpha^{46} + \alpha^{56} + \alpha^{65} + \alpha^{22} + \alpha^{49} + \alpha^{66},$$

$$\eta_1 = \alpha^{5} + \alpha^{41} + \alpha^{15} + \alpha^{50} + \alpha^{45} + \alpha^{4} + \alpha^{62} + \alpha^{12} + \alpha^{40} + \alpha^{36} + \alpha^{47} + \alpha^{35} + \alpha^{68} + \alpha^{32} + \alpha^{58} + \alpha^{23} + \alpha^{28} + \alpha^{69} + \alpha^{11} + \alpha^{61} + \alpha^{33} + \alpha^{37} + \alpha^{26} + \alpha^{38},$$

$$\eta_2 = \alpha^{25} + \alpha^{59} + \alpha^{2} + \alpha^{31} + \alpha^{6} + \alpha^{20} + \alpha^{18} + \alpha^{60} + \alpha^{54} + \alpha^{34} + \alpha^{16} + \alpha^{29} + \alpha^{48} + \alpha^{14} + \alpha^{71} + \alpha^{42} + \alpha^{67} + \alpha^{53} + \alpha^{55} + \alpha^{13} + \alpha^{19} + \alpha^{39} + \alpha^{57} + \alpha^{44};$$

Wurzeln der Gleichung:

$$\eta^3 + \eta^2 - 24\eta - 27 = 0;$$

mit den fundamentalen Relationen:

$$\eta_0^2 = 18 + 2\eta_0 + 3\eta_2, \qquad \eta_0\eta_1 = -9 - 3\eta_0, \qquad \eta_0\eta_2 = -9 - 3\eta_2.$$

Congruenzwurzeln mod. p

p	η_0	η_1	η_2	p	η_0	η_1	η_2
7	+ 1	+ 2	+ 3	541	− 33	+194	−162
17	− 2	− 7	+ 8	563	+ 16	+102	−119
43	+ 4	− 16	+ 11	577	+ 23	−179	+155
103	− 21	− 32	− 51	601	− 82	+195	−114
139	− 11	+ 61	− 51	709	+ 51	−170	+118
163	+ 42	+ 55	+ 65	751	+160	+180	−341
167	− 29	− 43	+ 71	773	+115	−319	+203
271	+ 47	+ 66	−114	859	+ 14	− 65	+ 50
313	− 15	− 65	+ 79	883	+239	−311	+332
421	− 35	−111	+145	919	+ 25	+401	−427
431	+ 30	+126	−157				

$\lambda = 73$

$f(\eta_0)$, Primfactoren der Primzahlen p.*)

p	$f(\eta_0)$	p	$f(\eta_0)$	p	$f(\eta_0)$
7	$+5+\eta_1$	271	$+4-\eta_0+2\eta_2$	601	$-16-3\eta_1$
17	$-2-\eta_0$	313	$+20-3\eta_0+\eta_1$	709	$+16+2\eta_0-\eta_2$
43	$-4+\eta_0$	421	$-14+3\eta_2$	751	$-31-9\eta_0+4\eta_1$
103	$+8-3\eta_1-2\eta_2$	431	$-80-19\eta_0+12\eta_1$	773	$+20+3\eta_1-3\eta_2$
139	$-14-3\eta_2$	541	$-14-3\eta_1+3\eta_2$	859	$-41-10\eta_1+5\eta_2$
163	$-10+\eta_0-3\eta_2$	563	$+41-6\eta_0+9\eta_2$	883	$-13+\eta_0-6\eta_2$
167	$-5-4\eta_1$	577	$+17+\eta_0-3\eta_1$	919	$-10+3\eta_0-2\eta_2$

XI. p zum Exponenten 36 gehörig.

2 sechsunddreissiggliedrige Perioden (für die primitive Wurzel 5 von 73):

$$\eta_0 = \alpha+\alpha^{25}+\alpha^{41}+\alpha^{3}+\alpha^{2}+\alpha^{50}+\alpha^{9}+\alpha^{6}+\alpha^{4}+\alpha^{27}+\alpha^{18}+\alpha^{12}+\alpha^{8}+\alpha^{54}+\alpha^{36}$$
$$+\alpha^{24}+\alpha^{16}+\alpha^{35}+\alpha^{72}+\alpha^{48}+\alpha^{32}+\alpha^{70}+\alpha^{71}+\alpha^{23}+\alpha^{64}+\alpha^{67}+\alpha^{69}+\alpha^{46}+\alpha^{55}$$
$$+\alpha^{61}+\alpha^{65}+\alpha^{19}+\alpha^{37}+\alpha^{49}+\alpha^{57}+\alpha^{38},$$

$$\eta_1 = \alpha^{5}+\alpha^{52}+\alpha^{59}+\alpha^{15}+\alpha^{10}+\alpha^{31}+\alpha^{45}+\alpha^{30}+\alpha^{20}+\alpha^{62}+\alpha^{17}+\alpha^{60}+\alpha^{40}+\alpha^{51}$$
$$+\alpha^{34}+\alpha^{47}+\alpha^{7}+\alpha^{29}+\alpha^{68}+\alpha^{21}+\alpha^{14}+\alpha^{58}+\alpha^{63}+\alpha^{42}+\alpha^{28}+\alpha^{43}+\alpha^{53}+\alpha^{11}$$
$$+\alpha^{56}+\alpha^{13}+\alpha^{33}+\alpha^{22}+\alpha^{39}+\alpha^{26}+\alpha^{66}+\alpha^{44};$$

Wurzeln der Gleichung:

$$\eta^2+\eta-18=0;$$

mit den fundamentalen Relationen:

$$\eta_0^2 = 18-\eta_0, \qquad \eta_0\eta_1 = -18.$$

Congruenzwurzeln mod. p.

p	η_0	η_1	p	η_0	η_1	p	η_0	η_1	p	η_0	η_1
19	7	−8	257	39	−40	457	209	−210	809	379	−380
23	12	−13	269	98	−99	461	74	−75	853	350	−351
61	22	−23	311	86	−87	499	77	−78	857	101	−102
67	20	−21	317	142	−143	523	158	−159	911	241	−242
79	25	−26	353	127	−128	607	60	−61	937	43	−44
127	16	−17	359	80	−81	619	70	−71	997	189	−190
181	19	−20	419	178	−179	797	207	−208			

*) Zum Theil aus Normen = $3p$ oder = $7p$ hergeleitet; es ist $N(1+\eta_1) = +3$.

$\lambda = 73$

$f(\eta_0)$, Primfactoren der Primzahlen p.*)

p	$f(\eta_0)$	p	$f(\eta_0)$	p	$f(\eta_0)$
+19	$23-6\eta_0$	−311	$89-24\eta_1$	+607	$205-54\eta_0$
+23	$53-14\eta_0$	−317	$203-54\eta_1$	−619	$103-28\eta_0$
−61	$37-10\eta_0$	+353	$35-8\eta_1$	+797	$31-4\eta_0$
−67	$13-4\eta_0$	+359	$551-146\eta_0$	−809	$293-78\eta_1$
−79	$29-8\eta_1$	−419	$41-12\eta_0$	+853	$53-12\eta_1$
+127	$25-6\eta_1$	−457	$233-62\eta_1$	+857	$41-8\eta_1$
+181	$47-12\eta_0$	−461	$11-6\eta_1$	−911	$361-96\eta_0$
−257	$17-6\eta_1$	+499	$31-6\eta_1$	−937	$95-24\eta_0$
+269	$77-20\eta_0$	−523	$739-196\eta_1$	+997	$139-36\eta_1$

XII. p zum Exponenten 72 gehörig, in Beziehung auf 73te Einheitswurzeln selbst complexe Primzahlen:

5, 11, 13, 29, 31, 47, 53, 59, 101, 107, 113, 131, 151, 157, 179, 191, 199, 229, 233, 263, 277, 281, 307, 331, 337, 379, 419, 433, 443, 449, 467, 491, 569, 571, 599, 613, 617, 631, 643, 677, 683, 691, 701, 719, 743, 761, 823, 829, 863, 881, 929, 977, 983.

*) Das Zeichen + vor den Primzahlen p zeigt an, dass $Nf(\eta_0) = +p$, das Zeichen −, dass $Nf(\eta_0) = -p$ ist. — Mehrere Primfactoren $f(\eta_0)$ sind aus Normen $= \pm 2p$ hergeleitet, es ist $N(4-\eta_0) = +2$.

$\lambda = 79$

I. $p = 79m + 1.$

Congruenzwurzeln mod. p.

p	α	α^2	α^3	α^4	α^5	α^6	α^7	α^8	α^9	α^{10}
317	+100	−144	−135	+131	+103	+156	+ 67	+ 43	−138	+148

p	α^{11}	α^{12}	α^{13}	α^{14}	α^{15}	α^{16}	α^{17}	α^{18}	α^{19}	α^{20}
317	− 99	− 73	− 9	+ 51	+ 28	− 53	+ 89	+ 24	−136	+ 31

p	α^{21}	α^{22}	α^{23}	α^{24}	α^{25}	α^{26}	α^{27}	α^{28}	α^{29}	α^{30}
317	− 70	− 26	− 64	− 60	+ 23	+ 81	−142	+ 65	−157	+150

p	α^{31}	α^{32}	α^{33}	α^{34}	α^{35}	α^{36}	α^{37}	α^{38}	α^{39}	α^{40}
317	+101	− 44	+ 38	− 4	− 83	− 58	− 94	+110	− 95	+ 10

p	α^{41}	α^{42}	α^{43}	α^{44}	α^{45}	α^{46}	α^{47}	α^{48}	α^{49}	α^{50}
317	+ 49	+145	− 82	+ 42	+ 79	− 25	+ 36	+113	−112	−105

p	α^{51}	α^{52}	α^{53}	α^{54}	α^{55}	α^{56}	α^{57}	α^{58}	α^{59}	α^{60}
317	− 39	− 96	− 90	−124	− 37	+104	− 61	− 77	− 92	− 7

p	α^{61}	α^{62}	α^{63}	α^{64}	α^{65}	α^{66}	α^{67}	α^{68}	α^{69}	α^{70}
317	− 66	+ 57	− 6	+ 34	− 87	−141	−152	+ 16	+ 15	− 85

p	α^{71}	α^{72}	α^{73}	α^{74}	α^{75}	α^{76}	α^{77}	α^{78}
317	+ 59	−123	+ 63	− 40	+121	+ 54	+ 11	+149

Primfactoren der Primzahl p ideal,
wirklich in 377911ter oder 53 . 377911ter Potenz, da 317 die quadratische Normform hat.

$\lambda = 79$

II. p zum Exponenten 2 gehörig.

39 zweigliedrige Perioden (für die primitive Wurzel 3 von 79):

$$
\begin{array}{llll}
\eta_0 = \alpha + \alpha^{-1}, & \eta_1 = \alpha^3 + \eta^{-3}, & \eta_2 = \alpha^9 + \alpha^{-9}, & \eta_3 = \alpha^{27} + \alpha^{-27}, \\
\eta_4 = \alpha^2 + \alpha^{-2}, & \eta_5 = \alpha^6 + \alpha^{-6}, & \eta_6 = \alpha^{18} + \alpha^{-18}, & \eta_7 = \alpha^{25} + \alpha^{-25}, \\
\eta_8 = \alpha^4 + \alpha^{-4}, & \eta_9 = \alpha^{12} + \alpha^{-12}, & \eta_{10} = \alpha^{36} + \alpha^{-36}, & \eta_{11} = \alpha^{29} + \alpha^{-29}, \\
\eta_{12} = \alpha^8 + \alpha^{-8}, & \eta_{13} = \alpha^{24} + \alpha^{-24}, & \eta_{14} = \alpha^7 + \alpha^{-7}, & \eta_{15} = \alpha^{21} + \alpha^{-21}, \\
\eta_{16} = \alpha^{16} + \alpha^{-16}, & \eta_{17} = \alpha^{31} + \alpha^{-31}, & \eta_{18} = \alpha^{14} + \alpha^{-14}, & \eta_{19} = \alpha^{37} + \alpha^{-37}, \\
\eta_{20} = \alpha^{32} + \alpha^{-32}, & \eta_{21} = \alpha^{17} + \alpha^{-17}, & \eta_{22} = \alpha^{28} + \alpha^{-28}, & \eta_{23} = \alpha^5 + \alpha^{-5}, \\
\eta_{24} = \alpha^{15} + \alpha^{-15}, & \eta_{25} = \alpha^{34} + \alpha^{-34}, & \eta_{26} = \alpha^{23} + \alpha^{-23}, & \eta_{27} = \alpha^{10} + \alpha^{-10}, \\
\eta_{28} = \alpha^{30} + \alpha^{-30}, & \eta_{29} = \alpha^{11} + \alpha^{-11}, & \eta_{30} = \alpha^{33} + \alpha^{-33}, & \eta_{31} = \alpha^{20} + \alpha^{-20}, \\
\eta_{32} = \alpha^{19} + \alpha^{-19}, & \eta_{33} = \alpha^{22} + \alpha^{-22}, & \eta_{34} = \alpha^{13} + \alpha^{-13}, & \eta_{35} = \alpha^{39} + \alpha^{-39}, \\
\eta_{36} = \alpha^{38} + \alpha^{-38}, & \eta_{37} = \alpha^{35} + \alpha^{-35}, & \eta_{38} = \alpha^{26} + \alpha^{-26}; &
\end{array}
$$

mit den fundamentalen Relationen:

$$
\begin{array}{llll}
\eta_0^2 = 2 + \eta_4, & \eta_0\eta_1 = \eta_4 + \eta_8, & \eta_0\eta_2 = \eta_{12} + \eta_{27}, & \eta_0\eta_3 = \eta_{38} + \eta_{22}, \\
\eta_0\eta_4 = \eta_0 + \eta_1, & \eta_0\eta_5 = \eta_{14} + \eta_{23}, & \eta_0\eta_6 = \eta_{21} + \eta_{32}, & \eta_0\eta_7 = \eta_{13} + \eta_{38}, \\
\eta_0\eta_8 = \eta_1 + \eta_{23}, & \eta_0\eta_9 = \eta_{29} + \eta_{34}, & \eta_0\eta_{10} = \eta_{19} + \eta_{37}, & \eta_0\eta_{11} = \eta_{22} + \eta_{28}, \\
\eta_0\eta_{12} = \eta_2 + \eta_{14}, & \eta_0\eta_{13} = \eta_7 + \eta_{26}, & \eta_0\eta_{14} = \eta_5 + \eta_{12}, & \eta_0\eta_{15} = \eta_{31} + \eta_{33}, \\
\eta_0\eta_{16} = \eta_{21} + \eta_{24}, & \eta_0\eta_{17} = \eta_{20} + \eta_{28}, & \eta_0\eta_{18} = \eta_{24} + \eta_{34}, & \eta_0\eta_{19} = \eta_{10} + \eta_{36}, \\
\eta_0\eta_{20} = \eta_{17} + \eta_{30}, & \eta_0\eta_{21} = \eta_6 + \eta_{16}, & \eta_0\eta_{22} = \eta_3 + \eta_{11}, & \eta_0\eta_{23} = \eta_5 + \eta_8, \\
\eta_0\eta_{24} = \eta_{16} + \eta_{18}, & \eta_0\eta_{25} = \eta_{30} + \eta_{37}, & \eta_0\eta_{26} = \eta_{13} + \eta_{33}, & \eta_0\eta_{27} = \eta_2 + \eta_{29}, \\
\eta_0\eta_{28} = \eta_{11} + \eta_{17}, & \eta_0\eta_{29} = \eta_9 + \eta_{27}, & \eta_0\eta_{30} = \eta_{20} + \eta_{25}, & \eta_0\eta_{31} = \eta_{15} + \eta_{32}, \\
\eta_0\eta_{32} = \eta_6 + \eta_{31}, & \eta_0\eta_{33} = \eta_{15} + \eta_{26}, & \eta_0\eta_{34} = \eta_9 + \eta_{18}, & \eta_0\eta_{35} = \eta_{35} + \eta_{36}, \\
\eta_0\eta_{36} = \eta_{19} + \eta_{35}, & \eta_0\eta_{37} = \eta_{10} + \eta_{25}, & \eta_0\eta_{38} = \eta_3 + \eta_7. &
\end{array}
$$

$\lambda = 79$

Congruenzwurzeln mod. p.

p	η_0	η_1	η_2	η_3	η_4	η_5	η_6	η_7	η_8	η_9
157	— 3	— 18	+ 31	+ 25	+ 7	+ 8	+ 17	— 5	+ 47	+ 62
631	— 16	—262	+189	+264	+254	—137	—248	+284	+152	—163
947	+ 20	+364	—417	+381	+398	— 86	—361	+268	+253	—182

p	η_{10}	η_{11}	η_{12}	η_{13}	η_{14}	η_{15}	η_{16}	η_{17}	η_{18}	η_{19}
157	— 27	+ 23	+ 9	+ 74	— 58	+ 56	— 78	— 21	+ 65	— 6
631	+295	—114	—245	+ 65	— 55	—257	+ 78	—194	—132	—208
947	—367	—150	—389	— 23	+213	—230	—201	—420	— 89	—134

p	η_{20}	η_{21}	η_{22}	η_{23}	η_{24}	η_{25}	η_{26}	η_{27}	η_{28}	η_{29}
157	— 41	— 32	— 16	+ 34	— 48	— 77	— 60	+ 55	— 53	— 39
631	—228	—226	—246	—277	+240	— 37	— 62	—255	+177	+105
947	—322	+256	+343	— 39	+459	+191	+219	—375	+445	—454

p	η_{30}	η_{31}	η_{32}	η_{33}	η_{34}	η_{35}	η_{36}	η_{37}	η_{38}
157	— 13	+ 40	— 19	— 51	+ 10	+ 28	+ 45	— 70	— 59
631	+ 56	+ 30	—223	+296	— 21	+267	—122	— 95	—192
947	—338	+467	+100	—332	—345	+277	—419	+370	—299

$f(\eta_0)$, Primfactoren der Primzahlen p.

p	$f(\eta_0)$	p	$f(\eta_0)$	p	$f(\eta_0)$
157	$-1+\eta_4+\eta_{19}$	631	$-1-\eta_{10}+\eta_{32}$	947	$-1-\eta_{17}+\eta_{36}$

$\lambda = 79$

III. p zum Exponenten 3 gehörig.

26 dreigliedrige Perioden (für die primitive Wurzel 3 von 79):

$$\eta_0 = \alpha + \alpha^{23} + \alpha^{55}, \quad \eta_1 = \alpha^3 + \alpha^{69} + \alpha^7, \quad \eta_2 = \alpha^9 + \alpha^{49} + \alpha^{21},$$
$$\eta_3 = \alpha^{27} + \alpha^{68} + \alpha^{63}, \quad \eta_4 = \alpha^2 + \alpha^{46} + \alpha^{31}, \quad \eta_5 = \alpha^6 + \alpha^{59} + \alpha^{14},$$
$$\eta_6 = \alpha^{18} + \alpha^{19} + \alpha^{42}, \quad \eta_7 = \alpha^{54} + \alpha^{57} + \alpha^{47}, \quad \eta_8 = \alpha^4 + \alpha^{13} + \alpha^{62},$$
$$\eta_9 = \alpha^{12} + \alpha^{39} + \alpha^{28}, \quad \eta_{10} = \alpha^{36} + \alpha^{38} + \alpha^5, \quad \eta_{11} = \alpha^{29} + \alpha^{35} + \alpha^{15},$$
$$\eta_{12} = \alpha^8 + \alpha^{26} + \alpha^{45}, \quad \eta_{13} = \alpha^{24} + \alpha^{78} + \alpha^{56}, \quad \eta_{14} = \alpha^{72} + \alpha^{76} + \alpha^{10},$$
$$\eta_{15} = \alpha^{58} + \alpha^{70} + \alpha^{30}, \quad \eta_{16} = \alpha^{16} + \alpha^{52} + \alpha^{11}, \quad \eta_{17} = \alpha^{48} + \alpha^{77} + \alpha^{33};$$
$$\eta_{18} = \alpha^{65} + \alpha^{73} + \alpha^{20}, \quad \eta_{19} = \alpha^{37} + \alpha^{61} + {}^{60}, \quad \eta_{20} = \alpha^{32} + \alpha^{25} + \alpha^{22},$$
$$\eta_{21} = \alpha^{17} + \alpha^{75} + \alpha^{66}, \quad \eta_{22} = \alpha^{51} + \alpha^{67} + \alpha^{40}, \quad \eta_{23} = \alpha^{74} + \alpha^{43} + \alpha^{41},$$
$$\eta_{24} = \alpha^{64} + \alpha^{50} + \alpha^{44}, \quad \eta_{25} = \alpha^{34} + \alpha^{71} + \alpha^{53};$$

mit den fundamentalen Relationen:

$$\eta_0^2 = \eta_4 + 2\eta_{13}, \quad \eta_0\eta_1 = \eta_8 + \eta_{12} + \eta_{15}, \quad \eta_0\eta_2 = \eta_{14} + \eta_{20} + \eta_{24},$$
$$\eta_0\eta_3 = \eta_1 + \eta_9 + \eta_{24}, \quad \eta_0\eta_4 = \eta_1 + \eta_7 + \eta_{20}, \quad \eta_0\eta_5 = \eta_1 + \eta_{11} + \eta_{19},$$
$$\eta_0\eta_6 = \eta_6 + \eta_{18} + \eta_{23}, \quad \eta_0\eta_7 = \eta_0 + \eta_{15} + \eta_{17}, \quad \eta_0\eta_8 = \eta_3 + \eta_5 + \eta_{10},$$
$$\eta_0\eta_9 = \eta_8 + \eta_{11} + \eta_{22}, \quad \eta_0\eta_{10} = \eta_5 + \eta_9 + \eta_{19}, \quad \eta_0\eta_{11} = \eta_{10} + \eta_{15} + \eta_{16},$$
$$\eta_0\eta_{12} = \eta_2 + \eta_3 + \eta_4, \quad \eta_0\eta_{13} = 3 + \eta_7 + \eta_{20}, \quad \eta_0\eta_{14} = \eta_{16} + \eta_{17} + \eta_{18},$$
$$\eta_0\eta_{15} = \eta_4 + \eta_5 + \eta_{25}, \quad \eta_0\eta_{16} = \eta_9 + \eta_{21} + \eta_{25}, \quad \eta_0\eta_{17} = \eta_2 + \eta_{13} + \eta_{25},$$
$$\eta_0\eta_{18} = \eta_2 + \eta_{19} + \eta_{21}, \quad \eta_0\eta_{19} = \eta_8 + \eta_{10} + \eta_{19}, \quad \eta_0\eta_{20} = \eta_2 + \eta_{12} + \eta_{17},$$
$$\eta_0\eta_{21} = \eta_6 + \eta_{14} + \eta_{22}, \quad \eta_0\eta_{22} = \eta_3 + \eta_{16} + \eta_{23}, \quad \eta_0\eta_{23} = \eta_6 + \eta_{21} + \eta_{24},$$
$$\eta_0\eta_{24} = \eta_{12} + \eta_{18} + \eta_{22}, \quad \eta_0\eta_{25} = \eta_7 + \eta_{11} + \eta_{14}.$$

Congruenzwurzeln mod. p.

p	η_0	η_1	η_2	η_3	η_4	η_5	η_6	η_7	η_8	η_9
23	+ 1	+ 11	+ 10	− 1	− 2	+ 8	+ 7	− 4	− 8	− 8
181	− 3	− 16	+ 47	+ 66	− 33	− 7	− 24	+ 53	+ 14	+ 62
971										

p	η_{10}	η_{11}	η_{12}	η_{13}	η_{14}	η_{15}	η_{16}	η_{17}	η_{18}	η_{19}
23	+ 8	+ 11	+ 7	− 10	− 1	− 11	− 9	+ 6	+ 2	− 14
181	+ 80	− 30	− 87	+ 21	+ 41	− 60	+ 70	+ 85	+ 84	+ 67

p	η_{20}	η_{21}	η_{22}	η_{23}	η_{24}	η_{25}
23	− 9	− 6	+ 10	− 2	− 3	+ 6
181	+ 62	+ 51	+ 11	+ 12	− 63	+ 39

Primfactoren der Primzahlen p ideal,
wirklich in 5 . 53 ter (resp. 5ter?) Potenz, da keiner die quadratische Normform hat.

Normen complexer Zahlen in $\overset{3}{\eta}$.

$N(\eta) = 4289$, $N(1+\eta_3) = 23 . 2213$, $N(1-\eta_0) = 23^2 . 317$;
$N(\eta_0+\eta_3) = 23^2 . 8849$, $N(\eta_9-\eta_{20}) = 181 . 23^3 . 79$.

$\lambda = 79$

IV. p zum Exponenten 6 gehörig.

13 sechsgliedrige Perioden (für die primitive Wurzel 3 von 79):

$$\eta_0 = \alpha + \alpha^{24} + \alpha^{23} + \alpha^{78} + \alpha^{55} + \alpha^{56}, \qquad \eta_1 = \alpha^3 + \alpha^{72} + \alpha^{69} + \alpha^{76} + \alpha^7 + \alpha^{10},$$
$$\eta_2 = \alpha^9 + \alpha^{58} + \alpha^{49} + \alpha^{70} + \alpha^{21} + \alpha^{30}, \qquad \eta_3 = \alpha^{27} + \alpha^{16} + \alpha^{68} + \alpha^{52} + \alpha^{63} + \alpha^{11},$$
$$\eta_4 = \alpha^2 + \alpha^{48} + \alpha^{46} + \alpha^{77} + \alpha^{31} + \alpha^{33}, \qquad \eta_5 = \alpha^6 + \alpha^{65} + \alpha^{59} + \alpha^{73} + \alpha^{14} + \alpha^{20},$$
$$\eta_6 = \alpha^{18} + \alpha^{37} + \alpha^{19} + \alpha^{61} + \alpha^{42} + \alpha^{60}, \qquad \eta_7 = \alpha^{54} + \alpha^{32} + \alpha^{57} + \alpha^{25} + \alpha^{47} + \alpha^{22},$$
$$\eta_8 = \alpha^4 + \alpha^{17} + \alpha^{13} + \alpha^{75} + \alpha^{62} + \alpha^{66}, \qquad \eta_9 = \alpha^{12} + \alpha^{51} + \alpha^{39} + \alpha^{67} + \alpha^{28} + \alpha^{40},$$
$$\eta_{10} = \eta^{36} + \alpha^{74} + \alpha^{38} + \alpha^{43} + \alpha^5 + \alpha^{41}, \qquad \eta_{11} = \alpha^{29} + \alpha^{64} + \alpha^{35} + \alpha^{50} + \alpha^{15} + \alpha^{44},$$
$$\eta_{12} = \alpha^8 + \alpha^{34} + \alpha^{26} + \alpha^{71} + \alpha^{45} + \alpha^{53};$$

Wurzeln der Gleichung:

$$\eta^{13} + \eta^{12} - 36\eta^{11} - 77\eta^{10} + 365\eta^9 + 1193\eta^8 - 617\eta^7 - 5541\eta^6 - 4414\eta^5 + 4575\eta^4 + 6321\eta^3 - 411\eta^2 - 2196\eta - 293\ ;$$

mit den fundamentalen Relationen:

$$\eta_0^2 = 6+2\eta_0+\eta_4+2\eta_7, \quad \eta_0\eta_1 = \eta_2+\eta_3+\eta_4+\eta_5+\eta_8+\eta_{12}, \quad \eta_0\eta_2 = \eta_1+\eta_4+\eta_5+\eta_7+\eta_{11}+_{12},$$
$$\eta_0\eta_3 = \eta_1+\eta_8+2\eta_9+\eta_{11}+\eta_{12}, \qquad \eta_0\eta_4 = \eta_0+\eta_1+\eta_2+2\eta_7+\eta_{12},$$
$$\eta_0\eta_5 = \eta_1+\eta_3+\eta_6+\eta_8+\eta_{10}+\eta_{11}, \qquad \eta_0\eta_6 = \eta_5+2\eta_6+\eta_8+2\eta_{10},$$
$$\eta_0\eta_7 = 2\eta_0+\eta_2+2\eta_4+\eta_{12}, \qquad \eta_0\eta_8 = \eta_1+\eta_3+\eta_5+\eta_6+\eta_9+\eta_{10},$$
$$\eta_0\eta_9 = 2\eta_3+\eta_8+\eta_9+\eta_{10}+\eta_{11}, \qquad \eta_0\eta_{10} = \eta_5+2\eta_6+\eta_8+\eta_9+\eta_{11},$$
$$\eta_0\eta_{11} = \eta_2+\eta_3+\eta_5+\eta_9+\eta_{10}+\eta_{12}, \qquad \eta_0\eta_{12} = \eta_1+\eta_2+\eta_3+\eta_4+\eta_7+\eta_{11}.$$

Congruenzwurzeln mod. p.

p	η_0	η_1	η_2	η_3	η_4	η_5	η_6	η_7	η_8	η_9	η_{10}	η_{11}	η_{12}
103	+10	+46	+43	−26	−42	+ 16	+17	− 45	− 29	+46	+23	− 43	− 17
293	0	+86	+21	−76	−71	+117	+56	−114	−112	+22	+88	−139	+121
419													
577													

$f(\eta_0)$, Primfactoren der Primzahlen p, z. B.

p	$f(\eta_0)$	p	$f(\eta_0)$
103	$-1-\eta_5-\eta_{12}$	293	η_0

Normen complexer Zahlen in $\overset{6}{\eta}$.

$N(1+\eta_0) = -23$, $N(1-\eta) = -1129$, $N(2+\eta) = 1$, $N(2-\eta_9) = -23 \,.\, 4583$,
$N(3+\eta) = 4289$, $N(3-\eta) = 282559$, $N(4-\eta_4) = -23 \,.\, 423779$,
$N(1+2\eta) = -1129 \,.\, 1873$, $N(3+2\eta_1) = -23^2$, $N(3-2\eta_3) = -23^2 181 \,.\, 2551$,
$N(5+2\eta_8) = -23^2 181$, $N(1+\eta_6+\eta_{10}) = -23^2$, $N(1+\eta_7+\eta_8) = 181^2$,
$N(1+\eta_0+\eta_{11}) = -23 \,.\, 971$.

$\lambda = 79$

V. p zum Exponenten 13 gehörig.

6 dreizehngliedrige Perioden (für die primitive Wurzel 3 von 79):

$$\begin{aligned}
\eta_0 &= \alpha + \alpha^{18} + \alpha^{8} + \alpha^{65} + \alpha^{64} + \alpha^{46} + \alpha^{38} + \alpha^{52} + \alpha^{67} + \alpha^{21} + \alpha^{62} + \alpha^{10} + \alpha^{22},\\
\eta_1 &= \alpha^{3} + \alpha^{54} + \alpha^{24} + \alpha^{37} + \alpha^{34} + \alpha^{59} + \alpha^{35} + \alpha^{77} + \alpha^{43} + \alpha^{63} + \alpha^{28} + \alpha^{30} + \alpha^{66},\\
\eta_2 &= \alpha^{9} + \alpha^{4} + \alpha^{72} + \alpha^{32} + \alpha^{23} + \alpha^{19} + \alpha^{26} + \alpha^{73} + \alpha^{50} + \alpha^{31} + \alpha^{5} + \alpha^{11} + \alpha^{40},\\
\eta_3 &= \alpha^{27} + \alpha^{12} + \alpha^{58} + \alpha^{17} + \alpha^{69} + \alpha^{57} + \alpha^{78} + \alpha^{61} + \alpha^{71} + \alpha^{14} + \alpha^{15} + \alpha^{33} + \alpha^{41},\\
\eta_4 &= \alpha^{2} + \alpha^{36} + \alpha^{16} + \alpha^{51} + \alpha^{49} + \alpha^{13} + \alpha^{76} + \alpha^{25} + \alpha^{55} + \alpha^{42} + \alpha^{45} + \alpha^{20} + \alpha^{44},\\
\eta_5 &= \alpha^{6} + \alpha^{29} + \alpha^{48} + \alpha^{74} + \alpha^{68} + \alpha^{39} + \alpha^{70} + \alpha^{75} + \alpha^{7} + \alpha^{47} + \alpha^{56} + \alpha^{60} + \alpha^{53};
\end{aligned}$$

Wurzeln der Gleichung:

$$\eta^6 + \eta^5 + 7\eta^4 + 63\eta^3 - 81\eta^2 - 353\eta + 541 = 0;$$

mit den fundamentalen Relationen:

$$\begin{aligned}
\eta_0^2 &= 2\eta_0 + 2\eta_1 + 4\eta_2 + \eta_4 + 4\eta_5, & \eta_0\eta_1 &= -1 + 2\eta_0 + \eta_2 + 3\eta_4 + \eta_5,\\
\eta_0\eta_2 &= -1 + 2\eta_2 + 3\eta_3 + \eta_4 + \eta_5, & \eta_0\eta_3 &= 12 + \eta_0 + 2\eta_1 + \eta_3 + 2\eta_4,\\
\eta_0\eta_4 &= -1 + 2\eta_0 + 3\eta_1 + \eta_2 + \eta_3, & \eta_0\eta_5 &= -1 + \eta_1 + 3\eta_2 + \eta_4 + 2\eta_5.
\end{aligned}$$

Congruenzwurzeln mod. p.

p	η_0	η_1	η_2	η_3	η_4	η_5
67	+ 4	+ 31	+ 20	+ 15	+ 17	− 21
89	− 6	− 30	+ 37	− 13	+ 28	− 17
97	− 8	+ 12	− 37	+ 24	− 25	+ 33
101	+ 6	− 28	− 40	− 9	+ 47	+ 23
131	+ 4	+ 65	− 42	+ 38	− 16	− 50
179	+ 1	− 83	+ 76	− 40	− 13	+ 58
223	+ 2	− 92	− 3	+ 66	−105	− 92
283	+ 8	+ 74	− 13	+138	+116	− 41
337	− 53	+166	+168	+ 71	+128	−144
383	− 6	+169	+ 47	− 82	+115	+139
433	+ 20	+ 73	− 66	+ 70	+143	+192
457	+ 26	− 83	− 53	+224	+122	+220
541	0	−149	− 39	− 54	+170	+ 71
563	− 2	− 91	−137	+160	−154	+223
571	− 34	+281	−265	+194	−239	+ 62
599	+ 58	+240	−198	−102	−187	+188
617	+ 9	−159	+ 39	+ 82	+168	−140
653	− 69	+303	−104	−160	−225	+254
719	+ 6	+225	−346	+330	−128	− 88
733	+ 10	−133	−136	−306	+211	+353
757	− 1	−238	+106	+154	−300	+278
773	+170	−181	−281	+214	−379	−317
811	+ 26	+ 59	+351	+376	−244	+242
857	+ 34	−118	+202	−136	+422	−405
877	+ 26	−141	−164	+ 86	+320	−128
887	− 12	−438	+ 48	+351	+374	−324
907	− 52	+385	+234	−138	−336	− 94

$\lambda = 79$

$f(\eta_0)$, Primfactoren der Primzahlen p.

Folgende Primzahlen p, denen die quadratische Normform zukommt, haben wirkliche Primfactoren $f(\eta_0)$.

p	$f(\eta_0)$	p	$f(\eta_0)$	p	$f(\eta_0)$
179	$1-\eta_0$	563	$2+\eta_0$	811	$2+\eta_4+\eta_5$
223	$2-\eta_0$	757	$1+\eta_0$	907	$2-\eta_2-\eta_3-\eta_5$
541	η_0				

Die übrigen Primzahlen p haben ideale Primfactoren, deren 5te Potenzen wirklich sind, z. B.

p	$f^5(\eta_0)$	Zu Grunde liegende Normen
97	$435-70\eta_0+28\eta_1-100\eta_2+111\eta_3+73\eta_4-75\eta_5$	$N(1+\eta_3+\eta_4) = 8.97$
283	$681-174\eta_0+71\eta_1+88\eta_2-166\eta_3+40\eta_4+86\eta_5$	$N(1-\eta_0-2\eta_3) = 125.283$
599	$270-21\eta_0+28\eta_1+61\eta_2+3\eta_3-77\eta_4$	$N(1-\eta_4-\eta_5) = 8.599$
617	$33-9\eta_0+99\eta_2+28\eta_3-\eta_4-103\eta_5$	$N(\eta_0-\eta_1-\eta_4) = 64.617$
733	$1989+206\eta_0-660\eta_1+828\eta_2+335\eta_3-350\eta_4-513\eta_5$	$N(3-\eta_1+\eta_2) = 8.733$
887	$10342+7918\eta_0+2045\eta_1-1802\eta_2-5938\eta_3+475\eta_4-3494\eta_5$	$N(1+2\eta_0-\eta_3+\eta_4) = 8.887$

Normen complexer Zahlen in $\overset{12}{\eta}$.

$N(3+\eta_2) = 223$, $N(3-\eta) = 1993$, $N(4+\eta) = 1489$, $N(4-\eta_0) = 67.131$,
$N(6+\eta_1) = 89.383$, $N(6-\eta_1) = 719.101$, $N(1+2\eta_1) = 131.337$,
$N(2+\eta_3-\eta_4) = 67.337$, $N(3-\eta_1+\eta_2) = 67.433$, $N(1+2\eta_0+\eta_2) = 457.101$,
$N(1+\eta_1-\eta_2+\eta_4) = 773.67$, $N(3+\eta_1+\eta_3+2\eta_4) = 571.101$,
$N(4+\eta_0+\eta_3-\eta_4) = 653.101$, $N(1+2\eta_2+\eta_5) = 857.97$,
$N(3-\eta_0+\eta_1-\eta_2) = 877.101$. — Diese Normen enthalten die Primfactoren einiger weiterer Primzahlen p in gebrochener Form.

$\lambda = 79$

VI. p zum Exponenten 26 gehörig.

3 sechsundzwanziggliedrige Perioden (für die primitive Wurzel 3 von 79):

$$\eta_0 = \alpha + \alpha^{27} + \alpha^{18} + \alpha^{12} + \alpha^{8} + \alpha^{58} + \alpha^{65} + \alpha^{17} + \alpha^{64} + \alpha^{69} + \alpha^{46} + \alpha^{57} + \alpha^{38} + \alpha^{78} + \alpha^{52}$$
$$+ \alpha^{61} + \alpha^{67} + \alpha^{71} + \alpha^{21} + \alpha^{14} + \alpha^{62} + \alpha^{15} + \alpha^{10} + \alpha^{33} + \alpha^{22} + \alpha^{41},$$

$$\eta_1 = \alpha^{3} + \alpha^{2} + \alpha^{54} + \alpha^{36} + \alpha^{24} + \alpha^{16} + \alpha^{37} + \alpha^{51} + \alpha^{34} + \alpha^{49} + \alpha^{59} + \alpha^{13} + \alpha^{35} + \alpha^{76}$$
$$+ \alpha^{77} + \alpha^{25} + \alpha^{43} + \alpha^{55} + \alpha^{63} + \alpha^{42} + \alpha^{28} + \alpha^{45} + \alpha^{30} + \alpha^{20} + \alpha^{66} + \alpha^{44},$$

$$\eta_2 = \alpha^{9} + \alpha^{6} + \alpha^{4} + \alpha^{29} + \alpha^{72} + \alpha^{48} + \alpha^{32} + \alpha^{74} + \alpha^{23} + \alpha^{68} + \alpha^{19} + \alpha^{39} + \alpha^{26} + \alpha^{70}$$
$$+ \alpha^{73} + \alpha^{75} + \alpha^{50} + \alpha^{7} + \alpha^{31} + \alpha^{47} + \alpha^{5} + \alpha^{56} + \alpha^{11} + \alpha^{60} + \alpha^{40} + \alpha^{53};$$

Wurzeln der Gleichung:

$$\eta^3 + \eta^2 - 26\eta + 41 = 0;$$

mit den fundamentalen Relationen:

$$\eta_0^2 = 20 + 3\eta_1 + 4\eta_2, \qquad \eta_0\eta_1 = 9\eta_0 + 10\eta_1 + 7\eta_2, \qquad \eta_0\eta_2 = 10\eta_0 + 7\eta_1 + 9\eta_2.$$

Congruenzwurzeln mod. p.

p	η_0	η_1	η_2	p	η_0	η_1	η_2	p	η_0	η_1	η_2
17	+ 1	− 6	+ 4	229	+ 34	+ 98	+ 96	659	−161	−219	−280
41	0	+ 16	+ 24	251	+ 7	− 61	+ 53	673	−145	−239	−290
61	+ 5	− 29	+ 23	331	+ 92	+121	+117	701	+132	+290	+278
71	− 5	+ 11	− 7	349	− 25	−160	−165	769	−191	−327	−252
137	+ 6	− 44	+ 37	373	− 9	− 29	+ 37	823	−108	+306	−199
173	+30	+ 34	− 65	409	+ 8	− 80	+ 71	859	− 38	−417	−405
191	+31	+ 77	+ 82	491	− 45	+135	− 91	881	+ 10	−124	+113
199	− 8	− 16	+ 23	647	− 23	+226	−204	883	− 11	− 61	+ 71
227	−43	− 72	−113								

$f(\eta_0)$, Primfactoren der Primzahlen p.

p	$f(\eta_0)$	p	$f(\eta_0)$	p	$f(\eta_0)$	p	$f(\eta_0)$
17	$+1+\eta_0$	199	$+8+\eta_0$	373	$+9+\eta_0$	701	$+11-\eta_0-2\eta_1$
41	$+\eta_0$	227	$+1-2\eta_2$	409	$+8-\eta_0$	769	$+5-4\eta_0$
61	$+5-\eta_0$	229	$-2+\eta_1-\eta_2$	491	$-3\eta_0-\eta_2$	823	$+17+2\eta_0-\eta_2$
71	$-5-\eta_0$	251	$+7-\eta_0$	647	$-11-2\eta_0-3\eta_2$	859	$+11-\eta_0-2\eta_2$
137	$+6-\eta_0$	331	$-4+\eta_1-\eta_2$	659	$+2-3\eta_1$	881	$+10-\eta_0$
173	$-4-\eta_0+\eta_1$	349	$-5+\eta_1-\eta_2$	673	$-2\eta_0+\eta_2$	883	$+11+\eta_0$
191	$-4+\eta_0+2\eta_2$						

$\lambda = 79$

VII. p zum Exponenten 39 gehörig.

2 neununddreissiggliedrige Perioden (für die primitive Wurzel 3 von 79):

$$\eta_0 = \alpha + \alpha^{9} + \alpha^{2} + \alpha^{18} + \alpha^{4} + \alpha^{36} + \alpha^{8} + \alpha^{72} + \alpha^{16} + \alpha^{65} + \alpha^{32} + \alpha^{51} + \alpha^{64} + \alpha^{23} + \alpha^{49} + \alpha^{46} + \alpha^{19} + \alpha^{13} + \alpha^{38} + \alpha^{26} + \alpha^{76} + \alpha^{52} + \alpha^{73} + \alpha^{25} + \alpha^{67} + \alpha^{50} + \alpha^{55} + \alpha^{21} + \alpha^{31} + \alpha^{42} + \alpha^{62} + \alpha^{5} + \alpha^{45} + \alpha^{10} + \alpha^{11} + \alpha^{20} + \alpha^{22} + \alpha^{40} + \alpha^{44},$$

$$\eta_1 = \alpha^{3} + \alpha^{27} + \alpha^{6} + \alpha^{54} + \alpha^{12} + \alpha^{29} + \alpha^{24} + \alpha^{58} + \alpha^{48} + \alpha^{37} + \alpha^{17} + \alpha^{74} + \alpha^{34} + \alpha^{69} + \alpha^{68} + \alpha^{59} + \alpha^{57} + \alpha^{39} + \alpha^{35} + \alpha^{78} + \alpha^{70} + \alpha^{77} + \alpha^{61} + \alpha^{75} + \alpha^{43} + \alpha^{71} + \alpha^{7} + \alpha^{63} + \alpha^{14} + \alpha^{47} + \alpha^{28} + \alpha^{15} + \alpha^{56} + \alpha^{30} + \alpha^{33} + \alpha^{60} + \alpha^{66} + \alpha^{41} + \alpha^{53};$$

Wurzeln der Gleichung:

$$\eta^2 + \eta + 20 = 0;$$

mit den fundamentalen Relationen:

$$\eta_0^2 = -20 - \eta_0, \qquad \eta_0\eta_1 = +20.$$

Congruenzwurzeln mod. p.

p	η_0	η_1	p	η_0	η_1	p	η_0	η_1	p	η_0	η_1
2	0	1	257	50	−51	467	146	−147	727	120	−121
5	0	−1	263	22	−23	479	229	−230	743	303	−304
11	1	−2	269	32	−33	487	139	−140	751	38	−39
13	2	−3	277	102	−103	499	70	−71	761	314	−315
19	7	−8	281	78	−79	523	204	−205	809	227	−228
31	6	−7	313	127	−128	547	104	−105	821	90	−91
73	16	−17	347	52	−53	557	74	−75	839	178	−179
83	40	−41	367	76	−77	569	47	−48	863	417	−418
151	62	−63	389	121	−122	593	48	−49	911	141	−142
163	17	−18	397	101	−102	641	265	−266	941	241	−242
167	51	−52	421	161	−162	643	293	−294	953	425	−426
239	43	−44	431	65	−66	677	164	−165	967	158	−159
241	21	−22	439	196	−197	683	122	−123	997	381	−382

Congruenzwurzeln mod. p^5.

p	η_0	p	η_0	p	η_0
2	− 4	13	+ 30890	31	+ 8933679
5	− 795	19	−339314	73	−53986477
11	−50060				

$f(\eta_0)$, Primfactoren der Primzahlen p.

Wirkliche Primfactoren $f(\eta_0)$ haben folgende Primzahlen p:

p	$f(\eta_0)$	p	$f(\eta_0)$	p	$f(\eta_0)$	p	$f(\eta_0)$
83	$1-2\eta_1$	479	$19-2\eta_1$	727	$1-6\eta_1$	941	$23-4\eta_0$
397	$7-4\eta_0$	677	$17-4\eta_1$	863	$27-2\eta_1$	967	$13-6\eta_1$

$\lambda = 79$

Die übrigen Primzahlen p haben ideale Primfactoren, deren 5te Potenzen $f^5(\eta_0)$ wirklich sind, in zwei Gruppen:

a) Primzahlen p mit Normen $= 2p$ *), entsprechend der quadratischen Form $11y^2 + 6yz + 8z^2$.

p	$f^5(\eta_0)$	$\phi(\eta_0)$	p	$f^5(\eta_0)$	$\phi(\eta_0)$
2	$3-\eta_1$		389	$284049+671468\eta_1$	$23-3\eta_1$
11	$193-74\eta_1$	$1-\eta_0$	467	$4701891-20366\eta_1$	$26-3\eta_1$
13	$601-12\eta_1$	$2-\eta_0$	487	$4892693-309766\eta_0$	$1+7\eta_0$
31	$3461-830\eta_0$	$6-\eta_0$	499	$465763+1251090\eta_0$	$2-7\eta_1$
163	$307099-25438\eta_0$	$17-\eta_0$	523	$5868371-359382\eta_0$	$21-5\eta_1$
167	$358343-3466\eta_1$	$11-3\eta_1$	547	$94597-1562274\eta_1$	$22-5\eta_1$
241	$883967-23376\eta_0$	$21-\eta_0$	743	$7062679-2799818\eta_1$	$29-5\eta_0$
257	$17747-237176\eta_1$	$2-5\eta_1$	751	$303893+3463026\eta_0$	$38-\eta_0$
263	$219699-240538\eta_1$	$22-\eta_0$	809	$8981463-3428360\eta_0$	$22-7\eta_1$
313	$66197-385632\eta_0$	$9-5\eta_0$	821	$269617+4324924\eta_0$	$2-9\eta_1$
367	$1663729-401374\eta_0$	$13-5\eta_0$	953	$1795263-6211688\eta_1$	$13-9\eta_0$

b) Primzahlen p mit Normen $= 4p$ **), entsprechend der quadratischen Form $5y^2 + 2yz + 16z^2$.

p	$f^5(\eta_0)$	$\phi(\eta_0)$	p	$f^5(\eta_0)$	$\phi(\eta_0)$
5	$51-4\eta_1$	η_0	439	$730667-869930\eta_1$	$8-9\eta_0$
19	$883-270\eta_0$	$7-\eta_0$	557	$4042811-1267756\eta_0$	$32-7\eta_1$
73	$45427-192\eta_1$	$16-\eta_0$	569	$918603-1692080\eta_1$	$47-\eta_0$
151	$80023-58074\eta_0$	$8-5\eta_0$	593	$4732659-1481848\eta_1$	$48-\eta_0$
239	$440911-160418\eta_0$	$19-5\eta_1$	641	$8778447-1047776\eta_0$	$43-5\eta_0$
269	$860083-162620\eta_1$	$32-\eta_0$	643	$3599009-2113698\eta_1$	$8-11\eta_0$
277	$1200361-71956\eta_1$	$29-3\eta_0$	683	$4352223-2439958\eta_1$	$13-11\eta_1$
281	$596219-249760\eta_1$	$9-7\eta_1$	761	$10605527-2419576\eta_0$	$48-5\eta_0$
347	$2240801-4186\eta_1$	$17-7\eta_0$	839	$19758479-735082\eta_0$	$51-5\eta_0$
421	$248677+817524\eta_1$	$32-5\eta_1$	911	$613881-5584190\eta_0$	$11-13\eta_0$
431	$3641019-207410\eta_1$	$24-7\eta_0$	997	$18660089-5195844\eta_1$	$19-13\eta_1$

VIII. p zum Exponenten 78 gehörig, in Beziehung auf 79te Einheitswurzeln selbst complexe Primzahlen:

3, 7, 29, 37, 43, 47, 53, 59, 107, 109, 113, 127, 139, 193, 197, 211, 233, 271, 307, 311, 353, 359, 379, 401, 443, 449, 461, 463, 503, 509, 521, 601, 607, 613, 619, 661, 691, 709, 739, 751, 797, 827, 829, 853, 911, 929, 937, 991.

---

*) d. h. es gibt für jede Primzahl p eine complexe Zahl $\phi(\eta_0)$, so dass $N\phi(\eta_0) = 2p$.

**) d. h. für jede dieser Primzahlen p gibt es eine complexe Zahl $\phi(\eta_0)$, so dass $N\phi(\eta_0) = 4p$, und es ist $N(4-7\eta_0) = 4^5$. Desgleichen ist für jede dieser Primzahlen p eine complexe Zahl $\phi'(\eta_0)$ vorhanden, so dass $N\phi'(\eta_0) = 5p$, z. B. $N(3-2\eta_1) = 5.19$, $N(5-4\eta_1) = 5.73$ u. s. w.

$\lambda = 83$

I. $p = 83m + 1$

Congruenzwurzeln mod. p.

p	α	α^2	α^3	α^4	α^5	α^6	α^7	α^8	α^9	α^{10}
167	−67	−20	+4	+66	−80	+16	−70	+14	+64	+54
499	+4	+16	+64	−243	+26	+104	−83	+167	+169	+177
997	+100	+30	+9	−97	+270	+81	+124	+436	−268	+119

p	α^{11}	α^{12}	α^{13}	α^{14}	α^{15}	α^{16}	α^{17}	α^{18}	α^{19}	α^{20}
167	+56	−78	+49	+57	+22	+29	+61	−79	−51	+77
499	+209	−162	−149	−97	+111	−55	−220	+118	−27	−108
997	−64	−418	+74	+421	+226	−331	−199	+40	+12	+203

p	α^{21}	α^{22}	α^{23}	α^{24}	α^{25}	α^{26}	α^{27}	α^{28}	α^{29}	α^{30}
167	+18	−37	−26	+72	+19	+63	−46	+76	−82	−17
499	+67	−231	+74	−203	+186	+245	−18	−72	+211	−154
997	+360	+108	−167	+249	−25	+491	+247	−225	+431	+229

p	α^{31}	α^{32}	α^{33}	α^{34}	α^{35}	α^{36}	α^{37}	α^{38}	α^{39}	α^{40}
167	−30	+6	−68	+47	+24	+62	+21	−71	+81	−83
499	−117	+31	+124	−3	−12	−48	−192	+230	−78	+187
997	−31	−109	+67	−279	+16	−394	+480	+144	+442	+332

p	α^{41}	α^{42}	α^{43}	α^{44}	α^{45}	α^{46}	α^{47}	α^{48}	α^{49}	α^{50}
167	+50	−10	+2	+33	−40	+8	−35	+7	+32	+27
499	+249	−2	−8	−32	−128	−13	−52	−208	+166	+165
997	+299	−10	−3	−300	−90	−27	+291	+187	−243	−372

p	α^{51}	α^{52}	α^{53}	α^{54}	α^{55}	α^{56}	α^{57}	α^{58}	α^{59}	α^{60}
167	+28	−39	−59	−55	+11	−69	−53	+44	+58	−45
499	+161	+145	+81	−175	−201	+194	−222	+110	−59	−236
997	−311	−193	−357	+192	+257	−222	−266	+319	−4	−400

p	α^{61}	α^{62}	α^{63}	α^{64}	α^{65}	α^{66}	α^{67}	α^{68}	α^{69}	α^{70}
167	+9	+65	−13	+36	−74	−52	−23	+38	−41	+75
499	+54	+216	−134	−37	−148	−93	+127	+9	+36	+144
997	−120	−36	+388	−83	−324	−496	+250	+75	−476	+256

p	α^{71}	α^{72}	α^{73}	α^{74}	α^{75}	α^{76}	α^{77}	α^{78}	α^{79}	α^{80}
167	−15	+3	−34	−60	+12	+31	−73	+48	−43	+42
499	+77	−191	+234	−62	+251	+6	+24	+96	−115	+39
997	−322	−296	+310	+93	+327	−201	−160	−48	+185	−443

p	α^{81}	α^{82}
167	+25	−5
499	+156	+125
997	−434	−329

Primfactoren der Primzahlen p ideal

wirklich in 3 . 279405653ter Potenz, da keiner die quadratische Normform hat.

$\lambda = 83$

II. p zum Exponenten 2 gehörig.

41 zweigliedrige Perioden (für die primitive Wurzel 2 von 83):

$\eta_0 = \alpha + \alpha^{-1}$, $\eta_1 = \alpha^2 + \alpha^{-2}$, $\eta_2 = \alpha^4 + \alpha^{-4}$, $\eta_3 = \alpha^8 + \alpha^{-8}$,
$\eta_4 = \alpha^{16} + \alpha^{-16}$, $\eta_5 = \alpha^{32} + \alpha^{-32}$, $\eta_6 = \alpha^{19} + \alpha^{-19}$, $\eta_7 = \alpha^{38} + \alpha^{-38}$
$\eta_8 = \alpha^7 + \alpha^{-7}$, $\eta_9 = \alpha^{14} + \alpha^{-14}$, $\eta_{10} = \alpha^{28} + \alpha^{-28}$, $\eta_{11} = \alpha^{27} + \alpha^{-27}$
$\eta_{12} = \alpha^{29} + \alpha^{-29}$, $\eta_{13} = \alpha^{25} + \alpha^{-25}$, $\eta_{14} = \alpha^{33} + \alpha^{-33}$, $\eta_{15} = \alpha^{17} + \alpha^{-17}$
$\eta_{16} = \alpha^{34} + \alpha^{-34}$, $\eta_{17} = \alpha^{15} + \alpha^{-15}$, $\eta_{18} = \alpha^{30} + \alpha^{-30}$, $\eta_{19} = \alpha^{23} + \alpha^{-23}$
$\eta_{20} = \alpha^{37} + \alpha^{-37}$, $\eta_{21} = \alpha^9 + \alpha^{-9}$, $\eta_{22} = \alpha^{18} + \alpha^{-18}$, $\eta_{23} = \alpha^{36} + \alpha^{-36}$
$\eta_{24} = \alpha^{11} + \alpha^{-11}$, $\eta_{25} = \alpha^{22} + \alpha^{-22}$, $\eta_{26} = \alpha^{39} + \alpha^{-39}$, $\eta_{27} = \alpha^5 + \alpha^{-5}$,
$\eta_{28} = \alpha^{10} + \alpha^{-10}$, $\eta_{29} = \alpha^{20} + \alpha^{-20}$, $\eta_{30} = \alpha^{40} + \alpha^{-40}$, $\eta_{31} = \alpha^3 + \alpha^{-3}$,
$\eta_{32} = \alpha^6 + \alpha^{-6}$, $\eta_{33} = \alpha^{12} + \alpha^{-12}$, $\eta_{34} = \alpha^{24} + \alpha^{-24}$, $\eta_{35} = \alpha^{35} + \alpha^{-35}$
$\eta_{36} = \alpha^{13} + \alpha^{-13}$, $\eta_{37} = \alpha^{26} + \alpha^{-26}$, $\eta_{38} = \alpha^{31} + \alpha^{-31}$, $\eta_{39} = \alpha^{21} + \alpha^{-21}$
$\eta_{40} = \alpha^{41} + \alpha^{-41}$;

mit den fundamentalen Relationen:

$\eta_0^2 = 2 + \eta_1$, $\eta_0\eta_1 = \eta_0 + \eta_{31}$, $\eta_0\eta_2 = \eta_{27} + \eta_{31}$, $\eta_0\eta_3 = \eta_8 + \eta_{21}$,
$\eta_0\eta_4 = \eta_{15} + \eta_{17}$, $\eta_0\eta_5 = \eta_5 + \eta_{38}$, $\eta_0\eta_6 = \eta_{22} + \eta_{29}$, $\eta_0\eta_7 = \eta_{20} + \eta_{26}$,
$\eta_0\eta_8 = \eta_3 + \eta_{32}$, $\eta_0\eta_9 = \eta_{17} + \eta_{36}$, $\eta_0\eta_{10} = \eta_{11} + \eta_{12}$, $\eta_0\eta_{11} = \eta_{10} + \eta_{37}$,
$\eta_0\eta_{12} = \eta_{10} + \eta_{18}$, $\eta_0\eta_{13} = \eta_{34} + \eta_{37}$, $\eta_0\eta_{14} = \eta_5 + \eta_{16}$, $\eta_0\eta_{15} = \eta_4 + \eta_{22}$,
$\eta_0\eta_{16} = \eta_{14} + \eta_{35}$, $\eta_0\eta_{17} = \eta_4 + \eta_9$, $\eta_0\eta_{18} = \eta_{12} + \eta_{38}$, $\eta_0\eta_{19} = \eta_{25} + \eta_{34}$,
$\eta_0\eta_{20} = \eta_7 + \eta_{23}$, $\eta_0\eta_{21} = \eta_3 + \eta_{28}$, $\eta_0\eta_{22} = \eta_6 + \eta_{15}$, $\eta_0\eta_{23} = \eta_{20} + \eta_{35}$,
$\eta_0\eta_{24} = \eta_{28} + \eta_{33}$, $\eta_0\eta_{25} = \eta_{19} + \eta_{39}$, $\eta_0\eta_{26} = \eta_7 + \eta_{30}$, $\eta_0\eta_{27} = \eta_2 + \eta_{32}$,
$\eta_0\eta_{28} = \eta_{21} + \eta_{24}$, $\eta_0\eta_{29} = \eta_6 + \eta_{39}$, $\eta_0\eta_{30} = \eta_{26} + \eta_{40}$, $\eta_0\eta_{31} = \eta_1 + \eta_2$,
$\eta_0\eta_{32} = \eta_8 + \eta_{27}$, $\eta_0\eta_{33} = \eta_{24} + \eta_{36}$, $\eta_0\eta_{34} = \eta_{13} + \eta_{19}$, $\eta_0\eta_{35} = \eta_{16} + \eta_{23}$,
$\eta_0\eta_{36} = \eta_9 + \eta_{33}$, $\eta_0\eta_{37} = \eta_{11} + \eta_{13}$, $\eta_0\eta_{38} = \eta_5 + \eta_{18}$, $\eta_0\eta_{39} = \eta_{25} + \eta_{29}$,
$\eta_0\eta_{40} = \eta_{30} + \eta_{40}$.

$\lambda = 83$

Congruenzwurzeln mod. p.

p	η_0	η_1	η_2	η_3	η_4	η_5	η_6	η_7	η_8	η_9
331	− 4	+ 14	−137	−100	+ 68	− 12	+142	− 29	−154	−118
829	− 19	+359	+384	−108	+ 56	−182	− 38	−216	+230	−158

p	η_{10}	η_{11}	η_{12}	η_{13}	η_{14}	η_{15}	η_{16}	η_{17}	η_{18}	η_{19}
331	+ 20	+ 67	−147	+ 92	−144	−119	− 74	−153	− 94	−103
829	+ 92	+172	−262	−165	−134	−284	+241	+ 49	− 88	+281

p	η_{20}	η_{21}	η_{22}	η_{23}	η_{24}	η_{25}	η_{26}	η_{27}	η_{28}	η_{29}
331	+ 15	−108	+ 77	− 31	− 34	+161	+101	− 62	−130	+ 17
829	+204	+164	+366	−344	−213	−228	−245	+335	+308	+356

p	η_{30}	η_{31}	η_{32}	η_{33}	η_{34}	η_{35}	η_{36}	η_{37}	η_{38}	η_{39}
331	− 44	− 52	+ 54	− 65	− 80	+109	− 37	+ 43	−139	+121
829	−103	−170	−117	−406	−137	−300	−363	− 44	+276	− 94

p	η_{40}
331	+ 75
829	−285

$f(\eta_0)$, Primfactoren der Primzahlen p, in den folgenden Normen in gebrochener Form enthalten.

Normen complexer Zahlen in $\overset{2}{\eta}$.

$N(1+\eta_{20}-\eta_{36}) = 997$, $N(1+\eta_7+\eta_9) = 167.997$, $N(1-\eta_4+\eta_{11}) = 331.167$,
$N(1+\eta_{13}+\eta_{21}) = 829.167 = N(-1+\eta_{15}-\eta_{41})$, $N(1+\eta_{30}+\eta_{37}) = 331.997$.

$\lambda = 83$

III. p zum Exponenten 41 gehörig.

2 einundvierziggliedrige Perioden (für die primitive Wurzel 2 von 83):

$$\eta_0 = \alpha + \alpha^4 + \alpha^{16} + \alpha^{64} + \alpha^7 + \alpha^{28} + \alpha^{29} + \alpha^{33} + \alpha^{49} + \alpha^{30} + \alpha^{37} + \alpha^{65} + \alpha^{11} + \alpha^{44} + \alpha^{10}$$
$$+ \alpha^{40} + \alpha^{77} + \alpha^{59} + \alpha^{70} + \alpha^{31} + \alpha^{41} + \alpha^{81} + \alpha^{75} + \alpha^{51} + \alpha^{38} + \alpha^{69} + \alpha^{27} + \alpha^{25} + \alpha^{17}$$
$$+ \alpha^{68} + \alpha^{23} + \alpha^9 + \alpha^{36} + \alpha^{61} + \alpha^{78} + \alpha^{63} + \alpha^3 + \alpha^{12} + \alpha^{48} + \alpha^{26} + \alpha^{21},$$

$$\eta_1 = \alpha^2 + \alpha^8 + \alpha^{32} + \alpha^{45} + \alpha^{14} + \alpha^{56} + \alpha^{58} + \alpha^{66} + \alpha^{15} + \alpha^{60} + \alpha^{74} + \alpha^{47} + \alpha^{22} + \alpha^5$$
$$+ \alpha^{20} + \alpha^{80} + \alpha^{71} + \alpha^{35} + \alpha^{57} + \alpha^{62} + \alpha^{82} + \alpha^{79} + \alpha^{67} + \alpha^{19} + \alpha^{76} + \alpha^{55} + \alpha^{54} + \alpha^{50} + \alpha^{34}$$
$$+ \alpha^{53} + \alpha^{46} + \alpha^{18} + \alpha^{72} + \alpha^{39} + \alpha^{73} + \alpha^{43} + \alpha^6 + \alpha^{24} + \alpha^{13} + \alpha^{52} + \alpha^{42};$$

Wurzeln der Gleichung:

$$\eta^2 + \eta + 21 = 0;$$

mit den fundamentalen Relationen:

$$\eta_0^2 = -21 - \eta_0, \qquad \eta_0\eta_1 = +21.$$

Congruenzwurzeln mod. p.

p	η_0	η_1	p	η_0	η_1	p	η_0	η_1	p	η_0	η_1
3	0	−1	197	80	−81	443	55	−56	739	238	−239
7	0	−1	199	67	−68	463	98	−99	751	125	−126
11	3	−4	227	107	−108	479	65	−66	757	228	−229
17	5	−6	229	78	−79	509	235	−236	773	198	−199
23	1	−2	241	26	−27	521	104	−105	787	270	−271
29	13	−14	277	95	−96	523	227	−228	811	136	−137
31	8	−9	293	16	−17	547	225	−226	839	76	−77
37	9	−10	313	58	−59	557	135	−136	853	87	−88
41	4	−5	317	30	−31	563	213	−214	857	50	−51
59	12	−13	349	100	−101	593	111	−112	859	362	−363
61	25	−26	353	49	−50	607	195	−196	881	401	−402
109	17	−18	359	32	−33	617	239	−240	907	328	−329
113	48	−49	373	79	−80	619	74	−75	911	215	−216
127	33	−34	383	162	−163	659	317	−318	929	438	−439
131	10	−11	397	127	−128	673	314	−315	941	140	−141
151	40	−41	401	19	−20	691	291	−292	953	92	−93
173	34	−35	409	60	−61	701	137	−138	977	179	−180
191	23	−24	419	117	−118	727	192	−193	983	476	−477
193	63	−64	431	115	−116	733	343	−344	991	448	−449

Congruenzwurzeln mod. p^2.

p	η_0	p	η_0	p	η_0	p	η_0	p	η_0
3	−3	11	−261	29	+9786	37	+10739	61	−15164
7	−119	17	+1892	31	−1976	59	+89397		

$\lambda = 83$

$f(\eta_0)$, Primfactoren der Primzahlen p.

Wirkliche Primfactoren $f(\eta_0)$ haben folgende Primzahlen p.

p	$f(\eta_0)$	p	$f(\eta_0)$	p	$f(\eta_0)$	p	$f(\eta_0)$	p	$f(\eta_0)$
23	$1-\eta_0$	227	$11-2\eta_1$	401	$19-\eta_0$	659	$23-2\eta_1$	773	$19-4\eta_0$
41	$4-\eta_0$	229	$5-3\eta_0$	521	$1+5\eta_0$	701	$11-5\eta_1$	787	$23-3\eta_0$
131	$10-\eta_0$	277	$8-3\eta_0$	557	$13-4\eta_1$	739	$22-3\eta_1$	811	$5-6\eta_0$
193	$1-3\eta_1$	293	$16-\eta_0$	607	$19-3\eta_1$	751	$1+6\eta_0$	983	$29-2\eta_1$
199	$2-3\eta_0$	397	$13-3\eta_1$						

Die übrigen Primzahlen p haben ideale Primfactoren deren 3te Potenzen $f^3(\eta_0)$ wirklich sind:

p	$f^3(\eta_0)$	$\phi(\eta_0)$ *)	p	$f^3(\eta_0)$	$\phi(\eta_0)$
3	$2-\eta_1$		443	$7213-1129\eta_1$	$3+8\eta_0$
7	$11-3\eta_1$	η_0	463	$9803-219\eta_1$	$27-5\eta_0$
11	$26-5\eta_0$	$3-\eta_0$	479	$2602-2155\eta_0$	$17-7\eta_1$
17	$31-13\eta_0$	$5-\eta_0$	509	$10288-895\eta_0$	$37-2\eta_1$
29	$152-5\eta_0$	$1-2\eta_1$	523	$698-2589\eta_1$	$20-7\eta_0$
31	$151-15\eta_0$	$8-\eta_0$	547	$8669-1857\eta_1$	$31-5\eta_0$
37	$151-33\eta_1$	$9-\eta_0$	563	$3502-2731\eta_0$	$15-8\eta_0$
59	$193-85\eta_1$	$12-\eta_0$	593	$12947-1121\eta_0$	$33-5\eta_1$
61	$464-15\eta_1$	$9-2\eta_1$	617	$11651-1913\eta_1$	$34-5\eta_1$
109	$1048-75\eta_1$	$17-\eta_0$	619	$4198-5135\eta_0$	$19-8\eta_1$
113	$977-131\eta_0$	$15-2\eta_1$	673	$14828-1689\eta_0$	$43-2\eta_1$
127	$1094-177\eta_1$	$5-4\eta_0$	691	$3679-3795\eta_1$	$29-7\eta_1$
151	$814-345\eta_0$	$9-4\eta_0$	727	$19141-573\eta_0$	$41-4\eta_0$
173	$1957-211\eta_1$	$3+5\eta_0$	733	$493+4341\eta_0$	$45-2\eta_1$
191	$2186-275\eta_1$	$23-\eta_0$	757	$1361-4503\eta_1$	$9-10\eta_0$
197	$296+607\eta_0$	$6-5\eta_0$	839	$17707-3235\eta_1$	$3+11\eta_0$
241	$2956-435\eta_1$	$26-\eta_0$	853	$14432-4101\eta_1$	$17-10\eta_0$
313	$4748-519\eta_1$	$18-5\eta_1$	857	$15524-3947\eta_1$	$50-\eta_0$
317	$296+1237\eta_0$	$30-\eta_0$	859	$25063-195\eta_0$	$36-7\eta_1$
349	$6512-15\eta_1$	$2-7\eta_0$	881	$7339-5305\eta_1$	$6-11\eta_0$
353	$2327-1301\eta_0$	$3-7\eta_1$	907	$3139-5847\eta_0$	$9-11\eta_1$
359	$4958-905\eta_1$	$32-\eta_0$	911	$27494-5\eta_0$	$47-4\eta_1$
373	$2027-1461\eta_0$	$22-5\eta_0$	929	$2587+6215\eta_0$	$51-2\eta_1$
383	$6022-841\eta_0$	$8-7\eta_1$	941	$28129-895\eta_1$	$39-7\eta_0$
409	$5252-1275\eta_1$	$11-7\eta_0$	953	$9028-5899\eta_0$	$23-10\eta_1$
419	$1538-1805\eta_1$	$12-7\eta_1$	977	$404+6673\eta_0$	$15-11\eta_0$
431	$7249-985\eta_0$	$29-4\eta_0$	991	$21334-4485\eta_0$	$16-11\eta_1$

*) Für jede dieser Primzahlen p gibt es eine complexe Zahl $\phi(\eta_0)$, deren Norm $= 3p$ ist, sie liegt der Berechnung von $f^3(\eta_0)$ zu Grunde.

$\lambda = 83$

IV. p zum Exponenten 82 gehörig, in Beziehung auf 83te Einheitswurzeln selbst complexe Primzahlen:

2, 5, 13, 19, 43, 47, 53, 67, 71, 73, 79, 89, 97, 101, 103, 107,
137, 139, 149, 157, 163, 179, 181, 211, 223, 233, 239, 251, 257, 263, 269, 271,
281, 283, 307, 311, 337, 347, 367, 379, 389, 421, 433, 439, 449, 457, 461, 467,
487, 491, 503, 541, 569, 571, 577, 587, 599, 601, 613, 631, 641, 643, 647, 653,
661, 677, 683, 709, 719, 743, 761, 769, 797, 809, 821, 823, 827, 863, 877, 883,
887, 919, 937, 947, 967, 971.

$\lambda = 89$

I. $p = 89m + 1$.

Congruenzwurzeln mod. p.

p	α	α^2	α^3	α^4	α^5	α^6	α^7	α^8	α^9	α^{10}
179	− 79	− 24	− 73	+ 39	− 38	− 41	+ 17	+ 89	− 50	+ 12

p	α^{11}	α^{12}	α^{13}	α^{14}	α^{15}	α^{16}	α^{17}	α^{18}	α^{19}	α^{20}
179	− 53	+ 70	+ 19	− 69	+ 81	+ 45	+ 25	− 6	− 63	− 35

p	α^{21}	α^{22}	α^{23}	α^{24}	α^{25}	α^{26}	α^{27}	α^{28}	α^{29}	α^{30}
179	+ 80	− 55	+ 49	+ 67	+ 77	+ 3	− 58	− 72	− 40	− 62

p	α^{31}	α^{32}	α^{33}	α^{34}	α^{35}	α^{36}	α^{37}	α^{38}	α^{39}	α^{40}
179	+ 65	+ 56	+ 51	+ 88	+ 29	+ 36	+ 20	+ 31	+ 57	− 28

p	α^{41}	α^{42}	α^{43}	α^{44}	α^{45}	α^{46}	α^{47}	α^{48}	α^{49}	α^{50}
179	+ 64	− 44	+ 75	− 18	− 10	+ 74	+ 61	+ 14	− 32	+ 22

p	α^{51}	α^{52}	α^{53}	α^{54}	α^{55}	α^{56}	α^{57}	α^{58}	α^{59}	α^{60}
179	+ 52	+ 9	+ 5	− 37	+ 59	− 7	+ 16	− 11	− 26	+ 85

p	α^{61}	α^{62}	α^{63}	α^{64}	α^{65}	α^{66}	α^{67}	α^{68}	α^{69}	α^{70}
179	+ 87	− 71	+ 60	− 86	− 8	− 84	+ 13	+ 47	+ 46	− 54

p	α^{71}	α^{72}	α^{73}	α^{74}	α^{75}	α^{76}	α^{77}	α^{78}	α^{79}	α^{80}
179	− 30	+ 43	+ 4	+ 42	+ 83	+ 66	− 23	+ 27	+ 15	+ 68

p	α^{81}	α^{82}	α^{83}	α^{84}	α^{85}	α^{86}	α^{87}	α^{88}
179	− 2	− 21	+ 48	− 33	− 78	+ 76	+ 82	− 34

Primfactoren der Primzahl p ideal,
wirklich in 118401449ter, oder in 113 . 118401449ter Potenz.

$\lambda = 89$

II. p zum Exponenten 2 gehörig.

44 zweigliedrige Perioden (für die primitive Wurzel 30 von 89):

$\eta_0 = \alpha + \alpha^{-1}$,	$\eta_1 = \alpha^{30} + \alpha^{-30}$,	$\eta_2 = \alpha^{10} + \alpha^{-10}$,	$\eta_3 = \alpha^{33} + \alpha^{-33}$,
$\eta_4 = \alpha^{11} + \alpha^{-11}$,	$\eta_5 = \alpha^{26} + \alpha^{-26}$,	$\eta_6 = \alpha^{21} + \alpha^{-21}$,	$\eta_7 = \alpha^{7} + \alpha^{-7}$,
$\eta_8 = \alpha^{32} + \alpha^{-32}$,	$\eta_9 = \alpha^{19} + \alpha^{-19}$,	$\eta_{10} = \alpha^{36} + \alpha^{-36}$,	$\eta_{11} = \alpha^{12} + \alpha^{-12}$,
$\eta_{12} = \alpha^{4} + \alpha^{-4}$,	$\eta_{13} = \alpha^{31} + \alpha^{-31}$,	$\eta_{14} = \alpha^{40} + \alpha^{-40}$,	$\eta_{15} = \alpha^{43} + \alpha^{-43}$,
$\eta_{16} = \alpha^{44} + \alpha^{-44}$,	$\eta_{17} = \alpha^{15} + \alpha^{-15}$,	$\eta_{18} = \alpha^{5} + \alpha^{-5}$,	$\eta_{19} = \alpha^{28} + \alpha^{-28}$,
$\eta_{20} = \alpha^{39} + \alpha^{-39}$,	$\eta_{21} = \alpha^{13} + \alpha^{-13}$,	$\eta_{22} = \alpha^{34} + \alpha^{-34}$,	$\eta_{23} = \alpha^{41} + \alpha^{-41}$,
$\eta_{24} = \alpha^{16} + \alpha^{-16}$,	$\eta_{25} = \alpha^{35} + \alpha^{-35}$,	$\eta_{26} = \alpha^{18} + \alpha^{-18}$,	$\eta_{27} = \alpha^{6} + \alpha^{-6}$,
$\eta_{28} = \alpha^{2} + \alpha^{-2}$,	$\eta_{29} = \alpha^{29} + \alpha^{-29}$,	$\eta_{30} = \alpha^{20} + \alpha^{-20}$,	$\eta_{31} = \alpha^{23} + \alpha^{-23}$,
$\eta_{32} = \alpha^{22} + \alpha^{-22}$,	$\eta_{33} = \alpha^{37} + \alpha^{-37}$,	$\eta_{34} = \alpha^{42} + \alpha^{-42}$,	$\eta_{35} = \alpha^{14} + \alpha^{-14}$,
$\eta_{36} = \alpha^{25} + \alpha^{-25}$,	$\eta_{37} = \alpha^{38} + \alpha^{-38}$,	$\eta_{38} = \alpha^{17} + \alpha^{-17}$,	$\eta_{39} = \alpha^{24} + \alpha^{-24}$,
$\eta_{40} = \alpha^{8} + \alpha^{-8}$,	$\eta_{41} = \alpha^{27} + \alpha^{-27}$,	$\eta_{42} = \alpha^{9} + \alpha^{-9}$,	$\eta_{43} = \alpha^{3} + \alpha^{-3}$,

mit den fundamentalen Relationen:

$\eta_0^2 = 2 + \eta_{28}$,	$\eta_0\eta_1 = \eta_{13} + \eta_{29}$,	$\eta_0\eta_2 = \eta_4 + \eta_{42}$,	$\eta_0\eta_3 = \eta_8 + \eta_{22}$,
$\eta_0\eta_4 = \eta_2 + \eta_{11}$,	$\eta_0\eta_5 = \eta_{36} + \eta_{41}$,	$\eta_0\eta_6 = \eta_{30} + \eta_{32}$,	$\eta_0\eta_7 = \eta_{27} + \eta_{40}$,
$\eta_0\eta_8 = \eta_3 + \eta_{13}$,	$\eta_0\eta_9 = \eta_{26} + \eta_{30}$,	$\eta_0\eta_{10} = \eta_{25} + \eta_{33}$,	$\eta_0\eta_{11} = \eta_4 + \eta_{21}$,
$\eta_0\eta_{12} = \eta_{18} + \eta_{43}$,	$\eta_0\eta_{13} = \eta_1 + \eta_8$,	$\eta_0\eta_{14} = \eta_{20} + \eta_{23}$,	$\eta_0\eta_{15} = \eta_{16} + \eta_{34}$,
$\eta_0\eta_{16} = \eta_{15} + \eta_{16}$,	$\eta_0\eta_{17} = \eta_{24} + \eta_{35}$,	$\eta_0\eta_{18} = \eta_{12} + \eta_{27}$,	$\eta_0\eta_{19} = \eta_{29} + \eta_{41}$,
$\eta_0\eta_{20} = \eta_{14} + \eta_{37}$,	$\eta_0\eta_{21} = \eta_{11} + \eta_{35}$,	$\eta_0\eta_{22} = \eta_3 + \eta_{25}$,	$\eta_0\eta_{23} = \eta_{14} + \eta_{34}$,
$\eta_0\eta_{24} = \eta_{17} + \eta_{38}$,	$\eta_0\eta_{25} = \eta_{10} + \eta_{22}$,	$\eta_0\eta_{26} = \eta_9 + \eta_{38}$,	$\eta_0\eta_{27} = \eta_7 + \eta_{18}$,
$\eta_0\eta_{28} = \eta_0 + \eta_{43}$,	$\eta_0\eta_{29} = \eta_1 + \eta_{19}$,	$\eta_0\eta_{30} = \eta_6 + \eta_9$,	$\eta_0\eta_{31} = \eta_{32} + \eta_{39}$,
$\eta_0\eta_{32} = \eta_6 + \eta_{31}$,	$\eta_0\eta_{33} = \eta_{10} + \eta_{37}$,	$\eta_0\eta_{34} = \eta_{15} + \eta_{23}$,	$\eta_0\eta_{35} = \eta_{17} + \eta_{21}$,
$\eta_0\eta_{36} = \eta_5 + \eta_{39}$,	$\eta_0\eta_{37} = \eta_{20} + \eta_{33}$,	$\eta_0\eta_{38} = \eta_{24} + \eta_{26}$,	$\eta_0\eta_{39} = \eta_{31} + \eta_{36}$,
$\eta_0\eta_{40} = \eta_7 + \eta_{42}$,	$\eta_0\eta_{41} = \eta_5 + \eta_{19}$,	$\eta_0\eta_{42} = \eta_2 + \eta_{40}$,	$\eta_0\eta_{43} = \eta_{12} + \eta_{28}$.

Im ersten Tausend existirt keine hierher gehörige Primzahl p; dass aber die Primzahlen $p = 89m - 1$, deren erste 1423 ist, wirkliche Primfactoren in $\overset{2}{\eta}$ haben, ergibt sich daraus, dass die Primzahlen $p = 89m + 1$ wirkliche Factoren in $\overset{2}{\eta}$ haben, z. B. $N(1 + \eta_{25} + \eta_{27}) = 179$.

$\lambda = 89$

III. p zum Exponenten 4 gehörig.

22 viergliedrige Perioden (für die primitive Wurzel 30 von 89):

$$\eta_0 = \alpha + \alpha^{55} + \alpha^{88} + \alpha^{34},\quad \eta_1 = \alpha^{30} + \alpha^{48} + \alpha^{59} + \alpha^{41},\quad \eta_2 = \alpha^{10} + \alpha^{16} + \alpha^{79} + \alpha^{73}$$
$$\eta_3 = \alpha^{33} + \alpha^{35} + \alpha^{56} + \alpha^{54},\quad \eta_4 = \alpha^{11} + \alpha^{71} + \alpha^{78} + \alpha^{18},\quad \eta_5 = \alpha^{63} + \alpha^{83} + \alpha^{26} + \alpha^{6},$$
$$\eta_6 = \alpha^{21} + \alpha^{87} + \alpha^{68} + \alpha^{2},\quad \eta_7 = \alpha^{7} + \alpha^{29} + \alpha^{82} + \alpha^{60},\quad \eta_8 = \alpha^{32} + \alpha^{69} + \alpha^{57} + \alpha^{20}$$
$$\eta_9 = \alpha^{70} + \alpha^{23} + \alpha^{19} + \alpha^{66},\qquad \eta_{10} = \alpha^{53} + \alpha^{67} + \alpha^{36} + \alpha^{22},$$
$$\eta_{11} = \alpha^{77} + \alpha^{52} + \alpha^{12} + \alpha^{37},\qquad \eta_{12} = \alpha^{85} + \alpha^{47} + \alpha^{4} + \alpha^{42},$$
$$\eta_{13} = \alpha^{58} + \alpha^{75} + \alpha^{31} + \alpha^{14},\qquad \eta_{14} = \alpha^{49} + \alpha^{25} + \alpha^{40} + \alpha^{64},$$
$$\eta_{15} = \alpha^{46} + \alpha^{38} + \alpha^{43} + \alpha^{51},\qquad \eta_{16} = \alpha^{45} + \alpha^{72} + \alpha^{44} + \eta^{17},$$
$$\eta_{17} = \alpha^{15} + \alpha^{24} + \alpha^{74} + \alpha^{65},\qquad \eta_{18} = \alpha^{5} + \alpha^{8} + \alpha^{84} + \alpha^{81},$$
$$\eta_{19} = \alpha^{61} + \alpha^{62} + \alpha^{28} + \alpha^{27},\qquad \eta_{20} = \alpha^{50} + \alpha^{80} + \alpha^{39} + \alpha^{9},$$
$$\eta_{21} = \alpha^{76} + \alpha^{86} + \alpha^{13} + \alpha^{3};$$

mit den fundamentalen Relationen:

$$\eta_0^2 = 4 + 2\eta_3 + \eta_6,\quad \eta_0\eta_1 = \eta_7 + \eta_{12} + \eta_{13} + \eta_{14},\quad \eta_0\eta_2 = \eta_4 + \eta_{16} + \eta_{17} + \eta_{20},$$
$$\eta_0\eta_3 = 2\eta_0 + \eta_8 + \eta_{10},\qquad \eta_0\eta_4 = \eta_3 + \eta_9 + \eta_{11} + \eta_{16},$$
$$\eta_0\eta_5 = \eta_7 + \eta_{14} + \eta_{18} + \eta_{19},\qquad \eta_0\eta_6 = \eta_0 + \eta_8 + \eta_{10} + \eta_{21},$$
$$\eta_0\eta_7 = \eta_1 + \eta_5 + \eta_{18} + \eta_{19},\qquad \eta_0\eta_8 = \eta_3 + \eta_6 + \eta_9 + \eta_{13},$$
$$\eta_0\eta_9 = \eta_4 + \eta_8 + \eta_{10} + \eta_{17},\qquad \eta_0\eta_{10} = \eta_2 + \eta_6 + \eta_9 + \eta_{11},$$
$$\eta_0\eta_{11} = \eta_4 + \eta_{10} + \eta_{15} + \eta_{21},\qquad \eta_0\eta_{12} = \eta_1 + \eta_{15} + \eta_{18} + \eta_{21},$$
$$\eta_0\eta_{13} = \eta_1 + \eta_8 + \eta_{17} + \eta_{21},\qquad \eta_0\eta_{14} = \eta_1 + \eta_5 + \eta_{17} + \eta_{20},$$
$$\eta_0\eta_{15} = \eta_{11} + \eta_{12} + \eta_{16} + \eta_{20},\qquad \eta_0\eta_{16} = \eta_2 + \eta_4 + \eta_{15} + \eta_{16},$$
$$\eta_0\eta_{17} = \eta_2 + \eta_9 + \eta_{13} + \eta_{14},\qquad \eta_0\eta_{18} = \eta_5 + \eta_7 + \eta_{12} + \eta_{20},$$
$$\eta_0\eta_{19} = \eta_5 + \eta_7 + 2\eta_{19},\qquad \eta_0\eta_{20} = \eta_2 + \eta_{14} + \eta_{15} + \eta_{18},$$
$$\eta_0\eta_{21} = \eta_6 + \eta_{11} + \eta_{12} + \eta_{13}.$$

Congruenzwurzeln mod. p.

p	η_0	η_1	η_2	η_3	η_4	η_5	η_6	η_7	η_8	η_9	η_{10}
233	+ 3	+ 86	+ 90	+ 90	−105	+ 77	+ 58	− 87	+ 20	+ 58	+ 11
479	+ 1	−203	+ 72	+155	− 66	− 4	+166	+143	− 81	+218	+234

p	η_{11}	η_{12}	η_{13}	η_{14}	η_{15}	η_{16}	η_{17}	η_{18}	η_{19}	η_{20}	η_{21}
233	+ 60	− 18	+ 87	+ 43	− 99	− 57	+ 15	+ 52	− 10	− 49	− 93
479	+174	−187	−141	− 18	− 6	− 51	+131	+ 10	−139	+ 58	+ 12

$f(\eta_0)$, Primfactoren der Primzahlen p.

p	$f(\eta_0)$	p	$f(\eta_0)$
233	gebrochen in folgenden Normen.	479	$1-\eta_0$

Normen complexer Zahlen in $\overset{4}{\eta}$.

$N(1+\eta_{10}) = -179,\quad N(1-\eta_6-\eta_{16}) = -233 \,.\, 179,\quad N(\eta_7+\eta_{12}) = 233 \,.\, 1657\,.$

$\lambda = 89$

VI. p zum Exponenten 8 gehörig.

11 achtgliedrige Perioden (für die primitive Wurzel 30 von 89):

$$\eta_0 = \alpha + \alpha^{77} + \alpha^{55} + \alpha^{52} + \alpha^{88} + \alpha^{12} + \alpha^{34} + \alpha^{37},$$
$$\eta_1 = \alpha^{30} + \alpha^{85} + \alpha^{48} + \alpha^{47} + \alpha^{59} + \alpha^{4} + \alpha^{41} + \alpha^{42},$$
$$\eta_2 = \alpha^{10} + \alpha^{58} + \alpha^{16} + \alpha^{75} + \alpha^{79} + \alpha^{31} + \alpha^{73} + \alpha^{14},$$
$$\eta_3 = \alpha^{33} + \alpha^{49} + \alpha^{35} + \alpha^{25} + \alpha^{56} + \alpha^{40} + \alpha^{54} + \alpha^{64},$$
$$\eta_4 = \alpha^{11} + \alpha^{46} + \alpha^{71} + \alpha^{38} + \alpha^{78} + \alpha^{43} + \alpha^{18} + \alpha^{51},$$
$$\eta_5 = \alpha^{63} + \alpha^{45} + \alpha^{83} + \alpha^{72} + \alpha^{26} + \alpha^{44} + \alpha^{6} + \alpha^{17},$$
$$\eta_6 = \alpha^{21} + \alpha^{15} + \alpha^{87} + \alpha^{24} + \alpha^{68} + \alpha^{74} + \alpha^{2} + \alpha^{65},$$
$$\eta_7 = \alpha^{7} + \alpha^{5} + \alpha^{29} + \alpha^{8} + \alpha^{82} + \alpha^{84} + \alpha^{60} + \alpha^{81},$$
$$\eta_8 = \alpha^{32} + \alpha^{61} + \alpha^{69} + \alpha^{62} + \alpha^{57} + \alpha^{28} + \alpha^{20} + \alpha^{27},$$
$$\eta_9 = \alpha^{70} + \alpha^{50} + \alpha^{23} + \alpha^{80} + \alpha^{19} + \alpha^{39} + \alpha^{66} + \alpha^{9},$$
$$\eta_{10} = \alpha^{53} + \alpha^{76} + \alpha^{67} + \alpha^{86} + \alpha^{36} + \alpha^{13} + \alpha^{22} + \alpha^{3};$$

Wurzeln der Gleichung:

$$\eta^{11} + \eta^{10} - 40\eta^9 - 19\eta^8 + 482\eta^7 + 84\eta^6 - 2185\eta^5 + 102\eta^4 + 3152\eta^3 - 781\eta^2 + 57\eta - 1 = 0;$$

mit den fundamentalen Relationen:

$$\eta_0^2 = 8 + 2\eta_3 + 2\eta_4 + \eta_6 + 2\eta_{10},$$
$$\eta_0\eta_1 = 2\eta_1 + \eta_2 + \eta_3 + \eta_4 + 2\eta_7 + \eta_{10},$$
$$\eta_0\eta_2 = -1 - \eta_0 - \eta_2 - \eta_3 + \eta_6 - \eta_7,$$
$$\eta_0\eta_3 = -1 + \eta_0 - \eta_2 - \eta_3 - \eta_4 - \eta_7,$$
$$\eta_0\eta_4 = 2\eta_0 + \eta_1 + \eta_2 + 2\eta_5 + 2\eta_9,$$
$$\eta_0\eta_5 = \eta_2 + \eta_3 + 2\eta_4 + \eta_5 + 2\eta_7 + \eta_8,$$
$$\eta_0\eta_6 = \eta_0 + 2\eta_2 + \eta_3 + \eta_8 + \eta_9 + 2\eta_{10},$$
$$\eta_0\eta_7 = 2\eta_1 + 2\eta_5 + 2\eta_7 + \eta_8 + \eta_9,$$
$$\eta_0\eta_8 = -1 - \eta_0 - \eta_1 - \eta_4 + \eta_8 - \eta_{10},$$
$$\eta_0\eta_9 = -1 - \eta_0 - \eta_1 + \eta_4 - \eta_5 - \eta_9,$$
$$\eta_0\eta_{10} = 2\eta_0 + \eta_1 + \eta_2 + \eta_3 + 2\eta_6 + \eta_9.$$

Congruenzwurzeln mod. p.

Von den 8 hierher gehörigen Primzahlen p: 37, 101, 433, 457, 571, 853, 967, 991 beispielsweise:

p	η_0	η_1	η_2	η_3	η_4	η_5	η_6	η_7	η_8	η_9	η_{10}
37	−2	+ 2	−14	+ 6	+ 7	−12	− 8	+ 10	+ 10	+ 15	− 11
101	−9	+ 21	−46	−41	− 15	−25	+ 42	+ 26	+ 12	+ 13	+ 21
853	+1	+167	−14	−31	−374	+14	+393	−403	−107	+148	+205

$\lambda = 89$

$f(\eta_0)$, Primfactoren der Primzahlen p, z. B.

p	$f(\eta_0)$	p	$f(\eta_0)$	p	$f(\eta_0)$
37	$+\eta_2+\eta_5+\eta_{10}$	101	$+1-\eta_5-\eta_7$	853	$+1-\eta_0$

Normen complexer Zahlen in $\overset{8}{\eta}$.

$N(1+\eta) = 2081$, $\quad N(2-\eta) = 1283$, $\quad N(1+\eta_4+\eta_6) = N(2+\eta_0) = 37^2$

$N(1+\eta_3-\eta_4) = 37.101$, $\quad N(\eta_4+\eta_6) = 179$, $\quad N(\eta_0-\eta_5) = 89.179$.

V. p zum Exponenten 11 gehörig.

8 elfgliedrige Perioden (für die primitive Wurzel 30 von 89):

$$\eta_0 = \alpha + \alpha^{32} + \alpha^{45} + \alpha^{16} + \alpha^{67} + \alpha^{8} + \alpha^{78} + \alpha^{4} + \alpha^{39} + \alpha^{2} + \alpha^{64},$$
$$\eta_1 = \alpha^{30} + \alpha^{70} + \alpha^{15} + \alpha^{35} + \alpha^{52} + \alpha^{62} + \alpha^{26} + \alpha^{31} + \alpha^{13} + \alpha^{60} + \alpha^{51},$$
$$\eta_2 = \alpha^{10} + \alpha^{53} + \alpha^{5} + \alpha^{71} + \alpha^{47} + \alpha^{80} + \alpha^{68} + \alpha^{40} + \alpha^{34} + \alpha^{20} + \alpha^{17},$$
$$\eta_3 = \alpha^{33} + \alpha^{77} + \alpha^{61} + \alpha^{83} + \alpha^{75} + \alpha^{86} + \alpha^{82} + \alpha^{43} + \alpha^{41} + \alpha^{66} + \alpha^{65},$$
$$\eta_4 = \alpha^{11} + \alpha^{85} + \alpha^{50} + \alpha^{87} + \alpha^{25} + \alpha^{88} + \alpha^{57} + \alpha^{44} + \alpha^{73} + \alpha^{22} + \alpha^{81},$$
$$\eta_5 = \alpha^{63} + \alpha^{58} + \alpha^{76} + \alpha^{29} + \alpha^{38} + \alpha^{59} + \alpha^{19} + \alpha^{74} + \alpha^{54} + \alpha^{37} + \alpha^{27},$$
$$\eta_6 = \alpha^{21} + \alpha^{49} + \alpha^{55} + \alpha^{69} + \alpha^{72} + \alpha^{79} + \alpha^{36} + \alpha^{84} + \alpha^{18} + \alpha^{42} + \alpha^{9},$$
$$\eta_7 = \alpha^{7} + \alpha^{46} + \alpha^{48} + \alpha^{23} + \alpha^{24} + \alpha^{56} + \alpha^{12} + \alpha^{28} + \alpha^{6} + \alpha^{14} + \alpha^{3};$$

Wurzeln der Gleichung:

$$\eta^8 + \eta^7 + 6\eta^6 + 46\eta^5 - 143\eta^4 - 575\eta^3 + 1160\eta^2 + 16\eta + 512 = 0;$$

mit den fundamentalen Relationen:

$$\eta_0^2 = \eta_0 + 4\eta_2 + 2\eta_3 + 2\eta_6 + 2\eta_7, \qquad \eta_0\eta_1 = -2 - \eta_3 - 2\eta_4 - \eta_6 - \eta_7,$$
$$\eta_0\eta_2 = \eta_1 + \eta_3 + 2\eta_4 + \eta_5 + 4\eta_6 + 2\eta_7, \qquad \eta_0\eta_3 = -2 - \eta_1 - \eta_2 - \eta_5 - 2\eta_7,$$
$$\eta_0\eta_4 = 9 - \eta_0 - 2\eta_2 - \eta_4 - 2\eta_6, \qquad \eta_0\eta_5 = -2 - \eta_2 - 2\eta_4 - \eta_6 - \eta_7,$$
$$\eta_0\eta_6 = \eta_1 + 2\eta_2 + \eta_3 + 4\eta_4 + 2\eta_5 + \eta_7, \qquad \eta_0\eta_7 = -2 - \eta_2 - 2\eta_3 - \eta_5 - \eta_6.$$

$\lambda = 89$

Congruenzwurzeln mod. p.

p	η_0	η_1	η_2	η_3	η_4	η_5	η_6	η_7
2	0	0	1	0	0	1	0	1
67	+ 2	+ 5	+ 10	− 5	− 30	+ 31	+ 5	− 19
97	− 3	− 31	+ 16	+ 30	+ 14	+ 29	+ 4	+ 37
167	−31	+ 39	− 37	+ 42	+ 68	+ 58	+ 75	− 48
223	− 8	+ 57	− 70	+ 70	− 84	− 72	−104	− 13
269	+13	+115	+ 15	+ 14	−100	− 92	−124	−111
271	− 6	+115	− 77	−123	+121	− 58	+116	− 89
283	+20	+ 97	+118	+ 37	− 99	− 91	+ 67	+133
331	+21	−159	+ 35	− 44	+109	−147	+ 84	+100
401	−54	+114	+183	+148	− 89	− 71	−104	−128
449	−22	+184	−216	− 71	+109	+157	+ 29	−171
461	+21	−168	+ 35	+132	−151	+122	−224	−229
509	− 8	+ 54	−100	+ 27	+ 97	+229	− 61	−239
523	+29	+263	+229	+190	+134	− 81	−157	− 85
601	− 6	+ 25	− 41	+135	−278	+196	+255	−287
631	−46	+131	+277	+149	− 91	−168	+227	+151
701	−52	+321	− 72	− 86	−127	−191	−332	−163
751	+33	− 37	− 41	−135	− 71	+256	−266	+260
757	+60	+274	+377	−241	+355	+188	+125	+375
809	− 2	−291	+183	+ 54	+294	+178	+374	+ 18
929	+68	−398	+313	−231	−301	−406	−177	+202
983	−44	+356	−154	+460	+301	+208	−229	+ 84

Primfactoren der Primzahlen p ideal,
und zwar sehr wahrscheinlich für alle, wirklich in 113ter Potenz.

Normen complexer Zahlen in $\overset{11}{\eta}$.

$N(\eta_0) = 2^9$, $N(1+\eta_2) = 2^{11}$, $N(1-\eta_2) = 2^{10}$,

$N(2+\eta_0) = 2^3 \cdot 809$, $N(2-\eta_0) = 2^3 \cdot 67$, $N(\eta_1+\eta_3) = 2^8 \cdot 67$,

$N(\eta_2+\eta_3) = 2^5 \cdot 223$, $N(\eta_1-2\eta_3) = 2^5 \cdot 509 \cdot 67$; $N(1+2\eta) = 219031$,

$N(1-2\eta) = 187067$.

$\lambda = 89$

VI. p zum Exponenten 22 gehörig.

4 zweiundzwanziggliedrige Perioden (für die primitive Wurzel 30 von 89):

$$\eta_0 = \alpha + \alpha^{11} + \alpha^{32} + \alpha^{85} + \alpha^{45} + \alpha^{50} + \alpha^{16} + \alpha^{87} + \alpha^{67} + \alpha^{25} + \alpha^{8} + \alpha^{88} + \alpha^{78} + \alpha^{57} + \alpha^{4} + \alpha^{44} + \alpha^{39} + \alpha^{73} + \alpha^{2} + \alpha^{22} + \alpha^{64} + \alpha^{81},$$

$$\eta_1 = \alpha^{30} + \alpha^{63} + \alpha^{70} + \alpha^{58} + \alpha^{15} + \alpha^{76} + \alpha^{35} + \alpha^{29} + \alpha^{52} + \alpha^{38} + \alpha^{62} + \alpha^{59} + \alpha^{26} + \alpha^{19} + \alpha^{31} + \alpha^{74} + \alpha^{13} + \alpha^{54} + \alpha^{60} + \alpha^{37} + \alpha^{51} + \alpha^{27},$$

$$\eta_2 = \alpha^{10} + \alpha^{21} + \alpha^{53} + \alpha^{49} + \alpha^{5} + \alpha^{55} + \alpha^{71} + \alpha^{69} + \alpha^{47} + \alpha^{72} + \alpha^{80} + \alpha^{79} + \alpha^{68} + \alpha^{36} + \alpha^{40} + \alpha^{84} + \alpha^{34} + \alpha^{18} + \alpha^{20} + \alpha^{42} + \alpha^{17} + \alpha^{9},$$

$$\eta_3 = \alpha^{33} + \alpha^{7} + \alpha^{77} + \alpha^{46} + \alpha^{61} + \alpha^{48} + \alpha^{83} + \alpha^{23} + \alpha^{75} + \alpha^{24} + \alpha^{86} + \alpha^{56} + \alpha^{82} + \alpha^{12} + \alpha^{43} + \alpha^{28} + \alpha^{41} + \alpha^{6} + \alpha^{66} + \alpha^{14} + \alpha^{65} + \alpha^{3};$$

Wurzeln der Gleichung:

$$\eta^4 + \eta^3 - 33\eta^2 + 39\eta + 8 = 0;$$

mit den fundamentalen Relationen:

$$\eta_0^2 = 19 + \eta_1 + 3\eta_2 + 5\eta_3, \quad \eta_0\eta_1 = -5 - \eta_0 + 3\eta_1, \quad \eta_0\eta_2 = -5 + \eta_0 + \eta_2,$$
$$\eta_0\eta_3 = -5 + 3\eta_0 - \eta_3.$$

Congruenzwurzeln mod. p.

p	η_0	η_1	η_2	η_3
11	+ 2	− 4	− 3	+ 4
73	− 8	+ 13	− 31	+ 25
139	− 11	− 60	− 45	− 24
251	− 25	+ 71	+117	+ 87
263	+ 75	−118	−127	− 94
311	+ 9	−106	−155	− 60
317	− 13	+158	− 44	−102
367	+ 73	− 85	−101	+112
443	− 45	+ 73	−153	+124
467	+142	−206	−211	−193
607	+ 96	−223	−146	+272
619	− 95	+277	+130	+306
673	−209	+253	−281	+236
769	− 39	−367	+ 78	+327
797	− 48	−204	+180	+ 71
823	− 81	+391	+262	+250
947	+ 75	−422	−255	−346
971	−348	−427	+410	+364
977	− 68	+178	+440	+426

$\lambda = 89$

$f(\eta_0)$, Primfactoren der Primzahlen p, z. B.*).

p	$f(\eta_0)$	p	$f(\eta_0)$	p	$f(\eta_0)$
+ 11	$3-2\eta_1$	+311	$1-2\eta_2$	−619	$49-4\eta_0+10\eta_1-14\eta_2$
− 73	$21-8\eta_2-2\eta_3$	−317	$1+2\eta_1$	−797	$19+2\eta_0-4\eta_3$
+139	$107+8\eta_0+22\eta_1-32\eta_2$	−367	$3-2\eta_0-2\eta_3$	+823	$15-2\eta_0-4\eta_3$
+263	$9-2\eta_2$	−607	$1-4\eta_0-2\eta_1+2\eta_3$	−971	$387+30\eta_1+80\eta_2-112\eta_3$

VII. p zum Exponenten 44 gehörig.

2 vierundvierziggliedrige Perioden (für die primitive Wurzel 30 von 89):

$$\begin{aligned}\eta_0 = {} & \alpha+\alpha^{10}+\alpha^{11}+\alpha^{21}+\alpha^{32}+\alpha^{53}+\alpha^{85}+\alpha^{49}+\alpha^{45}+\alpha^{5}+\alpha^{50}+\alpha^{55}\\ & +\alpha^{16}+\alpha^{71}+\alpha^{87}+\alpha^{69}+\alpha^{67}+\alpha^{47}+\alpha^{25}+\alpha^{72}+\alpha^{8}+\alpha^{80}+\alpha^{88}\\ & +\alpha^{79}+\alpha^{78}+\alpha^{68}+\alpha^{57}+\alpha^{36}+\alpha^{4}+\alpha^{40}+\alpha^{44}+\alpha^{84}+\alpha^{39}+\alpha^{34}\\ & +\alpha^{73}+\alpha^{18}+\alpha^{2}+\alpha^{20}+\alpha^{22}+\alpha^{42}+\alpha^{64}+\alpha^{17}+\alpha^{81}+\alpha^{9},\\ \eta_1 = {} & \alpha^{30}+\alpha^{33}+\alpha^{63}+\alpha^{7}+\alpha^{70}+\alpha^{77}+\alpha^{58}+\alpha^{46}+\alpha^{15}+\alpha^{61}+\alpha^{76}+\alpha^{48}\\ & +\alpha^{35}+\alpha^{83}+\alpha^{29}+\alpha^{23}+\alpha^{52}+\alpha^{75}+\alpha^{38}+\alpha^{24}+\alpha^{62}+\alpha^{86}+\alpha^{59}\\ & +\alpha^{56}+\alpha^{26}+\alpha^{82}+\alpha^{19}+\alpha^{12}+\alpha^{31}+\alpha^{43}+\alpha^{74}+\alpha^{28}+\alpha^{13}+\alpha^{41}\\ & +\alpha^{54}+\alpha^{6}+\alpha^{60}+\alpha^{66}+\alpha^{37}+\alpha^{14}+\alpha^{51}+\alpha^{65}+\alpha^{27}+\alpha^{3};\end{aligned}$$

Wurzeln der Gleichung:

$$\eta^2+\eta-22 = 0;$$

mit den fundamentalen Relationen:

$$\eta_0^2 = 22-\eta_0, \qquad \eta_0\eta_1 = -22.$$

---

*) Wegen der Complication mit den Factoren von 11 und von 2 (auch 5) liegen die Primfactoren $f(\eta_0)$ etwas versteckt, so dass einige mittelst der folgenden Normen berechnet sind:

$N(11-2\eta_2) = 73.67$ und $N(5-2\eta_2) = -11.67$, $\quad N1-2\eta_2-2\eta_3) = 139.11$,

$N(7+2\eta_3) = -619.11$, $\quad N(1+8\eta_3) = 971.11$.

Für die übrigen Primzahlen p haben sich folgende Normen ergeben:

$N(17+2\eta_2) = 11^2 251$, $\quad N(9-4\eta_0+2\eta_1) = 251.467$,

$N(11+4\eta_0-4\eta_2) = 443.467$, $\quad N(1+4\eta_1+6\eta_2) = 673.11.25$,

$N(3-4\eta_2+8\eta_3) = 769.1291$, $\quad N(13-6\eta_0-4\eta_3) = 947.139$,

$N(13-6\eta_0+2\eta_2) = 947.179$, $\quad N(11+2\eta_0-2\eta_3) = 67.977$.

Hier ist die Zahl 2 überall ausgeschlossen worden durch Zugrundelegung von Congruenzen in 2η; sonst erscheint 2 sogleich, z. B.

$N(1-\eta) = 2$, $\quad N(1+\eta) = 2^6$, $\quad N(2+\eta) = 2.97$, $\quad N(1-3\eta_0-\eta_3) = 8.11.73$.

Das Zeichen + vor den Primzahlen p zeigt an, dass $Nf(\eta_0) = +p$, das Zeichen −, dass $Nf(\eta_0) = -p$ ist.

$\lambda = 89$

Congruenzwurzeln mod. p

p	η_0	η_1	p	η_0	η_1	p	η_0	η_1	p	η_0	η_1
5	1	−2	157	25	−26	409	114	−115	733	191	−192
17	7	−8	173	37	−38	463	177	−178	761	267	−268
47	14	−15	199	20	−21	487	231	−232	811	390	−391
53	23	−24	227	30	−31	587	280	−281	821	57	−58
71	17	−18	257	101	−102	613	221	−222	881	237	−238
79	28	−29	277	110	−111	641	226	−227	907	419	−420
107	46	−47	307	78	−79	643	113	−114	911	85	−86
109	15	−16	347	87	−88	659	120	−121	937	216	−217
131	36	−37	373	86	−87	691	74	−75	997	209	−210

$f(\eta_0)$, Primfactoren der Primzahlen p,*).

p	$f(\eta_0)$	p	$f(\eta_0)$	p	$f(\eta_0)$	p	$f(\eta_0)$
+5	$17-4\eta_1$	−157	$109-26\eta_1$	−409	$103-24\eta_1$	+733	$31-4\eta_0$
−17	$25-6\eta_0$	+173	$21-4\eta_1$	−463	$27-8\eta_0$	−761	$53-14\eta_1$
−47	$101-24\eta_0$	−199	$31-8\eta_1$	+487	$23-2\eta_1$	+811	$29-2\eta_1$
−53	$5-2\eta_1$	−227	$185-44\eta_0$	+587	$25-2\eta_1$	+821	$277-66\eta_1$
+71	$211-50\eta_0$	+257	$37-8\eta_0$	−613	$355-84\eta_1$	−881	$171-40\eta_1$
+79	$43-10\eta_0$	+277	$53-12\eta_1$	+641	$107-26\eta_0$	−907	$263-62\eta_1$
+107	$13-2\eta_1$	−307	$5-4\eta_0$	+643	$35-6\eta_0$	+911	$51-10\eta_1$
−109	$41-10\eta_0$	−347	$1-4\eta_0$	−659	$313-74\eta_0$	−937	$305-72\eta_1$
−131	$13-4\eta_0$	+373	$25-4\eta_1$	+691	$49-10\eta_0$	−997	$51-14\eta_1$

VIII. p zum Exponenten 88 gehörig, in Beziehung auf 89te Einheitswurzeln selbst complexe Primzahlen:

3, 7, 13, 19, 23, 29, 31, 41, 43, 59, 61, 83, 103, 113, 127, 137, 149, 151, 163, 181, 191, 193, 197, 211, 229, 239, 241, 281, 293, 313, 337, 349, 353, 359, 379, 383, 389, 397, 419, 421, 431, 439, 491, 521, 541, 547, 557, 563, 569, 577, 593, 599, 617, 647, 653, 661, 677, 683, 709, 719, 727, 739, 743, 773, 787, 827, 829, 839, 857, 859, 863, 877, 883, 887, 919, 941, 953.

*) Das Zeichen + vor den Primzahlen p zeigt an, dass $Nf(\eta_0) = +p$, das Zeichen −, dass $Nf(\eta_0) = -p$ ist.

$\lambda = 97$

I. $p = 97m + 1$.

Congruenzwurzeln mod. p.

p	α	α^{2}	α^{3}	α^{4}	α^{5}	α^{6}	α^{7}	α^{8}	α^{9}	α^{10}
389	−114	+159	+157	− 4	+ 67	+142	+150	+ 16	+121	−179
971	+169	+402	− 32	+418	−241	+ 53	+218	− 56	+246	−179

p	α^{11}	α^{12}	α^{13}	α^{14}	α^{15}	α^{16}	α^{17}	α^{18}	α^{19}	α^{20}
389	+178	− 64	− 95	− 62	+ 66	−133	− 9	−141	+125	+143
971	−150	−104	− 98	− 55	+415	+223	−182	+314	−339	− 2

p	α^{21}	α^{22}	α^{23}	α^{24}	α^{25}	α^{26}	α^{27}	α^{28}	α^{29}	α^{30}
389	+ 36	+175	−111	−183	−144	+ 78	+ 55	− 46	+187	+ 77
971	−338	+167	+ 64	+135	+482	−106	−436	+112	+479	+358

p	α^{31}	α^{32}	α^{33}	α^{34}	α^{35}	α^{36}	α^{37}	α^{38}	α^{39}	α^{40}
389	+169	+184	+ 30	+ 81	+102	+ 42	−120	+ 65	− 19	−168
971	+300	+208	+196	+110	+141	−446	+364	+343	−293	+ 4

p	α^{41}	α^{42}	α^{43}	α^{44}	α^{45}	α^{46}	α^{47}	α^{48}	α^{49}	α^{50}
389	+ 91	+129	+ 76	−106	+ 25	−127	+ 85	+ 35	−100	+119
971	−295	−334	−128	−270	+ 7	+212	− 99	−224	+ 13	+255

p	α^{51}	α^{52}	α^{53}	α^{54}	α^{55}	α^{56}	α^{57}	α^{58}	α^{59}	α^{60}
389	+ 49	−140	+ 11	− 87	+193	+171	− 44	− 41	+ 6	+ 94
971	+371	−416	−392	−220	−282	− 79	+243	+285	−385	− 8

p	α^{61}	α^{62}	α^{63}	α^{64}	α^{65}	α^{66}	α^{67}	α^{68}	α^{69}	α^{70}
389	+176	+164	− 24	+ 13	+ 74	+122	+ 96	− 52	+ 93	− 99
971	−381	−303	+256	−431	− 14	−424	+198	+448	− 26	+461

p	α^{71}	α^{72}	α^{73}	α^{74}	α^{75}	α^{76}	α^{77}	α^{78}	α^{79}	α^{80}
389	+ 5	−181	+ 17	+ 7	− 20	− 54	− 68	− 28	+ 80	−173
971	+229	−139	−187	+440	−407	+158	+485	+401	−201	+ 16

p	α^{81}	α^{82}	α^{83}	α^{84}	α^{85}	α^{86}	α^{87}	α^{88}	α^{89}	α^{90}
389	−117	+112	+ 69	− 86	+ 79	− 59	+113	− 45	+ 73	−153
971	−209	−365	+459	−109	+ 28	−123	−396	+ 75	+ 52	+ 49

p	α^{91}	α^{92}	α^{93}	α^{94}	α^{95}	α^{96}
389	− 63	+180	+ 97	−166	−137	+ 58
971	−458	+278	+374	+ 91	−157	−316

Primfactoren der Primzahl p ideal,
wirklich in 118982593ter oder 3437 . 118982593ter Potenz.?
Es ist $N(1 - \alpha^{2} + \alpha^{78}) = 971 . 304252509959$.

$\lambda = 97$

II. p zum Exponenten 2 gehörig.

48 zweigliedrige Perioden (für die primitive Wurzel 10 von 97):

$\eta_0 = \alpha + \alpha^{-1}$,	$\eta_1 = \alpha^{10} + \eta^{-10}$,	$\eta_2 = \alpha^{3} + \alpha^{-3}$,	$\eta_3 = \alpha^{30} + \alpha^{-30}$,
$\eta_4 = \alpha^{9} + \alpha^{-9}$,	$\eta_5 = \alpha^{7} + \alpha^{-7}$,	$\eta_6 = \alpha^{27} + \alpha^{-27}$,	$\eta_7 = \alpha^{21} + \alpha^{-21}$,
$\eta_8 = \alpha^{16} + \alpha^{-16}$,	$\eta_9 = \alpha^{34} + \alpha^{-34}$,	$\eta_{10} = \alpha^{48} + \alpha^{-48}$,	$\eta_{11} = \alpha^{5} + \alpha^{-5}$,
$\eta_{12} = \alpha^{47} + \alpha^{-47}$,	$\eta_{13} = \alpha^{15} + \alpha^{-15}$,	$\eta_{14} = \alpha^{44} + \alpha^{-44}$,	$\eta_{15} = \alpha^{45} + \alpha^{-45}$,
$\eta_{16} = \alpha^{35} + \alpha^{-35}$,	$\eta_{17} = \alpha^{38} + \alpha^{-38}$,	$\eta_{18} = \alpha^{8} + \alpha^{-8}$,	$\eta_{19} = \alpha^{17} + \alpha^{-17}$,
$\eta_{20} = \alpha^{24} + \alpha^{-24}$,	$\eta_{21} = \alpha^{46} + \alpha^{-46}$,	$\eta_{22} = \alpha^{25} + \alpha^{-25}$,	$\eta_{23} = \alpha^{41} + \alpha^{-41}$,
$\eta_{24} = \alpha^{22} + \alpha^{-22}$,	$\eta_{25} = \alpha^{26} + \alpha^{-26}$,	$\eta_{26} = \alpha^{31} + \alpha^{-31}$,	$\eta_{27} = \alpha^{19} + \alpha^{-19}$,
$\eta_{28} = \alpha^{4} + \alpha^{-4}$,	$\eta_{29} = \alpha^{40} + \alpha^{-40}$,	$\eta_{30} = \alpha^{12} + \alpha^{-12}$,	$\eta_{31} = \alpha^{23} + \alpha^{-23}$,
$\eta_{32} = \alpha^{36} + \alpha^{-36}$,	$\eta_{33} = \alpha^{28} + \alpha^{-28}$,	$\eta_{34} = \alpha^{11} + \alpha^{-11}$,	$\eta_{35} = \alpha^{13} + \alpha^{-13}$,
$\eta_{36} = \alpha^{33} + \alpha^{-33}$,	$\eta_{37} = \alpha^{39} + \alpha^{-39}$,	$\eta_{38} = \alpha^{2} + \alpha^{-2}$,	$\eta_{39} = \alpha^{20} + \alpha^{-20}$,
$\eta_{40} = \alpha^{6} + \alpha^{-6}$,	$\eta_{41} = \alpha^{37} + \alpha^{-37}$,	$\eta_{42} = \alpha^{18} + \alpha^{-18}$,	$\eta_{43} = \alpha^{14} + \alpha^{-14}$,
$\eta_{44} = \alpha^{43} + \alpha^{-43}$,	$\eta_{45} = \alpha^{42} + \alpha^{-42}$,	$\eta_{46} = \alpha^{32} + \alpha^{-32}$,	$\eta_{47} = \alpha^{29} + \alpha^{-29}$;

mit den fundamentalen Relationen:

$\eta_0^2 = 2 + \eta_{38}$,	$\eta_0\eta_1 = \eta_4 + \eta_{34}$,	$\eta_0\eta_2 = \eta_{28} + \eta_{38}$,	$\eta_0\eta_3 = \eta_{26} + \eta_{47}$,
$\eta_0\eta_4 = \eta_1 + \eta_{18}$,	$\eta_0\eta_5 = \eta_{18} + \eta_{40}$,	$\eta_0\eta_6 = \eta_{25} + \eta_{33}$,	$\eta_0\eta_7 = \eta_{24} + \eta_{39}$,
$\eta_0\eta_8 = \eta_{13} + \eta_{19}$,	$\eta_0\eta_9 = \eta_{16} + \eta_{36}$,	$\eta_0\eta_{10} = \eta_{10} + \eta_{12}$,	$\eta_0\eta_{11} = \eta_{28} + \eta_{40}$,
$\eta_0\eta_{12} = \eta_{10} + \eta_{21}$,	$\eta_0\eta_{13} = \eta_8 + \eta_{43}$,	$\eta_0\eta_{14} = \eta_{15} + \eta_{44}$,	$\eta_0\eta_{15} = \eta_{14} + \eta_{21}$,
$\eta_0\eta_{16} = \eta_9 + \eta_{32}$,	$\eta_0\eta_{17} = \eta_{37} + \eta_{41}$,	$\eta_0\eta_{18} = \eta_4 + \eta_5$,	$\eta_0\eta_{19} = \eta_8 + \eta_{42}$,
$\eta_0\eta_{20} = \eta_{22} + \eta_{31}$,	$\eta_0\eta_{21} = \eta_{12} + \eta_{15}$,	$\eta_0\eta_{22} = \eta_{20} + \eta_{25}$,	$\eta_0\eta_{23} = \eta_{29} + \eta_{45}$,
$\eta_0\eta_{24} = \eta_7 + \eta_{31}$,	$\eta_0\eta_{25} = \eta_6 + \eta_{22}$,	$\eta_0\eta_{26} = \eta_3 + \eta_{46}$,	$\eta_0\eta_{27} = \eta_{39} + \eta_{42}$,
$\eta_0\eta_{28} = \eta_2 + \eta_{11}$,	$\eta_0\eta_{29} = \eta_{23} + \eta_{37}$,	$\eta_0\eta_{30} = \eta_{34} + \eta_{35}$,	$\eta_0\eta_{31} = \eta_{20} + \eta_{24}$,
$\eta_0\eta_{32} = \eta_{16} + \eta_{41}$,	$\eta_0\eta_{33} = \eta_6 + \eta_{47}$,	$\eta_0\eta_{34} = \eta_1 + \eta_{30}$,	$\eta_0\eta_{35} = \eta_{30} + \eta_{43}$,
$\eta_0\eta_{36} = \eta_9 + \eta_{46}$,	$\eta_0\eta_{37} = \eta_{17} + \eta_{29}$,	$\eta_0\eta_{38} = \eta_0 + \eta_2$,	$\eta_0\eta_{39} = \eta_7 + \eta_{27}$,
$\eta_0\eta_{40} = \eta_5 + \eta_{11}$,	$\eta_0\eta_{41} = \eta_{17} + \eta_{32}$,	$\eta_0\eta_{42} = \eta_{19} + \eta_{27}$,	$\eta_0\eta_{43} = \eta_{13} + \eta_{35}$,
$\eta_0\eta_{44} = \eta_{14} + \eta_{45}$,	$\eta_0\eta_{45} = \eta_{23} + \eta_{44}$,	$\eta_0\eta_{46} = \eta_{26} + \eta_{36}$,	$\eta_0\eta_{47} = \eta_3 + \eta_{33}$.

$\lambda = 97$

Congruenzwurzeln mod. p.

p	η_0	η_1	η_2	η_3	η_4	η_5	η_6	η_7	η_8	η_9
193	-3	$+73$	-18	$+96$	$+12$	-71	-45	-69	-87	-9

p	η_{10}	η_{11}	η_{12}	η_{13}	η_{14}	η_{15}	η_{16}	η_{17}	η_{18}	η_{19}
193	$+81$	$+70$	$+62$	$+22$	-20	-33	-27	$+60$	$+84$	$+46$

p	η_{20}	η_{21}	η_{22}	η_{23}	η_{24}	η_{25}	η_{26}	η_{27}	η_{28}	η_{29}
193	-58	-74	-8	-88	$+91$	$+82$	$+19$	-86	$+47$	-56

p	η_{20}	η_{31}	η_{32}	η_{33}	η_{34}	η_{35}	η_{36}	η_{27}	η_{38}	η_{39}
193	$+41$	-11	$+90$	$+53$	-38	-85	$+54$	$+63$	$+7$	-77

p	η_{40}	η_{41}	η_{42}	η_{43}	η_{44}	η_{45}	η_{46}	η_{47}
193	-64	-50	-51	$+21$	$+93$	-66	$+40$	$+79$

Primfactoren von $p = 193$?

Normen complexer Zahlen in $\overset{2}{\eta}$.

$N(1+\eta_{40}+\eta_{43}) = 971 . 193,$

$N(1+\eta_9-\eta_{22}) = -193 . 389,$

$N(1-\eta_4-\eta_{31}) = 193 . 15131,$

$N(1-\eta_0-\eta_9) = 389 . 3881.$

$N(1+\eta_{25}+\eta_{26}) = -971 . 389,$

$N(1+\eta_{14}+\eta_{26}) = 193 . 3169183,$

$N(1-\eta_8+\eta_{23}) = -193 . 4657,$

$\lambda = 97$

III. *p* zum Exponenten 3 gehörig.

32 dreigliedrige Perioden (für die primitive Wurzel 10 von 97):

$$\eta_0 = \alpha + \alpha^{61} + \alpha^{35}, \quad \eta_1 = \alpha^{10} + \alpha^{28} + \alpha^{59}, \quad \eta_2 = \alpha^{3} + \alpha^{86} + \alpha^{8},$$
$$\eta_3 = \alpha^{30} + \alpha^{84} + \alpha^{80}, \quad \eta_4 = \alpha^{9} + \alpha^{64} + \alpha^{24}, \quad \eta_5 = \alpha^{90} + \alpha^{58} + \alpha^{46},$$
$$\eta_6 = \alpha^{27} + \alpha^{95} + \alpha^{72}, \quad \eta_7 = \alpha^{76} + \alpha^{77} + \alpha^{41}, \quad \eta_8 = \alpha^{81} + \alpha^{91} + \alpha^{22},$$
$$\eta_9 = \alpha^{34} + \alpha^{37} + \alpha^{26}, \quad \eta_{10} = \alpha^{49} + \alpha^{79} + \alpha^{66}, \quad \eta_{11} = \alpha^{5} + \alpha^{14} + \alpha^{78},$$
$$\eta_{12} = \alpha^{50} + \alpha^{43} + \alpha^{4}, \quad \eta_{13} = \alpha^{15} + \alpha^{42} + \alpha^{40}, \quad \eta_{14} = \alpha^{53} + \alpha^{32} + \alpha^{12},$$
$$\eta_{15} = \alpha^{45} + \alpha^{29} + \alpha^{23}, \quad \eta_{16} = \alpha^{62} + \alpha^{96} + \alpha^{36}, \quad \eta_{17} = \alpha^{38} + \alpha^{87} + \alpha^{69},$$
$$\eta_{18} = \alpha^{89} + \alpha^{94} + \alpha^{11}, \quad \eta_{19} = \alpha^{17} + \alpha^{67} + {}^{13}, \quad \eta_{20} = \alpha^{73} + \alpha^{88} + \alpha^{33},$$
$$\eta_{21} = \alpha^{51} + \alpha^{7} + \alpha^{39}, \quad \eta_{22} = \alpha^{25} + \alpha^{70} + \alpha^{2}, \quad \eta_{23} = \alpha^{56} + \alpha^{21} + \alpha^{20},$$
$$\eta_{24} = \alpha^{75} + \alpha^{16} + \alpha^{6}, \quad \eta_{25} = \alpha^{71} + \alpha^{63} + \alpha^{60}, \quad \eta_{26} = \alpha^{31} + \alpha^{48} + \alpha^{18},$$
$$\eta_{27} = \alpha^{19} + \alpha^{92} + \alpha^{83}, \quad \eta_{28} = \alpha^{93} + \alpha^{47} + \alpha^{54}, \quad \eta_{29} = \alpha^{57} + \alpha^{82} + \alpha^{55},$$
$$\eta_{30} = \alpha^{85} + \alpha^{44} + \alpha^{65}, \quad \eta_{31} = \alpha^{74} + \alpha^{52} + \alpha^{68};$$

mit den fundamentalen Relationen:

$$\eta_0^2 = 2\eta_{16} + \eta_{22}, \quad \eta_0\eta_1 = \eta_{15} + \eta_{18} + \eta_{25}, \quad \eta_0\eta_2 = \eta_4 + \eta_{12} + \eta_{17},$$
$$\eta_0\eta_3 = \eta_8 + \eta_{26} + \eta_{30}, \quad \eta_0\eta_4 = \eta_1 + \eta_{22} + \eta_{30}, \quad \eta_0\eta_5 = \eta_1 + \eta_8 + \eta_{28},$$
$$\eta_0\eta_6 = \eta_1 + \eta_{16} + \eta_{20}, \quad \eta_0\eta_7 = \eta_7 + \eta_{11} + \eta_{13}, \quad \eta_0\eta_8 = \eta_{15} + \eta_{27} + \eta_{29},$$
$$\eta_0\eta_9 = \eta_0 + \eta_6 + \eta_{17}, \quad \eta_0\eta_{10} = \eta_3 + \eta_{12} + \eta_{30}, \quad \eta_0\eta_{11} = \eta_{10} + \eta_{13} + \eta_{24},$$
$$\eta_0\eta_{12} = \eta_{11} + \eta_{21} + \eta_{30}, \quad \eta_0\eta_{13} = \eta_7 + \eta_{12} + \eta_{24}, \quad \eta_0\eta_{14} = \eta_{19} + \eta_{20} + \eta_{28},$$
$$\eta_0\eta_{15} = \eta_3 + \eta_4 + \eta_5, \quad \eta_0\eta_{16} = 3 + \eta_9 + \eta_{25}, \quad \eta_0\eta_{17} = \eta_{20} + \eta_{21} + \eta_{22},$$
$$\eta_0\eta_{18} = \eta_5 + \eta_6 + \eta_{14}, \quad \eta_0\eta_{19} = \eta_{11} + \eta_{26} + \eta_{31}, \quad \eta_0\eta_{20} = \eta_9 + \eta_{18} + \eta_{31},$$
$$\eta_0\eta_{21} = \eta_2 + \eta_{13} + \eta_{31}, \quad \eta_0\eta_{22} = \eta_0 + \eta_2 + \eta_{15}, \quad \eta_0\eta_{23} = \eta_8 + \eta_{23} + \eta_{29},$$
$$\eta_0\eta_{24} = \eta_7 + \eta_{19} + \eta_{21}, \quad \eta_0\eta_{25} = \eta_0 + \eta_6 + \eta_9, \quad \eta_0\eta_{26} = \eta_{10} + \eta_{14} + \eta_{27},$$
$$\eta_0\eta_{27} = \eta_3 + \eta_{23} + \eta_{28}, \quad \eta_0\eta_{28} = \eta_{18} + \eta_{26} + \eta_{29}, \quad \eta_0\eta_{29} = \eta_5 + \eta_{23} + \eta_{27},$$
$$\eta_0\eta_{30} = \eta_2 + \eta_{10} + \eta_{15}, \quad \eta_0\eta_{31} = \eta_{13} + \eta_{16} + \eta_{23}.$$

$\lambda = 97$

Congruenzwurzeln mod. p.

p	η_0	η_1	η_2	η_3	η_4	η_5	η_6	η_7	η_8	η_9
61	+ 1	+ 3	+ 27	+ 17	− 26	+ 14	− 11	− 25	+ 4	+ 5
229	+ 3	+114	− 71	− 57	+ 38	+ 81	− 61	+ 47	+ 34	− 83
449	+ 8	−206	+110	−142	+148	+155	− 75	+ 45	+147	+178
617	+ 9	−143	− 59	+ 80	+118	+209	+ 54	−264	+204	+172
811	− 2	+307	+309	+381	+ 60	−163	−321	− 70	+ 44	−104

p	η_{10}	η_{11}	η_{12}	η_{13}	η_{14}	η_{15}	η_{16}	η_{17}	η_{18}	η_{19}
61	+ 4	− 3	− 23	+ 3	− 30	+ 5	− 28	+ 15	− 27	+ 10
229	− 26	− 64	+ 33	+ 26	− 12	+ 84	−116	− 59	+ 99	+ 63
449	+ 28	+184	+139	+131	− 36	− 36	+ 73	+144	−219	−222
617	+ 31	− 42	−283	−319	− 94	−229	+ 75	+251	+293	−135
811	− 58	−337	−398	−264	+ 75	−139	−218	−280	−201	+133

p	η_{20}	η_{21}	η_{22}	η_{23}	η_{24}	η_{25}	η_{26}	η_{27}	η_{28}	η_{29}
61	+ 14	+ 5	− 4	− 21	− 10	+ 25	− 23	+ 3	+ 7	− 4
229	+ 48	− 8	+ 12	+ 61	+ 96	− 39	− 62	− 98	+ 37	− 37
449	− 18	− 95	− 82	− 58	− 34	− 46	− 61	− 31	− 48	−104
617	− 63	− 77	− 69	+203	−190	−117	−141	+ 28	− 31	+186
811	−258	+378	−371	− 78	+185	−274	+ 61	−139	− 25	+190

p	η_{30}	η_{31}
61	− 25	− 25
229	+ 48	+ 97
449	+125	−103
617	+ 40	+202
811	− 56	+ 10

Primfactoren der Primzahlen p ideal, in 3437 ter Potenz wirklich.

Normen complexer Zahlen in $\overset{3}{\eta}$.

$N(\eta) = 27583$, $N(1-\eta_0) = 61.5881$, $N(1+\eta) = 19950051$

$N(\eta_6+\eta_{22}) = 229.6283307$, $N(\eta_{14}-\eta_{15}) = 97.449.3923$.

$\lambda = 97$

IV. p zum Exponenten 4 gehörig.

24 viergliedrige Perioden (für die primitive Wurzel 10 von 97):

$$\eta_0 = \alpha + \alpha^{75} + \alpha^{96} + \alpha^{22}, \quad \eta_1 = \alpha^{10} + \alpha^{71} + \alpha^{87} + \alpha^{26}, \quad \eta_2 = \alpha^{3} + \alpha^{31} + \alpha^{94} + \alpha^{66},$$
$$\eta_3 = \alpha^{30} + \alpha^{19} + \alpha^{67} + \alpha^{78}, \quad \eta_4 = \alpha^{9} + \alpha^{93} + \alpha^{88} + \alpha^{4}, \quad \eta_5 = \alpha^{90} + \alpha^{57} + \alpha^{7} + \alpha^{40},$$
$$\eta_6 = \alpha^{27} + \alpha^{85} + \alpha^{70} + \alpha^{12}, \quad \eta_7 = \alpha^{76} + \alpha^{74} + \alpha^{21} + \alpha^{23}, \quad \eta_8 = \alpha^{81} + \alpha^{61} + \alpha^{16} + \alpha^{36},$$
$$\eta_9 = \alpha^{34} + \alpha^{28} + \alpha^{63} + \alpha^{69}, \quad \eta_{10} = \alpha^{49} + \alpha^{86} + \alpha^{48} + \alpha^{11}, \quad \eta_{11} = \alpha^{5} + \alpha^{84} + \alpha^{92} + \alpha^{13},$$
$$\eta_{12} = \alpha^{50} + \alpha^{64} + \alpha^{47} + \alpha^{33}, \quad \eta_{13} = \alpha^{15} + \alpha^{58} + \alpha^{82} + \alpha^{39}, \quad \eta_{14} = \alpha^{53} + \alpha^{95} + \alpha^{44} + \alpha^{2},$$
$$\eta_{15} = \alpha^{45} + \alpha^{77} + \alpha^{52} + \alpha^{20}, \quad \eta_{16} = \alpha^{62} + \alpha^{91} + \alpha^{35} + \alpha^{6}, \quad \eta_{17} = \alpha^{38} + \alpha^{37} + \alpha^{59} + \alpha^{60},$$
$$\eta_{18} = \alpha^{89} + \alpha^{79} + \alpha^{8} + \alpha^{18}, \quad \eta_{19} = \alpha^{17} + \alpha^{14} + \alpha^{80} + \alpha^{83}, \quad \eta_{20} = \alpha^{73} + \alpha^{43} + \alpha^{24} + \alpha^{54},$$
$$\eta_{21} = \alpha^{51} + \alpha^{42} + \alpha^{46} + \alpha^{55}, \quad \eta_{22} = \alpha^{25} + \alpha^{32} + \alpha^{72} + \alpha^{65}, \quad \eta_{23} = \alpha^{56} + \alpha^{29} + {}^{41} + \alpha^{68};$$

mit den fundamentalen Relationen:

$$\eta_0^2 = 4 + 2\eta_7 + \eta_{14}, \quad \eta_0\eta_1 = \eta_4 + \eta_6 + \eta_{10} + \eta_{22}, \quad \eta_0\eta_2 = \eta_3 + \eta_4 + \eta_{14} + \eta_{22},$$
$$\eta_0\eta_3 = \eta_2 + \eta_{15} + \eta_{18} + \eta_{23}, \quad \eta_0\eta_4 = \eta_1 + \eta_2 + \eta_{11} + \eta_{18}, \quad \eta_0\eta_5 = \eta_{13} + \eta_{16} + \eta_{18} + \eta_{23},$$
$$\eta_0\eta_6 = \eta_1 + \eta_9 + \eta_{10} + \eta_{11}, \quad \eta_0\eta_7 = 2\eta_0 + \eta_{15} + \eta_{20}, \quad \eta_0\eta_8 = \eta_{13} + \eta_{16} + \eta_{17} + \eta_{19},$$
$$\eta_0\eta_9 = \eta_6 + \eta_{12} + \eta_{16} + \eta_{22}, \quad \eta_0\eta_{10} = \eta_1 + \eta_6 + \eta_{10} + \eta_{12}, \quad \eta_0\eta_{11} = \eta_4 + \eta_6 + \eta_{16} + \eta_{19},$$
$$\eta_0\eta_{12} = \eta_9 + \eta_{10} + \eta_{21} + \eta_{22}, \quad \eta_0\eta_{13} = \eta_5 + \eta_8 + \eta_{17} + \eta_{19}, \quad \eta_0\eta_{14} = \eta_0 + \eta_2 + \eta_{15} + \eta_{20},$$
$$\eta_0\eta_{15} = \eta_3 + \eta_7 + \eta_{14} + \eta_{21}, \quad \eta_0\eta_{16} = \eta_5 + \eta_8 + \eta_9 + \eta_{11}, \quad \eta_0\eta_{17} = \eta_8 + \eta_{13} + 2\eta_{17},$$
$$\eta_0\eta_{18} = \eta_3 + \eta_4 + \eta_5 + \eta_{19}, \quad \eta_0\eta_{19} = \eta_8 + \eta_{11} + \eta_{13} + \eta_{18}, \quad \eta_0\eta_{20} = \eta_7 + \eta_{14} + \eta_{21} + \eta_{22},$$
$$\eta_0\eta_{21} = \eta_{12} + \eta_{15} + \eta_{20} + \eta_{23}, \quad \eta_0\eta_{22} = \eta_1 + \eta_2 + \eta_{12} + \eta_{20}, \quad \eta_0\eta_{23} = \eta_3 + \eta_5 + \eta_9 + \eta_{21}.$$

Congruenzwurzeln mod. p.

p	η_0	η_1	η_2	η_3	η_4	η_5	η_6	η_7	η_8	η_9
269	− 5	− 21	+ 75	− 57	+117	−105	+ 60	+102	+ 17	+ 12
313	+ 6	− 21	− 25	+ 41	− 43	−105	+154	+ 54	+ 92	− 32
463	+ 6	+ 75	− 98	−141	− 32	+156	−160	+ 73	−230	−113
701	− 1	+125	+ 95	+187	− 56	− 76	−260	+ 31	−322	− 8

p	η_{10}	η_{11}	η_{12}	η_{13}	η_{14}	η_{15}	η_{16}	η_{17}	η_{18}	η_{19}
269	− 89	+ 67	− 43	− 37	+ 86	+134	− 52	− 74	+101	+ 78
313	+147	+ 56	− 55	+114	+114	− 60	+ 54	−105	−150	−137
463	+125	−121	−216	− 24	+102	− 46	+103	+168	−127	+117
701	−349	−209	+132	−105	− 65	+162	− 76	− 88	+ 45	−100

p	η_{20}	η_{21}	η_{22}	η_{23}
269	− 96	+ 6	+ 17	− 25
313	+ 59	− 66	− 66	− 27
463	+179	+ 91	− 10	+ 58
701	−191	−315	−161	+212

$f(\eta_0)$, Primfactoren der Primzahlen p wirklich, z. B.

p	$f(\eta_0)$	p	$f(\eta_0)$
269	$1-\eta_0-\eta_{21}$	701	$1+\eta_0$

Normen complexer Zahlen in $\overset{4}{\eta}$.

$$N(\eta) = 1, \quad N(1-\eta) = -193, \quad N(1+\eta_{12}+\eta_{16}) = 313.4969;$$
$$N(1-\eta_{11}-\eta_{12}) = 313.389, \quad N(1+\eta_{14}-\eta_{16}) = 463.7103,$$
$$N(1+\eta_{15}+\eta_{20}) = 313^2.$$

$\lambda = 97$

IV. p zum Exponenten 6 gehörig.

16 sechsgliedrige Perioden (für die primitive Wurzel 10 von 97):

$$\eta_0 = \alpha + \alpha^{62} + \alpha^{61} + \alpha^{96} + \alpha^{35} + \alpha^{36}, \qquad \eta_1 = \alpha^{10} + \alpha^{38} + \alpha^{28} + \alpha^{87} + \alpha^{59} + \alpha^{69},$$
$$\eta_2 = \alpha^{3} + \alpha^{89} + \alpha^{86} + \alpha^{94} + \alpha^{8} + \alpha^{11}, \qquad \eta_3 = \alpha^{30} + \alpha^{17} + \alpha^{84} + \alpha^{67} + \alpha^{80} + \alpha^{13},$$
$$\eta_4 = \alpha^{9} + \alpha^{73} + \alpha^{64} + \alpha^{88} + \alpha^{24} + \alpha^{33}, \qquad \eta_5 = \alpha^{90} + \alpha^{51} + \alpha^{58} + \alpha^{7} + \alpha^{46} + \alpha^{39},$$
$$\eta_6 = \alpha^{27} + \alpha^{25} + \alpha^{95} + \alpha^{70} + \alpha^{72} + \alpha^{2}, \qquad \eta_7 = \alpha^{76} + \alpha^{56} + \alpha^{77} + \alpha^{21} + \alpha^{41} + \alpha^{20},$$
$$\eta_8 = \alpha^{81} + \alpha^{75} + \alpha^{91} + \alpha^{16} + \alpha^{22} + \alpha^{6}, \qquad \eta_9 = \alpha^{34} + \alpha^{71} + \alpha^{37} + \alpha^{63} + \alpha^{26} + \alpha^{60},$$
$$\eta_{10} = \alpha^{49} + \alpha^{31} + \alpha^{79} + \alpha^{48} + \alpha^{66} + \alpha^{18}, \qquad \eta_{11} = \alpha^{5} + \alpha^{19} + \alpha^{14} + \alpha^{92} + \alpha^{78} + \alpha^{83},$$
$$\eta_{12} = \alpha^{50} + \alpha^{93} + \alpha^{43} + \alpha^{47} + \alpha^{4} + \alpha^{54}, \qquad \eta_{13} = \alpha^{15} + \alpha^{57} + \alpha^{42} + \alpha^{82} + \alpha^{40} + \alpha^{55},$$
$$\eta_{14} = \alpha^{53} + \alpha^{85} + \alpha^{32} + \alpha^{44} + \alpha^{12} + \alpha^{65}, \qquad \eta_{15} = \alpha^{45} + \alpha^{74} + \alpha^{29} + \alpha^{52} + \alpha^{23} + \alpha^{68};$$

mit den fundamentalen Relationen:

$$\eta_0^2 = 6 + 2\eta_0 + \eta_6 + 2\eta_9, \qquad \eta_0\eta_1 = \eta_2 + \eta_4 + \eta_5 + \eta_6 + \eta_9 + \eta_{15},$$
$$\eta_0\eta_2 = \eta_1 + \eta_4 + \eta_5 + \eta_6 + \eta_{12} + \eta_{14}, \qquad \eta_0\eta_3 = \eta_8 + 2\eta_{10} + \eta_{11} + \eta_{14} + \eta_{15},$$
$$\eta_0\eta_4 = \eta_1 + \eta_2 + \eta_6 + \eta_9 + \eta_{14} + \eta_{15}, \qquad \eta_0\eta_5 = \eta_1 + \eta_2 + \eta_8 + \eta_{12} + \eta_{13} + \eta_{15},$$
$$\eta_0\eta_6 = \eta_0 + \eta_1 + \eta_2 + \eta_4 + 2\eta_9, \qquad \eta_0\eta_7 = 2\eta_7 + \eta_8 + \eta_{11} + 2\eta_{13},$$
$$\eta_0\eta_8 = \eta_3 + \eta_5 + \eta_7 + \eta_{11} + \eta_{13} + \eta_{15}, \qquad \eta_0\eta_9 = 2\eta_0 + \eta_1 + \eta_4 + 2\eta_6,$$
$$\eta_0\eta_{10} = 2\eta_3 + \eta_{10} + \eta_{11} + \eta_{12} + \eta_{14}, \qquad \eta_0\eta_{11} = \eta_3 + \eta_7 + \eta_8 + \eta_{10} + \eta_{12} + \eta_{13},$$
$$\eta_0\eta_{12} = \eta_2 + \eta_5 + \eta_{10} + \eta_{11} + \eta_{13} + \eta_{14}, \qquad \eta_0\eta_{13} = \eta_5 + 2\eta_7 + \eta_8 + \eta_{11} + \eta_{12},$$
$$\eta_0\eta_{14} = \eta_2 + \eta_3 + \eta_4 + \eta_{10} + \eta_{12} + \eta_{15}, \qquad \eta_0\eta_{15} = \eta_1 + \eta_3 + \eta_4 + \eta_5 + \eta_8 + \eta_{14}.$$

Congruenzwurzeln mod. p.

p	η_0	η_1	η_2	η_3	η_4	η_5	η_6	η_7	η_8	η_9
353	+25	+100	+ 65	+151	− 99	−163	+134	+ 88	− 84	+ 41
521	− 8	+247	+121	+245	−169	+186	+184	+140	−212	− 45
547	+61	−270	−106	+210	+116	−200	+112	+224	+197	+229

p	η_{10}	η_{11}	η_{12}	η_{13}	η_{14}	η_{15}
353	− 89	+145	− 70	+ 99	− 42	+ 51
521	+132	−252	+ 95	+ 53	+ 42	−239
547	+182	−121	+189	+ 98	−147	−228

$f(\eta_0)$, Primfactoren der Primzahlen p, wirklich z. B.*)

p	$f(\eta_0)$
−353	$2+\eta_0+\eta_3+2\eta_{10}$

Normen complexer Zahlen in $\overset{6}{\eta}$.

$N(\eta_0) = 61^2$, $\quad N(1+\eta_3) = 61$, $\quad N(\eta_4+\eta_{13}) = -353 \,.\, 61$,

$N(1-\eta) = -30713$, $\quad N(2+\eta) = 1$, $\quad N(3+\eta) = 27583$,

$N(1+\eta_7+\eta_{10}) = 353 \,.\, 1129$, $\quad N(\eta_5+\eta_{13}+\eta_{15}) = 521 \,.\, 229$.

*) Das Zeichen zeigt an, dass $Nf(\eta_0) = -p$ ist.

$\lambda = 97$

VI. p zum Exponenten 8 gehörig.

12 achtgliedrige Perioden (für die primitive Wurzel 10 von 97):

$$\eta_0 = \alpha + \alpha^{50} + \alpha^{75} + \alpha^{64} + \alpha^{96} + \alpha^{47} + \alpha^{22} + \alpha^{33},$$
$$\eta_1 = \alpha^{10} + \alpha^{15} + \alpha^{71} + \alpha^{58} + \alpha^{87} + \alpha^{82} + \alpha^{26} + \alpha^{39},$$
$$\eta_2 = \alpha^{3} + \alpha^{53} + \alpha^{31} + \alpha^{95} + \alpha^{94} + \alpha^{44} + \alpha^{66} + \alpha^{2},$$
$$\eta_3 = \alpha^{30} + \alpha^{45} + \alpha^{19} + \alpha^{77} + \alpha^{67} + \alpha^{52} + \alpha^{78} + \alpha^{20},$$
$$\eta_4 = \alpha^{9} + \alpha^{62} + \alpha^{93} + \alpha^{91} + \alpha^{88} + \alpha^{35} + \alpha^{4} + \alpha^{6},$$
$$\eta_5 = \alpha^{90} + \alpha^{38} + \alpha^{57} + \alpha^{37} + \alpha^{7} + \alpha^{59} + \alpha^{40} + \alpha^{60},$$
$$\eta_6 = \alpha^{27} + \alpha^{89} + \alpha^{85} + \alpha^{79} + \alpha^{70} + \alpha^{8} + \alpha^{12} + \alpha^{18},$$
$$\eta_7 = \alpha^{76} + \alpha^{17} + \alpha^{74} + \alpha^{14} + \alpha^{21} + \alpha^{80} + \alpha^{23} + \alpha^{83},$$
$$\eta_8 = \alpha^{81} + \alpha^{73} + \alpha^{61} + \alpha^{43} + \alpha^{16} + \alpha^{24} + \alpha^{36} + \alpha^{54},$$
$$\eta_9 = \alpha^{34} + \alpha^{51} + \alpha^{28} + \alpha^{42} + \alpha^{63} + \alpha^{46} + \alpha^{69} + \alpha^{55},$$
$$\eta_{10} = \alpha^{49} + \alpha^{25} + \alpha^{86} + \alpha^{32} + \alpha^{48} + \alpha^{72} + \alpha^{11} + \alpha^{65},$$
$$\eta_{11} = \alpha^{5} + \alpha^{56} + \alpha^{84} + \alpha^{29} + \alpha^{92} + \alpha^{41} + \alpha^{13} + \alpha^{68};$$

Wurzeln der Gleichung:

$$\eta^{12} + \eta^{11} - 44\eta^{10} - 23\eta^{9} + 608\eta^{8} + 288\eta^{7} - 3367\eta^{6} - 1647\eta^{5} + 7459\eta^{4} + 2633\eta^{3} - 7037\eta^{2} - 1034\eta + 2209 = 0;$$

mit den fundamentalen Relationen:

$$\eta_0^2 = 8 + \eta_2 + 2\eta_7 + 2\eta_9 + 2\eta_{10}, \qquad \eta_0\eta_1 = \eta_4 + 2\eta_5 + \eta_6 + \eta_7 + \eta_8 + 2\eta_{10},$$
$$\eta_0\eta_2 = \eta_0 + 2\eta_2 + 2\eta_3 + \eta_4 + \eta_8 + \eta_{10}, \qquad \eta_0\eta_3 = 2\eta_2 + 2\eta_3 + \eta_6 + \eta_7 + \eta_9 + \eta_{11},$$
$$\eta_0\eta_4 = \eta_1 + \eta_2 + \eta_5 + \eta_6 + \eta_8 + \eta_9 + 2\eta_{11}, \qquad \eta_0\eta_5 = 2\eta_1 + \eta_4 + 2\eta_5 + \eta_6 + \eta_8 + \eta_{11},$$
$$\eta_0\eta_6 = -1 - \eta_0 - \eta_2 - \eta_6 - \eta_8, \qquad \eta_0\eta_7 = 2\eta_0 + \eta_1 + \eta_3 + \eta_6 + 2\eta_8 + \eta_{11},$$
$$\eta_0\eta_8 = \eta_1 + \eta_2 + \eta_4 + \eta_5 + 2\eta_7 + \eta_9 + \eta_{10}, \qquad \eta_0\eta_9 = 2\eta_0 + \eta_3 + \eta_4 + \eta_6 + \eta_8 + 2\eta_{11},$$
$$\eta_0\eta_{10} = 2\eta_0 + 2\eta_1 + \eta_2 + \eta_6 + \eta_8 + \eta_{10}, \qquad \eta_0\eta_{11} = \eta_3 + 2\eta_4 + \eta_5 + \eta_6 + \eta_7 + 2\eta_9;$$

$\lambda = 97$

Congruenzwurzeln mod. p.

p	η_0	η_1	η_2	η_3	η_4	η_5	η_6	η_7	η_8	η_9
47	0	− 19	− 22	+ 3	− 21	+ 8	+ 1	0	+ 20	+ 15
227	− 7	− 72	− 34	− 94	+110	− 74	+ 98	+ 63	− 53	+ 98
241	+10	+ 45	+ 40	−109	−114	− 45	− 74	− 34	+ 40	− 60
421	−22	−182	+184	+132	−198	+ 82	−186	−187	+141	−118
743	+30	+ 90	−246	+ 39	+208	+297	+303	+138	−282	− 57
809	+ 9	+269	−312	−312	−402	+238	+120	−382	− 89	−370
823	− 2	+314	+254	−277	−309	+393	+108	−233	−145	+110
937	−17	−380	−155	+289	−321	+248	+ 79	+357	−439	+465

p	η_{10}	η_{11}
47	− 8	+ 22
227	− 10	− 26
241	+120	− 61
421	+ 30	− 98
743	−255	−286
809	−269	−119
823	− 6	−208
937	+333	−460

$f(\eta_0)$, Primfactoren der Primzahlen p, z. B.*)

p	$f(\eta_0)$
+ 47	$1 - \eta_6$
−227	$4 - \eta_0 + \eta_2 + \eta_4 + \eta_5 + 2\eta_7 + \eta_9 + \eta_{10}$
−241	$5 - 4\eta_1 - 2\eta_4 - 4\eta_5 - \eta_6 - \eta_7 - \eta_8 - 2\eta_9 - \eta_{11}$
−421	$2 - \eta_1 - \eta_2$
−809	$3 + 3\eta_0 + 3\eta_1 - 2\eta_2 + \eta_5 + \eta_7 + \eta_8 + 2\eta_{10} - \eta_{11}$
−823	$2 + \eta_0$

Normen complexer Zahlen in $\overset{8}{\eta}$.

$N(\eta_0) = 47^2$, $N(1+\eta) = 389$, $N(\eta_7+\eta_8+\eta_{10}) = -227.47$,

$N(\eta_1+\eta_5) = 2^6.241$, $N(1-\eta_0-\eta_4-\eta_8) = -64$, $N(1+2\eta_{10}) = 241.18743$,

$N(1-\eta_6+\eta_7) = -421.47$, $N(1-\eta_1-\eta_4+\eta_5) = -743.313$,

$N(\eta_1+\eta_{10}) = -809.47$, $N(\eta_0+2\eta_{11}) = -937.241$,

$N(\eta_5+\eta_{10}) = 47.67.457$, $N(2-\eta) = -13967$.

Sie liegen zum Theil den obigen Primfactoren $f(\eta_0)$ zu Grunde.

---

*) Das Zeichen + vor den Primzahlen p zeigt an, dass $Nf(\eta_0) = +p$, das Zeichen − dass $Nf(\eta_0) = -p$ ist.

$\lambda = 97$

VII. p zum Exponenten 12 gehörig.

8 zwölfgliedrige Perioden (für die primitive Wurzel 10 von 97):

$$\eta_0 = \alpha + \alpha^{81} + \alpha^{62} + \alpha^{75} + \alpha^{61} + \alpha^{91} + \alpha^{96} + \alpha^{16} + \alpha^{35} + \alpha^{22} + \alpha^{36} + \alpha^{6},$$
$$\eta_1 = \alpha^{10} + \alpha^{34} + \alpha^{38} + \alpha^{71} + \alpha^{28} + \alpha^{37} + \alpha^{87} + \alpha^{63} + \alpha^{59} + \alpha^{26} + \alpha^{69} + \alpha^{60},$$
$$\eta_2 = \alpha^{3} + \alpha^{49} + \alpha^{89} + \alpha^{31} + \alpha^{86} + \alpha^{79} + \alpha^{94} + \alpha^{48} + \alpha^{8} + \alpha^{66} + \alpha^{11} + \alpha^{18},$$
$$\eta_3 = \alpha^{30} + \alpha^{5} + \alpha^{17} + \alpha^{19} + \alpha^{84} + \alpha^{14} + \alpha^{67} + \alpha^{92} + \alpha^{80} + \alpha^{78} + \alpha^{13} + \alpha^{83}.$$
$$\eta_4 = \alpha^{9} + \alpha^{50} + \alpha^{73} + \alpha^{93} + \alpha^{64} + \alpha^{43} + \alpha^{88} + \alpha^{47} + \alpha^{24} + \alpha^{4} + \alpha^{33} + \alpha^{54},$$
$$\eta_5 = \alpha^{90} + \alpha^{15} + \alpha^{51} + \alpha^{57} + \alpha^{58} + \alpha^{42} + \alpha^{7} + \alpha^{82} + \alpha^{46} + \alpha^{40} + \alpha^{39} + \alpha^{55},$$
$$\eta_6 = \alpha^{27} + \alpha^{53} + \alpha^{25} + \alpha^{85} + \alpha^{95} + \alpha^{32} + \alpha^{70} + \alpha^{44} + \alpha^{72} + \alpha^{12} + \alpha^{2} + \alpha^{65}.$$
$$\eta_7 = \alpha^{76} + \alpha^{45} + \alpha^{56} + \alpha^{74} + \alpha^{77} + \alpha^{29} + \alpha^{21} + \alpha^{52} + \alpha^{41} + \alpha^{23} + \alpha^{20} + \alpha^{68};$$

Wurzeln der Gleichung:

$$\eta^8 + \eta^7 - 42\eta^6 - 59\eta^5 + 497\eta^4 + 719\eta^3 - 1792\eta^2 - 2295\eta + 193 = 0;$$

mit den fundamentalen Relationen:

$$\eta_0^2 = 10 - 2\eta_2 - 2\eta_4 - \eta_6, \qquad \eta_0\eta_1 = -1 + \eta_0 + \eta_1 - \eta_3 + \eta_4 + 2\eta_6.$$
$$\eta_0\eta_2 = \eta_1 + \eta_2 + 3\eta_3 + 3\eta_4 + \eta_5 + 3\eta_6, \qquad \eta_0\eta_3 = -1 + \eta_0 - \eta_1 + 2\eta_2 + \eta_3 + \eta_7,$$
$$\eta_0\eta_4 = 2\eta_1 + 3\eta_2 + \eta_3 + 2\eta_5 + 3\eta_6 + \eta_7, \qquad \eta_0\eta_5 = -1 + \eta_0 + \eta_4 + \eta_5 - \eta_6 + 2\eta_7,$$
$$\eta_0\eta_6 = \eta_0 + 3\eta_1 + 3\eta_2 + \eta_3 + 3\eta_4 + \eta_7, \qquad \eta_0\eta_7 = -1 + \eta_0 - \eta_2 + \eta_3 + 2\eta_5 + \eta_7.$$

Congruenzwurzeln mod. p.

p	η_0	η_1	η_2	η_3	η_4	η_5	η_6	η_7
103	+ 8	+ 39	− 19	− 16	+ 9	− 49	− 34	− 42
113	− 3	− 39	− 41	− 33	+ 13	− 21	− 56	− 47
307	+ 9	+ 94	− 56	−115	− 80	+ 54	−106	−108
479	−62	− 89	−197	−221	−118	+137	+149	− 79
491	− 1	+179	+168	−147	−214	−226	+101	+139
673	−46	−313	− 51	− 83	+278	−290	+132	−301
857	− 2	− 61	−238	−370	+396	−117	−290	−166

$f(\eta_0)$, Primfactoren der Primzahlen p.*)

p	$f(\eta_0)$	p	$f(\eta_0)$
−103	$2+2\eta_0+\eta_2+2\eta_3-\eta_4-\eta_7$	+491	$1+\eta_0$
−113	$3+\eta_0$	+673	$2+\eta_2+\eta_3+\eta_6$
+307	$2+\eta_0+2\eta_1-\eta_7$	−857	$2+\eta_0$
+479	$2+\eta_0+\eta_1+\eta_6$		

*) Das Zeichen + vor den Primzahlen p zeigt an, dass $Nf(\eta_0) = +p$, das Zeichen −, dass $Nf(\eta_0) = -p$ ist.

$\lambda = 97$

Normen complexer Zahlen in $\overset{17}{\eta}$.

$N(2-\eta_6-\eta_7) = 307 . 113$, $N(1+\eta_0-\eta_4) = -16 . 103$, $N(1-\eta_0-\eta_4) = 2^4$

diese 3 liegen bei obigen Primfactoren $f(\eta_0)$ zu Grunde. — Ferner:

$N(\eta) = 193$, $N(1-\eta) = 2777$, $N(\eta_2+2\eta_7) = 103^2 . 61$,

$N(1-2\eta_6) = -113 . 2909$, $N(5-2\eta_5) = 103 . 61$, $N(5+\eta_4) = 61 . 463$,

$N(2-\eta) = 2053$, $N(1+2\eta_4-2\eta_7) = 103 . 132971$,

$N(\eta_2-\eta_4-\eta_7) = -479 . 307$, $N(2-\eta_1+\eta_5-\eta_6+\eta_7) = 479 . 467$.

VIII. *p* zum Exponenten 16 gehörig.

6 sechzehngliedrige Perioden (für die primitive Wurzel 10 von 97):

$$\eta_0 = \alpha + \alpha^{27} + \alpha^{50} + \alpha^{89} + \alpha^{75} + \alpha^{85} + \alpha^{64} + \alpha^{79} + \alpha^{96} + \alpha^{70} + \alpha^{47} + \alpha^{8} + \alpha^{22} + \alpha^{12} + \alpha^{33} + \alpha^{18},$$

$$\eta_1 = \alpha^{10} + \alpha^{76} + \alpha^{15} + \alpha^{17} + \alpha^{71} + \alpha^{74} + \alpha^{58} + \alpha^{14} + \alpha^{87} + \alpha^{21} + \alpha^{82} + \alpha^{80} + \alpha^{26} + \alpha^{23} + \alpha^{39} + \alpha^{83},$$

$$\eta_2 = \alpha^{3} + \alpha^{81} + \alpha^{53} + \alpha^{73} + \alpha^{31} + \alpha^{61} + \alpha^{95} + \alpha^{43} + \alpha^{94} + \alpha^{16} + \alpha^{44} + \alpha^{24} + \alpha^{66} + \alpha^{36} + \alpha^{2} + \alpha^{54},$$

$$\eta_3 = \alpha^{30} + \alpha^{34} + \alpha^{45} + \alpha^{51} + \alpha^{19} + \alpha^{28} + \alpha^{77} + \alpha^{42} + \alpha^{67} + \alpha^{63} + \alpha^{52} + \alpha^{46} + \alpha^{78} + \alpha^{69} + \alpha^{20} + \alpha^{55},$$

$$\eta_4 = \alpha^{9} + \alpha^{49} + \alpha^{62} + \alpha^{25} + \alpha^{93} + \alpha^{86} + \alpha^{91} + \alpha^{32} + \alpha^{88} + \alpha^{48} + \alpha^{35} + \alpha^{72} + \alpha^{4} + \alpha^{11} + \alpha^{6} + \alpha^{65},$$

$$\eta_5 = \alpha^{90} + \alpha^{5} + \alpha^{38} + \alpha^{56} + \alpha^{57} + \alpha^{84} + \alpha^{37} + \alpha^{29} + \alpha^{7} + \alpha^{92} + \alpha^{59} + \alpha^{41} + \alpha^{40} + \alpha^{13} + \alpha^{60} + \alpha^{68};$$

Wurzeln der Gleichung:

$$\eta^6 + \eta^5 - 40\eta^4 + 45\eta^3 + 236\eta^2 - 230\eta - 389 = 0;$$

mit den fundamentalen Relationen:

$$\eta_0^2 = 12 - 4\eta_0 - 3\eta_2 - 2\eta_5, \qquad \eta_0\eta_1 = -3 + \eta_0 - \eta_1 - 2\eta_3,$$

$$\eta_0\eta_2 = -3 - 2\eta_0 + \eta_2 + \eta_4 - 2\eta_5, \qquad \eta_0\eta_3 = -1 + 3\eta_0 + 2\eta_2 + 3\eta_3 + 2\eta_5,$$

$$\eta_0\eta_4 = -3 + \eta_0 + \eta_2 - 2\eta_3 - 2\eta_4. \qquad \eta_0\eta_5 = -3 - \eta_0 - 2\eta_2 + \eta_5.$$

$\lambda = 97$

Congruenzwurzeln mod. p.

p	η_0	η_1	η_2	η_3	η_4	η_5
79	+ 6	+ 36	− 13	− 6	+ 20	+ 35
89	+ 2	− 20	− 10	− 15	+ 27	+ 15
109	− 9	+ 52	− 35	− 16	− 29	+ 36
167	− 6	+ 27	+ 47	+ 63	+ 22	+ 13
283	−14	+ 56	+ 71	− 69	− 16	− 29
467	+ 5	+ 40	+219	−119	+199	+122
503	−27	+216	+104	−225	+140	−209
661	−77	+109	−249	+136	−133	+213
691	+41	−331	+155	+ 60	−159	+233
881	+80	+203	−126	−254	−263	+359
997	−21	−163	+ 63	+352	+ 35	−267

$f(\eta_0)$, Primfactoren der Primzahlen p.*)

p	$f(\eta_0)$
− 79	$5+4\eta_0+\eta_1+2\eta_3+3\eta_5$
− 89	$2-\eta_0$
+109	$2\eta_1+4\eta_2+\eta_5$
−167	$17-6\eta_0+\eta_2-5\eta_3-13\eta_4$
+283	$2-\eta_2-\eta_3$
−467	$3-\eta_2-\eta_5$
+503	$77-27\eta_0+5\eta_2-21\eta_3-54\eta_4$
−661	$3-\eta_2-\eta_4$
−691	$50+11\eta_0-3\eta_1+12\eta_2+14\eta_3-18\eta_5$
+881	$2-2\eta_2+\eta_3$
−997	$96+20\eta_0-6\eta_1+21\eta_2+26\eta_3-33\eta_5$

Normen complexer Zahlen in $\overset{16}{\eta}$.

$N(1+\eta_1) = -8$, $N(9-2\eta_0-2\eta_2-2\eta_4) = 27$, $N(1-\eta_1+\eta_5) = -3^2.79$, $N(4-2\eta_3-\eta_5) = 3^2.109$, $N(1-2\eta_0-\eta_5) = -2^2.167$, $N(1+2\eta_2+\eta_5) = 2^2.503$, $N(4+\eta_2+\eta_4) = -2^2.691$, $N(3\eta_0+\eta_2) = -2^2.997$; diese 8 liegen den obigen Primfactoren $f(\eta_0)$ zu Grunde. — Ferner ist: $N(2+2\eta_0-\eta_3) = 109^2$, $N(1-\eta_0) = -8.47$, $N(5-\eta_0) = 8.467$, $N(2+\eta_2) = 47$, $N(6+\eta_0) = 79.167$, $N(5+2\eta_1) = -109.269$, $N(1+2\eta_0+\eta_2) = -8.79$, $N(2-\eta_0+\eta_4) = 8.283$, $N(2+\eta_1+2\eta_5) = -27.283$, $N(5-\eta_1+\eta_4) = -167.241$, $N(7-\eta_1-\eta_5) = 503.79$, $N(7+2\eta_1) = 79.2683$.

*) Das Zeichen + vor den Primzahlen p zeigt an, dass $Nf(\eta_0) = +p$, das Zeichen −, dass $Nf(\eta_0) = -p$ ist.

$\lambda = 97$

IX. p zum Exponenten 24 gehörig.

4 vierundzwanziggliedrige Perioden (für die primitive Wurzel 10 von 97):

$$\eta_0 = \alpha + \alpha^{9} + \alpha^{81} + \alpha^{50} + \alpha^{62} + \alpha^{73} + \alpha^{75} + \alpha^{93} + \alpha^{61} + \alpha^{64} + \alpha^{91} + \alpha^{43} + \alpha^{96} + \alpha^{88} + \alpha^{16} + \alpha^{47} + \alpha^{35} + \alpha^{24} + \alpha^{22} + \alpha^{4} + \alpha^{36} + \alpha^{33} + \alpha^{6} + \alpha^{54},$$

$$\eta_1 = \alpha^{10} + \alpha^{90} + \alpha^{34} + \alpha^{15} + \alpha^{38} + \alpha^{51} + \alpha^{71} + \alpha^{57} + \alpha^{28} + \alpha^{58} + \alpha^{37} + \alpha^{42} + \alpha^{87} + \alpha^{7} + \alpha^{63} + \alpha^{82} + \alpha^{59} + \alpha^{46} + \alpha^{26} + \alpha^{40} + \alpha^{69} + \alpha^{39} + \alpha^{60} + \alpha^{55},$$

$$\eta_2 = \alpha^{3} + \alpha^{27} + \alpha^{49} + \alpha^{53} + \alpha^{89} + \alpha^{25} + \alpha^{31} + \alpha^{85} + \alpha^{86} + \alpha^{95} + \alpha^{79} + \alpha^{32} + \alpha^{94} + \alpha^{70} + \alpha^{48} + \alpha^{44} + \alpha^{8} + \alpha^{72} + \alpha^{66} + \alpha^{12} + \alpha^{11} + \alpha^{2} + \alpha^{18} + \alpha^{65},$$

$$\eta_3 = \alpha^{30} + \alpha^{76} + \alpha^{5} + \alpha^{45} + \alpha^{17} + \alpha^{56} + \alpha^{19} + \alpha^{74} + \alpha^{84} + \alpha^{77} + \alpha^{14} + \alpha^{29} + \alpha^{67} + \alpha^{21} + \alpha^{92} + \alpha^{52} + \alpha^{80} + \alpha^{41} + \alpha^{78} + \alpha^{23} + \alpha^{13} + \alpha^{20} + \alpha^{83} + \alpha^{68};$$

Wurzeln der Gleichung:

$$\eta^4 + \eta^3 - 36\eta^2 + 91\eta - 61 = 0;$$

mit den fundamentalen Relationen:

$$\eta_0^2 = 22 + 6\eta_1 + 5\eta_2 + 4\eta_3, \qquad \eta_0\eta_1 = -5 + 3\eta_0 + \eta_1,$$

$$\eta_0\eta_2 = -5 + 2\eta_0 + 2\eta_2, \qquad \eta_0\eta_3 = -5 + \eta_0 + 3\eta_3.$$

Congruenzwurzeln mod. p.

p	η_0	η_1	η_2	η_3	p	η_0	η_1	η_2	η_3
43	−10	+ 11	+ 20	+ 21	431	+19	− 45	+ 78	− 53
73	+10	+ 19	+ 11	+ 32	461	+42	− 87	−217	−200
101	− 7	− 22	+ 47	− 19	509	− 9	+105	−183	+ 86
151	− 3	− 72	− 28	− 49	683	+27	+108	− 80	− 56
379	− 2	+130	+ 97	+153	733	−62	+259	+128	−326
397	−24	+146	+170	+104	877	+54	+367	−251	−171

$f(\eta_0)$, Primfactoren der Primzahlen p.*)

p	$f(\eta_0)$	p	$f(\eta_0)$	p	$f(\eta_0)$
− 43	$5-3\eta_0+\eta_1+2\eta_2$	−379	$2+\eta_0$	−509	$7-6\eta_3$
− 73	$9-5\eta_0-\eta_3$	−397	$9-4\eta_0+2\eta_1$	−683	$2+2\eta_0+\eta_3$
+101	$13-4\eta_1$	+431	$12-3\eta_0-\eta_1$	+733	$39-14\eta_0+4\eta_1+2\eta_2$
+151	$7-2\eta_1$	−461	$12+\eta_0-4\eta_2$	−887	$125+10\eta_0+4\eta_1-44\eta_3$

*) Das Zeichen + vor den Primzahlen p zeigt an, dass $Nf(\eta_0) = +p$, dass Zeichen −, dass $Nf(\eta_0) = -p$ ist.

$\lambda = 97$

Normen complexer Zahlen in $\overset{24}{\eta}$.

$N(4-\eta_0) = N(3-2\eta_3) = 47$, $\quad N(1-\eta_1) = N(3-\eta_1) = -4$,
$N(9-2\eta_0+2\eta_2) = -397.47$, $\quad N(7-6\eta_1+2\eta_3) = 101.733$,
$N(19+2\eta_0+4\eta_2) = -101.877$, $\quad N(3-4\eta_0) = -43.73$,
$N(9+2\eta_2) = -73.193$, $\quad N(2\eta_1+3\eta_2+\eta_3) = 193$,
$N(8-\eta_1+\eta_3) = -4.431$, $\quad N(3+2\eta_0+\eta_1) = -4.461$.

Diese Normen liegen bei obigen Primfactoren $f(\eta_0)$ zu Grunde; es ist aber ferner:

$N(1+\eta_0) = -4.47$, $\quad N(3+\eta_0) = -4.151$, $\quad N(5-\eta_2) = 4.61$,
$N(2-\eta) = 1$, $\quad N(4+\eta_2) = -809$, $\quad N(6-\eta_2) = 701$,
$N(6+\eta_1) = -823$ u. s. w.; endlich: $\quad N(1-\eta_0-\eta_1) = 3^2.43$,
$N(5-6\eta_1+2\eta_2) = 11^2.431$, $\quad N(5+6\eta_0+4\eta_2) = 431.673$, $\quad N(7+4\eta_2-2\eta_3) = 461.353$,
$N(9+3\eta_0+\eta_3) = -877.43$ u. s. w.

X. p zum Exponenten 32 gehörig.

3 zweiunddreissiggliedrige Perioden (für die primitive Wurzel 10 von 97):

$$\begin{aligned}\eta_0 = {} & \alpha + \alpha^{30} + \alpha^{27} + \alpha^{34} + \alpha^{50} + \alpha^{45} + \alpha^{89} + \alpha^{51} + \alpha^{75} + \alpha^{19} + \alpha^{85} + \alpha^{28} + \alpha^{64} + \alpha^{77} \\ & + \alpha^{79} + \alpha^{42} + \alpha^{96} + \alpha^{67} + \alpha^{70} + \alpha^{63} + \alpha^{47} + \alpha^{52} + \alpha^{8} + \alpha^{46} + \alpha^{22} + \alpha^{78} + \alpha^{12} + \alpha^{69} \\ & + \alpha^{33} + \alpha^{20} + \alpha^{18} + \alpha^{55},\end{aligned}$$

$$\begin{aligned}\eta_1 = {} & \alpha^{10} + \alpha^{9} + \alpha^{76} + \alpha^{49} + \alpha^{15} + \alpha^{62} + \alpha^{17} + \alpha^{25} + \alpha^{71} + \alpha^{93} + \alpha^{74} + \alpha^{86} + \alpha^{58} + \alpha^{91} \\ & + \alpha^{14} + \alpha^{32} + \alpha^{87} + \alpha^{88} + \alpha^{21} + \alpha^{48} + \alpha^{82} + \alpha^{35} + \alpha^{80} + \alpha^{72} + \alpha^{26} + \alpha^{4} + \alpha^{23} + \alpha^{11} \\ & + \alpha^{39} + \alpha^{6} + \alpha^{83} + \alpha^{65},\end{aligned}$$

$$\begin{aligned}\eta_2 = {} & \alpha^{3} + \alpha^{90} + \alpha^{81} + \alpha^{5} + \alpha^{53} + \alpha^{38} + \alpha^{73} + \alpha^{56} + \alpha^{31} + \alpha^{57} + \alpha^{61} + \alpha^{84} + \alpha^{95} + \alpha^{37} \\ & + \alpha^{43} + \alpha^{29} + \alpha^{94} + \alpha^{7} + \alpha^{16} + \alpha^{92} + \alpha^{44} + \alpha^{59} + \alpha^{24} + \alpha^{41} + \alpha^{66} + \alpha^{40} + \alpha^{36} + \alpha^{13} \\ & + \alpha^{2} + \alpha^{60} + \alpha^{54} + \alpha^{68};\end{aligned}$$

Wurzeln der Gleichung:

$$\eta^3 + \eta^2 - 32\eta - 79 = 0;$$

mit den fundamentalen Relationen:

$$\eta_0^2 = 23 + 3\eta_0 + \eta_2, \qquad \eta_0\eta_1 = 10\eta_0 + 9\eta_1 + 13\eta_2,$$
$$\eta_0\eta_2 = 9\eta_0 + 13\eta_1 + 10\eta_2.$$

$\lambda = 97$

Congruenzwurzeln mod. p.

p	η_0	η_1	η_2	p	η_0	η_1	η_2
19	− 2	+ 6	− 5	443	+ 9	+ 31	− 41
67	− 6	+ 31	− 26	457	+139	+144	+173
127	+ 4	− 19	+ 14	563	−104	−155	+258
131	+ 2	− 25	+ 22	601	− 55	+162	−108
139	+ 3	− 23	+ 19	659	− 10	+107	− 98
149	− 7	+ 47	− 41	709	+ 49	+104	−154
239	−57	−113	− 60	757	+165	+212	−378
257	+48	+ 81	+127	821	+143	+293	+384
263	+37	− 80	+ 42	827	−168	−240	+407
271	− 8	+ 65	− 58	839	−166	+344	−179
311	−50	+139	− 90	853	+211	+362	+279
337	+32	−106	+ 73	907	+ 93	+184	−278
433	−21	+ 48	− 28	919	+124	+277	−402
439	− 9	+ 85	− 77				

$f(\eta_0)$, Primfactoren der Primzahlen p.

p	$f(\eta_0)$	p	$f(\eta_0)$	p	$f(\eta_0)$
19	$+2+\eta_0$	271	$+8+\eta_0$	659	$+10+\eta_0$
67	$+6+\eta_0$	311	$-10-2\eta_0+\eta_2$	709	$-6-2\eta_0+\eta_1$
127	$-4+\eta_0$	337	$+19-3\eta_1$	757	$-1+2\eta_2$
131	$-2+\eta_0$	433	$-7+\eta_0-\eta_2$	821	$-37+6\eta_0$
139	$-3+\eta_0$	439	$+9+\eta_0$	827	$+13+2\eta_2$
149	$+7+\eta_0$	443	$+9-\eta_0$	839	$-15-\eta_0+2\eta_1$
239	$+13-2\eta_1$	457	$-5-\eta_0+\eta_1$	853	$+16+3\eta_2$
257	$+3+2\eta_2$	563	$-5-2\eta_1+\eta_2$	907	$-2+2\eta_0-\eta_1$
263	$-5-\eta_0+\eta_2$	601	$+3+3\eta_0+\eta_1$	919	$-9+\eta_0-2\eta_2$

$\lambda = 97$

XI. p zum Exponenten 48 gehörig.

2 achtundvierziggliedrige Perioden (für die primitive Wurzel 10 von 97):

$$\begin{aligned}\eta_0 = \alpha &+ \alpha^{3} + \alpha^{9} + \alpha^{27} + \alpha^{81} + \alpha^{49} + \alpha^{50} + \alpha^{53} + \alpha^{62} + \alpha^{89} + \alpha^{73} + \alpha^{25} + \alpha^{75} \\ &+ \alpha^{31} + \alpha^{93} + \alpha^{85} + \alpha^{61} + \alpha^{86} + \alpha^{64} + \alpha^{95} + \alpha^{91} + \alpha^{79} + \alpha^{43} + \alpha^{32} + \alpha^{96} \\ &+ \alpha^{94} + \alpha^{88} + \alpha^{70} + \alpha^{16} + \alpha^{48} + \alpha^{47} + \alpha^{44} + \alpha^{35} + \alpha^{8} + \alpha^{24} + \alpha^{72} + \alpha^{22} \\ &+ \alpha^{66} + \alpha^{4} + \alpha^{12} + \alpha^{36} + \alpha^{11} + \alpha^{33} + \alpha^{2} + \alpha^{6} + \alpha^{18} + \alpha^{54} + \alpha^{65},\end{aligned}$$

$$\begin{aligned}\eta_1 = \alpha^{10} &+ \alpha^{30} + \alpha^{90} + \alpha^{76} + \alpha^{34} + \alpha^{5} + \alpha^{15} + \alpha^{45} + \alpha^{38} + \alpha^{17} + \alpha^{51} + \alpha^{56} + \alpha^{71} \\ &+ \alpha^{19} + \alpha^{57} + \alpha^{74} + \alpha^{28} + \alpha^{84} + \alpha^{58} + \alpha^{77} + \alpha^{37} + \alpha^{14} + \alpha^{42} + \alpha^{29} + \alpha^{87} \\ &+ \alpha^{67} + \alpha^{7} + \alpha^{21} + \alpha^{63} + \alpha^{92} + \alpha^{82} + \alpha^{52} + \alpha^{59} + \alpha^{80} + \alpha^{46} + \alpha^{41} + \alpha^{26} \\ &+ \alpha^{78} + \alpha^{40} + \alpha^{23} + \alpha^{69} + \alpha^{13} + \alpha^{39} + \alpha^{20} + \alpha^{60} + \alpha^{83} + \alpha^{55} + \alpha^{68};\end{aligned}$$

Wurzeln der Gleichung:

$$\eta^2 + \eta - 24 = 0;$$

mit den fundamentalen Relationen:

$$\eta_0^2 = 24 - \eta_0, \qquad \eta_0\eta_1 = -24.$$

Congruenzwurzeln mod. p.

p	η_0	η_1	p	η_0	η_1	p	η_0	η_1	p	η_0	η_1
2	0	1	191	55	−56	571	101	−102	677	110	−111
3	0	−1	197	28	−29	593	84	−85	727	114	−115
11	1	−2	293	59	−60	607	163	−164	751	164	−165
31	14	−15	419	150	−151	613	284	−285	773	130	−131
53	18	−19	487	132	−133	631	277	−278	787	79	−80
163	44	−45	557	173	−174	647	62	−63	967	215	−216

$\lambda = 97$

$f(\eta_0)$, Primfactoren der Primzahlen p.*)

p	$f(\eta_0)$	p	$f(\eta_0)$	p	$f(\eta_0)$
+2	$31-7\eta_1$	−293	$451-102\eta_0$	−631	$855-149\eta_1$
+3	$9-7\eta_0$	+419	$275-62\eta_1$	−647	$211-48\eta_1$
−11	$53-12\eta_1$	+487	$187-42\eta_0$	−677	$11-6\eta_1$
−31	$35-8\eta_1$	+557	$337-76\eta_0$	+727	$37-6\eta_1$
+53	$19-4\eta_0$	+571	$35-6\eta_0$	−751	$353-80\eta_0$
−163	$13-4\eta_0$	−593	$557-126\eta_1$	−773	$7-6\eta_0$
+191	$151-34\eta_0$	+607	$83-18\eta_1$	−787	$121-28\eta_1$
−197	$23-6\eta_1$	+613	$161-36\eta_1$	−967	$601-136\eta_1$

XII. p zum Exponenten 96 gehörig, in Beziehung auf 96te Einheitswurzeln selbst complexe Primzahlen:

5, 7, 13, 17, 23, 29, 37, 41, 59, 71, 83, 107, 131, 137, 157, 173, 179, 181, 199, 211, 223, 233, 251, 277, 281, 317, 331, 347, 349, 359, 367, 373, 383, 401, 409, 499, 503, 521, 523, 541, 569, 577, 587, 599, 619, 641, 653, 683, 687, 709, 739, 761, 769, 797, 859, 863, 883, 911, 929, 941, 947, 953, 977, 983, 991.

Zweite Abtheilung.

Einheitswurzeln, deren Grad λ eine Potenz einer ungeraden Primzahl ist.

Die Bezeichnungen sind dieselben wie in der ersten Abtheilung, desgleichen die Anordnung der (primitiven) Congruenzwurzeln.

II.

$\lambda = 9$

I. $p = 9m + 1$.

6 primitive Wurzeln, deren Gleichung:

$$\alpha^6 + \alpha^3 + 1 = 0.$$

Congruenzwurzeln mod. p.

p	α	α^2	α^4	α^5	α^7	α^8
19	+ 5	+ 6	− 2	+ 9	− 3	+ 4
37	− 4	+ 16	− 3	+ 12	+ 7	+ 9
73	+ 2	+ 4	+ 16	+ 32	− 18	− 36
109	− 43	− 4	+ 16	− 34	+ 27	+ 38
127	− 24	− 59	+ 52	+ 22	− 28	+ 37
163	+ 53	+ 38	− 23	− 78	− 30	+ 40
181	+ 73	+ 80	+ 65	+ 39	+ 43	+ 62
199	− 37	− 24	− 21	− 19	+ 58	+ 43
271	− 13	−102	+106	− 23	− 93	+125
307	+ 53	+ 46	− 33	+ 93	− 20	−139
379	+180	+185	+115	−145	+ 84	− 40
397	− 85	+ 79	−111	− 93	+196	+ 14
433	+ 27	−137	+150	+153	−177	− 16
487	+220	+187	− 95	+ 41	−125	−228
523	+ 94	− 55	−113	−162	+ 19	+217
541	+225	−229	− 36	+ 15	−189	+214
577	−256	−242	+287	−193	− 31	−142
613	+160	−146	−139	−172	− 21	−295
631	−255	+ 32	−238	+114	−138	−146
739	+317	− 15	+225	−358	+197	−366
757	+ 3	+ 9	+ 81	+243	− 84	−252
811	−279	− 15	+225	−328	+ 54	+343
829	−204	+166	+199	+ 25	+ 5	−191
883	+286	−323	+135	−242	−421	−318
919	− 95	−165	−345	−309	+440	−445
937	−241	− 13	+169	−438	+ 72	+451
991	− 70	− 55	+ 52	+324	+ 18	−269

$\lambda = 9$

$f(\alpha)$, Primfactoren der Primzahlen p.

p	$f(\alpha)$	p	$f(\alpha)$	p	$f(\alpha)$
19	$1+\alpha-\alpha^2$	307	$1+2\alpha^2-\alpha^5$	631	$3+\alpha+\alpha^5-\alpha^7$
37	$1+\alpha-\alpha^4$	379	$1-\alpha^2-\alpha^4+2\alpha^8$	739	$2+2\alpha^2+\alpha^4-\alpha^7$
73	$2-\alpha$	397	$3+\alpha^4+\alpha^5-\alpha^7$	757	$3-\alpha$
109	$2+2\alpha^4+\alpha^5$	433	$1-3\alpha+2\alpha^2-2\alpha^7$	811	$2-\alpha^2+2\alpha^7+2\alpha^8$
127	$2+\alpha+\alpha^5$	487	$2-\alpha-\alpha^5+\alpha^8$	829	$3-\alpha^4+\alpha^7-\alpha^8$
163	$2+\alpha^2-\alpha^8$	523	$2-\alpha^2-3\alpha^7$	883	$2-2\alpha-\alpha^2+2\alpha^8$
181	$2+\alpha^2-\alpha^5-\alpha^7$	541	$1+3\alpha^2-\alpha^4+\alpha^5$	919	$3+3\alpha^5-\alpha^7-\alpha^8$
199	$2+\alpha^4-\alpha^5$	577	$2+3\alpha^5$	937	$1+2\alpha^2+\alpha^4-2\alpha^7$
271	$3+2\alpha-\alpha^5$	613	$3-2\alpha^2+\alpha^8$	991	$3+\alpha^2+\alpha^4$

II. p zum Exponenten 2 gehörig.

3 zweigliedrige Perioden (für die primitive Wurzel 2 von 9):

$$\eta_0 = \alpha + \alpha^{-1}, \qquad \eta_1 = \alpha^2 + \alpha^{-2}, \qquad \eta_2 = \alpha^4 + \alpha^{-4},$$

Wurzeln der Gleichung:

$$\eta^3 - 3\eta + 1 = 0,$$

mit den fundamentalen Relationen:

$$\eta_0^2 = 2 + \eta_1, \qquad \eta_0\eta_1 = -1 + \eta_0, \qquad \eta_0\eta_2 = -1 + \eta_2.$$

Congruenzwurzeln mod. p.

p	η_0	η_1	η_2	p	η_0	η_1	η_2	p	η_0	η_1	η_2
17	−3	+7	−4	359	−58	+131	−73	701	−9	+79	−70
53	+4	+14	−18	431	−113	−163	−155	719	−13	+167	−154
71	−16	−30	−25	449	−103	−169	−177	773	−41	+133	−92
89	−12	−36	−41	467	−20	−69	+89	809	+24	−235	+211
107	−7	+47	−40	503	+40	+89	−129	827	+116	+222	−338
179	−34	+80	−46	521	−31	−83	+114	863	−80	+357	−277
197	−6	+34	−28	557	+22	−75	+53	881	+120	+302	−422
233	+56	+105	+72	593	−80	−125	+205	953	+80	−273	+193
251	+56	+122	+73	647	+96	+156	−252	971	+10	+98	−108
269	+35	−122	+87	683	+124	−335	+211				

$\lambda = 9$

$f(\eta_0)$, Primfactoren der Primzahlen p.*)

p	$f(\eta_0)$	p	$f(\eta_0)$	p	$f(\eta_0)$
17	$-4+3\eta_1$	359	$+11-6\eta_0$	701	$-10+9\eta_1$
53	$-17-9\eta_0$	431	$-19-9\eta_0+12\eta_2$	719	$-13-3\eta_1+6\eta_2$
71	$+14-9\eta_1$	449	$+5+6\eta_0-6\eta_2$	773	$+5-12\eta_0-3\eta_2$
89	$+2+3\eta_0-3\eta_2$	467	$-7-3\eta_0-6\eta_1$	809	$+8-9\eta_0+6\eta_1$
107	$+8+3\eta_0-3\eta_2$	503	$+23+12\eta_0$	827	$-22+15\eta_1$
179	$-4+9\eta_1$	521	$-16-9\eta_2$	863	$-1-3\eta_0+9\eta_1$
197	$-7+6\eta_1$	557	$+14-3\eta_1+6\eta_2$	881	$+23+9\eta_0-12\eta_2$
233	$-13+9\eta_1$	593	$+17-9\eta_1+6\eta_2$	953	$-7+12\eta_0$
251	$+2-9\eta_0$	647	$-1-9\eta_0-6\eta_2$	971	$-1-9\eta_2$
269	$+8+3\eta_2$	683	$-11+6\eta_0+3\eta_2$		

III. p zum Exponenten 3 gehörig:

7, 13, 31, 43, 61, 67, 79, 97, 103, 139, 151, 157, 193, 211, 223, 229, 241, 277, 283, 313, 331, 337, 349, 367, 373, 409, 421, 439, 457, 463, 499, 547, 571, 601, 607, 619, 643, 661, 673, 691, 709, 727, 733, 751, 769, 787, 823, 853, 859, 877, 907, 967, 997.

Ihre bei $\lambda = 3$ angegebenen, aus dritten Einheitswurzeln gebildeten, Primfactoren sind auch in Beziehung auf 9te Einheitswurzeln prim; denn von den dreigliedrigen Perioden der 9ten Einheitswurzeln sind die primitiven null: $\alpha + \alpha^4 + \alpha^7 = \alpha^2 + \alpha^8 + \alpha^5 = 0$, die nichtprimitiven aber reduciren sich auf die dritten Einheitswurzeln: $3\alpha^3$ und $3\alpha^6$.

IV. p zum Exponenten 6 gehörig, in Beziehung auf 9te Einheitswurzeln selbst complexe Primzahlen:

2, 5, 11, 23, 29, 41, 47, 59, 83, 101, 113, 131, 137, 149, 167, 173, 191, 227, 239, 257, 263, 281, 293, 311, 317, 347, 353, 383, 389, 401, 419, 443, 461, 479, 491, 509, 563, 569, 587, 599, 617, 641, 653, 659, 677, 743, 761, 797, 821, 839, 857, 887, 911, 929, 941, 947, 977, 983.

---

*) Sie sind so bestimmt, dass die Coefficienten der η, nach Wegschaffung eines Gliedes mittelst der Gleichung $\eta_0 + \eta_1 + \eta_2 = 0$, durch 9 oder wenigstens durch 3 theilbar sind; es gibt daher häufig einfachere Formen der Primfactoren $f(\eta_0)$, z. B. für

$$\begin{cases} p = 17, \quad 53, \quad 197 \text{ u. s. w.} \\ f(\eta_0) = +3+\eta_0, \quad +4-\eta_0, \quad +6+\eta_0 \text{ u. s. w.} \end{cases}$$

$\lambda = 25$

I. $p = 25m + 1$.

20 primitive Wurzeln, deren Gleichung:

$$\alpha^{20} + \alpha^{15} + \alpha^{10} + \alpha^{5} + 1 = 0.$$

Congruenzwurzeln mod. p.

p	α	α^2	α^3	α^4	α^6	α^7	α^8	α^9	α^{11}	α^{12}
101	+ 16	− 47	− 45	− 13	+ 5	− 21	− 33	− 23	− 30	+ 25
151	− 57	− 73	− 67	+ 44	− 41	+ 72	− 27	+ 29	− 3	+ 20
251	+100	− 40	+ 16	+ 94	+ 5	− 2	+ 51	+ 80	+ 63	+ 25
401	−177	+ 51	+196	+195	− 80	+125	− 70	− 41	− 86	− 16
601	−111	−300	+245	−150	− 75	− 89	+263	+256	+128	+216
701	−118	− 96	+112	+103	− 74	+320	+ 94	+124	+ 13	−132
751	+171	− 48	+ 53	+ 51	−195	−301	+348	+179	−331	−276

p	α^{13}	α^{14}	α^{16}	α^{17}	α^{18}	α^{19}	α^{21}	α^{22}	α^{23}	α^{24}
101	− 4	+ 37	− 22	− 49	+ 24	− 20	+ 31	− 9	− 43	+ 19
151	+ 68	+ 50	− 26	− 28	− 65	− 70	− 24	+ 9	− 60	− 53
251	− 10	+ 4	+ 91	+ 64	+125	− 50	− 8	− 47	+ 69	+123
401	+ 25	− 14	+ 88	+ 63	+ 77	+ 5	−146	+178	+173	−145
601	+ 64	+108	+ 54	+ 16	+ 27	+ 8	+ 4	+157	+ 2	−222
701	+154	+ 54	−277	−261	− 46	−180	−245	+169	−314	−101
751	+117	−270	+193	− 41	−252	−285	+162	− 85	−266	+325

$f(\alpha)$, Primfactoren der Primzahlen p.

p	$f(\alpha)$	p	$f(\alpha)$	p	$f(\alpha)$
101	$1-\alpha^6-\alpha^{13}$	401	$1-\alpha^3-\alpha^4$	701	$1+\alpha^2+\alpha^6+\alpha^{22}$
151	$1-\alpha^3-\alpha^{13}$	601	$1-\alpha-\alpha^{14}-\alpha^{21}$	751	$1+\alpha^2+\alpha^7+\alpha^8$
251	$1-\alpha^8-\alpha^{19}$				

$\lambda = 25$

II. p zum Exponenten 2 gehörig.

10 primitive zweigliedrige Perioden (für die primitive Wurzel 2 von 25):

$$\eta_0 = \alpha + \alpha^{-1}, \quad \eta_1 = \alpha^2 + \alpha^{-2}, \quad \eta_2 = \alpha^4 + \alpha^{-4}, \quad \eta_3 = \alpha^8 + \alpha^{-8},$$
$$\eta_4 = \alpha^9 + \alpha^{-9}, \quad \eta_5 = \alpha^7 + \alpha^{-7}, \quad \eta_6 = \alpha^{11} + \alpha^{-11}, \quad \eta_7 = \alpha^3 + \alpha^{-3},$$
$$\eta_8 = \alpha^6 + \alpha^{-6}, \quad \eta_9 = \alpha^{12} + \alpha^{-12}.$$

Wurzeln der Gleichung:

$$\eta^{10} - 10\eta^8 + 35\eta^6 + \eta^5 - 50\eta^4 - 5\eta^3 + 25\eta^2 + 5\eta - 1 = 0,$$

mit den fundamentalen Relationen:*)

$$\eta_0^2 = 2 + \eta_1, \quad \eta_0\eta_1 = \eta_0 + \eta_7, \quad \eta_0\eta_2 = \eta' + \eta_7, \quad \eta_0\eta_3 = \eta_4 + \eta_5,$$
$$\eta_0\eta_4 = \eta'' + \eta_3, \quad \eta_0\eta_5 = \eta_3 + \eta_8, \quad \eta_0\eta_6 = \eta'' + \eta_9, \quad \eta_0\eta_7 = \eta_1 + \eta_2,$$
$$\eta_0\eta_8 = \eta' + \eta_5, \quad \eta_0\eta_9 = \eta_6 + \eta_9.$$

Congruenzwurzeln mod. p.

p	η_0	η_1	η_2	η_3	η_4	η_5	η_6	η_7	η_8	η_9
149	+15	+ 74	− 39	+ 29	− 55	+ 43	+ 59	+ 52	+ 20	− 49
199	+ 5	+ 23	− 70	− 77	− 43	+ 56	− 50	− 89	− 41	+ 87
349	+13	+167	− 33	+ 40	−147	− 31	− 88	+ 64	− 94	+109
449	+ 8	+ 62	−199	+ 87	− 66	−136	+ 85	+ 39	+172	− 52
499	− 4	+ 14	+194	+209	−233	−104	−164	− 52	+207	− 67
599	−45	+226	+159	+121	+263	+282	−145	+ 58	−232	− 88

$f(\eta_0)$, Primfactoren der Primzahlen p.**)

p	$f(\eta_0)$	p	$f(\eta_0)$	p	$f\eta_0)$
−149	$\eta_3+\eta_8+\eta_9$	+349	$2+\eta_2-\eta_5$	+499	$\eta_5-2\eta_7$
−199	$2+\eta_7+\eta_9$	+449	$2-\eta_3+\eta_6$	−599	. $2+2\eta_0-\eta_9$

---

*) Hier kommen auch die nicht primitiven zweigliedrigen Perioden, d. h. die zweigliedrigen Perioden der 5ten Einheitswurzeln, vor und sind durch η' und η'' bezeichnet, so dass also

$$\eta' = \alpha^5 + \alpha^{20}, \qquad \eta'' = \alpha^{10} + \alpha^{15} \text{ (Vgl. } \lambda = 5).$$

**) Das Zeichen + vor den Primzahlen p bedeutet, dass $Nf(\eta_0) = +p$, das Zeichen −, dass $Nf(\eta_0) = -p$ ist.

$\lambda = 25$

III. p zum Exponenten 4 gehörig.

5 viergliedrige Perioden (für die primitive Wurzel 2 von 25):

$\eta_0 = \alpha + \alpha^7 + \alpha^{24} + \alpha^{18}$, $\quad \eta_1 = \alpha^2 + \alpha^{14} + \alpha^{23} + \alpha^{11}$ $\quad \eta_2 = \alpha^4 + \alpha^3 + \alpha^{21} + \alpha^{22}$

$\eta_3 = \alpha^8 + \alpha^6 + \alpha^{17} + \alpha^{19}$, $\quad \eta_4 = \alpha^{16} + \alpha^{12} + \alpha^9 + \alpha^{13}$,

Wurzeln der Gleichung:

$$\eta^5 - 10\eta^3 + 5\eta^2 + 10\eta + 1 = 0,$$

mit den fundamentalen Relationen:

$\eta_0^2 = 4 + \eta_1 + 2\eta_3$, $\quad \eta_0\eta_1 = -1 - \eta_1 - \eta_3$, $\quad \eta_0\eta_2 = -1 + \eta_1 + 2\eta_2$,

$\eta_0\eta_3 = -1 + 2\eta_0 + \eta_4$, $\quad \eta_0\eta_4 = -1 - \eta_0 - \eta_2$,

Congruenzwurzeln mod. p.

p	η_0	η_1	η_2	η_3	η_4	p	η_0	η_1	η_2	η_3	η_4
7	+ 1	− 2	+ 3	+ 3	+ 2	457	− 67	+154	+117	+109	+144
43	− 3	+ 10	− 19	+ 19	− 7	557	+ 37	+212	+197	−259	−187
107	−18	+ 52	− 40	+ 27	− 21	593	+ 66	−220	+117	− 86	+123
157	− 6	− 54	− 52	+ 43	+ 69	607	+ 34	+212	−240	−137	+131
193	−16	+ 58	+ 29	− 96	+ 25	643	− 82	−156	+132	+223	−117
257	− 5	− 26	+114	−105	+ 22	743	+ 24	−224	− 44	−345	−154
293	+ 5	− 82	+ 70	− 95	+102	757	− 58	−109	+128	−158	+197
307	− 7	− 20	−100	−121	− 59	857	+ 35	−150	+359	+257	+356
443	+75	+218	+ 94	−178	−209	907	+110	+290	+347	−446	−301

$f(\eta_0)$, Primfactoren der Primzahlen p.

p	$f(\eta_0)$	p	$f(\eta_0)$	p	$f(\eta_0)$
7	$+1-\eta_0$	293	$+2+2\eta_0+\eta_1+\eta_2$	607	$+\eta_0-\eta_2+2\eta_3$
43	$+3+\eta_0$	307	$+3\eta_0+\eta_2-\eta_3$	643	$+1-4\eta_0-2\eta_3-\eta_4$
107	$-3+\eta_0-\eta_4$	443	$-1+\eta_0+3\eta_2+2\eta_3$	743	$-4+2\eta_0+\eta_2$
157	$+2+\eta_1-\eta_2$	457	$-5+3\eta_1$	757	$-1+\eta_0+2\eta_2-\eta_4$
193	$+1-2\eta_3$	557	$-5+\eta_1-2\eta_2-\eta_4$	857	$-3+\eta_2-\eta_4$
257	$+4+\eta_1+\eta_4$	593	$-3-2\eta_0-3\eta_3-\eta_4$	907	$+4-3\eta_4$

$\lambda = 25$

IV. p zum Exponenten 5 gehörig:

11, 31, 41, 61, 71, 131, 181, 191, 211, 271, 281, 311, 331, 421, 431, 461,
491, 521, 541, 571, 631, 641, 661, 691, 761, 811, 821, 881, 911, 941, 971, 991.

Ihre bei $\lambda = 5$ angegebenen, aus 5ten Einheitswurzeln gebildeten, Primfactoren sind auch in Beziehung auf 25te Einheitswurzeln prim, denn von den fünfgliedrigen Perioden der letzteren sind die primitiven null:

$$\alpha + \alpha^{16} + \alpha^{6} + \alpha^{21} + \alpha^{11} = 0 \quad \text{u. s. w.}$$

und die nichtprimitiven reduciren sich auf $5\alpha^{5}$, $5\alpha^{10}$, $5\alpha^{15}$, $5\alpha^{20}$, d. h. auf die 5ten Einheitswurzeln.

V. p zum Exponenten 10 gehörig:

19, 29, 59, 79, 89, 109, 139, 179, 229, 239, 269, 359, 379, 389, 409, 419,
439, 479, 509, 569, 619, 659, 709, 719, 739, 769, 809, 829, 839, 859, 919, 929.

Ihre bei $\lambda = 5$ angegebenen, aus den zweigliedrigen Perioden der 5ten Einheitswurzeln gebildeten Primfactoren sind auch hinsichtlich der 25ten Einheitswurzeln prim, weil von den zehngliedrigen Perioden der letzteren die primitiven null, die nicht primitiven aber nichts anderes als die Fünffachen von den zweigliedrigen Perioden der 5ten Einheitswurzeln sind.

VI. p zum Exponenten 20 gehörig, in Beziehung auf 25te Einheitswurzeln selbst complexe Primzahlen:

2, 3, 13, 17, 23, 37, 47, 53, 67, 73, 83, 97, 103, 113, 127, 137,
163, 167, 173, 197, 223, 227, 233, 263, 277, 283, 313, 317, 337, 347, 353, 367,
373, 383, 397, 433, 463, 467, 487, 503, 523, 547, 563, 577, 587, 613, 617, 647,
653, 673, 677, 683, 727, 733, 773, 787, 797, 823, 827, 853, 863, 877, 883, 887,
937, 947, 953, 967, 977, 983, 997.

$\lambda = 27$

I. $p = 27m + 1$.

18 primitive Wurzeln, deren Gleichung:

$$\alpha^{18} + \alpha^{9} + 1 = 0.$$

Congruenzwurzeln mod. p.

p	α	α^2	α^4	α^5	α^7	α^8	α^{10}	α^{11}	α^{13}
109	−28	+21	+5	−31	+3	+25	−20	+15	−12
163	+22	−5	+25	+61	+21	−27	−28	+36	−17
271	−60	+77	−33	+83	−113	+5	+114	−65	−127
379	+24	−182	+151	−166	−108	+61	−111	−11	+107
433	+3	+9	+81	−190	+22	+66	+161	+50	+17
487	−12	+144	−205	+25	+191	+143	+138	−195	+166
541	+76	−175	−212	+118	−92	+41	−142	+28	−31
757	+228	−249	−73	+10	−219	+30	+100	+90	+300
811	+213	−47	−224	+137	+49	−106	+116	+378	+76
919	−404	−366	−218	−152	−427	−264	+129	+267	−308

p	α^{14}	α^{16}	α^{17}	α^{19}	α^{20}	α^{22}	α^{23}	α^{25}	α^{26}
109	+9	−29	+49	+48	−36	+7	+22	+26	+35
163	−48	+77	+64	+6	−31	−8	−13	+65	−37
271	+32	+25	+126	−54	−12	−111	−115	+88	−131
379	−85	−69	−140	+87	−186	+121	−128	+177	+79
433	+51	+26	+78	−164	−59	−98	+139	−48	−144
487	−44	−5	+60	−126	+51	+39	+19	−186	−203
541	−192	+58	+80	+66	+147	+243	+74	+34	−121
757	+270	+143	+53	−328	+159	−227	−280	+76	−83
811	−32	−118	+7	−329	−331	+148	−105	+69	+99
919	+367	−148	+57	+275	+99	−393	−215	−344	+207

$f(\alpha)$, Primfactoren der Primzahlen p.

p	$f(\alpha)$	p	$f(\alpha)$	p	$f(\alpha)$
109	$1-\alpha^{2}-\alpha^{10}$	433	$1+\alpha^{11}-\alpha^{14}$	757	$1-\alpha-\alpha^{22}$
163	$1-\alpha^{8}+\alpha^{10}$	487	$1-\alpha^{2}+\alpha^{8}$	811	$1+\alpha^{8}-\alpha^{23}$
271	$1-\alpha^{7}-\alpha^{10}$	541	$1-\alpha^{7}+\alpha^{11}+\alpha^{26}$	919	$1-\alpha^{2}-\alpha^{14}$
379	$1+\alpha^{11}+\alpha^{16}+\alpha^{26}$				

$\lambda = 27$

II. p zum Exponenten 2 gehörig.

9 zweigliedrige Perioden (für die primitive Wurzel 2 von 27):

$$\eta_0 = \alpha + \alpha^{-1}, \quad \eta_1 = \alpha^2 + \alpha^{-2}, \quad \eta_2 = \alpha^4 + \alpha^{-4}, \quad \eta_3 = \alpha^8 + \alpha^{-8},$$
$$\eta_4 = \alpha^{11} + \alpha^{-11}, \quad \eta_5 = \alpha^5 + \alpha^{-5}, \quad \eta_6 = \alpha^{10} + \alpha^{-10}, \quad \eta_7 = \alpha^7 + \alpha^{-7},$$
$$\eta_8 = \alpha^{13} + \alpha^{-13}.$$

Wurzeln der Gleichung:

$$\eta^9 - 9\eta^7 + 27\eta^5 - 30\eta^3 + 9\eta + 1 = 0 \quad \text{oder} \quad (\eta^3 - 3\eta)^3 - 3(\eta^3 - 3\eta) + 1 = 0,$$

mit den fundamentalen Relationen:*)

$$\eta_0^2 = 2 + \eta_1, \quad \eta_0\eta_1 = \eta' + \eta_0, \quad \eta_0\eta_2 = \eta' + \eta_5, \quad \eta_0\eta_3 = -1 + \eta_7,$$
$$\eta_0\eta_4 = \eta''' + \eta_6, \quad \eta_0\eta_5 = \eta'' + \eta_2, \quad \eta_0\eta_6 = -1 + \eta_4, \quad \eta_0\eta_7 = \eta'' + \eta_3,$$
$$\eta_0\eta_8 = \eta''' + \eta_8.$$

Congruenzwurzeln mod. p.

p	η_0	η_1	η_2	η_3	η_4	η_5	η_6	η_7	η_8
53	− 3	+ 7	− 6	− 19	− 12	− 17	+ 22	+ 5	+ 23
107	− 8	− 45	− 10	− 9	− 28	+ 33	+ 17	− 34	− 23
269	−27	− 80	− 58	+134	− 69	− 83	−107	−120	−128
431	+28	− 80	− 67	+177	−136	− 39	−205	−215	+106
593	+56	+169	+ 95	+128	−222	+ 63	−184	+ 53	−158
647	+49	−189	+134	−162	−285	−299	+113	−173	+165
701	−35	−179	−207	+ 86	−317	+244	− 51	−205	− 37
809	+31	+150	−154	+253	+ 96	+315	−284	−246	−161
863	−75	−418	+396	−252	−360	+148	+327	− 85	+319
971	+46	+172	+452	+392	+244	+303	−438	−416	+216

$f(\eta_0)$, Primfactoren der Primzahlen p.

p	$f(\eta_0)$	p	$f(\eta_0)$	p	$f(\eta_0)$
53	$+1 + \eta_2 + \eta_7$	593	$-2 + \eta_3 - 2\eta_5$	809	$-\eta_0 + \eta_5 + \eta_6$
107	$-1 + \eta_0 - \eta_3$	647	$+1 - \eta_4 - \eta_6 + \eta_7$	863	$+2 + 2\eta_0 + \eta_5$
269	$+1 + 2\eta_3$	701	$+2 - \eta_0 + \eta_8$	971	$-1 + \eta_2 - \eta_3 + \eta_4 - \eta_5$
431	$+\eta_0 + \eta_2 - \eta_5$				

---

*) Hier kommen auch die nicht primitiven zweigliedrigen Perioden vor, d. h. die zweigliedrigen Perioden der 9ten Einheitswurzeln und sind durch η', η'', η''' bezeichnet, so dass also:

$$\eta' = \alpha^3 + \alpha^{24}, \quad \eta'' = \alpha^6 + \alpha^{21}, \quad \eta''' = \alpha^{12} + \alpha^{15}.$$

$\lambda = 27$

III. p zum Exponenten 3 gehörig:

19, 37, 73, 127, 181, 199, 307, 397, 523, 577, 613, 631, 739, 829, 883, 937, 991.

Ihre bei $\lambda = 9$ angegebenen, aus 9ten Einheitswurzeln gebildeten Primfactoren sind auch in Beziehung auf die 27ten Einheitswurzeln prim, denn die dreigliedrigen primitiven Perioden der letzteren sind null ($\alpha + \alpha^{10} + \alpha^{19} = 0$ u. s. w.) und die nichtprimitiven reduciren sich auf die 9ten Einheitswurzeln ($\alpha^3 + \alpha^{30} + \alpha^{57} = 3\alpha^3$ u. s. w.).

IV. p zum Exponenten 6 gehörig:

17, 71, 89, 179, 197, 233, 251, 359, 449, 467, 503, 521, 557, 683, 719, 773, 827, 881, 953.

Ihre bei $\lambda = 9$ angegebenen, aus den zweigliedrigen Perioden der 9ten Einheitswurzeln gebildeten Primfactoren sind auch in Beziehung auf 27te Einheitswurzeln prim, weil von den sechsgliedrigen Perioden der letzteren die primitiven null sind ($\alpha + \alpha^8 + \alpha^{10} + \alpha^{17} + \alpha^{19} + \alpha^{26} = 0$ u. s. w.), die nichtprimitiven aber auf die zweigliedrigen Perioden der 9ten Einheitswurzeln zurückkommen ($\alpha^3 + \alpha^{24} + \alpha^{30} + \alpha^{51} + \alpha^{57} + \alpha^{78} = 3(\alpha^3 + \alpha^{24})$ u. s. w.).

V. p zum Exponenten 9 gehörig:

7, 13, 31, 43, 61, 67, 79, 97, 103, 139, 151, 157, 193, 211, 223, 229, 241, 277, 283, 313, 331, 337, 349, 367, 373, 409, 421, 439, 457, 463, 499, 547, 571, 601, 607, 619, 643, 661, 673, 691, 709, 727, 733, 751, 769, 787, 823, 853, 859, 877, 907, 967, 997.

Ihre bei $\lambda = 3$ angegebenen, aus den 3ten Einheitswurzeln gebildeten Primfactoren sind auch hinsichtlich der 27ten Einheitswurzeln prim, weil von den neungliedrigen Perioden der letzteren die primitiven null, die nichtprimitiven aber nichts andres als die Neunfachen der 3ten Einheitswurzeln sind.

VI. p zum Exponenten 18 gehörig,

in Beziehung auf 27te Einheitswurzeln selbst complexe Primzahlen; übrigens sind es dieselben Primzahlen p, welche bei $\lambda = 9$ in IV. zusammengestellt sind.

$\lambda = 49$

I. $p = 49m + 1$.

42 primitive Wurzeln, deren Gleichung:

$$\alpha^{42} + \alpha^{35} + \alpha^{28} + \alpha^{21} + \alpha^{14} + \alpha^{7} + 1 = 0,$$

Congruenzwurzeln mod. p.

p	α	α^{2}	α^{3}	α^{4}	α^{5}	α^{6}	α^{8}	α^{9}	α^{10}	α^{11}
197	− 97	− 47	+ 28	+ 42	+ 63	− 4	− 9	+ 85	+ 29	− 55
491	−109	+ 97	+229	+ 80	+118	− 96	+ 17	+111	+176	− 35
883	+126	− 18	+381	+324	+206	+349	−101	−364	+ 52	+371

p	α^{12}	α^{13}	α^{15}	α^{16}	α^{17}	α^{18}	α^{19}	α^{20}	α^{22}	α^{23}
197	+ 16	+ 24	+ 54	+ 81	+ 23	− 64	− 96	+ 53	+ 70	− 92
491	−113	+ 42	+146	−202	− 77	+ 46	−104	+ 43	+243	+ 27
883	− 53	+386	+116	−395	−322	+ 46	−385	+ 55	−107	−237

p	α^{24}	α^{25}	α^{26}	α^{27}	α^{29}	α^{30}	α^{31}	α^{32}	α^{33}	α^{34}
197	+ 59	− 10	− 15	+ 76	− 26	− 39	+ 40	+ 60	+ 90	− 62
491	+ 3	+164	−200	+196	−137	+203	− 32	+ 51	−158	+ 37
883	+160	−149	−231	+ 33	+289	+211	+ 96	−266	+ 38	+373

p	α^{36}	α^{37}	α^{38}	α^{39}	α^{40}	α^{41}	α^{43}	α^{44}	α^{45}	α^{46}
197	− 41	+ 37	− 43	+ 34	+ 51	− 22	+ 49	− 25	+ 61	− 7
491	+152	+126	+ 14	− 53	−115	−231	+179	+129	+178	+238
883	+350	− 50	−119	+ 17	+376	−306	+210	− 30	−248	−343

p	α^{47}	α^{48}
197	+ 88	− 65
491	+ 81	+ 9
883	+ 49	− 7

Primfactoren der Primzahlen p ideal, in 43ter Potenz wirklich.

Normen complexer Zahlen in α.

$N(1 - \alpha^{23} + \alpha^{35}) = 197 . 491$, $\quad N(1 - \alpha^{13} - \alpha^{19}) = 883 . 197$,

$N(1 + \alpha^{5} + \alpha^{18}) = 197 . 28813$.

$\lambda = 49$

II. p zum Exponenten 2 gehörig.

21 zweigliedrige Perioden (für die primitive Wurzel 3 von 49):

$$\eta_0 = \alpha + \alpha^{48}, \quad \eta_1 = \alpha^3 + \alpha^{46}, \quad \eta_2 = \alpha^9 + \alpha^{40}, \quad \eta_3 = \alpha^{27} + \alpha^{22},$$
$$\eta_4 = \alpha^{32} + \alpha^{17}, \quad \eta_5 = \alpha^{47} + \alpha^2, \quad \eta_6 = \alpha^{43} + \alpha^6, \quad \eta_7 = \alpha^{31} + \alpha^{18},$$
$$\eta_8 = \alpha^{44} + \alpha^5, \quad \eta_9 = \alpha^{34} + \alpha^{15}, \quad \eta_{10} = \alpha^4 + \alpha^{45}, \quad \eta_{11} = \alpha^{12} + \alpha^{37},$$
$$\eta_{12} = \alpha^{36} + \alpha^{13}, \quad \eta_{13} = \alpha^{10} + \alpha^{39}, \quad \eta_{14} = \alpha^{30} + \alpha^{19}, \quad \eta_{15} = \alpha^{41} + \alpha^8,$$
$$\eta_{16} = \alpha^{25} + \alpha^{24}, \quad \eta_{17} = \alpha^{26} + \alpha^{23}, \quad \eta_{18} = \alpha^{29} + \alpha^{20}, \quad \eta_{19} = \alpha^{38} + \alpha^{11},$$
$$\eta_{20} = \alpha^{16} + \alpha^{33};$$

Wurzeln der Gleichung:

$$(\eta^7 - 7\eta^5 + 14\eta^3 - 7\eta)^3 - (\eta^7 - 7\eta^5 + 14\eta^3 - 7\eta)^2 - 2(\eta^7 - 7\eta^5 + 14\eta^3 - 7\eta) - 1 = 0;$$

mit den fundamentalen Relationen:*)

$$\eta_0^2 = 2 + \eta_5, \quad \eta_0\eta_1 = \eta_5 + \eta_{10}, \quad \eta_0\eta_2 = \eta_{13} + \eta_{15}, \quad \eta_0\eta_3 = \eta''' + 7_{17},$$
$$\eta_0\eta_4 = \eta_7 + \eta_{20}, \quad \eta_0\eta_5 = \eta_0 + \eta_1, \quad \eta_0\eta_6 = \eta' + \eta_8, \quad \eta_0\eta_7 = \eta_4 + \eta_{14},$$
$$\eta_0\eta_8 = \eta_6 + \eta_{10}, \quad \eta_0\eta_9 = \eta'' + \eta_{20}, \quad \eta_0\eta_{10} = \eta_1 + \eta_8, \quad \eta_0\eta_{11} = \eta_{12} + \eta_{19},$$
$$\eta_0\eta_{12} = \eta'' + \eta_{11}, \quad \eta_0\eta_{13} = \eta_2 + \eta_{19}, \quad \eta_0\eta_{14} = \eta_7 + \eta_{18}, \quad \eta_0\eta_{15} = \eta' + \eta_2,$$
$$\eta_0\eta_{16} = \eta_{16} + \eta_{17}, \quad \eta_0\eta_{17} = \eta_3 + \eta_{16}, \quad \eta_0\eta_{18} = \eta''' + \eta_{14}, \quad \eta_0\eta_{19} = \eta_{11} + \eta_{13},$$
$$\eta_0\eta_{20} = \eta_4 + \eta_9.$$

Congruenzwurzeln mod. p.

p	η_0	η_1	η_2	η_3	η_4	η_5	η_6	η_7	η_8	η_9	η_{10}
97	− 3	− 18	+ 42	+ 48	− 35	+ 7	+ 31	+ 16	− 26	− 38	+ 47
293	− 6	+ 95	+ 65	−111	+133	+ 34	− 60	+121	+ 13	+107	− 18
587	−41	−119	−112	+ 99.	+278	− 82	+ 71	+215	−180	−202	+265
881	−12	+ 70	+ 81	− 45	−247	+142	−388	+392	+261	+218	−101

p	η_{11}	η_{12}	η_{13}	η_{14}	η_{15}	η_{16}	η_{17}	η_{18}	η_{19}	η_{20}
97	− 11	− 37	− 5	− 13	− 24	+ 22	+ 9	+ 23	− 27	− 8
293	+ 82	− 11	−126	+ 20	+ 29	− 17	+119	+ 52	+105	− 40
587	−244	−150	+113	−288	−217	+247	+192	−147	+175	+127
881	−109	+368	+282	− 52	−373	+426	−252	+232	+ 59	− 71

$f(\eta_0)$, Primfactoren der Primzahlen p.

p	$f(\eta_0)$	p	$f(\eta_0)$	p	$f(\eta_0)$
97	$+1 + \eta_5 + \eta_{20}$	587	$-1 + \eta_2 + \eta_{13}$	881	$+\eta_0 - \eta_{19} - \eta_{20}$
293	$-1 - \eta_1 + \eta_{16}$				

*) Die hier vorkommenden zweigliedrigen Perioden der 7ten Einheitswurzeln sind mit η', η'', η''' bezeichnet, so dass also $\eta' = \alpha^7 + \alpha^{42}$, $\eta'' = \alpha^{14} + \alpha^{35}$, $\eta''' = \alpha^{21} + \alpha^{28}$.

$\lambda = 49$

III. p zum Exponenten 3 gehörig.

14 dreigliedrige Perioden (für die primitive Wurzel 3 von 49):

$$\eta_0 = \alpha + \alpha^{30} + \alpha^{18}, \quad \eta_1 = \alpha^3 + \alpha^{41} + \alpha^5, \quad \eta_2 = \alpha^9 + \alpha^{25} + \alpha^{15},$$
$$\eta_3 = \alpha^{27} + \alpha^{26} + \alpha^{45}, \quad \eta_4 = \alpha^{32} + \alpha^{29} + \alpha^{37}, \quad \eta_5 = \alpha^{47} + \alpha^{38} + \alpha^{13},$$
$$\eta_6 = \alpha^{43} + \alpha^{16} + \alpha^{39}, \quad \eta_7 = \alpha^{31} + \alpha^{48} + \alpha^{19}, \quad \eta_8 = \alpha^{44} + \alpha^{46} + \alpha^8,$$
$$\eta_9 = \alpha^{34} + \alpha^{40} + \alpha^{24}, \quad \eta_{10} = \alpha^4 + \alpha^{22} + \alpha^{23}, \quad \eta_{11} = \alpha^{12} + \alpha^{17} + \alpha^{20},$$
$$\eta_{12} = \alpha^{36} + \alpha^2 + \alpha^{11}, \quad \eta_{13} = \alpha^{10} + \alpha^6 + \alpha^{33},$$

Wurzeln der Gleichung:

$$\eta^{14} - 28\eta^{11} + 7\eta^{10} + 14\eta^9 + 189\eta^8 - 90\eta^7 - 98\eta^6 - 196\eta^5 + 427\eta^4 - 217\eta^3 - 140\eta^2 + 119\eta + 79 = 0;$$

mit den fundamentalen Relationen:*)

$$\eta_0^2 = 2\eta_7 + \eta_{12}, \quad \eta_0\eta_1 = \eta'' + \eta_{10} + \eta_{13}, \quad \eta_0\eta_2 = \eta_3 + \eta_6 + \eta_{13},$$
$$\eta_0\eta_3 = \eta' + \eta_3 + \eta_8, \quad \eta_0\eta_4 = \eta_0 + \eta_5 + \eta_{12}, \quad \eta_0\eta_5 = \eta' + \eta_6 + \eta_7,$$
$$\eta_0\eta_6 = \eta_8 + \eta_9 + \eta_{11}, \quad \eta_0\eta_7 = 3 + \eta_4 + \eta_{11}, \quad \eta_0\eta_8 = \eta_2 + \eta_3 + \eta_5,$$
$$\eta_0\eta_9 = \eta'' + \eta_1 + \eta_2, \quad \eta_0\eta_{10} = \eta_1 + \eta_9 + \eta_{10}, \quad \eta_0\eta_{11} = \eta'' + \eta_0 + \eta_5,$$
$$\eta_0\eta_{12} = \eta_1 + \eta_4 + \eta_{11}, \quad \eta_0\eta_{13} = \eta' + \eta_9 + \eta_{12}.$$

Congruenzwurzeln mod. p.

p	η_0	η_1	η_2	η_3	η_4	η_5	η_6	η_7	η_8	η_9
67	+ 1	− 24	− 7	+ 30	+ 29	+ 33	− 32	− 13	− 11	+ 24
79	0	+ 3	+ 10	− 23	− 21	+ 13	+ 36	+ 31	+ 11	− 29
263	+ 8	+104	+ 27	+ 85	+103	+117	− 42	+ 50	− 70	− 34
373	−26	+ 77	− 79	−120	+ 76	+158	+179	+ 35	+102	− 37
557	+ 8	+184	−120	−230	− 33	+239	−219	+ 37	+195	− 45
569	−15	+129	+ 98	+ 41	+219	+188	+240	− 36	+ 92	− 27
863	− 1	−342	+213	−178	+294	−274	− 16	+173	+239	+247

p	η_{10}	η_{11}	η_{12}	η_{13}
67	− 7	+ 22	+ 27	− 5
79	+ 26	+ 18	+ 17	− 13
263	+ 10	+ 31	− 36	− 90
373	−112	+130	−140	+130
557	+179	−231	− 10	+ 46
569	+207	−251	−272	− 44
863	−384	+393	−345	− 19

---

*) Die hier vorkommenden dreigliedrigen Perioden der 7ten Einheitswurzeln sind mit η' und η'' bezeichnet, so dass also $\eta' = \alpha^7 + \alpha^{14} + {}^{28}$, $\eta'' = \alpha^{21} + \alpha^{35} + \alpha^{42}$.

$\lambda = 49$

$f(\eta_0)$, Primfactoren der Primzahlen p.*)

p	$f(\eta_0)$	p	$f(\eta_0)$	p	$f(\eta_0)$	p	$f(\eta_0)$
67	$1-\eta_0$	263	$1-\eta_4-\eta_5+\eta_9-\eta_{10}$	557	$1+\eta_3-\eta_6-\eta_{12}$	863	$1+\eta_0$
79	η_0	373	$\eta'-\eta_2-\eta_{12}$	569	$1+\eta'-\eta_3+\eta_4$		

IV. p zum Exponenten 6 gehörig.

7 sechsgliedrige Perioden (für die primitive Wurzel 3 von 49):

$$\eta_0 = \alpha + \alpha^{31} + \alpha^{30} + \alpha^{48} + \alpha^{18} + \alpha^{19}, \qquad \eta_1 = \alpha^3 + \alpha^{44} + \alpha^{41} + \alpha^{46} + \alpha^5 + \alpha^8,$$
$$\eta_2 = \alpha^9 + \alpha^{34} + \alpha^{25} + \alpha^{40} + \alpha^{15} + \alpha^{24}, \qquad \eta_3 = \alpha^{27} + \alpha^4 + \alpha^{26} + \alpha^{22} + \alpha^{45} + \alpha^{23},$$
$$\eta_4 = \alpha^{32} + \alpha^{12} + \alpha^{29} + \alpha^{17} + \alpha^{37} + \alpha^{20}, \qquad \eta_5 = \alpha^{47} + \alpha^{36} + \alpha^{38} + \alpha^2 + \alpha^{13} + \alpha^{11},$$
$$\eta_6 = \alpha^{43} + \alpha^{10} + \alpha^{16} + \alpha^6 + \alpha^{39} + \alpha^{33};$$

Wurzeln der Gleichung:

$$\eta^7 - 21\eta^5 - 21\eta^4 + 91\eta^3 + 112\eta^2 - 84\eta - 97 = 0,$$

mit den fundamentalen Relationen:

$$\eta_0^2 = 6 + 2\eta_0 + 2\eta_4 + \eta_5, \qquad \eta_0\eta_1 = -1 + \eta_2 + 2\eta_3 + \eta_5 + \eta_6,$$
$$\eta_0\eta_2 = -1 + \eta_1 + \eta_2 + \eta_3 + 2\eta_6, \qquad \eta_0\eta_3 = -1 + 2\eta_1 + \eta_2 + 2\eta_3,$$
$$\eta_0\eta_4 = -1 + 2\eta_0 + 2\eta_5 + \eta_6, \qquad \eta_0\eta_5 = -1 + \eta_0 + \eta_1 + 2\eta_4 + \eta_6,$$
$$\eta_0\eta_6 = -1 + \eta_1 + 2\eta_2 + \eta_4 + \eta_5.$$

Congruenzwurzeln mod. p.

p	η_0	η_1	η_2	η_3	η_4	η_5	η_6
19	+ 1	− 5	+ 8	+ 3	− 8	+ 9	− 8
31	+ 2	− 9	− 12	− 7	− 14	− 9	− 13
227	−47	+ 49	+ 85	−101	− 71	− 58	− 84
313	−25	−100	− 62	− 83	+ 45	− 47	− 41
509	+10	+ 18	+249	−219	+ 81	− 88	− 51
521	−82	−248	+214	+ 84	−125	−162	−202
607	− 8	+236	+292	−137	−299	+ 65	−149
619	+16	+112	− 54	−209	−273	+145	+263

*) Das in zweien der Primfactoren $f(\eta_0)$ vorkommende η' hat dieselbe Bedeutung wie oben, $\eta' = \alpha^7 + \alpha^{14} + \alpha^{28}$ und ist (vgl. $\lambda = 7$) $\eta' \equiv +154$ mod. 373, $\eta' \equiv -179$ mod. 569.

$\lambda = 89$

$f(\eta_0)$, Primfactoren der Primzahlen p.

p	$f(\eta_0)$	p	$f(\eta_0)$	p	$f(\eta_0)$
19	$+1-\eta_0$	313	$-1-\eta_3+2\eta_6$	607	$-1-\eta_0+\eta_2+\eta_4$
31	$+2-\eta_0$	509	$+1+\eta_0+2\eta_2$	619	$-\eta_2-\eta_3-\eta_6$
227	$+1-\eta_2-\eta_6$	521	$-2+\eta_0+\eta_3$		

V. p zum Exponenten 7 gehörig:

29, 43, 71, 113, 127, 211, 239, 281, 337, 379, 421, 449, 463, 547, 617, 631, 659, 673, 701, 743, 757, 827, 911, 953, 967.

Ihre bei $\lambda = 7$ angegebenen, aus den 7ten Einheitswurzeln gebildeten Primfactoren sind auch in Bezug auf 49te Einheitswurzeln prim, indem die primitiven siebengliedrigen Perioden der letzteren null sind,

$$\alpha + \alpha^{43} + \alpha^{36} + \alpha^{29} + \alpha^{22} + \alpha^{15} + \alpha^{8} = 0 \text{ u. s. w.},$$

die nichtprimitiven aber auf die 7ten Einheitswurzeln ($7\alpha^7$ u. s. w.) sich reduciren.

VI. p zum Exponenten 14 gehörig:

13, 41, 83, 139, 167, 181, 223, 251, 307, 349, 419, 433, 461, 503, 601, 643, 727, 769, 797, 821, 839, 853, 937.

Ihre bei $\lambda = 7$ angegebenen, aus den zweigliedrigen Perioden der 7ten Einheitswurzeln gebildeten Primfactoren sind auch hier prim, weil die primitiven vierzehngliedrigen Perioden der 49ten Einheitswuzeln null, die nichtprimitiven aber nichts anderes sind, als die 7fachen zweigliedrigen Perioden der 7ten Einheitswurzeln.

$\lambda = 49$

VII. p zum Exponenten 21 gehörig:

2, 11, 23, 37, 53, 107, 109, 137, 149, 151, 163, 179, 191, 193, 233, 277, 317, 331, 347, 359, 389, 401, 431, 443, 457, 487, 499, 541, 571, 599, 613, 641, 653, 683, 709, 739, 751, 821, 823, 877, 919, 947, 991.

Ihre bei $\lambda = 7$ angegebenen, aus den dreigliedrigen Perioden der 7ten Einheitswurzeln gebildeten Primfactoren sind auch in Beziehung auf 49te Einheitswurzeln prim, weil deren primitive 21gliedrige Perioden null, die nichtprimitiven aber nichts anderes sind als die 7fachen dreigliedrigen Perioden der 7ten Einheitswurzeln.

VIII. p zum Exponenten 42 gehörig, in Beziehung auf 49te Einheitswurzeln selbst complexe Primzahlen:

3, 5, 17, 47, 59, 61, 73, 89, 101, 103, 131, 157, 173, 197, 229, 241, 257, 269, 271, 283, 311, 357, 367, 383, 397, 409, 439, 467, 479, 523, 563, 577, 593, 647, 661, 677, 691, 719, 733, 761, 773, 787, 829, 857, 859, 887, 929, 941, 971, 983, 997.

$\lambda = 81$

I. $p = 81m + 1$.

54 primitive Wurzeln, deren Gleichung:

$$\alpha^{54} + \alpha^{27} + 1 = 0.$$

Congruenzwurzeln mod. p.

p	α	α^2	α^4	α^5	α^7	α^8	α^{10}	α^{11}	α^{13}	α^{14}
163	+ 10	− 63	+ 57	+ 81	− 50	− 11	+ 41	− 79	− 76	+ 55
487	+189	+170	+167	− 92	− 56	+130	+185	− 99	+215	+214
811	+184	−206	+264	− 84	+273	− 50	−243	−107	+145	− 83

p	α^{16}	α^{17}	α^{19}	α^{20}	α^{22}	α^{23}	α^{25}	α^{26}	α^{28}	α^{29}
163	− 42	+ 69	+ 54	+ 51	+ 47	− 19	+ 56	+ 71	− 72	− 68
487	−145	−133	−208	+135	+ 61	−159	+242	− 40	+ 18	− 7
811	+ 67	+163	−327	−154	+ 95	−362	− 40	− 61	+401	− 17

p	α^{31}	α^{32}	α^{34}	α^{35}	α^{37}	α^{38}	α^{40}	α^{41}	α^{43}	α^{44}
163	+ 46	− 29	+ 34	+ 14	− 67	− 18	− 7	− 70	+ 9	− 73
487	−216	+ 84	+157	− 34	+ 64	− 79	+206	− 26	− 37	−175
811	+258	−377	−194	− 12	+ 39	−123	+197	−247	−211	+104

p	α^{46}	α^{47}	α^{49}	α^{50}	α^{52}	α^{53}	α^{55}	α^{56}	α^{58}	α^{59}
163	+ 35	+ 24	+ 45	+ 39	− 12	+ 43	+ 62	− 32	+ 60	− 52
487	− 43	+152	+ 29	+124	+139	− 27	−207	−163	+ 49	+ 8
811	−338	+255	+185	− 22	−334	+180	+226	+223	+289	−350

p	α^{61}	α^{62}	α^{64}	α^{65}	α^{67}	α^{68}	α^{70}	α^{71}	α^{73}	α^{74}
163	+ 16	− 3	+ 26	− 66	− 80	+ 15	+ 33	+ 4	+ 74	− 75
487	−101	− 96	+238	+178	+ 66	−188	+182	−179	−236	+200
811	− 79	+ 62	+204	+230	−342	+330	+144	−267	−146	−101

p	α^{76}	α^{77}	α^{79}	α^{80}
163	− 2	− 20	− 44	+ 49
487	− 90	+ 35	+106	+ 67
811	−280	+384	+374	−119

Primfactoren der Primzahlen p ideal (in 2593ter Potenz wirklich).

Normen complexer Zahlen in α.

$N(1 + \alpha^{10} + \alpha^{16}) = 3 . 163^2 . 487$,

$N(1 + \alpha^{18} + \alpha^{68}) = 3 . 487 . 121501$,

$N(1 + \alpha - \alpha^{49}) = 811 . 163^2$.

$N(1 - \alpha^{62} - \alpha^{71}) = 163 . 1133677$,

$N(1 - \alpha^{19} + \alpha^{45}) = 811 . 163 . 1459$,

$\lambda = 81$

II. p zum Exponenten 2 gehörig.

27 zweigliedrige Perioden (für die primitive Wurzel 2 von 81):

$$\eta_0 = \alpha + \alpha^{-1}, \quad \eta_1 = \alpha^2 + \alpha^{-2}, \quad \eta_2 = \alpha^4 + \alpha^{-4}, \quad \eta_3 = \alpha^8 + \alpha^{-8},$$
$$\eta_4 = \alpha^{16} + \alpha^{-16}, \quad \eta_5 = \alpha^{32} + \alpha^{-32}, \quad \eta_6 = \alpha^{17} + \alpha^{-17}, \quad \eta_7 = \alpha^{34} + \alpha^{-34},$$
$$\eta_8 = \alpha^{13} + \alpha^{-13}, \quad \eta_9 = \alpha^{26} + \alpha^{-26}, \quad \eta_{10} = \alpha^{29} + \alpha^{-29}, \quad \eta_{11} = \alpha^{23} + \alpha^{-23},$$
$$\eta_{12} = \alpha^{35} + \alpha^{-35}, \quad \eta_{13} = \alpha^{11} + \alpha^{-11}, \quad \eta_{14} = \alpha^{22} + \alpha^{-22}, \quad \eta_{15} = \alpha^{37} + \alpha^{-37},$$
$$\eta_{16} = \alpha^{7} + \alpha^{-7}, \quad \eta_{17} = \alpha^{14} + \alpha^{-14}, \quad \eta_{18} = \alpha^{28} + \alpha^{-28}, \quad \eta_{19} = \alpha^{25} + \alpha^{-25},$$
$$\eta_{20} = \alpha^{31} + \alpha^{-31}, \quad \eta_{21} = \alpha^{19} + \alpha^{-19}, \quad \eta_{22} = \alpha^{38} + \alpha^{-38}, \quad \eta_{23} = \alpha^{5} + \alpha^{-5},$$
$$\eta_{24} = \alpha^{10} + \alpha^{-10}, \quad \eta_{25} = \alpha^{20} + \alpha^{-20}, \quad \eta_{26} = \alpha^{40} + \alpha^{-40};$$

Wurzeln der Gleichung:

$$(\eta^3 - 3\eta)^9 - 9(\eta^3 - 3\eta)^7 + 27(\eta^3 - 3\eta)^5 - 30(\eta^3 - 3\eta)^3 + 9(\eta^3 - 3\eta) + 1 = 0 \quad \text{oder}$$
$$[(\eta^3 - 3\eta)^3 - 3(\eta^3 - 3\eta)]^3 - 3[(\eta^3 - 3\eta)^3 - 3(\eta^3 - 3\eta)] + 1 = 0;$$

mit den fundamentalen Relationen:*)

$$\eta_0^2 = 2 + \eta_1, \quad \eta_0\eta_1 = \eta_0' + \eta_0, \quad \eta_0\eta_2 = \eta_0' + \eta_{22}, \quad \eta_0\eta_3 = \eta' + \eta_{16},$$
$$\eta_0\eta_4 = \eta_5' + \eta_6, \quad \eta_0\eta_5 = \eta_4' + \eta_{20}, \quad \eta_0\eta_6 = \eta'' + \eta_4, \quad \eta_0\eta_7 = \eta_4' + \eta_{12},$$
$$\eta_0\eta_8 = \eta_2' + \eta_{17}, \quad \eta_0\eta_9 = -1 + \eta_{19}, \quad \eta_0\eta_{10} = \eta_6' + \eta_{18}, \quad \eta_0\eta_{11} = \eta_3' + \eta_{14},$$
$$\eta_0\eta_{12} = \eta''' + \eta_7, \quad \eta_0\eta_{13} = \eta_2' + \eta_{24}, \quad \eta_0\eta_{14} = \eta_7' + \eta_{11}, \quad \eta_0\eta_{15} = \eta''' + \eta_{22},$$
$$\eta_0\eta_{16} = \eta_1' + \eta_3, \quad \eta_0\eta_{17} = \eta_5' + \eta_8, \quad \eta_0\eta_{18} = -1 + \eta_{10}, \quad \eta_0\eta_{19} = \eta_3' + \eta_9,$$
$$\eta_0\eta_{20} = \eta_6' + \eta_5, \quad \eta_0\eta_{21} = \eta'' + \eta_{25}, \quad \eta_0\eta_{22} = \eta_8' + \eta_{15}, \quad \eta_0\eta_{23} = \eta_1' + \eta_2,$$
$$\eta_0\eta_{24} = \eta' + \eta_{13}, \quad \eta_0\eta_{25} = \eta_7' + \eta_{21}, \quad \eta_0\eta_{26} = \eta_8' + \eta_{26}.$$

---

*) Hier sind die zweigliedrigen Perioden der 9ten Einheitswurzeln mit η', η'', η''' und diejenigen der 27ten mit η_0', η_1', η_2' u. s. w. bezeichnet, so dass also:

$$\eta' = \alpha^9 + \alpha^{-9}, \quad \eta'' = \alpha^{18} + \alpha^{-18}, \quad \eta''' = \alpha^{36} + \alpha^{-36}, \quad \text{ferner:}$$
$$\eta_0' = \alpha^3 + \alpha^{-3}, \quad \eta_1' = \alpha^6 + \alpha^{-6}, \quad \eta_2' = \alpha^{12} + \alpha^{-12}, \quad \eta_3' = \alpha^{24} + \alpha^{-24},$$
$$\eta_4' = \alpha^{33} + \alpha^{-33}, \quad \eta_5' = \alpha^{15} + \alpha^{-15}, \quad \eta_6' = \alpha^{30} + \alpha^{-30}, \quad \eta_7' = \alpha^{21} + \alpha^{-21},$$
$$\eta_8' = \alpha^{39} + \alpha^{-39}.$$

$\lambda = 81$

Congruenzwurzeln mod. p.

p	η_0	η_1	η_2	η_3	η_4	η_5	η_6	η_7	η_8	η_9
647	+ 24	− 73	+151	+154	−225	+157	+ 61	−163	+ 40	+304
809	− 10	+ 98	−106	− 92	+372	+ 43	+229	−146	+280	− 75
971	+ 13	+167	−272	+186	−362	+ 43	− 95	−284	+ 61	−165

p	η_{10}	η_{11}	η_{12}	η_{13}	η_{14}	η_{15}	η_{16}	η_{17}	η_{18}	η_{19}
647	−107	−199	+132	− 47	+266	+231	+305	−145	+319	−180
809	− 40	− 20	+398	−162	+354	− 81	+ 87	+286	+ 85	− 58
971	+ 35	+252	+387	+233	−175	+151	+ 63	−350	+152	−202

p	η_{20}	η_{21}	η_{22}	η_{23}	η_{24}	η_{25}	η_{26}
647	+ 48	−286	+272	+224	−292	−142	+105
809	+126	−306	−210	−397	−148	+ 59	+243
971	+ 20	+398	+129	+132	− 56	+221	+289

$f(\eta_0)$, Primfactoren der Primzahlen p.

p	$f(\eta_0)$	p	$f(\eta_0)$	p	$f(\eta_0)$
647	$-1-\eta_9+\eta_{16}$	809	$-1+\eta'_8-\eta_{13}$ *)	971	$+1+\eta_{15}-\eta_{18}$

Normen complexer Zahlen in $\overset{3}{\eta}$.

$N(1-\eta_{19}-\eta_{25}) = N(1-\eta_{12}-\eta_{23}) = 3.809$, $\quad N(1-\eta_0+\eta_3-\eta_{15}) = 809.487$,

$N(2\eta_0-\eta_{11}) = 809.139969$, $\quad N(2-\eta_{16}+\eta_{18}) = 809.12799$.

III. p zum Exponenten 3 gehörig:

109, 271, 379, 433, 541, 757, 919.

Ihre Primfactoren sind dieselben wie bei $\lambda = 27$, I; denn die primitiven dreigliedrigen Perioden der 81ten Einheitswurzeln sind null ($\alpha + \alpha^{28} + \alpha^{55} = 0$ u. s. w.), die nichtprimitiven aber sind die dreifachen der 27ten Einheitswurzeln ($3\alpha^3$ u. s. w.). Ebenso bei allen folgenden Perioden.

---

*) Hier hat η'_8 die vorhin definirte Bedeutung $\eta'_8 = \alpha^{39} + \alpha^{-39} \equiv -161 \bmod. 809$ (vgl. $\lambda = 27$).

$\lambda = 81$

IV. p zum Exponenten 6 gehörig:

53, 107, 269, 431, 593, 701, 863. Ihre Primfactoren sind dieselben wie bei $\lambda = 27$, II. aus ähnlichem Grunde.

V. p zum Exponenten 9 gehörig:

19, 37, 73, 127, 181, 199, 307, 397, 523, 577, 613, 631, 739, 829, 883, 937, 991. — Primfactoren dieselben wie bei $\lambda = 9$, I.

VI. p zum Exponenten 18 gehörig:

17, 71, 89, 179, 197, 233, 251, 359, 449, 467, 503, 521, 557, 683, 719, 773, 827, 881, 953. — Primfactoren dieselben wie bei $\lambda = 9$, II.

VII. p zum Exponenten 27 gehörig:

Dieselben 53 Primzahlen wie bei $\lambda = 27$, V. mit denselben Primfactoren wie bei $\lambda = 3$, I.

VIII. p zum Exponenten 54 gehörig, in Beziehung auf 81te Einheitswurzeln selbst complexe Primzahlen. Es sind dieselben Primzahlen p wie bei $\lambda = 27$, VI. und bei $\lambda = 9$, IV.

Dritte Abtheilung.

Einheitswurzeln, deren Grad n eine aus verschiedenen Primzahlen zusammengesetzte ungerade Zahl ist.

Bezeichnungen:

ω ist eine primitive Wurzel der Gleichung $\omega^n = 1$,

ϖ_r, wo r eine Zahl kleiner als n und prim zu n ist, eine Periode der primitiven Wurzeln ω, wobei der Index r dem Exponenten der niedrigsten Potenz von ω gleich ist, welche in der Periode vorkommt;

ϖ_k, wo k irgend eine Zahl kleiner als n ist, eine beliebige primitive oder nichtprimitive Periode.

Die den nichtprimitiven Wurzeln und Perioden entsprechenden Congruenzwurzeln werden aus den früheren Tafeln, in welcher sie zuerst aufgestellt worden sind, nicht wiederholt, aber es wird bei jedem n auf dieselben verwiesen. Die den Wurzeln ω entsprechenden Congruenzwurzeln sind auch hier stets aus dem Canon arithmeticus genommen.

In den Ausdrücken der Primfactoren und anderer complexer Zahlen werden die nichtprimitiven ω und ϖ, obwohl sie meistens durch die primitiven ausgedrückt werden können, zur Abkürzung gebraucht.

III.

$n = 15$

I. $p = 15m + 1$.

8 primitive Wurzeln, deren Gleichung:

$$\omega^8 - \omega^7 + \omega^5 - \omega^4 + \omega^3 - \omega + 1 = 0;$$

die nicht primitiven lassen sich durch die primitiven ausdrücken, mittelst der Gleichungen: $\omega^{10} + \omega^5 + 1 = 0$, $\omega^{12} + \omega^9 + \omega^6 + \omega^3 + 1 = 0$ (oder mittelst der obigen Gleichung).

Congruenzwurzeln mod. p.*)

p	ω	ω^2	ω^4	ω^7	ω^8	ω^{11}	ω^{13}	ω^{14}
31	+ 10	+ 7	− 13	− 11	+ 14	− 12	+ 9	− 3
61	− 4	+ 16	+ 12	+ 25	+ 22	− 5	− 19	+ 15
151	+ 38	− 66	− 23	+ 2	− 75	− 46	+ 16	+ 4
181	+ 82	+ 27	+ 5	+ 29	+ 25	− 36	− 67	− 64
211	+100	+ 83	− 74	+ 21	− 10	− 77	− 61	+ 19
241	+100	+119	− 58	+ 24	− 10	+ 54	− 81	+ 94
271	+ 87	− 19	+ 90	+ 9	− 30	− 3	+ 57	+ 81
331	+ 83	− 62	−128	− 2	+165	− 75	+ 16	+ 4
421	+ 35	− 38	+181	+ 82	− 77	+107	+144	− 12
541	−234	+115	+241	+198	+194	+110	+207	+252
571	+255	− 69	+193	− 98	+134	− 71	−240	−103
601	+ 18	−277	−199	− 37	− 65	+151	+243	+167
631	+ 64	+310	+188	+ 79	+ 8	−292	−287	− 69
661	−259	+320	− 55	+144	−280	+ 12	−126	+245
691	+331	−308	+197	+159	+113	+228	+258	−286
751	−232	−248	− 78	+168	+ 76	−337	+215	−314
881	+196	+299	+191	− 58	− 14	+276	−198	+120
991	+106	+335	+242	+459	+ 95	+ 86	+ 71	−402

*) Die den nichtprimitiven Wurzeln ω^5, ω^{10}; ω^3, ω^6, ω^9, ω^{12} entsprechenden Congruenzwurzeln stehen in den Tafeln für $\lambda = 3$ und $\lambda = 5$ (resp.).

$n = 15$

$f(\omega)$, Primfactoren der Primzahlen p.

p	$f(\omega)$	p	$f(\omega)$	p	$f(\omega)$
31	$1 + \omega + \omega^7$	271	$1 - \omega^5 + \omega^8$	631	$2 - \omega^7 + \omega^8 - \omega^{14}$
61	$1 + \omega - \omega^3$	331	$2 + \omega^7$	661	$2 - \omega^3 - \omega^{11} - \omega^{14}$
151	$2 - \omega^7$	421	$2 + \omega^5 - \omega^6 - 2\omega^7$	691	$2 - \omega^3 + 2\omega^7$
181	$2 + \omega^2 - \omega^7$	541	$2 + \omega^5 + \omega^6 + \omega^7 - \omega^8$	751	$2 + \omega^4 + \omega^8$
211	$2 + \omega^6 + \omega^7$	571	$2 - \omega^2 + \omega^{11}$	811	$2 + \omega + \omega^{13}$
241	$2 + \omega^5 + \omega^7 + \omega^8$	601	$2 + \omega^6 + \omega^{14}$	911	$2 + \omega - \omega^2 + \omega^5 - \omega^9$

II. p zum Exponenten 2 gehörig;
4 zweigliedrige Perioden, und zwar mit 3 Fällen:

II, 1. $p = 15m - 1$; $\quad \varpi_r = \varpi^r + \alpha^{-r}$, also:

$$\varpi_1 = \omega + \omega^{-1}, \quad \varpi_2 = \omega^2 + \omega^{-2}, \quad \varpi_4 = \omega^4 + \omega^{-4}, \quad \varpi_7 = \omega^7 + \omega^{-7};$$

Wurzeln der Gleichung:

$$\varpi^4 - \varpi^3 - 4\varpi^2 + 4\varpi + 1 = 0;$$

mit den fundamentalen Relationen unter einander und zu den nicht primitiven, d. h. zu den zweigliedrigen Perioden der 5ten Einheitswurzeln ϖ_3, ϖ_6 (während $\varpi_5 = \varpi_{10} = -1$):

$$\varpi_1^2 = 2 + \varpi_2, \quad \varpi_1\varpi_2 = \varpi_1 + \varpi_3, \quad \varpi_1\varpi_4 = -1 + \varpi_3, \quad \varpi_1\varpi_7 = \varpi_6 + \varpi_7;$$

$$\varpi_1\varpi_3 = \varpi_2 + \varpi_4, \quad \varpi_1\varpi_6 = -1 + \varpi_7 \quad (\text{allgemein: } \varpi_1\varpi = \varpi_{k-1} + \varpi_{k+1}).$$

Congruenzwurzeln mod. p.

p	ϖ_1	ϖ_2	ϖ_4	ϖ_7	p	ϖ_1	ϖ_2	ϖ_4	ϖ_7
29	− 8	+ 4	+ 14	− 9	449	− 25	+174	+191	+110
59	− 13	− 10	− 20	− 15	479	+ 53	− 67	+176	−161
89	− 22	+ 37	+ 32	+ 43	509	− 45	− 13	+167	−108
149	− 21	− 8	+ 62	− 32	569	− 72	+ 61	−264	+276
179	− 23	− 10	− 81	− 64	599	−179	+292	+204	+283
239	− 9	+ 79	+ 25	− 94	659	+ 49	−237	+152	+ 37
269	− 6	+ 34	+ 78	−105	719	−101	+133	−288	+257
359	− 79	+136	−174	+118	809	+144	−300	+199	− 42
389	− 51	−124	−186	− 27	839	+ 73	+293	+269	+205
419	−185	−135	+206	+115	929	−381	+235	+412	−265

*) Für ϖ_1 ist die absolut kleinere der beiden Wurzeln des Congruenzenpaars: $\varpi_1 + \varpi_4 \equiv -\varpi_6$, $\quad \varpi_1\varpi_4 \equiv -1 + \varpi_3$ (mod. p) gewählt; die den nichtprimitiven Perioden ϖ_3 und ϖ_6 entsprechenden Congruenzwurzeln stehen in der Tafel für $\lambda = 5$, II (als η_0 und η_1).

$n = 15$

$f(\varpi_1)$, Primfactoren der Primzahlen p; $Nf(\varpi_1) = -p$.

p	$f(\varpi_1)$	p	$f(\varpi_1)$	p	$f(\varpi_1)$
29	$1 + 2\varpi_4$	359	$4 - 3\varpi_1 + \varpi_7$	599	$2 + 2\varpi_2 + 3\varpi_4$
59	$1 + 3\varpi_4$	389	$3\varpi_2 - 2\varpi_4$	659	$1 + 3\varpi_1 - 4\varpi_7$
89	$3 + 2\varpi_7$	419	$3\varpi_2 - 4\varpi_4$	719	$1 - 2\varpi_2 + 3\varpi_4 - 4\varpi_7$
149	$2 + \varpi_4 + 2\varpi_7$	449	$4 - \varpi_1 + \varpi_4 - 2\varpi_7$	809	$7 + 3\varpi_2 - 2\varpi_7$
179	$5 + 3\varpi_1 - \varpi_7$	479	$2 + 3\varpi_1 + \varpi_7$	839	$7\varpi_4 - \varpi_7$
239	$2 + 3\varpi_2$	509	$5 + \varpi_2 - 3\varpi_4$	929	$3 - 2\varpi_1 - \varpi_2 + 2\varpi_7$
269	$1 + \varpi_2 + 3\varpi_4$	569	$5 + \varpi_4 + 3\varpi_7$		

II, 2. $p = 15m + 4$; $\varpi_r = \omega^r + \omega^{4r}$, also:

$$\varpi_1 = \omega + \omega^4, \qquad \varpi_2 = \omega^2 + \omega^8, \qquad \varpi_7 = \omega^7 + \omega^{13}, \qquad \varpi_{11} = \omega^{11} + \omega^{14};$$

Wurzeln der Gleichung:

$$\varpi^4 - \varpi^3 + 2\varpi^2 + \varpi + 1 = 0;$$

mit den fundamentalen Relationen unter einander und zu den nichtprimitiven, d. h. ϖ_3, ϖ_6 (Perioden der 5ten Einheitswurzeln, wie in II, 1.) und $\varpi_5 = 2\omega^5$, $\varpi_{10} = 2\omega^{10}$ (dritten Einheitswurzeln):

$$\varpi_1^2 = 2\omega^5 + \varpi_2, \qquad \varpi_1\varpi_2 = -1, \qquad \varpi_1\varpi_7 = -\omega^5, \qquad \varpi_1\varpi_{11} = 2 + \varpi_3;$$
$$\varpi_1\varpi_3 = \varpi_1 + \varpi_7, \qquad \varpi_1\varpi_6 = 2\omega^{10} + \varpi_7; \quad \varpi_1\varpi_5 = 2\varpi_6, \qquad \varpi_1\varpi_{10} = 2\varpi_{11}.$$

Congruenzwurzeln mod. p.*)

p	ϖ_1	ϖ_2	ϖ_7	ϖ_{11}	p	ϖ_1	ϖ_2	ϖ_7	ϖ_{11}
19	+ 3	+ 6	+ 9	+ 2	439	−117	− 15	− 54	+187
79	+ 21	+ 15	+ 35	+ 9	499	+ 63	+198	+ 77	+162
109	+ 50	− 24	+ 14	− 39	619	+198	−297	+ 55	+ 45
139	− 28	+ 5	− 68	− 47	709	+178	+235	+304	− 7
199	− 5	+ 40	+ 98	+ 67	739	+348	−189	+ 71	−229
229	+ 4	+ 57	+ 91	+ 78	769	+231	+253	+178	+108
349	−118	−139	− 4	− 87	829	−339	+269	−364	−394
379	+117	+149	−168	− 97	859	+141	−396	+120	+136
409	+ 67	−116	− 13	+ 63	919	+259	−110	−206	+ 58

*) Hier ist ϖ_1 völlig bestimmt durch die Congruenz $\varpi_1\omega^5 \equiv \varpi_6$ (mod. p) oder als die gemeinschaftliche Wurzel der beiden Congruenzenpaare:

$$\left.\begin{array}{l} \varpi_1 + \varpi_{11} \equiv -\varpi_6 \\ \varpi_1\varpi_{11} \equiv 2 + \varpi_3 \end{array}\right\}, \qquad \left.\begin{array}{l} \varpi_1 + \varpi_7 \equiv -\omega^{10} \\ \varpi_1\varpi_7 \equiv -\omega^5 \end{array}\right\} \text{ mod. } p. \quad \text{Vgl. } \lambda = 3 \text{ und } \lambda = 5.$$

$n = 15$

$f(\varpi_1)$, Primfactoren der Primzahlen p.

p	$f(\varpi_1)$	p	$f(\varpi_1$	p	$f(\varpi_1)$
19	$2 - \varpi_{11}$	349	$4 + \varpi_7$	709	$4 + 3\varpi_2$
79	$2\varpi_7 + \varpi_{11}$	379	$2 + 4\varpi_7 - 3\varpi_{11}$	739	$4 + 3\varpi_1 - 2\varpi_2 + 3\varpi_{11}$
109	$2 - \varpi_1 - 2\varpi_2$	409	$4 - \varpi_1 + \varpi_{11}$	769	$1 + 3\varpi_1 + \varpi_2 - \varpi_7$
139	$2 + 3\varpi_{11}$	439	$1 - 4\varpi_1 + 2\varpi_2$	829	$6 - \varpi_2 - 3\varpi_7$
199	$3 + 2\varpi_7$	499	$1 + \varpi_1 - \varpi_7 - 3\varpi_{11}$	859	$5 - \varpi_1 + \varpi_{11}$
229	$4 - \varpi_1$	619	$3\varpi_1 + 2\varpi_2$	919	$6 - \varpi_2 - 2\varpi_{11}$

II, 3. $p = 15m - 4;\quad \varpi_r = \omega^r + \omega^{-4r} = -\omega^{6r}$,

d. h. hier reduciren sich die primitiven Perioden auf die 5ten Einheitswurzeln, und die hierher gehörigen Primzahlen p, nämlich

11, 41, 71, 101, 131, 191, 251, 281, 311, 401, 431, 461, 491, 521, 641, 701, 761, 821, 881, 911, 941, 971,

haben daher keine anderen Primfactoren, als die aus den 5ten Einheitswurzeln (vgl. $\lambda = 5$, $p = 5m + 1$), welche auch in Beziehung auf 15te Einheitswurzeln complexe Primzahlen sind.

III. p zum Exponenten 4 gehörig.

2 viergliedrige Perioden, und zwar mit 2 Fällen:

III, 1. $p = 15m + 2, -7;\qquad \varpi_r = \omega^r + \omega^{2r} + \omega^{4r} + \omega^{-7r}$, also:

$$\varpi_1 = \omega + \omega^2 + \omega^4 + \omega^8, \qquad \varpi_7 = \omega^7 + \omega^{14} + \omega^{13} + \omega^{11};$$

Wurzeln der Gleichung:

$$\varpi^2 - \varpi + 4 = 0;$$

mit den fundamentalen Relationen:

$$\varpi_1^2 = -4 + \varpi_1, \qquad \varpi_1\varpi_7 = +4.$$

(Nichtprimitive Perioden kommen hier nicht in Betracht, da $\varpi_{3r} = -1$,
$\varpi_{5r} = -2$ ist.)

$n = 15$

Congruenzwurzeln mod. p.*)

p	ϖ_1	ϖ_7	p	ϖ_1	ϖ_7	p	ϖ_1	ϖ_7	p	ϖ_1	ϖ_7
2	1	0	197	87	−86	467	31	−30	743	39	−38
17	6	−5	227	83	−82	503	227	−226	773	363	−362
23	7	−6	233	22	−21	557	164	−163	797	253	−252
47	10	−9	257	56	−55	563	34	−33	827	158	−157
53	21	−20	263	73	−72	587	69	−68	857	231	−230
83	32	−31	293	106	−105	593	276	−275	863	42	−41
107	15	−14	317	98	−97	617	141	−140	887	235	−234
113	48	−47	347	65	−64	647	228	−227	947	362	−361
137	41	−40	353	27	−26	653	89	−88	953	403	−402
167	37	−36	383	88	−87	677	143	−142	977	462	−461
173	19	−18	443	60	−59	683	216	−215	983	457	−456

Primfactoren $f(\omega, \varpi_1) = \phi(\varpi_1) + \omega^5 \phi_1(\varpi_1)$ der Primzahlen p.**)

p	$\phi(\varpi_1)$	$\phi_1(\varpi_1)$	p	$\phi(\varpi_1)$	$\phi_1(\varpi_1)$
2	2	$+\varpi_7$	467	$2+15\varpi_1$	$+30+\varpi_7$
17	$6-\varpi_1$	$-2+3\varpi_7$	503	$18+11\varpi_1$	$+22+9\varpi_7$
23	$2+3\varpi_1$	$+6+\varpi_7$	557	$34-7\varpi_1$	$-14+17\varpi_7$
47	$10-\varpi_1$	$-2+5\varpi_7$	563	$34-\varpi_1$	$-2+17\varpi_7$
53	$10-3\varpi_1$	$-6+5\varpi_7$	587	$34-9\varpi_1$	$-18+17\varpi_7$
83	$6+5\varpi_1$	$+10+3\varpi_7$	593	$30-13\varpi_1$	$-26+15\varpi_7$
107	$2+7\varpi_1$	$+14+\varpi_7$	617	$18+13\varpi_1$	$+26+9\varpi_7$
113	$14-5\varpi_1$	$-10+7\varpi_7$	647	$6+17\varpi_1$	$+34+3\varpi_7$
137	$14+3\varpi_1$	$+6+7\varpi_7$	653	$30+7\varpi_1$	$+14+15\varpi_7$
167	$18-5\varpi_1$	$-10+9\varpi_7$	677	$38-5\varpi_1$	$-10+19\varpi_7$
173	$2+9\varpi_1$	$+18+\varpi_7$	683	$6-19\varpi_1$	$-38+3\varpi_7$
197	$18-7\varpi_1$	$-14+9\varpi_7$	743	$2+19\varpi_1$	$+38+\varpi_7$
227	$22-3\varpi_1$	$-6+11\varpi_7$	773	$34-15\varpi_1$	$-30+17\varpi_7$
233	$22-\varpi_1$	$-2+11\varpi_7$	797	$38+3\varpi_1$	$+6+19\varpi_7$
257	$10+9\varpi_1$	$+18+5\varpi_7$	827	$10-21\varpi_1$	$-42+5\varpi_7$
263	$14-11\varpi_1$	$-22+7\varpi_7$	857	$30+11\varpi_1$	$+22+15\varpi_7$
293	$6+11\varpi_1$	$+22+3\varpi_7$	863	$42-\varpi_1$	$-2+21\varpi_7$
317	$6-13\varpi_1$	$-26+3\varpi_7$	887	$30-19\varpi_1$	$-38+15\varpi_7$
347	$22+5\varpi_1$	$+10+11\varpi_7$	947	$26-21\varpi_1$	$-42+13\varpi_7$
353	$2+13\varpi_1$	$+26+\varpi_7$	953	$38+7\varpi_1$	$+14+19\varpi_7$
383	$26-9\varpi_1$	$-18+13\varpi_7$	977	$38-17\varpi_1$	$-34+19\varpi_7$
443	$14-15\varpi_1$	$-30+7\varpi_7$	983	$26+15\varpi_1$	$+30+13\varpi_7$

*) Für ϖ_1 ist diejenige gewählt, welche > 0 und $< \frac{1}{2}p$ (resp. $= \frac{1}{2}p$ für $p = 2$) ist.

**) Es ist $\phi(\varpi_1) \equiv \phi_1(\varpi_1) \equiv 0$ (mod. p) und $N\phi(\varpi_1) = N\phi_1(\varpi_1) = 2p$, alsdann ist $N_{\varpi} f(\omega, \varpi_1) = -\omega^5 p$ und $N_{\omega} f(\omega, \varpi_1) = +p^2$. — Indessen hängen die beiden complexen Zahlen ϕ und ϕ_1 so von einander ab, dass, wenn $\phi(\varpi_1) = 2a + a_1\varpi_1$ gesetzt wird, $\phi_1(\varpi_1) = 2a_1 + a\varpi_7$ ist, oder es ist $\phi_1(\varpi_1) = \frac{1}{2}\varpi_7 . \phi(\varpi_1)$, und daher kann der Primfactor auch in die Form gesetzt werden: $f(\omega, \varpi_1) = \phi(\varpi_1)(1 + \frac{1}{2}\omega^5\varpi_7)$, wo also $\phi(\varpi_1)$ die erste der in der Tafel enthaltenen complexen Zahlen und $1 + \frac{1}{2}\omega^5\varpi_7$ ein für alle Primzahlen p gemeinschaftlicher complexer Factor ist, dessen Norm $= -\frac{1}{2}\omega^5$ ist, und der auch in die Form $\frac{1}{2}(2 + \omega + \omega^3 + \omega^4 + \omega^{12})$ gesetzt werden kann.

$n = 15$

III, 2. $p = 15m - 2, + 7;\ \varpi_r = \omega^r + \omega^{7r} + \omega^{4r} + \omega^{-2r} = -\omega^{10r}$,
d. h. hier reduciren sich die primitiven Perioden auf die 3ten Einheitswurzeln, und die hierher gehörigen Primzahlen p, nämlich:

7, 13, 37, 43, 67, 73, 97, 103, 127, 157, 163, 193, 223, 277, 283, 307, 313, 337, 367, 373, 397, 433, 457, 463, 487, 523, 547, 577, 607, 613, 643, 673, 727, 733, 757, 787, 823, 853, 877, 883, 907, 937, 967, 997,

haben daher keine andern Primfactoren, als die aus den dritten Einheitswurzeln (vgl. $\lambda = 3$, $p = 3m + 1$), welche auch in Beziehung auf die 15ten Einheitswurzeln complexe Primzahlen sind.

$n = 21$

I. $p = 21m + 1$.

12 primitive Wurzeln, deren Gleichung:

$$\omega^{12} - \omega^{11} + \omega^9 - \omega^8 + \omega^6 - \omega^4 + \omega^3 - \omega + 1 = 0;$$

die nichtprimitiven Wurzeln lassen sich durch die primitiven ausdrücken, mittelst der Gleichungen:

$$\omega^{14} + \omega^7 + 1 = 0, \quad \omega^{18} + \omega^{15} + \omega^{12} + \omega^9 + \omega^6 + \omega^3 + 1 = 0$$ (oder der obigen).

$n = 21$

Congruenzwurzeln mod. p.*)

p	ω	ω^2	ω^4	ω^5	ω^8	ω^{10}	ω^{11}	ω^{13}	ω^{16}	ω^{17}
43	+ 10	+ 14	− 19	− 18	+ 17	− 20	+ 15	− 5	− 12	+ 9
127	− 27	− 33	− 54	+ 61	− 5	+ 38	− 10	− 51	+ 25	− 40
211	− 31	− 94	− 26	− 38	+ 43	− 33	− 32	+ 54	− 50	+ 73
337	+ 13	−168	− 84	− 81	− 21	+158	+ 32	+ 16	+104	+ 4
379	+ 93	− 68	+ 76	−133	+ 91	−124	−162	+ 25	− 57	+ 5
421	+122	+149	−112	−192	− 86	−184	−135	+ 93	−182	+109
463	+163	+178	+200	+190	+182	− 44	+ 33	−145	−212	+169
547	+ 14	+196	+126	+123	+ 13	−187	+117	− 42	+169	+178
631	+272	+157	+ 40	+163	−293	+ 62	−173	− 28	+ 33	+142
673	−156	+108	+223	+208	− 73	+192	+333	+295	− 55	−169
757	+ 79	+185	+160	−229	−138	+208	−222	−192	+119	+317
883	− 45	+259	− 27	+332	−154	−151	−269	+ 86	−125	+327
967	+181	−117	+151	+255	−407	+236	+168	−316	+292	−333

p	ω^{19}	ω^{20}
43	− 3	+ 13
127	+ 50	+ 47
211	+101	+ 34
337	+ 2	+ 26
379	+ 39	−163
421	−178	+176
463	− 13	+196
547	−120	− 39
631	+209	+ 58
673	− 81	−151
757	+356	+115
883	− 75	−157
967	+281	−390

$f(\omega)$, Primfactoren der Primzahlen p.

p	$f(\omega)$
43	$1+\omega^5+\omega^8$
127	$1+\omega^{13}+\omega^{19}$
211	$1+\omega^{10}-\omega^{11}$
337	$1-\omega^2+\omega^5+\omega^{13}-\omega^{16}$
379	$1-\omega^{11}+\omega^{20}$
421	$1-\omega^4-\omega^7-\omega^{13}$
463	$1+\omega^2+\omega^{11}+\omega^{16}$
547	$1-\omega+\omega^8$
631	$1+\omega^{10}-\omega^{13}-\omega^{16}-\omega^{20}$
673	$1-\omega^8-\omega^9+\omega^{12}$
757	$2-\omega-\omega^{13}-\omega^{20}$
883	$1+\omega^2+\omega^8-\omega^{10}+\omega^{12}$
967	$1+\omega+\omega^4+\omega^{17}$

*) Die den nichtprimitiven Wurzeln ω^7, ω^{14}; ω^3, ω^6, ω^9, ω^{12}, ω^{15}, ω^{18} entsprechenden Congruenzwurzeln stehen in den Tafeln für $\lambda = 3$ und $\lambda = 7$.

$n = 21$

II. p zum Exponenten 2 gehörig.

6 zweigliedrige Perioden, und zwar mit 3 Fällen:

II, 1. $p = 21m - 1$, $\varpi_r = \omega^r + \omega^{-r}$, also:

$$\varpi_1 = \omega + \omega^{-1}, \quad \varpi_2 = \omega^2 + \omega^{-2}, \quad \varpi_4 = \omega^4 + \omega^{-4}, \quad \varpi_5 = \omega^5 + \omega^{-5},$$
$$\varpi_8 = \omega^8 + \omega^{-8}, \quad \varpi_{10} = \omega^{10} + \omega^{-10};$$

Wurzeln der Gleichung:

$$\varpi^6 - \varpi^5 - 6\varpi^4 + 6\varpi^3 + 8\varpi^2 - 8\varpi + 1 = 0;$$

mit den fundamentalen Relationen unter einander und zu den nichtprimitiven, d. h. den zweigliedrigen Perioden der 7ten Einheitswurzeln ϖ_3, ϖ_6, ϖ_9 (während $\varpi_7 = \varpi_{14} = -1$):

$$\left.\begin{array}{lll} \varpi_1^2 = 2 + \varpi_2, & \varpi_1\varpi_2 = \varpi_1 + \varpi_3, & \varpi_1\varpi_4 = \varpi_3 + \varpi_5, \\ \varpi_1\varpi_5 = \varpi_4 + \varpi_6, & \varpi_1\varpi_8 = -1 + \varpi_9, & \varpi_1\varpi_{10} = \varpi_9 + \varpi_{10}; \\ \varpi_1\varpi_3 = \varpi_2 + \varpi_4, & \varpi_1\varpi_6 = -1 + \varpi_5, & \varpi_1\varpi_9 = \varpi_8 + \varpi_{10}. \end{array}\right\} \text{(allgemein: } \varpi_1\varpi_k = \varpi_{k-1} + \varpi_{k+1}\text{)}.$$

Congruenzwurzeln mod. p.*)

p	ϖ_1	ϖ_2	ϖ_4	ϖ_5	ϖ_8	ϖ_{10}
41	+ 8	− 20	− 12	− 10	+ 19	+ 16
83	− 7	− 36	− 34	− 21	− 8	+ 24
167	− 17	− 47	+ 36	− 75	− 42	− 55
251	− 34	−101	− 92	− 89	− 72	−113
293	− 61	− 90	−106	+ 36	+100	+122
419	− 13	+167	−186	− 33	−183	−170
461	− 8	+ 62	+154	+178	+203	−127
503	− 64	+ 70	−132	−214	−183	+ 21
587	+ 44	+173	− 10	+210	+ 98	+ 73
797	+125	−317	+ 65	+ 55	+238	−165
839	−109	+133	+ 68	+264	−412	+ 57
881	− 22	−399	−262	−393	− 76	+272

*) Für ϖ_1 ist die absolut kleinere der beiden Wurzeln des Congruenzenpaars

$$\varpi_1 + \varpi_8 \equiv -\varpi_6, \quad \varpi_1\varpi_8 \equiv -1 + \varpi_9 \pmod{p}$$

gewählt; die den nichtprimitiven Perioden ϖ_3, ϖ_6, ϖ_9 entsprechenden Congruenzwurzeln stehen in der Tafel für $\lambda = 7$, II. (als η_0, η_1, η_2).

$n = 21$

$f(\varpi_1)$, Primfactoren der Primzahlen p. $Nf(\varpi_1) = -p$.

p	$f(\varpi_1)$	p	$f(\varpi_1)$	p	$f(\varpi_1)$
41	$1 - 2\varpi_2$	293	$3 - \varpi_1 + \varpi_5 - \varpi_8$	587	$2 - \varpi_2 + \varpi_8 + \varpi_{10}$
83	$1 - \varpi_1 + \varpi_8$	419	$\varpi_1 - \varpi_8 + \varpi_{10}$	797	$5 + \varpi_1 - 2\varpi_4$
167	$2 - 3\varpi_{10}$	461	$1 - 3\varpi_4$	839	$\varpi_2 + \varpi_5 + 3\varpi_8$
251	$3\varpi_4 + 2\varpi_{10}$	503	$1 + \varpi_1 + 3\varpi_{10}$	881	$3 + \varpi_1 + 2\varpi_5 + \varpi_8$

II, 2. $p = 21m - 8$; $\varpi_r = \omega^r + \omega^{-8r}$, also:

$$\varpi_1 = \omega + \omega^{13}, \quad \varpi_2 = \omega^2 + \omega^5, \quad \varpi_4 = \omega^4 + \omega^{10}, \quad \varpi_8 = \omega^8 + \omega^{20},$$
$$\varpi_{11} = \omega^{11} + \omega^{17}, \quad \varpi_{16} = \omega^{16} + \omega^{19};$$

Wurzeln der Gleichung:

$$\varpi^6 - \varpi^5 + 3\varpi^4 + 5\varpi^2 - 2\varpi + 1 = 0;$$

mit den fundamentalen Relationen unter einander und zu den nichtprimitiven, d. h. ϖ_3, ϖ_6, ϖ_9 (den zweigliedrigen Perioden der 7ten Einheitswurzeln wie in II, 1.) und $\varpi_7 = 2\omega^7$, $\varpi_{14} = 2\omega^{14}$ (den dritten Einheitswurzeln):

$$\varpi_1^2 = 2\omega^{14} + \varpi_2, \quad \varpi_1\varpi_2 = \varpi_3 + \varpi_6, \quad \varpi_1\varpi_4 = \varpi_2 + \varpi_{11}, \quad \varpi_1\varpi_8 = 2 + \varpi_9,$$
$$\varpi_1\varpi_{11} = \varpi_3 + \varpi_9, \quad \varpi_1\varpi_{16} = \varpi_8 + \varpi_{11};$$

$$\varpi_1\varpi_3 = \varpi_4 + \varpi_{16}, \quad \varpi_1\varpi_6 = 2\omega^7 + \varpi_{16}, \quad \varpi_1\varpi_9 = \varpi_1 + \varpi_4;$$
$$\varpi_1\varpi_7 = 2\varpi_8, \quad \varpi_1\varpi_{14} = 2\varpi_6.$$

Congruenzwurzeln mod. p.*)

p	ϖ_1	ϖ_2	ϖ_4	ϖ_8	ϖ_{11}	ϖ_{16}
13	− 2	− 2	− 1	− 5	+ 4	− 6
97	− 21	− 17	− 27	− 20	+ 2	− 13
139	− 7	− 4	− 68	− 16	+ 63	+ 33
181	− 87	+ 65	− 34	− 13	− 3	+ 73
223	− 37	+111	− 22	−105	+ 34	+ 20
307	+106	+150	+125	− 66	−101	+ 94
349	+ 44	− 53	− 86	+172	+108	+165
433	+152	+120	+148	−214	−140	− 65
601	+297	− 88	−117	− 84	+197	−204
643	−284	− 6	−318	−114	+298	−218
727	−201	−146	+ 70	− 24	−111	−314
769	+ 3	+ 58	+241	−314	−104	+117
811	−226	+245	−249	−184	+ 70	+345
853	− 21	+ 30	−393	−355	−307	+194
937	+ 50	+335	+ 78	+171	−183	−450

*) Hier ist ϖ_1 völlig bestimmt durch die Congruenz $\varpi_1\omega^{14} \equiv \varpi_6$ (mod. p) oder als die gemeinschaftliche Wurzel der beiden Congruenzensysteme:

$$\left.\begin{matrix} \varpi_1 + \varpi_8 \equiv -\varpi_6 \\ \varpi_1\varpi_8 \equiv 2 + \varpi_9 \end{matrix}\right\}, \quad \left.\begin{matrix} \varpi_1 + \varpi_4 + \varpi_{16} \equiv -\omega^7, \\ \varpi_1\varpi_4 + \varpi_4\varpi_{16} + \varpi_{16}\varpi_1 \equiv -2\omega^{14}, \\ \varpi_1\varpi_4\varpi_{16} \equiv 1 \end{matrix}\right\} \text{ mod. } p.$$

Vgl. $\lambda = 3$ und $\lambda = 7$.

$n = 21$

$f(\varpi_1)$, Primfactoren der Primzahlen p.

p	$f(\varpi_1)$	p	$f(\varpi_1)$
13	$1 + \varpi_4$	601	$\varpi_2 - \varpi_4 - 2\varpi_8 - \varpi_{11}$
97	$2 - \varpi_{11}$	643	$\varpi_1 - \varpi_2 - 3\varpi_4 - 3\varpi_{11} - \varpi_{16}$
139	$1 - \varpi_2 + \varpi_4 + \varpi_{11}$	727	$1 + 2\varpi_1 + 3\varpi_4 + 2\varpi_{11} + \varpi_{16}$
181	$1 + 2\varpi_4 + 2\varpi_{11} + \varpi_{16}$	769	$3 - \varpi_1$
223	$2 + \varpi_4 + \varpi_{16}$	811	$1 + \varpi_1 - 2\varpi_2 - \varpi_4 - \varpi_{16}$
307	$3 - \varpi_2 + \varpi_8 - \varpi_{16}$	853	$1 + 2\varpi_1 - \varpi_4 - \varpi_{11} + \varpi_{16}$
349	$\varpi_1 - 2\varpi_4 - 2\varpi_{11}$	937	$2 - \varpi_2 + \varpi_4 + \varpi_8 + 2\varpi_{11} - \varpi_{16}$
433	$3 - \varpi_1 - \varpi_8 + \varpi_{16}$		

II, 3. $p = 21m + 8$; $\varpi_r = \omega^r + \omega^{8r} = -\omega^{15r}$,

d. h. hier reduciren sich die primitiven Perioden auf die 7ten Einheitswurzeln, und die hierher gehörigen Primzahlen p, nämlich:

29, 71, 113, 197, 239, 281, 449, 491, 617, 659, 701, 743, 827, 911, 953,

haben daher keine anderen Primfactoren als die ans den 7ten Einheitswurzeln (vgl. $\lambda = 7$, $p = 7m + 1$), welche auch in Beziehung auf 21te Einheitswurzeln complexe Primzahlen sind.

III. p zum Exponenten 3 gehörig ($p = 21m + 4, -5$):

4 dreigliedrige Perioden: $\varpi_r = \omega^r + \omega^{4r} + \omega^{-5r}$, also:

$\varpi_1 = \omega + \omega^4 + \omega^{16}$, $\varpi_2 = \omega^2 + \omega^8 + \omega^{11}$, $\varpi_5 = \omega^5 + \omega^{20} + \omega^{17}$, $\varpi_{10} = \omega^{10} + \omega^{19} + \omega^{13}$;

Wurzeln der Gleichung:

$$\varpi^4 - \varpi^3 - \varpi^2 - 2\varpi + 4 = 0;$$

mit den fundamentalen Relationen unter einander und zu den nichtprimitiven, d. h. den dreigliedrigen Perioden der 7ten Einheitswurzeln ϖ_3, ϖ_9 und $\varpi_7 = 3\omega^7$, $\varpi_{14} = 3\omega^{14}$ (den 3ten Einheitswurzeln):

$\varpi_1^2 = \varpi_2 + 2\varpi_5$, $\varpi_1\varpi_2 = -1 + \varpi_3$, $\varpi_1\varpi_5 = 2$, $\varpi_1\varpi_{10} = 2\omega^{14}$;

$\varpi_1\varpi_3 = 2\omega^7$, $\varpi_1\varpi_9 = \varpi_1 + 2\varpi_{10}$; $\varpi_1\varpi_7 = 3\varpi_2$, $\varpi_1\varpi_{14} = 3\varpi_9$.

$n = 21$

Congruenzwurzeln mod. p.*)

p	ϖ_1	ϖ_2	ϖ_5	ϖ_{10}	p	ϖ_1	ϖ_2	ϖ_5	ϖ_{10}
37	− 16	− 12	− 14	+ 6	499	−170	−177	−182	+ 31
67	− 13	+ 25	+ 5	− 16	541	+159	−112	− 17	− 29
79	− 4	+ 17	+ 39	+ 28	571	−201	−211	−250	+ 92
109	− 37	− 42	− 3	− 26	613	+235	−185	+120	−169
151	+ 25	+ 45	− 12	− 57	709	+290	−183	− 44	− 62
163	− 41	+ 67	− 8	− 17	739	−296	−315	− 5	−122
193	− 79	− 40	− 44	− 29	751	−359	−314	−364	+287
277	+ 38	− 14	−102	+ 79	823	− 77	+307	+342	+252
331	+ 59	+ 98	−129	− 27	877	−219	−290	+ 8	−375
373	− 6	+161	+124	+ 95	907	+126	+313	+ 72	+397
457	− 13	+ 99	+ 35	−120	919	+457	−130	+183	+410
487	+222	−118	−136	+ 33	991	+175	−130	+ 17	− 61

$f(\varpi_1)$, Primfactoren der Primzahlen p.

p	$f(\varpi_1)$	p	$f(\varpi_1)$	p	$f(\varpi_1)$
37	$2 + \varpi_1 - \varpi_5$	331	$4 + \varpi_2 + \varpi_5 - \varpi_{10}$	709	$3 - \varpi_2 + 3\varpi_{10}$
67	$1 + 2\varpi_1 + \varpi_2$	373	$1 + 3\varpi_5$	739	$5 + \varpi_5$
79	$1 + 2\varpi_5$	457	$3 - 2\varpi_1 - \varpi_2 + 2\varpi_5$	751	$5 - \varpi_1 + \varpi_5$
109	$3 + \varpi_5$	487	$4 - \varpi_1 + 2\varpi_2 - \varpi_{10}$	823	$2\varpi_1 - 3\varpi_2 + \varpi_{10}$
151	$1 - \varpi_1 - 2\varpi_5$	499	$2 - \varpi_1 + 2\varpi_2 - \varpi_5$	877	$1 + 3\varpi_2 - \varpi_5$
163	$1 - 2\varpi_5 + \varpi_{10}$	541	$1 + 2\varpi_1 + 3\varpi_2 - \varpi_5$	907	$1 - 3\varpi_2 + 2\varpi_5 + 2\varpi_{10}$
193	$1 - \varpi_1 + 2\varpi_2$	571	$3 + 2\varpi_1 + 2\varpi_2 - \varpi_5$	919	$5 + 2\varpi_1$
277	$2 + \varpi_1 + 3\varpi_{10}$	613	$5 + \varpi_1 - 2\varpi_5$	991	$1 - 2\varpi_2 - \varpi_5 + 4\varpi_{10}$

*) Hier ist ϖ_1 völlig bestimmt durch $\varpi_1\,\omega^{14} \equiv \varpi_9$ (mod. p) oder als die gemeinschaftliche Wurzel der Congruenzenpaare:

$$\left.\begin{array}{r}\varpi_1 + \varpi_2 \equiv -\varpi_9 \\ \varpi_1\varpi_2 \equiv -1 + \varpi_3\end{array}\right\},\qquad \left.\begin{array}{r}\varpi_1 + \varpi_{10} \equiv -\omega^7 \\ \varpi_1\varpi_{10} \equiv 2\omega^{14}\end{array}\right\}\ \begin{array}{l}\text{(mod. } p).\\ \text{Vgl. } \lambda = 3 \text{ und } \lambda = 7.\end{array}$$

$n = 21$

IV. p zum Exponenten 6 gehörig.

2 sechsgliedrige Perioden, und zwar mit 3 Fällen.

IV, 1. $p = 21m - 4, +5$; $\varpi_r = \omega^r + \omega^{5r} + \omega^{4r} + \omega^{-r} + \omega^{-5r} + \omega^{-4r}$, also:

$$\varpi_1 = \omega + \omega^5 + \omega^4 + \omega^{20} + \omega^{16} + \omega^{17}, \quad \varpi_2 = \omega^2 + \omega^{10} + \omega^8 + \omega^{19} + \omega^{11} + \omega^{13};$$

Wurzeln der Gleichung:

$$\varpi^2 - \varpi - 5 = 0;$$

mit den fundamentalen Relationen:

$$\varpi_1^2 = 5 + \varpi_1, \quad \varpi_1\varpi_2 = -5,$$

(Nichtprimitive Perioden kommen hier nicht in Betracht, weil $\varpi_{3r} = -1$, $\varpi_{7r} = -3$).

Congruenzwurzeln mod. p.*)

p	ϖ_1	ϖ_2	p	ϖ_1	ϖ_2	p	ϖ_1	ϖ_2	p	ϖ_1	ϖ_2
5	1	0	227	97	−96	509	51	−50	773	165	−164
17	8	−7	257	74	−73	521	157	−156	857	66	−65
47	16	−15	269	29	−28	563	206	−205	887	137	−136
59	14	−13	311	40	−39	593	55	−54	929	333	−332
89	17	−16	353	78	−77	647	151	−150	941	127	−126
101	42	−41	383	170	−169	677	262	−261	971	129	−128
131	53	−52	467	38	−37	719	47	−46	983	186	−185
173	30	−29	479	130	−129	761	357	−356			

$f(\varpi_1)$, Primfactoren der Primzahlen p. $Nf(\varpi_1) = -p$.

p	$f(\varpi_1)$	p	$f(\varpi_1)$	p	$f(\varpi_1)$	p	$f(\varpi_1)$
5	ϖ_2	227	$2+7\varpi_1$	509	$1-10\varpi_1$	773	$9+14\varpi_1$
17	$1+2\varpi_1$	257	$4-7\varpi_1$	521	$7-10\varpi_1$	857	$1-13\varpi_1$
47	$1-3\varpi_1$	269	$8+9\varpi_1$	563	$3+11\varpi_2$	887	$7-13\varpi_1$
59	$3+4\varpi_1$	311	$1+8\varpi_2$	593	$1+11\varpi_2$	929	$3+14\varpi_2$
89	$4+5\varpi_1$	353	$4+9\varpi_1$	647	$9+13\varpi_2$	941	$8+15\varpi_2$
101	$9+7\varpi_1$	383	$2+9\varpi_1$	677	$8+13\varpi_2$	971	$7+15\varpi_1$
131	$3-5\varpi_1$	467	$11+12\varpi_1$	719	$14+15\varpi_1$	983	$11+16\varpi_2$
173	$1+6\varpi_2$	479	$7+11\varpi_1$	761	$13+15\varpi_2$		

*) Für ϖ_1 ist diejenige gewählt, welche > 0 und $< \frac{1}{2}p$ ist.

$n = 21$

IV, 2. $p = 21m + 2, -10;$ $\quad \varpi_r = \omega^r + \omega^{2r} + \omega^{4r} + \omega^{8r} + \omega^{16r} + \omega^{-10r}$
$= -(\omega^{15r} + \omega^{9r} + \omega^{18r}),$

d. h. hier reduciren sich die primitiven Perioden auf die dreigliedrigen Perioden der 7ten Einheitswurzeln, und die hierher gehörigen Primzahlen p, nämlich:

2, 11, 23, 53, 107, 137, 149, 179, 191, 233, 263, 317, 347, 359, 389, 401, 431, 443, 557, 569, 599, 641, 653, 683, 809, 863, 947, 977,

haben daher keine anderen Primfactoren, als die aus den dreigliedrigen Perioden der 7ten Einheitswurzeln (vgl. $\lambda = 7$, p zum Exponenten 3 gehörig), die auch hier Primzahlen sind.

IV, 3. $p = 21m - 2, +10;$ $\quad \varpi_r = \omega^r + \omega^{10r} + \omega^{16r} + \omega^{13r} + \omega^{4} + \omega^{-2r} = -\alpha^{7r},$

d. h. hier reduciren sich die primitiven Perioden auf die 3ten Einheitswurzeln und die hierher gehörigen Primzahlen p, nämlich:

19, 31, 61, 73, 103, 157, 199, 229, 241, 271, 283, 313, 367, 397, 409, 439, 523, 577, 607, 619, 661, 691, 733, 787, 829, 859, 997,

haben daher keine andern Primfactoren, als die aus den dritten Einheitswurzeln (vgl. $\lambda = 3$, $p = 3m + 1$), welche auch hier complexe Primzahlen sind.

$n = 33$

I. $p = 33m + 1.$

20 primitive Wurzeln, deren Gleichung:

$$\omega^{20} - \omega^{19} + \omega^{17} - \omega^{16} + \omega^{14} - \omega^{13} + \omega^{11} - \omega^{10} + \omega^{9} - \omega^{7} + \omega^{6} - \omega^{4} + \omega^{3} - \omega + 1 = 0;$$

die nichtprimitiven Wurzeln lassen sich durch die primitiven ausdrücken, mittelst der obigen oder der beiden Gleichungen:

$$\omega^{22} + \omega^{11} + 1 = 0, \quad \omega^{30} + \omega^{27} + \omega^{24} + \omega^{21} + \omega^{18} + \omega^{15} + \omega^{12} + \omega^{9} + \omega^{6} + \omega^{3} + 1 = 0.$$

$n = 33$

Congruenzwurzeln mod. p.*)

p	ω	ω^2	ω^4	ω^5	ω^7	ω^8	ω^{10}	ω^{13}	ω^{14}	ω^{16}
67	+ 10	+ 33	+ 17	− 31	− 18	+ 21	+ 23	+ 19	− 11	− 28
199	+ 5	+ 25	+ 28	− 59	− 82	− 12	+ 98	− 88	− 42	− 55
331	− 13	−162	+ 95	+ 89	+146	+ 88	− 23	−112	+132	+131
397	− 43	−136	−163	−137	− 27	− 30	+110	+140	− 65	+106
463	+133	+ 95	+228	+229	− 6	+128	+122	+143	+ 36	+179
661	+ 20	−261	+ 38	+ 99	− 60	+122	−114	+180	+295	−319
727	− 90	+103	−296	−259	+222	−351	+197	+ 34	−152	+338
859	+348	− 15	+225	+131	−247	− 56	− 19	+395	+ 20	−300
991	+451	+246	+ 65	−415	− 17	+261	−209	−296	+289	−258

p	ω^{17}	ω^{19}	ω^{20}	ω^{23}	ω^{25}	ω^{26}	ω^{28}	ω^{29}	ω^{31}	ω^{32}
67	− 12	+ 6	− 7	− 32	+ 16	+ 26	− 13	+ 4	− 2	− 20
199	− 76	+ 90	+ 52	− 67	− 83	− 17	− 27	+ 64	+ 8	+ 40
331	− 48	+163	−133	− 72	+ 79	− 34	−119	−108	− 47	− 51
397	−191	+171	+190	− 83	+172	+147	−142	+151	+108	+120
463	+194	− 90	+ 68	−148	−170	+ 77	− 93	+132	+ 39	+ 94
661	+230	+121	−224	− 29	+298	+ 11	−127	+ 87	−233	− 33
727	+114	+110	+278	+155	− 29	−298	−160	−140	+120	+105
859	+398	+ 43	+361	+226	+ 46	−313	+400	+ 42	+229	−195
991	−411	− 24	+ 77	+422	−243	+408	+277	+ 61	+141	+167

$f(\omega)$, Primfactoren der Primzahlen p.

p	$f(\omega)$	p	$f(\omega)$	p	$f(\omega)$
67	$1-\omega^7-\omega^{13}$	397	$1+\omega^8+\omega^{19}+\omega^{28}$	727	$1+\omega^{10}+\omega^{13}+\omega^{15}$
199	$1-\omega^4-\omega^{28}$	463	$1+\omega^4-\omega^5$	859	$1+\omega^4-\omega^{23}$
331	$1-\omega^5+\omega^{13}-\omega^{16}$	661	$1-\omega+\omega^2+\omega^{15}$	991	$1+\omega-\omega^7-\omega^{26}-\omega^{29}$

*) Die den nichtprimitiven Wurzeln ω^{11}, ω^{22}; ω^3, ω^6, ω^9, ω^{12}, ω^{15}, ω^{18}, ω^{21}, ω^{24}, ω^{27}, ω^{30} entsprechenden Congruenzwurzeln stehen in den Tafeln für $\lambda = 3$ und $\lambda = 11$.

$n = 33$

II. p zum Exponenten 2 gehörig.

10 zweigliedrige Perioden, und zwar mit 3 Fällen:

II, 1. $p = 33m - 1$; $\varpi_r = \varpi^r + \omega^{-r}$, also:

$$\varpi_1 = \omega + \omega^{-1},\quad \varpi_2 = \omega^2 + \omega^{-2},\quad \varpi_4 = \omega^4 + \omega^{-4},\quad \varpi_5 = \omega^5 + \omega^{-5},$$
$$\varpi_7 = \omega^7 + \omega^{-7},\quad \varpi_8 = \omega^8 + \omega^{-8},\quad \varpi_{10} = \omega^{10} + \omega^{-10},\quad \varpi_{13} = \omega^{13} + \omega^{-13},$$
$$\varpi_{14} = \omega^{14} + \varpi^{-14},\quad \varpi_{16} = \omega^{16} + \omega^{-16};$$

Wurzeln der Gleichung:

$$\varpi^{10} - \varpi^9 - 10\varpi^8 + 10\varpi^7 + 34\varpi^6 - 34\varpi^5 - 43\varpi^4 + 43\varpi^3 + 12\varpi^2 - 12\varpi + 1 = 0;$$

mit den fundamentalen Relationen unter einander und zu den nichtprimitiven, d. h. zu den zweigliedrigen Perioden der 11ten Einheitswurzeln ϖ_3, ϖ_6, ϖ_9, ϖ_{12}, ϖ_{15} (während $\varpi_{11} = \varpi_{22} = -1$):

$$\varpi_1^2 = 2 + \varpi_2,\quad \varpi_1\varpi_2 = \varpi_1 + \varpi_3,\quad \varpi_1\varpi_4 = \varpi_3 + \varpi_5,\quad \varpi_1\varpi_5 = \varpi_4 + \varpi_6,\quad \varpi_1\varpi_7 = \varpi_6 + \varpi_8,$$
$$\varpi_1\varpi_8 = \varpi_7 + \varpi_9,\quad \varpi_1\varpi_{10} = -1 + \varpi_9,\quad \varpi_1\varpi_{13} = \varpi_{12} + \varpi_{14},\quad \varpi_1\varpi_{14} = \varpi_{13} + \varpi_{15},$$
$$\varpi_1\varpi_{16} = \varpi_{15} + \varpi_{16};\quad \varpi_1\varpi_3 = \varpi_2 + \varpi_4,\quad \varpi_1\varpi_6 = \varpi_5 + \varpi_7,\quad \varpi_1\varpi_9 = \varpi_8 + \varpi_{10},$$
$$\varpi_1\varpi_{12} = -1 + \varpi_{13},\quad \varpi_1\varpi_{15} = \varpi_{14} + \varpi_{16};\quad (\text{allgemein: } \varpi_1\varpi_k = \varpi_{k-1} + \varpi_{k+1}).$$

Congruenzwurzeln mod. p.*)

p	ϖ_1	ϖ_2	ϖ_4	ϖ_5	ϖ_7	ϖ_8	ϖ_{10}	ϖ_{13}	ϖ_{14}	ϖ_{16}
131	+ 19	− 34	− 25	+ 59	− 31	− 32	− 58	− 44	+ 42	− 26
197	+ 13	− 30	− 87	+ 60	− 18	+ 81	+ 52	− 56	− 72	+ 58
263	+ 67	+ 16	− 9	− 30	+ 93	+ 79	+109	+ 44	− 32	− 73
461	− 99	+118	+ 92	+170	−166	+164	−145	−183	−106	+156
593	− 78	+152	− 25	+ 89	−193	+ 30	+210	+216	−112	−288
659	−161	+218	+ 74	− 42	+ 80	+202	−215	+ 93	−192	− 56
857	− 45	+309	+352	−266	+226	−363	−377	−135	−346	−211

$f(\varpi_1)$, Primfactoren der Primzahlen p; $Nf(\varpi_1) = -p$.

p	$f(\varpi_1)$	p	$f(\varpi_1)$	p	$f(\varpi_1)$
131	$1 - \varpi_5 - \varpi_{10}$	461	$1 - 2\varpi_4 - \varpi_{13}$	659	$3 - \varpi_2 - \varpi_{10}$
197	$1 - \varpi_2 + \varpi_4 - \varpi_{13}$	593	$2 + \varpi_4 + \varpi_7 + \varpi_{13}$	857	$3 - \varpi_5 - \varpi_{10} - \varpi_{16}$
263	$\varpi_2 + 2\varpi_5 + \varpi_{13}$				

---

*) Für ϖ_1 ist die absolut kleinere der beiden Wurzeln des Congruenzenpaars $\varpi_1 + \varpi_{10} \equiv -\varpi_{12}$, $\varpi_1\varpi_{10} \equiv -1 + \varpi_9$ (mod. p) gewählt. Wegen der den nichtprimitiven Perioden ϖ_3, ϖ_6, ϖ_9, ϖ_{12}, ϖ_{15} entsprechenden Congruenzwurzeln ist $\lambda = 11$ zu vergleichen, wo sie resp. η_0, η_1, η_2, η_3, η_4 heissen.

$n = 33$

II, 2. $p = 33m + 10$; $\varpi_r = \omega^r + \omega^{10r}$, also:

$\varpi_1 = \omega + \omega^{10}$, $\varpi_2 = \omega^2 + \omega^{20}$, $\varpi_4 = \omega^4 + \omega^7$, $\varpi_5 = \omega^5 + \omega^{17}$,
$\varpi_8 = \omega^8 + \omega^{14}$, $\varpi_{13} = \omega^{13} + \omega^{31}$, $\varpi_{16} = \omega^{16} + \omega^{28}$, $\varpi_{19} = \omega^{19} + \omega^{25}$,
$\varpi_{23} = \omega^{23} + \omega^{32}$, $\varpi_{26} = \omega^{26} + \omega^{29}$;

Wurzeln der Gleichung:

$$\varpi^{10} - \varpi^9 + 5\varpi^8 - 2\varpi^7 + 16\varpi^6 - 7\varpi^5 + 20\varpi^4 + \varpi^3 + 12\varpi^2 - 3\varpi + 1 = 0;$$

mit den fundamentalen Relationen untereinander und zu den nichtprimitiven, d. h. ϖ_3, ϖ_6, ϖ_9, ϖ_{12}, ϖ_{15} (zweigliedrige Perioden der 11ten Einheitswurzeln wie in II, 1.) und $\varpi_{11} = 2\omega^{11}$, $\varpi_{22} = 2\omega^{22}$ (3te Einheitswurzeln):

$\varpi_1^2 = 2\omega^{11} + \varpi_2$, $\varpi_1\varpi_2 = \varpi_3 + \varpi_{12}$, $\varpi_1\varpi_4 = \varpi_5 + \varpi_8$, $\varpi_1\varpi_5 = \varpi_6 + \varpi_{15}$,
$\varpi_1\varpi_8 = \varpi_9 + \varpi_{15}$, $\varpi_1\varpi_{13} = \varpi_{14} + \varpi_{23}$, $\varpi_1\varpi_{16} = \varpi_5 + \varpi_{26}$, $\varpi_1\varpi_{19} = \varpi_2 + \varpi_{26}$,
$\varpi_1\varpi_{23} = 2 + \varpi_9$, $\varpi_1\varpi_{26} = \varpi_3 + \varpi_6$; $\varpi_1\varpi_3 = \varpi_4 + \varpi_{13}$, $\varpi_1\varpi_6 = \varpi_4 + \varpi_{16}$,
$\varpi_1\varpi_9 = \varpi_1 + \varpi_{19}$, $\varpi_1\varpi_{12} = 2\omega^{22} + \varpi_{13}$, $\varpi_1\varpi_{15} = \varpi_{16} + \varpi_{19}$; $\varpi_1\varpi_{11} = 2\varpi_{12}$,
$\varpi_1\varpi_{22} = 2\varpi_{23}$.

Congruenzwurzeln mod. p.*)

p	ϖ_1	ϖ_2	ϖ_4	ϖ_5	ϖ_8	ϖ_{13}	ϖ_{16}	ϖ_{19}	ϖ_{23}	ϖ_{26}
43	+ 18	+ 11	+ 6	− 2	− 19	− 20	− 12	+ 15	+ 3	+ 1
109	− 8	+ 47	+ 48	+ 54	− 2	+ 18	+ 23	− 17	− 33	− 20
241	−112	+ 44	− 22	+ 20	+ 34	+ 19	− 79	− 62	+ 7	− 89
307	+ 65	− 37	+107	+ 75	+126	+ 52	−122	−119	−123	− 23
373	+ 41	− 6	−140	−154	+ 9	+161	− 95	− 55	−122	− 11
439	+196	+128	−201	− 32	− 82	− 66	−203	+ 56	−152	−129
571	−213	+ 42	+271	−187	+135	+ 10	+173	−131	+ 19	−118
769	+184	− 27	+ 9	+ 84	+ 34	−250	−333	+ 30	+106	+164
967	− 54	−269	+122	+ 86	+ 95	+482	−359	− 48	− 14	− 40

$f(\varpi_1)$, Primfactoren der Primzahlen p.

p	$f(\varpi_1)$	p	$f(\varpi_1)$	p	$f(\varpi_1)$
43	$1 - \varpi_{26}$	307	$1 - \varpi_{16} + \varpi_{23}$	571	$\varpi_5 + \varpi_8 + \varpi_{13} + \varpi_{16} + \varpi_{19}$
109	$1 - \varpi_{13} - \varpi_{19}$	373	$1 - \varpi_2 - \varpi_5 - \varpi_{23}$	769	$1 - \varpi_5 + \varpi_{13} - \varpi_{16}$
241	$1 - \varpi_5 + \varpi_{13}$	439	$1 - \varpi_5 - 2\varpi_{16}$	967	$1 + \varpi_8 + 2\varpi_{19}$

*) Hier ist ϖ_1 völlig bestimmt durch die lineäre Congruenz $\varpi_1\omega^{11} \equiv \varpi_{12}$ (mod. p) oder als die gemeinschaftliche Wurzel der beiden Systeme von Congruenzen:

$$\left.\begin{aligned} \varpi_1 + \varpi_{23} &\equiv -\varpi_{12} \\ \varpi_1\varpi_{23} &\equiv 2 + \varpi_9 \end{aligned}\right\}, \quad \left.\begin{aligned} \varpi_1 + \varpi_4 + \varpi_{13} + \varpi_{16} + \varpi_{19} &\equiv -\omega^{22} \\ \varpi_1\varpi_4\varpi_{13}\varpi_{16}\varpi_{19} &\equiv -\omega^{11} \text{ u. s. w.} \end{aligned}\right\} \text{(mod. } p).$$

$n = 33$

II, 3. $p = 33m - 10$; $\varpi_r = \omega^r + \omega^{-10r} = -\omega^{12r}$,

d. h. hier reduciren sich die primitiven Perioden auf die 11ten Einheitswurzeln, und die hierher gehörigen Primzahlen p, nämlich:

23, 89, 353, 419, 617, 683, 881, 947,

haben daher keine anderen Primfactoren als die aus den 11ten Einheitswurzeln (vgl. $\lambda = 11$, $p = 11m + 1$), welche auch hier complexe Primzahlen sind.

III. p zum Exponenten 5 gehörig:

$(p = 33m - 2, +4, -8 + 16)$.

4 fünfgliedrige Perioden,

$$\varpi_r = \omega^r + \omega^{-2r} + \omega^{4r} + \omega^{-8r} + \omega^{16r}, \quad \text{also:}$$

$$\varpi_1 = \omega + \omega^{31} + \omega^4 + \omega^{25} + \omega^{16}, \qquad \varpi_2 = \omega^2 + \omega^{29} + \omega^8 + \omega^{17} + \omega^{32},$$

$$\varpi_5 = \omega^5 + \omega^{23} + \omega^{20} + \omega^{26} + \omega^{14}, \qquad \varpi_7 = \omega^7 + \omega^{19} + \omega^{28} + \omega^{10} + \omega^{13},$$

Wurzeln der Gleichung:

$$\varpi^4 - \varpi^3 - 2\varpi^2 - 3\varpi + 9 = 0;$$

mit den fundamentalen Relationen unter einander und zu den nichtprimitiven, d. h. ϖ_3, ϖ_6 (den fünfgliedrigen Perioden der 11ten Einheitswurzeln) und $\varpi_{11} = 5\omega^{11}$, $\varpi_{22} = 5\omega^{22}$ (den 3ten Einheitswurzeln):

$$\varpi_1^2 = 3\varpi_2 + 2\varpi_5, \qquad \varpi_1\varpi_2 = 3, \qquad \varpi_1\varpi_5 = -2 + \varpi_6, \qquad \varpi_1\varpi_7 = 3\omega^{11};$$

$$\varpi_1\varpi_2 = 2\varpi_1 + 3\varpi_7, \qquad \varpi_1\varpi_6 = 3\omega^{22}; \qquad \varpi_1\varpi_{11} = 5\varpi_3, \qquad \varpi_1\varpi_{22} = 5\varpi_5.$$

$n = 33$

Congruenzwurzeln mod. p.*)

p	ϖ_1	ϖ_2	ϖ_5	ϖ_7	p	ϖ_1	ϖ_2	ϖ_5	ϖ_7
31	+ 14	− 2	+ 8	+ 12	487	+ 70	+ 7	−239	+163
37	+ 5	+ 8	− 18	+ 6	499	− 64	−117	− 22	+204
97	+ 45	+ 13	+ 23	+ 17	577	−140	−169	− 44	−223
103	+ 25	− 4	− 42	+ 22	619	−319	+130	+237	− 47
157	− 52	+ 9	+ 4	+ 40	631	+180	+305	+283	−136
163	− 22	− 52	− 6	+ 81	643	−220	−114	− 63	−245
181	− 59	− 43	− 5	− 73	691	+317	+109	+329	− 63
223	+ 47	+ 57	− 96	− 7	709	− 17	−167	−314	−210
229	+ 23	+ 30	−124	+ 72	751	+ 59	+331	−258	−131
313	+ 91	− 55	−159	+124	757	−194	−160	+133	+222
367	− 19	−174	−109	− 64	823	−162	+381	−206	− 12
379	− 81	+ 14	+ 38	+ 30	829	+107	+ 93	−218	+ 19
421	+107	+122	−142	− 86	883	−314	+374	+172	−231
433	− 61	−213	+ 15	−173	907	−377	−409	+ 25	−145

$f(\varpi_1)$, Primfactoren der Primzahlen p.

p	$f(\varpi_1)$	p	$f(\varpi_1)$	p	$f(\varpi_1)$
31	$2+\varpi_2$	367	$\varpi_1+2\varpi_2$	643	$2+4\varpi_2+3\varpi_5$
37	$2-\varpi_2+\varpi_7$	379	$2+2\varpi_2-\varpi_7$	691	$6-2\varpi_1+\varpi_7$
97	$4+\varpi_2-\varpi_7$	421	$7-4\varpi_1$	709	$2-2\varpi_5+3\varpi_7$
103	$3-\varpi_1+\varpi_7$	433	$6-\varpi_1-2\varpi_2-4\varpi_5$	751	$4-\varpi_5+2\varpi_7$
157	$4+\varpi_5$	487	$2+\varpi_2-2\varpi_5$	757	$5+4\varpi_1-4\varpi_2+4\varpi_7$
163	$1+2\varpi_7$	499	$2+2\varpi_1+3\varpi_2+\varpi_5$	823	$2+2\varpi_2+4\varpi_5-5\varpi_7$
181	$4-3\varpi_1$	577	$6-3\varpi_1+2\varpi_2+2\varpi_5$	829	$4+2\varpi_1+\varpi_5$
223	$2+2\varpi_1+\varpi_5$	619	$4+2\varpi_5-3\varpi_7$	883	$7-\varpi_2-3\varpi_5$
229	$4-\varpi_1-2\varpi_5$	631	$7-3\varpi_1-\varpi_5-6\varpi_7$	907	$1-4\varpi_2-6\varpi_3+4\varpi_7$
313	$4-\varpi_2-3\varpi_7$				

*) Hier ist ϖ_1 völlig bestimmt durch $\varpi_1 \omega^{11} \equiv \varpi_3$ (mod. p.) oder als gemeinschaftliche Wurzel der 2 Congruenzenpaare:

$$\left.\begin{array}{ll} \varpi_1 + \varpi_5 \equiv -\varpi_3\,, & \varpi_1\varpi_5 \equiv -2 + \varpi_6 \\ \varpi_1 + \varpi_7 \equiv -\omega^{22}, & \varpi_1\varpi_7 \equiv 3\omega^{11} \end{array}\right\} \text{(mod. } p.)$$

Vgl. die Congruenzwurzeln bei $\lambda = 3$ und $\lambda = 11$, III (wo η_0, η_1, was hier ϖ_3, ϖ_6).

$n = 33$

IV. p zum Exponenten 10 gehörig.

2 zehngliedrige Perioden, und zwar mit 3 Fällen.

IV, 1. $p = 33m + 2, -4, +8, -16$;

$$\varpi_r = \omega^r + \omega^{2r} + \omega^{4r} + \omega^{8r} + \omega^{16r} + \omega^{-r} + \omega^{-2r} + \omega^{-4r} + \omega^{-8r} + \omega^{-16r}, \quad \text{also:}$$

$$\varpi_1 = \omega + \omega^2 + \omega^4 + \omega^8 + \omega^{16} + \omega^{32} + \omega^{31} + \omega^{29} + \omega^{25} + \omega^{17},$$
$$\varpi_5 = \omega^5 + \omega^{10} + \omega^{20} + \omega^7 + \omega^{14} + \omega^{28} + \omega^{23} + \omega^{13} + \omega^{26} + \omega^{19};$$

Wurzeln der Gleichung:

$$\varpi^2 - \varpi - 8 = 0;$$

mit den fundamentalen Relationen:

$$\varpi_1^2 = 8 + \varpi_1, \qquad \varpi_1\varpi_5 = -8;$$

(nichtprimitive kommen hier nicht in Betracht da $\varpi_3 = -1$, $\varpi_{11} = -5$ ist.)

Congruenzwurzeln mod. p.*)

p	ϖ_1	ϖ_5	p	ϖ_1	ϖ_5	p	ϖ_1	ϖ_5	p	ϖ_1	ϖ_5
2	1	0	173	65	−64	479	181	−180	743	235	−234
17	7	− 6	227	22	−21	491	175	−174	761	228	−227
29	14	−13	233	38	−37	503	64	− 63	809	81	− 80
41	10	− 9	239	88	−87	557	34	− 33	821	247	−246
83	23	−22	281	48	−47	563	233	−232	827	71	− 70
101	15	−14	293	49	−48	569	59	− 58	887	169	−168
107	26	−25	347	27	−26	677	128	−127	941	204	−203
149	18	−17	359	47	−46	701	307	−306	953	333	−332
167	19	−18	431	30	−29						

$f(\varpi_1)$, Primfactoren der Primzahlen p; $Nf(\varpi_1) = -p$.

p	$f(\varpi_1)$	p	$f(\varpi_1)$	p	$f(\varpi_1)$	p	$f(\varpi_1)$
2	$2+\varpi_5$	173	$31+14\varpi_5$	479	$3+8\varpi_5$	743	$29+16\varpi_5$
17	$3+2\varpi_1$	227	$25+12\varpi_5$	491	$63-20\varpi_1$	761	$3+10\varpi_1$
29	$1+2\varpi_1$	233	$5+6\varpi_1$	503	$1+8\varpi_5$	809	$1-10\varpi_1$
41	$13+6\varpi_5$	239	$13+8\varpi_1$	557	$37+18\varpi_5$	821	$3-10\varpi_5$
83	$5+4\varpi_5$	281	$1+6\varpi_5$	563	$19+12\varpi_1$	827	$13+12\varpi_5$
101	$11+6\varpi_1$	293	$1-6\varpi_1$	569	$11+10\varpi_5$	887	$27+16\varpi_5$
107	$3+4\varpi_1$	347	$23+12\varpi_1$	677	$57+26\varpi_1$	941	$19+14\varpi_5$
149	$21+10\varpi_5$	359	$9+8\varpi_5$	701	$77+34\varpi_1$	953	$55+26\varpi_5$
167	$15+8\varpi_1$	431	$33+16\varpi_5$				

*) Für ϖ_1 ist diejenige gewählt, welche > 0 und $< \frac{1}{2}p$ ist (resp. $= \frac{1}{2}p$ für $p = 2$).

$n = 33$

IV, 2. $p = 33m + 5, - 7, - 13, + 14;$

$$\varpi_r = \omega^r + \omega^{5r} + \omega^{25r} + \omega^{-7r} + \omega^{31r} + \omega^{23r} + \omega^{16r} + \omega^{14r} + \omega^{4r} + \omega^{-13r}$$
$$= -(\omega^{3r} + \omega^{9r} + \omega^{12r} + \omega^{15r} + \omega^{27r}),$$

d. h. hier reduciren sich die primitiven Perioden auf die fünfgliedrigen der 11ten Einheitswurzeln, und die hierher gehörigen Primzahlen p, nämlich:

5, 47, 53, 59, 71, 113, 137, 179, 191, 251, 257, 269, 311, 383, 389, 401, 443, 449, 467, 509, 521, 587, 599, 641, 647, 653, 719, 773, 797, 839, 863, 911, 929, 971, 977,

haben daher keine andern Primfactoren, als die aus jenen Perioden bei $\lambda = 11$, III, die auch hier Primzahlen sind.

IV, 3. $p = 33m - 5, + 7, + 13, - 14;$

$$\varpi_r = \omega^r + \omega^{-5r} + \omega^{25r} + \omega^{7r} + \omega^{31r} + \omega^{-23r} + \omega^{16r} + \omega^{-14r} + \omega^{4r} + \omega^{13r} = -\omega^{22r},$$

d. h. hier reduciren sich die primitiven Perioden auf die 3ten Einheitswurzeln, und die hierher gehörigen Primzahlen p, nämlich:

7, 13, 19, 61, 73, 79, 127, 139, 151, 193, 211, 271, 277, 283, 337, 349, 409, 457, 523, 541, 547, 601, 607, 613, 673, 733, 739, 787, 811, 853, 877, 919, 937, 997,

haben daher keine andern Primfactoren, als die bei $\lambda = 3$, welche auch hier Primzahlen sind.

$n = 35$

I. $p = 35m + 1.$

24 primitive Wurzeln, deren Gleichung:

$$\omega^{24} - \omega^{23} + \omega^{19} - \omega^{18} + \omega^{17} - \omega^{16} + \omega^{14} - \omega^{13} + \omega^{12} - \omega^{11} + \omega^{9} - \omega^{8} + \omega^{7} - \omega^{6} + \omega^{4} - \omega + 1 = 0;$$

mittelst derselben lassen sich die nichtprimitiven Wurzeln durch die primitiven ausdrücken, oder mittelst der beiden:

$$\omega^{30} + \omega^{25} + \omega^{20} + \omega^{15} + \omega^{10} + \omega^{5} + 1 = 0, \qquad \omega^{28} + \omega^{21} + \omega^{14} + \omega^{7} + 1 = 0.$$

Congruenzwurzeln mod. p.*)

p	ω	ω^2	ω^3	ω^4	ω^6	ω^8	ω^9	ω^{11}	ω^{12}	ω^{13}
71	+ 10	+ 29	+ 6	− 11	− 35	− 21	+ 3	+ 16	+ 18	− 33
211	− 98	−102	+ 79	+ 65	− 89	+ 5	− 68	− 27	− 97	+ 11
281	+ 35	+101	−118	+ 85	−126	− 81	− 25	+ 4	+140	+123
421	−104	−130	+ 48	+ 60	+199	−189	−131	+190	+ 27	+139
491	+ 20	− 91	+144	− 66	+114	− 63	+213	−234	+230	+181
631	−106	−122	+312	−260	+170	+ 83	+ 36	+ 25	−126	+105
701	−114	−323	−331	−120	+205	−321	+142	−301	− 35	−216
911	−133	+380	−435	−449	−263	+270	−381	+ 69	− 67	−199

p	ω^{16}	ω^{17}	ω^{18}	ω^{19}	ω^{22}	ω^{23}	ω^{24}	ω^{26}	ω^{27}	ω^{29}
71	+ 15	+ 8	+ 9	+ 19	− 28	+ 4	− 31	+ 24	+ 27	+ 2
211	+ 25	+ 82	− 18	+ 76	+ 96	+ 87	− 86	− 80	− 42	+ 64
281	+ 98	+ 58	+ 63	− 43	+ 16	− 2	− 70	− 45	+111	− 29
421	− 64	− 80	−100	−125	−106	+ 78	−113	− 45	+ 49	− 55
491	+ 41	−162	+197	+ 12	−236	+190	−128	−136	+226	+ 56
631	− 52	−167	+ 34	+182	− 6	+ 5	+101	+298	− 38	+219
701	− 6	− 17	−165	−117	+172	+ 20	−177	−311	−297	−106
911	+ 20	+ 73	+312	+410	+206	− 68	− 66	+428	−442	−336

p	ω^{31}	ω^{32}	ω^{33}	ω^{34}
71	− 13	+ 12	− 22	− 7
211	+ 13	− 8	− 60	− 28
281	−119	+ 50	+ 64	− 8
421	− 7	−114	+ 68	+ 85
491	−186	+208	+232	+221
631	−216	+180	−150	+125
701	−111	+ 36	+102	+289
911	−130	+400	−362	−127

*) Die den nichtprimitiven Wurzeln entsprechenden Congruenzwurzeln stehen in den Tafeln für $\lambda = 5$ und $\lambda = 7$.

$n = 35$

$f(\omega)$, Primfactoren der Primzahlen p.*)

p	$f(\omega)$	
71	$1 - \omega^3 + \omega^7$	(oder $\omega - \omega^4 + \omega^8$)
211	$1 + \omega - \omega^{12}$	
281	$1 + \omega - \omega^2 + \omega^5 + \omega^6 + 2\omega^{10} - \omega^{12} + \omega^{14} + \omega^{15} + \omega^{21} + \omega^{24} + \omega^{26} + 2\omega^{31}$	
421	$1 + \omega^3 - \omega^{27}$	
491	$1 + \omega^4 - \omega^6 - \omega^{16} + \omega^{18} - \omega^{24} + \omega^{25}$	
631	$1 - \omega - \omega^3 - 2\omega^8 + \omega^{16} - \omega^{18} - \omega^{19} - \omega^{24} + \omega^{27} - \omega^{29} - \omega^{31} - \omega^{33}$	
701	$1 + \omega^{20} - \varpi^{23}$	(oder $\omega^3 + \omega^{23} - \omega^{26}$)
911	$1 - \omega^{16} + \omega^{21}$	(oder $\omega - \omega^{17} + \omega^{22}$).

II. p zum Exponenten 2 gehörig.

12 zweigliedrige Perioden, und zwar mit 3 Fällen:

II, 1. $p = 35m - 1$; $\varpi_r = \omega^r + \omega^{-r}$,

woraus die Werthe der 12 primitiven Perioden $\varpi_1, \varpi_2, \varpi_3, \varpi_4, \varpi_6, \varpi_8, \varpi_9, \varpi_{11}, \varpi_{12}, \varpi_{13}, \varpi_{16}, \varpi_{17}$ von selbst sich ergeben;

Wurzeln der Gleichung:

$$\varpi^{12} - \varpi^{11} - 12\varpi^{10} + 11\varpi^9 + 54\varpi^8 - 43\varpi^7 - 113\varpi^6 + 71\varpi^5 + 110\varpi^4 - 46\varpi^3 - 40\varpi^2 + 8\varpi + 1 = 0;$$

deren fundamentale Relationen unter einander und zu den nichtprimitiven Perioden, d. h. den zweigliedrigen Perioden sowohl der 7ten ($\varpi_5, \varpi_{10}, \varpi_{15}$), als auch der 5ten ($\varpi_7, \varpi_{14}$) Einheitswurzeln, sämmtlich die Form haben: $\varpi_1 \varpi_k = \varpi_{k-1} + \varpi_{k+1}$, woraus sie unmittelbar sich ergeben.

---

*) Die 3 complicirteren sind durch die Divisionsmethode aus den Normen hergeleitet: $N(1 + \omega^2 - \omega^{10}) = 71 . 281$, $N(1 - \omega^{23} - \omega^{26} + \omega^{27}) = 71 . 491$, $N(1 + \omega^{21} + \omega^{33}) = 71 . 631$.

$n = 35$

Congruenzwurzeln mod. p.*)

p	ϖ_1	ϖ_2	ϖ_3	ϖ_4	ϖ_6	ϖ_8	ϖ_9	ϖ_{11}	ϖ_{12}	ϖ_{13}
139	− 28	− 52	− 45	+ 61	− 62	− 34	+ 55	− 4	− 50	+ 14
349	− 82	+ 91	− 51	− 97	+156	− 16	+122	+140	− 96	+ 54
419	− 34	−103	+184	+132	− 85	−176	+ 98	− 58	+100	+ 10
769	−245	+ 41	+197	+141	+357	−115	+153	−217	−207	+178
839	+292	−316	−274	+ 13	+403	+167	−239	−327	−359	+374

p	ϖ_{16}	ϖ_{17}
139	+ 42	− 35
349	− 95	−125
419	− 32	− 35
769	+150	+337
839	+200	+ 67

$f(\varpi_1)$, Primfactoren der Primzahlen p. $Nf(\varpi_1) = -p$.

p	$f(\varpi_1)$	p	$f(\varpi_1)$	p	$f(\varpi_1)$
139	$1 - \varpi_1 + \varpi_{15}$	419	$1 - \varpi_1 + \varpi_{17}$	839	$2 - \varpi_2 + \varpi_{10}$
349	$1 + \varpi_{13} - \varpi_{16}$	769	$1 - \varpi_7 + \varpi_{17}$		

*) Hier ist ϖ_1 die absolut kleinere der 2 gemeinschaftlichen Wurzeln der beiden Congruenzensysteme

$$\left.\begin{aligned} \varpi_1 + \varpi_8 + \varpi_6 + \varpi_{13} &\equiv - \varpi_{15} \\ S_2(\varpi_1, \varpi_8, \varpi_6, \varpi_{13}) &\equiv -3 + \varpi_5 \\ S_3(\varpi_1, \varpi_8, \varpi_6, \varpi_{13}) &\equiv - \varpi_{10} + 2\varpi_{15} \\ \varpi_1 \varpi_8 \varpi_6 \varpi_{13} &\equiv 1 - \varpi_5 + \varpi_{10} \end{aligned}\right\} \text{mod. } p.$$

$$\left.\begin{aligned} \varpi_1 + \varpi_4 + \varpi_{16} + \varpi_6 + \varpi_{11} + \varpi_9 &\equiv - \varpi_{14} \\ S_2(\varpi_1, \varpi_4, \varpi_{16}, \varpi_6, \varpi_{11}, \varpi_9) &\equiv -5 + \varpi_7 \\ S_3(\varpi_1, \varpi_4, \varpi_{16}, \varpi_6, \varpi_{11}, \varpi_9) &\equiv -4 - 5\varpi_7 \\ S_4(\varpi_1, \varpi_4, \varpi_{16}, \varpi_6, \varpi_{11}, \varpi_9) &\equiv 5 - 4\varpi_7 \\ S_5(\varpi_1, \varpi_4, \varpi_{16}, \varpi_6, \varpi_{11}, \varpi_9) &\equiv 1 + 5\varpi_7 \\ \varpi_1 \varpi_4 \varpi_{16} \varpi_6 \varpi_{11} \varpi_9 &\equiv -1 + \varpi_7 \end{aligned}\right\} \text{mod. } p.$$

(wobei die Summen der Nionen durch ein den Elementen ϖ vorgesetztes S_n bezeichnet sind). Wegen der Congruenzwurzeln für die nichtprimitiven ϖ vgl. $\lambda = 5$ und $\lambda = 7$.

$n = 35$

II, 2. $p = 35m + 6$; $\varpi_r = \omega^r + \omega^{6r}$, also die primitiven ϖ:

$$\varpi_1 = \omega + \omega^6, \quad \varpi_2 = \omega^2 + \omega^{12}, \quad \varpi_3 = \omega^3 + \omega^{18}, \quad \varpi_4 = \omega^4 + \omega^{24},$$
$$\varpi_8 = \omega^8 + \omega^{13}, \quad \varpi_9 = \omega^9 + \omega^{19}, \quad \varpi_{11} = \omega^{11} + \omega^{31}, \quad \varpi_{16} = \alpha^{16} + \omega^{26},$$
$$\varpi_{17} = \omega^{17} + \omega^{22}, \quad \varpi_{22} = \omega^{22} + \omega^{27}, \quad \varpi_{23} = \omega^{23} + \omega^{33}, \quad \varpi_{29} = \omega^{29} + \omega^{24};$$

Wurzeln der Gleichung:

$$\varpi^{12} - \varpi^{11} + 3\varpi^{10} - 4\varpi^9 + 9\varpi^8 + 2\varpi^7 + 12\varpi^6 + \varpi^5 + 25\varpi^4 - 11\varpi^3 + 5\varpi^2 - 2\varpi + 1 = 0;$$

mit den fundamentalen Relationen untereinander und zu den nichtprimitiven Perioden, d. h. ϖ_{5r} (Perioden der 7ten Wurzeln wie in II, 1.) und $\varpi_{7r} = 2\varpi^{7r}$ (5te Einheitswurzeln):

$$\varpi_1^2 = 2\omega^7 + \varpi_2, \quad \varpi_1\varpi_2 = \varpi_3 + \varpi_8, \quad \varpi_1\varpi_3 = \varpi_4 + \varpi_9, \quad \varpi_1\varpi_4 = \varpi_5 + \varpi_{10},$$
$$\varpi_1\varpi_8 = 2\omega^{14} + \varpi_9, \quad \varpi_1\varpi_9 = \varpi_{10} + \varpi_{15}, \quad \varpi_1\varpi_{11} = \varpi_2 + \varpi_{17}, \quad \varpi_1\varpi_{16} = \varpi_{17} + \varpi_{22},$$
$$\varpi_1\varpi_{17} = \varpi_3 + \varpi_{23}, \quad \varpi_1\varpi_{22} = 2\omega^{28} + \varpi_{23}, \quad \varpi_1\varpi_{23} = \varpi_4 + \varpi_{29}, \quad \varpi_1\varpi_{29} = 2 + \varpi_5;$$
$$\varpi_1\varpi_5 = \varpi_1 + \varpi_{11}, \quad \varpi_1\varpi_{10} = \varpi_{11} + \varpi_{16}, \quad \varpi_1\varpi_{15} = 2\omega^{21} + \varpi_{16};$$
$$\varpi_1\varpi_7 = 2\varpi_8, \quad \varpi_1\varpi_{14} = 2\varpi_{15}, \quad \varpi_1\varpi_{21} = 2\varpi_{22}, \quad \varpi_1\varpi_{28} = 2\varpi_{29}.$$

Congruenzwurzeln mod. p.*)

p	ϖ_1	ϖ_2	ϖ_3	ϖ_4	ϖ_8	ϖ_9	ϖ_{11}	ϖ_{16}	ϖ_{17}	ϖ_{22}
41	− 12	+ 1	− 15	+ 6	+ 3	+ 10	+ 19	+ 18	+ 17	+ 13
181	+ 3	− 75	+ 11	− 75	− 55	− 73	− 73	+ 11	+ 37	− 4
251	− 53	+ 73	+112	+122	+ 35	− 34	− 19	− 77	− 70	−116
461	+192	+204	−103	−102	+ 86	+149	+156	+206	−217	+123
601	−272	−184	−171	− 63	−265	+298	−205	−156	+ 51	−290
811	+204	−169	+132	+309	+265	−144	−183	+290	+143	−186
881	−141	− 37	−164	−438	+ 95	−225	−211	−392	−166	− 65

p	ϖ_{23}	ϖ_{29}
41	+ 16	+ 7
181	− 81	+ 13
251	+ 84	− 56
461	− 71	−161
601	+122	− 66
811	−156	+307
881	−217	+200

*) Hier ist ϖ_1 die gemeinschaftliche Wurzel der beiden Congruenzensysteme:

$$\left.\begin{aligned} \varpi_1 + \varpi_{11} + \varpi_{16} &\equiv -\omega^{21} \\ \varpi_1\varpi_{11} + \varpi_{11}\varpi_{16} + \varpi_{16}\varpi_1 &\equiv -2\omega^7 \\ \varpi_1\varpi_{11}\varpi_{16} &\equiv \omega^{28} \end{aligned}\right\} \qquad \left.\begin{aligned} \varpi_1 + \varpi_8 + \varpi_{29} + \varpi_{22} &\equiv -\varpi_{15} \\ S_2(\varpi_1, \varpi_8, \varpi_{29}, \varpi_{22}) &\equiv 2 + \varpi_5 \\ S_3(\varpi_1, \varpi_8, \varpi_{29}, \varpi_{22}) &\equiv -\varpi_{10} - 3\varpi_{15} \\ \varpi_1\varpi_8\varpi_{29}\varpi_{22} &\equiv 6 + 4\varpi_5 + \varpi_{10} \end{aligned}\right\} \text{mod. } p.$$

(Summenzeichen S wie zuvor). Vgl. $\lambda = 5$ und $\lambda = 7$. Übrigens ist ϖ_1 auch völlig bestimmt durch die lineäre Congruenz $\varpi_1\omega^{14} \equiv \varpi_{15}$ (mod. p).

$n = 35$

$f(\varpi_1)$, Primfactoren der Primzahlen p.

p	$f(\varpi_1)$	p	$f(\varpi_1)$	p	$f(\varpi)$
41	$1-\varpi_2$	461	$1+\varpi_3-\varpi_4$	811	$1+\varpi_9+\varpi_{17}$
181	$\varpi_2-\varpi_4$	601	$\varpi_1-\varpi_3-\varpi_4+\varpi_8-\varpi_9$	881	$1-\varpi_4-\varpi_9-\varpi_{23}$
251	$1+\varpi_3+\varpi_8-\varpi_{11}+\varpi_{23}$				

II, 3. $p = 35m - 6$; $\varpi_r = \omega^r + \omega^{-6r}$, also:

$$\varpi_1 = \omega + \omega^{29}, \quad \varpi_2 = \omega^2 + \omega^{23}, \quad \varpi_3 = \omega^3 + \omega^{17}, \quad \varpi_4 = \omega^4 + \omega^{11},$$
$$\varpi_6 = \omega^6 + \omega^{24}, \quad \varpi_8 = \omega^8 + \omega^{22}, \quad \varpi_9 = \omega^9 + \omega^{16}, \quad \varpi_{12} = \omega^{12} + \omega^{33},$$
$$\varpi_{13} = \omega^{13} + \omega^{27}, \quad \varpi_{18} = \omega^{18} + \omega^{32}, \quad \varpi_{19} = \omega^{19} + \omega^{26}, \quad \varpi_{24} = \omega^{24} + \omega^{31};$$

Wurzeln der Gleichung:

$$\varpi^{12} - \varpi^{11} + 2\varpi^{10} - 3\varpi^9 + 5\varpi^8 - 8\varpi^7 + 13\varpi^6 + 8\varpi^5 + 5\varpi^4 + 3\varpi^3 + 2\varpi^2 + \varpi + 1 = 0;$$

mit den fundamentalen Relationen untereinander und zu den nichtprimitiven Perioden, d. h. ϖ_{7r} (Perioden der 5ten Wurzeln wie in II, 1.) und $\varpi_{5r} = 2\omega^{5r}$ (7te Einheitswurzeln):

$$\varpi_1^2 = 2\omega^{30} + \varpi_2, \quad \varpi_1\varpi_2 = \varpi_3 + \varpi_{24}, \quad \varpi_1\varpi_3 = \varpi_4 + \varpi_{18}, \quad \varpi_1\varpi_4 = 2\omega^5 + \varpi_{12},$$
$$\varpi_1\varpi_6 = 2 + \varpi_7, \quad \varpi_1\varpi_8 = \varpi_2 + \varpi_9, \quad \varpi_1\varpi_9 = 2\omega^{10} + \varpi_3, \quad \varpi_1\varpi_{12} = \varpi_6 + \varpi_{13},$$
$$\varpi_1\varpi_{13} = -1, \quad \varpi_1\varpi_{18} = \varpi_{12} + \varpi_{19}, \quad \varpi_1\varpi_{19} = 2\omega^{20} + \varpi_{13}, \quad \varpi_1\varpi_{24} = 2\omega^{25} + \varpi_{18};$$
$$\varpi_1\varpi_7 = \varpi_1 + \varpi_8, \quad \varpi_1\varpi_{14} = 2\omega^{15} + \varpi_8; \quad \varpi_1\varpi_5 = 2\varpi_6, \quad \varpi_1\varpi_{10} = 2\varpi_4,$$
$$\varpi_1\varpi_{15} = 2\varpi_9, \quad \varpi_1\varpi_{20} = 2\varpi_{14}, \quad \varpi_1\varpi_{25} = 2\varpi_{19}, \quad \varpi_1\varpi_{30} = 2\varpi_{24}.$$

Congruenzwurzeln mod. p.*)

p	ϖ_1	ϖ_2	ϖ_3	ϖ_4	ϖ_6	ϖ_8	ϖ_9	ϖ_{12}	ϖ_{13}	ϖ_{18}
29	− 4	− 1	+ 9	− 13	− 9	+ 13	+ 7	+ 4	− 7	+ 6
239	+105	− 57	− 89	+ 94	+ 73	+ 36	+ 13	− 92	+ 66	−118
379	+153	+118	− 31	−110	+ 15	+101	+175	− 13	−109	− 85
449	−109	−145	− 33	− 68	+155	+ 84	− 31	+ 29	−173	+ 73
659	+148	+ 38	+113	− 35	+224	−203	+232	−196	−236	+284

p	ϖ_{19}	ϖ_{24}
29	+ 1	− 5
239	−109	+ 79
379	−106	−107
449	+ 96	+123
659	+ 52	+239

*) Hier ist ϖ_1 völlig bestimmt durch $\varpi_1 \omega^{20} \equiv \varpi_{14}$ (mod. p) oder als gemeinschaftliche Wurzel der beiden Congruenzensysteme:

$$\left.\begin{aligned} \varpi_1 + \varpi_8 &\equiv -\omega^{15} \\ \varpi_1\varpi_8 &\equiv -\omega^{30} \end{aligned}\right\}, \qquad \left.\begin{aligned} \varpi_1 + \varpi_4 + \varpi_9 + \varpi_6 + \varpi_{24} + \varpi_{19} &\equiv -\varpi_{14} \\ \varpi_1\,\varpi_4\,\varpi_9\,\varpi_6\,\varpi_{24}\,\varpi_{19} &\equiv 12 + 8\varpi_7 \text{ u. s. w.} \end{aligned}\right\} \text{(mod. } p).$$

Vgl. $\lambda = 5$ und $\lambda = 7$.

$n = 35$

$f(\varpi_1)$, **Primfactoren der Primzahlen** p.

p	$f(\varpi_1)$	p	$f(\varpi_1)$
29	$1 + \varpi_2$	449	$1 - \varpi_1 + \varpi_4 - \varpi_8 + \varpi_9 + \omega_{18}$
239	$1 - \varpi_1 - \varpi_3 - \varpi_8 + \varpi_{19} - \varpi_{24}$	659	$1 + \varpi_2 + \varpi_4 + \varpi_9 + \varpi_{13}$
379	$1 + \varpi_4 - \varpi_{13}$		

III. p zum Exponenten 3 gehörig,

$(p = 35m + 11\,, + 16)$.

8 dreigliedrige Perioden

$$\varpi_r = \omega^r + \omega^{11r} + \omega^{16r}, \quad \text{also:}$$

$$\varpi_1 = \omega + \varpi^{11} + \omega^{16}, \qquad \varpi_2 = \omega^2 + \omega^{22} + \omega^{32}, \qquad \varpi_3 = \omega^3 + \omega^{33} + \omega^{13},$$
$$\varpi_4 = \omega^4 + \omega^9 + \omega^{29}, \qquad \varpi_6 = \omega^6 + \omega^{31} + \omega^{26}, \qquad \varpi_8 = \omega^8 + \omega^{18} + \omega^{23},$$
$$\varpi_{12} = \omega^{12} + \omega^{27} + \omega^{17}, \qquad \varpi_{19} = \omega^{19} + \omega^{34} + \omega^{24};$$

Wurzeln der Gleichung:

$$\varpi^8 - \varpi^7 - \varpi^6 + 3\varpi^5 - \varpi^4 + 6\varpi^3 - 4\varpi^2 - 8\varpi + 16 = 0;$$

mit den fundamentalen Relationen unter einander und zu den nichtprimitiven. d. h. ϖ_5, ϖ_{14} **(dreigliedrige Perioden der 7ten Einheitswurzeln) und** $\varpi_7 = 3\omega^{7r}$ **(5te Einheitswurzeln):**

$$\varpi_1^2 = -\omega^7 + \omega_{12}, \qquad \varpi_1\varpi_2 = -\omega^{28} + \varpi_3, \qquad \varpi_1\varpi_3 = 2\omega^{14}, \qquad \varpi_1\varpi_4 = -1 + \varpi_5,$$
$$\varpi_1\varpi_6 = 2\omega^7, \qquad \varpi_1\varpi_8 = -\omega^{14} + \varpi_{19}, \qquad \varpi_1\varpi_{12} = 2\omega^{28}, \qquad \varpi_1\varpi_{19} = 2;$$
$$\varpi_1\varpi_5 = 2\omega^{21}, \qquad \varpi_1\varpi_{15} = -\omega^{21} + \varpi_6;$$
$$\varpi_1\varpi_7 = 3\varpi_8, \qquad \varpi_1\varpi_{14} = 3\varpi_{15}, \qquad \varpi_1\varpi_{21} = 3\varpi_2, \qquad \varpi_1\varpi_{28} = 3\varpi_4.$$

$n = 35$

Congruenzwurzeln mod. p.*)

p	ϖ_1	ϖ_2	ϖ_3	ϖ_4	ϖ_6	ϖ_8	ϖ_{12}	ϖ_{19}
11	− 1	+ 2	+ 1	− 3	+ 3	− 4	+ 5	− 2
151	+ 29	− 53	+ 37	+ 44	− 48	+ 50	− 6	− 52
191	− 16	− 51	− 30	− 25	− 23	− 79	+ 58	− 24
331	+ 61	− 49	+ 54	− 68	+146	−118	−101	+ 76
401	−189	+ 26	−185	+ 48	+117	−133	+ 3	− 87
431	−111	−201	+ 15	+ 54	+ 16	−131	−204	+132
541	− 92	− 88	+209	+123	+ 44	+104	− 52	−247
571	+ 35	+276	+120	+135	+ 55	+284	+189	+ 49
641	−161	+287	−134	−101	−311	+213	− 3	+211
751	+215	+168	+152	− 73	+144	−232	+123	+255
821	+ 89	− 33	+398	−387	−227	+372	−128	− 83
991	−263	−458	−251	−279	+103	+ 54	−367	+471

$f(\varpi_1)$, Primfactoren der Primzahlen p.

p	$f(\varpi_1)$	p	$f(\varpi_1)$	p	$f(\varpi_1)$
11	$1+\varpi_1$	401	$1+\varpi_1-\varpi_3+\varpi_{12}$	641	$2-\varpi_3+\varpi_{19}$
151	$1+\varpi_2-\varpi_{19}$	431	$1+\varpi_3-\varpi_6$	751	$1+2\varpi_3+\varpi_4+\varpi_8$
191	$1-\varpi_6-\varpi_{19}$	541	$1+2\varpi_4+\varpi_{19}$	821	$1-\varpi_1-\varpi_3-\varpi_4-\varpi_6+\varpi_{12}$
331	$1-\varpi_1-2\varpi_4-\varpi_{19}$	571	$1-\varpi_4-\varpi_6+\varpi_{12}$	991	$1+\varpi_6-\varpi_{12}-\varpi_{19}$

*) Hier ist ϖ_1 völlig bestimmt durch $\varpi_1 \omega^{14} \equiv \varpi_{15}$ (mod. p) oder als die gemeinschaftliche Wurzel der beiden Congruenzensysteme (Summenzeichen wie oben II, 1.):

$$\left.\begin{array}{rl} \varpi_1+\varpi_2+\varpi_4+\varpi_8 & \equiv -\varpi_{15} \\ S_2(\varpi_1, \varpi_2, \varpi_4, \varpi_8) & \equiv -1+\varpi_5 \\ S_3(\varpi_1, \varpi_2, \varpi_4, \varpi_8) & \equiv -3-\varpi_5 \\ \varpi_1\ \varpi_2\ \varpi_4\ \varpi_8 & \equiv 2+3\varpi_{15} \end{array}\right\}, \qquad \left.\begin{array}{rl} \varpi_1+\varpi_6 & \equiv -\omega^{21} \\ \varpi_1\varpi_6 & \equiv 2\omega^7 \end{array}\right\} \text{mod. } p.$$

Vgl. die Congruenzwurzeln bei $\lambda = 5$ und $\lambda = 7$.

$n = 35$

IV. p zum Exponenten 4 gehörig.

6 viergliedrige Perioden, und zwar mit 2 Fällen:

IV, 1. $p = 35m - 8, + 13$; $\varpi_r = \omega^r + \omega^{-8r} + \omega^{-6r} + \omega^{13r}$, also:

$$\varpi_1 = \omega + \omega^{27} + \omega^{29} + \omega^{13}, \qquad \varpi_2 = \omega^2 + \omega^{19} + \omega^{23} + \omega^{26},$$
$$\varpi_3 = \omega^3 + \omega^{11} + \omega^{17} + \omega^4, \qquad \varpi_6 = \omega^6 + \omega^{22} + \omega^{34} + \omega^8,$$
$$\varpi_9 = \omega^9 + \omega^{33} + \omega^{16} + \omega^{12}, \qquad \varpi_{18} = \omega^{18} + \omega^{31} + \omega^{32} + \omega^{24};$$

Wurzeln der Gleichung:

$$\varpi^6 - \varpi^5 + 8\varpi^4 - 8\varpi^3 + 22\varpi^2 - 22\varpi + 29 = 0;$$

mit den fundamentalen Relationen unter einander und zu den nichtprimitiven, d. h. $\varpi_5 = 2(\omega^5 + \omega^{30})$, $\varpi_{10} = 2(\omega^{10} + \omega^{25})$, $\varpi_{15} = 2(\omega^{15} + \omega^{20})$ (zweigliedrige Perioden der 7ten Einheitswurzeln), während $\varpi_{7r} = -1$ nicht in Betracht kommt:

$$\varpi_1^2 = -2 + \varpi_5 + \varpi_2, \qquad \varpi_1\varpi_2 = \varpi_1 + \varpi_3 + \varpi_{15} + \varpi_{18},$$
$$\varpi_1\varpi_3 = \varpi_3 + \varpi_5 + \varpi_9 + \varpi_{18}, \qquad \varpi_1\varpi_6 = 3 - \tfrac{1}{2}\varpi_5 \text{ (oder } 3 - \tfrac{2}{\varpi_5}\text{)},$$
$$\varpi_1\varpi_9 = \varpi_1 + \varpi_3 + \varpi_6 + \varpi_{10}, \qquad \varpi_1\varpi_{18} = \varpi_2 + \varpi_9 + \varpi_{10} + \varpi_{18};$$
$$\varpi_1\varpi_5 = 2(\varpi_6 + \varpi_{18}), \qquad \varpi_1\varpi_{10} = 2(\varpi_2 + \varpi_3), \qquad \varpi_1\varpi_{15} = -2 + 2\varpi_9.$$

Congruenzwurzeln mod. p.*)

p	ϖ_1	ϖ_2	ϖ_3	ϖ_6	ϖ_9	ϖ_{18}
13	+ 2	− 1	+ 2	+ 3	+ 4	+ 4
83	− 20	− 33	− 18	− 37	+ 23	+ 3
97	+ 6	− 12	− 33	− 36	− 13	− 8
167	− 12	− 59	− 74	+ 57	+ 40	+ 49
223	+ 35	− 87	− 72	+ 96	+ 99	− 70
293	+ 9	+115	+120	− 63	− 99	− 81
307	+111	+ 91	+ 74	+133	− 67	− 34
433	−145	−174	−156	+200	+182	+ 94
503	+115	− 73	−193	+244	− 38	− 54
587	+ 58	− 30	+ 12	−262	+ 93	+130
643	− 58	+111	− 47	−166	−131	+292
727	− 93	−155	+313	+360	+114	+189
797	+ 96	+251	− 31	−358	−351	+394
853	−135	−233	−200	+359	+386	−176
937	+299	+178	+270	−414	−283	− 49

*) Hier ist ϖ_1 die absolut kleinere der beiden Wurzeln des Congruenzensystems
$$\varpi_1 + \varpi_6 \equiv -(\omega^{15} + \omega^{20}), \qquad \varpi_1\varpi_6 \equiv 3 - (\omega^5 + \omega^{30}) \text{ mod. } p;$$
die Congruenzwurzeln für $\omega^{15} + \omega^{20}$ oder $\tfrac{1}{2}\varpi_{15}$ u. s. w. stehen bei $\lambda = 7$, $p = 7m - 1$.

$n = 35$

$f(\varpi_1)$, Primfactoren der Primzahlen p.

haben die Form $f(\omega, \varpi_1)$, die hier nicht näher ermittelt ist. — Normen:

$$N(1+\varpi_2) = N(\varpi_1 - \varpi_3) = N(\varpi_9 - \varpi_{18}) = 7.13; \qquad N(3 - \varpi_{18}) = 13.83;$$

$$N(1-\varpi) = 29, \qquad N(2+\varpi) = 449.$$

IV, 2. $p = 35m + 8, -13; \qquad \varpi_r = \omega^r + \omega^{8r} + \omega^{-6r} + \omega^{-13r} = -\omega^{15r}$,

d. h. hier reduciren sich die primitiven Perioden auf die 7ten Einheitswurzeln, und die hierher gehörigen Primzahlen p, nämlich:

43, 113, 127, 197, 337, 463, 547, 617, 673, 743, 757, 827, 883, 953, 967,

haben daher keine andern Primfactoren als die aus den 7ten Einheitswurzeln ($\lambda = 7$, $p = 7m + 1$), welche auch hier complexe Primzahlen sind.

V. p zum Exponenten 6 gehörig.

4 sechsgliedrige Perioden, und zwar mit 3 Fällen:

V, 1. $p = 35m - 11, -16; \qquad \varpi_r = \omega^r + \omega^{-11r} + \omega^{16r} + \omega^{-r} + \omega^{11r} + \omega^{-16r}$ also:

$$\varpi_1 = \omega + \omega^{24} + \omega^{16} + \omega^{34} + \omega^{11} + \omega^{19}, \qquad \varpi_2 = \omega^2 + \omega^{13} + \omega^{32} + \omega^{33} + \omega^{22} + \omega^3,$$

$$\varpi_4 = \omega^4 + \omega^{26} + \omega^{29} + \omega^{31} + \omega^9 + \omega^6, \qquad \varpi_8 = \omega^8 + \omega^{17} + \omega^{23} + \omega^{27} + \omega^{18} + \omega^{12};$$

Wurzeln der Gleichung:

$$\varpi^4 - \varpi^3 - 9\varpi^2 + 9\varpi + 11 = 0,$$

mit den fundamentalen Relationen unter einander und zu den nichtprimitiven, d. h. den Perioden der 5ten Wurzeln $\varpi_7 = 3(\omega^7 + \omega^{28})$, $\varpi_{14} = 3(\omega^{14} + \omega^{21})$, während $\varpi_{5r} = -1$ nicht in Betracht kommt:

$$\varpi_1^2 = 4 + \varpi_2 + 2\varpi_8 \; ^{*}), \qquad \varpi_1\varpi_2 = 1 + \varpi_2 + \varpi_{14}, \qquad \varpi_1\varpi_4 = -3 + \tfrac{2}{3}\varpi_7,$$

$$\varpi_1\varpi_8 = 1 + \varpi_1 + \varpi_7; \qquad \varpi_1\varpi_7 = 3(\varpi_4 + \varpi_8), \qquad \varpi_1\varpi_{14} = -3 + 3\varpi_2.$$

*) Oder $= 4 + \varpi_8 - \omega^7 - \omega^{28}$.

$n = 35$

Congruenzwurzeln mod. p.*)

p	ϖ_1	ϖ_2	ϖ_4	ϖ_8	p	ϖ_1	ϖ_2	ϖ_4	ϖ_8
19	− 2	− 8	+ 7	+ 4	479	+ 74	−180	+155	− 48
59	+11	+ 10	+ 15	+ 24	509	−103	−158	+225	+ 37
89	−25	− 16	+ 35	+ 7	619	− 51	+ 14	+294	−256
199	−34	− 80	+ 96	+ 19	719	−172	− 40	−217	−289
229	− 6	+ 35	+ 88	+113	829	− 58	−234	+154	+139
269	+27	− 60	+ 45	− 11	859	− 53	+ 79	+330	−355
409	+48	−104	+ 82	− 25	929	− 39	+281	+ 70	−311
439	−36	−113	+106	+ 44					

$f(\varpi_1)$, Primfactoren der Primzahlen p. $Nf(\varpi_1) = -p$.

p	$f(\varpi_1)$	p	$f(\varpi_1)$	p	$f(\varpi_1)$
19	$2+\varpi_1$	269	$5-\varpi_1-2\varpi_8$	619	$3+2\varpi_2+2\varpi_4$
59	$1-\varpi_1+\varpi_2$	409	$2+\varpi_1+2\varpi_8$	719	$4+2\varpi_4+\varpi_8$
89	$2+\varpi_2+2\varpi_8$	439	$2+3\varpi_1+\varpi_4$	829	$5+3\varpi_1+2\varpi_4-\varpi_8$
199	$4-\varpi_1-2\varpi_8$	479	$7+2\varpi_1-\varpi_4$	859	$1+3\varpi_1+2\varpi_2$
229	$3+2\varpi_8$	509	$4+\varpi_1-\varpi_2+2\varpi_4$	929	$4+3\varpi_8$

V, 2. $p = 35m + 4, +9$; $\varpi_r = \omega^r + \omega^{4r} + \omega^{16r} + \omega^{-6r} + \omega^{11r} + \omega^{9r}$,

$\varpi_1 = \omega + \omega^4 + \omega^{16} + \omega^{29} + \omega^{11} + \omega^9$, $\varpi_2 = \omega^2 + \omega^8 + \omega^{32} + \omega^{23} + \omega^{22} + \omega^{18}$,

$\varpi_3 = \omega^3 + \omega^{12} + \omega^{13} + \omega^{17} + \omega^{33} + \omega^{27}$, $\varpi_6 = \omega^6 + \omega^{24} + \omega^{26} + \omega^{34} + \omega^{31} + \omega^{19}$;

Wurzeln der Gleichung:

$$\varpi^4 - \varpi^3 + 5\varpi^2 + 2\varpi + 4 = 0;$$

mit den fundamentalen Relationen unter einander und zu den nichtprimitiven, d. h. den dreigliedrigen Perioden der 7ten

$\varpi_5 = 2(\omega^5 + \omega^{10} + \omega^{20})$, $\varpi_{15} = 2(\omega^{15} + \omega^{25} + \omega^{30})$ und den zweigliedrigen der 5ten Einheitswurzeln $\varpi_7 = 3(\omega^7 + \omega^{28})$, $\varpi_{14} = 3(\omega^{14} + \omega^{21})$:

$\varpi_1^2 = -2 + \varpi_2 + 2\varpi_3 + \varpi_5$, $\varpi_1\varpi_2 = 1 - \frac{1}{2}\varpi_5$, $\varpi_1\varpi_3 = -2$, $\varpi_1\varpi_6 = 4 + \frac{2}{3}\varpi_7$;

$\varpi_1\varpi_5 = \frac{4}{3}\varpi_{14}$, $\varpi_1\varpi_{15} = 2(\varpi_1 + 2\varpi_6)$; $\varpi_1\varpi_7 = -\frac{3}{2}\varpi_{15}$, $\varpi_1\varpi_{14} = 3(\varpi_{15} + \varpi_2)$.

---

*) Hier ist ϖ_1 die absolut kleinere der beiden Wurzeln des Congruenzensystems: $\varpi_1 + \varpi_4 \equiv -\omega^{14} - \omega^{21}$, $\varpi_1\varpi_4 \equiv -3 + 2(\omega^7 + \omega^{28})$ mod. p. Vgl. $\lambda = 5$.

$n = 35$

Congruenzwurzeln mod. p.*)

p	ϖ_1	ϖ_2	ϖ_3	ϖ_6	p	ϖ_1	ϖ_2	ϖ_3	ϖ_6
79	-5	$+18$	$+32$	$+35$	569	$+170$	$+9$	-241	$+63$
109	$+3$	$+27$	-37	$+8$	599	$+255$	-125	$+101$	-230
149	-55	-59	$+19$	-53	709	-137	$+244$	$+295$	$+308$
179	-67	-58	-16	-37	739	-287	-324	$+206$	-333
359	$+32$	$+97$	$+157$	$+74$	809	$+17$	$+134$	$+333$	$+326$
389	$+132$	-39	-112	$+20$	919	-188	-404	$+88$	-414
499	-231	-116	-108	-43					

$f(\varpi_1)$, Primfactoren der Primzahlen p.

p	$f(\varpi_1)$	p	$f(\varpi_1)$	p	$f(\varpi_1)$
79	$1-2\varpi_3+\varpi_6$	389	$1-\varpi_2-2\varpi_6$	709	$3-3\varpi_1+\varpi_3$
109	$3-\varpi_1$	499	$1-\varpi_1+2\varpi_3$	739	$3-\varpi_2+2\varpi_3$
149	$2+\varpi_1-\varpi_6$	569	$4-3\varpi_1-\varpi_6$	809	$2+\varpi_2+3\varpi_3-\varpi_6$
179	$\varpi_2+\varpi_3-2\varpi_6$	599	$5-\varpi_1-2\varpi_2$	919	$3+\varpi_3-2\varpi_6$
359	$1-2\varpi_1-4\varpi_6$				

V, 3. $p = 35m - 4, -9$; $\quad \varpi_r = \omega^r + \omega^{-4r} + \omega^{16r} + \omega^{6r} + \omega^{11r} + \omega^{-9r} = -\omega^{21r}$, d. h. hier reduciren sich die primitiven Perioden auf die 5ten Einheitswurzeln, und daher haben die hierher gehörigen Primzahlen p, nämlich:

31, 61, 101, 131, 241, 271, 311, 521, 661, 691, 761, 941,

keine anderen Primfactoren, als die aus den 5ten Einheitswurzeln ($\lambda = 5$, $p = 5m+1$), welche auch hier complexe Primzahlen sind.

---

*) Hier ist ϖ_1 die gemeinschaftliche Wurzel der beiden Congruenzensysteme:

$$\left.\begin{array}{ll} \varpi_1+\varpi_2 \equiv -(\omega^{15}+\omega^{20}+\omega^{25}) \text{ (oder } -\tfrac{1}{2}\varpi_{15}), & \varpi_1\varpi_2 \equiv 1-(\omega^5+\omega^{10}+\omega^{20}) \\ \varpi_1+\varpi_6 \equiv -(\omega^{14}+\omega^{21}) \quad \text{ (oder } -\tfrac{1}{3}\varpi_{14}), & \varpi_1\varpi_6 \equiv 4+2(\omega^7+\omega^{28}) \end{array}\right\} \text{mod. } p.$$

Vgl. wegen der Congruenzwurzeln $\lambda = 5$ und $\lambda = 7$. Übrigens ist ϖ_1 auch völlig bestimmt durch eine der beiden linearen Congruenzen:

$\varpi_1\varpi_5 \equiv 4(\omega^{14}+\omega^{21})$, $\quad \varpi_1\varpi_7 \equiv -3(\omega^{15}+\omega^{25}+\omega^{30})$ (mod. p).

$n = 35$

VI. p zum Exponenten 12 gehörig,
2 zwölfgliedrige Perioden, und zwar mit 2 Fällen:

VI, 1. $p = 35m - 2, +3, +12, +17;$

$$\varpi_r = \omega^r + \omega^{-2r} + \omega^{4r} + \omega^{-8r} + \omega^{16r} + \omega^{3r} + \omega^{-6r} + \omega^{12r} + \omega^{11r} + \omega^{13r} + \omega^{9r} + \omega^{17r},$$

also: $\varpi_1 = \omega + \omega^{33} + \omega^4 + \omega^{27} + \omega^{16} + \omega^3 + \omega^{29} + \omega^{12} + \omega^{11} + \omega^{13} + \omega^9 + \omega^{17},$

$\varpi_2 = \omega^2 + \omega^{31} + \omega^8 + \omega^{19} + \omega^{32} + \omega^6 + \omega^{23} + \omega^{24} + \omega^{22} + \omega^{26} + \omega^{18} + \omega^{34};$

Wurzeln der Gleichung:

$$\varpi^2 - \varpi + 9 = 0;$$

mit den fundamentalen Relationen:

$$\varpi_1^2 = -9 + \varpi_1, \qquad \varpi_1\varpi_2 = +9.$$

(Nichtprimitive kommen nicht vor).

Congruenzwurzeln mod. p.*)

p	ϖ_1	ϖ_2	p	ϖ_1	ϖ_2	p	ϖ_1	ϖ_2	p	ϖ_1	ϖ_2
3	1	0	257	108	−107	523	40	− 39	733	156	−155
17	7	− 6	283	38	− 37	563	86	− 85	773	74	− 73
47	12	− 11	313	31	− 30	577	42	− 41	787	49	− 48
73	15	− 14	353	161	−160	593	127	−126	857	353	−352
103	23	− 22	367	100	− 99	607	142	−141	887	52	− 51
157	22	− 21	383	71	− 70	647	251	−250	983	233	−232
173	76	− 75	397	182	−181	677	207	−206	997	295	−294
227	87	− 86	467	172	−171						

Primfactoren der Primzahlen p
haben die Form $f(\omega, \varpi_1)$. — Für alle hierher gehörigen Primzahlen p gibt es complexe Zahlen $\phi(\varpi_1)$, so dass $N\phi(\varpi_1) = 3p$.**)

p	$\phi(\varpi_1)$	p	$\phi(\varpi_1)$	p	$\phi(\varpi_1)$	p	$\phi(\varpi_1)$	p	$\phi(\varpi_1)$
3	ϖ_2	173	$21+2\varpi_1$	367	$33-4\varpi_1$	577	$42-\varpi_1$	773	$33+10\varpi_1$
17	$6+\varpi_2$	227	$24-5\varpi_2$	383	$33-5\varpi_2$	593	$42-5\varpi_1$	787	$48+\varpi_2$
47	$12-\varpi_1$	257	$15+7\varpi_1$	397	$33+2\varpi_1$	607	$39+4\varpi_1$	857	$51-5\varpi_1$
73	$15-\varpi_1$	283	$21-8\varpi_1$	467	$33-8\varpi_2$	647	$39+5\varpi_1$	887	$51+\varpi_2$
103	$15-4\varpi_2$	313	$30+\varpi_2$	523	$39+\varpi_2$	677	$39-10\varpi_1$	983	$51+4\varpi_1$
157	$21+\varpi_2$	353	$33-2\varpi_2$	563	$39-7\varpi_1$	733	$42+5\varpi_2$	997	$51-10\varpi_2$

*) Hier ist ϖ_1 diejenige der beiden Congruenzwurzeln, welche > 0 und $< \frac{1}{2}p$ ist.

**) Sie haben alle die Form $3a + b\varpi_1$ und $\phi(\varpi_1) \cdot \frac{1}{3}\varpi_2 = 3b + a\varpi_2$ ist eine zweite complexe Zahl, welche die gleiche Norm $3p$ hat.

$n = 35$

VI, 2. $p = 35m + 2, -3, -12, -17;$

$$\varpi_r = \omega^r + \omega^{2r} + \omega^{4r} + \omega^{8r} + \omega^{16r} + \omega^{-3r} + \omega^{-6r} + \omega^{-12r} + \omega^{11r} + \omega^{-13r} + \omega^{9r} + \omega^{-17r}$$
$$= -(\omega^{15r} + \omega^{25r} + \omega^{30r}),$$

d. h. hier reduciren sich die primitiven Perioden auf die dreigliedrigen Perioden der 7ten Einheitswurzeln, und die hierher gehörigen Primzahlen p:

2, 23, 37, 53, 67, 107, 137, 163, 193, 233, 263, 277, 317, 347,
373, 443, 457, 487, 557, 613, 653, 683, 823, 863, 877, 907, 947, 977,

haben daher auch hier keine anderen Primfactoren als die der zum Exponenten 3 gehörigen Primzahlen bei $\lambda = 7$.

$n = 39$

I. $p = 39m + 1.$

12 primitive Wurzeln, deren Gleichung:

$$\omega^{24} - \omega^{23} + \omega^{21} - \omega^{20} + \omega^{18} - \omega^{17} + \omega^{15} - \omega^{14} + \omega^{12} - \omega^{10} + \omega^{9} - \omega^{7} + \omega^{6} - \omega^{4} + \omega^{3} - \omega + 1 = 0;$$

vermöge derselben, oder vermöge der beiden Gleichungen:

$$\omega^{26} + \omega^{13} + 1 = 0, \quad \omega^{36} + \omega^{33} + \omega^{30} + \omega^{27} + \omega^{24} + \omega^{21} + \omega^{18} + \omega^{15} + \omega^{12} + \omega^{9} + \omega^{6} + \omega^{3} + 1 = 0,$$

lassen sich die nichtprimitiven, d. h. die 13ten und die 3ten Einheitswurzeln, durch die primitiven ausdrücken.

$n = 39$

Congruenzwurzeln mod. p.*)

p	ω	ω^2	ω^4	ω^5	ω^7	ω^8	ω^{10}	ω^{11}	ω^{14}	ω^{16}	ω^{17}
79	− 28	− 6	+ 36	+ 19	− 35	+ 32	− 34	+ 4	− 39	− 3	+ 5
157	− 57	− 48	− 51	− 76	+ 37	− 68	− 33	− 3	− 44	+ 71	+ 35
313	− 57	+119	+ 76	+ 50	+ 3	+142	− 4	− 85	+ 9	+132	− 12
541	+199	+217	+ 47	+ 54	+231	+ 21	+181	− 83	−245	−106	+239
859	−193	+312	+277	−203	+230	+278	− 23	+144	−358	− 26	−136
937	−366	− 35	+288	−464	+311	−449	−214	−384	+210	+146	− 27

p	ω^{19}	ω^{20}	ω^{22}	ω^{23}	ω^{25}	ω^{28}	ω^{29}	ω^{31}	ω^{32}	ω^{34}	ω^{35}
79	− 30	− 29	+ 16	+ 26	+ 2	+ 20	− 7	− 37	+ 9	+ 25	+ 11
157	+ 47	− 10	+ 9	− 42	− 25	+ 52	+ 19	+ 30	+ 17	− 31	+ 40
313	+137	+ 16	+ 26	+ 83	−139	+ 81	+ 78	−108	−104	+144	− 70
541	−102	− 59	−222	+129	+ 96	−145	+136	− 26	−251	+233	−128
859	−341	−330	+120	+ 33	− 12	+173	+112	−275	−183	−402	+276
937	+ 8	−117	+347	+430	− 58	+ 61	+162	− 48	−235	−208	+231

p	ω^{37}	ω^{38}
79	+ 13	+ 31
157	− 36	+ 11
313	+121	− 11
541	+121	+ 11
859	+212	+316
937	+348	+ 64

*) Die Congruenzwurzeln mod. p^2 können auf die Form $a + bp$ gebracht werden, die Werthe von a giebt vorstehende Tafel, die von b die folgende für 3 der obigen Primzahlen:

p	ω	ω^2	ω^4	ω^5	ω^7	ω^8	ω^{10}	ω^{11}	ω^{14}	ω^{16}	ω^{17}
79	+ 8	+ 36	− 37	− 32	+ 6	+ 38	− 26	− 6	− 9	− 4	+ 10
313	+ 56	−114	+144	+103	+ 3	− 4	− 21	+ 35	+ 18	−133	− 75
859	+417	−286	+321	+236	+189	+110	−419	− 16	+243	+261	−220

p	ω^{19}	ω^{20}	ω^{22}	ω^{23}	ω^{25}	ω^{28}	ω^{29}	ω^{31}	ω^{32}	ω^{34}	ω^{35}
79	− 38	− 34	+ 31	− 35	+ 38	+ 10	+ 31	+ 37	+ 24	+ 21	− 2
313	− 50	−145	+ 20	− 2	+ 35	+ 11	+138	+ 48	0	− 78	− 36
859	+272	+377	−289	+133	+287	−321	+ 51	+242	+173	−268	+145

p	ω^{37}	ω^{38}
79	+ 12	0
313	− 87	+132
859	− 95	+175

Für die nichtprimitiven Wurzeln stehen die Congruenzwurzeln mod. p bei $\lambda = 3$ und $\lambda = 13$.

$n = 39$

$f(\omega)$, Primfactoren der Primzahlen p

sind **wirklich** für zwei der obigen Primzahlen p, nämlich:

p	$f(\omega)$	p	$f(\omega)$
157	$\omega - \omega^2 + \omega^{22}$	541	$\omega - \omega^5 - \omega^{28}$

Die übrigen vier haben **ideale** Primfactoren, deren zweite Potenzen $f^2(\omega)$ wirklich sind:*)

p	$f^2(\omega)$
79	$1 + \omega^4 + \omega^{31}$
313	$\omega^2 + \omega^{10} - \omega^{14} - \omega^{16} + \omega^{22}$
859	$1 - \omega^{16} - \omega^{17} - \omega^{20} - \omega^{22} - \omega^{25} - \omega^{28} - \omega^{37}$
937	$2\omega^2 - \omega^4 + \omega^5 - \omega^7 + \omega^8 - 2\omega^{10} + \omega^{14} - \omega^{25} + \omega^{29} - \omega^{31} + \omega^{32} - \omega^{34} + 2\omega^{35} - 2\omega^{37}$

II. p zum Exponenten 2 gehörig;
12 zweigliedrige Perioden, und zwar mit 3 Fällen:

II, 1. $p = 39m - 1$; $\varpi_r = \omega^r + \omega^{-r}$,

woraus die Ausdrücke der 12 primitiven Perioden

$$\varpi_2, \quad \varpi_4, \quad \varpi_5, \quad \varpi_7, \quad \varpi_8, \quad \varpi_{10}, \quad \varpi_{11}, \quad \varpi_{14}, \quad \varpi_{16}, \quad \varpi_{17}, \quad \varpi_{19}$$

von selbst sich ergeben; ihre Relationen unter einander und zu den nichtprimitiven, d. h. den zweigliedrigen Perioden ϖ_3, ϖ_6, ϖ_9, ϖ_{12}, ϖ_{15}, ϖ_{18} der 13ten Einheitswurzeln (während $\varpi_{13r} = -1$), sind in der Formel begriffen $\varpi_1 \varpi_k = \varpi_{k-1} + \varpi_{k+1}$.

*) Für $p = 859$ und $p = 937$ sind die $f^2(\omega)$ mittelst der Normen berechnet:

$$N(1 - \omega + \omega^{20}) = 79 \,.\, 859, \qquad N(1 - \omega^3 + \omega^{32}) = 79 \,.\, 937 \,.$$

$n = 39$

Congruenzwurzeln mod. p.*)

p	ϖ_1	ϖ_2	ϖ_4	ϖ_5	ϖ_7	ϖ_8	ϖ_{10}	ϖ_{11}	ϖ_{14}	ϖ_{16}	ϖ_{17}
233	− 9	+ 79	− 32	+ 5	− 68	− 94	+ 23	+ 44	− 38	− 20	+ 70
311	+ 13	−144	−103	− 76	+ 78	+ 33	−135	+ 71	−138	+154	+ 63
389	−143	−170	+112	− 13	− 70	+ 94	+167	− 6	−159	−113	+ 34
467	+ 8	+ 62	+106	−107	−117	+ 26	−228	+128	+144	+207	+ 36
701	+100	+184	+206	+197	−278	−327	+252	+140	+172	−326	− 30
857	− 57	−181	+193	+ 50	+287	+396	− 73	−404	+ 95	− 17	+384

p	ϖ_{19}
233	+ 61
311	−126
389	−121
467	−145
701	−289
857	+185

$f(\varpi_1)$, Primfactoren der Primzahlen p. $Nf(\varpi_1) = -p$.

p	$f(\varpi_1)$	p	$f(\varpi_1)$	p	$f(\varpi_1)$
233	$\varpi_1+\varpi_{17}-\varpi_{19}$	389	$1+\varpi_4+\varpi_{16}$	701	$1+\varpi_8-\varpi_{16}$
311	$1-\varpi_1-\varpi_{14}+\varpi_{19}$	467	$1+\varpi_4+\varpi_5$	857	$1+\varpi_7+\varpi_{17}+\varpi_{19}$

II, 2. $p = 39m - 14$; $\varpi_r = \omega + \omega^{-14r}$, also die primitiven ϖ:

$$\varpi_1 = \omega + \omega^{25}, \quad \varpi_2 = \omega^2 + \omega^{11}, \quad \varpi_4 = \omega^4 + \omega^{22}, \quad \varpi_5 = \omega^5 + \omega^8,$$
$$\varpi_7 = \omega^7 + \varpi^{19}, \quad \varpi_{10} = \omega^{10} + \omega^{16}, \quad \varpi_{14} = \omega^{14} + \omega^{38}, \quad \varpi_{17} = \omega^{17} + \omega^{35},$$
$$\varpi_{20} = \omega^{20} + \omega^{32}, \quad \varpi_{23} = \omega^{23} + \omega^{29}, \quad \varpi_{28} = \omega^{28} + \omega^{37}, \quad \varpi_{31} = \omega^{31} + \omega^{34},$$

deren fundamentale Relationen unter einander und zu den nichtprimitiven Perioden, d. h. den zweigliedrigen der 13ten Wurzeln ϖ_{3r} (wie in II, 1.) und $\varpi_{13r} = 2\omega^{13r}$ (dritte Einheitswurzeln) einem von den folgenden Typen sich anschliessen:

$$\varpi_1^2 = 2\omega^{26} + \varpi_2, \quad \varpi_1\varpi_2 = \varpi_3 + \varpi_{12}, \quad \varpi_1\varpi_4 = \varpi_5 + \omega_{23}, \quad \varpi_1\varpi_{14} = 2 + \varpi_{15};$$
$$\varpi_1\varpi_3 = \varpi_4 + \varpi_{28}, \quad \varpi_1\varpi_{12} = 2\omega^{13} + \varpi_{28}; \quad \varpi_1\varpi_{13} = 2\varpi_{14}, \quad \varpi_1\varpi_{26} = 2\varpi_{13}.$$

---

*) Hier ist ϖ_1 die absolut kleinere der beiden Wurzeln des Congruenzensystems

$$\varpi_1 + \varpi_{14} \equiv -\varpi_{12}, \quad \varpi_1\varpi_{14} \equiv -1 + \varpi_{15} \pmod{p}.$$

Vgl. $\lambda = 13$, wo $\eta_0, \eta_1, \eta_2, \eta_3, \eta_4, \eta_5$ das ist, was hier resp. $\varpi_3, \varpi_6, \varpi_{12}, \varpi_{15}, \varpi_9, \varpi_{18}$.

$n = 39$

Congruenzwurzeln mod. p.*)

p	ϖ_1	ϖ_2	ϖ_4	ϖ_5	ϖ_7	ϖ_{10}	ϖ_{14}	ϖ_{17}	ϖ_{20}	ϖ_{23}
103	+ 40	+ 46	− 36	+ 51	+ 43	+ 37	− 14	− 8	+ 21	− 49
181	− 54	− 63	+ 72	+ 33	+ 5	+ 88	− 58	+ 17	+ 59	+ 61
337	− 92	− 40	− 4	− 63	+155	+ 6	+ 19	+162	− 43	+ 94
571	−153	+218	− 87	−205	−276	+124	−118	+224	+179	−188
727	−175	+256	− 57	−221	+161	− 31	− 86	+ 80	+399	+ 18
883	−424	+320	+181	−117	−124	−230	+158	+170	−287	+194

p	ϖ_{28}	ϖ_{31}
103	+ 1	− 28
181	+ 10	+ 12
337	+105	+ 39
571	+ 2	+281
727	− 37	−306
883	+449	−189

*) Hier ist ϖ_1 die gemeinschaftliche Wurzel der beiden Congruenzensysteme:

$$\varpi_1 + \varpi_{14} \equiv -\varpi_{12}, \qquad \varpi_1 \varpi_{14} \equiv 2 + \varpi_{15} \pmod{p}$$

und des Systems von 6 Congruenzen, deren erste:

$$\varpi_1 + \varpi_4 + \varpi_7 + \varpi_{10} + \varpi_{28} + \varpi_{31} \equiv -\omega^{13} \pmod{p},$$

ist, aber auch vollständig bestimmt durch die lineäre Cougruenz $\varpi_1 \omega^{13} \equiv \varpi_{12}$ (mod. p). — Die Congruenzwurzeln mod. p^2, d. h. die Werthe von b in der Form $a + bp$ (die von a sind in obiger Tafel enthalten) sind für 2 der Primzahlen p folgende:

p	ϖ_1	ϖ_2	ϖ_4	ϖ_5	ϖ_7	ϖ_{10}	ϖ_{14}	ϖ_{17}	ϖ_{20}	ϖ_{23}
337	− 47	+107	+ 11	+108	+ 42	+ 25	+144	+ 5	+159	+ 80
571	−226	−254	− 98	+147	− 17	+118	+ 22	−178	−190	+273

p	ϖ_{28}	ϖ_{31}
337	−115	+154
571	−240	+ 72

$n = 39$

$f(\varpi_1)$, Primfactoren der Primzahlen p sind für die beiden ersten wirklich:

$$p = 103, \quad f(\varpi_1) = 1 - \varpi_{28}; \qquad p = 181, \quad f(\varpi_1) = 1 - \varpi_2 - \varpi_7 - \varpi_{20}.$$

Für die übrigen sind sie ideal, in zweiter Potenz wirklich, z. B.

$$p = 337, \quad f^2(\varpi_1) = 1 + \varpi_2 + \varpi_4 - \varpi_5 + \varpi_{14} - \varpi_{31};$$
$$p = 727, \quad f^2(\varpi_1) = 3 - 9\varpi_1 - \varpi_2 - 9\varpi_4 - 5\varpi_7 - 12\varpi_{10} - 2\varpi_{20} + \varpi_{23} - 7\varpi_{28} - 9\varpi_{31}\text{*)}.$$

II, 3. $p = 39m + 14;\ \varpi_r = \omega^r + \omega^{14r} = -\omega^{27r}$,

d. h. hier reduciren sich die primitiven Perioden auf die 13ten Einheitswurzeln, und die hierher gehörigen Primzahlen p, nämlich:

53, 131, 443, 521, 599, 677, 839, 911,

haben daher keine anderen Primfactoren, als die aus den 13ten Einheitswurzeln ($\lambda = 13$, $p = 13m + 1$), welche auch hier complexe Primzahlen sind.

III. p zum Exponenten 3 gehörig,

($p = 39m + 16, -17$).

8 dreigliedrige Perioden

$$\varpi_r = \omega^r + \omega^{16r} + \omega^{-17r}, \quad \text{also}$$

die primitiven ϖ, deren Product $\Pi(\varpi) = 9$ ist (oder $N(\varpi) = 9$):

$$\varpi_1 = \omega + \omega^{16} + \omega^{22}, \qquad \varpi_2 = \omega^2 + \omega^{32} + \omega^5, \qquad \varpi_4 = \omega^4 + \omega^{25} + \omega^{10},$$
$$\varpi_7 = \omega^7 + \omega^{34} + \omega^{37}, \qquad \varpi_8 = \omega^8 + \omega^{11} + \omega^{20}, \qquad \varpi_{14} = \omega^{14} + \omega^{29} + \omega^{35},$$
$$\varpi_{17} = \omega^{17} + \omega^{38} + \omega^{23}, \qquad \varpi_{19} = \omega^{19} + \omega^{31} + \omega^{28},$$

unter deren fundamentalen Relationen zu einander und zu den nichtprimitiven, d. h. den dreigliedrigen Perioden ϖ_{3r} der 13ten Einheitswurzeln und den 3ten Einheitswurzeln $\varpi_{13r} = 3\omega^{13r}$, folgende typisch sind:

$$\varpi_1^2 = \varpi_2 + 2\varpi_{17}, \qquad \varpi_1\varpi_2 = \varpi_3 + \varpi_6 + \varpi_{21}, \qquad \varpi_1\varpi_4 = 3\omega^{26} + \varpi_2 + \varpi_8,$$
$$\varpi_1\varpi_7 = \varpi_8 + \varpi_{14} + \varpi_{17}, \qquad \varpi_1\varpi_{14} = \varpi_6 + 2\varpi_{12}, \qquad \varpi_1\varpi_{17} = 3 + \varpi_6 + \varpi_{21};$$
$$\varpi_1\varpi_3 = 2\varpi_4 + \varpi_{19}, \qquad \varpi_1\varpi_6 = \omega_1 + \varpi_7 + \varpi_{19}, \qquad \varpi_1\varpi_{12} = 3\omega^{13} + \varpi_7 + \varpi_{19};$$
$$\varpi_1\varpi_{13} = 3\varpi_{14}, \qquad \varpi_1\varpi_{26} = 3\varpi_3.$$

*) Letzterer ist aus den beiden folgenden Normen durch die Divisionsmethode hergeleitet: $N(1 + 2\varpi_1 + \varpi_5) = 79 \cdot 727$, $N(1 + 2\omega^{26} + \varpi_4 + \varpi_{14} + \varpi_{31}) = 79^2$. — Ferner ist $N(2 - \varpi_{28}) = 25 \cdot 571$, $N(1 + \varpi_2 - \varpi_4 - 2\varpi_{17}) = 25 \cdot 883$ und (mod. p^2) $N(1 - \varpi_1 - \varpi_7 - 4\varpi_{10} + \varpi_{14} - \varpi_{23} - 2\varpi_{28}) = 13 \cdot 25 \cdot 571^2$.

$n = 39$

Congruenzwurzeln mod. p.*), resp. mod. p^2 (für $p = 61, 211$).

p	ϖ_1	ϖ_2	ϖ_4	ϖ_7	ϖ_8	ϖ_{14}
61	$-12+5p$	$-12+20p$	$+6+15p$	$+8+28p$	$-18-28p$	$+27-18p$
139	-22	-61	$+28$	-9	-30	$+49$
211	$+93+31p$	$-39+32p$	$+48-83p$	$-2+63p$	$+30+59p$	$+82-105p$
367	$+16$	-150	-33	$+73$	$+107$	$+124$
373	$+186$	$+156$	-139	$+115$	-164	-142
523	$+259$	$+215$	-236	-43	$+35$	-150
601	$+35$	$+197$	-229	$+287$	$+277$	$+239$
607	-37	-253	$+53$	-193	$+139$	$+121$
757	-4	-139	$+101$	-231	-181	-108
919	$+72$	-273	$+132$	-21	-173	$+68$
991	$+269$	-389	-293	$+491$	-478	$+55$

p	ϖ_{17}	ϖ_{19}
61	$+17-8p$	$-15-14p$
139	$+64$	-18
211	$-87-65p$	$+87+68p$
367	-164	$+28$
373	$+62$	-73
523	-39	-40
601	-87	-117
607	$+204$	-33
757	-301	$+107$
919	$+431$	-235
991	-292	-353

$f(\varpi_1)$, Primfactoren der Primzahlen p.

Wirklich sind die Primfactoren $f(\varpi_1)$ für folgende Primzahlen p:

p	$f(\varpi_1)$	p	$f(\varpi_1)$	p	$f(\varpi_1)$
139	$1+\varpi_1-\varpi_4+\varpi_{14}$	523	$1-\varpi_{17}+\varpi_{19}$	991	$1+\varpi_4-\varpi_{17}$
367	$2-\varpi_2-\varpi_{14}-\varpi_{19}$	607	$1+\varpi_4+\varpi_7+\varpi_8$		

*) Hier ist ϖ_1 die gemeinschaftliche Wurzel zweier Congruenzensysteme:

$$\varpi_1 + \varpi_{14} \equiv -\varpi_3, \qquad \varpi_1\varpi_{14} \equiv \varpi_6 + 2\varpi_{12} \pmod{p}$$

und eines Systems von 4 Congruenzen, deren erste $\varpi_1 + \varpi_4 + \varpi_7 + \varpi_{19} \equiv -\omega^{13} \pmod{p}$; ist aber auch durch die lineäre Congruenz $\varpi_1\omega^{26} \equiv \varpi_3 \pmod{p}$ völlig bestimmt. — $\varpi_3, \varpi_6, \varpi_{12}, \varpi_{21}$ ist hier, was in $\lambda = 13$, III. $\eta_0, \eta_1, \eta_2, \eta_3$ hiess.

$n = 39$

Die übrigen Primzahlen p haben ideale Primfactoren, deren zweite Potenzen wirklich sind, z. B.

$$p = 919\,,\quad f^2(\varpi_1) = 1 + 7\varpi_2 - \varpi_4 + 7\varpi_7 + 6\varpi_8 - 2\varpi_{19}\,^{*)}$$

Normen zusammengesetzter complexer Zahlen.

$N(\varpi_1 + \varpi_{14} + \varpi_{19}) = 3.61\,,\qquad N(\omega_{17} + \omega_{19}) = 3.211\,,\qquad N(1 + 2\varpi_1) = 3.373\,,$

$N(2 + \varpi_4 - \varpi_7 + \varpi_{17}) = 3.601\,,\qquad N(1 + \varpi_{14} + \varpi_{19}) = 3.757\,;$

$$N(1 + \varpi_1 - \varpi_2 + \varpi_7 + 2\varpi_8 + \varpi_{14}) = 9.61^2\,,$$

$$N(1 + 2\varpi_1 + 3\varpi_2 - \varpi_7 - \varpi_8 + \varpi_{14} + \varpi_{19}) = 9.211\,^{**)};$$

$N\varpi = 9 = N(1 + \varpi)\,,\qquad N(1 - \varpi) = 3.13\,.$

IV. p zum Exponenten 4 gehörig.

6 viergliedrige Perioden, und zwar mit 2 Fällen:

IV, 1. $p = 39m + 5, + 8\,;\quad \varpi_r = \omega^r + \omega^{5r} + \omega^{-14r} + \omega^{8r}$, also, wobei $\Pi(\varpi) = 25$,

$$\varpi_1 = \omega + \omega^5 + \omega^{25} + \omega^8\,,\qquad \varpi_2 = \omega^2 + \omega^{10} + \omega^{11} + \omega^{16}\,,$$

$$\varpi_4 = \omega^4 + \omega^{20} + \omega^{22} + \omega^{32}\,,\qquad \varpi_7 = \omega^7 + \omega^{35} + \omega^{19} + \omega^{17}\,,$$

$$\varpi_{14} = \omega^{14} + \omega^{31} + \omega^{38} + \omega^{34}\,,\qquad \varpi_{23} = \omega^{23} + \omega^{37} + \omega^{29} + \omega^{28}\,;$$

unter deren fundamentalen Relationen zu einander und zu den nichtprimitiven, d. h. den viergliedrigen Perioden ϖ_{3r} der 13ten Einheitswurzeln (während $\varpi_{13r} = -2$ ist) folgende typisch sind:

$$\varpi_1^2 = -2 + 2\varpi_6 + \varpi_2\,,\qquad \varpi_1\varpi_2 = -1 - \varpi_6 + \varpi_2 + \varpi_7\,,$$

$$\varpi_1\varpi_{14} = 4 + \varpi_3 - \varpi_6\,;\qquad \varpi_1\varpi_3 = 1 - \varpi_7 - \varpi_{14}\,,$$

$$\varpi_1\varpi_6 = \varpi_2 + \varpi_7 + 2\varpi_{14}\,,\qquad \varpi_1\varpi_{12} = -2 - \varpi_6 + \varpi_{23}\,.$$

---

*) Hergeleitet aus den Normen:

$N(4 + \varpi_7 - \varpi_8) = 79.919$ und $N(3 - \varpi_1 + \varpi_2 + \varpi_8 + \varpi_{19}) = 79^2\,.$

**) Diese beiden sind aus Congruenzen mod. p^2 berechnet.

$n = 39$

Congruenzwurzeln mod. p.*)

p	ϖ_1	ϖ_2	ϖ_4	ϖ_7	ϖ_{14}	ϖ_{23}
5	0	+ 1	− 1	− 2	− 2	0
47	+ 10	− 11	− 15	− 18	+ 15	+ 20
83	+ 5	+ 36	+ 30	+ 16	+ 25	− 28
239	− 3	− 60	− 73	− 82	− 42	+ 22
281	− 28	+ 18	+ 34	−137	− 49	−118
317	−104	− 82	+143	+113	+141	+107
359	+ 86	+ 41	− 73	+164	+113	+ 29
827	− 16	+125	+337	+ 10	−186	−269
863	+111	−300	−336	−366	−404	−430
941	−335	+ 4	+158	−280	+405	+ 49
983	−444	+252	−209	+ 66	−449	−198

Die Primfactoren der Primzahlen p

sind sämmtlich ideal und in zweiter Potenz wirklich, welche überdiess die Form $f(\omega, \varpi_1)$ hat; nach folgenden Normen — $N\phi(\varpi_1) = 5p$ — sind in der That alle an $p = 5$ geknüpft:

p	$\phi(\varpi_1)$	p	$\phi(\varpi_1)$	p	$\phi(\varpi_1)$
5	ϖ_1	281	$2+\varpi_1+\varpi_7+\varpi_{23}$	863	$3-2\varpi_{23}$
47	$\varpi_4+\varpi_{14}$	317	$2-\varpi_4+\varpi_{14}$	941	$4-\varpi_2$
83	$1+\varpi_2+\varpi_4+\varpi_7$	359	$3+\varpi_2+\varpi_4+\varpi_{23}$	983	$1+\varpi_2-\varpi_4-\varpi_7+2\varpi_{23}$
239	$2-\varpi_4-2\varpi_7$	827	$3-\varpi_1+2\varpi_2+\varpi_{23}$.		Auch ist $N(3+\varpi_1) = 8 . 239$

IV, 2. $p = 39m - 5, -8$; $\quad \varpi_r = \omega^r + \omega^{-5r} + \omega^{-14r} + \omega^{-8r}$, also:

$$\varpi_1 = \omega + \omega^{34} + \omega^{25} + \omega^{31}, \qquad \varpi_2 = \omega^2 + \omega^{29} + \omega^{11} + \omega^{23},$$
$$\varpi_4 = \omega^4 + \omega^{19} + \omega^{22} + \omega^7, \qquad \varpi_5 = \omega^5 + \omega^{14} + \omega^8 + \omega^{38},$$
$$\varpi_{10} = \omega^{10} + \omega^{28} + \omega^{16} + \omega^{37}, \qquad \varpi_{17} = \omega^{17} + \omega^{32} + \omega^{35} + \omega^{20},$$

deren fundamentale Relationen unter einander und zu den nichtprimitiven, d. h. den viergliedrigen der 13ten Einheitswurzeln ϖ_{3r} (wie in IV, 1.) und den 3ten Einheitswurzeln $\varpi_{13r} = 4\omega^{13r}$, die folgenden Typen darbieten: — (auch ist $N(\varpi) = 1$) —

$$\varpi_1^2 = 4\omega^{26} + \varpi_2 + 2\varpi_{17}, \qquad \varpi_1\varpi_2 = -1 + \varpi_3, \qquad \varpi_1\varpi_4 = -\omega^{26} + \varpi_5,$$
$$\varpi_1\varpi_5 = 4 + \varpi_3 + 2\varpi_6; \qquad \varpi_1\varpi_3 = -\omega^{13} + \varpi_{10}, \qquad \varpi_1\varpi_{12} = 4\omega^{13} + 2\varpi_4 + \varpi_{10};$$
$$\varpi_1\varpi_{13} = 4\varpi_5, \qquad \varpi_1\varpi_{26} = 4\varpi_{12}.$$

*) Hier ist ϖ_1 die absolut kleinere der beiden Wurzeln des Congruenzsystems:

$$\varpi_1 + \varpi_{14} \equiv -\varpi_{12}, \qquad \varpi_1\varpi_{14} \equiv 4 + \varpi_3 - \varpi_6 \qquad (\text{mod. } p).$$

Für $p = 5$ sind die Congruenzwurzeln mod. p^2: −5 −4 −6 +3 −7 −5. Vgl. $\lambda = 13$, IV, wo mit η_0, η_1, η_2 bezeichnet ist, was hier mit $\varpi_3, \varpi_6, \varpi_{12}$.

$n = 39$

Congruenzwurzeln mod. p.*)

p	ϖ_1	ϖ_2	ϖ_4	ϖ_5	ϖ_{10}	ϖ_{17}
31	+ 8	+ 11	+ 5	+ 14	− 7	+ 1
73	− 14	+ 10	+ 23	+ 34	− 17	− 35
109	+ 53	− 41	− 22	− 13	+ 33	− 9
151	+ 34	+ 75	− 7	+ 31	− 59	− 73
229	+ 2	−112	+ 27	− 41	+106	+ 19
307	+134	+103	− 25	+ 44	− 91	+143
421	+ 65	−131	+111	+ 37	−196	+115
463	+ 55	+177	+114	+229	−190	+ 79
499	− 70	−191	+137	−249	−206	+ 81
541	− 22	+ 5	+ 48	+155	+104	+252
577	+239	−111	+ 28	+131	+ 97	+194
619	− 43	+128	− 13	+306	−196	−181
733	+ 53	−333	−134	−198	−344	+224
811	− 29	− 51	−294	+285	+193	−103
853	− 87	+414	+ 90	−374	−223	+181
967	−199	+190	+151	−215	− 94	+168

$f(\varpi_1)$, Primfactoren der Primzahlen p.

p	$f(\varpi_1)$	p	$f(\varpi_1)$	p	$f(\varpi_1)$
31	$1-\varpi_{17}$	421	$1-\varpi_4+\varpi_{10}-\varpi_{17}$	619	$2-\varpi_4+\varpi_{10}-\varpi_{17}$
73	$1+\varpi_5+\varpi_{17}$	463	$2+\varpi_1+\varpi_2+\varpi_5$	733	$3+\varpi_1-\varpi_2-\varpi_{10}$
109	$1-\varpi_2-\varpi_{10}+\varpi_{17}$	499	$1-2\varpi_5$	811	$1-2\varpi_2+\varpi_{17}$
151	$1+2\varpi_2$	541	$3+\varpi_4-\varpi_5+\varpi_{10}$	853	$3-\varpi_1-\varpi_4$
229	$2-\varpi_1$	577	$2\varpi_2+\varpi_4+2\varpi_{10}$	967	$2-\varpi_2-2\varpi_{10}$
307	$1+2\varpi_2+\varpi_4+2\varpi_{10}$				

*) Hier ist ϖ_1 die gemeinschaftliche Wurzel der beiden Congruenzensysteme:

$$\left.\begin{aligned} \varpi_1+\varpi_5 &\equiv -\varpi_{12} \\ \varpi_1\varpi_5 &\equiv 4+\varpi_3+2\varpi_6 \end{aligned}\right\} \qquad \left.\begin{aligned} \varpi_1+\varpi_4+\varpi_{10} &\equiv -\omega^{13} \\ \varpi_1\varpi_4+\varpi_4\varpi_{10}+\varpi_{10}\varpi_1 &\equiv -4\omega^{26} \\ \varpi_1\varpi_4\varpi_{10} &\equiv -1 \end{aligned}\right\} \text{mod. } p.$$

Vgl. $\lambda = 3$ und $\lambda = 13$ (wie in IV, 1). Übrigens ist ϖ_1 auch völlig bestimmt durch die lineäre Congruenz $\varpi_1\omega^{26} \equiv \varpi_{12}$ (mod. p).

$n = 39$

V. p zum Exponenten 6 gehörig.

4 sechsgliedrige Perioden, und zwar mit 3 Fällen:

V, 1. $p = 39m - 16, +17$; $\varpi_r = \omega^r + \omega^{-16r} + \omega^{-17r} + \omega^{-r} + \omega^{16r} + \omega^{17r}$, also:

$$\varpi_1 = \omega + \omega^{23} + \omega^{22} + \omega^{38} + \omega^{16} + \omega^{17}, \qquad \varpi_2 = \omega^2 + \omega^7 + \omega^5 + \omega^{37} + \omega^{32} + \omega^{34},$$
$$\varpi_4 = \omega^4 + \omega^{14} + \omega^{10} + \omega^{35} + \omega^{25} + \omega^{29}, \qquad \varpi_8 = \omega^8 + \omega^{28} + \omega^{20} + \omega^{31} + \omega^{11} + \omega^{19};$$

Wurzeln der Gleichung:

$$\varpi^4 - \varpi^3 - 11\varpi^2 + 17\varpi + 3 = 0,$$

mit den fundamentalen Relationen unter einander und zu den nichtprimitiven, Perioden, d. h. den sechsgliedrigen ϖ_{3r} der 13ten Einheitswurzeln — ($\varpi_{13r} = -3$ kommt nicht in Betracht) —

$$\varpi_1^2 = 6 + 2\varpi_6 + 2\varpi_1 + \varpi_2, \qquad \varpi_1\varpi_2 = 2\varpi_6 + \varpi_8, \qquad \varpi_1\varpi_4 = -3 + 2\varpi_3,$$
$$\varpi_1\varpi_8 = -1 + \varpi_8; \qquad \varpi_1\varpi_3 = -2 - 2\varpi_1 - \varpi_2, \qquad \varpi_1\varpi_6 = 1 + \varpi_1 + \varpi_2.$$

Congruenzwurzeln mod. p.*)

p	ϖ_1	ϖ_2	ϖ_4	ϖ_8	p	ϖ_1	ϖ_2	ϖ_4	ϖ_8
17	+ 2	+ 4	− 6	+ 1	563	+110	+ 28	+184	+242
23	+ 3	− 8	− 11	− 6	569	− 13	+ 66	−209	+157
101	+ 38	− 16	+ 46	+ 34	641	− 11	+ 94	−287	+205
173	− 8	− 19	− 31	+ 59	647	+ 15	+241	− 40	−215
179	+ 75	− 52	− 88	+ 66	719	+100	+112	−291	+ 80
251	+ 60	+ 16	− 87	+ 12	797	− 32	− 70	−188	+291
257	− 22	− 19	− 92	−123	881	− 69	+277	−265	+ 58
491	+140	−192	−206	−232	953	+431	+119	+469	− 65

$f(\varpi_1)$, Primfactoren der Primzahlen p; $Nf(\varpi_1) = -p$.

p	$f(\varpi_1)$	p	$f(\varpi_1)$	p	$f(\varpi_1)$
17	$1 - \varpi_8$	257	$3 + \varpi_1 - \varpi_2$	647	$2 - 3\varpi_8$
23	$\varpi_1 - \varpi_2 + \varpi_4$	491	$5 + 2\varpi_1 - \varpi_4$	719	$3 + 4\varpi_1 - \varpi_2 + \varpi_4$
101	$2\varpi_1 + 2\varpi_4 + \varpi_8$	563	$5 - 3\varpi_2 - 2\varpi_8$	797	$6 - 2\varpi_1 + \varpi_2$
173	$3 - 2\varpi_1 + \varpi_2$	569	$1 + 2\varpi_1 - 2\varpi_2 + \varpi_8$	881	$5 - \varpi_1 + \varpi_2 - 2\varpi_4$
179	$\varpi_1 - 2\varpi_2$	641	$5 + 3\varpi_2 + \varpi_4$	953	$3 + \varpi_1 + 3\varpi_4 - \varpi_8$
251	$4 - \varpi_2 + \varpi_8$				

*) Hier ist ϖ_1 die absolut kleinere der beiden Wurzeln des Congruenzensystems:
$$\varpi_1 + \varpi_4 \equiv -\varpi_3, \qquad \varpi_1\varpi_4 \equiv -3 + 2\varpi_3 \pmod{p}.$$

$n = 39$

V, 2. $p = 39m + 4, + 10$; $\varpi_r = \omega^r + \omega^{4r} + \omega^{16r} + \omega^{-14r} + \omega^{-17r} + \omega^{10r}$, also:

$$\varpi_1 = \omega + \omega^4 + \omega^{16} + \omega^{25} + \omega^{22} + \omega^{10}, \qquad \varpi_2 = \omega^2 + \omega^8 + \omega^{32} + \omega^{11} + \omega^5 + \omega^{20},$$
$$\varpi_7 = \omega^7 + \omega^{28} + \omega^{34} + \omega^{19} + \omega^{37} + \omega^{31}, \qquad \varpi_{14} = \omega^{14} + \omega^{17} + \omega^{29} + \omega^{38} + \omega^{35} + \omega^{23};$$

Wurzeln der Gleichung:

$$\varpi^4 - \varpi^3 + 4\varpi^2 + 3\varpi + 9 = 0;$$

mit den fundamentalen Relationen unter einander und zu den nichtprimitiven Perioden, d. h. den sechsgliedrigen ϖ_{3r} (wie in V, 1.) der 13ten Einheitswurzeln und den 3ten Einheitswurzeln $\varpi_{13r} = 6\omega^{13r}$:

$$\varpi_1^2 = 4\omega^{26} + \varpi_2, \quad \varpi_1\varpi_2 = -3, \quad \varpi_1\varpi_7 = -3\omega^{26}, \quad \varpi_1\varpi_{14} = 4 + \varpi_3;$$
$$\varpi_1\varpi_3 = 4\omega^{13} + \varpi_7, \quad \varpi_1\varpi_6 = -3\omega^{13}; \quad \varpi_1\varpi_{13} = 6\varpi_{14}, \quad \varpi_1\varpi_{26} = 6\varpi_3.$$

Congruenzwurzeln mod. p., resp. mod. p^2*)

p	ϖ_1	ϖ_2	ϖ_7	ϖ_{14}
43	-20	-2	$+14$	$+9$
127	$-15-31p$	$+51-55p$	$-4-8p$	$-31-33p$
199	$+19-59p$	$-63+77p$	$+88-73p$	$-43+55p$
277	$+4$	-70	-120	-90
283	$-64-7p$	$+31+138p$	$+20-12p$	$+14-119p$
433	$+21-129p$	$-62+176p$	$+214-79p$	$-172+32p$
439	-79	-150	-188	-21
673	$+312$	$+110$	$+106$	$+146$
751	-371	-251	$+299$	$+324$
823	$+209$	$+189$	-34	-363
829	$-286-228p$	$+229+365p$	$+161+20p$	$-103-157p$
907	$+42+343p$	$-324-269p$	$-426-101p$	$-198+28p$

$f(\varpi_1)$, Primfactoren der Primzahlen p.

Sie sind wirklich für folgende Primzahlen p:

p	$f(\varpi_1)$	p	$f(\varpi_1)$	p	$f(\varpi_1)$
43	$2+\varpi_2$	439	$3+\varpi_1+2\varpi_2+3\varpi_{14}$	751	$2+3\varpi_2$
277	$4-\varpi_1$	673	$4-\varpi_2+\varpi_7$	823	$2+3\varpi_1+4\varpi_{14}$

Für die übrigen Primzahlen p sind sie ideal und $f^2(\varpi_1)$ wirklich:

p	$f^2(\varpi_1)$	p	$f^2(\varpi_1)$	p	$f^2(\varpi_1)$
127	$8+\varpi_2+6\varpi_{14}$	283	$16+\varpi_1+8\varpi_7-8\varpi_{14}$	829	$23+5\varpi_1+12\varpi_7-11\varpi_{14}$
199	$3+8\varpi_2-4\varpi_3$	433	$10-5\varpi_1+7\varpi_{14}$	907	$8-\varpi_1+\varpi_7+16\varpi_{14}$

*) Hier ist ϖ_1 völlig bestimmt durch $\varpi_1\omega^{26} \equiv \varpi_3$ (mod. p) oder als die gemeinschaftliche Wurzel der beiden Congruenzensysteme:

$$\left.\begin{matrix} \varpi_1 + \varpi_{14} \equiv -\varpi_3 \\ \varpi_1\varpi_{14} \equiv 3 - \varpi_3 \end{matrix}\right\}, \qquad \left.\begin{matrix} \varpi_1 + \varpi_7 \equiv -\omega^{13} \\ \varpi_1\varpi_7 \equiv -\omega^{26} \end{matrix}\right\} \text{(mod. } p\text{)}.$$

Vgl. $\lambda = 3$ und $\lambda = 13$.

Die Congruenzwurzeln mod. p^2 sind in die Form $a + bp$ gesetzt.

$n = 39$

V, 3. $p = 39m - 4, -10;$

$$\varpi_r = \omega^r + \omega^{-4r} + \omega^{16r} + \omega^{14r} + \omega^{-17r} + \omega^{-10r} = -(\omega^{3r} + \omega^{9r} + \omega^{27r}),$$

d. h. hier reduciren sich die primitiven Perioden auf die dreigliedrigen Perioden der 13ten Einheitswurzeln, und die hierher gehörigen Primzahlen p, nämlich:

29, 107, 113, 191, 263, 269, 347, 419, 503, 653, 659, 809, 887, 991,

haben daher keine anderen Primfactoren als die bei $\lambda = 13$, p zum Exponenten 3 gehörig, welche auch hier complexe Primzahlen sind.

VI. p zum Exponenten 12 gehörig,
2 zwölfgliedrige Perioden, und zwar mit 2 Fällen:

VI, 1. $p = 39m + 2, -7, +11, -19;$

$$\varpi_r = \omega^r + \omega^{2r} + \omega^{4r} + \omega^{8r} + \omega^{16r} + \omega^{-7r} + \omega^{-14r} + \omega^{11r} + \omega^{-17r} + \omega^{5r} + \omega^{10r} + \omega^{-19r},$$

also: $\varpi_1 = \omega + \omega^2 + \omega^4 + \omega^8 + \omega^{16} + \omega^{32} + \omega^{25} + \omega^{11} + \omega^{22} + \omega^5 + \omega^{10} + \omega^{20},$

$\varpi_7 = \omega^7 + \omega^{14} + \omega^{28} + \omega^{17} + \omega^{34} + \omega^{29} + \omega^{19} + \omega^{38} + \omega^{37} + \omega^{35} + \omega^{31} + \omega^{23};$

Wurzeln der Gleichung:

$$\varpi^2 - \varpi + 10 = 0;$$

mit den fundamentalen Relationen:

$$\varpi_1^2 = -10 + \varpi_1, \qquad \varpi_1\varpi_7 = +10.$$

Congruenzwurzeln mod. p^2.*)

p	ϖ_1	p	ϖ_1	p	ϖ_1	p	ϖ_1
2	$1-p$	167	$32-16p$	449	$190-63p$	743	$134+50p$
11	$4-5p$	197	$72-36p$	461	$53+168p$	761	$68+372p$
41	$9-17p$	227	$43+64p$	479	$170-68p$	773	$341-116p$
59	$22-29p$	293	$114-97p$	509	$160+161p$	821	$301-410p$
71	$12+3p$	353	$146+149p$	557	$106-206p$	839	$130-405p$
89	$27+20p$	383	$28-7p$	587	$124-31p$	929	$216+362p$
137	$29-65p$	401	$90-83p$	617	$261+14p$	947	$302-264p$
149	$55-74p$	431	$193+208p$	683	$267+283p$	977	$77+249p$

*) Der Kürze wegen ist $\varpi_7 \equiv 1 - \varpi_1$ (mod. p) weggelassen; ϖ_1 ist auf die Form $a + bp$ gebracht, wo a diejenige Wurzel der Congruenz $\varpi^2 - \varpi + 10 \equiv 0$ (mod. p), welche > 0 und $< \frac{1}{2}p$ (resp. $= \frac{1}{2}p$ für $p = 2$) ist.

$n = 39$

Die Primfactoren der Primzahlen p sind durchaus ideal, in zweiter Potenz wirklich und $f^2(\varpi_1)$ hat überdiess die Form $f(\omega, \varpi_1) = \phi(\varpi_1) + \omega^{13}\, \phi_1(\varpi_1)$, wo $N\phi(\varpi_1) = 4p^2$, $N\phi_1(\varpi_1) = 3p^2$ alsdann $N_{\varpi} f(\omega, \varpi_1) = p^2$ (also ohne eine complexe Einheit als Factor).*)

p	$\phi(\varpi_1)$	$\phi_1(\varpi_1)$	p	$\phi(\varpi_1)$	$\phi_1(\varpi_1)$
2	$3 - \varpi_1$	$-1 - \varpi_1$	449	$818 - 165\varpi_1$	$+617 + 122\varpi_1$
11	$6 - 7\varpi_1$	$+19 - 2\varpi_1$	461	$933 - 35\varpi_1$	$+379 - 242\varpi_1$
41	$78 + 5\varpi_1$	$+7 + 22\varpi_1$	479	$878 + 85\varpi_1$	$+7 + 262\varpi_1$
59	$41 + 33\varpi_1$	$+103 - 2\varpi_1$	509	$751 + 183\varpi_1$	$+833 - 142\varpi_1$
71	$134 - 23\varpi_1$	$+91 + 22\varpi_1$	557	$479 + 295\varpi_1$	$+977 - 46\varpi_1$
89	$123 + 35\varpi_1$	$+149 - 22\varpi_1$	587	$1182 - 19\varpi_1$	$+343 + 286\varpi_1$
137	$277 - 19\varpi_1$	$+91 - 74\varpi_1$	617	$86 + 385\varpi_1$	$-941 + 214\varpi_1$
149	$166 - 87\varpi_1$	$+259 - 2\varpi_1$	683	$711 + 335\varpi_1$	$+1193 - 94\varpi_1$
167	$338 - 21\varpi_1$	$+137 + 74\varpi_1$	743	$163 + 459\varpi_1$	$+1229 + 74\varpi_1$
197	$398 - 11\varpi_1$	$+127 + 94\varpi_1$	761	$1538 - 45\varpi_1$	$+497 + 362\varpi_1$
227	$283 + 99\varpi_1$	$+389 - 46\varpi_1$	773	$1378 - 301\varpi_1$	$+1097 + 194\varpi_1$
293	$467 + 91\varpi_1$	$+461 - 94\varpi_1$	821	$481 + 473\varpi_1$	$+1423 - 2\varpi_1$
353	$293 + 189\varpi_1$	$+619 - 26\varpi_1$	839	$1546 + 143\varpi_1$	$+29 + 458\varpi_1$
383	$774 - 55\varpi_1$	$+331 + 166\varpi_1$	929	$1249 + 377\varpi_1$	$+1567 - 218\varpi_1$
401	$746 + 63\varpi_1$	$+29 + 218\varpi_1$	947	$1591 + 255\varpi_1$	$+1433 - 334\varpi_1$
431	$641 + 153\varpi_1$	$+703 - 122\varpi_1$	977	$1973 - 51\varpi_1$	$+859 - 506\varpi_1$

VI, 2. $p = 39m - 2, +7, -11, +19$;

$$\varpi_r = \omega^r + \omega^{-2r} + \omega^{4r} + \omega^{-8r} + \omega^{16r} + \omega^{7r} + \omega^{-14r} + \omega^{-11r} + \omega^{-17r} + \omega^{-5r} + \omega^{10r} + \omega^{19r} = -\omega^{13r},$$

d. h. hier reduciren sich die primitiven Perioden auf die 3ten Einheitswurzeln und die hierher gehörigen Primzahlen p, nämlich:

7, 19, 37, 67, 97, 163, 193, 223, 241, 271, 331, 349, 379, 397, 409, 457, 487, 613, 631, 643, 661, 691, 709, 739, 769, 787, 877,

haben daher keine anderen Primfactoren, als die bei $\lambda = 3$, $p = 3m + 1$, welche auch hier Primzahlen sind.

*) Aus Normen $= 2p$ ergeben sich diese Primfactoren mittelst dessen von 2. Auch kann (vgl. $n = 15$) $f(\omega, \varpi_1)$ auf die Productform $\phi(\varpi_1) \,.\, (1 + \omega^{13}\chi(\omega))$ gebracht werden, indem $\phi_1(\varpi_1) = \phi(\varpi_1) \,.\, \chi(\omega)$ gesetzt wird.

$n = 45$

I. $p = 45m + 1$.

24 primitive Wurzeln, deren Gleichung:

$$\omega^{24} - \omega^{21} + \omega^{15} - \omega^{12} + \omega^{9} - \omega^{3} + 1 = 0,$$

wodurch aber, oder durch die beiden

$$\omega^{30} + \omega^{15} + 1 = 0, \qquad \omega^{36} + \omega^{27} + \omega^{18} + \omega^{9} + 1 = 0,$$

von den nichtprimitiven Wurzeln nur die 9ten Wurzeln durch die primitiven ausgedrückt werden können (und zwar durch die zweite).

Congruenzwurzeln mod. p.*)

p	ω	ω^2	ω^4	ω^7	ω^8	ω^{11}	ω^{13}	ω^{14}	ω^{16}	ω^{17}
181	+ 45	+ 34	+ 70	− 52	+ 13	− 20	+ 44	− 11	− 12	+ 3
271	+ 64	+ 31	−123	−132	− 47	− 24	+ 69	+ 80	+ 41	− 86
541	+265	−105	+205	+179	−173	− 93	+ 27	+122	+174	+125
631	+172	− 73	+281	−315	+ 86	−175	+155	+158	−176	+ 16
811	+371	−229	−274	−178	−347	+112	+304	+ 55	+381	+237
991	+ 66	+392	+ 59	+308	−483	+334	+116	−272	+404	− 93

p	ω^{19}	ω^{22}	ω^{23}	ω^{26}	ω^{28}	ω^{29}	ω^{31}	ω^{32}	ω^{34}	ω^{37}
181	− 79	+ 38	+ 81	− 55	− 60	+ 15	− 33	− 37	+ 9	+ 14
271	+ 44	+ 34	+ 8	−117	−104	+119	−105	+ 55	+ 79	+ 98
541	−141	− 7	−232	+188	−264	−171	+102	− 20	− 64	−172
631	+ 94	−294	− 88	+ 47	−276	−147	+ 4	+ 57	+256	− 22
811	+ 64	+379	+306	− 38	−219	−149	+ 59	− 8	+210	−201
991	+211	−427	−434	−418	−341	+287	−470	−299	−278	+119

p	ω^{38}	ω^{41}	ω^{43}	ω^{44}
181	+ 87	+ 75	+ 16	− 4
271	+ 39	−130	+ 35	+ 72
541	−136	− 95	+237	+ 49
631	+ 2	+128	+ 71	+223
811	+ 41	− 74	− 85	+ 94
991	− 74	+ 84	+225	− 15

$f(\omega)$, Primfactoren der Primzahlen p.

p	$f(\omega)$	p	$f(\omega)$	p	$f(\omega)$
181	$1 - \omega + \omega^{13}$	541	$1 - \omega^{8} - \omega^{16}$	811	$1 + \omega^{10} - \omega^{24}$
271	$1 - \omega^{3} - \omega^{17}$	631	$1 - \omega^{11} + \omega^{16}$	991	$1 - \omega^{6} + \omega^{11}$

---

*) Die den nichtprimitiven Wurzeln entsprechenden Congruenzwurzeln stehen in den Tafeln für $n = 15$, $\lambda = 9$, $\lambda = 5$, $\lambda = 3$.

$n = 45$

II. p zum Exponenten 2 gehörig.

12 zweigliedrige Perioden, und zwar mit 3 Fällen:

II, 1. $p = 45m - 1$, $\qquad \varpi_r = \omega^r + \omega^{-r}$,

woraus die 12 primitiven Perioden

$$\varpi_1,\ \varpi_2,\ \varpi_4,\ \varpi_7,\ \varpi_8,\ \varpi_{11},\ \varpi_{13},\ \varpi_{14},\ \varpi_{16},\ \varpi_{17},\ \varpi_{19},\ \varpi_{22}$$

ohne weiteres sich ergeben, deren fundamentale Relationen unter einander und zu den nichtprimitiven Perioden, d. h. ϖ_{3r} (Perioden erster Art der 15ten mit Einschluss derjenigen der 5ten, ϖ_{9r}) und ϖ_{5r} (Perioden der 9ten Einheitswurzeln), während $\varpi_{15r} = -1$ ist, in der Formel $\varpi_1\varpi_k = \varpi_{k-1} + \varpi_{k+1}$ enthalten sind.

Congruenzwurzeln mod. p.*)

p	ϖ_1	ϖ_2	ϖ_4	ϖ_7	ϖ_8	ϖ_{11}	ϖ_{13}	ϖ_{14}	ϖ_{16}	ϖ_{17}	ϖ_{19}	ϖ_{22}
89	− 44	− 24	+ 40	− 11	− 4	− 27	+ 16	+ 30	+ 14	+ 8	− 13	+ 15
179	− 12	− 37	− 65	+ 86	− 73	+ 40	+ 57	+ 55	− 43	− 20	+ 25	− 13
269	+ 12	−127	− 13	+ 50	−102	+ 79	+118	+ 77	− 89	+ 9	− 66	+ 52
359	−168	−139	− 67	− 21	+179	+145	−156	+ 80	+ 88	− 64	− 78	−158
449	+160	+ 5	+ 23	+192	+ 78	+184	−143	+ 44	−204	+138	−207	+179
719	−172	+103	−178	−332	+ 46	−293	−310	+215	− 43	+207	−248	−286
809	+314	−104	+297	−268	+ 26	+296	−384	−179	−135	−321	+216	+242

*) Hier ist ϖ_1 die gemeinschaftliche Wurzel der beiden Congruenzensysteme:

$$\left.\begin{aligned} \varpi_1 + \varpi_{14} + \varpi_{16} &\equiv 0 \\ \varpi_1\varpi_{14} + \varpi_{14}\varpi_{16} + \varpi_{16}\varpi_1 &\equiv -3 \\ \varpi_1\varpi_{14}\varpi_{16} &\equiv \varpi_3 \end{aligned}\right\} \qquad \left.\begin{aligned} \varpi_1 + \varpi_8 + \varpi_{17} + \varpi_{19} &\equiv -\varpi_{10} \\ S_2(\varpi_1, \varpi_8, \varpi_{17}, \varpi_{19}) &\equiv -3 + \varpi_{20} \\ S_3(\varpi_1, \varpi_8, \varpi_{17}, \varpi_{19}) &\equiv 1 + 2\varpi_{10} \\ \varpi_1\varpi_8\varpi_{17}\varpi_{19} &\equiv 1 + \varpi_5 - \varpi_{20} \end{aligned}\right\} \text{mod. } p.$$

(S_n Summe der $n$ionen der beigesetzten Elemente). — Wegen der Congruenzwurzeln für die nicht primitiven vgl. $\lambda = 5$, $\lambda = 9$ und $n = 15$.

$n = 45$

$f(\varpi_1)$, Primfactoren der Primzahlen p. $Nf(\varpi_1) = -p$.

p	$f(\varpi_1)$	p	$f(\varpi_1)$	p	$f(\varpi_1)$
89	$1 + \varpi_4 + \varpi_{20}$	359	$1 + 2\varpi_8$	719	$1 - \varpi_8 - \varpi_{11} + \varpi_{19}$
179	$1 - \varpi_1 + \varpi_{22}$	449	$2 - \varpi_{20} - \varpi_{22}$	809	$1 - \varpi_4 + \varpi_{11}$
269	$1 + \varpi_1 + \varpi_4$				

II, 2. $p = 45m + 19$;

$\varpi_r = \omega^r + \omega^{19r}$, also die 12 primitiven ϖ, wofür $\Pi(\varpi_1) = 1$,

$$\varpi_1 = \omega + \omega^{19}, \quad \varpi_2 = \omega^2 + \omega^{38}, \quad \varpi_4 = \omega^4 + \omega^{31}, \quad \varpi_7 = \omega^7 + \omega^{43},$$
$$\varpi_8 = \omega^8 + \omega^{17}, \quad \varpi_{11} = \omega^{11} + \omega^{29}, \quad \varpi_{13} = \omega^{13} + \omega^{22}, \quad \varpi_{14} = \omega^{14} + \omega^{41},$$
$$\varpi_{16} = \omega^{16} + \omega^{34}, \quad \varpi_{23} = \omega^{23} + \omega^{32}, \quad \varpi_{26} = \omega^{26} + \omega^{44}, \quad \varpi_{28} = \omega^{28} + \omega^{37};$$

ihre fundamentalen Relationen unter einander und zu den nichtprimitiven Perioden, d. h. ϖ_{3r} (Perioden zweiter Art der 15ten, mit Einschluss der Perioden der 5ten, ϖ_{9r}, wie in I, 1.) und $\varpi_{5r} = 2\omega^{5r}$ (9te Wurzeln mit Einschluss der 3ten, $\varpi_{15r} = 2\omega^{15r}$), haben folgende Typen:

$$\varpi_1^2 = 2\omega^{20} + \varpi_2, \quad \varpi_1\varpi_2 = \varpi_3 + \varpi_{21}, \quad \varpi_1\varpi_4 = 2\omega^5 + \varpi_{23}, \quad \varpi_1\varpi_7 = \varpi_8 + \varpi_{26},$$
$$\varpi_1\varpi_8 = -1, \quad \varpi_1\varpi_{11} = 2\omega^{30} + \varpi_3, \quad \varpi_1\varpi_{26} = 2 + \varpi_{18}; \quad \varpi_1\varpi_3 = \varpi_4 + \varpi_{13},$$
$$\varpi_1\varpi_6 = 2\omega^{25} + \varpi_7; \quad \varpi_1\varpi_9 = 2\omega^{10} + \varpi_{28}, \quad \varpi_1\varpi_{18} = \varpi_1 + \varpi_{28};$$
$$\varpi_1\varpi_5 = 2\varpi_6, \quad \varpi_1\varpi_{10} = 2\varpi_{11}, \quad \varpi_1\varpi_{25} = 2\varpi_9; \quad \varpi_1\varpi_{15} = 2\varpi_{16}.$$

$n = 45$

Congruenzwurzeln mod. p.*)

p	ϖ_1	ϖ_2	ϖ_4	ϖ_7	ϖ_8	ϖ_{11}	ϖ_{13}	ϖ_{14}	ϖ_{16}	ϖ_{23}
19	+ 5	— 9	— 3	— 7	— 4	+ 8	— 1	+ 1	— 2	— 6
109	— 40	+ 42	+ 53	+ 47	+ 30	+ 51	+ 18	+ 6	— 13	+ 37
199	— 71	— 91	+ 36	— 16	— 14	— 87	— 79	— 68	+ 35	— 94
379	+104	— 26	— 2	—132	—164	— 89	+ 42	+ 9	—102	—189
739	—292	—171	—326	—260	+205	— 54	— 47	—283	—121	— 34
829	+ 19	— 37	+ 93	+ 87	+349	—162	+ 98	—313	—112	—312
919	+243	+ 4	— 13	—380	+208	+341	+458	+307	—230	—212

p	ϖ_{26}	ϖ_{28}
19	+ 7	+ 8
109	+ 52	+ 44
199	— 44	+ 95
379	+ 80	+ 90
739	+337	+307
829	—354	—185
919	+271	— 78

$f(\varpi_1)$, Primfactoren der Primzahlen p.

p	$f(\varpi_1)$	p	$f(\varpi_1)$
19	$1+\varpi_{13}$	739	$1+\varpi_1+\varpi_6-\varpi_{26}+\varpi_{28}+\varpi_{33}$
109	$1+\varpi_{14}+\varpi_{23}-\varpi_{28}$	829	$1+\varpi_1+\varpi_7-\varpi_8+\varpi_{16}-\varpi_{26}$
199	$1+\varpi_4-\varpi_{14}-\varpi_{23}$	919	$1+\varpi_2-\varpi_4-\varpi_8-\varpi_{13}-\varpi_{26}$
379	$1-\varpi_{11}-\varpi_{28}$		

*) Hier ist ϖ_1 die gemeinschaftliche Wurzel der beiden Congruenzensysteme:

$$\left.\begin{aligned} \varpi_1+\varpi_{28} &\equiv -\omega^{16} \\ \varpi_1\varpi_{28} &\equiv -\omega^{20} \end{aligned}\right\} \qquad \left.\begin{aligned} \varpi_1+\varpi_4+\varpi_{16} &\equiv 0 \\ \varpi_1\varpi_4+\varpi_4\varpi_{16}+{}_{16}\varpi_1 &\equiv 0 \\ \varpi_1\varpi_4\varpi_{16} &\equiv \varpi_3+\varpi_{21} \end{aligned}\right\} \text{mod. } p.$$

Vgl. $\lambda = 3, 5, 9$ und $n = 15$. Übrigens ist ϖ_1 auch völlig bestimmt durch die lineäre Congruenz $\varpi_1\omega^5 \equiv \varpi_6$ oder $\varpi_1\omega^{35} \equiv \varpi_9$ (mod. p).

$$n = 45$$

II, 3. $p = 45m - 19$;

$\sigma_r = \omega^r + \omega^{-19r}$, also die 12 primitiven σ, wofür $\Pi(\sigma) = 1$,

$$\sigma_1 = \omega + \omega^{26}, \quad \sigma_2 = \omega^2 + \omega^7, \quad \sigma_4 = \omega^4 + \omega^{14}, \quad \sigma_8 = \omega^8 + \omega^{28},$$
$$\sigma_{11} = \omega^{11} + \omega^{16}, \quad \sigma_{13} = \omega^{13} + \omega^{23}, \quad \sigma_{17} = \omega^{17} + \omega^{37}, \quad \sigma_{19} = \omega^{19} + \omega^{44},$$
$$\sigma_{22} = \omega^{22} + \omega^{23}, \quad \sigma_{29} = \omega^{29} + \omega^{34}, \quad \sigma_{31} = \omega^{31} + \omega^{41}, \quad \sigma_{38} = \omega^{38} + \omega^{43};$$

ihre fundamentalen Relationen unter einander und zu den nichtprimitiven Perioden, d. h. den zweigliedrigen der 9ten (σ_{5r}, während $\sigma_{15r} = -1$) und der 5ten Einheitswurzeln ($\sigma_{3r} = -\omega^{18r}$ und $\sigma_{9r} = 2\omega^{9r}$) haben folgende Typen:

$$\sigma_1^2 = 2\omega^{27} + \sigma_2, \quad \sigma_1\sigma_2 = -\omega^{18} + \sigma_8, \quad \sigma_1\sigma_4 = -1 + \sigma_5,$$
$$\sigma_1\sigma_8 = 2\omega^9 + \sigma_{29}, \quad \sigma_1\sigma_{19} = 2 + \sigma_{20}; \quad \sigma_1\sigma_5 = -\omega^{36} + \sigma_{31},$$
$$\sigma_1\sigma_{10} = 2\omega^{36} + \sigma_{11}; \quad \sigma_1\sigma_3 = -\sigma_{19}, \quad \sigma_1\sigma_{24} = -\sigma_{10};$$
$$\sigma_1\sigma_9 = 2\sigma_{10}, \quad \sigma_1\sigma_{18} = 2\sigma_{19}.$$

Congruenzwurzeln mod. p.*)

p	σ_1	σ_2	σ_4	σ_8	σ_{11}	σ_{13}	σ_{17}	σ_{19}	σ_{22}	σ_{29}
71	− 6	− 1	− 9	+ 31	− 5	+ 26	+ 13	− 8	− 12	+ 17
251	− 70	+ 84	+ 53	+112	− 46	− 35	+106	− 19	+ 61	− 34
431	+ 56	− 71	− 79	+148	+122	−101	+ 31	− 72	+ 40	+151
521	− 45	− 49	−254	+225	−183	− 98	−106	+ 9	+155	+245
701	−234	+204	+ 30	+ 21	+ 21	−100	− 70	+204	−134	−234
881	+ 34	−332	−437	−253	+ 5	+ 57	+ 33	−116	+299	−328
971	−427	+ 70	−448	+ 43	−223	+262	+404	−118	−474	−405

p	σ_{31}	σ_{38}
71	+ 11	+ 14
251	+116	− 77
431	−178	− 47
521	+228	−127
701	+213	+ 79
881	− 39	+196
971	−321	−305

*) Hier ist σ_1 die gemeinschaftliche Wurzel der beiden Congruenzensysteme:

$$\left.\begin{aligned} \sigma_1+\sigma_{11}+\sigma_{31} &\equiv 0 \\ \sigma_1\sigma_{11}+\sigma_{11}\sigma_{31}+\sigma_{31}\sigma_1 &\equiv -3\omega^{27} \\ \sigma_1\sigma_{11}\sigma_{31} &\equiv -\omega^{18} \end{aligned}\right\} \qquad \left.\begin{aligned} \sigma_1+\sigma_8+\sigma_{19}+\sigma_{17} &\equiv -\sigma_{10} \\ S_2(\sigma_1, \sigma_8, \sigma_{19}, \sigma_{17}) &\equiv 2+\sigma_{20} \\ S_3(\sigma_1, \sigma_8, \sigma_{19}, \sigma_{17}) &\equiv 1-3\sigma_{10} \\ \sigma_1\sigma_8\sigma_{19}\sigma_{17} &\equiv 6-\sigma_{10}+3\sigma_{20} \end{aligned}\right\} \text{mod. } p.$$

(Summenzeichen S_n wie oben). Vgl. Congruenzwurzeln bei $\lambda = 5$ und $\lambda = 9$. — Übrigens ist σ_1 auch völlig bestimmt durch die lineäre Congruenz $\sigma_1\omega^{24} \equiv -\sigma_{10}$ oder $\sigma_1\omega^9 \equiv +\sigma_{10}$ (mod. p).

$n = 45$

$f(\varpi_1)$, Primfactoren der Primzahlen p.*)

p	$f(\varpi_1)$	p	$f(\varpi_1)$	p	$f(\varpi_1)$
71	$1 + \varpi_2$	521	$1 + \varpi_{19} + 2\varpi^{27}$	881	$1 - \varpi_1 + \varpi_{17}$
251	$1 + \varpi_8 - \omega^9$	701	$\varpi_1 - \varpi_{29}$	971	$1 + \varpi_{17} + \varpi_{29}$
431	$1 - \varpi_4 + \varpi_{19}$				

III. p zum Exponenten 3 gehörig.

8 dreigliedrige Perioden:

$$p = 45m - 14, + 16; \qquad \varpi_r = \omega^r + \omega^{-14r} + \omega^{16r} = 0,$$

d. h. hier verschwinden die primitiven ϖ, während die nichtprimitiven $\varpi_{3r} = 3\omega^{3r}$ auf die 15ten Einheitswurzeln sich reduciren; daher haben die hierher gehörigen Primzahlen p, nämlich:

31, 61, 151, 211, 241, 331, 421, 571, 601, 661, 691, 751

keine anderen Primfactoren, als die bei $n = 15$, $p = 15m + 1$, welche auch in Beziehung auf 45te Einheitswurzeln complexe Primzahlen sind.

IV. p zum Exponenten 4 gehörig.

6 viergliedrige Perioden, und zwar mit 2 Fällen:

IV, 1. $p = 45m + 8, + 17;$

$\varpi_r = \omega^r + \omega^{8r} + \omega^{19r} + \omega^{17r}$, also die 6 primitiven, wofür $\Pi(\varpi) = 19$,

$$\varpi_1 = \omega + \omega^8 + \omega^{19} + \omega^{17}, \qquad \varpi_2 = \omega^2 + \omega^{16} + \omega^{38} + \omega^{34},$$
$$\varpi_4 = \omega^4 + \omega^{32} + \omega^{31} + \omega^{23}, \qquad \varpi_7 = \omega^7 + \omega^{11} + \omega^{43} + \omega^{29},$$
$$\varpi_{13} = \omega^{13} + \omega^{14} + \omega^{22} + \omega^{41}, \qquad \varpi_{26} = \omega^{26} + \omega^{28} + \omega^{44} + \omega^{37};$$

ihre fundamentalen Relationen unter einander und zu den nichtprimitiven Perioden, d. h. den viergliedrigen der 15ten ${}^4\varpi_{3r}$, und den zweigliedrigen der 9ten Einheitswurzeln ${}^4\varpi_{5r} = 2\,{}^2\varpi_{5r}$ (während $\varpi_{9r} = -1$, $\varpi_{15r} = -2$ ist), haben folgende Typen:

$$\varpi_1^2 = -2 + \varpi_{20} + \varpi_2, \qquad \varpi_1\varpi_2 = 1 + \varpi_{10} + \varpi_1, \qquad \varpi_1\varpi_7 = 2 - \tfrac{1}{2}\varpi_{10} + \varpi_3,$$
$$\varpi_1\varpi_{26} = 3 - \tfrac{1}{2}\varpi_{20}; \qquad \varpi_1\varpi_3 = -\tfrac{1}{2}\varpi_5 + \varpi_{20} + \varpi_7; \qquad \varpi_1\varpi_5 = 2\varpi_3 + 2\varpi_{13},$$
$$\varpi_1\varpi_{10} = -2 + 2\varpi_7.$$

---

*) Hier ist $2\omega^{9r}$ für ϖ_{9r} gesetzt.

$n = 45$

Congruenzwurzeln mod. p.*)

p	ϖ_1	ϖ_2	ϖ_4	ϖ_7	ϖ_{13}	ϖ_{26}
17	+ 4	− 8	+ 4	− 5	− 1	+ 6
53	+ 2	− 11	+ 9	− 24	− 13	− 16
107	+ 29	− 40	+ 11	− 27	− 4	+ 31
197	+ 92	+ 51	+ 54	− 23	− 48	+ 71
233	+ 27	−112	+ 85	+ 40	+ 92	+101
467	+ 16	+ 80	− 96	−169	+116	+ 53
503	+140	+243	+120	−114	−160	−229
557	+ 19	+257	+281	+247	+254	+ 56
593	− 18	− 84	+102	−121	+ 22	+143
647	−215	+147	+ 68	+105	−164	+ 59
683	+ 65	−293	+228	+ 82	+331	+270
773	− 88	+200	−112	−108	+153	− 45
827	−259	− 55	+314	+393	+397	+ 37
863	−330	−145	−388	+422	−395	− 27
953	− 94	−125	+219	− 68	−299	+367

Die Primfactoren der Primzahlen p

haben die hier nicht näher bestimmte Form $f(\omega, \varpi_1)$. — Es gibt stets complexe Zahlen $\phi(\varpi_1)$, wofür $N\phi(\varpi_1) = 3p$ oder $N\phi(\varpi_1) = 8p$, z. B.

$N(1 + \varpi_{13}) = 3 . 17$, $\quad N(\varpi_1 + \omega^{20} + \omega^{25}) = 8 . 17$, $\quad N(2 - \varpi_1) = 3 . 53$;

ferner ist $N\varpi = 19 = N(1 - \varpi_1)$.

IV, 2. $p = 45m - 8, -17$; $\varpi_r = \omega^r + \omega^{-8r} + \omega^{19r} + \omega^{-17r} = -\omega^{10r}$,

d. h. hier reduciren sich die primitiven Perioden auf die 9ten Einheitswurzeln, und daher haben die hierher gehörigen Primzahlen p, nämlich:

37, 73, 127, 163, 307, 397, 433, 487, 523, 577, 613, 757, 883, 937

keine anderen Primfactoren, als die der Primzahlen $p = 9m + 1$ (vgl. $\lambda = 9$), welche auch hier Primzahlen sind.

*) Hier ist ϖ_1 die gemeinschaftliche Wurzel der beiden Congruenzensysteme:

$$\left.\begin{array}{rl} \varpi_1 + \varpi_{26} \equiv & -(\omega^{10} + \omega^{35}) \text{ oder } -\tfrac{1}{2}\varpi_{10} \\ \varpi_1\varpi_{26} \equiv & 3 - (\omega^{20} + \omega^{25}) \end{array}\right\} \qquad \left.\begin{array}{rl} \varpi_1 + \varpi_2 + \varpi_4 & \equiv 0 \\ \varpi_1\varpi_2 + \varpi_2\varpi_4 + \varpi_4\varpi_1 & \equiv 3 \\ \varpi_1\varpi_2\varpi_4 & \equiv 1 + 2\varpi_{21} \end{array}\right\} \text{mod. } p.$$

Vgl. $\lambda = 9$ und $n = 15$.

$n = 45$

V. p zum Exponenten 6 gehörig.

4 sechsgliedrige Perioden, und zwar mit 3 Fällen:

V, 1. $p = 45m + 14, -16$; $\varpi_r = \omega^r + \omega^{14r} + \omega^{16r} + \omega^{-r} + \omega^{-14r} + \omega^{-16r} = 0$,

d. h. hier verschwinden die primitiven ϖ, während die nichtprimitiven $\varpi_{3r} = 3(\omega^{3r} + \omega^{-3r})$ auf die zweigliedrigen Perioden erster Art der 15ten Einheitswurzeln sich reduciren; daher haben die hierher gehörigen Primzahlen p, nämlich:

29, 59, 149, 239, 389, 419, 479, 509, 599, 659, 839, 929

keine anderen Primfactoren als die der Primzahlen $p = 15m - 1$ (vgl. $n = 15$), die auch hier complexe Primzahlen sind.

V, 2. $p = 45m + 4, -11$; $\varpi_r = \omega^r + \omega^{4r} + \omega^{16r} + \omega^{19r} + \omega^{-14r} + \omega^{-11r} = 0$,

wie zuvor, während die nichtprimitiven $\varpi_{3r} = 3(\omega^{3r} + \omega^{12r})$ auf die zweigliedrigen Perioden zweiter Art der 15ten Einheitswurzeln zurückkommen, wesshalb die hierher gehörigen Primzahlen p, nämlich:

79, 139, 229, 349, 409, 439, 499, 619, 709, 769, 859

auch hier nur die Primfactoren der Primzahlen $p = 15m + 4$ (vgl. $n = 15$) haben.

V, 3. $p = 45m - 4, +11$, $\varpi_r = \omega^r + \omega^{-4r} + \omega^{16r} + \omega^{-19r} + \omega^{-14r} + \omega^{11r} = 0$,

wie zuvor, während die nichtprimitiven $\varpi_{3r} = \omega^{3r} + \omega^{33r} = -3\omega^{18r}$ auf die 5ten Einheitswurzeln zurückkommen, wesshalb die hierher gehörigen Primzahlen p, nämlich:

11, 41, 101, 131, 191, 281, 311, 401, 461, 491, 641, 761, 821, 911, 941,

auch hier keine anderen Primfactoren haben als die Primzahlen $p = 5m + 1$ (vgl. $\lambda = 5$).

$n = 45$

VI. p zum Exponenten 12 gehörig.

2 zwölfgliedrige Perioden, und zwar mit 2 Fällen:

VI, 1. $p = 45m + 2, -7, -13, -22$;

$$\varpi_r = \omega^r + \omega^{2r} + \omega^{4r} + \omega^{8r} + \omega^{16r} + \omega^{-13r} + \omega^{19r} + \omega^{-7r} + \omega^{-14r} + \omega^{17r} + \omega^{-11r} + \omega^{-22r} = 0,$$

d. h. die primitiven ϖ verschwinden auch hier, während die nichtprimitiven $\varpi_{3r} = 3(\omega^{3r} + \omega^{6r} + \omega^{12r} + \omega^{24r})$ auf die viergliedrigen Perioden der 15ten Einheitswurzeln sich reduciren; daher haben die hierher gehörigen Primzahlen p, nämlich:

2, 23, 47, 83, 113, 137, 167, 173, 227, 257, 263, 293, 317, 347, 353,
383, 443, 563, 587, 617, 653, 677, 743, 797, 857, 887, 947, 977, 983,

keine anderen Primfactoren als die zum Exponenten 4 gehörigen Primzahlen p bei $n = 15$, welche auch in Beziehung auf 45te Einheitswurzeln complexe Primzahlen sind.

VI, 2. $p = 45m - 2, +7, +13, +22$;

$$\varpi_r = \omega^r + \omega^{-2r} + \omega^{4r} + \omega^{-8r} + \omega^{16r} + \omega^{13r} + \omega^{19r} + \omega^{7r} + \omega^{-14r} + \omega^{-17r} + \omega^{-11r} + \omega^{22r} = 0,$$

wie zuvor, während die nichtprimitiven, $\varpi_{3r} = 3(\omega^{3r} + \omega^{12r} + \omega^{21r} + \omega^{39r}) = -3\omega^{30r}$, auf die 3ten Einheitswurzeln sich reduciren; daher haben die hierher gehörigen Primzahlen p, nämlich:

7, 13, 43, 67, 97, 103, 157, 193, 223, 277, 283, 313, 337, 367, 373,
457, 463, 547, 607, 643, 673, 727, 733, 787, 823, 853, 877, 907, 967, 997,

auch hier keine anderen Primfactoren als die $p = 3m + 1$ (vgl. $\lambda = 3$).

$n = 51$

I. $p = 51m + 1$.

32 primitive Wurzeln, deren Gleichung:

$$\omega^{32}-\omega^{31}+\omega^{29}-\omega^{28}+\omega^{26}-\omega^{25}+\omega^{23}-\omega^{22}+\omega^{20}-\omega^{19}+\omega^{17}-\omega^{16}+\omega^{15}-\omega^{13}+\omega^{12}-\omega^{10}+\omega^{9}-\omega^{7}$$
$$+\omega^{6}-\omega^{4}+\omega^{3}-\omega+1 = 0,$$

wodurch, oder durch die beiden Gleichungen:

$$\omega^{34}+\omega^{17}+1 = 0,$$

$$\omega^{48}+\omega^{45}+\omega^{42}+\omega^{39}+\omega^{36}+\omega^{33}+\omega^{30}+\omega^{27}+\omega^{24}+\omega^{21}+\omega^{18}+\omega^{15}+\omega^{12}+\omega^{9}+\omega^{6}+\omega^{3}+1 = 0,$$

die nichtprimitiven, d. h. die 17ten und 3ten Einheitswurzeln, durch die primitiven sich ausdrücken lassen.

Congruenzwurzeln mod. p.*)

p	ω	ω^2	ω^4	ω^5	ω^7	ω^8	ω^{10}	ω^{11}	ω^{13}	ω^{14}
103	+ 36	− 43	− 5	+ 26	+ 15	+ 25	− 45	+ 28	+ 32	+ 19
307	+101	+ 70	− 12	+ 16	−108	+144	− 51	+ 68	−152	− 2
409	+184	− 91	+101	+179	+ 71	− 24	+139	−191	+204	+133
613	+100	+192	+ 84	−172	− 3	−300	+ 22	−252	+ 43	+ 9
919	− 6	+ 36	+377	−424	+359	−316	−348	+250	−190	+221

p	ω^{16}	ω^{19}	ω^{20}	ω^{22}	ω^{23}	ω^{25}	ω^{26}	ω^{28}	ω^{29}	ω^{31}
103	+ 7	− 21	− 35	− 40	+ 2	+ 17	− 6	− 51	+ 18	+ 50
307	−140	− 32	+145	+ 19	+ 77	−136	+ 79	+ 4	+ 97	+ 36
409	+167	+ 85	+ 98	+ 80	− 4	− 45	−100	+102	− 46	+ 96
613	−111	+201	−129	−248	−280	+184	+ 10	+ 81	+131	+ 19
919	−315	+ 34	−204	+ 8	− 48	+110	+259	+134	+115	−455

p	ω^{32}	ω^{35}	ω^{37}	ω^{38}	ω^{40}	ω^{41}	ω^{43}	ω^{44}	ω^{46}	ω^{47}
103	+ 49	− 44	+ 38	+ 29	− 11	+ 16	+ 33	− 48	+ 4	+ 41
307	− 48	−125	+153	+103	+149	+ 6	+113	+ 54	+ 96	−128
409	+ 77	−120	−123	−137	+197	−153	+ 17	−144	+ 16	+ 81
613	+ 61	−143	− 68	− 57	+ 90	−195	− 47	+204	− 64	−270
919	− 27	+318	+420	+237	+261	+272	−317	+ 64	−453	− 39

p	ω^{49}	ω^{50}
103	− 12	− 20
307	− 57	+ 76
409	− 9	− 20
613	+265	+141
919	+434	+153

*) Für die nichtprimitiven Wurzeln stehen die Congruenzwurzeln in $\lambda = 3$ und $\lambda = 17$.

$n = 51$

Primfactoren der Primzahlen p.

Sie sind sämmtlich ideal, in 5ter Potenz wirklich, wie folgende Normen zeigen:

$$N(1 - \omega^{14} + \omega^{27}) = 307 . 103, \qquad N(1 - \omega^{5} + \omega^{8}) = 107 . 409,$$
$$N(1 + \omega^{14} - \omega^{26}) = 613 . 103; \qquad N(\tfrac{2}{\varpi_4} + \tfrac{2}{\varpi_7} - \tfrac{2}{\varpi_{38}}) = 919 . 67,$$
$$N(2 + \tfrac{4}{\varpi_{11}}) = 103 . 13, \qquad N(\tfrac{2}{\varpi_7} + \tfrac{2}{\varpi_{11}}) = 103^2 \text{*)};$$

ferner: $N(1+\omega^{8}-\omega^{20}) = N(1 - \omega^{12} + \omega^{43}) = 307^2$,

$N(1 - \omega^{35} - \omega^{45}) = 919 . 3469$ u. s. w.

II. p zum Exponenten 2 gehörig.

16 zweigliedrige Perioden, und zwar mit 3 Fällen:

II, 1. $p = 51m - 1; \qquad \varpi_r = \omega^r + \omega^{-r}$,

woraus die 16 primitiven

$\varpi_1, \varpi_2, \varpi_4, \varpi_5, \varpi_7, \varpi_8, \varpi_{10}, \varpi_{11}, \varpi_{13}, \varpi_{14}, \varpi_{16}, \varpi_{19}, \varpi_{20}, \varpi_{22}, \varpi_{23}, \varpi_{25}$

ohne weiteres sich ergeben, sammt ihren fundamentalen Relationen unter einander und zu den nichtprimitiven, d. h. den zweigliedrigen der 17ten Einheitswurzeln ϖ_{3r} (während $\varpi_{17r} = -1$ ist), gemäss der Formel $\varpi_1 \varpi_k = \varpi_{k-1} + \varpi_{k+1}$.

Congruenzwurzeln mod. p.**)

p	ϖ_1	ϖ_2	ϖ_4	ϖ_5	ϖ_7	ϖ_8	ϖ_{10}	ϖ_{11}	ϖ_{13}	ϖ_{14}	ϖ_{16}
101	− 6	+34	+ 43	+41	− 24	+ 29	− 38	−26	− 27	− 32	+ 31
599	+60	+35	+205	+80	+251	−224	−219	+42	−109	−117	−217

p	ϖ_{19}	ϖ_{20}	ϖ_{22}	ϖ_{23}	ϖ_{25}
101	+ 50	+ 28	− 33	+12	+ 20
599	−250	+113	+235	−56	+172

*) In diesen 3 Normen sind $\frac{2}{\varpi}$ die zweigliedrigen Perioden der zweiten Art (II, 2.), $\frac{4}{\varpi}$ die viergliedrigen der ersten Art (III, 1.); aber die achtgliedrigen der ersten Art (IV, 1.), aus welchen jene beiden wieder bestehen, oder die ihnen entsprechende Form 4ten Grades, scheint die Quelle aller Idealitäten bei $n = 51$ zu sein.

**) Hier ist ϖ_1 die absolut kleinere der beiden Wurzeln des Congruenzensystems:

$$\varpi_1 + \varpi_{16} \equiv \varpi_{18}, \qquad \varpi_1 \varpi_{16} \equiv -1 + \varpi_{15} \pmod{p}.$$

Vgl. $\lambda = 17$, II, wo $\eta_0, \eta_1, \eta_2, \eta_3, \eta_4, \eta_5, \eta_6, \eta_7$ resp., was hier $\varpi_3, \varpi_9, \varpi_{24}, \varpi_{21}, \varpi_{12}, \varpi_{15}, \varpi_6, \varpi_{18}$.

$n = 51$

$f(\varpi_1)$, Primfactoren der Primzahlen p. $Nf(\varpi_1) = -p$.

p	$f(\varpi_1)$	p	$f(\varpi_1)$
101	$1 - \varpi_{11} + \varpi_{13}$	599	$1 - \varpi_7 - \varpi_{19}$

II, 2. $p = 51m + 16$;

$\varpi_r = \omega^r + \omega^{16r}$, also die 16 primitiven ϖ, wofür $\Pi(\varpi) = 1$,

$$\varpi_1 = \omega + \omega^{16}, \quad \varpi_2 = \omega^2 + \omega^{32}, \quad \varpi_4 = \omega^4 + \omega^{13}, \quad \varpi_5 = \omega^5 + \omega^{29},$$
$$\varpi_7 = \omega^7 + \omega^{10}, \quad \varpi_8 = \omega^8 + \omega^{26}, \quad \varpi_{11} = \omega^{11} + \omega^{23}, \quad \varpi_{14} = \omega^{14} + \omega^{20},$$
$$\varpi_{19} = \omega^{19} + \omega^{49}, \quad \varpi_{22} = \omega^{22} + \omega^{46}, \quad \varpi_{25} = \omega^{25} + \omega^{43}, \quad \varpi_{28} = \omega^{28} + \omega^{40},$$
$$\varpi_{31} = \omega^{31} + \omega^{37}, \quad \varpi_{35} = \omega^{35} + \omega^{50}, \quad \varpi_{38} = \omega^{38} + \omega^{47}, \quad \varpi_{41} = \omega^{41} + \omega^{44};$$

unter ihren fundamentalen Relationen zu einander und zu den nichtprimitiven Perioden, d. h. ϖ_{3r} (zweigliedrigen der 17ten Einheitswurzeln wie in II, 1.) und $\varpi_{17r} = 2\omega^{17r}$ (3ten Einheitswurzeln), sind die folgenden typisch:

$$\varpi_1^2 = 2\omega^{17} + \varpi_2, \quad \varpi_1\varpi_2 = \varpi_3 + \varpi_{18}, \quad \varpi_1\varpi_4 = \varpi_5 + \varpi_{14},$$
$$\varpi_1\varpi_{35} = 2 + \varpi_{15}; \quad \varpi_1\varpi_3 = \varpi_4 + \varpi_{19}, \quad \varpi_1\varpi_{18} = 2\omega^{34} + \varpi_{19};$$
$$\varpi_1\varpi_{17} = 2\varpi_{18}, \quad \varpi_1\varpi_{34} = 2\varpi_{35}.$$

Congruenzwurzeln mod. p.*)

p	ϖ_1	ϖ_2	ϖ_4	ϖ_5	ϖ_7	ϖ_8	ϖ_{11}	ϖ_{14}	ϖ_{19}	ϖ_{22}
67	+ 10	− 25	+ 15	− 2	− 3	+ 33	+ 4	+ 18	+ 12	+ 9
271	+ 43	−104	+ 34	− 42	− 75	+ 16	+ 11	−122	+ 69	− 92
373	+111	−183	+116	− 35	− 70	−167	−143	−144	−125	+131
577	−217	− 74	+134	+152	−125	+220	−214	+197	−183	+ 64
883	+ 33	+415	−167	+338	+130	−158	+ 33	+332	+341	− 1

p	ϖ_{25}	ϖ_{28}	ϖ_{31}	ϖ_{35}	ϖ_{38}	ϖ_{41}
67	+ 19	− 18	− 14	− 32	+ 19	+ 23
271	− 94	+ 37	+107	+108	+ 98	+ 7
373	− 57	+ 45	+134	+ 70	+137	+181
577	+123	+ 1	−160	+278	+174	+208
883	−266	−358	−257	+325	− 66	+210

*) Hier ist ϖ_1 die gemeinschaftliche Wurzel des Congruenzensystems

$$\varpi_1 + \varpi_{35} \equiv -\varpi_{18}, \quad \varpi_1\varpi_{35} \equiv 2 + \varpi_{15} \pmod{p}$$

und eines zweiten von 8 Congruenzen, deren erste

$$\varpi_1 + \varpi_4 + \varpi_7 + \varpi_{19} + \varpi_{22} + \varpi_{25} + \varpi_{28} + \varpi_{31} \equiv -\omega^{34} \pmod{p}.$$

Übrigens ist ϖ_1 auch vollständig bestimmt durch die lineäre Congruenz $\varpi_1\omega^{17} \equiv \varpi_{18}$. — Vgl. $\lambda = 3$ und $\lambda = 17$.

$n = 51$

$f(\varpi_1)$, Primfactoren der Primzahlen p.

Wirkliche Primfactoren haben die zwei letzten der hierher gehörigen Primzahlen p:

$$p = 577, \quad f(\varpi_1) = 1 - \varpi_{28}; \qquad p = 883, \quad f(\varpi_1) = 1 + \varpi_{22}.$$

Die Primfactoren der übrigen sind ideal, in 5ter Potenz wirklich (vgl. I.), gemäss den Normen: $N(1 - \varpi_1 - \varpi_5) = 271.67$, $N(3 - \frac{4}{\varpi_5} + \frac{4}{\varpi_{19}}) = 373.13$ *)

II, 3. $p = 51m - 16$; $\qquad \varpi_r = \omega^r + \omega^{-16r} = -\omega^{18}$,

d. h. hier reduciren sich die primitiven Perioden auf die 17ten Einheitswurzeln, wesshalb die hierher gehörigen Primzahlen p, nämlich:

137, 239, 443, 647, 953

keine anderen Primfactoren haben, als die Primzahlen $p = 17m + 1$ (vgl. $\lambda = 17$), welche auch in Beziehung auf 51 te Einheitswurzeln complexe Primzahlen sind.

III. p zum Exponenten 4 gehörig.

8 viergliedrige Perioden, und zwar mit 2 Fällen:

III, 1. $p = 51m + 4, + 13$;

$\varpi_r = \omega^r + \omega^{4r} + \omega^{16r} + \omega^{13r}$, also die 8 primitiven, wofür $\Pi(\varpi) = 1$,

$$\begin{aligned}
\varpi_1 &= \omega + \omega^4 + \omega^{16} + \omega^{13}, & \varpi_2 &= \omega^2 + \omega^8 + \omega^{32} + \omega^{26}, \\
\varpi_5 &= \omega^5 + \omega^{20} + \omega^{29} + \omega^{14}, & \varpi_7 &= \omega^7 + \omega^{28} + \omega^{10} + \omega^{40}, \\
\varpi_{11} &= \omega^{11} + \omega^{44} + \omega^{23} + \omega^{41}, & \varpi_{19} &= \omega^{19} + \omega^{25} + \omega^{49} + \omega^{43}, \\
\varpi_{22} &= \omega^{22} + \omega^{37} + \omega^{46} + \omega^{31}, & \varpi_{35} &= \omega^{35} + \omega^{38} + \omega^{50} + \omega^{47};
\end{aligned}$$

ihre fundamentalen Relationen unter einander und zu den nichtprimitiven Perioden, d. h. den viergliedrigen ϖ_{3r} der 17ten und den 3ten Einheitswurzeln $\varpi_{17r} = 4\omega^{17r}$, haben folgende Typen:

$$\begin{aligned}
\varpi_1^2 &= 4\omega^{17} + \varpi_2 + 2\varpi_5, & \varpi_1\varpi_2 &= -1, & \varpi_1\varpi_5 &= -1 - \varpi_3 + \varpi_{18}, \\
\varpi_1\varpi_7 &= \varpi_2 + \varpi_5 + 2\varpi_{11}, & \varpi_1\varpi_{19} &= -\omega^{17}, & \varpi_1\varpi_{35} &= 4 + 2\varpi_3 + \varpi_9; \\
\varpi_1\varpi_3 &= 2\varpi_1 + \varpi_7 + \varpi_{19}, & \varpi_1\varpi_9 &= -\omega^{34}, & \varpi_1\varpi_{18} &= 4\omega^{34} + \varpi_{19} + 2\varpi_{22}; \\
\varpi_1\varpi_{17} &= 4\varpi_{18}, & \varpi_1\varpi_{34} &= 4\varpi_{35}.
\end{aligned}$$

---

*) Hier sind $\frac{4}{\varpi}$ die viergliedrigen Perioden der ersten Art (III, 1.); man vergleiche die obige Bemerkung bei I und unten bei IV, I. — Weitere Normen:

$N(\varpi_{14} + \varpi_{28}) = 67.13^2$, $\quad N(1 - \varpi_7 + \varpi_{21}) = 16.67$, $\quad N(1 - \varpi_7 - \varpi_{11}) = 67^2$,
$N(\varpi_7 + \varpi_{35}) = N(1 - \varpi_{11} + \varpi_{14}) = 16.373$ u. s, w.

32*

$n = 51$

Congruenzwurzeln mod. p.*)

p	ϖ_1	ϖ_2	ϖ_5	ϖ_7	ϖ_{11}	ϖ_{19}	ϖ_{22}	ϖ_{35}
13	− 1	+ 1	− 5	− 5	− 2	− 4	− 6	− 3
157	+ 34	+ 60	− 54	+ 32	+ 70	+ 5	+ 74	− 63
421	+128	+148	+ 79	− 16	− 85	+ 13	−104	−162
463	− 99	−159	−155	−230	− 33	− 98	− 14	−137
523	+ 83	+ 63	+155	− 27	+ 78	+119	−114	+167
727	−357	−112	+ 5	−291	−347	+323	+ 44	+ 9
769	+284	+176	+205	+ 15	+ 17	+291	−181	− 37
829	−347	− 43	+288	−308	−155	−401	+353	−215

$f(\varpi_1)$, Primfactoren der Primzahlen p.

Wirklich ist nur der Factor $f(\varpi_1) = 1 + \varpi_2 + \varpi_{19} + \varpi_{35}$ von $p = 421$. Die übrigen sind ideal und in 5ter Potenz wirklich, gemäss folgender

Normen zusammengesetzter complexer Zahlen in $\frac{4}{\varpi}$.

$N(1 + \varpi_1) = N(1 - \varpi_2) = 4 \cdot 13$, $N(1 - \varpi_5 - \varpi_6) = 13 \cdot 157$,

$N(\omega^{17} - \varpi_9 + \varpi_{18}) = 13 \cdot 463$, $N(\varpi_2 - \varpi_{18} + \varpi_{22}) = 4 \cdot 523$,

$N(1 - \varpi_{11} - \varpi_{18}) = 4 \cdot 727$, $N(1 - \omega^{17} + 2\varpi_{22}) = 13 \cdot 769$,

$N(2 - \varpi_2 - \varpi_7 - \varpi_{22}) = 13 \cdot 829$. Vgl. Bemerkung bei I. und bei IV, 1.

*) Hier ist ϖ_1 die gemeinschaftliche Wurzel des Congruenzensystems $\varpi_1 + \varpi_{35} \equiv -\varpi_{18}$, $\varpi_1 \varpi_{35} \equiv 4 + 2\varpi_3 + \varpi_9$ (mod. p) und eines zweiten von 4 Congruenzen, deren erste $\varpi_1 + \varpi_7 + \varpi_{19} + \varpi_{22} \equiv -\omega^{34}$ (mod. p). Übrigens ist ϖ_1 auch völlig bestimmt durch die lineäre Congruenz $\varpi_1 \omega^{17} \equiv \varpi_{18}$ (mod. p). Vgl. $\lambda = 3$ und $\lambda = 17$, wo η_0, η_1, η_2, η_3, was hier ϖ_3, ϖ_9, ϖ_6, ϖ_{18} (resp.).

$n = 51$

III, 2. $p = 51m - 4, -13;$

$\varpi_r = \omega^r + \omega^{-4r} + \omega^{16r} + \omega^{-13r}$, also die 8 primitiven Perioden, wofür $\Pi(\varpi) = 103$,

$$\varpi_1 = \omega + \omega^{47} + \omega^{16} + \omega^{38} \qquad \varpi_2 = \omega^2 + \omega^{43} + \omega^{32} + \omega^{25},$$
$$\varpi_4 = \omega^4 + \omega^{35} + \omega^{13} + \omega^{50}, \qquad \varpi_5 = \omega^5 + \omega^{31} + \omega^{29} + \omega^{37},$$
$$\varpi_7 = \omega^7 + \omega^{23} + \omega^{10} + \omega^{11}, \qquad \varpi_8 = \omega^8 + \omega^{19} + \omega^{26} + \omega^{49},$$
$$\varpi_{14} = \omega^{14} + \omega^{46} + \omega^{20} + \omega^{22}, \qquad \varpi_{28} = \omega^{28} + \omega^{41} + \omega^{40} + \omega^{44};$$

ihre fundamentalen Relationen unter einander und zu den nichtprimitiven Perioden d. h. den viergliedrigen Perioden ϖ_{3r} der 17ten Einheitswurzeln (wie in IV, 1.), während $\varpi_{17r} = -2$ ist, haben folgende Typen:

$$\varpi_1^2 = -2 + 2\varpi_3 + \varpi_2, \quad \varpi_1\varpi_2 = \varpi_3 + \varpi_{18} + \varpi_8 + \varpi_{28}, \quad \varpi_1\varpi_4 = 4 - \varpi_3 + \varpi_9;$$
$$\varpi_1\varpi_3 = 2\varpi_4 + \varpi_8 + \varpi_{28}, \quad \varpi_1\varpi_6 = -\varpi_9 + \varpi_2 + \varpi_{14}, \quad \varpi_1\varpi_9 = \varpi_1 + \varpi_2 + \varpi_5 + \varpi_7,$$
$$\varpi_1\varpi_{18} = -2 + \varpi_5 + 2\varpi_{14}.$$

Congruenzwurzeln mod. p.*)

p	ϖ_1	ϖ_2	ϖ_4	ϖ_5	ϖ_7	ϖ_8	ϖ_{14}	ϖ_{28}
47	− 13	+ 16	− 17	+ 14	− 15	− 5	− 21	− 5
89	+ 10	+ 23	− 39	+ 8	− 26	+ 20	− 3	+ 8
149	+ 36	− 53	+ 40	+ 9	+ 32	− 47	− 14	− 2
191	− 43	− 23	+ 64	+ 61	− 88	− 68	− 43	− 50
251	+ 54	+ 78	+ 97	− 3	+ 6	+ 45	+ 89	−114
293	− 44	−135	− 72	− 70	+ 17	−110	+ 59	+ 63
353	− 33	+146	+107	− 7	+175	− 84	+ 64	− 14
557	−130	−233	−160	−241	− 87	+112	−250	−124
599	− 9	− 25	−216	+298	−240	−172	+247	+118
659	− 79	+184	−307	+ 57	+ 96	−114	−121	+285
701	+ 29	+ 96	+227	−200	+160	+312	+177	− 99
761	+ 98	+ 62	+174	− 29	−181	+187	−177	−133
863	− 26	+428	+375	−215	−103	−292	+ 90	−256

*) Hier ist ϖ_1 die absolut kleinere der beiden Wurzeln des Congruenzensystems

$$\varpi_1 + \varpi_4 \equiv -\varpi_{18}, \quad \varpi_1\varpi_4 \equiv 4 - \varpi_3 + \varpi_9 \pmod{p}.$$

$n = 51$

Die Primfactoren der Primzahlen p

sind alle wirklich, aber von der Form $f(\omega, \varpi_1)$, so dass $N_\omega f(\omega, \varpi_1) = p^2$ ist.*) Dass alle in dieser Hinsicht sich gleichstehen, folgt aus nachstehenden

Normen zusammengesetzter complexer Zahlen in $\frac{4}{\varpi}$.

$$N(\varpi_2 - \varpi_8 + \varpi_{14}) = 47 . 89, \qquad N(\varpi_6 - \varpi_8 - \varpi_{28}) = 89 . 149,$$
$$N(2 + \varpi_2 - \varpi_{18}) = 47 . 191, \qquad N(2\varpi_5 + \varpi_7) = 47 . 251,$$
$$N(2 + \varpi_4 - \varpi_5) = 47 . 293, \qquad N(2\varpi_5 - \varpi_{28}) = 89 . 353,$$
$$N(3 + \varpi_9 + \varpi_{28}) = 47 . 557, \qquad N(4 - \varpi_6 + \varpi_{28}) = 149 . 599,$$
$$N(2\varpi_5 + \varpi_8) = 47 . 659, \qquad N(3 + \varpi_2 + \varpi_{28}) = 47 . 701,$$
$$N2\varpi_9 - \varpi_{28}) = 47 . 761, \qquad N(2 + \varpi_2 + 2\varpi_5) = 89 . 863.$$

Ferner hat man: $N(\varpi) = 103$, $N(1 + \varpi) = 307$, $N(1 - \varpi) = 67$;
$N(\varpi_4 - \varpi_{18}) = 3^4 . 47$; $N(\varpi_8 - \varpi_{28}) = 17 . 47$, $N(2 + \varpi_{28}) = 17 . 149$,
$N(\varpi_5 - \varpi_{28}) = 17 . 89$, $N(\varpi_1 - \varpi_{14}) = 17 . 191$ u. s. w.

*) Diess folgt aus der Norm $N(1 - \varpi_3 - \varpi_4 + \varpi_9) = 47^2$, mit den Congruenzwurzeln mod. 47^2; gibt man denselben die Form $a + bp$, so stehen die Werthe von a oben, und die von b sind für:

$$p = 47 \begin{cases} \varpi_1 & \varpi_2 & \varpi_4 & \varpi_5 & \varpi_7 & \varpi_8 & \varpi_{14} & \varpi_{28} \\ -11 & -20 & +7 & -18 & -23 & +23 & -19 & +15 \end{cases}$$

$$\text{und} \begin{cases} \varpi_3 & \varpi_6 & \varpi_9 & \varpi_{18} \\ 7-10p & 20+8p & -11-3p & -17+5p \end{cases}$$

$n = 51$

IV. p zum Exponenten 8 gehörig.

4 achtgliedrige Perioden, und zwar mit 2 Fällen:

IV, 1. $p = 51m + 2, + 8, - 19, - 25;$

$$\varpi_r = \omega^r + \omega^{2r} + \omega^{4r} + \omega^{8r} + \omega^{16r} + \omega^{-19r} + \omega^{13r} + \omega^{-25r}, \text{ also:}$$

$$\varpi_1 = \omega + \omega^2 + \omega^4 + \omega^8 + \omega^{16} + \omega^{32} + \omega^{13} + \omega^{26},$$
$$\varpi_5 = \omega^5 + \omega^{10} + \omega^{20} + \omega^{40} + \omega^{29} + \omega^7 + \omega^{14} + \omega^{28},$$
$$\omega_{11} = \omega^{11} + \omega^{22} + \omega^{44} + \omega^{37} + \omega^{23} + \omega^{46} + \omega^{41} + \omega^{31},$$
$$\varpi_{19} = \omega^{19} + \omega^{38} + \omega^{25} + \omega^{50} + \omega^{49} + \omega^{47} + \omega^{43} + \omega^{35};$$

Wurzeln der Gleichung:

$$\varpi^4 - \varpi^3 + 11\varpi^2 + \varpi + 52 = 0;$$

mit den fundamentalen Relationen zu einander und zu den nichtprimitiven Perioden, d. h. den achtgliedrigen ϖ_{3r} der 17ten Einheitswurzeln (während $\varpi_{17r} = -4$ ist):

$$\varpi_1^2 = -6 + \varpi_1 + 2\varpi_5, \qquad \varpi_1\varpi_5 = 3\varpi_9 + \varpi_1 + \varpi_{11}, \qquad \varpi_1\varpi_{11} = 3\varpi_3 + \varpi_{11} + \varpi_{19},$$
$$\varpi_1\varpi_{19} = 8 + \varpi_3; \qquad \varpi_1\varpi_3 = 2 + \varpi_5 - \varpi_{11}, \qquad \varpi_1\varpi_9 = -3 + 2\varpi_{11} + \varpi_{19}.$$

Congruenzwurzeln mod. p.*)

p	ϖ_1	ϖ_5	ϖ_{11}	ϖ_{19}	p	ϖ_1	ϖ_5	ϖ_{11}	ϖ_{19}
2	0	1	1	1	461	−135	− 37	− 72	−216
53	+ 2	+ 4	− 14	+ 9	467	+ 58	−212	− 10	+165
59	− 2	+ 6	− 21	+ 18	491	+ 79	+138	+148	+127
83	+ 7	+24	+ 23	+ 30	563	−238	−269	+222	−277
179	−17	−23	− 59	− 79	569	−164	−123	+ 56	+232
257	− 9	+48	+116	+103	587	−188	+159	−207	+237
263	−37	−83	+ 51	+ 70	593	−181	−130	+ 96	+216
281	−71	+30	−115	−124	773	+ 54	−112	− 88	+147
359	+46	−39	− 71	+ 65	797	−199	− 22	− 34	+256
383	+84	+42	+160	+ 98	971	−165	+104	−442	−467
389	−68	+15	− 54	+108	977	− 6	+ 24	−296	+279

*) Hier ist ϖ_1 die absolut kleinere der beiden Wurzeln des Congruenzensystems

$$\varpi_1 + \varpi_{19} \equiv -\varpi_9, \qquad \varpi_1\varpi_{19} \equiv 8 + \varpi_3 \pmod{p}.$$

$n = 51$

Die Primfactoren der Primzahlen p

sind theils wirklich, theils ideal (in 5ter Potenz wirklich), in beiden Fällen aber von der Form $f(\omega, \varpi_1)$, so dass $N_\omega f(\omega, \varpi_1) = p^2$, resp. $= p^{10}$. Im ersten Fall befindet sich 2,*) sowie alle Primzahlen p, wofür complexe Zahlen $\phi(\varpi_1)$ vorhanden sind, so dass $N\phi(\varpi_1) = 2p$, wie:

p	$\phi(\varpi_1)$	p	$\phi(\varpi_1)$	p	$\phi(\varpi_1)$
53	$2-\varpi_1$	263	$4+2\varpi_1+\varpi_{19}$	491	$3\varpi_1+2\varpi_{19}$
59	$2+\varpi_1$	281	$4-2\varpi_3+\varpi_{11}$	587	$4-2\varpi_1-\varpi_{11}$
83	$\varpi_{11}+2\varpi_{19}$	383	$\varpi_1-2\varpi_5$	773	$4+2\varpi_1+\varpi_5$
179	$3-\varpi_3-\varpi_{19}$	389	$2\varpi_{11}+\varpi_{19}$	977	$6-\varpi_1$
257	$2-2\varpi_1+2\varpi_5-\varpi_{11}$				

ferner $p = 461, 971$ wegen: $N(5+4\varpi_1-2\varpi_5) = 461 \,.\, 83$, $N(19+6\varpi_1) = 971 \,.\, 389$.

Im zweiten Fall befindet sich jedenfalls 359**), wahrscheinlich auch die übrigen: 467, 563, 569, 593, 797, sofern für sie keine solche $\phi(\varpi_1)$ sich gefunden haben.

---

*) Dass der Primfactor von 2 ideal ist, scheint aus Normen wie: $N(\varpi_1) = 4 \,.\, 13$, $N(1+\varpi) = N(1-\varpi) = 64$ und obigen bei III, 1 hervorzugehen; dass er überdiess die Form $f(\omega, \varpi_1)$ haben muss, ergibt sich aus Normen wie:

$$N(1+\varpi_1-\varpi_5) = N(1-\varpi_{11}-2\varpi_{19}) = N(3-\varpi_3-\varpi_{11}) = 256, \quad N(2-\varpi_3+2\varpi_{19}) =$$
$N(1-2\varpi_5+\varpi_{19}) = 9 \,.\, 128$, welche mit den Congruenzwurzeln mod. 32:
$\varpi_1 \equiv -4$, $\varpi_5 \equiv -3$, $\varpi_{11} \equiv +15$, $\varpi_{19} \equiv -7$, $\varpi_3 \equiv -12$ berechnet sind.

**) Diess folgt aus der Norm $N(11+8\varpi_{11}-8\varpi_{19}) = 359^2$, berechnet mit den Congruenzwurzeln mod. 359^2:

$$\varpi_1 \equiv 46+45p, \quad \varpi_5 \equiv -39+76p, \quad \varpi_{11} \equiv -71+7p, \quad \varpi_{19} \equiv 65-128p,$$
$\varpi_3 \equiv +110-53p$, während bei den Primzahlen p der ersten Gruppe, z. B. $p = 53$, mit den Congruenzwurzeln mod. 53^2: $\varpi_1 \equiv 2-9p$, $\varpi_5 \equiv 4+13p$, $\varpi_{11} \equiv -14-23p$, $\varpi_{19} \equiv 9+19p$, $\varpi_3 \equiv 10+10p$, nur Normen sich ergeben, wie:
$N(5+2\varpi_1-2\varpi_5-6\varpi_{19}) = 67 \,.\, 53^2$, $N(3-\varpi_1-6\varpi_{19}) = 16 \,.\, 53^2$, $N(2+3\varpi_1-2\varpi_5) = 4 \,.\, 53^2$, $N(1-4\varpi_1+2\varpi_5-6\varpi_{19}) = 13 \,.\, 53^2$.

Dazu kommen noch Normen, bei welchen der Factor 2 vermieden ist, wie einerseits:

$$N(3+4\varpi_{19}) = 53 \,.\, 281, \qquad N(1-2\varpi_1-4\varpi_{11}) = 53 \,.\, 59,$$
$$N(3-2\varpi_1-2\varpi_3) = 83 \,.\, 53, \qquad N(5+2\varpi_5-2\varpi_{11}) = 59 \,.\, 263, \text{ u. s. w.,}$$

andrerseits:

$$N(3+2\varpi_5+4\varpi_{11}) = 9 \,.\, 359, \qquad N(3-2\varpi_5-4\varpi_{11}) = 9 \,.\, 467,$$
$$N(5+2\varpi_1+2\varpi_5) = 9 \,.\, 569, \qquad N(9+2\varpi_3+2\varpi_{19}) = 17 \,.\, 359,$$
$$N(9-2\varpi_{19}) = 17 \,.\, 563, \qquad N(1-4\varpi_1) = 17 \,.\, 797.$$

$n = 51$

IV, 2. $p = 51m - 2, -8, +19, +25;$

$$\varpi_r = \omega^r + \omega^{-2r} + \omega^{4r} + \omega^{-8r} + \omega^{16r} + \omega^{19r} + \omega^{13r} + \omega^{25r}, \text{ also:}$$

$$\varpi_1 = \omega + \omega^{49} + \omega^4 + \omega^{43} + \omega^{16} + \omega^{19} + \omega^{13} + \omega^{25},$$

$$\varpi_2 = \omega^2 + \omega^{47} + \omega^8 + \omega^{35} + \omega^{32} + \omega^{38} + \omega^{26} + \omega^{50},$$

$$\varpi_5 = \omega^5 + \omega^{41} + \omega^{20} + \omega^{11} + \omega^{29} + \omega^{44} + \omega^{14} + \omega^{23},$$

$$\varpi_7 = \omega^7 + \omega^{37} + \omega^{28} + \omega^{46} + \omega^{10} + \omega^{31} + \omega^{40} + \omega^{22};$$

Wurzeln der Gleichung:

$$\varpi^4 - \varpi^3 + 5\varpi^2 + 4\varpi + 16 = 0;$$

mit den fundamentale Relationen zu einander und zu den nichtprimitiven Perioden, d. h. den achtgliedrigen ϖ_{3r} (wie in IV, 1.) der 17ten und den 3ten Einheitswurzeln $\varpi_{17r} = 8\omega^{17r}$,

$\varpi_1^2 = 5\omega^{17} + \varpi_5$, $\varpi_1\varpi_2 = 5 + \varpi_3$, $\varpi_1\varpi_5 = -4$, $\varpi_1\varpi_7 = -4\omega^{17}$;

$\varpi_1\varpi_3 = -4\omega^{34}$, $\varpi_1\varpi_9 = 5\omega^{34} + \varpi_7$; $\varpi_1\varpi_{17} = 8\varpi_9$, $\varpi_1\varpi_{34} = 8\varpi_2$.

Congruenzwurzeln mod. p.*)

p	ϖ_1	ϖ_2	ϖ_5	ϖ_7
19	+ 8	− 1	+ 9	+ 4
43	− 16	− 17	+ 11	− 20
127	+ 17	+ 41	− 60	+ 3
151	− 10	+ 28	− 60	+ 43
223	+ 55	+ 30	− 69	− 15
229	+ 29	− 7	− 87	+ 66
331	+ 43	+ 9	+ 23	− 74
349	−153	−169	− 57	+ 31
433	− 92	+122	+113	−142
457	− 52	+113	+211	+186
631	+ 27	+ 74	−117	+ 17
661	−133	+292	+ 5	−163
733	−111	−359	− 66	−196
739	+ 83	− 44	+365	+336
757	−152	−286	+259	+180
859	−205	+247	+352	−393
937	−277	+456	+159	−337
967	−329	−336	+194	+472

$f(\varpi_1)$, Primfactoren der Primzahlen p.

p	$f(\varpi_1)$
19	$1 + \varpi_2$
43	$1 + 2\varpi_2 + 3\varpi_5$
127	$3 - \varpi_7$
151	$2 - \varpi_2 + \varpi_5 + 2\varpi_7$
223	$3 + 4\varpi_2 + 2\varpi_5 - \varpi_7$
229	$2 + \varpi_1 + 3\varpi_7$
331	$3 + \varpi_1 - 2\varpi_5$
349	$5 - \varpi_5 - 2\varpi_7$
433	$2 - \varpi_2 + \varpi_5 + 3\varpi_7$
457	$3 - \varpi_1 + 2\varpi_2 + 3\varpi_5$
631	$3 + 2\varpi_2 + \varpi_5 - 2\varpi_7$
661	$5 - \varpi_5$
733	$8 - 3\varpi_2 - 5\varpi_5 - 4\varpi_7$
739	$5 + \varpi_1 + 2\varpi_2$
757	$5 - 2\varpi_2 + \varpi_7$
859	$6 - 3\varpi_1 + 2\varpi_5 - \varpi_7$
937	$4 + \varpi_2 + 3\varpi_5$
967	$5 - 2\varpi_1 + 4\varpi_5 - \varpi_7$

---

*) Hier ist ϖ_1 die gemeinschaftliche Wurzel zweier Congruenzensysteme:

$$\left.\begin{aligned} \varpi_1 + \varpi_2 &\equiv -\varpi_9 \\ \varpi_1\varpi_2 &\equiv 5 + \varpi_3 \end{aligned}\right\} \qquad \left.\begin{aligned} \varpi_1 + \varpi_7 &\equiv -\omega^{34} \\ \varpi_1\varpi_7 &\equiv -4\omega^{17} \end{aligned}\right\} \pmod{p}.$$

Auch ist ϖ_1 völlig bestimmt durch die lineäre Congruenz $\varpi_1\omega^{17} \equiv \varpi_9 \pmod{p}$.

$$n = 51$$

V. p zum Exponenten 16 gehörig:

2 sechszehngliedrige Perioden, und zwar mit 2 Fällen:

V, 1. $p = 51m + 5, -7, -10, +11, +14, +20, -22, +23$

$$\varpi_r = \omega^r + \omega^{5r} + \omega^{25r} + \omega^{23r} + \omega^{13r} + \omega^{14r} + \omega^{19r} + \omega^{-7r} + \omega^{16r} + \omega^{-22r} + \omega^{-8r} + \omega^{11r} + \omega^{4r} + \omega^{20r} + \omega^{-2r} + \omega^{-10r}, \text{ also}$$

$$\varpi_1 = \omega + \omega^5 + \omega^{25} + \omega^{23} + \omega^{13} + \omega^{14} + \omega^{19} + \omega^{44} + \omega^{16} + \omega^{29} + \omega^{43} + \omega^{11} + \omega^4 + \omega^{20} + \omega^{49} + \omega^{41},$$

$$\varpi_2 = \omega^2 + \omega^{10} + \omega^{50} + \omega^{46} + \omega^{26} + \omega^{28} + \omega^{38} + \omega^{37} + \omega^{32} + \omega^7 + \omega^{35} + \omega^{22} + \omega^8 + \omega^{40} + \omega^{47} + \omega^{31};$$

Wurzeln der Gleichung:

$$\varpi^2 - \varpi + 13 = 0;$$

mit den fundamentalen Relationen:

$$\varpi_1^2 = -13 + \varpi_1, \qquad \varpi_1 \varpi_2 = +13.$$

Congruenzwurzeln p.*)

p	ϖ_1	ϖ_2	p	ϖ_1	ϖ_2	p	ϖ_1	ϖ_2	p	ϖ_1	ϖ_2
5	2	−1	197	76	−75	479	73	−72	821	50	−49
11	5	−4	227	34	−33	503	108	−107	827	322	−321
23	8	−7	233	51	−50	521	143	−142	839	234	−233
29	12	−11	269	37	−36	617	188	−187	857	254	−253
41	11	−10	311	85	−84	641	57	−56	881	316	−315
71	19	−18	317	144	−143	653	123	−122	887	67	−66
107	43	−42	347	42	−41	677	296	−295	911	163	−162
113	24	−23	401	35	−34	683	313	−312	929	392	−391
131	20	−19	419	155	−154	719	111	−110	941	69	−68
167	70	−69	431	100	−99	743	175	−174	947	350	−349
173	23	−22	449	207	−206	809	64	−63	983	272	−271

*) Hier ist ϖ_1 diejenige der beiden Congruenzwurzeln, welche > 0 und $< \frac{1}{2}p$ ist.

$n = 51$

Die Primfactoren der Primzahlen p

haben die Form $f(\omega, \varpi_1)$, so dass $N_\omega f(\omega, \varpi_1) = p^2$ *). — Für alle Primzahlen p gibt es complexe Zahlen, deren Normen $= 3p$, oder $= 5p$, und zwar letztere auf 2 Arten, wovon die eine als $\phi(\varpi_1)$ in die folgende Tafel aufgenommen ist, also $N\phi(\varpi_1) = 5p$. **)

p	$\phi(\varpi_1)$	p	$\phi(\varpi_1)$	p	$\phi(\varpi_1)$	p	$\phi(\varpi_1)$
5	$3+\varpi_1$	197	$31-3\varpi_1$	479	$9+13\varpi_1$	821	$29-17\varpi_1$
11	$1+2\varpi_1$	227	$23+6\varpi_1$	503	$3-14\varpi_1$	827	$51-13\varpi_1$
23	$1-3\varpi_1$	233	$7+9\varpi_1$	521	$41+7\varpi_1$	839	$57-11\varpi_1$
29	$12-\varpi_1$	269	$37-\varpi_1$	617	$24+13\varpi_1$	857	$64-7\varpi_1$
41	$3-4\varpi_1$	311	$2-11\varpi_1$	641	$57-\varpi_1$	881	$48+11\varpi_1$
71	$14+3\varpi_1$	317	$28-9\varpi_1$	653	$47-11\varpi_1$	887	$67-\varpi_1$
107	$21+2\varpi_1$	347	$42-\varpi_1$	677	$3+16\varpi_1$	911	$67-6\varpi_1$
113	$17+4\varpi_1$	401	$19-12\varpi_1$	683	$29+13\varpi_1$	929	$59-12\varpi_1$
131	$9-7\varpi_1$	419	$46-3\varpi_1$	719	$53+6\varpi_1$	941	$44+13\varpi_1$
167	$11+7\varpi_1$	431	$38-9\varpi_1$	743	$46-13\varpi_1$	947	$62-11\varpi_1$
173	$11-8\varpi_1$	449	$32-11\varpi_1$	809	$41+12\varpi_1$	983	$19+18\varpi_1$

V, 2. $p = 51m - 5, +7, +10, -11, -14, -20, +22, -23$;

$$\varpi_r = \omega^r + \omega^{-5r} + \omega^{25r} + \omega^{-23r} + \omega^{13r} + \omega^{-14r} + \omega^{19r} + \omega^{7r} + \omega^{16r} + \omega^{22r} + \omega^{-8r} + \omega^{-11r}$$
$$+ \omega^{4r} + \omega^{-20r} + \omega^{-2r} + \omega^{10r} = -\omega^{34r},$$

d. h. hier reduciren sich die primitiven Perioden auf die 3ten Einheitswurzeln, und die hierher gehörigen Primzahlen p, d. h.

7, 37, 61, 73, 79, 97, 109, 139, 151, 163, 181, 193, 199, 211, 241, 277, 283, 313, 337, 367, 379, 397, 439, 487, 499, 541, 547, 571, 601, 607, 619, 643, 673, 691, 709, 751, 787, 811, 823, 853, 877, 907, 991, 997,

haben daher keine anderen Primfactoren als die $p = 3m+1$ (vgl. $\lambda = 3$), welche auch in Beziehung auf 51te Einheitswurzeln complexe Primzahlen sind.

---

*) Es ist nämlich $\varpi_1 \equiv -3 \bmod. 5^2$ und $N(3+\varpi_1) = 5^2$.

**) Aus $\phi(\varpi_1) = a + b\varpi_1$ erhält man die andere $\phi'(\varpi_1) = a' + b'\varpi_1$, deren Norm ebenfalls $= 5p$ ist, durch Multiplication mit $\frac{1}{5}(3+\varpi_2)$ und es ist $a' = \frac{1}{5}(4a+13b)$, $b' = \frac{1}{5}(3b-a)$; ebenso erhält man aus $\phi(\varpi_1)$ durch Multiplication mit $\frac{1}{5}(2-\varpi_2)$ die complexe Zahl, deren Norm $= 3p$; und es ist $N\frac{3+\varpi_2}{5} = 1$, $N\frac{2-\varpi_2}{5} = \frac{3}{5}$.

$n = 55$

1. $p = 55m + 1.$

40 primitive Wurzeln, deren Gleichung:

$$\omega^{40}-\omega^{39}+\omega^{35}-\omega^{34}+\omega^{30}-\omega^{28}+\omega^{25}-\omega^{23}+\omega^{20}-\omega^{17}+\omega^{15}-\omega^{12}+\omega^{10}-\omega^{6}+\omega^{5}-\omega+1 = 0;$$

womit, oder mittelst der beiden Gleichungen:

$$\omega^{44}+\omega^{33}+\omega^{22}+\omega^{11}+1 = 0, \quad \omega^{50}+\omega^{45}+\omega^{40}+\omega^{35}+\omega^{30}+\omega^{25}+\omega^{20}+\omega^{15}+\omega^{10}+\omega^{5}+1 = 0,$$

die nichtprimitiven Wurzeln, d. h. die 5ten und 11ten Einheitswurzeln, durch die primitiven sich ausdrücken lassen.

Congruenzwurzeln mod. p.*)

p	ω	ω^2	ω^3	ω^4	ω^6	ω^7	ω^8	ω^9	ω^{12}	ω^{13}
331	+100	+ 70	+ 49	− 65	+ 84	+125	− 78	+144	+105	− 92
661	+ 85	− 46	+ 56	+133	−169	+177	−158	−210	+138	−168
881	+333	−117	−197	−407	+ 45	+ 8	+ 21	− 55	+263	+360
991	+265	−136	−364	−333	−298	+310	−103	+453	−386	−217

p	ω^{14}	ω^{16}	ω^{17}	ω^{18}	ω^{19}	ω^{21}	ω^{23}	ω^{24}	ω^{26}	ω^{27}
331	+ 68	+126	+ 22	−117	−115	−106	−138	+102	−142	+ 33
661	+262	−154	+130	−187	− 31	+104	−157	−125	−199	+271
881	+ 64	−440	−274	+382	+342	−369	+ 4	−430	+ 93	+134
991	− 27	−292	− 82	+ 72	+251	−442	−339	+346	−479	− 87

p	ω^{28}	ω^{29}	ω^{31}	ω^{32}	ω^{34}	ω^{36}	ω^{37}	ω^{38}	ω^{39}	ω^{41}
331	− 10	− 7	−159	− 12	+153	+118	−116	− 15	+155	− 73
661	−100	+ 93	−312	− 80	−286	− 64	−152	+300	−279	+275
881	−309	+180	+ 84	−220	+191	−322	+256	−209	+ 2	−234
991	−262	− 60	+232	+ 38	−213	+229	+234	−423	−112	+367

p	ω^{42}	ω^{43}	ω^{46}	ω^{47}	ω^{48}	ω^{49}	ω^{51}	ω^{52}	ω^{53}	ω^{54}
331	− 18	−145	−154	+157	+143	+ 67	+ 56	− 27	− 52	+ 96
661	+240	− 91	+192	−205	−239	+176	−164	− 59	+273	+ 70
881	−394	+ 67	+ 16	+ 42	−110	+372	−355	−161	+128	+336
991	+137	−362	− 35	−356	−195	−143	−372	−471	+ 51	−359

*) Die Congruenzwurzeln für die nichtprimitiven Wurzeln stehen bei $\lambda = 5$ und $\lambda = 11$.

$n = 55$

Die Primfactoren der Primzahlen p

sind ideal, und zwar für $p = 331$ in 10ter, für $p = 661, 881$ (welche die quadratische Normform haben) in 5ter, für $p = 991$ wahrscheinlich in 2ter Potenz, obwohl es nicht gelungen ist, $f^2(\omega)$ mittelst der Congruenzwurzeln mod. p^2 darzustellen.*)

Normen complexer Zahlen in ω.

$N(1+\omega^{12}+\omega^{21}) = 331 . 78541$, $N(1+\omega^{8}-\omega^{23}) = 661 . 3631$, $N(1-\omega^{13}+\omega^{16}) = 991^2$; und (mod. p^2) $N(1-\omega^{23}-\omega^{26}+\omega^{31}-\omega^{32}-\omega^{42}+\omega^{47}-\omega^{52}) = 991^2$. (der andere Factor war logarithmisch nicht zu ermitteln, sowie bei drei anderen Versuchen).

II. p zum Exponenten 2 gehörig; 20 zweigliedrige Perioden, und zwar mit 3 Fällen:

II, 1. $p = 55m - 1$; $\varpi_r = \omega^r + \omega^{-r}$, $\varpi_1 \varpi_k = \varpi_{k-1} + \varpi_{k+1}$, $\Pi(\varpi_r) = 1$, wodurch die primitiven ϖ und ihre Relationen zu einander und zu den nichtprimitiven, ϖ_{5r} der 11ten, ϖ_{11r} der 5ten Einheitswurzeln, unmittelbar gegeben sind.

Für $p = 991$ sind die Congruenzwurzeln mod. p^2 folgende, d. h. die Werthe von b, sofern sie in die Form $a + bp$ gesetzt sind und die Werthe von a schon in obiger Tafel stehen:

p	ω	ω^2	ω^3	ω^4	ω^6	ω^7	ω^8	ω^9	ω^{12}	ω^{13}
991	−198	+177	+463	+434	+ 10	+132	+440	+208	+ 76	+338
p	ω^{14}	ω^{16}	ω^{17}	ω^{18}	ω^{19}	ω^{21}	ω^{23}	ω^{24}	ω^{26}	ω^{27}
991	−316	−448	+460	+365	+235	−450	−126	− 53	+ 24	− 8
p	ω^{28}	ω^{29}	ω^{31}	ω^{32}	ω^{34}	ω^{36}	ω^{37}	ω^{38}	ω^{39}	ω^{41}
991	+218	−425	−380	+ 94	−117	+ 42	−457	+105	+474	− 38
p	ω^{42}	ω^{43}	ω^{46}	ω^{47}	ω^{48}	ω^{49}	ω^{51}	ω^{52}	ω^{53}	ω^{54}
991	−385	−284	+318	+ 19	+112	−141	−169	+ 33	−196	+409

*) Die Quelle der Idealität 5ten Grades scheint nämlich die den zweigliedrigen Perioden 3ter Art (II, 3) entsprechende Form zu sein, in welchen $p = 991$ einen wirklichen Factor hat, $N_{\varpi}^{3}(1-\overset{3}{\varpi}_2) = 991$.

$n = 55$

Congruenzwurzeln mod. p.*)

p	ϖ_1	ϖ_2	ϖ_3	ϖ_4	ϖ_6	ϖ_7	ϖ_8	ϖ_9	ϖ_{12}	ϖ_{13}
109	+ 43	− 6	+ 26	+ 34	+ 20	− 31	− 45	− 51	− 38	− 9
439	+ 61	+207	−165	−175	+ 5	−160	−107	+218	+ 23	+ 17
659	+115	+ 43	+217	−130	+298	+ 12	−236	−133	−163	+166
769	− 40	+ 60	− 53	−247	−269	+ 58	+256	−301	+ 73	−182

p	ϖ_{14}	ϖ_{16}	ϖ_{17}	ϖ_{18}	ϖ_{19}	ϖ_{21}	ϖ_{23}	ϖ_{24}	ϖ_{26}	ϖ_{27}
109	− 22	− 48	− 37	− 17	− 40	− 50	+ 13	+ 25	− 30	+ 46
439	+136	+ 33	−120	+110	−194	− 89	+209	+ 88	−152	+ 56
659	+142	−321	+300	−106	+ 31	−285	+235	+207	−124	−267
769	+286	+169	−116	−143	−316	+381	+106	− 56	+ 55	+280

$f(\varpi_1)$, Primfactoren der Primzahlen p. $Nf(\varpi_1) = -p$.

p	$f(\varpi_1)$	p	$f(\varpi_1)$	p	$f(\varpi_1)$	p	$f(\varpi_1)$
109	$1-\varpi_8-\varpi_{27}$	439	$1+\varpi_{21}+\varpi_{24}$	659	$1+\varpi_8+\varpi_{23}$	769	$1+\varpi_{24}+\varpi_{26}$

*) Hier ist ϖ_1 die absolut kleinere der beiden gemeinschaftlichen Wurzeln zweier Congruenzensysteme, des einen aus 4 Congruenzen, wovon die erste uud letzte:

$$\varpi_1 + \varpi_{12} + \varpi_{21} + \varpi_{23} \equiv -\varpi_{10}, \quad \varpi_1\varpi_{12}\varpi_{21}\varpi_{23} \equiv 1 + \varpi_{15} - \varpi_{20} \pmod{p},$$

das andere aus 10 Congruenzen, deren erste:

$$\varpi_1 + \varpi_4 + \varpi_6 + \varpi_9 + \varpi_{14} + \varpi_{16} + \varpi_{19} + \varpi_{21} + \varpi_{24} + \varpi_{26} \equiv -\varpi_{11} \pmod{p}.$$

Wegen der Congruenzwurzeln für ϖ_{11r} und ϖ_{5r} vgl. $\lambda = 5$ uud $\lambda = 11$, wo $\eta_0, \eta_1, \eta_2, \eta_3, \eta_4$ heisst, was hier resp. $\varpi_5, \varpi_{10}, \varpi_{20}, \varpi_{15}, \varpi_{25}$.

$n = 55$

II, 2. $p = 55m - 21$; $\varpi_r = \omega^r + \omega^{-21r}$,

also die primitiven ϖ, wofür $\Pi(\varpi_r) = 1$,

$$\varpi_1 = \omega + \omega^{34}, \quad \varpi_2 = \omega^2 + \omega^{13}, \quad \varpi_3 = \omega^3 + \omega^{47}, \quad \varpi_4 = \omega^4 + \omega^{26},$$
$$\varpi_6 = \omega^6 + \omega^{39}, \quad \varpi_7 = \omega^7 + \omega^{18}, \quad \varpi_8 = \omega^8 + \omega^{52}, \quad \varpi_9 = \omega^9 + \omega^{31},$$
$$\varpi_{12} = \omega^{12} + \omega^{23}, \quad \varpi_{14} = \omega^{14} + \omega^{36}, \quad \varpi_{16} = \omega^{16} + \omega^{49}, \quad \varpi_{17} = \omega^{17} + \omega^{28},$$
$$\varpi_{19} = \omega^{19} + \omega^{41}, \quad \varpi_{21} = \omega^{21} + \omega^{54}, \quad \varpi_{24} = \omega^{24} + \omega^{46}, \quad \varpi_{27} = \omega^{27} + \omega^{38},$$
$$\omega_{29} = \omega^{29} + \varpi^{51}, \quad \varpi_{32} = \omega^{32} + \omega^{43}, \quad \varpi_{37} = \omega^{37} + \omega^{48}, \quad \varpi_{42} = \omega^{42} + \omega^{53};$$

die nichtprimitiven ϖ sind: $\varpi_{5r} = 2\omega^{5r}$, d. h. die 11ten Einheitswurzeln, ϖ_{11r} wie in II, 1. die Perioden der 5ten Wurzeln; typische Relationen:

$$\varpi_1^2 = 2\omega^{35} + \varpi_2, \quad \varpi_1\varpi_2 = -\omega^{25}, \quad \varpi_1\varpi_4 = 2\omega^5 + \varpi_{27}, \quad \varpi_1\varpi_{21} = 2 + \varpi_{22},$$
$$\varpi_1\varpi_{32} = -1; \quad \varpi_1\varpi_{11} = 2\omega^{45} + \varpi_{12}, \quad \varpi_1\varpi_{22} = \varpi_1 + \varpi_{12}; \quad \varpi_1\varpi_5 = 2\varpi_6,$$
$$\varpi_1\varpi_{10} = 2\varpi_{11}.$$

Congruenzwurzeln mod. p.*)

p	ϖ_1	ϖ_2	ϖ_3	ϖ_4	ϖ_6	ϖ_7	ϖ_8	ϖ_9	ϖ_{12}	ϖ_{14}
89	−20	+36	−17	+18	−17	−5	−10	+42	+18	+9
199	−11	−1	+85	−78	+18	+74	+78	+1	+96	−74
419	−163	+146	+109	+28	−55	−15	−192	+66	−185	−24
859	+258	−7	−324	+370	+152	−397	−91	−368	−427	+236

p	ϖ_{16}	ϖ_{17}	ϖ_{19}	ϖ_{21}	ϖ_{24}	ϖ_{27}	ϖ_{29}	ϖ_{32}	ϖ_{37}	ϖ_{42}
89	+36	+42	+21	−5	−40	+21	−34	−40	−34	−20
199	+63	+60	−96	−85	−60	+11	+62	−18	−61	−63
419	+107	−47	+123	−77	−159	+160	+134	+18	−197	−195
859	−177	−165	−114	−344	−207	+243	−82	+283	+220	+83

*) Hier ist ϖ_1 vollständig bestimmt durch die lineäre Congruenz $\varpi_1\omega^{10} \equiv \varpi_{11}$ (mod. p) oder als gemeinschaftliche Wurzel des Systems:

$$\varpi_1 + \varpi_{12} \equiv -\omega^{45}, \quad \varpi_1\varpi_{12} \equiv -\omega^{45} \pmod{p}$$

und eines aus 10 Congruenzen bestehenden, dessen erste:

$$\varpi_1 + \varpi_4 + \varpi_6 + \varpi_9 + \varpi_{14} + \varpi_{16} + \varpi_{19} + \varpi_{21} + \varpi_{24} + \varpi_{29} \equiv -\varpi_{11} \pmod{p}.$$

Für $p = 89$ sind die Congruenzwurzeln mod. p^2, d. h. die Werthe von b (in der Form $a + bp$):

ϖ_1	ϖ_2	ϖ_3	ϖ_4	ϖ_6	ϖ_7	ϖ_8	ϖ_9	ϖ_{12}	ϖ_{14}
+3	+43	−15	+28	−2	−7	+15	+26	−42	−40

ϖ_{16}	ϖ_{17}	ϖ_{19}	ϖ_{21}	ϖ_{24}	ϖ_{27}	ϖ_{29}	ϖ_{32}	ϖ_{37}	ϖ_{42}
+5	+11	−24	+23	−2	+13	−30	+25	+33	−1

$n = 55$

Primfactoren der Primzahlen p.

Wirklich ist $f(\varpi_1) = 1 + \varpi_2$ für $p = 199$, (oder $1 - \varpi_9$).

Die übrigen haben ideale Primfactoren, deren Quadrate wirklich sind, z. B.

$$f^2(\varpi_1) = 1 - \varpi_2 - \varpi_3 + \varpi_4 \text{ für } p = 89;$$

und dass die übrigen sich ebenso verhalten, folgt aus den Normen:

$N(1 - \varpi_{14} - \varpi_{27}) = 89.419$, $N(1 - \varpi_{19} - \varpi_{42}) = 89.859$. — Ferner ist: $N(1 + \varpi_3 - \varpi_{42}) = 661$.

II, 3. $p = 55m + 21$; $\varpi_r = \omega^r + \omega^{21r}$,

also die primitiven ϖ, wofür $\Pi(\varpi_r) = 1$,

$$\varpi_1 = \omega + \omega^{21}, \quad \varpi_2 = \omega^2 + \omega^{42}, \quad \varpi_3 = \omega^3 + \omega^8, \quad \varpi_4 = \omega^4 + \omega^{29},$$
$$\varpi_6 = \omega^6 + \omega^{16}, \quad \varpi_7 = \omega^7 + \omega^{37}, \quad \varpi_9 = \omega^9 + \omega^{24}, \quad \varpi_{12} = \omega^{12} + \omega^{32},$$
$$\varpi_{13} = \omega^{13} + \omega^{53}, \quad \varpi_{14} = \omega^{14} + \omega^{19}, \quad \varpi_{17} = \omega^{17} + \omega^{27}, \quad \varpi_{18} = \omega^{18} + \omega^{48},$$
$$\varpi_{23} = \varpi^{23} + \omega^{43}, \quad \varpi_{26} = \omega^{26} + \omega^{51}, \quad \varpi_{28} = \omega^{28} + \omega^{38}, \quad \varpi_{31} = \omega^{31} + \omega^{46},$$
$$\varpi_{34} = \omega^{34} + \omega^{54}, \quad \varpi_{36} = \omega^{36} + \omega^{41}, \quad \varpi_{39} = \omega^{39} + \omega^{49}, \quad \varpi_{47} = \omega^{47} + \omega^{52};$$

die nichtprimitiven ϖ sind: ϖ_{5r}, die Perioden der 11ten Wurzeln wie in II, 1 und $\varpi_{11r} = 2\omega^{11r}$, die 5ten Einheitswurzeln selbst; die typischen Relationen sind:

$$\varpi_1^2 = 2\omega^{22} + \varpi_2, \quad \varpi_1\varpi_2 = \varpi_3 + \varpi_{23}, \quad \varpi_1\varpi_4 = \varpi_5 + \omega_{25}, \quad \varpi_1\varpi_{12} = 2\omega^{33} + \varpi_{13},$$
$$\varpi_1\varpi_{34} = 2 + \varpi_{20}; \quad \varpi_1\varpi_5 = \varpi_6 + \varpi_{26}, \quad \varpi_1\varpi_{10} = 2\omega^{11} + \varpi_{31}; \quad \varpi_1\varpi_{11} = 2\varpi_{12},$$
$$\varpi_1\varpi_{44} = 2\varpi_{10}.$$

Congruenzwurzeln mod. p.*)

p	ϖ_1	ϖ_2	ϖ_3	ϖ_4	ϖ_6	ϖ_7	ϖ_9	ϖ_{12}	ϖ_{13}	ϖ_{14}
131	+ 51	+ 65	− 45	+ 42	− 56	− 1	+ 21	− 55	− 29	+ 10
241	+ 67	− 23	+101	+ 92	−103	+ 62	− 73	+ 72	+ 76	+ 33
461	− 98	+156	+ 33	+188	− 74	+ 34	−195	+177	−103	+ 58
571	−229	+277	+ 66	−119	+147	−139	−149	+279	+241	+144

p	ϖ_{17}	ϖ_{18}	ϖ_{23}	ϖ_{26}	ϖ_{28}	ϖ_{31}	ϖ_{34}	ϖ_{36}	ϖ_{39}	ϖ_{47}
131	+ 27	− 58	− 46	− 61	− 6	+ 35	− 48	− 27	+ 45	+ 6
241	+ 26	+ 99	+ 45	+ 51	− 44	− 85	− 2	− 21	+ 93	+ 17
461	−158	− 52	−108	+226	−138	−102	−106	+158	− 33	+138
571	+165	+112	−118	+198	−211	+ 8	+ 54	−230	− 97	+173

*) Hier ist ϖ_1 völlig bestimmt durch die lineäre Congruenz: $\varpi_1\omega^{44} \equiv \varpi_{10}$ (mod. p), oder als die gemeinschaftliche Wurzel zweier Systeme, wovon das eine aus 4 Congruenzen besteht:

$$\varpi_1 + \varpi_{12} + \varpi_{23} + \varpi_{34} \equiv -\varpi_{20}, \quad \varpi_1\varpi_{12}\varpi_{23}\varpi_{34} \equiv 6 + 2\varpi_{20} + \varpi_{15} \text{ etc. (mod. } p),$$

das andere aus 5 Congruenzen:

$$\varpi_1 + \varpi_6 + \varpi_{26} + \varpi_{31} + \varpi_{36} \equiv -\omega^{11} \text{ u. s. w. (mod. } p.)$$

$n = 55$

Die Primfactoren der Primzahlen p
sind durchaus ideal, in 5ter Potenz wirklich, gemäss folgender
Normen complexer Zahlen in $\frac{2}{\varpi}$.

$$N(1+\varpi_7) = 11.131, \qquad N(1+\varpi_7+\varpi_{15}) = 11.241,$$
$$N(\varpi_{28}+\varpi_{47}) = 131.461, \qquad N(1-\varpi_1+\varpi_{36}) = 571.241,$$
$$N(1+\varpi_4-\varpi_{23}) = 11^2.571, \qquad N(1-\varpi_3+\varpi_{39}) = 11^2.661.$$

III. p zum Exponenten 4 gehörig,

10 viergliedrige Perioden und zwar mit 2 Fällen:

III, 1. $p = 55m - 12, -23$; $\varpi_r = \omega^r + \omega^{-12r} + \omega^{34r} + \omega^{-23r}$,

also die primitiven ϖ, wofür $\Pi(\varpi_r) = 199$,

$$\varpi_1 = \omega + \omega^{43} + \omega^{34} + \omega^{32}, \qquad \varpi_2 = \omega^2 + \omega^{31} + \omega^{13} + \omega^9,$$
$$\varpi_3 = \omega^3 + \omega^{19} + \omega^{47} + \omega^{41}, \qquad \varpi_4 = \omega^4 + \omega^7 + \omega^{26} + \omega^{18},$$
$$\varpi_6 = \omega^6 + \omega^{38} + \omega^{39} + \omega^{27}, \qquad \varpi_8 = \omega^8 + \omega^{14} + \omega^{52} + {}^{36},$$
$$\varpi_{12} = \omega^{12} + \omega^{21} + \omega^{23} + \omega^{54}, \qquad \varpi_{16} = \omega^{16} + \omega^{28} + \omega^{49} + \omega^{17},$$
$$\varpi_{24} = \omega^{24} + \omega^{42} + \omega^{46} + \omega^{53}, \qquad \varpi_{29} = \omega^{29} + \omega^{37} + \omega^{51} + \omega^{48};$$

nichtprimitiv: $\varpi_{5r} = 2(\omega^{5r} + \omega^{50r})$, also zweigliedrige Perioden der 11ten Einheitswurzeln (vgl. II, 1.), während $\varpi_{11r} = -1$; unter den Relationen sind typisch:

$$\varpi_1^2 = -2 + \varpi_2 + \varpi_{20}, \qquad \varpi_1\varpi_2 = \varpi_1 + \varpi_3 + \varpi_8 + \varpi_{10} \text{ (oder } = \varpi_1 + \varpi_{10} - \tfrac{1}{2}\varpi_{25}),$$
$$\varpi_1\varpi_{12} = 3 - \omega^{20} - \omega^{35}; \qquad \varpi_1\varpi_5 = 2(\varpi_6 + \varpi_{29}), \qquad \varpi_1\varpi_{10} = -1 + \varpi_{24}.$$

Congruenzwurzeln mod. p*)

p	ϖ_1	ϖ_2	ϖ_3	ϖ_4	ϖ_6	ϖ_8	ϖ_{12}	ϖ_{16}	ϖ_{24}	ϖ_{29}
43	− 2	+ 5	− 4	+ 9	+ 10	+ 11	− 12	− 14	+ 16	− 18
197	+ 51	− 25	− 72	+ 61	+ 82	− 33	+ 67	− 73	+ 90	+ 50
263	+ 49	+125	−123	− 33	− 29	− 56	+111	+ 76	+ 51	+ 93
307	+ 29	+113	−139	− 93	− 4	− 84	− 76	+ 11	+136	+108
373	− 9	− 79	− 35	−161	+ 16	−116	+133	− 62	− 2	− 57
593	− 70	−171	− 99	−264	+151	−119	−129	−233	−290	+ 39
857	− 12	+159	+ 35	− 79	−191	−314	+392	+339	+276	+251
967	+297	+ 78	−377	−257	+ 76	+459	+397	− 29	−146	+470

*) Hier ist ϖ_1 die absolut kleinere der beiden Wurzeln des Congruenzensystems:
$\varpi_1 + \varpi_{12} \equiv -(\omega^{10} + \omega^{45})$, $\varpi_1\varpi_{12} \equiv 3 - (\omega^{20} + \omega^{35})$ (mod. p). Vgl. bei II, 1.

$n = 55$

Die Primfactoren der Primzahlen p

sind durchaus **ideal**, in zweiter Potenz wirklich, welche überdiess die Form $f(\omega, \varpi_1)$ hat.

Normen complexer Zahlen in $\frac{4}{\varpi}$.

Für sämmtliche Primzahlen p gibt es complexe Zahlen $\phi(\varpi_1)$, so dass $N\phi(\varpi_1) = 43p$:

p	$\phi(\varpi_1)$	p	$\phi(\varpi_1)$	p	$\phi(\varpi_1)$
43	$\varpi_3 + \omega^5 + \omega^{50}$	307	$\varpi_8 - (\omega^{25} + \omega^{30})$	857	$1 + \varpi_1 + \varpi_2 + \omega^5 + \omega^{50}$
197	$2 + \varpi_{24} + \omega^{25} + \omega^{30}$	373	$2 + \varpi_{24}$	967	$2 - \varpi_2 + \varpi_6$
263	$2 - \varpi_2 - \varpi_3$	593	$\varpi_4 - 2(\omega^{20} + \omega^{35})$		

Ferner ist: $N(2 - \varpi_6 - \varpi_{29}) = 331 \,.\, 89$, $\quad N(1 - \varpi_2 + \varpi_4) = 661$,

$N(1 - \varpi_2 - \varpi_3) = 32 \,.\, 43$, $\quad N(1 - \varpi_1 + \varpi_{29}) = 32 \,.\, 197$.

IV. p zum Exponenten 5 gehörig.

$p = 55m + 16, -19, -24, +26.$

8 fünfgliedrige Perioden

$\varpi_r = \omega^r + \omega^{16r} + \omega^{-19r} + \omega^{26r} + \omega^{-24r}$, also, wobei $\Pi(\varpi_r) = 81$,

$$\varpi_1 = \omega + \omega^{16} + \omega^{36} + \omega^{26} + \omega^{31}, \qquad \varpi_2 = \omega^2 + \omega^{32} + \omega^{17} + \omega^{52} + \omega^7,$$

$$\varpi_3 = \varpi^3 + \omega^{48} + \omega^{53} + \omega^{23} + \omega^{38}, \qquad \varpi_4 = \omega^4 + \omega^9 + \omega^{34} + \omega^{49} + \omega^{14},$$

$$\varpi_6 = \omega^6 + \omega^{41} + \omega^{51} + \omega^{46} + \omega^{21}, \qquad \varpi_8 = \omega^8 + \omega^{18} + \omega^{13} + \omega^{43} + \omega^{28},$$

$$\varpi_{12} = \omega^{12} + \omega^{27} + \omega^{47} + \omega^{37} + \omega^{42}, \qquad \varpi_{19} = \omega^{19} + \omega^{29} + \omega^{24} + \omega^{54} + \omega^{39};$$

nichtprimitiv: ϖ_{5r} die 5gliedrigen Perioden der 11ten, und $\varpi_{11r} = 5\omega^{11r}$, die 5ten Einheitswurzeln; typische **Relationen**:

$$\varpi_1^2 = -2\omega^{22} + \varpi_2, \qquad \varpi_1\varpi_2 = 3\omega^{33}, \qquad \varpi_1\varpi_3 = -2\omega^{44} + \varpi_{19},$$

$$\varpi_1\varpi_4 = -2 + \varpi_{10}, \qquad \varpi_1\varpi_{19} = 3; \qquad \varpi_1\varpi_5 = -2\omega^{11} + \varpi_6,$$

$$\varpi_1\varpi_{10} = 3\omega^{11}; \qquad \varpi_1\varpi_{11} = 5\varpi_{12}, \qquad \varpi_1\varpi_{44} = 5\varpi_5.$$

$n = 55$

Congruenzwurzeln mod. p.*)

p	ϖ_1	ϖ_2	ϖ_3	ϖ_4	ϖ_6	ϖ_8	ϖ_{12}	ϖ_{19}
31	+10	+11	−11	+5	+13	−5	−13	−9
71	−1	−20	−25	+17	−4	−29	−5	−3
181	−27	−87	−25	+36	−15	−34	−48	+20
191	+11	+28	−34	+47	−4	−5	−77	+35
251	+40	+30	−25	−64	+98	−124	+2	+44
311	−131	+128	−51	+5	+125	+146	+147	−57
401	+119	−197	−171	+147	−90	+99	+158	−64
421	+181	+60	−21	+144	−114	+190	+82	−100
521	−67	+8	−195	−186	+42	+200	−112	−210
631	+178	−41	+200	+272	+174	−81	−187	+117
641	−44	−207	−288	−256	−313	−184	+317	−306
691	−111	+147	−141	−205	−209	+52	−279	+56
751	−82	+352	−96	+149	+373	−296	−170	−229
911	+326	−215	+161	−183	+224	−180	+167	−299
971	+154	+76	+345	+80	+85	+285	+92	−145

Primfactoren der Primzahlen p.

Wirkliche Primfactoren $f(\varpi_1)$ haben folgende Primzahlen p:

p	$f(\varpi_1)$	p	$f(\varpi_1)$	p	$f(\varpi_1)$
71	$1+\varpi_1$	311	$1+\varpi_8-\varpi_{12}$	691	$2+\varpi_2+\varpi_4+\varpi_{19}$
251	$2-\varpi_{12}$	631	$2-\varpi_3-\varpi_8+\varpi_{19}$	751	$2+\varpi_1-\varpi_4-\varpi_{19}$

Die übrigen Primzahlen p haben ideale Primfactoren, in zweiter Potenz wirklich, z. B.

$$p = 31, \quad f^2(\varpi_1) = 1+\varpi_1+\varpi_2+\varpi_{12}+\varpi_{19}.$$

Normen complexer Zahlen in $\frac{5}{\varpi}$.

$$N(1-\varpi) = 5.11, \quad N(5+\varpi_8) = 71.31.191, \quad N(2+\varpi_1-\varpi_3) = 31.181,$$

$$N(1-\varpi_1-2\varpi_8) = 191.421, \quad N(1-\varpi_2-2\varpi_8) = 31.401,$$

$$N(3-\omega^{33}-\varpi_2) = 31.521, \quad N(4-\varpi_6-\varpi_{12}) = 191.641;$$

*) Hier ist ϖ_1 vollständig bestimmt durch die lineäre Congruenz $\varpi_1\omega^{44} \equiv \varpi_5$ (mod. p), oder als gemeinschaftliche Wurzel des Systems:

$$\varpi_1+\varpi_6 \equiv -\omega^{11}, \quad \varpi_1\varpi_6 \equiv 3\omega^{22} \pmod{p}$$

und eines zweiten von 4 Congruenzen, deren erste:

$$\varpi_1+\varpi_3+\varpi_4+\varpi_{12} \equiv -\varpi_5 \pmod{p}.$$

Für $p = 31$ (mod. p^2): −52 −392 −228 +5 +385 −160 +18 +425.

$n = 55$

Ferner gibt es für die Primzahlen p mit idealen Primfactoren stets Normen $= 5p$, sowie $= 11p$, z. B.

p	$N = 5p$	$N = 11p$
31	$1 + \omega^{11} + \varpi_{19}$	$1 + \varpi_1 + \varpi_3$
191	$2 + \omega^{11} - \varpi_8$	$1 - \varpi_6 + \varpi_8$
421	$2 - \omega^{22} - \varpi_4$	$1 + \varpi_2 - \varpi_3 - \varpi_{12}$
641	$\omega^{11} - \varpi_3 - \varpi_6 - \varpi_{12}$	
911	$3 + \varpi_4 - \varpi_8$	$1 - \omega^{11} - 2\varpi_8$
971	$1 - \omega^{33} + \varpi_3 + \varpi_4 - \varpi_6$	$2 - \varpi_1 + 2\varpi_2$

V. p zum Exponenten 10 gehörig.

4 zehngliedrige Perioden, und zwar mit 3 Fällen:

V, 1. $p = 55m - 16, +19, +24, -26$;

$$\varpi_r = \omega^r + \omega^{-16r} + \omega^{-19r} + \omega^{-26r} + \omega^{-24r} + \omega^{-r} + \omega^{16r} + \omega^{19r} + \omega^{26r} + \omega^{24r},$$

also die **primitiven** ϖ, deren Gleichung:

$$\varpi^4 - \varpi^3 - 14\varpi^2 + 14\varpi + 31 = 0,$$

$$\varpi_1 = \omega + \omega^{39} + \omega^{36} + \omega^{29} + \omega^{31} + \omega^{54} + \omega^{16} + \omega^{19} + \omega^{26} + \omega^{24},$$
$$\varpi_2 = \omega^2 + \omega^{23} + \omega^{17} + \omega^3 + \omega^7 + \omega^{53} + \omega^{32} + \omega^{38} + \omega^{52} + \omega^{48},$$
$$\varpi_4 = \omega^4 + \omega^{46} + \omega^{34} + \omega^6 + \omega^{14} + \omega^{51} + \omega^9 + \omega^{21} + \omega^{49} + \omega^{41},$$
$$\varpi_8 = \omega^8 + \omega^{37} + \omega^{13} + \omega^{12} + \omega^{28} + \omega^{47} + \omega^{18} + \omega^{42} + \omega^{43} + \omega^{27};$$

nichtprimitiv: $\varpi_{11r} = 5(\omega^{11r} + \omega^{44r}) = 5\vartheta_{11r}$, d. h. zweigliedrige Perioden der 5ten Einheitswurzeln, während $\varpi_{5r} = -1$; typische **Relationen**:

$$\varpi_1^2 = 6 - 2(\omega^{22} + \omega^{33}) + \varpi_2, \quad \varpi_1\varpi_2 = 2 + \varpi_1 + \varpi_{22}, \quad \varpi_1\varpi_4 = -5 + 3(\omega^{22} + \omega^{33});$$
$$\varpi_1\varpi_{11} = -5 + 5\varpi_8, \quad \varpi_1\varpi_{22} = 5\varpi_2 + 5\varpi_4.$$

$n = 55$

Congruenzwurzeln mod. p.*)

p	ϖ_1	ϖ_2	ϖ_4	ϖ_8
19	+ 7	− 5	+ 8	− 9
29	− 2	− 14	− 3	− 9
79	+ 22	+ 23	+ 28	+ 7
139	+ 15	− 48	+ 61	− 27
149	− 11	+ 33	− 29	+ 8
239	+ 99	− 36	−114	+ 52
359	+ 47	−163	−152	− 90
409	− 57	+120	− 72	+ 10
479	+113	−149	+138	−101
569	− 41	+ 71	−191	+162
739	+284	−139	+337	+258
809	+187	+299	+280	+ 44
919	+216	+ 66	+387	+251

$f(\varpi_1)$, Primfactoren der Primzahlen p; $Nf(\varpi_1) = -p$.

p	$f(\varpi_1)$
19	$1 + \varpi_4 + \varpi_8$
29	$2 + \varpi_1$
79	$1 + \varpi_1 - \varpi_2$
139	$2 + \varpi_1 + 2\varpi_4$
149	$3 + \varpi_1 + \varpi_8$
239	$4 + 3\varpi_2 + 2\varpi_8$
359	$4 - 2\varpi_1 - \varpi_8$
409	$6 - 2\varpi_1 - \varpi_2$
479	$2 + 3\varpi_1 + \varpi_4$
569	$4 + 3\varpi_4$
739	$6 - \varpi_1 - 2\varpi_2$
809	$5 + \varpi_1 - \varpi_4 + 2\varpi_8$
919	$1 - 3\varpi_1 - 2\varpi_4 + 2\varpi_8$

V, 2. $p = 55m + 4, -6, +9, +14$;

$$\varpi_r = \omega^r + \omega^{4r} + \omega^{16r} + \omega^{9r} + \omega^{-19r} + \omega^{-21r} + \omega^{26r} + \omega^{-6r} + \omega^{-24r} + \omega^{14r},$$

also die primitiven ϖ, deren Gleichung:

$$\varpi^4 - \varpi^3 + 8\varpi^2 + 3\varpi + 9 = 0,$$

$$\varpi_1 = \omega + \omega^4 + \omega^{16} + \omega^9 + \omega^{36} + \omega^{34} + \omega^{26} + \omega^{49} + \omega^{31} + \omega^{14},$$
$$\varpi_2 = \omega^2 + \omega^8 + \omega^{32} + \omega^{18} + \omega^{17} + \omega^{13} + \omega^{52} + \omega^{43} + \omega^7 + \omega^{28},$$
$$\varpi_3 = \omega^3 + \omega^{12} + \omega^{48} + \omega^{27} + \omega^{53} + \omega^{47} + \omega^{23} + \omega^{37} + {}^{38} + \omega^{42},$$
$$\varpi_6 = \omega^6 + \omega^{24} + \omega^{41} + \omega^{54} + \omega^{51} + \omega^{39} + \omega^{46} + \omega^{19} + \omega^{21} + \omega^{29};$$

nichtprimitiv: $\varpi_{5r} = 2(\omega^{5r} + \omega^{20r} + \omega^{25r} + \omega^{45r} + \omega^{15r})$, 5gliedrige Perioden der 11ten und $\varpi_{11r} = 5(\omega^{11r} + \omega^{44r})$, 2gliedrige der 5ten Einheitswurzeln (wie in V, 1); typische Relationen:

$$\varpi_1^2 = -4 - 2\varpi_1 + 3\varpi_2, \quad \varpi_1\varpi_2 = -3, \quad \varpi_1\varpi_3 = 3 + \tfrac{1}{2}\varpi_5,$$
$$\varpi_1\varpi_6 = 3 - 3(\omega^{11} + \omega^{44}); \quad \varpi_1\varpi_5 = -4(\omega^{11} + \omega^{44}) + 2\varpi_6, \quad \varpi_1\varpi_{10} = 6(\omega^{11} + \omega^{44});$$
$$\varpi_1\varpi_{11} = 5(\varpi_3 + \varpi_5), \quad \varpi_1\varpi_{22} = -5\varpi_5.$$

*) Hier ist ϖ_1 die absolut kleinere der beiden Wurzeln des Congruenzensystems $\varpi_1 + \varpi_4 \equiv -(\omega^{11} + \omega^{44})$, $\varpi_1\varpi_4 \equiv -5 + 3(\omega^{22} + \omega^{33})$ (mod. p).

$n = 55$

Congruenzwurzeln mod. p.*)

p	ϖ_1	ϖ_2	ϖ_3	ϖ_6	p	ϖ_1	ϖ_2	ϖ_3	ϖ_6
59	− 2	+ 31	− 5	− 23	509	+117	−248	−139	−238
179	− 85	+ 59	+ 16	+ 11	599	+151	−242	+267	−175
229	− 63	−109	− 38	− 18	619	+ 36	−258	−118	−278
269	−100	+ 35	+ 37	+ 29	709	+259	+ 52	+119	+280
379	+ 59	+122	−102	− 78	719	+ 27	− 80	−309	−356
389	−114	−174	− 63	− 37	829	−232	− 25	+121	+137
449	+112	+ 12	+154	+172	839	− 29	−376	−121	−312
499	−197	+114	+111	− 27	929	+ 73	−420	+451	−103

Primfactoren der Primzahlen p.

Wirklich sind die $f(\varpi_1)$ für folgende Primzahlen p:

p	$f(\varpi_1)$	p	$f(\varpi_1)$	p	$f(\varpi_1)$
59	$2+\varpi_1$	379	$4+2\varpi_1-\varpi_2$	509	$4+2\varpi_1+\varpi_6$
229	$2+\varpi_3-2\varpi_6$	389	$4-2\varpi_2-\varpi_6$	839	$6-2\varpi_1+\varpi_2-\varpi_6$
269	$2+\varpi_2-\varpi_3$	499	$3-\varpi_2+\varpi_3$	929	$3+\varpi_1-2\varpi_3+\varpi_6$

Die der übrigen Primzahlen p sind ideal, in zweiter Potenz $f^2(\varpi_1)$ wirklich:**)

p	$f^2(\varpi_1)$	p	$f^2(\varpi_1)$
179	$4+2\varpi_1+4\varpi_3-7\varpi_6$	709	$22-3\varpi_1-26\varpi_2-24\varpi_3$
449	$14+6\varpi_1+9\varpi_2+24\varpi_3$	719	$28+18\varpi_1-14\varpi_2-11\varpi_3$
599	$11+23\varpi_1+8\varpi_3+15\varpi_6$	829	$20-18\varpi_1+30\varpi_2-7\varpi_6$
619	$26-19\varpi_1+8\varpi_3-24\varpi_6$		

---

*) ϖ_1 ist vollständig bestimmt durch die lineäre Congruenz $\varpi_1\varpi_{10} \equiv 6(\omega^{11}+\omega^{44})$ oder $\varpi_1(\omega^{22}+\omega^{33}) \equiv -\varpi_5$ (mod. p); aber auch als gemeinschaftliche Wurzel der beiden Congruenzensysteme:

$$\varpi_1+\varpi_6 \equiv -(\omega^{11}+\omega^{44}),\quad \varpi_1\varpi_6 \equiv 3-3(\omega^{11}+\omega^{44}) \text{ mod. } p.$$

und

$$\left.\begin{aligned}\varpi_1+\varpi_3 &\equiv -(\omega^5+\omega^{20}+\omega^{25}+\omega^{45}+\omega^{15}),\\ \varpi_1\varpi_3 &\equiv 3+(\omega^5+\omega^{20}+\omega^{25}+\omega^{45}+\omega^{15})\end{aligned}\right\}\text{ mod. } p.$$

Für $p = 179$ sind die Congruenzwurzeln mod. p^2

$$\varpi_1 \equiv -85+16p,\quad \varpi_2 \equiv 59+55p,\quad \varpi_3 \equiv 16-48p,\quad \varpi_6 \equiv 11-23p.$$

**) Von diesen sind alle (ausser für $p = 179$) mittelst $N(1+\varpi_1) = 4^2$ gefunden aus:

$N(5-\varpi_3+\varpi_6) = 4.179$, $N(7-\varpi_1-2\varpi_6) = 4.449$, $N(7-\varpi_2-2\varpi_6) = 4.599$, $N(3+2\varpi_2-2\varpi_3+3\varpi_6) = 4.709$, $N(1-3\varpi_1-\varpi_2) = 4.719$, $N(5+2\varpi_1+\varpi_2+4\varpi_3) = 4.829$.

$n = 55$

V, 3. $p = 55m - 4, +6, -9, -14;$

$$\varpi_r = \omega^r + \omega^{-4r} + \omega^{16r} + \omega^{-9r} + \omega^{-19r} + \omega^{21r} + \omega^{26r} + \omega^{6r} + \omega^{-24r} + \omega^{-14r} = -\omega^{11r}$$

d. h. die primitiven Perioden reduciren sich auf die 5ten Einheitswurzeln, und die hierher gehörigen Primzahlen p:

41, 61, 101, 151, 211, 271, 281, 431, 491, 541, 601, 761, 811, 821, 941,

haben daher auch hier keine anderen Primfactoren als die $p = 5m+1$ (vgl. $\lambda = 5$, I).

VI. p zum Exponenten 20 gehörig, 2 zwanziggliedrige Perioden, und zwar mit 2 Fällen:

VI, 1. $p = 55m + 2, -3, +7, +8, +13, +17, +18, -27;$

$$\varpi_r = \omega^r + \omega^{2r} + \omega^{4r} + \omega^{8r} + \omega^{16r} + \omega^{-23r} + \omega^{9r} + \omega^{18r} + \omega^{-19r} + \omega^{17r} + \omega^{-21r} + \omega^{13r} + \omega^{26r} + \omega^{-3r} + \omega^{-6r} + \omega^{-12r} + \omega^{-24r} + \omega^{7r} + \omega^{14r} + \omega^{-27r},$$

also die primitiven ϖ, deren Gleichung:

$$\varpi^2 - \varpi + 14 = 0,$$

$$\varpi_1 = \omega + \omega^2 + \omega^4 + \omega^8 + \omega^{16} + \omega^{32} + \omega^9 + \omega^{18} + \varpi^{36} + \omega^{17} + \omega^{34} + \omega^{13} + \omega^{26} + \omega^{52} + \omega^{49} + \omega^{43} + \omega^{31} + \omega^7 + \omega^{14} + \omega^{28},$$

$$\varpi_2 = \omega^3 + \omega^6 + \omega^{12} + \omega^{24} + \omega^{48} + \omega^{41} + \omega^{27} + \omega^{54} + \omega^{53} + \omega^{51} + \omega^{47} + \omega^{39} + \omega^{23} + \omega^{46} + \omega^{37} + \omega^{19} + \omega^{38} + \omega^{21} + \omega^{42} + \omega^{29}.$$

Congruenzwurzeln mod. p.*)

p	ϖ_1	ϖ_2	p	ϖ_1	ϖ_2	p	ϖ_1	ϖ_2	p	ϖ_1	ϖ_2
2	1	0	193	79	−78	523	215	−214	743	323	−322
7	1	0	227	48	−47	547	232	−231	787	40	−39
13	4	−3	233	72	−71	557	248	−247	827	41	−40
17	5	−4	277	53	−52	563	126	−125	853	155	−154
73	12	−11	283	24	−23	607	116	−115	877	400	−399
83	26	−25	293	91	−90	613	179	−178	887	324	−323
107	33	−32	337	145	−144	673	37	−36	937	87	−86
127	16	−15	347	99	−98	677	74	−73	953	44	−43
167	61	−60	457	68	−67	733	287	−286	997	45	−44
173	70	−69	503	32	−31						

*) $\varpi_1 > 0$ und $< \frac{1}{2}p$ (resp. $= \frac{1}{2}p$ für $p = 2$). — Mod. p^2 ist für $p = 7, 13, 17$ resp. $\varpi_1 \equiv -13, -48, -63$.

$n = 55$

Die Primfactoren der Primzahlen p sind ideal, in zweiter Potenz wirklich, haben aber die hier nicht näher ermittelte Form $f(\omega, \varpi_1)$. — Für $p = 2$ ist $N(1 + \varpi_1) = 16$, für alle übrigen gibt es complexe Zahlen $\phi(\varpi_1)$, so dass $N\phi(\varpi_1) = 2p$, nämlich

p	$\phi(\varpi_1)$	p	$\phi(\varpi_1)$	p	$\phi(\varpi_1)$	p	$\phi(\varpi_1$
7	ϖ_3 (oder $1-\varpi_1$)	227	$8+5\varpi_3$	523	$24+5\varpi_3$	743	$25+7\varpi_3$
13	$3+\varpi_3$	233	$17+3\varpi_1$	547	$17+7\varpi_1$	787	$39+\varpi_3$
17	$4+\varpi_3$	277	$12+5\varpi_1$	557	$4-9\varpi_1$	827	$40+\varpi_3$
73	$11+\varpi_3$	283	$23+\varpi_3$	563	$1-9\varpi_3$	853	$1+11\varpi_1$
83	$5+3\varpi_1$	293	$20+3\varpi_1$	607	$27+5\varpi_1$	877	$4+11\varpi_3$
107	$8+3\varpi_1$	337	$3-7\varpi_3$	613	$20+7\varpi_3$	887	$5+11\varpi_3$
127	$15+\varpi_3$	347	$1+7\varpi_1$	673	$36+\varpi_3$	937	$9+11\varpi_3$
167	$13+3\varpi_3$	457	$12+7\varpi_3$	677	$11+9\varpi_1$	953	$43+\varpi_3$
173	$1-5\varpi_3$	503	$31+\varpi_3$	733	$31+5\varpi_1$	997	$44+\varpi_3$
193	$4+5\varpi_3$						

Ferner ist:

$N(2 + \varpi_3) = 10 . 2$, $N(7 + \varpi_3) = 10 . 7$, $N(1 + 3\varpi_1) = 10 . 13$, u. s. w. und
$N(10 - 3\varpi_1) = 4 . 7^2$, $N(3 + 4\varpi_1) = 5 . 7^2$, $N(22 + 3\varpi_3) = 4 . 13^2$,
$N(23 + 4\varpi_1) = 5 . 13^2$, $N(2 + 9\varpi_3) = 4 . 17^2$, $N(33 + 4\varpi_3) = 5 . 17^2$, u. s. w.

VI, 2. $p = 55m - 2, + 3, - 7, - 8, - 13, - 17, - 18, +27$;

$\varpi_r = -(\omega^{5r} + \omega^{20r} + \omega^{25r} + \omega^{45r} + \omega^{15r})$, d. h. $\lambda = 11$, III;

also haben die Primzahlen $p =$ 3, 37, 47, 53, 97, 103, 113, 137, 157, 163, 223, 257, 313, 317, 367, 383, 433, 443, 467, 487, 577, 587, 643, 647, 653, 757, 773, 797, 823, 863, 907, 977,

auch hier nur die dortigen Primfactoren aus den 5gliedrigen Perioden der 11ten Einheitswurzeln.

$n = 57$

I. $p = 57m + 1$.

36 primitive Wurzeln, deren Gleichung:

$$\omega^{36} - \omega^{35} + \omega^{33} - \omega^{32} + \omega^{30} - \omega^{29} + \omega^{27} - \omega^{26} + \omega^{24} - \omega^{23} + \omega^{21} - \omega^{20} + \omega^{18} - \omega^{16} + \omega^{15}$$
$$- \omega^{13} + \omega^{11} - \omega^{10} + \omega^{9} - \omega^{7} + \omega^{6} - \omega^{4} + \omega^{3} - \omega + 1 = 0,$$

wodurch, oder durch die beiden Gleichungen:

$$\omega^{38} + \omega^{19} + 1 = 0 \quad \text{und}$$

$$\omega^{54} + \omega^{51} + \omega^{48} + \omega^{45} + \omega^{42} + \omega^{39} + \omega^{36} + \omega^{33} + \omega^{30} + \omega^{27} + \omega^{24} + \omega^{21} + \omega^{18} + \omega^{15} + \omega^{12}$$
$$+ \omega^{9} + \omega^{6} + \omega^{3} + 1 = 0$$

die nichtprimitiven, d. h. die 19ten und 3ten Einheitswurzeln, durch die primitiven sich ausdrücken. (Vgl. $\lambda = 19$ und $\lambda = 3$).

Congruenzwurzeln mod. p.

p	ω	ω^{2}	ω^{4}	ω^{5}	ω^{7}	ω^{8}	ω^{10}	ω^{11}	ω^{13}	ω^{14}
229	− 76	+ 51	+ 82	− 49	+ 20	+ 83	+111	+ 37	+ 55	− 58
457	+171	− 7	+ 49	+153	−157	+116	+102	+ 76	− 75	− 29
571	− 85	−198	−195	+ 16	+258	−232	+256	− 62	+285	−243

p	ω^{16}	ω^{17}	ω^{20}	ω^{22}	ω^{23}	ω^{25}	ω^{26}	ω^{28}	ω^{29}	ω^{31}
229	+ 19	− 70	− 45	− 5	− 78	− 85	+ 48	− 71	−100	− 62
457	+203	− 19	−107	−165	+119	+ 81	+141	− 73	−144	+ 94
571	+150	−188	−129	−153	−128	+220	+143	+236	− 75	+ 4

p	ω^{32}	ω^{34}	ω^{35}	ω^{37}	ω^{40}	ω^{41}	ω^{43}	ω^{44}	ω^{46}	ω^{47}
229	− 97	+ 91	− 46	− 56	− 36	− 12	+ 75	+ 25	− 99	− 33
457	+ 79	− 96	+ 36	+205	+ 24	− 9	+ 63	−195	− 7	−112
571	+231	− 58	−209	+270	+ 82	−118	− 47	− 2	−181	+ 29

p	ω^{49}	ω^{50}	ω^{52}	ω^{53}	ω^{55}	ω^{56}
229	− 80	−103	+ 14	+ 81	+ 9	+ 3
457	−130	+163	+230	+ 28	−196	−155
571	− 32	−141	−107	− 41	+124	−262

Normen complexer Zahlen in ω.

$N(1 - \omega^{7} + \omega^{16}) = 229 . 571$, $N(1 - \omega^{11} - \omega^{13}) = 229 . 457$. Vgl. II, 2.

$n = 57$

II. p zum Exponenten 2 gehörig.

18 zweigliedrige Perioden, und zwar mit 3 Fällen:

$$\text{II, 1.}\quad p = 57m - 1; \qquad \varpi_r = \omega^r + \omega^{-r},$$
$$\varpi_1 \varpi_k = \varpi_{k-1} + \varpi_{k+1}, \qquad \Pi(\varpi_r) = 1,$$

woraus die primitiven ω und deren Relationen zu einander und zu den nicht-primitiven, d. h. ϖ_{3r}, den zweigliedrigen der 19ten Einheitswurzeln, (während $\varpi_{19r} = -1$), von selbst sich ergeben.

Congruenzwurzeln mod. p.*)

p	ϖ_1	ϖ_2	ϖ_4	ϖ_5	ϖ_7	ϖ_8	ϖ_{10}	ϖ_{11}	ϖ_{13}
113	+ 5	+ 23	− 38	+ 39	− 4	− 27	+ 50	+ 42	− 33
227	+100	+ 10	+ 98	+ 47	+ 24	+ 68	− 63	+ 90	+ 26
569	+194	+ 80	+139	+260	−216	− 27	−113	+170	−155
683	+ 17	+287	−276	+ 8	+166	−322	+ 62	−136	+ 75
797	− 3	+ 7	+ 47	−123	− 46	−184	− 16	+247	+334
911	+ 58	−282	+265	−101	+257	+ 76	+178	−204	−372

p	ϖ_{14}	ϖ_{16}	ϖ_{17}	ϖ_{20}	ϖ_{22}	ϖ_{23}	ϖ_{25}	ϖ_{26}	ϖ_{28}
113	+ 14	+ 49	+ 29	+ 12	− 46	+ 48	+ 26	− 43	− 32
227	−107	+ 82	+ 85	−119	− 74	− 41	− 88	− 7	+ 97
569	− 4	+158	− 22	+249	−121	− 87	− 74	+125	+ 14
683	+234	−134	− 34	−256	+ 53	−212	+196	+159	+114
797	−277	+380	− 43	+254	−362	+253	+141	− 26	+215
911	+455	+308	+212	−203	−292	+303	+118	− 90	+226

$f(\varpi_1)$, Primfactoren der Primzahlen p; $Nf(\varpi_1) = -p$.

p	$f(\varpi_1)$	p	$f(\varpi_1)$	p	$f(\varpi_1)$
113	$1-\varpi_1-\varpi_7$	569	$1+\varpi_1+\varpi_{20}+\varpi_{26}$	797	$1-\varpi_4-\varpi_7$
227	$1-\varpi_4+\varpi_{28}$	683	$1-\varpi_1+\varpi_2-\varpi_{13}-\varpi_{25}$	911	$1+\varpi_{11}-\varpi_{20}$

---

*) Hier ist ϖ_1 die absolut kleinere der beiden Wurzeln des Congruenzensystems:

$$\varpi_1 + \varpi_{20} \equiv -\varpi_{18}, \qquad \varpi_1 \varpi_{20} \equiv -1 + \varpi_{21} \pmod{p}.$$

Die Congruenzwurzeln für die ϖ_{3r} stehen $\lambda = 19$, II, wo $\eta_0, \eta_1, \eta_2, \eta_3, \eta_4, \eta_5, \eta_6, \eta_7, \eta_8$ resp. sind was hier $\varpi_3, \varpi_6, \varpi_{12}, \varpi_{24}, \varpi_9, \varpi_{18}, \varpi_{21}, \varpi_{15}, \varpi_{27}$.

$n = 57$

II, 2. $p = 57m - 20$;

$\varpi_r = \omega^r + \omega^{-20r}$, also die **primitiven** ϖ, wofür $\Pi(\varpi_r) = 1$,

$$\varpi_1 = \omega + \omega^{37}, \quad \varpi_2 = \omega^2 + \omega^{17}, \quad \varpi_4 = \omega^4 + \omega^{34}, \quad \varpi_5 = \omega^5 + \omega^{14},$$
$$\varpi_7 = \omega^7 + \omega^{31}, \quad \varpi_8 = \omega^8 + \omega^{11}, \quad \varpi_{10} = \omega^{10} + \omega^{28}, \quad \varpi_{13} = \omega^{13} + \omega^{25},$$
$$\varpi_{16} = \omega^{16} + \omega^{22}, \quad \varpi_{20} = \omega^{20} + \omega^{56}, \quad \varpi_{23} = \omega^{23} + \omega^{53}, \quad \varpi_{26} = \omega^{26} + \omega^{50},$$
$$\varpi_{29} = \omega^{29} + \omega^{47}, \quad \varpi_{32} = \omega^{32} + \omega^{44}, \quad \varpi_{35} = \omega^{35} + \omega^{41}, \quad \varpi_{40} = \omega^{40} + \omega^{55},$$
$$\varpi_{43} = \omega^{43} + \omega^{52}, \quad \varpi_{46} = \omega^{46} + \omega^{49};$$

nichtprimitiv: ϖ_{3r} wie II, 1, $\varpi_{19r} = 2\omega^{19r}$ (3te Einheitswurzeln); **typische Relationen**:

$$\varpi_1^2 = 2\omega^{38} + \varpi_2, \quad \varpi_1\varpi_2 = \varpi_3 + \varpi_{18}, \quad \varpi_1\varpi_4 = \varpi_5 + \varpi_{35}, \quad \varpi_1\varpi_{20} = 2 + \varpi_{21},$$
$$\varpi_1\varpi_3 = \varpi_4 + \varpi_{40}, \quad \varpi_1\varpi_{18} = 2\omega^{19} + \varpi_{40}; \quad \varpi_1\varpi_{19} = 2\varpi_{20}, \quad \varpi_1\varpi_{38} = 2\varpi_{18}.$$

Congruenzwurzeln mod. p.*)

p	ϖ_1	ϖ_2	ϖ_4	ϖ_5	ϖ_7	ϖ_8	ϖ_{10}	ϖ_{13}	ϖ_{16}
37	+ 1	− 14	− 9	− 5	− 11	− 8	+ 5	− 4	+ 7
151	+ 27	+ 40	+ 26	+ 60	+ 30	− 13	+ 63	+ 21	− 46
379	−155	+ 46	− 54	− 77	− 5	+161	− 31	−143	−126
607	+250	−206	+133	+177	+289	− 99	− 48	−196	+276

p	ϖ_{20}	ϖ_{23}	ϖ_{26}	ϖ_{29}	ϖ_{32}	ϖ_{35}	ϖ_{40}	ϖ_{43}	ϖ_{46}
37	+ 10	− 16	+ 1	+ 13	− 3	− 4	+ 6	+ 18	+ 14
151	− 42	− 74	+ 54	+ 53	+ 68	+ 38	+ 39	− 17	− 24
379	+101	+155	−119	+ 96	−144	+109	+ 72	−137	−127
607	+298	+ 8	− 10	+239	+116	+295	−238	+287	+251

*) Hier ist ϖ_1 völlig bestimmt durch die lineäre Congruenz $\varpi_1\omega^{38} \equiv \varpi_{18}$ (mod. p); auch ist es gemeinschaftliche Wurzel des Systems: $\left.\begin{matrix}\varpi_1 + \varpi_{20} \equiv -\varpi_{18}\\ \varpi_1\varpi_{20} \equiv 2 + \varpi_{21}\end{matrix}\right\}$ mod. p und eines Systems von 9 Congruenzen, deren erste: $\varpi_1 + \varpi_4 + \varpi_7 + \varpi_{10} + \varpi_{13} + \varpi_{16} + \varpi_{40} + \varpi_{43} + \varpi_{46} \equiv -\omega^{19}$ mod. p.

$n = 57$

Congruenzwurzeln mod. p^3 *)

p	ϖ_1	ϖ_2	ϖ_4	ϖ_5	ϖ_7
37	$+18p-\ p^2$	$+\ 5p+\ 6p^2$	$+\ 8p-15p^2$	$-\ 8p-\ 4p^2$	$-11p$
151	$+59p+35p^2$	$-29p+18p^2$	$+\ 4p-61p^2$	$-70p-11p^2$	$-\ 8p+33p^2$

p	ϖ_8	ϖ_{10}	ϖ_{13}	ϖ_{16}	ϖ_{20}
37	$+12p+13p^2$	$+\ p+16p^2$	$+16p-\ 7p^2$	$-11p-11p^2$	$+16p-\ 8p^2$
151	$+13p-73p^2$	$-23p-10p^2$	$+10p-42p^2$	$+14p+44p^2$	$-51p+67p^2$

p	ϖ_{23}	ϖ_{26}	ϖ_{29}	ϖ_{32}	ϖ_{35}
37	$+\ 3p^2$	$-11p-\ 8p^2$	$+\ 5p+18p^2$	$+\ p+16p^2$	$+\ 2p-10p^2$
151	$-50p-39p^2$	$+72p+61p^2$	$+74p+67p^2$	$+36p+42p^2$	$+55p-26p^2$

p	ϖ_{40}	ϖ_{43}	ϖ_{46}
37	$-16p+15p^2$	$+9p+14p^2$	$+\ p-\ p^2$
151	$-35p-49p^2$	$-8p-16p^2$	$-65p-45p^2$

Primfactoren ideal; für $p = 151$ in dritter Potenz wirklich:

$$p = 151\,, \quad f^3(\varpi_1) = 1 + \varpi_2 + \varpi_5 + \varpi_7 + \varpi_8 + \varpi_{16} - \varpi_{35} + 2\varpi_{43}\,.$$

Für die übrigen in neunter Potenz, gemäss folgender Normen:

$$N(1 - \omega^{19} - \varpi_1 - \varpi_{13} + \varpi_{20} + \varpi_{35}) = 37^3.151 \text{ (mit Congruenzwurzeln mod.} 37^3)^{**}).$$

$$N(\varpi_1 + \varpi_{23}) = 37.379\,, \qquad N(\varpi_4 + \varpi_5 - \varpi_{26} + \varpi_{43}) = 37.607\,.$$

II, 3. $p = 57m + 20\,; \quad \varpi_r = \omega^r + \omega^{20r} = -\omega^{39r}\,,$

d. h. 19te Einheitswurzeln, also haben die hierher gehörigen Primzahlen p:

191, 419, 687, 761

auch hinsichtlich der 57ten Wurzeln nur die Primfactoren der Primzahlen $p = 19m + 1$ (vgl. $\lambda = 19$, I).

*) In der Form $a + bp + cp^2$, wovon der erste Theil (a) schon in der vorigen Tafel enthalten ist.

**) Hierbei ist $\omega^{19} \equiv +10 - 16p + 10p^2$; auch erhellt, dass hierdurch und durch $f^3(\varpi_1)$ für $p = 151$ die 9te Potenz des Primfactors von 37, zunächst in gebrochener Form, gegeben ist.

Ferner ist: $N(\varpi_2 + \varpi_{46}) = 37.571\,, \qquad N(\varpi_1 - \varpi_{26}) = 37.229$ (vgl. I.);

$N(1 + \varpi_{35} - \varpi_{40}) = 7^3.151\,, \qquad N(1 - \varpi_{20} + \varpi_{24}) = 19.151\,.$

$n = 57$

III. p zum Exponenten 3 gehörig.

$$p = 57m + 7, -8;$$

12 dreigliedrige Perioden: $\varpi_r = \omega^r + \omega^{7r} + \omega^{-8r}$,

also die primitiven ϖ, wofür $\Pi(\varpi_r) = 49$,

$$\varpi_1 = \omega + \omega^7 + \omega^{49}, \quad \varpi_2 = \omega^2 + \omega^{14} + \omega^{41}, \quad \varpi_4 = \omega^4 + \omega^{28} + \omega^{25},$$
$$\varpi_5 = \omega^5 + \omega^{35} + \omega^{17}, \quad \varpi_8 = \omega^8 + \omega^{56} + \omega^{50}, \quad \varpi_{10} = \omega^{10} + \omega^{13} + \omega^{34},$$
$$\varpi_{11} = \omega^{11} + \omega^{20} + \omega^{26}, \quad \varpi_{16} = \omega^{16} + \omega^{55} + \omega^{43}, \quad \varpi_{22} = \omega^{22} + \omega^{40} + \omega^{52},$$
$$\varpi_{23} = \omega^{23} + \omega^{47} + \omega^{44}, \quad \varpi_{29} = \omega^{29} + \omega^{32} + \omega^{53}, \quad \varpi_{31} = \omega^{31} + \omega^{46} + \omega^{37};$$

nichtprimitiv: $\varpi_{3r} = -\omega^{3r} + \omega^{21r} + \omega^{33r}$, die dreigliedrigen Perioden der 19ten und $\varpi_{19r} = 3\omega^{3r}$ die dritten Einheitswurzeln; typische Relationen:

$$\varpi_1^2 = \varpi_2 + 2\omega_8, \quad \varpi_1\varpi_2 = \varpi_3 + \varpi_6 + \varpi_{15}, \quad \varpi_1\varpi_4 = \varpi_5 + \varpi_{11} + \varpi_{29},$$
$$\varpi_1\varpi_8 = 3 + \varpi_6 + \varpi_{15}, \quad \varpi_1\varpi_{11} = \varpi_3 + 2\varpi_{12}, \quad \varpi_1\varpi_{31} = 3\omega^{38} + \varpi_{23} + \varpi_{29};$$
$$\varpi_1\varpi_3 = \varpi_4 + \varpi_{10} + \varpi_{22}, \quad \varpi_1\varpi_{12} = 3\omega^{19} + \varpi_4 + \varpi_{10}, \quad \varpi_1\varpi_{30} = \varpi_{23} + 2\varpi_{31};$$
$$\varpi_1\varpi_{19} = 3\varpi_{11}, \quad \varpi_1\varpi_{38} = 3\varpi_{30}.$$

Congruenzwurzeln mod. p.*)

p	ϖ_1	ϖ_2	ϖ_4	ϖ_5	ϖ_8	ϖ_{10}
7	+ 2	+ 1	+ 1	0	− 2	− 1
163	− 18	+ 19	− 13	− 75	+ 71	+ 43
277	− 51	+ 14	+ 6	− 35	+ 47	− 84
349	+ 10	+ 82	− 29	−174	+ 9	+147
463	+119	− 2	+ 24	−210	− 95	+ 27
577	− 71	+ 68	−242	+ 83	−110	+219
619	+254	+157	−168	−246	+301	+ 64
733	+ 88	+173	+141	−238	−246	+266

p	ϖ_{11}	ϖ_{16}	ϖ_{22}	ϖ_{23}	ϖ_{29}	ϖ_{31}
7	− 3	0	− 3	+ 2	− 2	− 1
163	− 66	+ 24	+ 20	+ 61	+ 49	+ 49
277	−127	+ 95	− 38	+129	+133	− 88
349	+166	+ 61	−117	+ 77	+ 67	+ 51
463	+184	− 10	+ 44	+ 41	+104	−225
577	−121	+125	−127	−193	− 90	−117
619	+251	−281	−105	−244	+ 34	− 16
733	+ 17	+234	+335	−181	+168	− 23

*) Hier ist ϖ_1 vollständig bestimmt durch die lineäre Congruenz $\varpi_1\omega^{38} \equiv \varpi_{30}$ (mod. p), auch ist es die gemeinschaftliche Wurzel des Systems $\varpi_1 + \varpi_{11} \equiv -\varpi_{30}$, $\varpi_1\varpi_{11} \equiv \varpi_3 + 2\varpi_{12}$ mod. p, und eines zweiten von 6 Congruenzen, deren erste $\varpi_1 + \varpi_4 + \varpi_{10} + \varpi_{16} + \varpi_{22} + \varpi_{31} \equiv -\omega^{19}$ mod. p. Vgl. $\lambda = 19$, III, wo $\eta_0, \eta_1, \eta_2, \eta_3, \eta_4, \eta_5$ heisst, was hier resp. $\varpi_3, \varpi_6, \varpi_{12}, \varpi_{24}, \varpi_{15}, \varpi_{30}$.

$n = 57$

Congruenzwurreln mod. p^3 für $p = 7$:

	ϖ_1	ϖ_2	ϖ_4	ϖ_5	ϖ_8	ϖ_{10}	ϖ_{11}	ϖ_{16}	ϖ_{22}	ϖ_{23}	ϖ_{29}	ϖ_{31}
mod. 7^3	-110	$+64$	-83	-84	-156	-50	$+32$	-140	$+123$	-138	-79	-64

Primfactoren der Primzahlen p.

Wirkliche Primfactoren $f(\varpi_1)$ haben 3 der obigen Primzahlen p, nämlich:*)

p	$f(\varpi_1)$	p	$f(\varpi_1)$	p	$f(\varpi_1)$
277	$\varpi_4-\varpi_{11}-\varpi_{29}$	577	$1-\varpi_2+\varpi_4+\varpi_{31}+2\omega^{19}$	733	$1-\varpi_6+\varpi_8+\varpi_{29}+2\omega^{19}$.

Die übrigen haben ideale Primfactoren, welche in 3ter Potenz wirklich sind, z. B. für $p = 7$ ist $f^3(\varpi_1) = \varpi_2 + \varpi_4 - \omega^{19}$, in demselben Fall sind die übrigen gemäss folgender

Normen complexer Zahlen in $\frac{3}{\varpi}$.

$N(\varpi_1 - \varpi_{23} + \varpi_{29}) = 7.349$, $\quad N(1 - \varpi_2 + \varpi_4 - \varpi_{10}) = 7.463$,

$N(\varpi_8 + \varpi_{10} + \varpi_{31}) = 7.163$, $\quad N(2 - \varpi_1 + \omega^{19}) = 7.619$. Auch ist

$N(1 - \varpi_1 - \varpi_{11} + \varpi_{23}) = 64.577$, $\quad N(4 - \varpi_1 - \varpi_4 - \varpi_8 - \varpi_{16} - \varpi_{29}) = 64$.

IV. p zum Exponenten 6 gehörig.

6 sechsgliedrige Perioden, und zwar mit 3 Fällen:

IV, 1. $p = 57m - 7, + 8$;

$\varpi_r = \omega^r + \omega^{-7r} + \omega^{-8r} + \omega^{-r} + \omega^{7r} + \omega^{8r}$, also die primitiven ϖ, wofür $\Pi(\varpi_r) = 7$,

$$\varpi_1 = \omega + \omega^{50} + \omega^{49} + \omega^{56} + \omega^7 + \omega^8, \qquad \varpi_2 = \omega^2 + \omega^{43} + \omega^{41} + \omega^{55} + \omega^{14} + \omega^{16},$$

$$\varpi_4 = \omega^4 + \omega^{29} + \omega^{25} + \omega^{53} + \omega^{28} + \omega^{32}, \qquad \varpi_5 = \omega^5 + \omega^{22} + \omega^{17} + \omega^{52} + \omega^{35} + \omega^{40},$$

$$\varpi_{10} = \omega^{10} + \omega^{44} + \omega^{34} + \omega^{47} + \omega^{13} + \omega^{23}, \qquad \varpi_{11} = \omega^{11} + \omega^{37} + \omega^{26} + \omega^{46} + \omega^{20} + \omega^{31};$$

nichtprimitiv: ϖ_{3r}, sechsgliedrige Perioden der 19ten Einheitswurzeln, während $\varpi_{19r} = -3$; typische Relationen:

$$\varpi_1^2 = 6 + 2\varpi_1 + \varpi_2 + 2\varpi_6, \qquad \varpi_1\varpi_2 = \varpi_1 + \varpi_3 + \varpi_5 + 2\varpi_6 + \varpi_{10},$$

$$\varpi_1\varpi_5 = -1 + \varpi_2 - \varpi_6, \qquad \varpi_1\varpi_{11} = -2 + 2\varpi_3 + 3\varpi_{12};$$

$$\varpi_1\varpi_3 = 1 + \varpi_4 + \varpi_{11} + \varpi_{12}, \qquad \varpi_1\varpi_6 = 2\varpi_1 + 2\varpi_2 + \varpi_5 + \varpi_{10},$$

$$\varpi_1\varpi_{12} = -2 - \varpi_1 - \varpi_2 + \varpi_{11}.$$

---

*) Hier sind die nichtprimitiven ϖ zur Abkürzung gebraucht.

$n = 57$

Congruenzwurzeln mod. p.*)

p	ϖ_1	ϖ_2	ϖ_4	ϖ_5	ϖ_{10}	ϖ_{11}
107	− 21	− 11	+ 3	+ 2	− 33	− 46
179	+ 19	− 52	+ 80	+ 77	+ 4	+ 52
293	+ 46	+ 62	−132	− 90	+ 33	+ 82
449	−123	+ 70	+127	+ 16	+ 81	−170
521	+157	− 38	−151	+ 30	+211	−208
563	+ 49	+271	−102	−199	+215	−233
677	+184	− 48	+103	+ 19	+ 57	−314
863	+119	−114	−329	+ 96	−214	−420
977	−401	+174	− 59	−217	− 50	−423

$f(\varpi_1)$, Primfactoren der Primzahlen p. $Nf(\varpi_1) = -p$.

p	$f(\varpi_1)$	p	$f(\varpi_1)$	p	$f(\varpi_1)$
107	$2 - \varpi_5$	449	$1 + 2\varpi_4 + 2\varpi_5 + 2\varpi_{10}$	677	$1 + 2\varpi_2 + 2\varpi_5 + \varpi_{10}$
179	$\varpi_2 + \varpi_{11}$	521	$3 - \varpi_{10} - \varpi_{11}$	863	$1 - \varpi_2 + \varpi_4 - \varpi_{10}$
293	$\varpi_4 + 4\varpi_{10}$	563	$4 + 2\varpi_1 + \varpi_4$	977	$1 - 2\varpi_1 + \varpi_2$

IV, 2. $p = 57m - 11, -26$;

$$\varpi_r = \omega^r + \omega^{-11r} + \omega^{7r} + \omega^{-20r} + \omega^{-8r} + \omega^{-26r},$$

also die **primitiven** ϖ, wofür $\Pi(\varpi_r) = 49$,

$$\varpi_1 = \omega + \omega^{46} + \omega^7 + \omega^{37} + \omega^{49} + \omega^{31}, \qquad \varpi_2 = \omega^2 + \omega^{35} + \omega^{14} + \omega^{17} + \omega^{41} + \omega^5,$$
$$\varpi_4 = \omega^4 + \omega^{13} + \omega^{28} + \omega^{34} + \omega^{25} + \omega^{10}, \qquad \varpi_8 = \omega^8 + \omega^{26} + \omega^{56} + \omega^{11} + \omega^{50} + \omega^{20},$$
$$\varpi_{16} = \omega^{16} + \omega^{52} + \omega^{55} + \omega^{23} + \omega^{43} + \omega^{40}, \qquad \varpi_{23} = \omega^{23} + \omega^{32} + \omega^{47} + \omega^{53} + \omega^{44} + \omega^{29};$$

nichtprimitiv: ϖ_{3r} wie IV, 2 und $\varpi_{19r} = 6\omega^{19r}$, dritte Einheitswurzeln; **typische Relationen:**

$$\varpi_1^2 = 4\omega^{38} - \varpi_2, \qquad \varpi_1\varpi_2 = -1 + \varpi_3 + 2\varpi_6, \qquad \varpi_1\varpi_4 = 3\varpi_2 + 2\varpi_8 + \varpi_{23},$$
$$\varpi_1\varpi_8 = 4 - \varpi_3; \qquad \varpi_1\varpi_3 = \varpi_1 + 3\varpi_4 + 2\varpi_{16}, \qquad \varpi_1\varpi_{12} = 4\omega^{19} - \varpi_{16};$$
$$\varpi_1\varpi_{19} = 6\varpi_8, \qquad \varpi_1\varpi_{38} = 6\varpi_{12}.$$

---

*) Hier ist ϖ_1 die absolut kleinere der beiden Wurzeln des Congruenzensystems

$$\varpi_1 + \varpi_{11} \equiv -\varpi_{12}, \qquad \varpi_1\varpi_{11} \equiv -2 + 2\varpi_3 + 3\varpi_{12} \pmod{p}.$$

Wegen der Congruenzwurzeln der ϖ_{3r} vgl. $\lambda = 19$, IV, wo η_0, η_1, η_2 was hier resp. $\varpi_3, \varpi_6, \varpi_{12}$.

$n = 57$

Congruenzwurzeln mod. p.*)

p	ϖ_1	ϖ_2	ϖ_4	ϖ_8	ϖ_{16}	ϖ_{23}
31	+ 3	+ 11	+ 10	+ 13	− 7	+ 2
103	+ 5	− 7	+ 32	+ 24	+ 20	+ 30
331	− 93	+ 81	− 69	− 3	−137	−109
373	−146	− 76	−164	− 61	+ 26	+ 49
487	+ 53	+155	−208	+121	− 77	− 43
601	+237	+225	− 45	+279	−216	+122
673	−175	− 18	+ 23	−207	−103	−192
787	−129	−172	+376	+226	+133	+354
829	+279	+410	−142	+ 57	−262	−341

Die Primfactoren der Primzahlen p

sind wirklich für die beiden:

$$p = 373, \quad f(\varpi_1) = 1 + \varpi_2 + \varpi_{16} + \varpi_{23}; \qquad p = 487, \quad f(\varpi_1) = 1 - \varpi_2 - 2\varpi_{16}.$$

Für die übrigen ideal, in dritter Potenz wirklich, gemäss folgender

Normen complexer Zahlen in $\frac{6}{\varpi}$.

$$N(2 - \varpi_{23}) = 7.31, \qquad N(1 + \varpi_1 + \varpi_8 - \varpi_{23}) = 7.103, \qquad N(3 + \varpi_8) = 7.331,$$
$$N(2\varpi_2 - \varpi_4 - \varpi_8 + \varpi_{16}) = 31.601, \qquad N(1 + \varpi_8 - 2\varpi_{16}) = 7.673,$$
$$N(4 - \varpi_1 - \varpi_{16}) = 7.787, \qquad N(1 - \varpi_2 - \varpi_{16} + 2\varpi_{23}) = 7.829.$$

Ferner ist: $N(\varpi_1 - \varpi_2) = 7.37$, $\quad N(1 + \varpi_8) = 151$, $\quad N(2 - \varpi_8 + \varpi_{23}) = 7^3$;

$$N(1 - \varpi_1 + \varpi_4) = 7.163, \qquad N(2\varpi_1 + 2\varpi_8 + \varpi_{16}) = 7.463,$$
$$N(2 - \varpi_4 + \varpi_8) = 277, \qquad N(2 + \varpi_{16}) = 577, \qquad N(\varpi_1 + \varpi_2) = 733.$$

IV, 3. $\quad p = 57m + 11, + 26$;

$$\varpi_r = \omega^r + \omega^{11r} + \omega^{7r} + \omega^{20r} + \omega^{-8r} + \omega^{26r} = -(\omega^{30r} + \omega^{39r} + \omega^{45r}),$$

d. h. die primitiven ϖ reduciren sich auf die dreigliedrigen Perioden der 19ten Einheitswurzeln, daher haben die hierher gehörigen Primzahlen p:

11, 83, 197, 239, 311, 353, 467, 653, 809, 881

auch hier keine anderen Primfactoren als die zum Exponenten 3 gehörigen Primzahlen p für $\lambda = 19$.

---

*) Hier ist ϖ_1 vollständig bestimmt durch die lineäre Congruenz $\varpi_1 \omega^{38} \equiv \varpi_{12}$ (mod. p), aber auch als gemeinschaftliche Wurzel der beiden Congruenzensysteme:

$$\left.\begin{aligned} \varpi_1 + \varpi_8 &\equiv -\varpi_{12} \\ \varpi_1 \varpi_8 &\equiv 4 - \varpi_3 \end{aligned}\right\} \quad \text{und} \quad \left.\begin{aligned} \varpi_1 + \varpi_4 + \varpi_{16} &\equiv -\omega^{19} \\ \varpi_1\varpi_4 + \varpi_4\varpi_{16} + \varpi_{16}\varpi_1 &\equiv -6\omega^{38} \\ \varpi_1\varpi_4\varpi_{16} &\equiv 7 \end{aligned}\right\} \text{(mod. } p\text{)}.$$

$n = 57$

V. p zum Exponenten 9 gehörig.

$$p = 57m - 2, +4, -14, +16, +25, +28;$$

4 neungliedrige Perioden:

$$\varpi_r = \omega^r + \omega^{-2r} + \omega^{4r} + \omega^{-8r} + \omega^{16r} + \omega^{25r} + \omega^{7r} + \omega^{-14r} + \omega^{28r},$$

also die primitiven ϖ, deren Gleichung:

$$\varpi^4 - \varpi^3 - 4\varpi^2 - 5\varpi + 25 = 0,$$

$$\varpi_1 = \omega + \omega^{55} + \omega^4 + \omega^{49} + \omega^{16} + \omega^{25} + \omega^7 + \omega^{43} + \omega^{28},$$

$$\varpi_2 = \omega^2 + \omega^{53} + \omega^8 + \omega^{41} + \omega^{32} + \omega^{50} + \omega^{14} + \omega^{29} + \omega^{56},$$

$$\varpi_5 = \omega^5 + \omega^{47} + \omega^{20} + \omega^{17} + \omega^{23} + \omega^{11} + \omega^{35} + \omega^{44} + \omega^{26},$$

$$\varpi_{10} = \omega^{10} + \omega^{37} + \omega^{40} + \omega^{34} + \omega^{46} + \omega^{22} + \omega^{13} + \omega^{31} + \omega^{52};$$

nichtprimitiv ϖ_{3r}, die neungliedrigen Perioden der 19ten und $\varpi_{19r} = 9\omega^{19r}$, die dritten Einheitswurzeln, mit den typischen Relationen:

$$\varpi_1^2 = 5\varpi_2 + 4\varpi_5, \qquad \varpi_1\varpi_2 = 5, \qquad \varpi_1\varpi_5 = -4 + \varpi_3,$$

$$\varpi_1\varpi_{10} = 5\omega^{38}; \qquad \varpi_1\varpi_3 = 5\omega^{19}, \qquad \varpi_1\varpi_6 = -4\omega^{19} + \varpi_{10};$$

$$\varpi_1\varpi_{19} = 9\varpi_5, \qquad \varpi_1\varpi_{38} = 9\varpi_6.$$

Congruenzwurzeln mod. p.*)

p	ϖ_1	ϖ_2	ϖ_5	ϖ_{10}	p	ϖ_1	ϖ_2	ϖ_5	ϖ_{10}
43	− 4	− 12	+ 19	− 2	631	+236	− 8	+ 52	−279
61	+ 18	+ 24	− 10	+ 30	643	−248	−293	−172	+ 71
73	+ 35	+ 21	− 12	+ 30	709	+209	− 78	−149	+ 19
139	− 31	− 45	− 51	− 11	727	+ 46	+332	+114	+236
157	+ 75	+ 21	− 33	− 62	739	+290	−344	+ 24	+ 31
199	+ 35	+ 57	+ 36	+ 72	757	+ 91	−158	+186	−118
271	− 79	+120	+123	+108	769	+185	+291	+118	+176
283	+128	+ 73	− 28	+111	823	−163	+106	−280	+338
313	−109	+ 66	+149	−105	853	− 64	−200	+421	−156
367	−129	+ 91	−174	−154	859	+ 20	+215	+ 46	−280
397	+ 58	+ 48	− 13	− 92	883	+ 50	+265	+ 73	−387
499	+ 87	+ 23	+117	−226	937	− 49	+172	+151	−273
541	− 55	−246	+117	+185	967	−270	−197	+340	+128
613	−221	+ 61	−126	+287	997	+242	−482	−210	+451

*) Hier ist ϖ_1 völlig bestimmt durch $\varpi_1\omega^{38} \equiv \varpi_6$ oder $\varpi_1\varpi_3 \equiv 5\varpi_{19}$ (mod. p), sowie als gemeinschaftliche Wurzel der beiden Systeme:

$$\left.\begin{array}{r} \varpi_1 + \varpi_5 \equiv - \quad \varpi_6 \\ \varpi_1\varpi_5 \equiv -4 + \varpi_3 \end{array}\right\}, \qquad \left.\begin{array}{r} \varpi_1 + \varpi_{10} \equiv -\omega^{19} \\ \varpi_1\varpi_{10} \equiv 5\omega^{38} \end{array}\right\} \text{(mod. } p\text{)}.$$

$n = 57$

$f(\varpi_1)$, Primfactoren der Primzahlen p.

p	$f(\varpi_1)$	p	$f(\varpi_1)$
43	$2 + \varpi_{10}$	631	$2 + 7\varpi_1 - 16\varpi_2 - 10\varpi_5$
61	$4 - \varpi_2 - 2\varpi_5$	643	$6 - \varpi_2 - 2\varpi_5$
73	$5 - 3\varpi_1 + \varpi_5 - 6\varpi_{10}$	709	$19 - 2\varpi_1 - 9\varpi_2 - 17\varpi_5$
139	$3 - \varpi_1 + \varpi_2 - \varpi_{10}$	727	$4 + 2\varpi_1 - \varpi_2 + \varpi_{10}$
157	$5 + 6\varpi_1 - 6\varpi_5 + 8\varpi_{10}$	739	$12 + 4\varpi_2 + 3\varpi_5 - 6\varpi_{10}$
199	$2\varpi_1 + \varpi_2 + \varpi_{10}$	757	$4 + 2\varpi_1 - \varpi_5$
271	$3 + \varpi_2 - \varpi_5$	769	$2 + \varpi_1 + 2\varpi_2$
283	$12 - 5\varpi_1 + 2\varpi_2 + 3\varpi_5$	823	$2 + 6\varpi_2 + 8\varpi_5 - 5\varpi_{10}$
313	$4 + \varpi_1 - \varpi_{10}$	853	$9 - 4\varpi_2 - 8\varpi_5$
367	$5 + 7\varpi_2 + 9\varpi_5 - 6\varpi_{10}$	859	$6 + 2\varpi_1 - \varpi_5$
397	$4 - 2\varpi_2 - \varpi_{10}$	883	$11 - 7\varpi_1 + 3\varpi_5 - 14\varpi_{10}$
499	$1 + 5\varpi_1 - 3\varpi_5 + 7\varpi_{10}$	937	$4 - 3\varpi_1 - \varpi_5$
541	$14 - 5\varpi_1 + 4\varpi_2 + 5\varpi_5$	967	$1 + 2\varpi_2 + 4\varpi_5$
613	$4 + 2\varpi_2 + \varpi_5$	997	$2 - 3\varpi_2 - \varpi_{10}$

VI. p zum Exponenten 18 gehörig.

2 achtzehngliedrige Perioden, und zwar mit 3 Fällen:

VI, 1. $p = 57m + 2, -4, +14 -16, -25, -28,$

$$\varpi_r = \omega^r + \omega^{2r} + \omega^{4r} + \omega^{8r} + \omega^{16r} + \omega^{-25r} + \omega^{7r} + \omega^{14r} + \omega^{28r} + \omega^{-r} + \omega^{-2r} + \omega^{-4r} + \omega^{-8r}$$
$$+ \omega^{-16r} + \omega^{25r} + \omega^{-7r} + \omega^{-14r} + \omega^{-28r},$$

also die primitiven ϖ, deren Gleichung:

$$\varpi^2 + \varpi - 14 = 0,$$

$$\varpi_1 = \omega + \omega^2 + \omega^4 + \omega^8 + \omega^{16} + \omega^{32} + \omega^7 + \omega^{14} + \omega^{28} + \omega^{56} + \omega^{55} + \omega^{53} + \omega^{49} + \omega^{41} + \omega^{25}$$
$$+ \omega^{50} + \omega^{43} + \omega^{29},$$

$$\varpi_5 = \omega^5 + \omega^{10} + \omega^{20} + \omega^{40} + \omega^{23} + \omega^{46} + \omega^{35} + \omega^{13} + \omega^{26} + \omega^{52} + \omega^{47} + \omega^{37} + \omega^{17} + \omega^{34}$$
$$+ \omega^{11} + \omega^{22} + \omega^{44} + \omega^{31}.$$

$n = 57$

Congruenzwurzeln mod. p.*)

p	ϖ_1	ϖ_5	p	ϖ_1	ϖ_5	p	ϖ_1	ϖ_5	p	ϖ_1	ϖ_5
2	1	0	167	49	−48	431	118	−117	827	348	−347
29	9	−8	173	75	−74	509	85	−84	839	266	−265
41	18	−17	257	46	−45	599	139	−138	857	181	−180
53	26	−25	269	24	−23	641	190	−189	941	285	−284
59	12	−11	281	126	−125	659	37	−36	971	309	−308
71	13	−12	317	51	−50	743	95	−94	983	45	−44
89	36	−35	383	147	−146	773	40	−39			

$f(\varpi_1)$, Primfactoren der Primzahlen p. $Nf(\varpi_1) = -p$.

p	$f(\varpi_1)$	p	$f(\varpi_1)$	p	$f(\varpi_1)$	p	$f(\varpi_1)$
2	$4-\varpi_5$	167	$51+16\varpi_1$	431	$103+32\varpi_1$	827	$29+12\varpi_5$
29	$25-6\varpi_1$	173	$71+22\varpi_5$	509	$1-6\varpi_1$	839	$45+16\varpi_5$
41	$5+2\varpi_1$	257	$13+6\varpi_5$	599	$129+40\varpi_5$	857	$37+14\varpi_1$
53	$1+2\varpi_1$	269	$29+10\varpi_1$	641	$23+10\varpi_1$	941	$17+10\varpi_5$
59	$11+4\varpi_1$	281	$97+30\varpi_5$	659	$61+20\varpi_5$	971	$37+28\varpi_1$
71	$25+8\varpi_5$	317	$11+6\varpi_1$	743	$9+8\varpi_5$	983	$73+24\varpi_5$
89	$45+14\varpi_5$	383	$19+8\varpi_5$	773	$53+18\varpi_1$		

VI, 2. $p = 57m + 5, -10, -13, +17, -22, +23;$

$$\varpi_r = \omega^{r}+\omega^{5r}+\omega^{25r}+\omega^{11r}+\omega^{-2r}+\omega^{-10r}+\omega^{7r}+\omega^{-22r}+\omega^{4r}+\omega^{20r}+\omega^{-14r}+\omega^{-13r}+\omega^{-8r}+\omega^{17r}$$
$$+\omega^{28r}+\omega^{26r}+\omega^{16r}+\omega^{23r} = -(\omega^{6r}+\omega^{24r}+\omega^{39r}+\omega^{42r}+\omega^{54r}+\omega^{45r}+\omega^{9r}+\omega^{36r}+\omega^{30r}),$$

d. h. neungliedrige Perioden der 19ten Einheitswurzeln; daher haben die hierher gehörigen Primzahlen p

5, 17, 23, 47, 101, 131, 137, 149, 233, 251, 263, 347, 359, 389, 443, 461, 479, 491, 503, 557, 587, 593, 617, 701, 719, 821, 929, 947

auch hier keine anderen Primfactoren als die zum Exponenten 9 gehörigen Primzahlen p für $\lambda = 19$.

*) $\varpi_1 > 0$ und $< \frac{1}{2}p$ (resp. $= \frac{1}{2}p$, für $p = 2$).

$n = 57$

VI, 3. $p = 57m - 5, +10, +13, -17, +22, -23,$

$$\varpi_r = \omega^r + \omega^{-5r} + \omega^{25r} + \omega^{-11r} + \omega^{-2r} + \omega^{10r} + \omega^{7r} + \omega^{22r} + \omega^{4r} + \omega^{-20r} + \omega^{-14r} + \omega^{13r}$$
$$+ \omega^{-8r} + \omega^{-17r} + \omega^{28r} + \omega^{-26r} + \omega^{16r} + \omega^{-23r} = -\omega^{19r},$$

d. h. dritte Einheitswurzeln, daher haben die hierher gehörigen Primzahlen p

13, 67, 79, 97, 109, 127, 181, 193, 211, 223, 241, 307, 337, 409, 421, 433, 439, 547, 613, 661, 751, 811, 877, 907, 991,

auch hier nur die Primfactoren der Primzahlen $p = 3m + 1$ (vgl. $\lambda = 3$, I.).

$n = 63$

I. $p = 63m + 1$.

36 primitive Wurzeln, deren Gleichung:

$$\omega^{36} - \omega^{33} + \omega^{27} - \omega^{24} + \omega^{18} - \omega^{12} + \omega^{9} - \omega^{3} + 1 = 0;$$

durch sie, oder durch:

$$\omega^{54} + \omega^{45} + \omega^{36} + \omega^{27} + \omega^{18} + \omega^{9} + 1 = 0,$$

lassen sich unter den nichtprimitiven nur die 9ten ($\varpi^{7}{}_r$) eliminiren, nicht aber die 21ten Einheitswurzeln, und die Gleichung $\omega^{42} + \omega^{21} + 1 = 0$ dient nur dazu, je zwei Wurzeln durch eine dritte auszudrücken.

$n = 63$

(Vgl. $n = 21$, $\lambda = 7, 3, 9$)

Congruenzwurzeln mod. p.

p	ω	ω^2	ω^4	ω^5	ω^8	ω^{10}	ω^{11}	ω^{13}	ω^{16}	ω^{17}
127	− 57	− 53	+ 15	+ 34	− 29	+ 13	+ 21	+ 30	− 48	− 58
379	−181	+167	−157	− 8	+ 14	+ 64	+165	−132	−183	+150
631	−291	+127	−277	−161	−253	+ 50	− 37	−282	+278	−130
757	+311	−175	+345	−199	+176	+237	+278	+202	− 61	− 46
883	−258	+339	+131	−244	+384	+375	+380	− 98	− 5	+407

p	ω^{19}	ω^{20}	ω^{22}	ω^{23}	ω^{25}	ω^{26}	ω^{29}	ω^{31}	ω^{32}	ω^{34}
127	+ 26	+ 42	+ 60	+ 9	+ 31	+ 11	− 43	− 7	+ 18	+ 62
379	+ 36	− 73	− 63	+ 33	−174	+ 37	+ 30	+ 83	+137	+139
631	−104	− 26	+107	−218	+ 78	+ 18	−152	+257	+302	−137
757	−277	+151	+ 70	−203	+231	− 74	+210	+343	− 64	−155
883	+225	+228	−412	+336	− 3	−109	−393	+106	+ 25	+ 18

p	ω^{37}	ω^{38}	ω^{40}	ω^{41}	ω^{43}	ω^{44}	ω^{46}	ω^{47}	ω^{50}	ω^{52}
127	− 23	+ 41	− 14	+ 36	− 3	+ 44	− 46	− 45	− 55	− 6
379	+ 41	+159	+ 23	+ 6	−135	+179	− 48	− 29	− 44	−147
631	− 35	+ 89	− 55	+230	+184	+ 91	+199	+143	−226	−307
757	−133	+272	+ 91	+292	+376	+358	+181	+273	+371	+177
883	+ 81	+294	−113	+ 15	−213	+208	−128	+353	+ 9	+402

p	ω^{53}	ω^{55}	ω^{58}	ω^{59}	ω^{61}	ω^{62}
127	− 39	+ 35	− 56	+ 17	− 12	+ 49
379	+ 77	− 27	+142	+ 70	− 59	+ 67
631	−265	−212	−243	+ 41	+159	−206
757	−214	+357	+194	−226	+186	+314
883	−405	−430	− 76	+182	−112	−243

Normen complexer Zahlen in ω.

$N(1 + \omega^7 - {}^{37}) = 127 . 631$, $\quad N(1 - \omega^{44} + \omega^{55}) = 127 . 757$,

$N(1 - \omega^7 + \omega^{44}) = 64 . 379$, $\quad N(1 - \omega - \omega^6) = 64 . 883$,

$N(1 + \omega^{44} + \omega^{47}) = 127 . 4159$, $\quad N(1 - \omega^{10} - \omega^{22}) = 379 . 7057$,

$N(1 - \omega^2 - \omega^{42}) = N(1 + \omega^{40} - \omega^{61}) = 883 . 127 . 2521$ u. s. w.

$n = 63$

II. p zum Exponenten 2 gehörig.

18 zweigliedrige Perioden, und zwar mit 3 Fällen:

II, 1. $p = 63m - 1$; $\varpi_r = \omega^r + \omega^{-r}$, $\varpi_1\varpi_k = \varpi_{k-1} + \varpi_{k+1}$,

womit die 18 primitiven ϖ und die Relationen zwischen ihnen und den nichtprimitiven gegeben sind; diese sind ϖ_{3r}, die zweigliedrigen erster Art der 21ten, einschliesslich ϖ_{9r} oder die der 7ten, ferner ϖ_{7r}, die Perioden der 9ten, wobei insbesondere $\varpi_{21r} = -1$.

Congruenzwurzeln mod. p.*)

p	ϖ_1	ϖ_2	ϖ_4	ϖ_5	ϖ_8	ϖ_{10}	ϖ_{11}	ϖ_{13}	ϖ_{16}
251	+ 39	+ 13	− 84	+ 21	+ 26	− 63	+ 99	+ 78	− 79
503	−206	+182	− 76	+127	+241	+ 31	+ 42	− 12	+234
881	−421	+158	+294	−412	+ 96	−291	+ 62	+115	+404

p	ϖ_{17}	ϖ_{19}	ϖ_{20}	ϖ_{22}	ϖ_{23}	ϖ_{25}	ϖ_{26}	ϖ_{29}	ϖ_{31}
251	+ 20	+ 98	− 49	+ 10	−111	+ 64	+ 58	−104	− 36
503	−205	+126	− 47	−250	+195	−222	+142	−229	− 73
881	+342	−193	+103	+318	+ 35	+245	+ 8	−211	+229

$f(\varpi_1)$, Primfactoren der Primzahlen p. $Nf(\varpi_1) = -p$.

p	$f(\varpi_1)$	p	$f(\varpi_1)$	p	$f(\varpi_1)$
251	$1 - \varpi_{24} - \varpi_{28}$	503	$1 + \varpi_2 + \varpi_{24}$	883	$1 - \varpi_1 + \varpi_{28}$

*) Hier ist ϖ_1 die gemeinschaftliche Wurzel der beiden Congruenzensysteme:

$$\left.\begin{aligned} \varpi_1 + \varpi_{20} + \varpi_{22} &\equiv 0 \\ \varpi_1\varpi_{20} + \varpi_{20}\varpi_{22} + \varpi_{22}\varpi_1 &\equiv -3 \\ \varpi_1\varpi_{20}\varpi_{22} &\equiv \varpi_3 \end{aligned}\right\} \text{ und}$$

$$\left.\begin{aligned} \varpi_1 + \varpi_8 + \varpi_{10} + \varpi_{17} + \varpi_{19} + \varpi_{26} &\equiv -\varpi_{28} \\ S_2(\varpi_1, \varpi_8, \varpi_{10}, \varpi_{17}, \varpi_{19}, \varpi_{26}) &\equiv -5 + \varpi_7 \\ S_3(\varpi_1, \varpi_8, \varpi_{10}, \varpi_{17}, \varpi_{19}, \varpi_{26}) &\equiv 1 + 4\varpi_{28} \\ S_4(\varpi_1, \varpi_8, \varpi_{10}, \varpi_{17}, \varpi_{19}, \varpi_{26}) &\equiv 6 - 3\varpi_7 + \varpi_{14} \\ S_5(\varpi_1, \varpi_8, \varpi_{10}, \varpi_{17}, \varpi_{19}, \varpi_{26}) &\equiv -2 + \varpi_7 - 2\varpi_{28} \\ \varpi_1\varpi_8\varpi_{10}\varpi_{17}\varpi_{19}\varpi_{26} &\equiv -2 + \varpi_7 - \varpi_{14} \end{aligned}\right\} \text{ (mod. } p.)$$

S_n Summe der Nionen der nachstehenden Elemente. Die Werthe der ϖ_{3r} stehen in der Tafel $n = 21$, II, 1, wo sie ϖ_r heissen, die Werthe von $\varpi_7, \varpi_{14}, \varpi_{28}$ in der Tafel $\lambda = 9$, II, wo sie η_0, η_1, η_2 heissen.

$n = 63$

II, 2. $p = 63m - 8$;

$\varpi_r = \omega^r + \omega^{-8r}$, also die **primitiven** ϖ, wofür $\Pi(\varpi) = 1$,

$$\varpi_1 = \omega + \omega^{55}, \quad \varpi_2 = \omega^2 + \omega^{47}, \quad \varpi_4 = \omega^4 + \omega^{31}, \quad \varpi_5 = \omega^5 + \omega^{23},$$
$$\varpi_8 = \omega^8 + \omega^{62}, \quad \varpi_{10} = \omega^{10} + \omega^{46}, \quad \varpi_{11} = \omega^{11} + \omega^{38}, \quad \varpi_{13} = \omega^{13} + \omega^{22},$$
$$\varpi_{16} = \omega^{16} + \omega^{61}, \quad \varpi_{17} = \omega^{17} + \omega^{53}, \quad \varpi_{19} = \omega^{19} + \omega^{37}, \quad \varpi_{20} = \omega^{20} + \omega^{29},$$
$$\varpi_{25} = \omega^{25} + \omega^{52}, \quad \varpi_{26} = \omega^{26} + \omega^{44}, \quad \varpi_{32} = \omega^{32} + \omega^{59}, \quad \varpi_{34} = \omega^{34} + \omega^{43};$$
$$\varpi_{40} = \omega^{40} + \omega^{58}, \quad \varpi_{41} = \omega^{41} + \omega^{50};$$

die **nichtprimitiven** ϖ sind $\varpi_{3r} = \omega^{3r} + \omega^{39r}$, die zweigliedrigen 2ter Art der 21ten, einschliesslich die Perioden ϖ_{9r} der 7ten (diese wie II, 1.) und $\varpi_{7r} = 2\omega^{7r}$, die 9ten Einheitswurzeln selbst (einschliesslich die 3ten $\varpi_{21r} = 2\omega^{21r}$); typische **Relationen**:

$$\varpi_1^2 = 2\omega^{56} + \varpi_2, \quad \varpi_1\varpi_2 = \varpi_3 + \varpi_{15}, \quad \varpi_1\varpi_4 = \varpi_5 + \varpi_{32},$$
$$\varpi_1\varpi_8 = 2 + \varpi_9, \quad \varpi_1\varpi_{13} = 2\omega^{14} + \varpi_5, \quad \varpi_1\varpi_{17} = -1 - \varpi_{27},$$
$$\varpi_1\varpi_{20} = 2\omega^{21} + \varpi_{12}; \quad \varpi_1\varpi_3 = \varpi_4 + \varpi_{40}, \quad \varpi_1\varpi_6 = 2\omega^7 + \varpi_{16};$$
$$\varpi_1\varpi_9 = \varpi_1 + \varpi_{10}, \quad \varpi_1\varpi_{27} = 2\omega^{28} + \varpi_{19}; \quad \varpi_1\varpi_7 = 2\varpi_8,$$
$$\varpi_1\varpi_{14} = 2\varpi_6, \quad \varpi_1\varpi_{35} = 2\varpi_{27}; \quad \varpi_1\varpi_{21} = 2\varpi_{13}.$$

Congruenzwurzeln mod. p.*)

p	ϖ_1	ϖ_2	ϖ_4	ϖ_5	ϖ_8	ϖ_{10}	ϖ_{11}	ϖ_{13}	ϖ_{16}
181	+ 80	− 59	− 44	+ 64	+ 48	− 16	+ 46	+ 39	− 14
307	+ 70	− 41	−121	+124	+ 26	+ 92	+ 34	− 32	− 44
433	− 23	+128	−149	−203	−188	+207	+126	+209	+217
811	+254	−239	+243	−252	−309	−204	+327	−231	+341
937	−242	−432	+ 17	−428	+228	+131	−349	−153	− 6

p	ϖ_{17}	ϖ_{19}	ϖ_{20}	ϖ_{25}	ϖ_{26}	ϖ_{32}	ϖ_{34}	ϖ_{40}	ϖ_{41}
181	− 82	+ 52	− 49	+ 60	− 5	+ 36	+ 62	− 38	+ 1
307	− 36	−129	−134	+ 29	− 83	+ 2	− 38	−134	+135
433	− 40	+ 99	+ 14	− 58	+ 75	+166	−186	+117	+174
811	+146	−275	+380	− 39	−320	+338	− 23	− 66	− 71
937	+287	− 58	+330	−148	− 77	+ 62	+395	+ 64	+379

---

*) Hier ist ϖ_1 völlig bestimmt durch eine der linearen Congruenzen: $\varpi_1\omega^{14} \equiv \varpi_6$, $\varpi_1\omega^{35} \equiv \varpi_{27}$ (mod. p.), oder als gemeinschaftliche Wurzel der beiden Congruenzensysteme:

$$\left.\begin{aligned} \varpi_1 + \varpi_{13} + \varpi_{34} &\equiv 0 \\ \varpi_1\varpi_{13} + \varpi_{13}\varpi_{34} + \varpi_{34}\varpi_1 &\equiv 0 \\ \varpi_1\varpi_{13}\varpi_{34} &\equiv \varpi_3 + 3\varpi_{48} \end{aligned}\right\} \text{ und } \left.\begin{aligned} \varpi_1 + \varpi_{10} + \varpi_{19} &\equiv -\omega^{28} \\ \varpi_1\varpi_{10} + \varpi_{10}\varpi_{19} + \varpi_{19}\varpi_1 &\equiv -2\omega^{56} \\ \varpi_1\varpi_{10}\varpi_{19} &\equiv \omega^{21} \end{aligned}\right\} \text{ (mod. } p).$$

Vgl. $n = 21$, $\lambda = 7$, 3; 9.

$n = 63$

$f(\varpi_1)$, Primfactoren der Primzahlen p.

p	$f(\varpi_1)$	p	$f(\varpi_1)$	p	$f(\varpi_1)$
181	$1-\varpi_{41}$	433	$1+\varpi_3+\varpi_8+\varpi_{17}+\varpi_{26}$	937	$1+\varpi_2+\varpi_{11}+\varpi_{20}-\varpi_{48}$
307	$1+\varpi_5-\varpi_{12}$	811	$1+\varpi_{33}+\varpi_{41}$		

II, 3. $p = 63m + 8$;

$\varpi_r = \omega^r + \omega^{8r}$, also die primitiven ϖ, wofür $\Pi(\varpi) = 1$,

$$\varpi_1 = \omega + \omega^8, \quad \varpi_2 = \omega^2 + \omega^{16}, \quad \varpi_4 = \omega^4 + \omega^{32}, \quad \varpi_5 = \omega^5 + \omega^{40},$$
$$\varpi_{10} = \omega^{10} + \omega^{17}, \quad \varpi_{11} = \omega^{11} + \omega^{25}, \quad \varpi_{13} = \omega^{13} + \omega^{41}, \quad \varpi_{19} = \omega^{19} + \omega^{26},$$
$$\varpi_{20} = \omega^{20} + \omega^{34}, \quad \varpi_{22} = \omega^{22} + \omega^{50}, \quad \varpi_{23} = \omega^{23} + \omega^{58}, \quad \varpi_{29} = \omega^{29} + \omega^{43},$$
$$\varpi_{31} = \omega^{31} + \omega^{59}, \quad \varpi_{37} = \omega^{37} + \omega^{44}, \quad \varpi_{38} = \omega^{38} + \omega^{52}, \quad \varpi_{46} = \omega^{46} + \omega^{53},$$
$$\varpi_{47} = \omega^{47} + \omega^{61}, \quad \varpi_{55} = \omega^{55} + \omega^{62};$$

nichtprimitiv: $\varpi_{3r} = -\omega^{45r}$ und $\varpi_{9r} = 2\omega^{9r}$, beides die 7ten Wurzeln, ϖ_{7r} die Perioden der 9ten Wurzeln (wie II, 1.), aber $\varpi_{21r} = -1$; typische Relationen:

$$\varpi_1^2 = 2\omega^9 + \varpi_2, \quad \varpi_1\varpi_2 = -\omega^{45} + \varpi_{10}, \quad \varpi_1\varpi_{10} = 2\omega^{18} + \varpi_{11},$$
$$\varpi_1\varpi_{13} = -1 + \varpi_{14}, \quad \varpi_1\varpi_{55} = 2 + \varpi_7; \quad \varpi_1\varpi_7 = -\omega^{36} + \varpi_1,$$
$$\varpi_1\varpi_{28} = 2\omega^{36} + \varpi_{29}; \quad \varpi_1\varpi_9 = 2\varpi_{10}, \quad \varpi_1\varpi_{27} = 2\varpi_{28}.$$

$n = 63$

Congruenzwurzeln mod. p.*)

p	ϖ_1	ϖ_2	ϖ_4	ϖ_5	ϖ_{10}	ϖ_{11}	ϖ_{13}	ϖ_{19}	ϖ_{20}
71	+ 7	− 15	+ 23	− 32	+ 11	+ 17	+ 26	− 3	− 24
197	− 40	+ 36	+ 42	+ 60	+ 43	− 19	− 55	− 61	− 83
449	− 43	−146	− 56	−110	− 13	−159	−184	−171	+119
701	+ 72	+256	−228	−126	+ 55	−116	−291	+227	+184
827	−220	−106	+237	+350	+144	+325	+311	+ 11	+ 88
953	− 67	−339	+ 6	+309	+272	+281	+189	− 9	−202

p	ϖ_{22}	ϖ_{23}	ϖ_{29}	ϖ_{31}	ϖ_{37}	ϖ_{38}	ϖ_{46}	ϖ_{47}	ϖ_{55}
71	− 20	+ 34	+ 13	− 1	− 19	− 10	+ 31	+ 35	− 2
197	− 64	− 7	− 93	− 10	− 29	− 33	− 23	+ 1	− 59
449	+101	+ 22	− 58	− 53	+124	+ 66	+215	−168	+ 65
701	+ 99	−222	−171	− 12	− 34	− 43	+344	−101	+107
827	−384	+396	−223	−305	−290	+161	+265	−361	−399
953	−241	+454	+308	−444	−115	+172	−287	−300	+ 13

Primfactoren der Primzahlen p.

Wirklich für $p = 953$; $f(\varpi_1) = 1 - \varpi_{30} - \varpi_{31}$ (oder $1 + \omega^9 - \varpi_{31}$).

Für die übrigen (alle?) ideal, in 7ter Potenz wirklich (wie in I.).

Normen complexer Zahlen in $\frac{2}{\varpi}$.

$N(1 + \varpi_{31}) = 8.71$, $N(1 - \varpi_{47}) = 8.197$, $N(1 - \varpi_5 - \varpi_{55}) = 512.197$,
$N(1 + \omega^9 + \varpi_{37}) = 8.449$, $N(1 - \omega^{27} - \varpi_{55}) = 8.827$, $N(1 + \varpi_4 + \varpi_{19}) = 8.71.701$,
$N(1 - \varpi_7 + \varpi_{10} + \omega^{18}) = 127.701$, $N(1 + \varpi_{46} + \varpi_{55}) = 8.127$,
$N(1 - \varpi_1 + \varpi_4 + \varpi_{20} - \varpi_{37} + \varpi_{38} - \omega^9 + \omega^{18} + \omega^{45}) = 2.701$.

---

*) ϖ_1 völlig bestimmt durch $\varpi_1 \omega^{27} \equiv \varpi_{28}$ (mod. p), oder als gemeinschaftliche Wurzel der beiden Systeme:

$$\left.\begin{aligned} \varpi_1 + \varpi_{22} + \varpi_{29} &\equiv 0 \\ \varpi_1\varpi_{22} + \varpi_{22}\varpi_{29} + \varpi_{29}\varpi_1 &\equiv -3\omega^9 \\ \varpi_1\varpi_{22}\varpi_{29} &\equiv -\omega^{45} \end{aligned}\right\} \text{ und}$$

$$\left.\begin{aligned} \varpi_1 + \varpi_{10} + \varpi_{19} + \varpi_{37} + \varpi_{46} + \varpi_{55} &\equiv -\varpi_{28} \\ S_2(\varpi_1, \varpi_{10}, \varpi_{19}, \varpi_{37}, \varpi_{46}, \varpi_{55}) &\equiv 2 + \varpi_7 \\ S_3(\varpi_1, \varpi_{10}, \varpi_{19}, \varpi_{37}, \varpi_{46}, \varpi_{55}) &\equiv 1 - 3\varpi_{28} \\ S_4(\varpi_1, \varpi_{10}, \varpi_{19}, \varpi_{37}, \varpi_{46}, \varpi_{55}) &\equiv 6 + 3\varpi_7 - \varpi_{28} \\ S_5(\varpi_1, \varpi_{10}, \varpi_{19}, \varpi_{37}, \varpi_{46}, \varpi_{55}) &\equiv 5 + \varpi_7 - 9\varpi_{28} \\ \varpi_1\varpi_{10}\varpi_{19}\varpi_{37}\varpi_{46}\varpi_{55} &\equiv 19 + 9\varpi_7 - 6\varpi_{28} \end{aligned}\right\} \text{(mod. } p\text{)}.$$

$n = 63$

III. p zum Exponenten 3 gehörig.

12 dreigliedrige Perioden, und zwar mit 4 Fällen:

III, 1. $p = 63m + 4, + 16;$

$\varpi_r = \omega^r + \omega^{4r} + \omega^{16r}$, also die primitiven ϖ, wofür $\Pi(\varpi_r) = 343$,

$$\varpi_1 = \omega + \omega^4 + \omega^{16}, \quad \varpi_2 = \omega^2 + \omega^8 + \omega^{32}, \quad \varpi_5 = \omega^5 + \omega^{20} + \omega^{17},$$
$$\varpi_{10} = \omega^{10} + \omega^{40} + \omega^{34}, \quad \varpi_{11} = \omega^{11} + \omega^{44} + \omega^{50}, \quad \varpi_{13} = \omega^{13} + \omega^{52} + \omega^{19},$$
$$\varpi_{22} = \omega^{22} + \omega^{25} + \omega^{37}, \quad \varpi_{23} = \omega^{23} + \omega^{29} + \omega^{53}, \quad \varpi_{26} = \omega^{26} + \omega^{41} + \omega^{38},$$
$$\varpi_{31} = \omega^{31} + \omega^{61} + \omega^{55}, \quad \varpi_{43} = \omega^{43} + \omega^{46} + {}^{58}, \quad \varpi_{47} = \omega^{47} + \omega^{62} + \omega^{59};$$

nichtprimitiv: $\varpi_{3r} = \omega^{3r} + \omega^{12r} + \omega^{48r}$, die dreigliedrigen ϖ der 21ten (nebst denjenigen der 7ten ϖ_{9r}), $\varpi_{7r} = 0$, aber $\varpi_{21r} = 3\omega^{21r}$;

typische Relationen:

$$\varpi_1^2 = \varpi_2 + 2\varpi_5, \quad \varpi_1\varpi_2 = 1 + 2\varpi_9, \quad \varpi_1\varpi_5 = 3\omega^{21} + \varpi_6 + \varpi_9,$$
$$\varpi_1\varpi_{10} = \varpi_{11} + \varpi_{26}, \quad \varpi_1\varpi_{22} = \varpi_{23} + 2\varpi_{26}, \quad \varpi_1\varpi_{47} = 3 + \varpi_2 + \varpi_{15};$$
$$\varpi_1\varpi_3 = \varpi_1 + \varpi_{13}, \quad \varpi_1\varpi_{15} = \varpi_1 - \varpi_{10}; \quad \varpi_1\varpi_9 = \varpi_{22} - \varpi_{31},$$
$$\varpi_1\varpi_{27} = \varpi_{31} + \varpi_{43}, \quad \varpi_1\varpi_{21} = 3\varpi_{22}.$$

Congruenzwurzeln mod. p.*)

p	ϖ_1	ϖ_2	ϖ_5	ϖ_{10}	ϖ_{11}	ϖ_{13}
67	+ 1	+ 23	− 11	− 4	− 20	− 14
79	+ 9	− 6	+ 4	− 26	+ 20	+ 34
193	− 19	− 89	+ 32	− 83	+ 51	− 24
331	− 26	+128	− 57	− 70	− 4	+147
457	+ 87	+ 65	+ 96	−216	− 27	+153
571	+ 61	+ 52	−164	−106	− 10	+240
709	−107	− 55	+ 80	+148	+277	+273
823	+ 62	−351	+ 40	+256	−172	+102

p	ϖ_{22}	ϖ_{23}	ϖ_{26}	ϖ_{31}	ϖ_{43}	ϖ_{47}
67	+ 29	− 3	+ 16	+ 18	− 30	− 5
79	+ 21	− 14	− 17	− 8	− 30	+ 13
193	+ 71	+ 38	− 18	− 86	− 52	− 14
331	−161	−134	−162	− 77	−144	−112
457	+146	− 38	− 28	+ 63	+224	− 68
571	−203	− 42	−175	−134	+142	−232
709	+290	−222	+194	+288	−183	−274
823	−151	−300	+407	−358	+ 89	+376

*) Hier ist für ϖ_1 die absolut kleinste der drei Wurzeln des Congruenzensystems

$$\varpi_1 + \varpi_{22} + \varpi_{43} \equiv 0, \quad \varpi_1\varpi_{22} + \varpi_{22}\varpi_{43} + \varpi_{43}\varpi_1 \equiv 0, \quad \varpi_1\varpi_{22}\varpi_{43} \equiv 1 + 6\omega^{21} + 4\varpi_9 + 2\varpi_6$$

oder der reinen kubischen Congruenz $\varpi_1^3 \equiv 1 + 6\omega^{21} + 4\varpi_9 + 2\varpi_6$ (mod. p) gewählt.

$n = 63$

Normen complexer Zahlen in $\frac{3}{\varpi}$.*)

$N(1-\varpi_1) = 16.67$, $N(\varpi_3+\varpi_5) = 4.79$, $N(1-\omega^{21}+\varpi_{31}) = 16.193$,

$N(1+\varpi_2+\varpi_{15}) = 16.7.331$, $N(1-\varpi_{22}+\varpi_{26}) = 67.331$,

$N(1+\varpi_{23}+\varpi_{47}) = 16.9.79$, $N(1+\varpi_{11}+\varpi_{43}) = 193.709$,

$N(\varpi_3-\varpi_{22}) = 4.709$, $N(1-\varpi_{11}-\varpi_{26}) = 64.457$,

$N(\varpi_{11}-\varpi_{13}-\varpi_{15}) = 4.67.571$, $N(\varpi_1+\varpi_5-\varpi_{13}) = 4.7^2.823$;

$N(1+\varpi) = 512$, $N(1-\varpi_{43}+\varpi_{47}) = 64.127$.

III, 2. $p = 63m-5, +25$;

$\varpi_r = \omega^r+\omega^{-5r}+\omega^{25r}$, also die primitiven ϖ, wofür $\Pi(\varpi_r) = 343$,

$\varpi_1 = \omega+\omega^{25}+\omega^{58}$, $\varpi_2 = \omega^2+\omega^{50}+\omega^{53}$, $\varpi_4 = \omega^4+\omega^{37}+\omega^{43}$,

$\varpi_5 = \omega^5+\omega^{62}+\omega^{38}$, $\varpi_8 = \omega^8+\omega^{11}+\omega^{22}$, $\varpi_{10} = \omega^{10}+\omega^{61}+\omega^{13}$,

$\varpi_{16} = \omega^{16}+\omega^{22}+\omega^{46}$, $\varpi_{17} = \omega^{17}+\omega^{47}+\omega^{41}$, $\varpi_{19} = \omega^{19}+\omega^{34}+\omega^{31}$,

$\varpi_{20} = \omega^{20}+\omega^{59}+\omega^{26}$, $\varpi_{29} = \omega^{29}+\omega^{32}+\omega^{44}$, $\varpi_{40} = \omega^{40}+\omega^{55}+\omega^{52}$;

die nichtprimitiven sind dieselben wie III, 1:

ϖ_{3r} und ϖ_{9r}, $\varpi_{7r} = 0$, $\varpi_{21r} = 3\omega^{21r}$;

typische Relationen:

$\varpi_1^2 = \varpi_2+2\varpi_{20}$, $\varpi_1\varpi_2 = \varpi_3+\varpi_{15}+\varpi_{27}$, $\varpi_1\varpi_4 = 2\varpi_5+\varpi_{29}$,

$\varpi_1\varpi_5 = 3+\varpi_6+\varpi_{30}$, $\varpi_1\varpi_8 = 1+2\varpi_9$, $\varpi_1\varpi_{10} = \varpi_5+\varpi_8$,

$\varpi_1\varpi_{20} = 3\omega^{21}+\varpi_{15}+\varpi_{27}$; $\varpi_1\varpi_3 = \varpi_4+\varpi_{10}$, $\varpi_1\varpi_{15} = \varpi_{16}-\varpi_{19}$,

$\varpi_1\varpi_{30} = \varpi_1+\varpi_{19}+\varpi_{40}$; $\varpi_1\varpi_9 = \varpi_4-\varpi_{40}$, $\varpi_1\varpi_{27} = \varpi_{16}+\varpi_{40}$;

$\varpi_1\varpi_{21} = 3\varpi_{16}$.

*) Es bleibt dahingestellt, welche der obigen Primzahlen p wirkliche Primfactoren von der Form $f(\omega, \varpi_1)$, und welche ideale Primfactoren $f(\omega, \varpi_1)$ haben.

$n = 63$

Congruenzwurzeln mod. p.*)

p	ϖ_1	ϖ_2	ϖ_4	ϖ_5	ϖ_8	ϖ_{10}
151	+ 30	− 17	+ 67	+ 45	+ 60	− 72
277	+ 7	+ 27	− 19	−109	−112	+ 8
373	+ 45	− 92	−143	−102	− 18	−127
499	−138	−235	−141	−234	−230	+148
751	+ 10	− 5	+ 21	−155	−360	+144
877	+ 69	+106	+164	+359	−180	−365
907	−289	+186	−296	−332	−229	+162

p	ϖ_{16}	ϖ_{17}	ϖ_{19}	ϖ_{20}	ϖ_{29}	ϖ_{40}
151	+ 54	+ 25	− 39	− 70	− 43	− 40
277	+ 12	+ 98	−105	+ 11	+ 85	+ 97
373	+ 98	− 24	+113	+126	+110	+ 14
499	−220	−174	+113	− 91	− 34	+238
751	− 31	+ 25	−146	+130	+365	+ 2
877	−233	+383	+ 92	+135	+ 74	+274
907	−322	− 67	−375	+399	+ 43	+213

Normen complexer Zahlen in ϑ.**)

$N(1 - \varpi_8) = 127$, $N(1 + \varpi_1) = 883$; $N(\varpi_3 - \varpi_{17}) = 9 \,.\, 151$,

$N(1 - \varpi_6 - \varpi_9 + \varpi_{10}) = 49 \,.\, 277$, $N(1 + \varpi_{10} + \varpi_{20}) = 25 \,.\, 373$,

$N(1 + \varpi_2 - \varpi_5) = 25 \,.\, 499$, $N2 - \varpi_{40}) = N(1 - \varpi_{15} + \varpi_{29}) = 25 \,.\, 751$,

$N(\varpi_5 - \varpi_9 + \varpi_{15}) = 877 \,.\, 151$, $N(2 - \varpi_{20} + \varpi_{30}) = 49 \,.\, 907$.

*) Hier ist ϖ_1 die absolut kleinste der 3 Wurzeln des Congruenzensystems $\varpi_1 + \varpi_4 + \varpi_{16} \equiv 0$, $\varpi_1\varpi_4 + \varpi_4\varpi_{16} + \varpi_{16}\varpi_1 \equiv 0$, $\varpi_1\varpi_4\varpi_{16} \equiv 6\omega^{21} + \varpi_3 + 5\varpi_{15} + 3\varpi_{27}$ (mod. p), welches wiederum (wie III, 1) einer reinen kubischen Congruenz $\varpi^3 \equiv \varpi_1\varpi_{11}\varpi_{16}$ gleich gilt.

**) Aus den zwei ersten dieser Normen, welche wirkliche Factoren in ϖ von $p = 127$, 883 geben, deren Primfactoren (vgl. I) ideal sind, folgt, dass die Perioden ϖ keine idealen Primfactoren veranlassen, während dagegen, zufolge der übrigen Normen, die hierher gehörigen Primzahlen p wirkliche Factoren von der Form $f(\omega, \varpi_1)$ haben müssen.

$n = 63$

III, 3. $p = 63m - 17, -26$;

$\varpi_r = \omega^r + \omega^{-17r} + \omega^{-26r}$, also die **primitiven** ϖ, wofür $\Pi(\varpi_r) = 64$,

$$\varpi_1 = \omega + \omega^{46} + \omega^{37}, \quad \varpi_2 = \omega^2 + \omega^{29} + \omega^{11}, \quad \varpi_4 = \omega^4 + \omega^{58} + \omega^{22},$$
$$\varpi_5 = \omega^5 + \omega^{41} + \omega^{59}, \quad \varpi_8 = \omega^8 + \omega^{53} + \omega^{44}, \quad \varpi_{10} = \omega^{10} + \omega^{19} + \omega^{55},$$
$$\varpi_{13} = \omega^{13} + \omega^{31} + {}^{40}, \quad \varpi_{16} = \omega^{16} + \omega^{43} + \omega^{25}, \quad \varpi_{17} = \omega^{17} + \omega^{26} + \omega^{62},$$
$$\varpi_{20} = \omega^{20} + \omega^{38} + \omega^{47}, \quad \varpi_{23} = \omega^{23} + \omega^{50} + \omega^{32}, \quad \varpi_{34} = \omega^{34} + \omega^{52} + \omega^{61};$$

nichtprimitiv: ϖ_{3r} und ϖ_{9r} (wie in III, 1 und 2.), $\varpi_{7r} = 3\omega^{7r}$, 9te Einheitswurzeln, desgleichen $\varpi_{21r} = 3\omega^{21r}$; **typische Relationen:**

$$\varpi_1^2 = \varpi_2 + 2\varpi_{20}, \quad \varpi_1\varpi_2 = 2\varpi_3 + \varpi_{30}, \quad \varpi_1\varpi_4 = 2\varpi_5 + \varpi_{23}, \quad \varpi_1\varpi_5 = 2\omega^{42},$$
$$\varpi_1\varpi_8 = -1 + \varpi_{18}, \quad \varpi_1\varpi_{10} = 2\omega^{56}, \quad \varpi_1\varpi_{17} = 2; \quad \varpi_1\varpi_3 = 2\omega^{49},$$
$$\varpi_1\varpi_{15} = \varpi_{16} + 2\varpi_{34}; \quad \varpi_1\varpi_9 = \varpi_1 + 2\varpi_{10}, \quad \varpi_1\varpi_{27} = 2\omega^{28}; \quad \varpi_1\varpi_7 = 3\varpi_8,$$
$$\varpi_1\varpi_{14} = 3\varpi_{15}, \quad \varpi_1\varpi_{35} = 3\varpi_9; \quad \varpi_1\varpi_{21} = 3\varpi_4.$$

Congruenzwurzeln mod. p.*)

p	ϖ_1	ϖ_2	ϖ_4	ϖ_5	ϖ_8	ϖ_{10}
37	+ 13	− 2	− 18	+ 4	− 15	− 10
109	+ 28	+ 12	+ 20	+ 11	− 5	− 44
163	+ 77	+ 22	+ 65	− 10	+ 6	− 54
487	− 45	−108	−213	+ 32	−160	+140
541	− 33	+106	− 38	− 57	+149	+ 69
613	− 68	+257	+197	− 51	+154	+207
739	−246	+ 75	−107	−297	+352	+ 21
919	−352	+132	+ 76	−266	+356	−222
991	+306	+ 56	−199	+493	+382	−358

p	ϖ_{13}	ϖ_{16}	ϖ_{17}	ϖ_{20}	ϖ_{23}	ϖ_{34}
37	+ 11	+ 5	+ 3	− 7	+ 17	− 1
109	− 47	− 48	+ 39	− 50	− 7	− 18
163	− 35	+ 21	+ 72	− 62	− 28	− 74
487	−149	−229	+119	−151	+219	+ 9
541	+227	+ 71	−164	+221	−255	+245
613	−176	−129	+ 18	+ 38	+202	− 31
739	− 90	+353	+ 6	+291	+312	+ 69
919	+403	+276	− 47	+313	+431	−181
991	+181	−107	+285	+213	−438	+177

*) Hier ist ϖ_1 vollständig bestimmt durch eine der linearen Congruenzen $\varpi_1\omega^{14} \equiv \varpi_{15}$ oder $\varpi_1\omega^{25} \equiv \varpi_9$ (mod. p), sowie als gemeinschaftliche Wurzel der beiden Congruenzensysteme: $\varpi_1 + \varpi_4 + \varpi_{16} \equiv 0$, $\varpi_1\varpi_4 + \varpi_4\varpi_{16} + \varpi_{16}\varpi_1 \equiv 0$, $\varpi_1\varpi_4\varpi_{16} \equiv 3\omega^{21} + \varpi_3$ (mod. p) und $\varpi_1 + \varpi_{10} \equiv -\omega^{28}$, $\varpi_1\varpi_{10} \equiv 2\omega^{56}$ (mod. p).

$n = 63$

$f(\varpi_1)$, Primfactoren der Primzahlen p.

p	$f(\varpi_1)$	p	$f(\varpi_1)$	p	$f(\varpi_1)$
37	$1+\varpi_{34}$	487	$1+\varpi_2+\varpi_{16}+\varpi_{20}$	739	$1+\varpi_8-\varpi_{16}$
109	$1-\varpi_2-\varpi_{17}-\varpi_{20}$	541	$1+\varpi_2+\varpi_4-\varpi_{10}$	919	$1+\varpi_1-\varpi_5-\varpi_{13}-\varpi_{23}$
163	$1+\varpi_{10}-\varpi_{16}-\varpi_{34}$	613	$1-\varpi_1-\varpi_{20}+\varpi_{34}$	991	$1-\varpi_2+\varpi_5+\varpi_{23}$

III, 4. $p = 63m - 20, +22$;

$$\varpi_r = \omega^r + \omega^{-20r} + \omega^{22r} = 0, \qquad \varpi_{3r} = 3\omega^{3r},$$

d. h. 21te Einheitswurzeln, daher haben die hierher gehörigen Primzahlen p:

43, 211, 337, 421, 463, 547, 673, 967,

auch in Beziehung auf 63te Einheitswurzeln keine anderen Primfactoren als die $p = 21m + 1$ ($n = 21$, I).

IV. p zum Exponenten 6 gehörig.

6 sechsgliedrige Perioden, und zwar mit 12 Fällen, wovon 8 primitiv.

IV, 1. $p = 63m - 4, -16$;

$$\varpi_r = \omega^r + \omega^{-4r} + \omega^{16r} + \omega^{-r} + \omega^{4r} + \omega^{-16r},$$

also die primitiven ϖ, deren Gleichung:

$$\varpi^6 - 21\varpi^4 + 14\varpi^3 + 63\varpi^2 - 84\varpi + 28 = 0,$$

$$\varpi_1 = \omega + \omega^{59} + \omega^{16} + \omega^{62} + \omega^4 + \omega^{47}, \qquad \varpi_2 = \omega^2 + \omega^{55} + \omega^{32} + \omega^{61} + \omega^8 + \omega^{31},$$
$$\varpi_5 = \omega^5 + \omega^{43} + \omega^{17} + \omega^{58} + \omega^{20} + \omega^{46}, \qquad \varpi_{10} = \omega^{10} + \omega^{23} + \omega^{34} + \omega^{53} + \omega^{40} + \omega^{29},$$
$$\varpi_{11} = \omega^{11} + \omega^{19} + \omega^{50} + \omega^{52} + \omega^{44} + \omega^{13}, \qquad \varpi_{22} = \omega^{22} + \omega^{38} + \omega^{37} + \omega^{41} + \omega^{25} + \omega^{26},$$

nichtprimitiv: ϖ_{3r}, die sechsgliedrigen Perioden der 21ten Einheitswurzeln, während $\varpi_{7r} = 0$, $\varpi_{9r} = -1$, $\varpi_{21r} = -3$; typische Relationen:

$$\varpi_1^2 = 6 + 2\varpi_3 + \varpi_2 + 2\varpi_5, \qquad \varpi_1\varpi_2 = \varpi_1 + \varpi_2, \qquad \varpi_1\varpi_5 = -3 - \varpi_3 + 2\varpi_1 + \varpi_{11},$$
$$\varpi_1\varpi_{10} = 1 - 2\varpi_3 + \varpi_{11} + \varpi_{22}, \qquad \varpi_1\varpi_{11} = -1 + 2\varpi_3 + \varpi_5 + \varpi_{10};$$
$$\varpi_1\varpi_3 = 2\varpi_1 + \varpi_2 + 2\varpi_{11}, \qquad \varpi_1\varpi_6 = -\varpi_1 - \varpi_2 - 2\varpi_{11}.$$

$n = 63$

Congruenzwurzeln mod. p.*)

Für die 8 hierher gehörigen Primzahlen p:

47, 59, 173, 311, 563, 677, 929, 941 ist z. B.

	p	ϖ_1	ϖ_2	ϖ_5	ϖ_{10}	ϖ_{11}	ϖ_{22}
	47	−1	−23	−7	−5	−19	+8
	59	−9	−5	+26	+27	−22	−17
	173	−8	−76	+37	−23	−74	−29
	311	−34	−79	+108	−92	−140	−74
	563	−87	−31	+213	+163	−132	−126
(mod. p^2)	47	+516	−681	−900	−710	−818	+384

Normen complexer Zahlen in $\overset{6}{\varpi}$.

$$N(1+\varpi_1) = N(1-2\varpi_2) = 3.47, \qquad N(1+\varpi_{10}-2\varpi_3) = 7.59,$$
$$N(1-\varpi_3-\varpi_{22}) = 3.173, \qquad N(2+\varpi_3-\varpi_{11}) = N(2+\varpi_1+\varpi_{10}-\varpi_{22}) = 4.173,$$
$$N(5-2\varpi_2-2\varpi_{22}) = 9.311, \qquad N(\varpi_2-\varpi_3-2\varpi_{10}) = 9.563;$$ dagegen

$N(2+\varpi_1-\varpi_{11}) = 127$, und mit Congruenzwurzeln (mod. 47^2) (wobei $\varpi_3 \equiv +721$):

$$N(1-2\varpi_3-2\varpi_{22}) = 7.47^2, \qquad N(3-\varpi_3+\varpi_{11}+4\varpi_{22}) = 16.47^2.$$

IV, 2. $p = 63m + 5, -25$;

$$\varpi_r = \omega^r + \omega^{5r} + \omega^{25r} + \omega^{-r} + \omega^{-5r} + \omega^{-25r},$$

also die primitiven ϖ, deren Gleichung:

$$\varpi^6 - 21\varpi^4 + 14\varpi^3 + 63\varpi^2 - 21\varpi - 35 = 0;$$

$$\varpi_1 = \omega + \omega^5 + \omega^{25} + \omega^{62} + \omega^{58} + \omega^{38}, \qquad \varpi_2 = \omega^2 + \omega^{10} + \omega^{50} + \omega^{61} + \omega^{53} + \omega^{13},$$
$$\varpi_4 = \omega^4 + \omega^{20} + \omega^{37} + \omega^{59} + \omega^{43} + \omega^{26}, \qquad \varpi_8 = \omega^8 + \omega^{40} + \omega^{11} + \omega^{55} + \omega^{23} + \omega^{52},$$
$$\varpi_{16} = \omega^{16} + \omega^{17} + \omega^{22} + \omega^{47} + \omega^{46} + \omega^{41}, \qquad \varpi_{19} = \omega^{19} + \omega^{32} + \omega^{34} + \omega^{44} + \omega^{31} + \omega^{29};$$

nichtprimitiv ϖ_{3r}, ϖ_{9r}, ϖ_{7r}, ϖ_{21r} durchaus wie IV, 1; typische Relationen:

$$\varpi_1^2 = 6 + 2\varpi_6 + \varpi_2 + 2\varpi_4, \qquad \varpi_1\varpi_2 = -1 + 2\varpi_3 + \varpi_1 + \varpi_8,$$
$$\varpi_1\varpi_4 = -4 + \varpi_3 + 2\varpi_1 + \varpi_{19}; \qquad \varpi_1\varpi_3 = -\varpi_1 + \varpi_2 - \varpi_{19},$$
$$\varpi_1\varpi_6 = 2\varpi_1 - \varpi_3 + \varpi_{19}.$$

*) Hier ist ϖ_1 die absolut kleinste der 3 Wurzeln des Congruenzensystems

$\varpi_1 + \varpi_5 + \varpi_{22} \equiv 0$, $\varpi_1\varpi_5 + \varpi_5\varpi_{22} + \varpi_{22}\varpi_1 \equiv -9 - 3\varpi_3$, $\varpi_1\varpi_5\varpi_{22} \equiv -6 - 2\varpi_3$ (mod. p).

$n = 63$

Congruenzwurzeln mod. p.*)

Für die 11 hierher gehörigen Primzahlen p:

5, 101, 131, 227, 257, 353, 383, 509, 761, 857, 887 ist z. B.

	p	ϖ_1	ϖ_2	ϖ_4	ϖ_8	ϖ_{16}	ϖ_{19}
	5	0	− 2	− 2	− 1	+ 2	− 2
	101	− 13	− 29	+ 36	+ 4	− 23	+ 25
	131	+ 27	− 31	+ 36	− 52	− 63	− 48
	227	− 46	+ 63	+ 98	− 94	− 52	+ 31
	257	+ 14	−101	+ 90	− 33	−104	−123
	383	+ 84	− 73	+ 92	− 44	−176	+117
mod. p^3	5	− 35	− 32	+ 43	− 56	− 8	− 37, sowie $\varpi_3 \equiv -19$.

Normen complexer Zahlen in $\frac{6}{\varpi}$.

$N(1+\varpi_8) = N(2-\varpi_{16}) = 3.5$, $N(\varpi_2-\varpi_4) = -3.7.25$,

$N(3+\varpi_{16}) = N(1+2\varpi_{16}) = -5.151$; mit Congruenzwurzeln (mod. 5^2):

$N(8+\varpi_{16}) = 625.277$, $N(1-2\varpi_{19}) = -3.625$,

$N(\varpi_3+\varpi_8) = -N(1-\varpi_4+\varpi_{16}) = -5.25$, $N(1+2\varpi_4+2\varpi_8) = 9.25$,

und mit Congruenzwurzeln (mod. 5^3): $N(2-\varpi_1+\varpi_{19}) = 125$**). Ferner:

$N(4-\varpi_8) = 5.101$, $N(\varpi_6-\varpi_8) = 3.131$,

$N(5-2\varpi_{16}) = -25.131$, $N(1+\varpi_3-\varpi_4) = 5.227$,

$N(3-\varpi_2+\varpi_{16}) = 3.257$, $N(2+\varpi_1+\varpi_3-\varpi_4) = -25.257$,

$N(1+\varpi_8-2\varpi_3) = -7.383$; endlich:

$N(1-\varpi) = 1$, $N(1+\varpi_{16}+\varpi_{19}) = 127$.

---

*) Hier ist ϖ_1 die absolut kleinste der 3 Wurzeln des Congruenzensystems

$\varpi_1+\varpi_4+\varpi_{16} \equiv 0$, $\varpi_1\varpi_4+\varpi_4\varpi_{16}+\varpi_{16}\varpi_1 \equiv -12+3\varpi_3$, $\varpi_1\varpi_4\varpi_{16} \equiv -9+4\varpi_3$ (mod. p).

**) Aus dieser Norm (verglichen mit den vorhergehenden) folgt, dass die dem Primfactor von $p=5$ zukommende Form $f(\omega, \varpi_1)$ von der Art ist, dass $N_\omega f(\omega, \varpi_1) = p^3$ ist.

$n = 63$

IV, 3. $p = 63m + 17, \ +26;$

$$\varpi_r = \omega^r + \omega^{17r} + \omega^{-26r} + \omega^{-r} + \omega^{-17r} + \omega^{26r},$$

also die primitiven ϖ, deren Gleichung:

$$\varpi^6 - 12\varpi^4 + 5\varpi^3 + 36\varpi^2 - 30\varpi + 1 = 0,$$

$$\varpi_1 = \omega + \omega^{17} + \omega^{37} + \omega^{62} + \omega^{46} + \omega^{26}, \qquad \varpi_2 = \omega^2 + \omega^{34} + \omega^{11} + \omega^{61} + \omega^{29} + \omega^{52},$$
$$\varpi_4 = \omega^4 + \omega^5 + \omega^{22} + \omega^{59} + \omega^{58} + \omega^{41}, \qquad \varpi_8 = \omega^8 + \omega^{10} + \omega^{44} + \omega^{55} + \omega^{53} + \omega^{19},$$
$$\varpi_{13} = \omega^{13} + \omega^{32} + \omega^{40} + \omega^{50} + \omega^{31} + \omega^{23}, \qquad \varpi_{16} = \omega^{16} + \omega^{20} + \omega^{25} + \omega^{47} + \omega^{43} + \omega^{38};$$

nichtprimitiv: ϖ_{3r} wie IV, 1. und 2, $\varpi_{7r} = 3(\omega^{7r} + \omega^{-7r})$, zweigliedrige Perioden der 9ten Einheitswurzeln, während $\varpi_{9r} = -1, \quad \varpi_{21r} = -3;$

typische Relationen:

$$\varpi_1^2 = 4 + \varpi_2 + 2\varpi_{16}, \qquad \varpi_1\varpi_2 = 1 + \varpi_3 + 2(\omega^{28} + \omega^{35}),$$
$$\varpi_1\varpi_4 = -2 + 2\varpi_4 + \varpi_{13}, \qquad \varpi_1\varpi_8 = -3 + 2(\omega^7 + \omega^{56});$$
$$\varpi_1\varpi_3 = \varpi_2 + \varpi_{14} + \tfrac{1}{3}\varpi_{28}; \qquad \varpi_1\varpi_7 = 3(\varpi_6 + \varpi_8),$$
$$\varpi_1\varpi_{28} = -3 + 3\varpi_2.$$

Congruenzwurzeln mod. p.*)

p	ϖ_1	ϖ_2	ϖ_4	ϖ_8	ϖ_{13}	ϖ_{16}
17	− 7	− 5	− 1	− 6	− 6	+ 8
89	+ 22	− 11	+ 44	− 19	− 8	+ 23
269	+ 79	−120	+105	+103	+ 17	+ 85
467	−190	− 97	+ 73	+101	− 4	+117
521	+ 9	− 15	− 55	−123	+138	+ 46
593	+266	− 25	+222	+122	− 97	+105
647	− 99	−284	− 89	−296	− 67	+188
719	− 9	− 51	− 55	+163	−112	+ 64
773	+311	− 10	−362	−219	+229	+ 51
971	+263	−244	+474	−155	+399	+234

*) Hier ist ϖ_1 völlig bestimmt als gemeinschaftliche Wurzel der beiden Congruenzensysteme

$$\left.\begin{aligned} \varpi_1 + \varpi_8 &\equiv -(\omega^{28} + \omega^{35}) \\ \varpi_1\varpi_8 &\equiv -3 + 2(\omega^7 + \omega^{56}) \end{aligned}\right\} \text{ und } \left.\begin{aligned} \varpi_1 + \varpi_4 + \varpi_{16} &\equiv 0 \\ \varpi_1\varpi_4 + \varpi_4\varpi_{16} + \varpi_{16}\varpi_1 &\equiv -6 \\ \varpi_1\varpi_4\varpi_{16} &\equiv -3 + \varpi_3 \end{aligned}\right\} \pmod{p}.$$

$n = 63$

$f(\varpi_1)$, Primfactoren der Primzahlen p. $Nf(\varpi_1) = -p$.

p	$f(\varpi_1)$	p	$f(\varpi_1)$
17	$\varpi_1 - \varpi_4 - \varpi_{13}$	593	$3 - \varpi_4 + \omega_8 - \varpi_{13}$
89	$1 - 2\varpi_2 - \varpi_{16}$	647	$3 + \varpi_1 - \varpi_2 - \varpi_{16}$
269	$2 - \varpi_4 + \varpi_8$	719	$4 - \varpi_2 + \varpi_4$
467	$1 + \varpi_2 - 2\varpi_4 - 2\varpi_{13} + 2\varpi_{16}$	773	$2 + 2\varpi_4 - \varpi_{16}$
521	$1 - 3\varpi_2 - \varpi_{16}$	971	$1 + \varpi_1 + 3\varpi_2 + 2\varpi_{16}$

IV, 4. $p = 63m + 20, -22$;

$$\varpi_r = \omega^r + \omega^{20r} + \omega^{22r} + \omega^{-r} + \omega^{-20r} + \omega^{-22r} = 0,$$

während $\varpi_{3r} = 3(\omega^{3r} + \omega^{-3r})$ auf die zweigliedrigen Perioden 1ter Art der 21ten Einheitswurzeln sich reducirt; daher haben die hierher gehörigen Primzahlen p:

41, 83, 167, 293, 419, 461, 587, 797, 839

auch hier keine anderen Primfactoren als die $p = 21m - 1$ (vgl. $n = 21$, II, 1).

IV, 5. $p = 63m + 2, -31$;

$$\varpi_r = \omega^r + \omega^{2r} + \omega^{4r} + \omega^{8r} + \omega^{16r} + \omega^{-31r},$$

also die primitiven ϖ, deren Gleichung:

$$\varpi^6 + 14\varpi^3 + 63\varpi^2 + 210\varpi + 224 = 0,$$

$$\varpi_1 = \omega + \omega^2 + \omega^4 + \omega^8 + \omega^{16} + \omega^{32}, \qquad \varpi_5 = \omega^5 + \omega^{10} + \omega^{20} + \omega^{40} + \omega^{17} + \omega^{34},$$
$$\varpi_{11} = \omega^{11} + \omega^{22} + \omega^{44} + \omega^{25} + \omega^{50} + \omega^{37}, \qquad \varpi_{13} = \omega^{13} + \omega^{26} + \omega^{52} + \omega^{41} + \omega^{19} + \omega^{38},$$
$$\varpi_{23} = \omega^{23} + \omega^{46} + \omega^{29} + \omega^{58} + \omega^{53} + \omega^{43}, \qquad \varpi_{31} = \omega^{31} + \omega^{62} + \omega^{61} + \omega^{59} + \omega^{55} + \omega^{47};$$

nichtprimitiv: $\varpi_{3r} = -\frac{1}{2}\varpi_{27r}$ und $\varpi_{9r} = 2(\omega^{9r} + \omega^{18r} + \omega^{36r})$, beides die dreigliedrigen Perioden der 7ten Einheitswurzeln, dagegen $\varpi_{7r} = 0$ und $\varpi_{21r} = -3$;

typische Relationen:

$$\varpi_1^2 = 2 + 2\varpi_9 + \varpi_1 + 2\varpi_5, \qquad \varpi_1\varpi_5 = -2 + \tfrac{3}{2}\varpi_9 + \varpi_{11} + \varpi_{13},$$
$$\varpi_1\varpi_{11} = -1 - \varpi_9 + 2\varpi_{13} + \varpi_{23}, \qquad \varpi_1\varpi_{31} = 7 + \varpi_1 + \varpi_{31};$$
$$\varpi_1\varpi_9 = 2(\varpi_{11} - \varpi_{31}) = -2\varpi_1\varpi_{15}, \qquad \varpi_1\varpi_{27} = 2(\varpi_{23} + \varpi_{31}) = -2\varpi_1\varpi_3.$$

$n = 63$

Congruenzwurzeln mod. p.*)

Für die 10 hierher gehörigen Primzahlen p:

2, 191, 317, 347, 443, 569, 599, 821, 947, 977 ist z. B.

p	ϖ_1	ϖ_5	ϖ_{11}	ϖ_{13}	ϖ_{23}	ϖ_{31}
2	0	0	1	1	1	1
191	+ 30	+ 14	− 61	+ 44	+ 31	− 58
317	− 54	+ 50	+124	+ 99	− 70	−149
347	− 14	− 44	+ 98	− 49	− 84	+ 93
443	+ 11	+183	+134	+ 81	−145	+179
599	+ 17	−123	+ 98	−178	−115	−298

Normen complexer Zahlen in $\frac{6}{\varpi}$.

$N(1 + \varpi_{11}) = 64$, $N(1 - \varpi_{11}) = 512$,

$N(1 - \varpi_5 + \varpi_{11}) = 8 . 127$, $N(1 + 2\varpi_1 - 2\varpi_{31}) = 71 . 127$,

$N(1 - 2\varpi) = 67 . 331$, $N(3 + 2\varpi_{23}) = 953$,

$N(5 + 2\varpi) = 7561 \; (p = 63m + 1)$; $N(1 + \varpi_1 - \varpi_{23}) = 32 . 191$,

$N(3 - 2\varpi_{31}) = 79 . 599$, $N(1 + 2\varpi_3 - 2\varpi_5 + 2\varpi_{11}) = 67 . 317$,

$N(\varpi_{11} + 2\varpi_{13}) = 8 . 7 . 347$, $N(8 - 3\varpi_{23}) = 64 . 191 . 443$,

$N(7 - 2\varpi_{11} + 2\varpi_{23}) = 7 . 191 . 569$.

IV, 6. $p = 63m - 2, + 31$;

$$\varpi_r = \omega^r + \omega^{-2r} + \omega^{4r} + \omega^{-8r} + \omega^{16r} + \omega^{31r},$$

also die primitiven ϖ, deren Gleichung: $\varpi^6 - 28\varpi^3 + 343 = 0$,

$$\varpi_1 = \omega + \omega^{61} + \omega^4 + \omega^{55} + \omega^{16} + \omega^{31}, \qquad \varpi_2 = \omega^2 + \omega^{59} + \omega^8 + \omega^{47} + \omega^{32} + 3^{62},$$

$$\varpi_5 = \omega^5 + \omega^{53} + \omega^{20} + \omega^{23} + \omega^{17} + \omega^{29}, \qquad \varpi_{10} = \omega^{10} + \omega^{43} + \omega^{40} + \omega^{46} + \omega^{34} + \omega^{58},$$

$$\varpi_{11} = \omega^{11} + \omega^{41} + \omega^{44} + \omega^{38} + \omega^{50} + \omega^{26}, \qquad \varpi_{13} = \omega^{13} + \omega^{37} + \omega^{52} + \omega^{22} + \omega^{19} + \omega^{25};$$

nichtprimitiv: $\varpi_{3r} = -\omega^{21r}$ und $\varpi_{21r} = 6\omega^{21r}$, beides die dritten Einheitswurzeln, während $\varpi_{9r} = -1$, $\varpi_{7r} = 0$; mit den typischen Relationen:

$$\varpi_1^2 = 3\varpi_2 + 2\omega_5, \qquad \varpi_1\varpi_2 = 7, \qquad \varpi_1\varpi_5 = 7\omega^{21}, \qquad \varpi_1\varpi_{10} = 2\varpi_2 + 3\varpi_{11};$$

$$\varpi_1\varpi_3 = -\varpi_{13} = -\tfrac{1}{6}\varpi_1\varpi_{21}.$$

---

*) Hier ist ϖ_1 die absolut kleinste der 3 Wurzeln des Congruenzensystems

$\varpi_1 + \varpi_{11} + \varpi_{23} \equiv 0$, $\varpi_1\varpi_{11} + \varpi_{11}\varpi_{23} + \varpi_{23}\varpi_1 \equiv -(3 + 3\varpi_9)$, $\varpi_1\varpi_{11}\varpi_{23} \equiv -2 + 5\varpi_9$ (mod. p).

$n = 63$

Congruenzwurzeln mod. p.*)

p	ϖ_1	ϖ_2	ϖ_5	ϖ_{10}	ϖ_{11}	ϖ_{13}
31	− 1	− 7	+ 11	− 5	− 4	+ 6
61	+ 12	+ 26	− 28	+ 15	+ 2	− 27
157	+ 30	− 5	+ 65	+ 46	− 60	− 76
283	+ 60	+ 52	+ 24	+130	− 76	+ 93
313	− 50	− 69	− 55	+108	+124	− 58
409	+ 33	+ 25	+ 98	−146	−123	+113
439	+ 91	−135	− 47	+196	+182	+152
661	+ 39	−271	−155	+307	−235	+315
691	+ 72	+336	+ 15	−322	+340	+250
787	+ 72	−142	−343	+185	−302	−257

Normen complexer Zahlen in $\frac{6}{\varpi}$.

$N(1+\varpi_1) = N(1-\varpi_{10}-\varpi_{13}) = 12.31$, $N(4+\varpi_{11}) = 3.31.67$,

$N(2-\varpi_{11}) = 3.61$, $N(1-\omega^{21}+\varpi_1) = 4.61$,

$N(5-2\varpi_{13}) = 61.157$, $N(1-\varpi_5-2\varpi_{10}) = 4.31.283$,

$N(2+2\varpi_5+\varpi_{10}) = 31.313$, $N(3+2\varpi_2-\omega^{21}) = 3.31.409$,

$N(2\varpi_1-\varpi_{11}) = 49.439$, $N(2-\omega^{21}-2\varpi_{10}+\varpi_{13}) = 449.661$,

$N(3-\omega^{21}+\varpi_{13}) = 4.691$, $N(2-2\varpi_1-\varpi_2) = 61.787$,

$N(1+\varpi_{10}-\varpi_{11}) = N(1+\varpi_2+\varpi_{13}) = 31.61$;

dagegen $N(1-\varpi_2+\varpi_{10}) = 127$.

IV, 7. $p = 63m+10, +19$;

$$\varpi_r = \omega^r + \omega^{10r} + \omega^{-26r} + \omega^{-8r} + \omega^{-17r} + \omega^{19r} = -\omega^{28r},$$

die primitiven ϖ reduciren sich also auf die 9ten Einheitswurzeln und die hierher gehörigen Primzahlen p:

19, 73, 199, 271, 397, 523, 577, 829

haben auch hier nur die Primfactoren der Primzahlen $p = 9m+1$ (vgl. $\lambda = 9$, I).

*) Hier ist ϖ_1 die absolut kleinste der 3 Wurzeln des Congruenzensystems:
$\varpi_1+\varpi_{10}+\varpi_{13} \equiv 0$, $\varpi_1\varpi_{10}+\varpi_{10}\varpi_{13}+\varpi_{13}\varpi_1 \equiv 0$, $\varpi_1\varpi_{10}\varpi_{13} \equiv 7-14\omega^{42}$ (mod. p), welches der reinen kubischen Congruenz $\varpi^3 \equiv 7-14\omega^{42}$ (mod. p) gleichsteht.

$$n = 63$$

$$\text{IV, 8.}\quad p = 63m - 10\,, -19\,;$$

$$\varpi_r = \omega^r + \omega^{-10r} + \omega^{-26r} + \omega^{8r} + \omega^{-17r} + \omega^{-19r}\,,$$

also die primitiven ϖ, deren Gleichung:

$$\varpi^6 + 9\varpi^4 + 5\varpi^3 + 36\varpi^2 + 12\varpi + 8 = 0\,,$$

$$\varpi_1 = \omega + \omega^{53} + \omega^{37} + \omega^8 + \omega^{46} + \omega^{44}\,,\qquad \varpi_2 = \omega^2 + \omega^{43} + \omega^{11} + \omega^{16} + \omega^{29} + \omega^{25}\,,$$

$$\varpi_4 = \omega^4 + \omega^{23} + \omega^{22} + \omega^{32} + \omega^{58} + \omega^{50}\,,\qquad \varpi_5 = \omega^5 + \omega^{13} + \omega^{59} + \omega^{40} + \omega^{41} + \omega^{31}\,,$$

$$\varpi_{10} = \omega^{10} + \omega^{26} + \omega^{55} + \omega^{17} + \omega^{19} + \omega^{62}\,,\qquad \varpi_{20} = \omega^{20} + \omega^{52} + \omega^{47} + \omega^{34} + \omega^{38} + \omega^{61}\,;$$

nichtprimitiv: ϖ_{3r} und ϖ_{9r} wie IV, 5 (dreigliedrige Per. der 7ten Wurzeln), $\varpi_{7r} = 3(\omega^{7r} + \omega^{-7r})$ wie IV, 3, sowie $\varpi_{21r} = -3$;

typische **Relationen:**

$$\varpi_1^2 = -4 - \varpi_9 + \varpi_3 + 2\varpi_{20}\,,\qquad \varpi_1\varpi_2 = 2 - \varpi_{15} + \varpi_1 + 2\varpi_{10}\,,$$

$$\varpi_1\varpi_5 = -3 + 3\varpi_2 - (\omega^{14} + \omega^{49})\,,\qquad \varpi_1\varpi_{10} = 4 + 2(\omega^7 + \omega^{56})\,,$$

$$\varpi_1\varpi_{20} = -2 + 2(\omega^{28} + \omega^{35})\,;\qquad \varpi_1\varpi_9 = 2\varpi_1 + 4\varpi_{10} = -2\varpi_1\varpi_{15}\,,$$

$$\varpi_1\varpi_{27} = 4(\omega^{28} + \omega^{35}) = -2\varpi_1\varpi_3\,;\qquad \varpi_1\varpi_7 = 3\varpi_8 + 3\varpi_{15}\,,$$

$$\varpi_1\varpi_{28} = 3\varpi_2 + 3\varpi_9\,.$$

Congruenzwurzeln mod. p.*)

p	ϖ_1	ϖ_2	ϖ_4	ϖ_5	ϖ_{10}	ϖ_{20}
53	+ 13	+ 3	− 16	+ 2	+ 5	− 7
107	+ 6	− 15	+ 9	+ 51	+ 34	+ 22
179	+ 68	− 12	− 56	− 24	− 22	+ 46
233	+ 63	+ 49	−112	+ 7	+ 98	−105
359	− 10	+115	−105	− 26	+ 83	− 57
431	+110	+108	+213	− 50	+ 45	+ 5
557	−192	+141	+ 51	+ 24	+139	−163
683	+225	−308	+ 83	+252	+247	+184
809	+ 99	+364	+346	−111	−310	−388
863	+385	+133	+345	+161	−108	− 53

*) Hier ist ϖ_1 vollständig bestimmt durch die lineäre Congruenz $\varpi_1(\omega^{27} + \omega^{45} + \omega^{54}) \equiv 2(\omega^{28} + \omega^{35})$ (mod. p), oder als gemeinschaftliche Wurzel der beiden Congruenzensysteme:

$$\left.\begin{aligned} \varpi_1 + \varpi_{10} &\equiv \omega^{28} + \omega^{35} \\ \varpi_1\varpi_{10} &\equiv 4 + 2(\omega^7 + \omega^{56}) \end{aligned}\right\} \quad \text{und} \quad \left.\begin{aligned} \varpi_1 + \varpi_2 + \varpi_4 &\equiv 0 \\ \varpi_1\varpi_2 + \varpi_2\varpi_4 + \varpi_4\varpi_1 &\equiv 6 + \tfrac{3}{2}\varpi_9 \\ \varpi_1\varpi_2\varpi_4 &\equiv -2 + \tfrac{1}{2}\varpi_9 \end{aligned}\right\} \text{(mod. } p\text{)}.$$

$n = 63$

$f(\varpi_1)$, Primfactoren der Primzahlen p.

p	$f(\varpi_1)$	p	$f(\varpi_1)$	p	$f(\varpi_1)$
53	$1 - \varpi_3 - \varpi_4 - \varpi_5$	359	$1 - \varpi_2 - 2\varpi_{20}$	683	$1 + 2\varpi_2 + \varpi_{10} + 2\varpi_{20}$
107	$1 + \varpi_1 - \varpi_2 - \varpi_{20}$	431	$3 + \varpi_1 - \varpi_2 - \varpi_{20}$	809	$1 + 2\varpi_1 - \varpi_5 + \varpi_{10}$
179	$\varpi_1 + \varpi_{10} - \varpi_{20}$	557	$2 + \varpi_1 + \varpi_4 + \varpi_{10}$	863	$1 + 2\varpi_2 - \varpi_5 + 2\varpi_{20}$
233	$\varpi_4 + \varpi_5 - \varpi_{20}$				

IV, 9. $p = 63m + 11, + 23$;

$$\varpi_r = \omega^r + \omega^{11r} + \omega^{-5r} + \omega^{8r} + \omega^{25r} + \omega^{23r},$$

also die **primitiven** ϖ, deren Gleichung:

$$\varpi^6 + 14\varpi^3 + 63\varpi^2 - 168\varpi + 161 = 0,$$

$$\varpi_1 = \omega + \omega^{11} + \omega^{58} + \omega^8 + \omega^{25} + \omega^{23}, \qquad \varpi_2 = \omega^2 + \omega^{22} + \omega^{53} + \omega^{16} + \omega^{50} + \omega^{46},$$

$$\varpi_4 = \omega^4 + \omega^{44} + \omega^{43} + \omega^{32} + \omega^{37} + \omega^{29}, \qquad \varpi_5 = \omega^5 + \omega^{55} + \omega^{38} + \omega^{40} + \omega^{62} + \omega^{52},$$

$$\varpi_{10} = \omega^{10} + \omega^{47} + \omega^{13} + \omega^{17} + \omega^{61} + \omega^{41}, \qquad \varpi_{19} = \omega^{19} + \omega^{20} + \omega^{31} + \omega^{26} + \omega^{34} + \omega^{59};$$

nichtprimitiv: ganz wie IV, 5: ϖ_{3r} und ϖ_{9r}, $\varpi_{7r} = 0$, $\varpi_{21r} = -3$;

typische Relationen:

$$\varpi_1^2 = 2 + 2\varpi_9 + \varpi_2 + 2\varpi_{19}, \qquad \varpi_1\varpi_2 = -1 - \varpi_9 + \varpi_1 + 2\varpi_{10},$$

$$\varpi_1\varpi_5 = 7 + \varpi_2 + \varpi_{10}, \qquad \varpi_1\varpi_{10} = -2 + \tfrac{3}{2}\varpi_9 + \varpi_1 + \varpi_5;$$

$$\varpi_1\varpi_9 = 2\varpi_4 - 2\varpi_5 \,(= -2\varpi_1\varpi_{15}).$$

Congruenzwurzeln mod. p.*)

Für die 9 hierher gehörigen Primzahlen p:

11, 23, 137, 149, 263, 389, 401, 641, 653 ist z. B.

p	ϖ_1	ϖ_2	ϖ_4	ϖ_5	ϖ_{10}	ϖ_{19}
11	+ 3	+ 5	+ 3	+ 2	+ 5	+ 4
23	+ 2	− 11	+ 9	− 9	+ 9	0
137	+ 25	+ 44	− 68	− 58	+ 6	+ 52
149	− 22	− 58	− 69	− 66	+ 13	+ 53
263	− 17	−115	−131	+119	− 74	− 45
(mod. p^3) 11	−151	+ 27	+124	−636	+170	+466

*) Hier ist ϖ_1 die absolut kleinste der 3 Wurzeln des Congruenzensystems:

$\varpi_1+\varpi_2+\varpi_4 \equiv 0$, $\varpi_1\varpi_2+\varpi_2\varpi_4+\varpi_4\varpi_1 \equiv -3-3\varpi_9$, $\varpi_1\varpi_2\varpi_4 \equiv -3+4\varpi_{27}$ (mod. p).

$n = 63$

Normen complexer Zahlen in $\frac{6}{\varpi}$.

$N(\varpi_{19}) = 7.23$, $N(2 - \varpi_5) = N(\varpi_2 - \varpi_3) = 11.23$, $N(\varpi_3 - \varpi_{10}) = 9.11$, $N(\varpi_1 + \varpi_3 - \varpi_{10}) = 25.149$, $N(1 - 2\varpi_4) = 23.263$, $N(\varpi_4 + \varpi_{15}) = 25.23$, $N(1 + 2\varpi_4) = 11^2.137$, $N(1 + 2\varpi_1 + \varpi_{19}) = 11.23.127$, $N(3 + \varpi_4 - \varpi_5) = 11.149$, $N(1 - 2\varpi_2 - \varpi_5) = 25.11.151$;

und mit Congruenzwurzeln mod. 11^3 $N(5 + 2\varpi_2 - 2\varpi_5) = 11^3.127$,

während bei mod. 11^2 $N(3 - \varpi_4) = 11.11^2$;

dagegen: $N(1 + \varpi) = 379$, $N(1 - \varpi) = 71$, $N(2 + \varpi_0) = 701$.

IV, 10. $p = 63m - 11, -23$;

$$\varpi_r = \omega^r + \omega^{-11r} + \omega^{-5r} + \omega^{-8r} + \omega^{25r} + \omega^{-23r},$$

also die primitiven ϖ, deren Gleichung:

$$\varpi^6 + 35\varpi^3 + 343 = 0,$$

$$\varpi_1 = \omega + \omega^{52} + \omega^{58} + \omega^{55} + \omega^{25} + \omega^{40}, \quad \varpi_2 = \omega^2 + \omega^{41} + \omega^{53} + \omega^{47} + \omega^{50} + \omega^{17},$$
$$\varpi_4 = \omega^4 + \omega^{19} + \omega^{43} + \omega^{31} + \omega^{37} + \omega^{34}, \quad \varpi_5 = \omega^5 + \omega^8 + \omega^{38} + \omega^{23} + \omega^{62} + \omega^{11},$$
$$\varpi_{10} = \omega^{10} + \omega^{16} + \omega^{13} + \omega^{46} + \omega^{61} + \omega^{22}, \quad \varpi_{20} = \omega^{20} + \omega^{32} + \omega^{26} + \omega^{29} + \omega^{59} + \omega^{44};$$

nichtprimitiv: ganz wie IV, 6: $\varpi_{21r} = 6\omega^{21r} = -6\varpi_{3r}$, $\varpi_{9r} = -1$, $\varpi_{7r} = 0$;

typische Relationen:

$$\varpi_1^2 = 3\varpi_2 + 2\varpi_{20}, \quad \varpi_1\varpi_2 = 7\omega^{42}, \quad \varpi_1\varpi_4 = 2\varpi_5 + 3\varpi_{20}, \quad \varpi_1\varpi_5 = 7; \quad \varpi_1\varpi_{21} = 6\varpi_{10}.$$

Congruenzwurzeln mod. p.*)

p	ϖ_1	ϖ_2	ϖ_4	ϖ_5	ϖ_{10}	ϖ_{20}
103	− 7	+ 47	+ 20	− 1	− 13	+ 57
229	+ 2	+ 11	+ 39	−111	− 41	+100
241	+ 54	− 65	+ 87	+ 76	+100	− 11
367	− 29	− 58	+162	+101	−133	− 43
607	+ 41	+ 38	−253	+ 89	+112	−127
619	− 89	+159	+233	−167	−144	+ 8
733	− 4	−354	+238	−185	−234	−194
859	+209	+131	+427	−300	+223	+169
997	−112	+206	+262	−187	−150	− 19

*) Hier ist ϖ_1 die absolut kleinste der 3 Wurzeln des Congruenzensystems:
$\varpi_1 + \varpi_4 + \varpi_{10} \equiv 0$, $\varpi_1\varpi_4 + \varpi_4\varpi_{10} + \varpi_{10}\varpi_1 \equiv 0$, $\varpi_1\varpi_4\varpi_{10} \equiv -14 + 7\omega^{42}$ (mod. p).

$n = 63$

Normen complexer Zahlen in $\overset{6}{\varpi}$.

$N(1+\varpi_5) = N(1-\varpi_2+\omega^{21}) = 3.103$, $N(2-\varpi_1) = 3.229$,

$N(\varpi_4-\varpi_5+\varpi_{20}) = N(5-\varpi_{20}+\omega^{21}) = 49.241$,

$N(2\varpi_1-\varpi_2) = N(\varpi_5-2\varpi_{10}) = 49.367$, $N(3-\varpi_1+\varpi_2) = 3.607$,

$N(8-\varpi_{20}) = 3.619.151$, $N(4+\varpi_1) = 3.733$,

$N(5+2\varpi_4) = 3.859$, $N(4-2\varpi_{10}-\omega^{21}) = 49.997$;

ferner:

$N(1-\varpi) = 379$, $N(2+\varpi) = 127$, $N(2+\varpi_4+\varpi_5) = 9.151$.

IV, 11. $p = 63m+13, -29$;

$$\varpi_r = \omega^r + \omega^{13r} + \omega^{-20r} + \omega^{-8r} + \omega^{22r} + \omega^{-29r} = 0,$$

während $\varpi_{3r} = 3(\omega^{3r}+\omega^{39r})$ auf die zweigliedrigen ϖ 2ter Art der 21ten Einheitswurzeln zurückkommt, daher haben die hierher gehörigen Primzahlen p:

13, 97, 139, 223, 349, 601, 643, 727, 769, 853

auch hier nur die Primfactoren bei $n = 21$, II, 1.

IV, 12. $p = 63m-13, +29$;

$$\varpi_r = \omega^r + \omega^{-13r} + \omega^{-20r} + \omega^{8r} + \omega^{22r} + \omega^{29r} = 0,$$

während $\varpi_{3r} = 3(\omega^{3r}+\omega^{24r}) = -3\omega^{45r}$ auf die 7ten Einheitswurzeln zurückkommt; daher haben die hierher gehörigen Primzahlen p:

29, 113, 239, 281, 491, 617, 659, 743, 787, 911

auch hier nur die Primfactoren der Primzahlen $p = 7m+1$ ($\lambda = 7$, I.).

$$n = 65$$

I. $p = 65m + 1.$

$$p = 131,\quad 521,\quad 911.$$

48 primitive Wurzeln, deren Gleichung:

$$\omega^{48} - \omega^{47} + \omega^{43} - \omega^{42} + \omega^{38} - \omega^{37} + \omega^{35} - \omega^{34} + \omega^{33} - \omega^{32} + \omega^{30} - \omega^{29} + \omega^{28} - \omega^{27} + \omega^{25} - \omega^{24} + \omega^{23} - \omega^{21} + \omega^{20} - \omega^{19} + \omega^{18} - \omega^{16} + \omega^{15} - \omega^{14} + \omega^{13} - \omega^{11} + \omega^{10} - \omega^{6} + \omega^{5} - \omega + 1 = 0,$$

mittelst welcher, oder der beiden

$$\omega^{52} + \omega^{39} + \omega^{26} + \omega^{13} + 1 = 0$$

$$\omega^{60} + \omega^{55} + \omega^{50} + \omega^{45} + \omega^{40} + \omega^{35} + \omega^{30} + \omega^{25} + \omega^{20} + \omega^{15} + \omega^{10} + \omega^{5} + 1 = 0$$

die nichtprimitiven Wurzeln, d. h. die 13ten und die 5ten Einheitswurzeln, sich eliminiren lassen.

II. p zum Exponenten 2 gehörig.

24 zweigliedrige Perioden, und zwar mit 3 Fällen:

II, 1. $p = 65m - 1;\qquad \varpi_r = \omega^r + \omega^{-r},$

$$\varpi_1 \varpi_k = \varpi_{k-1} + \varpi_{k+1},\qquad \Pi(\varpi_r) = 1,$$

womit die primitiven ϖ und ihre Relationen gegeben sind; die nichtprimitiven sind die zweigliedrigen Perioden der 13ten, ϖ_{5r}, und der 5ten Einheitswurzeln, ϖ_{13r}.

Congruenzwurzeln mod. p.*)

p	ϖ_1	ϖ_2	ϖ_3	ϖ_4	ϖ_6	ϖ_7	ϖ_8	ϖ_9	ϖ_{11}
389	+ 4	+ 14	+102	+194	− 71	− 30	− 99	+ 23	− 37

p	ϖ_{12}	ϖ_{14}	ϖ_{16}	ϖ_{17}	ϖ_{18}	ϖ_{19}	ϖ_{21}	ϖ_{22}	ϖ_{23}
389	+ 50	+120	+ 74	+ 53	+138	+110	− 69	−189	+ 91

p	ϖ_{24}	ϖ_{27}	ϖ_{28}	ϖ_{29}	ϖ_{31}	ϖ_{32}
389	+164	+ 39	+ 5	− 19	+ 84	+ 28

*) Für ϖ_1 ist die absolut kleinere der beiden gemeinschaftlichen Wurzeln zweier Congruenzensysteme gewählt, des einen von 4 Congruenzen:

$$\varpi_1 + \varpi_{12} + \varpi_{14} + \varpi_{27} \equiv -\varpi_5 \quad \text{u. s. w. (mod. } p.)$$

des anderen von 12 Congruenzen:

$$\varpi_1 + \varpi_4 + \varpi_6 + \varpi_9 + \varpi_{11} + \varpi_{14} + \varpi_{16} + \varpi_{19} + \varpi_{21} + \varpi_{24} + \varpi_{29} + \varpi_{31} \equiv -\varpi_{26} \quad \text{u. s. w. (mod. } p.)$$

$n = 65$

$f(\varpi_1)$, Primfactoren der Primzahlen p. $Nf(\varpi_1) = -p$.

Für $p = 389$ ist $f(\varpi_1) = 1 + \varpi_1 - \varpi_{28}$. (Einzige hierher gehörige Primzahl p). Die Congruenzwurzeln der ϖ_{5r} und ϖ_{13r} stehen in den Tafeln II für $\lambda = 13$ und $\lambda = 5$, so dass, was hier ϖ_5, ϖ_{10}, ϖ_{15}, ϖ_{20}, ϖ_{25}, ϖ_{30},
bei $\lambda = 13$ heisst: η_0, η_1, η_4, η_2, η_3, η_6 resp.

II, 2. $p = 65m + 14$: 79, 599, 859.

$$\varpi_r = \omega^r + \omega^{14r},$$

$\varpi_{5r} = 2\omega^{5r}$, d. h. 13te Einheitswurzeln, $\varpi_{13r} = \omega^{13r} + \omega^{-13r}$ wie in II, 1.

$$\varpi_r + \varpi_{27r} = -\omega^{40r}, \quad \varpi_r\varpi_{27r} = -\omega^{15r}, \quad \Pi(\varpi) = 1,$$

$$\varpi_r + \varpi_{6r} + \varpi_{11r} + \varpi_{16r} + \varpi_{21r} + \varpi_{31r} + \varpi_{36r} + \varpi_{41r} + \varpi_{46r} + \varpi_{51r} + \varpi_{4r} + \varpi_{9r} = -\varpi_{26r}.$$

II, 3. $p = 65m - 14$: 181, 311, 571, 701.

$$\varpi_r = \omega^r + \omega^{-14r},$$

$\varpi_{5r} = \omega^{5r} + \omega^{-5r}$ wie in II, 1, $\varpi_{13r} = 2\omega^{13r}$, d. h. 5te Einheitswurzeln;

$$\varpi_r + \varpi_{14r} + \varpi_{12r} + \varpi_{38r} = -\varpi_{25r},$$

$$\varpi_r + \varpi_{6r} + \varpi_{11r} + \varpi_{16r} + \varpi_{21r} + \varpi_{56r} = -\omega^{26r}, \quad \Pi(\varpi) = 1.$$

$n = 65$

III. p zum Exponenten 3 gehörig.

$p = 65m - 4, + 16.$

16 dreigliedrige Perioden:

$$\varpi_r = \omega^r + \omega^{-4r} + \omega^{16r},$$

also die **primitiven** ϖ, wofür $\Pi(\varpi_r) = 81$,

$$\varpi_1 = \omega + \omega^{61} + \omega^{16}, \quad \varpi_2 = \omega^2 + \omega^{57} + \omega^{32}, \quad \varpi_3 = \omega^3 + \omega^{53} + \omega^{48},$$
$$\varpi_4 = \omega^4 + \omega^{49} + \omega^{64}, \quad \varpi_6 = \omega^6 + \omega^{41} + \omega^{31}, \quad \varpi_7 = \omega^7 + \omega^{37} + \omega^{47},$$
$$\varpi_8 = \omega^8 + \omega^{33} + \omega^{63}, \quad \varpi_9 = \omega^9 + \omega^{29} + \omega^{14}, \quad \varpi_{11} = \omega^{11} + \omega^{21} + \omega^{46},$$
$$\varpi_{12} = \omega^{12} + \omega^{17} + \omega^{62}, \quad \varpi_{18} = \omega^{18} + \omega^{58} + \omega^{38}, \quad \varpi_{19} = \omega^{19} + \omega^{54} + \omega^{44},$$
$$\varpi_{22} = \omega^{22} + \omega^{42} + \omega^{37}, \quad \varpi_{23} = \omega^{23} + \omega^{38} + \omega^{43}, \quad \varpi_{24} = \omega^{24} + \omega^{34} + \omega^{59},$$
$$\varpi_{36} = \omega^{36} + \omega^{51} + \omega^{56};$$

nichtprimitiv: ϖ_{3r}, die dreigliedrigen Per. der 13ten, $\varpi_{13r} = 3\omega^{13r}$, die 5ten Einheitswurzeln; typische **Relationen:**

$$\varpi_1^2 = \varpi_2 + 2\varpi_{12}, \quad \varpi_1\varpi_2 = -\omega^{12} - \varpi_{23}, \quad \varpi_1\varpi_4 = 3 + \varpi_5 + \varpi_{20},$$
$$\varpi_1\varpi_9 = \varpi_5 + 2\varpi_{10}, \quad \varpi_1\varpi_{12} = 3\omega^{13} + \varpi_8 + \varpi_{18}, \quad \varpi_1\varpi_{19} = -1 - \varpi_{10};$$
$$\varpi_1\varpi_5 = -\omega^{26} - \varpi_{36}, \quad \varpi_1\varpi_{10} = 3\omega^{26} + \varpi_6 + \varpi_{11}, \quad \varpi_1\varpi_{35} = \varpi_6 + 2\varpi_{36};$$
$$\varpi_1\varpi_{13} = 3\varpi_9, \quad \varpi_1\varpi_{39} = 3\varpi_{35}.$$

Congruenzwurzeln mod. p.*)

p	ϖ_1	ϖ_2	ϖ_3	ϖ_4	ϖ_6	ϖ_7	ϖ_8	ϖ_9
61	− 24	+ 17	+ 8	− 22	+ 29	− 9	− 20	+ 11
191	+ 79	+ 28	+ 16	+ 61	− 54	+ 48	+ 60	+ 20
211	− 53	− 42	+ 26	+ 81	+ 11	− 72	− 32	+ 35
601	+ 85	+199	+246	+247	−243	+122	−184	−105
971	−452	−482	−250	−258	− 89	−168	+ 65	+247
991	−337	+412	+ 8	−308	−477	−494	−288	+446

p	ϖ_{11}	ϖ_{12}	ϖ_{18}	ϖ_{19}	ϖ_{22}	ϖ_{23}	ϖ_{24}	ϖ_{36}
61	− 1	+ 5	− 30	− 26	+ 28	− 16	+ 3	− 13
191	− 38	− 45	+ 35	− 4	+ 51	+ 87	+ 75	− 36
211	+ 49	+ 54	− 89	− 63	− 47	+ 24	+103	+ 16
601	+298	− 93	+ 25	− 18	+ 59	+ 91	−156	+ 29
971	+ 1	+387	− 61	− 91	+198	+485	−239	−263
991	+240	−404	+176	− 98	+289	+270	−200	−225

*) Hier ist ϖ_1 völlig bestimmt durch die lineäre Congruenz $\varpi_1\omega^{39} \equiv \varpi_{35}$ (mod. p), sowie als gemeinschaftliche Wurzel zweier Systeme von je 4 Congruenzen, deren erste

$$\varpi_1 + \varpi_3 + \varpi_9 + \varpi_{22} \equiv -\varpi_{35} \text{ u. } \varpi_1 + \varpi_6 + \varpi_{11} + \varpi_{36} \equiv -\omega^{26} \pmod{p.}$$

Was hier ϖ_5, ϖ_{10}, ϖ_{20}, ϖ_{35}, ist bei $\lambda = 13$, III resp. η_0, η_1, η_2, η_3.

$n = 65$

$f(\varpi_1)$, Primfactoren der Primzahlen p.

p	$f(\varpi_1)$	p	$f(\varpi_1)$	p	$f(\varpi_1)$
61	$1 + \varpi_{11}$	211	$1 + \varpi_{24} + \omega^{52}$	971	$1 - \varpi_{11}$
191	$1 + \varpi_7 - \omega^{26}$	601	$1 + \varpi_3 - \varpi_4$	991	$\varpi_1 - \varpi_5 - \varpi_{10}$

IV. p zum Exponenten 4 gehörig.

12 viergliedrige Perioden und zwar mit 6 Fällen:

IV, 1. $p = 65m \pm 8$;

$$\varpi_r = \omega^r + \omega^{8r} + \omega^{-r} + \omega^{-8r},$$

also die primitiven ϖ, wofür $\Pi(\varpi_r) = 1$,

$$\varpi_1 = \omega + \omega^8 + \omega^{64} + \omega^{57}, \qquad \varpi_2 = \omega^2 + \omega^{16} + \omega^{63} + \omega^{49},$$
$$\varpi_3 = \omega^3 + \omega^{24} + \omega^{62} + \omega^{41}, \qquad \varpi_4 = \omega^4 + \omega^{32} + \omega^{61} + \omega^{33},$$
$$\varpi_6 = \omega^6 + \omega^{48} + \omega^{59} + \omega^{17}, \qquad \varpi_7 = \omega^7 + \omega^{56} + \omega^{58} + \omega^9,$$
$$\varpi_{11} = \omega^{11} + \omega^{23} + \omega^{54} + \omega^{42}, \qquad \varpi_{12} = \omega^{12} + \omega^{31} + \omega^{53} + \omega^{34},$$
$$\varpi_{14} = \omega^{14} + \omega^{47} + \omega^{51} + \omega^{18}, \qquad \varpi_{19} = \omega^{19} + \omega^{22} + \omega^{46} + \omega^{43},$$
$$\varpi_{21} = \omega^{21} + \omega^{38} + \omega^{44} + \omega^{27}, \qquad \varpi_{28} = \omega^{28} + \omega^{29} + \omega^{37} + \omega^{36};$$

nichtprimitiv: ϖ_{5r} die viergliedrigen Per. der 13ten Einheitswurzeln, während $\varpi_{13r} = -1$;

typische Relationen:

$$\varpi_1^2 = 4 + \varpi_2 + 2\varpi_7, \qquad \varpi_1\varpi_2 = \varpi_1 + \varpi_3 + \varpi_6 + \varpi_{10},$$
$$\varpi_1\varpi_7 = 2\varpi_1 + \varpi_6 + \varpi_{10}, \qquad \varpi_1\varpi_{12} = -1 + \varpi_4 + \varpi_{11} + \varpi_{20},$$
$$\varpi_1\varpi_{28} = \varpi_{20} + \varpi_{21} + \varpi_{28}; \qquad \varpi_1\varpi_5 = -1 + \varpi_3 + \varpi_4 + \varpi_6,$$
$$\varpi_1\varpi_{10} = \varpi_2 + \varpi_7 + \varpi_{11} + \varpi_{14}.$$

Congruenzwurzeln mod. p*).

Für die 8 hierher gehörigen Primzahlen p:

73, 317, 463, 577, 593, 853, 967, 983 ist z. B.

p	ϖ_1	ϖ_2	ϖ_3	ϖ_4	ϖ_6	ϖ_7	ϖ_{11}	ϖ_{12}	ϖ_{14}	ϖ_{19}	ϖ_{21}	ϖ_{28}
73	−9	+17	+35	+21	+28	+30	+5	−33	−14	+14	−24	+4

*) Hier ist ϖ_1 die absolut kleinste Wurzel eines Systems von 4 Congruenzen, deren erste und letzte: $\varpi_1 + \varpi_{12} + \varpi_{14} + \varpi_{21} \equiv -\varpi_5$, $\varpi_1\varpi_{12}\varpi_{14}\varpi_{21} \equiv 1 \pmod{p}$.
Vgl. $\lambda = 13$, IV, wo η_0, η_1, η_2, was hier $\varpi_5, \varpi_{10}, \varpi_{20}$ resp.

$n = 65$

Normen complexer Zahlen in $\frac{4}{\varpi}$.

$N(1+\varpi) = 5.13$, $\quad N(1-\varpi) = 131$ (vgl. I.), $\quad N(1-\varpi_4-\varpi_{20}) = 5.73$,
$N(1-\varpi_{11}+\varpi_{28}) = 8.73$.

IV, 2. $p = 65m+12, -27$: 103, 233, 337, 467, 727, 857, 883;
$\varpi_r = \omega^r + \omega^{12r} + \omega^{14r} + \omega^{-27r}$, $\varpi_{5r} = 2(\omega^{5r}+\omega^{-5r})$ zweigliedrige Per. der 13ten Einheitswurzeln, während $\varpi_{13r} = -1$; $\quad \varpi_r + \varpi_{27r} = -(\omega^{25r}+\omega^{40r})$,
$\varpi_r\varpi_{27r} = 3-(\omega^{15r}+\omega^{50r})$, $\varpi_r^2 = -2+\varpi_{2r}+\varpi_{15r}$. $\Pi(\varpi)$ oder $N(\varpi) = 521$ (vgl. I.)

IV, 3. $p = 65m-12, +27$: 53, 157, 313, 443, 547, 677, 937;

$$\varpi_r = \omega^r + \omega^{-12r} + \omega^{14r} + \omega^{27r} = -\varpi^{40r},$$

13te Einheitswurzeln, also haben vorstehende Primzahlen p auch in Beziehung auf 65te Einheitswurzeln nur die Primfactoren der Primzahlen $p = 13m+1$.

IV, 4. $p = 65m \pm 18$: 47, 83, 307, 733, 827, 863;
$\varpi_r = \omega^r + \omega^{18r} + \omega^{-r} + \omega^{-18r}$, ϖ_{5r} wie IV, 1, $\varpi_{13r} = -1$, wie ebendaselbst,
$\Pi(\varpi) = 1$; $\varpi_r^2 = 4+\varpi_{2r}+2\varpi_{17r}$, $\quad \varpi_r+\varpi_{8r}+\varpi_{12r}+\varpi_{27r} = -\varpi_{5r}$,
$\varpi_r\varpi_{8r} = -1+\varpi_{10r}+\varpi_{4r}+\varpi_{9r}$, $\quad \varpi_r\varpi_{8r}\varpi_{12r}\varpi_{27r} = 1$; $N(1+\varpi) = -5.13$,
$N(1-\varpi) = +131$ (vgl. I.).

IV, 5. $p = 65m+21, +31$: 31, 151, 281, 421, 541, 811, 941;
$\varpi_r = \omega^r + \omega^{21r} + \omega^{-14r} + \omega^{31r}$, $\varpi_{5r} = \omega^{5r}+\omega^{-25r}+\omega^{-5r}+\omega^{25r}$ (wie IV, 1 und 4),
$\varpi_{13r} = 4\omega^{13r}$; $\quad \varpi_r+\varpi_{8r}+\varpi_{12r}+\varpi_{14r} = -\varpi_{25r}$, $\quad \varpi_r+\varpi_{6r}+\varpi_{11r} = -\omega^{26r}$,
$\varpi_r\varpi_{6r}\varpi_{11r} = -\omega^{13r}$, $\quad \Pi(\varpi) = 1$.

$n = 65$

IV, 6. $p = 65m - 21, -31$: 109, 229, 239, 359, 499, 619;

$\varpi_r = \omega^r + \omega^{-21r} + \omega^{-14r} + \omega^{-31r}$, ϖ_{5r} wie IV, 5 u. s. w., $\varpi_{13r} = 2(\omega^{13r} + \omega^{-13r})$, zweigliedrige Per. der 5ten Einheitswurzeln;

$\varpi_1 + \varpi_8 + \varpi_{14} + \varpi_{38} = -\varpi_5$, $\varpi_1 + \varpi_4 + \varpi_{11} + \varpi_{14} + \varpi_{16} + \varpi_{19} = -(\omega^{26} + \omega^{-26})$.

V. p zum Exponenten 6 gehörig.

8 sechsgliedrige Perioden, und zwar mit 3 Fällen:

V, 1. $p = 65m + 4, -16$;

$$\varpi_r = \omega^r + \omega^{4r} + \omega^{16r} + \omega^{-r} + \omega^{-4r} + \omega^{-16r},$$

also die primitiven ϖ, deren Product $\Pi(\varpi_r) = -4$,

$$\varpi_1 = \omega + \omega^4 + \omega^{16} + \omega^{64} + \omega^{61} + \omega^{49}, \quad \varpi_2 = \omega^2 + \omega^8 + \omega^{32} + \omega^{63} + \omega^{57} + \omega^{33},$$
$$\varpi_3 = \omega^3 + \omega^{12} + \omega^{48} + \omega^{62} + \omega^{53} + \omega^{17}, \quad \varpi_6 = \omega^6 + \omega^{24} + \omega^{31} + \omega^{59} + \omega^{41} + \omega^{34},$$
$$\varpi_7 = \omega^7 + \omega^{28} + \omega^{47} + \omega^{58} + \omega^{37} + \omega^{18}, \quad \varpi_9 = \omega^9 + \omega^{36} + \omega^{14} + \omega^{56} + \omega^{29} + \omega^{51},$$
$$\varpi_{11} = \omega^{11} + \omega^{44} + \omega^{46} + \omega^{54} + \omega^{21} + \omega^{19}, \quad \varpi_{22} = \omega^{22} + \omega^{23} + \omega^{27} + \omega^{43} + \omega^{42} + {}^{38};$$

nichtprimitiv: ϖ_{5r}, die sechsgliedrigen Perioden der 13ten Einheitswurzeln, $\varpi_{13r} = 3(\omega^{13r} + \omega^{-13r})$, die zweigliedrigen Per. der 5ten;

unter den Relationen:

$$\varpi_1^2 = 6 + \varpi_2 + 2\varpi_3 + 2\varpi_5, \quad \varpi_1\varpi_2 = 1 - \varpi_{11} - \varpi_{22}, \quad \varpi_1\varpi_3 = 2\varpi_1 - \varpi_5 - \varpi_6 + \varpi_{12},$$
$$\varpi_1\varpi_9 = -1 + \varpi_2 + \varpi_7 + \varpi_{10} + \varpi_{13} \text{ u. s. w.}$$

Es gehören hierher folgende Primzahlen p:

179, 199, 439, 569, 719, 829; für die erste z. B.

Congruenzwurzeln mod. p.*)

p	ϖ_1	ϖ_2	ϖ_3	ϖ_6	ϖ_7	ϖ_9	ϖ_{11}	ϖ_{22}
179	−5	−21	+7	+55	+88	−19	+44	+31

*) Hier ist ϖ_1 die absolut kleinere der beiden gemeinschaftlichen Wurzeln der zwei Systeme von je vier Congruenzen, deren erste und letzte:

$$\varpi_1 + \varpi_3 + \varpi_9 + \varpi_{22} \equiv -\varpi_{10}, \quad \varpi_1\varpi_2\varpi_9\varpi_{22} \equiv 4 + 2\varpi_5 \pmod{p}.$$
$$\varpi_1 + \varpi_6 + \varpi_9 + \varpi_{11} \equiv -(\omega^{26} + \omega^{39}), \quad \varpi_1\varpi_6\varpi_9\varpi_{11} \equiv 2 - 4(\omega^{13} + \omega^{52}) \pmod{p}.$$

Vgl. $\lambda = 5$ und $\lambda = 13$.

$n = 65$

$f(\varpi_1)$, Primfactoren der Primzahlen p*). $Nf(\varpi_1) = -p$.
Für $p = 179$ ist $f(\varpi_1) = \varpi_{11} + \varpi_{12} + \omega^{26} + \omega^{39}$.

V, 2. $p = 65m + 9, + 29$: 29, 139, 269, 419, 659, 809, 919;

$$\varpi_r = \omega^r + \omega^{9r} + \omega^{16r} + \omega^{14r} + \omega^{-4r} + \omega^{29r},$$

$\varpi_{5r} = 2(\omega^{5r} + \omega^{15r} + \omega^{45r})$, dreigliedrige Per. der 13ten Wurzeln, $\varpi_{13r} = 3(\omega^{13r} + \omega^{-13r})$, zweigliedrige Per. der 5ten Wurzeln; $\Pi(\varpi_r) = 9$, $\varpi_1 + \varpi_3 = -\frac{1}{2}\varpi_{10}$,

$$\varpi_1\varpi_3 = -\tfrac{1}{2}\varpi_{20} - \varpi_{35}, \qquad \varpi_1 + \varpi_4 + \varpi_6 + \varpi_{11} = -\tfrac{1}{3}\varpi_{26}.$$

V, 3. $p = 65m - 9, - 29$: 101, 251, 491, 641, 751, 881.

$$\varpi_r = \omega^r + \omega^{-9r} + \omega^{16r} + \omega^{-14r} + \omega^{-4r} + \omega^{-29r},$$

$\varpi_{5r} = \omega^{5r} + \omega^{20r} + \omega^{15r} + \omega^{-5r} + \omega^{-20r} + \omega^{-15r}$, sechsgliedrige Per. der 13ten Einheitswurzeln, $\varpi_{13r} = 6\omega^{13r}$, die 5ten Einheitswurzeln; $\Pi(\varpi_r) = 81$,

$$\varpi_1 + \varpi_3 + \varpi_4 + \varpi_{12} = -\varpi_{10}, \quad \varpi_1 + \varpi_6 = -\omega^{26}, \quad \varpi_1\varpi_6 = -3\omega^{52}.$$

VI. p zum Exponenten 12 gehörig.
4 zwölfgliedrige Perioden, und zwar mit 6 Fällen:

VI, 1. $p = 65m \pm 2, \pm 32$:

2, 67, 97, 163, 193, 197, 227, 293, 457, 487, 587, 617, 683, 877, 977;

$$\varpi_r = \omega^r + \omega^{2r} + \omega^{4r} + \omega^{8r} + \omega^{16r} + \omega^{32r} + \omega^{-r} + \omega^{-2r} + \omega^{-4r} + \omega^{-8r} + \omega^{-16r} + \omega^{-32r},$$

$\varpi_{5r} = -1$, $\varpi_{13r} = -3$; $\varpi_1^2 = 10 + + 3\varpi_1 + 4\varpi_3 + 2\varpi_7$,
$\varpi_1\varpi_3 = -4 + 2\varpi_1 - 2\varpi_3$, $\varpi_1\varpi_7 = -4$; $\Pi(\varpi_r) = 16$, $N(1 + \varpi_r) = -10$,
$N(1 - \varpi_r) = -4$.

---

*) Diese liegen sehr versteckt wegen der Complication mit den Potenzen von 2 und von 7; es ist z. B. $N(3 + 2\varpi_7) = 49 . 179$, $N(1 - \varpi_1 + \varpi_3 - \varpi_5) = -16 . 179$, ferner: $N(1 + \varpi) = 64 = -N(1 - \varpi)$, $N(2 + \varpi) = 4 . 61$.

$n = 65$

VI, 2. $p = 65m \pm 7, \pm 28$:

7, 37, 137, 167, 223, 353, 383, 397, 557, 613, 643, 743, 773, 787, 947;

$$\varpi_r = \omega^r + \omega^{7r} + \omega^{-16r} + \omega^{18r} + \omega^{-4r} + \omega^{-28r} + \omega^{-r} + \omega^{-7r} + \omega^{16r} + \omega^{-18r} + \omega^{4r} + \omega^{28r},$$

$$\varpi_{5r} = -1, \qquad \varpi_{13r} = -3; \qquad \varpi_1^2 = 10 + 3\varpi_2 + 4\varpi_3 + 2\varpi_6,$$

$$\varpi_1\varpi_2 = -5 + 2\varpi_1 + 2\varpi_2, \qquad \varpi_1\varpi_3 = -5 + 3\varpi_1 + \varpi_3; \qquad \Pi(\varpi_r) = -49,$$

$$N(1 + \varpi_r) = -7 . 20, \qquad N(1 - \varpi_r) = -4.$$

VI, 3. $p = 65m + 3, -17, +22, -23$:

3, 107, 113, 263, 347, 367, 373, 503, 523, 607, 653, 757, 887, 997;

$$\varpi = \omega^r + \omega^{3r} + \omega^{9r} + \omega^{27} + \omega^{16r} + \omega^{-17r} + \omega^{14r} + \omega^{-23r} + \omega^{-4r} + \omega^{-12r} + \omega^{29r} + \omega^{22r}$$
$$= -(\omega^{35r} + \omega^{40r} + \omega^{55r}),$$

dreigliedrige Perioden der 13ten Einheitswurzeln, wesshalb vorstehende Primzahlen p auch hier keine anderen Primfactoren haben als die zum Exponenten 3 gehörigen Primzahlen p bei $\lambda = 13$, III.

VI, 4. $p = 65m - 3, +17, -22, +23$:

17, 23, 43, 127, 173, 257, 277, 283, 307, 433, 563, 647, 673, 677, 797, 823, 907, 953;

$$\varpi_r = \omega^r + \omega^{-3r} + \omega^{9r} + \omega^{-27r} + \omega^{16r} + \omega^{17r} + \omega^{14r} + \omega^{23r} + \omega^{-4r} + \omega^{12r} + \omega^{29r} + \omega^{-22r},$$

$$\varpi_{13r} = -3, \qquad \varpi_{5r} = 2\overset{6}{\varpi}_{5r},$$

sechsgliedrige Perioden der 13ten Einheitswurzeln;

$$\varpi_1 + \varpi_2 = -\overset{6}{\varpi}_{10}, \qquad \varpi_1\varpi_3 = 7 - 4\overset{6}{\varpi}_{10}, \quad \Pi(\varpi_r) = 29 = N(1 + \varpi_r), \quad N(1 - \varpi_r) = 61.$$

$n = 65$

VI, 5. $p = 65m - 6, - 11, + 19, + 24:$

19, 59, 89, 149, 349, 379, 409, 449, 509, 709, 739, 769, 839;

$$\varpi_r = \omega^r + \omega^{-6r} + \omega^{-29r} + \omega^{-21r} + \omega^{-4r} + \omega^{24r} + \omega^{-14r} + \omega^{19r} + \omega^{16r} + \omega^{-31r} + \omega^{-9r} + \omega^{-11r},$$

$$\varpi_{5r} = -1, \qquad \varpi_{13r} = 6(\omega^{13r} + \omega^{-13r}),$$

zweigliedrige Perioden der 5ten Einheitswurzeln;

$\varpi_1 + \varpi_4 = -\overset{2}{\varpi}_{26}$, $\varpi_1 \varpi_4 = 7 - 3\overset{2}{\varpi}_{13}$, $\Pi(\varpi_r) = 61 = N(1 - \varpi_r)$, $N(1 + \varpi_r) = 5 \,.\, 19.$

VI, 6. $p = 65m + 6, + 11, - 19, - 24:$

11, 41, 71, 241, 271, 331, 401, 431, 461, 631, 661, 691, 761, 821;

$$\varpi_r = \omega^r + \omega^{6r} + \omega^{-29r} + \omega^{21r} + \omega^{-4r} + \omega^{-24r} + \omega^{-14r} + \omega^{-19r} + \omega^{16r} + \omega^{31r} + \omega^{-9r} + \omega^{11r}$$
$$= -\omega^{26r},$$

also 5te Einheitswurzeln; daher haben vorstehende Primzahlen auch in Beziehung auf 65te Einheitswurzeln keine anderen Primfactoren als die Primzahlen $p = 5m + 1$ (vgl. $\lambda = 5$, I.).

$$n = 69$$

I. $p = 69m + 1$:

139, 277, 691, 829, 967.

44 primitive Wurzeln, deren Gleichung:

$$\omega^{44}-\omega^{43}+\omega^{41}-\omega^{40}+\omega^{38}-\omega^{37}+\omega^{35}-\omega^{34}+\omega^{32}-\omega^{31}+\omega^{29}-\omega^{28}+\omega^{26}-\omega^{25}+\omega^{23}-\omega^{22}+\omega^{21}-\omega^{19}$$
$$+\omega^{18}-\omega^{16}+\omega^{15}-\omega^{13}+\omega^{12}-\omega^{10}+\omega^{9}-\omega^{7}+\omega^{6}-\omega^{4}+\omega^{3}-\omega+1 = 0;$$

durch sie, oder die beiden:

$$\omega^{46}+\omega^{23}+1 = 0, \qquad \omega^{66}+\omega^{63}+\omega^{60}+\ldots+\omega^{6}+\omega^{3}+1 = 0$$

lassen sich die nichtprimitiven, d. h. die 23ten und die 3ten Einheitswurzeln, eliminiren.

Congruenzwurzeln mod. p

für $p = 139$ (beispielsweise):

p	ω	ω^2	ω^4	ω^5	ω^7	ω^8	ω^{10}	ω^{11}	ω^{13}	ω^{14}
139	−15	−53	+29	−18	−19	+ 7	+46	+ 5	+13	−56

p	ω^{16}	ω^{17}	ω^{19}	ω^{20}	ω^{22}	ω^{25}	ω^{26}	ω^{28}	ω^{29}	ω^{31}
139	+49	−40	+35	+31	+25	− 2	+30	−61	−58	+16

p	ω^{32}	ω^{34}	ω^{35}	ω^{37}	ω^{38}	ω^{40}	ω^{41}	ω^{43}	ω^{44}	ω^{47}
139	+38	−68	+47	+11	−26	−12	+41	+51	+69	−50

p	ω^{49}	ω^{50}	ω^{52}	ω^{53}	ω^{55}	ω^{56}	ω^{58}	ω^{59}	ω^{61}	ω^{62}
139	+ 9	+ 4	+66	−17	+67	−32	+28	− 3	+20	−22

p	ω^{64}	ω^{65}	ω^{67}	ω^{68}
139	+54	+24	−21	+37

Von obigen Primzahlen p hatten bei $\lambda = 23$ die beiden Primzahlen $p = 691$ und $p = 829$ wirkliche, die übrigen kubisch ideale Factoren.

$n = 69$

II. p zum Exponenten 2 gehörig.

22 zweigliedrige Perioden, und zwar mit 3 Fällen:

II, 1. $p = 69m - 1$;

$$\varpi_r = \omega^r + \omega^{-r}, \qquad \varpi_1 \varpi_k = \varpi_{k-1} + \varpi_{k+1}, \qquad \Pi(\varpi_r) = 1;$$

nichtprimitiv: $\varpi_{3r} = \omega^{3r} + \omega^{-3r}$, die zweigliedrigen Perioden der 23ten Einheitswurzeln, während $\varpi_{23r} = -1$.

Congruenzwurzeln mod. p.*)

p	ϖ_1	ϖ_2	ϖ_4	ϖ_5	ϖ_7	ϖ_8	ϖ_{10}	ϖ_{11}
137	−10	− 39	+ 12	+ 28	+ 15	+ 5	− 40	+ 54
827	+55	−285	+177	−172	+244	− 99	−190	+201

p	ϖ_{13}	ϖ_{14}	ϖ_{16}	ϖ_{17}	ϖ_{19}	ϖ_{20}	ϖ_{22}	ϖ_{25}
137	+ 14	− 51	+ 23	− 41	+ 7	− 46	+ 37	− 3
827	−322	− 10	−125	− 31	−34	−290	−124	−339

p	ϖ_{26}	ϖ_{28}	ϖ_{29}	ϖ_{31}	ϖ_{32}	ϖ_{34}
137	+ 57	− 4	+ 59	+ 47	− 21	+ 35
827	+307	+98	−256	+327	− 90	+132

$f(\varpi_1)$, Primfactoren der Primzahlen p. $Nf(\varpi_1) = -p$.

p	$f(\varpi_1)$	p	$f(\varpi_1)$
137	$1 - \varpi_1 + \varpi_2$	827	$1 + \varpi_8 + \varpi_{28}$

*) Hier ist ϖ_1 die absolut kleinere der beiden Wurzeln des Congruenzensystems:

$$\varpi_1 + \varpi_{22} \equiv -\varpi_{24}, \qquad \varpi_1 \varpi_{22} \equiv -1 + \varpi_{21};$$

die Werthe der ϖ_{3r} stehen in der Tafel $\lambda = 23$, II., so dass den Perioden

$\varpi_3, \varpi_6, \varpi_9, \varpi_{12}, \varpi_{15}, \varpi_{18}, \varpi_{21}, \varpi_{24}, \varpi_{27}, \varpi_{30}, \varpi_{33}$

resp. entsprechen die dortigen $\eta_0, \eta_1, \eta_8, \eta_2, \eta_6, \eta_9, \eta_4, \eta_3, \eta_5, \eta_7, \eta_{10}$.

$n = 69$

II, 2. $p = 69m + 22$;

$\varpi_r = \omega^r + \omega^{22r}$, also die primitiven ϖ, wofür $\Pi(\varpi_r) = 1$,

$\varpi_1 = \omega + \omega^{22}$, $\varpi_2 = \omega^2 + \omega^{44}$, $\varpi_4 = \omega^4 + \omega^{19}$, $\varpi_5 = \omega^5 + \omega^{41}$,

$\varpi_7 = \omega^7 + \omega^{16}$, $\varpi_8 = \omega^8 + \omega^{38}$, $\varpi_{10} = \omega^{10} + \omega^{13}$, $\varpi_{11} = \omega^{11} + \omega^{35}$,

$\varpi_{14} = \omega^{14} + \omega^{32}$, $\varpi_{17} = \omega^{17} + \omega^{29}$, $\varpi_{20} = \omega^{20} + \omega^{26}$, $\varpi_{25} = \omega^{25} + \omega^{67}$,

$\varpi_{28} = \omega^{28} + \omega^{64}$, $\varpi_{31} = \omega^{31} + \omega^{61}$, $\varpi_{34} = \omega^{34} + \omega^{58}$, $\varpi_{37} = \omega^{37} + \omega^{55}$,

$\varpi_{40} = \omega^{40} + \omega^{52}$, $\varpi_{43} = \omega^{43} + \omega^{49}$, $\varpi_{47} = \omega^{47} + \omega^{68}$, $\varpi_{50} = \omega^{50} + \omega^{65}$,

$\varpi_{53} = \omega^{53} + \omega^{62}$, $\varpi_{56} = \varpi^{56} + \varpi^{59}$;

nichtprimitiv: ϖ_{3r} wie II, 1., $\varpi_{23r} = 2\omega^{23r}$, 3te Einheitswurzeln;

typische Relationen:

$\varpi_1^2 = 2\omega^{23} + \varpi_2$, $\varpi_1\varpi_2 = \varpi_3 + \varpi_{24}$, $\varpi_1\varpi_4 = \varpi_5 + \varpi_{20}$,

$\varpi_1\varpi_{47} = 2 + \varpi_{21}$; $\varpi_1\varpi_3 = \varpi_4 + \varpi_{25}$, $\varpi_1\varpi_{24} = 2\omega^{46} + \varpi_{25}$;

$\varpi_1\varpi_{23} = 2\varpi_{24}$;

Congruenzwurzeln mod. p.*)

p	ϖ_1	ϖ_2	ϖ_4	ϖ_5	ϖ_7	ϖ_8	ϖ_{10}	ϖ_{11}
229	+ 52	− 3	− 30	− 80	−101	+ 25	− 51	− 70
367	+ 71	+ 71	+104	− 9	+143	− 26	− 85	+139
643	+265	−216	+ 73	+196	− 18	−169	+192	+113
919	−372	+430	+287	+308	−373	−445	+313	+ 21

p	ϖ_{14}	ϖ_{17}	ϖ_{20}	ϖ_{25}	ϖ_{28}	ϖ_{31}	ϖ_{34}	ϖ_{37}
229	− 63	− 10	−106	− 53	+ 37	+ 60	+ 61	+ 32
367	+ 65	− 97	+ 53	− 92	+ 22	− 18	+ 68	+ 45
643	− 30	−100	−141	−295	− 30	+308	+ 68	−166
919	+256	+432	+451	+304	+393	−165	+173	+446

p	ϖ_{40}	ϖ_{43}	ϖ_{47}	ϖ_{50}	ϖ_{53}	ϖ_{56}
229	− 24	+112	+ 98	+102	− 23	+ 36
367	+ 74	− 48	+ 21	−176	+125	− 82
643	+304	+120	−231	−134	− 11	− 97
919	+408	−442	+417	+412	−449	− 47

*) Hier ist ϖ_1 völlig bestimmt durch die lineäre Congruenz $\varpi_1\omega^{23} \equiv \varpi_{24}$ (mod. p) oder als die gemeinschaftliche Wurzel des Congruenzensystems

$$\varpi_1 + \varpi_{47} \equiv -\varpi_{24}, \quad \varpi_1\varpi_{47} \equiv 2 + \varpi_{21}, \quad (\text{mod. } p.)$$

und eines zweiten von 11 Congruenzen, deren erste

$$\varpi_1 + \varpi_4 + \varpi_7 + \varpi_{10} + \varpi_{25} + \varpi_{28} + \varpi_{31} + \varpi_{34} + \varpi_{37} + \varpi_{40} + \varpi_{43} \equiv -\omega^{46} \quad (\text{mod. } p).$$

$n = 69$

Normen complexer Zahlen in $\frac{2}{\varpi}$.

$N(1+\varpi_{12}+\varpi_{17}) = 139.229$, $N(\varpi_1-\varpi_2) = 367.643$, $N(1+\varpi_5+\varpi_{15}) = 919.691$;
$N(\varpi_3+\varpi_{14}) = N(\varpi_9+\varpi_{43}) = N(\varpi_{20}+\varpi_{37}) = 139.1933$, $N(1-\varpi) = 7681$,
$N(\varpi_{21}+\varpi_{28}) = N(\varpi_2+\varpi_{18}) = N(\varpi_5+\varpi_{25}) = 139.829$, $N(1+\varpi) = 23^3$.

II, 3. $p = 69m - 22$: 47, 461, 599;

$\varpi_r = \omega^r + \omega^{-22r} = -\omega^{24r}$, 23te Einheitswurzeln, wesshalb die vorstehenden Primzahlen p auch in Beziehung auf 69te Einheitswurzeln keine anderen Primfactoren haben als die Primzahlen $p = 23m+1$ (vgl. $\lambda = 23$, I).

III. p zum Exponenten 11 gehörig,

$p = 69m + 4, -5, -11, +13, -14, +16, -17, -20, +25, +31$

4 elfgliedrige Perioden:

$$\varpi_r = \omega^r + \omega^{4r} + \omega^{16r} + \omega^{-5r} + \omega^{-20r} + \omega^{-11r} + \omega^{25r} + \omega^{31r} + \omega^{-14r} + \omega^{13r} + \omega^{-17r},$$

also die primitiven ϖ, deren Gleichung:

$$\varpi^4 - \varpi^3 - 5\varpi^2 - 6\varpi + 36 = 0,$$

$$\varpi_1 = \omega + \omega^4 + \omega^{16} + \omega^{64} + \omega^{49} + \omega^{58} + \omega^{25} + \omega^{31} + \omega^{55} + \omega^{13} + \omega^{52},$$
$$\varpi_2 = \omega^2 + \omega^8 + \omega^{32} + \omega^{59} + \omega^{29} + \omega^{47} + \omega^{50} + \omega^{62} + \omega^{41} + \omega^{26} + \omega^{35},$$
$$\varpi_5 = \omega^5 + \omega^{20} + \omega^{11} + \omega^{44} + \omega^{38} + \omega^{14} + \omega^{56} + \omega^{17} + \omega^{68} + \omega^{65} + \omega^{53},$$
$$\varpi_7 = \omega^7 + \omega^{28} + \omega^{43} + \omega^{34} + \omega^{67} + \omega^{61} + \omega^{37} + \omega^{10} + \omega^{40} + \omega^{22} + \omega^{19};$$

nichtprimitiv:

$$\varpi_{3r} = \omega^{3r} + \omega^{12r} + \omega^{48r} + \omega^{54r} + \omega^{9r} + \omega^{36r} + \omega^{6r} + \omega^{24r} + \omega^{27r} + \omega^{39r} + \omega^{18r},$$

die elfgliedrigen Perioden der 23ten, $\varpi_{23r} = 11\omega^{23r}$, die dritten Einheitswurzeln; typische Relationen:

$\varpi_1^2 = 5\varpi_2 + 6\varpi_5$, $\varpi_1\varpi_2 = -5 + \varpi_{15}$, $\varpi_1\varpi_5 = 6$,
$\varpi_1\varpi_7 = 6\omega^{23}$; $\varpi_1\varpi_3 = 5\varpi_1 + 6\varpi_7$, $\varpi_1\varpi_{15} = 6\omega^{46}$;
$\varpi_1\varpi_{23} = 11\varpi_2$, $\varpi_1\varpi_{46} = 11\varpi_2$.

$n = 69$

Congruenzwurzeln mod. p.*)

p	ϖ_1	ϖ_2	ϖ_5	ϖ_7	p	ϖ_1	ϖ_2	ϖ_5	ϖ_7
13	−1	−3	−6	−2	487	+202	+173	+82	+31
31	+4	−11	−14	−9	499	+151	−182	+43	−11
73	+31	+13	−21	−22	541	−210	−40	+170	+81
127	−32	+5	−24	+52	547	+88	+221	−261	−47
151	−27	−15	−17	+60	577	−159	−17	−196	−204
163	−72	+10	−68	−32	601	+9	−225	+201	+16
193	+52	−71	−37	+57	607	−92	−12	−198	+303
211	+68	−103	−93	−82	673	+24	−87	−168	+232
223	−102	+66	−105	−81	739	+82	−364	−54	+337
271	−67	+21	+8	+39	823	+376	+407	−232	+273
307	−88	+39	−21	+71	853	−337	+266	+367	−295
331	+40	−84	+116	−71	859	+268	−369	+109	−7
349	+81	+110	+13	+146	877	+133	−205	−389	−415
397	−161	+77	−111	+196	883	+176	−327	−10	+162
409	+124	−152	+99	−70	991	+242	−402	−475	−355
439	−16	−102	−165	−155	997	−261	−155	−149	−431
463	+224	+165	−186	−202					

Congruenzwurzeln mod. p^3, z. B.

p	ϖ_1	ϖ_2	ϖ_5	ϖ_7	ϖ_3
13	$-1+p-3p^2$	$-3+5p-5p^3$	$-6-6p-p^2$	$-2+p-4p^2$	$4-6p-5p^2$
31	$+4-5p+5p^2$	$-11+p-10p^2$	$-14+14p+3p^2$	$-9-9p+2p^2$	$7+4p-5p^2$
73	$+31+36p-34p^2$	$+13-17p+17p^2$	$-21-13p+2p^2$	$-22-6p+15p^2$	$29-20p+17p^2$

Primfactoren der Primzahlen p.

Wirkliche $f(\varpi_1)$ haben folgende Primzahlen p, dieselben, welche auch für $\lambda = 23$ wirkliche Primfactoren hatten,

p	$f(\varpi_1)$	p	$f(\varpi_1)$	p	$f(\varpi_1)$	p	$f(\varpi_1)$
211	$5-2\varpi_2$	307	$3+\varpi_2+2\varpi_5$	853	$3-\varpi_2+2\varpi_7$	991	$9-2\varpi_1-\varpi_5$
223	$3-\varpi_1+\varpi_5$	463	$7-3\varpi_1-\varpi_7$	877	$5-2\varpi_2+\varpi_7$	977	$6+\varpi_2-\varpi_5$
271	$3-2\varpi_2+\varpi_7$	607	$1+2\varpi_7$	883	$3+\varpi_2+2\varpi_7$		

Die übrigen Primzahlen p haben ideale Primfactoren, welche in 3ter Potenz wirklich sind, z. B.

p	$f^3(\varpi_1)$	p	$f^3(\varpi_1)$	p	$f^3(\varpi_1)$
13	$5+2\varpi_1-\varpi_2+3\varpi_7$	31	$11-\varpi_1+4\varpi_2+4\varpi_5$	73	$41-6\varpi_1-3\varpi_2-15\varpi_7$

---

*) Hier ist ϖ_1 völlig bestimmt durch die lineäre Congruenz $\varpi_1\varpi_{15} \equiv 6\omega^{46}$ oder $\varpi_1\omega^{23} \equiv \varpi_3$ (mod. p), auch ist es gemeinschaftliche Wurzel der beiden Congruenzensysteme: $\varpi_1 + \varpi_2 \equiv -\varpi_3$, $\varpi_1\varpi_2 \equiv -5 + \varpi_{15}$ und $\varpi_1 + \varpi_7 \equiv -\omega^{46}$, $\varpi_1\varpi_7 \equiv 6\omega^{23}$ (mod. p).

$n = 69$

IV. p zum Exponenten 22 gehörig.

2 zweiundzwanziggliedrige Perioden, und zwar mit 3 Fällen:

IV, 1. $p = 69m - 4, +5, +11, -13, +14, -16, +17, +20, -25, -31;$

$$\varpi_r = \omega^r + \omega^{-4r} + \omega^{16r} + \omega^{5r} + \omega^{-20r} + \omega^{11r} + \omega^{25r} + \omega^{-31r} + \omega^{-14r} + \omega^{-13r} + \omega^{-17r}$$
$$+ \omega^{-r} + \omega^{4r} + \omega^{-16r} + \omega^{-5r} + \omega^{20r} + \omega^{-11r} + \omega^{-25r} + \omega^{31r} + \omega^{14r} + \omega^{13r} + \omega^{17r},$$

also die primitiven ϖ, deren Gleichung:

$$\varpi^2 - \varpi - 17 = 0,$$

$$\varpi_1 = \omega + \omega^{65} + \omega^{16} + \omega^{5} + \omega^{49} + \omega^{11} + \omega^{25} + \omega^{38} + \omega^{55} + \omega^{56} + \omega^{52} + \omega^{68} + \omega^{4} + \omega^{53}$$
$$+ \omega^{64} + \omega^{20} + \omega^{58} + \omega^{44} + \omega^{31} + \omega^{14} + \omega^{13} + \omega^{17},$$

$$\varpi_2 = \omega^2 + \omega^{61} + \omega^{32} + \omega^{10} + \omega^{29} + \omega^{22} + \omega^{50} + \omega^{7} + \omega^{41} + \omega^{43} + \omega^{35} + \omega^{67} + \omega^{8} + \omega^{37}$$
$$+ \omega^{59} + \omega^{40} + \omega^{47} + \omega^{19} + \omega^{62} + \omega^{28} + \omega^{26} + \omega^{34};$$

nichtprimitive kommen nicht in Betracht, da

$$\varpi_3 = -1, \qquad \varpi_{23} = -11.$$

Congruenzwurzeln mod. p.*)

p	ϖ_1	ϖ_2	p	ϖ_1	ϖ_2	p	ϖ_1	ϖ_2	p	ϖ_1	ϖ_2
5	2	−1	281	81	−80	503	75	−74	743	91	−90
11	3	−2	293	39	−38	521	89	−88	773	333	−332
17	1	0	359	74	−73	557	92	−91	797	352	−351
83	31	−30	383	113	−112	563	170	−169	839	120	−119
89	22	−21	389	77	−76	569	54	−53	881	67	−66
107	24	−23	401	162	−161	617	103	−102	941	280	−279
113	36	−35	419	85	−84	641	146	−145	953	221	−220
149	51	−50	431	173	−172	659	301	−300	971	150	−149
191	80	−79	467	49	−48	677	246	−245	977	437	−436
227	59	−58	479	177	−176	701	214	−213	983	122	−121
251	62	−61									

$f(\varpi_1)$, Primfactoren der Primzahlen p. $Nf(\varpi_1) = -p$.

p	$f(\varpi_1)$	p	$f(\varpi_1)$	p	$f(\varpi_1)$	p	$f(\varpi_1)$	p	$f(\varpi_1)$
5	$7+2\varpi_2$	227	$5+4\varpi_2$	419	$1+5\varpi_2$	569	$29+10\varpi_1$	797	$20+9\varpi_1$
11	$2+\varpi_2$	251	$3+4\varpi_1$	431	$2-5\varpi_2$	617	$1-6\varpi_1$	839	$1-7\varpi_1$
17	ϖ_2	281	$37+11\varpi_2$	467	$26+9\varpi_1$	641	$27+9\varpi_2$	881	$43+14\varpi_2$
83	$7+3\varpi_2$	293	$20+7\varpi_1$	479	$21+8\varpi_1$	659	$41+13\varpi_1$	941	$23+10\varpi_1$
89	$16+5\varpi_2$	359	$6+5\varpi_2$	503	$15+7\varpi_2$	677	$45+14\varpi_2$	953	$55+17\varpi_1$
107	$11+4\varpi_1$	383	$18+7\varpi_2$	521	$7+6\varpi_2$	701	$27+10\varpi_2$	971	$67+20\varpi_2$
113	$5+3\varpi_1$	389	$4+5\varpi_1$	557	$5+6\varpi_1$	743	$15+8\varpi_1$	977	$16+9\varpi_2$
149	$1+3\varpi_2$	401	$3+5\varpi_2$	563	$42+13\varpi_1$	773	$5+7\varpi_2$	983	$7+8\varpi_1$
191	$13+5\varpi_2$								

*) Hier ist $\varpi_1 > 0$ und $< \frac{1}{2}p$ gewählt.

$n = 69$

IV, 2. $p = 69m + 2, -7, +8, -10, -19, -22, +26, -28, +29, +32, -34,$

$$\varpi_r = \omega^r + \omega^{2r} + \omega^{4r} + \omega^{8r} + \omega^{16r} + \omega^{32r} + \omega^{-5r} + \omega^{-10r} + \omega^{-20r} + \omega^{29r} + \omega^{-11r} + \omega^{-22r}$$
$$+ \omega^{25r} + \omega^{-19r} + \omega^{31r} + \omega^{-7r} + \omega^{-14r} + \omega^{-28r} + \omega^{13r} + \omega^{26r} + \omega^{-17r} + \omega^{-34r}$$
$$= -(\omega^{3r} + \omega^{6r} + \omega^{9r} + \omega^{12r} + \omega^{18r} + \omega^{24r} + \omega^{27r} + \omega^{36r} + \omega^{39r} + \omega^{48r} + \omega^{54r}),$$

elfgliedrige Per. der 23ten Einheitswurzeln, daher haben die hierher gehörigen Primzahlen p:

2, 29, 41, 47, 59, 71, 101, 131, 167, 173, 179, 197, 233, 239, 257, 269, 317, 347, 353, 443, 449, 461, 491, 509, 587, 593, 599, 647. 653, 683, 719, 761, 809, 821, 857, 863, 887, 929, 947,

auch hier nur die Primfactoren der zum Exponenten 11 gehörigen Primzahlen p bei $\lambda = 23$, IV.

IV, 3. $p = 69m - 2, +7, -8, +10, +19, +22, -26, +28, -29, -32, +34,$

$$\varpi_r = \omega^r + \omega^{-2r} + \omega^{4r} + \omega^{-8r} + \omega^{16r} + \omega^{-32r} + \omega^{-5r} + \omega^{10r} + \omega^{-20r} + \omega^{-29r} + \omega^{-11r}$$
$$+ \omega^{22r} + \omega^{25r} + \omega^{19r} + \omega^{31r} + \omega^{7r} + \omega^{-14r} + \omega^{28r} + \omega^{13r} + \omega^{-26r} + \omega^{-17r} + \omega^{34r} = -\omega^{46r},$$

dritte Einheitswurzeln; daher haben die hierher gehörigen Primzahlen p

7, 19, 37, 43, 61, 67, 79, 97, 103, 109, 157, 181, 199, 229, 241, 283, 313, 337, 367, 373, 379, 421, 457, 523, 571, 613, 619, 631, 643, 661, 709, 727, 733, 751, 757, 769, 787, 907, 919, 937,

auch hier nur die Primfactoren der Primzahlen $p = 3m + 1$ (vgl. $\lambda = 3$, I.).

$n = 75$

I. $p = 75m + 1$:

151, 601, 751;

40 primitive Wurzeln, deren Gleichung:

$$\omega^{40} - \omega^{35} + \omega^{25} - \omega^{20} + \omega^{15} - \omega^{5} + 1 = 0;$$

wodurch, oder durch die Gleichung $\omega^{50} + \omega^{25} + 1 = 0$, von den nichtprimitiven die 25ten, nicht aber die 15ten Einheitswurzeln sich eliminiren lassen, während die Gleichung $\omega^{60} + \omega^{45} + \omega^{30} + \omega^{15} + 1 = 0$ nur dazu dient, überhaupt eine Wurzel durch 4 andere auszudrücken.

II. p zum Exponenten 2 gehörig;
20 zweigliedrige Perioden, und zwar mit 3 Fällen:

II, 1. $p = 75m - 1$;

$$\varpi_r = \omega^r + \omega^{-r}, \qquad \varpi_1 \varpi_k = \varpi_{k+1} + \varpi_{k-1} \qquad \Pi(\varpi_r) = 1;$$

nichtprimitiv: $\varpi_{3r} = \omega^{3r} + \omega^{-3r}$, die zweigliedrigen Perioden der 25ten, ebenso $\varpi_{5r} = \omega^{5r} + \omega^{-5r}$ die der 15ten (1ter Art), und ϖ_{15r} die der 5ten Einheitswurzeln, während $\varpi_{25r} = -1$.

Congruenzwurzeln mod. p.*)

p	ϖ_1	ϖ_2	ϖ_4	ϖ_7	ϖ_8	ϖ_{11}	ϖ_{13}	ϖ_{14}	ϖ_{16}	ϖ_{17}
149	− 19	+ 61	− 6	+ 5	+ 34	+ 67	− 30	+ 23	− 38	− 63
449	+167	+ 49	+154	− 4	− 83	−101	− 72	+ 14	+152	+ 75
599	+299	+148	−261	+ 16	−167	−209	−151	+254	−266	+109

p	ϖ_{19}	ϖ_{22}	ϖ_{23}	ϖ_{26}	ϖ_{28}	ϖ_{29}	ϖ_{31}	ϖ_{32}	ϖ_{34}	ϖ_{37}
149	− 9	+ 17	+ 14	+ 4	− 69	+ 45	− 11	− 48	− 56	− 70
449	− 82	−128	−221	−206	+194	−102	+218	+203	−214	− 13
599	− 65	− 48	+169	+ 37	−178	−193	− 94	+ 72	−101	+ 30

*) Hier ist ϖ_1 die gemeinschaftliche Wurzel der beiden Congruenzensysteme (mod. p.): $\varpi_1 + \varpi_{26} \equiv -\varpi_{24}$, $\varpi_1 \varpi_{26} \equiv -1 + \varpi_{27}$ und eines zweiten von 5 Congruenzen, deren erste $\varpi_1 + \varpi_{14} + \varpi_{16} + \varpi_{29} + \varpi_{31} \equiv 0$. Die Congruenzwurzeln für die ϖ_{3r} stehen in $\lambda = 25$, II., so dass was hier $\varpi_3, \varpi_6, \varpi_9, \varpi_{12}, \varpi_{18}, \varpi_{21}, \varpi_{24}, \varpi_{27}, \varpi_{33}, \varpi_{36}$ ist, dort resp. $\eta_0, \eta_1, \eta_7, \eta_2, \eta_8, \eta_5, \eta_3, \eta_4, \eta_6, \eta_9$ heisst.

$n = 75$

$f(\varpi_1)$, Primfactoren der Primzahlen p. $Nf(\varpi_1) = -p$.

p	$f(\varpi_1)$	p	$f(\varpi_1)$	p	$f(\varpi_1)$
149	$1 - \varpi_7 + \varpi_{26}$	449	$1 + \varpi_8 - \varpi_{19}$	599	$\varpi_1 - \varpi_4 + \varpi_8 + \varpi_{22} + \varpi_{26}$

II, 2. $p = 75m - 26$;

$\varpi_r = \omega^r + \omega^{-26r}$, also die primitiven ϖ, wofür $\Pi(\varpi_r) = 1$,

$$\varpi_1 = \omega + \omega^{49}, \quad \varpi_2 = \omega^2 + \omega^{23}, \quad \varpi_4 = \omega^4 + \omega^{46}, \quad \varpi_7 = \omega^7 + \omega^{43},$$
$$\varpi_8 = \omega^8 + \omega^{17}, \quad \varpi_{11} = \omega^{11} + \omega^{14}, \quad \varpi_{13} = \omega^{13} + \omega^{37}, \quad \varpi_{16} = \omega^{16} + \omega^{34},$$
$$\varpi_{19} = \omega^{19} + \omega^{31}, \quad \varpi_{22} = \omega^{22} + \omega^{28}, \quad \varpi_{26} = \omega^{26} + \omega^{74}, \quad \varpi_{29} = \omega^{29} + \omega^{71},$$
$$\varpi_{32} = \omega^{32} + \omega^{68}, \quad \varpi_{38} = \omega^{38} + \omega^{62}, \quad \varpi_{41} = \omega^{41} + \omega^{59}, \quad \varpi_{44} = \omega^{44} + \omega^{56},$$
$$\varpi_{47} = \omega^{47} + \omega^{53}, \quad \varpi_{52} = \omega^{52} + \omega^{73}, \quad \varpi_{58} = \omega^{58} + \omega^{67}, \quad \varpi_{61} = \omega^{61} + \omega^{64};$$

nichtprimitiv: ϖ_{3r} und ϖ_{15r} wie II, 1, $\varpi_{5r} = \omega^{5r} + \omega^{20r}$, die zweigliedrigen Perioden 2ter Art der 15ten, $\varpi_{25r} = 2\omega^{25r}$, die 3ten Einheitswurzeln;

typische Relationen:

$$\varpi_1^2 = 2\omega^{50} + \varpi_2, \quad \varpi_1\varpi_2 = \varpi_3 + \varpi_{24}, \quad \varpi_1\varpi_4 = \varpi_5 + \varpi_{47},$$
$$\varpi_1\varpi_7 = \varpi_8 + \varpi_{44}, \quad \varpi_1\varpi_{11} = \varpi_{12} + \varpi_{15}, \quad \varpi_1\varpi_{26} = 2 + \varpi_{27};$$
$$\varpi_1\varpi_3 = \varpi_2 + \varpi_4, \quad \varpi_1\varpi_6 = \varpi_7 + \varpi_{55}, \quad \varpi_1\varpi_{24} = 2\omega^{25} + \varpi_{52};$$
$$\varpi_1\varpi_5 = \varpi_6 + \varpi_{21}, \quad \varpi_1\varpi_{10} = \varpi_{11} + \varpi_{41}; \quad \varpi_1\varpi_{15} = \varpi_{16} + \varpi_{61};$$
$$\varpi_1\varpi_{25} = 2\varpi_{26}, \quad \varpi_1\varpi_{50} = 2\varpi_{24}.$$

Congruenzwurzeln mod. p.*)

p	ϖ_1	ϖ_2	ϖ_4	ϖ_7	ϖ_8	ϖ_{11}	ϖ_{13}	ϖ_{16}	ϖ_{19}	ϖ_{22}
199	+ 20	− 34	− 23	+ 44	− 81	− 67	+ 80	+ 9	− 72	− 73
349	+ 45	+ 36	+146	− 34	+132	−135	+155	−129	+ 5	− 26
499	+158	−205	−169	− 50	−101	−214	+ 15	− 57	+ 48	+109

p	ϖ_{26}	ϖ_{29}	ϖ_{32}	ϖ_{38}	ϖ_{41}	ϖ_{44}	ϖ_{47}	ϖ_{52}	ϖ_{58}	ϖ_{61}
199	+ 19	+ 73	+ 68	− 3	+ 32	− 57	+ 50	+ 68	− 29	+ 62
349	+ 49	−159	− 6	+130	+162	+ 83	+ 57	−145	+ 50	− 67
499	+ 6	− 38	+ 36	+ 89	+ 61	+185	+181	−242	+168	+ 20

*) Hier ist ϖ_1 völlig bestimmt durch die lineäre Congruenz $\varpi_1 \omega^{50} \equiv \varpi_{24}$ (mod. p), sowie als gemeinschaftliche Wurzel zweier Congruenzensysteme: $\varpi_1 + \varpi_{26} \equiv -\varpi_{24}$, $\varpi_1\varpi_{26} \equiv 2 + \varpi_{27}$ (mod. p.) und eines zweiten von 5 Congruenzen, deren erste $\varpi_1 + \varpi_4 + \varpi_{16} + \varpi_{19} + \varpi_{61} \equiv 0$ (mod. p.)

$n = 75$

Normen complexer Zahlen in $\overset{3}{\varpi}$.

$N(\varpi_3 + \varpi_4) = N(\varpi_{22} + \varpi_{29}) = 199^2, \qquad N(1 + \varpi_4 + \varpi_{36}) = 349^2,$

$N(1 - \varpi_{13} + \varpi_{18}) = 5 \,.\, 499 \,.$

II, 3. $p = 75m + 26, \qquad \varpi_r = \omega^r + \omega^{26r} = -\omega^{51r},$

25te Einheitswurzeln, daher haben die hierher gehörigen Primzahlen p:

101, 251, 401, 701,

auch in Beziehung auf 75te Einheitswurzeln nur die Primfactoren der Primzahlen $p = 25m + 1$ ($\lambda = 25$, I).

III. p zum Exponenten 4 gehörig.

10 viergliedrige Perioden, und zwar mit 2 Fällen:

III, 1. $p = 75m + 7, -32;$

$\varpi_r = \omega^r + \omega^{7r} + \omega^{-26r} + {}^{-32r}$, also die primitiven ϖ, wofür $\Pi(\varpi_r) = 1$,

$$\varpi_1 = \omega + \omega^7 + \omega^{49} + \omega^{43}, \qquad \varpi_2 = \omega^2 + \omega^{14} + \omega^{23} + \omega^{11},$$
$$\varpi_4 = \omega^4 + \omega^{28} + \omega^{46} + \omega^{22}, \qquad \varpi_8 = \omega^8 + \omega^{56} + \omega^{17} + \omega^{44},$$
$$\varpi_{13} = \omega^{13} + \omega^{16} + \omega^{37} + \omega^{34}, \qquad \varpi_{19} = \omega^{19} + \omega^{58} + \omega^{31} + \omega^{67},$$
$$\varpi_{26} = \omega^{26} + \omega^{32} + \omega^{74} + \omega^{68}, \qquad \varpi_{29} = \omega^{29} + \omega^{53} + \omega^{71} + \omega^{47},$$
$$\varpi_{38} = \omega^{38} + \omega^{41} + \omega^{62} + \omega^{59}, \qquad \varpi_{52} = \omega^{52} + \omega^{64} + \omega^{73} + \omega^{61};$$

nichtprimitiv: $\varpi_{3r} = \omega^{3r} + \omega^{21r} + \omega^{72r} + \omega^{54r}$, die viergliedrigen Perioden der 25ten, $\varpi_{5r} = -\omega^{50r} = -\frac{1}{4}\varpi_{50r}$, die 3ten Einheitswurzeln, $\varpi_{15r} = -1$;

typische Relationen:

$$\varpi_1^2 = 4\omega^{50} + \varpi_2 + 2\varpi_8, \qquad \varpi_1\varpi_2 = -1 - \varpi_6 - \varpi_{27},$$
$$\varpi_1\varpi_4 = -\omega^{50} + \varpi_2 + 2\varpi_{29}, \qquad \varpi_1\varpi_8 = -1 + \varpi_9 + 2\varpi_{18},$$
$$\varpi_1\varpi_{13} = -\omega^{50} - \varpi_{26} - \varpi_{29}, \qquad \varpi_1\varpi_{26} = 4 + 2\varpi_6 + \varpi_{27};$$
$$\varpi_1\varpi_3 = -\omega^{25} + 2\varpi_4 + \varpi_{52}, \qquad \varpi_1\varpi_9 = -\omega^{25} - \varpi_1 - \varpi_4,$$
$$\varpi_1\varpi_{18} = 4\omega^{25} + 2\varpi_{19} + \varpi_{52}; \qquad \varpi_1\varpi_{25} = 4\varpi_{26} = -4\varpi_1\varpi_{10},$$
$$\varpi_1\varpi_{50} = 4\varpi_{24} = -4\varpi_1\varpi_5 \,.$$

$n = 75$

Congruenzwurzeln mod. p.*)

p	ϖ_1	ϖ_2	ϖ_4	ϖ_8	ϖ_{13}	ϖ_{19}	ϖ_{26}	ϖ_{29}	ϖ_{38}	ϖ_{52}
7	− 1	+ 1	+ 2	− 1	− 1	+ 3	− 2	− 3	− 2	− 3
43	− 15	+ 6	− 18	+ 16	+ 15	+ 17	− 4	+ 21	+ 4	+ 1
157	+ 69	+ 43	+ 78	− 20	+ 48	+ 74	+ 45	− 72	+ 4	+ 45
193	+ 54	− 23	+ 9	+ 47	+ 44	+ 88	+ 42	+ 7	− 73	− 2
307	+ 29	− 82	+126	− 33	− 42	+ 53	+ 92	−119	+142	+141
457	−127	−102	−228	− 71	+ 23	− 83	+ 18	−162	−140	− 42
607	−241	+281	−144	+186	− 19	+209	−229	+110	+259	+195
643	+248	+250	+275	+119	+216	+ 37	+172	−193	+295	−133
757	+276	−217	− 52	+ 24	−329	+ 85	−118	+110	+201	+ 20
907	+159	−211	−389	− 89	− 81	−201	+287	+279	−266	−395

Primfactoren der Primzahlen p.

Wirklich ist nur der Primfactor von $p = 607$, $f(\varpi_1) = 1 + \varpi_1 + \varpi_{13} + \varpi_{38}$.

Normen complexer Zahlen in $\frac{4}{\varpi}$.

$N(1+\varpi_1) = 7^3$, $N(1+\varpi_4+\varpi_{29}) = 7^2$,

$N(1-\varpi_2) = N(\varpi_{38}+\omega^{25}) = N(\varpi_6+\omega^{25}) = 7.43$, $N(\varpi_1+\varpi_{13}) = 43^2$,

$N(1+\varpi_4+\varpi_{19}) = 7^2.43$, $N(\varpi_{26}-\varpi_{52}) = 7^2.157$,

$N(\varpi_4-\varpi_{29}+\varpi_{52}) = 7^2.193$, $N(1-\varpi_{38}+\varpi_{52}) = 7.307$,

$N(1-2\varpi_4) = 7^2.457$, $N(1-\varpi_{13}-\varpi_{38}+\varpi_{52}) = 7.643$,

$N(1+\varpi_8+\varpi_{19}-\varpi_{29}) = 5.757$, $N(1-2\varpi_2-\varpi_8-\varpi_{52}) = 7.907$.

*) Hier ist ϖ_1 völlig bestimmt durch die lineäre Congruenz $\varpi_1\omega^{50} \equiv \varpi_{24}$ (mod. p), sowie als die gemeinschaftliche Wurzel der beiden Congruenzensysteme mod. p: $\varpi_1+\varpi_{26} \equiv -\varpi_{18}$, $\varpi_1\varpi_{26} \equiv 4+2\varpi_6+\varpi_{27}$ und eines zweiten von 5 Congruenzen, deren erste: $\varpi_1+\varpi_4+\varpi_{13}+\varpi_{19}+\varpi_{52} \equiv 0$. Was hier ϖ_3, ϖ_6, ϖ_9, ϖ_{18}, ϖ_{27} ist in $\lambda = 25$, III. η_0, η_1, η_2, η_3, η_4.

$$n = 75$$

III, 2. $p = 75m - 7, +32;$

$\varpi_r = \omega^r + \omega^{-7r} + \omega^{-26r} + \omega^{32r}$, also die primitiven ϖ, wofür $\Pi(\varpi_r) = 199$,

$$\begin{aligned} \varpi_1 &= \omega + \omega^{68} + \omega^{49} + \omega^{32}, & \varpi_2 &= \omega^2 + \omega^{61} + \omega^{23} + \omega^{64}, \\ \varpi_4 &= \omega^4 + \omega^{47} + \omega^{46} + \omega^{53}, & \varpi_7 &= \omega^7 + \omega^{26} + \omega^{43} + \omega^{74}, \\ \varpi_8 &= \omega^8 + \omega^{19} + \omega^{17} + \omega^{31}, & \varpi_{11} &= \omega^{11} + \omega^{73} + \omega^{14} + \omega^{52}, \\ \varpi_{13} &= \omega^{13} + \omega^{59} + \omega^{37} + \omega^{41}, & \varpi_{16} &= \omega^{16} + \omega^{38} + \omega^{34} + \omega^{62}, \\ \varpi_{22} &= \omega^{22} + \omega^{71} + \omega^{28} + \omega^{29}, & \varpi_{44} &= \omega^{44} + \omega^{67} + \omega^{56} + \omega^{58}; \end{aligned}$$

nichtprimitiv: ϖ_{3r} wie III, 1, $\varpi_{5r} = \omega^{5r} + \omega^{10r} + \omega^{20r} + \omega^{40r}$, die viergliedrigen Perioden der 15ten Einheitswurzeln, $\varpi_{15r} = -1$, $\varpi_{25r} = -2$;

typische Relationen:

$$\begin{aligned} \varpi_1^2 &= -2 + \varpi_2 + 2\varpi_6, & \varpi_1\varpi_2 &= \varpi_3 + \varpi_5 + \varpi_{16} + \varpi_{18}, \\ \varpi_1\varpi_7 &= 4 - \varpi_6 + \varpi_{27}, & \varpi_1\varpi_{11} &= -1 + \varpi_4 + \varpi_7 + \varpi_9; \\ \varpi_1\varpi_3 &= -\varpi_3 + \varpi_{11} + \varpi_{35}, & \varpi_1\varpi_6 &= 2\varpi_7 + \varpi_{16} + \varpi_{35}, \\ \varpi_1\varpi_9 &= \varpi_2 + \varpi_5 + \varpi_{13} + \varpi_{44}, & \varpi_1\varpi_{18} &= -2 - \varpi_6 + \varpi_{11}; \\ \varpi_1\varpi_5 &= \varpi_3 + \varpi_6 + \varpi_{11} + \varpi_{13}, & \varpi_1\varpi_{35} &= \varpi_1 + \varpi_{22} + \varpi_{27} + \varpi_{44}. \end{aligned}$$

Congruenzwurzeln mod. p.*)

p	ϖ_1	ϖ_2	ϖ_4	ϖ_7	ϖ_8	ϖ_{11}	ϖ_{13}	ϖ_{16}	ϖ_{22}	ϖ_{44}
107	+ 32	− 41	+ 51	+ 48	− 19	− 45	− 44	− 23	− 33	− 33
257	− 47	− 50	− 39	−105	− 66	+ 28	− 59	− 55	+ 44	+ 92
293	+ 86	− 56	+ 68	+ 9	+128	− 46	−137	+ 67	− 73	− 37
443	−159	+ 39	+ 6	−106	− 49	+170	+186	+163	− 81	−169
557	−222	−154	− 70	− 76	−150	−216	−236	+ 39	+ 33	− 62
593	− 70	+ 5	−207	+156	−266	−128	− 62	− 55	+141	−107
743	− 35	+189	+147	−363	+ 11	− 35	+356	−312	−171	+213
857	− 2	+306	+364	−255	+ 6	+195	+315	+183	−399	+144

*) Hier ist ϖ_1 die gemeinschaftliche Wurzel des Systems

$$\varpi_1 + \varpi_7 \equiv -\varpi_{18}, \qquad \varpi_1\varpi_7 \equiv 4 - \varpi_6 + \varpi_{27} \pmod{p.}$$

und eines zweiten von 5 Congruenzen, deren erste

$$\varpi_1 + \varpi_2 + \varpi_4 + \varpi_8 + \varpi_{16} \equiv 0 \pmod{p.}$$

$$n = 75$$

Normen complexer Zahlen in $\overset{4}{\varpi}$.

$$N(1 + \varpi_4 + \varpi_8 + \varpi_{22}) = N(1 + \varpi_2 + \varpi_{13} + \varpi_{16}) = 5 \,.\, 107\,,$$

$$N(\varpi_3 - \varpi_{11}) = 5 \,.\, 743\,, \qquad N(2 + \varpi_1) = 5 \,.\, 857\,,$$

$$N(\varpi_{22} - \varpi_{44}) = 125 \,.\, 107\,, \qquad N(\varpi_4 - \varpi_7 - \varpi_{16} + \varpi_{22}) = 125 \,.\, 557\,,$$

$$N(1 - \varpi_4 + \varpi_{16}) = 293 \,.\, 107\,, \qquad N(\varpi_1 + 2\varpi_7) = 243 \,.\, 257\,,$$

$$N(\varpi_4 + \varpi_{16} + \varpi_{44}) = 32 \,.\, 443\,, \qquad N(1 - \varpi_1 - \varpi_2 + \varpi_4 + \varpi_{22}) = 107 \,.\, 593\,;$$

$$N(1 + \varpi) = 151\,, \qquad N(1 - \varpi) = 349\,, \qquad N(\varpi) = 199\,.$$

IV. p zum Exponenten 5 gehörig:

$$p = 75m - 14\,, + 16\,, - 29\,, + 31\,;$$

8 fünfgliedrige Perioden:

$$\varpi_r = \omega^r + \omega^{-14r} + \omega^{-29r} + \omega^{31r} + \omega^{16r} = 0\,,$$

$\varpi_{2r} = 0$, $\varpi_{5r} = 5\omega^{5r}$, 15te Einheitswurzeln, daher haben die hierher gehörigen Primzahlen p:

31, 61, 181, 211, 241, 271, 331, 421, 541, 631, 661, 691, 811, 991

auch hier keine anderen Primfactoren als die $p = 15m + 1$ (vgl. $n = 15$, I.).

V. p zum Exponenten 10 gehörig:

4 zehngliedrige Perioden, und zwar mit 3 Fällen:

$$\text{V, 1.} \quad p = 75m + 14\,, - 16\,, + 29 - 31\,;$$

$$\varpi_r = \omega^r + \omega^{14r} + \omega^{-29r} + \omega^{-31r} + \varpi^{16r} + \omega^{-r} + \omega^{-14r} + \omega^{29r} + \omega^{31r} + \omega^{-16r} = 0\,,$$

$\varpi_{3r} = 0$, $\varpi_{5r} = 5(\omega^{5r} + \omega^{-5r})$, zweigliedrige Perioden erster Art der 15ten Einheitswurzeln; daher haben die hierher gehörigen Primzahlen p:

29, 59, 89, 179, 239, 269, 359, 389, 419, 479, 509, 569, 659, 719,
809, 839, 929

auch hier keine anderen Primfactoren als die $p = 15m - 1$ (vgl. $n = 15$, II, 1).

$n = 75$

V, 2. $p = 75m + 4, -11, +19, +34$;

$$\varpi_r = \omega^r + \omega^{4r} + \omega^{16r} + \omega^{-11r} + \omega^{31r} + \omega^{-26r} + \omega^{-29r} + \omega^{34r} + \omega^{-14r} + \omega^{19r} = 0,$$

$\varpi_{3r} = 0$, $\varpi_{5r} = 5(\omega^{5r} + \omega^{20r})$, zweigliedrige Perioden 2ter Art der 15ten Einheitswurzeln, daher haben die hierher gehörigen Primzahlen p:

19, 79, 109, 139, 229, 379, 409, 439, 619 709, 739, 769, 829, 859, 919

auch hier keine anderen Primfactoren als die $p = 15m + 4$ (vgl. $n = 15$, II, 2).

V, 3. $p = 75m - 4, +11, -19, -34$;

$$\varpi_r = \omega^r + \omega^{-4r} + \omega^{16r} + \omega^{11r} + \omega^{31r} + \omega^{26r} + \omega^{-29r} + \omega^{-34r} + \omega^{-14r} + \omega^{-19r}$$
$$= -(\omega^6 + \omega^{21} + \omega^{36} + \omega^{51} + \omega^{66}) = 0,$$

$\varpi_{3r} = 2(\omega^{3r} + \omega^{18r} + \omega^{33r} + \omega^{48r} + \omega^{63r}) = 0$, $\varpi_{5r} = -5\omega^{30}$, 5te Einheitswurzeln, daher haben die hierher gehörigen Primzahlen p:

11, 41, 71, 131, 191, 281, 311, 431, 461, 491, 521, 641, 761, 821, 881, 911, 941, 971,

auch hier keine anderen Primfactoren als die $p = 5m + 1$ (vgl. $\lambda = 5$, I).

VI. p zum Exponenten 20 gehörig, 2 zwanziggliedrige Perioden, und zwar mit 2 Fällen:

VI, 1. $p = 75m + 2, +8, -13, +17, -22, +23, -28, -37$,

$$\varpi_r = \omega^r + \omega^{2r} + \omega^{4r} + \omega^{8r} + \omega^{16r} + \omega^{32r} + \omega^{-11r} + \omega^{-22r} + \omega^{31r} + \omega^{-13r} + \omega^{-26r} + \omega^{23r}$$
$$+ \omega^{-29r} + \omega^{17r} + \omega^{34r} + \omega^{-7r} + \omega^{-14r} + \omega^{-28r} + \omega^{19r} + \omega^{-37r} = 0,$$

$\varpi_{3r} = 0$, $\varpi_{5r} = 5(\omega^{5r} + \omega^{10r} + \omega^{20r} + \omega^{40r})$, viergliedrige Perioden der 15ten Einheitswurzeln, daher haben die hierher gehörigen Primzahlen p:

17, 23, 47, 53, 83, 113, 137, 167, 173. 197, 227, 233, 263, 347, 353, 383, 467, 503, 563, 587, 617, 647, 653, 677, 683, 773, 797, 827, 863, 887, 947, 977, 983,

auch hier keine anderen Primfactoren als die zum Exponenten 4 gehörigen Primzahlen für $n = 15$.

$n = 75$

VI. 2. $p = 75m - 2, -8, +13, -17, +22, -23, +28, +37;$

$$\varpi_r = 0, \quad \varpi_{3r} = 0, \quad \varpi_{5r} = 5(\omega^{5r} + \omega^{20r} + \omega^{35r} + \omega^{65r}) = -5\omega^{50r},$$

3te Einheitswurzeln, daher haben die hierher gehörigen Primzahlen p:

13, 37, 67, 73, 97, 103, 127, 163, 223, 277, 283, 313, 337, 367, 373, 397, 433, 463, 487, 523, 547, 577, 613, 673, 727, 733, 787, 823, 853, 877, 937, 967, 983, 997,

auch in Beziehung auf 75te Einheitswurzeln keine anderen Primfactoren als die $p = 3m + 1$ ($\lambda = 3$, I).

$n = 77$

I. $p = 77m + 1$:

463, 617.

60 primitive Wurzeln, deren Gleichung:

$$\omega^{60} - \omega^{59} + \omega^{53} - \omega^{52} + \omega^{49} - \omega^{48} + \omega^{46} - \omega^{45} + \omega^{42} - \omega^{41} + \omega^{39} - \omega^{37} + \omega^{35} - \omega^{34}$$
$$+ \omega^{32} - \omega^{30} + \omega^{28} - \omega^{26} + \omega^{25} - \omega^{23} + \omega^{21} - \omega^{19} + \omega^{18} - \omega^{15} + \omega^{14} - \omega^{12} + \omega^{11}$$
$$- \omega^{8} + \omega^{7} - \omega + 1 = 0,$$

wodurch sich die nichtprimitiven, d. h. die 11ten und 7ten Einheitswurzeln, eliminiren lassen, oder durch die beiden:

$$\omega^{66} + \omega^{55} + \omega^{44} + \omega^{33} + \omega^{22} + \omega^{11} + 1 = 0$$

und $$\omega^{70} + \omega^{63} + \omega^{56} + \omega^{49} + \ldots + \omega^{14} + \omega^{7} + 1 = 0.$$

$n = 77$

II. p zum Exponenten 2 gehörig.

30 zweigliedrige Perioden, und zwar mit 3 Fällen:

II, 1. $p = 77m - 1$: 307, 461, 769;

$$\varpi_r = \omega^r + \omega^{-r}, \qquad \varpi_1 \varpi_k = \varpi_{k-1} + \varpi_{k+1}, \qquad \Pi(\varpi_r) = 1;$$

nichtprimitiv: $\varpi_{7r} = \omega^{7r} + \omega^{-7r}$, die zweigliedrigen Perioden der 11ten und $\varpi_{11r} = \omega^{11r} + \omega^{-11r}$ desgleichen der 7ten Einheitswurzeln.

Congruenzwurzeln mod. p. z. B.*)

p	ϖ_1	ϖ_2	ϖ_3	ϖ_4	ϖ_5	ϖ_6	ϖ_8	ϖ_9	ϖ_{10}	ϖ_{12}
307	+ 94	− 69	−133	−153	−127	−119	+ 75	− 4	−144	+ 37
461	+ 4	+ 14	+ 52	+194	−198	− 64	−168	−153	+ 17	− 55

p	ϖ_{13}	ϖ_{15}	ϖ_{16}	ϖ_{17}	ϖ_{18}	ϖ_{19}	ϖ_{20}	ϖ_{23}	ϖ_{24}	ϖ_{25}
307	+125	− 5	+ 97	− 87	+ 14	−132	−142	− 61	+139	− 74
461	+ 20	+ 59	+101	−116	−104	+161	−174	−173	−204	−182

p	ϖ_{26}	ϖ_{27}	ϖ_{29}	ϖ_{30}	ϖ_{31}	ϖ_{32}	ϖ_{34}	ϖ_{36}	ϖ_{37}	ϖ_{38}
307	− 34	− 52	− 22	+ 23	+ 35	−110	−108	−113	−100	− 77
461	− 63	− 70	+124	−209	− 38	+ 57	+ 85	+211	−152	+103

$f(\varpi_1)$, Primfactoren der Primzahlen p; $Nf(\varpi_1) = -p$.

Für $p = 307$ ist $f(\varpi_1) = 1 - \varpi_9 + \varpi_{15}$, $\quad p = 461$, $f(\varpi_1) = 1 + \varpi_{18} + \varpi_{38}$.

*) Hier ist ϖ_1 die absolut kleinere der beiden gemeinschaftlichen Wurzeln zweier Systeme, des einen von 6, des anderen von 10 Congruenzen, deren erste:

$$\varpi_1 + \varpi_{10} + \varpi_{12} + \varpi_{23} + \varpi_{32} + \varpi_{34} \equiv -\varpi_{21},$$

$$\varpi_1 + \varpi_6 + \varpi_8 + \varpi_{13} + \varpi_{15} + \varpi_{20} + \varpi_{27} + \varpi_{29} + \varpi_{34} + \varpi_{36} \equiv -\varpi_{22} \pmod{p}$$

Die Congruenzwurzeln für ϖ_{7r} gibt $\lambda = 11$, II, wo $\eta_0, \eta_1, \eta_2, \eta_3, \eta_4$ heisst, was hier resp. ϖ_7, $\varpi_{14}, \varpi_{28}, \varpi_{21}, \varpi_{35}$ und $\lambda = 7$, II, wo η_0, η_1, η_2, was hier $\varpi_{11}, \varpi_{22}, \varpi_{33}$.

$n = 77$

II, 2. $p = 77m + 34$: 419, 727.

$\varpi_r = \omega^r + \omega^{34}$, $\varpi_r^2 = 2\omega^{35r} + \varpi_{2r}$, $\Pi(\varpi_r) = 1$, $\varpi_r \varpi_{21r} = 2\varpi_{22r}$;

nichtprimitiv: $\varpi_{7r} = 2\omega^{7r}$, 11te Einheitswurzeln, $\varpi_{11r} = \omega^{11r} + \omega^{-11r}$ wie II, 1.

Congruenzwurzeln mod. p*)

für $p = 419$.

p	ϖ_1	ϖ_2	ϖ_3	ϖ_4	ϖ_5	ϖ_6	ϖ_8	ϖ_9	ϖ_{10}	ϖ_{12}
419	+140	+ 77	+ 54	−141	− 66	+144	− 89	− 28	−172	+ 24

p	ϖ_{13}	ϖ_{15}	ϖ_{17}	ϖ_{18}	ϖ_{19}	ϖ_{20}	ϖ_{24}	ϖ_{26}	ϖ_{27}	ϖ_{29}
419	+100	−120	−166	+ 61	−123	+116	− 92	+159	+ 34	+ 43

p	ϖ_{31}	ϖ_{36}	ϖ_{38}	ϖ_{40}	ϖ_{43}	ϖ_{45}	ϖ_{47}	ϖ_{52}	ϖ_{54}	ϖ_{61}
419	−157	−168	+ 19	+163	+ 23	− 45	+ 55	−136	− 20	−107

Normen complexer Zahlen in $\frac{2}{\varpi}$.

$N(1 - \omega^{21} - \varpi_{36}) = 7 \cdot 419^2$, $N(1 + \varpi) = 8009$, $N(1 - \varpi) = 6733$.

II, 3. $p = 77m - 34$: 43, 197, 659, 967.

$\varpi_r = \omega^r + \omega^{-34r}$, $\varpi_r^2 = 2\omega^{44r} + \varpi_{2r}$, $\Pi(\varpi_r) = 1$, $\varpi_r \varpi_{55r} = 2\varpi_{21r}$;

nichtprimitiv: $\varpi_{11r} = 2\omega^{11r}$, 7te Wurzeln, $\varpi_{7r} = \omega^{7r} + \omega^{-7r}$ wie II, 1.

---

*) Hier ist ϖ_1 völlig bestimmt durch die lineäre Congruenz $\varpi_1 \omega^{21} \equiv \varpi_{22}$ (mod. p), zugleich diejenige Wurzel des Congruenzensystems

$$\varpi_1 + \varpi_{12} + \varpi_{45} \equiv -\omega^{56}, \quad \varpi_1\varpi_{12} + \varpi_{12}\varpi_{45} + \varpi_{45}\varpi_1 \equiv -2\omega^{35}, \quad \varpi_1\varpi_{12}\varpi_{45} \equiv \omega^{14},$$

welche auch der Congruenz

$$\varpi_1 + \varpi_8 + \varpi_{15} + \varpi_{29} + \varpi_{36} + \varpi_{43} + \varpi_6 + \varpi_{13} + \varpi_{20} + \varpi_{27} \equiv -\varpi_{22} \pmod{p}$$

genügt, oder einem System von 10 Congruenzen, dessen erste diese ist.

$n = 77$

Congruenzwurzeln mod. p*)

für $p = 43$.

p	ϖ_1	ϖ_2	ϖ_3	ϖ_4	ϖ_5	ϖ_6	ϖ_8	ϖ_{10}	ϖ_{12}	ϖ_{13}
43	+17	+ 9	+ 9	+11	+ 8	+ 2	− 7	+15	− 7	+14

p	ϖ_{15}	ϖ_{16}	ϖ_{17}	ϖ_{19}	ϖ_{23}	ϖ_{24}	ϖ_{25}	ϖ_{26}	ϖ_{30}	ϖ_{32}
43	− 2	− 4	− 1	+13	+13	+17	+17	+16	−18	+14

p	ϖ_{34}	ϖ_{37}	ϖ_{39}	ϖ_{41}	ϖ_{46}	ϖ_{48}	ϖ_{50}	ϖ_{57}	ϖ_{59}	ϖ_{68}
43	−18	+ 1	−11	+15	+13	− 8	−16	−18	+21	+15

Normen complexer Zahlen in $\frac{2}{\varpi}$.

$N(1 + \varpi_{17}) = 43 . 617$, $\quad N(1 - \varpi_{37}) = 43 . 463$ (vgl. I).

III. p zum Exponenten 3 gehörig.

$p = 77m - 10, + 23$, nämlich:

23, 67, 331, 683, 947, 991.

20 dreigliedrige Perioden:

$$\varpi_r = \omega^r + \omega^{-10r} + \omega^{23r},$$

also die primitiven ϖ, wofür $\Pi(\varpi_r) = 2^{10}$,

$\varpi_1 = \omega + \omega^{67} + \omega^{23}$, $\quad \varpi_2 = \omega^2 + \omega^{57} + \omega^{46}$, $\quad \varpi_3 = \omega^3 + \omega^{47} + \omega^{69}$,

$\varpi_4 = \omega^4 + \omega^{37} + \omega^{15}$, $\quad \varpi_5 = \omega^5 + \omega^{27} + \omega^{38}$, $\quad \varpi_6 = \omega^6 + \omega^{17} + \omega^{61}$,

$\varpi_8 = \omega^8 + \omega^{74} + \omega^{30}$, $\quad \varpi_9 = \omega^9 + \omega^{64} + \omega^{53}$, $\quad \varpi_{10} = \omega^{10} + \omega^{54} + \omega^{76}$,

$\varpi_{12} = \omega^{12} + \omega^{34} + \omega^{45}$, $\quad \varpi_{13} = \omega^{13} + \omega^{24} + \omega^{68}$, $\quad \varpi_{16} = \omega^{16} + \omega^{71} + \omega^{60}$,

$\varpi_{18} = \omega^{18} + \omega^{51} + \omega^{29}$, $\quad \varpi_{19} = \omega^{19} + \omega^{41} + \omega^{52}$, $\quad \varpi_{20} = \omega^{20} + \omega^{31} + \omega^{75}$,

$\varpi_{25} = \omega^{25} + \omega^{58} + \omega^{36}$, $\quad \varpi_{26} = \omega^{26} + \omega^{48} + \omega^{59}$, $\quad \varpi_{32} = \omega^{32} + \omega^{65} + \omega^{43}$,

$\varpi_{40} = \omega^{40} + \omega^{62} + \omega^{73}$, $\quad \varpi_{50} = \omega^{50} + \omega^{39} + \omega^{72}$;

nichtprimitiv: $\varpi_{7r} = 3\omega^{7r}$, 11te Wurzeln, $\varpi_{11r} = \omega^{11r} + \omega^{22r} + \omega^{44r}$, dreigliedrige Perioden der 7ten Wurzeln;

von Relationen:

$\varpi_1^2 = -\omega^{35} + \varpi_{13}$, $\quad \varpi_1\varpi_{12} = 2\omega^{35}$, $\quad \varpi_1\varpi_{21} = 3\varpi_{11}$, $\quad \varpi_1\varpi_{10} = 2$, u. s. w.

---

*) Hier ist ϖ_1 völlig bestimmt durch die lineäre Congruenz $\varpi_1\omega^{55} \equiv \varpi_{21}$ (mod. p), sowie als gemeinschaftliche Wurzel der Congruenz $\varpi^5 + \omega^{22}\varpi^4 - 4\omega^{44}\varpi^3 - 3\omega^{66}\varpi^2 + 3\omega^{11}\varpi + \omega^{33} \equiv 0$ (mod. p), oder eines Systems von 5 Congruenzen, deren erste $\varpi_1 + \varpi_8 + \varpi_{15} + \varpi_{50} + \varpi_{57} \equiv -\omega^{22}$ (mod. p), und eines zweiten von 6 Congruenzen, deren erste

$$\varpi_1 + \varpi_{10} + \varpi_{12} + \varpi_{23} + \varpi_{32} + \varpi_{34} \equiv -\varpi_{21} \pmod{p}.$$

$n = 77$

Congruenzwurzeln mod. p *)

(für alle obigen, ausgenommen 331)

p	ϖ_1	ϖ_2	ϖ_3	ϖ_4	ϖ_5	ϖ_6	ϖ_8	ϖ_9	ϖ_{10}	ϖ_{12}
23	− 10	+ 6	+ 4	+ 4	− 5	+ 3	− 11	+ 2	+ 9	+ 6
67	+ 31	− 4	− 32	− 29	− 31	+ 4	− 21	+ 20	+ 26	+ 21
683	− 41	−251	+ 50	−164	−234	+200	+ 82	−181	−100	−215
947	+276	+318	−170	−225	−112	+118	− 78	+116	−199	+114
991	+218	− 1	− 84	+473	+ 92	−355	−118	+ 46	−100	−268

p	ϖ_{13}	ϖ_{16}	ϖ_{18}	ϖ_{19}	ϖ_{20}	ϖ_{25}	ϖ_{26}	ϖ_{32}	ϖ_{40}	ϖ_{50}
23	+ 1	− 7	+ 3	+ 2	+ 8	+ 1	− 7	+ 8	− 11	− 5
67	− 20	− 33	+ 12	+ 29	+ 33	+ 7	− 11	+ 32	− 7	− 26
683	+283	−321	+ 27	−253	+117	− 54	−177	+108	− 25	−216
947	+ 49	−321	+379	+256	−405	+ 37	+ 10	+216	+383	+186
991	+474	−134	− 42	+436	− 2	− 50	−236	+318	+ 88	+237

Primfactoren der Primzahlen p.

Wirkliche Primfactoren sind für die 2 letzten der obigen Primzahlen p gefunden:

$$p = 947, \quad f(\varpi_1) = (1 + \omega^7 - \varpi_{50}); \qquad p = 991, \quad f(\varpi_1) = 1 + \varpi_2 .$$

Normen complexer Zahlen in $\frac{3}{\varpi}$.

$$N(1 - \varpi_{13}) = N(\omega^{42} - \varpi_1) = N(1 - \omega^{28} + \varpi_{35}) = 23^2,$$

$$N(\varpi_1 + \varpi_5) = N(\varpi_{11} + \varpi_{26}) = 67^2, \qquad N(1 - \varpi_{12} + \varpi_{50}) = 683 .?$$

(1 vierziffrige Zahl, die nicht näher ermittelt worden ist, log = 3,1875).

---

*) Hier ist ϖ_1 lineär durch $\varpi_1 \omega^{21} \equiv \varpi_{11}$ (mod. p), sowie als gemeinschaftliche Wurzel des Systems

$$\varpi_1 + \varpi_{12} \equiv - \omega^{56}, \qquad \varpi_1 \varpi_{12} \equiv 2\omega^{35} \pmod{p}$$

und eines zweiten von 10 Congruenzen bestimmt, deren erste:

$$\varpi_1 + \varpi_2 + \varpi_4 + \varpi_8 + \varpi_9 + \varpi_{16} + \varpi_{18} + \varpi_{25} + \varpi_{32} + \varpi_{50} \equiv - \varpi_{22} \pmod{p}.$$

$n = 77$

IV. p zum Exponenten 5 gehörig.

$p = 77m - 6, -13, +15, +36.$

12 fünfgliedrige Perioden:

$$\varpi_r = \omega^r + \omega^{-6r} + \omega^{36r} + \omega^{15r} + \omega^{-13r}, \quad \Pi(\varpi_r) = 3^6; \text{ nämlich:}$$

$$\varpi_1 = \omega + \omega^{71} + \omega^{36} + \omega^{15} + \omega^{64}, \qquad \varpi_2 = \omega^2 + \omega^{65} + \omega^{72} + \omega^{30} + \omega^{51},$$
$$\varpi_3 = \omega^3 + \omega^{59} + \omega^{31} + \omega^{45} + \omega^{38}, \qquad \varpi_4 = \omega^4 + \omega^{53} + \omega^{67} + \omega^{60} + \omega^{25},$$
$$\varpi_5 = \omega^5 + \omega^{47} + \omega^{26} + \omega^{75} + \omega^{12}, \qquad \varpi_6 = \omega^6 + \omega^{41} + \omega^{62} + \omega^{13} + \omega^{76},$$
$$\varpi_8 = \omega^8 + \omega^{29} + \omega^{57} + \omega^{43} + \omega^{50}, \qquad \varpi_9 = \omega^9 + \omega^{23} + \omega^{16} + \omega^{58} + \omega^{37},$$
$$\varpi_{10} = \omega^{10} + \omega^{17} + \omega^{52} + \omega^{73} + \omega^{24}, \qquad \varpi_{18} = \omega^{18} + \omega^{46} + \omega^{32} + \omega^{39} + \omega^{74},$$
$$\varpi_{19} = \omega^{19} + \omega^{40} + \omega^{68} + \omega^{54} + \omega^{61}, \qquad \varpi_{20} = \omega^{20} + \omega^{34} + \omega^{27} + \omega^{69} + \omega^{48};$$

nichtprimitiv: $\varpi_{7r} = \omega^{7r} + \omega^{35r} + \omega^{21r} + \omega^{28r} + \omega^{63r}$, fünfgliedrige Perioden der 11ten Wurzeln, und $\varpi_{11r} = 5\omega^{11r}$, 7te Wurzeln;

von Relationen:

$$\varpi_1^2 = 3\varpi_2 + 2\varpi_9, \qquad \varpi_1\varpi_2 = 3\omega^{66}, \qquad \varpi_1\varpi_6 = 3, \qquad \varpi_1\varpi_{20} = -2 + \varpi_7;$$
$$\varpi_1\varpi_{55} = 5\varpi_{14} \text{ u. s. w.}$$

Congruenzwurzeln mod. p.*)

(Für sämmtliche hierher gehörige Primzahlen p).

p	ϖ_1	ϖ_2	ϖ_3	ϖ_4	ϖ_5	ϖ_6
71	− 24	+ 33	− 16	+ 17	+ 13	− 9
113	+ 26	+ 54	+ 50	− 36	+ 44	− 39
379	− 8	−127	+ 6	+ 70	+185	+ 47
421	+ 1	−101	− 51	−174	+ 75	+ 3
449	− 53	+151	− 56	+101	−110	− 50
631	+ 22	−240	+239	−229	− 71	−258
757	−232	−177	− 59	− 1	− 77	−186
883	−440	−291	+ 56	−439	−264	+ 2
911	+ 37	−193	+255	− 9	+354	−320

p	ϖ_8	ϖ_9	ϖ_{10}	ϖ_{18}	ϖ_{19}	ϖ_{20}
71	− 6	− 10	− 4	+ 22	+ 21	+ 35
113	+ 38	+ 31	+ 47	+ 43	− 40	+ 9
379	−130	+ 33	− 92	−189	+ 69	+137
421	−153	+152	−196	+ 99	−108	+ 33
449	+143	−169	−120	+ 24	+ 85	+ 22
631	+ 8	− 29	+259	−198	+261	+237
757	+155	+304	− 3	−231	−376	+127
883	+369	−335	−352	−268	+398	−201
911	+306	+ 63	−304	+418	−347	−259

*) Hier ist ϖ_1 völlig bestimmt durch $\varpi_1\omega^{55} \equiv \varpi_{14}$ (mod. p), sowie als gemeinschaftliche Wurzel des Systems: $\varpi_1 + \varpi_8 \equiv -\omega^{22}$, $\varpi_1\varpi_8 \equiv 3\omega^{44}$ (mod. p) und eines zweiten von 6 Congruenzen, deren erste: $\varpi_1 + \varpi_3 + \varpi_4 + \varpi_5 + \varpi_9 + \varpi_{20} \equiv -\varpi_{14}$ (mod. p).

$n = 77$

$f(\varpi_1)$, Primfactoren der Primzahlen p.

p	$f(\varpi_1)$	p	$f(\varpi_1)$	p	$f(\varpi_1)$
71	$1 - \omega^{33} - \varpi_{20}$	421	$1 - \varpi_1$	757	$1 + \varpi_4$
113	$1 + \omega^{22} - \varpi_3$	449	$1 - \omega^{33} + \varpi_{18}$	883	$2 - \varpi_6$
379	$1 - \omega^{22} + \varpi_{20}$	631	$1 + \omega^{22} - \varpi_9$	911	$2 - \omega^{33} + \varpi_4$

V. p zum Exponenten 6 gehörig.

10 sechsgliedrige Perioden, und zwar mit 3 Fällen:

V, 1. $p = 77m + 10, -23$;

$$\varpi_r = \omega^r + \omega^{10r} + \omega^{23r} + \omega^{-r} + \omega^{-10r} + \omega^{-23r},$$

also primitiv:

$$\varpi_1 = \omega + \omega^{10} + \omega^{23} + \omega^{76} + \omega^{67} + \omega^{54}, \qquad \varpi_2 = \omega^2 + \omega^{20} + \omega^{46} + \omega^{75} + \omega^{57} + \omega^{31},$$
$$\varpi_3 = \omega^3 + \omega^{30} + \omega^{69} + \omega^{74} + \omega^{47} + \omega^8, \qquad \varpi_4 = \omega^4 + \omega^{40} + \omega^{15} + \omega^{73} + \omega^{37} + \omega^{62},$$
$$\varpi_5 = \omega^5 + \omega^{50} + \omega^{38} + \omega^{72} + \omega^{27} + \omega^{39}, \qquad \varpi_6 = \omega^6 + \omega^{60} + \omega^{61} + \omega^{71} + \omega^{17} + \omega^{16},$$
$$\varpi_9 = \omega^9 + \omega^{13} + \omega^{53} + \omega^{68} + \omega^{64} + \omega^{24}, \qquad \varpi_{12} = \omega^{12} + \omega^{43} + \omega^{45} + \omega^{65} + \omega^{34} + \omega^{32},$$
$$\varpi_{18} = \omega^{18} + \omega^{26} + \omega^{29} + \omega^{59} + \omega^{51} + \omega^{48}, \qquad \varpi_{19} = \omega^{19} + \omega^{36} + \omega^{52} + \omega^{58} + \omega^{41} + \omega^{25};$$

$$\Pi(\varpi_r) = 67;$$

nichtprimitiv: $\varpi_{7r} = 3(\omega^{7r} + \omega^{-7r}) = 3\overset{2}{\varpi}_{7r}$, zweigliedrige Perioden der 11ten Einheitswurzeln, $\varpi_{11r} = -1$;

von Relationen:

$$\varpi_1^2 = 4 - \overset{2}{\varpi}_{35} + \varpi_9, \qquad \varpi_1\varpi_{12} = -3 + 2\overset{2}{\varpi}_{35}, \qquad \varpi_1\varpi_7 = 3\varpi_3 + 3\varpi_6 \text{ u. s. w.}$$

Congruenzwurzeln mod. p.*)

(Für sämmtliche hierher gehörige Primzahlen p).

p	ϖ_1	ϖ_2	ϖ_3	ϖ_4	ϖ_5	ϖ_6	ϖ_9	ϖ_{12}	ϖ_{18}	ϖ_{19}
131	+ 5	− 2	+ 63	+ 20	− 57	+ 18	− 54	+ 48	− 10	− 30
241	− 31	+ 26	+102	− 5	− 99	− 6	+104	+ 94	− 23	+ 80
439	− 52	+152	− 82	+115	+ 44	+ 47	− 43	+114	−141	−153
593	− 37	− 22	− 30	− 51	+171	− 39	−196	−188	− 31	−169
857	−180	−388	+391	−269	−104	−318	+109	+354	+417	− 11

*) Hier ist ϖ_1 die absolut kleinere der beiden Wurzeln des Congruenzensystems: $\varpi_1 + \varpi_{12} \equiv -\varpi_{21}$, $\varpi_1\varpi_{12} \equiv -3 + 2\varpi_{35}$ (mod. p). Vgl. II, 1.

$n = 77$

$f(\varpi_1)$, Primfactoren der Primzahlen p.*) $Nf(\varpi_1) = -p$.

p	$f(\varpi_1)$	p	$f(\varpi_1)$	p	$f(\varpi_1)$	p	$f(\varpi_1)$
131	$2 + \varpi_2$	241	$1 + \varpi_9 - (\omega^{28} + \omega^{49})$	439	$1 + \varpi_2 + \varpi_{19}$	857	$3 - \varpi_2 - \varpi_3$

V, 2. $p = 77m - 12, +32$:

109, 263, 373, 571

primitiv:

$$\varpi_r = \omega^r + \omega^{-12r} + \omega^{-10r} + \omega^{-34r} + \omega^{23r} + \omega^{32r}, \quad \Pi(\varpi_r) = 32;$$

nichtprimitiv: $\varpi_{7r} = 3\overset{2}{\varpi}_{7r}$ wie V, 1, $\varpi_{11r} = 2(\omega^{11r} + \omega^{22} + \omega^{44r}) = 2\overset{3}{\varpi}_{11r}$, dreigliedrige Perioden der 7ten Wurzeln;

von Relationen:

$$\varpi_1^2 = -2 + \varpi_{33} - \tfrac{1}{3}\varpi_{35} + \varpi_{13}, \qquad \varpi_1\varpi_{10} = 4 + \tfrac{2}{3}\varpi_{35}, \qquad \varpi_1\varpi_{13} = 2(\overset{2}{\varpi}_{14} + \overset{2}{\varpi}_{21}) \text{ u. s. w.}$$

Congruenzwurzeln mod. p.**)

(Für die zwei ersten Primzahlen p.)

p	ϖ_1	ϖ_2	ϖ_3	ϖ_4	ϖ_5	ϖ_8	ϖ_{10}	ϖ_{13}	ϖ_{16}	ϖ_{26}
109	−32	−49	+ 21	+ 6	−31	−53	−12	− 32	−10	−25
263	−16	−75	+115	+ 5	− 5	+45	+76	−104	−82	+42

Normen complexer Zahlen in $\overset{6}{\varpi}$.

$$N(\varpi_4 + \varpi_5) = N(1 + \varpi_{13} + \omega^{14} + \omega^{63}) = 263.43,$$
$$N(\varpi_1 + \omega^{14} + \omega^{63}) = N(1 + \varpi_1 - \varpi_5) = 109.23,$$
$$N(1 + \varpi) = 659, \qquad N(1 - \varpi) = 463 \quad \text{(vgl. I.)}.$$

---

*) Für $p = 593$ ist $N(1 - \varpi_3 + \varpi_{18}) = N(3 - \varpi_9 - \omega^{28} - \omega^{49}) = 23.593$;
auch ist: $N(1 - \varpi) = 67 = N(\varpi)$, $N(1 + \varpi) = 11.23$.

**) Hier ist ϖ_1 gemeinschaftliche Wurzel des Systems

$$\varpi_1 + \varpi_{10} \equiv -\overset{2}{\varpi}_{21}, \qquad \varpi_1\varpi_{10} \equiv 4 + 2\overset{2}{\varpi}_{35} \pmod{p}$$

und eines zweiten von 5 Congruenzen, deren erste

$$\varpi_1 + \varpi_2 + \varpi_4 + \varpi_8 + \varpi_{16} \equiv -\overset{3}{\varpi}_{11} \pmod{p}.$$

$$n = 77$$

V, 3. $p = 77m + 12, -32:$

89, 199, 353, 397, 661, 859;

$$\varpi_r = \omega^r + \omega^{12r} + \omega^{-10r} + \omega^{34r} + \omega^{23r} + \omega^{-32r} = -\omega^{56r},$$

11te Einheitswurzeln, wesshalb vorstehende Primzahlen p auch hier nur die Primfactoren der Primzahlen $p = 11m + 1$ ($\lambda = 11$, I) haben.

VI. p zum Exponenten 10 gehörig.

6 zehngliedrige Perioden, und zwar mit 3 Fällen:

VI, 1. $p = 77m + 6, +13, -15, -36;$

$$\varpi_r = \omega^r + \omega^{6r} + \omega^{36r} + \omega^{-15r} + \omega^{-13r} + \omega^{-r} + \omega^{-6r} + \omega^{-36} + \omega^{15r} + \omega^{13r},$$

also primitiv:

$$\varpi_1 = \omega + \omega^6 + \omega^{36} + \omega^{62} + \omega^{64} + \omega^{76} + \omega^{71} + \omega^{41} + \omega^{15} + \omega^{13},$$
$$\varpi_2 = \omega^2 + \omega^{12} + \omega^{72} + \omega^{47} + \omega^{51} + \omega^{75} + \omega^{65} + \omega^5 + \omega^{30} + \omega^{26},$$
$$\varpi_3 = \omega^3 + \omega^{18} + \omega^{31} + \omega^{32} + \omega^{38} + \omega^{74} + \omega^{59} + \omega^{46} + \omega^{45} + \omega^{39},$$
$$\varpi_4 = \omega^4 + \omega^{24} + \omega^{67} + \omega^{17} + \omega^{25} + \omega^{73} + \omega^{53} + \omega^{10} + \omega^{60} + \omega^{52},$$
$$\varpi_8 = \omega^8 + \omega^{48} + \omega^{57} + \omega^{34} + \omega^{50} + \omega^{69} + \omega^{29} + \omega^{20} + \omega^{43} + \omega^{27},$$
$$\varpi_9 = \omega^9 + \omega^{54} + \omega^{16} + \omega^{19} + \omega^{37} + \omega^{68} + \omega^{23} + \omega^{61} + \omega^{58} + \omega^{40};$$

nichtprimitiv: $\varpi_{7r} = -1$, $\omega_{11r} = 5(\omega^{11r} + \omega^{66r}) = 5\frac{2}{\varpi_{11r}}$, zweigliedrige Perioden der 7ten Einheitswurzeln;

von Relationen:

$$\varpi_1^2 = 6 - \tfrac{2}{5}\varpi_{33} + \varpi_2, \qquad \varpi_1\varpi_8 = -5 + \tfrac{3}{5}\varpi_{33},$$
$$\varpi_1\varpi_3 = \varpi_3 - 2\frac{2}{\varpi_{11}} + 3\frac{2}{\varpi_{33}} \quad \text{u. s. w.}; \quad \Pi(\varpi_r) = 83.$$

$n = 77$

Congruenzwurzeln mod. p.*)

(Für sämmtliche hierher gehörige Primzahlen p).

p	ϖ_1	ϖ_2	ϖ_3	ϖ_4	ϖ_8	ϖ_9
13	− 1	− 2	+ 5	+ 5	− 6	− 6
41	+ 6	+ 8	− 5	+ 9	− 20	+ 3
83	0	+ 25	+ 15	− 25	− 15	+ 1
139	+ 32	− 13	+ 39	+ 34	− 55	+ 42
167	+ 69	− 11	− 5	− 14	+ 73	+ 56
293	− 44	− 13	−115	+131	+ 83	− 41
349	+ 5	+144	− 73	+ 95	−138	− 32
503	+ 48	+ 71	+165	+227	+208	−215
811	− 49	+404	+ 75	−254	−361	+186
853	+ 94	−148	−114	+267	+383	+372
937	−161	− 91	−157	+ 52	+382	− 24

$f(\varpi_1)$, Primfactoren der Primzahlen p.**) $Nf(\varpi_1) = -p$.

p	$f(\varpi_1)$	p	$f(\varpi_1)$	p	$f(\varpi_1)$
13	$2 + \varpi_2$	139	$3 - \varpi_1 - \omega^{33} - \omega^{44}$	811	$3 - \varpi_3 - \omega^{22} - \omega^{55}$
41	$3 - \varpi_9$	167	$3 - \varpi_2 + \varpi_4$	853	$4 + \varpi_9 - \omega^{22} - \omega^{55}$
83	ϖ_1	293	$3 - \varpi_2 + \omega^{11} + \omega^{66}$	937	$4 + \varpi_1 - \varpi_3$

*) Hier ist ϖ_1 die absolut kleinere der beiden Wurzeln des Congruenzensystems:

$$\varpi_1 + \varpi_8 \equiv -\overset{2}{\varpi}_{22}, \qquad \varpi_1 \varpi_8 \equiv -5 + 3\overset{2}{\varpi}_{22} \pmod{p}.$$

**) Die Primfactoren $f(\varpi_1)$ liegen versteckt; für die zwei übrigen Primzahlen p ist

$$N(5 + \varpi_8 + \omega^{22} + \omega^{55}) = 41 . 349, \qquad N(1 + \varpi_1 + 2\varpi_4) = 13 . 503,$$

womit ihre Primfactoren $f(\varpi_1)$ wenigstens in gebrochner Form gegeben sind. Auch ist

$$N(1 + \varpi_1) = 7 . 13, \qquad N(1 - \varpi_9) = 83.$$

$n = 77$

VI, 2. $p = 77m - 8, +20, +27, -29$;

$$\varpi_r = \omega^r + \omega^{-8r} + \omega^{-13r} + \omega^{27r} + \omega^{15r} + \omega^{34r} + \omega^{36r} + \omega^{20r} + \omega^{-6r} + \omega^{-29r},$$

also primitiv:

$$\varpi_1 = \omega + \omega^{69} + \omega^{64} + \omega^{27} + \omega^{15} + \omega^{34} + \omega^{36} + \omega^{20} + \omega^{71} + \omega^{48},$$
$$\varpi_2 = \omega^2 + \omega^{61} + \omega^{51} + \omega^{54} + \omega^{30} + \omega^{68} + \omega^{72} + \omega^{40} + \omega^{65} + \omega^{19},$$
$$\varpi_3 = \omega^3 + \omega^{53} + \omega^{38} + \omega^4 + \omega^{45} + \omega^{25} + \omega^{31} + \omega^{60} + \omega^{59} + \omega^{67},$$
$$\varpi_5 = \omega^5 + \omega^{37} + \omega^{12} + \omega^{58} + \omega^{75} + \omega^{16} + \omega^{26} + \omega^{23} + \omega^{47} + \omega^9,$$
$$\varpi_6 = \omega^6 + \omega^{29} + \omega^{76} + \omega^8 + \omega^{13} + \omega^{50} + \omega^{62} + \omega^{43} + \omega^{41} + \omega^{57},$$
$$\varpi_{10} = \omega^{10} + \omega^{74} + \omega^{24} + \omega^{39} + \omega^{73} + \omega^{33} + \omega^{52} + \omega^{46} + \omega^{17} + \omega^{18};$$

nichtprimitiv: $\varpi_{7r} = 2(\omega^{7r} + \omega^{28r} + \omega^{21r} + \omega^{63r} + \omega^{35r}) = 2\overset{5}{\varpi}_{7r}$, fünfgliedrige Perioden der 11ten Einheitswurzeln, $\varpi_{11r} = 5(\omega^{11r} + \omega^{66r}) = 5\overset{2}{\varpi}_{11r}$ wie VI, 1. — Product der primitiven: $\Pi(\varpi_r) = 8$;

von Relationen:

$$\varpi_1^2 = -4 + \varpi_2 + \varpi_7 - \tfrac{3}{5}\varpi_{33}, \qquad \varpi_1\varpi_6 = 6 + \tfrac{3}{5}\varpi_{33} \text{ (oder } 6 + 3\overset{2}{\varpi}_{33}),$$
$$\varpi_1\varpi_3 = 2 + \varpi_2 + \varpi_{10} + \tfrac{2}{5}\varpi_{22}, \qquad \varpi_1\varpi_2 = -3 - 3\overset{2}{\varpi}_{22};$$
$$\varpi_1\varpi_{11} = 5(\varpi_3 + \varpi_5) \text{ u. s. w.}$$

Congruenzwurzeln mod. p.*)

(Für sämmtliche Primzahlen p.)

p	ϖ_1	ϖ_2	ϖ_3	ϖ_5	ϖ_6	ϖ_{10}
97	+ 31	− 3	+ 26	− 27	+ 25	+ 46
181	+ 16	+ 37	− 52	− 80	+ 65	+ 15
223	+ 36	+ 48	− 69	+ 83	+ 45	+ 81
251	− 68	−106	− 51	− 84	− 38	+ 97
433	+117	+ 68	− 57	− 13	−179	+ 65
587	+128	−202	+156	− 2	+ 14	− 93
643	+136	−265	+107	+ 41	+109	−127
797	+ 26	− 61	−387	−201	+337	+287
839	+195	+ 19	+417	+378	+123	−292

---

*) Hier ist ϖ_1 die gemeinschaftliche Wurzel der beiden Congruenzensysteme:

$$\varpi_1 + \varpi_6 \equiv -(\omega^{22} + \omega^{55}), \qquad \varpi_1\varpi_6 \equiv 6 + 3(\omega^{33} + \omega^{44}) \text{ (mod. } p) \text{ und}$$
$$\varpi_1 + \varpi_3 + \varpi_5 \equiv -\overset{5}{\varpi}_{14}, \qquad \varpi_1\varpi_3 + \varpi_3\varpi_5 + \varpi_5\varpi_1 \equiv 4 - 2\overset{5}{\varpi}_7,$$
$$\varpi_1\varpi_3\varpi_5 \equiv 3 - 2\overset{5}{\varpi}_{14} \quad \text{(mod. } p).$$

$n = 77$

$f(\varpi_1)$, Primfactoren der Primzahlen p.*)

p	$f(\varpi_1)$	p	$f(\varpi_1)$	p	$f(\varpi_1)$
97	$1 - \varpi_3 + \omega^{11} + \omega^{66}$	251	$\varpi_2 + \omega^{22} + \omega^{55}$	643	$2 + \varpi_3 - \varpi_6$
181	$1 - \varpi_1 + \varpi_{10}$	433	$2 + \varpi_3 - (\omega^{33} + \omega^{44})$	797	$1 + \varpi_5 + 2(\omega^{11} + \omega^{66})$
223	$\varpi_{10} + \omega^{22} + \omega^{55}$	587	$2 + \varpi_5$	839	$2 + \varpi_6 + \omega^{11} + \omega^{66}$

VI, 3. $p = 77m + 8, -20, -27, +29$:

29, 127, 211, 239, 281, 337, 491, 547, 673, 701, 743, 827, 953;

$$\varpi_r = \omega^r + \omega^{8r} + \omega^{-13r} + \omega^{-27r} + \omega^{15r} + \omega^{-34r} + \omega^{36r} + \omega^{-20r} + \omega^{-6r} + \omega^{29r} = -\omega^{22r},$$

7te Einheitswurzeln, daher sind die Primfactoren der vorstehenden Primzahlen p bei $\lambda = 7$, I. auch hier complexe Primzahlen.

VI. p zum Exponenten 15 gehörig.

$p = 77m + 4, +9, +16, -17, -19, -24, +25, +37$.

4 fünfzehngliedrige Perioden:

$$\varpi_r = \omega^r + \omega^{4r} + \omega^{16r} + \omega^{-13r} + \omega^{25r} + \omega^{23r} + \omega^{15r} + \omega^{-17r} + \omega^{9r} + \omega^{36r} + \omega^{-10r} + \omega^{37r} + \omega^{-6r} + \omega^{-24r} + \omega^{-19r},$$

also die primitiven ϖ, deren Gleichung:

$$\varpi^4 - \varpi^3 - 7\varpi^2 - 6\varpi + 36 = 0,$$

$$\varpi_1 = \omega + \omega^4 + \omega^{16} + \omega^{64} + \omega^{25} + \omega^{23} + \omega^{15} + \omega^{60} + \omega^9 + \omega^{36} + \omega^{67} + \omega^{37} + \omega^{71} + \omega^{53} + \omega^{58},$$

$$\varpi_2 = \omega^2 + \omega^8 + \omega^{32} + \omega^{51} + \omega^{50} + \omega^{46} + \omega^{30} + \omega^{43} + \omega^{18} + \omega^{72} + \omega^{57} + \omega^{74} + \omega^{65} + \omega^{29} + \omega^{39},$$

$$\varpi_3 = \omega^3 + \omega^{12} + \omega^{48} + \omega^{38} + \omega^{75} + \omega^{69} + \omega^{45} + \omega^{26} + \omega^{27} + \omega^{31} + \omega^{47} + \omega^{34} + \omega^{59} + \omega^5 + \omega^{20},$$

$$\varpi_6 = \omega^6 + \omega^{24} + \omega^{19} + \omega^{76} + \omega^{73} + \omega^{61} + \omega^{13} + \omega^{52} + \omega^{54} + \omega^{62} + \omega^{17} + \omega^{68} + \omega^{41} + \omega^{10} + \omega^{40},$$

nichtprimitiv: $\varpi_{7r} = 3(\omega^{7r} + \omega^{28r} + \omega^{21r} + \omega^{63r} + \omega^{35r}) = 3\,{}^{5}\varpi_{7r}$, fünfgliedrige Perioden der 11ten, $\varpi_{11r} = 5(\omega^{11r} + \omega^{22r} + \omega^{44r}) = 5\,{}^{3}\varpi_{7r}$, dreigliedrige Perioden der 7ten Einheitswurzeln;

von Relationen:

$$\varpi_1^2 = 4 + \tfrac{2}{5}\varpi_{11} - \tfrac{1}{3}\varpi_7 + \varpi_6, \quad \varpi_1\varpi_2 = -3 + \tfrac{3}{5}\varpi_{33}, \quad \varpi_1\varpi_3 = -4 + \tfrac{2}{3}\varpi_7, \quad \varpi_1\varpi_6 = 6.$$

*) Auch ist $N(1 + \varpi) = 113$, $N(1 - \varpi) = 71$.

$n = 77$

Congruenzwurzeln mod. p.*)

p	ϖ_1	ϖ_2	ϖ_3	ϖ_6	p	ϖ_1	ϖ_2	ϖ_3	ϖ_6
37	− 1	− 7	+ 15	− 6	487	+ 22	−125	+148	− 44
53	− 23	+ 9	− 17	− 21	499	−163	+ 12	−249	− 98
137	+ 15	− 31	+ 44	− 27	599	−117	− 12	+299	−169
163	− 73	+ 48	− 61	− 76	641	+277	+127	− 5	+243
179	+ 49	+ 77	+ 21	+ 33	709	+258	+345	+ 74	+ 33
191	− 71	+ 52	− 66	+ 86	751	+371	+303	−171	+249
317	−111	+ 28	−113	−120	823	+268	+326	+101	+129
389	− 38	− 54	−173	−123	863	− 24	− 93	+334	−216
401	−192	+ 40	− 60	−188	907	−424	− 14	−130	−338
443	− 27	−130	+109	+ 49	977	+478	+437	− 76	+139

$f(\varpi_1)$, Primfactoren der Primzahlen p.

p	$f(\varpi_1)$	p	$f(\varpi_1)$	p	$f(\varpi_1)$
37	$1+\varpi_1$	389	$5-\varpi_1-2\varpi_3$	709	$1+3\varpi_1-2\varpi_6$
53	$2+\varpi_1-\varpi_6$	401	$4+\varpi_1-\varpi_6$	751	$5+2\varpi_1-3\varpi_6$
137	$1+2\varpi_1+\varpi_2$	443	$5+2\varpi_1+\varpi_6$	823	$3+2\varpi_1+3\varpi_2+\varpi_6$
163	$3-\varpi_1+\varpi_6$	487	$1-2\varpi_1-3\varpi_3$	863	$6-\varpi_1-2\varpi_2+\varpi_6$
179	$3-\varpi_1-2\varpi_2+\varpi_3$	499	$1-2\varpi_3$	907	$3-2\varpi_1-4\varpi_2$
191	$1+2\varpi_2+\varpi_6$	599	$1+2\varpi_3$	977	$1+2\varpi_1+\varpi_2-3\varpi^9$
317	$2-\varpi_1+\varpi_3$	641	$5+\varpi_3$		

VII. p zum Exponenten 30 gehörig.

2 dreissiggliedrige Perioden, und zwar mit 3 Fällen:

VII, 1. $p = 77m - 4, -9, -16, +17, +19, +24, -25, -37;$

$$\varpi_r = \omega^r + \omega^{-4r} + \omega^{16r} + \omega^{13r} + \omega^{25r} + \omega^{-23r} + \omega^{15r} + \omega^{17r} + \omega^{9r} + \omega^{-36r} + \omega^{-10r}$$
$$+ \omega^{-37r} + \omega^{-6r} + \omega^{24r} + \omega^{-19r} + \omega^{-r} + \omega^{4r} + \omega^{-16r} + \omega^{-13r} + \omega^{-25r} + \omega^{23r} + \omega^{-15r}$$
$$+ \omega^{-17r} + \omega^{-9r} + \omega^{36r} + \omega^{10r} + \omega^{37r} + \omega^{6r} + \omega^{-24r} + \omega^{19r},$$

Gleichung der primitiven Perioden (ϖ_1 und ϖ_2):

$$\varpi^2 - \varpi - 19 = 0; \qquad \varpi_{7r} = -3, \qquad \varpi_{11r} = -5.$$

*) Hier ist ϖ_1 gemeinschaftliche Wurzel der beiden Congruenzensysteme:
$\varpi_1 + \varpi_2 \equiv -\overset{3}{\varpi}_{11}$, $\varpi_1\varpi_2 \equiv -3+3\overset{3}{\varpi}_{33}$; $\varpi_1+\varpi_3 \equiv -\overset{5}{\varpi}_{14}$, $\varpi_1\varpi_3 \equiv -4+2\overset{5}{\varpi}_7$ (mod. p).

$n = 77$

Congruenzwurzeln mod. p.*)

p	ϖ_1	ϖ_2	p	ϖ_1	ϖ_2	p	ϖ_1	ϖ_2	p	ϖ_1	ϖ_2
17	2	−1	227	55	−54	523	147	−146	761	216	−215
19	1	0	271	106	−105	563	239	−238	787	336	−335
61	29	−28	283	70	−69	607	225	−224	887	255	−254
73	36	−35	409	84	−83	677	114	−113	941	404	−403
101	37	−36	479	96	−95	733	212	−211	997	457	−456
173	58	−57									

$f(\varpi_1)$, Primfactoren der Primzahlen p. $Nf(\varpi_1) = -p$.

p	$f(\varpi_1)$	p	$f(\varpi_1)$	p	$f(\varpi_1)$	p	$f(\varpi_1)$
17	$1+\varpi_2$	227	$7+4\varpi_1$	523	$17+7\varpi_1$	761	$10+7\varpi_1$
19	ϖ_2	271	$12+5\varpi_1$	563	$16+7\varpi_1$	787	$9+7\varpi_1$
61	$3+2\varpi_1$	283	$3+4\varpi_1$	607	$21+8\varpi_1$	887	$4+7\varpi_2$
73	$1+2\varpi_1$	409	$6+5\varpi_2$	677	$7-6\varpi_1$	941	$2-7\varpi_2$
101	$7+3\varpi_2$	479	$1-5\varpi_1$	733	$11+7\varpi_2$	997	$31-11\varpi_2$
173	$1-3\varpi_1$						

VII, 2. $p = 77m+2, -3, -5, +18, -26, +30, -31, -38$;

$$\varpi_r = \omega^r + \omega^{2r} + \omega^{4r} + \omega^{8r} + \omega^{16r} + \omega^{32r} + \omega^{-13r} + \omega^{-26r} + \omega^{25r} + \omega^{-27r} + \omega^{23r} + \omega^{-31r}$$
$$+ \omega^{15r} + \omega^{30r} + \omega^{-17r} + \omega^{-34r} + \omega^{9r} + \omega^{18r} + \omega^{36r} + \omega^{-5r} + \omega^{-10r} + \omega^{-20r} + \omega^{37r} + \omega^{-3r}$$
$$+ \omega^{-6r} + \omega^{-12r} + \omega^{-24r} + \omega^{29r} + \omega^{-19r} + \omega^{-38r} = -(\omega^{11r} + \omega^{22r} + \omega^{44r}),$$

dreigliedrige Perioden der 7ten Einheitswurzeln; daher haben die Primzahlen:
79, 107, 149, 151, 193, 233, 277, 347, 431, 457, 541, 557, 569, 613, 739, 809, 821, 877, 919,
welche hierher gehören, auch keine anderen Primfactoren als die zum Exponenten 3 gehörigen Primzahlen p für $\lambda = 7$.

VII, 3. $p = 77m-2, +3, +5, -18+26, -30, +31, +38$;

$$\varpi_r = \omega^r + \omega^{-2r} + \omega^{4r} + \omega^{-8r} + \omega^{16r} + \omega^{-32r} + \omega^{-13r} + \omega^{26r} + \omega^{25r} + \omega^{27r} + \omega^{23r} + \omega^{31r}$$
$$+ \omega^{15r} + \omega^{-30r} + \omega^{-17r} + \omega^{34r} + \omega^{9r} + \omega^{-18r} + \omega^{36r} + \omega^{5r} + \omega^{-10r} + \omega^{20r} + \omega^{37r} + \omega^{3r}$$
$$+ \omega^{-6r} + \omega^{12r} + \omega^{-24r} + \omega^{-29r} + \omega^{-19r} + \omega^{38r} = -(\omega^{7r} + \omega^{21r} + \omega^{28r} + \omega^{35r} + \omega^{63r}),$$

fünfgliedrige Perioden der 11ten Einheitswurzeln; daher haben die Primzahlen:
3, 5, 31, 47, 59, 103, 157, 229, 257, 269, 311, 313, 367, 383, 467, 509, 521, 577, 619, 647, 691, 719, 773, 829, 929, 971,
welche hierher gehören, auch keine anderen Primfactoren als die zum Exponenten 5 gehörigen Primzahlen p für $\lambda = 11$.

---

*) Hier ist $\varpi_1 > 0$ und $< \frac{1}{2}p$.

$n = 85$

I. $p = 85m + 1$, (Im ersten Tausend existirt keine Primzahl dieser Form)

64 primitive Wurzeln, deren Gleichung:

$$\omega^{64} - \omega^{63} + \omega^{59} - \omega^{58} + \omega^{54} - \omega^{53} + \omega^{49} - \omega^{48} + \omega^{47} - \omega^{46} + \omega^{44} - \omega^{43} + \omega^{42} - \omega^{41}$$
$$+ \omega^{39} - \omega^{38} + \omega^{37} - \omega^{36} + \omega^{34} - \omega^{33} + \omega^{32} - \omega^{31} + \omega^{30} - \omega^{28} + \omega^{27} - \omega^{26} + \omega^{25} - \omega^{23}$$
$$+ \omega^{22} - \omega^{21} + \omega^{20} - \omega^{18} + \omega^{17} - \omega^{16} + \omega^{15} - \omega^{11} + \omega^{10} - \omega^{6} + \omega^{5} - \omega + 1 = 0,$$

wodurch sich die nichtprimitiven, d. h. die 17ten und 5ten Einheitswurzeln, durch die primitiven Wurzeln ausdrücken lassen, oder mittelst der beiden Gleichungen

$$\omega^{68} + \omega^{51} + \omega^{34} + \omega^{17} + 1 = 0, \quad \omega^{80} + \omega^{75} + \omega^{70} + \omega^{65} + \ldots + \omega^{15} + \omega^{10} + \omega^{5} + 1 = 0.$$

II. p zum Exponenten 2 gehörig.

32 zweigliedrige Perioden, und zwar mit 3 Fällen:

II, 1. $p = 85m - 1$; $\varpi_r = \omega^r + \omega^{-r}$, $\varpi_1 \varpi_k = \varpi_{k-1} + \varpi_{k+1}$, $\Pi(\varpi_r) = 1$;

nichtprimitiv: ϖ_{5r} die zweigliedrigen Perioden der 17ten, und ϖ_{17r} desgleichen der 5ten Einheitswurzeln.

Congruenzwurzeln mod. p.*)

(Einzige Primzahl $p = 509$)

ϖ_1	ϖ_2	ϖ_3	ϖ_4	ϖ_6	ϖ_7	ϖ_8	ϖ_9	ϖ_{11}	ϖ_{12}	ϖ_{13}
−16	+254	+24	−129	+65	−26	−158	+9	−233	+151	−147
ϖ_{14}	ϖ_{16}	ϖ_{18}	ϖ_{19}	ϖ_{21}	ϖ_{22}	ϖ_{23}	ϖ_{24}	ϖ_{26}	ϖ_{27}	ϖ_{28}
+165	+21	+79	+142	−192	−176	−46	−106	+229	+193	+246
ϖ_{29}	ϖ_{31}	ϖ_{32}	ϖ_{33}	ϖ_{36}	ϖ_{37}	ϖ_{38}	ϖ_{39}	ϖ_{41}	ϖ_{42}	
−57	+90	−70	+12	+131	+36	+198	+78	−75	+214	

Primfactor von $p = 509$: $f(\varpi_1) = 1 + \varpi_8 + \varpi_{30}$, $Nf(\varpi_1) = -p$.

---

*) Hier ist ϖ_1 die absolut kleinere der beiden gemeinschaftlichen Wurzeln der Congruenz

$$\varpi^4 + \varpi_{35}\varpi^3 + (-3 + \varpi_{15})\varpi^2 - (2\varpi_{35} - \varpi_{25})\varpi + 1 - \varpi_{15} + \varpi_{30} \equiv 0 \pmod{p},$$

welche einem System von 4 Congruenzen gleich gilt, deren erste

$$\varpi_1 + \varpi_{16} + \varpi_{18} + \varpi_{33} \equiv -\varpi_{35} \quad \text{(mod. p.)},$$

und einem 2ten von 16, deren erste

$$\varpi_1 + \varpi_4 + \varpi_6 + \varpi_9 + \varpi_{11} + \varpi_{14} + \varpi_{16} + \varpi_{19} + \varpi_{21} + \varpi_{24} + \varpi_{26} + \varpi_{29} + \varpi_{31} + \varpi_{36} + \varpi_{39} + \varpi_{41} \equiv -\varpi_{34}$$

(mod. p.) Wegen der Congruenzwurzeln für ϖ_{17r} und ϖ_{5r} vgl. $\lambda = 5$, II, und $\lambda = 17$, II, wo, was hier (bei $n = 85$)

$$\varpi_5,\ \varpi_{10},\ \varpi_{15},\ \varpi_{20},\ \varpi_{25},\ \varpi_{30},\ \varpi_{35},\ \varpi_{40}$$

resp. $\eta_0,\ \eta_6,\ \eta_1,\ \eta_4,\ \eta_5,\ \eta_7,\ \eta_3,\ \eta_9$ heisst.

$n = 85$

II, 2. $p = 85m + 16$;

$\varpi_r = \omega^r + \omega^{16r}, \quad \Pi(\varpi_r) = 1,$

nichtprimitiv: ϖ_{5r} wie II, 1, $\varpi_{17r} = 2\omega^{17r}$, 5te Einheitswurzeln;

von Relationen:

$\varpi_1^2 = 2\omega^{17} + \varpi_2, \quad \varpi_1\varpi_{69} = 2 + \varpi_{15}, \quad \varpi_1\varpi_{18} = 2\omega^{34} + \varpi_{19}, \quad \varpi_1\varpi_4 = \varpi_5 + \varpi_{20},$

$\varpi_1\varpi_2 = \varpi_3 + \varpi_{18}; \quad \varpi_1\varpi_{35} = 2\omega^{51} + \varpi_{36}, \quad \varpi_1\varpi_{34} = 2\varpi_{35}$ u. s. w.

Congruenzwurzeln mod. p.*)

p	ϖ_1	ϖ_2	ϖ_3	ϖ_4	ϖ_6	ϖ_7	ω_8	ϖ_9
101	+ 22	− 9	+ 35	+ 9	+ 41	+ 17	+ 14	+ 6
271	−126	− 59	− 33	+126	+ 76	+ 41	−133	− 21

p	ϖ_{12}	ϖ_{13}	ϖ_{14}	ϖ_{18}	ϖ_{19}	ϖ_{21}	ϖ_{23}	ϖ_{24}
101	− 24	+ 21	+ 15	− 31	− 47	+ 47	− 44	− 1
272	−132	− 15	− 48	−121	− 33	+121	+116	− 23

p	ϖ_{26}	ϖ_{29}	ϖ_{31}	ϖ_{36}	ϖ_{37}	ϖ_{41}	ϖ_{42}	ϖ_{46}
101	− 36	+ 43	+ 11	− 21	+ 48	+ 6	− 1	+ 45
271	+ 25	+ 41	− 59	+ 78	+ 62	+ 79	+ 61	− 23

p	ϖ_{47}	ϖ_{52}	ϖ_{53}	ϖ_{57}	ϖ_{58}	ϖ_{63}	ϖ_{69}	ϖ_{74}
101	+ 49	+ 5	+ 27	+ 32	− 36	+ 33	+ 30	+ 10
271	− 95	−134	+ 62	+ 12	+ 35	+ 79	+ 95	− 53

Normen complexer Zahlen in $\frac{2}{\varpi}$.

$N(1 + \varpi_{24}) = 16 \,.\, 101^2, \qquad N(\varpi_{13} + \varpi_{35}) = 16 \,.\, 271^2,$

$N(1 - \varpi) = 16 \,.\, 6121 \quad (p = 85m + 1).$

---

*) Hier ist ϖ_1 völlig bestimmt durch die lineäre Congruenz $\varpi_1\omega^{34} \equiv \varpi_{35}$ (mod. p), sowie als gemeinschaftliche Wurzel zweier Systeme, des einen von 4 Congruenzen, deren erste

$$\varpi_1 + \varpi_{16} + \varpi_{52} + \varpi_{69} \equiv -\varpi_{35} \pmod{p}$$

des anderen von 8 Congruenzen, deren erste

$$\varpi_1 + \varpi_6 + \varpi_{21} + \varpi_{26} + \varpi_{31} + \varpi_{36} + \varpi_{41} + \varpi_{46} \equiv -\omega^{51} \pmod{p}.$$

$n = 85$

II, 3. $p = 85m - 16$;

$\varpi_r = \omega^r + \omega^{-16r}$, $\Pi(\varpi_r) = 1$,

nichtprimitiv: $\varpi_{5r} = 2\omega^{5r}$, 17te Einheitswurzeln, ϖ_{17r} wie II, 1;

von Relationen:

$\varpi_1^2 = 2\omega^{70} + \varpi_2$, $\varpi_1\varpi_{16} = 2 + \varpi_{17}$, $\varpi_1\varpi_{18} = -\omega^{70}$; $\varpi_1\varpi_{50} = 2\varpi_{34}$,
$\varpi_1\varpi_{34} = 2\omega^{35} + \varpi_{18}$ u. s. w.

Congruenzwurzeln mod. p.*)

p	ϖ_1	ϖ_2	ϖ_3	ϖ_4	ϖ_6	ϖ_7	ϖ_8	ϖ_9
239	−98	+81	+48	+21	−30	−63	−117	−96
919	−190	−153	+204	+110	−315	−36	+48	+134

p	ϖ_{11}	ϖ_{12}	ϖ_{13}	ϖ_{14}	ϖ_{16}	ϖ_{18}	ϖ_{19}	ϖ_{22}
239	+103	+49	+91	−5	−27	+62	+57	+68
919	+34	+424	−259	−455	+8	−115	−53	−250

p	ϖ_{23}	ϖ_{24}	ϖ_{27}	ϖ_{28}	ϖ_{29}	ϖ_{31}	ϖ_{32}	ϖ_{38}
239	+58	+115	−106	+8	−116	+109	+100	+55
919	+27	+420	−221	−318	+261	−52	−237	−272

p	ϖ_{39}	ϖ_{43}	ϖ_{44}	ϖ_{48}	ϖ_{49}	ϖ_{54}	ϖ_{59}	ϖ_{64}
239	+39	+90	−110	−70	+59	−99	+77	−113
919	−453	−64	+434	+39	−6	+377	+359	−348

Normen complexer Zahlen in ϑ.

$N(1 + \omega^5 - \varpi_{27}) = 239 . 1361$, $N(1 + \varpi_{19} - \varpi_{32}) = 919 . 3469$,
$N(1 \pm \varpi) = 3571$ $(p = 85m + 1)$.

*) Hier ist ϖ_1 völlig bestimmt durch die lineäre Congruenz $\varpi_1\omega^{50} \equiv \varpi_{34}$ (mod. p), sowie als gemeinschaftliche Wurzel des Systems $\varpi_1 + \varpi_{18} \equiv -\omega^{35}$, $\varpi_1\varpi_{18} \equiv -\omega^{70}$ und eines zweiten von 16 Congruenzen, deren erste:

$$\varpi_1+\varpi_4+\varpi_6+\varpi_9+\varpi_{11}+\varpi_{14}+\varpi_{16}+\varpi_{19}+\varpi_{24}+\varpi_{29}+\varpi_{39}+\varpi_{44}+\varpi_{49}+\varpi_{54}+\varpi_{59}+\varpi_{64} \equiv -\varpi_{34} \pmod{p}.$$

$n = 85$

III. p zum Exponenten 4 gehörig.

16 viergliedrige Perioden, und zwar mit 6 Fällen:

III, 1. $p = 85m \pm 13$: 13, 157, 353, 523, 863;

$$\varpi_r = \omega^r + \omega^{13r} + \omega^{-r} + \omega^{-13r}, \quad \Pi(\varpi_r) = 1;$$

$\varpi_{5r} = \omega^r + \omega^{20r} + \omega^{-r} + \omega^{-20r}$, viergliedrige Perioden der 17ten Einheitswurzeln,
$\varpi_{17r} = \omega^{17r} + \omega^{34r} + \omega^{-17r} + \omega^{-34r} = -1$;

$$\varpi_1^2 = 4 + \varpi_2 + 2\varpi_{12}, \qquad \varpi_1\varpi_4 = -1 + \varpi_5 + \varpi_3 + \varpi_9 \text{ u. s. w.}$$

Congruenzwurzeln mod. p *)

für $p = 13$ (beispielsweise):

ϖ_1	ϖ_2	ϖ_3	ϖ_4	ϖ_6	ϖ_8	ϖ_9	ϖ_{11}	ϖ_{12}	ϖ_{16}	ϖ_{18}	ϖ_{22}	ϖ_{23}	ϖ_{24}	ϖ_{29}	ϖ_{36}
+1	+4	+2	+5	−3	+5	+6	−2	+3	−1	+4	+2	+1	−3	−5	−5

Normen complexer Zahlen in $\overset{4}{\varpi}$.

$$N(1 + \varpi_{16}) = 13 . 17, \qquad N(1 - \varpi_1) = 13^2.$$

III, 2. $p = 85m \pm 38$: 47, 293, 463, 557, 727;

$$\varpi_r = \omega^r + \omega^{38r} + \omega^{-r} + \omega^{-38r}, \quad \Pi(\varpi_r) = -1;$$

ϖ_{5r} wie III, 1, desgl. $\varpi_{17r} = -1$; $\qquad \varpi_1^2 = 4 + \varpi_2 + 2\varpi_{37}$,

$$\varpi_1\varpi_4 = -1 + \varpi_5 + \varpi_3 + \varpi_{19} \text{ u. s. w.}$$

Congruenzwurzeln mod. p **)

für $p = 47$ (beispielsweise):

ϖ_1	ϖ_2	ϖ_3	ϖ_4	ϖ_6	ϖ_7	ϖ_8	ϖ_{12}	ϖ_{13}	ϖ_{14}	ϖ_{19}	ϖ_{21}	ϖ_{23}	ϖ_{26}	ϖ_{28}	ϖ_{29}
−3	−13	+16	+6	−21	+9	−4	+15	+14	+18	−22	+23	−17	+19	−1	+9

Normen complexer Zahlen in $\overset{4}{\varpi}$.

$$N(1 + \varpi_{28}) = 17 . 47 = N(\varpi_7 - \varpi_{29}), \qquad N(1 - \varpi) = -1 = N(\varpi).$$

---

*) Hier ist ϖ_1 die absolut kleinste der Wurzeln eines Systems von 4 Congruenzen, deren erste $\varpi_1 + \varpi_4 + \varpi_{16} + \varpi_{18} \equiv -\varpi_{30}$ (mod. p).

**) Hier ist ϖ_1 die absolut kleinste der Wurzeln eines Systems von 4 Congruenzen, deren erste: $\varpi_1 + \varpi_4 + \varpi_{13} + \varpi_{21} \equiv -\varpi_{30}$ (mod. p).

$n = 85$

III, 3. $p = 85m + 4, -21$: 89, 149, 599, 659, 769, 829;

$\varpi_r = \omega^r + \omega^{4r} + \omega^{16r} + \omega^{-21r}$, $\Pi(\varpi_r) = 6^4_. 101$;

ϖ_{5r} wie III, 1. u. 2, $\varpi_{17r} = 2(\omega^{17r} + \omega^{-17r}) = 2\varpi^2_{17r}$, zweigliedrige Perioden der 5ten Einheitswurzeln; $\varpi_1^2 = \varpi_2 + 2\varpi_5 + \varpi_{17}$, $\varpi_1\varpi_{21} = 4 + \varpi_3 + \varpi_{15} + \varpi_{37}$, $\varpi_1\varpi_{34} = 2\varpi_{30} + 2\varpi_{13}$ etc.

Congruenzwurzeln mod. p *)

für $p = 89$ (beispielsweise):

ϖ_1	ϖ_2	ϖ_3	ϖ_6	ϖ_7	ϖ_9	ϖ_{13}	ϖ_{14}	ϖ_{18}	ϖ_{19}
+29	+32	+33	+38	+26	+10	+37	+15	−43	−25

ϖ_{21}	ϖ_{29}	ϖ_{37}	ϖ_{41}	ϖ_{42}	ϖ_{57}
+37	+35	+11	−40	+26	−42

Normen complexer Zahlen in $\frac{4}{\varpi}$.

$N(2 + \varpi_6 + \varpi_{41}) = 89^2$, $N(1 + \varpi_2 - \varpi_3) = 89 . 29389$,

$N(1 + \varpi) = 4 . 1279$, $N(1 - \varpi) = 16 . 3331$.

III, 4. $p = 85m - 4, +21$: 191, 251, 421, 701, 761;

$\varpi_r = \omega^r + \omega^{-4r} + \omega^{16r} + \omega^{21r}$; $\Pi(\varpi_r) = 1$;

ϖ_{5r} wie III, 1—3, $\varpi_{17r} = 4\omega^{17r}$, 5te Wurzeln; $\varpi_1^2 = 4\omega^{17} + \varpi_2 + 2\varpi_{12} = \varpi_4\varpi_{13}$,

$\varpi_1\varpi_4 = 4 + 2\varpi_5 + \varpi_{15}$, $\varpi_1\varpi_{26} = -\omega^{17}$, $\varpi_1\varpi_{34} = 4\varpi_{30}$ u. s. w.

Congruenzwurzeln mod. p **)

für $p = 191$ (beispielsweise):

ϖ_1	ϖ_2	ϖ_3	ϖ_4	ϖ_6	ϖ_7	ϖ_8	ϖ_9	ϖ_{12}	ϖ_{13}
−55	−64	−52	−74	+34	−11	−13	+66	−65	+3

ϖ_{14}	ϖ_{23}	ϖ_{24}	ϖ_{26}	ϖ_{31}	ϖ_{47}
+73	−47	+77	−80	+62	−44

Normen complexer Zahlen in $\frac{4}{\varpi}$.

$N(1 + \varpi_4 + \varpi_{14}) = 191 . 101$, $N(1 \pm \varpi) = 1871$ $(p = 85m + 1)$.

---

*) Hier ist ϖ_1 die absolut kleinere der beiden gemeinschaftlichen Wurzeln zweier Systeme, des einen von 4 Congruenzen, deren erste $\varpi_1 + \varpi_{13} + \varpi_{18} + \varpi_{21} \equiv -\varpi_{30}$ (mod. p), des anderen von 8 Congruenzen, deren erste $\varpi_1 + \varpi_6 + \varpi_9 + \varpi_{14} + \varpi_{19} + \varpi_{21} + \varpi_{29} + \varpi_{41} \equiv -(\omega^{34} + \omega^{51})$ (mod. p).

**) Hier ist ϖ_1 lineär durch $\varpi_1\omega^{34} \equiv \varpi_{30}$ (mod. p), sowie als gemeinschaftliche Wurzel zweier Systeme von je 4 Congruenzen bestimmt, deren erste:

$\varpi_1 + \varpi_4 + \varpi_{12} + \varpi_{47} \equiv -\varpi_{30}$, $\varpi_1 + \varpi_6 + \varpi_{26} + \varpi_{31} \equiv -\omega^{51}$ (mod. p).

$n = 85$

III, 5. $p = 85m - 18, +33$: 67, 373, 577, 883;

$\varpi_r = \omega^r + \omega^{-18r} + \omega^{-16r} + \omega^{33r}$, $\Pi(\varpi_r) = 3571$;

$\varpi_{5r} = 2(\omega^{5r} + \omega^{80r})$, zweigliedrige Perioden der 17ten Wurzeln, $\varpi_{17r} = -1$;

$\varpi_1^2 = -2 + \varpi_2 + \varpi_{15}$, $\varpi_1\varpi_{16} = 3 - \frac{1}{2}\varpi_{15}$ (oder $3 - \frac{2}{\varpi_{15}}$) u. s. w.

Congruenzwurzeln mod. p *)

für $p = 67$ (beispielsweise):

ϖ_1	ϖ_2	ϖ_3	ϖ_4	ϖ_6	ϖ_7	ϖ_8	ϖ_{11}	ϖ_{12}	ϖ_{16}	ϖ_{19}
+7	+21	−4	−3	−9	−28	−15	+29	+24	+27	+31

ϖ_{22}	ϖ_{24}	ϖ_{38}	ϖ_{43}	ϖ_{48}
−20	+14	−19	+2	+11

Normen complexer Zahlen in $\frac{4}{\varpi}$.

$N(\varpi_1 + \omega^{20} + \omega^{65}) = 67.373$, $N(1 + \varpi) = 17.1597$,

$N(1 - \varpi) = N(\varpi) = 3571$ $(p = 85m + 1)$.

III, 6. $p = 85m + 18, -33$: 103, 137, 307, 443, 613, 647, 953;

$\varpi_r = \omega^r + \omega^{18r} + \omega^{-16r} + \omega^{-33r} = -\omega^{35r}$, 17te Einheitswurzeln, wesshalb vorstehende Primzahlen auch hier keine andern Primfactoren haben als die Primzahlen $p = 17m + 1$ (vgl. $\lambda = 17$, I).

---

*) Hier ist ϖ_1 die absolut kleinere der beiden Wurzeln des Congruenzensystems

$\varpi_1 + \varpi_{16} \equiv -(\omega^{35} + \omega^{50})$, $\varpi_1\varpi_{16} \equiv 3 - (\omega^{15} + \omega^{70})$ (mod. p).

$n = 85$

IV. p zum Exponenten 8 gehörig.

8 achtgliedrige Perioden und zwar mit 4 Fällen:

IV, 1. $p = 85m + 2, +8, +32, -42$:

2, 43, 257, 263, 383, 433, 773, 797, 937, 967;

$$\varpi_r = \omega^r + \omega^{2r} + \omega^{4r} + \omega^{8r} + \omega^{16r} + \omega^{32r} + \omega^{-21r} + \omega^{-42r}, \quad \Pi(\varpi_r) = 16.101;$$

ϖ_{5r} die achtgliedrigen Perioden der 17ten Einheitswurzeln, $\varpi_{17r} = -2$;

$$\varpi_1^2 = -2 + 2\varpi_5 + \varpi_1 + 2\varpi_3 + 2\varpi_9, \qquad \varpi_1\varpi_{21} = 7 - 2\varpi_5 + \varpi_1 + \varpi_{21},$$
$$\varpi_1\varpi_9 = -3 + \varpi_3 + 2\varpi_{13} + 2\varpi_{37} \text{ u. s. w.}$$

Congruenzwurzeln mod. p*)

für $p = 43$ (beispielsweise):

$\varpi_1 \equiv -7$, $\varpi_3 \equiv -4$, $\varpi_7 \equiv -3$, $\varpi_9 \equiv -19$, $\varpi_{13} \equiv -20$,
$\varpi_{21} \equiv +13$, $\varpi_{29} \equiv -6$, $\varpi_{37} \equiv +4$.

Normen complexer Zahlen in $\overset{8}{\varpi}$.

$N(1 + 2\varpi_7 + 2\varpi_9) = 43.46867$, $N(1 + 2\varpi) = 101.1871$, $N(1 + \varpi) = 256$,
$N(1 - \varpi) = 4096$.

IV, 2. $p = 85m - 2, -8, -32, +42$:

53, 83, 127, 223, 467, 587, 593, 733, 757;

$$\varpi_r = \omega^r + \omega^{-2r} + \omega^{4r} + \omega^{-8r} + \omega^{16r} + \omega^{-32r} + \omega^{-21r} + \omega^{42r}, \quad \Pi(\varpi_r) = 4.149;$$

ϖ_{5r} wie IV, 1, sowie $\varpi_{17r} = -2$; $\quad \varpi_1^2 = -2 + 2\varpi_5 + 3\varpi_2 + 2\varpi_{14}$,

$$\varpi_1\varpi_2 = 8 + \varpi_{15} + 2\varpi_3 + 2\varpi_6 + \varpi_9 + \varpi_{18}.$$

Congruenzwurzeln mod. p**)

für $p = 53$ (beispielsweise):

ϖ_1	ϖ_2	ϖ_3	ϖ_6	ϖ_7	ϖ_9	ϖ_{14}	ϖ_{18}
+8	−15	+4	+8	+12	−24	+19	−11

Normen complexer Zahlen in $\overset{8}{\varpi}$.

$N(\varpi_1 - \varpi_6) = 16.17.53$, $N(4 - \varpi_3) = 4.53.223$, $N(1 - 2\varpi_1 - \varpi_2) = 53^2.89$,
$N(1 + \varpi) = 1871$, $N(1 - \varpi) = 101$.

---

*) Hier ist ϖ_1 die absolut kleinste Wurzel eines Congruenzensystems, dessen erste
$$\varpi_1 + \varpi_9 + \varpi_{13} + \varpi_{21} \equiv -\varpi_{15} \pmod{p}.$$

**) Hier ist ϖ_1 die absolut kleinste Wurzel eines Systems von 4 Congruenzen, deren erste
$$\varpi_1 + \varpi_2 + \varpi_9 + \varpi_{18} \equiv -\varpi_{15} \pmod{p}.$$

$n = 85$

IV, 3. $p = 85m + 9, + 19, - 26, - 36$:

19, 59. 179, 349, 359, 389, 569, 739, 859;

$\varpi_r = \omega^r + \omega^{9r} + \omega^{-4r} + \omega^{-36r} + \omega^{16r} + \omega^{-26r} + \omega^{21r} + \omega^{19r}$, $\Pi(\varpi_r) = 1871$;

ϖ_{5r} wie IV, 1 u. 2, $\varpi_{17r} = 4(\omega^{17r} + \omega^{68r}) = 4\frac{2}{\varpi_{17r}}$, Perioden der 5ten Einheitswurzeln;

$\varpi_1^2 = -2 + \varpi_2 + 2\varpi_{12} + \varpi_{17}$, $\varpi_1\varpi_4 = 7 + \varpi_5 - \frac{1}{4}\varpi_{17}$ u. s. w.

Congruenzwurzeln mod. p, z. B.*)

p	ϖ_1	ϖ_2	ϖ_3	ϖ_4	ϖ_6	ϖ_8	ϖ_{12}	ϖ_{24}
19	+ 2	− 3	+ 7	− 5	+ 5	− 6	− 2	+ 3
59	−12	−20	−12	+15	−16	−26	−26	−20

Normen complexer Zahlen in $\frac{8}{\omega}$.

$N(2 - \varpi_1) = 19 . 349$, $N(2 + \varpi_{12}) = 19 . 389$,

$N(\varpi_4 + \varpi_6) = 9 . 19$, $N(\varpi_1 + \varpi_{12}) = 81 . 19^2$,

$N(1 + \varpi_4 + \omega^{17} + \omega^{68}) = 9 . 16 . 19$; $N(\varpi_1 - \varpi_3) = N(\varpi_2 - \varpi_{24}) = 59^2$,

$N(\varpi_8 - \varpi_{12}) = 17^2 59$, $N(1 + \varpi) = 2311$,

$N(1 - \varpi) = 2741$.

IV, 4. $p = 85m - 9, - 19, + 26, + 36$;

$\varpi_r = \omega^r + \omega^{-9r} + \omega^{-4r} + \omega^{36r} + \omega^{16r} + \omega^{26r} + \omega^{21r} + \omega^{-19r}$, $\Pi(\varpi_r) = 256$;

ϖ_{5r} wie IV, 1—3, $\varpi_{17r} = 8\omega^{17r}$, 5te Einheitswurzeln;

$\varpi_1^2 = 6\omega^{17} + \varpi_2 + 2\varpi_7$, $\varpi_1\varpi_4 = 5 + \varpi_5$, $\varpi_1\varpi_6 = -4\omega^{47}$,

$\varpi_1\varpi_2 = 8\omega^{68} + 4\varpi_3 + 3\varpi_8$, $\varpi_1\varpi_{14} = -4$; $\varpi_1\varpi_{34} = 8\varpi_{15}$ u. s. w.

---

*) Hier ist ϖ_1 die absolut kleinere der beiden gemeinschaftlichen Wurzeln zweier Systeme von je 4 Congruenzen, deren erste:

$\varpi_1 + \varpi_2 + \varpi_4 + \varpi_8 \equiv -\varpi_{15}$, $\varpi_1 + \varpi_4 + \varpi_6 + \varpi_{24} \equiv -(\omega^{34} + \omega^{51})$ (mod. p).

$n = 85$

Congruenzwurzeln mod. p.*)

(Für sämmtliche hierher gehörige Primzahlen p).

p	ϖ_1	ϖ_2	ϖ_3	ϖ_4	ϖ_6	ϖ_7	ϖ_8	ϖ_{14}
151	− 40	− 5	+ 31	+ 7	+ 21	− 54	+ 56	− 15
281	+ 49	− 90	+ 50	+128	+ 79	+ 4	− 1	+ 63
331	−159	+144	− 46	+ 85	+ 35	+ 37	− 18	− 77
461	+ 88	+114	− 89	− 93	+ 5	− 4	+ 1	− 21
491	+ 74	+207	+ 83	+109	+ 36	− 32	−184	+199
631	+ 30	+216	+222	−312	+ 89	+136	+167	+ 84
661	−196	+224	+ 59	−274	−275	+ 31	−256	+ 27
971	− 50	+428	−363	−337	−291	−189	+298	−466

$f(\varpi_1)$, Primfactoren der Primzahlen p.

p	$f(\varpi_1)$	p	$f(\varpi_1)$	p	$f(\varpi_1)$
151	$1 + \varpi_4 - \omega^{34}$	461	$1 - \varpi_8$	661	$1 - \varpi_1 - \omega^{68}$
281	$1 + \varpi_8$	491	$1 + \varpi_3 + \omega^{34}$	971	$1 + \varpi_4 - 2\omega^{34}$
331	$1 + \varpi_1 + \omega^{17} - \omega^{34}$	631	$3 + \varpi_1 + \varpi_4 + \omega^{17}$		

V. p zum Exponenten 16 gehörig.

4 sechszehngliedrige Perioden, und zwar mit 4 Fällen:

V, 1. $p = 85m + 3, + 7, - 12, - 22, - 23, + 27, - 28, - 37$, nämlich:

3, 7, 73, 173, 197, 227, 233, 347, 367, 397, 487, 683, 733, 827, 853, 857, 877, 907, 911, 983, 997;

$$\varpi_r = \omega^r + \omega^{3r} + \omega^{9r} + \omega^{27r} + \omega^{-4r} + \omega^{-12r} + \omega^{-36r} + \omega^{-23r} + \omega^{16r} + \omega^{-37r} + \omega^{-26r} + \omega^{7r} + \omega^{31r} + \omega^{-22r} + \omega^{19r} + \omega^{-28r},$$

$$\varpi_{5r} = -1, \qquad \varpi_{17r} = -4; \qquad \varpi_1^2 = -6 - \varpi_2 + 4\varpi_4,$$

$$\varpi_1\varpi_2 = -4 - 2\varpi_4 - 3\varpi_8, \qquad \varpi_1\varpi_4 = 15 + 2\varpi_2 + 2\varpi_8;$$

Gleichung der Perioden ϖ_r: $\varpi^4 - \varpi^3 + 11\varpi^2 - 101\varpi + 171 = 0$.

---

*) Hier ist ϖ_1 völlig bestimmt durch die lineäre Congruenz $\varpi_1\omega^{34} \equiv \varpi_{15}$ (mod. p), sowie als die gemeinschaftliche Wurzel des Systems $\varpi_1 + \varpi_6 \equiv -\omega^{51}$, $\varpi_1\varpi_6 \equiv -4\omega^{17}$ (mod. v) und eines zweiten von 4 Congruenzen, deren este $\varpi_1 + \varpi_2 + \varpi_4 + \varpi_8 \equiv -\varpi_{15}$ (mod. p).

$n = 85$

Congruenzwurzeln mod. p, z. B.*)

p	ϖ_1	ϖ_2	ϖ_4	ϖ_8	p	ϖ_1	ϖ_2	ϖ_4	ϖ_8
3	0	+1	+1	−1	73	−7	−36	+23	+21
7	+2	+3	−2	−2					

Normen complexer Zahlen in $\overset{16}{\iota}$.

$N(\varpi_1) = 9.19$, $N(1+\varpi_8) = 3.5.19$, $N(1-\varpi_2) = 81$,
$N(1+3\varpi_1) = 7.2383$, $N(2-\varpi_1) = 7.3 = N(3-\varpi_2)$,
$N(2+\varpi_4) = 3^2.7^2$, $N(1-2\varpi_2) = 27.73$.

V, 2. $p = 85m - 3, -7, +12, +22, +23, -27, +28, +37$, nämlich
23, 37, 97, 107, 113, 163, 167, 193, 267, 277, 313, 337, 503, 547, 607, 617, 653, 673;

$$\varpi_r = \omega^r + \omega^{-3r} + \omega^{9r} + \omega^{-27r} + \omega^{-4r} + \omega^{12r} + \omega^{-36r} + \omega^{23r} + \omega^{16r} + \omega^{37r} + \omega^{-26r} + \omega^{-7r} + \omega^{21r} + \omega^{22r} + \omega^{19r} + \omega^{28r},$$

$\varpi_{5r} = -1$, $\varpi_{17r} = -4$ (beides wie V, 1.);

$\varpi_1^2 = -6 + 2\varpi_1 + 3\varpi_2 - 2\varpi_3$, $\varpi_1\varpi_2 = -6 + 3\varpi_6$, $\varpi_1\varpi_3 = 15 + 2\varpi_1 + 2\varpi_2$;

Gleichung:

$$\varpi^4 - \varpi^3 + 11\varpi^2 + 69\varpi + 171 = 0.$$

Congruenzwurzeln mod. p, z. B.**)

p	ϖ_1	ϖ_2	ϖ_3	ϖ_6	p	ϖ_1	ϖ_2	ϖ_3	ϖ_6
23	−1	+5	+11	−4	37	−5	−15	−6	−10

Normen complexer Zahlen in $\overset{16}{\iota}$.

$N(1+\varpi_1) = 5.23$, $N(1+2\varpi_3) = 23.97$, $N(1-\varpi_1+\varpi_3) = 37.23$;
$N(1-\varpi) = 251$, $N(\varpi) = 9.17$, $N(2+\varpi) = 101$, $N(2-\varpi) = 19^2$.

---

*) Hier ist ϖ_1 die absolut kleinste der 4 Congruenzwurzeln.

**) Hier ist ϖ_1 die absolut kleinste der 4 Congruenzwurzeln.

$n = 85$

V, 3. $p = 85m - 6, -11, +14, +24, +29, -31, +39, -41$; nämlich:

29, 79, 109, 139, 269, 379, 419, 439, 449, 479, 499, 619, 709, 719, 809, 839, 929;

$$\varpi_r = \omega^r + \omega^{-6r} + \omega^{36r} + \omega^{39r} + \omega^{21r} + \omega^{-41r} + \omega^{-9r} + \omega^{-31r} + \omega^{16r} + \omega^{-11r} + \omega^{-19r}$$
$$+ \omega^{29r} + \omega^{-4r} + \omega^{24r} + \omega^{26r} + \omega^{14r};$$

Gleichung der primitiven Perioden:

$$\varpi^4 - \varpi^3 + 21\varpi^2 - 21\varpi + 101 = 0;$$

$$\varpi_{5r} = -1, \qquad \varpi_{17r} = 8(\omega^{17r} + \omega^{68r}) = 8\overset{2}{\varpi}_{17r};$$

$$\varpi_1^2 = -8 + \varpi_2 + 2\varpi_7 + 6(\omega^{17} + \omega^{68}), \qquad \varpi_1\varpi_2 = 4 - \varpi_7 + \varpi_{17}, \qquad \varpi_1\varpi_4 = 9 - \tfrac{1}{2}\varpi_{17}.$$

Congruenzwurzeln mod. p, z. B.*)

p	ϖ_1	ϖ_2	ϖ_4	ϖ_7	p	ϖ_1	ϖ_2	ϖ_4	ϖ_7
29	−4	−4	+10	−1	79	+11	−13	+19	−16

Normen complexer Zahlen in $\overset{16}{\varpi}$.

$N(1 + \varpi_7) = N(\varpi_1 - \varpi_2) = N(2 - 2\varpi_1 - \varpi_4) = 5 . 29$, $\quad N(2 + \varpi_1 + \varpi_2) = 5 . 79$,

$N(1 - \varpi) = N(\varpi) = 101$, $\quad N(2 + \varpi) = 151$, $\quad N(2 - \varpi) = 251$,

$N(1 - \varpi_1 - 2\varpi_2) = 2311$.

V, 4. $p = 85m + 6, +11, -14, -24, -29, +31, -39, +41$, nämlich:

11, 31, 41, 61, 71, 131, 181, 211, 241, 401, 431, 521, 541, 571, 601, 691, 751, 811, 881, 911, 941, 991;

$$\varpi_r = \omega^r + \omega^{6r} + \omega^{36r} + \omega^{-39r} + \omega^{21r} + \omega^{41r} + \omega^{-9r} + \omega^{31r} + \omega^{16r} + \omega^{11r} + \omega^{-19r} + \omega^{-29r}$$
$$+ \omega^{-4r} + \omega^{-24r} + \omega^{26r} + \omega^{-14r} = -\omega^{51r},$$

d. h. die primitiven Perioden reduciren sich auf die 5ten Einheitswurzeln und daher haben vorstehende Primzahlen p auch hier keine andern Primfactoren als die $p = 5m + 1$ (vgl. $\lambda = 5$, I).

*) Hier ist ϖ_1 die absolut kleinere Wurzel des Congruenzensystems

$$\varpi_1 + \varpi_4 \equiv -\overset{2}{\varpi}_{34}, \qquad \varpi_1\varpi_4 \equiv 9 - 4\overset{2}{\varpi}_{17} \pmod{p}.$$

$$n = 87$$

I. $p = 87m + 1$:

349, 523.

56 primitive Wurzeln, deren Gleichung:

$$\omega^{56} - \omega^{55} + \omega^{53} - \omega^{52} + \omega^{50} - \omega^{49} + \omega^{47} - \omega^{46} + \omega^{44} - \omega^{43} + \omega^{41} - \omega^{40} + \omega^{38} - \omega^{39}$$
$$+ \omega^{37} - \omega^{36} + \omega^{34} - \omega^{33} + \omega^{31} - \omega^{30} + \omega^{29} - \omega^{28} + \omega^{27} - \omega^{25} + \omega^{24} - \omega^{22} + \omega^{21} - \omega^{19}$$
$$+ \omega^{18} - \omega^{16} + \omega^{15} - \omega^{13} + \omega^{12} - \omega^{10} + \omega^{9} - \omega^{7} + \omega^{6} - \omega^{5} + \omega^{3} - \omega + 1 = 0;$$

wodurch die nichtprimitiven, d. h. die 29ten und 3ten Einheitswurzeln, sich eliminiren, oder durch die beiden:

$$\omega^{58} + \omega^{29} + 1 = 0 \quad \text{und} \quad \omega^{84} + \omega^{81} + \omega^{78} + \ldots + \omega^{6} + \omega^{3} + 1 = 0.$$

II. p zum Exponenten 2 gehörig.

28 zweigliedrige Perioden, und zwar mit 3 Fällen:

II, 1. $p = 87m - 1$;

$$\varpi_r = \omega^r + \omega^{-r}, \qquad \Pi(\varpi_r) = 1, \qquad \varpi_1 \varpi_k = \varpi_{k-1} + \varpi_{k+1};$$

nichtprimitiv: $\varpi_{3r} = \omega^{3r} + \omega^{-3r}$, zweigliedrige Perioden der 29ten Einheitswurzeln, $\varpi_{29r} = -1$.

$n = 87$

Congruenzwurzeln mod. p.*)

p	ϖ_1	ϖ_3	ϖ_4	ϖ_5	ϖ_7	ϖ_8	ϖ_{10}	ϖ_{11}	ϖ_{13}	ϖ_{14}
173	− 51	+ 4	+ 14	− 42	− 15	+ 21	− 76	− 57	− 37	+ 50
347	+127	+165	+157	+152	+ 88	+ 10	−147	− 72	+124	+108
521	− 28	−260	−132	+ 35	−257	+229	+181	+ 45	+186	−120

p	ϖ_{16}	ϖ_{17}	ϖ_{19}	ϖ_{20}	ϖ_{22}	ϖ_{23}	ϖ_{25}	ϖ_{26}	ϖ_{28}	ϖ_{31}
173	− 80	+ 19	− 6	− 16	− 40	+ 7	+ 71	− 17	+ 76	+ 65
347	+ 98	−105	− 34	+ 93	− 23	+155	−150	+106	−136	+103
521	−182	−162	−129	− 64	− 61	−213	−204	+208	−190	+149

p	ϖ_{32}	ϖ_{34}	ϖ_{35}	ϖ_{37}	ϖ_{38}	ϖ_{40}	ϖ_{41}	ϖ_{43}
173	− 3	+ 13	− 59	+ 22	+ 34	+ 81	+ 47	+ 41
347	−114	− 81	+130	− 57	+113	− 28	+ 80	−167
521	−222	+192	+ 19	− 66	− 33	− 74	+ 40	+ 72

$f(\varpi_1)$, Primfactoren der Primzahlen p. $Nf(\varpi_1) = -p$.

p	$f(\varpi_1)$	p	$f(\varpi_1)$	p	$f(\varpi_1)$
173	$1 - \varpi_3 + \varpi_{17}$	347	$1 - \varpi_8 + \varpi_{30}$	521	$1 + \varpi_{10} + \varpi_{16}$

*) Hier ist ϖ_1 die absolut kleinere der beiden Wurzeln des Congruenzensystems

$$\varpi_1 + \varpi_{28} \equiv -\varpi_{30}, \qquad \varpi_1 \varpi_{28} \equiv -1 + \varpi_{27} \pmod{p}.$$

Die Congruenzwurzeln für ϖ_3, in $\lambda = 29$, II., wo, was hier

ϖ_3, ϖ_6, ϖ_9, ϖ_{12}, ϖ_{15}, ϖ_{18}, ϖ_{21}, ϖ_{24}, ϖ_{27}, ϖ_{30}, ϖ_{33}, ϖ_{36} ϖ_{39}, ϖ_{42},

resp. heisst:

η_0, η_1, η_5, η_2, η_8, η_6, η_{12}, η_3, η_{10}, η_9, η_{11}, η_7, η_4, η_{13}

$n = 87$

II, 2. $p = 87m + 28$:

463, 811;

$$\varpi_r = \omega^r + \omega^{28r},$$

ϖ_{3r} wie II, 1, $\varpi_{29r} = 2\omega^{29r}$, (dritte Einheitswurzeln); $\Pi(\varpi_r) = 1$;

$$\varpi_1^2 = 2\omega^{29} + \varpi_2, \qquad \varpi_1\varpi_{59} = 2 + \varpi_{27}, \qquad \varpi_1\varpi_{29} = 2\varpi_{30} \text{ u. s. w.}$$

Congruenzwurzeln mod. p*)

für $p = 811$ (beispielsweise):

p	ϖ_1	ϖ_2	ϖ_4	ϖ_5	ϖ_7	ϖ_8	ϖ_{10}	ϖ_{11}	ϖ_{13}	ϖ_{14}
811	+115	− 11	+383	−399	+178	−362	−304	+211	− 76	−205

p	ϖ_{17}	ϖ_{20}	ϖ_{23}	ϖ_{26}	ϖ_{31}	ϖ_{34}	ϖ_{37}	ϖ_{40}	ϖ_{43}	ϖ_{46}
811	+386	−298	−254	−161	+192	+ 34	− 22	−144	+113	−102

p	ϖ_{49}	ϖ_{52}	ϖ_{55}	ϖ_{59}	ϖ_{62}	ϖ_{65}	ϖ_{68}	ϖ_{71}
811	+188	+231	+156	+344	+109	+201	+ 85	+224

Normen complexer Zahlen in $\overset{3}{\varpi}$.

$$N(1 - \varpi_6 - \varpi_{37}) = 811 . 8467, \qquad N(1 \pm \varpi) = \text{Num}(\log 5,04\ldots)?$$

II, 3. $p = 87m - 28$:

59, 233, 929;

$$\varpi_r = \omega^r + \omega^{-28r} = -\omega^{30r},$$

29te Einheitswurzeln, wesshalb vorstehende Primzahlen p auch hier keine anderen Primfactoren haben als die $p = 29m + 1$ (vgl. $\lambda = 29$, I).

*) Hier ist ϖ_1 völlig bestimmt durch die lineäre Congruenz $\varpi_1\omega^{29} \equiv \varpi_{30}$ (mod. p), sowie als gemeinschaftliche Wurzel des Systems $\varpi_1 + \varpi_{59} \equiv -\varpi_{30}$, $\varpi_1\varpi_{59} \equiv 2 + \varpi_{27}$ und eines zweiten von 14 Congruenzen, deren erste:

$$\varpi_1 + \varpi_4 + \varpi_7 + \varpi_{10} + \varpi_{13} + \varpi_{31} + \varpi_{34} + \varpi_{37} + \varpi_{40} + \varpi_{43} + \varpi_{46} + \varpi_{49} + \varpi_{52} + \varpi_{55} \equiv -\omega^{58} \pmod{p}.$$

$n = 87$

III. p zum Exponenten 4 gehörig.

14 viergliedrige Perioden, und zwar mit 2 Fällen:

III, 1. $p = 87m + 17, + 41$:

17, 41, 191, 389, 563, 887, 911;

$$\varpi_r = \omega^r + \omega^{17r} + \omega^{28r} + \omega^{41r},$$

$\Pi(\varpi_r) = 41^2$, $\varpi_{3r} = \omega^{3r} + \omega^{51r} + \omega^{84r} + \omega^{36r}$, viergliedrige Perioden der 29ten Einheitswurzeln, $\varpi_{29r} = -2$;

$$\varpi_1^2 = 2 + \varpi_2 + 2\varpi_{18}, \qquad \varpi_1\varpi_{46} = 4 - \varpi_{18} + \varpi_{24}.$$

Congruenzwurzeln mod. p,*) z. B.

p	ϖ_1	ϖ_2	ϖ_4	ϖ_5	ϖ_7	ϖ_8	ϖ_{10}
17	− 6	− 4	− 1	+ 7	+ 6	+ 4	− 2
41	+16	+13	+ 3	− 5	− 2	−11	−18

p	ϖ_{11}	ϖ_{14}	ϖ_{20}	ϖ_{23}	ϖ_{40}	ϖ_{46}	ϖ_{55}
17	+ 7	− 2	+ 7	− 6	+ 6	− 8	− 7
41	−12	+17	+17	+13	− 8	+19	0

Primfactoren der Primzahlen p.

Für $p = 41$ ist das Quadrat des idealen Primfactors $f^2(\varpi_1) = \varpi_{55}$.

Ferner ist $N(1 + \varpi_4) = 17 . 563$, $N(1 - \varpi) = 2029$ $(p = 87m + 28)$.

III, 2. $p = 87m - 17, - 41$:

157, 307, 331, 839, 853;

$$\varpi_r = \omega^r + \omega^{-17r} + \omega^{28r} + \omega^{-41r},$$

$\Pi(\varpi_r) = 1$, ϖ_{3r} wie III, 1, $\varpi_{29r} = 4\omega^{29r}$, 3te Wurzeln;

$$\varpi_1^2 = 4\omega^{29} + \varpi_2 + 2\varpi_{11}, \qquad \varpi_1\varpi_{17} = 4 + 2\varpi_{18} + \varpi_{24}, \qquad \varpi_1\varpi_{29} = 4\varpi_{12}.$$

---

*) Hier ist ϖ_1 die absolut kleinere der beiden Wurzeln des Systems $\varpi_1 + \varpi_{46} \equiv -\varpi_{12}$, $\varpi_1\varpi_{46} \equiv 4 - \varpi_{15} + \varpi_{24}$. Congruenzwurzeln für die ϖ_{3r} bei $\lambda = 29$, III, wo, was hier $\varpi_3, \varpi_6, \varpi_9, \varpi_{12}, \varpi_{18}, \varpi_{24}, \varpi_{23}$ heisst, resp. bezeichnet ist mit $\eta_0, \eta_1, \eta_5, \eta_2, \eta_6, \eta_3, \eta_4$.

$n = 87$

Congruenzwurzeln mod. p,*) z. B.

p	ϖ_1	ϖ_2	ϖ_4	ϖ_7	ϖ_8	ϖ_{11}	ϖ_{13}
157	-45	$+4$	-28	-2	$+8$	$+16$	-51

p	ϖ_{14}	ϖ_{17}	ϖ_{26}	ϖ_{31}	ϖ_{37}	ϖ_{43}	ϖ_{62}
157	-57	-69	-24	-52	$+53$	-44	-22

Normen complexer Zahlen in $\frac{4}{\varpi}$.

$N(1 + \varpi_{13} + \varpi_{33}) = 157 \,.\, 2089$, $\quad N(2 + \varpi_7) = 157 \,.\, 2551$,

$N(1 + \varpi) = 2029$, $\quad N(1 - \varpi) = 1549$.

IV. p zum Exponenten 7 gehörig:

$p = 87m - 5, +7, +16, +25, -35, -38$, nämlich:

7, 103, 139, 181, 199, 223, 277, 313, 373, 397, 487, 571, 661, 691, 877, 919;

8 siebengliedrige Perioden:

$$\varpi_r = \omega^r + \omega^{-5r} + \omega^{25r} + \omega^{-38r} + \omega^{16r} + \omega^{7r} + \omega^{-35r}, \quad \Pi(\varpi_r) = 23^2,$$

$\varpi_{3r} = \omega^{3r} + \omega^{21r} + \omega^{48r} + \omega^{60r} + \omega^{69r} + \omega^{72r} + \omega^{75r}$, siebengliedrige Perioden der 29ten Einheitswurzeln, $\varpi_{29r} = 7\omega^{29r}$ (3te Wurzeln);

$$\varpi_1^2 = 3\varpi_2 + 2\varpi_8 + 2\varpi_{20}, \quad \varpi_1\varpi_5 = 5 - \varpi_3 - \varpi_{12}, \quad \varpi_1\varpi_8 = -1 + \varpi_2 + 2\varpi_6,$$

$$\varpi_1\varpi_{20} = -2 + \varpi_3 - 2\varpi_6; \quad \varpi_1\varpi_{29} = 7\varpi_{12}$$ u. s. w.

---

*) Hier ist ϖ_1 völlig bestimmt durch $\varpi_1\omega^{29} \equiv \varpi_{19}$ (mod. p), sowie als gemeinschaftliche Wurzel des Systems: $\varpi_1 + \varpi_{46} \equiv -\varpi_{12}$, $\quad \varpi_1\varpi_{46} \equiv 4 - \varpi_{18} + \varpi_{24}$ und eines zweiten von 7 Congruenzen, deren erste: $\varpi_1 + \varpi_4 + \varpi_7 + \varpi_{13} + \varpi_{31} + \varpi_{37} + \varpi_{43} \equiv -\omega^{58}$ (mod. p).

$n = 87$

Congruenzwurzeln mod. p*)

für $p = 7$.

$\varpi_1 = -3$, $\varpi_2 \equiv -2$, $\varpi_4 \equiv -1$, $\varpi_5 \equiv +3$, $\varpi_8 \equiv +2$,

$\varpi_{10} \equiv -3$, $\varpi_{19} \equiv +3$, $\varpi_{20} \equiv +2$.

Normen complexer Zahlen in $\frac{7}{\varpi}$.

$N(1+\varpi_4) = 7.181$, $N(\varpi_2+\varpi_8) = 7^4$, $N(2+\varpi_2) = 7.277$,

$N(\varpi_1-\varpi_{10}) = 7^2.29^2$, $N(1-\varpi) = 3^2.5^2$, $N(\varpi) = 23^2$.

V. p zum Exponenten 14 gehörig: 4 vierzehngliedrige Perioden, und zwar mit 3 Fällen:

V, 1. $p = 87m + 5, -7, -16, -25, +35, +38$;

$$\varpi_r = \omega^r + \omega^{5r} + \omega^{25r} + \omega^{38r} + \omega^{16r} + \omega^{-7r} + \omega^{-35r} + \omega^{-r} + \omega^{-5r} + \omega^{-25r} + \omega^{-38r} + \omega^{-16r} + \omega^{7r} + \omega^{35r},$$

Wurzeln der Gleichung:

$$\varpi^4 - \varpi^3 - 25\varpi^2 + 67\varpi - 35 = 0;$$

ϖ_{3r} die vierzehngliedrigen Perioden der 29ten Einheitswurzeln, $\varpi_{29r} = -7$;

$\varpi_1^2 = 10 - 4\varpi_3 + \varpi_2 + 2\varpi_4$, $\varpi_1\varpi_4 = -7 + 4\varpi_3$, $\varpi_1\varpi_2 = -2 + \varpi_3 + 2\varpi_1 + \varpi_2$.

Congruenzwurzeln mod. p.*)

(Für sämmtliche hierher gehörige Primzahlen p).

p	ϖ_1	ϖ_2	ϖ_4	ϖ_8	p	ϖ_1	ϖ_2	ϖ_4	ϖ_8
5	−1	−1	−2	0	419	−35	−189	+208	+17
71	+8	−14	+23	−16	593	−184	−277	+209	+253
149	−34	+57	+47	−69	647	−64	+47	−272	+290
167	−30	−22	−60	−54	701	+25	+152	+71	−247
179	−20	+60	+56	+84	821	−208	+67	−240	+382
353	+40	−148	+112	−3	863	−103	+93	+133	−122
383	−4	−103	+147	−39	941	+85	+217	+97	−398

---

*) Hier ist ϖ_1 völlig bestimmt durch $\varpi_1\omega^{29} \equiv \varpi_{12}$ (mod. p), sowie als gemeinschaftliche Wurzel des Systems: $\varpi_1 + \varpi_{20} \equiv -\varpi_{24}$, $\varpi_1\varpi_{20} \equiv -2 + \varpi_3 - 2\varpi_6$ und eines zweiten von 4 Congruenzen, deren erste $\varpi_1 + \varpi_4 + \varpi_{10} + \varpi_{19} \equiv -\omega^{58}$ (mod. p). — Die Congruenzwurzeln für ϖ_{3r} stehen bei $\lambda = 29$, IV, wo, was hier $\varpi_3, \varpi_6, \varpi_{12}, \varpi_{24}$, resp. heisst: $\eta_0, \eta_1, \eta_2, \eta_3$.

**) Hier ist ϖ_1 die absolut kleinere der beiden Wurzeln des Systems

$\varpi_1 + \varpi_4 \equiv -\varpi_6$, $\varpi_1\varpi_4 \equiv -7 + 4\varpi_3$ (mod. p).

$n = 87$

$f(\varpi_1)$, Primfactoren der Primzahlen p.*) $Nf(\varpi_1) = -p$.

p	$f(\varpi_1)$	p	$f(\varpi_1)$	p	$f(\varpi_1)$
5	$3 - \varpi_4$	353	$3 + \varpi_8$	701	$13 - 7\varpi_1 + 2\varpi_2 - 2\varpi_4$
71	$2 - \varpi_2 + \varpi_8$	383	$4 + \varpi_1$	821	$2 - 3\varpi_2 + \varpi_4 - \varpi_8$
149	$5 - \varpi_1 - 4\varpi_4$	419	$6 + 6\varpi_2 + 3\varpi_4 + 5\varpi_8$	863	$13 - 3\varpi_2 + 2\varpi_4$
167	$1 + \varpi_4 + 2\varpi_8$	593	$4 + 2\varpi_2 - \varpi_4 + 3\varpi_8$	941	$1 - 6\varpi_2 - 3\varpi_4 - 4\varpi_8$
179	$4 - \varpi_2 + \varpi_4$	647	$3 + 6\varpi_2 + 4\varpi_4 + 5\varpi_8$		

V, 2. $p = 87m + 4, + 13, - 20, + 22, - 23, + 34,$ nämlich:

13, 67, 109, 151, 241, 283, 439, 457, 499, 613, 631, 643, 673, 787, 883, 937, 991;

$$\varpi_r = \omega^r + \omega^{4r} + \omega^{16r} + \omega^{-23r} + \omega^{-5r} + \omega^{-20r} + \omega^{7r} + \omega^{28r} + \omega^{25r} + \omega^{13r} + \omega^{-35r} + \omega^{34r} + \omega^{-38r} + \omega^{22r},$$

Wurzeln der Gleichung:

$$\varpi^4 - \varpi^3 + 8\varpi^2 + 7\varpi + 49 = 0;$$

ϖ_{3r} wie V, 1., $\varpi_{29r} = 14\omega^{29r}$;

$\varpi_1^2 = 8\omega^{29} + \varpi_2$, $\varpi_1\varpi_2 = -7$, $\varpi_1\varpi_5 = 8 + \varpi_3$, $\varpi_1\varpi_{10} = -7\omega^{29}$,

$\varpi_1\varpi_{29} = 14\varpi_6$.

Congruenzwurzeln mod. p**)

für $p = 13$:

$\varpi_1 \equiv -2$, $\varpi_2 \equiv -3$, $\varpi_5 \equiv -6$, $\varpi_{10} \equiv -1$

Normen complexer Zahlen in $\frac{14}{\varpi}$.

$N(1 + \varpi_{10}) = 4.13$, $N(2 + \varpi_1) = 7.13$, $N(3 + \varpi_2) = 16.13$,

$N(1 - 2\varpi_5) = 13.67$; $N(1 - \varpi) = 64$, $N(2 - \varpi) = 103$,

$N(\varpi) = 49$.

*) Auch ist $N(1 + \varpi) = -125$, $N(1 - \varpi) = +7$.

**) Hier ist ϖ_1 lineär durch $\varpi_1\omega^{29} \equiv \varpi_6$ (mod. p), so wie als gemeinschaftliche Wurzel der beiden Systeme bestimmt: $\varpi_1 + \varpi_5 \equiv -\varpi_6$, $\varpi_1\varpi_5 \equiv 8 + \varpi_3$ und

$\varpi_1 + \varpi_{10} \equiv -\omega^{58}$, $\varpi_1\varpi_{10} \equiv -7\omega^{29}$ (mod. p).

$n = 87$

V, 3. $p = 87m - 4, - 13, + 20, - 22, + 23, - 34$; nämlich:

23, 53, 83, 107, 197, 227, 239, 257, 281, 401, 431, 509, 587, 683, 719, 761, 857, 953, 977;

$\varpi_r = -(\omega^{24r} + \omega^{30r} + \omega^{36r} + \omega^{45r} + \omega^{54r} + \omega^{78r} + \omega^{81r})$, die siebengliedrigen Perioden der 29ten Einheitswurzeln, wesshalb vorstehende Primzahlen auch hier nur die Primfactoren ($\lambda = 29$, IV.) haben.

VI. p zum Exponenten 28 gehörig, 2 achtundzwanziggliedrige Perioden, und zwar mit 2 Fällen:

VI, 1. $p = 87m + 2, + 8, - 10, + 11, + 14, - 19, + 26, - 31, + 32, - 37, - 40, - 43$, nämlich:

2, 11, 47, 89, 101, 113, 131, 137, 251, 263, 269, 293, 311, 317, 359, 443, 449, 461, 467, 479, 491, 509, 569, 599, 617, 641, 653, 659, 677, 743, 773, 797, 809, 827, 839, 881, 947, 971, 983;

$$\varpi_r = \omega^r + \omega^{2r} + \omega^{4r} + \omega^{8r} + \omega^{16r} + \omega^{32r} + \omega^{-23r} + \omega^{41r} + \omega^{-5r} + \omega^{-10r} + \omega^{-20r} + \omega^{-40r} + \omega^{7r} + \omega^{14r} + \omega^{28r} + \omega^{-31r} + \omega^{25r} + \omega^{-37r} + \omega^{13r} + \omega^{26r} + \omega^{-35r} + \omega^{17r} + \omega^{34r} + \omega^{-19r} + \omega^{-38r} + \omega^{11r} + \omega^{22r} + \omega^{44r},$$

Wurzeln der Gleichung:

$$\varpi^2 - \varpi + 22 = 0:$$

$\varpi_{3r} = -1$, $\varpi_{29r} = -14$.

Congruenzwurzeln mod. p, z. B.*)

p	ϖ_1	ϖ_5	p	ϖ_1	ϖ_5	p	ϖ_1	ϖ_5	p	ϖ_1	ϖ_5
2	1	0	11	1	0	47	9	−8	89	13	−12

*) Hier ist $\varpi_1 > 0$ und $< \frac{1}{2}p$ (resp. $= \frac{1}{2}p$ für $p = 2$). Für $p = 11$ ist $\varpi_1 \equiv -21$, für $p = 47$ $\varpi_1 \equiv 9 + 22p$ (mod. p^2).

$n = 87$

Normen complexer Zahlen in $\overset{28}{\varpi}$.

$N(\varpi_5) = N(1 - \varpi_1) = 2.11$, $N(1 + \varpi_1) = 8.3$, $N(7 - 5\varpi_5) = 12.47$,
$N(2 - 7\varpi_1) = N(11 + 6\varpi_1) = 89.11$, $N(12 + \varpi_3) = 2.89$;
und mit Congruenzwurzeln mod. p^2:
$N(11 + 5\varpi_5) = 6.11^2$, $N(5 + 6\varpi_1) = 7.11^2$, $N(41 - 36\varpi_5) = 13.47^2$.

VI. 2. $p = 87m - 2, -8, +10, -11, -14, +19, -26, +31, -32, +37, +40, +43$, nämlich:

19, 31, 37, 43, 61, 79, 97, 101, 127, 163, 193, 211, 229, 271, 337, 367, 379, 409, 433, 449, 541, 577, 601, 607, 619, 727, 733, 739, 757, 797, 823, 859, 907, 967, 971, 997;

$\varpi_r = -\omega^{58r}$, also 3te Einheitswurzeln und auch hier nur die Primfactoren der Primzahlen $p = 3m + 1$ ($\lambda = 3$, I).

$n = 91$

I. $p = 91m + 1$:

547, 911.

72 primitive Wurzeln, deren Gleichung:

$$\omega^{72} - \omega^{71} + \omega^{65} - \omega^{64} + \omega^{59} - \omega^{57} + \omega^{52} - \omega^{50} + \omega^{46} - \omega^{43} + \omega^{39} - \omega^{36} + \omega^{33} - \omega^{29} + \omega^{26}$$
$$- \omega^{22} + \omega^{20} - \omega^{15} + \omega^{13} - \omega^{8} + \omega^{7} - \omega + 1 = 0,$$

wodurch die nichtprimitiven, d. h. die 13ten und 7ten Einheitswurzeln, sich eliminiren lassen, oder durch:

$$\omega^{78} + \omega^{65} + \omega^{52} + \omega^{39} + \omega^{26} + \omega^{13} + 1 = 0$$

und $$\omega^{84} + \omega^{77} + \omega^{70} + \omega^{63} + \omega^{56} + \omega^{49} + \omega^{42} + \omega^{35} + \omega^{28} + \omega^{21} + \omega^{14} + \omega^{7} + 1 = 0.$$

II. p zum Exponenten 2 gehörig.

36 zweigliedrige Perioden, und zwar mit 3 Fällen:

II, 1. $p = 91m - 1$,

$$\varpi_r = \omega^r + \omega^{-r}, \qquad \Pi(\varpi_r) = 1, \qquad \varpi_1 \varpi_k = \varpi_{k-1} + \varpi_{k+1};$$

nichtprimitiv: $\varpi_{7r} = \omega^{7r} + \omega^{-7r}$, die zweigliedrigen Perioden der 13ten und $\varpi_{13r} = \omega^{13r} + \omega^{-13r}$ desgleichen der 7ten Einheitswurzeln.

$n = 91$

Congruenzwurzeln mod. p.*)

p	ϖ_1	ϖ_2	ϖ_3	ϖ_4	ϖ_5	ϖ_6	ϖ_8	ϖ_9	ϖ_{10}	ϖ_{11}
181	+ 23	− 16	− 29	+ 73	+ 79	− 66	+ 78	− 48	+ 85	+ 12
727	+143	+ 91	−216	+282	−170	+126	+279	−101	−182	+247

p	ϖ_{12}	ϖ_{15}	ϖ_{16}	ϖ_{17}	ϖ_{18}	ϖ_{19}	ϖ_{20}	ϖ_{22}	ϖ_{23}	ϖ_{24}
181	+ 10	− 61	− 72	+ 34	− 51	+ 60	− 17	+ 39	− 84	− 83
727	−120	−151	+ 50	+ 31	+ 21	+ 64	−320	− 61	+ 24	−142

p	ϖ_{25}	ϖ_{27}	ϖ_{29}	ϖ_{30}	ϖ_{31}	ϖ_{32}	ϖ_{33}	ϖ_{34}	ϖ_{36}	ϖ_{37}
181	− 15	− 38	+ 80	− 82	+ 25	− 67	+ 63	+ 68	+ 65	− 6
727	+ 26	+161	+ 85	+262	+304	+317	− 47	+238	−288	−253

p	ϖ_{38}	ϖ_{40}	ϖ_{41}	ϖ_{43}	ϖ_{44}	ϖ_{45}
181	− 22	− 75	+ 42	+ 9	+ 71	− 5
727	−268	−109	− 53	−194	+ 84	−153

$f(\varpi_1)$, Primfactoren der Primzahlen p; $Nf(\varpi_1) = -p$.

p	$f(\varpi_1)$	p	$f(\varpi_1)$
181	$1 - \varpi_1 - \varpi_{38}$	727	$1 - \varpi_1 - \varpi_{34}$

---

*) Hier ist ϖ_1 die absolut kleinere der beiden gemeinschaftlichen Wurzeln zweier Systeme, des einen von 6 Congruenzen, deren erste:

$$\varpi_1 + \varpi_{12} + \varpi_{25} + \varpi_{27} + \varpi_{38} + \varpi_{40} \equiv - \varpi_{14}, \text{ (mod. } p),$$

des anderen von 12 Congruenzen, deren erste:

$$\varpi_1 + \varpi_6 + \varpi_8 + \varpi_{15} + \varpi_{20} + \varpi_{22} + \varpi_{27} + \varpi_{29} + \varpi_{34} + \varpi_{36} + \varpi_{41} + \varpi_{43} \equiv - \varpi_{13} \text{ (mod. } p.)$$

Congruenzwurzeln für ϖ_{13r} und ϖ_{7r} bei resp. $\lambda = 7$, II und $\lambda = 13$, II, in letzterer heisst, was hier ϖ_7, ϖ_{14}, ϖ_{21}, ϖ_{28}, ϖ_{35}, ϖ_{42} resp. η_0, η_1, η_4 η_2, η_3, η_6.

$n = 91$

II, 2. $p = 91m + 27$: 937,

$$\varpi_r = \omega^r + \omega^{27r}, \qquad \Pi(\varpi_r) = 1; \qquad \varpi_{7r} = 2\omega^{7r},$$

ϖ_{13r} wie II, 1; $\quad \varpi_1^2 = 2\omega^{28} + \varpi_2, \qquad \varpi_1\varpi_{64} = 2 + \varpi_{21}, \qquad \varpi_1\varpi_{77} = 2\varpi_{13}$.

Congruenzwurzeln mod. p*).

p	ϖ_1	ϖ_2	ϖ_3	ϖ_4	ϖ_5	ϖ_6	ϖ_8	ϖ_9	ϖ_{10}	ϖ_{11}
937	+410	+389	−151	+392	−413	−192	+215	+124	−342	+137

p	ϖ_{12}	ϖ_{15}	ϖ_{16}	ϖ_{18}	ϖ_{19}	ϖ_{20}	ϖ_{22}	ϖ_{23}	ϖ_{25}	ϖ_{29}
937	−228	+307	+225	− 31	− 51	+455	+ 81	+ 38	+178	+351

p	ϖ_{30}	ϖ_{32}	ϖ_{33}	ϖ_{36}	ϖ_{37}	ϖ_{40}	ϖ_{43}	ϖ_{46}	ϖ_{47}	ϖ_{50}
937	−460	+459	−333	−353	+193	+431	+ 32	+186	+306	+451

p	ϖ_{53}	ϖ_{57}	ϖ_{60}	ϖ_{64}	ϖ_{67}	ϖ_{74}
181	−131	−252	+ 57	+244	+247	−179

II, 3. $p = 91m - 27$: 337, 701, 883.

$$\varpi_r = \omega^r + \omega^{-27r}, \qquad \Pi(\varpi_r) = 1;$$

ϖ_{7r} wie II, 1, $\varpi_{13r} = 2\omega^{13r}$;

$$\varpi_1^2 = 2\omega^{65} + \varpi_2, \qquad \varpi_1\varpi_{27} = 2 + \varpi_{28}, \qquad \varpi_1\varpi_{13} = 2\varpi_{14}.$$

---

*) Hier ist ϖ_1 lineär durch $\varpi_1\omega^{77} \equiv \varpi_{13}$ (mod. p), sowie als gemeinschaftliche Wurzel des Systems bestimmt

$$\varpi_1 + \varpi_{40} + \varpi_{53} \equiv -\omega^{14}, \qquad \varpi_1\varpi_{40} + \varpi_{40}\varpi_{53} + \varpi_{53}\varpi_1 \equiv -2\omega^{28}, \qquad \varpi_1\varpi_{40}\varpi_{53} \equiv \omega^{42},$$

und eines zweiten von 12 Congruenzen, deren erste:

$$\varpi_1 + \varpi_6 + \varpi_8 + \varpi_{15} + \varpi_{20} + \varpi_{22} + \varpi_{29} + \varpi_{36} + \varpi_{43} + \varpi_{51} + \varpi_{57} + \varpi_{64} \equiv -\varpi_{13} \pmod{p}.$$

$N(1 + \varpi)$ und $N(1 - \varpi)$ geben nicht genau bestimmte 5ziffrige Zahlen.

$n = 91$

Congruenzwurzeln mod. p, z. B.*)

p	ϖ_1	ϖ_2	ϖ_3	ϖ_4	ϖ_5	ϖ_6	ϖ_8	ϖ_9	ϖ_{11}	ϖ_{12}
337	-95	-90	-126	-116	-104	$+24$	-128	$+154$	-46	-14

p	ϖ_{15}	ϖ_{16}	ϖ_{17}	ϖ_{18}	ϖ_{19}	ϖ_{22}	ϖ_{24}	ϖ_{25}	ϖ_{27}	ϖ_{29}
337	$+89$	-145	-80	-2	$+156$	-10	$+38$	-91	-54	-100

p	ϖ_{31}	ϖ_{32}	ϖ_{34}	ϖ_{38}	ϖ_{41}	ϖ_{44}	ϖ_{45}	ϖ_{48}	ϖ_{51}	ϖ_{54}
337	-13	$+3$	-16	-86	-31	$+84$	-149	$+83$	$+115$	-33

p	ϖ_{55}	ϖ_{58}	ϖ_{61}	ϖ_{68}	ϖ_{71}	ϖ_{81}
337	$+156$	-126	$+34$	$+3$	-145	-149

Normen complexer Zahlen in $\frac{2}{\varpi}$.

$N(1-\varpi) = 158341$, $\quad N(1+\varpi) = 284831$ (beides $p = 91m+1$),

$N(\varpi_7 - \varpi_{29}) = 337 \,.\, Num\,(\log 5,49\ldots)$.

III. p zum Exponenten 3 gehörig.

24 dreigliedrige Perioden, und zwar mit 4 Fällen:

III, 1. $p = 91m + 9\,, -10$:

191, 263, 373, 809, 919, 991.

$$\varpi_r = \omega^r + \omega^{9r} + \omega^{-10r},$$

$\Pi(\varpi_r) = 9\,.\,263$; $\quad \varpi_{7r} = \omega^{7r} + \omega^{21r} + \omega^{63r}$, dreigliedrige Perioden der 13ten, $\varpi_{13r} = \omega^{13r} + \omega^{26r} + \omega^{52r}$, desgleichen der 7ten Einheitswurzeln;

$$\varpi_1^2 = \varpi_2 + 2\varpi_{10}, \qquad \varpi_1\varpi_{10} = 3 + \varpi_8 + \varpi_{19}.$$

*) Hier ist ϖ_1 völlig bestimmt durch die lineäre Congruenz $\varpi_1\omega^{13} \equiv \varpi_{14}$ (mod. p), sowie als gemeinschaftliche Wurzel zweier Systeme von je 6 Congruenzen, deren erste:

$$\varpi_1 + \varpi_8 + \varpi_{15} + \varpi_{22} + \varpi_{29} + \varpi_{71} \equiv -\omega^{78} \quad (\text{mod. } p),$$

und $\varpi_1 + \varpi_{12} + \varpi_{25} + \varpi_{27} + \varpi_{38} + \varpi_{51} \equiv -\varpi_{14}$ (mod. p).

$n = 91$

Congruenzwurzeln mod. p, z. B.*)

p	ϖ_1	ϖ_2	ϖ_3	ϖ_4	ϖ_5	ϖ_6	ϖ_8	ϖ_{10}
191	+ 4	−13	+84	+ 51	−72	− 84	− 20	− 81
263	+37	−82	−24	− 9	−98	+118	−105	+ 68
373	+65	+ 1	+52	−159	−52	+137	+176	−126

p	ϖ_{12}	ϖ_{15}	ϖ_{16}	ϖ_{19}	ϖ_{20}	ϖ_{23}	ϖ_{24}	ϖ_{29}
191	+ 48	−18	+59	+ 75	+59	+81	− 59	− 60
263	− 56	+90	+ 3	− 12	+79	+49	+ 6	− 13
373	+105	−60	−30	−163	+80	+46	− 88	+148

p	ϖ_{30}	ϖ_{37}	ϖ_{38}	ϖ_{40}	ϖ_{46}	ϖ_{47}	ϖ_{48}	ϖ_{57}
191	−59	+ 66	− 65	+69	+54	− 95	− 89	+66
263	−34	−111	+ 91	+93	+34	+122	0	+18
373	−22	+ 7	+107	+57	−77	− 54	+164	+60

Normen complexer Zahlen in $\frac{3}{\varpi}$.

$N(1-\varpi_2) = 81 \,.\, 373$, $\quad N(1+\varpi) = 9 \,.\, 8999$, $\quad N(\varpi_{48}) = 9 \,.\, 263$,
$N(\varpi_3+\varpi_6) = 191 \,.\, x$, $\quad N(\varpi_{32}+\varpi_{46}) = 263 \,.\, x$, wo x nicht genau bestimmte 5ziffrige Zahlen vorstellt).

III, 2. $p = 91m + 16, -17$: 107, 347, 653.

$$\varpi_r = \omega^r + \omega^{16r} + \omega^{-17r}, \qquad \Pi(\varpi_r) = 2549;$$

ϖ_{7r} und ϖ_{13r} wie III, 1;

$$\varpi_1^2 = \varpi_2 + 2\varpi_{17}, \qquad \varpi_1\varpi_{17} = 3 + \varpi_{15} + \varpi_{33}.$$

*) Hier ist ϖ_1 eine beliebige (nicht eben die absolut kleinste) der 3 gemeinschaftlichen Wurzeln zweier Systeme, des einen von 6 Congruenzen, deren erste:

$$\varpi_1 + \varpi_3 + \varpi_{16} + \varpi_{29} + \varpi_{40} + \varpi_{48} \equiv -\varpi_{14} \pmod{p},$$

des anderen von 12 Congruenzen, deren erste:

$$\varpi_1 + \varpi_2 + \varpi_4 + \varpi_8 + \varpi_{15} + \varpi_{16} + \varpi_{23} + \varpi_{29} + \varpi_{30} + \varpi_{37} + \varpi_{46} + \varpi_{57} \equiv -\varpi_{39} \pmod{p}.$$

$n = 91$

Congruenzwurzeln mod. p, z. B.*)

p	ϖ_1	ϖ_2	ϖ_3	ϖ_4	ϖ_5	ϖ_8	ϖ_9	ϖ_{10}
107	+ 52	+ 34	− 25	+ 14	+ 4	− 13	+ 15	− 37
347	− 75	−143	+ 90	− 56	−111	− 30	+136	+111

p	ϖ_{11}	ϖ_{15}	ϖ_{17}	ϖ_{19}	ϖ_{20}	ϖ_{22}	ϖ_{25}	ϖ_{27}
107	− 27	− 37	+ 51	+ 21	+ 34	− 28	− 44	+ 51
347	−141	+138	+108	+119	−125	− 23	+132	−152

p	ϖ_{33}	ϖ_{34}	ϖ_{38}	ϖ_{43}	ϖ_{44}	ϖ_{45}	ϖ_{50}	ϖ_{55}
107	+ 11	+ 36	+ 24	+ 43	+ 2	+ 5	+ 48	− 19
347	+ 87	+ 16	+157	+115	− 40	− 33	+ 62	+ 6

Normen complexer Zahlen in $\frac{3}{\varpi}$.

$N(1+\varpi) = 16 . 3623$, $\quad N(1-\varpi) = 16 . 1439$, $\quad N(2-\varpi_{44}) = 107 . 3259$,

$N(\varpi) = 2549 \quad (p = 91m+1)$, $\quad N(\varpi_5+\varpi_{10}) = 347 . x$ (x eine 5ziffrige Zahl).

III, 3. $p = 91m - 12, -38$: 53, 79, 443, 599.

$\varpi_r = \omega^r + \omega^{-12r} + \omega^{-38r}$, $\quad \Pi(\varpi_r) = 4096$; $\quad \varpi_{7r} = 3\omega^{7r}$, $\quad \varpi_{13r}$ wie III, 1 u. 2;

$\varpi_1^2 = \varpi_2 + 2\varpi_{41}$, $\varpi_1\varpi_{12} = 2$, $\varpi_1\varpi_{25} \equiv -1 + \varpi_{13}$, $\varpi_1\varpi_{27} = 2\omega^{28}$, $\varpi_1\varpi_{77} = 3\varpi_{39}$.

*) Wie in III, 1 ist ϖ_1 eine beliebige der 3 gemeinschaftlichen Wurzeln zweier Systeme, des einen von 6, des anderen von 12 Congruenzen, deren erste:

$$\varpi_1 + \varpi_3 + \varpi_9 + \varpi_{22} + \varpi_{27} + \varpi_{55} \equiv -\varpi_{14},$$

$$\varpi_1 + \varpi_2 + \varpi_4 + \varpi_8 + \varpi_9 + \varpi_{11} + \varpi_{15} + \varpi_{22} + \varpi_{25} + \varpi_{43} + \varpi_{44} + \varpi_{50} \equiv -\varpi_{39} \pmod{p}.$$

$n = 91$

Congruenzwurzeln mod. p, z. B.*)

p	ϖ_1	ϖ_2	ϖ_3	ϖ_4	ϖ_5	ϖ_6	ϖ_8	ϖ_9
53	−16	−10	− 3	+11	− 2	+12	− 1	+ 6
79	−36	+34	−21	−16	−18	+17	+35	+24

p	ϖ_{10}	ϖ_{11}	ϖ_{12}	ϖ_{16}	ϖ_{17}	ϖ_{18}	ϖ_{20}	ϖ_{23}
53	+23	+ 4	−20	+ 7	+18	−13	−19	+17
79	+27	− 2	−22	+ 3	+33	−20	−38	+30

p	ϖ_{24}	ϖ_{25}	ϖ_{27}	ϖ_{32}	ϖ_{34}	ϖ_{41}	ϖ_{46}	ϖ_{48}
53	+21	−24	+22	+25	+ 8	−26	+ 9	+ 5
79	+14	+37	−36	−25	− 8	− 1	+20	−10

Normen complexer Zahlen in $\frac{2}{\varpi}$.

$N(1+\varpi_8) = 53 \,.\, 79\,, \qquad N(1-\varpi) = 2009 \quad (p = 91m+1)\,, \qquad N(\varpi) = 2^{12}.$

III, 4. $p = 91m + 22\,, +29:$ 29, 113, 211, 659, 757.

$$\varpi_r = \omega^r + \omega^{22r} + \omega^{29r}\,; \qquad \Pi(\varpi_r) = 729\,;$$

ϖ_{7r} wie III, 1 u. 2, $\varpi_{13r} = 3\omega^{13r}$;

$$\varpi_1^2 = \varpi_2 + 2\varpi_{23}\,, \quad \varpi_1\varpi_8 = -\omega^{65} - \varpi_2\,, \quad \varpi_1\varpi_{62} = 3 + \varpi_7 + \varpi_{28}\,, \quad \varpi_1\varpi_{13} = 3\varpi_{14}.$$

---

*) Hier ist ϖ_1 lineär durch $\varpi_1\omega^{77} \equiv \varpi_{39}$ (mod. p), sowie als gemeinschaftliche Wurzel des Systems bestimmt

$$\varpi_1 + \varpi_{27} \equiv -\omega^{14}, \qquad \varpi_1\varpi_{27} \equiv 2\omega^{28} \pmod{p}$$

und eines zweiten von 12 Congruenzen deren erste:

$$\varpi_1 + \varpi_2 + \varpi_4 + \varpi_8 + \varpi_9 + \varpi_{11} + \varpi_{16} + \varpi_{18} + \varpi_{23} + \varpi_{25} + \varpi_{32} + \varpi_{46} \equiv -\varpi_{39} \pmod{p}.$$

$n = 91$

Congruenzwurzeln mod. p, z. B.*)

p	ϖ_1	ϖ_2	ϖ_3	ϖ_4	ϖ_5	ϖ_6	ϖ_8	ϖ_9
29	$+3$	-3	-8	$+13$	$+10$	-2	-11	$+11$
113	-25	-12	$+41$	-50	$+3$	$+48$	-49	$+52$

p	ϖ_{10}	ϖ_{11}	ϖ_{12}	ϖ_{15}	ϖ_{18}	ϖ_{20}	ϖ_{22}	ϖ_{24}
29	-7	-2	$+9$	-14	$+8$	-14	$+6$	$+10$
113	$+11$	-16	-9	-29	-21	-28	$+36$	-1

p	ϖ_{27}	ϖ_{31}	ϖ_{33}	ϖ_{36}	ϖ_{37}	ϖ_{40}	ϖ_{53}	ϖ_{62}
29	-12	-11	$+12$	-1	$+8$	$+2$	-10	$+4$
113	$+18$	$+34$	-30	-26	$+7$	-13	-22	-31

Normen complexer Zahlen in $\overset{3}{\varpi}$.

$$N(1+\varpi_{36}) = N(\omega^{13}+\varpi_{49}) = 29\,.\,113\,, \qquad N(1-\varpi) = 9829 \quad (p = 91m+1)\,,$$
$$N(\varpi) = 729\,.$$

IV. p zum Exponenten 4 gehörig.

18 viergliedrige Perioden, und zwar mit 2 Fällen:

IV, 1. $p = 91m+8\,,\,-34$: 239, 281, 421, 463, 827, 967.

$$\varpi_r = \omega^r + \omega^{8r} + \omega^{-27r} + \omega^{-34r}\,, \qquad \Pi(\varpi_r) = 1\,;$$

$\varpi_{7r} = \omega^{7r} + \omega^{35r} + \omega^{-7r} + \omega^{-35r}$, viergliedrige Perioden der 13ten Einheitswurzeln, $\varpi_{13r} = 4\omega^{13r}$ (7te Wurzeln);

$$\varpi_1^2 = 4\omega^{65} + \varpi_2 + 2\varpi_9\,, \qquad \varpi_1\varpi_{27} = 4 + 2\varpi_7 + \varpi_{28}\,,$$
$$\varpi_1\varpi_{15} = 2\varpi_2 + \varpi_9 + \varpi_{44}\,, \qquad \varpi_1\varpi_{13} = 4\varpi_{14}\,.$$

*) Hier ist ϖ_1 lineär bestimmt durch $\varpi_1\omega^{13} \equiv \varpi_{14}$ (mod. p), sowie als gemeinschaftliche Wurzel der Congruenz $\varpi^4 + \omega^{78}\varpi^3 + 2\omega^{65}\varpi^2 - 4\omega^{52}\,\varpi + 3\omega^{39} \equiv 0$ (deren Wurzeln ϖ_1, ϖ_8, ϖ_{15}, ϖ_{36} sind) und eines Systems von 6 Congruenzen, deren erste:

$$\varpi_1 + \varpi_3 + \varpi_9 + \varpi_{27} + \varpi_{40} + \varpi_{53} \equiv -\varpi_{14} \text{ (mod. } p).$$

$n = 91$

Congruenzwurzeln mod. p, z. B.*)

p	ϖ_1	ϖ_2	ϖ_3	ϖ_4	ϖ_5	ϖ_6	ϖ_9	ϖ_{11}	ϖ_{15}
239	−111	−115	− 41	−100	+116	− 10	− 44	+108	+ 68
281	− 13	+ 13	+ 12	−138	+ 76	+ 57	− 80	− 97	−103
967	+226	−235	−461	+361	+ 97	+358	−422	+ 75	+413

p	ϖ_{17}	ϖ_{18}	ϖ_{19}	ϖ_{22}	ϖ_{27}	ϖ_{31}	ϖ_{41}	ϖ_{44}	ϖ_{54}
239	− 24	−106	− 98	− 1	+ 85	− 35	− 37	−104	− 28
281	− 9	−105	+132	+ 7	+135	+ 97	− 76	− 12	+105
967	+205	−261	− 86	−320	+ 1	−175	−456	+431	+250

Normen complexer Zahlen in $\frac{4}{\varpi}$.

$$N(1+\varpi_{22}) = 8\,.\,239 = N(\varpi_6 + \omega^{26}) = N(\varpi_7 + \omega^{13}),$$

$$N(1-\varpi_{27}) = 8\,.\,967 = N(\varpi_{14} - \omega^{78}) = N(1 - \varpi_7 - \varpi^{13}).$$

IV, 2. $p = 91m - 8, +34$: 83, 307, 811, 853;

$$\varpi_r = \omega^r + \omega^{-8r} + \omega^{-27r} + \omega^{34r}, \qquad \Pi(\varpi_r) = 9619;$$

ϖ_{7r} wie IV, 1, $\varpi_{13r} = 2(\omega^{13r} + \omega^{68r}) = 2\eta_{13r}$, zweigliedrige Perioden der 7ten Einheitswurzeln;

$$\varpi_1^2 = \varpi_2 + 2\varpi_7 + \varpi_{26}, \qquad \varpi_1\varpi_6 = -1 - \varpi_{28} + \varpi_{13} + \varpi_{16},$$

$$\varpi_1\varpi_8 = 4 + \varpi_{28} + \varpi_9 + \varpi_{38}.$$

Congruenzwurzeln mod. p, z. B.*)

p	ϖ_1	ϖ_2	ϖ_3	ϖ_4	ϖ_5	ϖ_6	ϖ_8	ϖ_9	ϖ_{12}
83	+16	− 7	+ 8	+ 27	+ 40	− 30	+ 22	+ 40	+ 17
307	− 88	−134	+ 12	− 47	+ 81	+121	−150	−102	+ 34

p	ϖ_{15}	ϖ_{16}	ϖ_{17}	ϖ_{18}	ϖ_{24}	ϖ_{25}	ϖ_{29}	ϖ_{48}	ϖ_{58}
83	− 12	− 28	+ 15	− 31	+ 25	− 18	− 39	+ 33	+ 6
307	+ 13	−114	− 75	− 92	+133	+ 26	− 39	−140	− 32

---

*) Hier ist ϖ_1 lineär bestimmt durch $\varpi_1\omega^{13} \equiv \varpi_{14}$ (mod. p), sowie als gemeinschaftliche Wurzel der Congruenz $\varpi^3 + \omega^{78}\,.\,\varpi^2 - 4\omega^{65}\,.\,\varpi + \omega^{52} \equiv 0$ (deren Wurzeln ϖ_1, ϖ_{15}, ϖ_{22} sind) und eines Systems von 6 Congruenzen, deren erste $\varpi_1 + \varpi_5 + \varpi_{18} + \varpi_{27} + \varpi_{31} + \varpi_{44} \equiv -\varpi_{14}$ (mod. p).

**) Hier ist ϖ_1 die absolut kleinere der beiden gemeinschaftlichen Wurzeln zweier Systeme von je 6 Congruenzen, deren erste: $\varpi_1 + \varpi_6 + \varpi_8 + \varpi_{15} + \varpi_{29} + \varpi_{48} \equiv -\frac{1}{2}\varpi_{13}$,
$\varpi_1 + \varpi_5 + \varpi_8 + \varpi_{12} + \varpi_{18} + \varpi_{25} \equiv -\varpi_{14}$ (mod. p).

$n = 91$

Normen complexer Zahlen in $\overset{4}{\varpi}$.

$N(\varpi_{17} - \omega^{26} - \omega^{65}) = 83 . 853$, $N(\varpi_3 + \varpi_7) = 307 . 83 . 337$, $N(\varpi) = 9619$, $N(1 + \varpi)$ und $N(1 - \varpi)$ geben 5ziffrige Zahlen, die nicht genau bestimmt worden sind.

V. p zum Exponenten 6 gehörig.

12 sechsgliedrige Perioden, und zwar mit 12 Fällen, wovon 11 primitiv:

V, 1. $p = 91m - 9, + 10$:

101, 173, 283, 647, 719, 829;

$$\varpi_r = \omega^r + \omega^{-9r} + \omega^{-10r} + \omega^{-r} + \omega^{9r} + \omega^{10r}, \qquad \Pi(\varpi_r) = 9 . 101;$$

$\varpi_{7r} = \omega^{7r} + \omega^{21r} + \omega^{28r} + \omega^{-7r} + \omega^{-21r} + \omega^{-28r}$, sechsgliedrige Perioden der 13ten Einheitswurzeln, $\varpi_{13r} = -1$;

$$\varpi_1^2 = 6 + 2\varpi_1 + 2\varpi_2 + 2\varpi_8, \qquad \varpi_1\varpi_3 = -1 + \varpi_7 + \varpi_2 + \varpi_4 + \varpi_6 + \varpi_{12},$$
$$\varpi_1\varpi_{24} = \varpi_{14} + \varpi_{15} + 2\varpi_{23} + 2\varpi_{24}.$$

Congruenzwurzeln mod. p, z. B.*)

p	ϖ_1	ϖ_2	ϖ_3	ϖ_4	ϖ_5	ϖ_6
101	−31	+ 7	−32	+14	+ 3	+ 15
173	+33	+79	+50	+51	−82	− 65
283	+32	−14	+37	+28	−67	− 59

p	ϖ_8	ϖ_{12}	ϖ_{15}	ϖ_{16}	ϖ_{23}	ϖ_{24}
101	0	+31	− 20	−43	−22	− 22
173	−50	−10	− 26	+72	+17	− 68
283	+91	+85	−109	+95	+56	+108

Normen complexer Zahlen in $\overset{6}{\varpi}$.

$N(\varpi_1 + \varpi_{12}) = N(\varpi_8) = 9 . 101$, $N(\varpi_{23} - \varpi_{24}) = 9 . 13 . 101$, $N(1 + \varpi) = -13$, $N(\varpi_3 + \varpi_8) = N(1 - \varpi_4 - \varpi_8) = N(1 + \varpi_3 - \varpi_4) = 81 . 173$, $N(1 - \varpi) = 7 . 547$, $N(1 + \varpi_{15} + \varpi_{24}) = 9 . 283$, $N(1 - \varpi_8 - \varpi_{12} - \varpi_{24}) = -283 . 173$.

*) Hier ist ϖ_1 eine beliebige Wurzel einer Congruenz 6ten Grades oder eines Systems von 6 Congruenzen, deren erste: $\varpi_1 + \varpi_3 + \varpi_4 + \varpi_{12} + \varpi_{16} + \varpi_{23} \equiv -\varpi_{14}$ (mod. p).

$n = 91$

V, 2. $p = 91m - 16, +17:$

17, 257, 439, 563;

$$\varpi_r = \omega^r + \omega^{-16r} + \omega^{-17r} + \omega^{-r} + \omega^{16r} + \omega^{17r}, \quad \Pi(\varpi_r) = -727;$$

ϖ_{7r} wie V, 1, sowie $\varpi_{13r} = -1$;

$$\varpi_1^2 = 6 + 2\varpi_1 + \varpi_2 + 2\varpi_{15}, \qquad \varpi_1\varpi_2 = \varpi_1 + \varpi_3 + \varpi_{14} + 2\varpi_{15} + \varpi_{19},$$
$$\varpi_1\varpi_3 = -1 + \varpi_{14} + \varpi_2 + \varpi_4 + \varpi_{19} + \varpi_{20} \text{ u. s. w.}$$

Congruenzwurzeln mod. p, z. B.*).

p	ϖ_1	ϖ_2	ϖ_3	ϖ_4	ϖ_5	ϖ_8
17	+ 7	+ 8	− 7	− 8	+ 1	− 6
257	− 76	−110	− 52	+ 28	+ 77	− 51
563	+163	+ 79	+193	+ 42	−254	+258

p	ϖ_9	ϖ_{10}	ϖ_{15}	ϖ_{19}	ϖ_{20}	ϖ_{25}
17	− 8	− 4	+ 2	+ 6	+ 2	+ 8
257	− 27	+ 10	− 68	+ 1	+ 37	− 25
563	+ 4	− 53	+130	+145	− 64	− 79

Normen complexer Zahlen in $\overset{6}{\varpi}$.

$N(\varpi) = 727$, $N(1+\varpi) = -13$, $N(1-\varpi_5) = 17.257$, $N(2+\varpi) = 1$,
$N(1-\varpi_4-\varpi_9) = 17.257$, $N(\varpi_2+\varpi_{25}) = 16.563$.

V, 3. $p = 91m + 12, +38;$

$$\varpi_r = \omega^r + \omega^{12r} + \omega^{-38r} + \omega^{-r} + \omega^{-12r} + \omega^{38r}, \quad \Pi(\varpi_r) = -181;$$

$\varpi_{7r} = 3(\omega^{7r} + \omega^{84r}) = 3\overset{2}{\varpi}_{7r}$, zweigliedrige Perioden der 13ten Einheitswurzeln, $\varpi_{13r} = -1$;

$$\varpi_1^2 = 4 + \varpi_2 + 2\varpi_{11}, \qquad \varpi_1\varpi_{25} = -3 + \tfrac{2}{3}\varpi_{28} \text{ (oder } -3 + 2\overset{2}{\varpi}_{28}).$$

*) Hier ist ϖ_1 wie V, 1 bestimmt; erste der 6 Congruenzen
$\varpi_1 + \varpi_3 + \varpi_4 + \varpi_9 + \varpi_{10} + \varpi_{25} \equiv -\varpi_{14}$ (mod. p).

$n = 91$

Congruenzwurzeln mod. p.*)

(Für alle hierher gehörige Primzahlen p).

p	ϖ_1	ϖ_2	ϖ_3	ϖ_4	ϖ_5	ϖ_6
103	+ 25	+ 49	− 9	− 37	− 11	+ 2
311	+ 89	− 81	−109	+139	− 45	− 21
467	+ 8	−223	+221	−194	− 12	+156
857	−108	+414	+350	−305	−168	−125

p	ϖ_9	ϖ_{10}	ϖ_{11}	ϖ_{18}	ϖ_{20}	ϖ_{25}
103	− 19	+ 32	− 23	− 33	− 14	+ 39
311	+ 99	+ 66	− 44	+ 75	+ 40	−137
467	− 25	+165	− 92	+130	−177	+ 20
857	−280	+ 96	−376	−112	+ 35	−277

$f(\varpi_1)$, Primfactoren der Primzahlen p. $Nf(\varpi_1) = -p$.

p	$f(\varpi_1)$	p	$f(\varpi_1)$
103	$2 - \varpi_6$	467	$1 + \varpi_{25} - (\omega^7 + \omega^{84})$
311	$1 + \varpi_{11} + \omega^{42} + \omega^{49}$	857	$\varpi_9 + \omega^{21} + \omega^{70}$

Es ist ferner $N(1+\varpi) = -13$, $N(1-\varpi) = N(\varpi) = -181$.

V, 4. $p = 91m - 22, -29$;

$$\varpi_r = \omega^r + \omega^{-22r} + \omega^{29r} + \omega^{-r} + \omega^{22r} + \omega^{-29r}, \quad \Pi(\varpi_r) = 1;$$

ϖ_{7r} wie V, 1 u. 2, $\varpi_{13r} = 3(\omega^{13r} + \omega^{78r}) = 3\overset{2}{\varpi}_{13r}$, zweigliedrige Perioden der 7ten Einheitswurzeln;

$$\varpi_1^2 = 6 + 2\varpi_7 + \varpi_3 + 2\varpi_{23}, \qquad \varpi_1\varpi_6 = -1 - \varpi_2 + \varpi_7 - \tfrac{1}{3}\varpi_{26},$$
$$\varpi_1\varpi_{27} = -1 + \varpi_2 + \varpi_5 + \varpi_{14} + \varpi_{26}, \qquad \varpi_1\varpi_{13} = 3(\varpi_9 + \varpi_{14}).$$

*) Hier ist ϖ_1 die absolut kleinere der beiden Wurzeln des Systems: $\varpi_1 + \varpi_{25} \equiv -(\omega^{14} + \omega^{77})$, $\varpi_1\varpi_{25} \equiv -3 + 2(\omega^{28} + \omega^{63})$ (mod. p). Vgl. II, 1 wegen der Congruenzwurzeln für die Perioden ϖ_{7r}.

$n = 91$

Congruenzwurzeln mod. p.*)

(Für alle hierher gehörigen Primzahlen p.)

p	ϖ_1	ϖ_2	ϖ_3	ϖ_5	ϖ_6	ϖ_9
251	− 95	+103	+ 93	− 2	− 6	−120
433	+ 45	−202	−113	+ 38	−186	−208
797	−134	−330	−325	+170	+243	+370
881	+ 22	−375	−291	−371	+268	+115

p	ϖ_{10}	ϖ_{11}	ϖ_{15}	ϖ_{18}	ϖ_{23}	ϖ_{27}
251	+109	+ 12	+ 19	+ 98	− 87	−123
433	−197	+ 40	−156	−118	−123	−128
797	−193	+236	+238	+ 20	+153	+350
881	+152	+310	− 84	− 82	−348	−196

$f(\varpi_1)$, Primfactoren der Primzahlen p. $Nf(\varpi_1) = -p$.

Für $p = 251$ ist $f(\varpi_1) = 2 + \varpi_1 + \varpi_3$; für $p = 797$ $f(\varpi_1) = 3 + \varpi_5 + \varpi_{10} + \varpi_{18}$.
Ferner ist: $N(2 + \varpi_5 - \varpi_{11}) = -29.433$, $N(2 + \varpi_{15} - \varpi_{18}) = -29.881$,
$N(2 + \varpi_{11} - \varpi_{15}) = -29.797$, $N(1 - \varpi) = 29$, $N(1 + \varpi) = 113$,
$N(2 + \varpi) = 13.251$, $N(2 - \varpi) = 2843$,
womit auch die Primfactoren der übrigen Primzahlen p wenigstens in gebrochener Form gegeben sind.

V, 5. $p = 91m + 3, -30$: 3, 61, 367, 607, 971;

$$\varpi_r = \omega^r + \omega^{3r} + \omega^{9r} + \omega^{27r} + \omega^{-10r} + \omega^{-30r}, \quad \Pi(\varpi_r) = 81.61;$$

$\varpi_{13r} = -1$, $\varpi_{7r} = 2(\omega^{7r} + \omega^{21r} + \omega^{63r}) = 2\overset{3}{\varpi}_{7r}$, dreigliedrige Perioden der 13ten Einheitswurzeln;

$$\varpi_1^2 = \varpi_2 - 2\varpi_{23} + 2\varpi_{28} - 2\varpi_{49}, \qquad \varpi_1\varpi_{10} = 5 + \varpi_2 + \varpi_8 + \varpi_{19} + \varpi_{20} \text{ etc.}$$

---

*) Hier ist ϖ_1 die absolut kleinere der beiden gemeinschaftlichen Wurzeln zweier Systeme, des einen von 6 Congruenzen, deren erste:

$$\varpi_1 + \varpi_3 + \varpi_9 + \varpi_{10} + \varpi_{23} + \varpi_{27} \equiv -\varpi_{14} \pmod{p},$$

des anderen von 4 Congruenzen, deren erste

$$\varpi_1 + \varpi_6 + \varpi_{15} + \varpi_{27} \equiv -(\omega^7 + \omega^{84}) \pmod{p}.$$

$n = 91$

Congruenzwurzeln mod. p, z. B.*)

p	ϖ_1	ϖ_2	ϖ_4	ϖ_5	ϖ_8	ϖ_{10}
3	+ 1	− 1	0	+ 1	0	− 1
61	+ 20	− 17	− 11	+ 22	− 11	− 21
367	− 78	− 97	+ 48	+ 11	+ 96	+103
607	+278	+161	+227	+175	+214	+111

p	ϖ_{16}	ϖ_{19}	ϖ_{20}	ϖ_{23}	ϖ_{29}	ϖ_{46}
3	− 1	+ 1	0	− 1	0	− 1
61	− 12	+ 29	+ 1	− 6	+ 7	0
367	−173	−101	+137	− 11	+ 54	+ 12
607	+119	− 15	+143	− 81	+294	+196

Normen complexer Zahlen in $\frac{\mathfrak{c}}{\varpi}$.

$$N(\varpi_{46}) = 81.61, \qquad N(1+\varpi_2) = 729.13,$$
$$N(1-\varpi_{20}) = 729.61, \qquad N(\varpi_5+\varpi_{23}) = 243.367.$$

V, 6. $p = 91m - 4, -23$: 269, 523, 887, 997.

$$\varpi_r = \omega^r + \omega^{-4r} + \omega^{16r} + \omega^{27r} + \omega^{-17r} + \omega^{-23r}, \quad \Pi(\varpi_r) = 13^3;$$

ϖ_{7r} wie V, 5, $\varpi_{13r} = -1$;

$$\varpi_1^2 = \varpi_2 + 2\omega_4 + 2\varpi_{10} + \varpi_{28}, \qquad \varpi_1\varpi_4 = 3 + \varpi_5 + \varpi_{11} + \varpi_{15} + \varpi_{33} \text{ etc.}$$

Congruenzwurzeln mod. p, z. B.**)

p	ϖ_1	ϖ_2	ϖ_3	ϖ_4	ϖ_5	ϖ_8	ϖ_9	ϖ_{10}	ϖ_{11}	ϖ_{15}	ϖ_{25}	ϖ_{33}
269	−67	−115	−124	−81	+73	+57	+105	−108	−26	−28	+23	+23

Normen complexer Zahlen in $\mathfrak{c}$.

$$N(\varpi_{25} - \varpi_{33}) = 13.107.269, \qquad N(1+\varpi) = 13.547, \qquad N(1-\varpi) = 1483.$$

*) Hier ist ϖ_1 eine beliebige Wurzel des Congruenzensystems (mod. p):

$$\varpi_1 + \varpi_{16} + \varpi_{29} \equiv -\tfrac{1}{2}\varpi_{14}, \qquad \varpi_1\varpi_{16} + \varpi_{16}\varpi_{29} + \varpi_{29}\varpi_1 \equiv -\varpi_{28} + \tfrac{3}{2}\varpi_{49},$$
$$\varpi_1\varpi_{16}\varpi_{29} = -1 + \tfrac{3}{2}\varpi_7 + \tfrac{1}{2}\varpi_{14} - 2\varpi_{28}.$$

**) Hier ist ϖ_1 die absolut kleinste der 3 Wurzeln des Congruenzensystems, dessen erste:

$$\varpi_1 + \varpi_3 + \varpi_9 \equiv -\varpi_{14} \text{ (mod. } p).$$

$n = 91$

V, 7. $p = 91m - 36, - 43$;

$$\varpi_r = \omega^r + \omega^{-36r} + \omega^{22r} + \omega^{27r} + \omega^{29r} + \omega^{-43r}, \quad \Pi(\varpi_r) = 27;$$

ϖ_{7r} wie V, 5 u. 6, $\varpi_{13r} = 3(\omega^{13r} + \omega^{78r})$ wie V, 4;

$$\varpi_1^2 = \varpi_2 + 2\varpi_{12} + \varpi_{28} + 2\varpi_{49}, \qquad \varpi_1\varpi_3 = \varpi_2 + 2\varpi_4 + 2\varpi_{12} + \varpi_{18},$$

$$\varpi_1\varpi_6 = -2 - \varpi_{12} - \varpi_{49} - \tfrac{1}{3}\varpi_{26}.$$

Congruenzwurzeln mod. p.*)

(Für alle hierher gehörigen Primzahlen p).

p	ϖ_1	ϖ_2	ϖ_3	ϖ_4	ϖ_6	ϖ_8
139	− 22	− 31	− 67	− 19	− 43	+ 4
419	−159	+ 17	+ 1	− 82	−200	− 46
503	+ 22	− 1	−121	−173	−143	+ 70
601	+284	+212	− 75	−282	−211	+ 45

p	ϖ_9	ϖ_{11}	ϖ_{12}	ϖ_{18}	ϖ_{33}	ϖ_{36}
139	+ 10	− 51	+ 63	+ 27	− 65	+ 56
419	− 64	−171	−199	− 33	+ 50	+ 49
503	−232	+118	+ 84	+ 32	− 98	− 60
601	+ 65	− 14	+ 4	+ 79	− 68	− 38

$f(\varpi_1)$, Primfactoren der Primzahlen p.**)

p	$f(\varpi_1)$	p	$f(\varpi_1)$	p	$f(\varpi_1)$
419	$1 - \varpi_3$	503	$1 + \varpi_2$	601	$\frac{1}{3}\varpi_{13} - \frac{1}{2}\varpi_{28}$ oder $\omega^{13}+\omega^{78}-(\omega^{28}+\omega^{70}+\omega^{84})$.

*) Hier ist ϖ_1 gemeinschaftliche Wurzel des Systems:

$\varpi_1+\varpi_3+\varpi_9 \equiv -\varpi_{14}$, $\varpi_1\varpi_3+\varpi_3\varpi_9+\varpi_9\varpi_1 \equiv -\varpi_{28}-2\varpi_{49}$, $\varpi_1\varpi_3\varpi_9 \equiv -3-\varpi_{14}-\frac{3}{2}\varpi_{49}$,
und eines zweiten von 4 Congruenzen, deren erste:

$$\varpi_1 + \varpi_6 + \varpi_8 + \varpi_{36} \equiv -(\omega^7 + \omega^{84}) \pmod{p}.$$

**) Für $p = 139$ ist:

$N(\varpi_{18}+\omega^7+\omega^{21}+\omega^{63}) \equiv N(2-\omega^7-\omega^{21}-\omega^{63}+\omega^{39}+\omega^{52}) = N(1+\varpi_8-\omega^{13}-\omega^{78}) = 139.29$

$N(1-\varpi_1-\omega^{26}-\omega^{65}) = 139.113$, $\quad N(1+2\omega^{26}+2\omega^{65}-\omega^{28}-\omega^{70}-\omega^{84}) = 139.211$

Ferner ist:

$$N(1+\varpi_{36}+\omega^7+\omega^{21}+\omega^{63}) = 27.601, \qquad N(\varpi) = 27,$$

$$N(2+\varpi) = 13.2687, \qquad N(2-\varpi) = 47459.$$

$n = 91$

V, 8. $p = 91m - 25, +40$;

$$\varpi_r = \omega^r + \omega^{-25r} + \omega^{-12r} + \omega^{27r} + \omega^{-38r} + \omega^{40r} = -\omega^{14r},$$

13te Wurzeln, daher haben die hierher gehörigen Primzahlen p:

131, 157, 313, 521, 677, 859;

auch hier keine anderen Primfactoren als die $p = 13m + 1$ (vgl. $\lambda = 13$, I.).

V, 9. $p = 91m - 3, +30$;

$$\varpi_r = \omega^r + \omega^{-3r} + \omega^{9r} + \omega^{-27r} + \omega^{-10r} + \omega^{30r}, \quad \Pi(\varpi_r) = 337;$$

ϖ_{7r} wie V, 1, $\varpi_{13r} = 2(\omega^{13r} + \omega^{26r} + \omega^{52r})$, dreigliedrige Perioden der 7ten Einheitswurzeln;

$$\varpi_1^2 = \varpi_2 + 2\varpi_3 + 2\varpi_6 + \varpi_{39}, \qquad \varpi_1\varpi_3 = 6 + \varpi_7 + \varpi_4 + \varpi_8 + \varpi_{12} + \varpi_{19},$$
$$\varpi_1\varpi_{19} = -1 + \varpi_1 + \varpi_6 + \varpi_{16} + \varpi_{19}.$$

Congruenzwurzeln mod. p.*)

(Für alle hierher gehörigen Primzahlen)

p	ϖ_1	ϖ_2	ϖ_3	ϖ_4	ϖ_5	ϖ_6
179	+ 7	− 15	− 70	− 63	+ 18	− 23
907	+ 29	+124	+275	+ 76	+267	+ 69

p	ϖ_8	ϖ_{12}	ϖ_{15}	ϖ_{16}	ϖ_{19}	ϖ_{38}
179	− 82	+ 42	− 42	+ 70	− 21	+ 1
907	−250	−143	−333	−114	− 33	+ 34

Normen complexer Zahlen in $\frac{6}{\varpi}$.

$N(1 - \varpi_{38}) = 9.179$, $N(1 - \varpi_{19} - \varpi_{38}) = 9.907$, $N(2 + \varpi) = 9.14557$,

$N(2 - \varpi) = 13469$, $N(1 + \varpi) = 11621$, $N(\varpi) = 337$.

*) Hier ist ϖ_1 die absolut kleinste der drei gemeinschaftlichen Wurzeln zweier Systeme von je 6 Congruenzen, deren erste:

$$\varpi_1 + \varpi_3 + \varpi_4 + \varpi_{12} + \varpi_{16} + \varpi_{38} \equiv -\varpi_{14},$$
$$\varpi_1 + \varpi_2 + \varpi_4 + \varpi_8 + \varpi_{15} + \varpi_{16} \equiv -\tfrac{1}{2}\varpi_{39} \pmod{p}.$$

$n = 91$

V, 10. $p = 91m + 4, +23$: 23, 277, 569, 641, 751, 823;

$\varpi_r = \omega^r + \omega^{4r} + \omega^{16r} + \omega^{-27r} + \omega^{-17r} + \omega^{23r}$, $\Pi(\varpi_r) = 4.653$;

ϖ_{7r} wie V, 9, desgl. ϖ_{13r};

$\varpi_1^2 = \varpi_2 + 2\varpi_5 + 2\varpi_{17} + \varpi_{39}$, $\varpi_1\varpi_{17} = 6 + \varpi_3 + \varpi_7 + \varpi_9 + \varpi_{11} + \varpi_{19}$.

Congruenzwurzeln mod. p, z. B.*)

p	ϖ_1	ϖ_2	ϖ_3	ϖ_5	ϖ_9	ϖ_{11}
23	+ 11	− 11	− 5	+ 9	− 5	− 7
569	+188	+147	−168	+124	− 59	+256
641	+ 6	−125	−127	+227	+ 23	+310

p	ϖ_{15}	ϖ_{17}	ϖ_{19}	ϖ_{22}	ϖ_{34}	ϖ_{38}
23	+ 7	− 2	− 7	− 8	+ 1	− 5
569	+253	−270	+ 50	− 37	− 38	+124
641	+ 42	−225	−269	− 18	+162	− 1

Normen complexer Zahlen in $\frac{6}{\varpi}$.

$N(1 + \varpi_{38}) = 16.641$, $N(1 - \varpi_{34}) = 256.23$,

$N(\varpi_5 - \varpi_{38}) = 4.13^2.569$, $N(\varpi) = 4.653$.

V, 11. $p = 91m + 36, +43$: 43, 127, 491, 673, 953;

$\varpi_r = \omega^r + \omega^{36r} + \omega^{22r} + \omega^{-27r} + \omega^{29r} + \omega^{43r}$, $\Pi(\varpi_r) = 729$;

ϖ_{7r} wie V, 9 u. 10, $\varpi_{13r} = 6\omega^{13r}$;

$\varpi_1^2 = 4\omega^{65} + \varpi_2$, $\varpi_1\varpi_6 = -3$, $\varpi_1\varpi_8 = -3\omega^{65}$, $\varpi_1\varpi_{13} = 6\varpi_{14}$.

---

*) Hier ist ϖ_1 irgend eine (nicht eben die absolut kleinste) der drei gemeinschaftlichen Wurzeln zweier Systeme von je 6 Congruenzen, deren erste:

$$\varpi_1 + \varpi_3 + \varpi_9 + \varpi_{17} + \varpi_{22} + \varpi_{38} \equiv -\varpi_{14} \text{ und}$$
$$\varpi_1 + \varpi_2 + \varpi_9 + \varpi_{11} + \varpi_{15} + \varpi_{22} \equiv -\tfrac{1}{2}\varpi_{39} \pmod{p}.$$

$n = 91$

Congruenzwurzeln mod. p, z. B.*)

p	ϖ_1	ϖ_2	ϖ_3	ϖ_4	ϖ_5	ϖ_6	ϖ_8	ϖ_9	ϖ_{11}	ϖ_{12}	ϖ_{24}	ϖ_{27}
43	− 5	+ 4	+ 6	−19	− 2	− 8	+ 1	−20	+21	+10	+16	− 3
127	+40	−52	+10	+ 5	+57	−35	+23	+20	−13	−61	−26	+33

Primfactoren der Primzahlen p.

Für $p = 43$ ist $f^2(\varpi_1) = 1 - \varpi_8$ das Quadrat des idealen Primfactors; ferner ist

$N(1 + \varpi) = 29^2$, $\quad N(2 + \varpi_5) = 43 . 673$, $\quad N(1 - \varpi_4 + \omega^{26}) = 29 . 127$.

V, 12. $p = 91m + 25, -40$;

$$\varpi_r = \omega^r + \omega^{25r} + \omega^{-12r} + \omega^{-27r} + \omega^{-38r} + \omega^{-40r}, \quad \Pi(\varpi_r) = 64;$$

$\varpi_{7r} = 3(\omega^{7r} + \omega^{84r})$ wie V, 3, $\varpi_{13r} = 2\overset{3}{\varpi}_{13r}$ wie V, 9;

$\varpi_1^2 = -2 - \frac{1}{3}\varpi_{28} + \varpi_{13} + \varpi_{24}$, $\quad \varpi_1\varpi_{12} = 4 + \frac{2}{3}\varpi_{28}$, $\quad \varpi_1\varpi_2 = \varpi_1 + 2\varpi_3 + 2\varpi_{12} + \varpi_{16}$ u. s. w.

Congruenzwurzeln mod. p.**)

(Für alle hierher gehörigen Primzahlen)

p	ϖ_1	ϖ_2	ϖ_3	ϖ_4	ϖ_5	ϖ_6
233	+ 16	− 59	+107	+ 85	− 74	− 90
389	+131	− 78	− 61	− 30	+183	+ 89
571	− 6	−264	− 17	+149	+ 52	−166

p	ϖ_8	ϖ_{12}	ϖ_{16}	ϖ_{17}	ϖ_{24}	ϖ_{32}
233	+ 92	− 23	+ 37	+ 38	+ 12	+ 93
389	− 37	+ 67	+142	−146	+165	− 35
571	+ 85	− 91	+ 93	+ 71	− 7	+102

Normen complexer Zahlen in $\overset{6}{\varpi}$.

$N(1 + \varpi_6 + \omega^{42} + \omega^{49}) = 233 . 53$, $\quad N(\varpi_{17} - \omega^{21} - \omega^{70}) = 25 . 389$,

$N(1 - \varpi_1 + \varpi_{24}) = 25 . 571$, $\quad N(\varpi) = 64$, $\quad N(1 + \varpi)$ und $N(1 - \varpi)$ geben vierziffrige nicht genau bestimmte Zahlen.

---

*) Hier ist ϖ_1 linear bestimmt durch $\varpi_1\omega^{13} \equiv \varpi_{14}$ (mod. p), sowie als gemeinschaftliche Wurzel des Systems $\varpi_1 + \varpi_8 \equiv -\omega^{78}$, $\quad \varpi_1\varpi_8 \equiv -3\omega^{65}$, und eines zweiten von 6 Congruenzen, deren erste: $\varpi_1 + \varpi_3 + \varpi_4 + \varpi_9 + \varpi_{12} + \varpi_{27} \equiv -\varpi_{14}$ (mod. p).

**) Hier ist ϖ_1 die gemeinschaftliche Wurzel des Systems

$$\varpi_1 + \varpi_{12} \equiv -\tfrac{1}{3}\varpi_{14}, \qquad \varpi_1\varpi_{12} \equiv 4 + \tfrac{2}{3}\varpi_7 \quad (\text{mod. } p),$$

und eines zweiten von 6 Congruenzen, deren erste: $\varpi_1 + \varpi_2 + \varpi_4 + \varpi_8 + \varpi_{16} + \varpi_{32} \equiv -\frac{1}{2}\varpi_{39}$ (mod. p.)

$n = 91$

VI. p zum Exponenten 12 gehörig.

6 zwölfgliedrige Perioden, und zwar mit 8 Fällen, wovon 7 primitiv:

VI, 1. $p = 91m + 2\,, + 32\,, + 37\,, - 45:$

2, 37, 137, 401, 457, 487, 683, 821, 947

$$\varpi_r = \omega^r + \omega^{2r} + \omega^{4r} + \omega^{8r} + \omega^{16r} + \omega^{32r} + \omega^{-27r} + \omega^{37r} + \omega^{-17r} + \omega^{-34r} + \omega^{23r} + \omega^{-45r}\,,$$
$$\Pi(\varpi_r) = 32\,.\,23\,;$$

$\varpi_{7r} = -1\,,\ \varpi_{13r} = 4(\omega^{13r} + \omega^{26r} + \omega^{52r}) = 4\overset{3}{\varpi}_{13r}\,,$ dreigliedrige Perioden der 7ten Einheitswurzeln;

$$\varpi_1\varpi_9 = 1 + \varpi_1 + \varpi_{13} + \varpi_{17} + 3\varpi_{19}\,.$$

Congruenzwurzeln mod. p, z. B.*)

p	ϖ_1	ϖ_3	ϖ_9	ϖ_{11}	ϖ_{17}	ϖ_{19}
2	1	1	1	1	0	1
37	−4	+15	−16	−8	−15	−8
137	−2	−37	−47	+66	+16	+5

Normen complexer Zahlen in $\overset{12}{\varpi}$.

$N(\varpi_{17}) = 32\,.\,23\,,\qquad N(1 - \varpi) = 512\,,\qquad N(1 + \varpi) = 8\,.\,7\,.\,23\,,$

$N(\varpi_{11} - \varpi_{19}) = 37\,.\,8\,.\,7\,,\qquad N(2 + \varpi_1) = 16\,.\,137\,.$

VI, 2. $p = 91m - 2\,, - 32\,, - 37\,, + 45:$

59, 89, 227, 241, 271, 409, 509, 691, 773, 787.

$$\varpi_r = \omega^r + \omega^{-2r} + \omega^{4r} + \omega^{-8r} + \omega^{16r} + \omega^{-32r} + \omega^{-27r} + \omega^{-37r} + \omega^{-17r} + \omega^{34r} + \omega^{23r} + \omega^{45r}\,,$$
$$\Pi(\varpi_r) = 4\,.\,107\,;$$

$\varpi_{7r} = -1\,,\qquad \varpi_{13r} = -2\,;\qquad \varpi_1\varpi_2 = 11 + 2\varpi_3 + 2\varpi_5 + 3\varpi_9 + 3\varpi_{15}\,.$

---

*) Hier ist ϖ_1 die absolut kleinste Wurzel des Congruenzensystems:

$\varpi_1 + \varpi_9 + \varpi_{11} \equiv -\frac{1}{4}\varpi_{39}\,,\quad \varpi_1\varpi_9 + \varpi_9\varpi_{11} + \varpi_{11}\varpi_1 \equiv 4 + \frac{9}{4}\varpi_{13}\,,\quad \varpi_1\varpi_9\varpi_{11} \equiv -16 + 3\varpi_{13}$ (mod. p).

$n = 91$

Congruenzwurzeln mod. p, z. B.*)

p	ϖ_1	ϖ_2	ϖ_3	ϖ_5	ϖ_9	ϖ_{15}
59	-1	$+12$	$+11$	-18	$+20$	-23
89	-2	-17	-6	$+43$	$+24$	-41
227	-7	-18	-69	$+32$	-85	-74
241	-7	-60	$+107$	-71	-114	-95
271	$+26$	$+58$	$+103$	$+48$	-124	-110
409	$+40$	$+77$	$+152$	-114	-55	$+105$
691	$+135$	-259	$+328$	-218	$+306$	-291
787	-14	$+38$	-390	$+77$	$+362$	-72

Normen complexer Zahlen in ${}^{12}_{\varpi}$.

$N(1-\varpi) = 4.23$, $\quad N(\varpi) = 4.107$,

$N(1+\varpi_1) = 4.7.59$, $\quad N(2+\varpi_1) = 4.13.89$,

$N(2\varpi_1+\varpi_2+\varpi_5) = 227.509$, $\quad N(4-\varpi_3-\varpi_5+\varpi_9) = 271.241$,

$N(1+2\varpi_2-\varpi_5) = 4.7.787$.

VI, 3. $p = 91m + 5, -18, +31, -44:$

5, 31, 47, 73, 229, 577, 593, 619, 733, 941, 983;

$$\varpi_r = \omega^r + \omega^{5r} + \omega^{25r} + \omega^{34r} + \omega^{-12r} + \omega^{31r} + \omega^{-27r} + \omega^{-44r} + \omega^{-38r} + \omega^{-8r} + \omega^{-40r} + \omega^{-18r}$$

$$\Pi(\varpi_r) = 5.31;$$

$\varpi_{7r} = 3\,{}^{4}_{\varpi_{7r}}$, viergliedrige Perioden der 13ten Einheitswurzeln, $\varpi_{13r} = -2$;

$$\varpi_1^2 = -6 + \tfrac{4}{3}\varpi_7 - \tfrac{1}{3}\varpi_{28} + \varpi_{16}, \qquad \varpi_1\varpi_8 = 8 - \varpi_7 + \tfrac{2}{3}\varpi_{28}.$$

Congruenzwurzeln mod. p, z. B.**)

p	ϖ_1	ϖ_2	ϖ_4	ϖ_8	ϖ_{16}	ϖ_{17}
5	0	$+1$	$+2$	$+2$	$+2$	-1
31	-5	-3	0	$+11$	-6	$+4$
47	-1	$+7$	$+1$	$+15$	$+18$	$+8$
73	-2	-15	$+22$	-10	$+35$	$+22$
229	-48	-74	$+47$	$+94$	$+35$	-53

*) Hier ist ϖ_1 die absolut kleinste der sämmtlichen 6 Congruenzwurzeln.

**) Hier ist ϖ_1 die absolut kleinere der beiden Wurzeln des Congruenzensystems:

$$\varpi_1 + \varpi_8 \equiv -\tfrac{1}{3}\varpi_{14}, \qquad \varpi_1\varpi_8 \equiv 8 - \varpi_7 + \tfrac{2}{3}\varpi_{28} \pmod{p}.$$

$n = 91$

Normen complexer Zahlen in $\overset{12}{\varpi}$.

$$N(\varpi_1) = N(1-\varpi_2) = N(\overset{4}{\varpi}_{14} - \varpi_{16}) = 5 \,.\, 31\,, \qquad N(1+\varpi_1) = 5 \,.\, 47\,,$$

$$N(2+\varpi_1) = 13 \,.\, 73\,, \qquad N(1-\varpi_4 - \overset{4}{\varpi}_{14}) = 5 \,.\, 229\,.$$

VI, 4. $p = 91m - 5\,, +18\,, -31\,, +44\,;$

$$\varpi_r = \omega^r + \omega^{-5r} + \omega^{25r} + \omega^{-34r} + \omega^{-12r} + \omega^{-31r} + \omega^{-27r} + \omega^{44r} + \omega^{-38r} + \omega^{8r}$$
$$+ \omega^{-40r} + \omega^{18r}, \quad \Pi(\varpi_r) = 8\,;$$

$\varpi_{7r} = 3\overset{4}{\varpi}_{7r}$ wie VI, 3, $\varpi_{13r} = 4\overset{3}{\varpi}_{13r}$, dreigliedrige Perioden der 7ten Einheitswurzeln;

$$\varpi_1^2 = -4 + \varpi_{13} - \tfrac{1}{3}\varpi_{28} + \varpi_3 + 2\varpi_4 + 4\varpi_6\,, \qquad \varpi_1\varpi_2 = 2 - \varpi_1 + 2\varpi_3 - \varpi_4\,,$$

$$\varpi_1\varpi_5 = 8 + \tfrac{4}{3}\varpi_7 + \tfrac{2}{3}\varpi_{28}\,, \qquad \varpi_1\varpi_{13} = \tfrac{8}{3}\varpi_{14} \text{ (oder } 8\overset{4}{\varpi}_{14}).$$

Congruenzwurzeln mod. p.*)

(Für alle hierher gehörigen Primzahlen p).

p	ϖ_1	ϖ_2	ϖ_3	ϖ_4	ϖ_5	ϖ_6
109	+ 51	+ 1	+ 39	− 22	+ 27	+ 14
151	− 13	+ 20	+ 45	+ 63	− 67	− 47
359	−108	−177	+ 17	+ 55	−160	+ 15
499	+202	− 85	−234	+ 35	+ 16	+ 67
541	+ 34	−241	−167	+254	+266	−145
863	+ 12	− 54	−239	+160	+149	− 27

$f(\varpi_1)$, Primfactoren der Primzahlen p.

p	$f(\varpi_1)$	p	$f(\varpi_1)$	p	$f(\varpi_1)$
109	$1 - \varpi_2$	359	$\varpi_2 + \varpi_3 - \varpi_5$	541	$\varpi_1 - \varpi_2 + \varpi_5$
151	$2 - \varpi_2 - \varpi_3 + \varpi_4$	499	$\varpi_1 + \varpi_3 + 2\varpi_5$	863	$1 - \varpi_1 + \varpi_4 - \varpi_5$

---

*) Hier ist ϖ_1 linear durch $\varpi_1\omega^{13} \equiv 2\overset{4}{\varpi}_{14}$ (mod. p), sowie als gemeinschaftliche Wurzel der beiden Congruenzensysteme bestimmt:

$$\varpi_1 + \varpi_5 \equiv -\overset{4}{\varpi}_{14}\,, \qquad \varpi_1\varpi_5 \equiv 8 + \overset{4}{\varpi}_7 + 2\overset{4}{\varpi}_{28} \text{ (mod. } p\text{), und}$$

$$\varpi_1 + \varpi_2 + \varpi_4 \equiv -\overset{3}{\varpi}_{39}\,, \qquad \varpi_1\varpi_2 + \varpi_2\varpi_4 + \varpi_4\varpi_1 \equiv 8 + 4\overset{3}{\varpi}_{39}\,, \qquad \varpi_1\varpi_2\varpi_4 \equiv 2 - \overset{3}{\varpi}_{39}$$
(mod. p).

$n = 91$

VI, 5. $p = 91m + 6, -15, +20, +41:$

41, 97, 167, 293, 349, 461, 587, 643, 769, 839;

$$\varpi_r = \omega^r + \omega^{6r} + \omega^{36r} + \omega^{34r} + \omega^{22r} + \omega^{41r} + \omega^{-27r} + \omega^{20r} + \omega^{29r} + \omega^{-8r} + \omega^{43r} + \omega^{-15r},$$

$$\Pi(\varpi_r) = 337;$$

$\varpi_{7r} = -1$, $\varpi_{13r} = 6(\omega^{13r} + \omega^{78r}) = 6\overset{2}{\omega}_{13r}$, zweigliedrige Perioden der 7ten Einheitswurzeln;

$$\varpi_1^2 = -6 + 4(\omega^{26} + \omega^{65}) + \varpi_2, \qquad \varpi_1\varpi_8 = 7 - 3(\omega^{26} + \omega^{65}).$$

Congruenzwurzeln mod. p, z. B.*)

p	ϖ_1	ϖ_2	ϖ_3	ϖ_4	ϖ_5	ϖ_8
41	− 9	− 10	− 16	− 14	− 4	+ 13
97	+ 4	− 45	− 1	− 29	+ 4	− 29
167	+ 37	− 61	− 21	+ 66	+ 36	− 56
293	−121	−140	−106	+ 52	−114	+137
349	−139	− 51	−151	− 76	− 82	+161
461	−140	+102	− 66	−155	+ 93	+167

Normen complexer Zahlen in $\overset{12}{\varpi}$.

$$N(1 - \varpi) = N(\varpi) = 337, \qquad N(1 + \varpi_3) = 7.97,$$

$$N(\omega^{13} + \omega^{78} - \varpi_5) = 13.41 = N(\omega^{26} + \omega^{65} + \varpi_4),$$

$$N(2 + \varpi_3 + \omega^{13} + \omega^{78}) = 13.167, \qquad N(2 + \varpi_4 - \omega^{39} - \omega^{52}) = 13.293.$$

VI, 6. $p = 91m - 6, +15, -20, -41:$

71, 197, 379, 449, 617, 631, 743;

$\varpi_r = -\omega^{78r}$, 7te Wurzeln, also dieselben Primfactoren wie bei $\lambda = 7$, I.

---

*) Hier ist ϖ_1 die absolut kleinere der beiden Wurzeln des Systems

$$\varpi_1 + \varpi_8 \equiv -(\omega^{13} + \omega^{78}), \qquad \varpi_1\varpi_8 \equiv 7 - 3(\omega^{26} + \omega^{65}) \pmod{p}.$$

$$n = 91$$

VI, 7. $p = 91m + 11, -19, -24, -33$:

11, 67, 149, 163, 193, 331, 431, 557, 613, 709, 739, 977;

$$\varpi_r = \omega^r + \omega^{11r} + \omega^{30r} + \omega^{-34r} + \omega^{-10r} + \omega^{-19r} + \omega^{-27r} + \omega^{-24r} + \omega^{9r} + \omega^{8r} + \omega^{-3r} + \omega^{-33r}, \quad \Pi(\varpi_r) = 827;$$

$\varpi_{7r} = -1$, $\varpi_{13r} = 4\overset{3}{\alpha}_{13r}$, dreigliedrige Perioden der 7ten Einheitswurzeln;

$$\varpi_1^2 = 2 + \varpi_{39} - \varpi_2 - 2\varpi_4 + 2\varpi_6, \qquad \varpi_1\varpi_2 = 1 + \varpi_{13} + 3\varpi_8 + \varpi_4 + \varpi_6,$$

$$\varpi_1\varpi_3 = 10 + \varpi_1 + \varpi_3.$$

Congruenzwurzeln mod. p, z. B.*)

p	ϖ_1	ϖ_2	ϖ_3	ϖ_4	ϖ_5	ϖ_6
11	+ 1	+ 3	+ 2	+ 1	+ 4	+ 1
67	− 1	+ 28	+ 29	− 15	− 29	− 11
149	− 6	+ 53	+ 42	− 12	+ 46	+ 27
163	− 32	− 39	+ 55	− 66	+ 13	+ 70
193	+ 63	+ 82	+ 79	− 71	− 34	+ 75
431	− 11	− 55	+ 36	+108	+130	−207
557	− 28	+233	− 57	− 71	+ 55	−131

Normen complexer Zahlen in $\overset{12}{\varpi}$.

$$N(1 - \varpi_1) = 11^3, \qquad N(1 + \varpi_1) = 7.67,$$

$$N(2 - \varpi_3) = 11.191, \qquad N(\varpi_6 + \omega^{13} + \omega^{26} + \omega^{52}) = 9.67,$$

$$N(1 - 2\varpi_5 + \omega^{13} + \omega^{26} + \omega^{52}) = 8.163.67, \qquad N(2 - \varpi_6 + \omega^{13} + \omega^{26} + \omega^{52}) = 9.193$$

$$N(2 + \varpi_3 + \varpi_5) = 7.557.$$

*) Hier ist ϖ_1 die absolut kleinste der drei Wurzeln des Systems:

$$\varpi_1 + \varpi_2 + \varpi_{11} \equiv -\overset{3}{\alpha}_{39}, \quad \varpi_1\varpi_2 + \varpi_2\varpi_4 + \varpi_4\varpi_1 \equiv 4 + 9\overset{3}{\alpha}_{13}, \quad \varpi_1\varpi_2\varpi_4 \equiv -15 + 14\overset{3}{\alpha}_{39} \pmod{p}$$

$n = 91$

VI, 8. $p = 91m - 11, +19, +24, +33:$

19, 353, 383, 397, 661, 929;

$$\varpi_r = \omega^{r} + \omega^{-11r} + \omega^{30r} + \omega^{34r} + \omega^{-10r} + \omega^{19r} + \omega^{-27r} + \omega^{24r} + \omega^{9r} + \omega^{-8r} + \omega^{-3r} + \omega^{33r},$$

$$\Pi(\varpi_r) = 9.179;$$

$\varpi_{7r} = -1, \quad \varpi_{13r} = -2;$

$$\varpi_1^2 = -4 + 2\varpi_1 + \varpi_2 + 2\varpi_3 + 4\varpi_6, \qquad \varpi_1\varpi_3 = 13 - \varpi_2 - \varpi_6.$$

Congruenzwurzeln mod. p, z. B.*)

p	ϖ_1	ϖ_2	ϖ_3	ϖ_4	ϖ_6	ϖ_{12}
19	−1	+3	−6	+8	+4	−7
353	+4	+102	−19	−95	−13	+22
383	−92	+97	+141	−113	−134	+102

Normen complexer Zahlen in $\frac{13}{\varpi}$.

$N(1 + \varpi_1) = 7.9.19, \qquad N(1 - \varpi) = 2003\ (p = 91m + 1),$

$N(2 + \varpi_1 + \varpi_3 - \varpi_6) = 9.13.353.$

*) Hier ist ϖ_1 die absolut kleinste der 6 Congruenzwurzeln.

Anmerkung zu $n = 91$. Es gibt hier Summen von 24 Wurzeln, welche eine eigenthümliche Bedeutung haben, ohne Perioden zu sein, und der wirklichen Berechnung der Congruenzwurzeln hin und wieder zu Grunde liegen, nämlich:

$$y_r = \omega^{r} + \omega^{2r} + \omega^{4r} + \omega^{8r} + \omega^{16r} + \omega^{32r} + \omega^{-27r} + \omega^{37r} + \omega^{-17r} + \omega^{-34r} + \omega^{23r} + \omega^{-45r}$$
$$+ \omega^{-r} + \omega^{-2r} + \omega^{-4r} + \omega^{-8r} + \omega^{-16r} + \omega^{-32r} + \omega^{27r} + \omega^{-37r} + \omega^{17r} + \omega^{34r} + \omega^{-23r} + \omega^{45r}$$

und

$$z_r = \omega^{r} + \omega^{3r} + \omega^{9r} + \omega^{27r} + \omega^{-10r} + \omega^{-30r} + \omega^{-r} + \omega^{-3r} + \omega^{-9r} + \omega^{-27r} + \omega^{10r} + \omega^{30r}$$
$$+ \omega^{11r} + \omega^{33r} + \omega^{8r} + \omega^{24r} + \omega^{-19r} + \omega^{34r} + \omega^{-11r} + \omega^{-33r} + \omega^{-8r} + \omega^{-24r} + \omega^{19r} + \omega^{-34r};$$

y_1, y_2, y_9 sind die Wurzeln der kubischen Gleichung $y^3 - y^2 - 30y + 64 = 0$;
z_1, z_2, z_4 — — — $z^3 - z^2 - 30z - 27 = 0$.

$n = 93$

I. $p = 93m + 1$: 373.

60 primitive Wurzeln, durch welche die nichtprimitiven, d. h. die 31ten und 3ten Einheitswurzeln, ausgedrückt werden können, mittelst der Gleichungen:

$$\omega^{60} + \omega^{30} + 1 = 0, \qquad \omega^{90} + \omega^{87} + \omega^{84} + \ldots + \omega^{6} + \omega^{3} + 1 = 0.$$

II. p zum Exponenten 2 gehörig.

30 zweigliedrige Perioden, und zwar mit 3 Fällen:

II, 1. $p = 93m - 1$;

$$\varpi_r = \omega^r + \omega^{-r}, \qquad \Pi(\varpi_r) = 1, \qquad \varpi_1 \varpi_k = \varpi_{k-1} + \varpi_{k+1};$$

$\varpi_{3r} = \omega^{3r} + \omega^{-3r}$, zweigliedrige Perioden der 31ten Einheitswurzeln, $\varpi_{31r} = -1$.

Congruenzwurzeln mod. p.*)

p	ϖ_1	ϖ_2	ϖ_4	ϖ_5	ϖ_7	ϖ_8	ϖ_{10}	ϖ_{11}	ϖ_{13}	ϖ_{14}
557	+110	−156	−174	−199	−145	+196	+ 52	+168	− 11	−143
743	+ 31	+216	−155	−325	−336	+247	+117	+ 92	− 9	− 42
929	−195	− 66	−291	+ 17	−252	+140	+287	−118	+463	+330

p	ϖ_{16}	ϖ_{17}	ϖ_{19}	ϖ_{20}	ϖ_{22}	ϖ_{23}	ϖ_{25}	ϖ_{26}	ϖ_{28}	ϖ_{29}
557	− 19	+261	+ 68	− 83	−185	− 12	− 70	+119	−162	+212
743	+ 81	+ 89	−287	+313	+289	−288	−127	+ 79	+276	+ 36
929	+ 89	+ 79	+143	−314	− 13	− 25	+ 19	−232	+205	+272

p	ϖ_{32}	ϖ_{34}	ϖ_{35}	ϖ_{37}	ϖ_{38}	ϖ_{40}	ϖ_{41}	ϖ_{43}	ϖ_{44}	ϖ_{46}
557	−198	+165	−175	+ 63	+166	+203	+234	−115	+246	+142
743	−128	−254	−192	−355	−106	−109	+295	−219	+303	−274
929	−442	−264	−338	+218	+ 9	+120	− 60	+359	+167	−306

---

*) Hier ist ϖ_1 die absolut kleinere der beiden Wurzeln des Systems:

$$\varpi_1 + \varpi_{32} \equiv -\varpi_{30}, \qquad \varpi_1 \varpi_{32} \equiv -1 + \varpi_{33} \pmod{p}.$$

Was hier

ϖ_3, ϖ_6, ϖ_9, ϖ_{12}, ϖ_{15}, ϖ_{18}, ϖ_{21}, ϖ_{24}, ϖ_{27}, ϖ_{30}, ϖ_{33}, ϖ_{36} ϖ_{39}, ϖ_{42}, ϖ_{45},

heisst ($\lambda = 31$, II.) resp.

η_0, η_9, η_1, η_3, η_5, η_{10}, η_{13}, η_{12}, η_2, η_{14}, η_8, η_4, η_{11}, η_7, η_6.

$n = 93$

$f(\varpi_1)$, Primfactoren der Primzahlen p. $Nf(\varpi_1) = -p$.

p	$f(\varpi_1)$	p	$f(\varpi_1)$	p	$f(\varpi_1)$
557	$1 - \varpi_{13} + \varpi_{23}$	743	$1 - \varpi_{22} + \varpi_{33}$	929	$1 + \varpi_3 + \varpi_{41}$

II, 2. $p = 93m - 32$:

61, 433, 991;

$$\varpi_r = \omega^r + \omega^{-32r},$$

$\Pi(\varpi_r) = 1$; ϖ_{3r} wie II, 1, $\varpi_{31r} = 2\omega^{31r}$, dritte Einheitswurzeln;

$$\varpi_1^2 = 2\omega^{62} + \varpi_{21}, \qquad \varpi_1\varpi_{32} = 2 + \varpi_{33}, \qquad \varpi_1\varpi_{31} = 2\varpi_{32}.$$

Congruenzwurzeln mod. p, z. B.*)

p	ϖ_1	ϖ_2	ϖ_4	ϖ_5	ϖ_7	ϖ_8	ϖ_{10}	ϖ_{11}	ϖ_{13}	ϖ_{14}
61	+ 20	+ 1	− 25	− 21	− 17	− 18	− 12	− 11	+ 16	+ 12

p	ϖ_{16}	ϖ_{19}	ϖ_{22}	ϖ_{25}	ϖ_{28}	ϖ_{32}	ϖ_{35}	ϖ_{38}	ϖ_{41}	ϖ_{44}
61	− 7	+ 19	− 27	− 6	− 4	+ 16	− 20	+ 23	+ 27	+ 25

p	ϖ_{47}	ϖ_{50}	ϖ_{53}	ϖ_{56}	ϖ_{59}	ϖ_{64}	ϖ_{67}	ϖ_{70}	ϖ_{73}	ϖ_{76}
61	− 30	+ 3	+ 15	− 17	+ 9	− 14	− 11	+ 8	− 29	+ 15

Normen complexer Zahlen in $\overset{2}{\varpi}$.

$N(1 - \varpi_2) = 91.3907$, $\qquad N(1 + \varpi) = Num\,(\log 5,9980\ldots)$.

II, 3. $p = 93m + 32$:

311, 683,

welche auch hier nur die Primfactoren der Primzahlen $p = 31m + 1$ haben, weil $\varpi_r = \omega^r + \omega^{32r} = -\omega^{63r}$ auf die 31ten Einheitswurzeln zurückkommt.

*) Hier ist ϖ_1 völlig bestimmt durch die lineäre Congruenz $\varpi_1\omega^{62} \equiv \varpi_{30}$ (mod. p), oder als gemeinschaftliche Wurzel des Systems $\varpi_1 + \varpi_{32} \equiv -\varpi_{30}$, $\varpi_1\varpi_{32} \equiv 2 + \varpi_{33}$ und eines zweiten von 15 Congruenzen, deren erste:

$$\varpi_1+\varpi_4+\varpi_7+\varpi_{10}+\varpi_{13}+\varpi_{16}+\varpi_{19}+\varpi_{22}+\varpi_{25}+\varpi_{28}+\varpi_{64}+\varpi_{67}+\varpi_{70}+\varpi_{73}+\varpi_{76} \equiv -\omega^{31} \text{ (mod. } p).$$

$n = 93$

III. p zum Exponenten 3 gehörig.

$p = 93m + 25, -26:$

67, 211, 397, 439, 769, 811, 997.

20 dreigliedrige Perioden:

$$\varpi_r = \omega^r + \omega^{25r} + \omega^{-26r}, \quad \Pi(\varpi_r) = 5^6;$$

$\varpi_{3r} = \omega^{3r} + \omega^{75r} + \omega^{15r}$, dreigliedrige Perioden der 31ten Einheitswurzeln,

$$\varpi_{31r} = 3\omega^{31r};$$

$$\varpi_1^2 = \varpi_2 + 2\varpi_{26}, \quad \varpi_1\varpi_5 = 2\varpi_6 + \varpi_{33}, \quad \varpi_1\varpi_{26} = 3 + \varpi_{24} + \varpi_{51}, \quad \varpi_1\varpi_{62} = 3\varpi_{36}.$$

Congruenzwurzeln mod. p,*) z. B.

p	ϖ_1	ϖ_2	ϖ_4	ϖ_5	ϖ_8	ϖ_{10}	ϖ_{11}	ϖ_{13}	ϖ_{16}	ω_{17}
67	+ 14	− 24	+ 16	+ 4	+ 6	− 17	− 9	+ 20	+ 5	+ 14
811	+286	+336	−231	−126	−167	−222	+ 1	+198	+200	+176

p	ϖ_{20}	ϖ_{22}	ϖ_{26}	ϖ_{29}	ϖ_{37}	ϖ_{40}	ϖ_{43}	ϖ_{44}	ϖ_{47}	ϖ_{55}
67	− 5	− 18	− 24	+ 13	− 17	+ 21	+ 12	− 23	+ 11	+ 2
811	− 23	−348	+180	− 82	− 61	− 20	+199	−212	+ 48	−131

Primfactoren der Primzahlen p.

Für $p = 811$ ist $f(\varpi_1) = 1 - \varpi_{11}$. Von den übrigen Primzahlen p hatten alle, ausser $p = 67$, schon bei $\lambda = 31$ ideale Factoren.
Ferner ist $N(1 + \varpi) = 2857$.

---

*) Hier ist ϖ_1 völlig bestimmt durch $\varpi_1\omega^{62} \equiv \varpi_{36}$ (mod. p), sowie als gemeinschaftliche Wurzel des Systems $\varpi_1 + \varpi_5 \equiv -\varpi_{36}$, $\varpi_1\varpi_5 \equiv 2\varpi_6 + \varpi_{33}$ und eines zweiten von 10 Congruenzen, deren erste:

$$\varpi_1 + \varpi_4 + \varpi_{10} + \varpi_{13} + \varpi_{16} + \varpi_{22} + \varpi_{37} + \varpi_{40} + \varpi_{43} + \varpi_{55} \equiv -\omega^{31} \pmod{p}.$$

Was hier $\varpi_3, \varpi_6, \varpi_9, \varpi_{12}, \varpi_{18}, \varpi_{24}, \varpi_{33}, \varpi_{36}, \varpi_{48}, \varpi_{51}$, heisst $\lambda = 31$, III.
resp. $\eta_0, \eta_4, \eta_1, \eta_8, \eta_5, \eta_2, \eta_3, \eta_9, \eta_6, \eta_7$.

$n = 93$

IV. p zum Exponenten 5 gehörig:

$$p = 93m + 4, + 16, - 23, - 29: \;\; 97, \;\; 109, \;\; 163, \;\; 283, \;\; 853, \;\; 907;$$

12 fünfgliedrige Perioden:

$$\varpi_r = \omega^r + \omega^{4r} + \omega^{16r} + \omega^{-29r} + \omega^{-23r}, \quad \Pi(\varpi_r) = 1024;$$

$\varpi_{3r} = \omega^{3r} + \omega^{12r} + \omega^{48r} + \omega^{6r} + \omega^{24r}$, fünfgliedrige Perioden der 31ten Einheitswurzeln, $\varpi_{31r} = 5\omega^{31r}$;

$$\varpi_1^2 = \varpi_2 + 2\varpi_5 + 2\varpi_{17}, \qquad \varpi_1\varpi_2 = 2\varpi_3 + 2\varpi_9 + \varpi_{33}, \qquad \varpi_1\varpi_{23} = 4 - \varpi_9 - \varpi_{21},$$
$$\varpi_1\varpi_{62} = 5\varpi_{33}.$$

Congruenzwurzeln mod. p, z. B.*)

p	ϖ_1	ϖ_2	ϖ_5	ϖ_7	ϖ_{10}	ϖ_{11}
97	+16	+ 6	−45	+ 2	−23	+32

p	ϖ_{13}	ϖ_{14}	ϖ_{17}	ϖ_{23}	ϖ_{34}	ϖ_{46}
97	−44	+25	−24	−29	+33	−45

Normen complexer Zahlen in $\overset{5}{\varpi}$.

$$N(2 - \varpi_7) = 64 . 97, \qquad N(1 - \varpi) = 31, \qquad N(1 + \varpi) = 1511.$$

V. p zum Exponenten 6 gehörig.

10 sechsgliedrige Perioden, und zwar mit 3 Fällen:

V, 1. $p = 93m - 25, + 26$;

$$\varpi_r = \omega^r + \omega^{-25r} + \omega^{-26r} + \omega^{-r} + \omega^{25r} + \omega^{26r}, \quad \Pi(\varpi_r) = 397.$$

$\varpi_{3r} = \omega^{3r} + \omega^{18r} + \omega^{15r} + \omega^{-3r} + \omega^{-18r} + \omega^{-15r}$, die sechsgliedrigen Perioden der 31ten Einheitswurzeln, $\varpi_{31r} = -3$,

$$\varpi_1^2 = 6 + 2\varpi_1 + \varpi_2 + 2\varpi_{24}, \qquad \varpi_1\varpi_5 = -3 + 2\varpi_6 + \varpi_{12} - \varpi_{24}.$$

---

*) Hier ist ϖ_1 völlig bestimmt durch $\varpi_1\omega^{62} \equiv \varpi_{33}$ (mod. p), sowie als gemeinschaftliche Wurzel des Systems: $\varpi_1 + \varpi_2 \equiv - \varpi_{33}$, $\varpi_1\varpi_2 \equiv 2\varpi_3 + 2\varpi_9 + \varpi_{33}$ und eines zweiten von 6 Congruenzen, deren erste $\varpi_1 + \varpi_7 + \varpi_{10} + \varpi_{13} + \omega_{34} + \varpi_{46} \equiv - \omega^{31}$ (mod. p).
Was hier $\varpi_3, \varpi_9, \varpi_{15}, \varpi_{21}, \varpi_{33}, \varpi_{45}$, heisst $\lambda = 31$, IV, resp. $\eta_0, \eta_1, \eta_2, \eta_4, \eta_5, \eta_3$.

$n = 93$

Congruenzwurzeln mod. p*)

(Für alle hierher gehörigen Primzahlen p, ausser 719).

p	ϖ_1	ϖ_2	ϖ_4	ϖ_5	ϖ_8	ϖ_{10}	ϖ_{13}	ϖ_{16}	ϖ_{17}	ϖ_{20}
347	− 66	−108	+ 95	+147	+144	+ 63	−136	+131	+ 39	+ 39
491	−118	+236	+ 44	−225	−206	−165	+ 28	− 70	+115	−129
677	−184	− 22	− 90	−267	+ 62	+342	−148	+104	+309	−105
863	+113	−225	+197	+301	−152	+424	+ 71	+ 66	+351	+326

$f(\varpi_1)$, Primfactoren der Primzahlen p. $Nf(\varpi_1) = -p$.

p	$f(\varpi_1)$	p	$f(\varpi_1)$	p	$f(\varpi_1)$
347	$2 + \varpi_{13} - \varpi_{24}$	677	$1 + \varpi_{16} + \varpi_{20}$	863	$2 + \varpi_4 + \varpi_{13}$
491	$1 + \varpi_{12} - \varpi_{16}$				

V, 2. $p = 93m - 5, +37$: 37, 181, 223, 367, 409, 739, 967;

$$\varpi_r = \omega^r + \omega^{-5r} + \omega^{25r} + \omega^{-32r} + \omega^{26r} + \omega^{37r}; \quad \Pi(\varpi_r) = 25;$$

ϖ_{3r} wie V, 1., $\varpi_{31r} = 6\omega^{31r}$;

$$\varpi_1^2 = 6\omega^{62} + \varpi_2 + 2\varpi_5 + 2\varpi_{11}, \qquad \varpi_1\varpi_{62} = 6\varpi_6,$$

$$\varpi_1\varpi_2 = -1 + \varpi_3 - \varpi_{12} + \varpi_{24}, \qquad \varpi_1\varpi_5 = 6 + 2\varpi_6 + \varpi_{12} + 2\varpi_{24}.$$

Congruenzwurzeln mod. p, z. B.**)

p	ϖ_1	ϖ_2	ϖ_4	ϖ_5	ϖ_8	ϖ_{10}	ϖ_{11}	ϖ_{13}	ϖ_{22}	ϖ_{44}
37	+11	+ 8	−15	− 1	+13	−14	− 2	+ 3	+ 5	− 7
367	+83	+52	+30	+ 1	+60	−88	+49	−150	−158	+122

Primfactoren der Primzahlen p.

Für $p = 367$ ist $f(\varpi_1) = 1 - \varpi_5$; für $p = 37$ aber ist $N(1 + \varpi_5) = 37 . 31$.

---

*) Hier ist ϖ_1 die absolut kleinere der beiden Wurzeln des Congruenzensystems:

$$\varpi_1 + \varpi_5 \equiv -\varpi_6, \qquad \varpi_1\varpi_5 \equiv -3 + 2\varpi_6 + \varpi_{12} - \varpi_{24} \pmod{p}.$$

Was hier ϖ_3, ϖ_6, ϖ_9, ϖ_{12}, ϖ_{24}, heisst $\lambda = 31$, V. resp. η_0, η_4, η_1, η_3, η_2.

**) Hier ist ϖ_1 völlig bestimmt durch $\varpi_1\omega^{62} \equiv \varpi_6 \pmod{p}$, sowie als gemeinschaftliche Wurzel des Systems: $\varpi_1 + \varpi_5 \equiv -\varpi_6$, $\varpi_1\varpi_5 \equiv 6 + 2\varpi_6 + \varpi_{12} + 2\varpi_{24} \pmod{p}$ und eines zweiten von 5 Congruenzen, deren erste: $\varpi_1 + \varpi_4 + \varpi_{10} + \varpi_{13} + \varpi_{22} \equiv -\omega^{31} \pmod{p}$.

$n = 93$

V, 3. $p = 93m + 5, -37$: 5, 149, 191, 521, 463;

$\varpi_r = -(\omega^{36r} + \omega^{63r} + \omega^{87r})$, dreigliedrige Perioden der 31ten Einheitswurzeln, wesshalb vorstehende Primzahlen auch hier keine anderen Primfactoren als die $\lambda = 31$, III. haben.

VI. p zum Exponenten 10 gehörig, 6 zehngliedrige Perioden, und zwar mit 3 Fällen:

VI, 1. $p = 93m - 4, -16, +23, +29$, nämlich:

23, 29, 89, 263, 401, 449, 461, 587, 647, 773, 821, 953;

$\varpi_r = \omega^r + \omega^{-4r} + \omega^{16r} + \omega^{29r} + \omega^{-23r} + \omega^{-r} + \omega^{4r} + \omega^{-16r} + \omega^{-29r} + \omega^{23r}$, $\Pi(\varpi_r) = -4.23$;

ϖ_{2r} zehngliedrige Perioden der 31ten Einheitswurzeln, $\varpi_{31r} = -5$;

$\varpi_1^2 = 8 + \varpi_2 + 2\varpi_5 + 2\varpi_7 - 2\varpi_9$, $\qquad \varpi_1\varpi_2 = -5 + \varpi_3 + 2\varpi_9$,

$\varpi_1\varpi_5 = 2\varpi_1 + \varpi_3 + 3\varpi_9 + \varpi_{10}$.

Congruenzwurzeln mod. p, z. B.*)

p	ϖ_1	ϖ_2	ϖ_5	ϖ_7	ϖ_{10}	ϖ_{14}
23	+ 5	+ 7	− 7	− 5	+ 1	0
29	+ 3	+ 4	+13	+ 11	+ 5	− 6
89	− 6	− 41	−30	− 37	− 2	+28
263	−21	+125	−51	+112	−119	−45

$f(\varpi_1)$, Primfactoren der Primzahlen p. $\qquad Nf(\varpi_1) = -p$.

p	$f(\varpi_1)$	p	$f(\varpi_1)$	p	$f(\varpi_1)$
23	$1 + \varpi_1 - \varpi_9$	29	$2 - \varpi_5 + \varpi_7$	89	$4 + \varpi_1 - \varpi_{10}$

Auch ist $N(1 + \varpi) = 4$, $\quad N(1 - \varpi_{10}) = N(\varpi_{14}) = -4.23$, $\quad N(\varpi_1 + \varpi_7) = 23^2$,
$N(1 - \varpi_{14} + \varpi_{15}) = -29.23$, $\quad N(2 + \varpi_5 + \varpi_{14}) = 89.29$ u. s. w.

---

*) Hier ist ϖ_1 die absolut kleinere der beiden Wurzeln des Congruenzensystems
$\varpi_1 + \varpi_2 \equiv -\varpi_{15}$, $\quad \varpi_1\varpi_2 \equiv -5 + \varpi_3 + 2\varpi_9$ (mod. p).
Was hier ϖ_3, ϖ_9, ϖ_{15}, heisst $\lambda = 31$, VI. η_0, η_1, η_2.

$n = 93$

VI, 2. $p = 93m - 2, -8, -35, +46$, nämlich:

139, 151, 271, 277, 337, 457, 463, 523, 643, 709, 829, 883;

$\varpi_r = \omega^r + \omega^{-2r} + \omega^{4r} + \omega^{-8r} + \omega^{16r} + \omega^{-32r} + \omega^{-29r} + \omega^{-35r} + \omega^{-23r} + \omega^{46r}$, $\Pi(\varpi_r) = 64$;

ϖ_{3r} wie VI, 1, $\varpi_{31r} = 10\omega^{31}$;

$$\varpi_1\varpi_2 = 7 + \varpi_3 - \varpi_9, \quad \varpi_1\varpi_5 = -4 - 2\varpi_{15}, \quad \varpi_1\varpi_{62} = 10\varpi_{15}.$$

Congruenzwurzeln mod. p, z. B.*)

p	ϖ_1	ϖ_2	ϖ_5	ϖ_7	ϖ_{10}	ϖ_{14}
139	+63	+ 5	− 31	−48	−57	+69
151	+53	+35	− 11	+ 5	+61	+ 9
271	+62	+99	−126	−28	− 5	− 1

Primfactoren der Primzahlen p.

Für $p = 271$ ist $f(\varpi_1) = 1 + \varpi_{14}$. — Ferner ist: $N(1 - \varpi) = 97$,

$N(1 - \varpi_{14} - \varpi_{15}) = 16 . 139$.

IV, 3. $p = 93m + 2, +8, +35, -46$, nämlich:

2, 47, 101, 233, 281, 419, 467, 593, 653, 659, 839, 977,

welche auch hier nur die Primfactoren $\lambda = 31$, IV. haben, da $\varpi_r = -(\omega^{33r} + \omega^{39r} + \omega^{63r} + \omega^{66r} + \omega^{78r})$ auf die fünfgliedrigen Perioden der 31ten Einheitswurzeln zurückkommt.

---

*) Hier ist ϖ_1 völlig bestimmt durch $\varpi_1\omega^{62} \equiv \varpi_{15}$ (mod. p), sowie als gemeinschaftliche Wurzel des Systems $\varpi_1 + \varpi_2 \equiv -\varpi_{15}$, $\varpi_1\varpi_2 \equiv 7 + \varpi_3 - \varpi_9$ (mod. p) und eines zweiten von 3 Congruenzen, deren erste $\varpi_1 + \varpi_7 + \varpi_{10} \equiv -\omega^{31}$ (mod. p).

$n = 93$

VII. p zum Exponenten 15 gehörig,

$p = 93m + 7, + 10, - 11, - 17, + 19, + 28, + 40, - 44$, nämlich

7, 19, 103, 193, 307, 379, 421, 541, 547, 577, 607, 661, 691, 727, 733, 751, 877, 919, 937;

4 fünfzehngliedrige Perioden:

$$\varpi_r = \omega^r + \omega^{7r} + \omega^{-44r} + \omega^{-29r} + \omega^{-17r} + \omega^{-26r} + \omega^{4r} + \omega^{28r} + \omega^{10r} + \omega^{-23r} + \omega^{25r} + \omega^{-11r} + \omega^{16r} + \omega^{19r} + \omega^{40r}, \quad \Pi(\varpi_r) = 64;$$

ϖ_{3r} fünfzehngliedrige Perioden der 31ten Einheitswurzeln, $\varpi_{31r} = 15\omega^{31r}$;

$$\varpi_1\varpi_2 = -7 + \varpi_3, \qquad \varpi_1\varpi_{11} = 8, \qquad \varpi_1\varpi_{13} = 8\omega^{62}, \qquad \varpi_1\varpi_{62} = 15\varpi_9.$$

Congruenzwurzeln mod. p, z. B.*)

p	ϖ_1	ϖ_2	ϖ_{11}	ϖ_{13}	p	ϖ_1	ϖ_2	ϖ_{11}	ϖ_{13}
7	+ 1	+ 2	+ 1	− 3	607	− 13	−302	− 94	−197
19	− 9	− 4	− 3	− 2	919	+404	−129	+182	−456
379	−187	−130	+ 79	+139	937	+450	−335	−279	+165
577	−274	− 85	−278	+ 61					

Primfactoren der Primzahlen p.

Von vorstehenden Primzahlen p haben wirkliche Primfactoren $f(\varpi_1)$:

p	$f(\varpi_1)$	p	$f(\varpi_1)$	p	$f(\varpi_1)$	p	$f(\varpi_1)$
379	$5 - 2\varpi_1$	607	$3 - 2\varpi_2$	919	$7 - 2\varpi_{13}$	937	$5 + \varpi_2 + 2\varpi_{13}$
577	$4 - \varpi_1 + \varpi_{11}$						

Ob allen Primzahlen p wirkliche Primfactoren $f(\varpi_1)$ zukommen, steht dahin; es ist ferner:

$$N(1 - \varpi_1) = 7^2, \qquad N(1 + \varpi) = 67, \qquad N(2 + \varpi_{13}) = 4.19, \qquad N(1 - 2\varpi_1) = 19.49.$$

*) Hier ist ϖ_1 völlig bestimmt durch $\varpi_1\omega^{62} \equiv \varpi_9$ (mod. p), sowie als gemeinschaftliche Wurzel der beiden Systeme:

$\varpi_1 + \varpi_2 \equiv -\varpi_9, \quad \varpi_1\varpi_2 \equiv -7 + \varpi_3$ und $\varpi_1 + \varpi_{13} \equiv -\omega^{31}, \quad \varpi_1\varpi_{13} \equiv 8\omega^{62}$ (mod. p).

$n = 93$

VIII. p zum Exponenten 30 gehörig.

2 dreissiggliedrige Perioden, und zwar mit 3 Fällen:

VIII, 1. $p = 93m - 7, -10, +11, +17, -19, -28, -40, +44$;

$$\varpi_r = \omega^{r} + \omega^{-7r} + \omega^{-44r} + \omega^{29r} + \omega^{-17r} + \omega^{36r} + \omega^{-4r} + \omega^{28r} + \omega^{-10r} + \omega^{-23r} + \omega^{-25r}$$
$$+ \omega^{-11r} + \omega^{16r} + \omega^{-19r} + \omega^{40r} + \omega^{-r} + \omega^{7r} + \omega^{44r} + \omega^{-29r} + \omega^{17r} + \omega^{-26r} + \omega^{4r}$$
$$+ \omega^{-28r} + \omega^{10r} + \omega^{23r} + \omega^{25r} + \omega^{11r} + \omega^{-16r} + \omega^{19r} + \omega^{-40r},$$

Wurzeln der Gleichung:

$$\varpi^2 - \varpi - 23 = 0.$$

Congruenzwurzeln mod. p*)

(Für alle hierher gehörigen Primzahlen p).

p	ϖ_1	ϖ_2	p	ϖ_1	ϖ_2	p	ϖ_1	ϖ_2	p	ϖ_1	ϖ_2
11	4	−3	197	65	−64	509	104	−103	827	96	−95
17	3	−2	239	52	−51	569	114	−113	881	261	−260
53	14	−13	251	66	−65	641	105	−104	911	53	−52
83	17	−16	269	120	−119	761	335	−334	941	444	−443
137	49	−48	353	63	−62	797	117	−116	947	391	−390
167	54	−53	383	106	−105	809	50	−51	983	420	−419
179	62	−61	389	35	−34						

$f(\varpi_1)$, Primfactoren der Primzahlen p. $Nf(\varpi_1) = -p$.

p	$f(\varpi_1)$	p	$f(\varpi_1)$	p	$f(\varpi_1)$	p	$f(\varpi_1)$
11	$3+\varpi_2$	197	$2+3\varpi_1$	509	$6+5\varpi_2$	827	$28+9\varpi_2$
17	$2+\varpi_2$	239	$16+5\varpi_2$	569	$1-5\varpi_1$	881	$33+10\varpi_1$
53	$11+3\varpi_1$	251	$9+4\varpi_2$	641	$11+6\varpi_1$	911	$63+16\varpi_1$
83	$15+4\varpi_1$	269	$26+7\varpi_2$	761	$29+9\varpi_1$	941	$58+15\varpi_2$
137	$7+3\varpi_2$	353	$19+6\varpi_2$	797	$15+7\varpi_2$	947	$43+12\varpi_1$
167	$5+3\varpi_1$	383	$24+7\varpi_1$	809	$59+15\varpi_1$	983	$9+7\varpi_1$
179	$4+3\varpi_2$	389	$39+10\varpi_1$				

*) Hier ist $\varpi_1 > 0$ und $< \frac{1}{2}p$.

$n = 93$

VIII, 2. $p = 93m + 13, -14, -20, +22, +34, -38, -41, +43;$

$$\varpi_r = \omega^r + \omega^{13r} + \omega^{-17r} + \omega^{-35r} + \omega^{10r} + \omega^{37r} + \omega^{16r} + \omega^{22r} + \omega^{7r} + \omega^{-2r} + \omega^{-26r}$$
$$+ \omega^{34r} + \omega^{-23r} + \omega^{-20r} + \omega^{19r} + \omega^{-32r} + \omega^{-44r} + \omega^{-14r} + \omega^{4r} + \omega^{-41r} + \omega^{25r}$$
$$+ \omega^{46r} + \omega^{40r} + \omega^{-38r} + \omega^{-29r} + \omega^{-5r} + \omega^{28r} + \omega^{-8r} + \omega^{-11r} + \omega^{43r} = -\omega^{31r},$$

d. h. 3te Einheitswurzeln; daher haben die hierher gehörigen Primzahlen p:

13, 43, 73, 79, 127, 199, 229, 241, 313, 331, 487, 499, 571, 601, 613, 631, 673, 757, 787, 823, 859, auch hier nur die Primfactoren bei $\lambda = 3$, I.

VIII, 3. $p = 93m - 13, +14, +20, -22, -34, +38, +41, -43;$

$$\varpi_r = \omega^r + \omega^{-13r} + \omega^{-17r} + \omega^{35r} + \text{etc.} = -(\omega^{3r} + \omega^{6r} + \omega^{12r} + \omega^{27r} + \omega^{36r} + \omega^{45r}$$
$$+ \omega^{51r} + \omega^{60r} + \omega^{63r} + \omega^{69r} + \omega^{72r} + \omega^{75r} + \omega^{78r} + \omega^{84r} + \omega^{87r}),$$

d. h. fünfzehngliedrige Perioden der 31ten Einheitswurzeln; daher sind die Primfactoren bei $\lambda = 31$, VIII. auch hier die Primfactoren der folgenden Primzahlen p:

41, 59, 71, 107, 113, 131, 173, 227, 257, 293, 317, 359, 431, 443, 479, 503, 599, 617, 701, 853, 857, 887, 971.

$$n = 95$$

I. $p = 95m + 1$:

191, 571, 761.

72 primitive Wurzeln, deren Gleichung:

$$\omega^{72} - \omega^{71} + \omega^{67} - \omega^{66} + \omega^{62} - \omega^{61} + \omega^{57} - \omega^{56} + \omega^{53} - \omega^{51} + \omega^{48} - \omega^{46} + \omega^{43} - \omega^{41}$$
$$+ \omega^{38} - \omega^{36} + \omega^{34} - \omega^{31} + \omega^{29} - \omega^{26} + \omega^{24} - \omega^{21} + \omega^{19} - \omega^{16} + \omega^{15} - \omega^{11} + \omega^{10} - \omega^{6}$$
$$+ \omega^{5} - \omega + 1 = 0,$$

wodurch oder durch

$$\omega^{76} + \omega^{57} + \omega^{38} + \omega^{19} + 1 = 0$$

und $$\omega^{90} + \omega^{85} + \omega^{80} + \ldots + \omega^{10} + \omega^{5} + 1 = 0$$

die nichtprimitiven, d. h. die 19ten und 5ten Einheitswurzeln, sich eliminiren.

II. p zum Exponenten 2 gehörig.

36 zweigliedrige Perioden, und zwar mit 3 Fällen:

II, 1. $p = 95m - 1$,

$$\varpi_r = \omega^r + \omega^{-r}, \quad \Pi(\varpi_r) = 1, \quad \varpi_1\varpi_k = \varpi_{k-1} + \varpi_{k+1};$$

$\varpi_{5r} = \omega^{5r} + \omega^{-5r}$, $\varpi_{19r} = \omega^{19r} + \omega^{-19r}$ zweigliedrige Perioden resp. der 19ten und der 5ten Einheitswurzeln.

$n = 95$

Congruenzwurzeln mod. p.*)

p	ϖ_1	ϖ_2	ϖ_3	ϖ_4	ϖ_6	ϖ_7	ϖ_8	ϖ_9	ϖ_{11}
379	+14	−185	+49	+113	+125	−162	−119	+12	−163
569	+8	+62	−81	−141	−269	+33	−36	+248	−20

p	ϖ_{12}	ϖ_{13}	ϖ_{14}	ϖ_{16}	ϖ_{17}	ϖ_{18}	ϖ_{21}	ϖ_{22}	ϖ_{23}
379	+84	−177	+91	+136	+74	+142	−178	+37	−62
569	+96	+219	−51	+156	+168	+50	−9	−171	−221

p	ϖ_{24}	ϖ_{26}	ϖ_{27}	ϖ_{28}	ϖ_{29}	ϖ_{31}	ϖ_{32}	ϖ_{33}	ϖ_{34}
379	−147	−130	+176	−59	+135	−137	−77	−183	+168
569	+110	+163	+203	−246	+105	+48	−133	+26	−228

p	ϖ_{36}	ϖ_{37}	ϖ_{39}	ϖ_{41}	ϖ_{42}	ϖ_{43}	ϖ_{44}	ϖ_{46}	ϖ_{47}
379	+75	+31	+68	−104	−154	−157	−149	+52	+4
569	+222	+212	+200	+239	+79	−176	+220	−95	+149

$f(\varpi_1)$, Primfactoren der Primzahlen p; $Nf(\varpi_1) = -p$.

p	$f(\varpi_1)$	p	$f(\varpi_1)$
379	$1 - \varpi_7 + \varpi_{11}$	569	$1 + \varpi_{23} + \varpi_{44}$

---

*) Hier ist ϖ_1 die absolut kleinere der beiden gemeinschaftlichen Wurzeln zweier Systeme, des einen von 4 Congruenzen, deren erste:

$$\varpi_1 + \varpi_{18} + \varpi_{37} + \varpi_{39} \equiv -\varpi_{20} \quad (\text{mod. } p),$$

des anderen von 18 Congruenzen, deren erste:

$$\varpi_1 + \varpi_4 + \varpi_6 + \varpi_9 + \varpi_{11} + \varpi_{14} + \varpi_{16} + \varpi_{21} + \varpi_{24} + \varpi_{26} + \varpi_{29} + \varpi_{31} + \varpi_{34} + \varpi_{36} + \varpi_{39} + \varpi_{41} + \varpi_{44} + \varpi_{46} \equiv -\varpi_{19} \quad (\text{mod. } p).$$

Was hier $\varpi_5, \varpi_{10}, \varpi_{15}, \varpi_{20}, \varpi_{25}, \varpi_{30}, \varpi_{35}, \varpi_{40}, \varpi_{45}$, heisst $\lambda = 19$, II resp.: $\eta_0, \eta_1, \eta_4, \eta_2, \eta_7, \eta_5, \eta_6, \eta_3, \eta_8$; und was hier ϖ_{19}, ϖ_{38}, heisst $\lambda = 5$, II η_0, η_1.

$n = 95$

II, 2. $p = 95m + 39$: 229, 419;

$\varpi_r = \omega^r + \omega^{39r}$, $\Pi(\varpi_r) = 1$;

$\varpi_{5r} = 2\omega^{5r}$, 19te Einheitswurzeln, ϖ_{19r} wie II, 1;

$\varpi_1^2 = 2\omega^{40} + \varpi_2$, $\varpi_1\varpi_{18} = -1$, $\varpi_1\varpi_{56} = 2 + \varpi_{38}$,

$\varpi_1\varpi_{58} = -\omega^{40}$, $\varpi_1\varpi_{75} = 2\varpi_{19}$.

Congruenzwurzeln mod. p, z. B.*)

p	ϖ_1	ϖ_2	ϖ_3	ϖ_4	ϖ_6	ϖ_7	ϖ_8	ϖ_9	ϖ_{11}
229	+83	+ 71	+ 36	+25	+37	+62	− 75	−33	−58

p	ϖ_{12}	ϖ_{13}	ϖ_{14}	ϖ_{16}	ϖ_{17}	ϖ_{18}	ϖ_{21}	ϖ_{23}	ϖ_{24}
229	−91	+ 99	−103	−70	+56	+80	− 45	−14	+ 3

p	ϖ_{26}	ϖ_{28}	ϖ_{29}	ϖ_{31}	ϖ_{33}	ϖ_{34}	ϖ_{36}	ϖ_{41}	ϖ_{43}
229	−78	− 9	+ 51	+48	+76	−49	−100	−97	+14

p	ϖ_{46}	ϖ_{48}	ϖ_{51}	ϖ_{53}	ϖ_{56}	ϖ_{58}	ϖ_{63}	ϖ_{68}	ϖ_{73}
229	−46	−111	− 95	−55	−12	−19	− 94	+ 5	+85

Normen complexer Zahlen in $\frac{2}{\varpi}$.

$N(1 - \varpi_{17} - \varpi_{53}) = 229 . 761$, $N(1 \pm \varpi) = 9349$.

*) Hier ist ϖ_1 lineär durch $\varpi_1\omega^{75} \equiv \varpi_{19}$ (mod. p), sowie als gemeinschaftliche Wurzel des Systems bestimmt

$$\varpi_1 + \varpi_{58} \equiv -\omega^{20}, \quad \varpi_1\varpi_{58} \equiv -\omega^{40}$$

und eines zweiten von 18 Congruenzen, deren erste:

$$\varpi_1 + \varpi_4 + \varpi_6 + \varpi_9 + \varpi_{11} + \varpi_{14} + \varpi_{16} + \varpi_{21} + \varpi_{24} + \varpi_{26} + \varpi_{29} + \varpi_{31} + \varpi_{34} + \varpi_{36} + \varpi_{41} + \varpi_{46} + \varpi_{51} + \varpi_{56} \equiv -\varpi_{19} \pmod{p}.$$

$n = 95$

II, 3. $p = 95m - 39$: 151, 911;

$\varpi_r = \omega^r + \omega^{-39r}, \quad \Pi(\varpi_r) = 1;$

ϖ_{5r} wie II, 1, $\varpi_{19r} = 2\omega^{19r}$ (5te Einheitswurzeln);

$\varpi_1^2 = 2\omega^{57} + \varpi_{21}, \quad \varpi_1\varpi_{18} = 2\omega^{19} + \varpi_{59}, \quad \varpi_1\varpi_{39} = 2 + \varpi_{40}, \quad \varpi_1\varpi_{19} = 2\varpi_{20}.$

Congruenzwurzeln mod. p, z. B.*)

p	ϖ_1	ϖ_2	ϖ_3	ϖ_4	ϖ_6	ϖ_7	ϖ_8	ϖ_9	ϖ_{11}
151	+60	−62	−28	−49	+52	−52	−31	+34	+54

p	ϖ_{13}	ϖ_{14}	ϖ_{16}	ϖ_{18}	ϖ_{21}	ϖ_{22}	ϖ_{23}	ϖ_{26}	ϖ_{27}
151	−69	+19	−73	−68	−34	+ 9	−22	−48	−17

p	ϖ_{28}	ϖ_{32}	ϖ_{33}	ϖ_{37}	ϖ_{39}	ϖ_{42}	ϖ_{44}	ϖ_{47}	ϖ_{49}
151	+43	+ 6	+64	+65	+27	+61	−37	−30	−21

p	ϖ_{52}	ϖ_{54}	ϖ_{59}	ϖ_{61}	ϖ_{64}	ϖ_{66}	ϖ_{71}	ϖ_{78}	ϖ_{83}
151	+ 1	+20	+30	−25	+69	+42	+59	−42	− 6

Normen complexer Zahlen in $\frac{3}{\varpi}$.

$N(1 - \varpi_{52}) = 151 \,.\, x$ (wo x eine nicht genau bestimmte vierziffrige Zahl);
$N(1 + \varpi)$ gibt eine sechsziffrige Zahl.

*) Hier ist ϖ_1 völlig bestimmt durch $\varpi_1\omega^{19} \equiv \varpi_{20}$ (mod. p), sowie als gemeinschaftliche Wurzel zweier Systeme, des einen von 4 Congruenzen, deren erste:

$$\varpi_1 + \varpi_{18} + \varpi_{37} + \varpi_{39} \equiv -\varpi_{20} \quad (\text{mod. } p),$$

des anderen von 9 Congruenzen, deren erste:

$$\varpi_1 + \varpi_6 + \varpi_{11} + \varpi_{16} + \varpi_{21} + \varpi_{26} + \varpi_{61} + \varpi_{66} + \varpi_{71} \equiv -\omega^{76} \quad (\text{mod. } p).$$

$n = 95$

III. p zum Exponenten 3 gehörig.

$p = 95m + 11,\ + 26:\quad 11,\quad 311,\quad 691,\quad 881.$

24 dreigliedrige Perioden:

$$\varpi_r = \omega^r + \omega^{11r} + \omega^{26r},\quad \Pi(\varpi_r) = 7^4;$$

$\varpi_{5r} = \omega^{5r} + \omega^{55r} + \omega^{35r}$, dreigliedrige Perioden der 19ten Einheitswurzeln;
$\varpi_{19r} = 3\omega^{19r}$ 5te Einheitswurzeln;

$$\varpi_1^2 = \varpi_2 + 2\varpi_{12},\quad \varpi_1\varpi_{39} = \varpi_{10} + 2\varpi_{50},\quad \varpi_1\varpi_{69} = 3 + \varpi_{10} + \varpi_{25},\quad \varpi_1\varpi_{19} = 3\varpi_{20}.$$

Congruenzwurzeln mod. p*)

für $p = 11$ (beispielsweise).

ϖ_1	ϖ_2	ϖ_3	ϖ_4	ϖ_6	ϖ_7	ϖ_8	ϖ_{12}	ϖ_{13}	ϖ_{14}	ϖ_{16}	ϖ_{17}
+2	−4	−1	+2	−4	−5	+1	+4	−4	−3	−3	+2

ϖ_{21}	ϖ_{23}	ϖ_{24}	ϖ_{29}	ϖ_{31}	ϖ_{32}	ϖ_{37}	ϖ_{42}	ϖ_{43}	ϖ_{51}	ϖ_{58}	ϖ_{69}
−5	−3	−4	−1	+5	−5	−1	−1	−5	+2	−4	+3

Normen complexer Zahlen in $\frac{3}{\varpi}$.

$$N(1 + \varpi_3) = 11^4,\qquad N(1 - \varpi_8) = 11.691.$$

---

*) Hier ist ϖ_1 völlig bestimmt durch $\varpi_1\omega^{19} \equiv \varpi_{20}$ (mod. p), sowie als gemeinschaftliche Wurzel zweier Systeme, des einen von 4 Congruenzen, deren erste: $\varpi_1 + \varpi_7 + \varpi_{39} + \varpi_{58} \equiv -\varpi_{20}$, des anderen von 6 Congruenzen, deren erste:

$$\varpi_1 + \varpi_6 + \varpi_{16} + \varpi_{21} + \varpi_{31} + \varpi_{51} \equiv -\omega^{76}\quad (\text{mod. } p).$$

Was hier mit $\varpi_5,\ \varpi_{10},\ \varpi_{20},\ \varpi_{25},\ \varpi_{40},\ \varpi_{50}$, ist $\lambda = 19$, III bezeichnet mit resp. $\eta_0,\ \eta_1,\ \eta_2,\ \eta_4,\ \eta_3,\ \eta_5$.

$n = 95$

IV. p zum Exponenten 4 gehörig.

18 viergliedrige Perioden, und zwar mit 2 Fällen:

IV, 1. $p = 95m + 18, + 37:$ 37, 113, 227, 607, 683, 797;

$$\varpi_r = \omega^r + \omega^{18r} + \omega^{39r} + \omega^{37r}, \quad \Pi(\varpi_r) = 9349;$$

$\varpi_{5r} = 2(\omega^{5r} + \omega^{90r})$, zweigliedrige Perioden der 19ten Wurzeln, $\varpi_{19r} = -1$.

$$\varpi_1^2 = -2 + \varpi_2 + \varpi_{40}, \quad \varpi_1\varpi_{17} = \varpi_3 - \tfrac{1}{2}\varpi_{20} + \varpi_{35}, \quad \varpi_1\varpi_{56} = 3 - \varpi_{40}.$$

Congruenzwurzeln mod. p, z. B.*)

p	ϖ_1	ϖ_2	ϖ_3	ϖ_4	ϖ_6	ϖ_7	ϖ_8	ϖ_9	ϖ_{12}
37	− 2	− 5	− 5	− 11	+14	+18	− 3	+ 4	−12
113	+29	+45	+44	+ 29	+37	−30	− 27	−11	+45
227	−47	+48	+28	+104	− 8	+ 3	+111	+12	−72

p	ϖ_{14}	ϖ_{17}	ϖ_{22}	ϖ_{24}	ϖ_{28}	ϖ_{41}	ϖ_{46}	ϖ_{51}	ϖ_{56}
37	− 1	+ 18	− 8	+ 4	−11	− 3	+14	− 2	− 8
113	+ 4	+ 8	−11	− 1	+ 4	+ 8	+44	−27	+37
227	+27	−108	−70	−19	−74	+67	+97	+65	+64

Normen complexer Zahlen in $\frac{4}{\varpi}$.

$$N(1 + \varpi_{14}) = 19 . 37 . 113, \qquad N(1 - \varpi) = N(\varpi) = 9349,$$

$$N(1 - \varpi_1 - \varpi_2) = 19^2 227, \qquad N(\varpi_5 - \varpi_6) = 19 . 227 . 37.$$

IV, 2. $p = 95m - 18, - 37:$ 457, 647;

$\varpi_r = \omega^r + \omega^{-18r} + \omega^{39r} + ^{-37r} = -\omega^{20r}$, 19te Einheitswurzeln, daher haben vorstehende Primzahlen p auch hier nur die Primfactoren $\lambda = 19$, I.

*) Hier ist ϖ_1 die absolut kleinere der beiden Wurzeln des Systems:

$$\varpi_1 + \varpi_{56} \equiv -\tfrac{1}{2}\varpi_{20}, \quad \varpi_1\varpi_{56} \equiv 3 - \tfrac{1}{2}\varpi_{40} \pmod{p}.$$

Wegen der Congruenzwurzeln für ϖ_{5r} vgl. II, 1.

$n = 95$

V. p zum Exponenten 6 gehörig.

12 sechsgliedrige Perioden und zwar mit 3 Fällen:

V, 1. $p = 95m - 11, -26$;

$$\varpi_r = \omega^r + \omega^{-11r} + \omega^{26r} + \omega^{-r} + \omega^{11r} + \omega^{-26r}, \quad \Pi(\varpi_r) = 11;$$

ϖ_{5r} sechsgliedrige Perioden der 19ten, $\varpi_{19r} = 3(\omega^{19r} + \omega^{76r})$ zweigliedrige Perioden der 5ten Einheitswurzeln;

$$\varpi_1^2 = 6 + \varpi_2 + 2\varpi_{10} + 2\varpi_{12}, \qquad \varpi_1\varpi_{31} = \varpi_{38} + \varpi_5 + 2\varpi_{20} + \varpi_{13} + \varpi_{23}.$$

Congruenzwurzeln mod. p*)

(Für alle hierher gehörigen Primzahlen p).

p	ϖ_1	ϖ_2	ϖ_3	ϖ_4	ϖ_6	ϖ_7
179	− 3	− 41	− 53	+ 82	− 33	+ 28
449	− 51	−194	+102	−206	+ 10	−177
829	+123	+215	−100	+ 38	+252	−414

p	ϖ_{12}	ϖ_{13}	ϖ_{14}	ϖ_{21}	ϖ_{23}	ϖ_{31}
179	− 73	− 31	+ 57	+ 62	+ 66	− 60
449	+ 31	+ 62	− 38	+216	−107	− 96
829	+339	+244	+233	−200	−189	+288

$f(\varpi_1)$, Primfactoren der Primzahlen p, z. B. $Nf(\varpi_1) = -p$.

p	$f(\varpi_1)$	p	$f(\varpi_1)$
179	$1 - \varpi_{12} - (\omega^{19} + \omega^{76})$	449	$2 - \varpi_4 + \varpi_{10}$

Es ist ferner: $N(1 + \varpi) = 191$, $N(1 - \varpi) = 11^2$.

*) Hier ist ϖ_1 die absolut kleinere der beiden gemeinschaftlichen Wurzeln zweier Systeme, des einen von 4 Congruenzen, deren erste:

$$\varpi_1 + \varpi_7 + \varpi_{12} + \varpi_{31} \equiv -\varpi_{20},$$

des anderen von 6 Congruenzen, deren erste:

$$\varpi_1 + \varpi_4 + \varpi_6 + \varpi_{14} + \varpi_{21} + \varpi_{31} \equiv -(\omega^{19} + {}^{76}) \pmod{p}.$$

Was hier ϖ_5, ϖ_{10}, ϖ_{20} heisst, ist $\lambda = 19$, IV. resp. η_0, η_1, η_2.

$n = 95$

V, 2. $p = 95m + 31, + 46$:

31, 331, 521, 601;

$$\varpi_r = \omega^r + \omega^{31r} + \omega^{11r} + \omega^{-39r} + \omega^{26r} + \omega^{46r}, \quad \Pi(\varpi_r) = 7^4;$$

ϖ_{5r} wie V, 1, $\varpi_{19r} = 6\omega^{19r}$;

$$\varpi_1^2 = 4\omega^{57} - \varpi_2, \qquad \varpi_1\varpi_{39} = 4 - \varpi_5, \qquad \varpi_1\varpi_6 = -\omega^{57} + 2\varpi_2 + \varpi_7,$$
$$\varpi_1\varpi_{19} = 6\varpi_{20}.$$

Congruenzwurzeln mod. p, z. B.*).

p	ϖ_1	ϖ_2	ϖ_3	ϖ_4	ϖ_6	ϖ_7
31	− 2	− 2	− 8	− 3	+ 14	− 8
331	−145	− 7	−117	−111	+138	− 12

p	ϖ_8	ϖ_{13}	ϖ_{14}	ϖ_{16}	ϖ_{32}	ϖ_{39}
31	− 1	+ 7	− 1	+ 15	− 6	− 4
331	−106	−100	+125	− 57	−105	−164

Normen complexer Zahlen in $\frac{6}{\varpi}$.

$N(1 + \varpi_8) = 11 . 31^2$, $\quad N(1 - \varpi) = 11 . 191$, $\quad N(1 + \varpi_5 + \varpi_{16}) = 331 . x$
($x = N$um (log 3,63 . . .)).

V, 3. $p = 95m - 31, - 46$:

239, 349, 619, 809, 919.

$$\varpi_r = \omega^r + \omega^{-31r} + \omega^{11r} + \omega^{39r} + \omega^{26r} + \omega^{-46r}, \quad \Pi(\varpi_r) = 49;$$

ϖ_{19r} wie in V, 1, $\varpi_{5r} = 2(\omega^{5r} + \omega^{55r} + \omega^{35r})$, dreigliedrige Perioden der 19ten Einheitswurzeln;

$$\varpi_1^2 = \varpi_2 + 2\varpi_8 + \varpi_{40} + 2\varpi_{50}, \qquad \varpi_1\varpi_7 = -\tfrac{1}{2}\varpi_{40} - \varpi_{50},$$
$$\varpi_1\varpi_8 = -3 - \tfrac{1}{2}\varpi_{10} - \tfrac{1}{2}\varpi_{25}, \qquad \varpi_1\varpi_{31} = 6 + \varpi_{10} + \varpi_{25} + \varpi_{13} + \varpi_{23} + \varpi_{38} \text{ u. s. w.}$$

---

*) Hier ist ϖ_1 völlig bestimmt durch die lineäre Congruenz $\varpi_1\omega^{19} \equiv \varpi_{20}$ (mod. p), sowie als gemeinschaftliche Wurzel zweier Systeme, des einen von 4 Congruenzen, deren erste: $\varpi_1 + \varpi_7 + \varpi_8 + \varpi_{39} \equiv -\varpi_{20}$, des andern von den 3 Congruenzen: $\varpi_1 + \varpi_6 + \varpi_{16} \equiv -\omega^{76}$
$\varpi_1\varpi_6 + \varpi_6\varpi_{16} + \varpi_{16}\varpi_1 \equiv -6\omega^{57}$, $\qquad \varpi_1\varpi_6\varpi_{16} \equiv 7\omega^{38}$ (mod. p).

$n = 95$

Congruenzwurzeln mod. p, z. B.*)

p	ϖ_1	ϖ_2	ϖ_4	ϖ_7	ϖ_8	ϖ_{13}
239	+ 25	− 34	+ 31	+ 53	− 20	+106
349	+145	+131	+110	− 85	−133	− 68

p	ϖ_{14}	ϖ_{16}	ϖ_{17}	ϖ_{23}	ϖ_{29}	ϖ_{31}
239	+ 2	−103	+ 78	− 49	+ 50	− 20
349	+105	+119	−154	+104	+116	− 40

Normen complexer Zahlen in $\overset{6}{\varpi}$.

$N(1+\varpi) = 7^3$, $\quad N(1-\varpi) = 11^2$, $\quad N(2-\varpi_{14}) = 11^2 239$,

$N(1-\varpi_{14}+\varpi_{23}) = 11^2 349$.

VI. p zum Exponenten 9 gehörig,

$$p = 95m+6, -14, +16, -29, -34, +36;$$

8 neungliedrige Perioden:

$$\varpi_r = \omega^r + \omega^{6r} + \omega^{36r} + \omega^{26r} + \omega^{-34r} + \omega^{-14r} + \omega^{11r} + \omega^{-29r} + \omega^{16r}, \quad \Pi(\varpi_r) = 5^4;$$

ϖ_{5r} neungliedrige Perioden der 19ten Einheitswurzeln, $\varpi_{19r} = 9\omega^{19r}$;

$$\varpi_1^2 = 5\varpi_2 + 4\varpi_7, \quad \varpi_1\varpi_{14} = 5, \quad \varpi_1\varpi_{21} = 5\omega^{57},$$

$$\omega_1\varpi_4 = -3 + 3\varpi_{10}, \quad \varpi_1\varpi_{19} = 9\varpi_{20}.$$

---

*) Hier ist ϖ_1 die gemeinschaftliche Wurzel des Systems

$$\varpi_1 + \varpi_7 \equiv -\overset{3}{\varpi}_{20}, \quad \varpi_1\varpi_7 \equiv -\overset{3}{\varpi}_{40} - 2\overset{3}{\varpi}_{50} \pmod{p}$$

und eines zweiten von 6 Congruenzen deren erste:

$$\varpi_1 + \varpi_4 + \varpi_{14} + \varpi_{16} + \varpi_{29} + \varpi_{31} \equiv -\overset{2}{\varpi}_{19} \pmod{p}.$$

$n = 95$

Congruenzwurzeln mod. p.*)

(Für alle hierher gehörigen Primzahlen p).

p	ϖ_1	ϖ_2	ϖ_3	ϖ_4	ϖ_7	ϖ_{14}	ϖ_{21}	ϖ_{23}
61	+ 18	− 28	− 11	− 21	− 6	+ 24	+ 23	+ 2
101	− 38	− 26	+ 38	+ 46	+ 40	− 40	− 46	+ 27
131	− 47	+ 63	+ 44	+ 9	+ 15	+ 64	− 14	− 2
251	+ 36	−116	− 61	+103	− 33	+ 35	− 56	+ 93
271	−112	− 64	− 98	− 77	− 36	+104	+102	− 89
461	− 93	− 21	− 4	+ 1	+114	+109	+ 5	−110
491	+ 39	+ 99	+179	−228	+ 11	− 88	−140	+129
541	−158	+270	−114	−116	+223	− 24	− 70	− 10
631	+ 44	+198	− 40	− 64	− 79	−215	−286	−188
701	+156	+250	− 75	−136	−187	−328	+335	− 14
821	+409	+349	−263	+116	+334	−277	+361	−207

Primfactoren der Primzahlen p.

Wirkliche Primfactoren $f(\varpi_1)$ haben sich gefunden bei:

p	$f(\varpi_1)$	p	$f(\varpi_1)$	p	$f(\varpi_1)$
131	$2 + \varpi_{23}$	461	$1 - \varpi_4$	821	$2 + \varpi_2 + \omega^{38}$

Normen complexer Zahlen in $\frac{9}{\varpi}$.

$$N(1 + \varpi) = 5 \,.\, 11^2, \qquad N(2 - \varpi_{23}) = N(1 + \omega^{19} + \varpi_{23}) = 11 \,.\, 61,$$

$$N(1 - \varpi_2 - \varpi_{23}) = 101^2, \qquad N(2 + \varpi_1 + \omega^{38}) = 11 \,.\, 101,$$

$$N(1 - \varpi_4 + \omega^{57}) = 5 \,.\, 251, \qquad N(2 - \varpi_{21} + \omega^{57}) = 11 \,.\, 271,$$

$$N(\varpi_2 - \varpi_7 + \varpi_{14}) = 11^2 \,.\, 491, \qquad N(1 + 2\varpi_2) = 541 \,.\, 311,$$

$$N(2 - \varpi_3 + \varpi_4) = 11 \,.\, 541, \qquad N(1 - \varpi_5 - \varpi_{21}) = 11 \,.\, 631,$$

$$N(1 + \omega^{19} + \varpi_2 + \varpi_{23}) = 11 \,.\, 701 \,.$$

---

*) Hier ist ϖ_1 völlig bestimmt durch $\varpi_1 \omega^{19} \equiv \varpi_{20}$ (mod. p), sowie als gemeinschaftliche Wurzel des Systems $\varpi_1 + \varpi_{21} \equiv -\omega^{76}$, $\varpi_1 \varpi_{21} \equiv 5\omega^{57}$, und eines zweiten von 4 Congruenzen, deren erste:

$$\varpi_1 + \varpi_4 + \varpi_7 + \varpi_{23} \equiv -\varpi_5 \quad \text{(mod. } p).$$

$n = 95$

VII. p zum Exponenten 12 gehörig.

6 zwölfgliedrige Perioden, und zwar mit 2 Fällen:

VII, 1. $p = 95m - 7, +8, +12, +27$:

103, 107, 293, 373, 487, 563, 673, 677, 787, 863, 977,

$$\varpi_r = \omega^r + \omega^{-7r} + \omega^{-46r} + \omega^{37r} + \omega^{26r} + \omega^{8r} + \omega^{39r} + \omega^{12r} + \omega^{11r} + \omega^{18r} + \omega^{-31r} + \omega^{27r},$$
$$\Pi(\varpi_r) = 11^2;$$

$\varpi_{5r} = 2\overset{6}{\varpi}_{5r}$, sechsgliedrige Perioden der 19ten Einheitswurzeln, $\varpi_{19r} = -3$;

$$\varpi_1^2 = -4 + 2\varpi_5 + 3\varpi_{20} + 2\varpi_1 + \varpi_2, \qquad \varpi_1\varpi_7 = 10 + 2\varpi_{10} - \tfrac{1}{2}\varpi_{20}.$$

Congruenzwurzeln mod. p, z. B.*)

p	ϖ_1	ϖ_2	ϖ_4	ϖ_7	ϖ_{14}	ϖ_{23}
103	+4	+32	−49	+25	−19	+8
107	+16	+4	+52	+24	−13	+25
293	−30	−138	+8	−135	+110	−107

Normen complexer Zahlen in $\mathfrak{w}$.

$N(4 - \varpi_1) = 103.107$, $N(3 - \varpi_1 - \varpi_{14}) = 8.11.107$, $N(2 + \varpi_1 + \varpi_5) = 8.293$,
$N(1 + \varpi) = N(\varpi) = 11^2$, $N(1 - \varpi) = 239$.

VII, 2. $p = 95m + 7, -8, -12, -27$:

7, 83, 163, 197, 277, 353, 463, 467, 577, 653, 733;

$$\varpi_r = \omega^r + \omega^{7r} + \omega^{-46r} + \omega^{-37r} + \omega^{26r} + \omega^{-8r} + \omega^{39r} + \omega^{-12r} + \omega^{11r} + \omega^{-18r} + \omega^{-31r} + \omega^{-27r}$$
$$= -(\omega^{20r} + \omega^{30r} + \omega^{45r}),$$

dreigliedrige Perioden der 19ten Einheitswurzeln; daher haben vorstehende Primzahlen p auch hier nur die Primfactoren $\lambda = 19$, III.

*) Hier ist ϖ_1 die absolut kleinere der beiden Wurzeln des Congruenzensystems:
$$\varpi_1 + \varpi_7 \equiv -\overset{6}{\varpi}_{20}, \qquad \varpi_1\varpi_7 \equiv 10 + 4\overset{6}{\varpi}_{10} - \overset{6}{\varpi}_{20} \pmod{p}.$$

$n = 95$

VIII. p zum Exponenten 18 gehörig.

4 achtzehngliedrige Perioden, und zwar mit 3 Fällen:

VIII, 1. $p = 95m - 6, +14, -16, +29, +34, -36$;

$$\varpi_r = \omega^r + \omega^{-6r} + \omega^{36r} + \omega^{-26r} + \omega^{-34r} + \omega^{14r} + \omega^{11r} + \omega^{29r} + \omega^{16r} + \omega^{-r} + \omega^{6r} + \omega^{-36r}$$
$$+ \omega^{26r} + \omega^{34r} + \omega^{-14r} + \omega^{-11r} + \omega^{-29r} + \omega^{-16r}, \quad \Pi(\varpi_r) = 101;$$

$\varpi_{5r} = -1$, $\varpi_{19r} = 9(\omega^{19r} + \omega^{76r})$, zweigliedrige Perioden der 5ten Einheitswurzeln;

$$\varpi_1^3 = 10 - \tfrac{4}{9}\varpi_{38} + \varpi_2, \qquad \varpi_1\varpi_4 = -9 + \tfrac{5}{9}\varpi_{38}, \qquad \varpi_1\varpi_2 = 5 - 2\varpi_2 - \varpi_4 + \varpi_{38}.$$

Congruenzwurzeln mod. p*)

(Für alle hierher gehörigen Primzahlen p).

p	ϖ_1	ϖ_2	ϖ_3	ϖ_4	p	ϖ_1	ϖ_2	ϖ_3	ϖ_4
29	+ 9	− 11	− 12	− 14	409	+ 44	+179	− 49	−173
59	− 12	+ 30	− 4	− 13	439	+ 85	− 89	+159	−154
79	− 3	+ 37	− 7	− 26	509	+148	+ 28	+ 94	+240
89	+ 22	− 11	+ 21	− 31	599	+104	− 76	+101	−128
109	+ 26	− 32	+ 43	− 36	659	+ 81	−184	−274	−281
269	+ 67	−113	− 84	+131	839	+ 12	−395	−102	−353

$f(\varpi_1)$, Primfactoren der Primzahlen p. $Nf(\varpi_1) = -p$.

p	$f(\varpi_1)$	p	$f(\varpi_1)$
29	$1 + \varpi_2 + 2(\omega^{19} + \omega^{76})$	409	$5 + \varpi_1 + \varpi_3$
59	$4 + \varpi_3$	439	$4 + \varpi_1 + \varpi_2$
79	$3 + \varpi_1$	509	$2 + \varpi_4 - 2(\omega^{19} + \omega^{76})$
89	$2 + \varpi_2 + \omega^{19} + \omega^{76}$	599	$3 - \varpi_1 + \varpi_3$
109	$4 - \varpi_2 + \varpi_4$	659	$7 - \varpi_3 + \varpi_4$
269	$4 + \varpi_1 - (\omega^{19} + \omega^{76})$	(839	fehlt)

Es ist ferner: $N(1 - \varpi) = N(\varpi) = 101$, $N(1 + \varpi) = 5 . 11$.

---

*) Hier ist ϖ_1 die absolut kleinere Wurzel des Congruenzensystems:

$$\varpi_1 + \varpi_4 \equiv -\frac{2}{\varpi_{19}}, \qquad \varpi_1\varpi_4 \equiv -9 + 5\frac{2}{\varpi_{38}} \pmod{p}.$$

$$n = 95$$

VIII, 2. $p = 95m + 4, + 9, - 21, + 24, - 41, + 44;$

$$\varpi_r = \omega^r + \omega^{4r} + \omega^{16r} + \omega^{-31r} + \omega^{-29r} + \omega^{-21r} + \omega^{11r} + \omega^{44r} + \omega^{-14r} + \omega^{39r} + \omega^{-34r}$$
$$+ \omega^{-41r} + \omega^{26r} + \omega^{9r} + \omega^{36r} + \omega^{-46r} + \omega^{6r} + \omega^{24r}, \quad \Pi(\varpi_r) = 25;$$

$\varpi_{5r} = 2\overset{9}{\varpi}_{5r}$, neungliedrige Perioden der 19ten Einheitswurzeln, ϖ_{19r} wie VIII, 1;

$$\varpi_1^2 = -6 + \varpi_2 + 3\varpi_{10} - \tfrac{4}{9}\varpi_{38}, \qquad \varpi_1\varpi_7 = 5 + \tfrac{1}{2}\varpi_5, \qquad \varpi_1\varpi_{14} = 5 - \tfrac{5}{9}\varpi_{19},$$
$$\varpi_1\varpi_2 = -5.$$

Congruenzwurzeln mod. p.*)

(Für alle hierher gehörigen Primzahlen p.)

p	ϖ_1	ϖ_2	ϖ_7	ϖ_{14}	p	ϖ_1	ϖ_2	ϖ_7	ϖ_{14}
139	+53	+ 34	+ 30	+ 23	709	+104	+334	−163	−274
199	+91	+ 24	+ 38	+ 47	719	−278	+344	− 14	− 51
359	−19	−132	−121	− 86	739	− 16	−323	−297	−102
389	+83	+ 14	+138	+155	769	−201	−329	−101	−137
479	+32	− 75	−175	+219	859	− 99	+246	+ 34	−177
499	+63	− 8	+233	+212	929	+311	−236	+267	−341

Primfactoren der Primzahlen p.

Wirkliche Primfactoren $f(\varpi_1)$ haben sich gefunden für

$p = 389$, $f(\varpi_1) = 2 + 2\varpi_1 - \overset{9}{\varpi}_5$ oder $4 - \varpi_1 - 2\varpi_{14}$; $p = 859$, $f(\varpi_1) = 3 + \overset{9}{\varpi}_5 - 2\varpi_7$.

Normen complexer Zahlen in $\overset{18}{\varpi}$.

$$N(1 + \varpi) = 36, \qquad N(1 - \varpi) = 4.11;$$
$$N(3 + \varpi_1 - \overset{9}{\varpi}_5) = 4.139, \qquad N(1 - 2\varpi_2 + \varpi_{14}) = 16.199,$$
$$N(3 + 2\varpi_1 - \varpi_7 + \varpi_{14}) = 4.359, \qquad N(7 + 2\varpi_2 + \overset{9}{\varpi}_5) = 11.479,$$
$$N(1 - 4\varpi_2 + 2\varpi_7) = 61.499, \qquad N(7 + \varpi_1 - \varpi_7 + \varpi_{14}) = 5.709,$$
$$N(5 + 4\varpi_7 - \varpi_{14}) = 4.719, \qquad N(7 - \overset{9}{\varpi}_5 - 3\varpi_{14}) = 19.739,$$
$$N(1 - \varpi_1 + 2\varpi_7) = 4.769, \qquad N(6 + 3\varpi_2 + 2\overset{9}{\varpi}_5) = 5.929.$$

---

*) Hier ist ϖ_1 völlig bestimmt als gemeinschaftliche Wurzel der beiden Congruenzensysteme: $\varpi_1 + \varpi_7 \equiv -\overset{9}{\varpi}_5$, $\varpi_1\varpi_7 \equiv 5 + \overset{9}{\varpi}_5$ und $\varpi_1 + \varpi_{14} \equiv -\overset{2}{\varpi}_{19}$, $\varpi_1\varpi_{14} \equiv 5 - 5\overset{2}{\varpi}_{19}$ (mod. p).

$n = 95$

VIII, 3. $p = 95m - 4, -9, +21, -24, +41, -44;$

$\varpi_r = -\omega^{76r}$, 5te Einheitswurzeln; daher haben die hierher gehörigen Primzahlen p

41, 71, 181, 211, 241, 281, 401, 421, 431, 641, 661, 751, 811, 941, 971, 991,

auch hier nur die Primfactoren der Primzahlen $p = 5m + 1$ ($\lambda = 5$, I).

IX. p zum Exponenten 36 gehörig.

2 sechsunddreissiggliedrige Perioden, und zwar mit 2 Fällen:

IX, 1. $p = 95m + 2, +3, +13, -17, +22, -23, -28, +32, +33, -42, -43, -47;$

$$\varpi_r = \omega^r + \omega^{2r} + \omega^{4r} + \omega^{8r} + \omega^{16r} + \omega^{32r} + \omega^{-31r} + \omega^{33r} + \omega^{-29r} + \omega^{37r} + \omega^{-21r} + \omega^{-42r}$$
$$+ \omega^{11r} + \omega^{22r} + \omega^{44r} + \omega^{-7r} + \omega^{-14r} + \omega^{-28r} + \omega^{39r} + \omega^{-17r} + \omega^{-34r} + \omega^{27r} + \omega^{-41r} + \omega^{13r}$$
$$+ \omega^{26r} + \omega^{-43r} + \omega^{9r} + \omega^{18r} + \omega^{36r} + \omega^{-23r} + \omega^{-46r} + \omega^{3r} + \omega^{6r} + \omega^{12r} + \omega^{24r} + \omega^{-47r},$$

Wurzeln der Gleichung:

$$\varpi^2 - \varpi + 24 = 0; \qquad (\varpi_{5^r} = -2, \quad \varpi_{19^r} = -9).$$

Congruenzwurzeln mod. p*)

(Für alle hierher gehörigen Primzahlen)

p	ϖ_1	ϖ_7	p	ϖ_1	ϖ_7	p	ϖ_1	ϖ_7	p	ϖ_1	ϖ_7
2	1	0	173	62	− 61	383	136	−135	857	259	−258
3	1	0	193	86	− 85	433	177	−176	877	262	−261
13	2	− 1	223	52	− 51	523	65	− 64	887	283	−282
53	23	−22	257	116	−115	547	207	−206	907	256	−255
97	42	−41	307	61	− 60	743	197	−196	953	98	− 97
127	32	−31	317	113	−112	773	246	−245	983	109	−108
167	45	−44	337	26	− 25	827	100	− 99			

*) Hier ist $\varpi_1 > 0$ und $< \frac{1}{2}p$.

$n = 95$

Normen complexer Zahlen in $\frac{36}{\varpi}$.

$N(\varpi_7) = N(1 - \varpi_1) = 8.3$, $N(3 + \varpi_7) = 4.3$; es finden sich überhaupt Normen $= 2p$ und $= 3p$, für folgende Primzahlen p ist $N\phi(\varpi_1) = 2p$:

p	$\phi(\varpi_1)$	p	$\phi(\varpi_1)$	p	$\phi(\varpi_1)$	p	$\phi(\varpi_1)$	p	$\phi(\varpi_1)$
13	$1+\varpi_7$	317	$19+3\varpi_7$	383	$22+3\varpi_7$	773	$35+3\varpi_1$	907	$22+7\varpi_1$
173	$10+3\varpi_7$	337	$25+\varpi_7$	433	$14+5\varpi_7$	887	$38+3\varpi_1$	983	$2+9\varpi_1$;
307	$2+5\varpi_1$								

$N\phi'(\varpi_1) = 3p$ für:

p	$\phi'(\varpi_1)$	p	$\phi'(\varpi_1)$	p	$\phi'(\varpi_1)$	p	$\phi'(\varpi_1)$	p	$\phi'(\varpi_1)$
53	$7+2\varpi_1$	167	$9+4\varpi_7$	257	$25+2\varpi_1$	743	$41+4\varpi_7$	877	$11+10\varpi_1$
97	$13+2\varpi_1$	193	$21+2\varpi_1$	523	$3+8\varpi_1$	827	$27+8\varpi_1$	953	$17+10\varpi_7$
127	$1-4\varpi_1$	223	$15+4\varpi_1$	547	$7+8\varpi_7$	857	$9+10\varpi_7$		

IX, 2. $p = 95m - 2, -3, -13, +17, -22, +23, +28, -32, -33, +42 + 43, +47$;
$\varpi_r = \omega^r + \omega^{-2r} + \omega^{4r} + \omega^{-8r}$ etc. $= -(\omega^{5r} + \omega^{20r} + \omega^{25r} + \omega^{30r} + \omega^{35r} + \omega^{45r} + \omega^{55r} + \omega^{80r} + \omega^{85r})$, neungliedrige Perioden der 19ten Einheitswurzeln, daher sind die Primfactoren $\lambda = 19$, V. auch hinsichtlich der 95ten Einheitswurzeln Primfactoren der folgenden Primzahlen p:

17, 23, 43, 47, 73, 157, 233, 263, 283, 313, 347, 367, 397, 443, 503, 557, 587, 593, 613, 617, 643, 727, 823, 853, 883, 937, 947, 967, 997.

$$n = 99$$

I. $p = 99m + 1$:

199, 397, 991;

60 primitive Wurzeln, deren Gleichung:

$$\omega^{60} - \omega^{57} + \omega^{51} - \omega^{48} + \omega^{42} - \omega^{39} + \omega^{33} - \omega^{30} + \omega^{27} - \omega^{21} + \omega^{18} - \omega^{12} + \omega^{9} - \omega^{3} + 1 = 0;$$

es lassen sich übrigens dadurch, oder durch

$$\omega^{90} + \omega^{81} + \omega^{72} + \omega^{63} + \omega^{54} + \omega^{45} + \omega^{36} + \omega^{27} + \omega^{18} + \omega^{9} + 1 = 0,$$

nur die 9ten Einheitswurzeln eliminiren, nicht aber die 33ten (sammt den 11ten und 3ten), während die Gleichung $\omega^{66} + \omega^{33} + 1 = 0$ dazu dient, irgend eine Wurzel durch zwei andere auszudrücken.

II. p zum Exponenten 2 gehörig;

30 zweigliedrige Perioden, und zwar mit 3 Fällen:

II, 1. $p = 99m - 1$;

$$\varpi_r = \omega^r + \omega^{-r}, \qquad \Pi(\varpi_r) = 1, \qquad \varpi_1 \varpi_k = \varpi_{k-1} + \varpi_{k+1};$$

ϖ_{3r} zweigliedrige Perioden 1ter Art der 33ten, ϖ_{9r} der 11ten, ϖ_{11r} der 9ten Einheitswurzeln, $\varpi_{33r} = -1$.

$n = 99$

Congruenzwurzeln mod. p.*)

p	ϖ_1	ϖ_2	ϖ_4	ϖ_5	ϖ_7	ϖ_8	ϖ_{10}	ϖ_{13}	ϖ_{14}	ϖ_{16}
197	− 25	+ 32	+ 37	+ 47	− 85	− 12	+ 40	+ 14	− 66	− 55
593	−263	−214	+133	−202	−271	−103	−115	−159	− 93	− 67

p	ϖ_{17}	ϖ_{19}	ϖ_{20}	ϖ_{23}	ϖ_{25}	ϖ_{26}	ϖ_{28}	ϖ_{29}	ϖ_{31}	ϖ_{32}
197	− 64	+ 59	+ 22	− 44	− 11	− 3	+ 20	+ 5	+ 74	+ 68
593	+119	−272	+177	+285	+114	−220	−248	−231	− 10	−257

p	ϖ_{34}	ϖ_{35}	ϖ_{37}	ϖ_{38}	ϖ_{40}	ϖ_{41}	ϖ_{43}	ϖ_{46}	ϖ_{47}	ϖ_{49}
197	− 43	+ 91	− 42	− 67	+ 88	+ 23	+ 4	− 36	+ 7	− 78
593	− 73	+224	+ 98	−143	−102	− 11	−170	− 18	−228	− 52

$f(\varpi_1)$, Primfactoren der Primzahlen p. $Nf(\varpi_1) = -p$.

p	$f(\varpi_1)$	p	$f(\varpi_1)$
197	$1 - \varpi_3 - \varpi_8$	593	$1 - \varpi_4 - \varpi_{36}$

II, 2. $p = 99m + 10$: 109, 307;

$$\varpi_r = \omega^r + \omega^{10r}, \quad \Pi(\varpi_r) = 1;$$

ϖ_{3r} zweigliedrige Perioden 2ter Art der 33ten, ϖ_{9r} wie II, 1, $\varpi_{11r} = 2\omega^{11r}$ und $\varpi_{33r} = 2\omega^{33r}$, resp. 9te und 3te Einheitswurzeln;

$$\varpi_1^2 = 2\omega^{11} + \varpi_2, \qquad \varpi_1\varpi_{89} = 2 + \varpi_9, \qquad \varpi_1\varpi_{11} = 2\varpi_{12}.$$

*) Hier ist ϖ_1 die gemeinschaftliche Wurzel des Systems
$\varpi_1 + \varpi_{32} + \varpi_{34} \equiv 0$, $\quad \varpi_1\varpi_{32} + \varpi_{32}\varpi_{34} + \varpi_{34}\varpi_1 \equiv -3$, $\quad \varpi_1\varpi_{32}\varpi_{34} \equiv \varpi_3$ (oder der cubischen Congruenz $\varpi^3 - 3\varpi - \varpi_3 \equiv 0$) (mod. p) und eines zweiten von 10 Congruenzen, deren erste: $\varpi_1 + \varpi_{10} + \varpi_{19} + \varpi_{28} + \varpi_{37} + \varpi_{46} + \varpi_{35} + \varpi_{26} + \varpi_{17} + \varpi_8 \equiv -\varpi_{44}$ (mod. p). — Was hier ϖ_{11}, ϖ_{22}, ϖ_{44}, heisst $\lambda = 9$, II. resp. η_0, η_1, η_2; die ϖ_{3r} (vgl. $n = 33$, II, 1.) verstehen sich von selbst; und ϖ_9, ϖ_{18}, ϖ_{27}, ϖ_{36}, ϖ_{45} heissen $\lambda = 11$, II. resp. η_0, η_1, η_3, η_2, η_4.

$n = 99$

Congruenzwurzeln mod. p*)

für $p = 109$ (beispielsweise)

ϖ_1	ϖ_2	ϖ_4	ϖ_5	ϖ_7	ϖ_8	ϖ_{13}	ϖ_{14}	ϖ_{16}	ϖ_{17}	ϖ_{19}	ϖ_{23}
−29	−54	−19	−11	+17	+ 2	+33	+17	+37	+50	+23	+ 7

ϖ_{25}	ϖ_{26}	ϖ_{28}	ϖ_{29}	ϖ_{34}	ϖ_{35}	ϖ_{37}	ϖ_{38}	ϖ_{46}	ϖ_{47}	ϖ_{49}	ϖ_{56}
+32	−33	+30	+41	+26	−23	+ 2	−39	+ 8	−19	+42	+ 5

ϖ_{58}	ϖ_{59}	ϖ_{67}	ϖ_{68}	ϖ_{79}	ϖ_{89}
+54	−8	+3	−32	−41	−12

Normen complexer Zahlen in $\frac{2}{\varpi}$.

$$N(\varpi_{29} - \varpi_{36}) = 109 \,.\, 9613 \,.$$

II, 3. $p = 99m - 10$: 89, 683, 881;

$$\varpi_r = \omega^r + \omega^{-10r}, \quad \Pi(\varpi_r) = 1,$$

$\varpi_{3r} = -\omega^{36r}$, sowie $\varpi_{9r} = 2\omega^{9r}$, beides 11te Wurzeln, ϖ_{11r} wie II, 1, sowie $\varpi_{33r} = -1$;

$$\varpi_1^2 = 2\omega^{90} + \varpi_2, \quad \varpi_1\varpi_{10} = 2 + \varpi_{11}, \quad \varpi_1\varpi_{23} = -\omega^{90} + \varpi_{13}, \quad \varpi_1\varpi_{54} = 2\varpi_{44}.$$

*) Hier ist ϖ_1 lineär durch $\varpi_1\omega^{11} \equiv \varpi_{12}$ (mod. p) völlig bestimmt, sowie als gemeinschaftliche Wurzel der reinen cubischen Congruenz $\varpi^3 \equiv \varpi_3 + 3\varpi_{12}$, deren Wurzeln die drei in $\varpi_1 + \varpi_{34} + \varpi_{67} \equiv 0$ sind, und eines Systems von 5 Congruenzen, deren erste:

$$\varpi_1 + \varpi_{19} + \varpi_{28} + \varpi_{37} + \varpi_{46} \equiv -\omega^{55} \pmod{p}.$$

$n = 99$

Congruenzwurzeln mod. p*)

für $p = 89$ (beispielsweise).

ϖ_1	ϖ_2	ϖ_4	ϖ_5	ϖ_7	ϖ_8	ϖ_{10}	ϖ_{13}	ϖ_{14}	ϖ_{16}	ϖ_{17}	ϖ_{20}
+28	+33	+17	−42	− 6	+14	+ 6	+10	− 9	−14	+ 3	−28
ϖ_{23}	ϖ_{25}	ϖ_{26}	ϖ_{31}	ϖ_{32}	ϖ_{34}	ϖ_{35}	ϖ_{40}	ϖ_{41}	ϖ_{43}	ϖ_{50}	ϖ_{52}
−21	− 3	+ 7	+ 5	+40	− 7	−43	−18	+34	+43	+20	+41
ϖ_{53}	ϖ_{61}	ϖ_{62}	ϖ_{70}	ϖ_{71}	ϖ_{80}						
+23	−23	+24	−24	−33	+12						

Normen complexer Zahlen in $\frac{2}{\varpi}$.

$$N(1 - \varpi_{17} + \omega^{81}) = 89 \,.\, 1783 \,.$$

III. p zum Exponenten 3 gehörig,

$$p = 99m - 32\,, + 34\,;$$

$$\varpi_r = \omega^r + \omega^{-32r} + \omega^{34r} = 0\,,$$

$\varpi_{3r} = 3\omega^{3r}$, 33te Wurzeln; daher haben die hierher gehörigen Primzahlen p:

67, 331, 463, 661, 727, 859

auch hier nur die Primfactoren bei $n = 33$, I.

---

*) Hier ist ϖ_1 völlig bestimmt durch $\varpi_1 \omega^{54} \equiv \varpi_{44}$ (mod. p), sowie als gemeinschaftliche Wurzel der kubischen Congruenz $\varpi^3 - 3\omega^{90} . \varpi + \omega^{36} \equiv 0$, deren Wurzeln die drei Perioden in $\varpi_1 + \varpi_{23} + \varpi_{34} \equiv 0$ sind, und eines Systems von 10 Congruenzen, deren erste:

$$\varpi_1 + \varpi_8 + \varpi_{10} + \varpi_{17} + \varpi_{26} + \varpi_{35} + \varpi_{53} + \varpi_{62} + \varpi_{71} + \varpi_{80} \equiv - \varpi_{11} \text{ (mod. } p).$$

$n = 99$

IV. p zum Exponenten 5 gehörig:

$$p = 99m - 8, -17, -35, +37;$$

12 fünfgliedrige Perioden:

$$\varpi_r = \omega^r + \omega^{-8r} + \omega^{-35r} + \omega^{-17r} + \omega^{37r}, \quad \Pi(\varpi_r) = 729;$$

$\varpi_{3r} = \omega^{3r} + \omega^{75r} + \omega^{93r} + \omega^{48r} + \omega^{12r}$, fünfgliedrige Perioden der 33ten, ϖ_{9r} desgl. der 11ten Wurzeln, $\varpi_{11r} = 5\omega^{11r}$, $\varpi_{33r} = 5\omega^{33r}$;

$$\varpi_1^2 = 3\varpi_2 + 2\varpi_{20}, \qquad \varpi_1\varpi_8 = 3, \qquad \varpi_1\varpi_{10} = 3\omega^{11}, \qquad \varpi_1\varpi_{11} = 5\varpi_{12}.$$

Congruenzwurzeln mod. p.*)

(Für alle hierher gehörigen Primzahlen p).

p	ϖ_1	ϖ_2	ϖ_4	ϖ_5	ϖ_7	ϖ_8
37	+ 8	− 18	− 14	+ 17	− 15	+ 5
163	− 65	− 70	− 77	− 25	− 19	+ 15
181	− 38	− 39	+ 52	+ 37	− 48	− 62
379	−171	+ 39	− 4	−178	−135	−133
433	+110	+ 30	+193	+ 85	−114	−122
487	+111	+ 99	− 52	−184	−200	+ 79
577	+262	+ 46	− 99	+ 66	−272	− 11
631	+222	+187	−303	+163	+ 65	−162
757	−317	−186	−208	+175	−273	+277
829	+288	−364	+188	−274	−162	+ 95
883	+ 73	−280	+ 50	+262	+441	+121

p	ϖ_{10}	ϖ_{13}	ϖ_{16}	ϖ_{20}	ϖ_{26}	ϖ_{32}
37	+ 17	− 2	+ 6	− 15	− 2	+ 13
163	− 20	+ 39	− 21	+ 17	+ 8	+ 55
181	− 1	+ 49	− 14	− 34	− 3	− 80
379	− 63	−181	+175	+160	+ 18	+ 94
433	+170	− 56	+130	− 57	− 28	+ 92
487	−152	−135	− 59	+168	+ 16	−178
577	− 69	−236	−163	+210	−276	− 35
631	+295	+271	+ 81	+ 68	−231	− 25
757	+ 74	+199	−232	+183	−358	− 91
829	−313	−354	+353	−261	−294	+269
883	+169	+273	−123	− 6	−256	+159

*) Hier ist ϖ_1 völlig bestimmt durch $\varpi_1\omega^{11} \equiv \varpi_{12}$ (mod. p), sowie als gemeinschaftliche Wurzel der reinen kubischen Congruenz $\varpi^3 \equiv 2\varpi_{21} + 5\omega^{66}$, deren Wurzeln die 3 Perioden in $\varpi_1 + \varpi_4 + \varpi_{16} \equiv 0$ (mod. p), und der quadratischen $\varpi^2 + \omega^{55} . \varpi + 3\omega^{11} \equiv 0$, deren Wurzeln die 2 Perioden in $\varpi_1 + \varpi_{10} \equiv -\omega^{55}$ (mod. p).

$n = 99$

Primfactoren der Primzahlen p.

Wirkliche Primfactoren $f(\varpi_1)$ haben sich gefunden für

$$p = 379, \quad f(\varpi_1) = 1 + \omega^{11} + \varpi_{13}; \qquad p = 433, \quad f(\varpi_1) = 1 + \omega^{11} + \varpi_{26}.$$

Normen complexer Zahlen in $\overset{5}{\varpi}$.

$N(1 - \varpi) = 991,$	$N(1 + \varpi_{10}) = 3.181,$
$N(1 + \varpi_{10} + \varpi_{15}) = 81.37,$	$N(1 - \varpi_{13} + \omega^{44}) = 9.37^2,$
$N(1 - \varpi_{13} + \omega^{22}) = 3.37.163,$	$N(1 + \varpi_{13} - \omega^{88}) = 3.163,$
$N(1 - \varpi_9 + \varpi_{20}) = 37.487,$	$N(1 + \varpi_{16} - \omega^{55} + \omega^{77}) = 9.577,$
$N(1 - \varpi_5 - \varpi_8) = 631.397,$	$N(1 + \varpi_{32} + \omega^{22} + \omega^{44}) = 9.757,$
$N(1 + \varpi_{13} + \varpi_{16}) = 9.37.829,$	$N(1 + \varpi_{20} - \omega^{22} + \omega^{88}) = 3.883.$

V. p zum Exponenten 6 gehörig

mit 3 Fällen, in welchen allen die 10 primitiven sechsgliedrigen Perioden ϖ_r verschwinden:

V, 1. $p = 99m + 32, -34;$

$$\varpi_r = \omega^r + \omega^{32r} + \omega^{34r} + \omega^{-r} + \omega^{-32r} + \omega^{-34r} = 0,$$

$\varpi_{3r} = 3(\omega^{3r} + \omega^{-3r}) = 3\overset{2}{\varpi}_{3r}$, zweigliedrige Perioden erster Art der 33ten Einheitswurzeln; daher haben die hierher gehörigen Primzahlen p:

131, 263, 461, 659, 857

auch hier nur die Primfactoren der Primzahlen $p = 33m - 1$ (vgl. $n = 33$, II, 1).

V, 2. $p = 99m - 23, +43:$

$$\varpi_r = \omega^r + \omega^{-23r} + \omega^{34r} + + \omega^{10r} + \omega^{-32r} + \omega^{43r} = 0,$$

$\varpi_{3r} = 3(\omega^{3r} + \omega^{30r}) = 3\overset{2}{\varpi}_{3r}$, zweigliedrige Perioden 2ter Art der 33ten Wurzeln, daher haben die hierher gehörigen Primzahlen p:

43, 241, 373, 439, 571, 769, 967

auch hier nur die Primfactoren der Primzahlen $p = 33m + 10$ (vgl. $n = 33$, II, 2).

$$n = 99$$

V, 3. $p = 99m + 23, -43$;

$$\varpi_r = \omega^r + \omega^{23r} + \omega^{34r} + \omega^{-10r} + \omega^{-32r} + \omega^{-43r} = 0,$$

$\varpi_{3r} = 3(\omega^{3r} + \omega^{69r}) = -3\omega^{36r}$, 11te Einheitswurzeln, daher haben die hierher gehörigen Primzahlen p:

23, 353, 419, 617, 947

auch hier nur die Primfactoren der Primzahlen $p = 11m + 1$ (vgl. $\lambda = 11$, I).

VI. p zum Exponenten 10 gehörig, 6 zehngliedrige Perioden, und zwar mit 3 Fällen:

VI, 1. $p = 99m + 8, +17, +35, -37$;

$\varpi_r = \omega^r + \omega^{8r} + \omega^{-35r} + \omega^{17r} + \omega^{37r} + \omega^{-r} + \omega^{-8r} + \omega^{35r} + \omega^{-17r} + \omega^{-37r}$, $\Pi(\varpi_r) = -17$;

ϖ_{3r} zehngliedrige Perioden der 33ten Wurzeln, $\varpi_{9r} = -1$, $\varpi_{11r} = 5(\omega^{11r} + \omega^{-11r})$, zweigliedrige Perioden der 9ten Wurzeln, $\varpi_{33r} = -5$;

$$\varpi_1^2 = 6 + \varpi_2 - \tfrac{2}{5}\varpi_{11}, \qquad \varpi_1\varpi_2 = -3 + \varpi_1 - \tfrac{2}{5}\varpi_{44}, \qquad \varpi_1\varpi_7 = 3 - \varpi_3 + \tfrac{3}{5}\varpi_{44},$$

$$\varpi_1\varpi_{10} = -5 + \tfrac{3}{5}\varpi_{11}, \qquad \varpi_1\varpi_{11} = 5\varpi_2 + 5\varpi_{10}.$$

Congruenzwurzeln mod. p.*)

(Für alle hierher gehörigen Primzahlen p).

p	ϖ_1	ϖ_2	ϖ_4	ϖ_5	ϖ_7	ϖ_{10}
17	+ 3	− 3	0	− 7	+ 6	+ 1
107	− 11	− 6	+ 17	+ 43	+ 13	+ 51
359	− 21	− 40	+ 61	+167	+ 98	+ 94
431	+210	− 94	−116	−152	+207	− 55
503	+201	+235	+ 67	−156	+228	− 72
557	−243	+ 45	+198	−123	− 67	+190
701	−310	+ 39	+271	−350	− 31	−321
809	−167	−384	−258	−316	+360	− 44
827	+159	−130	− 29	−193	+ 14	+179
953	−363	+409	− 46	+319	+464	+170

*) Hier ist ϖ_1 gemeinschaftliche Wurzel der Congruenzen

$$\varpi^2 + (\omega^{44} + \omega^{55})\varpi - 5 + 3(\omega^{11} + \omega^{88}) \equiv 0, \qquad \varpi^3 - 9\varpi^2 - (3 + 2\varpi_2) \equiv 0, \quad (\text{mod. } p),$$

wovon die erste die 2 Per. in $\varpi_1 + \varpi_{10} \equiv -(\omega^{44} + \omega^{55})$, die andere die 3 Perioden in $\varpi_1 + \varpi_2 + \varpi_4 \equiv 0$ zu Wurzeln hat.

$n = 99$

$f(\varpi_1)$, Primfactoren der Primzahlen p, z. B. $Nf(\varpi_1) = -p$.

p	$f(\varpi_1)$	p	$f(\varpi_1)$	p	$f(\varpi_1)$
17	$1 - \varpi_{10}$ (oder ϖ_4)	359	$3 - \varpi_4 - \omega^{11} - \omega^{88}$	809	$4 - \varpi_{10} - 2(\omega^{11} + \omega^{88})$
107	$1 - \varpi_2 + \omega^{11} + \omega^{88}$	431	$3 - 2\varpi_{10} + \omega^{11} + \omega^{88}$	953	$4 - 3\varpi_5$

$$N(1 + \varpi) = 3 . 37 .$$

VI, 2. $p = 99m - 19, + 26, - 28, - 46$;

$$\varpi_r = \omega^r + \omega^{-19r} + \omega^{-35r} + \omega^{-28r} + \omega^{37r} + \omega^{-10r} + \omega^{-8r} + \omega^{-46r} + \omega^{-17r} + \omega^{26r},$$
$$\Pi(\varpi_r) = 27;$$

$\varpi_{9r} = -2\varpi_{3r} = 2\overset{5}{\varpi}_{9r}$, fünfgliedrige Perioden der 11ten Wurzeln, ϖ_{11r} wie VI, 1, sowie $\varpi_{33r} = -5$;

$$\varpi_1^2 = -6 + \varpi_2 - \varpi_9 - \tfrac{2}{5}\varpi_{11}, \qquad \varpi_1\varpi_8 = 6 + \tfrac{3}{5}\varpi_{11}, \qquad \varpi_1\varpi_2 = -3 + \tfrac{3}{5}\varpi_{44},$$
$$\varpi_1\varpi_4 = 3 - \varpi_3 - \tfrac{2}{5}\varpi_{22} + \varpi_{13}.$$

Congruenzwurzeln mod. p.*)

(Für alle hierher gehörigen Primzahlen p).

p	ϖ_1	ϖ_2	ϖ_4	ϖ_8	ϖ_{13}	ϖ_{16}
53	− 4	+ 1	+ 9	+ 22	− 23	− 5
71	+ 5	+ 27	+ 6	+ 20	+ 24	− 11
179	+ 48	+ 53	− 29	− 2	− 51	− 19
251	− 83	+ 73	− 39	+ 10	− 83	+122
269	+101	− 88	+115	+ 81	+ 7	+ 53
449	− 63	+ 94	+ 54	−209	+115	+ 9
467	+ 53	−136	−209	−142	−189	+156
521	−243	+198	−111	+129	+194	−167
719	−288	+ 84	+359	−277	+193	− 71
773	−106	− 63	+ 2	+198	−135	+104
863	−156	−227	−151	−430	−206	+307
971	−357	− 97	+270	+465	−368	+ 87

*) Hier ϖ_1 gemeinschaftliche Wurzel der beiden Congruenzen:

$$\varpi^2 + (\omega^{44} + \omega^{55}) . \varpi + 6 + 3(\omega^{11} + \omega^{88}) \equiv 0, \qquad \varpi^3 + (9 - 3\varpi_3) . \varpi^2 + 3 + 2\varpi_3 \equiv 0$$

(mod. p), wovon die erste die beiden Per. in $\varpi_1 + \varpi_8 = -(\omega^{44} + \omega^{55})$, die andere die 3 Per. in $\varpi_1 + \varpi_4 + \varpi_{16} \equiv 0$ zu Wurzeln hat.

$n = 99$

Primfactoren der Primzahlen p.

Wirkliche Primfactoren $f(\varpi_1)$ haben folgende Primzahlen p:

p	$f(\varpi_1)$	p	$f(\varpi_1)$	p	$f(\varpi_1)$
251	$\varpi_2 - (\omega^{44} + \omega^{55})$	863	$2 + \varpi_2 + \varpi_{16}$	971	$1 - \varpi_2 - (\omega^{22} + \omega^{77})$
773	$2 - \varpi_4$				

Normen complexer Zahlen in $\frac{10}{\varpi}$.

$N(1 - \varpi_2) = 3.53$, $N(1 + \varpi) = 89$, $N(1 + \varpi_{13} + \omega^{44} + \omega^{55}) = 3.71$,

$N(2 + \varpi_8) = 3.179$, $N(1 + \varpi_2 + \omega^{44} + \omega^{55}) = 3.269$,

$N(3 + \varpi_8 - 2\omega^{11} - 2\omega^{88}) = 9.449$, $N(2 - \varpi_2 + 2\omega^{22} + 2\omega^{77}) = 3.467$,

$N(3 - \varpi_4 - \omega^{44} - \omega^{55}) = 3.521$, $N(1 + 2\varpi_4) = 3.719$,

VI, 3. $p = 99m + 19, -26, +28, +46$;

$$\varpi_r = \omega^r + \omega^{19r} + \omega^{-35r} + \omega^{28r} + \omega^{37r} + \omega^{10r} + \omega^{-8r} + \omega^{46r} + \omega^{-17r} + \omega^{-26r} = -\omega^{55r},$$

9te Einheitswurzeln; daher haben die hierher gehörigen Primzahlen p:

19, 73, 127, 271, 523, 541, 613, 739, 811, 919, 937

auch hier nur die Primfactoren der Primzahlen $p = 9m + 1$ (vgl. $\lambda = 9$, I).

VII. p zum Exponenten 15 gehörig,

$$p = 99m - 2, +4, +16, +25, -29, +31, -41, +49$$

$$\varpi_r = \omega^r + \omega^{-3r} + \omega^{4r} + \omega^{-8r} + \omega^{16r} + \omega^{-32r} + \omega^{-35r} + \omega^{-29r} + \omega^{-41r} + \omega^{-17r} + \omega^{34r} + \omega^{31r} + \omega^{37r} + \omega^{25r} + \omega^{49r} = 0,$$

$\varpi_{3r} = 3(\omega^{3r} + \omega^{12r} + \omega^{48r} + \omega^{75r} + \omega^{93r}) = 3\overset{5}{\varpi}_{3r}$, fünfgliedrige Perioden der 33ten Einheitswurzeln; daher haben die hierher gehörigen Primzahlen p:

31, 97, 103, 157, 223, 229, 313, 367, 421, 499, 619, 643, 691, 709, 751, 823, 907,

auch hier nur die Primfactoren bei $n = 33$, III.

$n = 99$

VIII. p zum Exponenten 30 gehörig

mit 3 Fällen, in welchen allen die primitiven Perioden null sind:

VIII, 1. $p = 99m + 2, -4, -16, -25, +29, -31, +41, -49$;

$\varpi_r = 0$, $\varpi_{3r} = 3\mathfrak{w}^{0}_{3r}$, d. h. zehngliedrige Perioden der 33ten Einheitswurzeln; daher haben die hierher gehörigen Primzahlen p:

2, 29, 41, 83, 101, 149, 167, 173, 227, 239, 271, 281, 293, 347, 479, 491, 563, 569, 677, 743, 761, 821, 887, 941,

auch hier keine anderen Primfactoren als die bei $n = 33$, IV.

VIII, 2. $p = 99m + 5, -7, -13, +14, +20, +38, -40, +47$;

$$\varpi_r = \omega^{r} + \omega^{5r} + \omega^{25r} + \omega^{26r} + \omega^{31r} + \omega^{-43r} + \omega^{-17r} + \omega^{14r} + \omega^{-29r} + \omega^{-46r} + \omega^{-32r}$$
$$+ \omega^{38r} + \omega^{-8r} + \omega^{-40r} + \omega^{-2r} + \omega^{-10r} + \omega^{49r} + \omega^{47r} + \omega^{37r} + \omega^{-13r} + \omega^{34r} + \omega^{-28r}$$
$$+ \omega^{-41r} + \omega^{-7r} + \omega^{-35r} + \omega^{23r} + \omega^{16r} + \omega^{-19r} + \omega^{4r} + \omega^{20r} = 0,$$
$$\varpi_{3r} = 3(\omega^{3r} + \omega^{15r} + \omega^{75r} + \omega^{78r} + \omega^{93r} + \omega^{69r} + \omega^{48r} + \omega^{42r} + \omega^{12r} + \omega^{60r})$$
$$= -3(\omega^{9r} + \omega^{45r} + \omega^{27r} + \omega^{36r} + \omega^{81r}) = -3\mathfrak{r}^{5}_{9r},$$

d. h. fünfgliedrige Perioden der 11ten Einheitswurzeln; daher haben die hierher gehörigen Primzahlen p:

5, 47, 59, 113, 137, 191, 257, 311, 317, 383, 389, 401, 443, 509, 587, 599, 641, 653, 797, 839, 911, 929, 977,

auch hier keine anderen Primfactoren als die bei $\lambda = 11$, III.

VIII, 3. $p = 99m - 5, +7, +13, -14, -20, -38, +40, -47$;

$\varpi_r = 0$, $\varpi_{3r} = -3\omega^{66r}$, d. h. 3te Einheitswurzeln, daher haben die hierher gehörigen Primzahlen p:

7, 13, 61, 79, 139, 151, 193, 211, 277, 283, 337, 349, 409, 457, 547, 601, 607, 673, 733, 787, 853, 877,

auch hier nur die Primfactoren der Primzahlen $p = 3m + 1$ (vgl. $\lambda = 3$, I.).

$$n = 105$$

I. $p = 105m + 1$:

211, 421, 631.

48 primitive Wurzeln, deren Gleichung:

$$\omega^{48} + \omega^{47} + \omega^{46} - \omega^{43} - \omega^{42} - 2\omega^{41} - \omega^{40} - \omega^{39} + \omega^{36} + \omega^{35} + \omega^{34} + \omega^{33} + \omega^{32} + \omega^{31} - \omega^{28} - \omega^{26} - \omega^{24} - \omega^{22} - \omega^{20} + \omega^{17} + \omega^{16} + \omega^{15} + \omega^{14} + \omega^{13} + \omega^{12} - \omega^{9} - \omega^{8} - 2\omega^{7} - \omega^{6} - \omega^{5} + \omega^{2} + \omega + 1 = 0,$$

wodurch die nichtprimitiven sich eliminiren, oder die 35ten durch $\omega^{70} + \omega^{35} + 1 = 0$, die 21ten durch $\omega^{84} + \omega^{63} + \omega^{42} + \omega^{21} + 1 = 0$, die 15ten durch $\omega^{90} + \omega^{75} + \omega^{60} + \omega^{45} + \omega^{30} + \omega^{15} + 1 = 0$.

Auch ist $\Sigma \omega^r = -1$ (wie bei den λ).

II. p zum Exponenten 2 gehörig.

24 zweigliedrige Perioden, und zwar mit 7 Fällen, wovon 6 primitiv:

II, 1. $p = 105m - 1$;

$$\varpi_r = \omega^r + \omega^{-r}, \qquad \Pi(\varpi_r) = -1, \qquad \varpi_1 \varpi_k = \varpi_{k-1} + \varpi_{k+1};$$

$\varpi_{3r} = \omega^{3r} + \omega^{-3r}$, $\varpi_{5r} = \omega^{5r} + \omega^{-5r}$, $\varpi_{7r} = \omega^{7r} + \omega^{-7r}$, resp. die zweigliedrigen Perioden erster Art der 35ten, 21ten, 15ten Wurzeln, ϖ_{15r} die der 7ten, ϖ_{21r} die der 5ten Einheitswurzeln, $\varpi_{35r} = -1$.

$n = 105$

Congruenzwurzeln mod. p.*)

p	ϖ_1	ϖ_2	ϖ_4	ϖ_8	ϖ_{11}	ϖ_{13}	ϖ_{16}	ϖ_{17}
419	−173	+178	−162	−155	−164	− 46	+140	+145
839	+255	−419	+208	−366	−210	+169	−286	+188

p	ϖ_{19}	ϖ_{22}	ϖ_{23}	ϖ_{26}	ϖ_{29}	ϖ_{31}	ϖ_{32}	ϖ_{34}
419	−105	+ 78	−106	+ 19	−121	+152	− 95	+ 73
839	+219	−369	+371	+ 33	+ 36	+257	+411	+104

p	ϖ_{37}	ϖ_{38}	ϖ_{41}	ϖ_{43}	ϖ_{44}	ϖ_{46}	ϖ_{47}	ϖ_{52}
419	−120	+129	−195	+ 57	−203	− 79	− 26	− 60
839	− 93	+136	+280	−234	+241	+ 43	−384	+248

$f(\varpi_1)$, Primfactoren der Primzahlen p. $Nf(\varpi_1) = -p$.

$p = 419$, $f(\varpi_1) = 1 + \varpi_{29} - \varpi_{37}$; $p = 839$, $f(\varpi_1) = 1 + \varpi_3 - \varpi_{14}$.

II, 2. $p = 105m + 34$;

$\varpi_r = \omega^r + \omega^{34r}$, $\Pi(\varpi_r) = 1$; ϖ_{3r}, sowie ϖ_{15r} und ϖ_{21r} wie II, 1, $\varpi_{5r} = \omega^{5r} + \omega^{65r}$ und $\varpi_{7r} = \omega^{7r} + \omega^{28r}$, zweigliedrige Perioden zweiter Art der resp. 21ten und 15ten Wurzeln, $\varpi_{35r} = 2\omega^{35r}$;

$$\varpi_1^2 = 2\omega^{35} + \varpi_2, \qquad \varpi_1\varpi_{71} = 2 + \varpi_{33}; \qquad \varpi_1 + \varpi_{71} = -\varpi_{36},$$

$$\varpi_1 + \varpi_{13} + \varpi_{43} + \varpi_{64} = -\varpi_{55}, \qquad \varpi_1 + \varpi_4 + \varpi_{16} + \varpi_{46} + \varpi_{61} + \varpi_{64} = -\varpi_{49}.$$

*) Hier ist ϖ_1 völlig bestimmt durch eine der 3 linearen Congruenzen (für beide Primzahlen alle drei in Einklang mit den Zahlen der Tafel II bei $n = 35, 21, 15$):

$$\varpi_1\varpi_6 \equiv \varpi_5 + \varpi_7, \qquad \varpi_1\varpi_{50} \equiv \varpi_{49} + \varpi_{51}, \qquad \varpi_1\varpi_{49} \equiv \varpi_{48} + \varpi_{50} \pmod{p},$$

sowie als gemeinschaftliche Wurzel eines Paars der 3 Congruenzsysteme von resp. 2, 4, 6 Congruenzen, deren erste: $\varpi_1 + \varpi_{34} \equiv -\varpi_{36}$ (2te: $\varpi_1\varpi_{34} \equiv -1 + \varpi_{22}$),

$$\varpi_1 + \varpi_{22} + \varpi_{41} + \varpi_{43} \equiv -\varpi_{20}, \qquad \varpi_1 + \varpi_{16} + \varpi_{29} + \varpi_{31} + \varpi_{44} + \varpi_{46} \equiv -\varpi_{14} \pmod{p}.$$

Letztere dienen zugleich, als Gleichungen betrachtet, zur Elimination der nichtprimitiven Perioden.

$n = 105$

Congruenzwurzeln mod. p*)

p	ϖ_1	ϖ_2	ϖ_4	ϖ_8	ϖ_{11}	ϖ_{13}	ϖ_{16}	ϖ_{17}
139	+ 65	− 29	− 46	− 53	− 38	+ 1	− 24	+ 37
349	− 66	+ 65	+142	+168	− 11	−123	+ 60	− 35
769	+149	−147	+126	−320	+338	−288	+172	+ 10

p	ϖ_{23}	ϖ_{26}	ϖ_{29}	ϖ_{32}	ϖ_{37}	ϖ_{43}	ϖ_{46}	ϖ_{52}
139	+ 60	+ 56	+ 40	− 64	+ 33	− 2	− 67	+ 25
349	−119	+ 19	− 58	+ 7	+ 22	− 73	− 43	+117
769	−101	−155	+134	+315	+ 6	+170	+253	+235

p	ϖ_{58}	ϖ_{61}	ϖ_{64}	ϖ_{67}	ϖ_{71}	ϖ_{74}	ϖ_{83}	ϖ_{86}
139	+ 18	− 11	+ 12	− 47	− 15	+ 32	− 43	+ 59
349	− 21	+106	+154	−163	− 25	−126	+ 1	− 9
769	+318	−182	+ 73	+ 97	−190	− 11	+135	−369

Normen complexer Zahlen in $\frac{2}{\varpi}$.

$N(1 - \varpi_{13}) = 139 \,.\, 349\,,$ $\quad N(1 + \varpi) = 39901 \; (p = 105m + 1)\,,$

$N(1 + \varpi_{17} + \varpi_{74}) = 769 \,.\, 10009\,.$

II, 3. $p = 105m - 34\,;$

$\varpi_r = \omega^r + \omega^{-34r} = -\omega^{36r}$, 35 te Einheitswurzeln; daher sind die Primfactoren der hierher gehörigen Primzahlen p:

71, 281, 491, 701, 911

auch hinsichtlich der 105 ten Einheitswurzeln einerlei mit denen der Primzahlen $p = 35m + 1$.

*) Hier ist ϖ_1 völlig bestimmt durch eine der linearen Congruenzen (alle in Einklang mit den Zahlen bei $n = 35,\ 21,\ 15$):

$\varpi_1\varpi_6 \equiv \varpi_5 + \varpi_7\,,\qquad \varpi_1\varpi_5 \equiv \varpi_6 + \varpi_{39}\,,\qquad \varpi_1\varpi_{14} \equiv \varpi_{15} + \varpi_{48}$ (mod. p).

$n = 105$

II, 4. $p = 105m + 41$:

41, 251, 461, 881;

$\varpi_r = \omega^r + \omega^{41r}$, $\Pi(\varpi_r) = 1$; $\varpi_{3r} = \omega^{3r} + \omega^{18r}$, zweigliedrige Perioden 2ter Art der 35ten Wurzeln, $\varpi_{5r} = \omega^{5r} + \omega^{-5r}$ wie II, 1, sowie ϖ_{15r}, $\varpi_{21r} = 2\omega^{21r} = -2\varpi_{56r}$ (oder $\varpi_{7r} = -\omega^{42r}$), $\varpi_{35r} = -1$;

$\varpi_1^2 = 2\omega^{10} + \varpi_2$, $\varpi_1 \varpi_{64} = 2 + \omega_{40}$, $\varpi_1 \varpi_{71} = -\omega^{42} + \varpi_{12}$; ferner: $\varpi_1 + \varpi_{71} = -\varpi_6$,

$$\varpi_1 + \varpi_{22} + \varpi_{43} + \varpi_{64} = -\varpi_{20}, \qquad \varpi_1 + \varpi_{11} + \varpi_{16} + \varpi_{46} + \varpi_{61} + \varpi_{71} = \omega^{21}.$$

Congruenzwurzeln mod. p, z. B.*)

p	ϖ_1	ϖ_2	ϖ_4	ϖ_8	ϖ_{11}	ϖ_{16}	ϖ_{17}	ϖ_{19}
41	− 4	− 20	− 2	+ 13	− 18	− 15	+ 9	+ 9
251	−105	+ 45	− 23	− 20	−118	− 77	+ 87	+ 66

p	ϖ_{22}	ϖ_{23}	ϖ_{29}	ϖ_{32}	ϖ_{37}	ϖ_{38}	ϖ_{43}	ϖ_{46}
41	+ 1	+ 5	+ 7	− 16	+ 14	+ 8	+ 10	+ 5
251	− 68	+ 65	− 1	− 31	+ 84	+ 42	+ 97	− 17

p	ϖ_{53}	ϖ_{58}	ϖ_{61}	ϖ_{64}	ϖ_{71}	ϖ_{74}	ϖ_{79}	ϖ_{92}
41	+ 4	+ 17	− 2	+ 18	+ 3	− 1	+ 6	− 11
251	+ 11	− 46	−104	− 83	+ 32	− 12	+ 73	+102

Normen complexer Zahlen in $\frac{2}{\varpi}$.

$$N(1 + \varpi_{29}) = 41 . 251, \qquad N(1 - \varpi_{22}) = 41 . 1301.$$

---

*) Hier ϖ_1 völlig bestimmt durch eine der linearen Congruenzen (alle in Einklang mit den Zahlen bei $n = 35$, 21, $\lambda = 5$):

$$\varpi_1 \varpi_9 \equiv \varpi_{10} + \varpi_{50}, \qquad \varpi_1 \varpi_{50} \equiv \varpi_{51} - \omega^{21}, \qquad \varpi_1 \omega^{84} \equiv -\varpi_{20} \pmod{p}.$$

$n = 105$

II, 5. $p = 105m - 41$;

$\varpi_r = \omega^r + \omega^{-41r}$, $\Pi(\varpi_r) = 1$; $\varpi_{3r} = \omega^{3r} + \omega^{87r}$, zweigliedrige Perioden 3ter Art der 35ten Wurzeln, $\varpi_{5r} = 2\omega^{5r}$, sowie $\varpi_{15r} = 2\omega^{15r}$, $\varpi_{35r} = 2\omega^{35r}$, $\varpi_{7r} = \omega^{7r} + \omega^{28r}$, zweigliedrige Perioden 2ter Art der 15ten Wurzeln wie II, 2. und ϖ_{21r} wie II, 1.

$$\varpi_1^2 = 2\omega^{65} + \varpi_2, \quad \varpi_1\varpi_{41} = 2 + \varpi_{42}, \quad \varpi_1\varpi_{62} = -1, \quad \varpi_1\varpi_{13} = -\omega^{35},$$

$$\varpi_1\varpi_{22} = -\omega^{65}, \quad \varpi_1\varpi_{29} = 2\omega^{30} + \varpi_{72}; \quad \text{ferner:} \quad \varpi_1 + \varpi_{29} = -\varpi_{36},$$

$$\varpi_1 + \varpi_{22} = -\omega^{85}, \quad \varpi_1 + \varpi_4 + \varpi_{16} + \varpi_{19} + \varpi_{31} + \varpi_{34} = -\varpi_{49}.$$

Congruenzwurzeln mod. p*)

(d. h. für die einzige hierher gehörige Primzahl $p = 379$).

ϖ_1	ϖ_2	ϖ_4	ϖ_8	ϖ_{11}	ϖ_{13}	ϖ_{16}	ϖ_{17}	ϖ_{19}	ϖ_{22}	ϖ_{26}	ϖ_{29}
+95	−121	+126	−173	−17	−171	−65	+3	−166	−100	−128	−82

ϖ_{31}	ϖ_{32}	ϖ_{34}	ϖ_{37}	ϖ_{41}	ϖ_{44}	ϖ_{47}	ϖ_{52}	ϖ_{59}	ϖ_{62}	ϖ_{67}	ϖ_{82}
−155	−22	−46	−151	−72	+96	+35	−156	+54	−4	+7	+75

Primfactoren der Primzahlen p und Normen.

Für $p = 379$ ist $f(\varpi_1) = 1 + \varpi_{17} + \varpi_{62}$. — Auch ist $N(1 \pm \varpi) = 211$.

II, 6. $p = 105m + 29$:

29, 239, 449, 659;

$\varpi_r = \omega^r + \omega^{29r}$, $\Pi(\varpi_r) = 1$; ϖ_{3r} wie II, 5, $\varpi_{15r} = 2\omega^{15r} = -2\varpi_{50r}$ (oder $\varpi_{5r} = -\omega^{75r}$), ϖ_{7r} wie II, 1, sowie ϖ_{21r}, $\varpi_{35r} = -1$;

$$\varpi_1^2 = 2\omega^{30} + \varpi_2, \quad \varpi_1\varpi_{76} = 2 + \varpi_{28}, \quad \varpi_1\varpi_{64} = -\omega^{30} + \varpi_{79},$$

$$\varpi_1\varpi_{13} = \varpi_{14} + \varpi_{42} \text{ u. s. w.}; \quad \text{ferner:} \quad \varpi_1 + \varpi_{64} = -\varpi_{36},$$

$$\varpi_1 + \varpi_8 + \varpi_{42} + \varpi_{64} = \omega^{15}, \quad \varpi_1 + \varpi_{16} + \varpi_{31} + \varpi_{46} + \varpi_{61} + \varpi_{76} = -\varpi_{14}.$$

---

*) Hier ist ϖ_1 völlig bestimmt durch eine beliebige der linearen Congruenzen:

$$\varpi_1\varpi_6 \equiv \varpi_7 + \varpi_{35}, \quad \varpi_1\omega^{20} \equiv \varpi_{21}, \quad \varpi_1\varpi_{14} \equiv 2\omega^{15} + \varpi_{57} \pmod{p}.$$

$n = 105$

Congruenzwurzeln mod. p, z. B.*)

p	ϖ_1	ϖ_2	ϖ_4	ϖ_8	ϖ_{13}	ϖ_{16}	ϖ_{17}	ϖ_{19}
29	-13	$+3$	$+6$	-12	-10	$+7$	$+14$	-1
239	-13	-90	$+13$	$+6$	$+82$	$+16$	$+74$	-16

p	ϖ_{23}	ϖ_{31}	ϖ_{32}	ϖ_{34}	ϖ_{38}	ϖ_{43}	ϖ_{46}	ϖ_{47}
29	$+2$	-6	-12	$+5$	-10	$+11$	$+1$	$+2$
239	$+11$	$+109$	$+56$	-109	$+60$	$+103$	-79	$+23$

p	ϖ_{53}	ϖ_{61}	ϖ_{64}	ϖ_{68}	ϖ_{76}	ϖ_{79}	ϖ_{83}	ϖ_{94}
29	-8	-5	$+9$	$+11$	-4	$+13$	$+3$	-7
239	$+110$	-105	$+105$	-117	-73	$+73$	-95	$+94$

Normen complexer Zahlen in $\frac{2}{\varpi}$.

$N(1+\varpi_{19}) = 29.449$, $\quad N(1-\varpi_{46}) = 29.1709$, $\quad N(1+\omega^{30}-\varpi_{23}) = 239.29$.

II, 7. $p = 105m - 29$;

$$\varpi_r = \omega^r + \omega^{-29r}, \qquad \Pi(\varpi_r) = 1;$$

ϖ_{3r} wie II, 4, ϖ_{5r} wie II, 2, ϖ_{15r} wie II, 1, $\varpi_{7r} = 2\omega^{7r}$, sowie $\varpi_{21r} = 2\omega^{21r}$,
$\varpi_{35r} = 2\omega^{35r}$;

$$\varpi_1^2 = 2\omega^{77} + \varpi_2, \qquad \varpi_1\varpi_{29} = 2 + \varpi_{30}, \qquad \varpi_1\varpi_{41} = 2\omega^{14} + \varpi_{12},$$

$$\varpi_1\varpi_{16} = \varpi_{17} + \varpi_{62}, \qquad \varpi_1\varpi_{16}\varpi_{31} = \omega^{21};$$

ferner:

$$\varpi_1 + \varpi_{41} = -\varpi_6, \qquad \varpi_1 + \varpi_{16} + \varpi_{31} = -\omega^{91}, \qquad \varpi_1 + \varpi_{13} + \varpi_{22} + \varpi_{34} = -\varpi_{55}.$$

*) Hier ist ϖ_1 völlig bestimmt durch eine der linearen Congruenzen (wie bisher):
$\varpi_1\varpi_6 \equiv \varpi_7 + \varpi_{35}$, $\varpi_1\omega^{90} \equiv \varpi_{14}$ (oder $\varpi_1\varpi_{20} \equiv -\varpi_{14}$), $\varpi_1\varpi_{49} \equiv -\omega^{15} + \varpi_{57}$ (mod. p).

$n = 105$

Congruenzwurzeln mod. p.*)

(Für alle hierher gehörigen Primzahlen.)

p	ϖ_1	ϖ_2	ϖ_4	ϖ_8	ϖ_{11}	ϖ_{13}	ϖ_{16}	ϖ_{17}
181	+ 55	+ 20	− 20	− 15	− 11	+ 4	− 3	+ 81
601	−208	+291	+ 14	−138	+252	+294	− 73	+219
811	+242	−380	+158	+394	+150	+127	− 80	+171

p	ϖ_{19}	ϖ_{22}	ϖ_{23}	ϖ_{26}	ϖ_{29}	ϖ_{31}	ϖ_{34}	ϖ_{37}
181	+ 4	− 43	− 65	− 34	− 87	+ 15	− 13	+ 55
601	+ 68	−238	−112	+ 22	− 77	+ 38	− 45	−228
811	−261	+211	−271	− 63	− 5	+ 36	+161	+ 71

p	ϖ_{38}	ϖ_{41}	ϖ_{44}	ϖ_{52}	ϖ_{58}	ϖ_{59}	ϖ_{62}	ϖ_{73}
181	− 37	+ 20	− 15	+ 87	− 43	+ 75	− 65	+ 34
601	+ 83	−209	+103	−153	−284	+251	− 60	+189
811	−243	− 73	+129	+333	−357	+388	− 67	+ 39

Primfactoren der Primzahlen p und Normen.

Für $p = 601$ ist $f(\varpi_1) = 1 - \varpi_{31} - \omega^{49}$; $\quad p = 811$, $\quad f(\varpi_1) = 1 + \varpi_1 + \varpi_{38}$.

Ferner ist: $N(1 + \varpi_{13} - \omega^{28}) = 181^2$, $\quad N(1 + \varpi) = 211$, $\quad N(1 - \varpi) = 631$.

*) Hier ist ϖ_1 völlig bestimmt durch

$\varpi_1 \varpi_9 \equiv \varpi_{10} + \varpi_{55}$, oder $\varpi_1 \varpi_5 \equiv \varpi_6 + \varpi_{66}$ $(\varpi_1 \varpi_{20} \equiv 2\omega^{21} + \varpi_{51})$, oder $\varpi_1 \omega^{14} \equiv \varpi_{15}$ (mod. p).

$n = 105$

III. p zum Exponenten 3 gehörig.

$p = 105m + 16, + 46:$

151, 331, 541, 571, 751, 991.

16 dreigliedrige Perioden:

$$\varpi_r = \omega^r + \omega^{16r} + \omega^{46r}, \quad \Pi(\varpi_r) = 256;$$

$\varpi_{3r} = \varpi^{3r} + \omega^{48r} + \omega^{33r}$, dreigliedrige Perioden der 35ten, $\varpi_{5r} = \omega^{5r} + \omega^{80r} + \omega^{20r}$, desgleichen der 21ten Wurzeln, $\varpi_{7r} = 3\omega^{7r}$, $\varpi_{15r} = \omega^{15r} + \omega^{30r} + \omega^{60r}$ dreigliedrige Perioden der 7ten Wurzeln, $\varpi_{21r} = 3\omega^{21r}$, $\varpi_{35r} = 3\omega^{35r}$;

$$\varpi_1^2 = -\omega^{77} + \varpi_{17}, \qquad \varpi_1\varpi_{11} = -\omega^{42} + \varpi_{19}, \qquad \varpi_1\varpi_{31} = 2\omega^{77},$$

$\varpi_1\varpi_{29} = -1 + \varpi_{45}$ u. s. w.; ferner:

$$\varpi_1 + \varpi_{11} = -\varpi_{36}, \qquad \varpi_1 + \varpi_{31} = -\omega^{91}, \qquad \varpi_1 + \varpi_4 + \varpi_{22} + \varpi_{43} = -\varpi_{25}.$$

Congruenzwurzeln mod. p, z. B.*)

p	ϖ_1	ϖ_2	ϖ_4	ϖ_8	ϖ_{11}	ϖ_{13}	ϖ_{17}	ϖ_{19}
151	+ 47	— 3	— 13	— 26	— 41	— 51	+ 49	+ 11
331	—152	—115	+ 19	— 38	— 78	— 95	—141	— 17
751	+ 33	+336	+169	—146	—156	+ 76	+ 1	—337
991	+151	—180	+376	+150	+216	+ 11	+ 94	+156

p	ϖ_{22}	ϖ_{26}	ϖ_{29}	ϖ_{31}	ϖ_{38}	ϖ_{43}	ϖ_{52}	ϖ_{59}
151	+ 55	— 35	— 24	— 63	+ 22	+ 74	+ 58	— 61
331	+ 39	— 87	— 73	+136	+ 34	—108	—122	+135
751	+160	+ 80	—321	—248	—291	+ 2	+ 72	—182
991	—291	—311	—125	—222	+252	—253	+185	—210

Primfactoren der Primzahlen p und Normen.

Für $p = 751$ ist $f(\varpi_1) = 1 - \varpi_{17}$ wirklich. — Es ist ferner:

$$N(1-\varpi) = 211, \qquad N(1 + \varpi_2 + \omega^{49}) = 151^2, \qquad N(1 + \varpi_{19} + \omega^{91}) = 16 . 331,$$
$$N(1 + \varpi_{38} + \varpi_{43}) = 991^2.$$

*) Hier ist ϖ_1 völlig bestimmt durch lineäre Congruenzen, wie
$\varpi_1\varpi_9 \equiv 2\varpi_{10} + \varpi_{25}$, $\quad \varpi_1\varpi_5 \equiv 2\omega^{21}$, $\quad \varpi_1\omega^{14} \equiv \varpi_{15}$ u. a. (mod. p).

$n = 105$

IV. p zum Exponenten 4 gehörig.

12 viergliedrige Perioden, und zwar mit 4 Fällen, wovon 3 primitiv:

IV, 1. $p = 105m + 8, -13$: 113, 197, 617, 743, 827 953;

$$\varpi_r = \omega^r + \omega^{8r} + \omega^{-41r} + \omega^{-13r}, \quad \Pi(\varpi_r) = 4096;$$

$\varpi_{3r} = -\omega^{45r}$ und $\varpi_{5r} = -2\omega^{75r}$ und $\varpi_{15r} = 4\omega^{15r}$, alle drei 7te Einheitswurzeln, ϖ_{7r} viergliedrige Perioden der 15ten, $\varpi_{21r} = -1$, $\varpi_{35r} = -2$;

$$\varpi_1^2 = -4\omega^{30} + \varpi_2, \quad \varpi_1\varpi_{11} = 4\omega^{75}, \quad \varpi_1\varpi_{13} = 4, \quad \varpi_1\varpi_{22} = 4\omega^{30};$$ ferner:

$$\varpi_1 + \varpi_{22} = \omega^{15}, \quad \varpi_1 + \varpi_2 + \varpi_4 + \varpi_{17} + \varpi_{19} + \varpi_{34} = -\varpi_{49}.$$

Congruenzwurzeln mod. p, z. B.*)

p	ϖ_1	ϖ_2	ϖ_4	ϖ_{11}	ϖ_{13}	ϖ_{17}
113	− 10	− 43	+ 40	− 12	− 23	− 38
197	− 75	+ 56	+ 46	+ 68	+ 84	+ 58
617	−185	+ 42	− 36	+278	+ 40	−253
953	−274	− 54	+263	+265	−320	+205

p	ϖ_{19}	ϖ_{23}	ϖ_{26}	ϖ_{34}	ϖ_{37}	ϖ_{52}
113	− 54	+ 3	− 29	+ 39	− 21	+ 34
197	− 79	+ 69	− 14	+ 80	− 20	− 77
617	+261	− 12	+147	−206	−104	+127
953	+184	−171	+247	+ 78	−145	−279

Normen complexer Zahlen in $\frac{4}{\varpi}$.

$N(1 + \varpi) = 2689$, $N(1 - \varpi) = 4159$ (beides Primzahlen der Form $105m - 41$, vgl. II, 5), $N(1 + \varpi_{34} - \omega^{75}) = 211$ (vgl. I, 1); $N(1 + \varpi_{26} + \omega^{60}) = 8 . 113$, $N(1 - \varpi_{13} - \omega^{60}) = 8 . 197$, $N(1 - \varpi_{52} - \omega^{45}) = 113 . 617$, $N(2 + \varpi_4 - \varpi_{11}) = 953 . 9437$.

*) Hier ist ϖ_1 völlig bestimmt durch die lineäre Congruenz: $\varpi_1\omega^{90} \equiv \varpi_{49}$ (mod. p); (auch als gemeinschaftliche Wurzel, s. oben bei den Perioden).

$n = 105$

IV, 2. $p = 105m - 8, + 13$:

13, 97, 223, 307, 433, 643, 727, 853, 937;

$$\varpi_r = \omega^r + \omega^{-8r} + \omega^{-41r} + \omega^{13r}, \quad \Pi(\varpi_r) = 29^2;$$

$\varpi_{3r} = \omega^{3r} + \omega^{39r} + \omega^{81r} + \omega^{87r}$ viergliedrige Per. der 35ten, $\varpi_{5r} = 2(\omega^{5r} + \omega^{65r}) = 2\overset{2}{\varpi}_{5r}$ zweigliedrige Perioden 2ter Art der 21ten, $\varpi_{7r} = -\omega^{70r} = -\frac{1}{4}\varpi_{70r}$ (oder $\varpi_{35r} = 4\omega^{35r}$), $\varpi_{15r} = 2\overset{2}{\varpi}_{15r}$, zweigliedrige Per. der 7ten Wurzeln, $\varpi_{21r} = -1$;

$$\varpi_1^2 = \varpi_2 + \varpi_5 - 2\omega^{35}, \qquad \varpi_1\varpi_8 = 3 - \tfrac{1}{2}\varpi_{30}, \qquad \varpi_1\varpi_{22} = 3\omega^{35} - \tfrac{1}{2}\varpi_5,$$

$\varpi_1\varpi_{29} = -2 + \varpi_{30} + \varpi_{54}$; ferner: $\varpi_1 + \varpi_{22} = -\frac{1}{2}\varpi_{55}$, $\varpi_1 + \varpi_{29} = -\varpi_{27}$, $\varpi_1 + \varpi_4 + \varpi_{16} + \varpi_{19} + \varpi_{22} + \varpi_{31} = \omega^{70}$.

Congruenzwurzeln mod. p, z. B.*)

p	ϖ_1	ϖ_2	ϖ_4	ϖ_8	ϖ_{11}	ϖ_{16}
13	− 1	− 3	+ 6	+ 4	+ 5	+ 6
97	+ 30	− 3	+ 16	+ 44	− 22	+ 9
223	+ 54	− 54	− 62	− 48	+ 27	− 19
937	−417	+151	− 66	+159	−233	− 69

p	ϖ_{19}	ϖ_{22}	ϖ_{29}	ϖ_{31}	ϖ_{32}	ϖ_{44}
13	− 1	− 3	− 3	− 4	+ 1	+ 5
97	+ 11	− 32	− 17	+ 1	+ 35	+ 24
223	− 99	+ 88	+ 70	− 49	− 47	+ 91
937	−102	−337	−237	−269	−254	−201

Normen complexer Zahlen in $\frac{4}{\varpi}$.

$N(1 + \varpi_1) = 13^2$, $N(1 - \varpi_{32}) = N(\varpi_{32} - \omega^{70}) = 13 . 97$, $N(1 + \varpi_2 + \varpi_{55}) = 7 . 97$, $N(1 - \varpi_5 - \varpi_{54}) = 13 . 937$.

*) Hier ist ϖ_1 völlig bestimmt durch $\varpi_1\omega^{35} \equiv \varpi_{27}$ (mod. p), auch als Gemeinwurzel zweier quadratischen Congruenzen (s. oben).

$n = 105$

IV, 3. $p = 105m - 22, -43$:

83, 167, 293, 503, 587, 797;

$$\varpi_r = \omega^r + \omega^{-22r} + \omega^{-41r} + \omega^{-43r}, \quad \Pi(\varpi_r) = 211;$$

ϖ_{3r} wie IV, 2, $\varpi_{5r} = 2(\omega^{5r} + \omega^{100r})$ zweigliedrige Perioden 1ter Art der 21ten, $\varpi_{7r} = \omega^{7r} + \omega^{14r} + \omega^{28r} + \omega^{56r}$ viergliedrige Perioden der 15ten Wurzeln, ϖ_{15r} wie IV, 2, $\varpi_{21r} = -1$, $\varpi_{35r} = -2$;

$\varpi_1^2 = -2 + \varpi_2 + \varpi_{40}$, $\varpi_1\varpi_{22} = 3 - \frac{1}{2}\varpi_{40}$, $\varpi_1\varpi_{13} = 1 + \varpi_{30} + \varpi_{54}$; ferner: $\varpi_1 + \varpi_{13} = -\varpi_{37}$, $\varpi_1 + \varpi_{22} = -\frac{1}{2}\varpi_{20}$, $\varpi_1 + \varpi_2 + \varpi_4 + \varpi_8 + \varpi_{16} + \varpi_{31} = -\varpi_{49}$.

Congruenzwurzeln mod. p, z. B.*)

p	ϖ_1	ϖ_2	ϖ_4	ϖ_8	ϖ_{11}	ϖ_{13}
83	+ 36	− 14	− 9	+ 35	+ 29	+ 24
167	− 68	+ 83	− 29	− 64	+ 41	+ 28
503	−190	−251	+ 53	−249	−168	+228

p	ϖ_{16}	ϖ_{22}	ϖ_{26}	ϖ_{31}	ϖ_{44}	ϖ_{59}
83	− 4	− 2	+ 11	+ 7	+ 22	+ 30
167	+ 7	− 44	+ 35	+ 34	+ 67	+ 76
503	−241	−181	−198	+ 98	− 69	+161

Normen complexer Zahlen in $\frac{4}{\varpi}$.

$N(\varpi_1 + \omega^{10} + \omega^{95}) = 83^2$, $\quad N(2 + \varpi_{22}) = 83.293$,

$N(1 + \varpi_{11} + \omega^5 + \omega^{100}) = 167.293$, $\quad N(1 - \varpi_{44} - \omega^{10} - \omega^{95}) = 27.503$,

$N(1 + \varpi_4 + \varpi_{54}) = 83.503$; $\quad$ dagegen:

$N(1 - \varpi) = N(\varpi) = 211$, $\quad N(1 + \varpi) = 421$ (vgl. I).

*) Hier ist ϖ_1 völlig bestimmt durch $\varpi_1(\omega^{50} + \omega^{55}) \equiv \varpi_7 + \varpi_9$ oder als Gemeinwurzel der aus Obigem sich ergebenden beiden quadratischen Congruenzen; bei letzterem Verfahren, welches obigen Zahlen zu Grunde liegt, kann die Congruenz $\varpi_1 + \varpi_2 + \varpi_4 + \varpi_8 + \varpi_{16} + \varpi_{31} \equiv -\varpi_{49}$ die Vertauschung der Werthe von ϖ_7 und ϖ_{49}, welche bei $n = 15$, IV willkührlich bestimmt worden sind, zur Folge haben, was bei $p = 83$ und 167 wirklich der Fall ist, nicht aber bei $p = 503$. Vgl. bei $n = 60$ und 84.

$n = 105$

IV, 4. $p = 105m + 22, + 43$:

43, 127, 337, 463, 547, 673, 757, 883, 967;

$\varpi_r = \omega^r + \omega^{22r} + \omega^{-41r} + \omega^{43r} = -\omega^{85r}$, d. h. 21 te Einheitswurzeln, wesshalb vorstehende Primzahlen auch hier die Primfactoren der $p = 21m + 1$ ($n = 21$, I) haben.

V. p zum Exponenten 6 gehörig.

8 sechsgliedrige Perioden und zwar mit 7 Fällen, wovon 5 primitiv:

V, 1. $p = 105m - 16, - 46$;

$$\varpi_r = \omega^r + \omega^{-16r} + \omega^{46r} + \omega^{-r} + \omega^{16r} + \omega^{-46r}, \quad \Pi(\varpi_r) = -1;$$

$\varpi_{3r} = \omega^{3r} + \omega^{33r} + \omega^{48r} + \omega^{57r} + \omega^{72r} + \omega^{102r}$ sechsgliedrige Per. der 35ten (erster Art, $n = 35$, IV, 1), $\varpi_{5r} = \omega^{5r} + \omega^{20r} + \omega^{80r} + \omega^{25r} + \omega^{85r} + \omega^{100r}$ desgleichen der 21ten Einheitswurzeln, $\varpi_{7r} = 3(\omega^{7r} + \omega^{98r}) = 3\frac{2}{\varpi_{7r}}$, zweigliedrige Perioden der 15ten, desgl. ϖ_{21r} der 5ten Wurzeln, $\varpi_{15r} = -1$, $\varpi_{35r} = -3$;

$$\varpi_1^2 = 4 + \varpi_2 + 2\varpi_{17}, \quad \varpi_1\varpi_{29} = -3 + \tfrac{2}{3}\varpi_{28}, \quad \varpi_1\varpi_{11} = -2 + \varpi_3 + 2\varpi_{12}; \text{ ferner:}$$

$$\varpi_1 + \varpi_{11} = -\varpi_{24}, \quad \varpi_1 + \varpi_{29} = -\tfrac{1}{3}\varpi_{14}, \quad \varpi_1 + \varpi_4 + \varpi_{17} + \varpi_{22} = -\varpi_5.$$

Congruenzwurzeln mod. p*).

p	ϖ_1	ϖ_2	ϖ_4	ϖ_8	ϖ_{11}	ϖ_{17}	ϖ_{22}	ϖ_{29}
59	− 12	+ 4	+ 8	− 20	+ 2	+ 9	− 19	+ 27
89	− 1	− 42	+ 35	− 39	+ 17	− 25	+ 7	− 42
269	−134	+ 83	+ 41	+ 50	− 75	− 77	−128	− 30
479	− 40	+214	−153	+193	+220	+212	+110	+201
509	+104	− 33	− 41	+ 25	+ 54	+ 78	−192	+ 4
719	+ 69	−241	−104	−170	− 29	+342	−261	−326
929	+327	−257	+373	+330	+321	−291	+187	− 62

*) Hier ist ϖ_1 völlig bestimmt durch $\varpi_1(\omega^{49} + \omega^{56}) \equiv \varpi_3 + \varpi_{10}$ (mod. p), sowie als Gemeinwurzel der beiden im Obigen enthaltenen quadratischen Congruenzen, also nur aus den Perioden der 35ten und 15ten Einheitswurzeln, wobei alsdann der bei IV, 3 berührte Fall eintreten kann, hier hinsichtlich der 21ten Wurzeln.

$n = 105$

$f(\varpi_1)$, Primfactoren der Primzahlen p. $Nf(\varpi_1) = -p$.

p	$f(\varpi_1)$	p	$f(\varpi_1)$	p	$f(\varpi_1)$
59	$2 - \varpi_{11}$	479	$2 - \varpi_2 + \varpi_{17}$	719	$\varpi_1 + \varpi_8 - (\omega^{28} + \omega^{77})$
89	$1 + \varpi_1$	509	$2\varpi_{11} + \omega^{14} + \omega^{91}$	929	$2 + \varpi_{29} + 2(\omega^{21} + \omega^{84})$
269	$1 - \varpi_{17} - (\omega^7 + \omega^{98})$				

V, 2. $p = 105m + 4, -26$;

$$\varpi_r = \omega^r + \omega^{4r} + \omega^{16r} + \omega^{-41r} + \omega^{46r} + \omega^{-26r}, \quad \Pi(\varpi_r) = 16;$$

$\varpi_{2r} = \omega^{3r} + \omega^{12r} + \omega^{48r} + \omega^{87r} + \omega^{33r} + \omega^{27r}$, sechsgliedrige Perioden zweiter Art der 35ten Wurzeln, $\varpi_{35r} = 6\omega^{35r}$, $\varpi_{5r} = 2(\omega^{5r} + \omega^{20r} + \omega^{80r}) = 2\frac{3}{\varpi_{5r}}$, dreigliedrige Per. der 21ten Wurzeln, ϖ_{15r} desgl. der 7ten Wurzeln, $\varpi_{7r} = 3(\omega^{7r} + \omega^{28r}) = 3\frac{2}{\varpi_{7r}}$, zweigliedrige Perioden zweiter Art der 15ten Wurzeln, ϖ_{21r} desgleichen der 5ten Wurzeln;

$$\varpi_1^2 = \varpi_2 + 2\varpi_5 + \varpi_{17} + \varpi_{50}, \qquad \varpi_1\varpi_{11} = -2 + \varpi_3 + \varpi_{45} - \tfrac{1}{3}\varpi_{42},$$
$$\varpi_1\varpi_{22} = -\varpi_5 - \tfrac{1}{2}\varpi_{50}, \qquad \varpi_1\varpi_{19} = 4\omega^{35} + \tfrac{2}{3}\varpi_{77},$$
$$\varpi_1\varpi_{17} = -2, \qquad \varpi_1\varpi_{26} = 5 + \tfrac{2}{3}\varpi_{42}; \quad \text{ferner:}$$
$$\varpi_1 + \varpi_{11} = -\varpi_9, \qquad \varpi_1 + \varpi_{22} = -\tfrac{1}{2}\varpi_{25}, \qquad \varpi_1 + \varpi_{19} = -\tfrac{1}{3}\varpi_{49}.$$

Congruenzwurzeln mod. p.*)

p	ϖ_1	ϖ_2	ϖ_{11}	ϖ_{13}	ϖ_{17}	ϖ_{19}	ϖ_{22}	ϖ_{26}
79	+ 25	+ 29	+ 22	− 36	− 38	+ 19	+ 15	− 37
109	− 30	− 41	− 42	+ 26	− 29	+ 16	+ 33	− 43
499	+150	+ 11	− 42	− 95	−173	−227	+ 32	−156
709	+319	− 33	+ 95	+ 97	+ 40	+ 86	−275	−330
739	+149	−262	−355	−204	−248	−220	−144	−195
919	− 69	−391	− 19	−145	+333	+275	−114	+129

*) Hier ϖ_1 völlig bestimmt durch $\varpi_1\varpi_5 \equiv \frac{2}{3}\varpi_{21}$, oder durch $\varpi_1(\omega^{14} + \omega^{56}) \equiv \varpi_{15} + \varpi_{18}$ u. s. w., sowie durch zwei der im Obigen enthaltenen quadratischen Congruenzen.

$n = 105$

$f(\varpi_1)$, Primfactoren der Primzahlen p.*)

p	$f(\varpi_1)$	p	$f(\varpi_1)$	p	$f(\varpi_1)$
79	$1 - \varpi_1 - \omega^{35}$	499	$1 - \varpi_{11} + \varpi_{16}$	739	$2 - \varpi_9 - \varpi_{13}$
109	$1 - \varpi_6 + \varpi_{13}$	709	$2 + \varpi_{11} - \varpi_{13}$	919	$1 + \varpi_{26} + \omega^{10} + \omega^{40} + \omega^{55}$

V, 3. $p = 105m - 4, + 26$:

101, 131, 311, 521, 761, 941, 971;

$$\varpi_r = \omega^r + \omega^{-4r} + \omega^{16r} + \omega^{41r} + \omega^{46r} + \omega^{26r}, \quad \Pi(\varpi_r) = 625;$$

$\varpi_{21r} = 6\omega^{21r} = -2\varpi_{56r} = -6\varpi_{6r}$ (indem $\varpi_{3r} = -\omega^{63r}$, $\varpi_{7r} = -3\omega^{42r}$), ϖ_{5r} wie V, 1, $\varpi_{15r} = -1$, $\omega_{35r} = -3$;

$$\varpi_1^2 = 4\omega^{43} + \varpi_2 + 2\varpi_{17}, \qquad \varpi_1\varpi_{11} = -5\omega^{42}, \qquad \varpi_1\varpi_4 = 5 + \varpi_5; \text{ ferner:}$$

$$\varpi_1 + \varpi_{11} = \omega^{21}, \qquad \varpi_1 + \varpi_4 + \varpi_{17} + \varpi_{38} = -\varpi_5.$$

Congruenzwurzeln mod. p, z. B.**)

p	ϖ_1	ϖ_2	ϖ_4	ϖ_8	ϖ_{11}	ϖ_{17}	ϖ_{19}	ϖ_{38}
101	− 50	+ 39	− 7	− 32	+ 44	− 3	− 10	+ 18
131	+ 61	− 43	− 42	− 5	− 3	+ 1	− 28	+ 58
311	− 71	+151	− 97	− 27	+ 77	−115	+149	− 68
971	+241	+142	−354	+ 47	−480	−310	+419	+294

Normen complexer Zahlen in $\frac{6}{\varpi}$.

$$N(1 + \varpi) = 991, \qquad N(1 - \varpi_{17}) = 5.131, \qquad N(1 - \varpi_{38} - \omega^{84}) = 5.101,$$

$$N(3 + \varpi_{17}) = 101.131, \qquad N(2 + \varpi_4 - \omega^{63}) = 41.311, \qquad N(2 - \varpi_1 - \omega^{21}) = 5.971.$$

*) Es ist ferner:
$N(1+\varpi) = 36$, $N(1-\varpi) = 4$, $N(\varpi_{14}-\varpi_{22}) = 4.79$, $N(1+\varpi_6-\varpi_{19}) = 16.79$ u. s. w.

**) Hier ist ϖ_1 völlig bestimmt als Gemeinwurzel oder linear durch $\varpi_1\omega^{84} \equiv \varpi_5$ (mod. p).

$n = 105$

V, 4. $p = 105m + 11, -19$:

11, 191, 401, 431, 641, 821;

$\varpi_r = \omega^r + \omega^{11r} + \omega^{16r} + \omega^{-34r} + \omega^{46r} + \omega^{-19r} = -(\omega^{36r} + \omega^{51r} + \omega^{81r})$ dreigliedrige Perioden der 35ten Wurzeln, daher haben vorstehende Primzahlen auch hier nur die Primfactoren bei $n = 35$, III.

V, 5. $p = 105m - 11, +19$:

19, 199, 229, 409, 439, 619, 829, 859;

$$\varpi_r = \omega^r + \omega^{-11r} + \omega^{16r} + \omega^{34r} + \omega^{46r} + \omega^{19r}, \quad \Pi(\varpi_r) = 11^2;$$

ϖ_{3r} und ϖ_{21r} wie V, 1, $\varpi_{35r} = 6\omega^{35r} = -6\varpi_{5r}$, $\varpi_{15r} = -1$, $\varpi_{7r} = 3(\omega^{7r} + \omega^{28r}) = 3\varpi_{7r}^2$, zweigliedrige Perioden 2ter Art der 15ten Wurzeln;

$$\varpi_1^2 = 4\omega^{35} + \varpi_2 + 2\varpi_8, \qquad \varpi_1\varpi_{11} = 4 + \varpi_3 + 2\varpi_{12}, \qquad \varpi_1\varpi_4 = 3\omega^{35} + \tfrac{2}{3}\varpi_{77};$$ ferner:

$$\varpi_1 + \varpi_4 = -\tfrac{1}{3}\varpi_{49}, \qquad \varpi_1 + \varpi_{11} = -\varpi_{24}, \qquad \varpi_1 + \varpi_4 + \varpi_{13} + \varpi_{43} = \omega^{70}.$$

Congruenzwurzeln mod. p (resp. mod. p^2), z. B.*)

p		ϖ_1	ϖ_2	ϖ_4	ϖ_8	ϖ_{11}
19	(mod. p^2)	−170	− 37	+180	+ 73	+178
199	(mod. p)	+ 77	+ 76	+ 24	+ 56	+ 3
229	(mod. p)	+110	+ 28	+ 28	−106	+ 84

p	ϖ_{13}	ϖ_{26}	ϖ_{43}	$\frac{1}{3}\varpi_{77} \equiv \omega^{77} + \omega^{98}$
19	+ 11	−146	− 90	−36
199	+ 27	− 43	− 22	(vgl. $n = 15$, II, 2)
229	−116	+ 88	+112	

Primfactoren der Primzahlen p.

Für $p = 19$ ist das Quadrat des idealen Primfactors $f^2(\varpi_1) = 1 + \varpi_2 - (\omega^{77} + \omega^{98})$;
Ferner ist: $N(1+\varpi) = 421$, $N(1-\varpi) = 19^2$, $N(1 - \varpi_1 + \varpi_2) = 19 . 199$, $N(\varpi_2 - \varpi_{26}) = 19 . 229$.

*) Hier ist ϖ_1 völlig bestimmt durch $\varpi_1\omega^{35} \equiv \varpi_{24}$ oder $\varpi_1(\omega^{14} + \omega^{56}) \equiv -1 + \varpi_2$ (mod. p), sowie als Gemeinwurzel der beiden im Obigen enthaltenen quadratischen Congruenzen.

$n = 105$

V, 6. $p = 105m + 31, -44$:

31, 61, 241, 271, 661, 691;

$\varpi_r = \omega^r + \omega^{31r} + \omega^{16r} + \omega^{-29r} + \omega^{46r} + \omega^{-44r} = -\omega^{91r}$, 15te Einheitswurzeln, daher haben vorstehende Primzahlen auch hier nur die Primfactoren der $p = 15m + 1$ (vgl. $n = 15$, I).

V, 7. $p = 105m - 31, +44$:

149, 179, 359, 389, 569, 599, 809;

$$\varpi_r = \omega^r + \omega^{-31r} + \omega^{16r} + \omega^{29r} + \omega^{46r} + \omega^{44r}, \quad \Pi(\varpi_r) = 16;$$

ϖ_{3r} wie V, 2, $\varpi_{35r} = -3$, $\varpi_{15r} = 2(\omega^{15r} + \omega^{30r} + \omega^{60r}) = 2\overset{3}{\varpi}_{15r} = -2\varpi_{25r}$ $(\varpi_{5r} = -\overset{3}{\varpi}_{45r})$, dreigliedrige Perioden der 7ten Wurzeln, $\varpi_{7r} = 3(\omega^{7r} + \omega^{98r}) = 3\overset{2}{\varpi}_{7r}$ zweigliedrige Perioden erster Art der 15ten Wurzeln, $\varpi_{21r} = 3\overset{2}{\varpi}_{21r}$ desgleichen der 5ten Wurzeln;

$$\varpi_1^2 = -4 + \varpi_2 + 2\varpi_{13} + \varpi_{15}, \quad \varpi_1\varpi_{31} = 4 + \tfrac{2}{3}\varpi_{28}, \quad \varpi_1\varpi_4 = 1 + \varpi_3 - \tfrac{1}{3}\varpi_{42} - \tfrac{1}{2}\varpi_{45};$$

ferner: $\varpi_1 + \varpi_4 = -\varpi_9$, $\varpi_1 + \varpi_{31} = -(\omega^{14} + \omega^{91})$,

$$\varpi_1 + \varpi_2 + \varpi_4 + \varpi_8 = \omega^{15} + \omega^{30} + \omega^{60}.$$

Congruenzwurzeln mod. p, z. B.*)

p	ϖ_1	ϖ_2	ϖ_4	ϖ_8	ϖ_{13}	ϖ_{19}	ϖ_{31}	ϖ_{38}
149	-45	$+31$	$+26$	$+22$	-10	-18	-72	$+65$
179	$+9$	-83	$+7$	-59	-73	$+3$	$+55$	-39
359	$+26$	-60	$+176$	-14	$+139$	$+47$	-144	-171
809	$+172$	-243	$+304$	-83	$+99$	-4	-130	-116

*) Hier ist ϖ_1 völlig bestimmt durch zwei quadratische oder durch eine lineäre Congruenz, wie $\varpi_1(\omega^{49} + \omega^{56}) \equiv \varpi_{18} - \frac{1}{2}\varpi_{15}$ (mod. p).

$n = 105$

Normen complexer Zahlen in $\overset{6}{\varpi}$.

$N(1+\varpi) = 9.29$, $N(1-\varpi) = 331$, $N(1-\varpi_8-\omega^{28}-\omega^{77}) = 9.149$,

$N(1+\varpi_2+\omega^{14}+\omega^{91}) = 29.149$, $N(3-\varpi_{19}) = 179^2$ *),

$N(2-\varpi_4-\omega^7-\omega^{98}) = 29.359$, $N(1-\varpi_8+2\omega^{14}+2\omega^{91}) = 29.809$,

$N(4+\varpi_{19}) = 36.809$.

VI. p zum Exponenten 12 gehörig.

4 zwölfgliedrige Perioden, und zwar mit 4 Fällen:

VI, 1. $p = 105m+2, +23, +32, -52$, nämlich:

2, 23, 53, 107, 137, 233, 263, 317, 347, 443, 557, 653, 683, 863, 947, 977;

$$\varpi_r = \omega^r+\omega^{2r}+\omega^{4r}+\omega^{8r}+\omega^{16r}+\omega^{32r}+\omega^{-41r}+\omega^{23r}+\omega^{46r}+\omega^{-13r}+\omega^{-26r}+\omega^{-52r},$$
$$\Pi(\varpi_r) = 64;$$

$\varpi_{3r} = \varpi_{5r} = -(\omega^{45r}+\omega^{75r}+\omega^{90r}) = -\frac{1}{4}\varpi_{45r}$ und $\varpi_{15r} = 4(\omega^{15r}+\omega^{30r}+\omega^{60r}) = 4\overset{3}{\varpi}_{15r}$, dreigliedrige Perioden der 7ten, $\varpi_{7r} = 3\overset{4}{\varpi}_{7r}$ viergliedrige Perioden der 15ten Einheitswurzeln, $\varpi_{21r} = -3$, $\varpi_{35r} = -6$;

$\varpi_1\varpi_{11} = -4+\varpi_{45}$, $\varpi_1\varpi_{17} = -8+\frac{2}{3}\varpi_{49}$, $\varpi_1\varpi_{13} = 8$; ferner:

$\varpi_1+\varpi_{11} = \frac{1}{4}\varpi_{45}$, $\varpi_1+\varpi_{17} = \frac{1}{3}\varpi_{49}$.

Congruenzwurzeln mod. p, z. B.**)

p	ϖ_1	ϖ_{11}	ϖ_{13}	ϖ_{17}	p	ϖ_1	ϖ_{11}	ϖ_{13}	ϖ_{17}
2	1	1	0	1	233	+ 69	− 39	+ 17	− 48
23	− 8	− 6	− 1	− 9	443	+ 40	+117	−177	+ 19
53	− 15	− 24	+ 3	− 18	557	+ 44	+ 89	−253	+119
107	− 30	− 29	+ 14	+ 44	947	−371	+414	+171	−215
137	+ 45	− 29	− 12	− 5	977	−249	+311	+204	−267

*) Aus dieser folgt, dass diese Quadrate wirklich sind, aber wahrscheinlich in der Form $f^2(\omega, \varpi_1)$.

**) Hier ist ϖ_1 völlig bestimmt, wie bisher, z. B. durch $\overset{12}{\varpi}_1\overset{4}{\varpi}_7 \equiv \overset{3}{\varpi}_{15}$ (mod. p).

$n = 105$

Normen complexer Zahlen in $\frac{1^2}{\varpi}$.

$N(1-\varpi) = N(\varpi) = 64$, $N(1+\varpi_{13}) = 2.23$, $N(1+2\varpi_1+\varpi_{11}) = 2.53$,
$N(\varpi_1-\varpi_{13}+\varpi_{17}) = 2.107$, $N(5+\varpi_{17}) = 2.137$, $N(1-2\varpi_1+2\varpi_{17}) = 53.233$,
$N(2-\varpi_1+2\varpi_{17}) = 8.443$, $N(1+2\varpi_1-\varpi_{11}) = 8.557$,
$N(1+2\varpi_1+2\varpi_{11}-4\varpi_{17}) = 23.947$, $N(1+5\varpi_1+4\varpi_{11}) = 2.977$.

VI, 2. $p = 105m - 2, -23, -32, +52$, nämlich:

73, 103, 157, 283, 313, 367, 397, 523, 577, 607, 733, 787, 997;

$$\varpi_r = \omega^r + \omega^{-2r} + \omega^{4r} + \omega^{-8r} + \omega^{16r} + \omega^{-32r} + \omega^{-41r} + \omega^{-23r} + \varpi^{46r} + \omega^{13r} + \omega^{-26r} + \omega^{52r},$$
$$\Pi(\varpi_r) = 81.$$

ϖ_{3r} zwölfgliedrige Perioden der 35ten, $\varpi_{5r} = -2\omega^{35r}$, $\varpi_{7r} = -3\omega^{70r}$, $\varpi_{35r} = 12\omega^{35r}$, $\varpi_{15r} = -2$, $\varpi_{21r} = -3$;

$\varpi_1\varpi_2 = 9$, $\varpi_1\varpi_{11} - -9+\varpi_6$, $\varpi_1\varpi_{19} = 9\omega^{35}$; $\varpi_1+\varpi_{11} = -\varpi_3$,
$\varpi_1+\varpi_{19} = \omega^{70}$.

Congruenzwurzeln mod. p, z. B.*)

p	ϖ_1	ϖ_2	ϖ_{11}	ϖ_{19}	p	ϖ_1	ϖ_2	ϖ_{11}	ϖ_{19}
73	+ 11	+ 34	− 26	− 20	313	− 92	+153	+ 61	−123
103	− 51	+ 18	+ 28	+ 4	787	−317	+139	+268	− 91
157	− 50	− 41	+ 28	+ 62	997	−245	+354	− 50	− 60
283	− 12	+ 70	− 26	− 33					

Normen complexer Zahlen in $\frac{1^2}{\varpi}$.

$N(1+\varpi) = 64$, $N(1-\varpi) = 84$, $N(2-\varpi_1+\omega^{70}) = 3.73$, $N(4-\varpi_{19}) = 3.103$,
$N(1-\varpi_2+2\varpi_6) = 28.157$, $N(4+\varpi_6-\varpi_{19}) = 7.283$, $N(7+2\varpi_2) = 3.313$,
$N(5+2\varpi_6-\varpi_{19}) = 12.787$, $N(10-\varpi_{11}+\varpi_{19}) = 12.997$.

---

*) Hier ist ϖ_1 völlig bestimmt, wie bisher, z. B. durch $\varpi_1\omega^{35} \equiv \varpi_3$ (mod. p).

$n = 105$

VI, 3. $p = 105m + 17, -37, +38, +47$, nämlich:

17, 47, 173, 227, 257, 353, 383, 467, 563, 593, 647, 677, 773, 857, 887, 983;

$$\varpi_r = \omega^r + \omega^{17r} + \omega^{-26r} + \omega^{-22r} + \omega^{46r} + \omega^{47r} + \omega^{-41r} + \omega^{38r} + \omega^{16r} + \omega^{-43r} + \omega^{4r} + \omega^{-37r},$$
$$\Pi(\varpi_r) = 15;$$

ϖ_{3r} wie VI, 2, $\varpi_{5r} = 2\overset{6}{\varpi}_{5r}$ sechsgliedrige Perioden der 21ten Wurzeln, ϖ_{7r} wie VI, 1, $\varpi_{15r} = -2$, $\varpi_{21r} = -3$, $\varpi_{35r} = -6$;

$$\varpi_1\varpi_2 = -1 + \tfrac{2}{3}\varpi_{49}, \quad \varpi_1\varpi_{11} = -3 + \varpi_3, \quad \varpi_1\varpi_{22} = 5 - \tfrac{1}{2}\varpi_5, \quad \text{ferner:}$$
$$\varpi_1 + \varpi_2 = -\tfrac{1}{3}\varpi_{49}, \quad \varpi_1 + \varpi_{11} = -\varpi_3, \quad \varpi_1 + \varpi_{22} = -\tfrac{1}{2}\varpi_5.$$

Congruenzwurzeln mod. p, z. B.*)

p	ϖ_1	ϖ_2	ϖ_{11}	ϖ_{22}	p	ϖ_1	ϖ_2	ϖ_{11}	ϖ_{22}
17	+ 7	+ 4	+ 3	+ 2	563	−129	+162	+ 43	− 77
47	+ 5	− 15	− 17	− 21	593	+ 47	+228	−174	−102
173	+ 43	− 25	+ 54	− 73	887	+ 23	+211	− 75	−160
227	+ 63	+ 19	+ 77	+ 67	983	+ 54	+472	−287	−240
257	+ 10	− 66	−118	− 89					

Normen complexer Zahlen in $\overset{12}{\varpi}$.

$N(1 + \varpi) = 4$, $N(1 - \varpi) = 36$, $N(2 - \varpi_{22}) = 5 . 17$, $N(2\varpi_2 + \varpi_{11}) = 5 . 47$, $N(2 + \varpi_6 - \varpi_{22}) = 5 . 173$, $N(4 + \varpi_1 - \varpi_{22}) = 3 . 227$, $N(1 + 2\varpi_1 - 2\varpi_{11}) = 5 . 257$, $N(\varpi_3 - 2\varpi_{11}) = 3 . 563$, $N(8 + 2\varpi_1 + \varpi_{22}) = 3 . 593$, $N(6 + 2\varpi_1 - \varpi_3) = 3 . 887$, $N(8 + \varpi_2 + 2\varpi_{22}) = 5 . 983$.

---

*) Hier ist ϖ_1 völlig bestimmt, sei es durch die drei im Obigen enthaltenen quadratischen Congruenzen, sei es lineär, z. B. durch $\overset{12}{\varpi}_1\overset{6}{\varpi}_{10} \equiv -1 + \overset{12}{\varpi}_6 + 2\overset{3}{\varpi}_7$ (mod. p); dabei kann bei den Congruenzwurzeln für eines der drei zu Grunde liegenden n (35, 21, 15) eine Vertauschung nöthig sein, weil dieselben am betreffenden Ort nicht vollständig bestimmt waren.

$n = 105$

VI, 4. $p = 105m - 17, +37, -38, -47$, nämlich:

37, 67, 163, 193, 277, 373, 457, 587, 613, 823, 877, 907;

$\varpi_r = -(\omega^{25r} + \omega^{85r} + \omega^{100r})$, dreigliedrige Perioden der 21ten Einheitswurzeln; daher haben vorstehende Primzahlen auch hier nur die Primfactoren $n = 21$, III.

Anmerkung zu $n = 105$. Die Summe von 24 primitiven Wurzeln ω

$$\omega^{r} + \omega^{2r} + \omega^{4r} + \omega^{8r} + \omega^{16r} + \omega^{32r} + \omega^{-41r} + \omega^{23r} + \omega^{46r} + \omega^{-13r} + \omega^{-26r}$$
$$+ \omega^{-52r} + \omega^{-r} + \omega^{-2r} + \omega^{-4r} + \omega^{-8r} + \omega^{-16r} + \omega^{-32r} + \omega^{41r} + \omega^{-23r} + \omega^{-46r} + \omega^{13r}$$
$$+ \omega^{26r} + \omega^{52r} = x_r$$

ist zwar keine Periode, hat aber eine eigenthümliche Bedeutung $= \frac{1}{2}(1 + \sqrt{105})$ und die beiden x, für $r = 1$ und $r = 11$, sind die Wurzeln der quadratischen Gleichung $x^2 + x - 26 = 0$. — Eine ähnliche Bemerkung findet statt für $n = 65$ (ebenfalls für Summen von 24 primitiven ω) und für $n = 85$ (für Summen von 32 primitiven ω). Vgl. auch die Anmerkung bei $n = 91$.

Vierte Abtheilung.

Einheitswurzeln, deren Grad eine Potenz von 2 ist.

Die Bedeutung von ω, ϖ_r und ϖ_k ist dieselbe wie in der dritten Abtheilung, nur dass r und k immer kleiner als $\frac{1}{2}n$ sind.

IV.

$n = 4$

I. $p = 4m + 1$.

2 primitive Wurzeln, deren Gleichung:

$$\omega^2 + 1 = 0.$$

Congruenzwurzeln mod. p.

p	ω	p	ω	p	ω	p	ω	p	ω
5	+ 2	157	+ 28	349	−136	569	+ 86	769	+ 62
13	− 5	173	+ 80	353	+ 42	577	− 24	773	−317
17	+ 4	181	− 19	373	−104	593	− 77	797	−215
29	−12	193	+ 81	389	+115	601	+125	809	−318
37	+ 6	197	− 14	397	+ 63	613	− 35	821	−295
41	− 9	229	+107	401	+ 20	617	−194	829	+246
53	−23	233	− 89	409	+143	641	−154	853	+333
61	−11	241	− 64	421	+ 29	653	−149	857	−207
73	+27	257	+ 16	433	−179	661	−106	877	−151
89	−34	269	− 82	449	+ 67	673	+ 58	881	−387
97	−22	277	+ 60	457	−109	677	− 26	929	+324
101	+10	281	+ 53	461	+ 48	701	+135	937	−196
109	+33	293	−138	509	+208	709	− 96	941	− 97
113	+15	313	+ 25	521	+235	733	−353	953	−442
137	−37	317	+114	541	+ 52	757	+ 87	977	−252
149	−44	337	+148	557	−118	761	+ 39	997	+161

$n = 4$

$f(\omega)$, Primfactoren der Primzahlen p.

p	$f(\omega)$	p	$f(\omega)$	p	$f(\omega)$	p	$f(\omega)$
5	$1+2\omega$	197	$1+14\omega$	433	$17-12\omega$	709	$15-22\omega$
13	$3-2\omega$	229	$15+2\omega$	449	$7+20\omega$	733	$27-2\omega$
17	$1+4\omega$	233	$13+8\omega$	457	$21-4\omega$	757	$9+26\omega$
29	$5-2\omega$	241	$15+4\omega$	461	$19-10\omega$	761	$19-20\omega$
37	$1+6\omega$	257	$1+16\omega$	509	$5+22\omega$	769	$25+12\omega$
41	$5-4\omega$	269	$13+10\omega$	521	$11+20\omega$	773	$17+22\omega$
53	$7-2\omega$	277	$14+9\omega$	541	$21+10\omega$	797	$11+26\omega$
61	$5+6\omega$	281	$5-16\omega$	557	$19-14\omega$	809	$5+28\omega$
73	$3+8\omega$	293	$17-2\omega$	569	$13-20\omega$	821	$25+14\omega$
89	$5+8\omega$	313	$13+12\omega$	577	$1-24\omega$	829	$27+10\omega$
97	$9-4\omega$	317	$11-14\omega$	593	$23+8\omega$	853	$23-18\omega$
101	$1+10\omega$	337	$9-16\omega$	601	$5+24\omega$	857	$29-4\omega$
109	$3-10\omega$	349	$5+18\omega$	613	$17+18\omega$	877	$29+6\omega$
113	$7-8\omega$	353	$17+8\omega$	617	$19+16\omega$	881	$25+16\omega$
137	$11+4\omega$	373	$7+18\omega$	641	$25-4\omega$	929	$23+20\omega$
149	$7-10\omega$	389	$17+10\omega$	653	$13+22\omega$	937	$19+24\omega$
157	$11-6\omega$	397	$19+6\omega$	661	$25-6\omega$	941	$29+10\omega$
173	$13+2\omega$	401	$1+20\omega$	673	$23-12\omega$	953	$13-28\omega$
181	$9+10\omega$	409	$3+20\omega$	677	$1-26\omega$	977	$31+4\omega$
193	$7-12\omega$	421	$15+14\omega$	701	$5-26\omega$	997	$31+6\omega$

II. p zum Exponenten 2 gehörig oder $p = 4m - 1$; diese sind in Beziehung auf 4te Einheitswurzeln selbst complexe Primzahlen, nämlich:

3, 7, 11, 19, 23, 31, 43, 47, 59, 67, 71, 79, 83, 103, 107, 127, 131, 139, 151, 163, 167, 179, 191, 199, 211, 223, 227, 239, 251, 263, 271, 283, 307, 311, 331, 347, 359, 367, 379, 383, 419, 431, 439, 443, 463, 467, 479, 487, 491, 499, 503, 523, 547, 563, 571, 587, 599, 607, 619, 631, 643, 647, 659, 683, 691, 719, 727, 739, 743, 751, 787, 811, 823, 827, 839, 859, 863, 883, 887, 907, 911, 919, 947, 967, 971, 983, 991.

$n = 8$

I. $p = 8m + 1.$

4 primitive Wurzeln, deren Gleichung:

$$\omega^4 + 1 = 0.$$

Congruenzwurzeln mod. p*)

p	ω	ω^3	p	ω	ω^3	p	ω	ω^3	p	ω	ω^3
17	−2	−8	257	−4	−64	457	+207	−170	761	+62	+135
41	−14	+3	281	−89	+60	521	−206	+43	769	−40	−173
73	+10	−22	313	+5	+125	569	+76	+277	809	+239	+44
89	−12	−37	337	+85	+111	577	+186	+152	857	−351	−188
97	−47	−33	353	+116	−70	593	−59	−201	881	+177	+219
113	+44	−18	401	−45	−98	601	−163	+59	929	−18	−258
137	+10	+41	409	+31	−66	617	+182	−139	937	+67	−14
193	−9	+43	433	−148	+79	641	+318	−256	953	+156	−336
233	+12	+97	449	+122	+92	673	+64	−326	977	+227	+439
241	+30	+8									

$f(\omega)$, Primfactoren der Primzahlen p.**)

p	$f(\omega)$	p	$f(\omega)$	p	$f(\omega)$
17	$2+\omega$	337	$3-4\omega$	617	$7-3\omega+5\omega^3$
41	$4-2\omega+3\omega^3$	353	$1-\omega+\omega^2+4\omega^3$	641	$5+2\omega$
73	$2+2\omega+\omega^3$	401	$7-4\omega+6\omega^3$	673	$3+3\omega-3\omega^2-2\omega^3$
89	$2+2\omega-3\omega^3$	409	$4+2\omega+\omega^3$	761	$1-5\omega+\omega^2+2\omega^3$
97	$3-2\omega$	433	$1+4\omega+2\omega^3$	769	$3+2\omega+4\omega^3$
113	$1-3\omega-\omega^3$	449	$2+3\omega-4\omega^3$	809	$4+3\omega+2\omega^3$
137	$8+6\omega-5\omega^3$	457	$4-5\omega+2\omega^3$	857	$1-4\omega-2\omega^2-4\omega^3$
193	$3-2\omega+4\omega^3$	521	$3+3\omega-2\omega^2+\omega^3$	881	$5+4\omega^3$
233	$4-\omega+\omega^2+\omega^3$	569	$8-7\omega+6\omega^3$	929	$5+6\omega-4\omega^3$
241	$2+\omega-4\omega^3$	577	$3-\omega+5\omega^3$	937	$3+\omega+5\omega^3$
257	$4+\omega$	593	$16+11\omega-12\omega^3$	953	$1+2\omega-5\omega^2-\omega^3$
281	$2-2\omega-3\omega^3$	601	$6+3\omega-2\omega^3$	977	$22+16\omega-15\omega^3$
313	$2-3\omega-2\omega^2-2\omega^3$				

*) Die Congruenzwurzeln für ω^2 stehen in der vorhergehenden Tafel.

**) Die dreigliedrigen $f(\omega)$, d. h. bloss mit den primitiven ω, wurden den viergliedrigen, die auch ω^2 enthalten, vorgezogen, z. B. bei $p = 593$, wo auch $f(\omega) = 2 + \omega + 2\omega^2 - 4\omega^3$, $p = 977$, wo auch $f(\omega) = 4 + 4\omega - 2\omega^2 - \omega^3$ u. s. w.

$n = 8$

II. p zum Exponenten 2 gehörig

2 zweigliedrige Perioden, und zwar mit 3 Fällen:

II, 1. $p = 8m - 1$; $\varpi_r = \omega^r + \omega^{-r}$, also

$$\varpi_1 = \omega - \omega^3 = -\varpi_3;$$

Wurzeln der Gleichung:

$$\varpi^2 - 2 = 0, \text{ (während } \varpi_2 = 0).$$

Congruenzwurzeln mod. p*)

p	ϖ_1	p	ϖ_1	p	ϖ_1	p	ϖ_1	p	ϖ_1	p	ϖ_1
7	3	151	46	271	96	463	203	647	36	863	251
23	5	167	13	311	66	479	187	719	324	887	202
31	8	191	57	359	19	487	91	727	27	911	176
47	7	199	20	367	79	503	157	743	102	919	125
71	12	223	15	383	137	599	166	751	113	967	44
79	9	239	99	431	188	607	194	823	284	983	450
103	38	263	110	439	21	631	94	839	29	991	420
127	16										

$f(\varpi_1)$ Primfactoren der Primzahlen p.**)

p	$f(\varpi_1)$	$f'(\varpi_1)$	p	$f(\varpi_1)$	$f'(\varpi_1)$	p	$f(\varpi_1)$	$f'(\varpi_1)$
7	$3-\varpi_1$	$1+2\varpi_1$	271	$17-3\varpi_1$	$11+14\varpi_1$	647	$35+17\varpi_1$	$1-18\varpi_1$
23	$5-\varpi_1$	$3+4\varpi_1$	311	$19-5\varpi_1$	$9+14\varpi_1$	719	$31+11\varpi_1$	$9-20\varpi_1$
31	$7+3\varpi_1$	$1-4\varpi_1$	359	$19-\varpi_1$	$17+18\varpi_1$	727	$27-\varpi_1$	$25+26\varpi_1$
47	$7-\varpi_1$	$5+6\varpi_1$	367	$23+9\varpi_1$	$5-14\varpi_1$	743	$29+7\varpi_1$	$15-22\varpi_1$
71	$11+5\varpi_1$	$1-6\varpi_1$	383	$25+11\varpi_1$	$3-14\varpi_1$	751	$33+13\varpi_1$	$7-20\varpi_1$
79	$9-\varpi_1$	$7+8\varpi_1$	431	$23-7\varpi_1$	$9+16\varpi_1$	823	$29-3\varpi_1$	$23+26\varpi_1$
103	$11-3\varpi_1$	$5+8\varpi_1$	439	$21-\varpi_1$	$19+20\varpi_1$	839	$29-\varpi_1$	$27+28\varpi_1$
127	$15+7\varpi_1$	$1-8\varpi_1$	463	$25+9\varpi_1$	$7-16\varpi_1$	863	$31-7\varpi_1$	$17+24\varpi_1$
151	$13+3\varpi_1$	$7-10\varpi_1$	479	$23+5\varpi_1$	$13-18\varpi_1$	887	$35+13\varpi_1$	$9-22\varpi_1$
167	$13-\varpi_1$	$11+12\varpi_1$	487	$27-11\varpi_1$	$5+16\varpi_1$	911	$31+5\varpi_1$	$21-26\varpi_1$
191	$17-7\varpi_1$	$3+10\varpi_1$	503	$29-13\varpi_1$	$3+16\varpi_1$	919	$37-15\varpi_1$	$7+22\varpi_1$
199	$19+9\varpi_1$	$1-10\varpi_1$	599	$29-11\varpi_1$	$7+18\varpi_1$	967	$43+21\varpi_1$	$1-22\varpi_1$
223	$15-\varpi_1$	$13+14\varpi_1$	607	$25+3\varpi_1$	$19-22\varpi_1$	983	$35-11\varpi_1$	$13+24\varpi_1$
239	$17-5\varpi_1$	$7+12\varpi_1$	631	$27-7\varpi_1$	$13+20\varpi_1$	991	$33+7\varpi_1$	$19-26\varpi_1$
263	$19+7\varpi_1$	$5-12\varpi_1$						

*) Hier ist ϖ_1 die positive der beiden entgegengesetzten Congruenzwurzeln ($> 0 < \frac{1}{2}p$).

**) Es ist stets $Nf(\varpi_1) = +p$, $Nf'(\varpi_1) = -p$.

$n = 8$

II, 2. $p = 8m + 3$, $\varpi_r = \omega^r + \omega^{3r}$, also

$\varpi_1 = \omega + \omega^3 = -\varpi_3$,

Wurzeln der Gleichung:

$\varpi^2 + 2 = 0$, (während $\varpi_2 = 0$, wie zuvor).

Congruenzwurzeln mod. p.*)

p	ϖ_1	p	ϖ_1	p	ϖ_1	p	ϖ_1	p	ϖ_1	p	ϖ_1
3	1	131	28	307	108	491	94	619	288	811	215
11	3	139	50	331	75	499	67	643	206	827	122
19	6	163	18	347	107	523	56	659	77	859	296
43	16	179	78	379	120	547	190	683	64	883	42
59	23	211	93	419	96	563	261	691	151	907	173
67	20	227	15	443	21	571	153	739	346	947	250
83	9	251	91	467	126	587	207	787	347	971	179
107	31	283	127								

$f(\varpi_1)$ Primfactoren der Primzahlen p.

p	$f(\varpi_1)$	p	$f(\varpi_1)$	p	$f(\varpi_1)$	p	$f(\varpi_1)$
3	$1-\varpi_1$	179	$9-7\varpi_1$	467	$15+11\varpi_1$	683	$21-11\varpi_1$
11	$3-\varpi_1$	211	$7+9\varpi_1$	491	$21+5\varpi_1$	691	$23+9\varpi_1$
19	$1+3\varpi_1$	227	$15-\varpi_1$	499	$7-15\varpi_1$	739	$17-15\varpi_1$
43	$5-3\varpi_1$	251	$3+11\varpi_1$	523	$19+9\varpi_1$	787	$25+9\varpi_1$
59	$3+5\varpi_1$	283	$11-9\varpi_1$	547	$23-3\varpi_1$	811	$19+15\varpi_1$
67	$7+3\varpi_1$	307	$17-3\varpi_1$	563	$15-13\varpi_1$	827	$27-7\varpi_1$
83	$9-\varpi_1$	331	$13-9\varpi_1$	571	$11-15\varpi_1$	859	$29-3\varpi_1$
107	$3-7\varpi_1$	347	$3-13\varpi_1$	587	$3+17\varpi_1$	883	$1+21\varpi_1$
131	$9-5\varpi_1$	379	$19+3\varpi_1$	619	$13+15\varpi_1$	907	$5-21\varpi_1$
139	$11-3\varpi_1$	419	$9+13\varpi_1$	643	$25+3\varpi_1$	947	$15-19\varpi_1$
163	$1+9\varpi_1$	443	$21-\varpi_1$	659	$9+17\varpi_1$	971	$27-11\varpi_1$

*) Hier ist ϖ_1 wie in II, 1. festgesetzt.

$n = 8$

II, 3. $p = 8m - 3$; $\varpi_r = \omega^r + \omega^{-3r} = 0$,

d. h. hier verschwinden die primitiven Perioden, und die nichtprimitiven $\varpi_{2r} = 2\omega^{2r}$ reduciren sich auf die 4ten Einheitswurzeln; daher haben die hierher gehörigen Primzahlen p:

5, 13, 29, 37, 53, 61, 101, 109, 149, 157, 173, 181, 197, 229, 269, 277, 293, 317, 349, 373, 389, 397, 421, 461, 509, 541, 557, 613, 653, 661, 677, 701, 709, 733, 757, 773, 797, 821, 829, 853, 877, 941, 997,

keine anderen Primfactoren als die $p = 4m + 1$ bei $n = 4$, welche auch hier Primzahlen sind.

$n = 16$

I. $p = 16m + 1$.

8 primitive Wurzeln, deren Gleichung:

$$\omega^8 + 1 = 0.$$

Congruenzwurzeln mod. p.*)

p	ω	ω^3	ω^5	ω^7	p	ω	ω^3	ω^5	ω^7
17	− 7	− 3	+ 6	+ 5	449	−100	− 77	+ 35	−220
97	+ 27	− 8	− 12	− 18	577	− 65	+ 27	−171	− 71
113	− 43	+ 35	− 42	− 40	593	− 94	+209	+122	− 82
193	+ 50	− 64	− 3	+ 27	641	− 40	+100	−250	− 16
241	−111	+ 44	+115	+ 76	673	+ 8	−161	−209	+ 84
257	− 32	+128	+ 2	− 8	769	+ 27	−311	+136	− 57
337	−146	+ 59	− 40	− 30	881	− 85	− 68	+298	−114
353	+100	− 49	− 36	+ 60	929	−101	− 40	−209	+ 46
401	+147	−199	+133	+ 30	977	−403	+357	− 52	− 80
433	−151	−168	+183	+195					

---

*) Die Congruenzwurzeln für ω^2, ω^6 und ω^4 stehen bei $n = 8$ und $n = 4$ resp.

$n = 16$

$f(\omega)$, Primfactoren der Primzahlen p.

p	$f(\omega)$	p	$f(\omega)$
17	$1+\omega+\omega^5$	449	$2+\omega-\omega^2-\omega^7$
97	$1+\omega-\omega^3+2\omega^7$	577	$2-2\omega-\omega^2+2\omega^3$
113	$2-\omega^3+2\omega^7$	593	$1-\omega-\omega^2+2\omega^4$
193	$1+\omega-\omega^5-2\omega^7$	641	$2+\omega^3-\omega^4+\omega^6$
241	$2+\omega^2+\omega^3-\omega^7$	673	$1-\omega+\omega^3+2\omega^7$
257	$2-\omega^5$	769	$1+\omega^2-\omega^3-2\omega^5$
337	$2+\omega+\omega^2+\omega^3$	881	$1-\omega^2+\omega^3+\omega^4+\omega^5+\omega^6-\omega^7$
353	$2-\omega-2\omega^3$	929	$1-2\omega^2+2\omega^3-\omega^5+\omega^6+2\omega^7$
401	$1-\omega^2+\omega^3+\omega^4-\omega^5$	977	$1+\omega+2\omega^2+\omega^5$
433	$1-\omega+\omega^2-\omega^4-\omega^5$		

II. p zum Exponenten 2 gehörig.

4 zweigliedrige Perioden, und zwar mit 3 Fällen:

II, 1. $p = 16m - 1$, $\varpi_r = \omega^r + \omega^{-r}$, also

$$\varpi_1 = \omega - \omega^7 = -\varpi_7, \qquad \varpi_3 = \omega^3 - \omega^5 = -\varpi_5;$$

Wurzeln der Gleichung:

$$\varpi^4 - 4\varpi^2 + 2 = 0 \qquad (\text{oder } (\varpi^2 - 2)^2 - 2 = 0);$$

mit den fundamentalen Relationen zu einander und zu den nichtprimitiven Perioden, d. h. den zweigliedrigen erster Art der 8ten Wurzeln ϖ_{2r} (während $\varpi_{4r} = 0$):

$$\varpi_1^2 = 2 + \varpi_2, \qquad \varpi_1\varpi_3 = \varpi_2; \qquad \varpi_1\varpi_2 = \varpi_1 + \varpi_3 \quad (\text{allgemein } \varpi_1\varpi_k = \varpi_{k-1} + \varpi_{k+1}).$$

Congruenzwurzeln mod. p*)

p	ϖ_1	ϖ_3	p	ϖ_1	ϖ_3	p	ϖ_1	ϖ_3	p	ϖ_1	ϖ_3
31	14	+5	223	54	+87	431	173	+26	751	196	+173
47	3	+18	239	36	−57	463	208	−117	863	103	−140
79	13	+25	271	130	−116	479	181	+136	911	33	+309
127	48	−42	367	9	−32	607	14	+274	991	277	+116
191	21	+30	383	63	+142	719	42	−95			

*) Hier ist $\varpi_1 > 0 < \frac{1}{2}p$ genommen.

$n = 16$

$f(\varpi_1)$, Primfactoren der Primzahlen p*).

p	$f(\varpi_1)$
-31	$3+2\varpi_1$
$+47$	$3-\varpi_1$
$+79$	$1-2\varpi_1+\varpi_3$
$+127$	$1-3\varpi_3$
$+191$	$3-3\varpi_1+2\varpi_3$
-223	$7+4\varpi_1$
$+239$	$13-7\varpi_1$
-271	$3-3\varpi_1-\varpi_3$
-367	$5+3\varpi_1+\varpi_3$
-383	$5+6\varpi_1$
$+431$	$3-5\varpi_1$
-463	$5+4\varpi_3$
-479	$7+3\varpi_1+3\varpi_3$
-607	$3+4\varpi_1+2\varpi_3$
-719	$1+6\varpi_1-3\varpi_3$
-751	$3+5\varpi_1+3\varpi_3$
$+863$	$15-4\varpi_1-9\varpi_3$
$+911$	$1-\varpi_1+6\varpi_3$
$+991$	$1-4\varpi_1+\varpi_3$

II, 2. $p = 16m + 7$; $\varpi_r = \omega^r + \omega^{7r}$, also:

$$\varpi_1 = \omega + \omega^7 = -\varpi_9, \qquad \varpi_3 = \omega^3 + \omega^5 = -\varpi_{11};$$

Wurzeln der Gleichung:

$$\varpi^4 + 4\varpi^2 + 2 = 0, \qquad (\text{oder } (\varpi^2 + 2)^2 - 2 = 0);$$

mit den fundamentalen Relationen zu einander und zu den nichtprimitiven Perioden, d. h. den zweigliedrigen erster Art der 8ten Wurzeln ϖ_{2r} (denselben wie in II, 1, während $\varpi_4 = 0$):

$$\varpi_1^2 = -2 + \varpi_2, \quad \varpi_1\varpi_3 = -\varpi_2; \quad \varpi_1\varpi_2 = -\varpi_1 + \varpi_3 \ (\text{allgemein } \varpi_1\varpi_k = -\varpi_{k-1} + \varpi_{k+1}).$$

Congruenzwurzeln mod. p.**)

p	ϖ_1	ϖ_3
7	1	-3
23	7	-4
71	9	-25
103	6	$+28$
151	73	-42
167	41	$+73$
199	60	$+66$
263	125	-64
311	8	-86
359	138	-112
439	89	$+202$
487	24	-227
503	184	-102
599	161	-68
631	165	-100
647	229	$+62$
727	5	$+140$
743	10	$+287$
823	370	$+106$
839	123	$+334$
887	246	$+266$
919	431	$+85$
967	146	-199
983	331	-135

$f(\varpi_1)$, Primfactoren der Primzahlen p.

p	$f(\varpi_1)$
7	$1-\varpi_1$
23	$1+\varpi_1+2\varpi_3$
71	$1+2\varpi_2+\varpi_3$
103	$1-2\varpi_2-\varpi_3$
151	$1-3\varpi_1+2\varpi_3$
167	$1+\varpi_1+4\varpi_3$
199	$1+3\varpi_3$
263	$3+\varpi_1+2\varpi_3$
311	$1-\varpi_1-2\varpi_2+2\varpi_3$
359	$3-\varpi_1+2\varpi_3$
439	$5-\varpi_1+4\varpi_2$
487	$1-4\varpi_1-9\varpi_3$
503	$5+\varpi_1+2\varpi_2$
599	$5+\varpi_1-\varpi_2$
631	$1+2\varpi_1-3\varpi_3$
647	$3+2\varpi_1+3\varpi_3$
727	$5-\varpi_1$
743	$1-2\varpi_1+3\varpi_2-\varpi_3$
823	$3-3\varpi_1+\varpi_2$
839	$7-\varpi_1+4\varpi_2$
887	$1+2\varpi_1-2\varpi_2+3\varpi_3$
919	$5+2\varpi_2-3\varpi_3$
967	$5-2\varpi_1+2\varpi_2-\varpi_3$
983	$3-3\varpi_1+\varpi_2-4\varpi_3$

---

*) Das Zeichen + vor den Primzahlen p zeigt an, dass $Nf(\varpi_1) = +p$, das Zeichen $-$, dass $Nf(\varpi_1) = -p$ ist.

**) Verfügung über ϖ_1 wie in II, 1.

$n = 16$

II, 3. $p = 16m - 7$; $\varpi_r = \omega^r + \omega^{-7r} = 0$,

d. h. hier verschwinden die primitiven Perioden, und die nichtprimitiven $\varpi_{2r} = 2\omega^{2r}$ reduciren sich auf die 8ten Einheitswurzeln; daher haben die hierher gehörigen Primzahlen:

41, 73, 89, 137, 233, 281, 313, 449, 457, 521, 569, 601, 617,
761, 809, 857, 937, 953,

keine anderen Primfactoren als die $p = 8m + 1$ bei $n = 8$, welche auch in Beziehung auf 16te Einheitswurzeln complexe Primzahlen sind.

III. p zum Exponenten 4 gehörig,

2 viergliedrige Perioden, und zwar mit 2 Fällen:

III, 1. $p = 16m + 3, -5$;

$$\varpi_r = \omega^r + \omega^{3r} + \omega^{-7r} + \omega^{-5r} = 0,$$

d. h. hier verschwinden die primitiven Perioden, und die nichtprimitiven $\varpi_{2r} = \omega^{2r} + \omega^{6r} + \omega^{2r} + \omega^{6r} = 2(\omega^{2r} + \omega^{6r})$ reduciren sich auf die zweigliedrigen Perioden zweiter Art der 8ten Einheitswurzeln; daher haben die hierher gehörigen Primzahlen:

3, 11, 19, 43, 59, 67, 83, 107, 131, 139, 163, 179, 211, 227, 251, 283,
307, 331, 347, 379, 419, 443, 467, 491, 499, 523, 547, 563, 571, 587, 619, 643,
659, 683, 691, 739, 787, 811, 827, 859, 883, 907, 947, 971,

keine anderen Primfactoren als die $p = 8m + 3$ bei $n = 8$, welche auch hier Primzahlen sind.

$n = 16$

III, 2. $p = 16m - 3, + 5$;

$$\varpi_r = \omega^r + \omega^{-3r} + \omega^{-7r} + \omega^{5r} = 0,$$

hier sind aber nicht nur die primitiven Perioden null, sondern auch die nichtprimitiven, d. h. $\varpi_{2r} = \omega^{2r} + \omega^{-6r} + \omega^{2r} + \omega^{-6r} = 0$, während $\varpi_{4r} = \omega^{4r} + \omega^{4r} + \omega^{4r} + \omega^{4r} = 4\omega^{4r}$ auf die 4ten Einheitswurzeln zurückkommt; daher haben die hierher gehörigen Primzahlen:

5, 13, 29, 37, 53, 61, 101, 109, 149, 157, 173, 181, 197, 229, 269, 277, 293, 317, 349, 373, 389, 397, 421, 461, 509, 541, 557, 613, 653, 661, 677, 701, 709, 733, 757, 773, 797, 821, 829, 877, 941, 997,

keine anderen Primfactoren als die $p = 4m + 1$ bei $n = 4$, die auch hier Primzahlen sind.

$n = 32$

I. $p = 32m + 1$.

16 primitive Wurzeln, deren Gleichung:

$$\omega^{16} + 1 = 0.$$

Congruenzwurzeln mod. p*)

p	ω	ω^3	ω^5	ω^7	ω^9	ω^{11}	ω^{13}	ω^{15}
97	+ 30	+ 34	+ 45	− 46	+ 19	+ 28	− 20	+ 42
193	+ 67	+ 69	− 24	− 42	+ 23	− 8	− 14	+ 72
257	+ 85	+ 34	− 60	+121	− 17	+ 30	+ 68	−120
353	+ 10	− 59	+101	−137	+ 67	− 7	+ 6	−106
449	+221	− 99	+ 22	+ 45	− 10	+102	+127	−128
577	− 33	−163	+209	+263	+215	−127	+177	+ 35
641	+160	+ 10	+241	− 25	−282	−258	+ 64	+ 4
673	−107	−183	−118	−271	−149	+154	−114	−239
769	+300	−359	+304	−251	+144	+ 43	−377	−182
929	+269	−228	−197	+388	−170	+448	+273	+297

*) Die Congruenzwurzeln für die nichtprimitiven Wurzeln stehen in den 3 vorhergehenden Tafeln bei $n = 16$, $n = 8$ und $n = 4$.

$n = 32$

$f(\omega)$, Primfactoren der Primzahlen p.*)

p	$f(\omega)$	p	$f(\omega)$
97	$1+\omega^5+\omega^7$	577	$1-\omega^4-\omega^5-\omega^6-\omega^7-\omega^8-\omega^9-\omega^{10}-\omega^{11}$
193	$1+\omega^5+\omega^9$	641	$1-\omega^8-\omega^9-\omega^{12}-\omega^{13}-\omega^{14}-\omega^{15}$
257	$1-\omega^7-\omega^{15}$	673	$1+2\omega+2\omega^2+\omega^3+\omega^4+\omega^5+\omega^6-\omega^{12}-\omega^{13}-\omega^{14}-\omega^{15}$
353	$1+\omega^{11}+\omega^{13}$	769	$1+\omega+\omega^4-\omega^5+\omega^{11}$
449	$1+\omega^{13}+\omega^{15}$	929	$1-\omega^2-\omega^9-\omega^{10}+\omega^{11}$

II. p zum Exponenten 2 gehörig.

8 zweigliedrige Perioden, und zwar mit 3 Fällen:

II, 1. $p = 32m - 1$; $\varpi_r = \omega^r + \omega^{-r}$, also:

$$\varpi_1 = \omega - \omega^{15} = -\varpi_{15}, \quad \varpi_3 = \omega^3 - \omega^{13} = -\varpi_{13}, \quad \varpi_5 = \omega^5 - \omega^{11} = -\varpi_{11},$$
$$\varpi_7 = \omega^7 - \omega^9 = -\varpi_9;$$

Wurzeln der Gleichung:

$$\varpi^8 - 8\varpi^6 + 20\varpi^4 - 16\varpi^2 + 2 = 0 \quad \text{oder} \quad ((\varpi^2 - 2)^2 - 2)^2 - 2 = 0;$$

mit den fundamentalen Relationen zu einander und zu den nichtprimitiven Perioden, d. h. den zweigliedrigen 1ter Art der 16ten, ϖ_{2r}, und der 8ten Wurzeln, ϖ_{4r} (während $\varpi_{8r} = 0$):

$$\varpi_1^2 = 2 + \varpi_2, \quad \varpi_1\varpi_3 = \varpi_2 + \varpi_4, \quad \varpi_1\varpi_5 = \varpi_4 + \varpi_6, \quad \varpi_1\varpi_7 = \varpi_6;$$
$$\varpi_1\varpi_2 = \varpi_1 + \varpi_3, \quad \varpi_1\varpi_6 = \varpi_5 + \varpi_7; \quad \varpi_1\varpi_4 = \varpi_3 + \varpi_5;$$
$$\text{allgemein: } \varpi_1\varpi_k = \varpi_{k-1} + \varpi_{k+1}.$$

Congruenzwurzeln mod. p.**)

p	ϖ_1	ϖ_3	ϖ_5	ϖ_7	p	ϖ_1	ϖ_3	ϖ_5	ϖ_7
31	4	−10	+ 11	+ 9	479	83	+ 91	+102	+169
127	47	+50	− 60	− 9	607	4	+ 52	+117	−235
191	65	−37	− 78	− 73	863	344	−295	+339	−171
223	111	+85	+ 19	+ 49	991	338	+134	+113	+446
383	111	−12	−101	+160					

---

*) Für $p = 577, 641, 673$ sind die $f(\omega)$ aus den Normen hergeleitet:
$N(1 - \omega) = 2$, $N(1 + \omega^3 - \omega^{11} + \omega^{15}) = 2 . 577$, $N(1 + \omega^7 - \omega^9 + \omega^{11}) = 2 . 641$, $N(1 - \omega^2 - \omega^6 - \omega^{11}) = 2 . 673$.

**) Hier ist $\varpi_1 > 0$ und $< \frac{1}{2}p$ gewählt, wie bisher.

$n = 32$

$f(\varpi_1)$, Primfactoren der Primzahlen p.*)

p	$f(\varpi_1)$	p	$f(\varpi_1)$	p	$f(\varpi_1)$
-31	$1-\varpi_3-\varpi_5$	-223	$1+2\varpi_1$	$+607$	$1+2\varpi_5+\varpi_7$
$+127$	$1+\varpi_3+\varpi_5-\varpi_7$	-383	$1-\varpi_1+\varpi_3+\varpi_5-\varpi_7$	$+863$	$3+\varpi_5+2\varpi_7$
$+191$	$1+2\varpi_3-\varpi_7$	$+479$	$3+2\varpi_1-\varpi_7$	-991	$1+\varpi_1-3\varpi_5$

II, 2. $p = 32m + 15$; $\varpi_r = \omega^r + \omega^{15r}$, also:

$$\varpi_1 = \omega + \omega^{15} = -\varpi_{17}, \quad \varpi_3 = \omega^3 + \omega^{13} = -\varpi_{19}, \quad \varpi_5 = \omega^5 + \omega^{11} = -\varpi_{21},$$
$$\varpi_7 = \omega^7 + \omega^9 = -\varpi_{23};$$

Wurzeln der Gleichung:

$$\varpi^8 + 8\varpi^6 + 20\varpi^4 + 16\varpi^2 + 2 = 0 \quad (\text{oder } (\varpi^4 + 4\varpi^2 + 2)^2 - 2 = 0);$$

mit den fundamentalen Relationen zu einander und zu den nichtprimitiven, ϖ_{2r} und ϖ_{4r}, d. h. denselben wie in II, 1, (während $\varpi_{8r} = 0$ wie dort):

$$\varpi_1^2 = -2 + \varpi_2, \quad \varpi_1\varpi_3 = \varpi_4 - \varpi_2, \quad \varpi_1\varpi_5 = \varpi_6 - \varpi_4, \quad \varpi_1\varpi_7 = -\varpi_6,$$
$$\varpi_1\varpi_2 = \varpi_3 - \varpi_1, \quad \varpi_1\varpi_6 = \varpi_7 - \varpi_5, \quad \varpi_1\varpi_4 = \varpi_5 - \varpi_3;$$

allgemein $\varpi_1\varpi_k = -\varpi_{k-1} + \varpi_{k+1}$.

Congruenzwurzeln mod. p.**)

p	ϖ_1	ϖ_3	ϖ_5	ϖ_7	p	ϖ_1	ϖ_3	ϖ_5	ϖ_7
47	1	+ 4	+ 11	− 18	431	160	−175	+166	+ 16
79	13	+ 24	− 17	− 8	463	222	+ 98	−210	+207
239	89	− 53	+ 85	−100	719	54	+165	−314	+308
271	45	− 67	− 83	+117	751	373	−117	− 24	− 81
367	47	+103	+146	+110	911	198	+355	−326	−181

$f(\varpi_1)$, Primfactoren der Primzahlen p.

p	$f(\varpi_1)$	p	$f(\varpi_1)$	p	$f(\varpi_1)$
47	$1-\varpi_1$	367	$1+\varpi_5+2\varpi_7$	719	$1+\varpi_1+\varpi_2-\varpi_5+\varpi_7$
79	$1+\varpi_3+\varpi_5+\varpi_7$	431	$1-\varpi_1-\varpi_3-\varpi_7$	751	$1+2\varpi_1-\varpi_3-\varpi_4$
239	$1-\varpi_3+\varpi_5-\varpi_7$	463	$1-\varpi_1-2\varpi_3-\varpi_5+\varpi_7$	911	$1+\varpi_2-\varpi_3+\varpi_4-\varpi_5+\varpi_7$
271	$1-\varpi_3-2\varpi_5-2\varpi_7$				

*) Das Zeichen + vor den Primzahlen p zeigt an, dass $Nf(\varpi_1) = +p$, das Zeichen −, dass $Nf(\varpi_1) = -p$ ist.

**) Hier ist die Verfügung über ϖ_1 wie zuvor. Vgl. $n = 16, 8, 4$.

$n = 32$

II, 3. $p = 32m - 15$; $\varpi_r = \omega^r + \omega^{-15r} = 0$,

d. h. hier verschwinden die primitiven Perioden, während die nichtprimitiven $\varpi_{2r} = 2\omega^{2r}$ auf die 16ten Einheitswurzeln zurückkommen; daher haben die hierher gehörigen Primzahlen:

17, 113, 241, 337, 401, 433, 593, 881, 977,

auch hier dieselben Primfactoren wie die $p = 16m + 1$ bei $n = 16$.

III. p zum Exponenten 4 gehörig.

4 viergliedrige Perioden, und zwar mit 2 Fällen:

III, 1. $p = 32m + 7, -9$; $\varpi_r = \omega^r + \omega^{7r} + \omega^{-15r} + \omega^{-9r} = 0$,

d. h. die primitiven Perioden verschwinden und die nichtprimitiven $\varpi_{2r} = 2(\omega^{2r} + \omega^{14r})$ reduciren sich auf die zweigliedrigen Perioden 2ter Art der 16ten Wurzeln; die hierher gehörigen Primzahlen:

7, 23, 71, 103, 151, 167, 199, 263, 311, 359, 439, 487, 503, 599, 631, 647, 727, 743, 823, 839, 887, 919, 967, 983,

haben also auch hier keine anderen Primfactoren als die $p = 16m + 7$ bei $n = 16$.

III, 2. $p = 32m - 7, +9$; $\varpi_r = \omega^r + \omega^{-7r} + \omega^{-15r} + \omega^{9r} = 0$,

aber auch $\varpi_{2r} = \omega^{2r} + \omega^{-14r} + \omega^{2r} + \omega^{-14r} = 0$, während $\varpi_{4r} = 4\omega^{4r}$ auf die 8ten Einheitswurzeln sich reducirt; daher haben die hierher gehörigen Primzahlen:

41, 73, 89, 137, 233, 281, 313, 409, 457, 521, 569, 601, 617, 761, 809, 857, 937, 953,

auch hier keine anderen Primfactoren als die $p = 8m + 1$ bei $n = 8$.

$n = 32$

IV. p zum Exponenten 8 gehörig.

2 achtgliedrige Perioden, und zwar mit 2 Fällen:

IV, 1. $p = 32m + 3, -5, +11, -13;$

$$\varpi_r = \omega^r + \omega^{3r} + \omega^{9r} + \omega^{-5r} + \omega^{-15r} + \omega^{-13r} + \omega^{-7r} + \omega^{11r} = 0,$$

sowie $\varpi_{2r} = 0$, dagegen $\varpi_{4r} = 4(\omega^{4r} + \omega^{12r})$, d. h. die nicht verschwindenden Per. reduciren sich auf die zweigliedrigen 2ter Art der 8ten Einheitswurzeln, und daher haben die hierher gehörigen Primzahlen:

3, 11, 19, 43, 59, 67, 83, 107, 131, 139, 163, 179, 211, 227, 251, 283, 307, 331, 347, 379, 419, 443, 467, 491, 499, 523, 547, 563, 571, 587, 619, 643, 659, 683, 691, 739, 787, 811, 827, 859, 883, 907, 947, 971,

auch hier keine anderen Primfactoren als die $p = 8m + 3$ bei $n = 8$.

IV, 2. $p = 32m - 3, +5, -11, +13;$

$$\varpi_r = \omega^r + \omega^{-3r} + \omega^{9r} + \omega^{5r} + \omega^{-15r} + \omega^{13r} + \omega^{-7r} + \omega^{-11r} = 0,$$

aber auch $\varpi_{2r} = 0$, und $\varpi_{4r} = 0$, während $\varpi_{8r} = 8\omega^{8r}$, d. h. hier reduciren sich die nicht verschwindenden Perioden auf die 4ten Einheitswurzeln, und die hierher gehörigen Primzahlen:

5, 13, 29, 37, 53, 61, 101, 109, 149, 157, 173, 181, 197, 229, 269, 277, 293, 317, 349, 373, 389, 397, 421, 461, 509, 541, 557, 613, 653, 661, 677, 701, 709, 733, 757, 773, 797, 821, 829, 877, 941, 997,

haben daher auch hier keine anderen Primfactoren als die $p = 4m + 1$ bei $n = 4$.

$n = 64$

I. $p = 64m + 1$.

32 primitive Wurzeln, deren Gleichung:

$$\omega^{32} + 1 = 0.$$

Congruenzwurzeln mod. p*)

p	ω	ω^3	ω^5	ω^7	ω^9	ω^{11}	ω^{13}	ω^{15}
193	+ 35	+ 29	+ 13	− 94	+ 71	− 68	+ 76	+ 74
257	− 23	− 88	− 35	− 11	+ 92	+ 95	−117	+ 44
449	− 58	+203	− 37	− 95	+108	+ 71	− 24	+ 84
577	+146	−202	−258	−141	+ 37	− 67	− 97	−261
641	+ 77	+141	+125	+129	+128	− 32	+ 8	− 2
769	+231	+ 90	+ 85	+123	− 12	+245	−324	−306

p	ω^{17}	ω^{19}	ω^{21}	ω^{23}	ω^{25}	ω^{27}	ω^{29}	ω^{31}
193	− 60	+ 33	+ 88	− 87	− 39	+ 89	− 20	+ 11
257	−111	−123	− 46	+ 81	− 70	− 22	− 73	− 67
449	+155	+131	+215	− 79	+ 52	−182	+188	−209
577	− 42	+232	−155	− 78	+266	−123	+ 20	− 83
641	−320	+ 80	− 20	+ 5	+159	−200	+ 50	+308
769	−289	+197	−113	− 64	+ 25	−190	− 94	+253

Die Primfactoren der Primzahlen p

sind sämmtlich ideal, in 17ter Potenz wirklich, wie folgende Normen zeigen:

$N(1 - \omega^{21} - \omega^{23}) = 193 \,.\, 257$, $\quad N(1 + \omega^{21} - \omega^{27}) = 193 \,.\, 641$,

$N(1 + \omega + \omega^{17} - \omega^{28}) = 16 \,.\, 769 \,.\, 193$, $\quad N(1 - \omega^{3} - \omega^{13} - \omega^{25}) = 4 \,.\, 769 \,.\, 577$,

$N(1 + \omega^{7} + \omega^{15} - \omega^{18}) = 4 \,.\, 449 \,.\, 769$. Vgl. bei II, 2.

*) Die Congruenzwurzeln für die nichtprimitiven Wurzeln stehen bei $n = 32, 16, 8, 4$.

$n = 64$

II. p zum Exponenten 2 gehörig.

16 zweigliedrige Perioden, und zwar mit 3 Fällen:

II, 1. $p = 64m - 1;\quad \varpi_r = \omega^r + \omega^{-r},$ also:

$$\varpi_1 = \omega - \omega^{31} = -\omega_{31},\quad \varpi_3 = \omega^3 - \omega^{29} = -\varpi_{29},\quad \varpi_5 = \omega^3 - \omega^{27} = -\varpi_{27},$$
$$\varpi_7 = \omega^7 - \omega^{25} = -\varpi_{25},\quad \varpi_9 = \omega^9 - \omega^{23} = -\varpi_{23},\quad \varpi_{11} = \omega^{11} - \omega^{21} = -\varpi_{21},$$
$$\varpi_{13} = \omega^{13} - \omega^{19} = -\varpi_{19},\quad \varpi_{15} = \omega^{15} - \omega^{17} = -\varpi_{17};$$

Wurzeln der Gleichung:

$$[((\varpi^2 - 2)^2 - 2)^2 - 2]^2 - 2 = 0, \quad \text{oder (entwickelt)}$$
$$\varpi^{16} - 16\varpi^{14} + 104\varpi^{12} - 352\varpi^{10} + 660\varpi^8 - 672\varpi^6 + 336\varpi^4 - 64\varpi^2 + 2 = 0;$$

mit den, in der Formel $\varpi_1\varpi_k = \varpi_{k-1} + \varpi_{k+1}$ zusammengefassten, fundamentalen Relationen unter einander und zu den nichtprimitiven ϖ_{2r}, ϖ_{4r}, ϖ_{8r}, d. h. den zweigliedrigen Perioden erster Art resp. der 32ten, 16ten, 8ten Einheitswurzeln (während $\varpi_{16r} = 0$).

Congruenzwurzeln mod. p.*)

p	ϖ_1	ϖ_3	ϖ_5	ϖ_7	ϖ_9	ϖ_{11}	ϖ_{13}	ϖ_{15}
127	7	− 59	+ 14	− 45	+ 30	+ 58	+ 29	+35
191	81	+ 27	− 45	− 87	− 71	+ 56	+ 82	−74
383	79	−119	+117	+ 84	+ 15	+ 49	+ 62	−61

$f(\varpi_1)$, Primfactoren der Primzahlen p.**)

p	$f(\varpi_1)$	p	$f(\varpi_1)$	p	$f(\varpi_1)$
−127	$1 - \varpi_9 + \varpi_{13}$	−191	$1 + \varpi_1 - \varpi_{13}$	−383	$1 - \varpi_{13} - \varpi_{15}$

*) Hier ist die Verfügung über ϖ_1 wie bisher, so dass $\varpi_1 > 0$ und $< \frac{1}{2}p$.

**) Das Zeichen + vor den Primzahlen p zeigt an, das $Nf(\varpi_1) = +p$, das Zeichen −, dass $Nf(\varpi_1) = -p$ ist.

$n = 64$

II, 2. $p = 64m + 31$; $\varpi_r = \omega^r + \omega^{31r}$, also:

$$\varpi_1 = \omega + \omega^{31} = -\varpi_{33}, \qquad \varpi_3 = \omega^3 + \omega^{29} = -\varpi_{35},$$
$$\varpi_5 = \omega^5 + \omega^{27} = -\varpi_{37}, \qquad \varpi_7 = \omega^7 + \omega^{25} = -\varpi_{39},$$
$$\varpi_9 = \omega^9 + \omega^{23} = -\varpi_{41}, \qquad \varpi_{11} = \omega^{11} + \omega^{21} = -\varpi_{43},$$
$$\varpi_{13} = \omega^{13} + \omega^{19} = -\varpi_{45}, \qquad \varpi_{15} = \omega^{15} + \omega^{17} = -\varpi_{47};$$

Wurzeln der Gleichung:

$$(\varpi^8 + 8\varpi^6 + 20\varpi^4 + 16\varpi^2 + 2)^2 - 2 = 0 \quad \text{oder (entwickelt):}$$
$$\varpi^{16} + 16\varpi^{14} + 104\varpi^{12} + 352\varpi^{10} + 660\varpi^8 + 672\varpi^6 + 336\varpi^4 + 64\varpi^2 + 2 = 0;$$

mit den fundamentalen Relationen zu einander und zu den nichtprimitiven Perioden, d. h. den zweigliedrigen erster Art ϖ_{2r}, ϖ_{4r}, ϖ_{8r} der resp. 32ten, 16ten, 8ten Einheitswurzeln:

$$\varpi_1^2 = -2 + \varpi_2, \qquad \varpi_1\varpi_3 = -\varpi_2 + \varpi_4, \qquad \varpi_1\varpi_5 = -\varpi_4 + \varpi_6 \text{ u. s. w.}$$
$$\varpi_1\varpi_2 = -\varpi_1 + \varpi_3, \qquad \varpi_1\varpi_4 = -\varpi_3 + \varpi_5, \qquad \varpi_1\varpi_6 = -\varpi_5 + \varpi_7 \text{ u. s. w.},$$
$$\text{allgemein } \varpi_1\varpi_k = -\varpi_{k-1} + \varpi_{k+1}; \quad \varpi_{16r} = 0.$$

Congruenzwurzeln mod. p.*)

p	ϖ_1	ϖ_3	ϖ_5	ϖ_7	ϖ_9	ϖ_{11}	ϖ_{13}	ϖ_{15}
31	8	+ 9	− 3	+ 10	+ 12	+ 7	− 15	− 5
223	46	+ 23	+ 54	− 50	− 29	− 47	− 59	− 35
479	9	−202	− 10	−149	+ 97	+ 57	−156	− 72
607	194	−244	+ 44	−187	−185	+ 54	−206	−271
863	126	+320	+353	+292	− 13	+414	+ 34	+ 63
991	450	− 64	−280	−431	+279	−403	+265	−208

*) Hier ist die Verfügung über ϖ_1 wie zuvor; man hat ferner mod. 31^2:

ϖ_1	ϖ_3	ϖ_5	ϖ_7	ϖ_9	ϖ_{11}	ϖ_{13}	ϖ_{15}	
+70	+133	+338	− 21	−453	+286	+326	−377	nebst:

$$\varpi_4 \equiv -203, \qquad \varpi_{10} \equiv -113, \qquad \varpi_{12} \equiv -274.$$

$n = 64$

Die Primfactoren der Primzahlen p

sind sämmtlich ideal, in 17ter Potenz wirklich, wenn der von 31 es ist, wie folgende Normen zeigen:

$N(1 + \varpi_1 - \varpi_3) = 31 . 223$, $N(1 + \varpi_1 + \varpi_5) = 479 . 31$,

$N(1 + \varpi_9 + \varpi_{11} + \varpi_{13} + \varpi_{15}) = 607 . 31$, $N(1 + \varpi_1 - \varpi_9 + \varpi_{12}) = 863 . 31$,

$N(1 - \varpi_1 + \varpi_{11}) = 31 . 991$.

Ferner hat man:

$N(1 + \varpi_4 + \varpi_{13}) = 31 . 193$, $N(1 + \varpi_1 - \varpi_{14}) = 31 . 641$,

$N(1 - \varpi_5 - \varpi_7 + \varpi_9) = 991 . 449$ u. s. w.;

alsdann mit Congruenzwurzeln mod. 31^2:

$N(1 + \varpi_3 + \varpi_7 + \varpi_{10}) = 31^4$, $N(1 + \varpi_1 - \varpi_4 + \varpi_{12}) = 31^3$ (d. h. $31^2 . 31$)*);

endlich als Beispiele wirklicher Primfactoren höherer Primzahlen:

$N(1 \pm \varpi) = 65537$, $N(1 + \varpi_1 + \varpi_5) = 21569$, übrigens beide von der Form $64m + 1$.

II, 3. $p = 64m - 31$; $\varpi_r = \omega^r + \omega^{-31r} = 0$,

während die $\varpi_{2r} = 2\omega^{2r}$ auf die 32ten Einheitswurzeln zurückkommen; daher haben die hierher gehörigen Primzahlen:

97, 353, 673, 929,

auch hier keine anderen Primfactoren als die $p = 32m + 1$ bei $n = 32$.

III. p zum Exponenten 4 gehörig.

8 viergliedrige Perioden, und zwar mit 2 Fällen:

III, 1. $p = 64m + 15, - 17$; $\varpi_r = \omega^r + \omega^{15r} + \omega^{-31r} + \omega^{-17r} = 0$,

während die $\varpi_{2r} = 2(\omega^{2r} + \omega^{30r})$ auf die zweigliedrigen Perioden zweiter Art der 32ten Wurzeln zurückkommen; daher haben die hierher gehörigen Primzahlen:

47, 79, 239, 271, 367, 431, 463, 719, 751, 911

auch hier keine anderen Primfactoren als die $p = 32m + 15$ bei $n = 32$.

*) Aus dieser Norm folgt, dass der Primfactor von 31 nicht wirklich in der Form $f(\varpi_1, \omega)$ sein kann, so dass $N_\omega f(\omega, \varpi_1) = p^2$ wäre.

$n = 64$

III, 2. $p = 64m - 15, +17$; $\varpi_r = \omega^r + \omega^{-15r} + \omega^{-31r} + \omega^{17r} = 0$,
sowie $\varpi_{2r} = 0$, während die $\varpi_{4r} = 4\omega^{4r}$ auf die 16ten Wurzeln zurückkommen, daher haben die hierher gehörigen Primzahlen:

17, 113, 241, 337, 401, 433, 593, 881, 977,

auch hier keine anderen Primfactoren als die $p = 16m + 1$ bei $n = 16$.

IV. p zum Exponenten 8 gehörig.

4 achtgliedrige Perioden, und zwar mit 2 Fällen:

IV, 1. $p = 64m + 7, -9, +23, -25$;

$$\varpi_r = \omega^r + \omega^{7r} + \omega^{-15r} + \omega^{23r} + \omega^{-31r} + \omega^{-25r} + \omega^{17r} + \omega^{-9r} = 0,$$

sowie $\varpi_{2r} = 0$, während die $\varpi_{4r} = 4(\omega^{4r} + \omega^{28r})$ auf die zweigliedrigen Perioden zweiter Art der 16ten Wurzeln zurückkommen; daher haben die hierher gehörigen Primzahlen:

7, 23, 71, 103, 151, 167, 199, 263, 311, 359, 439, 487, 503, 599, 631, 647, 727, 743, 823, 839, 887, 919, 967, 983,

auch hier keine anderen Primfactoren als die $p = 16m + 7$ bei $n = 16$.

IV, 2. $p = 64m - 7, +9, -23, +25$;

$$\varpi_r = \omega^r + \omega^{-7r} + \omega^{-15r} + \omega^{-23r} + \omega^{-31r} + \omega^{25r} + \omega^{17r} + \omega^{9r} = 0,$$

sowie $\varpi_{2r} = 0$, $\varpi_{4r} = 0$, während die $\varpi_{8r} = 8\omega^{8r}$ auf die 8ten Einheitswurzeln zurückkommen; daher haben die hierher gehörigen Primzahlen:

41, 73, 89, 137, 233, 281, 313, 409, 457, 521, 569, 601, 617, 761, 809, 857, 937, 953,

auch hier keine anderen Primfactoren als die $p = 8m + 1$ bei $n = 8$.

$n = 64$

V. p zum Exponenten 16 gehörig.

2 sechszehngliedrige Perioden, und zwar mit 2 Fällen:

V, 1. $p = 64m + 3, -5, +11, -13, +19, -21, +27, -29$;

$$\varpi_r = \omega^r + \omega^{3r} + \omega^{9r} + \omega^{27r} + \omega^{17r} + \omega^{-13r} + \omega^{25r} + \omega^{11r} + \omega^{-31r} + \omega^{-29r} + \omega^{-23r} + \omega^{-5r} + \omega^{-15r} + \omega^{19r} + \omega^{-7r} + \omega^{-21r} = 0,$$

sowie $\varpi_{2r} = 0$, $\varpi_{4r} = 0$, während die $\varpi_{8r} = 8(\omega^{8r} + \omega^{24r})$ auf die zweigliedrigen Perioden zweiter Art der 8ten Einheitswurzeln sich reduciren; daher haben die hierher gehörigen Primzahlen:

3, 11, 19, 43, 59, 67, 83, 107, 131, 139, 163, 179, 211, 227, 251, 283, 307, 331, 347, 379, 419, 443, 467, 491, 499, 523, 547, 563, 571, 587, 619, 643, 659, 683, 691, 739, 787, 811, 827, 859, 883, 907, 947, 971,

auch hier keine anderen Primfactoren als die $p = 8m + 3$ bei $n = 8$.

V, 2. $p = 64m - 3, +5, -11, +13, -19, +21, -27, +29$;

$$\varpi_r = \omega^r + \omega^{-3r} + \omega^{9r} + \omega^{-27r} + \omega^{17r} + \omega^{13r} + \omega^{25r} + \omega^{-11r} + \omega^{-31r} + \omega^{29r} + \omega^{-23r} + \omega^{5r} + \omega^{-15r} + \omega^{-19r} + \omega^{-7r} + \omega^{21r} = 0,$$

sowie $\varpi_{2r} = 0$, $\varpi_{4r} = 0$, $\varpi_{8r} = 0$, während $\varpi_{16r} = 16\omega^{16r}$ auf die 4ten Einheitswurzeln sich reducirt; daher haben die hierher gehörigen Primzahlen:

5, 13, 29, 37, 53, 61, 101, 109, 149, 157, 173, 181, 197, 229, 269, 277, 293, 317, 349, 373, 389, 397, 421, 461, 509, 541, 557, 613, 653, 661, 677, 701, 709, 733, 757, 773, 797, 821, 829, 877, 941, 997,

auch hier keine anderen Primfactoren als die $p = 4m + 1$ bei $n = 4$.

$n = 128$

I. $p = 128m + 1$.

64 primitive Wurzeln, deren Gleichung:

$$\omega^{64} + 1 = 0.$$

Congruenzwurzeln mod. p.

p	ω	ω^3	ω^5	ω^7	ω^9	ω^{11}	ω^{13}	ω^{15}
257	+100	+ 13	− 42	− 62	−116	+ 98	+ 59	− 72
641	+243	+122	−221	+290	−105	+248	−134	− 62
769	+ 89	−204	−215	+320	+ 96	−125	+347	+181

p	ω^{17}	ω^{19}	ω^{21}	ω^{23}	ω^{25}	ω^{27}	ω^{29}	ω^{31}
257	+114	− 52	− 89	− 9	− 50	+122	+ 21	+ 31
641	−287	−275	+232	− 84	− 58	+ 21	−306	+155
769	+285	−299	+141	+273	+ 5	−383	−138	−319

p	ω^{33}	ω^{35}	ω^{37}	ω^{39}	ω^{41}	ω^{43}	ω^{45}	ω^{47}
257	+ 58	− 49	+ 99	+ 36	− 57	+ 26	− 84	−124
641	−244	−199	+ 61	+210	+145	+268	+124	− 67
769	+135	−344	−257	−154	−200	− 60	− 18	−313

p	ω^{49}	ω^{51}	ω^{53}	ω^{55}	ω^{57}	ω^{59}	ω^{61}	ω^{63}
257	+ 25	− 61	+118	+113	− 29	−104	+ 79	− 18
641	− 31	+177	+168	+116	− 42	− 29	−310	−153
769	− 17	− 82	+283	+ 8	+310	+ 93	− 49	+216

Primfactoren der Primzahlen p ideal (in 21121ter Potenz wirklich).

Normen: $N(1 + \omega - \omega^6) = 769 . 826753$.

$n = 128$

II. p zum Exponenten 2 gehörig.

32 zweigliedrige Perioden, und zwar mit 3 Fällen:

II, 1. $p = 128m - 1$;

$$\varpi_r = \omega^r + \omega^{-r} = \omega^r - \omega^{64-r} = -\varpi_{64-r},$$

woraus die 16 Perioden $\varpi_1, \varpi_3 \ldots \varpi_{29}, \varpi_{31}$ von selbst sich ergeben, sowie ihre fundamentalen Relationen zu einander und zu den entsprechenden Perioden der 64ten, 32ten, 16ten, 8ten Einheitswurzeln, $\varpi_{2r}, \varpi_{4r}, \varpi_{8r}, \varpi_{16r}$ ($\varpi_{32r} = 0$), aus der Formel $\varpi_1\varpi_k = \varpi_{k-1} + \varpi_{k+1}$;

Gleichung der 32 primitiven Wurzeln:

$$\{[((\varpi^2 - 2)^2 - 2)^2 - 2]^2 - 2\}^2 - 2 = 0 \quad \text{oder}$$

$$(\varpi^{16} - 16\varpi^{14} + 104\varpi^{12} - 352\varpi^{10} + 660\varpi^8 - 672\varpi^6 + 336\varpi^4 - 64\varpi^2 + 2)^2 - 2 = 0.$$

Congruenzwurzeln mod. p.*)

p	ϖ_1	ϖ_3	ϖ_5	ϖ_7	ϖ_9	ϖ_{11}	ϖ_{13}	ϖ_{15}
127	3	+18	− 4	− 46	+63	− 21	+44	−52
383	9	−64	−86	+164	+20	−116	+ 8	−18

p	ϖ_{17}	ϖ_{19}	ϖ_{21}	ϖ_{23}	ϖ_{25}	ϖ_{27}	ϖ_{29}	ϖ_{31}
127	− 27	− 10	− 43	− 37	+ 38	+ 49	+ 51	+ 54
383	+102	+ 33	−176	−149	−105	−103	+ 11	−177

$f(\varpi_1)$, Primfactoren der Primzahlen p.**)

p	$f(\varpi_1)$	p	$f(\varpi_1)$
−127	$1 - \varpi_{23} - \varpi_{25}$	−383	$1 - \varpi_{21} + \varpi_{31}$

*) Die Verfügung über ϖ_1 ist wie bisher gemacht.

**) Das Zeichen + vor den Primzahlen p zeigt an, dass $Nf(\varpi_1) = +p$, das Zeichen −, dass $Nf(\varpi_1) = -p$ ist.

$n = 128$

II, 2. $p = 128m + 63$;

$$\varpi_r = \omega^r + \omega^{63r} = \omega^r + \omega^{64-r} = -\varpi_{65r},$$

woraus die 16 Perioden $\varpi_1, \varpi_3 \ldots\ldots \varpi_{29}, \varpi_{31}$ von selbst sich ergeben, sowie ihre fundamentalen Relationen (die nichtprimitiven $\varpi_{2r}, \varpi_{4r}, \varpi_{8r}, \varpi_{16r}$ sind dieselben wie in II, 1) aus $\varpi_1\varpi_k = -\varpi_{k-1} + \varpi_{k+1}$;

Gleichung:

$$(\varpi^{16} + 16\varpi^{14} + 104\varpi^{12} + 352\varpi^{10} + 660\varpi^8 + 672\varpi^6 + 336\varpi^4 + 64\varpi^2 + 2)^2 - 2 = 0.$$

Congruenzwurzeln mod. p.

$p = 191$*)

ϖ_1	ϖ_3	ϖ_5	ϖ_7	ϖ_9	ϖ_{11}	ϖ_{13}	ϖ_{15}	ϖ_{17}	ϖ_{19}
35	+5	−12	−22	−51	+93	−56	−45	+40	+38

ϖ_{21}	ϖ_{23}	ϖ_{25}	ϖ_{27}	ϖ_{29}	ϖ_{31}
−18	+32	−64	−59	+60	−47

Primfactoren der Primzahlen p

ideal (ohne Zweifel wie bei $p = 128m + 1$, also auf ähnliche Art wie bei $n = 64$).

Normen complexer Zahlen in $\frac{2}{\varpi}$.*)

$N(1 + \varpi) = 1087 . 4481$,

$N(1 - \varpi_{13} - \varpi_{16}) = 191 . 1828609$,

$N(1 + \varpi_9 - \varpi_{13}) = 257 . 888449$.

$N(\varpi_{13} + \varpi_{22}) = 2 . 191 . 508033$,

$N(\varpi_{10} - \varpi_{15}) = 2 . 191 . 621697$,

II, 3. $p = 128m - 63$;

$$\varpi_r = \omega^r + \omega^{-63r} = 0, \qquad \varpi_{2r} = 2\omega^{2r},$$

wesshalb die hierher gehörigen Primzahlen, d. h. 193, 449, 577, nur die (idealen) Primfactoren der $p = 64m + 1$ haben.

---

*) Die einzige Primzahl p im ersten Tausend, die nächste ist 1087. — Verfügung über ϖ_1 wie bisher.

**) Hier sind die zweiten grösseren Zahlen jedesmal $p = 128m + 1$, in der letzten Norm sind beide dieser Form.

$n = 128$

III. p zum Exponenten 4 gehörig.

16 viergliedrige Perioden, und zwar mit 2 Fällen.

III, 1. $p = 128m + 31, -33$;

$$\varpi_r = \omega^r + \omega^{31r} + \omega^{-63r} + \omega^{-33r} = 0, \qquad \varpi_{2r} = 2(\omega^{2r} + \omega^{62r}),$$

wesshalb die hierher gehörigen Primzahlen, d. h.

31, 223, 479, 607, 863, 991,

auch hier nur die (idealen) Primfactoren der $p = 64m + 31$ haben.

III, 2. $p = 128m - 31, +33$;

$$\varpi_r = \omega^r + \omega^{-31r} + \omega^{-63r} + \omega^{33r} = 0, \qquad \varpi_{2r} = 0, \qquad \varpi_{4r} = 4\omega^{4r}$$

wesshalb die hierher gehörigen Primzahlen, d. h.

97, 353, 673, 929,

auch hier nur die Primfactoren der $p = 32m + 1$ haben.

IV. p zum Exponenten 8 gehörig.

8 achtgliedrige Perioden, und zwar mit 2 Fällen:

IV, 1. $p = 128m + 15, -17, +47, -49$;

$$\varpi_r = 0, \qquad \varpi_{2r} = 0, \qquad \varpi_{4r} = 4(\omega^{4r} + \omega^{60r}),$$

wesshalb die hierher gehörigen Primzahlen, d. h.

47, 79, 239, 271, 367, 431, 463, 719, 751, 911

auch hier nur die Primfactoren der $p = 32m + 15$ haben.

$n = 128$

IV, 2. $p = 128m - 15, +17, -47, +49;$

$$\varpi_r = \varpi_{2r} = \varpi_{4r} = 0, \qquad \varpi_{8r} = 8\omega^{8r},$$

wesshalb die hierher gehörigen Primzahlen, d. h.

17, 113, 241, 337, 401, 433, 593, 881, 977,

auch hier nur die Primfactoren der $p = 16m + 1$ haben.

V. p zum Exponenten 16 gehörig.

4 sechszehngliedrige Perioden, und zwar mit 2 Fällen:

V, 1. $p = 128m + 7, -9, +23, -25, +39, -41, +55, -57;$

$\varpi_r = \varpi_{2r} = \varpi_{4r} = 0$, $\varpi_{8r} = 8(\omega^{8r} + \omega^{56r})$, wesshalb die hierher gehörigen Primzahlen, d. h.

7, 23, 71, 103, 151, 167, 199, 263, 311, 359, 439, 487, 503, 599, 631, 647, 727, 743, 823, 839, 887, 919, 967, 983,

auch hier nur die Primfactoren der $p = 16m + 7$ haben.

V, 2. $p = 128m - 7, +9, -23, +25, -39, +41, -55, +57;$

$\varpi_r = \varpi_{2r} = \varpi_{4r} = \varpi_{8r} = 0$, $\varpi_{16r} = 16\omega^{16r}$, daher haben die hierher gehörigen Primzahlen, d. h.

41, 73, 89, 137, 233, 281, 313, 409, 457, 521, 569, 601, 617, 761, 809, 857, 937, 953,

auch hier nur die Primfactoren der $p = 8m + 1$.

$n = 128$

VI. p zum Exponenten 32 gehörig.

2 zweiunddreissiggliedrige Perioden, und zwar mit 2 Fällen:

VI, 1. $p = 128m + 3, -5, +11, -13, +19, -21, +27, -29, +35, -37, +43, -45, +51, -53, +59, -61$;

$\varpi_r = \varpi_{2r} = \varpi_{4r} = \varpi_{8r} = 0$, $\varpi_{16r} = 16(\omega^{16r} + \omega^{48r})$; daher haben die hierher gehörigen Primzahlen:

3, 11, 19, 43, 59, 67, 83, 107, 131, 139, 163, 179, 211, 227, 251, 283, 307, 331, 347, 379, 419, 443, 467, 491, 499, 523, 547, 563, 571, 587, 619, 643, 659, 683, 691, 739, 787, 811, 827, 859, 883, 907, 947, 971,

auch hier nur die Primfactoren der $p = 8m + 3$.

VI, 2. $p = 128m - 3, +5, -11, +13, -19, +21, -27, +29, -35, +37, -43, +45, -51, +53, -59, +61$;

$\varpi_r = \varpi_{2r} = \varpi_{4r} = \varpi_{8r} = \varpi_{16r} = 0$, $\varpi_{32r} = 32\omega^{32r}$; daher haben die hierher gehörigen Primzahlen, d. h.

5, 13, 29, 37, 53, 61, 101, 109, 149, 157, 173, 181, 197, 229, 269, 277, 293, 317, 349, 373, 389, 421, 461, 509, 541, 557, 613, 653, 661, 677, 701, 709, 733, 757, 773, 797, 821, 829, 853, 877, 941, 997,

auch hier nur die Primfactoren der $p = 4m + 1$.

Fünfte Abtheilung.

Einheitswurzeln, deren Grad n eine aus verschiedenen Primzahlen zusammengesetzte durch 4 theilbare Zahl ist.

Die Bedeutung von ω, ϖ, r, k ist dieselbe wie in den beiden vorhergehenden Abtheilungen.

V.

$n = 12$

I. $p = 12m + 1$.

4 primitive Wurzeln, deren Gleichung:

$$\omega^4 - \omega^2 + 1 = 0,$$

wodurch sich unter den nichtprimitiven Wurzeln (d. h. den 3ten und 4ten Einheitswurzeln) die letzteren durch die primitiven ausdrücken lassen ($\omega^{3r} = \omega^r + \omega^{5r}$).

Congruenzwurzeln mod. p.*)

p	ω	ω^5	p	ω	ω^5	p	ω	ω^5	p	ω	ω^5
13	+ 6	+ 2	229	+ 18	+ 89	421	−159	+188	709	+ 91	−187
37	+14	− 8	241	− 60	− 4	433	− 64	−115	733	−240	−113
61	+21	+29	277	+ 95	− 35	457	−127	+ 18	757	− 78	+165
73	+ 3	+24	313	− 29	+ 54	541	+268	−216	769	+ 81	− 19
97	−16	− 6	337	− 72	−117	577	− 81	+ 57	829	− 77	+323
109	− 8	+41	349	+ 24	−160	601	+ 5	+120	853	+ 98	+235
157	+50	−22	373	+ 69	−173	613	+142	−177	877	+240	−391
181	+ 7	−26	397	−157	−177	661	+246	+309	937	+333	+408
193	−63	−49	409	+192	− 49	673	+ 16	+ 42	997	− 91	+252

*) Die Congruenzwurzeln für die nichtprimitiven ω stehen in $\lambda = 3$ und $n = 4$.

$n = 12$

$f(\omega)$, Primfactoren der Primzahlen p*).

p	$f(\omega)$	p	$f(\omega)$	p	$f(\omega)$
13	$1-2\omega-\omega^5$	313	$4+2\omega+\omega^5$	613	$2-5\omega-4\omega^5$
37	$2+\omega+2\omega^5$	337	$2+2\omega+\omega^4-3\omega^5$	661	$4-\omega-2\omega^4+\omega^5$
61	$1+3\omega+2\omega^5$	349	$2-4\omega-\omega^4-2\omega^5$	673	$2+2\omega+3\omega^4-3\omega^5$
73	$3-\omega$	373	$1+5\omega+2\omega^5$	709	$5+2\omega+\omega^5$
97	$2+2\omega-\omega^4+\omega^5$	397	$1+2\omega+4\omega^4-\omega^5$	733	$1+4\omega-2\omega^5$
109	$2+2\omega+3\omega^5$	409	$1+4\omega-\omega^5$	757	$1+3\omega+6\omega^5$
157	$1+4\omega+2\omega^5$	421	$2-5\omega-2\omega^5$	769	$6-\omega+4\omega^4+\omega^5$
181	$1+3\omega-\omega^4-\omega^5$	433	$2+5\omega+\omega^5$	829	$1-6\omega-4\omega^5$
193	$1-3\omega-4\omega^5$	457	$3-4\omega-3\omega^5$	853	$2+3\omega+6\omega^5$
229	$3-3\omega-2\omega^5$	541	$3+2\omega+5\omega^5$	877	$3-3\omega+4\omega^4+2\omega^5$
241	$4+\omega^5$	577	$1+2\omega+4\omega^4-2\omega^5$	937	$3-6\omega-2\omega^5$
277	$2+4\omega+3\omega^5$	601	$5-\omega$	997	$5-\omega+3\omega^4-4\omega^5$

II. p zum Exponenten 2 gehörig

2 zweigliedrige Perioden, und zwar mit 3 Fällen:

II, 1. $p = 12m - 1$;

$\varpi_r = \omega^r + \omega^{-r}$, also die zwei primitiven Perioden

$$\varpi_1 = \omega - \omega^5 = -\varpi_5;$$

Wurzeln der Gleichung:

$$\varpi^2 - 3 = 0,$$

(nichtprimitive Perioden gibt es nicht, $\varpi_2 = 1 = -\varpi_4$, $\varpi_3 = 0$).

*) Die $f(\omega)$ sind so bestimmt, dass $f(\omega) \,.\, f(\omega^{-1}) = b \pm c\sqrt{3}$ in den Minimalzahlen ausgedrückt ist, zugleich wo möglich so, dass nur die primitiven Wurzeln in $f(\omega)$ eingehen; beides lässt sich nicht immer vereinigen, wesshalb noch für diejenigen Primzahlen, deren $f(\omega)$ in der Tafel viergliedrige Ausdrücke haben, die dreigliedrigen beigefügt werden (was nur bei $p = 997$ sich nicht fand):

p	$f(\omega)$	p	$f(\omega)$	p	$f(\omega)$	p	$f(\omega)$
97	$2-\omega+3\omega^5$	349	$5+\omega-2\omega^5$	661	$6+5\omega-4x^5$	769	$5-\omega-4\omega^5$
181	$2-4\omega-\omega^5$	397	$3+2\omega-4\omega^5$	673	$6-3\omega+\omega^5$	877	$6+2\omega-\omega^5$
337	$4+3\omega+\omega^5$	577	$8+3\omega-6\omega^5$				

$n = 12$

Congruenzwurzeln mod. p.*)

p	ϖ_1	p	ϖ_1	p	ϖ_1	p	ϖ_1	p	ϖ_1	p	ϖ_1
11	5	131	38	263	23	443	171	599	188	839	41
23	7	167	62	311	25	467	166	647	122	863	406
47	12	179	19	347	95	479	31	659	176	887	186
59	11	191	24	359	163	491	113	683	37	911	318
71	28	227	50	383	159	503	232	719	315	947	368
83	13	239	106	419	29	563	121	743	139	971	54
107	18	251	76	431	36	587	42	827	262	983	104

$f(\varpi_1)$, Primfactoren der Primzahlen p. $Nf(\varpi_1) = -p$.

p	$f(\varpi_1)$	p	$f(\varpi_1)$	p	$f(\varpi_1)$	p	$f(\varpi_1)$
11	$1+2\varpi_1$	227	$4+9\varpi_1$	467	$11+14\varpi_1$	719	$7-16\varpi_1$
23	$2+3\varpi_1$	239	$2+9\varpi_1$	479	$14+15\varpi_1$	743	$5+16\varpi_1$
47	$1-4\varpi_1$	251	$7-10\varpi_1$	491	$4+13\varpi_1$	827	$16-19\varpi_1$
59	$4+5\varpi_1$	263	$10+11\varpi_1$	503	$2+13\varpi_1$	839	$19+20\varpi_1$
71	$2+5\varpi_1$	311	$11+12\varpi_1$	563	$5-14\varpi_1$	863	$2+17\varpi_1$
83	$5+6\varpi_1$	347	$4-11\varpi_1$	587	$1-14\varpi_1$	887	$14+19\varpi_1$
107	$1-6\varpi_1$	359	$2+11\varpi_1$	599	$13-16\varpi_1$	911	$17+20\varpi_1$
131	$4-7\varpi_1$	383	$7+12\varpi_1$	647	$11-16\varpi_1$	947	$5+18\varpi_1$
167	$5-8\varpi_1$	419	$13+14\varpi_1$	659	$4-15\varpi_1$	971	$1-18\varpi_1$
179	$8+9\varpi_1$	431	$1-12\varpi_1$	683	$17+18\varpi_1$	983	$10-19\varpi_1$
191	$1-8\varpi_1$	443	$8-13\varpi_1$				

II, 2. $p = 12m+5, \quad \varpi_r = \omega^r + \omega^{5r} = \omega^{3r},$

d. h. hier reduciren sich die primitiven Perioden auf die 4ten Einheitswurzeln; daher haben die hierher gehörigen Primzahlen:

5. 17, 29, 41, 53, 89, 101, 113, 137, 149, 173, 197, 233, 257, 269, 281, 293, 317, 353, 389, 401, 449, 461, 509, 521, 557, 569, 593, 617, 641, 653, 677, 701, 761, 773, 797, 809, 821, 857, 881, 929, 941, 953, 977,

keine anderen Primfactoren als die $p = 4m+1$ in $n = 4$, welche auch hier Primzahlen sind.

*) Hier ist $\varpi_1 > 0$ und $< \frac{1}{2}p$ gewählt und aus der Congruenz $\varpi_1^2 \equiv 3$ (mod. p) bestimmt.

$n = 12$

II, 3. $p = 12m - 5$; $\varpi_r = \omega^r + \omega^{-5r} = 0$,

während die $\varpi_{3r} = 2\omega^{3r}$ auf die 3ten (oder 6ten) Einheitswurzeln sich reduciren, daher haben die hierher gehörigen Primzahlen:

7, 19, 31, 43, 67, 79, 103, 127, 139, 151, 163, 199, 211, 223, 271, 283, 307, 331, 367, 379, 439, 463, 487, 499, 523, 547, 571, 607, 619, 631, 643, 691, 727, 739, 751, 787, 811, 823, 859, 883, 907, 919, 967, 991

auch hier nur die Primfactoren der Primzahlen $p = 3m + 1$ in $\lambda = 3$.

$n = 20$

I. $p = 20m + 1$.

8 primitive Wurzeln, deren Gleichung:

$$\omega^8 - \omega^6 + \omega^4 - \omega^2 + 1 = 0,$$

wodurch sich von den nichtprimitiven (d. h. den 5ten und 4ten Einheitswurzeln) die letzteren mittelst der primitiven ausdrücken lassen

$$(\omega^5 = -\omega + \omega^3 + \omega^7 - \omega^9).$$

Congruenzwurzeln mod. p.*)

p	ω	ω^3	ω^7	ω^9	p	ω	ω^3	ω^7	ω^9
41	− 5	− 2	− 20	− 8	541	− 46	+ 44	+209	+247
61	+ 24	− 23	+ 8	− 28	601	+185	+ 90	+207	− 13
101	+ 32	+ 44	+ 39	+ 41	641	− 13	−274	+255	+148
181	− 22	+ 31	+ 35	− 74	661	+270	−258	−310	− 71
241	− 6	+ 25	+106	− 40	701	+310	− 98	+ 93	+251
281	− 68	+ 7	+ 40	+ 62	761	+ 41	−330	+113	−297
401	− 56	+ 22	+164	−179	821	−267	− 99	−340	+123
421	− 13	− 92	−151	+162	881	+324	+338	−159	+242
461	+ 75	+ 60	−146	−209	941	+450	+442	− 66	+ 23
521	−199	+ 47	+133	+144					

$f(\omega)$, Primfactoren der Primzahlen p.**)

p	$f(\omega)$	p	$f(\omega)$	p	$f(\omega)$
41	$1+\omega+\omega^6$	421	$2-\omega+\omega^5-\omega^6$	661	$2-\omega-\omega^6-\omega^9$
61	$1+\omega^2+\omega^9$	461	$2+\omega^3+\omega^4+\omega^5$	701	$2-\omega-\omega^3-\omega^6$
101	$2+\omega^7-\omega^9$	521	$1+\omega^2-\omega^4-\omega^6+\omega^9$	761	$2-\omega+\omega^5$
181	$1-\omega^3-\omega^4-\omega^7+\omega^9$	541	$2-\omega+\omega^2$	821	$1+\omega^2-\omega^3+\omega^4-\omega^9$
241	$1-\omega^3-\omega^5+\omega^9$	601	$1+\omega^2-\omega^5-\omega^8+\omega^9$	881	$1-\omega^6-2\omega^8-\omega^9$
281	$1-\omega-\omega^3-\omega^9$	641	$2-\omega^2-\omega^3-\omega^7+\omega^9$	941	$1-\omega+\omega^2+\omega^3+2\omega^7-2\omega^9$
401	$2-\omega^3+\omega^5$				

---

*) Wegen der nichtprimitiven ist $\lambda = 5$ und $n = 4$ zu vergleichen.

**) Das nach Obigem eliminirbare ω^5 ist hin und wieder zur Abkürzung gebraucht.

$n = 20$

II. p zum Exponenten 2 gehörig.

4 zweigliedrige Perioden, und zwar mit 3 Fällen:

II, 1. $p = 20m - 1, \qquad \varpi_r = \omega^r + \omega^{-r} = \omega^r - \omega^{10-r},$

also die 4 primitiven Perioden:

$$\varpi_1 = \omega - \omega^9 = -\varpi_9, \qquad \varpi_3 = \omega^3 - \omega^7 = -\varpi_7;$$

Wurzeln der Gleichung:

$$\varpi^4 - 5\varpi^2 + 5 = 0;$$

mit den in der Formel $\varpi_1 \varpi_k = \varpi_{k-1} + \varpi_{k+1}$ begriffenen fundamentalen Relationen zu einander und zu den nichtprimitiven, d. h. den Perioden ϖ_{4r} der 5ten (oder 10ten) Einheitswurzeln (während $\varpi_{5r} = 0$ ist; die ϖ_{2r} sind die Entgegengesetzten von ϖ_{4r}, nämlich ($\varpi_2 = -\varpi_8, \quad \varpi_6 = -\varpi_4$).

Congruenzwurzeln mod. p*).

p	ϖ_1	ϖ_3	p	ϖ_1	ϖ_3	p	ϖ_1	ϖ_3	p	ϖ_1	ϖ_3
19	8	−6	239	58	−86	479	173	+166	719	78	−222
59	21	−6	359	99	−16	499	35	−144	739	11	−180
79	36	+17	379	172	−143	599	35	+241	839	84	+118
139	30	−56	419	182	−131	619	300	+177	859	218	+38
179	16	−69	439	126	−86	659	39	−108	919	167	+389
199	8	+90									

$f(\varpi_1)$ Primfactoren der Primzahlen p; $Nf(\varpi_1) = -p$.

p	$f(\varpi_1)$	p	$f(\varpi_1)$	p	$f(\varpi_1)$
19	$3+2\varpi_1$	359	$2+\varpi_1-3\varpi_3+2\varpi_4$	619	$5-2\varpi_3+4\varpi_4$
59	$4-3\varpi_1$	379	$7+\varpi_1-\varpi_3+3\varpi_4$	659	$11-6\varpi_3$
79	$6-5\varpi_3$	419	$4+3\varpi_1+\varpi_3$	719	$8+3\varpi_3+2\varpi_4$
139	$3+2\varpi_1-\varpi_4$	439	$5-\varpi_1+\varpi_3+3\varpi_4$	739	$4-6\varpi_1-\varpi_3-\varpi_4$
179	$1-2\varpi_1-2\varpi_4$	479	$2+3\varpi_1-3\varpi_3+2\varpi_4$	839	$5+4\varpi_1-\varpi_4$
199	$5+3\varpi_1-\varpi_3+\varpi_4$	499	$4+4\varpi_1+\varpi_3$	859	$5\varpi_1+2\varpi_3+2\varpi_4$
239	$2-\varpi_1-\varpi_3-2\varpi_4$	599	$7-5\varpi_3$	919	$5-4\varpi_3+2\varpi_4$

*) Hier ist $\varpi_1 > 0$ und $< \frac{1}{2}p$ aus $\varpi_1^2 \equiv 2 - \varpi_8$ (mod. p).

$n = 20$

II, 2. $p = 20m + 9$; $\varpi_r = \omega^r + \omega^{9r} = \omega^r + \omega^{10-r}$,

also die 4 primitiven Perioden:

$$\varpi_1 = \omega + \omega^9 = -\varpi_{11}, \qquad \varpi_3 = \omega^3 + \omega^7 = -\varpi_{13};$$

Wurzeln der Gleichung:

$$\varpi^4 + 3\varpi^2 + 1 = 0;$$

mit den fundamentalen Relationen zu einander und zu den nichtprimitiven Perioden, d. h. den ϖ_{4r}, (oder ϖ_{2r} wie in II, 1) und den $\varpi_{5r} = 2\omega^{5r}$ (den 4ten Einheitswurzeln):

$$\varpi_1^2 = -2 - \varpi_8, \qquad \varpi_1\varpi_3 = -1; \qquad \varpi_1\varpi_4 = 2\omega^5 - \varpi_3; \qquad \varpi_1\varpi_5 = -2\varpi_4$$

(allgemein $\varpi_1\varpi_k = -\varpi_{k-1} + \varpi_{k+1}$).

Congruenzwurzeln mod. p.*)

p	ϖ_1	ϖ_3	p	ϖ_1	ϖ_3	p	ϖ_1	ϖ_3	p	ϖ_1	ϖ_3
29	−2	−14	269	+96	+14	449	−170	−103	769	+193	+255
89	−39	+16	349	+96	−40	509	+227	−74	809	−350	+141
109	+3	+36	389	−140	−25	569	+37	+123	829	+158	+404
149	+28	−16	409	+42	+185	709	−13	−109	929	+430	−175
229	−35	+72									

$f(\varpi_1)$, Primfactoren der Primzahlen p.

p	$f(\varpi_1)$	p	$f(\varpi_1)$	p	$f(\varpi_1)$
29	$2+\varpi_1$	349	$2-3\varpi_1+2\varpi_4$	709	$\varpi_1+3\varpi_3-2\varpi_4$
89	$2-2\varpi_1+\varpi_4$	389	$3+2\varpi_1+\varpi_3+2\varpi_4$	769	$4+3\varpi_3$
109	$3-\varpi_1$	409	$3-\varpi_1-2\varpi_3$	809	$2\varpi_1+\varpi_3+4\varpi_4$
149	$1+\varpi_1+3\varpi_4$	449	$5+\varpi_1+\varpi_4$	829	$3-5\varpi_1+4\varpi_3$
229	$2-2\varpi_1-\varpi_3$	509	$6+2\varpi_1-\varpi_3+4\varpi_4$	929	$3-5\varpi_1+4\varpi_3+2\varpi_4$
269	$2-4\varpi_1+3\varpi_3+\varpi_4$	569	$2-3\varpi_1-\varpi_3+\varpi_4$		

*) Hier ist ϖ_1 völlig bestimmt durch die lineäre Congruenz $\varpi_1\omega^5 \equiv -\varpi_4$ (mod. p), sowie als die gemeinschaftliche Wurzel der beiden quadratischen Congruenzen:

$$\varpi_1^2 \equiv -1 + \varpi_4 \quad \text{und} \quad \varpi_1 - \varpi_3 \equiv -\omega^5, \qquad \varpi_1\varpi_3 \equiv -1 \pmod{p}.$$

$$n = 20$$

II, 3. $p = 20m - 9\,; \quad \varpi_r = \omega^r + \omega^{-9r} = 0, \qquad \varpi_{4r} = 2\omega^{4r} \quad (\varpi_{2r} = 2\omega^{2r}),$

d. h. hier verschwinden die primitiven Perioden, während die nichtprimitiven auf die 5ten (oder 10ten) Einheitswurzeln sich reduciren; daher haben die hierher gehörigen Primzahlen:

11, 31, 71, 131, 151, 191, 211, 251, 271, 311, 331, 431, 491, 571, 631, 691, 751, 811, 911, 971, 991,

keine anderen Primfactoren als die $p = 5m + 1$ in $\lambda = 5$, welche auch in Beziehung auf 20te Einheitswurzeln complexe Primzahlen sind.

III. p zum Exponenten 4 gehörig,

2 viergliedrige Perioden, und zwar mit 2 Fällen:

III, 1. $p = 20m + 3, + 7\,; \qquad \varpi_r = \omega^r + \omega^{3r} + \omega^{9r} + \omega^{7r},$

also die 2 primitiven Perioden

$$\varpi_1 = \omega + \omega^3 + \omega^9 + \omega^7 = -\varpi_{11}.$$

Wurzeln der Gleichung:

$$\varpi^2 + 5 = 0\,;$$

auch ist $\quad \varpi_{4r} = -1, \qquad \varpi_{5r} = 0.$

Congruenzwurzeln mod. p.*)

p	ϖ_1	p	ϖ_1	p	ϖ_1	p	ϖ_1	p	ϖ_1	p	ϖ_1
3	1	107	40	307	84	503	178	647	44	863	274
7	3	127	54	347	79	523	97	683	307	883	384
23	8	163	22	367	27	547	33	727	214	887	193
43	9	167	50	383	83	563	75	743	348	907	334
47	18	223	21	443	138	587	157	787	119	947	330
67	14	227	26	463	213	607	128	823	337	967	295
83	24	263	28	467	205	643	150	827	219	983	133
103	43	283	109	487	143						

*) Hier ist $\varpi_1 > 0$ und $< \frac{1}{2}p$ gewählt.

$n = 20$

Die Primfactoren der Primzahlen p

haben die Form $f(\omega, \varpi_1) = \phi(\varpi_1) + \overset{2}{\alpha}_1 . \phi_1(\varpi_1)$, wo $\overset{2}{\alpha}_1 = \omega + \omega^9$ (vgl. II, 2),
$N\phi(\varpi_1) = 2p$, $N\phi_1(\varpi_1) = 3p$, $N_{\varpi} f(\omega, \varpi_1) = (1 - \varpi_4)p$, $N_{\omega} f(\omega, \varpi_1) = p^2$.

Die folgende Tafel gibt nur die veränderlichen Bestandtheile, d. h. die beiden complexen Zahlen ϕ und ϕ_1.*)

p	$\phi(\varpi_1)$	$\phi_1(\varpi_1)$	p	$\phi(\varpi_1)$	$\phi_1(\varpi_1)$
3	$1-\varpi_1$	$+3$	487	$27-7\varpi_1$	$+31+10\varpi_1$
7	$3-\varpi_1$	$+4+\varpi_1$	503	$31-3\varpi_1$	$+23+14\varpi_1$
23	$1-3\varpi_1$	$+8-\varpi_1$	523	$21-11\varpi_1$	$+38+5\varpi_1$
43	$9-\varpi_1$	$+7+4\varpi_1$	547	$33-\varpi_1$	$+19+16\varpi_1$
47	$7-3\varpi_1$	$+11+2\varpi_1$	563	$1+15\varpi_1$	$-37+8\varpi_1$
67	$3-5\varpi_1$	$+14-\varpi_1$	587	$7-15\varpi_1$	$+41-4\varpi_1$
83	$11+3\varpi_1$	$-2+7\varpi_1$	607	$33-5\varpi_1$	$+29+14\varpi_1$
103	$9-5\varpi_1$	$+17+2\varpi_1$	643	$21-13\varpi_1$	$+43+4\varpi_1$
107	$13-3\varpi_1$	$+14+5\varpi_1$	647	$13-15\varpi_1$	$+44-\varpi_1$
127	$3+7\varpi_1$	$+19+2\varpi_1$	683	$31-9\varpi_1$	$+38+11\varpi_1$
163	$9+7\varpi_1$	$-13+8\varpi_1$	727	$3-17\varpi_1$	$+44-7\varpi_1$
167	$17+3\varpi_1$	$+1+10\varpi_1$	743	$19-15\varpi_1$	$+47+2\varpi_1$
223	$21-\varpi_1$	$+13+10\varpi_1$	787	$27+13\varpi_1$	$-19+20\varpi_1$
227	$7-9\varpi_1$	$+26-\varpi_1$	823	$39-5\varpi_1$	$+32+17\varpi_1$
263	$11+9\varpi_1$	$-17+10\varpi_1$	827	$23+15\varpi_1$	$-26+19\varpi_1$
283	$21+5\varpi_1$	$+23-8\varpi_1$	863	$41+3\varpi_1$	$+13+22\varpi_1$
307	$3-11\varpi_1$	$+29-4\varpi_1$	883	$39-7\varpi_1$	$+37+16\varpi_1$
347	$17-9\varpi_1$	$+31+4\varpi_1$	887	$37+9\varpi_1$	$-4+23\varpi_1$
367	$27-\varpi_1$	$+16+13\varpi_1$	907	$3+19\varpi_1$	$-46+11\varpi_1$
383	$19+9\varpi_1$	$-13+14\varpi_1$	947	$43-3\varpi_1$	$+29+20\varpi_1$
443	$29+3\varpi_1$	$+7+16\varpi_1$	967	$33+13\varpi_1$	$-16+23\varpi_1$
463	$9+13\varpi_1$	$-28+11\varpi_1$	983	$29-15\varpi_1$	$+52+7\varpi_1$
467	$23+9\varpi_1$	$-11+16\varpi_1$			

**) Da $\phi_1(\varpi_1) = \phi(\varpi_1) . \frac{1+\varpi_1}{2}$, so kann $f(\omega, \varpi_1)$ auch in die Form gesetzt werden: $\phi(\varpi_1)(1 + \frac{1}{2}(1+\varpi_1)\overset{2}{\alpha}_1) = \phi(\varpi_1) . \frac{1}{2}(\overset{2}{\alpha}_4 + \overset{2}{\alpha}_1)$; ebenso ist umgekehrt $\phi(\varpi_1) = \phi_1(\varpi_1) . \frac{1-\varpi_1}{3}$ mithin auch $f(\omega, \varpi_1) = \phi_1(\varpi_1)(\frac{1}{3}(1-\varpi_1) + \overset{2}{\alpha}_1) = \phi_1(\varpi_1) . \frac{1}{3}(1 - \overset{4}{\alpha}_1 + 3\overset{2}{\alpha}_1)$, wo immer $\overset{2}{\alpha}_1 = \omega + \omega^9$, $\overset{2}{\alpha}_4 = \omega^4 + \omega^{16}$.

$n = 20$

III, 2. $p = 20m - 3, -7;\quad \varpi_r = \omega^r + \omega^{-3r} + \omega^{9r} + \omega^{-7r} = -\omega^{5r}$,

d. h. hier reduciren sich die primitiven Perioden auf die 4ten Einheitswurzeln, und daher haben die hierher gehörigen Primzahlen:

13, 17, 37, 53, 73, 97, 113, 137, 157, 173, 193, 197, 233, 257, 277, 313, 317, 337, 353, 373, 397, 433, 457, 557, 577, 593, 613, 617, 653, 673, 677, 733, 757, 773, 797, 853, 857, 877, 937, 953, 977, 997,

auch hier keine anderen Primfactoren als die $p = 4m + 1$ in $n = 4$.

$n = 24$

I. $p = 24m + 1$.

4 primitive Wurzeln, deren Gleichung:

$$\omega^8 - \omega^4 + 1 = 0,$$

wodurch unter den nichtprimitiven, d. h. den 12ten und 8ten Einheitswurzeln, die letzteren eliminirt werden können.*)

Congruenzwurzeln mod. p**)

p	ω	ω^5	ω^7	ω^{11}	p	ω	ω^5	ω^7	ω^{11}
73	− 21	+ 30	+ 17	+ 7	433	−133	− 54	− 8	+140
97	+ 9	− 24	− 4	+ 43	457	− 70	+217	−139	+111
193	− 55	− 12	− 16	− 7	577	−216	− 64	− 9	−195
241	+120	−113	+ 32	+ 2	601	−273	−214	+132	−306
313	+ 43	−145	+136	+131	673	+ 4	−322	+232	+168
337	−165	− 54	−156	+ 96	769	+ 9	−164	−211	−171
409	−117	−183	+ 38	+ 7	937	−163	−177	+ 90	+ 23

*) Es ist nämlich $\omega^3 = \omega^7 - \omega^{11}$, $\omega^9 = -\omega + \omega^5$ (ebenso $\omega^6 = \omega^2 + \omega^{10}$, vgl. $n = 12$).

**) Die Congruenzwurzeln für die nichtprimitiven Wurzeln stehen in den Tafeln für $\lambda = 3$, $n = 12$, $n = 4$, $n = 8$.

$n = 24$

$f(\omega)$, Primfactoren der Primzahlen p.*)

p	$f(\omega)$	p	$f(\omega)$
73	$1-2\omega+\omega^5$	433	$1+\omega+\omega^7+\omega^{11}$
97	$1+2\omega-\omega^5-\omega^{11}$	457	$1+\omega-2\omega^2-\omega^7+\omega^8$
193	$1-2\omega-\omega^4+\omega^7-2\omega^{11}$	577	$1+\omega+\omega^5+\omega^7+2\omega^8+\omega^{10}+\omega^{11}$
241	$1-2\omega-\omega^{11}$	601	$1+\omega^2+\omega^4+2\omega^7-\omega^{11}$
313	$1-\omega+\omega^5+\omega^7-2\omega^{11}$	673	$2-\omega+\omega^4-2\omega^7+\omega^{10}+\omega^{11}$
337	$1-\omega+\omega^4+\omega^5+\omega^{11}$	769	$1-\omega^2-2\omega^7+2\omega^{11}$
409	$1+2\omega-2\omega^2-\omega^5-\omega^7-\omega^{10}+2\omega^{11}$	937	$1-\omega^2+2\omega^5+2\omega^7-\omega^{10}-\omega^{11}$

II. p zum Exponenten 2 gehörig.

4 zweigliedrige Perioden, und zwar mit 7 Fällen, wovon 5 primitiv:

$$\text{II, 1.} \quad p = 24m - 1; \qquad \varpi_r = \omega^r + \omega^{-r} = \omega^r - \omega^{12-r},$$

wodurch die Ausdrücke der 4 primitiven

$$\varpi_1 = -\varpi_{11}, \qquad \varpi_5 = -\varpi_7,$$

Wurzeln der Gleichung:

$$\varpi^4 - 4\varpi^2 + 1 = 0,$$

unmittelbar gegeben sind, sowie ihre fundamentalen Relationen zu einander und zu den nichtprimitiven, d. h. ϖ_{2r} der 12ten, und ϖ_{3r} der 8ten Wurzeln (beidemal erster Art), durch $\varpi_1\varpi_k = \varpi_{k-1} + \varpi_{k+1}$; $(\varpi_{4r} = 1, \ \varpi_{6r} = 0)$.

---

*) Sie sind so bestimmt, dass $f(\omega)f(\omega^{-1}) \ f(\omega^5)f(\omega^{-5}) = b \pm c \, . \, 2\sqrt{6}$ oder $p = b^2 - 24c^2$ in den Minimalzahlen (für b und c) erscheint; sonst gibt es manchmal einfachere $f(\omega)$, namentlich für

p	$f(\omega)$	p	$f(\omega)$	p	$f(\omega)$	p	$f(\omega)$
193	$2+\omega^7-2\omega^{11}$	409	$2-\omega^2-\omega^5+\omega^{11}$	457	$1+2\omega-\omega^7$	577	$1-\omega^2+\omega^5+2\omega^7$
241	$2-\omega^{11}$						u. s. w.

$n = 24$

Congruenzwurzeln mod. p.*)

p	ϖ_1	ϖ_5	p	ϖ_1	ϖ_5	p	ϖ_1	ϖ_5	p	ϖ_1	ϖ_5
23	−3	−8	263	+5	−105	503	−69	−226	839	−230	−259
47	+22	+15	311	−75	−141	599	+113	−53	863	−270	+342
71	+32	+20	359	+122	+103	647	+273	+237	887	+260	+58
167	−8	−21	383	−147	+99	719	+143	−181	911	−169	−345
191	+44	−13	431	+30	−158	743	−290	+351	983	+33	−417
239	−81	+59	479	+118	−69						

$f(\varpi_1)$, Primfactoren der Primzahlen p; $Nf(\varpi_1) = -p$.**)

p	$f(\varpi_1)$	p	$f(\varpi_1)$	p	$f(\varpi_1)$
23	$1+\varpi_2+\varpi_5$	359	$2-\varpi_1+2\varpi_2-2\varpi_5$	719	$6-5\varpi_1+8\varpi_5$
47	$3+\varpi_2-\varpi_5$	383	$1+\varpi_1+\varpi_2-4\varpi_5$	743	$4+3\varpi_1-6\varpi_5$
71	$4-2\varpi_1+3\varpi_5$	431	$5-4\varpi_1+2\varpi_5$	839	$3+2\varpi_1-3\varpi_2+\varpi_5$
167	$3+3\varpi_1-\varpi_5$	479	$4\varpi_1-2\varpi_2-\varpi_5$	863	$2-3\varpi_1-2\varpi_2$
191	$2+\varpi_2+2\varpi_5$	503	$7-3\varpi_1+2\varpi_2+3\varpi_5$	887	$5-2\varpi_1-2\varpi_2$
239	$2+2\varpi_1-3\varpi_2$	599	$5-3\varpi_1+5\varpi_5$	911	$1-8\varpi_1-\varpi_2+3\varpi_5$
263	$3-2\varpi_1-2\varpi_2$	647	$7-5\varpi_1+3\varpi_5$	983	$5+3\varpi_1-\varpi_2$
311	$4+\varpi_2-2\varpi_5$				

II, 2. $p = 24m + 11$; $\varpi_r = \omega^r + \omega^{11r} = \omega^r + \omega^{12-r}$,

woraus die 4 primitiven $\varpi_1 = -\varpi_{13}$, $\varpi_5 = -\varpi_{17}$,

Wurzeln der Gleichung:

$$\varpi^4 + 4\varpi^2 + 1 = 0,$$

von selbst sich ergeben, sowie ihre fundamentalen Relationen zu einander und zu den nichtprimitiven, d. h. den Perioden ϖ_{2r} der 12ten (wie II, 1) und den Perioden zweiter Art der 8ten Wurzeln ϖ_{3r}, aus der Formel $\varpi_1\varpi_k = -\varpi_{k-1} + \varpi_{k+1}$, ($\varpi_{4r} = 1$, $\varpi_{6r} = 0$).

*) Hier ist ϖ_1 völlig bestimmt durch $\varpi_1\varpi_3 \equiv 1 + \varpi_2$ (mod. p), sowie als gemeinschaftliche Wurzel der Congruenz: $\varpi_1^2 \equiv 2 + \varpi_2$, und des Congruenzensystems: $\varpi_1 - \varpi_5 \equiv \varpi_3$, $\varpi_1\varpi_5 \equiv 1$ (mod. p).

**) $f(\varpi_1) . f(\varpi_5) = b \pm c . 2\sqrt{6}$ gibt für b und c die Minimalzahlen.

$n = 24$

Congruenzwurzeln mod. p*)

p	ϖ_1	ϖ_5	p	ϖ_1	ϖ_5	p	ϖ_1	ϖ_5	p	ϖ_1	ϖ_5
11	-5	-2	179	-14	$+64$	443	$+13$	$+34$	659	-182	-105
59	-3	$+20$	227	$+27$	$+42$	467	$+121$	-220	683	-214	-150
83	-29	-20	251	$+24$	$+115$	491	-137	-43	827	$+208$	$+330$
107	-4	$+27$	347	$+171$	-69	563	-104	$+157$	947	$+419$	-278
131	-6	$+22$	419	$+87$	$+183$	587	-159	$+48$	971	$+374$	-418

Die Primfactoren der Primzahlen p

haben die Form $f(\omega, \varpi_1) = \phi(\varpi_1) + \omega^h \phi_1(\varpi_1)$, wo ω^h einen der 4 Werthe $\pm\omega$, $\pm\omega^5$ hat, $N\phi(\varpi_1) = 3p$, $N\phi_1(\varpi_1) = 2p$ ist, $N_\varpi f(\omega, \varpi_1) = -\omega^6 . p$, $N_\omega f(\omega, \varpi_1) = p^2$.

p	$f(\omega, \varpi_1)$
11	$(2 + \varpi_5) + \omega . (\varpi_1 + \varpi_2)$
59	$(1 + \varpi_1 + 2\varpi_2 - \varpi_5) - \omega . (3 + \varpi_1)$
83	$(2 - 2\varpi_1 + 3\varpi_5) - \omega^5 . (3 + \varpi_1 + 2\varpi_2)$
107	$(4 + \varpi_1) + \omega^5 . (-2\varpi_1 + \varpi_2 + 3\varpi_5)$
131	$(2 + 3\varpi_1 + \varpi_2 - \varpi_5) + \omega^5 . (\varpi_1 - \varpi_2 - 2\varpi_5)$
179	$(5 - \varpi_1 - \varpi_2) - \omega^5 . (1 + \varpi_1 - 2\varpi_2 - 2\varpi_5)$
227	$(4 - 2\varpi_1 + \varpi_2) + \omega . (3 + 3\varpi_1 - 2\varpi_5)$
251	$(1 - \varpi_1 - 3\varpi_2) + \omega^5 . (3 - \varpi_1 - 2\varpi_5)$
347	$(5 - 2\varpi_5) - \omega^5 . (3\varpi_1 - \varpi_2 - 4\varpi_5)$
419	$(5 - 2\varpi_2 - 2\varpi_5) - \omega^5 . (\varpi_1 - 3\varpi_2)$
443	$(5 - 3\varpi_1 + \varpi_5) - \omega^5 . (1 - 2\varpi_2 - 3\varpi_5)$
467	$(4 - 3\varpi_1 + 2\varpi_2 + 2\varpi_5) + \omega . (5 + 2\varpi_1 - \varpi_5)$
491	$(4 - 4\varpi_2 + \varpi_5) + \omega^5 . (3 - \varpi_1 - 2\varpi_2 - 2\varpi_5)$
563	$(2 - 3\varpi_1 - 2\varpi_5) + \omega^5 . (2 + 2\varpi_1 + 3\varpi_2 - \varpi_5)$
587	$(1 + 2\varpi_1 - 3\varpi_2 - 3\varpi_5) + \omega^5 . (6 + \varpi_2 - \varpi_5)$
659	$(2 - \varpi_1 - 3\varpi_2 + 3\varpi_5) - \omega^5 . (6 + \varpi_1 + \varpi_2)$
683	$(2 + 4\varpi_2 + \varpi_5) + \omega . (4 - 3\varpi_1 + \varpi_2)$
827	$(4 - \varpi_1 - 3\varpi_2 + 3\varpi_5) - \omega^5 . (\varpi_1 + 3\varpi_2 + 2\varpi_5)$
947	$(4 - 2\varpi_1 - 3\varpi_5) + \omega^5 . (3 + \varpi_1 + 4\varpi_2)$
971	$(7 + 2\varpi_1 + 4\varpi_2) - \omega . (6 - 2\varpi_1 + \varpi_2 + 3\varpi_5)$

*) Hier ist ϖ_1 völlig bestimmt durch $\varpi_1\varpi_3 \equiv 1 - \varpi_2$ (mod. p), sowie als die gemeinschaftliche Wurzel der Congruenz: $\varpi_1^2 \equiv -2 + \varpi_2$, und des Congruenzensystems: $\varpi_1 - \varpi_5 \equiv -\varpi_3$, $\varpi_1\varpi_5 \equiv -1$ (mod. p).

$n = 24$

II, 3. $p = 24m - 11$; $\varpi_r = \omega^r + \omega^{-11r} = 0$, $\varpi_{3r} = 2\omega^{3r}$,

d. h. hier reduciren sich die nicht verschwindenden Perioden auf die 12ten Einheitswurzeln, und daher haben die hierher gehörigen Primzahlen:

13, 37, 61, 109, 157, 181, 229, 277, 349, 373, 397,
421, 541, 613, 661, 709, 733, 757, 829, 853, 877, 997,

keine anderen Primfactoren, als die $p = 12m + 1$ in $n = 12$, die auch hier Primzahlen sind.

II, 4. $p = 24m + 7$; $\varpi_r = \omega^r + \omega^{7r} = \omega^r + \omega^{6+r}$,

woraus die 4 primitiven $\varpi_1 = -\varpi_{13}$, $\varpi_5 = -\varpi_{17}$,

Wurzeln der Gleichung:

$$\varpi^4 + 2\varpi^2 + 4 = 0,$$

unmittelbar sich ergeben, mit den fundamentalen Relationen zu einander und zu den nicht primitiven, d. h. den Perioden erster Art der 8ten Wurzeln ϖ_{3r} und den dritten Wurzeln $\varpi_{8r} = 2\omega^{8r}$ (während $\varpi_{2r} = \varpi_{6r} = 0$):

$$\varpi_1^2 = 2\omega^8, \quad \varpi_1\varpi_5 = -2; \quad \varpi_1\varpi_3 = 2\omega^4(= -2\omega^{16}); \quad \varpi_1\varpi_8 = 2\varpi_9.$$

Congruenzwurzeln mod. p*)

p	ϖ_1	ϖ_5	p	ϖ_1	ϖ_5	p	ϖ_1	ϖ_5	p	ϖ_1	ϖ_5
7	+2	−1	199	+69	+49	463	−164	+96	751	−12	−125
31	−9	+14	223	−69	−84	487	−225	+171	823	−36	−320
79	+30	+21	271	+22	−74	607	+265	+71	919	+192	+67
103	+35	−3	367	+49	−30	631	−281	+256	967	−477	+446
127	−61	+50	439	−79	−100	727	−317	−344	991	+108	−312
151	+8	−38									

*) Hier ist ϖ_1 die gemeinschaftliche Wurzel der Congruenz $\varpi_1^2 \equiv 2\omega^8$ (mod. p) und des Congruenzensystems $\varpi_1 - \varpi_5 \equiv \varpi_3$, $\varpi_1\varpi_5 \equiv -2$ (mod. p), aber auch völlig bestimmt durch eine der linearen Congruenzen: $\varpi_1\varpi_3 \equiv -2\omega^{16}$, $\varpi_1\omega^8 \equiv \varpi_9$ (mod. p).

$$n = 24$$

$f(\varpi_1)$, Primfactoren der Primzahlen p.*)

p	$f(\varpi_1)$	p	$f(\varpi_1)$	p	$f(\varpi_1)$
7	$1+\varpi_5$	223	$1-2\varpi_1-\varpi_5$	631	$3\varpi_1+\varpi_5+\omega^{16}$
31	$1+2\varpi_1-\varpi_5$	271	$5+2\varpi_1-3\varpi_5$	727	$3-\varpi_1-2\varpi_5-\omega^{16}$
79	$1+\varpi_1-2\omega^8$	367	$1-\varpi_5-4\omega^8$	751	$3+2\varpi_1+\varpi_5-2\omega^{16}$
103	$3+\varpi_5$	439	$5+\varpi_5+2\omega^8$	823	$7+4\varpi_1-3\varpi_5$
127	$3-\varpi_5+4\omega^{16}$	463	$3+2\varpi_1-\varpi_5-2\omega^8$	919	$5-\varpi_1+2\varpi_5-\omega^{16}$
151	$2-\varpi_1-\varpi_5-\omega^8$	487	$3-3\varpi_5-2\omega^8$	967	$3+\varpi_1-2\varpi_5-4\omega^8$
199	$1-2\varpi_1-\varpi_5-2\omega^{16}$	607	$2-3\omega_5-\omega^{16}$	991	$5+\varpi_1-\omega^{16}$

II, 5. $p = 24m - 7$; $\quad \varpi_r = \omega^r + \omega^{-7r} = -\omega^{9r}$,

d. h. hier reduciren sich die primitiven Perioden auf die 8ten Einheitswurzeln, und die hierher gehörigen Primzahlen:

17, 41, 89, 113, 137, 233, 257, 281, 353, 401, 449, 521,
569, 593, 617, 641, 761, 809, 857, 881, 929, 953, 977,

haben daher auch hier nur die Primfactoren der $p = 8m + 1$ in $n = 8$.

II, 6. $p = 24m + 5$; $\quad \varpi_r = \omega^r + \omega^{5r} = \omega^r + \omega^{r+4}$,

womit die 4 primitiven $\quad \varpi_1 = -\varpi_{13}, \quad \varpi_7 = -\varpi_{19}$,

Wurzeln der Gleichung:

$$\varpi^4 + 9 = 0,$$

gegeben sind; mit den fundamentalen Relationen zu einander und zu den nichtprimitiven, d. h. den 4ten Wurzeln $\varpi_{2r} = \omega^{6r}$ (und $\varpi_{6r} = 2\omega^{6r}$, während $\varpi_{4r} = 1 = -\varpi_{8r}$, $\varpi_{3r} = 0$):

$$\varpi_1^2 = 3\omega^6, \quad \varpi_1\varpi_7 = -3; \quad \varpi_1\varpi_2 = \varpi_7.$$

*) Statt ϖ_{8r} ist hier $2\omega^{8r}$ gesetzt, um den Coefficienten $\frac{1}{2}$ bei den Perioden zu vermeiden.

$n = 24$

Congruenzwurzeln mod. p.*)

p	ϖ_1	ϖ_7	p	ϖ_1	ϖ_7	p	ϖ_1	ϖ_7	p	ϖ_1	ϖ_7
5	1	+ 2	197	67	+ 47	461	12	+115	701	224	+ 97
29	14	+ 6	269	125	− 28	509	219	+251	773	303	−199
53	14	− 4	293	53	+ 11	557	260	− 45	797	295	+335
101	38	−24	317	5	− 64	653	143	+242	821	103	− 8
149	49	−70	389	68	+ 40	677	269	−224	941	237	−405
173	76	+25									

Die Primfactoren der Primzahlen p

haben die Form $f(\omega, \varpi_1) = \phi(\varpi_1) + \omega^h . \phi_1(\varpi_1)$, wo ω^h einen der 4ten Werthe $\pm \omega$, $\pm \omega^7$ hat und $N\phi(\varpi_1) = 2p$, $N\phi_1(\varpi_1) = 5p$ ist; $N_\varpi f(\omega, \varpi_1) = -\omega^{16}_1 p$, $N_\omega f(\omega, \varpi_1) = p^2$.

p	$f(\omega, \varpi_1)$
5	$(1 - \varpi_1) + \omega^7 . (1 + \varpi_1 - \varpi_2)$
29	$(2 - \varpi_1 - \varpi_2) + \omega^7 . (1 + 2\varpi_1)$
53	$(3 - 2\varpi_2 - \varpi_7) + \omega^7 . (1 + \varpi_1 + \varpi_2 - 2\varpi_7)$
101	$(1 + 2\varpi_1 - \varpi_7) - \omega . (4 - \varpi_1 + \varpi_2 - \varpi_7)$
149	$(2 - 2\varpi_1 + 3\varpi_2 + \varpi_7) + \omega . (5 - \varpi_1 - \varpi_2)$
173	$(4 + \varpi_1 - \varpi_2) + \omega . (1 - \varpi_1 + 3\varpi_7)$
197	$(2 + 2\varpi_1 - \varpi_2 + \varpi_7) - \omega^7 . (5 - 3\varpi_2 - \varpi_7)$
269	$(2 - \varpi_2 + 3\varpi_7) - \omega^7 . (5 + 3\varpi_2 + \varpi_7)$
293	$(4 + 2\varpi_1 + 3\varpi_2 + \varpi_7) - \omega . (5 + 2\varpi_2 - 2\varpi_7)$
317	$(5 - \varpi_1) + \omega . (4 + 2\varpi_1 + \varpi_2 + 2\varpi_7)$
389	$(4 + 3\varpi_2 + \varpi_7) - \omega^7 . (5 + \varpi_2 + 3\varpi_7)$
461	$(5 - 2\varpi_1 - 2\varpi_2 + \varpi_7) + \omega^7 . (4\varpi_1 - \varpi_2)$
509	$(4 - \varpi_1 + \varpi_2 - 2\varpi_7) + \omega^7 . (7 + 2\varpi_7)$
557	$(4 + \varpi_1 + 3\varpi_2 - 2\varpi_7) + \omega . (1 - \varpi_1 + \varpi_2 + 4\varpi_7)$
653	$(6 + \varpi_1 + \varpi_7) - \omega . (4 - 2\varpi_1 + 2\varpi_2 - 3\varpi_7)$
677	$(5 - 3\varpi_7) + \omega^7 . (7 + \varpi_1 + 2\varpi_2 + \varpi_7)$
701	$(4 - \varpi_1 - 5\varpi_2 + 2\varpi_7) - \omega^7 . (1 - 4\varpi_1 + 2\varpi_7)$
773	$(2 + 3\varpi_2 + 3\varpi_7) - \omega . (5 + 2\varpi_1 + 2\varpi_4 - 4\varpi_7)$
797	$(3\varpi_1 + \varpi_2 - 2\varpi_7) - \omega . (8 - 2\varpi_1 + \varpi_2)$
821	$(2 + 3\varpi_1 + \varpi_2 + 2\varpi_7) - \omega . (8 + \varpi_7)$
941	$(1 - 2\varpi_1 + 2\varpi_2 + 3\varpi_7) + \omega . (8 + \varpi_1 - 3\varpi_2 - \varpi_7)$

*) Hier ist ϖ_1 diejenige Wurzel der Congruenz $\varpi_1^2 \equiv 3\omega^6$ (mod. p), welche > 0, $< \frac{1}{2} p$ ist.

$n = 24$

II, 7. $p = 24m - 5$; $\varpi_r = \omega^r + \omega^{-5r} = \omega^r - \omega^{6+r}$,

womit die 4 primitiven $\varpi_1 = -\varpi_7$, $\varpi_5 = -\varpi_{11}$,

Wurzeln der Gleichung:

$$\varpi^4 - 2\varpi^2 + 4 = 0,$$

gegeben sind, mit den fundamentalen Relationen zu einander und zu den nicht-primitiven, d. h. den 3ten Wurzeln $\varpi_{8r} = 2\omega^{8r}$ und den Perioden zweiter Art der 8ten Wurzeln ϖ_{3r} (wie in II, 2), (während $\varpi_{2r} = 0$):

$$\varpi_1^2 = -2\omega^8, \quad \varpi_1\varpi_5 = 2; \quad \varpi_1\varpi_3 = -2\omega^{16} (= 2\omega^4); \quad \varpi_1\varpi_8 = 2\varpi_3.$$

Congruenzwurzeln mod. p.*)

p	ϖ_1	ϖ_5	p	ϖ_1	ϖ_5	p	ϖ_1	ϖ_5	p	ϖ_1	ϖ_5
19	+ 4	− 9	283	− 55	+ 72	547	−132	+ 58	787	+ 84	−356
43	+17	−10	307	− 6	+102	571	−271	−118	811	+220	−376
67	+ 3	+23	331	+ 8	+ 83	619	+178	−153	859	+ 54	+350
139	−65	−15	379	+ 56	+176	643	− 17	+189	883	− 68	− 26
163	−84	−66	499	+101	+168	691	+342	−198	907	−394	−221
211	+36	−82	523	+245	−222	739	−130	+216			

$f(\varpi_1)$, Primfactoren der Primzahlen p.**)

p	$f(\varpi_1)$	p	$f(\varpi_1)$	p	$f(\varpi_1)$
19	$1 + \varpi_5 - \omega^8$	331	$3 + 2\varpi_1 - \varpi_5 - 2\omega^8$	691	$1 - 3\varpi_1 - 4\varpi_5 - \omega^{16}$
43	$1 - 2\varpi_1 + \varpi_5$	379	$1 - \varpi_5 - 4\omega^{16}$	739	$3 - 4\varpi_1 + \varpi_5$
67	$3 - \varpi_1$	499	$4 + 3\varpi_1 - \varpi_5 - \omega^8$	787	$3 - \varpi_1 + 6\omega^8$
139	$1 - \varpi_1 - 2\varpi_5 - \omega^{16}$	523	$1 - \varpi_1 - 4\omega^{16}$	811	$5 - 2\varpi_1 + \varpi_5$
163	$1 - \varpi_1 + 2\varpi_5 - 2\omega^8$	547	$1 - \varpi_1 - 3\varpi_5 - \omega^{16}$	859	$3 - 3\varpi_1 - 2\varpi_5$
211	$3 - \varpi_1 + 2\varpi_5 - \omega^{16}$	571	$1 + 3\varpi_5 - 2\omega^8$	883	$3 - 3\varpi_1 - 2\omega^{16}$
283	$1 + \varpi_1 + 2\varpi_5 + 2\omega^{16}$	619	$3 - 2\varpi_1 + \varpi_5 - 2\omega^{16}$	907	$3 - 3\varpi_1 + 3\varpi_5 - \omega^{16}$
307	$1 + 3\varpi_5$	643	$1 - \varpi_1 + 2\varpi_5 - 5\omega^{16}$		

*) Hier ist ϖ_1 die gemeinschaftliche Wurzel der Congruenz $\varpi_1^2 \equiv -2\omega^8$, und des Congruenzensystems $\varpi_1 - \varpi_5 \equiv -\varpi_3$, $\varpi_1\varpi_5 \equiv 2$ (mod. p), aber auch lineär völlig bestimmt durch $\varpi_1\omega \equiv \varpi_3$ (mod. p).

**) Hier ist, zur Vermeidung des Coefficienten $\frac{1}{2}$ für die ϖ, $2\omega^8$ und $2\omega^{16}$ für ϖ_8 und ϖ_{16} gesetzt. Auch hier geben die $f(\varpi_1)$ die Minimalzahlen der quadratischen Form $b^2 - 6c^2$.

Anmerkung zu $n = 24$. Zwar kommen hier, mit dem Exponenten 4, viergliedrige Perioden gar nicht vor, jedoch sind folgende Relationen von je 4 Wurzeln von Bedeutung:

$$\omega + \omega^5 - \omega^7 - \omega^{11} = \sqrt{6}, \qquad \omega - \omega^5 + \omega^7 - \omega^{11} = \sqrt{2},$$
$$\omega + \omega^5 + \omega^7 + \omega^{11} = \sqrt{-6}, \qquad -\omega + \omega^5 + \omega^7 - \omega^{11} = \sqrt{-2},$$

wovon die mit $\sqrt{\pm 2}$ auf den Relationen zwischen den 8ten und 24ten Einheitswurzeln beruhen, die mit $\sqrt{\pm 6}$ aber den letzteren eigenthümlich sind.

$n = 28$

I. $p = 28m + 1$.

12 primitive Wurzeln, deren Gleichung:

$$\omega^{12} - \omega^{10} + \omega^{8} - \omega^{6} + \omega^{4} - \omega^{2} + 1 = 0,$$

mittelst welcher sich von den nichtprimitiven (d. h. den 7ten und 4ten) die letzteren eliminiren lassen, indem

$$\omega^{7r} = \omega^{r} - \omega^{3r} + \omega^{5r} + \omega^{9r} - \omega^{11r} + \omega^{13r}.$$

Congruenzwurzeln mod. p.*)

p	ω	ω^3	ω^5	ω^9	ω^{11}	ω^{13}
29	+ 10	+ 14	+ 8	− 11	+ 2	− 3
113	+ 56	+ 14	− 53	+ 32	+ 8	+ 2
197	− 87	+ 68	− 69	+ 20	+ 84	+ 77
281	+ 10	−124	− 36	− 39	+ 34	+ 28
337	+150	− 55	− 36	+103	− 49	+164
421	−198	+ 6	−115	−205	+ 70	+202
449	+193	+118	+121	+141	+156	−114
617	−305	+120	+236	−217	− 36	+176
673	+276	+ 56	−291	− 37	+ 12	+178
701	−338	+113	− 44	+239	−335	+ 56
757	+114	+ 95	− 47	−306	−255	+166
953	−282	+228	−306	−109	+372	− 98

$f(\omega)$, Primfactoren der Primzahlen p.

p	$f(\omega)$	p	$f(\omega)$	p	$f(\omega)$
29	$1+\omega+\omega^9$	337	$1-\omega^2+\omega^5-\omega^6+\omega^{10}$	673	$1+\omega^3-\omega^4-\omega^9+\omega^{10}$
113	$1-\omega^4-\omega^{11}$	421	$1+\omega^3-\omega^6+\omega^7$	701	$2-\omega+\omega^4$
197	$1+\omega^2+\omega^5$	449	$1-\omega^4-\omega^5-\omega^6$	757	$1-\omega^6-\omega^9+\omega^{10}+\omega^{12}$
281	$1-\omega-\omega^2-\omega^{10}$	617	$1+\omega^2+\omega^3-\omega^4-\omega^{13}$	953	$1-\omega^3-\omega^4+2\omega^9$

*) Die Congruenzwurzeln für die nichtprimitiven Wurzeln stehen in den Tafeln für $\lambda = 7$ und $n = 4$.

$n = 28$

II. p zum Exponenten 2 gehörig.

6 zweigliedrige Perioden, und zwar mit 3 Fällen:

II, 1. $p = 28m - 1$;

$$\varpi_r = \omega^r + \omega^{-r} = \omega^r - \omega^{14-r},$$

womit die 6 primitiven $\varpi_1 = -\varpi_{13}, \quad \varpi_3 = -\varpi_{11}, \quad \varpi_5 = -\varpi_9,$

Wurzeln der Gleichung:

$$\varpi^6 - 7\varpi^4 + 14\varpi^2 - 7 = 0,$$

unmittelbar gegeben sind, sowie durch $\varpi_1\varpi_k = \varpi_{k-1} + \varpi_{k+1}$ ihre fundamentalen Relationen zu einander und zu den nichtprimitiven Per. d. h. den zweigliedrigen der 7ten Einheitswurzeln ϖ_{4r} (oder der 14ten ϖ_{2r}: $\varpi_2 = -\varpi_{12}$, $\varpi_6 = -\varpi_8$, $\varpi_{10} = -\varpi_4$), während $\varpi_{7r} = 0$ ist, also:

$$\varpi_1^2 = (2 + \varpi_2 =)2 - \varpi_{12}, \quad \varpi_1\varpi_3 = \varpi_4 - \varpi_{12}, \quad \varpi_1\varpi_5 = \varpi_4 - \varpi_8;$$
$$\varpi_1\varpi_4 = \varpi_3 + \varpi_5, \quad \varpi_1\varpi_8 = \varpi_9, \quad \varpi_1\varpi_{12} = -\varpi_1 - \varpi_3.$$

Congruenzwurzeln mod. p.*)

p	ϖ_1	ϖ_3	ϖ_5	p	ϖ_1	ϖ_3	ϖ_5
83	32	− 30	+ 18	503	19	−240	−166
139	46	+ 37	+ 54	587	169	− 12	− 69
167	61	+ 12	− 22	643	118	−187	− 25
223	53	− 23	+ 56	727	218	−172	−341
251	126	+ 30	− 53	811	55	− 45	+158
307	89	+137	−124	839	54	+409	+392
419	107	− 15	− 22				

$f(\varpi_1)$, Primfactoren der Primzahlen p. $Nf(\varpi_1) = -p$.

p	$f(\varpi_1)$	p	$f(\varpi_1)$	p	$f(\varpi_1)$
83	$2 - \varpi_1 - \varpi_3$	307	$2 - \varpi_5 - 2\varpi_{12}$	643	$3 + \varpi_3 - 2\varpi_4 + \varpi_{12}$
139	$2 + \varpi_1 + \varpi_3 + \varpi_5$	419	$3 - \varpi_4 + 3\varpi_5$	727	$4 + \varpi_4 - 2\varpi_5$
167	$2 - 2\varpi_3 - \varpi_5$	503	$5 - 3\varpi_5$	811	$3 + \varpi_3 - \varpi_4 + \varpi_{12}$
223	$3 + \varpi_1 - \varpi_5$	587	$4 - 2\varpi_3 + \varpi_6$	839	$2\varpi_1 + \varpi_3 + \varpi_4 - \varpi_5$
251	$1 - 2\varpi_1$				

*) Hier ist ϖ_1 diejenige Wurzel der Congruenz $\varpi_1^2 \equiv 2 - \varpi_{12}$ (mod. p), welche > 0 und $< \frac{1}{2}p$ ist.

$n = 28$

II, 2. $p = 28m + 13$;

$$\varpi_r = \omega^r + \omega^{13r} = \omega^r + \omega^{14-r},$$

womit die 6 primitiven $\varpi_1 = -\varpi_{15}$, $\varpi_3 = -\varpi_{17}$, $\varpi_5 = -\varpi_{19}$,

Wurzeln der Gleichung:

$$\varpi^6 + 5\varpi^4 + 6\varpi^2 + 1 = 0,$$

von selbst gegeben sind; mit den fundamentalen Relationen zu einander und zu den nichtprimitiven, d. h. den Perioden der 7ten (ϖ_{4r} wie in II, 1) und den 4ten Einheitswurzeln $\varpi_{7r} = 2\omega^{7r}$, ($\varpi_{2r}$ die entgegengesetzten der ϖ_{4r} wie oben):

$$\varpi_1^2 = -2 - \varpi_{12}, \quad \varpi_1\varpi_3 = \varpi_4 + \varpi_{12}, \quad \varpi_1\varpi_5 = -\varpi_4 - \varpi_8;$$
$$\varpi_1\varpi_4 = -\varpi_3 + \varpi_5, \quad \varpi_1\varpi_8 = -2\omega^7 + \varpi_5, \quad \varpi_1\varpi_{12} = \varpi_1 - \varpi_3;$$
$$\varpi_1\varpi_7 = 2\varpi_8; \quad \text{(allgemein } \varpi_1\varpi_k = -\varpi_{k-1} + \varpi_{k+1}).$$

Congruenzwurzeln mod. p.*)

p	ϖ_1	ϖ_3	ϖ_5	p	ϖ_1	ϖ_3	ϖ_5
13	− 4	+ 2	+ 1	461	+140	+ 87	− 5
41	+ 3	− 5	− 17	601	+181	+217	+161
97	+ 29	+ 32	− 19	769	− 57	− 35	+ 84
181	+ 90	+ 21	− 88	797	+ 61	+ 19	−257
293	−108	−136	+127	853	+183	+231	+381
349	− 60	−149	+124	881	+ 43	+346	− 84
433	−160	+133	+114	937	−214	+ 34	+ 52

$f(\varpi_1)$, Primfactoren der Primzahlen p.

p	$f(\varpi_1)$	p	$f(\varpi_1)$	p	$f(\varpi_1)$
13	$1-\varpi_5$	349	$1+\varpi_5-2\varpi_{12}$	797	$1+\varpi_1+2\varpi_4-\varpi_{12}$
41	$1+\varpi_1+\varpi_4$	433	$2-\varpi_4+\varpi_5-2\varpi_8$	853	$3-\varpi_3+\varpi_4+\varpi_5$
97	$1+\varpi_1-\varpi_{12}$	461	$2+2\varpi_1-\varpi_3+\varpi_8$	881	$2-2\varpi_1-\varpi_5$
181	$2-\varpi_1-\varpi_5$	601	$1-2\varpi_4-\varpi_5$	937	$4+\varpi_1+2\varpi_4$
293	$\varpi_1+2\varpi_{12}$	769	$3-\varpi_3-\varpi_4+\varpi_{12}$		

*) Hier ist ϖ_1 völlig bestimmt durch $\varpi_1\omega^7 \equiv \varpi_8$ (mod. p), sowie als die gemeinschaftliche Wurzel der Congruenz $\varpi_1^2 \equiv -2 - \varpi_{12}$ (mod. p), und des Systems $\varpi_1 - \varpi_3 + \varpi_5 \equiv \omega^7$, $-\varpi_1\varpi_3 - \varpi_3\varpi_5 + \varpi_5\varpi_1 \equiv +2$, $-\varpi_1\varpi_3\varpi_5 \equiv \omega^7$ (mod. p).

$n = 28$

II, 3. $p = 28m - 13$;

$$\varpi_r = \omega^r + \omega^{-13r} = 0, \qquad \varpi_{2r} = 2\omega^{2r},$$

d. h. die nichtverschwindenden Perioden reduciren sich auf die 7ten Einheitswurzeln, und die hierher gehörigen Primzahlen:

43, 71, 127, 211, 239, 379, 463, 491, 547, 631, 659, 743, 827, 883, 911, 967,

haben daher auch hier keine anderen Primfactoren als die $p = 7m + 1$ bei $\lambda = 7$.

III. p zum Exponenten 3 gehörig.

$$p = 28m - 3, + 9.$$

4 dreigliedrige Perioden

$$\varpi_r = \omega^r + \omega^{-3r} + \omega^{9r},$$

also die 4 primitiven Perioden

$$\varpi_1 = \omega - \omega^{11} + \omega^9 = -\varpi_{11}, \qquad \varpi_3 = \omega^3 - \omega^5 - \omega^{13} = -\varpi_5;$$

Wurzeln der Gleichung:

$$\varpi^4 - 2\varpi^2 + 4 = 0;$$

mit den fundamentalen Relationen zu einander und zu den nichtprimitiven, d. h. zu den dreigliedrigen Perioden der 7ten ϖ_{4r} (oder der 14ten $\varpi_{2r} = -\varpi_{4r}$) und den 4ten Einheitswurzeln ($\varpi_{7r} = 3\omega^{7r}$):

$$\varpi_1^2 = 2 + \varpi_4, \quad \omega_1\varpi_3 = 2; \quad \varpi_1\varpi_4 = \varpi_1 - 2\varpi_3, \quad \varpi_1\varpi_{12} = -2\omega^7; \quad \varpi_1\varpi_7 = 3\varpi_4.$$

Congruenzwurzeln mod. p.*)

p	ϖ_1	ϖ_3	p	ϖ_1	ϖ_3	p	ϖ_1	ϖ_3	p	ϖ_1	ϖ_3
37	−11	−17	233	+107	− 37	457	+125	−223	653	−286	−137
53	+ 4	−26	277	+ 5	− 55	541	−228	+261	709	+250	+346
109	+24	− 9	317	+ 48	− 66	557	+ 98	−341	809	− 31	+287
137	+44	−56	373	− 23	+ 81	569	+ 55	− 31	821	+306	−220
149	+ 6	+50	389	− 77	+197	613	−124	− 89	877	+166	+317
193	+70	−11	401	+168	+148	641	− 39	+115	977	− 8	+244

*) Hier ist ϖ_1 die gemeinschaftliche Wurzel der Congruenz $\varpi_1^2 \equiv 2 + \varpi_4$ (mod. p) und des Congruenzensystems $\varpi_1 - \varpi_3 \equiv \omega^7$, $\varpi_1\varpi_3 \equiv 2$ (mod. p), sowie lineär aus einer der Congruenzen $\varpi_1\varpi_{12} \equiv -2\omega^7$, $\varpi_1\omega^7 \equiv \varpi_4$ (mod. p) bestimmt.

$n = 28$

$f(\varpi_1)$, Primfactoren der Primzahlen p.

p	$f(\varpi_1)$	p	$f(\varpi_1)$	p	$f(\varpi_1)$
37	$3+\varpi_1+\varpi_4$	317	$1+\varpi_1+2\varpi_3+\varpi_4$	613	$5-\varpi_1+2\varpi_3+\varpi_4$
53	$1-2\varpi_3$	373	$4+3\varpi_1-3\varpi_3+2\varpi_4$	641	$2+3\varpi_1+\varpi_3$
109	$3+2\varpi_1+2\varpi_4$	389	$5-2\varpi_3$	653	$1+2\varpi_1-4\varpi_3+4\varpi_4$
137	$3-\varpi_1+2\varpi_3+\varpi_4$	401	$4+\varpi_3-\varpi_4$	709	$3-2\varpi_1-2\varpi_4$
149	$4+2\varpi_1-\varpi_3+\varpi_4$	457	$3-3\varpi_1-\varpi_4$	809	$3-2\varpi_1-2\varpi_3-2\varpi_4$
193	$3+\varpi_1-\varpi_4$	541	$5+3\varpi_1+3\varpi_4$	821	$6-\varpi_1-\varpi_3+3\varpi_4$
233	$3-\varpi_1-2\varpi_3+\varpi_4$	557	$5+3\varpi_1-2\varpi_3+\varpi_4$	877	$1+\varpi_1-4\varpi_3+3\varpi_4$
277	$4+\varpi_1+\varpi_3+2\varpi_4$	569	$1-\varpi_1+4\varpi_3+\varpi_4$	977	$1+4\varpi_3$

IV. p zum Exponenten 6 gehörig.

2 sechsgliedrige Perioden, und zwar mit 3 Fällen:

IV, 1. $p = 28m + 3, -9,$

$$\varpi_r = \omega^r + \omega^{3r} + \omega^{9r} + \omega^{-r} + \omega^{-3r} + \omega^{-9r}, \quad \text{also}$$

$$\varpi_1 = \omega + \omega^3 + \omega^9 - \omega^{13} - \omega^{11} - \omega^5 = -\varpi_5;$$

Wurzeln der Gleichung:

$$\varpi^2 - 7 = 0.$$

Congruenzwurzeln mod. p.*)

p	ϖ_1	p	ϖ_1	p	ϖ_1	p	ϖ_1	p	ϖ_1	p	ϖ_1
3	1	103	25	283	63	467	53	619	61	859	329
19	8	131	20	311	140	479	38	647	268	887	73
31	10	199	87	367	47	523	141	691	207	971	229
47	17	227	37	383	34	563	250	719	301	983	410
59	19	271	121	439	165	607	282	787	105		

$f(\varpi_1)$, Primfactoren der Primzahlen p.

p	$f(\varpi_1)$	p	$f(\varpi_1)$	p	$f(\varpi_1)$	p	$f(\varpi_1)$	p	$f(\varpi_1)$
3	$5-2\varpi_1$	131	$11+6\varpi_1$	367	$9-8\varpi_1$	563	$2+9\varpi_1$	787	$54-23\varpi_1$
19	$3+2\varpi_1$	199	$12-7\varpi_1$	383	$25-12\varpi_1$	607	$24-13\varpi_1$	859	$18+13\varpi_1$
31	$9-4\varpi_1$	227	$5+6\varpi_1$	439	$3-8\varpi_1$	619	$9+10\varpi_1$	887	$11+12\varpi_1$
47	$4-3\varpi_1$	271	$24+11\varpi_1$	467	$10-9\varpi_1$	647	$19-12\varpi_1$	971	$46+21\varpi_1$
59	$2+3\varpi_1$	283	$33-14\varpi_1$	479	$23+12\varpi_1$	691	$3+10\varpi_1$	983	$5-12\varpi_1$
103	$3+4\varpi_1$	311	$16-9\varpi_1$	523	$18+11\varpi_1$	719	$17-12\varpi_1$		

*) Hier ist ϖ_1 diejenige der beiden Wurzeln der Congruenz $\varpi_1^2 \equiv 7 \pmod{p}$, welche > 0 und $< \frac{1}{2}p$ ist.

$n = 28$

IV, 2. $p = 28m - 5, + 11$;

$$\varpi_r = \omega^r + \omega^{-5r} + \omega^{-3r} + \omega^{-13r} + \omega^{9r} + \omega^{11r} = -(\omega^{2r} + \omega^{4r} + \omega^{8r}),$$

d. h. hier reduciren sich die primitiven Perioden auf die dreigliedrigen Perioden der 7ten Einheitswurzeln und die hierher gehörigen Primzahlen:

11, 23, 67, 79, 107, 151, 163, 179, 191, 263, 331, 347, 359, 431,
443, 487, 499, 571, 599, 683, 739, 751, 823, 863, 907, 919, 947, 991,

haben daher auch hier keine anderen Primfactoren als die Primzahlen der Form $7m + 2, - 3$ bei $\lambda = 7$.

IV, 3. $p = 28m + 5, - 11$;

$$\varpi_r = \omega^r + \omega^{5r} + \omega^{-3r} + \omega^{13r} + \omega^{9r} + \omega^{-11r} = \omega^{7r},$$

d. h. hier reduciren sich die primitiven Perioden auf die 4ten Einheitswurzeln, und die hierher gehörigen Primzahlen:

5, 17, 61, 73, 89, 101, 157, 173, 229, 241, 257, 269, 313, 353, 397,
409, 509, 521, 577, 593, 661, 677, 733, 761, 773, 829, 857, 929, 941, 997,

haben daher auch hier nur die Primfactoren der $p = 4m + 1$ in $n = 4$.

$n = 36$

I. $p = 36m + 1$.

12 primitive Wurzeln, deren Gleichung:

$$\omega^{12} - \omega^6 + 1 = 0,$$

mittelst deren sich aber die nichtprimitiven nicht eliminiren lassen, weder die 12ten, noch die 9ten Einheitswurzeln, indem vermöge dieser Gleichung die Summen je dreier primitiven Wurzeln null sind.

Congruenzwurzeln mod. p.*)

p	ω	ω^5	ω^7	ω^{11}	ω^{13}	ω^{17}
37	+ 5	+ 17	+ 18	+ 2	+ 13	− 15
73	+ 25	− 23	+ 6	+ 12	− 19	+ 35
109	+ 19	− 54	+ 17	+ 32	− 2	− 23
181	+ 88	+ 89	− 32	+ 17	+ 61	− 72
397	+ 41	+ 88	−153	− 96	−194	−184
433	+ 74	−167	+ 4	+108	− 70	−158
541	− 90	−233	+249	−239	−202	− 6
577	+167	− 54	− 36	− 16	−203	+ 38
613	+122	− 96	+ 39	+110	− 83	+206
757	+262	+ 29	−234	+ 55	+261	+ 26
829	+401	+267	− 43	−347	+385	+215
937	− 57	−318	+329	+356	+386	−263

$f(\omega)$, Primfactoren der Primzahlen p.

p	$f(\omega)$	p	$f(\omega)$	p	$f(\omega)$
37	$1-\omega-\omega^4$	397	$1-\omega^{11}-\omega^{11}+\omega^{16}$	613	$1+\omega^4+\omega^5+\omega^6$
73	$1-\omega+\omega^{15}$	433	$1-\omega^2+\omega^7+\omega^{14}$	757	$1-\omega+\omega^{13}$
109	$1-\omega^9+\omega^{11}$	541	$2-\omega^{14}+\omega^{15}$	829	$1+\omega^2-\omega^{11}-\omega^{15}$
181	$1+\omega-\omega^5$	577	$1-\omega-\omega^9+\omega^{17}$	937	$1+\omega^9-\omega^{11}-\omega^{13}$

*) Für die nichtprimitiven Wurzeln vgl. $\lambda = 9$ und $n = 12$ nebst $\lambda = 3$ und $n = 4$.

$n = 36$

II. p zum Exponenten 2 gehörig.

6 zweigliedrige Perioden, und zwar mit 3 Fällen:

$$\text{II, 1.}\quad p = 36m - 1;\quad \varpi_r = \omega^r + \omega^{-r} = \omega^r - \omega^{18-r},$$

woraus die 6 primitiven $\varpi_1 = -\varpi_{17}$, $\varpi_5 = -\varpi_{13}$, $\varpi_7 = -\varpi_{11}$,

Wurzeln der Gleichung:

$$\varpi^6 - 6\varpi^4 + 9\varpi^2 - 3 = 0,$$

unmittelbar sich ergeben; sowie aus $\varpi_1\varpi_k = \varpi_{k-1} + \varpi_{k+1}$ ihre fundamentalen Relationen zu einander und zu den nichtprimitiven Perioden, d. h. den Perioden der 9ten ϖ_{4r} und der 12ten Wurzeln ϖ_{3r} (während $\varpi_{6r} = -\varpi_{12r} = 1$, $\varpi_{9r} = 0$; ϖ_{2r} aber die entgegengesetzten der ϖ_{4r}), nämlich:

$$\varpi_1^2 = 2 - \varpi_{16},\quad \varpi_1\varpi_5 = 1 + \varpi_4,\quad \varpi_1\varpi_7 = 1 + \varpi_8;\quad \varpi_1\varpi_4 = \varpi_3 + \varpi_5,$$
$$\varpi_1\varpi_8 = \varpi_7,\quad \varpi_1\varpi_{16} = -\varpi_1 - \varpi_3;\quad \varpi_1\varpi_3 = \varpi_4 - \varpi_{16}.$$

Congruenzwurzeln mod. p.*)

p	ϖ_1	ϖ_5	ϖ_7	p	ϖ_1	ϖ_5	ϖ_7
71	+ 13	− 23	+ 36	503	+159	+ 92	+ 67
107	− 16	− 13	− 3	647	− 82	−230	+148
179	+ 76	+ 52	− 6	683	+293	+ 96	+197
251	− 96	+ 70	+ 85	719	−294	− 88	−206
359	+ 97	− 45	+142	827	+229	−162	+391
431	+ 73	− 96	+169	863	−380	−211	−169
467	−116	−181	+ 65	971	+182	−176	+358

$f(\varpi_1)$, Primfactoren der Primzahlen p. $Nf(\varpi_1) = -p$.

p	$f(\varpi_1)$	p	$f(\varpi_1)$	p	$f(\varpi_1)$
71	$3+\varpi_1+\varpi_4$	431	$1-\varpi_1+2\varpi_3$	719	$4+\varpi_4-2\varpi_5-\varpi_8$
107	$2-\varpi_1-\varpi_3$	467	$2-\varpi_1-\varpi_4+2\varpi_8$	827	$2-\varpi_1-\varpi_3+\varpi_{16}$
179	$2-\varpi_5-\varpi_8$	503	$3-\varpi_5-\varpi_8$	863	$3+\varpi_1-\varpi_3+\varpi_4$
251	$3-\varpi_3+\varpi_{16}$	647	$\varpi_1-2\varpi_3+\varpi_4-\varpi_5$	971	$2\varpi_3+\varpi_{16}$
359	$4+\varpi_7+2\varpi_{16}$	683	$5+2\varpi_5-\varpi_7$		

*) Hier ist ϖ_1 als die gemeinschaftliche Wurzel der Congruenz $\varpi_1^2 \equiv 2 - \varpi_{16}$ (mod. p), und des Systems $\varpi_1 - \varpi_5 - \varpi_7 \equiv 0$, $-\varpi_1\varpi_5 + \varpi_5\varpi_7 - \varpi_7\varpi_1 \equiv -3$, $\varpi_1\varpi_5\varpi_7 \equiv \varpi_3$ (mod. p), sowie lineär durch $\varpi_1\varpi_3 \equiv \varpi_4 - \varpi_{16}$ (mod. p) völlig bestimmt.

$n = 36$

II, 2. $p = 36m + 17$; $\varpi_r = \omega^r + \omega^{17r} = \omega^r + \omega^{18-r}$,

woraus die 6 primitiven $\varpi_1 = -\varpi_{19}$, $\varpi_5 = -\varpi_{23}$, $\varpi_7 = -\varpi_{25}$,

Wurzeln der Gleichung:

$$\varpi^6 + 6\varpi^4 + 9\varpi^2 + 1 = 0,$$

unmittelbar gegeben sind; sowie durch $\varpi_1 \varpi_k = -\varpi_{k-1} + \varpi_{k+1}$ ihre fundamentalen Relationen zu einander und zu den nichtprimitiven, d. h. den Perioden der 9ten, ϖ_{4r} (wie in II, 1) und den 4ten Wurzeln $\varpi_{3r} = \omega^{9r}$ (oder $\varpi_{9r} = 2\omega^{9r}$), ($\varpi_{2r}$, ϖ_{6r}, ϖ_{12r} wie in II, 1), nämlich:

$$\varpi_1^2 = -2 - \varpi_{16}, \quad \varpi_1\varpi_5 = 1 - \varpi_4, \quad \varpi_1\varpi_7 = -1 + \varpi_8; \quad \varpi_1\varpi_3 = -\varpi_8$$

$$(\text{oder } \varpi_1\varpi_9 = -2\varpi_8), \quad \varpi_1\varpi_4 = -\omega^9 + \varpi_5, \quad \varpi_1\varpi_8 = -\varpi_7 + 2\omega^9, \quad \varpi_1\varpi_{16} = \varpi_1 - \omega^9.$$

Congruenzwurzeln mod. p.*)

p	ϖ_1	ϖ_5	ϖ_7	p	ϖ_1	ϖ_5	ϖ_7
17	− 6	+ 5	− 1	557	− 62	+189	+127
53	− 4	+ 14	+ 10	593	+137	+230	−226
89	− 22	− 37	+ 30	701	+150	+187	+337
197	− 82	+ 84	+ 2	773	+354	−144	+210
233	− 25	− 91	−116	809	+302	−351	− 49
269	+ 51	+ 89	−129	881	+299	+253	−329
449	− 98	−166	+185	953	−365	− 99	−464
521	−228	+ 9	−219				

$f(\varpi_1)$, Primfactoren der Primzahlen p.

p	$f(\varpi_1)$	p	$f(\varpi_1)$	p	$f(\varpi_1)$
17	$1+\varpi_7$	269	$2-\varpi_5+\varpi_{16}$	701	$1-\varpi_1-\varpi_4-2\varpi_{16}$
53	$\varpi_1+\varpi_4$	449	$3-\varpi_5+\varpi_8$	773	$1+\varpi_4+\varpi_5-2\varpi_{16}$
89	$1+\varpi_5-\varpi_8$	521	$2-\varpi_1+\varpi_3-\varpi_5$	809	$1+2\varpi_4-\varpi_7$
197	$2-\varpi_7$	557	$\varpi_1+\varpi_3+\varpi_7+\varpi_{16}$	881	$3+\varpi_1-\varpi_8$
233	$2-\varpi_3+\varpi_5$	593	$3-\varpi_3+\varpi_4$	953	$1+\varpi_5-\varpi_8$

*) Hier ist ϖ_1 als die gemeinschaftliche Wurzel der Congruenz $\varpi_1^2 \equiv -2 - \varpi_{16}$ (mod. p), und des Systems $\varpi_1 + \varpi_5 - \varpi_7 \equiv 0$, $\varpi_1\varpi_5 - \varpi_5\varpi_7 - \varpi_7\varpi_1 \equiv 3$, $-\varpi_1\varpi_5\varpi_7 \equiv -\omega^9$ (mod. p), sowie lineär durch $\varpi_1\omega^9 \equiv -\varpi_8$ (mod. p) völlig bestimmt.

$n = 36$

II, 3. $p = 36m - 17$; $\varpi_r = \omega^r + \omega^{-17r} = 0$, $\varpi_{4r} = 2\omega^{4r}$,

d. h. die primitiven Perioden (überhaupt die mit ungeradem Index) verschwinden und die nichtprimitiven reduciren sich auf die 9ten Einheitswurzeln, daher haben die hierher gehörigen Primzahlen:

19, 127, 163, 199, 271, 307, 379, 487, 523, 631, 739, 811, 883, 919, 991,

auch hier nur die Primfactoren der $p = 9m + 1$ in $\lambda = 9$.

III. p zum Exponenten 3 gehörig,

$p = 36m - 11, + 13$.

4 dreigliedrige Perioden:

$$\varpi_r = \omega^r + \omega^{-11r} + \omega^{13r} = 0,$$

während die $\varpi_{3r} = 3\omega^{3r}$ auf die 12ten Einheitswurzeln zurückkommen; daher haben die hierher gehörigen Primzahlen:

13, 61, 97, 157, 193, 229, 241, 277, 313, 337, 349, 373,
409, 421, 457, 601, 661, 673, 709, 733, 769, 853, 877, 997,

auch hier nur die Primfactoren der $p = 12m + 1$ in $n = 12$.

IV. p zum Exponenten 6 gehörig.

2 sechsgliedrige Perioden, und zwar mit 3 Fällen:

IV, 1. $p = 36m + 11, - 13$;

$$\varpi_r = \omega^r + \omega^{11r} + \omega^{13r} + \omega^{-r} + \omega^{-11r} + \omega^{-13r} = 0,$$

während $\varpi_{3r} = 3\bar{\varpi}_{3r}$, d. h. auf die zweigliedrigen Perioden der 12ten Einheitswurzeln zurückkommt, daher haben die hierher gehörigen Primzahlen:

11, 23, 47, 59, 83, 131, 167, 191, 227, 239, 263, 311, 347, 383,
419, 443, 479, 491, 563, 587, 599, 659, 743, 839, 887, 911, 947, 983,

auch hier keine anderen Primfactoren als die $p = 12m - 1$ in $n = 12$.

$n = 36$

IV, 2. $p = 36m + 5, -7$,

$$\varpi_r = \omega^r + \omega^{5r} + \omega^{-11r} + \omega^{17r} + \omega^{13r} + \omega^{-7r} = 0,$$

während $\varpi_{3r} = 3\omega^{9r}$ auf die 4ten Einheitswurzeln zurückkommt; daher haben die hierher gehörigen Primzahlen:

5, 29, 41, 101, 113, 137, 149, 173, 257, 281, 293, 317, 353, 389, 401, 461, 509, 569, 617, 641, 653, 677, 761, 797, 821, 857, 929, 941, 977,

auch hier nur die Primfactoren der $p = 4m + 1$ in $n = 4$.

IV, 3. $p = 36m - 5, +7$;

$$\varpi_r = \omega^r + \omega^{-5r} + \omega^{-11r} + \omega^{-17r} + \omega^{13r} + \omega^{7r} = 0,$$

sowie $\varpi_{2r} = \varpi_{3r} = 0$, aber $\varpi_{6r} = 6\omega^{6r}$, was sich also auf die 3ten (oder 6ten) Einheitswurzeln reducirt, daher haben die hierher gehörigen Primzahlen:

7, 31, 43, 67, 79, 103, 139, 151, 211, 223, 283, 331, 367, 439, 463, 499, 547, 571, 607, 619, 643, 691, 727, 751, 787, 823, 859, 907, 967,

auch hier nur die Primfactoren der $p = 3m + 1$ in $\lambda = 3$.

$n = 40$

I. $p = 40m + 1$.

16 primitive Wurzeln, deren Gleichung:

$$\omega^{16} - \omega^{12} + \omega^{8} - \omega^{4} + 1 = 0,$$

wodurch sich von den nichtprimitiven (d. h. den 20ten und 8ten Einheitswurzeln) die letzteren durch die primitiven ausdrücken lassen, $\omega^{5} = \omega + \omega^{9} - \omega^{13} + \omega^{17}$, $\omega^{15} = \omega^{3} - \omega^{7} + \omega^{11} + \omega^{19}$, $(\omega^{10} = -\omega^{2} + \omega^{6} + \omega^{14} - \omega^{18})$.

Congruenzwurzeln mod. p.*)

p	ω	ω^3	ω^7	ω^9	ω^{11}	ω^{13}	ω^{17}	ω^{19}
41	+ 6	+ 11	− 12	+ 19	− 13	− 17	− 15	− 7
241	+ 41	− 5	+ 61	+116	+ 27	+ 79	− 48	+ 47
281	−139	−102	−130	+129	− 61	− 67	+135	+ 93
401	+151	− 35	+114	+ 32	−188	+102	−126	−162
521	+ 63	− 33	−165	+ 12	+217	+ 60	−221	+215
601	+ 99	+285	−105	−192	−246	+166	+ 97	− 85
641	−275	−271	−288	−102	+ 44	+ 69	+123	+324
761	−349	+150	+259	− 35	+ 87	−238	+208	+157
881	− 18	+335	+ 83	−419	− 82	−138	−405	+ 49

$f(\omega)$, Primfactoren der Primzahlen p.**)

p	$f(\omega)$	p	$f(\omega)$
41	$1-\omega^{7}+\omega^{11}$	601	$1-\omega^{3}+\omega^{5}-\omega^{7}+\omega^{10}-\omega^{12}-\omega^{17}$
241	$1+\omega^{17}+\omega^{19}$	641	$1+\omega-\omega^{6}$
281	$1+\omega^{7}+\omega^{9}$	761	$1-\omega^{2}+\omega^{3}-\omega^{4}-\omega^{13}+\omega^{16}+\omega^{17}-\omega^{18}$
401	$1+\omega^{3}+\omega^{11}+\omega^{18}$	881	$1-\omega^{7}-\omega^{11}$
521	$1+\omega+\omega^{11}-\omega^{13}+\omega^{17}$		

---

*) Für die nichtprimitiven Wurzeln vgl. $n = 20, 8, 4, \lambda = 5$.

**) Für $p = 601$ und $p = 761$ sind die $f(\omega)$ aus den Normen hergeleitet:
$N(1-\omega^{3}-\omega^{9}-\omega^{11}) = 41 . 601$, $N(1+\omega^{4}-\omega^{6}-\omega^{11}) = 41 . 761$.

$n = 40$

II. p zum Exponenten 2 gehörig.

8 zweigliedrige Perioden, und zwar mit 7 Fällen:

II, 1. $p = 40m - 1\,; \quad \varpi_r = \omega^r + \omega^{-r} = \omega^r - \omega^{20-r}\,,$

womit die 8 primitiven $\varpi_1 = -\varpi_{19}\,, \quad \varpi_3 = -\varpi_{17}\,, \quad \varpi_7 = -\varpi_{13}\,, \quad \varpi_9 = -\varpi_{11}\,,$

Wurzeln der Gleichung:

$$\varpi^8 - 8\varpi^6 + 19\varpi^4 - 12\varpi^2 + 1 = 0\,,$$

gegeben sind, sowie durch $\varpi_1\varpi_k = \varpi_{k-1} + \varpi_{k+1}$ ihre fundamentalen Relationen unter einander und zu den nichtprimitiven Perioden, d. h. den zweigliedrigen 1ter Art der 20ten (ϖ_{2r} und der 5ten ϖ_{8r}) und der 8ten ϖ_{5r}, (während $\varpi_{10r} = 0$) Einheitswurzeln:

$$\varpi_1^2 = 2 + \varpi_2\,, \quad \varpi_1\varpi_3 = \varpi_2 - \varpi_{16}\,, \quad \varpi_1\varpi_7 = \varpi_6 + \varpi_8\,, \quad \varpi_1\varpi_9 = \varpi_8\,;$$

$$\varpi_1\varpi_5 = \varpi_4 + \varpi_6\,; \quad \varpi_1\varpi_2 = \varpi_1 + \varpi_3\,, \quad \varpi_1\varpi_6 = \varpi_5 + \varpi_7\,; \quad \varpi_1\varpi_8 = \varpi_7 + \varpi_9\,,$$

$$\varpi_1\varpi_{16} = -\varpi_3 - \varpi_5\,.$$

Congruenzwurzeln mod. p.*)

p	ϖ_1	ϖ_3	ϖ_7	ϖ_9	p	ϖ_1	ϖ_3	ϖ_7	ϖ_9
79	+ 14	+ 16	− 8	+ 19	479	−190	−108	−113	− 97
199	− 72	+ 93	+ 67	− 81	599	− 85	+105	−285	+ 42
239	−119	− 91	+ 97	+ 30	719	+240	−214	+321	+268
359	+137	+143	− 57	+ 82	839	− 42	−130	+ 49	−108
439	−168	+ 72	− 60	−118	919	+ 13	+320	+337	+ 95

$f(\varpi_1)$, Primfactoren der Primzahlen p. $Nf(\varpi_1) = -p$.

p	$f(\varpi_1)$	p	$f(\varpi_1)$	p	$f(\varpi_1)$
79	$1-\varpi_1+\varpi_3-2\varpi_7-\varpi_9$	439	$3-\varpi_3+\varpi_8$	719	$3-\varpi_1+\varpi_3-\varpi_9$
199	$1-\varpi_1+\varpi_2+\varpi_9$	479	$3+2\varpi_1-\varpi_3+\varpi_7+\varpi_9$	839	$2\varpi_1+\varpi_2$
239	$2-\varpi_1+\varpi_3-\varpi_9$	599	$2+\varpi_6+\varpi_7+\varpi_9$	919	$3+2\varpi_2+\varpi_7$
359	$1-\varpi_2-\varpi_6+\varpi_9$				

*) Hier ist ϖ_1 die gemeinschaftliche Wurzel der Congruenz $\varpi_1^2 \equiv 2 + \varpi_2$ (mod. p), und eines Systems von 4 Congruenzen, deren erste: $\varpi_1 - \varpi_3 + \varpi_7 + \varpi_9 \equiv \varpi_5$ (mod. p).

$n = 40$

II, 2. $p = 40m + 19$;

$$\varpi_r = \omega^r + \omega^{19r} = \omega^r + \omega^{20-r},$$

womit die 8 primitiven $\varpi_1 = -\varpi_{21}$, $\varpi_3 = -\varpi_{23}$, $\varpi_7 = -\varpi_{27}$, $\varpi_9 = -\varpi_{29}$,

Wurzeln der Gleichung:

$$\varpi^8 + 8\varpi^6 + 19\varpi^4 + 12\varpi^2 + 1 = 0,$$

gegeben sind, sowie durch $\varpi_1\varpi_k = -\varpi_{k-1} + \varpi_{k+1}$ ihre fundamentalen Relationen zu einander und zu den nichtprimitiven, d. h. den Perioden ϖ_{2r} der 20ten (wie in II, 1) und den zweigliedrigen zweiter Art ϖ_{5r} der 8ten Einheitswurzeln (während $\varpi_{10r} = 0$), nämlich:

$$\varpi_1^2 = -2 + \varpi_2, \quad \varpi_1\varpi_3 = -\varpi_2 - \varpi_{16}, \quad \varpi_1\varpi_7 = -\varpi_6 + \varpi_8,$$
$$\varpi_1\varpi_9 = -\varpi_8; \quad \varpi_1\varpi_5 = -\varpi_4 + \varpi_6; \quad \varpi_1\varpi_2 = -\varpi_1 + \varpi_3,$$
$$\varpi_1\varpi_6 = -\varpi_5 + \varpi_7; \quad \varpi_1\varpi_8 = -\varpi_7 + \varpi_9, \quad \varpi_1\varpi_{16} = \varpi_3 - \varpi_5.$$

Congruenzwurzeln mod. p.*)

p	ϖ_1	ϖ_3	ϖ_7	ϖ_9	p	ϖ_1	ϖ_3	ϖ_7	ϖ_9
19	− 5	− 7	− 2	− 3	499	+136	− 94	− 56	− 31
59	+ 14	+ 13	− 2	− 6	619	+219	+305	+ 54	−182
139	− 58	+ 9	− 38	+ 61	659	−295	+ 62	+305	− 44
179	+ 67	+ 65	− 70	+ 55	739	− 3	− 36	+147	−207
379	− 74	+ 84	+ 90	−179	859	+153	+ 6	+ 97	+234
419	+173	−185	+ 59	+167					

Die Primfactoren der Primzahlen p

haben die Form $f(\omega, \varpi_1)$, welche hier nicht festgestellt ist.

Normen complexer Zahlen in $\overset{2}{\varpi}$.

$$N(1 + \varpi_1 + \varpi_8) = (1 - \varpi_7 + \varpi_9) = 4.19,$$
$$N(1 - \varpi_1 + \varpi_3) = N(\varpi_6 - \varpi_9) = 4.59;$$
$$N(2 + \varpi_7) = 19.59 = N(2 + \varpi_2 - \varpi_5),$$
$$N(1 - \varpi_1 - \varpi_5) = N(1 - \varpi_1 + \varpi_6) = N(\varpi_5 + \varpi_6) = 19^2.$$

*) Hier ist ϖ_1 die gemeinschaftliche Wurzel der Congruenz $\varpi_1^2 \equiv -2 + \varpi_2$ (mod. p), und eines Systems von 4 Congruenzen, deren erste $\varpi_1 + \varpi_3 - \varpi_7 + \varpi_9 \equiv \varpi_5$ (mod. p).

$n = 40$

II, 3. $p = 40m - 19, \quad \varpi_r = \omega^r + \omega^{-19r} = 0, \quad \varpi_{2r} = 2\omega^{2r},$

d. h. die nicht verschwindenden Perioden reduciren sich auf die 20ten Einheitswurzeln, und die hierher gehörigen Primzahlen:

61, 101, 281, 421, 541, 661, 701, 821, 941,

haben daher auch hier keine anderen Primfactoren als die $p = 20m + 1$ in $n = 20$.

II, 4. $p = 40m + 11; \quad \varpi_r = \omega^r + \omega^{11r},$

also die 8 primitiven Perioden:

$$\varpi_1 = \omega + \omega^{11} = -\varpi_{21}, \qquad \varpi_3 = \omega^3 - \omega^{13} = -\varpi_{13},$$
$$\varpi_7 = \omega^7 - \omega^{17} = -\varpi_{17}, \qquad \varpi_9 = \omega^9 + \omega^{19} = -\varpi_{29};$$

Wurzeln der Gleichung:

$$\varpi^8 - 2\varpi^6 + 4\varpi^4 - 8\varpi^2 + 16 = 0;$$

mit den fundamentalen Relationen zu einander und zu den nichtprimitiven, d. h. den Perioden zweiter Art der 8ten, ϖ_{5r} (während $\varpi_{10r} = 0$), und den 5ten Wurzeln $\varpi_{8r} = 2\omega^{8r}$ (oder der 10ten $\varpi_{4r} = \omega^{4r}$, während $\varpi_{2r} = 0$):

$$\varpi_1^2 = -2\omega^{32}, \quad \varpi_1\varpi_7 = 2\omega^8, \quad \varpi_1\varpi_9 = -2; \quad \varpi_1\varpi_5 = \varpi_{16};$$
$$\varpi_1\varpi_8 = 2\varpi_9, \quad \varpi_1\varpi_{24} = -2\varpi_5 \text{ u. s. w.}$$

Congruenzwurzeln mod. p.*)

p	ϖ_1	ϖ_3	ϖ_7	ϖ_9	p	ϖ_1	ϖ_3	ϖ_7	ϖ_9
11	− 4	− 1	− 2	− 5	491	− 17	−244	+165	+ 29
131	− 3	−52	+ 5	−43	571	+173	−230	−144	+ 66
211	+ 29	−62	+ 34	−51	691	+107	+ 50	−304	−310
251	−100	+ 8	+ 63	− 5	811	+105	−164	+ 89	+363
331	− 62	+ 4	+166	−32	971	− 29	+ 57	− 17	+134

*) Hier ist ϖ_1 die gemeinschaftliche Wurzel der Congruenz $\varpi_1^2 \equiv -2\omega^{32}$ (mod. p), und eines Systems von 4 Congruenzen, deren erste (zureichende) $\varpi_1 + \varpi_3 - \varpi_7 + \varpi_9 \equiv \varpi_5$ (mod. p), aber auch lineär völlig bestimmt durch $\varpi_1\omega^{24} \equiv -\varpi_5$ (mod. p).

$n = 40$

$f(\varpi_1)$, Primfactoren der Primzahlen p.*)

p	$f(\varpi_1)$	p	$f(\varpi_1)$	p	$f(\varpi_1)$
11	$1+\varpi_3$	331	$2-\varpi_1-\omega^{32}$	691	$1-\varpi_3-\varpi_9+\omega^{16}+2\omega^{32}$
131	$1-\varpi_3-\omega^{24}$	491	$1-\varpi_1+\varpi_7-\omega^{16}$	811	$2+\varpi_5+\varpi_9-\omega^{16}-\omega^{32}$
211	$1-\varpi_7-\omega^8-\omega^{32}$	571	$1-\varpi_1+\varpi_9+\omega^8$	971	$1+2\varpi_1+\varpi_3$
251	$2-\varpi_1+\omega^{24}$				

II, 5. $p = 40m - 11; \quad \varpi_r = \omega^r + \omega^{-11r}$,

also die 8 primitiven Perioden:

$$\varpi_1 = \omega - \omega^9 = -\varpi_9, \qquad \varpi_3 = \omega^3 + \omega^7 = -\varpi_{33}, \qquad \varpi_{11} = \omega^{11} - \omega^{19} = -\varpi_{19},$$
$$\varpi_{13} = \omega^{13} + \omega^{17} = -\varpi_{37};$$

Wurzeln der Gleichung:

$$\varpi^8 + 15\varpi^4 + 25 = 0;$$

mit den fundamentalen Relationen unter einander und zu den nichtprimitiven, d. h. den zweigliedrigen Perioden zweiter Art ϖ_{2r} der 20ten (einschliesslich die ϖ_{8r} der 5ten) und den 4ten Wurzeln $\varpi_{10r} = 2\omega^{10r}$ (während $\varpi_{5r} = 0$):

$$\varpi_1^2 = -2\omega^{10} + \varpi_2, \qquad \varpi_1\varpi_2 = 1 + 2\varpi_8, \qquad \varpi_1\varpi_{11} = 2 - \varpi_8,$$
$$\varpi_1\varpi_{13} = \varpi_2 + \varpi_6; \qquad \varpi_1\varpi_2 = \varpi_3 - \varpi_{11}, \qquad \varpi_1\varpi_6 = \varpi_3,$$
$$\varpi_1\varpi_8 = \varpi_9 - \varpi_{13}, \qquad \varpi_1\varpi_{16} = \varpi_{13}; \qquad \varpi_1\varpi_{10} = 2\varpi_{11}.$$

Congruenzwurzeln mod. p.**)

p	ϖ_1	ϖ_3	ϖ_{11}	ϖ_{13}	p	ϖ_1	ϖ_3	ϖ_{11}	ϖ_{13}
29	14	+ 7	+ 6	+ 3	349	42	+ 65	−128	−115
109	41	−50	+45	− 15	389	145	−124	− 52	+133
149	50	−55	+35	+ 36	509	92	−191	−206	− 26
229	74	+61	−97	−114	709	298	+132	−248	+ 90
269	23	+53	− 3	− 42	829	388	+ 71	+113	+ 57

*) Zur Vermeidung des Coefficienten $\frac{1}{2}$ ist ist $2\omega^{8r}$ anstatt ϖ_{8r} gesetzt.

**) Hier ist ϖ_1 diejenige der beiden Wurzeln der Congruenz $\varpi_1^2 \equiv -2\omega^{10} + \varpi_2$ (mod. p), welche > 0 und $< \frac{1}{2}p$ ist.

$n = 40$

Die Primfactoren der Primzahlen p

haben die Form $f(\omega, \varpi_1)$, welche hier nicht erhoben ist.

Normen complexer Zahlen in $\frac{2}{\varpi}$.

$N(\varpi_1 + \varpi_6) = N(1 + \varpi_8 - \varpi_{11}) = 4 . 29$, $N(1 - \varpi_2 - \varpi_{13}) = 5 . 29$,

$N(1 + \varpi_1 + \varpi_2 - \varpi_{11}) = 5 . 109$, $N(1 - 2\varpi_1) = 29 . 229$,

$N(\varpi_2 + \varpi_8 - \varpi_{13}) = 29^2$.

II, 6. $p = 40m + 9$; $\varpi_r = \omega^r + \omega^{9r}$,

also die 8 primitiven:

$\varpi_1 = \omega + \omega^9 = -\varpi_{21}$, $\varpi_3 = \omega^3 - \omega^7 = -\varpi_7$, $\varpi_{11} = \omega^{11} + \omega^{19} = -\varpi_{31}$,

$\varpi_{13} = \omega^{13} - \omega^{17} = -\varpi_{17}$;

Wurzeln der Gleichung:

$$\varpi^8 + 7\varpi^4 + 1 = 0;$$

mit den fundamentalen Relationen zu einander und zu den nichtprimitiven, d. h. denselben Perioden der 20ten Wurzeln ϖ_{2r}, wie in II, 5, und den 8ten Wurzeln $\varpi_{5r} = 2\omega^{5r}$ (einschliesslich die 4ten $\varpi_{10r} = 2\omega^{10r}$):

$\varpi_1^2 = 2\omega^{10} + \varpi_2$, $\varpi_1\varpi_3 = 1$; $\varpi_1\varpi_{11} = -2 - \varpi_8$,

$\varpi_1\varpi_{13} = \omega^{10}$, $\varpi_1\varpi_5 = 2\varpi_6$ $\varpi_1\varpi_{15} = 2\varpi_{16}$;

$\varpi_1\varpi_2 = \varpi_3 + \varpi_{11}$, $\varpi_1\varpi_6 = 2\omega^{15} - \varpi_3$; $\varpi_1\varpi_8 = \varpi_1 - \varpi_{13}$,

$\varpi_1\varpi_{16} = -2\omega^{5r} - \varpi_{13}$, $\varpi_1\varpi_{10} = 2\varpi_{11}$.

Congruenzwurzeln mod. p*).

p	ϖ_1	ϖ_3	ϖ_{11}	ϖ_{13}	p	ϖ_1	ϖ_3	ϖ_{11}	ϖ_{13}
89	−31	−23	− 14	−19	769	+282	+ 30	−203	+322
409	−60	−75	+ 9	−91	809	+268	+323	−279	+ 29
449	+47	+86	+ 6	−75	929	+371	+308	+363	+389
569	+69	+33	+244	− 7					

*) Hier ist ϖ_1 die gemeinschaftliche Wurzel der Congruenz $\varpi_1^2 \equiv 2\omega^{10} + \varpi_2$, und des Systems $\varpi_1 - \varpi_{13} \equiv \omega^5$, $\varpi_1\varpi_{13} = \omega^{10}$ (mod. p), aber auch linear völlig bestimmt, z. B. durch $\varpi_1\omega^5 \equiv \varpi_6$ (mod. p).

$n = 40$

$f(\varpi_1)$ Primfactoren der Primzahlen p.

p	$f(\varpi_1)$	p	$f(\varpi_1)$	p	$f(\varpi_1)$
89	$1+\varpi_2-2\varpi_{13}$	569	$1-\varpi_1-\varpi_2+\varpi_3$	809	$1-\varpi_1-\varpi_2-\varpi_6+2\varpi_{13}$
409	$1+2\varpi_2-\varpi_6+\varpi_{11}-\varpi_{13}$	769	$2+\varpi_2+2\varpi_3-\varpi_6$	929	$2+\varpi_1-\varpi_2-\varpi_3+\varpi_6-\varpi_{13}$
449	$1-\varpi_2-\varpi_8-\varpi_{11}$				

II, 7. $p = 40m - 9; \quad \varpi_r = \omega^r + \omega^{-9r}$,

also die 8 primitiven Perioden:

$$\varpi_1 = \omega - \omega^{11} = -\varpi_{11}, \quad \varpi_3 = \omega^3 + \omega^{13} = -\varpi_{23}, \quad \varpi_7 = \omega^7 + \omega^{17} = -\varpi_{27},$$
$$\varpi_9 = \omega^9 - \omega^{19} = -\varpi_{19};$$

Wurzeln der Gleichung:

$$\varpi^8 + 2\varpi^6 + 4\varpi^4 + 8\varpi^2 + 16 = 0;$$

mit den fundamentalen Relationen zu einander und zu den nichtprimitiven Perioden, d. h. den Perioden erster Art ϖ_{5r} der 8ten und den 5ten Wurzeln $\varpi_{8r} = 2\omega^{8r}$ (oder der 10ten, $\varpi_{4r} = 2\omega^{4r}$), während $\varpi_{2r} = 0 = \varpi_{10r}$:

$$\varpi_1^2 = 2\omega^{32}, \quad \varpi_1\varpi_3 = -2\omega^{24}, \quad \varpi_1\varpi_7 = 2\omega^8, \quad \varpi_1\varpi_9 = 2;$$
$$\varpi_1\varpi_5 = -2\omega^{16}; \quad \varpi_1\varpi_8 = 2\varpi_9 \text{ etc.}$$

Congruenzwurzeln mod. p.*)

p	ϖ_1	ϖ_3	ϖ_7	ϖ_9	p	ϖ_1	ϖ_3	ϖ_7	ϖ_9
31	+15	+2	−1	−4	431	+57	−147	+173	−189
71	−16	−11	+26	−9	631	+22	−276	−32	−172
151	−66	−4	−75	+32	751	+289	+161	−28	+13
191	+72	−17	+90	+69	911	−249	−234	−109	+300
271	−66	+118	+124	−115	991	+369	−350	−487	+188
311	+112	+85	−11	+50					

*) Hier ist ϖ_1 die gemeinschaftliche Wurzel der Congruenz $\varpi_1^2 \equiv 2\omega^{32}$ und eines Systems von 4 Congruenzen, deren erste: $\varpi_1 - \varpi_3 + \varpi_7 + \varpi_9 \equiv \varpi_5$; aber auch lineär völlig bestimmt durch z. B. $\varpi_1\varpi_5 \equiv -2\omega^{16}$ (mod. p).

$n = 40$

$f(\varpi_1)$, Primfactoren der Primzahlen p.*)

p	$f(\varpi_1)$	p	$f(\varpi_1)$	p	$f(\varpi_1)$
31	$1+\varpi_7$	271	$2-\varpi_5-\omega^{16}+\omega^{32}$	751	$1-\varpi_3+2\omega^{32}$
71	$1-\varpi_1+\omega^{24}$	311	$2+\varpi_9-\omega^{32}$	911	$1-\varpi_7-\varpi_9+\omega^{24}+\omega^{32}$
151	$1+\varpi_1+\varpi_5+\omega^{24}$	431	$1+\varpi_5+\varpi_9$	991	$1-\varpi_9-2\omega^{16}-\omega^{32}$
191	$1-\varpi_7-\omega^8-\omega^{32}$	631	$\varpi_1+\varpi_7-\omega^{16}-2\omega^{24}$		

III. p zum Exponenten 4 gehörig,

4 viergliedrige Perioden, und zwar mit 4 Fällen:

III, 1. $p = 40m-3, +13$; $\quad \varpi_r = \omega^r + \omega^{-3r} + \omega^{9r} + \omega^{13r}$,

also die 4 primitiven Perioden

$$\varpi_1 = \omega - \omega^{17} + \omega^9 + \omega^{13} = -\varpi_{17}, \qquad \varpi_3 = \omega^3 - \omega^{11} - \omega^7 - \omega^{19} = -\varpi_7;$$

Wurzeln der Gleichung:

$$\varpi^4 + 25 = 0;$$

mit den fundamentalen Relationen zu einander und zu den nichtprimitiven Perioden, d. h. den 4ten Wurzeln $\varpi_{2r} = -\omega^{10r}$ (oder $\varpi_{10r} = 4\omega^{10r}$, während $\varpi_{5r} = 0$, $\varpi_{4r} = 1$, $\varpi_{8r} = -1$):

$$\varpi_1^2 = 5\omega^{10}, \qquad \varpi_1\varpi_3 = 5; \qquad \varpi_1\varpi_2 = +\varpi_3, \qquad (\varpi_1\varpi_{10} = -4\varpi_3).$$

Congruenzwurzeln mod. p.**)

p	ϖ_1	ϖ_3	p	ϖ_1	ϖ_3	p	ϖ_1	ϖ_3	p	ϖ_1	ϖ_3
13	1	+5	277	85	−114	613	118	−161	773	92	−210
37	17	+9	293	90	+114	653	88	+52	797	336	−287
53	16	−3	317	39	−8	677	293	+171	853	277	−117
157	53	−71	373	120	+171	733	209	−256	877	358	−316
173	20	−43	397	74	+102	757	236	−93	997	113	−247
197	18	+55	557	108	−67						

*) Zur Vermeidung des Coefficienten $\frac{1}{2}$ ist $2\omega^{8r}$ anstatt ϖ_{8r} gesetzt.

**) Hier ist ϖ_1 diejenige der beiden Wurzeln der Congruenz $\varpi_1^2 \equiv 5\omega^{10}$ (mod. p), welche > 0 und $< \frac{1}{2}p$. Congruenzwurzeln für ω^{10} bei $n = 4$.

$n = 40$

Die Primfactoren der Primzahlen p

haben die hier nicht erhobene Form $f(\omega, \varpi_1)$. Für alle diese Primzahlen gibt es complexe Zahlen $\phi(\varpi_1)$, so dass $N\phi(\varpi_1) = 2p$ ist, welche die folgende Tafel gibt (wo stets $\varpi_2 = -\omega^{10}$)*):

p	$\phi(\varpi_1)$	p	$\phi(\varpi_1)$	p	$\phi(\varpi_1)$
13	$1-\varpi_1$	317	$3+2\varpi_1-2\varpi_2-\varpi_3$	733	$5+2\varpi_1-4\varpi_2-\varpi_3$
37	$2+\varpi_1-3\varpi_2$	373	$5+2\varpi_1-4\varpi_2+\varpi_3$	757	$6-\varpi_2+\varpi_3$
53	$3+\varpi_3$	397	$7-\varpi_1+2\varpi_2-2\varpi_3$	773	$5+3\varpi_1-2\varpi_2+2\varpi_3$
157	$3+\varpi_1+2\varpi_2$	557	$3-3\varpi_1+2\varpi_2$	797	$1+4\varpi_2+3\varpi_3$
173	$3+2\varpi_1+\varpi_3$	613	$5-2\varpi_1+2\varpi_2-\varpi_3$	853	$2-\varpi_1+5\varpi_2-2\varpi_3$
197	$4-\varpi_1+\varpi_2$	653	$5+4\varpi_2+\varpi_3$	877	$4-2\varpi_1+\varpi_2+\varpi_3$
277	$4+2\varpi_1+\varpi_2+\varpi_3$	677	$3-\varpi_1-2\varpi_2+2\varpi_3$	997	$6-3\varpi_1+\varpi_2-2\varpi_3$
293	$\varpi_1+\varpi_2-2\varpi_3$				

III, 2. $p = 40m+3, -13$; $\varpi_r = \omega^r + \omega^{3r} + \omega^{9r} + \omega^{-13r}$,

also die 4 primitiven Perioden

$$\varpi_1 = \omega + \omega^3 + \omega^9 - \omega^7 = -\varpi_7, \qquad \varpi_{11} = \omega^{11} - \omega^{13} - \omega^{19} - \omega^{17} = -\varpi_{13};$$

Wurzeln der Gleichung:

$$\varpi^4 - 4\varpi^2 + 9 = 0;$$

mit den fundamentalen Relationen zu einander und zu den nichtprimitiven Perioden, d. h. den viergliedrigen ϖ_{2r} der 20ten und den zweigliedrigen 2ter Art der 8ten Wurzeln $\varpi_{5r} = 2(\omega^{5r} + \omega^{15r})$, während $\varpi_{10r} = 0$, $\varpi_{4r} = 1$, $\varpi_{8r} = -1$ ist:

$$\varpi_1^2 = 2 + \varpi_2, \qquad \varpi_1\varpi_{11} = -3; \qquad \varpi_1\varpi_2 = \varpi_5 - \varpi_{11}; \qquad \varpi_1\varpi_5 = -2 + 2\varpi_2.$$

*) Ebenso gibt es auch stets Normen $= 5p$, z. B. $N(6 + 2\varpi_2 - \varpi_3) = 5 . 277$, $N(3 + 2\varpi_3) = 5 . 13$, $N(2 - 2\varpi_1 - \varpi_2 + 2\varpi_3) = 5 . 373$; ferner: $N(2 - 3\varpi_1) = 157 . 13$ u. s. w.

$n = 40$

Congruenzwurzeln mod. p.*)

p	ϖ_1	ϖ_{11}	p	ϖ_1	ϖ_{11}	p	ϖ_1	ϖ_{11}	p	ϖ_1	ϖ_{11}
3	0	+1	227	−74	+89	523	−73	+129	683	−230	+294
43	−21	−6	283	−66	−90	547	+242	−52	787	−11	+358
67	+4	+16	307	+123	−15	563	−86	−216	827	−66	+188
83	+21	−12	347	−9	+116	587	+290	−83	883	−96	+138
107	−16	+47	443	+112	−91	643	+85	+121	907	−234	+407
163	−26	+44	467	+224	−98						

Die Primfactoren der Primzahlen p

haben die Form $f(\omega, \varpi_1)$, die hier nicht erhoben ist. — Die folgende Tafel gibt für alle Primzahlen Normen complexer Zahlen $\phi(\varpi_1)$, bald $= 2p$, bald $= 3p$.

p	$\phi(\varpi_1)$	$N\phi(\varpi_1)$	p	$\phi(\varpi_1)$	$N\phi(\varpi_1)$
3	$1 - \varpi_{11}$	$2p$	467	$3\varpi_1 - \varpi_2$	$2p$
43	$2 + 3\varpi_1 + \varpi_2 + 2\varpi_{11}$	$2p$	523	$7 + 4\varpi_{11}$	$3p$
67	$2 + \varpi_2 - \varpi_{11}$	$2p$	547	$3 - 2\varpi_1 - 2\varpi_2$	$3p$
83	$3 + \varpi_1 + 2\varpi_{11}$	$2p$	563	$1 + \varpi_1 - 3\varpi_{11}$	$3p$
107	$3 + \varpi_1 - 2\varpi_{11}$	$2p$	587	$7 + 2\varpi_1$	$3p$
163	$4 + \varpi_1 + \varpi_2$	$2p$	643	$7 + \varpi_1 + \varpi_2 - \varpi_{11}$	$3p$
227	$5 - 3\varpi_1$	$2p$	683	$7 + 3\varpi_1$	$2p$
283	$1 + \varpi_1 - 2\varpi_2$	$2p$	787	$1 + 3\varpi_2 - \varpi_{11}$	$3p$
307	$1 + \varpi_1 + 2\varpi_2 - \varpi_{11}$	$3p$	827	$6 + 2\varpi_1 - 2\varpi_2 + 3\varpi_{11}$	$3p$
347	$1 - 4\varpi_1 + \varpi_2 - \varpi_{11}$	$3p$	883	$4\varpi_1 + \varpi_2$	$3p$
443	$5 - 4\varpi_1$	$3p$	907	$5 - \varpi_1 + 2\varpi_2$	$2p$

*) Hier ist ϖ_1 die gemeinschaftliche Wurzel der Congruenzen

$$\varpi_1^2 \equiv 2 + \varpi_2; \qquad \varpi_1 + \varpi_{11} \equiv \omega^5 + \omega^{15}, \qquad \varpi_1 \varpi_{11} \equiv -3 \pmod{p};$$

aber auch völlig bestimmt durch $\varpi_1(\omega^5 + \omega^{15}) \equiv -1 + \varpi_2 \pmod{p}$.

$n = 40$

III, 3. $p = 40m + 7, -17$; $\varpi_r = \omega^r + \omega^{7r} + \omega^{9r} + \omega^{-17r}$,

also die 4 primitiven Perioden:

$$\varpi_1 = \omega + \omega^7 + \omega^9 - \omega^3 = -\varpi_3, \qquad \varpi_{11} = \omega^{11} - \omega^{17} + \omega^{19} + \omega^{13} = -\varpi_{17},$$

Wurzeln der Gleichung:

$$\varpi^4 + 4\varpi^2 + 9 = 0;$$

mit den fundamentalen Relationen zu einander und zu den nichtprimitiven Perioden, d. h. ϖ_{2r} (dieselben wie in III, 2) und $\varpi_{5r} = 2(\omega^{5r} - \omega^{15r})$, was die Perioden erster Art der 8ten Einheitswurzeln sind, während (wie in III, 2) $\varpi_{10r} = 0$, $\varpi_{4r} = 1$, $\varpi_{8r} = -1$ ist:

$$\varpi_1^2 = -2 + \varpi_2, \quad \varpi_1\varpi_{11} = -3; \quad \varpi_1\varpi_2 = -\varpi_5 + \varpi_{11}; \quad \varpi_1\varpi_5 = 2 + 2\varpi_2.$$

Congruenzwurzeln mod. p*)

p	ϖ_1	ϖ_{11}	p	ϖ_1	ϖ_{11}	p	ϖ_1	ϖ_{11}	p	ϖ_1	ϖ_{11}
7	−1	+3	223	−58	−73	503	+219	+62	823	+262	−22
23	+11	+6	263	+17	−93	607	−234	+179	863	+424	+173
47	−4	−11	367	+5	−74	647	+103	+127	887	+80	−122
103	+12	−26	383	+9	−128	727	+358	+331	967	−257	−301
127	+59	+43	463	−40	+220	743	−33	−135	983	−323	+210
167	+81	+68	487	+221	+130						

Die Primfactoren der Primzahlen p

haben die Form $f(\omega, \varpi_1)$, welche hier nicht erhoben ist. — Die folgende Tafel gibt für sämmtliche Primzahlen complexe Zahlen $\phi(\varpi_1)$, deren Norm in der Regel $= 2p$, einige mal $= 7p$ ist.

p	$\phi(\varpi_1)$	$N\phi(\varpi_1)$	p	$\phi(\varpi_1)$	$N\phi(\varpi_1)$
7	$\varpi_2 - \varpi_{11}$	$2p$	487	$3\varpi_1 - \varpi_2 - 4\varpi_{11}$	$2p$
23	$2 - \varpi_2 + \varpi_{11}$	$2p$	503	$3 + 2\varpi_1 + \varpi_{11}$	$2p$
47	$3 - 2\varpi_1 + \varpi_{11}$	$2p$	607	$4 + \varpi_1 - \varpi_2 + 2\varpi_{11}$	$2p$
103	$4 - \varpi_1 - \varpi_2 + 2\varpi_{11}$	$2p$	647	$4\varpi_1 - 3\varpi_2 + \varpi_{11}$	$2p$
127	$1 + \varpi_1 + 2\varpi_2 + 2\varpi_{11}$	$2p$	727	$1 + 4\varpi_2 + 4\varpi_{11}$	$7p$
167	$1 - 2\varpi_2 - \varpi_{11}$	$2p$	743	$2 + \varpi_1 + 3\varpi_2 + 2\varpi_{11}$	$2p$
223	$2 + \varpi_1 - \varpi_2 + 2\varpi_{11}$	$2p$	823	$1 + 2\varpi_1 - 4\varpi_2$	$7p$
263	$3 + 2\varpi_1 + 2\varpi_2 + \varpi_{11}$	$2p$	863	$2 + 5\varpi_{11}$	$7p$
367	$5 - \varpi_1$	$2p$	887	$4 + 3\varpi_1 + 2\varpi_{11}$	$7p$
383	$1 + 3\varpi_{11}$	$2p$	967	$6 + \varpi_2 + \varpi_{11}$	$2p$
463	$3 + \varpi_1 - 2\varpi_2$	$2p$	983	$6 + 2\varpi_1 - \varpi_2 - \varpi_{11}$	$2p$

*) Hier ist ϖ_1 die gemeinschaftliche Wurzel der Congruenz $\varpi_1^2 \equiv -2 + \varpi_2$, und des Systems der beiden Congruenzen $\varpi_1 - \varpi_{11} \equiv \omega^5 - \omega^{15}$, $\varpi_1\varpi_{11} \equiv -3$ (mod. p), aber auch völlig bestimmt durch die lineäre Congruenz $\varpi_1(\omega^5 - \omega^{15}) \equiv 1 + \varpi_2$ (mod. p).

$$n = 40$$

$$\text{III, 4.}\quad p = 40m - 7, + 17;$$

$$\varpi_r = \omega^r + \omega^{-7r} + \omega^{9r} + \omega^{17r} = -\omega^{25r},$$

d. h. hier reduciren sich die primitiven Perioden auf die 8ten Einheitswurzeln; die hierher gehörigen Primzahlen, nämlich:

17, 73, 97, 113, 137, 193, 233, 257, 313, 337, 353,
433, 457, 577, 593, 617, 673, 857, 937, 953, 977,

haben daher auch hier keine anderen Primfactoren als die $p = 8m + 1$ in $n = 8$.

Anmerkung zu $n = 40$. Mehr als viergliedrige Perioden gibt es hier nicht, aber von Wichtigkeit sind folgende Combinationen von je 8 primitiven 40ten Wurzeln:

$$\omega+\omega^3-\omega^7+\omega^9-\omega^{11}+\omega^{13}-\omega^{17}-\omega^{19} = \sqrt{10} \qquad \omega-\omega^3+\omega^7+\omega^9+\omega^{11}+\omega^{13}-\omega^{17}+\omega^{19} = \sqrt{-10}$$
$$\omega-\omega^3+\omega^7+\omega^9-\omega^{11}-\omega^{13}+\omega^{17}-\omega^{19} = \sqrt{2} \qquad \omega+\omega^3-\omega^7+\omega^9+\omega^{11}-\omega^{13}+\omega^{17}+\omega^{19} = \sqrt{-2}$$

wovon die zwei ersten für $n = 40$ eigenthümlich sind, die beiden anderen aber auf den Relationen zwischen den 40ten und 8ten Einheitswurzeln beruhen.

$n = 44$

I. $p = 44m + 1$.

20 primitive Wurzeln, deren Gleichung:

$$\omega^{20} - \omega^{18} + \omega^{16} - \omega^{14} + \omega^{12} - \omega^{10} + \omega^{8} - \omega^{6} + \omega^{4} - \omega^{2} + 1 = 0,$$

mittelst welcher sich von den nichtprimitiven, d. h. den 11ten und 4ten Einheitswurzeln, die letzteren durch die primitiven ausdrücken lassen:

$$\omega^{11} = \omega - \omega^{3} + \omega^{5} - \omega^{7} + \omega^{9} + \omega^{13} - \omega^{15} + \omega^{17} - \omega^{19} + \omega^{21}.$$

Congruenzwurzeln mod. p.*)

p	ω	ω^3	ω^5	ω^7	ω^9	ω^{13}	ω^{15}	ω^{17}	ω^{19}	ω^{21}
89	+ 10	+ 21	− 36	− 40	+ 5	− 18	− 20	− 42	− 17	− 9
353	−162	+ 4	+135	−121	+ 64	−171	− 35	− 34	+ 88	+146
397	+115	− 32	+ 2	−149	+183	−128	+ 8	+198	− 62	−145
617	+100	−157	+265	− 15	− 69	−152	+288	−156	−224	−290
661	+189	−185	+293	− 21	+ 94	−218	+ 63	−282	+318	− 7
881	−178	+410	+ 95	−397	+370	+ 50	+162	+102	+260	−391

$f(\omega)$, Primfactoren der Primzahlen p.

p	$f(\omega)$	p	$f(\omega)$	p	$f(\omega)$	p	$f(\omega)$
89	$1-\omega^3-\omega^{15}$	397	$1+\omega^3-\omega^{14}$	617	$1-\omega^{14}+\omega^{19}$	661	$1+\omega^8+\omega^{16}+\omega^{21}$
353	$1+\omega^{15}-\omega^{17}$						

881**) $1+\omega^3-3\omega^5-\omega^6+2\omega^7+2\omega^8-\omega^9-2\omega^{10}-\omega^{13}+\omega^{14}+2\omega^{15}-3\omega^{17}-2\omega^{18}+2\omega^{19}+2\omega^{20}-\omega^{21}$.

*) Vgl. $\lambda = 11$ und $n = 4$ wegen der nichtprimitiven ω.

**) Hiefür ist $f(\omega)$ aus der Norm $N(1 + \omega^2 + \omega^{15} + \omega^{20}) = 89.881$ hergeleitet.

$n = 44$

II. p zum Exponenten 2 gehörig

10 zweigliedrige Perioden, und zwar mit 3 Fällen:

II, 1. $p = 44m - 1$, $\quad \varpi_r = \omega^r + \omega^{-r} = \omega^r - \omega^{22-r}$, $\quad \Pi(\varpi_r) = -11$,

womit die 10 primitiven Perioden:

$$\varpi_1 = -\varpi_{21}, \quad \varpi_3 = -\varpi_{19}, \quad \varpi_5 = -\varpi_{17}, \quad \varpi_7 = -\varpi_{15}, \quad \varpi_9 = -\varpi_{13},$$

unmittelbar gegeben sind, sowie durch $\varpi_1 \varpi_k = \varpi_{k-1} + \varpi_{k+1}$ ihre fundamentalen Relationen zu einander und zu den nichtprimitiven, d. h. den zweigliedrigen Perioden ϖ_{4r} der 11ten Einheitswurzeln (oder ϖ_{2r} der 22ten, während $\varpi_{11r} = 0$).

Congruenzwurzeln mod. p.*)

p	ϖ_1	ϖ_3	ϖ_5	ϖ_7	ϖ_9	p	ϖ_1	ϖ_3	ϖ_5	ϖ_7	ϖ_9
43	3	+18	− 6	−17	+16	439	150	− 43	− 8	+ 49	+ 81
131	48	+15	+29	+64	+55	571	282	+ 39	− 25	+133	−182
263	127	+21	+59	−62	− 7	659	304	−277	−127	−170	+307
307	123	+78	−18	−55	+ 3	967	345	− 98	+322	+393	− 7

$f(\varpi_1)$, Primfactoren der Primzahlen p; $Nf(\varpi_1) = -p$.

p	$f(\varpi_1)$	p	$f(\varpi_1)$	p	$f(\varpi_1)$
43	$1+\varpi_1-\varpi_4$	307	$\varpi_7-\varpi_9+\varpi_{16}$	659	$3+\varpi_1-\varpi_9$
131	$1+\varpi_9-\varpi_{20}$	439	$2-\varpi_5+\varpi_9+\varpi_{16}$	967	$1+\varpi_1-\varpi_4-\varpi_7$
263	$1+\varpi_5+\varpi_{12}$	571	$\varpi_3+\varpi_5-\varpi_8$		

---

*) Hier ist ϖ_1 diejenige der beiden Wurzeln der Congruenz $\varpi_1^2 = 2+\varpi_2$ (mod. p), welche > 0 und $< \frac{1}{2}p$ ist; wegen der Congruenzwurzeln für ϖ_2 etc. vgl. $\lambda = 11$, wo η_0, η_1, η_2, η_3, η_4, heisst, was hier resp. ϖ_4, ϖ_8, ϖ_{16}, ϖ_{12}, ϖ_{20}.

$$n = 44$$

II, 2. $p = 44m + 21$; $\varpi_r = \omega^r + \omega^{21r} = \omega^r + \omega^{22-r}$, $\Pi(\varpi_r) = -1$,

woraus die 10 primitiven Perioden:

$$\varpi_1 = -\varpi_{23}, \quad \varpi_3 = -\varpi_{25}, \quad \varpi_5 = -\varpi_{27}, \quad \varpi_7 = -\varpi_{29}, \quad \varpi_9 = -\varpi_{31},$$

unmittelbar gegeben sind, sowie durch $\varpi_1\varpi_k = -\varpi_{k-1} + \varpi_{k+1}$ ihre fundamentalen Relationen zu einander und zu den nichtprimitiven Perioden, d. h. zu den ϖ_{4r} (denselben wie in II, 1) und den $\varpi_{11r} = 2\omega^{11r}$ (den 4ten Einheitswurzeln).

Congruenzwurzeln mod. p.*)

p	ϖ_1	ϖ_3	ϖ_5	ϖ_7	ϖ_9	p	ϖ_1	ϖ_3	ϖ_5	ϖ_7	ϖ_9
109	−35	− 34	− 45	− 27	+ 52	461	+107	+ 26	−187	− 18	+136
197	+22	− 76	+ 75	− 71	+ 91	593	+128	+ 95	− 83	+209	+182
241	+65	+ 80	− 28	−105	+115	769	−256	+ 58	+293	−123	− 40
373	−81	−159	−155	+ 65	+ 38	857	− 24	−184	− 60	−216	+334

$f(\varpi_1)$, Primfactoren der Primzahlen p.

p	$f(\varpi_1)$	p	$f(\varpi_1)$	p	$f(\varpi_1)$
109	$1+\varpi_1+\varpi_5-\varpi_7+\varpi_9$	373	$\varpi_1+\varpi_{16}$	769	$1+\varpi_8-\varpi_9+\varpi_{16}$
197	$1+\varpi_9+\varpi_{20}$	461	$1+\varpi_8-\varpi_9$	857	$1+2\varpi_3-\varpi_5+\varpi_7-\varpi_9$
241	$\varpi_4+\varpi_5$	593	$1+\varpi_4+\varpi_5$		

II, 3. $p = 44m - 21$; $\varpi_r = \omega^r + \omega^{-21r} = 0$, $\varpi_{2r} = 2\omega^{2r}$,

d. h. hier reduciren sich die nicht verschwindenden Perioden auf die 11ten Einheitswurzeln, und desshalb haben die hierher gehörigen Primzahlen:

23, 67, 199, 331, 419, 463, 683, 727, 859, 947, 991,

auch hier nur die Primfactoren der $p = 11m + 1$ in $\lambda = 11$.

*) Hier ist ϖ_1 als die gemeinschaftliche Wurzel der Congruenz: $\varpi_1^2 \equiv -2 + \varpi_2$ und eines Systems von 5 Congruenzen, wovon die erste $\varpi_1 - \varpi_3 + \varpi_5 - \varpi_7 + \varpi_9 \equiv \omega^{11}$ (mod. p), sowie durch die lineäre Congruenz $\varpi_1\omega^{11} \equiv \varpi_{12}$ (mod. p) völlig bestimmt.

$n = 44$

III. p zum Exponenten 5 gehörig,

$$p = 44m + 5, -7, +9, -19.$$

4 fünfgliedrige Perioden;

$$\varpi_r = \omega^r + \omega^{5r} + \omega^{-19r} + \omega^{-7r} + \omega^{9r},$$

also die 4 primitiven Perioden:

$$\varpi_1 = \omega + \omega^5 - \omega^3 - \omega^{15} + \omega^9 = -\varpi_3, \qquad \varpi_7 = \omega^7 - \omega^{13} - \omega^{21} - \omega^{17} + \omega^{19} = -\varpi_{13},$$

Wurzeln der Gleichung:

$$\varpi^4 - 5\varpi^2 + 9 = 0;$$

mit den fundamentalen Relationen zu einander und zu den nichtprimitiven Perioden, d. h. den fünfgliedrigen Perioden der 11ten, ϖ_{4r} (oder der 22ten, ϖ_{2r}) und den 4ten Wurzeln $\varpi_{11r} = 5\omega^{11r}$, nämlich:

$$\varpi_1^2 = -2\varpi_4 - 3\varpi_8, \qquad \varpi_1\varpi_7 = 3; \qquad \varpi_1\varpi_4 = 2\varpi_1 - 3\varpi_7,$$

$$\varpi_1\varpi_8 = -3\omega^{11}; \qquad \varpi_1\varpi_{11} = 5\varpi_4.$$

Congruenzwurzeln mod. p*)

p	ϖ_1	ϖ_7	p	ϖ_1	ϖ_7	p	ϖ_1	ϖ_7	p	ϖ_1	ϖ_7
5	−2	+1	229	−44	+78	433	+7	+186	709	−129	−33
37	−4	−10	257	−10	−26	449	−138	−205	757	−8	−95
53	+11	−19	269	+55	+137	509	−5	+203	773	+214	−242
97	−41	−19	313	−135	+153	521	+213	−22	797	+99	+314
113	−37	−52	317	−27	−141	577	−200	−176	829	+51	−195
137	−46	−9	389	−127	+147	641	+69	+223	929	−231	+374
157	+69	+41	401	−153	−173	653	−193	−44	977	+421	−304
181	−51	−32	421	−173	−202						

$f(\varpi_1)$, Primfactoren der Primzahlen p.

p	$f(\varpi_1)$	p	$f(\varpi_1)$	p	$f(\varpi_1)$
5	$1 - \varpi_7$	269	$5 - 2\varpi_7$	577	$1 + 2\varpi_1 + \varpi_7$
37	$2 - 2\varpi_1 + \varpi_7$	313	$1 - \varpi_1 - 2\varpi_4$	641	$4 - 4\varpi_1 - \varpi_8$
53	$1 + \varpi_1 - \varpi_4$	317	$2 + 4\varpi_1 - 3\varpi_7$	653	$5 + 4\varpi_1 - 2\varpi_7 - \varpi_8$
97	$3 + \varpi_1 - 2\varpi_7$	389	$3 - \varpi_1 + 2\varpi_4 + 2\varpi_7$	709	$3 - \varpi_1 + 4\varpi_7$
113	$1 - \varpi_4 + 2\varpi_7$	401	$4 + \varpi_1 - \varpi_8$	757	$1 - 4\varpi_1 + \varpi_7 - \varpi_8$
137	$3 - \varpi_1 - \varpi_4 - \varpi_7$	421	$3\varpi_1 - 2\varpi_4 - 5\varpi_7$	773	$1 + \varpi_1 + 3\varpi_4$
157	$1 - \varpi_1 - \varpi_4 - \varpi_7$	433	$2 + 2\varpi_1 - 3\varpi_4 - 4\varpi_7$	797	$2 + 3\varpi_1 - 2\varpi_4 - 2\varpi_7$
181	$\varpi_4 + 2\varpi_7$	449	$4 + 3\varpi_1 - 2\varpi_7$	829	$2 - \varpi_1 + 4\varpi_7$
229	$5 - 3\varpi_7$	509	$5 + \varpi_1$	929	$5 - 4\varpi_1$
257	$3 + \varpi_1 - \varpi_4 - 4\varpi_7$	521	$4 + 2\varpi_7 - \varpi_8$	977	$7 - \varpi_1 - 2\varpi_4 - 4\varpi_7$

*) Hier ist ϖ_1 die gemeinschaftliche Wurzel der Congruenz $\varpi_1^2 \equiv -2\varpi_4 - 3\varpi_8$ (mod. p), und des Systems der beiden Congruenzen $\varpi_1 - \varpi_7 \equiv \omega^{11}$, $\varpi_1\varpi_7 \equiv 3$ (mod. p), sowie durch eine der linearen Congruenzen $\varpi_1\varpi_8 \equiv -3\omega^{11}$, oder $\varpi_1\omega^{11} \equiv \varpi_4$ (mod. p) völlig bestimmt.

$n = 44$

VI. p zum Exponenten 10 gehörig.

2 zehngliedrige Perioden, und zwar mit 3 Fällen:

IV, 1. $p = 40m - 5, +7, -9, +19$;

$$\varpi_r = \omega^r + \omega^{-5r} + \omega^{-19r} + \omega^{7r} + \omega^{9r} + \omega^{-r} + \omega^{5r} + \omega^{19r} + \omega^{-7r} + \omega^{-9r}, \text{ also}$$

$$\varpi_1 = \omega - \omega^{17} - \omega^3 + \omega^7 + \omega^9 - \omega^{21} + \omega^5 + \omega^{19} - \omega^{15} - \omega^{13} = -\varpi_3;$$

Wurzeln der Gleichung:

$$\varpi^2 - 11 = 0.$$

Congruenzwurzeln mod. p.*)

p	ϖ_1	p	ϖ_1	p	ϖ_1	p	ϖ_1	p	ϖ_1	p	ϖ_1
7	2	139	17	239	49	431	154	547	102	787	166
19	7	151	39	271	108	479	58	563	176	811	245
79	13	167	41	283	119	491	216	607	35	827	91
83	29	211	86	347	59	503	71	739	72	887	394
107	15	227	40	359	27	523	150	743	312	919	43
127	30										

$f(\varpi_1)$, Primfactoren der Primzahlen p**). $Nf(\varpi_1) = -p$.

p	$f(\varpi_1)$	p	$f(\varpi_1)$	p	$f(\varpi_1)$	p	$f(\varpi_1)$	p	$f(\varpi_1)$
7	$2-\varpi_1$	151	$5-4\varpi_1$	283	$16+7\varpi_1$	503	$6+7\varpi_1$	743	$29-12\varpi_1$
19	$5+2\varpi_1$	167	$3+4\varpi_1$	347	$7-6\varpi_1$	523	$4-7\varpi_1$	787	$37+14\varpi_1$
79	$14+5\varpi_1$	211	$8-5\varpi_1$	359	$35-12\varpi_1$	547	$28-11\varpi_1$	811	$17-10\varpi_1$
83	$4-3\varpi_1$	227	$13-6\varpi_1$	431	$30+11\varpi_1$	563	$36-13\varpi_1$	827	$8+9\varpi_1$
107	$17+6\varpi_1$	239	$6-5\varpi_1$	479	$15+8\varpi_1$	607	$47+16\varpi_1$	887	$2+9\varpi_1$
127	$7+4\varpi_1$	271	$2+5\varpi_1$	491	$20+9\varpi_1$	739	$19+10\varpi_1$	919	$59+20\varpi_1$
139	$20+7\varpi_1$								

*) Hier ist ϖ_1 diejenige der beiden Wurzeln der Congruenz $\varpi_1^2 \equiv 11$ (mod. p), welche $> 0 < \frac{1}{2}p$ ist.

**) Sie sind durchaus in den Minimalzahlen dargestellt.

$n = 44$

IV, 2. $p = 44m + 3, -13, +15, -17;$

$$\varpi_r = \omega^r + \omega^{3r} + \omega^{9r} + \omega^{-17r} + \omega^{-7r} + \omega^{-21r} + \omega^{-19r} + \omega^{-13r} + \omega^{5r} + \omega^{15r} = 0,$$

während $\varpi_{2r} = 2(\omega^{2r} + \omega^{6r} + \omega^{18r} + \omega^{10r} + \omega^{30})$ auf die fünfgliedrigen Perioden der 11ten Einheitswurzeln zurückkommt; daher haben die hierher gehörigen Primzahlen:

3, 31, 47, 59, 71, 103, 163, 179, 191, 223, 251, 311, 367, 379, 383, 443, 467, 487, 499, 587, 599, 619, 631, 643, 647, 691, 719, 751, 823, 839, 863, 883, 907, 911, 971, 983,

auch hier nur die Primfactoren der $p = 11m + 3, -2, +4, -5$ in $\lambda = 11$.

IV, 3. $p = 44m - 3, +13, -15, +17;$

$$\varpi_r = \omega^r + \omega^{-3r} + \omega^{9r} + \omega^{17r} + \omega^{-7r} + \omega^{21r} + \omega^{-19r} + \omega^{13r} + \omega^{5r} + \omega^{-15r} = -\omega^{33r},$$

d. h. die primitiven Perioden kommen hier auf die 4ten Einheitswurzeln zurück und die hierher gehörigen Primzahlen:

13, 17, 29, 41, 61, 73, 101, 149, 173, 193, 233, 277, 281, 293, 337, 349, 409, 457, 541, 557, 569, 613, 673, 677, 701, 733, 761, 809, 821, 853, 877, 937, 941, 953, 997,

haben daher auch hier nur die Primfactoren der $p = 4m + 1$ in $n = 4$.

$n = 48$

I. $p = 48m + 1$.

16 primitive Wurzeln, deren Gleichung:

$$\omega^{16} - \omega^{8} + 1 = 0,$$

durch welche sich von den nichtprimitiven, d. h. den 24ten und 16ten Einheitswurzeln, die letzteren mittelst der primitiven ausdrücken lassen:

$$\omega^{3} = \omega^{11} - \omega^{19}, \qquad \omega^{9} = \omega + \omega^{17}, \qquad \omega^{15} = \omega^{7} + \omega^{23}, \qquad \omega^{21} = -\omega^{5} + \omega^{13}.^{*)}$$

Congruenzwurzeln mod. p.

p	ω	ω^5	ω^7	ω^{11}	ω^{13}	ω^{17}	ω^{19}	ω^{23}
97	+ 3	− 48	− 44	+ 25	+ 31	− 10	− 2	+ 32
193	− 36	− 48	− 62	+ 46	− 21	− 28	− 4	+ 59
241	− 19	− 65	− 88	− 22	+ 11	+ 63	+ 89	− 38
337	−138	−174	+ 65	+ 57	+133	−140	−154	−105
433	− 77	+165	+138	−172	− 73	− 91	− 21	+ 45
577	+ 19	+192	+ 72	− 62	+121	+ 8	+ 3	−243
673	+ 2	+ 32	+128	+ 29	+116	−163	+ 21	+336
769	+ 3	+243	−120	+277	+186	−314	+250	+256

$f(\omega)$, Primfactoren der Primzahlen p.

p	$f(\omega)$	p	$f(\omega)$	p	$f(\omega)$
97	$1-\omega-\omega^{19}$	537	$1+\omega-\omega^{4}+\omega^{7}$	673	$1-\omega^{2}+\omega^{5}-\omega^{11}$
193	$1-\omega^{5}+\omega^{20}$	433	$1-\omega^{4}+\omega^{13}-\omega^{14}$	769	$1+\omega^{5}-\omega^{14}-\omega^{17}$
241	$1-\omega^{7}-\omega^{19}$	577	$1+\omega^{14}+\omega^{17}$		

*) Vgl. $n = 24, 12, 16, 8, 4$ und $\lambda = 3$ wegen der nichtprimitiven Wurzeln.

$n = 48$

II. p zum Exponenten 2 gehörig.

8 zweigliedrige Perioden, und zwar mit 7 Fällen:

II, 1. $p = 48m - 1$;

$$\varpi_r = \omega^r + \omega^{-r} = \omega^r - \omega^{24-r},$$

woraus die 8 primitiven Perioden:

$$\varpi_1 = -\varpi_{23}, \quad \varpi_5 = -\varpi_{19}, \quad \varpi_7 = -\varpi_{17}, \quad \varpi_{11} = -\varpi_{13},$$

Wurzeln der Gleichung:

$$\varpi^8 - 8\varpi^6 + 20\varpi^4 - 16\varpi^2 + 1 = 0,$$

unmittelbar sich ergeben, sowie aus $\varpi_1\varpi_k = \varpi_{k-1} + \varpi_{k+1}$ ihre fundamentalen Relationen zu einander und zu den nichtprimitiven, d. h. den Perioden erster Art der 24ten ϖ_{2r} (einschliesslich die der 12ten ϖ_{4r}, während $\varpi_{16r} = -1$, $\varpi_{8r} = +1$) und der 16ten ϖ_{3r} (einschliesslich die der 8ten ϖ_{6r}, während $\varpi_{12r} = 0$):

$$\varpi_1^2 = 2 + \varpi_2, \quad \varpi_1\varpi_5 = \varpi_4 + \varpi_6, \quad \varpi_1\varpi_7 = 1 + \varpi_6, \quad \varpi_1\varpi_{11} = \varpi_{10};$$
$$\varpi_1\varpi_2 = \varpi_1 + \varpi_3, \quad \varpi_1\varpi_{10} = \varpi_9 + \varpi_{11}; \quad \varpi_1\varpi_3 = \varpi_2 + \varpi_4, \quad \varpi_1\varpi_9 = 1 + \varpi_{10};$$
$$\varpi_1\varpi_6 = \varpi_5 + \varpi_7; \quad \varpi_1\varpi_4 = \varpi_3 + \varpi_5.$$

Congruenzwurzeln mod. p.*)

p	ϖ_1	ϖ_5	ϖ_7	ϖ_{11}	p	ϖ_1	ϖ_5	ϖ_7	ϖ_{11}
47	− 20	− 8	+ 9	+ 11	479	+239	+ 43	+103	+138
191	+ 76	+ 84	+ 46	− 63	719	−263	−202	−168	+244
239	+ 87	+104	− 95	− 68	863	+127	−321	+267	+424
383	− 91	+ 22	+150	+ 41	911	+391	+409	+ 82	−376
431	+110	− 92	+ 84	−166					

$f(\varpi_1)$, Primfactoren der Primzahlen p. $Nf(\varpi_1) = -p$.

p	$f(\varpi_1)$	p	$f(\varpi_1)$	p	$f(\varpi_1)$
47	$1-\varpi_5-\varpi_7$	383	$2\varpi_1-2\varpi_7+\varpi_{10}$	719	$\varpi_4-2\varpi_5$
191	$\varpi_1+\varpi_{10}+\varpi_{11}$	431	$2-2\varpi_7-\varpi_{11}$	863	$2-2\varpi_2-\varpi_5$
239	$2-\varpi_1+\varpi_7-\varpi_{10}$	479	$2\varpi_{10}+\varpi_{11}$	911	$2\varpi_2-\varpi_5-2\varpi_7$

*) Hier ist ϖ_1 die gemeinschaftliche Wurzel der Congruenz $\varpi_1^2 \equiv 2 + \varpi_2$ (mod. p), und des Systems der beiden Congruenzen: $\varpi_1 - \varpi_7 \equiv \varpi_9$, $\varpi_1\varpi_7 \equiv 1 + \varpi_6$, auch linear durch $\varpi_1\varpi_3 \equiv \varpi_2 + \varpi_4$ (mod. p) vollständig bestimmt.

$n = 48$

II, 2. $p = 48m + 23$;

$$\varpi_r = \omega^r + \omega^{23r} = \omega^r + \omega^{24-r},$$

woraus die 8 primitiven Perioden:

$$\varpi_1 = -\varpi_{25}, \quad \varpi_5 = -\varpi_{29}, \quad \varpi_7 = -\varpi_{31}, \quad \varpi_{11} = -\varpi_{35},$$

Wurzeln der Gleichung:

$$\varpi^8 + 8\varpi^6 + 20\varpi^4 + 16\varpi^2 + 1 = 0,$$

unmittelbar sich ergeben, sowie aus $\varpi_1\varpi_k = -\varpi_{k-1} + \varpi_{k+1}$ ihre fundamentalen Relationen zu einander und zu den nichtprimitiven Perioden, d. h. den ϖ_{2r} (denselben wie in II, 1) und den ϖ_{3r}, welche die Perioden 2ter Art der 16ten Wurzeln sind:

$$\varpi_1^2 = -2 + \varpi_2, \quad \varpi_1\varpi_5 = -\varpi_4 + \varpi_6, \quad \varpi_1\varpi_7 = 1 - \varpi_6, \quad \varpi_1\varpi_{11} = -\varpi_{10};$$

$$\varpi_1\varpi_3 = -\varpi_2 + \varpi_4, \quad \varpi_1\varpi_9 = -1 + \varpi_{10}; \quad \varpi_1\varpi_2 = -\varpi_1 + \varpi_3,$$

$$\varpi_1\varpi_{10} = -\varpi_9 + \varpi_{11}; \quad \varpi_1\varpi_6 = -\varpi_5 + \varpi_7; \quad \varpi_1\varpi_4 = -\varpi_3 + \varpi_5.$$

Congruenzwurzeln mod. p.*)

p	ϖ_1	ϖ_5	ϖ_7	ϖ_{11}
23	+ 8	− 6	+ 11	+ 1
71	− 32	− 35	+ 7	− 26
167	+ 18	− 12	+ 55	+ 29
263	− 23	+122	− 41	− 16
311	−143	−146	+ 57	−138
359	−174	+137	+ 62	− 84
503	+234	+148	+167	−171
599	−193	−183	+125	− 22
647	+296	+109	−234	−309
743	−180	+252	−276	+262
839	−257	−346	−248	−223
887	+317	−221	− 51	+ 25
983	− 77	+187	− 58	−465

Die Primfactoren der Primzahlen p

haben die Form $f(\omega, \varpi_1)$, welche hier nicht erhoben ist.

Normen complexer Zahlen in $\frac{2}{\varpi}$.

$$N(1 \pm \varpi_{11}) = 2.23, \quad N(1 - \varpi_2 + \varpi_9) = 8.23, \quad N(\varpi_1 + \varpi_2) = 2.71,$$

$$N(\varpi_1 - \varpi_2 - \varpi_7) = 23.71.$$

*) Hier ist ϖ_1 die gemeinschaftliche Wurzel der Congruenz $\varpi_1^2 \equiv -2 + \varpi_2$ (mod. p), und des Systems der beiden Congruenzen $\varpi_1 + \varpi_7 \equiv \varpi_9$, $\varpi_1\varpi_7 \equiv 1 - \varpi_6$ (mod. p), aber auch durch die lineäre Congruenz $\varpi_1\varpi_2 \equiv -\varpi_1 + \varpi_3$ (mod. p) völlig bestimmt.

$n = 48$

II, 3. $p = 48m - 23$;

$$\varpi_r = \omega^r + \omega^{-23r} = 0, \quad \varpi_{2r} = 2\omega^{2r},$$

d. h. die nichtverschwindenden Perioden reduciren sich auf die 24ten Einheitswurzeln, und die hierher gehörigen Primzahlen:

73, 313, 409, 457, 601, 937,

haben desshalb auch hier keine anderen Primfactoren als die $p = 24m + 1$ in $n = 24$.

II, 4. $p = 48m + 17$; $\varpi_r = \omega^r + \omega^{17r} = \omega^{-33r} = \omega^{9r}$,

d. h. hier reduciren sich die primitiven Perioden auf die 16ten Einheitswurzeln, und die hierher gehörigen Primzahlen:

17, 113, 257, 353, 401, 449, 593, 641, 881, 929, 977,

haben daher auch hier nur die Primfactoren der $p = 16m + 1$ in $n = 16$.

II, 5. $p = 48m - 17$; $\varpi_r = \omega^r + \omega^{-17r}$,

also die 8 primitiven Perioden:

$$\varpi_1 = \omega - \omega^7 = -\varpi_7, \quad \varpi_5 = \omega^5 + \omega^{11} = -\varpi_{29}, \quad \varpi_{13} = \omega^{13} + \omega^{19} = -\varpi_{37},$$
$$\varpi_{17} = \omega^{17} - \omega^{23} = -\varpi_{23},$$

Wurzeln der Gleichung:

$$\varpi^8 + 4\varpi^6 + 14\varpi^4 + 8\varpi^2 + 4 = 0;$$

mit den fundamentalen Relationen zu einander und zu den nichtprimitiven Perioden, d. h. den Perioden 4ter Art der 24ten ($\varpi_{2r} = \omega^{2r} + \omega^{14r}$) und erster Art der 16ten Wurzeln (ϖ_{3r}, einschliesslich die der 4ten ϖ_{6r} wie in II, 1), während $\varpi_{4r} = 0$, $\varpi_{16r} = 2\omega^{16r}$ (3te Wurzeln):

$$\varpi_1^2 = 2\omega^{32} + \varpi_2, \quad \varpi_1\varpi_5 = \varpi_6, \quad \varpi_1\varpi_{13} = \varpi_2,$$
$$\varpi_1\varpi_{17} = 2 - \varpi_6; \quad \varpi_1\varpi_3 = -\varpi_{10}, \quad \varpi_1\varpi_9 = -2\omega^{16} + \varpi_{10};$$
$$\varpi_1\varpi_2 = \varpi_3 - \varpi_9, \quad \varpi_1\varpi_{10} = \varpi_5 - \varpi_{17}; \quad \varpi_1\varpi_6 = -\varpi_1 - \varpi_{13};$$
$$\varpi_1\varpi_{16} = 2\varpi_{17}, \quad \varpi_1\varpi_{32} = 2\varpi_{15}.$$

$n = 48$

Congruenzwurzeln mod. p.*)

p	ϖ_1	ϖ_5	ϖ_{13}	ϖ_{17}
31	-1	-8	$+9$	$+6$
79	-32	$+17$	$+4$	-22
127	$+36$	-56	$+23$	$+49$
223	-48	-70	$+99$	-88
271	-112	-117	$+24$	-4
367	-119	-13	-22	$+87$
463	$+142$	-54	$+201$	$+204$
607	$+125$	-81	-95	$+149$
751	$+311$	$+39$	-157	-138
991	$+341$	$+411$	$+134$	-225

$f(\varpi_1)$, Primfactoren der Primzahlen p.**)

p	$f(\varpi_1)$
31	$1+\varpi_1$
79	$1+\varpi_{10}+\varpi_{17}$
127	$1+\varpi_{10}-\varpi_{17}$
223	$1+\varpi_2+\varpi_5$
271	$1+\varpi_{13}-\varpi_{17}+\omega^{16}$
367	$3-\varpi_1+\varpi_2-\varpi_{17}+\omega^{16}$
463	$\varpi_1+\varpi_2-\omega^{32}$
607	$\varpi_2-\varpi_{13}-\varpi_{17}+\omega^{32}$
751	$1-\varpi_2-\varpi_{10}+\varpi_{17}$
991	$3-\varpi_{17}+2\omega^{16}$

II, 6. $p = 48m + 7$; $\quad \varpi_r = \omega^r + \omega^{7r}$,

also die 8 primitiven Perioden:

$$\varpi_1 = \omega + \omega^7 = -\varpi_{25}, \quad \varpi_5 = \omega^5 - \omega^{11} = -\varpi_{11}, \quad \varpi_{13} = \omega^{13} - \omega^{19} = -\varpi_{19},$$
$$\varpi_{17} = \omega^{17} + \omega^{23} = -\varpi_{41},$$

Wurzeln der Gleichung:

$$\varpi^8 - 4\varpi^6 + 14\omega^4 - 8\varpi^2 + 4 = 0;$$

mit den fundamentalen Relationen zu einander und zu den nichtprimitiven Perioden, d. h. den ϖ_{2r} (denselben wie II, 5) und den ϖ_{3r}, d. h. den Perioden 2ter Art der 16ten Wurzeln:

$$\varpi_1^2 = -2\omega^{32} + \varpi_2, \quad \varpi_1\varpi_5 = \varpi_6, \quad \varpi_1\varpi_{13} = 2,$$
$$\varpi_1\varpi_{17} = -2 - \varpi_6; \quad \varpi_1\varpi_3 = \varpi_{10}, \quad \varpi_1\varpi_9 = 2\omega^{16} + \varpi_{10};$$
$$\varpi_1\varpi_2 = \varpi_3 + \varpi_9, \quad \varpi_1\varpi_{10} = -\varpi_5 + \varpi_{17}; \quad \varpi_1\varpi_6 = \varpi_7 + \varpi_{13};$$
$$\varpi_1\varpi_{16} = 2\varpi_{17}, \quad \varpi_1\varpi_{32} = -2\varpi_9.$$

*) Hier ist ϖ_1 die gemeinschaftliche Wurzel der Congruenz $\varpi_1^2 \equiv 2\omega^{32} + \varpi_2$ (mod. p), und des Congruenzensystems $\varpi_1 + \varpi_{17} \equiv \varpi_9$, $\varpi_1\varpi_{17} \equiv 2 - \varpi_6$ (mod. p), aber auch völlig bestimmt durch $\varpi_1\varpi_2 \equiv \varpi_3 - \varpi_9$ oder $\varpi_1\omega^{32} \equiv \varpi_{15}$ (mod. p).

**) Zur Vermeidung des Coefficienten $\frac{1}{2}$ steht $2\omega^{16}$, $2\omega^{32}$ anstatt ϖ_{16}, ϖ_{32}.

$n = 48$

Congruenzwurzeln mod. p.*)

p	ϖ_1	ϖ_5	ϖ_{13}	ϖ_{17}	p	ϖ_1	ϖ_5	ϖ_{13}	ϖ_{17}
7	−1	−3	−2	−2	631	−117	+312	−154	+17
103	+51	+27	+33	−23	727	+222	+44	+49	−82
151	−15	+7	−71	−27	823	−379	+186	−267	−338
199	+97	−8	+52	−31	919	+175	+132	−356	−90
439	+63	+57	+146	+139	967	+215	+396	−425	−414
487	+68	−235	−211	+192					

$f(\varpi_1)$, Primfactoren der Primzahlen p.**)

p	$f(\varpi_1)$	p	$f(\varpi_1)$	p	$f(\varpi_1)$
7	$1+\varpi_1$	439	$1+2\varpi_2+\varpi_5-\varpi_{10}$	823	$3-2\varpi_1+2\varpi_2-\varpi_5-\varpi_{10}$
103	$\varpi_{13}-\varpi_{17}-\omega^{32}$	487	$\varpi_5+\varpi_{13}+\varpi_{17}+\omega^{32}$	919	$1-2\varpi_1+\varpi_2+\varpi_{10}-\varpi_{17}$
151	$1-\varpi_2+\varpi_5$	631	$1+\varpi_1-\varpi_2+\varpi_5-\varpi_{13}$	967	$3\varpi_1-\varpi_2-\varpi_5+2\varpi_{13}+\varpi_{17}+3\omega^{32}$
199	$1+\varpi_1-\varpi_5-\omega^{32}$	727	$3-\varpi_2+\varpi_5+\varpi_{17}+\omega^{16}$		

II, 7. $p = 48m - 7$; $\quad \varpi_r = \omega^r + \omega^{-7r}$,

also die 8 primitiven Perioden:

$$\varpi_1 = \omega - \omega^{17} = -\varpi_{17}, \quad \varpi_5 = \omega^5 + \omega^{13} = -\varpi_{29}, \quad \varpi_7 = \omega^7 - \omega^{23} = -\varpi_{23},$$
$$\varpi_{11} = \omega^{11} + \omega^{19} = -\varpi_{35},$$

Wurzeln der Gleichung:

$$\varpi^8 + 81 = 0;$$

mit den fundamentalen Relationen zu einander und zu den nichtprimitiven Perioden, d. h. den 8ten Einheitswurzeln $\varpi_{2r} = -\omega^{18r}$ (oder $\varpi_{6r} = 2\omega^{6r}$ und ebenso $\varpi_{4r} = \omega^{12r}$, $\varpi_{12r} = 2\omega^{12r}$), während $\varpi_{3r} = 0$, $\varpi_{8r} = 1 = -\varpi_{16r}$:

$$\varpi_1^2 = -3\omega^{18}, \quad \varpi_1\varpi_5 = 3\omega^6, \quad \varpi_1\varpi_7 = 3, \quad \varpi_1\varpi_{11} = 3\omega^{12};$$
$$\varpi_1\varpi_2 = -\varpi_{11}, \quad \varpi_1\varpi_6 = 2\varpi_7 \text{ u. s. w.}$$

---

*) Hier ist ϖ_1 die gemeinschaftliche Wurzel der Congruenz $\varpi_1^2 \equiv -2\omega^{32} + \varpi_2$ (mod. p), und des Congruenzensystems $\varpi_1 + \varpi_{17} \equiv \varpi_9$, $\varpi_1\varpi_{17} \equiv -2 - \varpi_6$ (mod. p); aber auch lineär vollständig bestimmt, sei es durch $\varpi_1\varpi_2 \equiv \varpi_3 + \varpi_9$ oder durch $\varpi_1\omega^{32} \equiv \varpi_9$ (mod. p).

**) Zur Vermeidung des Coefficienten $\frac{1}{2}$ steht hier $2\omega^{16r}$ anstatt ϖ_{16r}.

$n = 48$

Congruenzwurzeln mod. p.*)

p	ϖ_1	ϖ_5	ϖ_7	ϖ_{11}	p	ϖ_1	ϖ_5	ϖ_7	ϖ_{11}
41	14	− 3	+ 9	+ 1	569	61	+125	+ 84	−173
89	17	− 44	− 26	− 6	617	187	+125	+ 99	− 79
137	39	+ 64	− 21	− 45	761	309	−125	+133	−140
233	116	+ 72	− 6	+ 68	809	347	−322	−394	−103
281	35	−112	− 24	+133	857	228	− 61	−327	− 14
521	161	−198	+178	+150	953	334	+ 87	−311	+230

Die Primfactoren der Primzahlen p
haben die hier nicht erhobene Form $f(\omega, \varpi_1)$.

Normen complexer Zahlen in $\frac{2}{\varpi}$.

$N(1 \pm \varpi_{11}) = 2.41$, $N(\omega^{12} - \varpi_5 + \varpi_{11}) = 2.89$, $N(2\varpi_1 + \omega^{12}) = 89.233$.

III. p zum Exponenten 4 gehörig.

4 viergliedrige Perioden, und zwar mit 4 Fällen:

III, 1. $p = 48m + 5, -19$;

$$\varpi_r = \omega^r + \omega^{5r} + \omega^{25r} + \omega^{-19r} = 0, \qquad \varpi_{2r} = 2(\omega^{2r} + \omega^{10r})$$

d. h. die nicht verschwindenden Perioden reduciren sich auf die Perioden 6ter Art der 24ten Wurzeln, und die hierher gehörigen Primzahlen:

5, 29, 53, 101, 149, 173, 197, 269, 293, 317, 389,
461, 509, 557, 653, 677, 701, 773, 797, 821, 941,

haben daher auch hier keine anderen Primfactoren als die $p = 24m + 5$ bei $n = 24$ (II, 6).

III, 2. $p = 48m - 5, +19$;

$$\varpi_r = \omega^r + \omega^{-5r} + \omega^{25r} + \omega^{19r} = 0, \qquad \varpi_{2r} = 2(\omega^{2r} + \omega^{-10r}),$$

d. h. die nicht verschwindenden Perioden reduciren sich auf die Perioden 7ter Art der 24ten Einheitswurzeln, und die hierher gehörigen Primzahlen:

19, 43, 67, 139, 163, 211, 283, 307, 331, 379, 499,
523, 547, 571, 619, 691, 739, 787, 811, 859, 883, 907,

haben daher auch hier nur die Primfactoren der $p = 24m - 5$ bei $n = 24$ (II, 7).

*) Hier ist ϖ_1 diejenige Wurzel der Congruenz $\varpi_1^2 \equiv -3\omega^{18}$, welche > 0 und $< \frac{1}{2}p$ ist.

$n = 48$

III, 3. $p = 48m + 11, -13$;

$$\varpi_r = \omega^r + \omega^{11r} + \omega^{25r} + \omega^{-13r} = 0, \qquad \varpi_{2r} = 2(\omega^{2r} + \omega^{22r}),$$

d. h. die nicht verschwindenden Perioden reduciren sich auf die Perioden 2 ter Art der 24 ten Einheitswurzeln, und daher haben die hierher gehörigen Primzahlen:

11, 59, 83, 107, 131, 179, 227, 251, 347, 419,
443, 467, 491, 563, 587, 659, 683, 827, 947, 971,

auch hier nur die Primfactoren der $p = 24m + 11$ bei $n = 24$ (II, 2).

III, 4. $p = 48m - 11, +13$;

$$\varpi_r = \omega^r + \omega^{-11r} + \omega^{25r} + \omega^{13r} = 0, \qquad \varpi_{2r} = 2(\omega^{2r} + \omega^{-22r}) = 0,$$

$\varpi_{4r} = 4\omega^{4r}$, hier reduciren sich also die nicht verschwindenden Perioden auf die 12 ten Einheitswurzeln und die hierher gehörigen Primzahlen:

13, 37, 61, 109, 157, 181, 229, 277, 349, 373, 397,
421, 541, 613, 661, 709, 733, 757, 829, 853, 877, 997,

haben daher auch hier nur die Primfactoren der $p = 12m + 1$ in $n = 12$.

Anmerkung zu $n = 48$. Während hier achtgliedrige Perioden überhaupt nicht mehr vorkommen, bieten auch die Combinationen von 8 Wurzeln nichts neues mehr dar, was nicht schon bei $n = 24$ vorgekommen wäre (vgl. $n = 24$, Anm.).

$n = 52$

I. $p = 52m + 1$.

24 primitive Perioden, deren Gleichung:

$$\omega^{24} - \omega^{22} + \omega^{20} - \omega^{18} + \omega^{16} - \omega^{14} + \omega^{12} - \omega^{10} + \omega^{8} - \omega^{6} + \omega^{4} - \omega^{2} + 1 = 0,$$

wodurch sich von den nichtprimitiven, d. h. den 13ten und 4ten Einheitswurzeln, die letzteren durch die primitiven ausdrücken lassen:

$$\omega^{13} = -\omega + \omega^{3} - \omega^{5} + \omega^{7} - \omega^{9} + \omega^{11} + \omega^{15} - \omega^{17} + \omega^{19} - \omega^{21} + \omega^{23} - \omega^{25}.$$

Congruenzwurzeln mod. p.*)

p	ω	ω^3	ω^5	ω^7	ω^9	ω^{11}
53	+ 26	− 20	− 5	+ 12	+ 3	+ 14
157	− 23	− 78	+ 29	− 45	+ 59	− 32
313	− 35	+ 6	+151	− 8	− 97	+115
521	+ 10	− 42	− 32	− 74	−106	−180
677	+229	−314	+197	−143	+ 66	+282
937	−379	−239	−393	−411	+171	+ 93

p	ω^{15}	ω^{17}	ω^{19}	ω^{21}	ω^{23}	ω^{25}
53	− 19	− 18	+ 22	− 21	+ 8	+ 2
157	+ 54	− 8	+ 7	− 65	− 2	+ 41
313	− 49	+ 71	− 39	+114	+ 52	−152
521	+ 55	−231	−176	+114	− 62	+ 52
677	+ 12	−318	+303	−244	−304	− 68
937	+403	+400	−440	−453	−345	− 89

*) Vgl. $\lambda = 13$ und $n = 4$ hier und in den folgenden Tafeln.

$n = 52$

Congruenzwurzeln mod. p^3 für $p = 53$.

ω	ω^2	ω^3	ω^4
$+26-9p-5p^2$	$-13+22p+24p^2$	$-20-6p-26p^2$	$+10+14p+8p^2$
ω^5	ω^6	ω^7	ω^8
$-5+14p+8p^2$	$-24-17p+21p^2$	$+12-26p+20p^2$	$-6+17p-10p^2$
ω^9	ω^{10}	ω^{11}	ω^{12}
$+3+16p-3p^2$	$+25+19p-18p^2$	$+14+16p-17p^2$	$-7-21p-14p^2$
ω^{13}	ω^{14}	ω^{15}	ω^{16}
$-23-9p+10p^2$	$-15+15p-22p^2$	$-19-12p+14p^2$	$-17+9p-19p^2$
ω^{17}	ω^{18}	ω^{19}	ω^{20}
$-18+8p-6p^2$	$+9-10p-25p^2$	$+22-19p+25p^2$	$-11+8p+9p^2$
ω^{21}	ω^{22}	ω^{23}	ω^{24}
$-21-16p+11p^2$	$-16-25p+p^2$	$+8+16p+3p^2$	$-4-23p+7p^2$

ω^{25}

$+2+19p-26p^2$.

$f(\omega)$, Primfactoren der Primzahlen p.

Die Primfactoren $f(\omega)$ sind wirklich für 2 der obigen Primzahlen:

$p = 313$, $f(\omega) = 1-\omega-\omega^6$; $\qquad p = 677$, $f(\omega) = 1+\omega^4-\omega^7$;

Für die übrigen sind sie ideal, in 3ter Potenz wirklich:*)

p	$f^3(\omega)$
53	$1-\omega^9-\omega^{10}-\omega^{12}+\omega^{17}+\omega^{19}-\omega^{22}$
157	$1-3\omega-\omega^4-3\omega^6+3\omega^7-\omega^9+\omega^{10}+\omega^{11}+2\omega^{12}-\omega^{14}+3\omega^{15}-\omega^{16}-2\omega^{18}+2\omega^{19}-2\omega^{21}+2\omega^{24}-\omega^{25}$
521	$5-8\omega^2+3\omega^3+4\omega^4-4\omega^5-4\omega^6+3\omega^7+9\omega^8-10\omega^{10}+4\omega^{11}+9\omega^{12}+4\omega^{15}+7\omega^{16}+5\omega^{17}+11\omega^{19}+15\omega^{20}+2\omega^{21}+6\omega^{23}+10\omega^{24}-6\omega^{25}$
937	$1-\omega+\omega^3-\omega^4-2\omega^5+2\omega^6+7\omega^7-6\omega^9+8\omega^{11}+3\omega^{12}-9\omega^{13}-6\omega^{14}+5\omega^{15}+6\omega^{16}-6\omega^{17}-9\omega^{18}+3\omega^{19}+8\omega^{20}-4\omega^{22}+7\omega^{24}+2\omega^{25}$

*) Für $p = 53$ mittelst obiger Congruenzwurzeln mod. p^3, für die übrigen sodann aus den Normen hergeleitet: $N(1+\omega^{11}+\omega^{14}) = 53.157$, $N(1-\omega^6-\omega^{12}-\omega^{21}) = 53.521$, $N(1-\omega^2-\omega^5+\omega^{15}) = 53.937$.

$n = 52$

II. p zum Exponenten 2 gehörig.

12 zweigliedrige Perioden, und zwar mit 3 Fällen:

$$\text{II, 1.} \quad p = 52m - 1; \quad \varpi_r = \omega^r + \omega^{-r} = \omega^r - \omega^{26-r},$$

womit die 12 primitiven Perioden:

$$\varpi_1 = -\varpi_{25}, \quad \varpi_3 = -\varpi_{23}, \quad \varpi_5 = -\varpi_{21}, \quad \varpi_7 = -\varpi_{19},$$
$$\varpi_9 = -\varpi_{17}, \quad \varpi_{11} = -\varpi_{15},$$

unmittelbar gegeben sind, sowie durch $\varpi_1 \varpi_k = \varpi_{k-1} + \varpi_{k+1}$ ihre fundamentalen Relationen zu einander und zu den nichtprimitiven Perioden, d. h. den zweigliedrigen der 13ten Wurzeln ϖ_{4r} (oder der 26ten ϖ_{2r}), während $\varpi_{13r} = 0$ ist.

Congruenzwurzeln mod. p. (Vgl. $\lambda = 13$).*)

p	ϖ_1	ϖ_3	ϖ_5	ϖ_7	ϖ_9	ϖ_{11}
103	5	+ 7	− 50	− 24	+ 13	+ 14
311	68	+118	+145	−133	+ 24	− 79
467	174	+209	+176	+ 12	+214	− 43
571	263	−260	− 38	+227	+160	− 58
727	359	+195	+110	− 5	+344	−260
853	97	+243	−283	−179	+311	+377

$f(\varpi_1)$, Primfactoren der Primzahlen p. $Nf(\varpi_1) = -p$.

p	$f(\varpi_1)$	p	$f(\varpi_1)$	p	$f(\varpi_1)$
103	$1+\varpi_4-\varpi_9$	467	$2+\varpi_1-\varpi_5$	727	$1-\varpi_{11}-\varpi'_{16}$
311	$1-\varpi_1-\varpi_4+\varpi_8$	571	$1+\varpi_4-\varpi_7+\varpi_{11}-\varpi_{20}$	853	$\varpi_1-\varpi_2-\varpi_8-\varpi_{12}+\varpi_{24}$

*) Hier ist ϖ_1 diejenige der beiden Wurzeln der Congruenz $\varpi_1^2 \equiv 2 - \varpi_{24}$, welche > 0 und $< \frac{1}{2}p$ ist. Was bei $\lambda = 13$, I. $\eta_0, \eta_1, \eta_2, \eta_3, \eta_4, \eta_5$ heisst, ist hier resp. $\varpi_4, \varpi_8, \varpi_{16}, \varpi_{20}, \varpi_{12}, \varpi_{24}$.

$n = 52$

II, 2. $p = 52m + 25$; $\varpi_r = \omega^r + \omega^{25r} = \omega^r + \omega^{26-r}$,

womit die 12 primitiven Perioden:

$$\varpi_1 = -\varpi_{27}, \quad \varpi_3 = -\varpi_{29}, \quad \varpi_5 = -\varpi_{31}, \quad \varpi_7 = -\varpi_{33},$$
$$\varpi_9 = -\varpi_{35}, \quad \varpi_{11} = -\varpi_{37}.$$

unmittelbar gegeben sind; sowie durch $\varpi_1\varpi_k = -\varpi_{k-1} + \varpi_{k+1}$ ihre fundamentalen Relationen zu einander und zu den nichtprimitiven Perioden, d. h. ϖ_{4r} (resp. ϖ_{2r}, denselben wie in II, 1) und $\varpi_{13r} = 2\omega^{13r}$ (den 4ten Einheitswurzeln).

Congruenzwurzeln mod. p.*)

(Vgl. $\lambda = 13$ und $n = 4$).

p	ϖ_1	ϖ_3	ϖ_5	ϖ_7	ϖ_9	ϖ_{11}
181	+ 62	− 44	− 51	− 79	− 65	+ 50
283	− 29	− 11	+ 76	+ 4	+ 34	− 1
337	−131	− 20	− 63	−153	+ 28	+155
389	− 63	−109	+181	− 12	+ 14	− 21
701	+ 74	+268	+136	+278	+176	− 25
857	+316	−153	+ 6	+258	+224	+234

$f(\varpi_1)$, Primfactoren der Primzahlen p.

Sie sind wirklich für die beiden:

$$p = 283, \quad f(\varpi_1) = 1 + \varpi_{11}; \qquad p = 701, \quad f(\varpi_1) = \varpi_9 + \varpi_{12}.$$

Für die übrigen Primzahlen sind sie ideal, in 3ter Potenz $f^3(\varpi_1)$ wirklich:*)

p	$f^3(\varpi_1)$
181	$5+2\varpi_1-3\varpi_3+2\varpi_4+\varpi_5-3\varpi_7-3\varpi_{11}+4\varpi_{24}$
337	$1-\varpi_1-\varpi_3+\varpi_5-\varpi_7-2\varpi_8+2\varpi_9+2\varpi_{11}-2\varpi_{12}+\varpi_{20}-3\varpi_{24}$
389	$1-6\varpi_1+4\varpi_3+2\varpi_4-3\varpi_5+3\varpi_7-\varpi_8+\varpi_9-\varpi_{11}+4\varpi_{16}-\varpi_{24}$ $(N(2-\varpi_7-\varpi_9) = 389^2)$.
857	$7\varpi_1-2\varpi_3+\varpi_4+9\varpi_5-6\varpi_7+6\varpi_8+7\varpi_9-9\varpi_{11}-\varpi_{12}+2\varpi_{16}+3\varpi_{20}$

---

*) Hier ist ϖ_1 die gemeinschaftliche Wurzel der Congruenz $\varpi_1^2 \equiv -2 + \varpi_2$ (mod. p), und eines Systems von 6 Congruenzen, deren erste $\varpi_1-\varpi_3+\varpi_5-\varpi_7+\varpi_9-\varpi_{11} \equiv -\omega^{13}$ (mod. p), aber auch vollständig bestimmt durch $\varpi_1\omega^{13} \equiv -\varpi_{12}$ (mod. p).

**) Sie sind aus dem idealen Factor von 5 (in IV, 2), woraus $N(1+\varpi_1+\varpi_5+\varpi_8+\varpi_{12}) = 125^2 = 25^3$ folgt, hergeleitet mittelst der Normen

$$N(1+\varpi_5+\varpi_{11}) = 25 . 181, \qquad N(-\varpi_5+\varpi_7+\varpi_{11}+\varpi_{20}) = 25 . 337,$$
$$N(1+\varpi_3-\varpi_{11}-\varpi_{16}) = 25 . 389, \qquad N(\varpi_1-\varpi_5+\varpi_{16}+\varpi_{20}) = 25 . 857.$$

$$n = 52$$

II, 3. $p = 52m - 25;\quad \varpi_r = \omega^r + \omega^{-25r} = 0,\quad \varpi_{2r} = 2\omega^{2r},$

also 13te Wurzeln; daher haben die hierher gehörigen Primzahlen:

79, 431, 443, 547, 599, 859, 911,

auch hier keine anderen Primfactoren als die $p = 13m + 1$ in $\lambda = 13$.

III. p zum Exponenten 3 gehörig,

$$p = 52m + 9, -23.$$

8 dreigliedrige Perioden:

$$\varpi_r = \omega^r + \omega^{9r} + \omega^{-23r},$$

also die 8 primitiven Perioden:

$$\varpi_1 = \omega + \omega^9 - \omega^3 = -\varpi_3, \qquad \varpi_5 = \omega^5 - \omega^{19} - \omega^{15} = -\varpi_{15},$$
$$\varpi_7 = \omega^7 + \omega^{11} - \omega^{21} = -\varpi_{21}, \qquad \varpi_{17} = \omega^{17} - \omega^{23} + \omega^{25} = -\varpi_{23},$$

mit den fundamentalen Relationen zu einander und zu den nichtprimitiven Perioden, d. h. den dreigliedrigen Perioden der 13ten, ϖ_{4r} (resp. ϖ_{2r} der 26ten) und den 4ten Einheitswurzeln $\varpi_{13r} = 3\omega^{13r}$:

$$\varpi_1^2 = -2\varpi_4 - \varpi_{28}, \qquad \varpi_1\varpi_5 = 1 + \varpi_4, \qquad \varpi_1\varpi_7 = -1 - \varpi_{28},$$
$$\varpi_1\varpi_{17} = -3 - \varpi_8 - \varpi_{28}; \qquad \varpi_1\varpi_{13} = -3\varpi_{16}; \qquad \varpi_1\varpi_4 = 3\omega^{13} + \varpi_5 - \varpi_7,$$
$$\varpi_1\varpi_8 = -\omega^{13} - \varpi_5, \qquad \varpi_1\varpi_{16} = \varpi_5 + 2\varpi_{17}, \qquad \varpi_1\varpi_{28} = -\omega^{13} - \varpi_{17}.$$

Congruenzwurzeln mod. p.*)

p	ϖ_1	ϖ_5	ϖ_7	ϖ_{17}	p	ϖ_1	ϖ_5	ϖ_7	ϖ_{17}
29	+ 1	− 2	− 6	+ 7	601	−166	−183	−217	+ 7
61	+ 9	+ 12	− 8	− 18	653	−306	−156	+ 3	− 39
113	+ 26	− 6	+ 53	+ 18	757	+ 11	−265	−244	+ 97
269	− 91	+107	+ 58	+124	809	+225	+110	−213	−230
373	−175	+126	− 53	+100	997	+259	+312	−191	+ 74

*) Hier ist ϖ_1 völlig bestimmt durch $\varpi_1\omega^{13} \equiv -\varpi_{16}$ (mod. p), sowie als die gemeinschaftliche Wurzel der Congruenz $\varpi_1^2 \equiv -2\varpi_4 - \varpi_{28}$ und eines Systems von 4 Congruenzen, deren erste (hinreichende): $\varpi_1 + \varpi_5 - \varpi_7 + \varpi_{17} \equiv -\omega^{13}$ (mod. p). Was bei $\lambda = 13$ $\eta_0, \eta_1, \eta_2, \eta_3$ heisst, ist hier $\varpi_4, \varpi_8, \varpi_{16}, \varpi_{28}$.

$n = 52$

$f(\varpi_1)$, Primfactoren der Primzahlen p.

p	$f(\varpi_1)$	p	$f(\varpi_1)$
29	$1-\varpi_1$	601	$1+\varpi_1-\varpi_4-\varpi_5+\varpi_{16}-\varpi_{17}$
61	$1-\varpi_1-\varpi_5+\varpi_7-\varpi_{17}+\varpi_{28}$	653	$1+\varpi_5+\varpi_{16}-\varpi_{17}$
113	$\varpi_1+\varpi_4+\varpi_{17}$	757	$1+\varpi_1+\varpi_7+\varpi_8+\varpi_{16}$
269	$\varpi_4-\varpi_{16}+\varpi_{17}$	809	$2\varpi_1+\varpi_4+\varpi_5+\varpi_{17}$
373	$\varpi_5-\varpi_{16}-\varpi_{28}$	997	$\varpi_5-2\varpi_8$

IV. p zum Exponenten 4 gehörig.

6 viergliedrige Perioden, und zwar mit 2 Fällen:

IV, 1. $p = 52m + 5, + 21$,

$$\varpi_r = \omega^r + \omega^{5r} + \omega^{25r} + \omega^{21r},$$

also die 6 primitiven Perioden:

$$\varpi_1 = \omega + \omega^5 + \omega^{25} + \omega^{21} = -\varpi_{27}, \qquad \varpi_3 = \omega^3 + \omega^{15} + \omega^{23} + \omega^{11} = -\varpi_{39},$$
$$\varpi_7 = \omega^7 - \omega^9 + \omega^{19} - \omega^{17} = -\varpi_9;$$

mit den fundamentalen Relationen zu einander und zu den nichtprimitiven Perioden, d. h. den viergliedrigen Perioden ϖ_{4r} der 13ten (oder ϖ_{2r} der 26ten) und den 4ten Einheitswurzeln $\varpi_{13r} = 4\omega^{13r}$, nämlich:

$$\varpi_1^2 = -3 - \varpi_4 + \varpi_8, \qquad \varpi_1\varpi_3 = -1 + \varpi_{16}, \qquad \varpi_1\varpi_7 \equiv -1 + \varpi_8;$$
$$\varpi_1\varpi_4 = -\omega^{13} + \varpi_1, \qquad \varpi_1\varpi_8 = 4\omega^{13} - \varpi_3 - 2\varpi_7, \qquad \varpi_1\varpi_{16} = -\omega^{13} - \varpi_3;$$
$$\varpi_1\varpi_{13} = -4\varpi_8.$$

Congruenzwurzeln mod. p.*)

p	ϖ_1	ϖ_3	ϖ_7	p	ϖ_1	ϖ_3	ϖ_7
5	+ 1	+ 1	+ 2	541	+ 89	−117	+258
73	+ 32	+ 29	+ 30	577	+135	−225	−241
109	+ 42	+ 12	− 46	593	+133	+180	+ 30
229	−113	− 51	+ 45	733	+251	−125	+ 23
281	+120	+130	+ 43	853	+175	+ 27	−372
317	− 20	+ 97	− 3	941	+399	−203	−436
421	+182	+ 11	+200				

*) Hier ist ϖ_1 völlig bestimmt durch $\varpi_1\omega^{13} \equiv -\varpi_8$ (mod. p), sowie als die gemeinschaftliche Wurzel der Congruenz $\varpi_1^2 \equiv -3 - \varpi_4 + \varpi_8$ (mod. p), und des Congruenzensystems: $\varpi_1 - \varpi_3 - \varpi_7 \equiv -\omega^{13}$, $-\varpi_1\varpi_3 + \varpi_3\varpi_7 - \varpi_7\varpi_1 \equiv 4$, $\varpi_1\varpi_3\varpi_7 \equiv \omega^{13}$ (mod. p). **Was** hier ϖ_4, ϖ_8, ϖ_{16}, heisst bei $\lambda = 13$ η_0, η_1, η_2.

$n = 52$

Congruenzwurzeln mod. p^3 für $p = 5$.

ϖ_1	ϖ_3	ϖ_7	ϖ_4	ϖ_8	ϖ_{16}
-29	$+16$	$+12$	$+59$	$+28$	$+37$.

Die Primfactoren $f(\varpi_1)$ der Primzahlen p
sind **wirklich** für die folgenden 3 Primzahlen:

$p = 109,\ f(\varpi_1) = 1 - 2\varpi_1 + \varpi_3 + \varpi_4 + \varpi_7;\quad p = 229,\ f(\varpi_1) = 1 + \varpi_7 + \varpi_8;$
$p = 941,\ f(\varpi_1) = 1 + 2\varpi_7 + \varpi_{16}.$

Für die übrigen sind sie **ideal**, in 3ter Potenz $f^3(\varpi_1)$ wirklich.*)

p	$f^3(\varpi_1)$	p	$f^3(\varpi_1)$
5	$1 + \varpi_1 + \varpi_8$	541	$8 + 3\varpi_1 + 11\varpi_3 - 2\varpi_7 + 2\varpi_8 - 16\varpi_{16}$
73	$11 + 13\varpi_1 - 9\varpi_3 - 6\varpi_4 - 24\varpi_7 + \varpi_8$	577	$33 - 4\varpi_1 + 5\varpi_3 - 41\varpi_8 - 11\varpi_{16}$
281	$9 + \varpi_1 - 6\varpi_3 - 7\varpi_8 - 6\varpi_{16}$	593	$15 + 33\varpi_1 - 25\varpi_3 - 60\varpi_7 - 4\varpi_8 + 3\varpi_{16}$
317	$16\varpi_1 - 8\varpi_3 - 6\varpi_4 - 23\varpi_7 + 2\varpi_{16}$	733	$24 - 23\varpi_1 + 46\varpi_3 + 26\varpi_7 - 2\varpi_8 - 12\varpi_{16}$
421	$3 - 62\varpi_1 + 34\varpi_3 + 25\varpi_7 - 14\varpi_8 + 2\varpi_{16}$	853	$10 - 2\varpi_1 + 25\varpi_3 - 2\varpi_4 + 6\varpi_7 + 7\varpi_8$

*) Für $p = 5$ ist $f^3(\varpi_1)$ mittelst obiger Congruenzwurzeln mod. p^3 ermittelt, für die übrigen Primzahlen durch den Factor von 5 aus folgenden Normen:

$N(1 + \varpi_3 - \varpi_7) = 5 . 73,\qquad N(\varpi_1 + \varpi_3 + \varpi_4) = 5 . 281,$
$N(3 + \varpi_7) = 5 . 317,\qquad N(2 + \varpi_1 + \varpi_3 - \varpi_8) = 5 . 421,$
$N(1 + \varpi_3 - \varpi_7 + \varpi_8 - \varpi_{16}) = 5 . 541,\qquad N(3 + \varpi_3 - \varpi_8) = 5 . 577,$
$N(2 + \varpi_4 + 2\varpi_7) = 5 . 593,\qquad N(1 - \varpi_1 - 2\varpi_3) = 5 . 733,$
$N(1 - \varpi_1 - \varpi_3 + \varpi_4 - \varpi_{16}) = 5 . 853.$

$n = 52$

IV, 2. $p = 52m - 5, -21$;

$$\varpi_r = \omega^r + \omega^{-5r} + \omega^{25r} + \omega^{-21r},$$

also die 6 primitiven Perioden:

$$\varpi_1 = \omega - \omega^{21} + \omega^{25} - \omega^5 = -\varpi_5, \qquad \varpi_3 = \omega^3 - \omega^{11} + \omega^{23} - \omega^{15} = -\varpi_{11},$$
$$\varpi_7 = \omega^7 + \omega^{17} + \omega^{19} + \omega^9 = -\varpi_{33},$$

mit den fundamentalen Relationen zu einander und zu den nichtprimitiven Perioden, d. h. ϖ_{4r} (denselben wie IV, 1), während $\varpi_{13r} = 0$,

$$\varpi_1^2 = -4 + 2\varpi_4 - \varpi_{16}, \qquad \varpi_1\varpi_3 = \varpi_4 - \varpi_8, \qquad \varpi_1\varpi_7 = \varpi_4 - \varpi_{16};$$
$$\varpi_1\varpi_4 = -2\varpi_1 - \varpi_3 - \varpi_7, \qquad \varpi_1\varpi_8 = \varpi_7, \qquad \varpi_1\varpi_{16} = \varpi_1 + \varpi_7.$$

Congruenzwurzeln mod. p.*)

p	ϖ_1	ϖ_3	ϖ_7	p	ϖ_1	ϖ_3	ϖ_7	p	ϖ_1	ϖ_3	ϖ_7
31	14	+9	−12	307	134	+152	−40	811	49	−11	+383
47	12	+20	+17	359	47	+31	−66	827	387	−315	+49
83	33	−24	−27	463	109	+202	+41	863	255	+369	+242
151	28	−25	−36	499	107	+127	+94	967	65	−428	−231
239	79	+56	+109	619	294	+88	−241	983	31	−482	+128

Die Primfactoren der Primzahlen p
sind wirklich in der Form $f(\omega, \varpi_1)$, welche hier nicht erhoben ist.

Normen complexer Zahlen in $\frac{4}{\varpi}$.

$$N(\varpi_3 - \varpi_{16}) = 8 \cdot 31, \qquad N(3 + 2\varpi_1) = 31 \cdot 307,$$
$$N(2 - \varpi_1 - \varpi_7) = 31^2, \qquad N(3 - \varpi_1 - \varpi_4) = 8 \cdot 47,$$
$$N(1 - \varpi_1 - \varpi_3 - \varpi_4) = 8 \cdot 83, \qquad N(3 - \varpi_3 + \varpi_7) = 83 \cdot 47,$$
$$N(5 - \varpi_1 - \varpi_4) = 499 \cdot 47, \qquad N(1 + 2\varpi_7 - \varpi_8) = 151 \cdot 31,$$
$$N(3 - \varpi_3 + \varpi_7 - \varpi_8) = 8 \cdot 811 \text{ u. s. w.}$$

*) Hier ist ϖ_1 diejenige Wurzel der Congruenz $\varpi_1^2 \equiv -4 + 2\varpi_4 - \varpi_{16}$ (mod. p), welche > 0 und $< \frac{1}{2}p$.

$n = 52$

V. p zum Exponenten 6 gehörig.

4 sechsgliedrige Perioden, und zwar mit 3 Fällen:

$$\text{V, 1.}\quad p = 52m - 9, +23;$$

$$\varpi_r = \omega^r + \omega^{-9r} + \omega^{-23r} - \omega^{-r} + \omega^{9r} + \omega^{23r},$$

also die 4 primitiven Perioden:

$$\varpi_1 = \omega - \omega^{17} - \omega^3 - \omega^{25} + \omega^9 + \omega^{23} = -\varpi_3,$$
$$\varpi_5 = \omega^5 + \omega^7 - \omega^{15} - \omega^{21} - \omega^{19} + \omega^{11} = -\varpi_{15},$$

Wurzeln der Gleichung:

$$\varpi^4 - 13\varpi^2 + 13 = 0;$$

mit den fundamentalen Relationen zu einander und zu den nichtprimitiven Perioden, d. h. den sechsgliedrigen der 13ten Wurzeln ϖ_{4r} (oder der 26ten, ϖ_{2r}) während $\varpi_{13r} = 0$,

$$\varpi_1^2 = 5 - 3\varpi_4, \quad \varpi_1\varpi_5 = 1 + 2\varpi_4; \quad \varpi_1\varpi_4 = -2\varpi_1 + \varpi_5, \quad \varpi_1\varpi_8 = \varpi_1 - \varpi_5.$$

Congruenzwurzeln mod. p.*)

p	ϖ_1	ϖ_5	p	ϖ_1	ϖ_5	p	ϖ_1	ϖ_5	p	ϖ_1	ϖ_5
23	2	−3	199	27	−49	491	103	+130	751	122	−30
43	12	−16	251	41	−66	563	18	−189	823	369	−46
127	11	+20	283	103	−21	647	80	+219	907	169	+399
179	18	−88	439	12	−93	719	72	+235			

$f(\varpi_1)$, Primfactoren der Primzahlen p. $Nf(\varpi_1) = -p$.

p	$f(\varpi_1)$	p	$f(\varpi_1)$	p	$f(\varpi_1)$
23	$2 - \varpi_1$	251	$2 - \varpi_1 - \varpi_4 - \varpi_5$	647	$1 - 2\varpi_1 - 2\varpi_4 - 2\varpi_5$
43	$\varpi_1 + \varpi_8$	283	$1 - \varpi_1 - 2\varpi_8$	719	$1 - 2\varpi_1 + 3\varpi_8$
127	$2 - 2\varpi_1 + \varpi_5$	439	$4 - \varpi_1 + \varpi_5 - \varpi_8$	751	$2 + \varpi_1 - 2\varpi_4 + \varpi_5$
179	$3 - 2\varpi_5$	491	$2 - 2\varpi_4 + \varpi_5$	823	$1 + \varpi_1 - 3\varpi_4 - 2\varpi_5$
199	$2 - \varpi_1 - \varpi_8$	563	$4 + 3\varpi_5$	907	$1 + \varpi_1 - 2\varpi_5 - 4\varpi_8$

*) Hier ist ϖ_1 diejenige Wurzel der Congruenz $\varpi_1^2 \equiv 5 - 3\varpi_4$ (mod. p), welche > 0 und $< \frac{1}{2}p$.

$n = 52$

V, 2. $p = 52m - 3, + 17$;

$$\varpi_r = \omega^r + \omega^{-3r} + \omega^{9r} + \omega^{25r} + \omega^{-23r} + \omega^{17r},$$

also die 4 primitiven Perioden:

$$\varpi_1 = \omega - \omega^{23} + \omega^9 + \omega^{25} - \omega^3 + \omega^{17} = -\varpi_3,$$
$$\varpi_5 = \omega^5 - \omega^{11} - \omega^{19} + \omega^{21} - \omega^{15} - \omega^7 = -\varpi_7,$$

Wurzeln der Gleichung:

$$\varpi^4 + 7\varpi^2 + 9 = 0;$$

mit den fundamentalen Relationen zu einander und zu den nichtprimitiven Perioden, d. h. den ϖ_{4r} (denselben wie in V, 1) und $\varpi_{13r} = 6\omega^{13r}$ (4te Einheitswurzeln):

$$\varpi_1^2 = -3 + \varpi_4, \qquad \varpi_1\varpi_5 = 3; \qquad \varpi_1\varpi_4 = 4\omega^{13} + \varpi_5,$$
$$\varpi_1\varpi_8 = -3\omega^{13}; \qquad \varpi_1\varpi_{13} = -6\varpi_4.$$

Congruenzwurzeln mod. p*).

(Vgl. $\lambda = 13$, $n = 4$).

p	ϖ_1	ϖ_5	p	ϖ_1	ϖ_5	p	ϖ_1	ϖ_5	p	ϖ_1	ϖ_5
17	−1	−3	257	+25	−41	569	−254	+168	797	−277	−305
101	−32	+22	277	−103	+43	641	+260	−106	881	+249	+138
173	+6	−86	433	−183	−71	673	−317	+259	953	+399	+43

$f(\varpi_1)$, Primfactoren der Primzahlen p.

p	$f(\varpi_1)$	p	$f(\varpi_1)$	p	$f(\varpi_1)$	p	$f(\varpi_1)$
17	$1+\varpi_1$	257	$2+\varpi_1-2\varpi_8$	569	$4+2\varpi_1+3\varpi_5$	797	$5+\varpi_1-\varpi_4+\varpi_5$
101	$2-\varpi_1-2\varpi_4$	277	$\varpi_4-2\varpi_5$	641	$3-\varpi_1-2\varpi_4-2\varpi_5$	881	$4-3\varpi_1-\varpi_5$
173	$1-2\varpi_5$	433	$4+2\varpi_1+\varpi_5$	673	$2-\varpi_1-\varpi_4-3\varpi_5$	953	$4+2\varpi_1+\varpi_5-2\varpi_8$

---

*) Hier ist ϖ_1 die gemeinschaftliche Wurzel der Congruenz $\varpi_1^2 \equiv -3 + \varpi_4$ (mod. p), und des Congruenzensystems $\varpi_1 + \varpi_5 \equiv -\omega^{13}$, $\varpi_1\varpi_5 \equiv 3$ (mod. p), sowie lineär durch $\varpi_1\omega^{13} \equiv -\varpi_4$ (mod. p) völlig bestimmt.

$$n = 52$$

$$\text{V, 3.} \quad p = 52m + 3, -17;$$

$$\varpi_r = \omega^r + \omega^{3r} + \omega^{9r} + \omega^{-25r} + \omega^{-23r} + \omega^{-17r} = 0,$$

während $\varpi_{4r} = 2(\omega^{4r} + \omega^{12r} + \omega^{36r})$ auf die dreigliedrigen Perioden der 13ten Einheitswurzeln sich reducirt; daher haben die hierher gehörigen Primzahlen:

3, 107, 191, 211, 263, 347, 367, 419, 503, 523, 607, 659, 887, 919, 971, 991

auch hier keine anderen Primfactoren als die $p = 13m + 3, -4$ in $\lambda = 13$.

VI. p zum Exponenten 12 gehörig.

2 zwölfgliedrige Perioden, und zwar mit 2 Fällen:

$$\text{VI, 1.} \quad p = 52m + 7, +11, +15, +19;$$

$$\varpi_r = \omega^r + \omega^{7r} + \omega^{-3r} + \omega^{-21r} + \omega^{9r} + \omega^{11r} + \omega^{25r} + \omega^{19r} + \omega^{-23r} + \omega^{-5r} + \omega^{17r} + \omega^{15r} = 0,$$

also: $\varpi_1 = \omega + \omega^7 - \omega^{23} - \omega^5 + \omega^9 + \omega^{11} + \omega^{25} + \omega^{19} - \omega^3 - \omega^{21} + \omega^{17} + \omega^{15} = -\varpi_3,$

Wurzeln der Gleichung:

$$\varpi^2 + 13 = 0.$$

Congruenzwurzeln mod. p.*)

p	ϖ_1	p	ϖ_1	p	ϖ_1	p	ϖ_1	p	ϖ_1
7	1	163	65	379	164	587	64	739	207
11	3	167	34	383	149	631	274	743	260
19	5	223	87	431	121	643	251	787	143
59	20	227	21	479	150	683	199	839	96
67	11	271	23	487	31	691	37	947	102
71	22	331	48						

*) Hier ist ϖ_1 diejenige der beiden Wurzeln der Congruenz $\varpi_1^2 + 13 \equiv 0$, welche > 0 und $< \frac{1}{2}p$.

$n = 52$

Die Primfactoren der Primzahlen p

haben die Form $f(\omega, \varpi_1) = \phi(\varpi_1) - \overset{6}{\varpi}_1\, \phi_1(\varpi_1)$,

wo $\overset{6}{\varpi}_1 = \omega - \omega^3 + \omega^9 + \omega^{17} - \omega^{23} + \omega^{25}$ die sechsgliedrige Periode 2ter Art (vgl. V, 1) der 52ten Einheitswurzeln, $N\phi(\varpi_1) = 7p$, $N\phi_1(\varpi_1) = 2p$ und $N_{\varpi} f(\omega, \varpi_1) = p$. Die folgende Tafel gibt, unter Weglassung des constanten Bestandtheils $-\overset{6}{\omega}$, nur $\phi(\varpi_1)$ und $\phi_1(\varpi_1)$.*)

p	$\phi(\varpi_1)$	$\phi_1(\varpi_1)$	p	$\phi(\varpi_1)$	$\phi_1(\varpi_1)$
7	$+6+\varpi_1$	$+1-\varpi_1$	431	$-53+4\varpi_1$	$+15+7\varpi_1$
11	$+5+2\varpi_1$	$+3-\varpi_1$	479	$-34+13\varpi_1$	$+29+3\varpi_1$
19	$+4+3\varpi_1$	$+5-\varpi_1$	487	$-9+16\varpi_1$	$+31-\varpi_1$
59	$+19+2\varpi_1$	$+1-3\varpi_1$	587	$-64+\varpi_1$	$+11+9\varpi_1$
67	$+1+6\varpi_1$	$+11-\varpi_1$	631	$+33+16\varpi_1$	$+25-7\varpi_1$
71	$-22+\varpi_1$	$+5+3\varpi_1$	643	$+48-13\varpi_1$	$+31+5\varpi_1$
163	$+33+2\varpi_1$	$-1-5\varpi_1$	683	$+32+17\varpi_1$	$+27-7\varpi_1$
167	$+34-\varpi_1$	$+3-5\varpi_1$	691	$-12+19\varpi_1$	$+37-\varpi_1$
223	$-38+3\varpi_1$	$+11+5\varpi_1$	739	$-60+11\varpi_1$	$+29+7\varpi_1$
227	$-4+11\varpi_1$	$+21-\varpi_1$	743	$+1+20\varpi_1$	$+37-3\varpi_1$
271	$-5+12\varpi_1$	$+23-\varpi_1$	787	$+72+5\varpi_1$	$-1-11\varpi_1$
331	$+43+6\varpi_1$	$+5-7\varpi_1$	839	$+46+17\varpi_1$	$+25-9\varpi_1$
379	$+40+9\varpi_1$	$+11-7\varpi_1$	947	$-73+10\varpi_1$	$+29+9\varpi_1$
383	$-43+8\varpi_1$	$+21+5\varpi_1$			

VI, 2. $p = 52m - 7, -11, -15, -19$; $\varpi_r = -\omega^{13r}$ (vgl. bei I.),

d. h. die primitiven Perioden selbst reduciren sich auf die 4ten Einheitswurzeln, und die hierher gehörigen Primzahlen:

37, 41, 89, 97, 137, 149, 193, 197, 241, 293, 349, 353, 397, 401, 409, 449, 457, 461, 509, 557, 613, 617, 661, 709, 761, 769, 773, 821, 827, 877, 929, 977,

haben daher keine anderen Primfactoren als die $p = 4m + 1$ in $n = 4$, welche auch in Beziehung auf 52te Wurzeln complexe Primzahlen sind.

*) Übrigens können die ϕ auseinander hergeleitet werden: es ist

$\phi_1(\varpi_1) = \phi(\varpi_1) \cdot \frac{-1-\varpi_1}{7}$ und $\phi(\varpi_1) = \phi_1(\varpi_1) \cdot \frac{-1+\varpi_1}{2}$; hieraus folgt, dass man dem Primfactor $f(\omega, \varpi_1)$ auch die Productform geben kann:

$$f(\omega, \varpi_1) = \phi(\varpi_1) \cdot \tfrac{1}{7} \cdot (1 + \overset{6}{\varpi}_1 + \overset{6}{\varpi}_4) = \phi_1(\varpi_1) \cdot \tfrac{1}{2} \cdot (-1 + \omega^{13}).$$

$n = 56$

I. $p = 56m + 1$.

24 primitive Wurzeln, deren Gleichung:

$$\omega^{24} - \omega^{20} + \omega^{16} - \omega^{12} + \omega^{8} - \omega^{4} + 1 = 0,$$

mittelst welcher sich von den nichtprimitiven, d. h. den 28ten und 8ten Einheitswurzeln, die letzteren durch die primitiven ausdrücken lassen:

$$\omega^{7} = \omega^{3} + \omega^{11} - \omega^{15} + \omega^{19} - \omega^{23} + \omega^{27}, \quad \omega^{21} = \omega - \omega^{5} + \omega^{9} - \omega^{13} + \omega^{17} + \omega^{25}.$$

Congruenzwurzeln mod. p.*)

p	ω	ω^3	ω^5	ω^9	ω^{11}	ω^{13}
113	− 13	− 50	+ 25	− 22	+ 11	+ 51
281	− 65	− 88	− 37	− 47	+ 92	+ 77
337	+121	− 48	−123	− 56	+ 25	+ 43
449	−174	+ 93	− 11	+198	+ 49	+ 28
617	−235	+103	+ 52	+ 20	+ 70	+245
673	− 95	+ 27	+ 49	+166	+ 52	+219
953	+101	+108	+ 40	−154	−410	+307

p	ω^{15}	ω^{17}	ω^{19}	ω^{23}	ω^{25}	ω^{27}
113	+ 31	+ 41	+ 36	+ 9	+ 52	− 26
281	− 73	+113	+ 6	+ 38	+ 99	−134
337	+ 47	− 27	− 6	+137	− 7	− 39
449	+ 16	− 55	+161	−204	+140	+ 80
617	− 68	−238	−216	−178	− 6	− 21
673	−126	+220	+150	+206	+324	− 83
953	+149	− 86	+427	+405	+150	−368

*) Vgl. $n = 28, 8, 4$ und $\lambda = 7$, wie bei den folgenden Tafeln.

$n = 56$

Congruenzwurzeln mod. p^2.

Von diesen in der Form $a + bp$ gibt die folgende Tafel für einige Primzahlen die Werthe von b (die von a stehen in obiger Tafel).

p	ω	ω^2	ω^3	ω^4	ω^5	ω^6	ω^7	ω^8	ω^9	ω^{10}
113	− 45	+ 41	− 8	− 13	− 37	+ 31	− 18	− 56	+ 27	+ 36
337	+140	−114	−154	− 96	−125	− 37	− 65	+ 22	+144	+128
617	−106	− 67	+ 65	+299	−246	−167	− 52	+263	−126	−283

p	ω^{11}	ω^{12}	ω^{13}	ω^{14}	ω^{15}	ω^{16}	ω^{17}	ω^{18}	ω^{19}	ω^{20}
113	+ 34	− 34	− 13	+ 15	+ 32	− 7	+ 27	− 54	+ 49	− 1
337	− 12	+ 35	+ 79	+ 92	−110	+ 27	+ 68	+ 57	+123	−113
617	+ 60	+ 48	−196	+253	+ 54	+ 97	−157	−103	−219	−214

p	ω^{21}	ω^{22}	ω^{23}	ω^{24}	ω^{25}	ω^{26}	ω^{27}
113	− 56	− 42	− 41	+ 14	− 2	+ 53	+ 12
337	− 78	+ 76	− 41	+114	−139	+ 59	+165
617	− 70	−230	−118	−226	−122	−308	− 22

$f(\omega)$, Primfactoren der Primzahlen p.

Wirklich für folgende Primzahlen:

p	$f(\omega)$	p	$f(\omega)$	p	$f(\omega)$	p	$f(\omega)$
281	$1-\omega^4+\omega^{25}$	449	$1-\omega^{18}+\omega^{25}$	673	$1-\omega^4-\omega^{15}$	953	$1-\omega^{10}-\omega^{13}$

Für die übrigen ideal, in 2ter Potenz $f^2(\omega)$ wirklich, z. B.

$p = 113, \quad f^2(\omega) = 1 + \omega^5 + \omega^{13} + \omega^{19};$

$p = 337, \quad f^2(\omega) = 1 - \omega^2 + \omega^3 + \omega^{11} - \omega^{21} - \omega^{22} - \omega^{24} + \omega^{27}.$

$n = 56$

II. p zum Exponenten 2 gehörig.

12 zweigliedrige Perioden, und zwar mit 7 Fällen:

II, 1. $p = 56m - 1$; $\varpi_r = \omega^r + \omega^{-r} = \omega^r - \omega^{28-r}$,

womit die 12 primitiven Perioden:

$$\varpi_1 = -\varpi_{27}, \quad \varpi_3 = -\varpi_{25}, \quad \varpi_5 = -\varpi_{23}, \quad \varpi_9 = -\varpi_{19},$$
$$\varpi_{11} = -\varpi_{17}, \quad \varpi_{13} = -\varpi_{15},$$

unmittelbar gegeben sind, sowie durch $\varpi_1 \varpi_k = \varpi_{k-1} + \varpi_{k+1}$ ihre fundamentalen Relationen zu einander und zu den nichtprimitiven Perioden, d. h. ϖ_{2r} (den zweigliedrigen der 28ten, einschliesslich ϖ_{8r} der 7ten Wnrzeln) und ϖ_{7r} (den zweigliedrigen erster Art der 8ten Wurzeln, während $\varpi_{14r} = 0$).

Congruenzwurzeln mod. p.*)

p	ϖ_1	ϖ_3	ϖ_5	ϖ_9	ϖ_{11}	ϖ_{13}
167	− 49	+ 66	+ 67	+ 58	+ 18	+ 38
223	+ 72	− 47	−110	+ 13	+ 5	+ 29
503	+185	−191	+210	−245	+218	−140
727	+ 49	−272	+269	−199	+211	−331
839	− 77	+114	+360	+367	−347	+192

$f(\varpi_1)$, Primfactoren der Primzahlen p. $Nf(\varpi_1) = -p$.

p	$f(\varpi_1)$	p	$f(\varpi_1)$	p	$f(\varpi_1)$
167	$1+\varpi_3-\varpi_5$	503	$-\varpi_2+\varpi_3+\varpi_5$	839	$1+\varpi_7+\varpi_9+\varpi_{24}$
223	$1+\varpi_8-\varpi_9$	727	$1-\varpi_7+\varpi_9+\varpi_{16}$		

*) Hier ist ϖ_1 die gemeinschaftliche Wurzel der Congruenz $\varpi_1^2 \equiv 2 + \varpi_2$ (mod. p), und eines Systems von 6 Congruenzen, wovon die erste $\varpi_1 - \varpi_3 - \varpi_5 + \varpi_9 - \varpi_{11} - \varpi_{13} \equiv -\varpi_7$ (mod. p), aber auch lineär völlig bestimmt durch $\varpi_1 \varpi_7 \equiv \varpi_6 + \varpi_8$ (mod. p).

$n = 56$

II, 2. $p = 56m + 27$; $\varpi_r = \omega^r + \omega^{27r} = \omega^r + \omega^{28-r}$,

womit die 12 primitiven Perioden:

$\varpi_1 = -\varpi_{29}$, $\varpi_3 = -\varpi_{31}$, $\varpi_5 = -\varpi_{33}$, $\varpi_9 = -\varpi_{37}$,
$\varpi_{11} = -\varpi_{39}$, $\varpi_{13} = -\varpi_{41}$,

unmittelbar gegeben sind, sowie durch $\varpi_1\varpi_k = -\varpi_{k-1} + \varpi_{k+1}$ ihre fundamentalen Relationen zu einander und zu den nichtprimitiven, d. h. ϖ_{2r} (denselben wie in II, 1) und ϖ_{7r} oder den Perioden zweiter Art der 8ten Wurzeln ($\varpi_{14r} = 0$).

Congruenzwurzeln mod. p*)

(Vgl. $n = 28$, 8 und $\lambda = 7$).

p	ϖ_1	ϖ_3	ϖ_5	ϖ_9	ϖ_{11}	ϖ_{13}
83	− 14	+ 36	+ 4	+ 35	+ 32	− 7
139	− 34	− 69	+ 57	+ 19	− 10	− 62
251	− 56	− 84	+ 14	− 94	+113	+ 25
307	+ 98	− 83	−117	− 95	+ 33	− 38
419	+209	− 54	−121	− 82	− 71	+ 27
587	+289	−178	+153	+197	+214	+162
643	−102	+ 79	−221	+ 95	+ 73	+160
811	+250	+213	+111	+360	+121	−193

Die Primfactoren der Primzahlen p

sind sämmtlich ideal, in 2ter Potenz wirklich, welche überdiess die Form $f^2(\omega, \varpi_1)$ hat.

Normen complexer Zahlen in $\overset{2}{\varpi}$.**)

$N(\varpi_1 + \varpi_3 - \varpi_8 - \varpi_9) = 83.251$,
$N(\varpi_2 - \varpi_{11}) = 3^2 83$,
$N(1 - 2\varpi_5 + 2\varpi_{24}) = 83.811$,
$N(2 - \varpi_{13} + \varpi_{16}) = 3^2 307$,
$N(\varpi_9 - \varpi_{11} + \varpi_{24}) = 139^2$.

$N(1 + \varpi_2 + \varpi_3 - \varpi_5 + \varpi_{10}) = 83.307$,
$N(1 - \varpi_3 + 2\varpi_{24}) = 83.587$,
$N(1 + 2\varpi_1) = 419.139$,
$N(2 - \varpi_1 - \varpi_3 + \varpi_{10}) = 139.643$,

*) Hier ist ϖ_1 als die gemeinschaftliche Wurzel der Congruenz $\varpi_1^2 \equiv -2 + \varpi_2$ (mod. p), und eines Systems von 6 Congruenzen, deren erste: $\varpi_1 + \varpi_3 - \varpi_5 + \varpi_9 + \varpi_{11} - \varpi_{13} \equiv \varpi_7$ (mod. p); sowie durch die lineäre Congruenz $\varpi_1\varpi_7 \equiv -\varpi_6 + \varpi_8$ (mod. p) völlig bestimmt.

**) Aus denselben geht hervor dass sämmtliche Primzahlen entweder mit 83 oder mit 139 gleich stehen, von diesen beiden aber ist constatirt, dass auch ihre Quadrate noch nicht die quadratische Normform $b^2 + 14c^2$ haben.

$n = 56$

II, 3. $p = 56m - 27$; $\varpi_r = \omega^r + \omega^{-27r} = 0$, $\varpi_{2r} = 2\omega^{2r}$,

d. h. die nicht verschwindenden Perioden reduciren sich auf die 28ten Einheitswurzeln, und die hierher gehörigen Primzahlen:

29, 197, 421, 701, 757,

haben daher auch hier keine anderen Primfactoren als die $p = 28m + 1$ in $n = 28$.

II, 4. $p = 56m + 15$; $\varpi_r = \omega^r + \omega^{15r}$,

also die 12 primitiven Perioden:

$$\varpi_1 = \omega + \omega^{15} = -\varpi_{29}, \quad \varpi_3 = \omega^3 - \omega^{17} = -\varpi_{17}, \quad \varpi_5 = \omega^5 + \omega^{19} = -\varpi_{33},$$
$$\varpi_9 = \omega^9 + \omega^{23} = -\varpi_{37}, \quad \varpi_{11} = \omega^{11} - \omega^{25} = -\varpi_{25}, \quad \varpi_{13} = \omega^{13} + \omega^{27} = -\varpi_{41};$$

mit den fundamentalen Relationen unter einander und zu den nichtprimitiven Perioden, d. h. $\varpi_{8r} = 2\omega^{8r}$ oder den 7ten Einheitswurzeln (während $\varpi_{2r} = 0$, $\varpi_{4r} = 2\omega^{4r}$, 14te Wurzeln) und ϖ_{7r} oder den Perioden erster Art der 8ten Wurzeln (während $\varpi_{14r} = 0$):

$$\varpi_1^2 = 2\omega^{16}, \quad \varpi_1\varpi_3 = -2\omega^{32}, \quad \varpi_1\varpi_5 = -2\omega^{48}, \quad \varpi_1\varpi_9 = 2\omega^{24},$$
$$\varpi_1\varpi_{11} = -2\omega^{40}, \quad \varpi_1\varpi_{13} = -2; \quad \varpi_1\varpi_7 = 2\omega^8 = -\varpi_1\varpi_{21};$$
$$\varpi_1\varpi_8 = 2\varpi_9, \quad \varpi_1\varpi_{16} = -2\varpi_3, \quad \varpi_1\varpi_{24} = -2\varpi_{11}, \quad \varpi_1\varpi_{32} = -2\varpi_5,$$
$$\varpi_1\varpi_{40} = 2\varpi_{13}, \quad \varpi_1\varpi_{48} = 2\varpi_7;$$ auch ist $\Pi(\varpi)$ oder $N(\varpi_1) = 64$.

Congruenzwurzeln mod. p.*)

p	ϖ_1	ϖ_3	ϖ_5	ϖ_9	ϖ_{11}	ϖ_{13}
71	+ 29	− 18	+ 28	+ 5	− 8	− 27
127	+ 32	− 1	− 4	− 63	− 2	− 8
239	+ 62	+ 97	+ 14	+ 34	−101	− 54
463	+ 19	+ 43	+122	−167	−183	+ 73
631	−246	+192	− 81	−296	− 46	+118
743	+201	−177	+199	+112	− 21	−329
911	− 15	+321	+128	−242	−105	−425
967	+400	− 36	−274	+120	+376	−469

*) Hier ist ϖ_1 als die gemeinschaftliche Wurzel der Congruenz $\varpi_1^2 \equiv 2\omega^{16}$ (mod. p), und eines Systems von 6 Congruenzen, deren erste $\varpi_1 - \varpi_3 - \varpi_5 + \varpi_9 - \varpi_{11} - \varpi_{13} \equiv -\varpi_7$ (mod. p), sowie durch eine der linearen Congruenzen $\varpi_1\varpi_7 \equiv 2\omega^8$, $\varpi_1\omega^{48} \equiv 2\varpi_7$ etc. (mod. p) völlig bestimmt.

$n = 56$

Congruenzwurzeln mod. p^2,

d. h. Werthe von b in $a + bp$ (Werthe der a oben).

p	ϖ_1	ϖ_3	ϖ_5	ϖ_9	ϖ_{11}	ϖ_{13}
71	+ 32	− 34	− 10	+ 22	+ 31	− 9
463	−227	+218	− 17	+201	+ 56	− 54
631	+ 28	−197	+ 53	−201	−126	−233

p	ω^8	ω^{16}	ω^{24}	ω^{32}	ω^{40}	ω^{48}	ϖ_7
71	− 35	− 25	+ 10	+ 4	0	− 25	
463	+206	+ 86	−206	+ 31	− 1	−116	+229
631	+119	+101	−186	+251	+281	+ 65	

$f(\varpi_1)$, Primfactoren der Primzahlen p.*)

Wirklich sind sie für folgende Primzahlen:

p	$f(\varpi_1)$	p	$f(\varpi_1)$	p	$f(\varpi_1)$	p	$f(\varpi_1)$
127	$1+\varpi_3$	743	$1-\varpi_9+\omega^{24}$	911	$2+\varpi_5-\omega^{32}$	967	$1+\varpi_1-\varpi_{13}+\omega^8$
239	$1+\varpi_3-\omega^{24}$						

Für die übrigen sind sie ideal, in 2ter Potenz $f^2(\varpi_1)$ wirklich, z. B.

$$p = 71, \quad f^2(\varpi_1) = \varpi_{13} - \omega^{16} + \omega^{24} + \omega^{48};$$

$$p = 463, \quad f^2(\varpi_1) = \varpi_3 - \varpi_5 + \varpi_7 + 2\omega^8 + 2\omega^{24} + \omega^{40}.$$

---

*) Zur Vermeidung des Coefficienten $\frac{1}{2}$ ist anstatt ϖ_{8r} gesetzt $2\omega^{8r}$.

$n = 56$

II, 5. $p = 56m - 15;\quad \varpi_r = \omega^r + \omega^{-15r},$

also die 12 primitiven Perioden:

$$\varpi_1 = \omega - \omega^{13} = -\varpi_{13},\quad \varpi_3 = \omega^3 + \omega^{11} = -\varpi_{31};\quad \varpi_5 = \omega^5 - \omega^9 = -\varpi_9,$$
$$\varpi_{15} = \omega^{15} - \omega^{27} = -\varpi_{27},\quad \varpi_{17} = \omega^{17} + \omega^{25} = -\varpi_{45},\quad \varpi_{19} = \omega^{19} - \omega^{23} = -\varpi_{23},$$

und ihr Product $\Pi(\varpi) = 1$; mit den fundamentalen Relationen zu einander und zu den nichtprimitiven Perioden, d. h. zu den zweigliedrigen Perioden 2ter Art ϖ_{2r} der 28ten (darunter ϖ_{8r} die der 7ten Wurzeln) und den 8ten Wurzeln $\varpi_{7r} = 2\omega^{7r}$ (einschliesslich die 4ten Einheitswurzeln $\varpi_{14r} = 2\omega^{14r}$):

$$\varpi_1^2 = -2\varpi^{14} + \varpi_2,\quad \varpi_1\varpi_3 = 1 + \varpi_8,\quad \varpi_1\varpi_5 = \varpi_6 - \varpi_{10} (= -\omega^{14} + \varpi_2),$$
$$\varpi_1\varpi_{15} = 2 + \varpi_{16},\quad \varpi_1\varpi_{17} = \varpi_2 + \varpi_{10},\quad \varpi_1\varpi_{19} = 1 + \varpi_{24};$$
$$\varpi_1\varpi_7 = 2\varpi_8,\quad \varpi_1\varpi_{21} = 2\varpi_6;\quad \varpi_1\varpi_{14} = 2\varpi_{15};$$
$$\varpi_1\varpi_9 = \varpi_3 - \varpi_{15} (= \omega^7 - \varpi_{19}),\quad \varpi_1\varpi_6 = 2\omega^7 - \varpi_{19},$$
$$\varpi_1\varpi_{10} = \varpi_3 + \varpi_{19} (= \omega^7 + \varpi_{15});\quad \varpi_1\varpi_8 = -2\omega^{21} - \varpi_5,$$
$$\varpi_1\varpi_{16} = \varpi_1 + \varpi_{17} (= \omega^{21} + \varpi_5),\quad \varpi_1\varpi_{24} = -\varpi_5 + \varpi_{17} (= \omega^{21} - \varpi_1).$$

Congruenzwurzeln mod. p.*)

(Vgl. $n = 28$, 8 und $\lambda = 7$).

p	ϖ_1	ϖ_3	ϖ_5	ϖ_{15}	ϖ_{17}	ϖ_{19}
41	+ 12	+ 10	+ 1	+ 15	− 8	− 9
97	− 48	− 45	+ 5	− 11	+ 20	− 13
433	+199	+ 87	+135	−115	+ 15	+ 83
601	− 88	+117	+ 54	−182	+201	+139
769	+138	− 79	+ 27	+ 97	−284	+136
881	+428	−105	+318	− 8	+109	+274
937	−404	−209	+283	−461	−264	−185

$f(\varpi_1)$, Primfactoren der Primzahlen p.**)

p	$f(\varpi_1)$	p	$f(\varpi_1)$	p	$f(\varpi_1)$
41	$1-\varpi_5$	601	$1+\varpi_2+\varpi_{15}$	881	$1+\varpi_2-\varpi_5+\varpi_{19}$
97	$1-\varpi_{10}-\varpi_{17}$	769	$1-\varpi_1-\varpi_8$	937	$1-\varpi_2+\omega^{14}+\omega^{21}$
433	$1+\varpi_{10}+\varpi_{15}$				

*) Hier ist ϖ_1 als die gemeinschaftliche Wurzel der Congruenz: $\varpi_1^2 \equiv -2\,\omega^{14} + \varpi_2$ (mod. p) und des Congruenzensystems

$$\varpi_1 - \varpi_5 + \varpi_{17} \equiv \omega^{21},\ -\varpi_1\varpi_5 - \varpi_5\varpi_{17} + \varpi_{17}\varpi_1 \equiv 2\omega^{14},\ -\varpi_1\varpi_5\varpi_{17} \equiv \omega^7 \pmod{p},$$

sowie durch eine der linearen Congruenzen $\varpi_1\omega^7 \equiv \varpi_8$, $\varpi_1\omega^{21} \equiv \varpi_6$ (mod. p) vollständig bestimmt.

**) Zur Vermeidung des Coefficienten $\frac{1}{2}$ ist $2\omega^{7r}$ anstatt ϖ_{7r} gesetzt.

$n = 56$

II, 6. $p = 56m + 13$; $\varpi_r = \omega^r + \omega^{13r}$,

also die 12 primitiven Perioden:

$$\varpi_1 = \omega + \omega^{13} = -\varpi_{29}, \quad \varpi_3 = \omega^3 - \omega^{11} = -\varpi_{11}, \quad \varpi_5 = \omega^5 + \omega^9 = -\varpi_{33},$$
$$\varpi_{15} = \omega^{15} + \omega^{27} = -\varpi_{43}, \quad \varpi_{17} = \omega^{17} - \omega^{25} = -\varpi_{25}, \quad \varpi_{19} = \omega^{19} + \omega^{23} = -\varpi_{47},$$

und ihr Porduct $\Pi(\varpi) = 49$; ihre fundamentalen Relationen zu einander und zu den nichtprimitiven Perioden, d. h. ϖ_{2r} (denselben wie in II, 5), $\varpi_{14r} = 2\omega^{14r}$ (während $\varpi_{7r} = 0$) sind:

$$\varpi_1^2 = 2\omega^{14} + \varpi_2, \quad \varpi_1\varpi_3 = \varpi_{16} - \varpi_{24}, \quad \varpi_1\varpi_5 = \varpi_6 + \varpi_{10},$$
$$\varpi_1\varpi_{15} = -2 + \varpi_{16}, \quad \varpi_1\varpi_{17} = -\varpi_2 + \varpi_{10}, \quad \varpi_1\varpi_{19} = -\varpi_8 + \varpi_{24};$$
$$\varpi_1\varpi_2 = \varpi_3 + \varpi_{15}, \quad \varpi_1\varpi_6 = \varpi_{19}, \quad \varpi_1\varpi_{10} = -\varpi_8 + \varpi_{19};$$
$$\varpi_1\varpi_{14} = 2\varpi_{15}.$$

Congruenzwurzeln mod. p.*)

p	ϖ_1	ϖ_3	ϖ_5	ϖ_{15}	ϖ_{17}	ϖ_{19}
13	5	+ 5	− 2	+ 1	+ 1	− 3
181	41	− 56	+ 69	− 55	− 22	− 44
293	74	−124	− 12	+ 43	+118	−102
349	53	−160	−119	+121	+122	+130
461	202	+144	+ 78	+ 15	− 3	+ 56
797	35	+ 96	+312	−352	+ 82	−132
853	187	+ 99	+391	+ 2	−300	−306

Die Primfactoren der Primzahlen p

sind sämmtlich ideal, in 7ter Potenz wirklich, welche überdiess die Form $f^2(\omega, \varpi_1)$ hat.

Normen complexer Zahlen in $\frac{2}{\varpi}$.**)

$$N(1 + \varpi_3 - \varpi_{15}) = 181 \,.\, 13, \quad N(\varpi_3 + \varpi_5 - \varpi_6) = 293 \,.\, 13,$$
$$N(1 + \varpi_{15} - \varpi_{17}) = 349 \,.\, 13, \quad N(3 + \varpi_{17}) = 461 \,.\, 13 \,.\, 113,$$
$$N(3 - \varpi_1 - \varpi_8 - \varpi_{19}) = 797 \,.\, 13 \,.\, 281, \quad N(2 - \varpi_{15}) = 853 \,.\, 13.$$

---

*) Hier ist $\varpi_1 > 0$ und $< \frac{1}{2}p$ aus $\varpi_1^2 \equiv 2\omega^{14} + \varpi_2$ (mod. p).

**) Aus denselben geht hervor, dass sämmtliche Primzahlen in derselben Lage sind wie $p = 13$, aber 13^2 hat die quadratische Normform noch nicht.

$n = 56$

II, 7. $p = 56m - 13; \quad \varpi_r = \omega^r + \omega^{-13r}$,

also die 12 primitiven Perioden:

$$\varpi_1 = \omega - \omega^{15} = -\varpi_{15}, \quad \varpi_3 = \omega^3 + \omega^{17} = -\varpi_{31}, \quad \varpi_5 = \omega^5 - \omega^{19} = -\varpi_{19},$$
$$\varpi_9 = \omega^9 - \omega^{23} = -\varpi_{23}, \quad \varpi_{11} = \omega^{11} + \omega^{25} = -\varpi_{39}, \quad \varpi_{13} = \omega^{13} - \omega^{27} = -\varpi_{27},$$

und ihr Product $\Pi(\omega) = 64$; ihre fundamentalen Relationen zu einander und zu den nichtprimitiven Perioden, d. h. $\varpi_{8r} = 2\omega^{8r}$, also den 7ten Einheitswurzeln (oder der 14ten, $\varpi_{4r} = 2\omega^{4r}$, während $\varpi_{2r} = 0$, vgl. II, 4) und ϖ_{7r} oder den Perioden zweiter Art der 8ten Wurzeln (während $\varpi_{14r} = 0$) sind:

$$\varpi_1^2 = -2\omega^{16}, \quad \varpi_1\varpi_3 = -2\omega^{32}, \quad \varpi_1\varpi_5 = +2\omega^{48}, \quad \varpi_1\varpi_9 = -2\omega^{24},$$
$$\varpi_1\varpi_{11} = -2\omega^{40}, \quad \varpi_1\varpi_{13} = 2: \quad \varpi_1\varpi_7 = 2\omega^8; \quad \varpi_1\varpi_8 = 2\varpi_9,$$
$$\varpi_1\varpi_{16} = 2\varpi_3 \text{ etc.}$$

Congruenzwurzeln mod. p.*)

p	ϖ_1	ϖ_3	ϖ_5	ϖ_9	ϖ_{11}	ϖ_{13}
43	− 4	− 11	− 2	− 1	+ 8	+ 21
211	− 78	− 99	− 61	− 45	− 49	− 92
379	+122	+160	− 98	+116	+ 90	− 87
491	−143	+151	− 50	+216	+ 26	+206
547	− 69	−119	−207	− 74	+ 23	−222
659	+115	−281	− 62	+ 85	−265	+298
827	+140	− 7	+ 41	−242	−236	+319
883	+328	+330	+411	−333	+198	+ 70

$f(\varpi_1)$, Primfactoren der Primzahlen p.**)

p	$f(\varpi_1)$	p	$f(\varpi_1)$
43	$1+\varpi_9$	547	$1-\varpi_1-\varpi_3+\varpi_9+2\omega^{40}+2\omega^{48}$
211	$1-\varpi_7-\varpi_{13}$	659	$1-\varpi_1-\varpi_3-\varpi_7+\varpi_{13}+2\omega^{24}+2\omega^{40}$
379	$1+\varpi_{13}+\omega^{48}$	827	$1-\varpi_3+\varpi_5-\varpi_9-2\varpi_{11}+2\omega^{32}+2\omega^{40}+2\omega^{48}$
491	$1+\varpi_9+\varpi_{11}-\varpi_{13}+2\omega^{16}+2\omega^{40}$	883	$1+\varpi_{11}-\omega^{40}$

*) Hier ist ϖ_1 als die gemeinschaftliche Wurzel der Congruenz $\varpi_1^2 \equiv -2\omega^{16}$ (mod. p), und eines Systems von 6 Congruenzen, deren erste: $\varpi_1+\varpi_3-\varpi_5+\varpi_9+\varpi_{11}-\varpi_{13} \equiv \varpi_7$ (mod. p), sowie durch eine lineäre Congruenz, wie $\varpi_1\varpi_7 \equiv 2\omega^8$ oder $\varpi_1\omega^{48} \equiv -\varpi_7$(mod. p) völlig bestimmt.

**) Zur Vermeidung des Coefficienten $\frac{1}{2}$ ist $2\omega^{8r}$ anstatt ϖ_{8r} gesetzt.

$n = 56$

III. p zum Exponenten 3 gehörig,

$$p = 56m + 9\,, + 25\,;$$

8 dreigliedrige Perioden:

$$\varpi_r = \omega^r + \omega^{9r} + \omega^{25r}\,,$$

also die 8 primitiven Perioden:

$$\varpi_1 = \omega + \omega^9 + \omega^{25} = -\varpi_{29}\,, \qquad \varpi_3 = \omega^3 + \omega^{27} + \omega^{19} = -\varpi_{31}\,,$$
$$\varpi_5 = \omega^5 - \omega^{17} + \omega^{13} = -\varpi_{17}\,, \qquad \varpi_{11} = \omega^{11} - \omega^{15} - \omega^{23} = -\varpi_{15}\,,$$

deren Product $\Pi(\varpi) = 16$, mit den fundamentalen Relationen zu einander und zu den nichtprimitiven Perioden, d. h. den dreigliedrigen Perioden ϖ_{2r} der 28ten (einschliesslich die der 7ten ϖ_{8r}, oder 14ten ϖ_{4r}) und den 8ten Einheitswurzeln selbst $\varpi_{7r} = 3\omega^{7r}$ (einschliesslich die 4ten $\varpi_{14r} = 3\omega^{14r}$):

$$\varpi_1^2 = \varpi_2 - 2\varpi_6\,, \quad \varpi_1\varpi_3 = -2\,, \quad \varpi_1\varpi_5 = 2\omega^{14}\,, \quad \varpi_1\varpi_{11} = 2 + \varpi_8\,;$$
$$\varpi_1\varpi_7 = 3\varpi_8\,, \quad \varpi_1\varpi_{21} = -3\varpi_2\,; \quad \varpi_1\varpi_2 = 2\varpi_3 + \varpi_{11}\,, \quad \varpi_1\varpi_6 = 2\omega^7\,;$$
$$\varpi_1\varpi_8 = \varpi_1 - 2\varpi_5\,, \quad \varpi_1\varpi_{24} = -2\omega^{21}\,; \quad \varpi_1\varpi_{14} = -3\varpi_{11}\,.$$

Congruenzwurzeln mod. p.*)

p	ϖ_1	ϖ_3	ϖ_5	ϖ_{11}	p	ϖ_1	ϖ_3	ϖ_5	ϖ_{11}
137	+ 29	+ 33	− 12	− 23	569	+197	− 52	− 80	+128
193	− 51	− 87	− 94	− 78	641	−223	+ 46	+ 33	+272
233	−114	− 94	− 22	+106	809	−128	−316	−172	−254
401	+ 59	− 68	+157	+ 23	977	+138	−354	−301	−396
457	−174	− 21	− 4	+228					

Congruenzwurzeln mod. p^2

in der Form $a + bp$ (mit Einschluss der nichtprimitiven).

p	ϖ_1	ϖ_2	ϖ_3	ϖ_5
193	− 51 + 36p	+ 70 + 44p	− 87 + 45p	− 94 + 5p
401	+ 59 − 131p	+168 − 170p	− 68 − 178p	+157 − 168p
457	−174 − 69p	+125 + 50p	− 21 + 11p	− 4 + 228p
569	+197 − 255p	+ 55 + 238p	− 52 − 47p	− 80 + 116p

p	ϖ_6	ϖ_8	ϖ_{11}
193	− 11 + 18p	+ 73 + 9p	+ 78 − 25p
401	+148 − 180p	+152 − 108p	+ 23 + 22p
457	−223 + 97p	+ 85 + 195p	+228 − 29p
569	− 31 + 248p	+178 + 11p	+128 − 28p

*) Hier ist ϖ_1 als die gemeinschaftliche Wurzel der Congruenz $\varpi_1^2 \equiv \varpi_2 - 2\varpi_6$ (mod. p), und des Congruenzensystems $\varpi_1 - \varpi_5 \equiv \omega^{21}$, $\varpi_1\varpi_5 \equiv 2\omega^{14}$ (mod. p), sowie durch die lineäre Congruenz $\varpi_1\varpi_6 \equiv 2\omega^7$, oder $\varpi_1\varpi_{24} \equiv -2\omega^{21}$ (mod. p) völlig bestimmt.

$n = 56$

$f(\varpi_1)$, Primfactoren der Primzahlen p.

Dieselben sind wirklich für folgende Primzahlen:

$p = 137, \; f(\varpi_1) = \varpi_1 + \varpi_2 - 2\varpi_5 - \varpi_6 - \varpi_8; \qquad p = 233, \; f(\varpi_1) = 1 - \varpi_2 - \varpi_{11};$
$p = 977, \; f(\varpi_1) = 1 - \varpi_2 - \varpi_3 + \varpi_5 - \varpi_8.$

Für die übrigen Primzahlen ideal, in 2ter Potenz wirklich, z. B.

$$p = 193, \; f^2(\varpi_1) = 1 + \varpi_1 - 2\varpi_2 + 2\varpi_3 + \varpi_5 + \varpi_6 - \varpi_8 + 2\varpi_{11};$$
$$p = 401, \; f^2(\varpi_1) = 2 + \varpi_2 - 3\varpi_3 + 3\varpi_5 - 3\varpi_6;$$
$$p = 457, \; f^2(\varpi_1) = 1 + 4\varpi_1 - \varpi_2 + 2\varpi_3 - 2\varpi_5 + 2\varpi_8 + 3\varpi_{11}.$$

IV. p zum Exponenten 6 gehörig.

4 sechsgliedrige Perioden, und zwar mit 7 Fällen:

IV, 1. $p = 56m - 9, -25;$

$$\varpi_r = \omega^r + \omega^{-9r} + \omega^{25r} + \omega^{-r} + \omega^{9r} + \omega^{-25r},$$

also die 4 primitiven Perioden:

$$\varpi_1 = \omega - \omega^{19} + \omega^{25} - \omega^{27} + \omega^9 - \omega^3 = -\varpi_3,$$
$$\varpi_5 = \omega^5 + \omega^{11} + \omega^{13} - \omega^{23} - \omega^{17} - \omega^{15} = -\varpi_{15},$$

Wurzeln der Gleichung:

$$\varpi^4 - 8\varpi^2 + 9 = 0;$$

mit den fundamentalen Relationen zu einander und zu den nichtprimitiven Perioden, d. h. den sechsgliedrigen der 28ten ϖ_{2r} (während $\varpi_{8r} = -1$) und den Perioden erster Art der 8ten Einheitswurzeln $\varpi_{7r} = 3(\omega^{7r} - \omega^{21r}) = 3\chi_{7r}$, (während $\varpi_{14r} = 0$):

$$\varpi_1^2 = 4 - \varpi_2, \quad \varpi_1\varpi_5 = 3; \quad \varpi_1\varpi_2 = -\varpi_1 + \varpi_7; \quad \varpi_1\varpi_7 = -3 + 3\varpi_2.$$

$n = 56$

Congruenzwurzeln mod. p*)

p	ϖ_1	ϖ_5	p	ϖ_1	ϖ_5	p	ϖ_1	ϖ_5	p	ϖ_1	ϖ_5
31	+5	+13	271	+69	−106	439	−34	−13	719	−292	+32
47	+9	+16	311	−78	−12	479	−133	+54	887	+176	+378
103	+44	−21	367	−18	+61	607	−58	+136	983	−377	+73
199	+64	+84	383	+154	−92	647	+277	+313			

$f(\varpi_1)$, Primfactoren der Primzahlen p. $Nf(\varpi_1) = -p$.

p	$f(\varpi_1)$	p	$f(\varpi_1)$	p	$f(\varpi_1)$
31	$2\varpi_1 - \varpi_2$	311	$3-2\varpi_1+\varpi_2-\varpi_5$	607	$5+\varpi_1-\varpi_2-2\varpi_5$
47	$1-\varpi_2+\varpi_5$	367	$4+\varpi_1-\varpi_2+\varpi_5$	647	$3+2\varpi_1-2\varpi_2+2\varpi_5$
103	$2-2\varpi_1+\varpi_2+2\varpi_5$	383	$5+3\varpi_2-3\varpi_5$	719	$7-2\varpi_1+4\varpi_5$
199	$3-\varpi_2+\varpi_5$	439	$5-\varpi_1+3\varpi_5$	887	$2-\varpi_1-\varpi_2+3\varpi_5$
271	$2-2\varpi_1-2\varpi_2+\varpi_5$	479	$3+\varpi_1+2\varpi_2+\varpi_5$	983	$5-\varpi_1+2\varpi_2-3\varpi_5$

IV, 2. $p = 56m + 3, + 19$;

$$\varpi_r = \omega^r + \omega^{3r} + \omega^{9r} + \omega^{27r} + \omega^{25r} + \omega^{19r},$$

also die 4 primitiven Perioden:

$$\varpi_1 = \omega + \omega^3 + \omega^9 + \omega^{27} + \omega^{25} + \omega^{19} = -\varpi_{29},$$
$$\varpi_5 = \omega^5 + \omega^{15} - \omega^{17} + \omega^{23} + \omega^{13} - \omega^{11} = -\varpi_{11},$$

Wurzeln der Gleichung:

$$\varpi^4 + 8\varpi^2 + 9 = 0;$$

ihre fundamentalen Relationen zu einander und zu den nichtprimitiven Perioden, d. h. ϖ_{2r} (denselben wie in IV, 1) und den Perioden zweiter Art der 8ten Einheitswurzeln $\varpi_{7r} = 3(\omega^{7r} + \omega^{21r})$, sind:

$$\varpi_1^2 = -4 - \varpi_2, \quad \varpi_1\varpi_5 = -3; \quad \varpi_1\varpi_2 = \varpi_1 + \varpi_7; \quad \varpi_1\varpi_7 = -3 - 3\varpi_2.$$

*) Hier ist ϖ_1 als die gemeinschaftliche Wurzel der Congruenz $\varpi_1^2 \equiv 4 - \varpi_2$ (mod. p), und des Congruenzensystems: $\varpi_1 - \varpi_5 \equiv -(\omega^7 - \omega^{21})$, $\varpi_1\varpi_5 \equiv 3$ (mod. p), sowie durch die lineäre Congruenz $\varpi_1\varpi_2 \equiv -\varpi_1 + \varpi_7$ (mod. p) völlig bestimmt.

$n = 56$

Congruenzwurzeln mod. p*)

p	ϖ_1	ϖ_5	p	ϖ_1	ϖ_5	p	ϖ_1	ϖ_5	p	ϖ_1	ϖ_5
3	+1	0	283	+102	−25	563	−180	+122	787	+290	−57
19	+8	+2	467	+133	+7	619	+262	−26	859	−123	−419
59	−6	−29	523	−208	+259	691	−189	−340	971	+194	+15
227	+58	+43									

Die Primfactoren der Primzahlen p

sind ideal, in 2ter Potenz wirklich, und diese haben überdiess die Form $f^2(\omega, \varpi_1)$.**)

Für alle Primzahlen gibt es complexe Zahlen $\phi(\varpi_1)$, so dass $N\phi(\varpi_1) = 3p$, welche die folgende Tafel gibt.

p	$\phi(\varpi_1)$	p	$\phi(\varpi_1)$	p	$\phi(\varpi_1)$
3	ϖ_5	467	$2+4\varpi_1-\varpi_2-2\varpi_5$	691	$7-\varpi_1-\varpi_2+2\varpi_5$
19	$2-\varpi_5$	523	$5+2\varpi_5$	787	$3-2\varpi_1-2\varpi_2$
59	$1-2\varpi_5$	563	$6-\varpi_2+2\varpi_5$	859	$4+4\varpi_1-\varpi_2-4\varpi_5$
227	$2-3\varpi_1+4\varpi_5$	619	$1-4\varpi_1-\varpi_2+5\varpi_5$	971	$1+\varpi_1-\varpi_2+2\varpi_5$
283	$1-\varpi_1+2\varpi_2+\varpi_5$				

IV, 3. $p = 56m - 3, -19$;

$$\varpi_r = \omega^r + \omega^{-3r} + \omega^{9r} + \omega^{-27r} + \omega^{25r} + \omega^{-19r} = 0,$$

dagegen $\varpi_{2r} = 2(\omega^{2r} + \omega^{18r} + \omega^{50r})$, d. h. die nicht verschwindenden Perioden kommen auf die dreigliedrigen Perioden der 28ten Einheitswurzeln zurück; die hierher gehörigen Primzahlen:

37, 53, 109, 149, 277, 317, 383, 389, 541, 557, 613, 653, 709, 821, 877,

haben daher auch hier nur die Primfactoren der $p = 28m - 3, +9$ in $n = 28$.

*) Hier ist ϖ_1 als die gemeinschaftliche Wurzel der Congruenz $\varpi_1^2 \equiv -4 - \varpi_2$ (mod. p), und des Systems der beiden Congruenzen $\varpi_1 - \varpi_5 \equiv \omega^7 + \omega^{21}$, $\varpi_1\varpi_5 \equiv -3$ (mod. p), sowie durch eine lineäre Congruenz wie $\varpi_1\varpi_7 \equiv -3 - 3\varpi_2$ (mod. p) völlig bestimmt.

**) Diess folgt daraus, dass auch 3^2 die quadratische Normform nicht hat, und dass gemäss der Tafel alle übrigen Primzahlen mit 3 in gleicher Lage sind.

$n = 56$

IV, 4. $p = 56m + 5, -11$;

$$\varpi_r = \omega^r + \omega^{5r} + \omega^{25r} + \omega^{13r} + \omega^{9r} + \omega^{-11r},$$

also die 4 primitiven Perioden

$$\varpi_1 = \omega + \omega^5 + \omega^{25} + \omega^{13} + \omega^9 - \omega^{17} = -\varpi_{17},$$
$$\varpi_3 = \omega^3 + \omega^{15} + \omega^{19} - \omega^{11} + \omega^{27} + \omega^{23} = -\varpi_{11};$$

Wurzeln der Gleichung:

$$\varpi^4 - 49 = 0;$$

mit den fundamentalen Relationen zu einander und zu den nichtprimitiven Perioden, d. h. den 4ten Einheitswurzeln ($\varpi_{2r} = \omega^{14r}$, $\varpi_{14r} = 6\omega^{14r}$, während $\varpi_{4r} = 1$, $\varpi_{8r} = -1$, $\varpi_{7r} = 0$):

$$\varpi_1^2 = 7\omega^{14}, \qquad \varpi_1\varpi_3 = -7; \qquad \varpi_1\varpi_2 = \varpi_3.$$

Congruenzwurzeln mod. p.*)

p	ϖ_1	ϖ_3	p	ϖ_1	ϖ_3	p	ϖ_1	ϖ_3	p	ϖ_1	ϖ_2
5	2	−1	173	53	−85	509	247	−33	829	8	+310
61	17	+4	229	73	+25	661	293	+9	941	226	−279
101	26	−43	269	46	−6	677	43	+236	997	383	−151
157	14	+78	397	21	+132	773	10	−78			

Die Primfactoren der Primzahlen p

sind durchgängig ideal, in 2ter Potenz wirklich, zugleich von der Form $f^2(\omega, \varpi_1)$.**)

Für sämmtliche Primzahlen gibt es Normen, $N\phi(\varpi_1) = 5p$, deren $\phi(\varpi_1)$ folgende Tafel gibt:

p	$\phi(\varpi_1)$	p	$\phi(\varpi_1)$	p	$\phi(\varpi_1)$
5	$1+\varpi_1+\varpi_2$	229	$1+2\varpi_1+\varpi_2-\varpi_3$	677	$5-\varpi_2-3\varpi_3$
61	$4-\varpi_3$	269	$6+\varpi_3$	773	$3-2\varpi_1-2\varpi_2-2\varpi_3$
101	$5-2\varpi_2+2\varpi_3$	397	$6+2\varpi_2-\varpi_3$	829	$8-\varpi_1$
157	$1+2\varpi_3$	509	$6-2\varpi_2+3\varpi_3$	941	$7-\varpi_2-3\varpi_3$
173	$3-2\varpi_3$	661	$3+3\varpi_1+2\varpi_2-\varpi_3$	997	$1-3\varpi_1-\varpi_3$

---

*) Hier ist ϖ_1 diejenige Wurzel der Congruenz $\varpi_1^2 \equiv 7\omega^{14}$ (mod. p), welche > 0 und $< \frac{1}{2}p$ ist.

**) Diess folgt hier gerade so mit Beziehung auf $p = 5$, wie in IV, 2 mit Beziehung auf $p = 3$.

$n = 56$

IV, 5. $p = 56m - 5, +11;$

$$\varpi_r = \omega^r + \omega^{-5r} + \omega^{25r} + \omega^{-13r} + \omega^{9r} + \omega^{11r},$$

also die 4 primitiven Perioden:

$$\varpi_1 = \omega - \omega^{23} + \omega^{25} - \omega^{15} + \omega^9 + \omega^{11} = -\varpi_{15},$$
$$\varpi_3 = \omega^3 - \omega^{13} + \omega^{19} + \omega^{17} + \omega^{27} - \omega^5 = -\varpi_5,$$

Wurzeln der Gleichung:

$$\varpi^4 - 6\varpi^2 + 16 = 0;$$

mit den fundamentalen Relationen zu einander und zu den nichtprimitiven Perioden, d. h. $\varpi_{8r} = 2(\omega^{8r} + +\omega^{16r} + \omega^{32r}) = 2\overset{3}{\varpi}_{8r}$, den dreigliedrigen Perioden der 7ten Wurzeln (oder der 14ten ϖ_{4r}, während $\varpi_{2r} = 0$) und $\varpi_{7r} = 3(\omega^{7r} + \omega^{21r}) = 3\overset{2}{\varpi}_{7r}$, den Perioden 2ter Art der 8ten Wurzeln (während $\varpi_{14r} = 0$):

$$\varpi_1^2 = 4 + \varpi_8, \quad \varpi_1\varpi_3 = -4; \quad \varpi_1\varpi_8 = 2\varpi_1 + 4\varpi_3, \quad \varpi_1\varpi_{24} = -2(\omega^7 + \omega^{21});$$
$$\varpi_1\varpi_7 = 3\varpi_8.$$

Congruenzwurzeln mod. p.*)

p	ϖ_1	ϖ_3	p	ϖ_1	ϖ_3	p	ϖ_1	ϖ_3	p	ϖ_1	ϖ_3
11	−1	+4	179	−17	−84	499	−137	+204	739	−341	−52
67	−19	−28	331	−115	−141	571	−192	−226	907	+414	−241
107	+10	+21	347	+63	+44	683	+181	−117	947	−338	−364
163	+39	−21	443	−196	+217						

$f(\varpi_1)$, Primfactoren der Primzahlen p.**)

p	$f(\varpi_1)$	p	$f(\varpi_1)$	p	$f(\varpi_1)$
11	$1+\varpi_1$	331	$5+3\varpi_1+\varpi_8$	683	$1-\varpi_1-2\varpi_3+2\varpi_8$
67	$1-2\varpi_1-\varpi_3$	347	$3-\varpi_1-2\varpi_3+\varpi_8$	739	$5-2\varpi_1-\varpi_3$
107	$1+\varpi_1+\varpi_8$	443	$1-2\varpi_1-3\varpi_3-2\varpi_8$	907	$9-6\varpi_1-3\varpi_3+2\varpi_8$
163	$3+\varpi_1+2\varpi_3$	499	$3+3\varpi_1+2\varpi_3$	947	$3-2\varpi_1-\varpi_3-\varpi_8$
179	$1+2\varpi_1+3\varpi_3+\varpi_8$	571	$5+3\varpi_1$		

*) Hier ist ϖ_1 als die gemeinschaftliche Wurzel der Congruenz $\varpi_1^2 \equiv 4 + \varpi_8$ (mod. p), und des Congruenzensystems $\varpi_1 + \varpi_3 \equiv \omega^7 + \omega^{21}$, $\varpi_1\varpi_3 \equiv -4$ (mod. p), sowie durch $\varpi_1\overset{2}{\varpi}_7 \equiv 2\overset{3}{\varpi}_8$ oder $\varpi_1\overset{3}{\varpi}_{24} \equiv -\overset{2}{\varpi}_7$ (mod. p) völlig bestimmt.

**) Hier hat ϖ_8 die oben definirte Bedeutung $\varpi_8 = 2(\omega^8+\omega^{16}+\omega^{32})$.

$n = 56$

IV, 6. $p = 56m - 17, + 23$;

$$\varpi_r = \omega^r + \omega^{-17r} + \omega^{9r} + \omega^{15r} + \omega^{25r} + \omega^{23r},$$

also die 4 primitiven Perioden:

$$\varpi_1 = \omega - \omega^{11} + \omega^9 + \omega^{15} + \omega^{25} + \omega^{23} = -\varpi_{11},$$
$$\varpi_3 = \omega^3 + \omega^5 + \omega^{27} - \omega^{17} + \omega^{19} + \omega^{13} = -\varpi_{17},$$

Wurzeln der Gleichung:

$$\varpi^4 + 6\varpi^2 + 16 = 0;$$

mit den fundamentalen Relationen zu einander und zu den nichtprimitiven Perioden, d. h. den ϖ_{8r} (denselben wie in IV, 5), und den $\varpi_{7r} = 3(\omega^{7r} - \omega^{21r}) = 3\overset{2}{\varpi}_{7r}$ oder den Perioden erster Art der 8ten Einheitswurzeln:

$$\varpi_1^2 = -4 - \varpi_8, \qquad \varpi_1\varpi_3 = -4; \qquad \varpi_1\varpi_8 = 2\varpi_1 - 4\varpi_3,$$
$$\varpi_1\varpi_{24} = 2(\omega^7 - \omega^{21}); \qquad \varpi_1\varpi_7 = 3\varpi_8.$$

Congruenzwurzeln mod. p.*)

p	ϖ_1	ϖ_3	p	ϖ_1	ϖ_3	p	ϖ_1	ϖ_3	p	ϖ_1	ϖ_3
23	−1	+4	263	+117	−36	599	−150	+16	863	+25	+276
79	+29	+38	359	−81	−62	751	−311	−198	919	+314	+439
151	+3	+49	431	−50	+138	823	+19	+303	991	−349	+71
191	−63	−6	487	+120	+211						

Congruenzwurzeln mod. p^2

(einschliesslich $\varpi_8 = 2(\omega^8 + \omega^{16} + \omega^{32})$).

p	ϖ_1	ϖ_3	ϖ_8
79	$+29+27p$	$+38+5p$	$+24+3p$
191	$-63-12p$	$-6+80p$	$+38-5p$
263	$+117-41p$	$-36+10p$	$-17+74p$
599	$-150+27p$	$+16-85p$	$+258+275p$
823	$+19-323p$	$+303+126p$	$-365-71p$
863	$+25+50p$	$+276$	$+234+88p$
919	$+314-431p$	$+439-273p$	$-267+375p$
991	$-349-32p$	$+71+107p$	$+88+334p$

*) Hier ist ϖ_1 die gemeinschaftliche Wurzel der Congruenz $\varpi_1^2 \equiv -4 - \varpi_8 \pmod{p}$, und des Systems $\varpi_1 - \varpi_3 \equiv -(\omega^7 - \omega^{21})$, $\varpi_1\varpi_3 \equiv -4 \pmod{p}$, aber auch vollständig bestimmt durch eine der linearen Congruenzen $\varpi_1\overset{3}{\varpi}_{24} \equiv \overset{2}{\varpi}_7$ oder $\varpi_1\overset{2}{\varpi}_7 \equiv 2\overset{3}{\varpi}_8 \pmod{p}$.

$n = 56$

$f(\varpi_1)$, Primfactoren der Primzahlen p.

Wirkliche Primfactoren $f(\varpi_1)$ haben folgende Primzahlen p:

p	$f(\varpi_1)$	p	$f(\varpi_1)$	p	$f(\varpi_1)$
23	$1+\varpi_1$	359	$3-2\varpi_1+\varpi_3+\varpi_8$	487	$3-3\varpi_1+4\varpi_3$
151	$3+\varpi_1$	431	$1+2\varpi_1-3\varpi_3+\varpi_8$	751	$3+\varpi_1+2\varpi_8$

Ideale, die in zweiter Potenz wirklich sind, haben die übrigen:

p	$f^2(\varpi_1)$	p	$f^2(\varpi_1)$	p	$f^2(\varpi_1)$
79	$3+\varpi_1-5\varpi_3$	599	$9-10\varpi_1+18\varpi_3$	919	$5+9\varpi_1+3\varpi_3-12\varpi_8$
191	$11-3\varpi_1-5\varpi_3+4\varpi_8$	823	$13-15\varpi_1+3\varpi_3+4\varpi_8$	991	$13-16\varpi_1+4\varpi_3+12\varpi_8$
263	$15+6\varpi_1-2\varpi_3$	863	$3+7\varpi_1+9\varpi_3-4\varpi_8$		

IV, 7. $p = 56m + 17, -23$;

$$\varpi_r = \omega^r + \omega^{17r} + \omega^{9r} + \omega^{-15r} + \omega^{25r} + \omega^{-23r} = \omega^{21r},$$

d. h. die primitiven Perioden kommen hier unmittelbar auf die 4ten Einheitswurzeln zurück, wesshalb die hierher gehörigen Primzahlen:

17, 73, 89, 241, 257, 313, 353, 409, 521, 577, 761, 857, 929

auch hier keine anderen Primfactoren haben als die $p = 4m + 1$ in $n = 4$.

Anmerkung zu $n = 56$. Während hier weder vier-, noch zwölfgliedrige Perioden stattfinden, existiren folgende für $n = 56$ eigenthümliche Complexe von je 12 Wurzeln:

$$\omega - \omega^3 + \omega^5 + \omega^9 + \omega^{11} + \omega^{13} - \omega^{15} - \omega^{17} - \omega^{19} - \omega^{23} + \omega^{25} - \omega^{27} = \sqrt{14},$$
$$\omega + \omega^3 + \omega^5 + \omega^9 - \omega^{11} + \omega^{13} + \omega^{15} - \omega^{17} + \omega^{19} + \omega^{23} + \omega^{25} + \omega^{27} = \sqrt{-14}.$$

$n = 60$

I. $p = 60m + 1$.

16 primitive Wurzeln, deren Gleichung:

$$\omega^{16} + \omega^{14} - \omega^{10} - \omega^{8} - \omega^{6} + \omega^{2} + 1 = 0,$$

mittelst derer, oder der beiden $\omega^{40} + \omega^{20} + 1 = 0$, $\omega^{48} + \omega^{36} + \omega^{24} + \omega^{12} + 1 = 0$, von den nichtprimitiven, d. h. den 15ten (oder 30ten), den 20ten und den 12ten Einheitswurzeln, die beiden letzteren durch die primitiven sich ausdrücken lassen:

$\omega^{3} = \omega^{13} - \omega^{23}$, $\omega^{9} = \omega^{19} - \omega^{29}$, $\omega^{21} = -\omega + \omega^{11}$, $\omega^{27} = -\omega^{7} + \omega^{17}$, und

$\omega^{5} = \omega^{11} - \omega^{17} + \omega^{23} - \omega^{29}$, $\omega^{25} = -\omega + \omega^{7} - \omega^{13} + \omega^{19}$.

Congruenzwurzeln mod. p.

(Vgl. $n = 15, 20, 12, 4, \lambda = 5, 3$).

p	ω	ω^{7}	ω^{11}	ω^{13}	ω^{17}	ω^{19}	ω^{23}	ω^{29}
61	+ 10	+ 26	+ 18	− 30	− 2	− 17	+ 7	+ 6
181	− 86	+ 6	− 51	+ 8	− 68	+ 71	+ 30	+ 40
241	− 97	−118	+ 9	+ 90	+ 83	+107	+ 96	+ 82
421	−197	− 34	+ 73	+148	+128	+173	+161	−156
541	− 89	− 56	+120	− 17	+191	−266	+ 29	+231
601	+234	−276	−160	−183	−289	−154	+233	−244
661	+119	+136	−191	+ 61	+ 65	−308	−209	− 50

$f(\omega)$, Primfactoren der Primzahlen p.

p	$f(\omega)$	p	$f(\omega)$	p	$f(\omega)$
61	$1+\omega+\omega^{15}$	421	$1-\omega^{4}-\omega^{7}$	601	$1-\omega^{7}+\omega^{8}$
181	$1-\omega^{5}+\omega^{7}$	541	$1+\omega^{14}-\omega^{16}+\omega^{17}$	661	$1-\omega^{19}-\omega^{25}$
241	$1-\omega^{7}-\omega^{8}$				

$n = 60$

II. p zum Exponenten 2 gehörig.

8 zweigliedrige Perioden, und zwar mit 7 Fällen:

II, 1. $p = 60m - 1$;

$$\varpi_r = \omega^r + \omega^{-r} = \omega^r - \omega^{30-r},$$

womit die 8 primitiven Perioden:

$$\varpi_1 = -\varpi_{29}, \quad \varpi_7 = -\varpi_{23}, \quad \varpi_{11} = -\varpi_{19}, \quad \varpi_{13} = -\varpi_{17},$$

Wurzeln der Gleichung:

$$\varpi^8 - 7\varpi^6 + 14\varpi^4 - 8\varpi^2 + 1 = 0,$$

unmittelbar gegeben sind, sowie durch $\varpi_1\varpi_k = \varpi_{k-1} + \varpi_{k+1}$ ihre fundamentalen Relationen zu einander und zu den nichtprimitiven Perioden, d. h. den zweigliedrigen Perioden erster Art der 15ten (ϖ_{4r}, oder der 30ten ϖ_{2r}, einschliesslich die der 5ten ϖ_{12r} oder der 10ten ϖ_{6r}), der 20ten (ϖ_{3r}) und der 12ten (ϖ_{5r}, während $\varpi_{20r} = -1$, $\varpi_{10r} = 1$, $\varpi_{15r} = 0$).

Congruenzwurzeln mod. p.*)

p	ϖ_1	ϖ_7	ϖ_{11}	ϖ_{13}	ϖ_5	p	ϖ_1	ϖ_7	ϖ_{11}	ϖ_{13}	ϖ_5
59	−28	− 9	− 22	−29	− 11	479	+ 40	+ 28	−126	+145	+ 31
179	−31	+ 21	+ 38	− 5	− 19	599	−133	−142	+225	+177	−188
239	+88	+107	− 65	−49	+106	659	+ 51	−117	+159	+156	−176
359	−31	+108	− 15	− 9	−163	719	−318	+349	− 96	−271	+315
419	+49	−199	+180	−38	+ 29	839	+358	− 99	+240	+183	+ 41

$f(\varpi_1)$, Primfactoren der Primzahlen p.**) $Nf(\varpi_1) = -p$.

p	$f(\varpi_1)$	p	$f(\varpi_1)$	p	$f(\varpi_1)$
59	$1-2\varpi_{13}$	419	$2-\varpi_7+\varpi_{11}-\varpi_{13}$	659	$2-\varpi_1+\varpi_4$
179	$\varpi_8-2\varpi_{13}$	479	$3-\varpi_5+\varpi_7$	719	$3+\varpi_1+\varpi_5$
239	$1+\varpi_5-\varpi_7$	599	$2+\varpi_4+\varpi_{13}$	839	$2+2\varpi_5-\varpi_7-\varpi_{13}$
359	$1+\varpi_1-2\varpi_{11}$				

---

*) Hier ist ϖ_1 bestimmt als gemeinschaftliche Wurzel der Congruenzen $\varpi_1^2 \equiv 2 - \varpi_{28}$, $\varpi_1 - \varpi_{11} \equiv \varpi_9$, $\varpi_1\varpi_{11} \equiv 1 + \varpi_{12}$ (mod. p), d. h. aus den Congruenzwurzeln für die Perioden der 15ten, 20ten (und 5ten) Einheitswurzeln (vgl. $n = 15, 20, \lambda = 5$); während für die der 12ten das Zeichen durch die Congruenz $\varpi_5 \equiv \varpi_1 - \varpi_7 + \varpi_{11} + \varpi_{13}$ bestimmt wird, daher sind die Congruenzwurzeln für ϖ_5 beigefügt, deren Zeichen bei $n = 12$ unbestimmt geblieben ist; alsdann befriedigen obige Zahlen auch die linearen Congruenzen wie $\varpi_1\varpi_4 \equiv \varpi_3 + \varpi_5$, $\varpi_1\varpi_5 \equiv \varpi_4 - \varpi_{24}$ u. s. w. (mod. p).

**) Hier ist ϖ_5 der Kürze wegen hin und wieder gebraucht.

$n = 60$

II, 2. $p = 60m + 29$; $\varpi_r = \omega^r + \omega^{29r} = \omega^r + \omega^{30-r}$,

womit die 8 primitiven Perioden:

$$\varpi_1 = -\varpi_{31}, \quad \varpi_7 = -\varpi_{37}, \quad \varpi_{11} = -\varpi_{41}, \quad \varpi_{13} = -\varpi_{43},$$

Wurzeln der Gleichung:

$$\varpi^8 + 9\varpi^6 + 26\varpi^4 + 24\varpi^2 + 1 = 0,$$

unmittelbar gegeben sind, sowie durch $\varpi_1\varpi_k = -\varpi_{k-1} + \varpi_{k+1}$ ihre fundamentalen Relationen zu einander und zu den nichtprimitiven Perioden, d. h. den ϖ_{4r} (denselben wie in II, 1), den ϖ_{3r}, welche hier die zweigliedrigen Perioden zweiter Art der 20ten Wurzeln sind, und den ϖ_{5r}, welche hier die 4ten Einheitswurzeln sind ($\varpi_{5r} = -\omega^{45r}$, $\varpi_{15r} = 2\omega^{15r}$).

Congruenzwurzeln mod. p.*)

(Vgl. $n = 15, 20, 4, \lambda = 3, 5$).

p	ϖ_1	ϖ_7	ϖ_{11}	ϖ_{13}	p	ϖ_1	ϖ_7	ϖ_{11}	ϖ_{13}
29	−6	+10	+9	+8	449	+224	−16	+121	−186
89	+20	−12	+36	+38	509	−124	−159	−198	+68
149	+46	+54	+30	−67	569	−56	+125	+67	+162
269	−60	−98	−46	−2	809	+180	−62	+321	+397
389	−5	+133	−30	−7	929	+288	−38	+113	+392

Die Primfactoren der Primzahlen p
haben die Form $f(\omega, \varpi_1)$, welche hier nicht erhoben ist.

Normen complexer Zahlen in ϖ.

$N(1 \pm \varpi) = 61$, $\quad N(2 + \varpi_{13}) = 5 . 269$,

$N(2 + \varpi_5 + \varpi_7) = N(2\varpi_3 + \varpi_8) = 29 . 89$,

$N(\varpi_1 - \varpi_7 - \varpi_8) = 5 . 149 = N(\varpi_{11} - \varpi_{16} - \varpi_{28})$,

$N(1 + \varpi_3 + \varpi_{13}) = 5 . 89$, $\quad N(\varpi_{11} + \varpi_{28}) = 9 . 29$,

$N(1 - \varpi_{11} + \varpi_{13}) = 5 . 29 = N(1 - \varpi_1 + \varpi_4)$, $\quad N(1 + \varpi_8 - \varpi_{13}) = 9 . 89$ u. s. w.

*) Hier ist ϖ_1 die gemeinschaftliche Wurzel der Congruenzen: $\varpi_1^2 \equiv -2 - \varpi_{28}$, $\varpi_1 - \varpi_{11} \equiv -\varpi_9$, $\varpi_1\varpi_{11} \equiv -1 + \varpi_{12}$ (mod. p), (in welchen hier die Congruenz $\varpi_1 - \varpi_7 - \varpi_{11} + \varpi_{13} \equiv \varpi_5$ (d. h. $-\sqrt{-1}$) (mod. p) begriffen ist); sowie lineär durch $\varpi_1\varpi_4 \equiv -\varpi_3 - \omega^{45}$, $\varpi_1\varpi_3 \equiv \varpi_4 + \varpi_{28}$, oder $\varpi_1\omega^{15} \equiv \varpi_{16}$ u. s. w. (mod. p) völlig bestimmt.

$n = 60$

II, 3. $p = 60m - 29$;

$$\varpi_r = \omega^r + \omega^{-29r} = 0, \qquad \varpi_{4r} = 2\omega^{4r},$$

d. h. die nichtverschwindenden Perioden reduciren sich auf die 15ten Einheitswurzeln, und die hierher gehörigen Primzahlen:

31, 151, 211, 271, 331, 571, 631, 691, 751, 811, 991,

haben auch hier keine anderen Primfactoren als die $p = 15m + 1$ in $n = 15$.

II, 4. $p = 60m + 19$; $\qquad \varpi_r = \omega^r + \omega^{19r}$,

also die 8 primitiven Perioden:

$$\varpi_1 = \omega + \omega^{19} = -\varpi_{31}, \quad \varpi_7 = \omega^7 + \omega^{13} = -\varpi_{37}, \quad \varpi_{11} = \omega^{11} + \omega^{29} = -\varpi_{41},$$
$$\varpi_{17} = \omega^{17} + \omega^{23} = -\varpi_{47},$$

Wurzeln der Gleichung:

$$\varpi^8 + 5\varpi^6 + 20\varpi^4 + 25\varpi^2 + 25 = 0;$$

mit den fundamentalen Relationen zu einander und zu den nichtprimitiven Perioden, d. h. den zweigliedrigen Perioden zweiter Art der 15ten (ϖ_{4r} oder ϖ_{2r} der 30ten; einschliesslich die der 5ten ϖ_{12r}), denen erster Art der 20ten (ϖ_{3r} wie in II, 1) Wurzeln, und den 3ten Wurzeln selbst ($\varpi_{20r} = 2\omega^{20r}$, während $\varpi_{5r} = 0$):

$$\varpi_1^2 = 2\omega^{20} - \varpi_8, \qquad \varpi_1\varpi_7 = \varpi_8 - \varpi_{44}, \qquad \varpi_1\varpi_{11} = -2 + \varpi_{12},$$
$$\varpi_1\varpi_{17} = -1 - 2\varpi_{12}; \qquad \varpi_1\varpi_{20} = -2\varpi_9; \qquad \varpi_1\varpi_4 = \varpi_{17},$$
$$\varpi_1\varpi_8 = \omega^{15}, \qquad \varpi_1\varpi_{28} = \varpi_{11} - \varpi_{17}, \qquad \varpi_1\varpi_{44} = \varpi_3;$$
$$\varpi_1\varpi_3 = \varpi_4 - \varpi_{28}, \qquad \varpi_1\varpi_9 = -2\omega^{40} + \varpi_{28}.$$

Congruenzwurzeln mod. p.*)

p	ϖ_1	ϖ_7	ϖ_{11}	ϖ_{17}	p	ϖ_1	ϖ_7	ϖ_{11}	ϖ_{17}
19	+ 4	+ 1	− 9	− 7	499	−200	− 90	− 56	−125
79	+ 4	− 38	− 13	+ 5	619	+213	−237	+ 36	+ 82
139	− 45	+ 39	+ 11	− 9	739	− 42	+175	+138	−164
199	+ 12	− 52	− 78	− 60	859	−390	+204	−428	− 14
379	+ 92	− 55	−144	−152	919	+399	−339	+ 10	+413
439	+219	− 35	−134	−161					

*) Hier ist ϖ_1 die gemeinschaftliche Wurzel der Congruenzen $\varpi_1^2 \equiv 2\omega^{20} - \varpi_8$, $\varpi_1 - \varpi_{11} \equiv \varpi_9$, $\varpi_1\varpi_{11} \equiv -2 + \varpi_{12}$ (mod. p), aber auch linear völlig bestimmt durch eine Congruenz wie $\varpi_1\omega^{20} \equiv -\varpi_9$ oder $\varpi_1\varpi_8 \equiv \omega^{15}$ etc. (mod. p).

$n = 60$

Die Primfactoren der Primzahlen p
haben die hier nicht erhobene Form $f(\omega, \varpi_1)$

Normen complexer Zahlen in $\frac{2}{\varpi}$.

$N(1 - \varpi_1 + \varpi_4) = 19^2$, $\quad N(1 \pm \varpi_7) = N(\varpi_1 - \varpi_{12}) = 4.19 = N(1 + \varpi_{11} - \omega^{20})$,
$N(2 + \varpi_{11} - \varpi_{17}) = 19.139$, $\quad N(1 - 2\varpi_{11}) = 19.439$, $\quad N(\varpi) = 5^2$.

II, 5. $\quad p = 60m - 19$; $\qquad \varpi_r = \omega^r + \omega^{-19r} = -\omega^{21r}$,

d. h. hier reduciren sich die primitiven Perioden auf die 20ten Einheitswurzeln, wesshalb die hierher gehörigen Primzahlen:

41, 101, 281, 401, 461, 521, 641, 701. 761, 821, 881, 941,

auch hier nur die Primfactoren der $p = 20m + 1$ haben, (vgl. $n = 20$).

II, 6. $\quad p = 60m + 11$; $\qquad \varpi_r = \omega^r + \omega^{11r} = \omega^r + \omega^{10+r}$,

also die 4 primitiven Perioden:

$$\varpi_1 = \omega + \omega^{11} = -\varpi_{31}, \quad \varpi_7 = \omega^7 + \omega^{17} = -\varpi_{37}, \quad \varpi_{13} = \omega^{13} + \omega^{23} = -\varpi_{43},$$
$$\varpi_{19} = \omega^{19} + \omega^{29} = -\varpi_{49},$$

Wurzeln der Gleichung:

$$\varpi^8 + 3\varpi^6 + 9\varpi^4 + 27\varpi^2 + 81 = 0;$$

mit den fundamentalen Relationen unter einander und zu den nichtprimitiven Perioden, d. h. den 5ten Wurzeln, $\varpi_{4r} = -\omega^{24r}$ sowie $\varpi_{12r} = 2\omega^{12r}$ (oder der 10ten, $\varpi_{2r} = -\omega^{42r}$, $\varpi_{6r} = 2\omega^{6r}$), und den Perioden der 12ten Wurzeln ϖ_{5r}, während $\varpi_{3r} = 0$, $\varpi_{20r} = -\varpi_{10r} = -1$ ist:

$$\varpi_1^2 = 3\omega^{12}, \quad \varpi_1\varpi_7 = -3\omega^{48}, \quad \varpi_1\varpi_{13} = 3\omega^{24}, \quad \varpi_1\varpi_{19} = -3;$$
$$\varpi_1\varpi_5 = -\omega^{36}; \quad \varpi_1\varpi_4 = \varpi_5, \quad \varpi_1\varpi_{12} = 2\varpi_{13}, \text{ etc.}$$

$n = 60$

Congruenzwurzeln mod. p.*)

p	ϖ_1	ϖ_7	ϖ_{13}	ϖ_{19}	p	ϖ_1	ϖ_7	ϖ_{13}	ϖ_{19}
11	-1	-2	-4	$+3$	311	-113	-161	-56	-113
71	-21	-2	-34	-10	431	$+28$	-74	$+134$	$+200$
131	-49	-23	$+40$	-24	491	$+155$	-135	-120	$+57$
191	$+19$	$+23$	$+58$	$+30$	911	$+335$	$+12$	-228	-223
251	-29	$+54$	-14	$+78$	971	$+35$	-283	$+374$	-333

Die Primfactoren der Primzahlen p
haben die hier nicht erhobene Form $f(\omega, \varpi_1)$.

Normen complexer Zahlen in $\overset{2}{\varpi}$.

$N(1 \pm \varpi_1) = 11^2$, $\quad N(2 + \varpi_7) = 11 \,.\, 71$, $\quad N(1 - \varpi_7 + \varpi_{19}) = 131 \,.\, 11$,
$N(\varpi_1 + \varpi_7 + \varpi_{19}) = 81 \,.\, 5 \,.\, 11$, $\quad N(1 - \varpi_5 - \varpi_{13}) = 11 \,.\, 191$ u. s. w.

II, 7. $p = 60m - 11$; $\quad \varpi_r = \omega^r + \omega^{-11r}$,

also die 4 primitiven Perioden:

$$\varpi_1 = \omega - \omega^{19} = -\varpi_{19}, \quad \varpi_7 = \omega^7 - \omega^{13} = -\varpi_{13}, \quad \varpi_{11} = \omega^{11} - \omega^{29} = -\varpi_{29},$$
$$\varpi_{17} = \omega^{17} - \omega^{23} = -\varpi_{23},$$

Wurzeln der Gleichung:

$$\varpi^8 - 3\varpi^6 + 8\varpi^4 - 3\varpi^2 + 1 = 0;$$

mit den fundamentalen Relationen zu einander und zu den nichtprimitiven Perioden, d. h. den ϖ_{4r} (denselben wie II, 4), den ϖ_{3r} (denselben wie in II, 2), und den 12ten Wurzeln selbst $\varpi_{5r} = 2\omega^{5r}$ (einschliesslich die vierten und dritten $\varpi_{15r} = 2\omega^{15r}$, $\varpi_{20r} = 2\omega^{20r}$):

$$\varpi_1^2 = -2\omega^{20} - \varpi_8, \quad \varpi_1\varpi_7 = -\omega^{20}, \quad \varpi_1\varpi_{11} = 2 + \varpi_{12}, \quad \varpi_1\varpi_{17} = 1;$$
$$\varpi_1\varpi_5 = -2\varpi_{24}; \quad \varpi_1\varpi_3 = -\omega^{40}, \quad \varpi_1\varpi_9 = -2\omega^{40} - \varpi_{28};$$
$$\varpi_1\varpi_4 = 2\omega^5 + \varpi_{17}, \quad \varpi_1\varpi_8 = \omega^{15}, \quad \varpi_1\varpi_{28} = -2\omega^5, \quad \varpi_1\varpi_{44} = -2\omega^{15} - \varpi_3,$$

*) Hier ist ϖ_1 völlig bestimmt durch eine lineäre Congruenz wie $\varpi_1\varpi_5 \equiv -\omega^{36}$ oder $\varpi_1\omega^{24} \equiv \varpi_5$ (mod. p), sowie als die gemeinschaftliche Wurzel der Congruenz $\varpi_1^2 \equiv 3\omega^{12}$ (mod. p) und eines Systems von 4 Congruenzen, deren erste $\varpi_1 - \varpi_7 + \varpi_{13} - \varpi_{19} \equiv \varpi_5$ (mod. p).

$n = 60$

Congruenzwurzeln mod. p.*)

p	ϖ_1	ϖ_7	ϖ_{11}	ϖ_{17}	p	ϖ_1	ϖ_7	ϖ_{11}	ϖ_{17}
109	−15	+26	+21	+29	709	+72	−115	−37	−128
229	+30	−110	+102	+84	769	+289	+270	−225	−306
349	+6	−154	−34	−58	829	−335	−12	+69	+146
409	−174	+186	+11	−181					

$f(\varpi_1)$, Primfactoren der Primzahlen p.

p	$f(\varpi_1)$	p	$f(\varpi_1)$	p	$f(\varpi_1)$
109	$1+\varpi_1+\varpi_{28}$	409	$1-\varpi_1-\varpi_7+\varpi_{11}$	769	$2-2\varpi_1+\varpi_7-\varpi_{17}$
229	$2-\varpi_1+\varpi_7-\varpi_{28}$	709	$2+\varpi_1+2\varpi_{11}$	829	$2-\varpi_1+\varpi_7+\varpi_{11}+\varpi_{44}$
349	$2-\varpi_1-\varpi_{28}$				

III. p zum Exponenten 4 gehörig,

4 viergliedrige Perioden, und zwar mit 4 Fällen:

III, 1. $p = 60m + 7\,, -17\,;\qquad \varpi_r = \omega^r + \omega^{7r} + \omega^{-11r} - \omega^{-17r}\,,$

also die 4 primitiven Perioden:

$$\varpi_1 = \omega + \omega^7 - \omega^{19} - \omega^{13} = -\varpi_{13}\,,\qquad \varpi_{11} = \omega^{11} + \omega^{17} - \omega^{29} - \omega^{23} = -\varpi_{23}\,,$$

Wurzeln der Gleichung:

$$\varpi^4 - 5\varpi^2 + 25 = 0\,;$$

mit den fundamentalen Relationen zu einander und zu den nichtprimitiven Perioden, d. h. den 3ten Wurzeln $\varpi_{4r} = -\omega^{40r}$ sowie $\varpi_{20r} = 4\omega^{20r}$ (oder der 6ten ϖ_{2r}, ϖ_{10r}) und den viergliedrigen Perioden der 20ten Einheitswurzeln ϖ_{3r}, während $\varpi_{5r} = 0$, $\varpi_{12r} = -1$, $\varpi_{6r} = +1$:

$$\varpi_1^2 = -5\omega^{20},\quad \varpi_1\varpi_{11} = 5\,;\quad \varpi_1\varpi_3 = 3\omega^{40}\,;\quad \varpi_1\varpi_4 = \varpi_{11}\,,\quad \varpi_1\varpi_{20} = 4\varpi_3\,.$$

---

*) Hier ist ϖ_1 als die gemeinschaftliche Wurzel der Congruenzen: $\varpi_1^2 \equiv -2\omega^{20} - \varpi_8$, $\varpi_1 - \varpi_7 \equiv -\omega^{25}$, $\varpi_1\varpi_7 \equiv -\omega^{20}$ (mod. p), sowie durch eine lineäre Congruenz $\varpi_1\omega^5 \equiv -\varpi_{24}$ oder $\varpi_1\varpi_8 \equiv \omega^{15}$ u. s. w. (mod. p), völlig bestimmt.

$n = 60$

Congruenzwurzeln mod. p.*)

(Vgl. $\lambda = 3$, $n = 20$).

p	ϖ_1	ϖ_{11}	p	ϖ_1	ϖ_{11}	p	ϖ_1	ϖ_{11}	p	ϖ_1	ϖ_{11}
7	−2	+1	223	+52	+73	523	−164	−67	787	+242	+361
43	−20	−11	283	−94	−15	547	−259	−226	823	+205	−281
67	+49	−4	307	−107	−23	607	−300	−172	883	+9	+393
103	+39	−21	367	+39	+66	643	+306	−187	907	+204	−369
127	+63	−10	463	−56	−157	727	−207	+7	967	+363	−309
163	+6	+28	487	−203	−60						

Die Primfactoren der Primzahlen p
haben die hier nicht erhobene Form $f(\omega, \varpi_1)$.

Normen complexer Zahlen in $\overset{4}{\varpi}$.

$N(1 \pm \varpi_{11}) = 3.7$, $N(1 + \varpi_1 + \varpi_{11}) = 2.7$, $N(1 - 2\omega^{20} - \varpi_{11}) = 3.43$, $N(4 + \varpi_{11}) = 3.67$ und so gibt es überhaupt stets ein $\phi(\varpi_1)$, dessen Norm gleich $2p$ oder $3p$ ist.

III, 2. $p = 60m - 7, +17$; $\varpi_r = \omega^r + \omega^{-7r} + \omega^{-11r} + \omega^{17r}$,

also die 4 primitiven Perioden:

$$\varpi_1 = \omega - \omega^{23} - \omega^{19} + \omega^{17} = -\varpi_{19}, \qquad \varpi_7 = \omega^7 + \omega^{11} - \omega^{13} - \omega^{29} = -\varpi_{13},$$

Wurzeln der Gleichung:

$$\varpi^4 - 7\varpi^2 + 16 = 0;$$

mit den fundamentalen Relationen zu einander und zu den nichtprimitiven Perioden, d. h. den viergliedrigen Perioden der 15ten Wurzeln ϖ_{4r} (oder der 30ten ϖ_{2r}, während $\varpi_{6r} = -\varpi_{12r} = 1$), und der 4ten Wurzeln selbst $\varpi_{5r} = 2\omega^{15r}$ (sowie $\varpi_{3r} = -\omega^{15r}$, $\varpi_{15r} = 4\omega^{15r}$, während $\varpi_{10r} = -\varpi_{20r} = 2$):

$$\varpi_1^2 \equiv 4 - \varpi_4, \qquad \varpi_1\varpi_7 = 4; \qquad \varpi_1\varpi_3 = -\varpi_4, \qquad (\varpi_1\varpi_5 = 2\varpi_4);$$
$$\varpi_1\varpi_4 = 2\omega^{15} + \varpi_1, \qquad \varpi_1\varpi_{28} = -4\omega^{15}.$$

*) Hier ist ϖ_1 die gemeinschaftliche Wurzel der Congruenzen $\varpi_1^2 \equiv -5\omega^{20}$, $\varpi_1 - \varpi_{11} \equiv -\varpi_3$, $\varpi_1\varpi_{11} \equiv 5$ (mod. p) und damit völlig bestimmt, sowie durch eine lineäre Congruenz $\varpi_1\varpi_3 \equiv 3\omega^{40}$ oder $\varpi_1\omega^{20} \equiv \varpi_3$ (mod. p).

$n = 60$

Congruenzwurzeln mod. p.*)

(Vgl. $n = 15$, $n = 4$).

p	ϖ_1	ϖ_7	p	ϖ_1	ϖ_7	p	ϖ_1	ϖ_7	p	ϖ_1	ϖ_7
17	− 7	− 3	233	+ 94	+ 5	557	−143	+261	773	+106	−150
53	+ 6	−17	257	−125	−109	593	+ 96	+173	797	+199	− 16
113	−42	−27	293	− 22	+133	617	+206	+ 12	857	+175	+382
137	+10	−27	317	− 77	+ 37	653	+201	+ 52	953	+ 85	−426
173	+37	−56	353	− 75	− 33	677	+333	+307	977	+161	− 91
197	+36	+22									

Die Primfactoren der Primzahlen p
haben die hier nicht erhobene Form $f(\omega, \varpi_1)$.

Normen complexer Zahlen in $\frac{4}{\varpi}$.

$N(3+\varpi_{11}) = 2.17$, $N(1+\varpi_1+\varpi_4) = 5.17$, $N(2-\varpi_1+\varpi_4+\varpi_7) = 2.53$ und so überhaupt Normen $= 2p$ oder $= 5p$.

III, 3. $p = 60m - 13, +23$; $\varpi_r = \omega^r + \omega^{-13r} + \omega^{-11r} + \omega^{23r}$,

also die 4 primitiven Perioden:

$$\varpi_1 = \omega - \omega^{17} - \omega^{19} + \omega^{23} = -\varpi_{17}, \qquad \varpi_7 = \omega^7 + \omega^{29} - \omega^{13} - \omega^{11} = -\varpi_{11};$$

Wurzeln der Gleichung:

$$\varpi^4 + \varpi^2 + 4 = 0;$$

mit den fundamentalen Relationen zu einander und zu den nichtprimitiven Perioden, d. h. ϖ_{4r} (denselben wie in III, 2), ϖ_{3r} oder den viergliedrigen Perioden der 20ten und $\varpi_{5r} = 2(\omega^{5r} - \omega^{25r})$ oder den Perioden der 12ten Wurzeln, (während $\varpi_{15r} = 0$, $\varpi_{12r} = -\varpi_{6r} = -1$, $\varpi_{20r} = -\varpi_{10r} = -2$ ist):

$$\varpi_1^2 = -\varpi_4, \qquad \varpi_1\varpi_7 = -2; \qquad \varpi_1\varpi_4 = \varpi_1 + \varpi_5, \qquad \varpi_1\varpi_{28} = 2\varpi_7;$$
$$\varpi_1\varpi_3 = 2 + \varpi_4; \qquad \varpi_1\varpi_5 = 2 + 2\varpi_{28}.$$

*) Hier ist ϖ_1 als die gemeinschaftliche Wurzel der Congruenzen: $\varpi_1^2 \equiv 4 - \varpi_4$, $\varpi_1 - \varpi_7 \equiv -\omega^{15}$, $\varpi_1\varpi_7 \equiv 4$ (mod. p), sowie durch $\varpi_1\varpi_3 \equiv -\varpi_4$ u. s. w. völlig bestimmt.

$n = 60$

Congruenzwurzeln mod. p.*)

(Vgl. $n = 15, 20, 12$).

p	ϖ_1	ϖ_7	ϖ_4	p	ϖ_1	ϖ_7	ϖ_4	p	ϖ_1	ϖ_7	ϖ_4
23	+11	+ 4	− 6	383	+ 38	−121	+ 88	683	−135	−172	+216
47	− 3	−15	− 9	443	−205	+ 67	+ 60	743	−128	−267	− 38
83	+36	+23	+32	467	+214	+ 48	− 30	827	−392	+173	+158
107	−11	−29	−14	503	+ 27	−205	−226	863	+ 66	−340	− 41
167	+ 6	−56	−36	563	+ 23	− 98	+ 34	887	+440	+254	−234
227	+12	−38	+83	587	+236	+194	+ 69	947	+ 19	−349	−361
347	+ 8	−87	−64	647	+ 39	− 83	−227	983	+477	+373	−456

Die Primfactoren der Primzahlen p haben die hier nicht erhobene Form $f(\omega, \varpi_1)$.

Normen complexer Zahlen in $\frac{4}{\varpi}$.

$N(1 \pm \varpi) = 2.3$, $N(\varpi_1 - \varpi_7 - \varpi_{28}) = 2.23$, $N(1 + 2\varpi_1) = 3.23$,

$N(3 + \varpi_1) = 2.47$, $N(2\varpi_1 + \varpi_4 - \varpi_7) = 3.47$, $N(1 + \varpi_1 + 2\varpi_7) = 2.83$.

---

*) Hier sind die primitiven Perioden lineär durch die beiden Congruenzen bestimmt:

$$\varpi_1 + \varpi_7 \equiv -\varpi_3, \qquad \varpi_1 - \varpi_7 \equiv \omega^5 - \omega^{25} \pmod{p},$$

also durch die Congruenzwurzeln bei $n = 20$ und $n = 12$; die übrige Congruenz aber, $\varpi_1^2 \equiv -\varpi_4 \pmod{p}$, welche die primitiven Perioden mit den Congruenzwurzeln bei $n = 15$ verknüpft, bestimmt nur den bei $n = 15$ unbestimmt gebliebenen Index, wesshalb die ϖ_4 in die Tafel aufgenommen worden sind (das ϖ_4 in obiger Tafel ist somit bald das ϖ_1 bald das ϖ_7 in der Tafel für $n = 15$).

$$n = 60$$

III, 4. $p = 60m + 13, -23$;

$$\varpi_r = \omega^r + \omega^{13r} + \omega^{-11r} + \omega^{-23r} = -\omega^{25r},$$

d. h. die primitiven Perioden reduciren sich unmittelbar auf die 12ten Einheitswurzeln, daher haben die hierher gehörigen Primzahlen:

13, 37, 73, 97, 157, 277, 313, 337, 397, 433,
457, 577, 613, 673, 733, 757, 853, 877, 937. 997,

auch hier keine anderen Primfactoren als die $p = 12m + 1$ bei $n = 12$.

Anmerkung zu $n = 60$. Es gibt hier zwar keine achtgliedrigen Perioden, aber von Bedeutung sind die folgenden Combinationen von 8 primitiven Wurzeln, wovon übrigens nur die erste für $n = 60$ eigenthümlich ist, während die übrigen auf die Relationen der 60ten mit den 15ten, 20ten und 12ten Einheitswurzeln beruhen:

$$\omega + \omega^7 + \omega^{11} - \omega^{13} + \omega^{17} - \omega^{19} - \omega^{23} - \omega^{29} = \sqrt{15},$$
$$\omega + \omega^7 - \omega^{11} - \omega^{13} - \omega^{17} - \omega^{19} + \omega^{23} + \omega^{29} = -\sqrt{-5},$$
$$\omega - \omega^7 + \omega^{11} + \omega^{13} - \omega^{17} - \omega^{19} + \omega^{23} - \omega^{29} = \sqrt{3},$$
$$\omega - \omega^7 - \omega^{11} + \omega^{13} + \omega^{17} - \omega^{19} - \omega^{23} + \omega^{29} = -\sqrt{-1}.$$

$n = 68$

I. $p = 68m + 1$.

32 primitive Perioden, deren Gleichung:

$$\omega^{32} - \omega^{30} + \omega^{28} - \omega^{26} + \omega^{24} - \omega^{22} + \omega^{20} - \omega^{18} + \omega^{16} - \omega^{14} + \omega^{12} - \omega^{10} + \omega^{8} - \omega^{6} + \omega^{4} - \omega^{2} + 1 = 0,$$

wodurch sich von den nichtprimitiven die 4ten Einheitswurzeln mittelst der primitiven ausdrücken lassen:

$$\omega^{17} = -\omega + \omega^{3} - \omega^{5} + \omega^{7} - \omega^{9} + \omega^{11} - \omega^{13} + \omega^{15} + \omega^{19} - \omega^{21} + \omega^{23} - \omega^{25} + \omega^{27} - \omega^{29} + \omega^{31} - \omega^{33}.$$

Congruenzwurzeln mod. p.

(Vgl. wegen der nichtprimitiven Wurzeln bei $\lambda = 17$ und $n = 4$).

p	ω	ω^3	ω^5	ω^7	ω^9	ω^{11}	ω^{13}	ω^{15}
137	+ 7	− 68	− 44	+ 36	− 17	− 11	+ 9	+ 30
409	+182	− 92	+ 51	+154	+ 48	+169	− 27	+135
613	+275	+237	+231	+101	+145	+281	−246	+187
953	−302	− 2	−385	−255	− 8	+366	− 47	− 32

p	ω^{19}	ω^{21}	ω^{23}	ω^{25}	ω^{27}	ω^{29}	ω^{31}	ω^{33}
137	− 32	− 61	+ 25	− 8	+ 19	− 28	− 2	+ 39
409	+103	−106	+121	−196	+162	+ 8	− 40	+200
613	+ 59	−152	− 24	+ 93	+176	− 69	−269	−107
953	−268	−128	+138	−119	+441	−401	+477	−142

Primfactoren der Primzahlen p ideal.

Normen complexer Zahlen in ω.

$N(1 - \omega^{9} - \omega^{10}) = 137^2$, $N(1 + \omega^{8} - \omega^{29} + \omega^{33}) = 409.3673$,

$N(1 - \omega^{26} - \omega^{29} - \omega^{32}) = 409.1361$, $N(1 - \omega^{4} + \omega^{5} + \omega^{17}) = 613.2789$,

$N(1 + \omega^{10} - \omega^{17}) = 953.137$.

$n = 68$

II. p zum Exponenten 2 gehörig.

16 zweigliedrige Perioden, und zwar mit 3 Fällen:

II, 1. $p = 68m - 1$;

$$\varpi_r = \omega^r + \omega^{-r} = \omega^r - \omega^{34-r}, \quad \Pi(\varpi_1) = 17,$$

womit die 16 primitiven Perioden:

$$\pm\varpi_1, \ \pm\varpi_3, \ \pm\varpi_5, \ \pm\varpi_7, \ \pm\varpi_9, \ \pm\varpi_{11}, \ \pm\varpi_{13}, \ \pm\varpi_{15}$$

gegeben sind, sowie durch $\varpi_1\varpi_k = \varpi_{k-1} + \varpi_{k+1}$ die fundamentalen Relationen; die nichtprimitiven Perioden sind die ϖ_{4r}, d. h. die zweigliedrigen Perioden der 17ten (oder ϖ_{2r} der 34ten) Einheitswurzeln, während $\varpi_{17r} = 0$.

Congruenzwurzeln mod. p.*)

p	ϖ_1	ϖ_3	ϖ_5	ϖ_7	ϖ_9	ϖ_{11}	ϖ_{13}	ϖ_{15}
67	25	− 6	− 28	− 18	+ 3	− 11	+ 16	− 26
271	75	− 26	+ 67	+ 77	+117	+ 97	+ 62	+ 23
883	35	+386	−362	+154	−258	+426	+286	−316

$f(\varpi_1)$, Primfactoren der Primzahlen p. $Nf(\varpi_1) = -p$.

p	$f(\varpi_1)$	p	$f(\varpi_1)$	p	$f(\varpi_1)$
67	$1+\varpi_4+\varpi_9$	271	$1+\varpi_5-\varpi_{32}$	883	$2+\varpi_1+\varpi_5+\varpi_8$

*) Hier ist ϖ_1 diejenige Wurzel der Congruenz $\varpi_1^2 \equiv 2 - \varpi_{32}$ (mod. p), welche > 0 und $< \frac{1}{2}p$. Was $\lambda = 17$, II. η_0, η_1, η_2, η_3, η_4, η_5, η_6, η_7, heisst hier ϖ_4, ϖ_{12}, ϖ_{32}, ϖ_{28}, ϖ_{16}, ϖ_{20}, ϖ_8, ϖ_{24} resp.

$n = 68$

II, 2. $p = 68m + 33$;

$$\varpi_r = \omega^r + \omega^{33r} = \omega^r + \omega^{34-r}, \quad \Pi(\varpi_r) = 1,$$

womit die 16 primitiven Perioden, welche dieselben Indices haben wie in II, 1, unmittelbar gegeben sind, sowie durch $\varpi_1 \varpi_k = -\varpi_{k-1} + \varpi_{k+1}$ die fundamentalen Relationen; die nichtprimitiven Perioden sind hier ϖ_{4r}, dieselben wie II, 1, und $\varpi_{17r} = 2\omega^{17r}$, d. h. die 4ten Wurzeln selbst.

Congruenzwurzeln mod. p*)

p	ϖ_1	ϖ_3	ϖ_5	ϖ_7	ϖ_9	ϖ_{11}	ϖ_{13}	ϖ_{15}
101	+ 21	+ 32	+ 15	+ 48	+ 39	− 42	+ 40	− 14
373	− 87	− 46	−170	−174	−121	+171	+ 79	+ 19
509	+141	+ 72	+127	− 80	−142	+117	−186	+ 39
577	− 9	−179	+154	+267	+ 81	+109	−266	−261

Für $p = 509$

sind die Congruenzwurzeln mod. p^2, einschliesslich die nichtprimitiven:

ϖ_1	ϖ_3	ϖ_4	ϖ_5	ϖ_7
$+141-203p$	$+72-137p$	$+4-9p$	$+127-181p$	$-80+129p$
ϖ_8	ϖ_9	ϖ_{11}	ϖ_{12}	ϖ_{13}
$+14-72p$	$-142-136p$	$+117-155p$	$+52+104p$	$-186-104p$
ϖ_{15}	ϖ_{16}	ϖ_{20}	ϖ_{24}	ϖ_{28}
$+39+235p$	$+194+20p$	$+215-242p$	$+157+132p$	$-96-133p$
		ϖ_{32}		
		$-32+199p$.		

Primfactoren der Primzahlen p ideal.

*) Hier ist ϖ_1 völlig bestimmt durch $\varpi_1 \omega^{17} \equiv -\varpi_{16}$ (mod. p), sowie als die gemeinschaftliche Wurzel der Congruenz $\varpi_1^2 \equiv -2 - \varpi_{32}$ (mod. p), und eines Systems von 8 Congruenzen, deren erste $\varpi_1 - \varpi_3 + \varpi_5 - \varpi_7 + \varpi_9 - \varpi_{11} + \varpi_{13} - \varpi_{15} \equiv -\omega^{17}$ (mod. p).

$n = 68$

Normen complexer Zahlen in $\frac{2}{\varpi}$.

$$N(1 \pm \varpi) = N(\varpi_4 \pm \varpi_{17}) = 1597, \qquad N(\varpi_4 \pm \varpi_{11}) = 9929,$$
$$N(\varpi_1 + \varpi_3) = 17^2, \qquad N(\varpi_4 + \varpi_{13}) = 64;$$
$$N(1 - \varpi_5 - \varpi_{15}) = 101.577, \qquad N(1 - \varpi_5 - \varpi_{11}) = 101.373,$$
$$N(1 + \varpi_1 + \varpi_9) = 17.509, \qquad N(\varpi_9 + \varpi_{32}) = N(\varpi_8 + \varpi_{15}) = 101^2;$$
$$N(1 + \varpi_1 - \varpi_4) = N(1 + \varpi_3 - \varpi_{13} + \varpi_{15}) = 16.613,$$
$$N(1 - \varpi_3 + \varpi_{13}) = 17.409, \qquad N(2 + \varpi_{15}) = 137.8297;$$

endlich mit den

Congruenzwurzeln mod. 509^2:

$$N(1 - \varpi_1 - \varpi_4 + \varpi_7 + \varpi_8 + \varpi_9 - \varpi_{24}) = 16.509^2,$$
$$N(2 + \varpi_3 + \varpi_4 - 2\varpi_7 - 2\varpi_9 - 2\varpi_9 - \varpi_{12} + \varpi_{15}) = 509^2.101.1021.$$

II, 3. $p = 68m - 33;$ $\qquad \varpi_r = \omega^r + \omega^{-33r} = 0,$

$\varpi_{4r} = 2\omega^{4r}$, d. h. 17te Einheitswurzeln; daher sind die Primfactoren der $p = 17m+1$ auch diejenigen der hierher gehörigen Primzahlen:

103, 239, 307, 443, 647, 919,

III. p zum Exponenten 4 gehörig,

8 viergliedrige Perioden, und zwar mit 2 Fällen:

III, 1. $p = 68m + 13, + 21;$ $\qquad \varpi_r = \omega^r + \omega^{13r} + \omega^{33r} + \omega^{21r},$ $\qquad$ also:

$$\varpi_1 = \omega + \omega^{13} + \omega^{33} + \omega^{21}, \qquad \varpi_3 = \omega^3 - \omega^5 + \omega^{31} - \omega^{29},$$
$$\varpi_7 = \omega^7 + \omega^{23} + \omega^{27} + \omega^{11}, \qquad \varpi_9 = \omega^9 - \omega^{15} - \omega^{25} - \omega^{19},$$

Wurzeln der Gleichung:

$$\varpi^8 + 13\varpi^6 + 40\varpi^4 + 13\varpi^2 + 1 = 0;$$

unter den nichtprimitiven sind ϖ_{4r} die viergliedrigen der 17ten, $\varpi_{17r} = 4\omega^{17r}$ die 4ten Einheitswurzeln;

fundamentale Relationen:

$$\varpi_1^2 = -4 - \varpi_8 - 2\varpi_{12}, \qquad \varpi_1\varpi_3 = -1 + \varpi_4 - \varpi_{12}, \qquad \varpi_1\varpi_7 = -1 - \varpi_1 + \varpi_{24},$$
$$\varpi_1\varpi_9 = 1.$$

$n = 68$

Congruenzwurzeln mod. p.*)

(Vgl. $\lambda = 17$ und $n = 4$.)

p	ϖ_1	ϖ_3	ϖ_7	ϖ_9	p	ϖ_1	ϖ_3	ϖ_7	ϖ_9
13	−3	+2	−6	+4	421	−117	+38	−144	−18
89	−8	−38	+7	+11	557	−10	−204	+243	+167
149	−71	−70	−66	−21	701	+301	−299	+211	+177
157	+68	−64	−27	−30	761	−337	−182	−46	+70
293	−53	+115	−107	−94	769	+50	−268	−66	+323
353	+77	+133	−69	−55	829	−176	+204	+191	+325

Für $p = 13$ und $p = 89$

sind die Congruenzwurzeln mod. p^2 (einschliesslich die nichtprimitiven):

	p	ϖ_1	ϖ_3	ϖ_4	ϖ_7	ϖ_8
mod. p^2	13	+62	+28	−54	−6	+72
	89	$-8-28p$	$-38-11p$	$-5+36p$	$+7+39p$	$+18-13p$

	p	ϖ_9	ϖ_{12}	ϖ_{24}
mod. p^2	13	+30	+68	+82
	89	$+11+17p$	$-43-5p$	$+29+28p$;

endlich:

	p	ϖ_1	ϖ_3	ϖ_4	ϖ_7	ϖ_8
mod. p^4	13	$+62-2p^3$	$+28-2p^3$	$-561-3p^3$	$-1020-6p^3$	$+748-2p^3$

	p	ϖ_9	ϖ_{12}	ϖ_{24}
mod. p^4	13	$-815-6p^3$	$-101-6p^3$	$-87-2p^3$.

Was $\lambda = 17$, III, η_0, η_1, η_2, η_3, heisst hier resp. ϖ_4, ϖ_{12}, ϖ_8, ϖ_{24}.

$f(\varpi_1)$, Primfactoren der Primzahlen p.

Wirkliche Primfactoren $f(\varpi_1)$ haben folgende Primzahlen:

$p = 149$, $f(\varpi_1) = 1 + \varpi_1 - \varpi_3$; $\quad$ $p = 157$, $f(\varpi_1) = 1 - \varpi_3 + \varpi_{12}$;

$p = 829$, $f(\varpi_1) = 3 + \varpi_4 - \varpi_7$.

*) Hier ist ϖ_1 völlig bestimmt durch $\varpi_1 \omega^{17} \equiv -\varpi_4$ (mod. p), sowie als die gemeinschaftliche Wurzel der Congruenz $\varpi_1^2 \equiv -4 - \varpi_8 - 2\varpi_{12}$ (mod. p), und eines Systems von 4 Congruenzen, deren erste (zureichende): $\varpi_1 - \varpi_3 - \varpi_7 + \varpi_9 \equiv -\omega^{17}$ (mod. p).

$n = 68$

Die übrigen haben ideale Factoren, in 4ter Potenz wirklich für

$p = 13, 89, 421, 557, 701, 761, 769$;

z. B. $p = 13$, $f^4(\varpi_1) = 1 - 2\varpi_1 + 3\varpi_3 + 3\varpi_7 - \varpi_9 - \varpi_{24}$;

und vielleicht schon in zweiter Potenz für $p = 293, 353$.

Normen complexer Zahlen in $\frac{1}{4}$.

$N(1 + \varpi_1 + \varpi_3) = 13.89$, $N(2 - \varpi_1 + \varpi_9 - \varpi_8) = 421.89$,

$N(3 - \varpi_{12} - \omega^{17}) = 557.13$, $N(2 - \varpi_1 - \varpi_3) = 701.13$,

$N(1 - \varpi_1 - \varpi_{24}) = 13.101$, $N(3 - \varpi_4 + \varpi_7 - \varpi_{12}) = 101.761$,

$N(4 + \varpi_7 + \omega^{17}) = 16.769.13$; ferner:

$N(\varpi_1 + \omega^{17}) = 16$, $N(1 + \varpi_3 - \varpi_{24}) = 4.293$,

$N(2 + \varpi_4 - \varpi_9) = 4.353$, $N(1 + \varpi_4 + \varpi_8 + \varpi_9) = 4.509$,

$N(1 + \varpi_4 + \varpi_9) = 4.409$, $N(\varpi_1 - \varpi_7 - \varpi_{12}) = 4.13^2$,

$N(\varpi_3 + \varpi_4) = N(1 + \varpi_8 - \omega^{17}) = 13^2$; $N(1 - 2\varpi_7) = 13.137$,

$N(3 - 2\varpi_9 + 2\varpi_{24}) = 613.13^2$, $N(2 - 2\varpi_1 - \varpi_7 - \varpi_9) = 17.89^2$;

endlich mit den Congruenzwurzeln (mod. 13^4):

$N(1 - 4\varpi_4 + 3\varpi_7 - \varpi_9) = 13^4.149$, $N(2 - \varpi_1 - \varpi_3 - 2\varpi_8 + \varpi_9 - 2\varpi_{12}) = 16.13^4$

$N(8 + \varpi_1 - 2\varpi_7 - \varpi_{24}) = 13^4.13.101$.

III, 2. $p = 68m - 13, -21$; $\varpi_r = \omega^r + \omega^{-13r} + \omega^{33r} + \omega^{-21r}$, also:

$\varpi_1 = \omega - \omega^{13} - \omega^{21} + \omega^{33}$, $\varpi_3 = \omega^3 + \omega^5 + \omega^{29} + \omega^{31}$,

$\varpi_7 = \omega^7 - \omega^{23} - \omega^{11} + \omega^{27}$, $\varpi_9 = \omega^9 + \omega^{15} + \omega^{19} + \omega^{25}$,

Wurzeln der Gleichung:

$$\varpi^8 + 17\varpi^6 + 68\varpi^4 + 85\varpi^2 + 17 = 0;$$

unter den nichtprimitiven sind ϖ_{4r} dieselben wie III, 1, dagegen $\varpi_{17r} = 0$;

fundamentale Relationen:

$\varpi_1^2 = -4 - \varpi_8 + 2\varpi_{12}$, $\varpi_1\varpi_3 = \varpi_8 - \varpi_{24}$, $\varpi_1\varpi_7 = \varpi_8 - \varpi_{12}$,

$\varpi_1\varpi_9 = 1 + 2\varpi_4 + 2\varpi_{12}$.

$n = 68$

Congruenzwurzeln mod. p.*)

p	ϖ_1	ϖ_3	ϖ_7	ϖ_9	p	ϖ_1	ϖ_3	ϖ_7	ϖ_9
47	1	−10	−16	−7	599	201	−227	−206	−72
191	68	+22	−92	+78	659	321	+129	−196	−115
251	12	−83	+82	+28	727	128	−259	−124	−271
463	55	+51	−143	−35	863	428	−79	−318	+6
523	27	−12	−92	+61					

Die Primfactoren der Primzahlen p ideal,
wenigstens zum Theil in 2ter Potenz wirklich, z. B. für

$$p = 47 \quad f^2(\varpi_1) = 2 + \varpi_1 - \varpi_3 + \varpi_4 + \varpi_8 - \varpi_9 .$$

Normen complexer Zahlen in $\mathfrak{b}$.

Für folgende Primzahlen ist $N\phi(\varpi_1) = 4p$:

p	$\phi(\varpi_1)$	p	$\phi(\varpi_1)$	p	$\phi(\varpi_1)$
47	$1 - \varpi_1$	523	$2 + \varpi_3 + \varpi_4 - \varpi_8$	659	$1 - \varpi_3 + 2\varpi_4$
191	$1 - \varpi_3 - \varpi_{24}$	599	$2 + \varpi_3 + \varpi_{24}$	863	$1 + 2\varpi_1 + \varpi_9$
251	$1 + \varpi_3 + \varpi_7$				

Es ist ferner:

$$N(\varpi_3 - 2\varpi_{12}) = 47 . 463 , \qquad N(4 - \varpi_1 + \varpi_3) = 463 . 727 ,$$
$$N(1 - \varpi_3 + \varpi_{12}) = 47^2 , \qquad N(2\varpi_3 + \varpi_8) = 47 . 599 ,$$
$$N(4 - \varpi_8 + \varpi_9 - \varpi_{24}) = 191 . 863 ;$$

endlich:

$$N(\varpi_9 - \varpi_{12}) = 409 , \qquad N(\varpi_1 - \varpi_8) = 613 , \qquad N(1 - 2\varpi_3 + 2\varpi_{12}) = 137 . 3469 .$$

---

*) Hier ist ϖ_1 diejenige Wurzel der Congruenz $\varpi_1^2 \equiv -4 - \varpi_8 + 2\varpi_{12}$ (mod. p), welche > 0 und $< \frac{1}{2}p$. Für $p = 47$ sind die Congruenzwurzeln mod. p^2, mit Einschluss der nichtprimitiven, folgende:

ϖ_1	ϖ_3	ϖ_4	ϖ_7	ϖ_8	ϖ_9	ϖ_{12}	ϖ_{24}
$1+16p$	$-10+23p$	$+7-10p$	$-16-14p$	$+20-8p$	$-7-8p$	$-11-3p$	$-17+3p$

$n = 68$

IV. p zum Exponenten 8 gehörig.

4 achtgliedrige Perioden, und zwar mit 2 Fällen:

IV, 1. $p = 68m + 9, -15, -19, +25$;

$$\varpi_r = \omega^r + \omega^{9r} + \omega^{13r} + \omega^{-19r} + \omega^{33r} + \omega^{25r} + \omega^{21r} + \omega^{-15r}, \qquad \text{also:}$$

$$\varpi_1 = \omega + \omega^9 + \omega^{13} - \omega^{15} + \omega^{33} + \omega^{25} + \omega^{21} - \omega^{19},$$
$$\varpi_3 = \omega^3 + \omega^{27} - \omega^5 + \omega^{11} + \omega^{31} + \omega^7 - \omega^{29} + \omega^{23},$$

Wurzeln der Gleichung:

$$\varpi^4 + 9\varpi^2 + 16 = 0;$$

unter den nichtprimitiven Perioden sind ϖ_{4r} die achtgliedrigen der 17ten Einheitswurzeln, und $\varpi_{17r} = 8\omega^{17r}$;

fundamentale Relationen:

$$\varpi_1^2 = -4 + \varpi_4, \qquad \varpi_1\varpi_3 = -4, \qquad \varpi_1\varpi_4 = -5\varpi_1 + 4\varpi_3.$$

Congruenzwurzeln mod. p.*)

p	ϖ_1	ϖ_3	p	ϖ_1	ϖ_3	p	ϖ_1	ϖ_3	p	ϖ_1	ϖ_3
53	−18	+ 12	389	−183	− 68	569	+ 72	+158	757	−343	−256
229	−43	+ 64	433	+ 5	−174	593	−246	+270	773	− 14	−331
257	−54	− 33	457	−142	+206	661	−223	−329	937	−219	−415
281	+ 9	+ 62	461	+161	+209	733	−128	+252	977	−154	−406
349	−46	+167									

$f(\varpi_1)$, Primfactoren der Primzahlen p.

Wirkliche Primfactoren $f(\varpi_1)$ haben folgende Primzahlen:

p	$f(\varpi_1)$	p	$f(\varpi_1)$	p	$f(\varpi_1)$
53	$2 - \varpi_3 + \varpi_4$	569	$5 - \varpi_1 + \varpi_4$	733	$7 + 2\varpi_1 - 4\varpi_3 + 2\varpi_4$
281	$2 + 3\varpi_1 - 5\varpi_3$	593	$5 + 3\varpi_1 - 4\varpi_3 + \varpi_4$	937	$5 - 3\varpi_1 + 2\varpi_3 - \varpi_4$
349	$5 + \varpi_1 - 2\varpi_3 + \varpi_4$	661	$3 - 2\varpi_3$	977	$7 - \varpi_1 + 3\varpi_4$
461	$4 - 2\varpi_1 + \varpi_3 + \varpi_4$				

---

*) Hier ist ϖ_1 völlig bestimmt durch $\varpi_1\omega^{17} \equiv -\varpi_4$ (mod. p), sowie als die gemeinschaftliche Wurzel der Congruenzen:

$$\varpi_1^2 \equiv -4 + \varpi_4, \qquad \varpi_1 - \varpi_3 \equiv -\omega^{17}, \qquad \varpi_1\varpi_3 \equiv -4 \pmod{p}.$$

Für $p = 229$ ist mod. p^2 $\varpi_1 \equiv -43 + 91p$, $\varpi_3 \equiv 64 + 18p$, $\varpi_4 \equiv 21 - 32p$.

$n = 68$

Die der übrigen sind ideal, in zweiter Potenz $f^2(\varpi_1)$ wirklich:*)

p	$f^2(\varpi_1)$	p	$f^2(\varpi_1)$	p	$f^2(\varpi_1)$
229	$15 - 5\varpi_1 + 12\varpi_3 + 7\varpi_4$	433	$23 + 15\varpi_1 - 20\varpi_3 + 11\varpi_4$	757	$20 - 32\varpi_1 + 19\varpi_3 - 5\varpi_4$
257	$32\varpi_1 - 19\varpi_3 - 3\varpi_4$	457	$4 - 20\varpi_1 + 11\varpi_3 - 9\varpi_4$	773	$12\varpi_1 - 9\varpi_3 + 13\varpi_4$
389	$8 + 12\varpi_1 - 3\varpi_3 + \varpi_4$				

IV, 2. $p = 68m - 9, + 15, + 19, - 25$;

$$\varpi_r = \omega^r + \omega^{-9r} + \omega^{13r} + \omega^{19r} + \omega^{33r} + \omega^{-25r} + \omega^{21r} + \omega^{15r}, \qquad \text{also:}$$

$$\varpi_1 = \omega - \omega^{25} + \omega^{13} + \omega^{19} + \omega^{33} - \omega^9 + \omega^{21} + \omega^{15},$$
$$\varpi_3 = \omega^3 - \omega^7 - \omega^5 - \omega^{23} + \omega^{31} - \omega^{27} - \omega^{29} - \omega^{11},$$

Wurzeln der Gleichung:

$$\varpi^4 + 17\varpi^2 + 68 = 0;$$

unter den nichtprimitiven sind ϖ_{4r} dieselben wie in IV, 1, während $\varpi_{17r} = 0$;

fundamentale Relationen:

$$\varpi_1^2 = -8 + \varpi_4, \qquad \varpi_1\varpi_3 = 2 + 4\varpi_4, \qquad \varpi_1\varpi_4 = -\varpi_1 - 2\varpi_3.$$

*) Die $f^2(\varpi_1)$ sind mittelst folgender Normen hergeleitet (ausser für $p = 229$):
$N(4 - \varpi_3 + \varpi_4) = 13^2$, $N(5 + 2\varpi_3 - 2\varpi_4) = 13 . 257$, $N(2 - \varpi_1 - 3\varpi_3) = 13 . 389$, $N(1 - 3\varpi_1 + 3\varpi_4) = 13 . 433$, und $N(\varpi_3 + \varpi_4) = 81$, $N(2 + 5\varpi_1 - \varpi_3) = 9 . 457$, $N(3 - 2\varpi_3 - 4\varpi_4) = 9 . 757$, $N(1 + 2\varpi_1 + 4\varpi_4) = 9 . 773$; wegen des Primfactors von 3 vgl. V, 1; mod. 13^2 ist $\varpi_1 \equiv -77$, $\varpi_3 \equiv +22$, $\varpi_4 \equiv +18$. Sonstige Normen:
$N(1 + 2\varpi_1) = 293$, $N(2 - 3\varpi_1 + \varpi_3) = 353$, $N(3 - 2\varpi_1 + 4\varpi_3) = 613$;
$N(2 + 3\varpi_1) = 4 . 409$, $N(2 + \varpi_1 + 2\varpi_3 - 3\varpi_4) = 16 . 409$,
$N(5 - 2\varpi_3) = 13 . 137$, $N(4 - 3\varpi_1 - \varpi_3) = 17 . 409$, $N(1 - 4\varpi_1 + 2\varpi_3) = 9 . 13$,
$N(5 - 2\varpi_1 + 4\varpi_3) = 9 . 13 . 17$, und mit Congruenzwurzeln mod. 229^2:

$$N(14 - \varpi_1 - 9\varpi_3 + 8\varpi_4) = 17 . 229^2.$$

$n = 68$

Congruenzwurzeln mod. p.*)

(Vgl. $\lambda = 17$).

p	ϖ_1	ϖ_3	p	ϖ_1	ϖ_3	p	ϖ_1	ϖ_3	p	ϖ_1	ϖ_3
19	6	−2	179	49	+25	383	126	+24	631	165	+186
43	1	−5	223	107	+24	467	125	−161	739	310	−133
59	19	+25	263	63	−119	491	213	+156	859	275	+238
83	32	−11	331	93	−101	563	89	+116	967	257	−127
127	7	+51	359	176	−75	587	159	−80	971	118	+390
151	3	−27									

Die Primfactoren der Primzahlen p

sind sämmtlich ideal, in zweiter Potenz $f^2(\varpi_1)$ wirklich, z. B. **)

p	$f^2(\varpi_1)$	$\phi(\varpi_1)$
19	$1 - 3\varpi_1 - 2\varpi_3 - \varpi_4$	
43	$5 + \varpi_1 - 2\varpi_3 + 3\varpi_4$	$4 - \varpi_3 - \varpi_4$
59	$5 + \varpi_1 + 2\varpi_3 - \varpi_4$	$1 + 2\varpi_1 + 2\varpi_3 - 2\varpi_4$
83	$3 - 17\varpi_1 + 22\varpi_3 + \varpi_4$	$3 - 2\varpi_1 + 2\varpi_3$
127	$22 - 6\varpi_1 - 5\varpi_3 - 13\varpi_4$	$1 - 2\varpi_1 - 2\varpi_4$
151	$3 - 3\varpi_1 + 6\varpi_3 + \varpi_4$	$1 + \varpi_1 - \varpi_3 - 2\varpi_4$
179	$15 + 13\varpi_1 + 10\varpi_3 - 11\varpi_4$	
223	$14 + 2\varpi_1 + \varpi_3 + 3\varpi_4$	$7 + 2\varpi_3 + 2\varpi_4$

---

*) Hier ist ϖ_1 diejenige Wurzel der Congruenz $\varpi_1^2 \equiv -8 + \varpi_4$ (mod. p), welche > 0 und $< \frac{1}{2}p$. — Für die 2 ersten Primzahlen sind die Congruenzwurzeln mod. p^2

p	ϖ_1	ϖ_3	ϖ_4
19	$6-7p$	$-2-6p$	$6-6p$
43	$1+9p$	$-5-11p$	$9+18p$.

**) Es ist fast durchaus ein $\phi(\varpi_1)$ beigefügt, wofür $N\phi(\varpi_1) = 19p$ ist, weil die $f^2(\varpi_1)$ daraus hergeleitet sind, für $p = 179$ dagegen aus $N(1 + 2\varpi_1 + 2\varpi_3 - 4\varpi_4) = 43 . 179$; für andere Primzahlen aber sind die $\phi(\varpi_1)$ folgende:

p	$\phi(\varpi_1)$	p	$\phi(\varpi_1)$	p	$\phi(\varpi_1)$
263	$8-\varpi_1-\varpi_3-2\varpi_4$	359	$7+2\varpi_1$	859	$7-3\varpi_1-\varpi_4$
331	$1+3\varpi_1+\varpi_4$	467	$2+3\varpi_1-2\varpi_3+3\varpi_4$	967	$2+4\varpi_1+\varpi_3-3\varpi_4$

Sonstige Normen: $N(1-\varpi_1) = 2 . 43$, $N(2+\varpi_3) = N(\varpi_1+\varpi_4) = 8 . 19$, $N(1+\varpi_1-2\varpi_3) = 2 . 179$, $N(1-\varpi_3+2\varpi_4) = 2 . 331$. $N(3-2\varpi_3) = 13 . 137$, $N(1-2\varpi_1+2\varpi_3) = 409$, $N(2-\varpi_1+\varpi_3+2\varpi_4) = 613$, $N(11-4\varpi_1-6\varpi_4) = 149 . 613$, $N(1+2\varpi_1+2\varpi_3-6\varpi_4) = 59 . 491$, $N(7-2\varpi_1-4\varpi_3+4\varpi_2) = 179 . 383$, $N(3\varpi_3+5\varpi_4) = 59 . 587$, $N(5+4\varpi_3+2\varpi_4) = 43 . 563$, $N(1-4\varpi_1-2\varpi_3+4\varpi_4) = 43 . 631$, $N(1-3\varpi_1+5\varpi_4) = 43 . 739$, $N(1+4\varpi_3+4\varpi_4) = 43 . 971$; endlich mit Congruenzwurzeln mod. 19^2: $N(8+\varpi_3-\varpi_4) = 17 . 19^2$, $N(1+2\varpi_1+\varpi_4) = 4 . 19^2$.

$n = 68$

V. p zum Exponenten 16 gehörig.

2 sechszehngliedrige Perioden, und zwar mit 2 Fällen:

V, 1. $p = 68m + 3, -5, +7, +11, +23, +27, -29, +31$;

$$\varpi_r = \omega^r + \omega^{3r} + \omega^{9r} + \omega^{27r} + \omega^{13r} + \omega^{-29r} + \omega^{-19r} + \omega^{11r} + \omega^{33r} + \omega^{31r} + \omega^{25r} + \omega^{7r} + \omega^{21r} + \omega^{-5r} + \omega^{-15r} + \omega^{23r},$$

also:

$$\varpi_1 = \omega+\omega^3+\omega^9+\omega^{27}+\omega^{13}-\omega^5-\omega^{15}+\omega^{11}+\omega^{33}+\omega^{31}+\omega^{25}+\omega^7+\omega^{21}-\omega^{29}-\omega^{19}+\omega^{23} = -\varpi_5,$$

Wurzeln der Gleichung:

$$\varpi_1^2 + 17 = 0.$$

Congruenzwurzeln mod. p.
($\varpi_1 > 0$ und $< \frac{1}{2}p$).*)

p	ϖ_1	p	ϖ_1	p	ϖ_1	p	ϖ_1	p	ϖ_1
3	1	163	31	419	54	619	93	823	387
7	2	167	22	431	198	643	84	827	195
11	4	199	88	439	185	683	260	839	50
23	11	211	48	479	221	691	126	887	263
31	13	227	94	487	38	719	197	907	52
71	14	283	41	499	116	743	72	911	168
79	33	311	43	503	140	751	67	947	433
107	25	347	32	547	146	787	306	983	147
131	30	367	152	571	211	811	226	991	77
139	20	379	143	607	181				

*) mod. p^2 hat man für

$p = 3$	$\varpi_1 \equiv 1$	$p = 11$	$\varpi_1 \equiv 15$	$p = 31$	$\varpi_1 \equiv -142$
$p = 7$	$\varpi_1 \equiv 9$	$p = 23$	$\varpi_1 \equiv 149$		

$n = 68$

Die Primfactoren der Primzahlen p

sind ideal, in zweiter Potenz wirklich, und zugleich von der Form $f^2(\omega, \varpi_1) = \phi(\varpi_1) + \overset{8}{\varpi}_1 \phi_1(\varpi_1)$, wo $\overset{8}{\varpi}_1$ die achtgliedrige Periode erster Art $\overset{8}{\varpi}_1 = \omega + \omega^9 + \omega^{13} - \omega^{15} + \omega^{33} + \omega^{25} + \omega^{21} - \omega^{19}$, $N\phi(\varpi_1) = 9p^2$, $N\phi_1(\varpi_1) = 2p^2$;*) $N_{\varpi_1} f^2(\omega, \varpi_1) = p^2$; beigefügt ist eine einfache complexe Zahl $\chi(\varpi_1)$, wofür $N\chi(\varpi_1) = 3p$.

p	$\phi(\varpi_1)$	$\phi_1(\varpi_1)$	$\chi(\varpi_1)$
3	$8 + \varpi_1$	$-1 + \varpi_1$	
7	$4 + 5\varpi_1$	$-9 + \varpi_1$	$2 - \varpi_1$
11	$1 + 8\varpi_1$	$-15 + \varpi_1$	$4 - \varpi_1$
23	$67 - 4\varpi_1$	$+15 + 7\varpi_1$	$1 + 2\varpi_1$
31	$76 - 13\varpi_1$	$+33 + 7\varpi_1$	$5 + 2\varpi_1$
71	$212 - 5\varpi_1$	$+33 + 23\varpi_1$	$14 - \varpi_1$
79	$101 + 52\varpi_1$	$-87 + 17\varpi_1$	$13 + 2\varpi_1$
107	$279 - 24\varpi_1$	$+81 + 33\varpi_1$	$7 + 4\varpi_1$
131	$151 - 88\varpi_1$	$+183 + 7\varpi_1$	$11 + 4\varpi_1$
139	$416 + 7\varpi_1$	$+33 + 47\varpi_1$	$20 - \varpi_1$
163	$472 - 31\varpi_1$	$+111 + 49\varpi_1$	$8 + 5\varpi_1$
167	$467 - 44\varpi_1$	$+135 + 47\varpi_1$	$22 - \varpi_1$
199	$236 + 133\varpi_1$	$-225 + 41\varpi_1$	$23 + 2\varpi_1$
211	$208 - 145\varpi_1$	$+297 + 7\varpi_1$	$19 + 4\varpi_1$
227	$152 - 161\varpi_1$	$+321 - \varpi_1$	$16 - 5\varpi_1$
283	$817 + 56\varpi_1$	$-15 + 97\varpi_1$	$4 - 7\varpi_1$
311	$916 - 43\varpi_1$	$+183 + 97\varpi_1$	$10 + 7\varpi_1$
347	$1016 + 55\varpi_1$	$+9 + 119\varpi_1$	$32 - \varpi_1$
367	$251 - 260\varpi_1$	$+519 - \varpi_1$	$26 - 5\varpi_1$
379	$712 + 215\varpi_1$	$-327 + 103\varpi_1$	$7 - 8\varpi_1$
419	$424 + 287\varpi_1$	$-495 + 79\varpi_1$	$13 - 8\varpi_1$
431	$764 + 253\varpi_1$	$-393 + 113\varpi_1$	$35 + 2\varpi_1$
439	$349 + 308\varpi_1$	$-543 + 73\varpi_1$	$22 + 7\varpi_1$
479	$1301 + 148\varpi_1$	$-135 + 161\varpi_1$	$37 + 2\varpi_1$
487	$1412 + 91\varpi_1$	$-15 + 167\varpi_1$	$38 - \varpi_1$
499	$953 + 280\varpi_1$	$-423 + 137\varpi_1$	$35 + 4\varpi_1$
503	$157 - 364\varpi_1$	$+705 - 23\varpi_1$	$26 + 7\varpi_1$
547	$1097 - 296\varpi_1$	$+681 + 89\varpi_1$	$37 - 4\varpi_1$
571	$463 - 400\varpi_1$	$+807 + 7\varpi_1$	$25 + 8\varpi_1$
607	$1579 - 220\varpi_1$	$+591 + 151\varpi_1$	$11 + 10\varpi_1$
619	$1016 - 377\varpi_1$	$+825 + 71\varpi_1$	$32 - 7\varpi_1$
643	$94 + 455\varpi_1$	$-849 + 61\varpi_1$	$29 - 8\varpi_1$

---

*) Hierbei ist $\phi_1(\varpi_1) = \phi(\varpi_1) \cdot \frac{1}{3}(1 + \varpi_1)$, und umgekehrt $\phi\varpi_1 = \phi_1(\varpi_1) \cdot \frac{1}{2}(1 - \varpi_1)$, weshalb die Primfactoren auch auf die Form gebracht werden können: $f^2(\omega, \varpi_1) = \phi(\varpi_1) \cdot \frac{1}{3}(1 + \overset{8}{\omega} + \overset{8}{\omega}_4) = \phi_1(\varpi_1) \cdot \frac{1}{2}(1 - \omega^{17})$, wo $\overset{8}{\varpi}_1$ die achtgliedrigen Perioden in IV, 1 bezeichnen. — Auch zeigen die beigefügten $\chi(\varpi_1)$, dass sämmtliche Primzahlen mit 3 in derselben Lage sind und liegen bei Ermittlung der $f^2(\omega, \varpi_1)$ zu Grunde, nämlich in Verbindung mit obiger Relation zwischen $\phi(\varpi_1)$ und $\phi_1(\varpi_1)$.

$n = 68$

p	$\phi(\varpi_1)$	$\phi_1(\varpi_1)$	$\chi(\varpi_1)$
683	$819 - 450\varpi_1$	$+ 941 + 41\varpi_1$	$31 - 8\varpi_1$
691	$1648 + 305\varpi_1$	$- 393 + 217\varpi_1$	$4 - 11\varpi_1$
719	$1324 + 413\varpi_1$	$- 633 + 193\varpi_1$	$10 - 11\varpi_1$
743	$1171 - 460\varpi_1$	$+ 999 + 79\varpi_1$	$23 + 10\varpi_1$
751	$2236 - 67\varpi_1$	$+ 375 + 241\varpi_1$	$14 + 11\varpi_1$
787	$512 + 559\varpi_1$	$- 999 + 119\varpi_1$	$44 + 5\varpi_1$
811	$376 - 583\varpi_1$	$+ 1143 - 23\varpi_1$	$40 + 7\varpi_1$
823	$2333 + 196\varpi_1$	$- 111 + 281\varpi_1$	$49 + 2\varpi_1$
827	$1937 + 376\varpi_1$	$- 495 + 257\varpi_1$	$47 + 4\varpi_1$
839	$2396 + 187\varpi_1$	$- 87 + 287\varpi_1$	$50 - \varpi_1$
887	$1828 - 469\varpi_1$	$+ 1089 + 151\varpi_1$	$21 + 10\varpi_1$
907	$2687 - 104\varpi_1$	$+ 495 + 287\varpi_1$	$52 - \varpi_1$
911	$1381 + 572\varpi_1$	$- 927 + 217\varpi_1$	$26 - 11\varpi_1$
947	$32 - 689\varpi_1$	$+ 1305 - 73\varpi_1$	$28 - 11\varpi_1$
983	$1283 - 644\varpi_1$	$+ 1359 + 71\varpi_1$	$46 - 7\varpi_1$
991	$2773 + 260\varpi_1$	$- 183 + 337\varpi_1$	$10 - 13\varpi_1$

V, 2. $p = 68m - 3, + 5, - 7, - 11, - 23, - 27, + 29, - 31,$

$$\varpi_r = \omega^r + \omega^{-3r} + \omega^{9r} + \omega^{-27r} + \omega^{13r} + \omega^{29r} + \omega^{-19r} + \omega^{-11r} + \omega^{33r} + \omega^{-31r} + \omega^{25r} + \omega^{-7r} + \omega^{21r} + \omega^{5r} + \omega^{-15r} + \omega^{-23r} = -\omega^{17r},$$

diese Perioden reduciren sich also auf die 4ten Einheitswurzeln, wesshalb die hierher gehörigen Primzahlen:

5, 29, 37, 41, 61, 73, 97, 109, 173, 181, 193, 197, 233, 241, 269, 277, 313, 317, 337, 397, 401, 449, 521, 541, 617, 641, 653, 673, 677, 709, 809, 821, 853, 857, 863, 877, 881, 929, 953, 997,

auch hier keine anderen Primfactoren haben als die $p = 4m + 1$ in $n = 4$.

$n = 72$

I. $p = 72m + 1$.

24 primitive Wurzeln, deren Gleichung:

$$\omega^{24} - \omega^{12} + 1 = 0,$$

woraus keine Relation zwischen ihnen und den nichtprimitiven, wohl aber $\omega^r - \omega^{13r} + \omega^{25r} = 0$ zwischen den nichtprimitiven selbst folgt.

Congruenzwurzeln mod. p.

(Vgl. $n = 36, 24; 12, 9, 8, 4, 3$, wie bei den folgenden Tafeln).

p	ω	ω^5	ω^7	ω^{11}	ω^{13}	ω^{17}
73	+5	−14	+15	+31	−28	+20
433	+203	+117	−2	−127	+128	−99
577	+130	+279	−144	−96	+124	+275
937	+233	−79	−182	−71	+299	−218

p	ω^{19}	ω^{23}	ω^{25}	ω^{29}	ω^{31}	ω^{35}
73	−11	−13	−33	+34	−26	+29
433	+35	−159	−75	+217	+37	−32
577	−235	+288	−6	−4	−91	−253
937	+245	−445	+66	−139	+427	−374

Für $p = 73$ sind die Congruenzwurzeln mod. p^3 (mit Einschluss derjenigen für die nichtprimitiven Wurzeln):

$\omega \equiv +5 + 19p + 13p^2$,	$\omega^2 \equiv +25 - 29p - 17p^2$,	$\omega^3 \equiv -21 + 33p - 14p^2$,
$\omega^4 \equiv -32 + 19p - 29p^2$,	$\omega^5 \equiv -14 - 4p + 12p^2$,	$\omega^6 \equiv +3 + 5p + 17p^2$,
$\omega^7 \equiv +15 + 9p + p^2$,	$\omega^8 \equiv +2 - 34p + 11p^2$,	$\omega^9 \equiv +10 + 14p + 17p^2$,
$\omega^{10} \equiv -23 - 31p - 26p^2$,	$\omega^{11} \equiv +31 - 10p + 4p^2$,	$\omega^{12} \equiv +9 + 30p - 19p^2$,
$\omega^{13} \equiv -28 + 30p + 12p^2$,	$\omega^{14} \equiv +6 - 19p - 31p^2$,	$\omega^{15} \equiv +30 + 19p$,
$\omega^{16} \equiv +4 + 10p + 30p^2$,	$\omega^{17} \equiv +20 - 20p + 29p^2$,	$\omega^{18} \equiv +27 - 11p + 29p^2$,
$\omega^{19} \equiv -11 + 22p + p^2$,	$\omega^{20} \equiv +18 - 27p - 13p^2$,	$\omega^{21} \equiv +17 - 11p + 24p^2$
$\omega^{22} \equiv +12 - 23p - 10p^2$,	$\omega^{33} \equiv -13 - 32p + 36p^2$,	$\omega^{24} \equiv +8 + 30p - 19p^2$,
$\omega^{25} \equiv -33 + 11p - p^2$,	$\omega^{26} \equiv -19 + 10p - 14p^2$,	$\omega^{27} \equiv -22 - 20p + 15p^2$,
$\omega^{28} \equiv +36 - 9p - 14p^2$,	$\omega^{29} \equiv +34 - 16p + 17p^2$,	$\omega^{30} \equiv +24 - 16p + 12p^2$,
$\omega^{31} \equiv -26 + 13p$,	$\omega^{32} \equiv +16 + 7p - 24p^2$,	$\omega^{33} \equiv +7 - 25p + 7p^2$,
$\omega^{34} \equiv +35 + 8p + 16p^2$,	$\omega^{35} \equiv +29 - 23p - 33p^2$,	

$n = 72$

$f(\omega)$, Primfactoren der Primzahlen p.

Wirklich nur für $p = 937$, $f(\omega) = 1 - \omega^{11} + \omega^{20}$;

Für die übrigen ideal, in 3ter Potenz $f^3(\omega)$ wirklich,

p	$f^3(\omega)$ *)
73	$1 + \omega + \omega^2 - \omega^{11}$ (oder $1 + \omega^{11} + \omega^{13} - \omega^{22} + \omega^{24}$)
433	$2 - 3\omega + 2\omega^2 - \omega^8 - 2\omega^{11} - 2\omega^{15} + \omega^{16} - \omega^{17} - \omega^{21} - \omega^{25} + \omega^{27}$
577	$2 + \omega - 4\omega^3 - 3\omega^6 - \omega^7 + 2\omega^8 + 3\omega^9 - 2\omega^{10} + 4\omega^{12} - 2\omega^{14} + 5\omega^{15} - 2\omega^{17} - 2\omega^{18}$ $- 5\omega^{21} + 3\omega^{23} - \omega^{25} + 3\omega^{26} - \omega^{34}$

II. p zum Exponenten 2 gehörig.

12 zweigliedrige Perioden, und zwar mit 7 Fällen:

II, 1. $p = 72m - 1$; $\varpi_r = \omega^r + \omega^{-r} = \omega^r - \omega^{36-r}$,

womit die 12 primitiven Perioden:

$$\pm\varpi_1, \quad \pm\varpi_5, \quad \pm\varpi_7, \quad \pm\varpi_{11}, \quad \pm\varpi_{13}, \quad \pm\varpi_{17}$$

gegeben sind, sowie durch $\varpi_1\varpi_k = \varpi_{k-1} + \varpi_{k+1}$ die fundamentalen Relationen; die nichtprimitiven Perioden sind die ϖ_{2r}, d. h. die zweigliedrigen der 36ten, ϖ_{3r}, d. h. die der 24ten Einheitswurzeln, je von der ersten Art und mit Einschluss derjenigen der 12ten, ϖ_{6r}, der 9ten ϖ_{8r}, und der 8ten ϖ_{9r}, während $\varpi_{12r} = -\varpi_{24r} = 1$, $\varpi_{18r} = 0$.

*) Für die beiden letzten p aus den Normen hergeleitet:
$N(1 - \omega^{13} - \omega^{35}) = 73 . 433$, $N(1 - \omega^6 - \omega^{21} + \omega^{31}) = 577 . 73$.

$n = 72$

Congruenzwurzeln mod. p.*)

p	ϖ_1	ϖ_5	ϖ_7	ϖ_{11}	ϖ_{13}	ϖ_{17}
71	− 21	+ 11	− 31	− 26	+ 5	− 29
359	− 81	+ 68	+ 12	+ 36	−117	+ 56
431	+180	−145	+160	+203	− 23	+126
503	−201	−207	−149	− 83	−163	− 58
647	+176	+ 83	+ 38	+245	− 69	+ 45
719	+175	+204	+277	+ 94	+ 81	− 73
863	+157	−254	−134	+279	−122	−388

$f(\varpi_1)$, Primfactoren der Primzahlen p. $Nf(\varpi_1) = -p$.

p	$f(\varpi_1)$	p	$f(\varpi_1)$	p	$f(\varpi_1)$
71	$1+\varpi_{11}-\varpi_{33}$	503	$2-\varpi_8-\varpi_{11}$	719	$1-\varpi_8+\varpi_{16}+\varpi_{15}$
359	$1+\varpi_1+\varpi_5+\varpi_7$	647	$2+\varpi_3-\varpi_7-\varpi_{15}$	863	$2-\varpi_{11}-\varpi_{33}$
431	$1-\varpi_5-\varpi_{13}-\varpi_{14}$				

II, 2. $p = 72m + 35$; $\varpi_r = \omega^r + \omega^{35r} = \omega^r + \omega^{36-r}$,

wodurch die primitiven Perioden, sowie durch $\varpi_1\varpi_k = -\varpi_{k-1} + \varpi_{k+1}$ die fundamentalen Relationen unmittelbar gegeben sind; unter den nichtprimitiven Perioden sind die ϖ_{2r} dieselben wie in II, 1, die ϖ_{3r} aber die Perioden zweiter Art der 24ten Einheitswurzeln (ebenso ϖ_{9r} der 8ten).

Congruenzwurzeln mod. p.**)

p	ϖ_1	ϖ_5	ϖ_7	ϖ_{11}	ϖ_{13}	ϖ_{17}
107	+ 14	+ 29	− 40	+ 1	+ 15	− 11
179	− 49	+ 59	+ 23	− 2	− 51	+ 82
251	+116	+ 90	+121	− 72	+ 44	− 40
467	−131	+105	−159	+ 20	−111	− 54
683	+213	− 79	+289	+ 22	+235	+210
827	−409	+ 75	−400	+220	−189	−325
971	+140	− 42	−250	−186	− 46	−292

*) Hier ist ϖ_1 vollständig bestimmt durch die lineäre Congruenz: $\varpi_1\varpi_2 \equiv \varpi_1 + \varpi_3$, überhaupt $\varpi_r\varpi_{2r} \equiv \varpi_r + \varpi_{3r}$ (mod. p), oder ebensowohl durch $\varpi_r\varpi_{3r} \equiv \varpi_{2r} + \varpi_{4r}$ (mod. p), auch als Gemeinwurzel höherer Congruenzen (vom 2ten und 3ten Grad).

**) Hier ist ϖ_1, überhaupt ϖ_r vollständig bestimmt durch eine lineäre Congruenz wie $\varpi_r\varpi_{2r} \equiv -\varpi_r + \varpi_{3r}$ (mod. p), sowie als Gemeinwurzel einer reinquadratischen und einer kubischen.

$n = 72$

Die Primfactoren der Primzahlen p
sind durchaus ideal und überdiess haben ihre 3ten Potenzen die Form $f^3(\omega, \varpi_1)$.

Normen complexer Zahlen in $\frac{2}{\varpi}$.

$$N(1-\varpi_{11}) = 3.107 = N(1-\varpi_1-\varpi_{10}),$$
$$N(\varpi_3-\varpi_{16}) = 9.73 = N(1+\varpi_{15}-\varpi_{32}),$$
$$N(\varpi_{10}-\varpi_{17}) = 8.179 = N(\varpi_9-\varpi_{11}-\varpi_{16}),$$
$$N(1+\varpi_1-\varpi_{11}-\varpi_{32}) = 179^2, \qquad N(1+\varpi_7-\varpi_{16}) = 3.251,$$
$$N(\varpi_8+\varpi_{11}) = 3.467, \qquad N(1+\varpi_1+\varpi_3) = 3.683,$$
$$N(\varpi_1+\varpi_2-\varpi_7-\varpi_{11}) = 827^2, \qquad N(\varpi_8-\varpi_{10}+\varpi_{11}) = 27.971,$$
$$N(\varpi_7+\varpi_{14}+\varpi_{32}) = 8.971.$$

II, 3. $p = 72m - 35$; $\varpi_r = \omega^r + \omega^{-35r} = 0$,

$\varpi_{2r} = 2\omega^{2r}$, d. h. 36te Einheitswurzeln, daher haben die hierher gehörigen Primzahlen:

37, 109, 181, 397, 541, 613, 757, 829,

auch hier keine anderen Primfactoren als die $p = 36m+1$ bei $n = 36$.

II, 4. $p = 72m + 19$; $\varpi_r = \omega^r + \omega^{19r}$,

also die primitiven Perioden:

$$\varpi_1 = \omega + \omega^{19}, \quad \varpi_5 = \omega^5 + \omega^{23}, \quad \varpi_7 = \omega^7 - \omega^{25}, \quad \varpi_{11} = \omega^{11} - \omega^{29},$$
$$\varpi_{13} = \omega^{13} + \omega^{31}, \quad \varpi_{17} = \omega^{17} + \omega^{35},$$

deren Product $\Pi(\varpi) = 64$; die nichtprimitiven Perioden sind ϖ_{3r}, d. h. die Perioden 7ter Art der 24ten, ϖ_{9r}, d. h. die Perioden 2ter Art der 8ten, $\varpi_{8r} = 2\omega^{8r}$, d. h. die 9ten Einheitswurzeln selbst (oder die 18ten, ϖ_{4r}), während $\varpi_{2r} = \varpi_{6r} = 0$;

fundamentale Relationen:

$$\varpi_1^2 = -2\omega^{56}, \quad \varpi_1\varpi_5 = 2\omega^{24}, \quad \varpi_1\varpi_7 = 2\omega^8, \quad \varpi_1\varpi_{11} = -2\omega^{48},$$
$$\varpi_1\varpi_{13} = 2\omega^{32}, \quad \varpi_1\varpi_{17} = -2, \quad \varpi_1\varpi_3 = -2\omega^{40}, \quad \varpi_1\varpi_{15} = 2\omega^{16} \text{ u. s. w.}$$

$n = 72$

Congruenzwurzeln mod. p.*)

p	ϖ_1	ϖ_5	ϖ_7	ϖ_{11}	ϖ_{13}	ϖ_{17}
19	+ 5	− 7	+ 2	+ 1	+ 3	− 8
163	+ 68	− 75	− 32	− 51	− 63	− 24
307	+ 31	−120	− 56	− 11	+ 87	−109
379	+127	−156	+161	−153	− 34	− 3
523	+123	+ 52	− 58	+ 18	+181	+ 34
739	−267	−255	+ 17	+174	−284	+310
811	− 56	+285	− 19	+256	− 37	+ 29
883	−111	−372	+321	− 22	−432	−350

$f(\varpi_1)$, Primfactoren der Primzahlen p.

Wirklich für $p = 163$, $f(\varpi_1) = 1 + \varpi_{17} - \omega^{32}$ und $p = 523$, $f(\varpi_1) = 1 + \varpi_{11} - \omega^{56}$.**)

Für die übrigen scheinen die Primfactoren kubisch ideal zu sein.

Normen complexer Zahlen in $\frac{2}{\varpi}$.

$N(1 - \varpi_{11}) = 3 \,.\, 19 = N(\varpi_1 + \varpi_8)$,

$N(1 + \varpi_1 - \omega^{16}) = 19 \,.\, 73$,

$N(1 + \varpi_9 + \varpi_{17}) = 307 \,.\, 19$,

$N(2 - \varpi_7 - \omega^{16}) = 3 \,.\, 739$;

$N(1 + \varpi_{11} + \omega^8) = 9 \,.\, 577$.

$N(1 - \varpi_7 + \varpi_{11}) = 9 \,.\, 19^2$,

$N(\varpi_1 + \varpi_{11} + \omega^{56}) = 3 \,.\, 307$,

$N(\varpi_5 + \varpi_7 + \omega^8 - \omega^{16}) = 379 \,.\, 19$,

$N(1 + \varpi_7 - \varpi_{17}) = 9 \,.\, 73$,

*) Hier ist ϖ_1, überhaupt ϖ_r, vollständig bestimmt durch eine lineäre Congruenz, wie $\varpi_r \varpi_{3r} \equiv 2\omega^{4r} \equiv -2\omega^{40r}$ (mod. p), desgl. als Gemeinwurzel.

**) Zur Vermeidung des Coefficienten $\frac{1}{2}$ ist $2\omega^{8r}$ für ϖ_{8r} gesetzt.

$n = 72$

II, 5. $p = 72m - 19$; $\varpi_r = \omega^r + \omega^{-19r}$,

also die primitiven Perioden:

$\varpi_1 = \omega - \omega^{17}$, $\varpi_5 = \omega^5 - \omega^{13}$, $\varpi_7 = \omega^7 + \omega^{11}$, $\varpi_{19} = \omega^{19} - \omega^{35}$,

$\varpi_{23} = \omega^{33} - \omega^{31}$, $\varpi_{25} = \omega^{25} + \omega^{29}$,

deren Product $\Pi(\varpi) = 9$; die nichtprimitiven Perioden sind die ϖ_2, d. h. die zweigliedrigen Perioden 2ter Art der 36ten (ϖ_{8r} die Perioden der 9ten), ϖ_{3r}, d. h. die Perioden 6ter Art der 24ten (während $\varpi_{9r} = 0$, $\varpi_{12r} = -\varpi_{24r} = 1$, $\varpi_{18r} = 2\omega^{18r} = 2\varpi_{6r}$);

fundamentale Relationen:

$\varpi_1^2 = -2\omega^{18} + \varpi_2$, $\varpi_1\varpi_5 = \omega^{18} - \varpi_{14}$, $\varpi_1\varpi_7 = 1 + \varpi_8$,

$\varpi_1\varpi_{19} = 2 - \varpi_{16}$, $\varpi_1\varpi_{23} = -1 - \varpi_{32}$, $\varpi_1\varpi_{25} = \omega^{18} + \varpi_{10}$;

$\varpi_1\varpi_3 = \varpi_{16} - \varpi_{32}$, $\varpi_1\varpi_{21} = 2 + \varpi_{14}$; $\varpi_1\varpi_2 = \varpi_3 - \varpi_{19}$,

$\varpi_1\varpi_{10} = \varpi_7$, $\varpi_1\varpi_{14} = \varpi_3 + \varpi_{23}$; $\varpi_1\varpi_6 = -1$;

$\varpi_1\varpi_8 = -\varpi_{25}$, $\varpi_1\varpi_{16} = -\varpi_1 - \varpi_{21}$, $\varpi_1\varpi_{32} = -\varpi_5 + \varpi_{21}$,

Congruenzwurzeln mod. p.*)

p	ϖ_1	ϖ_5	ϖ_7	ϖ_{19}	ϖ_{23}	ϖ_{25}
53	+ 25	+ 22	− 21	+ 8	+ 24	+ 6
197	− 52	− 30	− 34	− 60	+ 26	+ 82
269	+ 22	− 59	+ 75	+ 79	− 4	+ 37
557	−249	−216	−273	−139	−134	− 92
701	+323	+275	+115	+143	− 28	+103
773	+238	+ 53	−260	+308	+205	−291

Die Primfactoren der Primzahlen p
sind wirklich, aber in der hier nicht ermittelten Form $f(\omega, \varpi_1)$.

*) Hier ist ϖ_1 die gemeinschaftliche Wurzel der Congruenzen:

$\varpi_1^2 \equiv -2\omega^{18} + \varpi_2$, $\varpi_1\varpi_2 + \varpi_{19} \equiv \varpi_3$, $\varpi_1\varpi_{19} \equiv 2 - \varpi_{16}$ (mod. p)

(oder diejenige Wurzel der ersten Congruenz, welche überhaupt mit den übrigen fundamentalen Relationen stimmt.)

$n = 72$

Normen complexer Zahlen in ϖ.

$N(1-\varpi_{23}) = 73$, $N(\varpi_{14}+\varpi_{21}-\varpi_{25}) = 8.53$, $N(\varpi_2+\varpi_{14}-\varpi_{25}) = 9.53^2$,
$N(1-\varpi_5-\varpi_7) = 53^2$, $N(\varpi_2+\varpi_{25}) = 8.197$, $N(2\varpi_5-\varpi_{19}) = 9.197^2$,
$N(2+\varpi_8-\varpi_{25}) = 53.269$, $N(1+2\varpi_8+\varpi_{21}) = 8.73.557$,
$N(\varpi_2-\varpi_8+\varpi_{19}) = 5^3.53$, $N(1+\varpi_3+\varpi_5+\varpi_{21}) = 557.197$,
$N(1-\varpi_5-\varpi_{10}+\varpi_{32}) = 53.773$.

II, 6. $p = 72m + 17$; $\varpi_r = \omega^r + \omega^{17r}$,

also die primitiven Perioden:

$$\varpi_1 = \omega + \omega^{17}, \quad \varpi_5 = \omega^5 + \omega^{13}, \quad \varpi_7 = \omega^7 - \omega^{11}, \quad \varpi_{19} = \omega^{19} + \omega^{35},$$
$$\varpi_{23} = \omega^{23} + \omega^{31}, \quad \varpi_{25} = \omega^{25} - \omega^{29},$$

$\Pi(\varpi) = 1$; die nichtprimitiven Perioden sind die ϖ_{2r}, dieselben wie in II, 5, sowie ϖ_{8r}, dagegen $\varpi_{3r} = -\omega^{27r}$ die 24ten Einheitswurzeln, sowie $\varpi_{9r} = 2\omega^{9r}$ (während $\varpi_{18r} = 2\omega^{18r} = 2\varpi_{6r}$ wie II, 5);

fundamentale Relationen:

$$\varpi_1^2 = 2\omega^{18} + \varpi_2, \quad \varpi_1\varpi_5 = \omega^{18} + \varpi_{14}, \quad \varpi_1\varpi_7 = -1 + \varpi_8,$$
$$\varpi_1\varpi_{19} = -2 - \varpi_{16}, \quad \varpi_1\varpi_{23} = -1 + \varpi_{32}, \quad \varpi_1\varpi_{25} = -\omega^{18} + \varpi_{10};$$
$$\varpi_1\varpi_2 = -\omega^{27} + \varpi_{19}, \quad \varpi_1\varpi_{10} = 2\omega^{27} - \varpi_7, \quad \varpi_1\varpi_{14} = \omega^{27} + \varpi_{23},$$
$$\varpi_1\varpi_8 = 2\omega^9 + \varpi_{25}, \quad \varpi_1\varpi_{16} = -\omega^9 + \varpi_1, \quad \varpi_1\varpi_{32} = -\omega^9 - \varpi_5.$$

Congruenzwurzeln mod. p.*)

p	ϖ_1	ϖ_5	ϖ_7	ϖ_{19}	ϖ_{23}	ϖ_{25}
17	+ 6	− 8	+ 5	+ 7	+ 2	+ 3
89	− 34	+ 42	+ 3	− 1	− 4	− 13
233	− 27	+ 68	+ 67	+ 73	+ 6	+ 95
449	+ 6	+ 32	−167	− 47	+120	+ 36
521	+134	+ 39	− 78	+230	−213	− 95
593	− 24	+235	+219	+ 69	+288	−259
809	+ 73	+271	−138	+247	+385	+198
881	+ 96	−191	− 63	−150	− 87	−287
953	+ 91	+388	−240	−196	+ 44	+297

*) Hier ist ϖ_1 (ähnlich wie II, 5) die gemeinschaftliche Wurzel der Congruenzen:
$$\varpi_1^2 \equiv -2\omega^{18} + \varpi_2, \quad \varpi_1\varpi_2 - \varpi_{19} \equiv -\omega^{27}, \quad \varpi_1\varpi_{19} \equiv -2 - \varpi_{16} \pmod{p}.$$

$n = 72$

$f(\varpi_1)$, Primfactoren der Primzahlen p

wirklich für $p = 89 \;\; f(\varpi_1) = 1 + \varpi_{19}$; $\quad p = 593$, $f(\varpi_1) = 1 - \varpi_{10} + \varpi_{22} + \omega^9$;
$p = 881$, $f(\varpi_1) = 1 + \varpi_2 - \varpi_{23} - \omega^{18}$;

kubisch ideal für die übrigen.

Normen complexer Zahlen in $\mathfrak{z}$.

$$N(2 - \varpi_{23}) = 17 . 577, \quad N(1 - \varpi_1 + \varpi_7) = 9 . 17^2, \quad N(\omega^9 + \varpi_{23}) = 17^3,$$
$$N(\varpi_1 + \varpi_2) = 17 . 73, \quad N(1 - \varpi_5 + \varpi_7) = 233 . 17, \quad N(1 + \varpi_7 - \varpi_{10}) = 9 . 449,$$
$$N(1 - \varpi_1 + \varpi_2 - \varpi_8) = 17 . 449, \quad N(1 + \omega^9 - \varpi_{14}) = 9 . 17,$$
$$N(1 + \varpi_{14} + \varpi_{16} + \omega^9 + \omega^{27}) = 809 . 17, \quad N(2 - \varpi_{10} - \varpi_{19} - \varpi_{25}) = 953 . 73.$$

II, 7. $\quad p = 72m - 17$; $\quad \varpi_r = \omega^r + \omega^{-17r}$,

also die primitiven Perioden:

$$\varpi_1 = \omega - \omega^{19}, \quad \varpi_5 = \omega^5 - \omega^{23}, \quad \varpi_7 = \omega^7 + \omega^{25}, \quad \varpi_{11} = \omega^{11} + \omega^{29},$$
$$\varpi_{13} = \omega^{13} - \omega^{31}, \quad \varpi_{17} = \omega^{17} - \omega^{35},$$

$\Pi(\varpi) = 64$; die nichtprimitiven Perioden sind ϖ_{3r}, d. h. die Perioden 4ter Art der 24ten, ϖ_{9r} die 1ter Art der 8ten Wurzeln, $\varpi_{8r} = 2\omega^{8r}$ die 9ten Einheitswurzeln selbst, während $\varpi_{2r} = \varpi_{6r} = 0$;

fundamentale Relationen:

$$\varpi_1^2 = 2\omega^{56}, \quad \varpi_1\varpi_5 = -2\omega^{24}, \quad \varpi_1\varpi_7 = 2\omega^8, \quad \varpi_1\varpi_{11} = 2\omega^{12},$$
$$\varpi_1\varpi_{13} = -2\omega^{32}, \quad \varpi_1\varpi_{17} = 2: \quad \varpi_1\varpi_3 = -2\omega^{40}, \quad \varpi_1\varpi_{15} = 2\omega^{16};$$
$$\varpi_1\varpi_8 = 2\varpi_9.$$

Congruenzwurzeln mod. p.*)

p	ϖ_1	ϖ_5	ϖ_7	ϖ_{11}	ϖ_{13}	ϖ_{17}
127	− 43	+ 57	− 55	+ 60	+ 29	+ 3
199	+ 64	+ 22	− 82	− 34	+ 18	+ 56
271	+ 76	+122	+ 36	+ 15	− 40	−107
487	+193	−121	− 28	−174	+165	+ 53
631	+158	+287	−147	−279	+ 11	+ 8
919	+434	− 68	−407	+140	+ 27	+ 72
991	− 6	− 38	−307	+368	−313	+330

*) Hier ist ϖ_1 lineär vollständig bestimmt durch $\varpi_1\varpi_3 \equiv 2\omega^{40}$ (allgemein $\varpi_r\varpi_{3r} \equiv -2\omega^{40r}$) oder $\varpi_1\omega^8 \equiv \varpi_9$ (mod. p), sowie als Gemeinwurzel höherer Congruenzen.

$n = 72$

$f(\varpi_1)$, Primfactoren der Primzahlen p.*)

p	$f(\varpi_1)$	p	$f(\varpi_1)$	p	$f(\varpi_1)$
127	$1 - \varpi_{11} - \omega^{16}$	487	$1 + \varpi_{17} + \omega^{32} + \omega^{40}$	919	$1 + \varpi_5 - \varpi_{15}$
199	$1 - \varpi_5 - \omega^{32}$	631	$1 + \varpi_7 - \omega^{64}$	991	$1 + \varpi_{13} + \varpi_{15}$
271	$1 + \varpi_{17} + \omega^{32}$				

III. p zum Exponenten 3 gehörig,

$$p = 72m - 23, + 25;$$

8 dreigliedrige Perioden:

$$\varpi_r = \omega^r + \omega^{25r} + \omega^{-23r} = 0,$$

$\varpi_{2r} = 0$, $\varpi_{3r} = 3\omega^{3r}$, d. h. 24te Wurzeln, daher haben die hierher gehörigen Primzahlen:

97, 193, 241, 313, 337, 409, 457, 601, 673, 769,

auch hier nur die Primfactoren der $p = 24m + 1$ in $n = 24$.

IV. p zum Exponenten 6 gehörig.

4 sechsgliedrige Perioden, und zwar mit 7 Fällen, in welchen allen

$$\varpi_r = \varpi_{2r} = 0:$$

IV, 1. $p = 72m + 23, - 25$; $\varpi_{3r} = 3(\omega^{3r} + \omega^{-3r})$,

d. h. Perioden erster Art der 24ten Einheitswurzeln, daher haben die hierher gehörigen Primzahlen:

23, 47, 167, 191, 239, 263, 311, 383, 479, 599, 743, 839, 887, 911, 983

auch hier keine anderen Primfactoren als die $p = 24m - 1$ in $n = 24$.

*) Zur Vermeidung des Coefficienten $\frac{1}{2}$ ist $2\omega^{8r}$ anstatt ϖ_{8r} gesetzt.

$n = 72$

IV, 2. $p = 72m + 11, -13$;

$\varpi_{3r} = 3(\omega^{3r} + \omega^{33r})$, d. h. Perioden 2ter Art der 24ten Wurzeln; wesshalb die hierher gehörigen Primzahlen:

11, 59, 83, 131, 227, 347, 419, 443, 491, 587, 659, 947

auch hier nur die Primfactoren der $p = 24m + 11$ in $n = 24$ haben.

IV, 3. $p = 72m - 11, +13$;

$\varpi_{3r} = 0$, $\varpi_{6r} = 6\omega^{6r}$, d. h. 12te Einheitswurzeln, wesshalb die hierher gehörigen Primzahlen:

13, 61, 157, 229, 277, 349, 373, 421, 661, 709, 733, 853, 877, 997,

auch hier nur die Primfactoren der $p = 12m + 1$ in $n = 12$ haben.

IV, 4. $p = 72m + 7, +31$;

$\varpi_{3r} = 3(\omega^{3r} + \omega^{21r})$, d. h. Perioden 4ter Art der 24ten Wurzeln, wesshalb die Primzahlen:

7, 31, 79, 103, 151, 223, 367, 439, 463, 607, 727, 751, 823, 967,

keine anderen Primfactoren haben als die $p = 24m + 7$ in $n = 24$.

IV, 5. $p = 72m - 7, -31$;

$\varpi_{3r} = -3\omega^{27r}$, d. h. 8te Einheitswurzeln, daher haben die hierher gehörigen Primzahlen:

41, 137, 257, 281, 353, 401, 569, 617, 641, 761, 857, 929, 977

auch hier nur die Primfactoren der Primzahlen $p = 8m + 1$.

$n = 72$

IV, 6. $p = 72m + 5, + 29$;

$\varpi_{3r} = 3(\omega^{3r} + \omega^{15r})$, d. h. die Perioden 6ter Art der 24ten Wurzeln; wesshalb die Primzahlen:

5, 29, 101, 149, 173, 293, 317, 389, 461, 509, 653, 677, 797, 821, 941,

auch hier nur die Primfactoren der $p = 24m + 5$ haben.

IV, 7. $p = 72m - 5, - 29$;

$\varpi_{3r} = 3(\omega^{3r} + \omega^{-15r})$, d. h. die Perioden 7ter Art der 24ten Wurzeln, wesshalb die Primzahlen:

43, 67, 139, 211, 283, 331, 499, 547, 571, 619, 643, 691, 787, 859, 907,

auch hier nur die Primfactoren der $p = 24m - 5$ haben.

$n = 76$

I. $p = 76m + 1$.

36 primitive Wurzeln, deren Gleichung:

$$\omega^{36} - \omega^{34} + \omega^{32} - \omega^{30} + \omega^{28} - \omega^{26} + \omega^{24} - \omega^{22} + \omega^{20} - \omega^{18} + \omega^{16} - \omega^{14} + \omega^{12} - \omega^{10} + \omega^{8} - \omega^{6} + \omega^{4} - \omega^{2} + 1 = 0,$$

wodurch sich von den nichtprimitiven, d. h. den 19ten und 4ten Einheitswurzeln, die letzteren durch die primitiven ausdrücken lassen, indem

$$\omega^{19} = \omega - \omega^{3} + \omega^{5} - \omega^{7} + \omega^{9} - \omega^{11} + \omega^{13} - \omega^{15} + \omega^{17} + \omega^{21} - \omega^{23} + \omega^{25} - \omega^{27} + \omega^{29} - \omega^{31} + \omega^{33} - \omega^{35} + \omega^{37}.$$

Congruenzwurzeln mod. p.

(Vgl. $\lambda = 19$ und $n = 4$, so wie für die folgenden Tafeln).

p	ω	ω^3	ω^5	ω^7	ω^9	ω^{11}	ω^{13}	ω^{15}	ω^{17}
229	+ 84	+ 52	+ 54	− 32	+ 2	− 89	+ 34	− 88	−109
457	+100	+ 84	+ 34	− 8	− 25	− 21	+220	+ 2	−108
761	+309	−341	+364	+214	+ 84	+225	+195	+169	+ 45

p	ω^{21}	ω^{23}	ω^{25}	ω^{27}	ω^{29}	ω^{31}	ω^{33}	ω^{35}	ω^{37}
229	− 21	− 13	+101	+ 8	+114	− 93	+106	+ 22	− 30
457	− 55	+228	+ 27	− 87	+128	− 57	−121	+136	− 32
761	+186	+ 9	+160	−115	+154	+ 32	− 23	+183	−298

Die Primfactoren der Primzahlen p

sind sämmtlich **ideal**, in 19ter Potenz wirklich, wie die Primzahlen in II, 2, was aus den dortigen Normen hervorgeht.

$n = 76$

II. p zum Exponenten 2 gehörig.

18 zweigliedrige Perioden, und zwar mit 3 Fällen:

II, 1. $p = 76m - 1$;

$$\varpi_r = \omega^r + \omega^{-r} = \omega^r - \omega^{38-r},$$

$\varpi_1 \varpi_k = \varpi_{k-1} + \varpi_{k+1}$; die nichtprimitiven Perioden sind ϖ_{4r}, d. h. die zweigliedrigen Perioden der 19ten Einheitswurzeln (oder ϖ_{2r} der 38ten), während $\varpi_{19r} = 0$; das Produkt der primitiven $\Pi(\varpi_r) = 19$.

Congruenzwurzeln mod. p.*)

p	ϖ_1	ϖ_3	ϖ_5	ϖ_7	ϖ_9	ϖ_{11}	ϖ_{13}	ϖ_{15}	ϖ_{17}
151	56	− 14	+ 9	− 17	+ 16	+ 29	− 32	− 53	+ 30
227	29	+ 13	− 18	+ 94	−112	− 84	+ 6	−103	+ 64
379	6	−181	− 96	− 51	−122	+ 72	− 83	+138	−152
607	302	+ 77	−131	+ 42	−162	+221	−238	+ 23	+ 92
683	334	−314	+ 48	+186	+139	−329	+283	−198	+245
911	384	−342	−336	−378	+437	+ 13	−279	+170	+383

$f(\varpi_1)$, Primfactoren der Primzahlen p. $Nf(\varpi_1) = -p$.

p	$f(\varpi_1)$	p	$f(\varpi_1)$	p	$f(\varpi_1)$
151	$1-\varpi_3-\varpi_{24}$	379	$1+\varpi_1-\varpi_{11}-\varpi_{12}$	683	$1+\varpi_5-\varpi_{12}+\varpi_{36}$
227	$1-\varpi_5-\varpi_{24}$	607	$1-\varpi_9+\varpi_{28}$	911	$1-\varpi_3-\varpi_{20}$

*) Hier ist ϖ_1 diejenige Wurzel der Congruenz $\varpi_1^2 \equiv 2 - \varpi_{36}$, welche > 0 und $< \frac{1}{2}p$.
Was $\lambda = 19$, II. η_0, η_1, η_2, η_3, η_4, η_5, η_6, η_7, η_8,
heisst hier ϖ_4, ϖ_8, ϖ_{16}, ϖ_{32}, ϖ_{12}, ϖ_{24}, ϖ_{28}, ϖ_{20}, ϖ_{36} resp.

$$n = 76$$

II, 2. $p = 76m + 37$;

$$\varpi_r = \omega^r + \omega^{37r} = \omega^r + \omega^{38-r};$$

$\varpi_1 \varpi_k = -\varpi_{k-1} + \varpi_{k+1}$; $\Pi(\varpi_r) = -1$; die nichtprimitiven sind die ϖ_{4r} wie in II, 1 und $\varpi_{19r} = 2\omega^{19r}$, d. h. die 4ten Wurzeln.

Congruenzwurzeln mod. p.*)

p	ϖ_1	ϖ_3	ϖ_5	ϖ_7	ϖ_9	ϖ_{11}	ϖ_{13}	ϖ_{15}	ϖ_{17}
37	− 2	− 14	− 8	+ 3	− 11	+ 5	+ 4	− 18	− 1
113	+37	+ 27	+ 29	− 44	− 11	− 8	+ 4	− 45	− 1
569	−80	−140	− 25	− 21	−133	−221	−175	+232	−220
797	+57	−337	+231	−253	−230	+109	− 76	−115	+ 4

Die Primfactoren der Primzahlen p
sind sämmtlich ideal wie die der $p = 76m + 1$, gemäss folgender Normen:

$N(1 + \varpi_{17}) = 37.113$, $N(1 + \varpi_{11} - \varpi_{17}) = 569.37$, $N(1 - \varpi_5 - \varpi_9) = 797.37$,
$N(1 + \varpi_{12} + \varpi_{13}) = 37.229$, $N(\varpi_4 + \varpi_7) = 37.457$, $N(\varpi_1 + \varpi_2 + \varpi_{32}) = 37^2.761$ **)

II, 3. $p = 76m - 37$;

$$\varpi_r = \omega^r + \omega^{-37r} = 0,$$

$\varpi_{4r} = 2\omega^{4r}$, d. h. 19te Einheitswurzeln, wesshalb die hierher gehörigen Primzahlen:

191, 419, 571, 647

auch hier keine andern Primfactoren haben als die $p = 19m + 1$ in $\lambda = 19$.

*) Hier ist ϖ_1 als die gemeinschaftliche Wurzel der Congruenz: $\varpi_1^2 \equiv -2 - \varpi_{36}$ (mod. p), und eines Systems von 9 Congruenzen, deren erste:

$$\varpi_1 - \varpi_3 + \varpi_5 - \varpi_7 + \varpi_9 - \varpi_{11} + \varpi_{13} - \varpi_{15} + \varpi_{17} \equiv \omega^{19} \text{ (mod. } p),$$

sowie durch die lineäre Congruenz $\varpi_1 \omega^{19} \equiv \varpi_{20}$ (mod. p) völlig bestimmt.

**) In letzterer ist nämlich nur einer der 18 conjugirten Factoren $\equiv 0$ (mod. 37), so dass also $\varpi_1 + \varpi_2 + \varpi_{32}$ das Quadrat des idealen Primfactors von 37 enthält.

$n = 76$

III. p zum Exponenten 3 gehörig,

$p = 76m - 27, -31$.

12 dreigliedrige Perioden:

$$\varpi_r = \omega^r + \omega^{-27r} + \omega^{-31r},$$

also die primitiven Perioden:

$$\varpi_1 = \omega - \omega^{11} - \omega^7, \quad \varpi_3 = \omega^3 - \omega^{33} - \omega^{21}, \quad \varpi_5 = \omega^5 + \omega^{17} - \omega^{35},$$
$$\varpi_9 = \omega^9 - \omega^{23} + \omega^{25}, \quad \varpi_{13} = \omega^{13} + \omega^{29} - \omega^{15}, \quad \varpi_{27} = \omega^{27} + \omega^{31} - \omega^{37},$$

deren Product $\Pi(\varpi_r) = 49$ ist; die nichtprimitiven Perioden sind die ϖ_{4r}, d. h. die dreigliedrigen Perioden der 19ten und $\varpi_{19r} = 3\omega^{19r}$, d. h. die 4ten Einheitswurzeln.

Fundamentale Relationen:

$$\varpi_1^2 = -2\varpi_8 - \varpi_{40}, \quad \varpi_1\varpi_3 = \varpi_4 + \varpi_{32} + \varpi_{40}, \quad \varpi_1\varpi_5 = -\varpi_1 - \varpi_8 - \varpi_{16},$$
$$\varpi_1\varpi_9 = -\varpi_{16} - \varpi_{20} - \varpi_{32}, \quad \varpi_1\varpi_{13} = -\varpi_{16} - \varpi_{20} - \varpi_{40},$$
$$\varpi_1\varpi_{27} = 3 + \varpi_4 + \varpi_{32}; \quad \varpi_1\varpi_4 = \varpi_5 - \varpi_7 + \varpi_{13}, \quad \varpi_1\varpi_8 = -3\omega^{19} + \varpi_9 + \varpi_{13},$$
$$\varpi_1\varpi_{16} = \varpi_5 + \varpi_9 - \varpi_{27}, \quad \varpi_1\varpi_{20} = -\varpi_3 - 2\varpi_{27}, \quad \varpi_1\varpi_{32} = \varpi_1 - 2\varpi_3,$$
$$\varpi_1\varpi_{40} = -\varpi_3 + \varpi_9 + \varpi_{13}; \quad \varpi_1\varpi_{19} = -3\varpi_{20}.$$

Congruenzwurzeln mod. p.*)

p	ϖ_1	ϖ_3	ϖ_5	ϖ_9	ϖ_{13}	ϖ_{27}
197	+ 95	− 6	− 68	+ 26	+ 65	− 59
277	−107	−123	+ 33	− 55	− 1	− 67
349	−137	−145	−133	−126	+ 12	−103
353	−145	− 17	−155	+ 93	+142	− 90
577	−211	+ 8	+255	+262	+201	− 54
653	+ 23	−186	− 81	+140	+233	− 3
733	− 5	−318	−333	+261	− 54	−193
809	+ 95	−376	+184	−188	+ 21	− 3
881	+281	+314	+388	−437	−251	+ 54

*) Hier ist ϖ_1 völlig bestimmt durch $\varpi_1\omega^{19} \equiv \varpi_{20}$ (mod. p), sowie als die gemeinschaftliche Wurzel der Congruenz $\varpi_1^2 \equiv -2\varpi_8 - \varpi_{40}$ (mod. p), und eines Systems von 6 Congruenzen, deren erste (zureichende) $\varpi_1 - \varpi_3 + \varpi_5 + \varpi_9 + \varpi_{13} - \varpi_{27} \equiv \omega^{19}$ (mod. p). Was hier $\varpi_4, \varpi_8, \varpi_{16}, \varpi_{20}, \varpi_{32}, \varpi_{40}$ heisst $\lambda = 19$, III. resp. $\eta_0, \eta_1, \eta_2, \eta_4, \eta_3, \eta_5$.

$n = 76$

$f(\varpi_1)$, Primfactoren der Primzahlen p.*)

p	$f(\varpi_1)$	p	$f(\varpi_1)$	p	$f(\varpi_1)$
197	$1-\varpi_3+\varpi_9+\varpi_{16}$	353	$1-\varpi_5+\varpi_{16}$	733	$1+\varpi_1+\varpi_{32}$
277	$1+\varpi_{13}$	577	$1+\varpi_3-\varpi_{13}+\varpi_{40}$	809	$1+\varpi_5+\varpi_9-\varpi_{27}$
349	$1+\varpi_1-\omega^{19}$	653	$1-\varpi_1-\varpi_9-\varpi_{20}$	881	$1-\varpi_5-\omega^{19}$

IV. p zum Exponenten 6 gehörig.

6 sechsgliedrige Perioden, und zwar mit 3 Fällen.

IV, 1. $p = 76m + 27, + 31$;

$$\varpi_r = \omega^r + \omega^{27r} + \omega^{-31r} + \omega^{-r} + \omega^{-27r} + \omega^{31r},$$

also die primitiven Perioden:

$$\varpi_1 = \omega + \omega^{27} - \omega^7 - \omega^{37} - \omega^{11} + \omega^{31}, \qquad \varpi_3 = \omega^3 + \omega^5 - \omega^{21} - \omega^{35} - \omega^{33} + \omega^{17},$$
$$\varpi_9 = \omega^9 + \omega^{15} + \omega^{25} - \omega^{29} - \omega^{23} - \omega^{13},$$

deren Product $\Pi(\varpi) = -19$ oder $N(\varpi_1) = -19$; die nichtprimitiven Perioden sind die ϖ_{4r}, d. h. die sechsgliedrigen Perioden der 19ten Einheitswurzeln, während $\varpi_{19r} = 0$ ist;

fundamentale Relationen:

$$\varpi_1^2 = 7 + 3\varpi_4 - \varpi_8, \qquad \varpi_1\varpi_3 = \varpi_4 - \varpi_8, \qquad \varpi_1\varpi_9 = \varpi_{16} - \varpi_4;$$
$$\varpi_1\varpi_4 = 2\varpi_1 + \varpi_3 - \varpi_9, \qquad \varpi_1\varpi_8 = -3\omega^{19} - 2\varpi_1 - \varpi_3, \qquad \varpi_1\varpi_{16} = -\varpi_1 + \varpi_9,$$

Congruenzwurzeln mod. p.**)

p	ϖ_1	ϖ_3	ϖ_9	p	ϖ_1	ϖ_3	ϖ_9	p	ϖ_1	ϖ_3	ϖ_9
31	10	+ 7	+ 5	179	4	− 30	+ 78	563	212	−114	−190
103	37	−46	− 6	331	63	− 86	+153	787	146	+ 43	+150
107	2	+43	+29	487	3	+215	− 32	863	317	−165	− 59

---

*) Zur Vermeidung des Coefficienten $\frac{1}{3}$ ist $3\omega^{19r}$ für ϖ_{19r} gesetzt.

**) Hier ist ϖ_1 diejenige Wurzel der Congruenz $\varpi_1^2 \equiv 7 + 3\varpi_4 - \varpi_8 \pmod{p}$, welche > 0 und $< \frac{1}{2}p$ ist. Was hier ϖ_4, ϖ_8, ϖ_{16}, heisst $\lambda = 19$, IV. resp. η_0, η_1, η_2.

$n = 76$

$f(\varpi_1)$, Primfactoren der Primzahlen p. $Nf(\varpi_1) = -p$.

p	$f(\varpi_1)$	p	$f(\varpi_1)$	p	$f(\varpi_1)$
31	$1-\varpi_4-\varpi_9$	179	$4-\varpi_1$	563	$1+\varpi_3-\varpi_8$
103	$2+\varpi_1+\varpi_3-\varpi_4+\varpi_9$	331	$\varpi_8+\varpi_9$	787	$4+\varpi_1-\varpi_9$
107	$2-\varpi_1$	487	$3-\varpi_1$	863	$3+\varpi_1+\varpi_8$

IV, 2. $p = 76m - 7, -11$;

$$\varpi_r = \omega^r + \omega^{-7r} + \omega^{-27r} + \omega^{37r} + \omega^{-31r} + \omega^{-11r},$$

also die primitiven Perioden

$$\varpi_1 = \omega - \omega^{31} - \omega^{11} + \omega^{37} - \omega^7 - \omega^{27}, \qquad \varpi_3 = \omega^3 - \omega^{17} - \omega^{33} + \omega^{35} - \omega^{21} - \omega^5,$$
$$\varpi_9 = \omega^9 + \omega^{13} - \omega^{23} + \omega^{29} + \omega^{25} - \omega^{15},$$

deren Product $\Pi(\varpi) = 49$ ist; die nichtprimitiven Perioden sind die ϖ_{4r} wie in IV, 1 und $\varpi_{19r} = 6\omega^{19r}$;

fundamentale Relationen:

$$\varpi_1^2 = -4 + \varpi_{16}, \quad \varpi_1\varpi_3 = -1 + 2\varpi_4 + \varpi_{16}, \quad \varpi_1\varpi_9 = 1 - \varpi_8 - 2\varpi_{16};$$
$$\varpi_1\varpi_4 = \omega^{19} + \varpi_1 - 2\varpi_3, \quad \varpi_1\varpi_8 = \omega^{19} + \varpi_3, \quad \varpi_1\varpi_{16} = \omega^{19} - \varpi_3;$$
$$\varpi_1\varpi_{19} = 6\varpi_8.$$

Congruenzwurzeln mod. p*)

p	ϖ_1	ϖ_3	ϖ_9	p	ϖ_1	ϖ_3	ϖ_9	p	ϖ_1	ϖ_3	ϖ_9
293	−109	+ 84	+ 55	521	+ 33	+ 2	+204	677	− 98	+ 5	+77
373	+ 24	+106	− 22	601	+ 9	−193	− 77	829	−271	+244	−68
449	+ 17	−125	− 75	673	+293	− 53	−288	977	+112	+453	+89

*) Hier ist ϖ_1 die gemeinschaftliche Wurzel der Congruenz $\varpi_1^2 \equiv -4 + \varpi_{16}$ (mod. p), und des Congruenzensystems $\varpi_1 - \varpi_3 + \varpi_9 \equiv \omega^{19}$, $-\varpi_1\varpi_3 - \varpi_3\varpi_9 + \varpi_1\varpi_9 \equiv +6$, $\varpi_1\varpi_3\varpi_9 = 3\omega^{19}$ (mod. p), aber auch völlig bestimmt durch $\varpi_1\omega^{19} \equiv \varpi_8$ (mod. p).

$n = 76$

$f(\varpi_1)$, Primfactoren der Primzahlen p.

p	$f(\varpi_1)$	p	$f(\varpi_1)$	p	$f(\varpi_1)$
293	$1-\varpi_1-2\varpi_9$	521	$2-\varpi_1$	677	$3-\varpi_1+\varpi_3-\varpi_4-\varpi_9$
373	$2-\varpi_1-\varpi_9$	601	$\varpi_1+\varpi_4$	829	$2-\varpi_1+2\varpi_3-\varpi_9$
449	$3+\varpi_1-\varpi_3-\varpi_4+\varpi_9+\varpi_{16}$	673	$3-\varpi_9+\varpi_{16}$	977	$3-\varpi_1+\varpi_8$

IV, 3. $p = 76m+7, +11$;

$$\varpi_r = \omega^r + \omega^{7r} + \omega^{-27r} + \omega^{-37r} + \omega^{-31r} + \omega^{11r} = 0,$$

während $\varpi_{4r} = 2(\omega^{4r} + \omega^{28r} + \omega^{44r})$ auf die dreigliedrigen Perioden der 19ten Einheitswurzeln zurückkommt, daher haben die hierher gehörigen Primzahlen:

7, 11, 83, 163, 239, 311, 463, 467, 619, 671, 919,

auch hier keine anderen Primfactoren als die $p = 19m+7, -8$ bei $\lambda = 19$.

V. p zum Exponenten 9 gehörig;

$$p = 76m-3, +5, +9, -15, +17, +25.$$

4 neungliedrige Perioden:

$$\varpi_r = \omega^r + \omega^{-3r} + \omega^{9r} + \omega^{-27r} + \omega^{5r} + \omega^{-15r} + \omega^{-31r} + \omega^{17r} + \omega^{25r}, \quad \text{also:}$$

$$\varpi_1 = \omega - \omega^{35} + \omega^9 - \omega^{11} + \omega^5 - \omega^{23} - \omega^7 + \omega^{17} + \omega^{25},$$

$$\varpi_3 = \omega^3 - \omega^{29} + \omega^{27} - \omega^{33} + \omega^{15} + \omega^{31} - \omega^{21} - \omega^{13} - \omega^{37},$$

Wurzeln der Gleichung:

$$\varpi^4 - 9\varpi^2 + 25 = 0;$$

die nichtprimitiven Perioden sind ϖ_{4r}, d. h. die neungliedrigen Perioden der 19ten und $\varpi_{19r} = 9\omega^{19r}$, d. h. die 4ten Einheitswurzeln;

fundamentale Relationen:

$$\varpi_1^2 = 5 + \varpi_4, \qquad \varpi_1\varpi_3 = 5; \qquad \varpi_1\varpi_4 = 4\omega^{19} - \varpi_3,$$

$$\varpi_1\varpi_8 = -5\omega^{19}, \qquad \varpi_1\varpi_{19} = 2\varpi_4.$$

$n = 76$

Congruenzwurzeln mod. p.*)

p	ϖ_1	ϖ_3	p	ϖ_1	ϖ_3	p	ϖ_1	ϖ_3	p	ϖ_1	ϖ_3
5	0	−2	157	−49	−77	557	−71	+47	769	−268	−330
17	+5	+1	233	+49	−95	593	+51	+128	821	−226	+69
61	+16	+27	313	−36	−61	613	+80	+115	853	+19	−314
73	−10	+36	389	+130	+15	617	+181	−242	929	−386	+219
101	+43	+33	397	+7	−56	701	+100	−35	937	+119	+315
137	−4	+33	461	−75	−123	709	−8	+88	997	−6	−167
149	+19	+63	541	+74	+22	757	+212	+125			

$f(\varpi_1)$, Primfactoren der Primzahlen p.**)

p	$f(\varpi_1)$	p	$f(\varpi_1)$	p	$f(\varpi_1)$
5	$2+\varpi_3$	313	$3-\varpi_1-\varpi_4$	701	$1-2\varpi_1+4\varpi_3-2\varpi_4$
17	$1-\varpi_3$	389	$3-4\varpi_1+5\varpi_3-2\varpi_4$	709	$10+5\varpi_1-\varpi_3+2\varpi_4$
61	$3-\varpi_1+3\varpi_3-\varpi_4$	397	$5+\varpi_1+\varpi_3+\varpi_4$	757	$3+10\varpi_1-12\varpi_3-5\varpi_4$
73	$4+5\varpi_1-4\varpi_3+2\varpi_4$	461	$5-10\varpi_1+9\varpi_3+4\varpi_4$	769	$6+11\varpi_1-9\varpi_3+5\varpi_4$
101	$3-\varpi_1+2\varpi_3-\varpi_4$	541	$4-2\varpi_1+\varpi_3+2\varpi_4$	821	$5+2\varpi_1-3\varpi_3$
137	$4+\varpi_1$	557	$1+\varpi_1+\varpi_3+\varpi_4$	853	$4+2\varpi_1-\varpi_3-\varpi_4$
149	$3-2\varpi_1+2\varpi_3+\varpi_4$	593	$1-5\varpi_1+6\varpi_3+3\varpi_4$	929	$1+10\varpi_1-10\varpi_3+4\varpi_4$
157	$3-2\varpi_3$	613	$3+\varpi_1+2\varpi_4$	937	$8-3\varpi_3$
233	$5-9\varpi_1+8\varpi_3+4\varpi_4$	617	$6+\varpi_1+\varpi_3+\varpi_4$	997	$6+\varpi_1$

VI. p zum Exponenten 18 gehörig.

2 achtzehngliedrige Perioden, und zwar mit 3 Fällen:

VI, 1. $p = 76m+3, -5, -9, +15, -17, -25$

$$\varpi_r = \omega^r + \omega^{3r} + \omega^{9r} + \omega^{27r} + \omega^{5r} + \omega^{15r} + \omega^{-31r} + \omega^{-17r} + \omega^{25r} + \omega^{-r} + \omega^{-3r} + \omega^{-9r}$$
$$+ \omega^{-27r} + \omega^{-5r} + \omega^{-15r} + \omega^{31r} + \omega^{17r} + \omega^{-25r}, \text{ also}$$
$$\varpi_1 = \omega + \omega^3 + \omega^9 + \omega^{27} + \omega^5 + \omega^{15} - \omega^7 - \omega^{21} + \omega^{25} - \omega^{35} - \omega^{29} - \omega^{11} - \omega^{33} - \omega^{23}$$
$$+ \omega^{31} + \omega^{17} - \omega^{13}, \text{ nebst } -\varpi_1,$$

Wurzeln der Gleichung:

$$\varpi^2 - 19 = 0.$$

*) Hier ist ϖ_1 als die gemeinschaftliche Wurzel der Congruenzen:

$$\varpi_1^2 \equiv 5 + \varpi_4, \qquad \varpi_1 - \varpi_3 \equiv \omega^{19}, \qquad \varpi_1\varpi_3 \equiv 5 \pmod{p},$$

sowie durch $\varpi_1\omega^{19} \equiv \varpi_4 \pmod{p}$ völlig bestimmt.

**) Manche der $f(\varpi_1)$ sind aus Normen $= 5p$ ermittelt.

$n = 76$

Congruenzwurzeln mod. p.*)

p	ϖ_1	p	ϖ_1	p	ϖ_1	p	ϖ_1	p	ϖ_1
3	1	167	55	439	89	743	159	887	366
59	14	211	21	523	217	751	39	907	213
67	32	223	58	547	228	811	240	971	425
71	27	307	68	599	212	827	50	983	464
79	16	383	174	659	109	839	294	991	122
127	20	431	197						

$f(\varpi_1)$, Primfactoren der Primzahlen p. $Nf(\varpi_1) = -p$.

p	$f(\varpi_1)$	p	$f(\varpi_1)$	p	$f(\varpi_1)$	p	$f(\varpi_1)$
3	$4-\varpi_1$	211	$108+25\varpi_1$	547	$188-68\varpi_1$	839	$192+45\varpi_1$
59	$25-6\varpi_1$	223	$9-4\varpi_1$	599	$155+36\varpi_1$	887	$43+12\varpi_1$
67	$3+2\varpi_1$	307	$72+17\varpi_1$	659	$5+6\varpi_1$	907	$48-13\varpi_1$
71	$10-3\varpi_1$	383	$34-9\varpi_1$	743	$101-24\varpi_1$	971	$127-30\varpi_1$
79	$15+4\varpi_1$	431	$62+15\varpi_1$	751	$225+52\varpi_1$	983	$86+21\varpi_1$
127	$33-8\varpi_1$	439	$6-5\varpi_1$	811	$33+10\varpi_1$	991	$15+8\varpi_1$
167	$2+3\varpi_1$	523	$111+26\varpi_1$	827	$73-18\varpi_1$		

VI, 2. $p = 76m + 13, +21, -23, +29, +33, -35$;

$$\varpi_r = \omega^r + \omega^{13r} + \omega^{17r} + \omega^{-7r} + \omega^{-15r} + \omega^{33r} + \omega^{-27r} + \omega^{29r} + \omega^{-3r} + \omega^{37r} + \omega^{25r} + \omega^{21r} + \omega^{-31r} + \omega^{-23r} + \omega^{5r} + \omega^{-11r} + \omega^{9r} + \omega^{-35r} = \omega^{19r},$$

d. h. 4te Wurzeln, daher haben die hierher gehörigen Primzahlen:

13, 29, 41, 53, 89, 97, 109, 173, 181, 193, 241, 257, 269, 281, 317, 337, 401, 409, 421, 433, 509, 601, 641, 773, 857, 877, 941, 953,

auch hier nur die Primfactoren der $p = 4m + 1$ in $\lambda = 5$.

*) Hier ist $\varpi_1 > 0$ und $< \frac{1}{2}p$.

$n = 76$

VI, 3. $p = 76m - 13, -21, +23, -29, -33, +35;$

$$\varpi_r = \omega^r + \omega^{-13r} + \omega^{17r} + \omega^{7r} + \omega^{-15r} + \omega^{-33r} + \omega^{-27r} + \omega^{-29r} + \omega^{-3r} + \omega^{-37r} + \omega^{25r}$$
$$+ \omega^{-21r} + \omega^{-31r} + \omega^{23r} + \omega^{5r} + \omega^{11r} + \omega^{9r} + \omega^{35r} = 0,$$

$$\varpi_{4r} = 2(\omega^{4r} + \omega^{20r} + \omega^{28r} + \omega^{36r} + \omega^{44r} + \omega^{68r} + \omega^{16r} + \omega^{24r} + \omega^{64r}),$$

d. h. die neungliedrigen Perioden der 19ten Einheitswurzeln; daher haben die hierher gehörigen Primzahlen:

23, 43, 47, 131, 139, 199, 251, 263, 271, 283, 347, 359, 367, 443, 479,
491, 499, 503, 587, 631, 643, 719, 727, 739, 823, 859, 883, 947, 967,

auch hier nur die Primfactoren der zum Exponenten 9 gehörigen Primzahlen (vgl. $\lambda = 19$, V).

$n = 80$

I. $p = 80m + 1$.

32 primitive Wurzeln, deren Gleichung:

$$\omega^{32} - \omega^{24} + \omega^{16} - \omega^{8} + 1 = 0,$$

wodurch von den nichtprimitiven, d. h. den 40ten und 16ten Einheitswurzeln, die letzteren mittelst der primitiven ausgedrückt werden können:

$$\omega^{5r} = \omega^{13r} - \omega^{21r} + \omega^{29r} - \omega^{33r}.$$

Congruenzwurzeln mod. p.

(Vgl. $n = 40$, 20, 5; 16, 8, 4, sowie für die übrigen Tafeln).

p	ω	ω^3	ω^7	ω^9	ω^{11}	ω^{13}	ω^{17}	ω^{19}
241	−102	− 85	+ 28	− 57	+ 73	+101	+117	− 23
401	−153	+155	+142	+189	+ 68	−158	+ 26	− 84
641	+151	+140	+103	−121	− 57	+291	+ 63	− 18
881	+307	−240	−232	−229	−283	−192	+343	− 7

p	ω^{21}	ω^{23}	ω^{27}	ω^{29}	ω^{31}	ω^{33}	ω^{37}	ω^{39}
241	+ 21	−103	−105	+ 33	− 93	+ 43	− 17	+ 26
401	+148	−108	+ 33	+171	+157	+ 48	+119	− 76
641	−178	+234	+163	+ 45	−196	+ 56	− 87	+208
881	+126	+375	− 78	−358	+277	+300	+290	+ 66

Primfactoren der Primzahlen p ideal, in 5ter Potenz wirklich.

Normen complexer Zahlen in ω.

$$N(1 + \omega + \omega^{13}) = N(1 - \omega^{27} - \omega^{28}) = 81 . 241, \qquad N(1 - \omega + \omega^{2} + \omega^{4}) = 881 . 1601.$$

$n = 80$

II. p zum Exponenten 2 gehörig.

16 zweigliedrige Perioden, und zwar mit 7 Fällen:

II, 1. $p = 80m - 1$;

$$\varpi_r = \omega^r + \omega^{-r} = \omega^r - \omega^{40-r},$$

$\varpi_1\varpi_k = \varpi_{k-1} + \varpi_{k+1}$; die nichtprimitiven Perioden sind die zweigliedrigen Perioden erster Art ϖ_{2r} der 40ten (nebst ϖ_{4r} der 20ten und ϖ_{16r} der 5ten) und ϖ_{5r} der 16ten (nebst ϖ_{10r} der 8ten) Einheitswurzeln, während $\varpi_{20r} = 0$, $\varpi_{40r} = -2$;
$\Pi(\varpi_r) = 1$.

Congruenzwurzeln mod. p.*)

p	ϖ_1	ϖ_3	ϖ_7	ϖ_9	ϖ_{11}	ϖ_{13}	ϖ_{17}	ϖ_{19}
79	+ 4	− 27	− 28	− 10	− 33	+ 22	+ 12	− 15
239	+ 19	+110	− 92	− 82	+ 51	− 12	+103	− 11
479	−214	+159	− 61	− 87	−174	+ 96	− 70	+231
719	+ 31	+219	−205	−350	+328	− 20	+228	+171

$f(\varpi_1)$, Primfactoren der Primzahlen p. $Nf(\varpi_1) = -p$.

p	$f(\varpi_1)$
79	$1-\varpi_6-\varpi_{19}$
239	$1-\varpi_4-\varpi_{15}$
479	$1+\varpi_4+\varpi_{11}$
719	$1+\varpi_{11}-\varpi_{16}$

*) Die primitiven Perioden sind vollkommen bestimmt durch die lineäre Congruenz $\varpi_r\varpi_{5r} \equiv \varpi_{4r} + \varpi_{6r}$; auch ist ϖ_1 die gemeinschaftliche Wurzel der Congruenz $\varpi_1^2 \equiv 2 + \varpi_2$ (mod. p), und eines Systems von 4 Congruenzen, deren erste $\varpi_1 - \varpi_7 - \varpi_9 + \varpi_{17} \equiv -\varpi_{15}$ (mod. p).

$n = 80$

II, 2. $p = 80m + 39$;

$$\varpi_r = \omega^r + \omega^{39r} = \omega^r + \omega^{40-r},$$

$\varpi_1 \varpi_k = -\varpi_{k-1} + \varpi_{k+1}$; die nichtprimitiven Perioden sind ϖ_{2r} (dieselben wie II, 1), während ϖ_{5r} die Perioden 2ter Art der 16ten Einheitswurzeln sind und $\varpi_r + \varpi_{7r} - \varpi_{9r} + \varpi_{17r} = \varpi_{15r}$; $\Pi(\varpi_r) = 1$.

Congruenzwurzeln mod. p*)

p	ϖ_1	ϖ_3	ϖ_7	ϖ_9	ϖ_{11}	ϖ_{13}	ϖ_{17}	ϖ_{19}
199	+ 18	− 84	− 57	+ 64	+ 26	+ 54	− 30	− 95
359	+146	+ 44	−165	−126	+135	− 47	+140	− 94
439	− 45	+ 52	− 78	−155	+217	+136	+170	+212
599	−260	+276	−184	− 95	−127	+108	+281	+143
839	+237	+351	+356	+ 27	+188	−372	−232	+181
919	+ 43	−317	+406	+252	+113	+298	−112	+297

Normen complexer Zahlen in $\mathfrak{d}$.

$N(1 - \varpi_{14} + \varpi_{15}) = 199 . 359$, $N(1 - \varpi_1 + \varpi_{14} + \varpi_{16}) = 599 . 199$,

$N(1 + \varpi_5 + \varpi_{17} - \varpi_{18}) = 839 . 359$; $N(1 + \varpi_3 + \varpi_{16}) = 4 . 919$,

$N(2 - \varpi_2 - \varpi_{17}) = 4 . 439 . 641$; $N(\varpi_2 - \varpi_{13} - \varpi_{19}) = 241 . 2801$,

$N(1 - \varpi_2 + \varpi_7) = 81 . 881$; endlich:

$N(1 \pm \varpi) = 2161$ (eine Primzahl der Form $80m + 1$).

II, 3. $p = 80m - 39$;

$$\varpi_r = \omega^r + \omega^{-39r} = 0, \qquad \varpi_{2r} = 2\omega^{2r},$$

d. h. die 40ten Einheitswurzeln, daher haben die hierher gehörigen Primzahlen:

41, 281, 521, 601, 761,

auch hier nur die Primfactoren der $p = 40m + 1$ in $n = 40$, I.

---

*) Die primitiven ϖ_r sind vollkommen bestimmt durch die lineäre Congruenz: $\varpi_r \varpi_{5r} = -\varpi_{4r} + \varpi_{6r}$, sowie als Gemeinwurzel zweier höheren Congruenzen.

$n = 80$

II, 4. $p = 80m + 31$; $\varpi_r = \omega^r + \omega^{31r}$,

also die primitiven Perioden:

$\varpi_1 = \omega + \omega^{31}$, $\varpi_3 = \omega^3 + \omega^{13}$, $\varpi_7 = \omega^7 - \omega^{17}$, $\varpi_9 = \omega^9 + \omega^{39}$,
$\varpi_{11} = \omega^{11} + \omega^{21}$, $\varpi_{19} = \omega^{19} + \omega^{29}$, $\varpi_{23} = \omega^{23} - \omega^{33}$, $\varpi_{27} = \omega^{27} + \omega^{37}$;

$\Pi(\varpi_r) = 16$; die nichtprimitiven Perioden sind: ϖ_{2r}, d. h. die zweigliedrigen Perioden 7ter Art der 40ten ($\varpi_{4r} = 0$, $\varpi_{8r} = 2\omega^{8r}$) und ϖ_{5r}, d. h. erster Art der 16ten Einheitswurzeln, wobei $\varpi_r - \varpi_{7r} - \varpi_{9r} - \varpi_{23r} = -\varpi_{15r}$;

unter den fundamentalen Relationen:

$\varpi_1\varpi_3 = \varpi_{14}$, $\varpi_1\varpi_7 = 2\omega^8 - \varpi_{18}$, $\varpi_1\varpi_9 = -2 + \varpi_{10}$, $\varpi_1\varpi_{11} = -\varpi_2$,
$\varpi_1\varpi_{19} = -\varpi_{10}$, $\varpi_1\varpi_{23} = 2\omega^{24} - \varpi_{14}$, $\varpi_1\varpi_{27} = -\varpi_{18}$.

Congruenzwurzeln mod. p.*)

p	ϖ_1	ϖ_3	ϖ_7	ϖ_9	ϖ_{11}	ϖ_{19}	ϖ_{23}	ϖ_{27}
31	+ 9	− 7	− 10	+ 11	− 12	+ 6	+ 13	− 3
191	− 19	− 55	+ 58	− 23	+ 44	+ 3	− 24	+ 74
271	−120	+ 8	+ 12	+ 76	+ 13	+ 55	− 53	− 80
431	+186	− 57	+ 95	+ 1	−188	+189	+116	+147
751	− 26	−230	− 56	−322	+ 40	+ 91	−226	−375
911	+407	+284	−256	−445	+ 70	−419	−405	−238
991	−427	+275	+470	− 59	−396	− 64	+269	+330

$f(\varpi_1)$, Primfactoren der Primzahlen p.

Für $p = 431$ ist $f(\varpi_1) = 1 - \varpi_9$; für die übrigen Primzahlen stehen sie dahin.

Normen complexer Zahlen in $\frac{2}{\alpha}$.

$N(1 + \varpi_7 - \varpi_{11}) = 31.271$, $N(1 - \varpi_5 + \varpi_{23}) = 31.401$,
$N(1 - \varpi_9 + \varpi_{23}) = 31.191$, $N(1 - \varpi_1 - \varpi_9 + \varpi_{14}) = 271.991$,
$N(1 + \varpi_{11} - \varpi_{23}) = 401.241$.

*) Hier ist ϖ_1 vollständig bestimmt durch $\varpi_1\varpi_5 \equiv \varpi_6$ (mod. p), allgemein $\varpi_r\varpi_{5r} \equiv \varpi_{6r}$ (mod. p), sowie als Gemeinwurzel höherer Congruenzen.

$n = 80$

II, 5. $p = 80m - 31$; $\varpi_r = \omega^r + \omega^{-31r}$,

also die primitiven Perioden:

$$\varpi_1 = \omega - \omega^9,\quad \varpi_3 = \omega^3 - \omega^{27},\quad \varpi_7 = \omega^7 + \omega^{23},\quad \varpi_{11} = \omega^{11} - \omega^{19},$$
$$\varpi_{13} = \omega^{13} - \omega^{37},\quad \varpi_{17} = \omega^{17} + \omega^{33},\quad \varpi_{21} = \omega^{21} - \omega^{29},\quad \varpi_{31} = \omega^{31} - \omega^{39};$$

$\Pi(\varpi_r) = 1$; die nichtprimitiven Perioden sind ϖ_{2r}, d. h. die zweigliedrigen Perioden 6ter Art der 40ten, und $\varpi_{5r} = 2\omega^{5r}$, d. h. die 16ten Einheitswurzeln.

Fundamentale Relationen:

$$\varpi_1^2 = -2\omega^{10} + \varpi_2,\quad \varpi_1\varpi_3 = -\omega^{20},\quad \varpi_1\varpi_7 = 1,\quad \varpi_1\varpi_{11} = -2\omega^{20} + \varpi_{12},$$
$$\varpi_1\varpi_{13} = -\omega^{30},\quad \varpi_1\varpi_{17} = \omega^{10},\quad \varpi_1\varpi_{21} = -2\omega^{30} + \varpi_{22},\quad \varpi_1\varpi_{31} = 2 + \varpi_{32}.$$

Congruenzwurzeln mod. p.*)

p	ϖ_1	ϖ_3	ϖ_7	ϖ_{11}	ϖ_{13}	ϖ_{17}	ϖ_{21}	ϖ_{31}
449	+ 62	+151	+239	− 69	+ 13	−27	+113	−133
769	+172	+ 98	− 76	+ 41	− 75	−36	−102	+235
929	−233	+432	−311	−451	−344	+24	−243	−271

$f(\varpi_1)$, Primfactoren der Primzahlen p.**)

p	$f(\varpi_1)$	p	$f(\varpi_1)$	p	$f(\varpi_1)$
449	$\varpi_{11} - \varpi_{22} - \varpi_{26}$	769	$1 + \varpi_7 - \varpi_{13}$	929	$1 + \varpi_2 + \varpi_{31} + \omega^5$

*) Hier ist ϖ_1 vollständig (und lineär) bestimmt durch $\varpi_1\varpi_5 \equiv 2\varpi_6$ (allgemein $\varpi_r\varpi_{5r} \equiv 2\varpi_{6r}$) (mod. p), oder als gemeinschaftliche Wurzel der Congruenzen: $\varpi_1^2 \equiv -2\omega^{10} + \varpi_2$, $\varpi_1 + \varpi_{17} \equiv \omega^{25}$, $\varpi_1\varpi_{17} \equiv \omega^{10}$ (mod. p).

**) Zur Vermeidung des Coëfficienten $\frac{1}{2}$ ist $2\omega^{5r}$ anstatt ϖ_{5r} gesetzt.

$n = 80$

II, 6. $p = 80m + 9; \qquad \varpi_r = \omega^r + \omega^{9r}$,

also die primitiven Perioden:

$$\varpi_1 = \omega + \omega^9, \quad \varpi_3 = \omega^3 + \omega^{27}, \quad \varpi_7 = \omega^7 - \omega^{23}, \quad \varpi_{11} = \omega^{11} + \omega^{19},$$
$$\varpi_{13} = \omega^{13} + \omega^{37}, \quad \varpi_{17} = \omega^{17} - \omega^{33}, \quad \varpi_{21} = \omega^{21} + \omega^{29}, \quad \varpi_{31} = \omega^{31} + \omega^{39};$$

$\Pi(\varpi) = 25$; die nichtprimitiven Perioden sind die ϖ_{2r} (dieselben wie II, 5), während $\varpi_{5r} = 0$;

fundamentale Relationen:

$$\varpi_1^2 = 2\omega^{10} + \varpi_2, \quad \varpi_1\varpi_3 = \varpi_4 + \varpi_{12}, \quad \varpi_1\varpi_7 = 1 + 2\varpi_{16},$$
$$\varpi_1\varpi_{11} = 2\omega^{20} + \varpi_{12}, \quad \varpi_1\varpi_{13} = -\varpi_6 + \varpi_{22}, \quad \varpi_1\varpi_{17} = \varpi_2 + \varpi_{26},$$
$$\varpi_1\varpi_{21} = 2\omega^{30} + \varpi_{22}, \quad \varpi_1\varpi_{31} = -2 + \varpi_{32}.$$

Congruenzwurzeln mod. p.*)

p	ϖ_1	ϖ_3	ϖ_7	ϖ_{11}	ϖ_{13}	ϖ_{17}	ϖ_{21}	ϖ_{31}
89	37	+ 9	+ 39	+ 1	− 19	− 23	−12	− 34
409	97	+171	+ 87	+144	− 16	−166	−35	+142
569	239	+ 34	− 79	− 44	−261	+255	+70	+199
809	94	+299	−380	−186	+269	−212	+41	+ 91

Normen complexer Zahlen in $\frac{2}{\varpi}$.

$$N(1 - \varpi_{11}) = N(\omega^{20} - \varpi_{31}) = 9 \,.\, 89, \qquad N(1 - \omega^{20} + \varpi_{31}) = 9 \,.\, 409,$$
$$N(1 + \varpi_2 - \varpi_{21}) = 16 \,.\, 569, \qquad N(1 + \varpi_2 - \varpi_{13}) = 9 \,.\, 809;$$
$$N(\varpi_7 - \varpi_{12}) = N(1 + \varpi_8 + \varpi_{11}) = 36 \,.\, 241, \qquad N(1 - \varpi_6 + \varpi_{31}) = 81 \,.\, 241,$$
$$N(1 - \omega^{10} + \varpi_1 + \varpi_{13}) = 9 \,.\, 89 \,.\, 881 \,.$$

*) Hier ist ϖ_1 nicht vollständig bestimmt, sondern diejenige Wurzel der Congruenz $\varpi_1^2 \equiv 2\omega^{10} + \varpi_2$ (mod. p) dafür gewählt, welche > 0 und $< \frac{1}{2}p$ ist.

$n = 80$

II, 7. $p = 80m - 9$; $\quad \varpi_r = \omega^r + \omega^{-9r}$,

also die primitiven Perioden:

$\varpi_1 = \omega - \omega^{31}$, $\quad \varpi_3 = \omega^3 - \omega^{13}$, $\quad \varpi_7 = \omega^7 + \omega^{17}$, $\quad \varpi_9 = \omega^9 - \omega^{39}$,

$\varpi_{11} = \omega^{11} - \omega^{21}$, $\quad \varpi_{19} = \omega^{19} - \omega^{29}$, $\quad \varpi_{23} = \omega^{23} + \omega^{33}$, $\quad \varpi_{27} = \omega^{27} - \omega^{37}$;

$\Pi(\varpi) = 16$; die nichtprimitiven Perioden sind ϖ_{2r} (dieselben wie in II, 4), während ϖ_{5r} die Perioden zweiter Art der 16ten Einheitswurzeln sind, wobei $\varpi_1 + \varpi_7 - \varpi_9 + \varpi_{23} = \varpi_{15}$ ist.

Fundamentale Relationen:

$\varpi_1^2 = -2\omega^{32} + \varpi_2$, $\quad \varpi_1\varpi_3 = -\varpi_{14}$, $\quad \varpi_1\varpi_7 = -2\omega^{48} + \varpi_{18}$,

$\varpi_1\varpi_9 = 2 + \varpi_{10}$, $\quad \varpi_1\varpi_{11} = \varpi_2$, $\quad \varpi_1\varpi_{19} = \varpi_{10}$,

$\varpi_1\varpi_{23} = -2\omega^{64} + \varpi_{14}$, $\quad \varpi_1\varpi_{27} = \varpi_{18}$.

Congruenzwurzeln mod. p.*)

p	ϖ_1	ϖ_3	ϖ_7	ϖ_9	ϖ_{11}	ϖ_{19}	ϖ_{23}	ϖ_{27}
71	−17	−11	−14	−5	+26	+16	+1	−12
151	+62	+28	+34	+30	+72	−9	+43	+20
311	−106	−138	−14	−118	−48	+105	−84	+23
631	+136	−74	+84	−222	+28	+177	+89	+240

$f(\varpi_1)$, Primfactoren der Primzahlen p.**)

p	$f(\varpi_1)$	p	$f(\varpi_1)$	p	$f(\varpi_1)$
71	$1 - \varpi_{23}$	311	$1 - \varpi_6 - \varpi_{23}$	631	$1 - \varpi_6 + \varpi_{15} - \varpi_{19}$
151	$1 + \varpi_{19} + \omega^{32}$				

*) Hier ist ϖ_1 vollständig bestimmt durch $\varpi_1\varpi_5 \equiv \varpi_6$ (mod. p), allgemein $\varpi_r\varpi_{5r} \equiv \varpi_{6r}$; desgleichen als Gemeinwurzel höherer Congruenzen, indem $\varpi_1 + \varpi_7 - \varpi_9 + \varpi_{23} \equiv -\varpi_{15}$ (mod. p).

**) Zur Vermeidung des Coefficienten $\frac{1}{2}$ ist $2\omega^{16r}$ für ϖ_{16r} gesetzt (vgl. II, 4).

$n = 80$

III. p zum Exponenten 4 gehörig,

8 viergliedrige Perioden, und zwar mit 12 Fällen:

III, 1. $p = 80m - 3, -27$; $\quad \varpi_r = \omega^r + \omega^{-3r} + \omega^{9r} - \omega^{-27r}$,

$\pm\varpi_1, \quad \pm\varpi_3, \quad \pm\varpi_7, \quad \pm\varpi_{17}$;

nichtprimitiv ϖ_{2r} (d. h. $n = 40$. III, 1), $\varpi_{5r} = 0$; $\Pi(\varpi) = 5^4$.

Congruenzwurzeln mod. p.*)

p	ϖ_1	ϖ_3	ϖ_7	ϖ_{17}	p	ϖ_1	ϖ_3	ϖ_7	ϖ_{17}
53	13	−20	+17	+19	557	100	+195	+173	−103
157	15	−52	+43	−51	613	98	+244	−42	+248
293	5	−1	+138	−104	773	146	+323	+355	+98
317	96	+76	−105	−151	797	350	−148	+60	−332
373	173	−28	+72	−88	853	134	−401	+388	+266

Normen complexer Zahlen in $\frac{4}{\varpi}$.

$N(1 + \varpi_3) = N(\varpi_4 - \varpi_7) = 2.293$,

$N(1 + \varpi_2 - \varpi_7) = N(1 + \varpi_3 + \varpi_{17}) = 53.157$,

$N(1 - 2\varpi_3 - \varpi_{17}) = 2.317.569$, $\quad N(2 - \varpi_1 + \varpi_6) = 2.373$,

$N(3 + \varpi_1 + \varpi_{17}) = 53.557$, $\quad N(4 + \varpi_3 - \varpi_{17}) = 4.53.613$,

$N(4 - \varpi_9 - \varpi_{17}) = 2.89.797$; $\quad N(2 + \varpi_1) = 241$,

$N(1 + \varpi_1 - \varpi_9 - \varpi_{17}) = 36.881$.

III, 2. $p = 80m + 3, +27$; $\quad \varpi_r = \omega^r + \omega^{3r} + \omega^{9r} + \omega^{27r}$,

$\pm\varpi_1, \quad \pm\varpi_7, \quad \pm\varpi_{11}, \quad \pm\varpi_{13}$;

nichtprimitiv ϖ_{2r} (d. h. $n = 40$. III, 2), $\varpi_{5r} = 0$; $\Pi(\varpi_r) = 9.25$.

*) Hier ist $\varpi_1 > 0$ und $< \frac{1}{2}p$ aus $\varpi_1^2 \equiv \varpi_2 + 2\varpi_6$ (mod. p).

$n = 80$

Congruenzwurzeln mod. p.*)

p	ϖ_1	ϖ_7	ϖ_{11}	ϖ_{13}	p	ϖ_1	ϖ_7	ϖ_{11}	ϖ_{13}
3	1	0	− 1	− 1	587	93	− 28	− 97	− 23
83	2	+ 3	+ 37	+ 19	643	211	+ 33	−313	+ 55
107	33	+ 26	− 52	+ 5	827	316	−208	−289	− 28
163	39	+ 69	− 6	+ 56	883	122	+190	+338	+371
347	4	− 91	+ 51	+ 30	907	108	−119	+135	+409
563	161	−110	+178	+181					

Normen complexer Zahlen in α.

$N(2-\varpi_1) = N(1+\varpi_1-\varpi_7) = 27.83$,

$N(4-\varpi_1) = 3^5.347$,

$N(4+\varpi_1+\varpi_{11}) = 4.27.587$,

$N(2+2\varpi_2+\varpi_7) = 27.883$,

$N(1\pm\varpi) = 2.243$,

$N(1-2\varpi_{13}) = 81.881$.

$N(2\varpi_7+\varpi_{11}) = 25.107^2$,

$N(3+\varpi_{11}-\varpi_{13}) = 27.563$,

$N(3+\varpi_2-\varpi_7-\varpi_{13}) = 8.9.643$,

$N(2-\varpi_{13}+\varpi_{22}) = 6.907$;

$N(3+\varpi_7-\varpi_{22}) = 81.241$,

III, 3. $p = 80m+13, +37$; $\varpi_r = \omega^r + \omega^{13r} + \omega^{9r} + \omega^{37r}$,

$\pm\varpi_1, \pm\varpi_3, \pm\varpi_7, \pm\varpi_{17}$;

nichtprimitiv ϖ_{2r} (wie III, 1), $\varpi_{5r} = 0$; $\Pi(\varpi_r) = 5^4$.

Congruenzwurzeln mod. p.**)

p	ϖ_1	ϖ_3	ϖ_7	ϖ_{17}	p	ϖ_1	ϖ_3	ϖ_7	ϖ_{17}
13	2	+ 4	− 3	− 6	653	57	− 23	+162	+ 4
37	6	+ 7	+ 5	+ 1	677	182	+212	+ 96	− 7
173	25	+69	+ 16	+76	733	236	−146	−228	−254
197	41	−77	− 93	−17	757	44	−327	−317	− 43
277	6	−47	+ 50	−83					

*) Hier ist $\varpi_1 > 0$ und $< \frac{1}{2}p$ aus $\varpi_1^2 \equiv \varpi_2 + 2\varpi_4 + \varpi_{10}$ (mod. p), wo $\varpi_{10} = 2(\omega^{10}+\omega^{30})$ vgl. $n = 8$

**) Hier ist $\varpi_1 > 0$ und $< \frac{1}{2}p$ aus $\varpi_1^2 \equiv \varpi_2 - 2\varpi_6$ (mod. p).

$n = 80$

Normen complexer Zahlen in $\frac{4}{\varpi}$.

$N(1 - \varpi_{17}) = N(\varpi_1 + \varpi_4) = 18 . 37$, $N(2 - \varpi_1) = 3^2 . 13^2$,

$N(1 - \varpi_1 + \varpi_2) = N(1 - \varpi_2 - \varpi_{17}) = 13 . 197$, $N(2 - \varpi_2 - \varpi_{17}) = 18 . 277$,

$N(4 - \varpi_{17}) = 9 . 13 . 653$, $N(7 + \varpi_{17}) = 9 . 13 . 37 . 677$

$N(2 + \varpi_6 - \varpi_{17}) = 2 . 733$, $N(1 - \varpi_1 - \varpi_{17}) = 13 . 757$,

$N(4 - \varpi_4 - \varpi_7) = 2 . 173 . 241$, $N(1 + \varpi_3 - \varpi_6 + \varpi_7 + \varpi_{17}) = 81 . 881$.

III, 4. $p = 80m - 13, -37$;

$$\varpi_r = \omega^r + \omega^{-13r} + \omega^{9r} + \omega^{-37r},$$

$$\pm\varpi_1, \quad \pm\varpi_7, \quad \pm\varpi_{11}, \quad \pm\varpi_{13};$$

nichtprimitiv ϖ_{2r} wie III, 2, $\varpi_{5r} = 0$; $\Pi(\varpi_r) = 9 . 25$.

Congruenzwurzeln mod. p*)

p	ϖ_1	ϖ_7	ϖ_{11}	ϖ_{13}	p	ϖ_1	ϖ_7	ϖ_{11}	ϖ_{13}
43	6	+ 10	− 1	−11	467	49	+197	+ 87	− 16
67	4	− 14	− 33	+21	523	219	−142	+ 64	−171
227	49	+ 30	+ 25	−29	547	3	+ 73	+109	+ 86
283	128	+ 96	+ 74	−51	683	161	+341	+328	+296
307	103	−148	+ 26	−46	787	323	+294	−376	+ 84
443	207	+ 73	−161	−78	947	299	+145	−373	−310

Normen complexer Zahlen in $\frac{4}{\varpi}$.

$N(1 + \varpi_{11}) = N(\varpi_1 + \varpi_{22}) = 2 . 43$, $N(\varpi_4 + \varpi_7) = 50 . 67$,

$N(\varpi_1 - \varpi_2) = 18 . 67$, $N(1 - \varpi_4 + \varpi_{11}) = 43 . 227$,

$N(1 - \varpi_2 + \omega^{10} + \omega^{30}) = 2 . 283$, $N(5 + \varpi_7 + \varpi_{13}) = 25 . 43 . 443$

$N(3 - \varpi_1) = 18 . 547$, $N(1 + 2\varpi_7) = 67 . 683$,

$N(6 - \varpi_1 - \varpi_{22}) = 2 . 947 . 1049$; dagegen: $N(1 - \varpi_2 - \varpi_{13}) = 241$,

$N(\varpi_1 - \omega^{10} - \omega^{30}) = 881$.

---

*) Hier ist $\varpi_1 > 0$ und $< \frac{1}{2}p$ aus $\varpi_1^2 \equiv \varpi_2 - 2\varpi_4 + \varpi_{10}$ (mod. p), wo $\varpi_{10} \equiv 2(\omega^{10} + \omega^{30})$ wie (III, 2).

$n = 80$

III, 5. $p = 80m + 7, + 23$; $\varpi_r = \omega^r + \omega^{7r} + \omega^{-31r} + \omega^{23r}$,

$\pm\varpi_1, \pm\varpi_3, \pm\varpi_{11}, \pm\varpi_{17}$;

nichtprimitiv ϖ_{2r} ($n = 40$. III, 3), $\varpi_{5r} = 2(\omega^{5r} + \omega^{35r})$ ($n = 16$. II, 2); $\Pi(\varpi_r) = 49$.

Congruenzwurzeln mod. p.*)

p	ϖ_1	ϖ_3	ϖ_{11}	ϖ_{17}	p	ϖ_1	ϖ_3	ϖ_{11}	ϖ_{17}
7	— 3	— 3	— 2	0	647	+169	+139	—279	—107
23	— 7	+ 1	+ 8	+ 3	727	+262	— 79	— 74	—122
103	— 12	+13	+ 19	+ 40	743	+261	—162	—152	+ 26
167	— 70	+75	— 51	— 24	823	+256	+ 60	—393	—150
263	+ 59	—87	+ 38	—123	887	+343	— 69	+177	— 77
487	—125	—96	— 72	—102	967	+123	—214	— 68	—322
503	+172	—68	+116	+229	983	—453	— 35	+296	+318

Normen complexer Zahlen in $\frac{4}{\varpi}$.

$N(\varpi_2 + \omega^5 + \omega^{35}) = N(\varpi_{17}) = 49$,

$N(\varpi_4 - \varpi_{11}) = 2.23.49$,

$N(1 + \varpi_4 + \varpi_{11}) = 23.167$,

$N(5 + \varpi_3 + \omega^{10} - \omega^{30}) = 2.487.241$,

$N(7 + \varpi_2 + \varpi_{17}) = 49.167.743$,

$N(5 + \varpi_2 + \varpi_{17}) = 487.983$;

$N(2 + \varpi_2 + 2\varpi_3) = 7.23.241$.

$N(1 - \varpi_3) = 2.23$,

$N(\varpi_1 + \varpi_2) = 2.103$,

$N(2 - \omega^5 - \omega^{35} - \varpi_{17}) = 7.263$,

$N(6 + 2\varpi_2 + \omega^5 + \omega^{35}) = 4.727.1543$,

$N(3 - \varpi_2 - \varpi_{17}) = 7.887$,

$N(1 - 2\varpi_1) = 49.241$,

III, 6. $p = 80m - 7, - 23$; $\varpi_r = \omega^r + \omega^{-7r} + \omega^{-31r} + \omega^{-23r}$,

$\pm\varpi_1, \pm\varpi_3, \pm\varpi_7, \pm\varpi_{13}$;

nichtprimitiv $\varpi_{10r} = 4\omega^{10r} = 4\varpi_{2r}$ oder 8te Einheitswurzeln, $\varpi_{5r} = 0$; $\Pi(\varpi_r) = 5^4$.

Congruenzwurzeln mod. p.**)

p	ϖ_1	ϖ_3	ϖ_7	ϖ_{13}	p	ϖ_1	ϖ_3	ϖ_7	ϖ_{13}
73	13	— 16	+ 6	—14	457	172	— 42	+ 8	— 11
137	19	+ 53	—43	—18	617	18	—191	— 34	+210
233	86	+100	—46	+35	857	314	+339	+101	+134
313	125	+ 1	—25	— 5	937	158	+279	—338	— 47

*) Hier ist ϖ_1 vollständig bestimmt durch $\varpi_1\varpi_5 \equiv 2(-\varpi_2 + \varpi_4)$ (mod. p); oder auch als gemeinschaftliche Wurzel der Congruenzen: $\varpi_1^2 \equiv 2 - \varpi_2 + 2\varpi_{22}$, $\varpi_1 + \varpi_{17} \equiv \omega^5 + \omega^{35}$, $\varpi_1\varpi_{17} \equiv -3 + \omega^{10} - \omega^{30}$ (mod. p).

**) Hier ist $\varpi_1 > 0$ und $< \frac{1}{2}p$ aus $\varpi_1^2 \equiv -5\omega^{10}$ (mod. p).

$n = 80$

Normen complexer Zahlen in $\frac{4}{\varpi}$.

$N(1 - \varpi_3) = 2.313$, $N(1 + \varpi_1 + \varpi_{13}) = 73.137$,

$N(3 + \varpi_1 - \varpi_4) = 25.233$, $N(3 - \varpi_3 - \varpi_4) = 25.617$,

$N(2 - \varpi_1 - \varpi_6) = 2.457$, $N(1 - \varpi_2 + 2\varpi_6 - 2\varpi_{13}) = 4.73.937$;

$N(2 - \varpi_3 + \varpi_6 + \varpi_{13}) = 49.241$, $N(1 - \varpi_4 + 2\varpi_6 + \varpi_7) = 241$.

III, 7, $p = 80m - 17, -33$;

$$\varpi_r = \omega^r + \omega^{-17r} + \omega^{-31r} + \omega^{-33r},$$

$$\pm\varpi_1, \quad \pm\varpi_3, \quad \pm\varpi_{11}, \quad \pm\varpi_{17};$$

nichtprimitiv ϖ_{2r} (wie III, 5), $\varpi_{5r} = 2(\omega^5 - \omega^{35})$ ($n = 16$. II, 1); $\Pi(\varpi_r) = 49$.

Congruenzwurzeln mod. p.*)

p	ϖ_1	ϖ_3	ϖ_{11}	ϖ_{17}	p	ϖ_1	ϖ_3	ϖ_{11}	ϖ_{17}
47	+11	+4	+1	+18	463	+101	+168	−87	−218
127	+5	−15	+33	−47	607	+181	+74	+60	+152
223	−53	−106	+63	−34	863	−233	−186	−289	+373
383	+187	+75	+12	+54					

Normen complexer Zahlen in $\frac{4}{\varpi}$.

$N(1 - \varpi_{11}) = N(\varpi_4 - \varpi_{17}) = 2.47$, $N(1 - \varpi_{17} + \omega^5 - \omega^{35}) = 2.127$,

$N(1 - \varpi_1 - \omega^5 + \omega^{35}) = 2.223$, $N(3 + \varpi_2 - \varpi_{11}) = 47.383$,

$(N2 - \varpi_{17} - \varpi_{22}) = 2.463$, $N(2 - \varpi_1 + \varpi_{22}) = 2.607$;

aber $N(1 - \varpi_{17} - \varpi_{22}) = 241$.

III, 8. $p = 80m + 17, +33$;

$$\varpi_r = \omega^r + \omega^{17r} + \omega^{-31r} + \omega^{33r} = \omega^{25r},$$

d. h. 16te Einheitswurzeln, daher haben die hierher gehörigen Primzahlen:

17, 113, 193, 257, 337, 353, 433, 577, 593, 673, 977,

auch hier keine anderen Primfactoren als die $p = 16m + 1$ in $n = 16$.

---

*) Hier ist ϖ_1 vollständig bestimmt durch $\varpi_1\varpi_5 \equiv 2(\varpi_2 - \varpi_4)$ (mod. p), oder als gemeinschaftliche Wurzel der Congruenzen $\varpi_1^2 \equiv -2 - \varpi_2 + 2\varpi_{22}$, $\varpi_1 + \varpi_{17} \equiv -\omega^{15} + \omega^{25}$, $\varpi_1\varpi_{11} \equiv 3 + \omega^{10} - \omega^{30}$ (mod. p).

$n = 80$

III, 9. $p = 80m + 11, - 29$;

$$\varpi_r = \omega^r + \omega^{11r} + \omega^{-39r} + \omega^{-29r} = 0,$$

$\varpi_{2r} = 2(\omega^{2r} + \omega^{22r})$, d. h. zweigliedrige Perioden 4ter Art der 40ten Einheitswurzeln; daher haben die hierher gehörigen Primzahlen:

11, 131, 211, 251, 331, 491, 571, 691, 811, 971,

auch hier keine anderen Primfactoren als die $p = 40m + 11$ in $n = 40$.

III, 10. $p = 80m - 11, + 29$;

$$\varpi_r = \omega^r + \omega^{-11r} + \omega^{-39r} + \omega^{29r} = 0,$$

$\varpi_{2r} = 2(\omega^{2r} + \omega^{-22r})$, d. h. zweigliedrige Perioden 5ter Art der 40ten Einheitswurzeln, daher haben die hierher gehörigen Primzahlen:

29, 109, 149, 229, 269, 349, 389, 509, 709, 829,

auch hier keine anderen Primfactoren als die $p = 40m - 11$ in $n = 40$.

III, 11. $p = 80m + 19, - 21$;

$$\varpi_r = \omega^r + \omega^{19r} + \omega^{-39r} + \omega^{-21r} = 0,$$

$\varpi_{2r} = 2(\omega^{2r} + \omega^{38r})$, d. h. zweigliedrige Perioden 2ter Art der 40ten Einheitswurzeln, daher haben die hierher gehörigen Primzahlen:

19, 59, 139, 179, 379, 419. 499, 619, 659, 739, 859,

auch hier keine anderen Primfactoren als die $p = 40m + 19$ in $n = 40$.

III, 12. $p = 80m - 19, + 21$;

$$\varpi_r = \omega^r + \omega^{-19r} + \omega^{-39r} + \omega^{21r} = 0,$$

$\varpi_{2r} = 0$, $\varpi_{4r} = 4\omega^{4r}$, d. h. 20te Einheitswurzeln, daher haben die hierher gehörigen Primzahlen:

61, 101, 181, 421, 461, 541, 661, 701, 821, 941,

auch hier keine anderen Primfactoren als die $p = 20m + 1$ in $n = 20$.

$n = 84$

I. $p = 84m + 1$.

24 primitive Wurzeln, deren Gleichung:

$$\omega^{24} + \omega^{22} - \omega^{18} - \omega^{16} + \omega^{12} - \omega^{8} - \omega^{6} + \omega^{2} + 1 = 0,$$

mittelst deren, oder mittelst der beiden

$$\omega^{56} + \omega^{28} + 1 = 0, \qquad \omega^{72} + \omega^{60} + \omega^{48} + \omega^{36} + \omega^{24} + \omega^{12} + 1 = 0,$$

sich von den nichtprimitiven die 28ten und 12ten, nicht aber die 21ten Einheitswurzeln, durch die primitiven ausdrücken lassen:

$$\omega^{3} = \omega^{17} - \omega^{31}, \qquad \omega^{9} = \omega^{23} - \omega^{37} \text{ u. s. w. } (\omega^{15}, \omega^{27}, \omega^{33}, \omega^{39});$$
$$\omega^{7} = \omega + \omega^{13} - \omega^{19} + \omega^{25} - \omega^{31} + \omega^{37}, \text{ (ebenso } \omega^{35}).$$

Congruenzwurzeln mod. p.

p	ω	ω^5	ω^{11}	ω^{13}	ω^{17}	ω^{19}
337	−110	− 82	+ 75	− 41	+141	−131
421	+195	−207	− 32	−110	+ 52	−137
673	+175	+293	+196	+ 13	− 9	+305
757	−245	+327	−106	− 65	+164	+ 72

p	ω^{23}	ω^{25}	ω^{29}	ω^{31}	ω^{37}	ω^{41}
337	− 18	− 98	+ 74	− 9	+ 37	+144
421	+126	+170	+111	−171	+120	− 95
673	+203	−299	+207	−285	+147	− 50
757	−368	+ 60	+198	+ 50	+294	−241

$f(\omega)$, Primfactoren der Primzahlen p.

p	$f(\omega)$	p	$f(\omega)$	p	$f(\omega)$
337	$1+\omega^5-\omega^{20}$	673	$1-\omega^5-\omega^{13}+\omega^{19}$	757	$1-\omega^{18}-\omega^{25}$
421	$1+\omega^{13}+\omega^{17}+\omega^{24}+\omega^{41}$				

$n = 84$

II. p zum Exponenten 2 gehörig.

12 zweigliedrige Perioden, und zwar mit 7 Fällen:

II, 1. $p = 84m - 1;\quad \varpi_r = \omega^r + \omega^{-r} = \omega^r - \omega^{42-r}$,

$\varpi_1 \varpi_k = \varpi_{k-1} + \varpi_{k+1}$; $\Pi(\varpi_r) = 1$; die nichtprimitiven Perioden sind: ϖ_{4r}, d. h. die zweigliedrigen Perioden erster Art der 21ten, ϖ_{3r}, d. h. desgleichen der 28ten und ϖ_{7r}, d. h. desgleichen der 12ten Einheitswurzeln (die der 7ten ϖ_{12r} sind unter jenen beiden enthalten; $\varpi_{21r} = 0$, $\varpi_{28r} = -\varpi_{14r} = -1$).

Congruenzwurzeln mod. p.*)

p	ϖ_1	ϖ_5	ϖ_{11}	ϖ_{13}	ϖ_{17}	ϖ_{19}	ϖ_7
83	+ 12	− 33	− 40	− 6	− 11	− 3	− 13
167	− 70	− 82	+ 54	+ 48	+ 7	+ 73	− 62
251	+ 40	+ 6	+ 75	+ 93	+ 51	− 24	− 76
419	−163	− 83	− 65	−141	+172	− 68	+ 29
503	+ 22	+ 82	+242	+188	−223	−181	−232
587	−153	+143	−256	− 84	−162	+155	− 42
839	+ 28	+250	+220	−364	−166	−159	− 41

$f(\varpi_1)$, Primfactoren der Primzahlen p. $Nf(\varpi_1) = -p$.

p	$f(\varpi_1)$	p	$f(\varpi_1)$	p	$f(\varpi_1)$
83	$1-\varpi_1-\varpi_{17}$	419	$1-\varpi_{11}+2\varpi_{20}$	587	$2-\varpi_1-\varpi_{19}$
167	$1+\varpi_{11}+\varpi_{40}$	503	$2-\varpi_{19}+\varpi_{32}$	839	$1+2\varpi_1-\varpi_{40}$
251	$1-\varpi_4-\varpi_{13}$				

*) Durch $\varpi_1 \varpi_3 \equiv \varpi_2 + \varpi_4$ (mod. p) ist ϖ_1 (überhaupt ϖ_r durch $\varpi_r \varpi_{3r} \equiv \varpi_{2r} + \varpi_{4r}$ oder durch $\varpi_r \varpi_{2r} \equiv \varpi_r + \varpi_{3r}$) vollständig bestimmt, also mittelst der Perioden der 21ten und 28ten Einheitswurzeln. Die Relation mit den 12ten, welche dabei aus dem Spiel bleibt, $\varpi_1 - \varpi_5 + \varpi_{11} - \varpi_{13} - \varpi_{17} - \varpi_{19} \equiv \varpi_7$ oder $\varpi_1 \varpi_7 \equiv \varpi_6 + \varpi_8$ etc. (mod. p), bestimmt umgekehrt das bei $n = 12$ unbestimmt gebliebene und daselbst willkührlich festgesetzte Zeichen von ϖ_7, wesshalb in obiger Tafel ϖ_7 mit aufgenommen worden ist. Vgl. $n = 60$.

$n = 84$

II, 2. $p = 84m + 41$; $\varpi_r = \omega^r + \omega^{41r} = \omega^r + \omega^{42-r}$,

$\varpi_1 \varpi_k = -\varpi_{k-1} + \varpi_{k+1}$, $\Pi(\varpi_r) = 1$; die nichtprimitiven Perioden sind: ϖ_{4r} wie in II, 1, ϖ_{3r} d. h. die zweigliedrigen Perioden zweiter Art der 28ten, dagegen $\varpi_{7r} = \omega^{21r}$, die 4ten Einheitswurzeln und $\varpi_{21r} = 2\omega^{21r}$.

Congruenzwurzeln mod. p.*)

p	ϖ_1	ϖ_5	ϖ_{11}	ϖ_{13}	ϖ_{17}	ϖ_{19}
41	+ 8	− 15	+ 7	+ 16	+ 10	− 20
293	+ 13	− 22	+ 29	+114	− 79	+135
461	−215	+ 16	− 63	+210	+ 77	+103
797	+130	+371	− 61	−387	+223	+390
881	−322	+ 79	−339	+238	−296	+425

Die Primfactoren der Primzahlen p
haben die hier nicht näher ermittelte Form $f(\omega, \varpi_1)$.

Normen complexer Zahlen in $\frac{2}{\varpi}$.

$N(\varpi_{13} - \varpi_{40}) = 41^2 = N(1 - \varpi_1 + \varpi_{11})$, $N(1 \pm \varpi) = 421$,

$N(\varpi_4 - \varpi_8 - \varpi_{11}) = 41 . 293$, $N(2\varpi_4 + \varpi_5) = 461 . 797$.

II, 3. $p = 84m - 41$; $\varpi_r = \omega^r + \omega^{-41r} = 0$,

$\varpi_{4r} = 2\omega^{4r}$, d. h. 21te Einheitswurzeln, daher haben die hierher gehörigen Primzahlen:

43, 127, 211, 379, 463, 547, 631, 883, 967,

auch hier nur die Primfactoren der $p = 21m + 1$ in 21ten Einheitswurzeln.

---

*) Hier ist ϖ_1 vollständig bestimmt sowohl als Gemeinwurzel als auch lineär durch $\varpi_1 \varpi_2 \equiv -\varpi_1 + \varpi_3$, oder $\varpi_1 \varpi_3 \equiv -\varpi_2 + \varpi_4$ (mod. p); die primitiven 12ten Wurzeln kommen aber nicht vor.

$n = 84$

II, 4. $p = 84m + 29$; $\varpi_r = \omega^r + \omega^{29r} = \omega^{15r}$,

d. h. 28te Einheitswurzeln, also haben die hierher gehörigen Primzahlen:

29, 113, 197, 281, 449, 617, 701, 953,

auch hier nur die Primfactoren der $p = 28m + 1$ in 28ten Einheitswurzeln.

II, 5. $p = 84m - 29$; $\varpi_r = \omega^r + \omega^{-29r}$,

also die primitiven Perioden:

$$\varpi_1 = \omega - \omega^{13}, \quad \varpi_5 = \omega^5 + \omega^{23}, \quad \varpi_{11} = \omega^{11} + \omega^{17}, \quad \varpi_{19} = \omega^{19} + \omega^{37},$$
$$\varpi_{25} = \omega^{25} + \omega^{31}, \quad \varpi_{29} = \omega^{29} - \omega^{41},$$

$\Pi(\varpi_r) = 49$; nichtprimitiv: ϖ_{4r}, d. h. die Perioden zweiter Art der 21ten (darunter ϖ_{12r} die der 7ten Wurzeln), ϖ_{3r} die erster Art der 28ten (wie II, 1), $\varpi_{7r} = 0$, aber $\varpi_{28r} = 2\omega^{28r}$ (3te Wurzeln);

fundamentale Relationen:

$$\varpi_1^2 = 2\omega^{56} - \varpi_{44}, \quad \varpi_1\varpi_5 = \varpi_{24} - \varpi_{26}, \quad \varpi_1\varpi_{11} = \varpi_{12} - \varpi_{24},$$
$$\varpi_1\varpi_{19} = \varpi_8 - \varpi_{32}, \quad \varpi_1\varpi_{25} = \varpi_{32} - \varpi_{44}, \quad \varpi_1\varpi_{29} = 2 - \varpi_{12};$$ ferner:

$$\varpi_1 + \varpi_{29} = \varpi_{15}$$ u. s. w.

Congruenzwurzeln mod. p.*)

p	ϖ_1	ϖ_5	ϖ_{11}	ϖ_{19}	ϖ_{25}	ϖ_{29}
139	− 44	+ 62	+ 32	+ 25	− 14	− 41
223	+ 46	− 28	−110	− 5	+ 60	+ 10
307	− 83	+127	+ 22	− 10	− 67	− 41
643	− 76	+150	−215	−306	+310	+ 51
727	−198	+350	−190	−205	+319	−143
811	−265	−218	− 94	+173	−149	−388

Die Primfactoren der Primzahlen p
haben die hier nicht näher ermittelte Form $f(\omega, \varpi_1)$.

Normen complexer Zahlen in $\frac{2}{\varpi}$.

$$N(1 \pm \varpi) = 421, \quad N(1 + \varpi_{11} - \varpi_{64}) = 7.139,$$
$$N(1 - \varpi_{29} - \omega^{28}) = N(2\varpi_4 - \varpi_{25}) = 139^2, \quad N(2\varpi_{19} + \varpi_{29}) = 7^2.223^2.$$

*) Hier ist ϖ_1 vollständig bestimmt durch $\varpi_1\varpi_3 \equiv \varpi_3 + \varpi_4$ (mod. p), sowie als Gemeinwurzel.

$n = 84$

II, 6. $p = 84m + 13; \quad \varpi_r = \omega^r + \omega^{13r}$,

also die primitiven Perioden:

$$\varpi_1 = \omega + \omega^{13}, \quad \varpi_5 = \omega^5 - \omega^{23}, \quad \varpi_{11} = \omega^{11} - \omega^{17}, \quad \varpi_{19} = \omega^{19} - \omega^{37},$$
$$\varpi_{25} = \omega^{25} - \omega^{31}, \quad \varpi_{29} = \omega^{29} + \omega^{41},$$

$\Pi(\varpi) = 1$; nichtprimitiv: ϖ_{4r} wie II, 5, die Perioden ϖ_{3r} zweiter Art der 28ten Einheitswurzeln (wie II, 2), $\varpi_{7r} = 2\omega^{7r}$;

fundamentale Relationen:

$$\varpi_1^2 = -2\omega^{56} - \varpi_{44}, \quad \varpi_1\varpi_5 = 1 + \varpi_{12}, \quad \varpi_1\varpi_{11} = -1 - \varpi_{36},$$
$$\varpi_1\varpi_{19} = \varpi_8 + \varpi_{32}, \quad \varpi_1\varpi_{25} = -\varpi_{32} - \varpi_{44}, \quad \varpi_1\varpi_{29} = -2 - \varpi_{12};$$

ferner: $\varpi_1 + \varpi_{29} = \varpi_{15}$ etc., $\quad \varpi_1 - \varpi_{19} + \varpi_{25} = \omega^7$ etc.

Congruenzwurzeln mod. p.*)

p	ϖ_1	ϖ_5	ϖ_{11}	ϖ_{19}	ϖ_{25}	ϖ_{29}
13	+ 4	+ 6	+ 1	− 5	− 3	− 3
97	− 5	− 44	+ 45	− 12	− 23	− 14
181	+ 61	+ 57	− 66	+ 78	+ 24	+ 32
349	−104	− 30	+ 9	+170	− 51	−121
433	− 56	− 54	−202	+ 19	+ 71	+170
601	−258	− 16	+283	+201	−137	−182
769	+333	−296	+243	−331	+186	−249
853	−226	+129	−352	+360	−169	−246
937	+122	+262	−216	+296	−430	− 70

$f(\varpi_1)$, Primfactoren der Primzahlen p.

p	$f(\varpi_1)$	p	$f(\varpi_1)$	p	$f(\varpi_1)$
13	$1-\varpi_{11}$	349	$1-\varpi_1+\varpi_5-\varpi_8+\varpi_{19}-\varpi_{25}$**)	769	$1-\varpi_8+\varpi_{11}-\varpi_{25}$
97	$1+\varpi_{29}-\varpi_{64}$	433	$1+\varpi_1+\varpi_5-\varpi_{11}+2\varpi_{29}$	853	$\varpi_1+\varpi_4-\varpi_{19}+\varpi_{29}$
181	$1+\varpi_1-\varpi_4+\varpi_{29}$	601	$1-\varpi_{11}+\varpi_{25}+\varpi_{29}$	937	$1+\varpi_4-\varpi_{11}-\varpi_{44}-\varpi_{64}$

*) Hier ist ϖ_1 vollkommen bestimmt sowohl als Gemeinwurzel als durch die lineäre Congruenz: $\varpi_1\varpi_3 \equiv \varpi_4 + \varpi_{16}$ oder $\varpi_1\varpi_7 \equiv 2\varpi_8$ (mod. p), ähnlich die anderen ϖ_r.

**) Dieser kann mit Einführung von ω^7 auch so geschrieben werden $1 + \varpi_5 - \varpi_8 - \omega^7$.

$n = 84$

II, 7. $p = 84m - 13$; $\varpi_r = \omega^r + \omega^{-13r}$,

also die primitiven Perioden:

$\varpi_1 = \omega - \omega^{29}$, $\varpi_5 = \omega^5 + \omega^{19}$, $\varpi_{11} = \omega^{11} + \omega^{25}$, $\varpi_{13} = \omega^{13} - \omega^{41}$,
$\varpi_{17} = \omega^{17} + \omega^{31}$, $\varpi_{23} = \omega^{23} + \omega^{37}$;

$\Pi(\varpi_r) = 3^6$; nichtprimitiv: $\varpi_{4r} = -\omega^{60r}$ (also 7te Wurzeln, sowie $\varpi_{12r} = 2\omega^{12r}$), $\varpi_{3r} = 0$, ϖ_{7r} (wie II, 1, Perioden der 12ten Wurzeln), $\varpi_{21r} = 0$, $\varpi_{28r} = -1$;

fundamentale Relationen:

$\varpi_1^2 = 3\omega^{72}$, $\varpi_1\varpi_5 = -3\omega^{48}$, $\varpi_1\varpi_{11} = 3\omega^{12}$, $\varpi_1\varpi_{13} = 3$,
$\varpi_1\varpi_{17} = -3\omega^{60}$, $\varpi_1\varpi_{23} = 3\omega^{24}$;

ferner: $\varpi_1 - \varpi_5 + \varpi_{11} + \varpi_{13} - \varpi_{17} + \varpi_{23} = \varpi_7$.

Congruenzwurzeln mod. p.*)

p	ϖ_1	ϖ_5	ϖ_{11}	ϖ_{13}	ϖ_{17}	ϖ_{23}
71	+ 29	− 27	+ 18	+ 5	− 12	+ 8
239	−121	+ 35	+ 85	− 84	+104	+116
491	−158	+104	+ 81	−115	+200	+118
659	+205	+302	−329	−135	− 6	+ 72
743	+174	−185	−246	−269	−299	− 4
827	+229	−382	+278	−195	+235	−197
911	+404	+211	−100	−345	+246	− 95

Die Primfactoren der Primzahlen p
haben die hier nicht näher bestimmte Form $f(\omega, \varpi_1)$.

Normen complexer Zahlen in $\mathfrak{z}$.

$N(1 \pm \varpi) = 1093$ (Primzahl der Form $84m+1$), $N(1 + \varpi_5 - \omega^{60}) = 8 . 71$,
$N(1 - \varpi_{11} - \varpi_{13}) = 8 . 239$.

---

*) Hier ist ϖ_1 völlig bestimmt durch $\varpi_1\varpi_7 = -3\omega^{36}$ (mod. p), sowie als Gemeinwurzel höherer Congruenzen.

$n = 84$

III. p zum Exponenten 3 gehörig,

$$p = 84m + 25\,,\, + 37\,;$$

8 dreigliedrige Perioden:

$$\varpi_r = \omega^r + \omega^{25r} + \omega^{37r}\,,$$

also die primitiven Perioden:

$$\varpi_1 = \omega + \omega^{25} + \omega^{37}\,, \qquad \varpi_5 = \omega^5 + \omega^{41} + \omega^{17}\,, \qquad \varpi_{11} = \omega^{11} + \omega^{23} - \omega^{79}\,,$$
$$\varpi_{13} = \omega^{13} - \omega^{31} - \omega^{19}\,,$$

mit ihren Entgegengesetzten Wurzeln der Gleichung:

$$\varpi^8 + 3\varpi^6 + 5\varpi^4 + 12\varpi^2 + 16 = 0\,;$$

nichtprimitiv ϖ_{4r}, d. h. die dreigliedrigen Perioden der 21ten (einschliesslich ϖ_{12r} der 7ten), ϖ_{3r}, d. h. desgleichen der 28ten, $\varpi_{7r} = 3\omega^{7r}$, d. h. die 12ten Einheitswurzeln selbst, wobei $\varpi_1 + \varpi_{13} = \omega^7$, $\varpi_5 - \varpi_{11} = \omega^{35}$, andrerseits
$\varpi_1 - \varpi_{11} = -\varpi_9$, $\varpi_5 + \varpi_{13} = \varpi_3$;

fernere Relationen:

$$\varpi_1^2 = -\varpi_8 - 2\varpi_{20}\,, \qquad \varpi_1\varpi_5 = -2\,, \qquad \varpi_1\varpi_{11} = -1 + \varpi_{12}\,, \qquad \varpi_1\varpi_{13} = -2\omega^{56}\,.$$

Congruenzwurzeln mod. p.*)

p	ϖ_1	ϖ_5	ϖ_{11}	ϖ_{13}	p	ϖ_1	ϖ_5	ϖ_{11}	ϖ_{13}
37	+ 15	− 10	− 2	− 1	457	+ 46	−159	−177	−173
109	− 22	+ 10	−31	+ 14	541	+153	+198	−127	+115
193	− 30	− 90	−41	− 33	613	−256	+ 91	+268	−215
277	+ 64	− 26	+ 9	+ 31	709	−189	− 30	+157	+280
373	−122	+159	−41	−182	877	−257	−331	+ 60	−380

$f(\varpi_1)$, Primfactoren der Primzahlen p.

p	$f(\varpi_1)$	p	$f(\varpi_1)$	p	$f(\varpi_1)$
37	$1 + \varpi_{13}$	373	$2 - \varpi_1 - \varpi_{20}$	613	$2 + \varpi_1 - \varpi_5 - \varpi_{11}$
109	$1 + \varpi_5 + \varpi_8 - \varpi_{11}$	457	$2 + \varpi_1 + \varpi_5 + 2\varpi_{13}$	709	$1 + 2\varpi_1 + \varpi_8 + 2\varpi_{13}$
193	$1 - \varpi_8 + \varpi_{11}$	541	$1 - \varpi_1 + \varpi_5 + \varpi_{20} + \varpi_{40}$ oder $1 - \varpi_1 + \varpi_5 - \varpi_{12}$	877	$2 + \varpi_1 - 2\varpi_{11} - \varpi_{40}$
277	$1 - 2\varpi_5 + \varpi_{11} - 2\varpi_{13}$				

*) Hier ist ϖ_1 völlig bestimmt durch $\varpi_1\varpi_3 \equiv 2\omega^{28}$ (mod. p) oder $\varpi_1\varpi_7 \equiv 3\varpi_8$ (mod. p), und ähnlich alle primitiven Perioden (desgl. als Gemeinwurzel quadratischer Congruenzen).

$n = 84$

IV. p zum Exponenten 6 gehörig.

4 sechsgliedrige Perioden, und zwar mit 7 Fällen.

IV, 1. $p = 84m - 25, -37;$

$\varpi_r = \omega^r + \omega^{-35r} + \omega^{37r} + \omega^{-r} + \omega^{35r} + \omega^{-37r}$, also:

$\varpi_1 = \omega - \omega^{17} + \omega^{37} - \omega^{41} + \omega^{25} - \omega^5$, $\quad \varpi_{11} = \omega^{11} - \omega^{19} - \omega^{29} - \omega^{31} + \omega^{23} + \omega^{13}$,

Wurzeln (nebst $-\varpi_1$ und $-\varpi_{11}$) der Gleichung:

$$\varpi^4 - 5\varpi^2 + 1 = 0;$$

nichtprimitiv: ϖ_{4r}, d. h. die sechsgliedrigen Perioden der 21ten, ϖ_{3r}, d. h. desgleichen der 28ten Einheitswurzeln, $\varpi_{7r} = 3(\omega^{7r} - \omega^{35r})$, d. h. zweigliedrige der 12ten, ferner $\varpi_{12r} = -1$, $\varpi_{28r} = 3$, $\varpi_{21r} = 0$;

unter den fundamentalen Relationen:

$\varpi_1^2 = 3 - \varpi_4$, $\quad \varpi_1\varpi_{11} = -1$, $\quad \varpi_1\varpi_3 = 4 - \varpi_4$, $\quad \varpi_1\varpi_4 = -2\varpi_1 - \varpi_{11}$,

$\varpi_1\varpi_7 = 3 + 3\varpi_8$.

Congruenzwurzeln mod. p.*)

p	ϖ_1	ϖ_{11}	ϖ_4	p	ϖ_1	ϖ_{11}	ϖ_4	p	ϖ_1	ϖ_{11}	ϖ_4
47	+21	−9	−15	383	−129	−95	−169	719	+7	+308	−46
59	−4	+15	−13	479	+236	−205	−129	887	−387	−314	+137
131	+9	+29	+53	563	+217	−96	+206	971	+398	−344	−128
227	−107	−70	−96	647	−73	+195	−150	983	−153	+257	+186
311	+98	−73	+40								

$f(\varpi_1)$, Primfactoren der Primzahlen p. $Nf(\varpi_1) = -p$.

p	$f(\varpi_1)$	p	$f(\varpi_1)$	p	$f(\varpi_1)$
47	$2+\varpi_1-\varpi_4-\varpi_{11}$	383	$3-4\varpi_{11}$	719	$3-2\varpi_1-2\varpi_4-2\varpi_{11}$
59	$2-\varpi_4-\varpi_{11}$	479	$2-2\varpi_1-\varpi_4-4\varpi_{11}$	887	$6+4\varpi_1+\varpi_4+4\varpi_{11}$
131	$4-2\varpi_4-\varpi_{11}$	563	$3+\varpi_1-2\varpi_4-2\varpi_{11}$	971	$7-\varpi_1+4\varpi_{11}$
227	$4-2\varpi_1-\varpi_4-2\varpi_{11}$	647	$4-2\varpi_1+\varpi_4$	983	$6-5\varpi_1-3\varpi_{11}$
311	$2+2\varpi_1+\varpi_4-\varpi_{11}$				

*) Die primitiven Perioden sind völlig bestimmt durch die beiden linearen Congruenzen $\varpi_1 + \varpi_{11} \equiv \omega^7 - \omega^{35}$, $\varpi_1 - \varpi_{11} \equiv -\varpi_3$ (mod. p), also aus den Perioden der 12ten und 28ten Einheitswurzeln; die dabei aus dem Spiel bleibenden Perioden der 21ten, deren Congruenzwurzeln bei $n = 21$ nicht völlig bestimmt worden sind, erhalten hier diese Bestimmung durch die Congruenzen $\varpi_1^2 \equiv 3 - \varpi_4$, $\varpi_{11}^2 \equiv 3 - \varpi_8$ (mod. p); daher ist ϖ_4 in die Tafel aufgenommen.

$n = 84$

IV, 2. $p = 84m + 5, + 17$;

$$\varpi_r = \omega^r + \omega^{5r} + \omega^{25r} + \omega^{41r} + \omega^{37r} + \omega^{17r}, \qquad \text{also:}$$

$$\varpi_1 = \omega + \omega^5 + \omega^{25} + \omega^{41} + \omega^{37} + \omega^{17},$$

$$\varpi_{11} = \omega^{11} - \omega^{13} + \omega^{23} + \omega^{31} - \omega^{29} + \omega^{19}, \qquad \text{mit } -\varpi_1 \text{ und } -\varpi_{11}$$

Wurzeln der Gleichung:

$$\varpi^4 + 11\varpi^2 + 25 = 0;$$

nichtprimitiv: ϖ_{4r} wie IV, 1, während $\varpi_{3r} = \omega^{21r}$, nebst $\varpi_{7r} = 3\omega^{21r}$ und $\varpi_{21r} = 6\omega^{21r}$, auf die 4 ten Einheitswurzeln zurückkommen;

unter den Relationen:

$$\varpi_1^2 = -5 - \varpi_4, \qquad \varpi_1\varpi_{11} = -5, \qquad \text{sowie } \varpi_1 - \varpi_{11} = \omega^{21}.$$

Congruenzwurzeln mod. p.*)

p	ϖ_1	ϖ_{11}	p	ϖ_1	ϖ_{11}	p	ϖ_1	ϖ_{11}	p	ϖ_1	ϖ_{11}
5	+ 2	0	257	−101	−117	521	− 96	+190	773	+259	−197
17	− 2	+ 6	269	+ 43	+125	593	− 84	− 7	857	+ 50	+257
89	−44	−10	353	+ 99	+ 57	677	− 42	− 16	929	+128	−196
101	+16	+ 6	509	− 81	+220	761	+225	+ 39	941	− 86	+ 11
173	−22	+71									

Die Primfactoren der Primzahlen p
haben die hier nicht näher ermittelte Form $f(\omega, \varpi_1)$.

Normen complexer Zahlen in $\frac{6}{\varpi}$.

$N(1+\varpi_{11}) = 37$, $N(2\pm\varpi_1) = 5.17$, $N(1-2\varpi_1) = 5.89$, überhaupt Normen $= 5p$.

IV, 3. $p = 84m - 5, - 17$;

$$\varpi_r = \omega^r + \omega^{-5r} + \omega^{25r} + \omega^{-41r} + \omega^{37r} + \omega^{-17r} = 0;$$

während die $\varpi_{4r} = 2(\omega^{4r} + \omega^{16r} + \omega^{64r})$ auf die dreigliedrigen Perioden der 21ten Einheitswurzeln zurückkommen, daher haben die hierher gehörigen Primzahlen:

67, 79, 151, 167, 331, 449, 487, 571, 739, 751, 823, 907, 919, 991

auch hier nur die Primfactoren der $p = 21m + 4, - 5$ in $n = 21$, III.

*) Hier ist ϖ_1 völlig bestimmt durch $\omega^{21}\varpi_1 \equiv -\varpi_4$ (mod. p), sowie als Gemeinwurzel quadratischer Congruenzen.

$n = 84$

IV, 4. $p = 84m + 11, + 23$;

$$\varpi_r = \omega^r + \omega^{11r} + \omega^{37r} + \omega^{-13r} + \omega^{25r} + \omega^{23r}, \quad \text{also:}$$

$$\varpi_1 = \omega + \omega^{11} + \omega^{37} - \omega^{29} + \omega^{25} + \omega^{23},$$

$$\varpi_5 = \omega^5 - \omega^{13} + \omega^{17} + \omega^{19} + \omega^{41} + \omega^{31}, \qquad \text{mit } -\varpi_1 \text{ und } -\varpi_5$$

Wurzeln der Gleichung:

$$\varpi^4 + 9\varpi^2 + 36 = 0;$$

nichtprimitiv: $\varpi_{12r} = 2(\omega^{12r} + \omega^{24r} + \omega^{48r}) = -2\varpi_{20r}$, d. h. die dreigliedrigen Perioden der 7ten Einheitswurzeln, $\varpi_{7r} = 3(\omega^{7r} - \omega^{35r})$, d. h. die zweigliedrigen Perioden der 12ten, $\varpi_{2r} = 0$;

fundamentale Relationen:

$$\varpi_1^2 = -3 - 3\varpi_{20}, \qquad \varpi_1\varpi_5 = -6; \quad \text{ferner} \quad \varpi_1 - \varpi_5 = \omega^7 - \omega^{35}.$$

Congruenzwurzeln mod. p.*)

p	ϖ_1	ϖ_5	p	ϖ_1	ϖ_5	p	ϖ_1	ϖ_5	p	ϖ_1	ϖ_5
11	+ 3	− 2	191	− 93	+74	431	−212	+183	683	−121	−158
23	+ 1	− 6	263	− 41	−64	443	− 5	−176	863	−420	+ 37
107	+26	+ 8	347	−162	+90	599	−119	+292	947	+ 93	−245
179	−48	−67	359	−154	+42						

Die Primfactoren der Primzahlen p
haben die hier nicht ermittelte Form $f(\omega, \varpi_1)$.

Normen complexer Zahlen in $\frac{6}{\varpi}$.

$N(1 - \varpi_1) = 2 . 23$, $N(2 + \varpi_5) = 8 . 11$, $N(1 - \varpi_1 - \varpi_5) = 16 . 11^2$.

*) Hier ist ϖ_1 völlig bestimmt durch $\varpi_1\varpi_7 \equiv 9\varpi_4$ (mod. p), wo $2\varpi_4 = -\varpi_{36}$; sowie als Gemeinwurzel quadratischer Congruenzen.

$$n = 84$$

IV, 5. $p = 84m - 11, - 23$;

$$\varpi_r = \omega^r + \omega^{-11r} + \omega^{37r} + \omega^{13r} + \omega^{25r} + \omega^{-23r} = \omega^{7r},$$

d. h. 12te Einheitswurzeln, die hierher gehörigen Primzahlen:

61, 73, 157, 229, 241, 313, 397, 409, 577, 661, 733, 829, 997

haben daher auch hier nur die Primfactoren der $p = 12m + 1$ in $n = 12$.

IV, 6. $p = 84m + 19, + 31$;

$$\varpi_r = \omega^r + \omega^{19r} + \omega^{25r} + \omega^{-29r} + \omega^{37r} + \omega^{31r} \quad \text{also:}$$

$$\varpi_1 = \omega + \omega^{19} + \omega^{25} - \omega^{13} + \omega^{37} + \omega^{31},$$

$$\varpi_5 = \omega^5 + \omega^{11} + \omega^{41} + \omega^{23} + \omega^{17} - \omega^{29},$$ mit $-\varpi_1$ und $-\varpi_5$

Wurzeln der Gleichung:

$$\varpi^4 + 7\varpi^2 + 49 = 0;$$

nichtprimitiv: $\varpi_{4r} = -\omega^{28r}$, d. h. 3te Einheitswurzeln, ϖ_{3r}, d. h. sechsgliedrige Perioden der 28ten (wie IV, 1), $\varpi_{7r} = 0$, während $\varpi_{28r} = 6\omega^{28r}$, $\varpi_{12r} = -1$;

fundamentale Relationen:

$$\varpi_1^2 = 7\omega^{56}, \quad \varpi_1\varpi_5 = -7; \text{ ferner } \varpi_1 - \varpi_5 = -\varpi_3.$$

Congruenzwurzeln mod. p.*)

p	ϖ_1	ϖ_5	p	ϖ_1	ϖ_5	p	ϖ_1	ϖ_5	p	ϖ_1	ϖ_5
19	− 7	+ 1	271	+ 14	−136	523	+ 92	+233	691	−145	+ 62
31	+ 2	+12	283	− 58	+ 5	607	−266	+ 16	787	−237	−342
103	+17	+42	367	+ 89	+136	619	−103	− 42	859	−360	− 31
199	+44	−68	439	+155	−119						

Die Primfactoren der Primzahlen p
haben die hier nicht näher ermittelte Form $f(\omega, \varpi_1)$.

Normen complexer Zahlen in $\overset{6}{\mathfrak{c}}$.

$N(1 - \varpi_5) = 3.19$, $N(2 - \varpi_1) = 3.31$, überhaupt Normen $= 3p$.

*) Hier ist ϖ_1 völlig bestimmt durch $\varpi_1\varpi_3 \equiv 7\omega^{28}$ (mod. p), sowie als Gemeinwurzel quadratischer Congruenzen.

$n = 84$

IV, 7. $p = 84m - 19, -31$;

$$\varpi_r = \omega^r + \omega^{-19r} + \omega^{25r} + \omega^{29r} + \omega^{37r} + \omega^{-31r} = -(\omega^{3r} + \omega^{9r} + \omega^{-27r}),$$

d. h. dreigliedrige Perioden der 28ten Einheitswurzeln; daher haben die hierher gehörigen Primzahlen:

53, 137, 149, 233, 317, 389, 401, 557, 569, 641, 653, 809, 821, 977,

auch hier nur die Primfactoren der $p = 28m - 3, +9$ in $n = 28$.

Anmerkung zu $n = 84$. Von Bedeutung sind noch die aus 12 primitiven Wurzeln bestehenden Ausdrücke:

$$\omega + \omega^5 + \omega^{11} - \omega^{13} + \omega^{17} + \omega^{19} + \omega^{23} + \omega^{25} - \omega^{29} + \omega^{31} + \omega^{37} + \omega^{41} = \sqrt{-21},$$
$$\omega - \omega^5 - \omega^{11} - \omega^{13} - \omega^{17} + \omega^{19} - \omega^{23} + \omega^{25} + \omega^{29} + \omega^{31} + \omega^{37} + \omega^{41} = -\sqrt{-7},$$
$$\omega - \omega^5 + \omega^{11} + \omega^{13} - \omega^{17} - \omega^{19} + \omega^{23} + \omega^{25} - \omega^{29} - \omega^{31} + \omega^{37} - \omega^{41} = \sqrt{3},$$
$$\omega + \omega^5 - \omega^{11} + \omega^{13} + \omega^{17} - \omega^{19} - \omega^{23} + \omega^{25} + \omega^{29} - \omega^{31} + \omega^{37} + \omega^{41} = \sqrt{-1}.$$

wovon die erste eigenthümlich für $n = 84$ ist, während die übrigen auf den Relationen der primitiven 84ten Einheitswurzeln mit den nichtprimitiven beruhen.

$n = 88$

I. $p = 88m + 1$.

89, 353, 617, 881.

40 primitive Wurzeln, deren Gleichung:

$$\omega^{40} - \omega^{36} + \omega^{32} - \omega^{28} + \omega^{24} - \omega^{20} + \omega^{16} - \omega^{12} + \omega^{8} - \omega^{4} + 1 = 0,$$

wodurch sich von den nichtprimitiven, d. h. den 44ten und 8ten Einheitswurzeln die letzteren durch die primitiven ausdrücken lassen:

$$\omega - \omega^{5} + \omega^{9} - \omega^{13} + \omega^{17} - \omega^{21} + \omega^{25} - \omega^{29} - \omega^{37} + \omega^{41} = -\omega^{33}$$
$$\omega^{3} - \omega^{7} - \omega^{15} + \omega^{19} - \omega^{23} + \omega^{27} - \omega^{31} + \omega^{35} - \omega^{39} + \omega^{43} = -\omega^{11}.$$

II. p zum Exponenten 2 gehörig

20 zweigliedrige Perioden, und zwar mit 7 Fällen:

$$\text{II, 1.} \quad p = 88m - 1; \quad \varpi_r = \omega^r + \omega^{-r} = \omega^r - \omega^{44-r},$$

$\varpi_1 \varpi_k = \varpi_{k-1} + \varpi_{k+1}$; nichtprimitiv: ϖ_{2r} ($n = 44$. II, 1), ϖ_{11r} ($n = 8$. II, 1); $\Pi(\varpi_r) = 1$,
$\varpi_1 - \varpi_3 - \varpi_5 + \varpi_7 + \varpi_9 - \varpi_{13} + \varpi_{15} + \varpi_{17} - \varpi_{19} - \varpi_{21} = \varpi_{11}$.

Congruenzwurzeln mod. p.*)

(Vgl. $n = 44, 8, \lambda = 11$).

p	ϖ_1	ϖ_3	ϖ_5	ϖ_7	ϖ_9	ϖ_{13}	ϖ_{15}	ϖ_{17}	ϖ_{19}	ϖ_{21}
263	+ 38	+ 54	− 18	+ 27	+ 28	+ 3	+ 8	− 39	+ 36	−123
439	− 58	− 22	−154	−145	− 46	− 31	−200	+179	+129	−213
967	−214	−124	− 18	−284	−295	+ 3	+ 24	−426	− 10	−123

$f(\varpi_1)$, Primfactoren der Primzahlen p. $Nf(\varpi_1) = -p$.

p	$f(\varpi_1)$	p	$f(\varpi_1)$	p	$f(\varpi_1)$
263	$1 + \varpi_1 + \varpi_{17}$	439	$1 + \varpi_3 + \varpi_{11}$	967	$1 + \varpi_3 - \varpi_{21}$

*) Hier ist ϖ_1 völlig bestimmt durch $\varpi_1 \varpi_{11} \equiv \varpi_{10} + \varpi_{12}$ (mod. p), (gleicherweise überhaupt ϖ_r), sowie als Gemeinwurzel höherer Congruenzen.

$n = 68$

II, 2. $p = 88m + 43$:

43, 131, 607, 571, 659.

$$\varpi_r = \omega^r + \omega^{43r} = \omega^r + \omega^{44-r},$$

$\varpi_1\varpi_k = -\varpi_{k-1} + \varpi_{k+1}$, $\Pi(\varpi_r) = 1$; nichtprimitiv: ϖ_{2r} (wie II, 1), ϖ_{11r} ($n = 8$. II, 2);
$\varpi_1 + \varpi_3 - \varpi_5 - \varpi_7 + \varpi_9 - \varpi_{13} - \varpi_{15} + \varpi_{17} + \varpi_{19} - \varpi_{21} = -\varpi_{11}$.

Congruenzwurzeln mod. p

(beispielsweise).*) (Vgl. $n = 44$, 8, 4. $\lambda = 11$; ebenso bei den übrigen Tafeln).

p	ϖ_1	ϖ_3	ϖ_5	ϖ_7	ϖ_9	ϖ_{13}	ϖ_{15}	ϖ_{17}	ϖ_{19}	ϖ_{21}
43	−1	+4	−11	+14	+10	−5	+12	−2	−18	−9
131	+35	+12	+17	+18	+61	−27	−14	+10	−30	−9
571	+81	+83	−86	+218	−106	−144	−220	−228	−124	+91

Primfactoren der Primzahlen p.

Für $p = 571$ ist $f(\varpi_1) = \varpi_4 - \varpi_{11}$.

Für die übrigen ist $N(1 + \varpi_1) = 43 . 307$, $N(\varpi_8 + \varpi_{17}) = 131 . 659$.

II, 3. $p = 88m - 43$:

397, 661

Primfactoren bei $n = 44$, I: $\varpi_r = \omega^r + \omega^{-43r} = 0$, $\varpi_{2r} = 2\omega^{2r}$, d. h. 44te Einheitswurzeln.

II, 4. $p = 88m + 23$:

23, 199, 463, 727, 991.

$\varpi_r = \omega^r + \omega^{23r}$; nichtprimitiv: $\varpi_{8r} = 2\omega^{8r}$ (11te Wurzeln), ϖ_{11r} (wie II, 1), $\varpi_{2r} = 0$;
$\varpi_r^2 = 2\omega^{24r}$, $\varpi_r\varpi_{21r} = -2(-1)^{\frac{r-1}{2}}$; $\Pi(\varpi_r) = 2^6$; $\varpi_1\varpi_{11} \equiv -2\omega^{56}$ (mod. p).

z. B. p	ϖ_1	ϖ_3	ϖ_5	ϖ_7	ϖ_9	ϖ_{13}	ϖ_{15}	ϖ_{17}	ϖ_{19}	ϖ_{21}
23	+9	−8	−2	−11	+3	+7	+4	+1	−6	+10.

$N(1 - \varpi_{17}) = 23 . 89$.

---

*) Hier ist ϖ_1 völlig bestimmt durch $\varpi_1\varpi_{11} \equiv -\varpi_{12} + \varpi_{14}$ (mod. p), sowie als Gemeinwurzel.

$n = 88$

II, 5. $p = 88m - 23$:

241, 593, 769, 857.

$\varpi_r = \omega^r + \omega^{-23r}$; nichtprimitiv: ϖ_2 ($n = 44$. II, 2), $\varpi_{11r} = 2\omega^{11r}$ (8te Wurzeln); $\varpi_r^2 = -2\omega^{22r} + \varpi_{2r}$, $\Pi(\varpi_r) = 1$. Durch $\varpi_1\omega^{11} \equiv \varpi_{12}$ (mod. p) ϖ_1 vollständig bestimmt,

z. B. p	ϖ_1	ϖ_3	ϖ_5	ϖ_7	ϖ_9	ϖ_{23}	ϖ_{25}	ϖ_{27}	ϖ_{29}	ϖ_{31}
241	+117	+117	+10	+44	− 22	−17	− 17	+83	+76	− 38
769	+185	+253	+13	+ 1	−243	−65	+306	+37	+62	+314

Für $p = 769$ ist der Primfactor $f(\varpi_1) = 1 - \varpi_7$

Für $p = 241$ ist $N(\varpi_1 - \varpi_3) = 241^2$.

II, 6. $p = 88m + 21$:

109, 197, 373, 461.

$\varpi_r = \omega^r + \omega^{21r}$; nichtprimitiv: ϖ_{2r} (wie II, 5), $\varpi_{22r} = 2\omega^{22r}$ (4te Wurzeln, während $\varpi_{11r} = 0$); $\varpi_r^2 = 2\omega^{22r} + \varpi_{2r}$, $\Pi(\varpi_r) = 11^2$. Congruenzwurzel $\varpi_1 > 0$ und $< \frac{1}{2}p$ aus $\varpi_1^2 \equiv 2\omega^{22} + \varpi_2$ (mod. p),

z. B. p	ϖ_1	ϖ_3	ϖ_5	ϖ_7	ϖ_9	ϖ_{23}	ϖ_{25}	ϖ_{27}	ϖ_{29}	ϖ_{31}
109	24	+3	+28	+4	− 3	+29	−10	+52	+23	+10.

$N(\varpi_3 + \varpi_9) = 11^2 109^2$, $N(1 \pm \varpi) = 3169$ (Primzahl der Form $88m + 1$).

II, 7. $p = 88m - 21$:

67, 331, 419, 683, 859, 947.

$\varpi_r = \omega^r + \omega^{-21r}$; nichtprimitiv: $\varpi_{8r} = 2\omega^{8r}$ (wie II, 4, während $\varpi_{2r} = 0$), ϖ_{11r} (wie II, 2); $\varpi_r^2 = -2\omega^{24r}$, $\varpi_r\varpi_{21r} = 2(-1)^{\frac{r-1}{2}}$, $\Pi(\varpi_r) = 2^6$. Durch $\varpi_1\varpi_{11} \equiv -2\omega^{56}$ (mod. p) ϖ_1 völlig bestimmt,

z. B. p	ϖ_1	ϖ_3	ϖ_5	ϖ_7	ϖ_9	ϖ_{13}	ϖ_{15}	ϖ_{17}	ϖ_{19}	ϖ_{21}
67	+7	− 4	− 31	−11	+32	+ 21	−12	−26	− 33	+ 29
683	+4	−32	−256	− 1	− 8	−171	+ 2	+16	−128	−341

Für $p = 683$ ist der Primfactor $f(\varpi_1) = 1 + \varpi_7$

Für $p = 67$ ist $N(1 + \varpi_1 + \omega^{72}) = 67^2$.

$n = 88$

III. p zum Exponenten 5 gehörig,

$$p = 88m - 7, +9, +25, -39.$$

8 fünfgliedrige Perioden:

$$\varpi_r = \omega^r + \omega^{-7r} + \omega^{-39r} + \omega^{9r} + \omega^{25r}, \quad \text{also:}$$

$$\varpi_1 = \omega - \omega^{37} - \omega^5 + \omega^9 + \omega^{25}, \qquad \varpi_3 = \omega^3 - \omega^{23} - \omega^{15} + \omega^{27} - \omega^{31},$$

$$\varpi_7 = \omega^7 + \omega^{39} - \omega^{35} - \omega^{19} - \omega^{43}, \qquad \varpi_{13} = \omega^{13} - \omega^{41} + \omega^{21} + \omega^{29} - \omega^{17};$$

$\Pi(\varpi_r) = 3^4$; nichtprimitiv: ϖ_{2r} ($n = 44$, III) nebst ϖ_{8r} ($\lambda = 11$, III), $\varpi_{11r} = 5\omega^{11r}$ (8te Wurzeln).

$$\varpi_1^2 = 3\varpi_2 + 2\varpi_{14}, \qquad \varpi_1\varpi_7 = 3 \text{ u. s. w.}$$

Congruenzwurzeln mod. p.*)

p	ϖ_1	ϖ_3	ϖ_7	ϖ_{13}	p	ϖ_1	ϖ_3	ϖ_7	ϖ_{13}
97	− 20	+ 45	− 5	+ 13	449	+134	+ 2	+124	−223
113	− 28	− 32	+ 12	− 46	521	−157	− 96	+219	−114
137	+ 47	− 42	− 32	− 49	577	+153	+210	−181	−272
257	+104	−122	−126	+ 40	641	−237	+ 39	−284	+148
313	+139	− 32	− 27	− 49	929	−229	−124	−142	+442
401	+166	−112	−157	+ 68	977	+359	−393	−166	−179
433	+184	+ 28	−120	−170					

$f(\varpi_1)$, Primfactoren der Primzahlen p.

Von folgenden Primzahlen p sind wirkliche Primfactoren $f(\varpi_1)$ ermittelt:

p	$f(\varpi_1)$	p	$f(\varpi_1)$	p	$f(\varpi_1)$	p	$f(\varpi_1)$
97	$2+2\varpi_3-\varpi_7$	449	$2-\varpi_3$	577	$1-2\varpi_1+\varpi_{13}$	929	$2-\varpi_1+\varpi_2$
137	$1-\varpi_1+\varpi_3+\varpi_{13}$						

Normen complexer Zahlen in $\frac{5}{\varpi}$.**)

$$N(1 \pm \varpi) = 7^2, \qquad N(3 \pm \varpi) = 5^2 \cdot 3^5;$$

$$N(4 + \varpi_8 - \varpi_{33}) = 521 \cdot 97, \qquad N(4 + \varpi_1 + 2\varpi_7) = 113 \cdot 137,$$

$$N(\varpi_1 - 2\varpi_2 + \varpi_{13}) = 433 \cdot 113; \qquad N(3 + 2\varpi_1 - \varpi_3) = 3^6 \cdot 313,$$

$$N(\varpi_1 + 2\varpi_7 + \varpi_8) = 13^2 \cdot 401.$$

---

*) Hier ist ϖ_1 völlig bestimmt durch $\varpi_1\omega^{11} \equiv -\varpi_{16}$ (mod. p).

**) Aus denselben folgt, dass die Primfactoren jedenfalls auch für $p = 113, 433, 521$ wirklich und homogen sind.

$n = 88$

IV. p zum Exponenten 10 gehörig.

4 zehngliedrige Perioden, und zwar mit 7 Fällen.

IV, 1. $p = 88m + 7, -9, -25, +39;$

$$\varpi_r = \omega^r + \omega^{7r} + \omega^{-39r} + \omega^{-9r} + \omega^{25r} + \omega^{-r} + \omega^{-7r} + \omega^{39r} + \omega^{9r} + \omega^{-25r},$$

also:
$$\varpi_1 = \omega + \omega^7 - \omega^5 - \omega^{35} + \omega^{25} - \omega^{43} - \omega^{37} + \omega^{39} + \omega^9 - \omega^{19},$$
$$\varpi_3 = \omega^3 + \omega^{21} - \omega^{15} - \omega^{17} - \omega^{31} - \omega^{41} - \omega^{23} + \omega^{29} + \omega^{27} + \omega^{13},$$

Wurzeln der Gleichung: (nebst $-\varpi_1$ und $-\varpi_3$)

$$\varpi^4 - 12\varpi^2 + 25 = 0;$$

nichtprimitiv: ϖ_{2r} $(n = 44, \text{IV})$, $\varpi_{11r} = 5(\omega^{11r} - \omega^{33r})$ $(n = 8)$;

$$\varpi_1^2 = 6 + \varpi_2, \qquad \varpi_1\varpi_3 = 5; \qquad \varpi_1 - \varpi_3 = \omega^{11} - \omega^{33}.$$

Congruenzwurzeln mod. p.*)

p	ϖ_1	ϖ_3	p	ϖ_1	ϖ_3	p	ϖ_1	ϖ_3	p	ϖ_1	ϖ_2
7	+1	−2	167	−61	−74	479	+8	−179	743	+360	+258
79	−16	−25	271	+83	−13	503	+119	−38	887	−20	−222
127	−6	−22	359	−93	−112	607	−150	+263	919	−7	−132
151	+14	−32	431	−84	+159						

$f(\varpi_1)$, Primfactoren der Primzahlen p. $Nf(\varpi_1) = -p$.

p	$f(\varpi_1)$	p	$f(\varpi_1)$	p	$f(\varpi_1)$
7	$2+\varpi_3$	271	$1-\varpi_1+\varpi_2+2\varpi_3$	607	$7-4\varpi_1$
79	$3+\varpi_1+\varpi_2$	359	$8-12\varpi_1-6\varpi_2+15\varpi_3$	743	$6+3\varpi_1-\varpi_2-3\varpi_3$
127	$2-2\varpi_1+\varpi_2+2\varpi_3$	431	$5+\varpi_2-\varpi_3$	887	$5\varpi_1-2\varpi_2-4\varpi_3$
151	$4-6\varpi_1-3\varpi_2+8\varpi_3$	479	$6-8\varpi_1+3\varpi_2+6\varpi_3$	919	$13+3\varpi_1-3\varpi_2-8\varpi_3$
167	$2+3\varpi_1-\varpi_2-3\varpi_3$	503	$1-3\varpi_1-\varpi_2+2\varpi_3$		

*) Hier ist ϖ_1 durch $\varpi_1\varpi_{11} \equiv 5 + 5\varpi_2$ (mod. p) völlig bestimmt.

**) Einige dieser Primfactoren sind aus Normen $= 7p$ hergeleitet; auch ist
$N(1 \pm \varpi_1) = 2 \,.\, 7$, $\quad N(3 \pm \varpi) = -2$, $\quad N(4 \pm \varpi) = 89$.

$$n = 88$$

IV, 2. $p = 88m - 5, +19, +35, -37;$

$$\varpi_r = \omega^r + \omega^{-5r} + \omega^{25r} + \omega^{-37r} + \omega^{9r} + \omega^{43r} + \omega^{-39r} + \omega^{19r} + \omega^{-7r} + \omega^{35r}, \qquad \text{also:}$$

$$\varpi_1 = \omega - \omega^{39} + \omega^{25} - \omega^7 + \omega^9 + \omega^{43} - \omega^5 + \omega^{19} - \omega^{37} + \omega^{35},$$
$$\varpi_3 = \omega^3 - \omega^{29} - \omega^{31} - \omega^{21} + \omega^{27} + \omega^{41} - \omega^{15} - \omega^{13} - \omega^{23} + \omega^{17},$$

Wurzeln der Gleichung: (nebst $-\varpi_1$ und $-\varpi_3$)

$$\varpi^4 + 12\varpi^2 + 25 = 0;$$

nichtprimitiv: ϖ_{2r} (wie IV, 1), $\varpi_{11r} = 5(\omega^{11r} + \omega^{33r})$ $(n = 8)$;

$$\varpi_1^2 = -6 + \varpi_2, \qquad \varpi_1\varpi_3 = 5; \qquad \varpi_1 + \varpi_3 = \omega^{11} + \omega^{33}.$$

Congruenzwurzeln mod. p*)

p	ϖ_1	ϖ_3	p	ϖ_1	ϖ_3	p	ϖ_1	ϖ_3	p	ϖ_1	ϖ_3
19	− 1	− 5	211	+ 49	+69	491	−206	+112	739	−280	− 66
83	−40	+31	227	− 48	+33	523	− 12	− 44	787	− 98	−249
107	+ 3	−34	283	+135	+21	547	−251	+ 61	811	+239	+318
139	−17	−33	347	− 20	−87	563	+ 36	+266	827	−299	+177

Primfactoren der Primzahlen p in Frage.

Normen complexer Zahlen in $\frac{10}{\varpi}$.

$N(1 + \varpi_1) = 2.19,$

$N(3 - \varpi_1) = 2.107,$

$N(3 - 2\varpi_1 + 3\varpi_3) = 2.227,$

$N(6 - \varpi_2 - \varpi_3) = 2.739,$

$N(4 + 3\varpi_3) = 19.211,$

$N(3 - \varpi_1 - 3\varpi_2 + 2\varpi_3) = 43.523.$

$N(2 + \varpi_2 - \varpi_3) = 2.83,$

$N(\varpi_1 + \varpi_2) = 2.139,$

$N(5 - \varpi_1 - 2\varpi_3) = 2.563,$

$N(3 + 2\varpi_2 + \varpi_3) = 2.811;$

$N(3 + 2\varpi_2 + 2\varpi_3) = 11.283,$

*) Hier ist ϖ_1 vollständig bestimmt durch $\varpi_1\varpi_{11} \equiv 5 - 5\varpi_2$ (mod. p), sowie als Gemeinwurzel quadratischer Congruenzen.

$n = 88$

IV, 3. $p = 88m + 5, -19, -35, +37$;

$$\varpi_r = \omega^r + \omega^{5r} + \omega^{25r} + \omega^{37r} + \omega^{9r} + \omega^{-43r} + \omega^{-39r} + \omega^{-19r} + \omega^{-7r} + \omega^{-35r} = 0,$$

$\varpi_{2r} = 2(\omega^{2r} + \omega^{10r} + \omega^{-38r} + \omega^{-14r} + \omega^{18r})$, d. h. fünfgliedrige Perioden der 44ten Einheitswurzeln, daher haben die hierher gehörigen Primzahlen:

5, 37, 53, 157, 181, 229, 269, 317, 389,
421, 509, 619, 653, 709, 757, 773, 797, 829,

auch hier nur die Primfactoren bei $n = 44$, IV, 1.

IV, 4. $p = 88m + 3, -13, +27, -29$;

$$\varpi_r = \omega^r + \omega^{3r} + \omega^{9r} + \omega^{27r} + \omega^{-7r} + \omega^{-21r} + \omega^{25r} + \omega^{-13r} + \omega^{-39r} + \omega^{-29r},$$ also:

$$\varpi_1 = \omega + \omega^3 + \omega^9 + \omega^{27} - \omega^{37} - \omega^{23} + \omega^{25} - \omega^{31} - \omega^5 - \omega^{15},$$
$$\varpi_7 = \omega^7 + \omega^{21} - \omega^{19} + \omega^{13} + \omega^{39} + \omega^{29} - \omega^{43} - \omega^{41} - \omega^{35} - \omega^{17},$$

Wurzeln der Gleichung: (nebst $-\varpi_1$ und $-\varpi_7$)

$$\varpi^4 - 10\varpi^2 + 36 = 0;$$

nichtprimitiv: $\varpi_{8r} = 2(\omega^{8r} + \omega^{24r} + \omega^{32r} + \omega^{40r} + \omega^{72r}) = 2\varpi^{5}_{8r}$ ($\lambda = 11$, III), ϖ_{11r} (wie IV, 2), $\varpi_{2r} = 0$;

$$\varpi_1^2 = 6 + 2\varpi_{16}, \qquad \varpi_1\varpi_7 = 6; \qquad \text{ferner: } \varpi_1 - \varpi_7 = -(\omega^{11} + \omega^{33}).$$

Congruenzwurzeln mod. p.*)

p	ϖ_1	ϖ_7	p	ϖ_1	ϖ_7	p	ϖ_1	ϖ_7	p	ϖ_1	ϖ_7
3	−1	0	251	−101	−10	499	+159	+226	691	−36	+115
59	−7	+16	379	+26	+146	587	−261	−54	883	+175	+217
163	−33	−15	443	+50	+71	619	+237	−94	907	−300	−127
179	+89	−12	467	+203	−138	643	+9	+215	971	−474	−295

*) Hier ist ϖ_1 vollständig bestimmt durch $\varpi_1\varpi_{11}^2 \equiv -2\varpi_{16}$ (mod. p); sowie als Gemeinwurzel.

$n = 88$

$f(\varpi_1)$, Primfactoren der Primzahlen p.*)

p	$f(\varpi_1)$	p	$f(\varpi_1)$	p	$f(\varpi_1)$
3	$1+\varpi_1-\varpi_7+\varpi_8$	443	$2+3\varpi_1-\varpi_7-\varpi_8$	643	$\varpi_1-\varpi_7+3\varpi_8$
59	$\varpi_1+\varpi_8$	467	$1-6\varpi_1+5\varpi_7-5\varpi_8$	691	$5+6\varpi_1-3\varpi_7-3\varpi_8$
163	$3+\varpi_1-2\varpi_7$	499	$7-3\varpi_7+2\varpi_8$	883	$11-6\varpi_1+9\varpi_7+6\varpi_8$
179	$3-\varpi_1+2\varpi_7-\varpi_8$	587	$5+3\varpi_1-4\varpi_7+2\varpi_8$	907	$7-3\varpi_1$
251	$5-3\varpi_1+\varpi_7-\varpi_8$	619	$1-3\varpi_1+3\varpi_7-3\varpi_8$	971	$5-\varpi_7-\varpi_8$
379	$3-4\varpi_1+5\varpi_7+3\varpi_8$				

IV, 5. $p = 88m - 3, +13, -27, +29;$

$$\varpi_r = \omega^r + \omega^{-3r} + \omega^{9r} + \omega^{-27r} + \omega^{-7r} + \omega^{21r} + \omega^{25r} + \omega^{13r} + \omega^{-39r} + \omega^{29r}, \text{ also}$$

$$\varpi_1 = \omega - \omega^{41} + \omega^9 - \omega^{17} - \omega^{37} + \omega^{21} + \omega^{25} + \omega^{13} - \omega^5 + \omega^{29},$$

$$\varpi_3 = \omega^3 - \omega^{35} + \omega^{27} + \omega^7 - \omega^{23} - \omega^{19} - \omega^{31} + \omega^{39} - \omega^{15} - \omega^{43},$$

Wurzeln der Gleichung: (nebst $-\varpi_1$ und $-\varpi_3$)

$$\varpi^4 + 121 = 0;$$

nichtprimitiv: $\varpi_{2r} = \omega^{22r}$ (4te Wurzeln), während $\varpi_{8r} = -1$, $\varpi_{11r} = 0$;

$$\varpi_1^2 = 11\omega^{22}, \qquad \varpi_1\varpi_3 = 11.$$

Congruenzwurzeln mod. p.**)

p	ϖ_1	ϖ_3	p	ϖ_1	ϖ_3	p	ϖ_1	ϖ_3	p	ϖ_1	ϖ_3
13	6	+ 4	173	19	+ 37	557	51	−109	821	41	−220
29	10	+ 4	277	99	−123	613	29	−211	877	157	+ 28
61	1	+11	293	142	− 35	677	153	− 84	941	159	−367
101	3	−30	349	36	+ 10	701	28	−275	997	389	+182
149	74	−22	541	70	+147	733	129	+ 91			

Primfactoren der Primzahlen p in Frage.

*) Zum Theil aus Normen $= 3p$ ermittelt, auch ist $N(1+\varpi_1) = 27$.

**) Hier ist $\varpi_1 > 0$ und $< \frac{1}{2}p$ aus $\varpi_1^2 \equiv 11\omega^{22}$ (mod. p).

$n = 76$

Normen complexer Zahlen in $\frac{10}{\varpi}$.

$N(1 - \varpi_1) = 2 . 61$,

$N(3 + 2\varpi_2 + \varpi_3) = 2 . 277$,

$N(7 + 2\varpi_1 + \varpi_3) = 2 . 557$,

$N(6 - 3\varpi_2 + \varpi_3) = 2 . 677$,

$N(6 - \varpi_1 - \varpi_2) = 2 . 877$;

$N(4 - \varpi_3) = 13 . 29$,

$N(10 - \varpi_3) = 349 . 29$.

$N(3 - \varpi_1) = 2 . 101$,

$N(4 - \varpi_1 - \varpi_2) = 2 . 293$,

$N(6 + \varpi_1 + \varpi_2) = 2 . 613$,

$N(5 + 2\varpi_2 + \varpi_3) = 2 . 701$,

$N(1 + 2\varpi_1) = 13 . 149$,

$N(1 - 2\varpi_1 + \varpi_3) = 18 . 173$,

IV, 6. $p = 88m + 15, -17, +31, -41$;

$$\varpi_r = \omega^r + \omega^{15r} + \omega^{-39r} + \omega^{31r} + \omega^{25r} + \omega^{23r} + \omega^{-7r} + \omega^{-17r} + \omega^{9r} + \omega^{-41r}, \quad \text{also}$$

$$\varpi_1 = \omega + \omega^{15} - \omega^5 + \omega^{31} + \omega^{25} + \omega^{23} - \omega^{37} - \omega^{27} + \omega^9 - \omega^3,$$

$$\varpi_7 = \omega^7 + \omega^{17} - \omega^{35} + \omega^{41} - \omega^{43} - \omega^{29} + \omega^{39} - \omega^{13} - \omega^{19} - \omega^{21},$$

Wurzeln der Gleichung: (nebst $-\varpi_1$ und $-\varpi_7$)

$$\varpi^4 + 10\varpi^2 + 36 = 0;$$

nichtprimitiv: ϖ_{8r} (wie IV, 4, während $\varpi_{2r} = 0$), $\varpi_{11r} = 5(\omega^{11r} - \omega^{33r}) = 5\tfrac{2}{\varpi}_{11r}$ (wie IV, 1);

$$\varpi_1^2 = -6 - 2\varpi_{16}, \qquad \varpi_1\varpi_7 = 6; \text{ ferner: } \varpi_1 + \varpi_7 = -(\omega^{11} - \omega^{33}).$$

Congruenzwurzeln mod. p.*)

p	ϖ_1	ϖ_7	p	ϖ_1	ϖ_7	p	ϖ_1	ϖ_7	p	ϖ_1	ϖ_7
31	+13	+10	223	− 81	+ 66	599	−262	+ 96	823	−275	− 9
47	− 6	− 1	311	+131	+114	631	−111	+ 17	839	−184	+155
71	+33	+26	367	+ 85	−164	647	+318	+293	911	−181	+ 5
103	+37	+28	383	− 59	− 78	719	+340	+ 55	983	+282	+251
191	−22	−35	487	+114	−205	751	− 70	− 43			

*) Hier ist ϖ_1 völlig bestimmt durch $\varpi_1 \tfrac{2}{\varpi}_{11} \equiv -2\tfrac{5}{\varpi}_{16}$ (mod. p), sowie als Gemeinwurzel quadratischer Congruenzen.

$n = 88$

$f(\varpi_1)$, Primfactoren der Primzahlen p.

p	$f(\varpi_1)$	p	$f(\varpi_1)$	p	$f(\varpi_1)$
31	$1+\varpi_7+\varpi_8$	367	$2-3\varpi_1-3\varpi_7+\varpi_8$	719	$3-\varpi_1+\varpi_7+\varpi_8$
47	$1+\varpi_7$	383	$3+\varpi_1+3\varpi_8$	751	$2+\varpi_1+2\varpi_7-3\varpi_8$
71	$2-\varpi_1-\varpi_7-\varpi_8$	487	$3-2\varpi_1-\varpi_7+3\varpi_8$	823	$1-2\varpi_1+\varpi_7+3\varpi_8$
103	$1+2\varpi_1+\varpi_7$	599	$5-3\varpi_1-2\varpi_7$	839	$5-\varpi_7+\varpi_8$
191	$4+\varpi_1+\varpi_7+\varpi_8$	631	$1+\varpi_1-\varpi_7-3\varpi_8$	911	$5-\varpi_7$
223	$4-3\varpi_1-3\varpi_7-\varpi_8$	647	$1+\varpi_7-3\varpi_8$	983	$6+\varpi_1+\varpi_7+\varpi_8$
311	$1+3\varpi_1+2\varpi_7$				

IV, 7. $p = 88m - 15, +17, -31, +41$;

$$\varpi_r = \omega^r + \omega^{-15r} + \omega^{-39r} + \omega^{-31r} + \omega^{25r} + \omega^{-23r} + \omega^{-7r} + \omega^{17r} + \omega^{9r} + \omega^{41r} = -\omega^{33r},$$

d. h. 8te Einheitswurzeln, daher haben die hierher gehörigen Primzahlen:

17, 41, 53, 73, 193, 233, 281, 337, 409,
457, 569, 601, 673, 761, 809, 937, 953,

auch hier nur die Primfactoren der $p = 8m+1$ in $n = 8$, I.

Anmerkung. Eigenthümlich für $n = 88$ ist der aus 20 primitiven Wurzeln bestehende Ausdruck:

$$\omega + \omega^3 - \omega^5 + \omega^7 + \omega^9 + \omega^{13} - \omega^{15} - \omega^{17} - \omega^{19} + \omega^{21} - \omega^{23} + \omega^{25} + \omega^{27} + \omega^{29} - \omega^{31} - \omega^{35} - \omega^{37} + \omega^{39} - \omega^{41} - \omega^{43} = \sqrt{22}.$$

$$n = 92$$

I. $p = 92m + 1$:

277, 461, 829.

44 primitive Wurzeln, deren Gleichung:

$$\omega^{44} - \omega^{42} + \omega^{40} - \omega^{38} + \omega^{36} - \omega^{34} + \omega^{32} - \omega^{30} + \omega^{28} - \omega^{26} + \omega^{24} - \omega^{22} + \omega^{20} - \omega^{18} + \omega^{16}$$
$$- \omega^{14} + \omega^{12} - \omega^{10} + \omega^{8} - \omega^{6} + \omega^{4} - \omega^{2} + 1 = 0,$$

also $\omega^{23} = \omega - \omega^3 + \omega^5 - \omega^7 + \omega^9 - \omega^{11} + \omega^{13} - \omega^{15} + \omega^{17} - \omega^{19} + \omega^{21} + \omega^{25} - \omega^{27}$
$+ \omega^{29} - \omega^{31} + \omega^{33} - \omega^{35} + \omega^{37} - \omega^{39} + \omega^{41} - \omega^{43} + \omega^{45}$.

Die idealen Primfactoren sind für $p = 277$, 461 in 201ter, für $p = 829$ in 67ter Potenz wirklich.

II. p zum Exponenten 2 gehörig.

22 zweigliedrige Perioden, und zwar mit 3 Fällen:

II, 1. $p = 92m - 1$.

$$\varpi_r = \omega^r + \omega^{-r} = \omega^r - \omega^{46-r};$$

$\varpi_1 \varpi_k = \varpi_{k-1} + \varpi_{k+1}$; $\Pi(\varpi_r) = 23$; nichtprimitiv: ϖ_{4r} ($\lambda = 23$, II), während $\varpi_{23r} = 0$.

Congruenzwurzeln mod. p.*)

p	ϖ_1	ϖ_3	ϖ_5	ϖ_7	ϖ_9	ϖ_{11}	ϖ_{13}	ϖ_{15}	ϖ_{17}	ϖ_{19}	ϖ_{21}
367	173	− 71	− 60	+182	+127	−105	+159	− 24	+179	−142	+ 47
643	146	+221	+273	− 6	−200	+296	+ 28	−208	+145	−163	−198
827	403	+ 11	−246	+237	−356	+ 95	−318	−198	− 27	− 37	− 50
919	55	−129	−366	+187	−437	+284	−296	+ 14	+344	−410	− 43

$f(\varpi_1)$, Primfactoren der Primzahlen p. $Nf(\varpi_1) = -p$.

p	$f(\varpi_1)$	p	$f(\varpi_1)$	p	$f(\varpi_1)$	p	$f(\varpi_1)$
367	$1+\varpi_{13}-\varpi_{16}$	643	$1-\varpi_6+\varpi_{13}$	827	$1+\varpi_{11}+\varpi_{14}+\varpi_{17}$	919	$1-\varpi_1+\varpi_6+\varpi_{21}$

*) Hier ist $\varpi_1 > 0$ und $< \frac{1}{2}p$ aus $\varpi_1^2 \equiv 2 - \varpi_{44}$ (mod. p).

$n = 92$

II, 2. $p = 92m + 45$;

$$\varpi_r = \omega^r + \omega^{45r} = \omega^r + \omega^{46-r};$$

$\varpi_1 \varpi_k = -\varpi_{k-1} + \varpi_{k+1}$, $\Pi(\varpi_r) = -1$; nichtprimitiv: ϖ_{2r} (wie in II, 1) und $\varpi_{23r} = 2\omega^{23r}$; $\varpi_1 - \varpi_3 + \varpi_5 - \varpi_7 + \varpi_9 - \varpi_{11} + \varpi_{13} - \varpi_{15} + \varpi_{17} - \varpi_{19} + \varpi_{21} = \omega^{23}$.

Congruenzwurzeln mod. p.*)

p	ϖ_1	ϖ_3	ϖ_5	ϖ_7	ϖ_9	ϖ_{11}	ϖ_{13}	ϖ_{15}	ϖ_{17}	ϖ_{19}	ϖ_{21}
137	−66	+ 6	+47	+ 5	−40	− 61	−18	−19	−36	− 4	+3
229	−21	+65	−38	+47	+20	+111	−82	−26	+14	+45	−2

Normen complexer Zahlen in $\overset{2}{\omega}$.

$$N(\varpi_{15} - \varpi_{36}) = 137 . 2713, \qquad N(1 - \omega^{23} + \varpi_{40}) = 137 . 461,$$

$$N(1 + \varpi_{17} - \varpi_{44}) = 229 . 5521.$$

II, 3. $p = 92m - 45$;

$$\varpi_r = \omega^r + \omega^{-45r} = 0,$$

$\varpi_{4r} = 2\omega^{4r}$, d. h. 23te Einheitswurzeln; daher haben die hierher gehörigen Primzahlen:

47, 139, 599, 691

auch hier nur die Primfactoren der $p = 23m + 1$ in $\lambda = 23$.

III. p zum Exponenten 11 gehörig:

$$p = 92m - 7, + 9, - 11, + 13, - 15, - 19, + 25, + 29, + 41, - 43.$$

4 elfgliedrige Perioden:

$\varpi_r = \omega^r + \omega^{-7r} + \omega^{-43r} + \omega^{25r} + \omega^{9r} + \omega^{29r} + \omega^{-19r} + \omega^{41r} + \omega^{-11r} + \omega^{-15r} + \omega^{13r}$, also

$$\varpi_1 = \omega - \omega^{39} - \omega^3 + \omega^{25} + \omega^9 + \omega^{29} - \omega^{27} + \omega^{41} - \omega^{35} - \omega^{31} + \omega^{13},$$

$$\varpi_5 = \omega^5 - \omega^{11} - \omega^{15} + \omega^{31} + \omega^{45} - \omega^7 - \omega^{43} + \omega^{21} + \omega^{37} + \omega^{17} - \omega^{19},$$

Wurzeln der Gleichung: (nebst $-\varpi_1$ und $-\varpi_5$)

$$\varpi^4 - 11\varpi^2 + 36 = 0;$$

nichtprimitiv: ϖ_{4r} ($\lambda = 23$, III), $\varpi_{23r} = 11\omega^{23r}$;

$$\varpi_1 + \varpi_5 = \omega^{23}, \quad \varpi_1 \varpi_5 = -6, \quad \varpi_1^2 = 6 + \varpi_4.$$

*) Hier ist ϖ_1 völlig bestimmt durch $\varpi_1 \omega^{23} \equiv \varpi_{24}$ (mod. p), sowie als Gemeinwurzel höherer Congruenzen.

$n = 92$

Congruenzwurzeln mod. p.*)

p	ϖ_1	ϖ_5	p	ϖ_1	ϖ_5	p	ϖ_1	ϖ_5	p	ϖ_1	ϖ_5
13	−6	+1	233	+80	+64	449	−98	+165	761	−347	−375
29	+4	+13	257	+37	−21	509	+25	+183	809	−387	+69
41	+12	+20	269	−113	+31	541	−16	+68	821	+119	+407
73	+20	+7	317	+9	+105	577	+185	−209	853	+241	+92
101	−38	+48	349	−150	+14	593	−257	+180	857	+8	−215
173	+33	+47	353	−142	−169	601	+45	+80	877	+348	+378
193	+5	+76	397	−131	+194	653	+239	+265	929	+107	+217
197	+38	−52	409	+86	+57	673	−289	−326			

Congruenzwurzeln mod. p^3, z. B.

p	ϖ_1	ϖ_4	ϖ_5
13	$-6+5p$	$4-6p-5p^2$	$+1+3p-2p^2$
29	$+4-9p+3p^2$	$10-14p-13p^2$	$+13+7p+14p^2$
41	$+12+4p+7p^2$	$15+17p-19p^2$	$+20-14p$
73	$+20-28p+25p^2$	$29-20p+17p^2$	$+7+17p+4p^2$

$f(\varpi_1)$ Primfactoren der Primzahlen p

Wirkliche Primfactoren haben folgende Primzahlen:

p	$f(\varpi_1)$	p	$f(\varpi_1)$	p	$f(\varpi_1)$
101	$5+2\varpi_5$	449	$4-\varpi_4+\varpi_5$	821	$7+2\varpi_5$
173	$2+\varpi_4-\varpi_5$	593	$2-3\varpi_1-\varpi_5$	853	$3+2\varpi_1+4\varpi_5$
317	$5+3\varpi_1+\varpi_4+2\varpi_5$	809	$8-2\varpi_1+\varpi_4-\varpi_5$	877	$4-2\varpi_1+\varpi_4-3\varpi_5$

Die übrigen Primzahlen haben **ideale** Primfactoren, deren 3te Potenzen $f^3(\varpi_1)$ wirklich sind, z. B.

p	$f^3(\varpi_1)$	p	$f^3(\varpi_1)$	p	$f^3(\varpi_1)$
13	$2+\varpi_1-2\varpi_4-\varpi_5$	41	$18-19\varpi_1+4\varpi_4+13\varpi_5$	73	$16+24\varpi_1+3\varpi_4+21\varpi_5$
29	$2\varpi_1-5\varpi_4+\varpi_5$				

Normen complexer Zahlen in $\frac{11}{\varpi}$.

$N(1-\varpi_5) = 2.13$, $\quad N(3+2\varpi_5) = 9.29$, $\quad N(3+\varpi_4-\varpi_5) = 8.29$,
$N(2+2\varpi_1-\varpi_4) = 32.29$, $\quad N(2+3\varpi_5) = 8.317$; dagegen (mod. p^3)
$N(3+5\varpi_1+\varpi_5) = 4.13^3$ u. s. w.

---

*) Hier ist ϖ_1 vollständig bestimmt durch $\varpi_1 w^{23} \equiv \varpi_4$ (mod. p), sowie als Gemeinwurzel quadratischer Congruenzen.

$n = 92$

IV. p zum Exponenten 22 gehörig.

2 zweiundzwanziggliedrige Perioden, und zwar mit 3 Fällen:

IV, 1. $p = 92m + 7, -9, +11, -13, +15, +19, -25, -29, -41 + 43;$

$$\varpi_r = \omega^r + \omega^{7r} + \omega^{-43r} + \omega^{-25r} + \omega^{9r} + \omega^{-29r} + \omega^{-19r} + \omega^{-41r} + \omega^{-11r} + \omega^{15r} + \omega^{13r}$$
$$+ \omega^{-r} + \omega^{-7r} + \omega^{43r} + \omega^{25r} + \omega^{-9r} + \omega^{29r} + \omega^{19r} + \omega^{41r} + \omega^{11r} + \omega^{-15r} + \omega^{-13r} \quad \text{also:}$$

$$\varpi_1 = \omega + \omega^7 - \omega^3 - \omega^{21} + \omega^9 - \omega^{17} - \omega^{27} - \omega^5 - \omega^{35} + \omega^{15} + \omega^{13} - \omega^{45} - \omega^{39} + \omega^{43}$$
$$+ \omega^{25} - \omega^{37} + \omega^{29} + \omega^{19} + \omega^{41} + \omega^{11} - \omega^{31} - \omega^{33},$$

Wurzeln der Gleichung: (nebst $-\varpi_1$)

$$\varpi^2 - 23 = 0.$$

Congruenzwurzeln mod. p.*)

p	ϖ_1	p	ϖ_1	p	ϖ_1	p	ϖ_1	p	ϖ_1
7	3	103	34	283	56	503	214	727	101
11	1	107	39	359	89	523	76	743	282
19	2	191	65	379	73	563	161	751	169
43	25	199	53	383	52	571	288	787	173
67	31	227	93	419	182	619	66	839	190
79	24	251	104	467	81	631	233	907	100
83	40	263	54	479	135	659	112	911	80

$f(\varpi_1)$, Primfactoren der Primzahlen p. $Nf(\varpi_1) = -p$.

p	$f(\varpi_1)$	p	$f(\varpi_1)$	p	$f(\varpi_1)$	p	$f(\varpi_1)$
7	$4+\varpi_1$	191	$4-3\varpi_1$	419	$38+9\varpi_1$	659	$13-6\varpi_1$
11	$9+2\varpi_1$	199	$13-4\varpi_1$	467	$19-6\varpi_1$	727	$20+7\varpi_1$
19	$2-\varpi_1$	227	$30+7\varpi_1$	479	$48-11\varpi_1$	743	$27-8\varpi_1$
43	$7-2\varpi_1$	251	$18-5\varpi_1$	503	$53-12\varpi_1$	751	$56+13\varpi_1$
67	$5+2\varpi_1$	263	$40+9\varpi_1$	523	$58+13\varpi_1$	787	$61-14\varpi_1$
79	$17-4\varpi_1$	283	$50-11\varpi_1$	563	$78+17\varpi_1$	839	$32-9\varpi_1$
83	$3+2\varpi_1$	359	$3+4\varpi_1$	571	$2+5\varpi_1$	907	$86-19\varpi_1$
103	$32-7\varpi_1$	379	$14+5\varpi_1$	619	$41-10\varpi_1$	911	$49-12\varpi_1$
107	$10-3\varpi_1$	383	$33-8\varpi_1$	631	$29+8\varpi_1$		

*) Hier ist $\varpi_1 > 0$ und $< \frac{1}{2}p$.

$n = 92$

IV, 2. $p = 92m + 3, -5, -17, -21, +27, +31, -33, +35, -37, +39;$

$$\varpi_r = \omega^r + \omega^{3r} + \omega^{9r} + \omega^{27r} + \omega^{-11r} + \omega^{-33r} + \omega^{-7r} + \omega^{-21r} + \omega^{29r} + \omega^{-5r} + \omega^{-15r}$$
$$+ \omega^{-45r} + \omega^{-43r} + \omega^{-37r} + \omega^{-19r} + \omega^{35r} + \omega^{13r} + \omega^{39r} + \omega^{25r} + \omega^{-17r} + \omega^{41r} + \omega^{31r} = 0,$$

$$\varpi_{4r} = 2(\omega^{4r} + \omega^{12r} + \omega^{36r} + \omega^{16r} + \omega^{-44r} + \omega^{-40r} + \omega^{-28r} + \omega^{8r} + \omega^{24r} + \omega^{-20r} + \omega^{-32r}),$$

d. h. elfgliedrige Perioden der 23ten Einheitswurzeln; daher haben die hierher gehörigen Primzahlen:

3, 31, 59, 71, 127, 131, 151, 163, 167, 179, 211, 223, 239, 271, 307, 311,
331, 347, 439, 443, 487, 491, 499, 547, 587, 607, 647, 683, 719, 739, 811, 823,
859, 863, 883, 887, 947, 991,

auch hier nur die Primfactoren bei $\lambda = 23$, III.

IV, 3. $p = 92m - 3, +5, +17, +21, -27, -31, +33, -35, +37, -39;$

$$\varpi_r = \omega^r + \omega^{-3r} + \omega^{9r} + \omega^{-27r} + \omega^{-11r} + \omega^{33r} + \omega^{-7r} + \omega^{21r} + \omega^{29r} + \omega^{5r} + \omega^{-15r} + \omega^{45r}$$
$$+ \omega^{-43r} + \omega^{37r} + \omega^{-19r} + \omega^{-35r} + \omega^{13r} + \omega^{-39r} + \omega^{25r} + \omega^{17r} + \omega^{41r} + \omega^{-31r} = \omega^{23r},$$

d. h. 4te Einheitswurzeln; daher haben die hierher gehörigen Primzahlen:

5, 17, 37, 53, 61, 89, 97, 109, 113, 149, 157, 181, 241, 281, 293, 313,
337, 373, 389, 401, 421, 433, 457, 521, 557, 569, 613, 617, 641, 661, 677, 701,
709, 733, 757, 769, 773, 797, 881, 937, 941, 953, 977,

auch hier nur die Primfactoren der $p = 4m + 1$ in $n = 4$, I).

$n = 96$

I. $p = 96m + 1$.

32 primitive Wurzeln, deren Gleichung:

$$\omega^{32} - \omega^{16} + 1 = 0,$$

wodurch von den nichtprimitiven, d. h. den 48ten und 32ten Einheitswurzeln, die letzteren durch die primitiven sich ausdrücken lassen,

$$\omega^{3} = \omega^{19} - \omega^{35}, \qquad \omega^{9} = \omega^{25} - \omega^{41} \text{ u. s. w.}$$

Congruenzwurzeln mod. p.

p	ω	ω^5	ω^7	ω^{11}	ω^{13}	ω^{17}	ω^{19}	ω^{23}
97	+ 10	− 7	− 21	+ 5	+ 15	+ 38	+ 17	− 41
193	− 93	− 96	− 18	+ 25	+ 65	+ 92	− 31	− 32
577	+ 59	− 50	+204	−212	+ 11	− 68	−138	−197
673	+283	−214	+245	+307	− 59	−236	+201	+131
769	+100	+131	−376	−308	−155	+143	−340	+ 16

p	ω^{25}	ω^{29}	ω^{31}	ω^{35}	ω^{37}	ω^{41}	ω^{43}	ω^{47}
97	− 26	− 40	− 23	− 13	− 39	+ 37	+ 14	+ 29
193	− 6	− 56	+ 86	+ 95	+ 54	− 75	− 2	− 83
577	−262	+ 46	−280	−105	−264	− 99	−150	+ 88
673	+262	−298	+ 77	+308	− 57	−228	+217	+195
769	+ 48	−337	−242	+129	−382	−362	−317	+223

$n = 96$

Congruenzwurzeln mod. p^3 für $p = 97$,

(mit Einschluss derer für die meisten nichtprimtiven Wurzeln).

ω	ω^2	ω^3	ω^4
$+10+p+4p^2$	$+3+21p-16p^2$	$+30+19p-28p^2$	$+9+29p-42p^2$
ω^5	ω^7	ω^8	ω^9
$-7+9p+36p^2$	$-21-23p+20p^2$	$-16+38p-7p^2$	$+34-26p+5p^2$
ω^{10}	ω^{11}	ω^{13}	ω^{14}
$-48-28p-36p^2$	$+5-42p-p^2$	$+15-21p+5p^2$	$-44+p-10p^2$
ω^{15}	ω^{16}	ω^{17}	ω^{19}
$+47-39p+16p^2$	$-35+48p+6p^2$	$+38-44p-27p^2$	$+17-12p+43p^2$
ω^{20}	ω^{21}	ω^{22}	ω^{23}
$-24-4p$	$-46+31p-4p^2$	$+25-32p+4p^2$	$-41-p+8p^2$
ω^{25}	ω^{26}	ω^{27}	ω^{28}
$-26+8p-29p^2$	$+31-46p+3p^2$	$+19-38p+7p^2$	$-4+29p+7p^2$
ω^{29}	ω^{31}	ω^{33}	ω^{34}
$-40-5p-11p^2$	$-23+17p+8p^2$	$+28-45p-31p^2$	$-11-31p+44p^2$
ω^{35}	ω^{37}	ω^{38}	ω^{39}
$-13-31p-26p^2$	$-39+22p-40p^2$	$-2-17p-47p^2$	$-20+22p-16p^2$
ω^{40}	ω^{41}	ω^{43}	ω^{44}
$-6+4p+18p^2$	$+37+33p-34p^2$	$+14+4p+8p^2$	$+43-42p+44p^2$
ω^{45}	ω^{46}	ω^{47}	ω^6
$+42+15p-16p^2$	$+32+2p+25p^2$	$+29-42p-7p^2$	$+27-15p-46p^2$

Normen complexer Zahlen in ω.

$N(1-\omega+\omega^4) = 97.577$, $N(1-\omega^{13}-\omega^{18}) = 97.193$,

$N(1-\omega^{24}-\omega^{37}) = 97.673$, $N(1+\omega^{17}-\omega^{27}) = 97.769$,

woraus folgt, dass sämmtliche Primzahlen in gleicher Lage sind: mit Congruenzwurzeln mod. p^3: $N(1-\omega^6+\omega^{21}-\omega^{25}-\omega^{41}-\omega^{43}) = 97^3.49537$.

$n = 96$

II. p zum Exponenten 2 gehörig.

16 zweigliedrige Perioden, und zwar mit 7 Fällen:

II, 1. $p = 96m - 1$;

$$\varpi_r = \omega^r + \omega^{-r} = \omega^r - \omega^{48-r},$$

$$\varpi_1\varpi_k = \varpi_{k-1} + \varpi_{k+1};\ \Pi(\varpi_r) = 1.\quad \varpi_r - \varpi_{17r} = \varpi_{15r}.$$

Congruenzwurzeln mod. p.*)

p	ϖ_1	ϖ_5	ϖ_7	ϖ_{11}	ϖ_{13}	ϖ_{17}	ϖ_{19}	ϖ_{23}
191	− 90	− 75	− 96	+ 43	− 16	+ 23	− 49	+ 58
383	+ 47	+ 96	+184	−127	+ 55	− 54	−166	+172
479	−215	− 66	− 50	−235	−213	+162	−183	−141
863	+263	+275	+ 61	−417	− 21	− 76	+365	+356

$f(\varpi_1)$, Primfactoren der Primzahlen p. $Nf(\varpi_1) = -p$.

p	$f(\varpi_1)$	p	$f(\varpi_1)$	p	$f(\varpi_1)$
191	$1-\varpi_2-\varpi_5$	479	$\varpi_1-\varpi_6-\varpi_{13}-\varpi_{19}$	863	$\varpi_{10}+\varpi_{13}+\varpi_{20}$
383	$1-\varpi_{13}-\varpi_{17}$				

II, 2. $p = 96m + 47$;

$$\varpi_r = \omega^r + \omega^{47r} = \omega^r + \omega^{48-r};$$

$$\varpi_1\varpi_k = -\varpi_{k-1} + \varpi_{k+1},\ \Pi(\varpi_r) = 1.\quad \varpi_r - \varpi_{17r} = -\varpi_{15r}.$$

Congruenzwurzeln mod. p**)

p	ϖ_1	ϖ_5	ϖ_7	ϖ_{11}	ϖ_{13}	ϖ_{17}	ϖ_{19}	ϖ_{23}
47	− 5	− 15	+ 17	− 3	+ 9	+ 6	+ 10	+ 21
239	+ 18	−113	+ 57	+ 13	+122	+103	+ 33	+110
431	+215	+145	−157	−129	+208	− 50	− 63	+ 99
719	− 99	+277	−286	+ 31	+310	+306	−355	−121
911	−126	+143	−371	+ 38	−274	+200	+439	+185

---

*) Hier ist ϖ_1 völlig bestimmt durch die lineäre Congruenz $\varpi_1\varpi_3 \equiv \varpi_2 + \varpi_4$ (mod. p), sowie als Gemeinwurzel quadratischer Congruenzen.

**) Hier ist ϖ_1 völlig bestimmt durch $\varpi_1\varpi_3 \equiv -\varpi_2 + \varpi_4$ (mod. p), sowie als Gemeinwurzel quadratischer Congruenzen.

$n = 96$

Normen complexer Zahlen in $\mathfrak{k}$.

$N(1 \pm \varpi) = 2 \,.\, 1103$, $N(1 + \varpi_{11} + \varpi_{14}) = 97 \,.\, 193$,

$N(1 - \varpi_8 - \varpi_{17}) = 193 \,.\, 769$; $N(1 - \varpi_1 + \varpi_{18}) = 2 \,.\, 47 \,.\, 769$

$N(\varpi_6 + \varpi_{11}) = 47 \,.\, 239$, $N(\varpi_{15} + \varpi_{22}) = 47 \,.\, 431$,

$N(1 - \varpi_8 - \varpi_{15}) = 4 \,.\, 47 \,.\, 719$, $N(\varpi_{13} - \varpi_{14}) = 2 \,.\, 47 \,.\, 193$

$N(1 - \varpi_{10} - \varpi_{13}) = 47^2$, $N(2 - \varpi_3 - \varpi_{17}) = 911 \,.\, 4463$.

II, 3. $p = 96m - 47$;

$$\varpi_r = \omega^r + \omega^{-47r} = 0, \quad \varpi_{2r} = 2\omega^{2r},$$

d. h. 48te Einheitswurzeln, also haben die hierher gehörigen Primzahlen:

241, 337, 433,

auch hier nur die Primfactoren bei $n = 48$, I.

II, 4. $p = 96m + 31$; $\varpi_r = \omega^r + \omega^{31r}$,

also die primitiven Perioden, deren Product $\Pi(\varpi_r) = 4$,

$$\varpi_1 = \omega + \omega^{31}, \quad \varpi_5 = \omega^5 - \omega^{11}, \quad \varpi_7 = \omega^7 + \omega^{25}, \quad \varpi_{13} = \omega^{13} + \omega^{19},$$
$$\varpi_{17} = \omega^{17} + \omega^{47}, \quad \varpi_{23} = \omega^{23} + \omega^{41}, \quad \varpi_{29} = \omega^{29} + \omega^{35}, \quad \varpi_{37} = \omega^{37} - \omega^{43};$$

die nichtprimitiven: ϖ_{2r} ($n = 48$, II, 5), ϖ_{3r} ($n = 32$, II, 1 also wie oben II, 1), wobei $\varpi_r - \varpi_{17r} = \varpi_{15r}$;

von Relationen:

$$\varpi_1^2 = 2\omega^{32} + \varpi_2, \quad \varpi_1\varpi_{17} = -2 + \varpi_{18}, \quad \varpi_1\varpi_7 = \varpi_{26} \text{ (weil } \varpi_{8r} = 0\text{) u. s. w.}$$

Congruenzwurzeln mod. p.*)

p	ϖ_1	ϖ_5	ϖ_7	ϖ_{13}	ϖ_{17}	ϖ_{23}	ϖ_{29}	ϖ_{37}
31	− 7	+ 8	+ 12	+ 11	− 4	+ 2	− 7	+ 14
127	− 16	+ 4	+ 57	− 53	+ 61	− 3	− 44	− 51
223	+ 91	+ 96	+ 55	− 20	+ 72	− 30	+ 92	− 47
607	−200	+183	+ 46	+237	+290	− 6	+233	+189
991	+114	+303	−277	+455	+ 1	−411	+117	+143

*) Hier ist ϖ_1 vollständig bestimmt durch $\varpi_1\varpi_3 \equiv \varpi_4 + \varpi_{34}$ (mod. p), sowie als Gemeinwurzel.

$n = 96$

Primfactoren der Primzahlen p.

Ein wirklicher Primfactor $f(\varpi_1) = 1 - \varpi_{17}$ ist nur für $p = 991$ ermittelt.

Normen complexer Zahlen in $\frac{2}{\varpi}$.

$$N(1 - \varpi_1 - \varpi_5) = 31 . 223, \qquad N(1 - \varpi_5 - \varpi_{23}) = 31 . 127,$$
$$N(1 + \varpi_{13} + \varpi_{23} - \varpi_{37}) = 127 . 607, \qquad N(1 - \varpi_2 - \varpi_{23}) = 31^3,$$
$$N(2 - \varpi_{23}) = 4 . 31 . 4831, \qquad N(1 + \varpi_1 - \varpi_5) = 97 . 577.$$

II, 5. $p = 96m - 31$;

$$\varpi_r = \omega^r + \omega^{-31r} = -\omega^{33r},$$

d. h. 32te Einheitswurzeln, also haben die hierher gehörigen Primzahlen:

257, 353, 449, 641, 929

auch hier nur die Primfactoren bei $n = 32$, I.

II, 6. $p = 96m + 17$; $\varpi_r = \omega^r + \omega^{17r}$,

also die primitiven Perioden, deren Product $\Pi(\varpi_r) = 3^8$,

$$\varpi_1 = \omega + \omega^{17}, \quad \varpi_5 = \omega^5 - \omega^{37}, \quad \varpi_7 = \omega^7 + \omega^{23}, \quad \varpi_{11} = \omega^{11} - \omega^{43},$$
$$\varpi_{13} = \omega^{13} + \omega^{29}, \quad \varpi_{19} = \omega^{19} + \omega^{35}, \quad \varpi_{25} = \omega^{25} + \omega^{41}, \quad \varpi_{31} = \omega^{31} + \omega^{47};$$

nichtprimitiv: $\varpi_{6r} = 2\omega^{6r}$ und $\varpi_{2r} = \omega^{18r}$ (d. h. 16te Einheitswurzeln), aber $\varpi_{3r} = 0$;

unter den fundamentalen Relationen:

$$\varpi_1^2 = 3\omega^{18}, \quad \varpi_1\varpi_5 = 3\omega^6, \quad \varpi_1\varpi_7 = 3\omega^{24}, \quad \varpi_1\varpi_{11} = 3\omega^{12},$$
$$\varpi_1\varpi_{13} = 3\omega^{30} \text{ etc., aber } \varpi_1\varpi_{31} = -3.$$

$n = 96$

Congruenzwurzeln mod. p.*)

p	ϖ_1	ϖ_5	ϖ_7	ϖ_{11}	ϖ_{13}	ϖ_{19}	ϖ_{25}	ϖ_{31}
17	5	+ 6	− 1	− 8	+ 7	+ 2	+ 3	+ 4
113	52	+ 32	− 10	+ 46	+ 28	+ 12	− 11	− 37
401	121	−172	+143	− 21	+169	+ 19	+ 14	+ 53
593	283	− 45	+ 83	+ 79	− 93	−153	+150	+132
881	381	+256	+212	+265	−400	−359	−320	+111
977	55	+280	+306	+485	−216	− 95	−182	+ 71

Normen complexer Zahlen in $\overset{2}{\varpi}$.

$N(1+\varpi_7) = 2 . 17 . 193$, $\quad N(1-\varpi_7+\omega^{12}) = 17^2 . 97$,

$N(1-\varpi_{19}-\varpi_{25}) = 113 . 1361$, $\quad N(1-\varpi_7+\varpi_{25}) = 113^2$;

$N(1-\varpi_{11}+\omega^{24}) = 17 . 401$, $\quad N(1-\varpi_7-\omega^{42}) = 17 . 593$,

$N(1+\varpi_7-\omega^6-\omega^{30}) = 2 . 17^2 . 881$, $\quad N(1-\varpi_7+\omega^{18}+\omega^{30}) = 2 . 977$.

II, 7. $\quad p = 96m - 17; \qquad \varpi_r = \omega^r + \omega^{-17r}$,

also die primitiven Perioden, wofür $\Pi(\varpi_r) = 4$,

$$\varpi_1 = \omega - \omega^{31}, \quad \varpi_5 \doteq \omega^5 + \omega^{11}, \quad \varpi_7 = \omega^7 - \omega^{25}, \quad \varpi_{13} = \omega^{13} - \omega^{19},$$
$$\varpi_{17} = \omega^{17} - \omega^{47}, \quad \varpi_{23} = \omega^{23} - \omega^{41}, \quad \varpi_{29} = \omega^{29} - \omega^{35}, \quad \varpi_{37} = \omega^{37} + \omega^{43};$$

nichtprimitiv: ϖ_{2r} ($n = 48$, II, 5) und ϖ_{3r} ($n = 32$, II, 2), wobei $\varpi_r - \varpi_{17r} = -\varpi_{15r}$, $\varpi_{8r} = 0$, $\varpi_{32r} = 2\omega^{32}$ etc.; ferner:

$$\varpi_1^2 = -2\omega^{32} + \varpi_2, \qquad \varpi_1\varpi_7 = -\varpi_{26}, \qquad \varpi_1\varpi_{17} = 2 + \varpi_{18} \text{ u. s. w.}$$

Congruenzwurzeln mod. p.**)

p	ϖ_1	ϖ_5	ϖ_7	ϖ_{13}	ϖ_{17}	ϖ_{23}	ϖ_{29}	ϖ_{37}
79	+ 4	− 34	− 1	− 17	− 13	+ 23	− 4	+ 26
271	+115	−130	+ 21	− 95	+ 32	− 46	− 50	− 24
367	+ 7	+ 65	+108	−136	+153	−156	− 89	+ 45
463	+159	+ 32	+ 10	+ 76	−206	+220	−180	+209
751	−250	+176	−280	+193	−226	−163	−180	− 95

*) Hier ist $\varpi_1 > 0$ und $< \frac{1}{2}p$ aus $\varpi_1^2 \equiv 3\omega^{18}$ (mod. p).

**) Hier ist ϖ_1 völlig bestimmt durch die lineäre Congruenz: $\varpi_1\varpi_3 \equiv \varpi_4 - \varpi_{34}$ (mod. p), sowie als Gemeinwurzel quadratischer Congruenzen.

$n = 96$

Primfactoren der Primzahlen p.

Wirkliche Primfactoren sind für folgende Primzahlen ermittelt:

p	$f(\varpi_1)$	p	$f(\varpi_1)$	p	$f(\varpi_1)$
79	$1+\varpi_7$	271	$1+\varpi_1+\varpi_2+\varpi_{34}$	463	$1+\varpi_7-\varpi_{23}+\varpi_{37}$

Normen complexer Zahlen in $\frac{2}{\varpi}$.

$N(1-\varpi_4+\varpi_7) = 271\,.\,193$, $N(1+\varpi_1+\varpi_{12}-\varpi_{34}) = 367\,.\,577$,

$N(1-\varpi_{15}-\varpi_{37}-\omega^{32}) = 751\,.\,97$, $N(1-\varpi_4-\varpi_5-\varpi_{23}) = 751\,.\,463$,

$N(\varpi_5-\varpi_{13}) = 4\,.\,97^2$, $N(1+\varpi_{18}-\varpi_7) = 97\,.\,463$.

III. p zum Exponenten 4 gehörig,

8 viergliedrige Perioden mit 4 Fällen, in welchen allen die primitiven Perioden ϖ_r null sind:

III, 1. $p = 96m + 23, -25$;

$\varpi_{2r} = 2(\omega^{2r}+\omega^{46r})$, d. h. $n = 48$, II, 2, so dass die dortigen Primfactoren der $p = 48m+23$ auch hier prim sind für dieselben Primzahlen wie dort:

23, 71, 167, 263, 311, 359, 503, 599, 647, 743, 839, 887, 983.

III, 2. $p = 96m - 23, +25$;

$\varpi_{2r} = 0$, $\varpi_{4r} = 4\omega^{4r}$, d. h. $n = 24$, I, so dass die dortigen Primfactoren der $p = 24m+1$ auch hier prim sind für:

$p =$ 73, 313, 409, 457, 601, 937,

d. h. für dieselben Primzahlen wie bei $n = 48$, II, 3.

III, 3. $p = 96m + 7, -41$;

$\varpi_{2r} = 2(\omega^{2r}+\omega^{14r})$, d. h. $n = 48$, II, 6, so dass die dortigen Primfactoren der $p = 48m+7$ auch hier prim sind, und zwar für dieselben Primzahlen:

7, 103, 151, 199, 439, 487, 631, 727, 823, 919, 967.

$n = 96$

III, 4. $p = 96m - 7, +41$;

$\varpi_{2r} = 2(\omega^{2r} + \omega^{-14r})$, d. h. $n = 48$, II, 5, so dass die dortigen Primfactoren der $p = 48m - 7$ auch hier prim sind, und zwar für dieselben Primzahlen:

41, 89, 137, 233, 281, 521, 569, 617, 761, 809, 857, 953.

IV. p zum Exponenten 8 gehörig.

4 achtgliedrige Perioden mit 4 Fällen, in welchen stets $\varpi_r = 0$ und $\varpi_{2r} = 0$ ist:

IV, 1. $p = 96m + 5, -19, +29, -43$;

$\varpi_{4r} = 4(\omega^{4r} + \omega^{20r})$, d. h. $n = 48$, III, 1 oder ganz wie $p = 48m + 5, -19$.

IV, 2. $p = 96m - 5, +19, -29, +43$;

$\varpi_{4r} = 4(\omega^{4r} + \omega^{-20r})$, d. h. $n = 48$, III, 2 oder ganz wie $p = 48m - 5, +19$.

IV, 3. $p = 96m + 11, -13, +35 - 37$;

$\varpi_{4r} = 4(\omega^{4r} + \omega^{44r})$, d. h. $n = 48$, III, 3, oder ganz wie $p = 48m + 11, -13$.

IV, 4, $p = 96m - 11, +13, -35, +37$;

$\varpi_{4r} = 0$, $\varpi_{8r} = 8\omega^{8r}$, d. h. $n = 48$, III, 4 oder ganz wie $p = 48m - 11, +13$.

$n = 100$

I. $p = 100m + 1$.

40 primitive Wurzeln, deren Gleichung:

$$\omega^{40} - \omega^{30} + \omega^{20} - \omega^{10} + 1 = 0,$$

wodurch sich aber weder die 25ten noch die 4ten Einheitswurzeln ausdrücken lassen, vgl. $n = 36$.

Congruenzwurzeln mod. p.

p	ω	ω^3	ω^7	ω^9	ω^{11}	ω^{13}	ω^{17}	ω^{19}	ω^{21}	ω^{23}
101	+ 2	+ 8	+ 27	+ 7	+ 28	+ 11	− 26	− 3	− 12	− 48
401	+100	− 94	+197	−113	+ 18	− 49	−149	+116	− 93	− 81
601	−202	−294	+180	−101	−147	−208	+250	+227	−104	+ 45
701	+235	+262	− 72	−128	+ 84	−318	−330	−353	−316	+295

p	ω^{27}	ω^{29}	ω^{31}	ω^{33}	ω^{37}	ω^{39}	ω^{41}	ω^{43}	ω^{47}	ω^{49}
101	+ 40	− 42	+ 34	+ 35	− 46	+ 18	− 29	− 15	− 38	+ 50
401	− 99	+ 69	−121	−183	− 90	−156	−110	− 57	+ 64	+ 4
601	−187	− 52	−278	−238	− 46	−139	−119	−197	+231	+341
701	+240	+193	−280	−342	−302	+242	−115	+185	− 99	−176

Primfactoren der Primzahlen p ideal.
(Normen bei den Perioden unten).

$n = 100$

II. p zum Exponenten 2 gehörig.

20 zweigliedrige Perioden, und zwar mit 3 Fällen:

II, 1. $p = 100m - 1$; $\varpi_r = \omega^r + \omega^{-r} = \omega^r - \omega^{50-r}$,

$\varpi_1 \varpi_k = \varpi_{k-1} + \varpi_{k+1}$; $\Pi(\varpi_r) = 5$;

nichtprimitiv: ϖ_{4r} ($\lambda = 25$, zweigliedrige Perioden der 25ten Einheitswurzeln), $\varpi_{25r} = 0$, ϖ_{5r} ($n = 20$, zweigliedrige Perioden zweiter Art der 20ten), ϖ_{20r} ($\lambda = 5$, desgleichen der 5ten Wurzeln).

Congruenzwurzeln mod. p.*)

p	ϖ_1	ϖ_3	ϖ_7	ϖ_9	ϖ_{11}	ϖ_{13}	ϖ_{17}	ϖ_{19}	ϖ_{21}	ϖ_{23}
199	+ 14	− 84	+ 44	− 29	− 98	− 78	+ 26	− 21	+ 79	+ 24
499	+226	−112	−191	+ 93	+113	− 59	+ 51	+230	+239	−189
599	−115	−268	+ 46	+238	−118	−157	+220	+ 57	+160	− 63

$f(\varpi_1)$, Primfactoren der Primzahlen p. $Nf(\varpi_1) = -p$.

p	$f(\varpi_1)$	p	$f(\varpi_1)$	p	$f(\varpi_1)$
199	$1 - \varpi_7 - \varpi_{32}$	499	$1 - \varpi_3 - \varpi_{11}$	599	$1 - \varpi_7 - \varpi_{48}$

II, 2. $p = 100m + 49$; $\varpi_r = \omega^r + \omega^{49r} = \omega^r + \omega^{50-r}$,

$\varpi_1 \varpi_k = -\varpi_{k-1} + \varpi_{k+1}$, $\Pi(\varpi_r) = 1$; nichtprimitiv: ϖ_{4r} und ϖ_{20r} (wie in II, 1), ϖ_{5r} ($n = 20$, II, 2), $\varpi_{25r} = 2\omega^{25r}$ (4te Einheitswurzeln); $\varpi_1 + \varpi_9 - \varpi_{11} - \varpi_{19} + \varpi_{21} = 0$.

---

*) Hier ist ϖ_1 völlig bestimmt durch $\varpi_1 \varpi_5 \equiv \varpi_4 - \varpi_{44}$ (mod. p), sowie als gemeinschaftliche Wurzel der Congruenz $\varpi_1^2 \equiv 2 - \varpi_{48}$ und eines Systems von 5 Congruenzen, deren erste: $\varpi_1 - \varpi_9 - \varpi_{11} + \varpi_{19} + \varpi_{21} \equiv 0$ (mod. p). Was hier ϖ_4, ϖ_8, ϖ_{12}, ϖ_{16}, ϖ_{24}, ϖ_{28}, ϖ_{32}, ϖ_{36}, ϖ_{44}, ϖ_{48} heisst $\lambda = 25$, II resp. η_0, η_1, η_7, η_2, η_8, η_5, η_3, η_4, η_6, η_9.

$n = 100$

Congruenzwurzeln mod. p.*)

p	ϖ_1	ϖ_3	ϖ_7	ϖ_9	ϖ_{11}	ϖ_{13}	ϖ_{17}	ϖ_{19}	ϖ_{21}	ϖ_{23}
149	+45	−77	+64	+70	−22	+36	+14	−65	−53	+63
349	+144	−23	+129	+21	+166	−49	+102	+27	+28	−99
449	+137	−108	+81	−142	+150	+113	−132	−87	+68	+8

Normen complexer Zahlen in $\frac{2}{\varpi}$.

$N(1+\varpi_7+\varpi_{19}) = 149.401$, $\quad N(1+\varpi_{21}-\varpi_{44}) = 5.149.349$,

$N(1-\varpi_1-\varpi_{44}) = 5.101.449$, $\quad N(1\pm\varpi) = 5.3001$,

II, 3. $p = 100m - 49$; $\quad \varpi_r = \omega^r + \omega^{-49r} = 0$,

$\varpi_{4r} = 2\omega^{4r}$, d. h. 25te Einheitswurzeln, wesshalb die hierher gehörigen Primzahlen:

151, 251, 751,

auch hier nur die Primfactoren $\lambda = 25$, I haben.

III. p zum Exponenten 4 gehörig,

10 viergliedrige Perioden, und zwar mit 2 Fällen:

III, 1. $p = 100m + 7, +43$; $\quad \varpi_r = \omega^r + \omega^{7r} + \omega^{49r} + \omega^{43r}$,

also die primitiven Perioden, wofür $\Pi(\varpi_r) = 5$,

$$\varpi_1 = \omega + \omega^7 + \omega^{49} + \omega^{43}, \qquad \varpi_3 = \omega^3 + \omega^{21} + \omega^{47} + \omega^{29},$$
$$\varpi_9 = \omega^9 - \omega^{13} + \omega^{41} - \omega^{37}, \qquad \varpi_{11} = \omega^{11} - \omega^{27} + \omega^{39} - \omega^{23},$$
$$\varpi_{17} = \omega^{17} + \omega^{19} + \omega^{33} + \omega^{31};$$

nichtprimitiv: ϖ_{4r} ($\lambda = 25$, III), ϖ_{5r} ($n = 20$, III), $\varpi_{20r} = -1$, $\varpi_{25r} = 0$;

unter den Relationen:

$$\varpi_1^2 = -4 - \varpi_8 + 2\varpi_{24}, \qquad \varpi_1\varpi_3 = 1 + \varpi_{36}, \qquad \varpi_1\varpi_9 = 1 - \varpi_8 + \varpi_{12} + \varpi_{36},$$
$$\varpi_1\varpi_{11} = -1 - \varpi_4 + \varpi_{12} - \varpi_{24}, \quad \varpi_1\varpi_{17} = -1 - \varpi_{12}, \quad \varpi_1 + \varpi_3 + \varpi_9 - \varpi_{11} - \varpi_{17} = 0.$$

*) Hier ist ϖ_1 vollständig bestimmt durch die lineäre Congruenz $\varpi_1\varpi_5 \equiv -\varpi_4 - \varpi_{44}$ (mod. p), desgleichen als Gemeinwurzel.

$n = 100$

Congruenzwurzeln mod. p.*)

p	ϖ_1	ϖ_3	ϖ_9	ϖ_{11}	ϖ_{17}	p	ϖ_1	ϖ_3	ϖ_9	ϖ_{11}	ϖ_{17}
7	+ 2	− 2	− 3	− 1	− 2	607	− 17	−222	−124	− 99	−264
43	− 18	−14	−10	+ 2	− 1	643	+126	+193	−264	−194	+249
107	+ 11	−31	+19	−24	+ 23	743	+158	+126	+240	−271	+ 52
307	+130	+ 9	+32	−73	− 63	907	+428	−255	+383	−418	+ 67
443	− 80	−86	−18	+64	+195						

Normen complexer Zahlen in $\overset{4}{\varpi}$.

$$N(1+\varpi_{11}) = 7\,.\,43\,,\qquad N(1+\varpi_{11}+\varpi_{17}) = 5\,.\,7\,.\,107\,,$$
$$N(\varpi_1-\varpi_3+\varpi_{24}) = 307\,.\,349\,,\qquad N(1+\varpi_3+\varpi_4) = 5\,.\,643\,,$$
$$N(1+\varpi_3-\varpi_8) = 5\,.\,101\,,\qquad N(1+\varpi_9+\varpi_{17}+\varpi_{24}) = 5^2\,.\,7\,.\,443\,,$$
$$N(1-\varpi_1-\varpi_3+\varpi_{12}) = 5\,.\,7\,.\,607\,,\qquad N(1-\varpi_1-\varpi_9+\varpi_{17}-\varpi_{24}) = 43\,.\,743$$
$$N(1+\varpi_1+\varpi_8+\varpi_{11}+\varpi_{36}) = 7^3\,.\,907\,.$$

III, 2. $p = 100m - 7\,, -43\,;$

$$\varpi_r = \omega^r + \omega^{-7r} + \omega^{49r} + \omega^{-43r}\,,$$

also die primitiven Perioden, wofür $\Pi(\varpi_r) = 1$,

$$\varpi_1 = \omega - \omega^{43} + \omega^{49} - \omega^7\,,\qquad \varpi_3 = \omega^3 - \omega^{29} + \omega^{47} - \omega^{21}\,,$$
$$\varpi_9 = \omega^9 + \omega^{37} + \omega^{41} + \omega^{13}\,,\qquad \varpi_{11} = \omega^{11} + \omega^{23} + \omega^{39} + \omega^{27}\,,$$
$$\varpi_{17} = \omega^{17} - \omega^{19} + \omega^{33} - \omega^{31}\,;$$

nichtprimitiv: ϖ_{4r} (wie III, 1), $\varpi_{5r} = -\omega^{25r}$, $\varpi_{25r} = 4\omega^{25r}$;

unter den Relationen:

$$\varpi_1^2 = -4 - 2\varpi_8 - \varpi_{36}\,,\qquad \varpi_1\varpi_3 = -1 + 2\varpi_4 + \varpi_{36}\,,\qquad \varpi_1\varpi_9 = 1 + \varpi_4 + \varpi_{24}\,,$$
$$\varpi_1\varpi_{11} = -1 - \varpi_8 - \varpi_{36}\,,\qquad \varpi_1\varpi_{17} = 1 - \varpi_{12} - 2\varpi_{24}\,;\quad \varpi_1 - \varpi_3 + \varpi_9 - \varpi_{11} + \varpi_{17} = 0\,.$$

---

*) Hier ist ϖ_1 völlig bestimmt durch $\varpi_1\varpi_5 \equiv 2\varpi_{12} + \varpi_{24} + 2\varpi_{36}$ (mod. p), sowie als Gemeinwurzel. Was hier ϖ_4, ϖ_8, ϖ_{12}, ϖ_{24}, ϖ_{36}, heisst $\lambda = 25$, III. resp. η_0, η_1, η_2, η_3, η_4.

$n = 100$

Congruenzwurzeln mod. p.*)

p	ϖ_1	ϖ_3	ϖ_9	ϖ_{11}	ϖ_{17}
157	− 52	+ 11	−43	− 48	+ 58
193	− 56	− 55	+33	− 95	+ 66
257	+119	+ 80	+25	− 95	+ 98
293	− 75	+104	+ 9	+ 12	−111
457	− 1	− 9	−43	−158	−123
557	− 73	− 90	+148	+214	+ 49
593	+ 99	−255	−114	− 17	−257
757	−120	−253	−219	+272	+358
857	− 65	+389	+246	− 10	+198

$f(\varpi_1)$, Primfactoren der Primzahlen p.
Für $p = 457$ ist $f(\varpi_1) = 1 + \varpi_1$.

Normen complexer Zahlen in $\overset{4}{\varpi}$.

$$N(\varpi_1 - \varpi_{12}) = 157 . 101, \qquad N(\varpi_4 + \varpi_{12} + \varpi_{17}) = 125 . 157,$$
$$N(1 + \varpi_1 - \varpi_3) = 5 . 193, \qquad N(1 + \varpi_8 + \varpi_9) = 257 . 193,$$
$$N(1 - \varpi_3 + \varpi_5 - \varpi_{11}) = 5 . 257, \qquad N(2 + \varpi_3 + \varpi_{36}) = 293 . 449,$$
$$N(\varpi_9 - \varpi_{12} + \varpi_{17}) = 25 . 557, \qquad N(1 + \varpi_1 - \varpi_4 - \varpi_{12}) = 100 . 593,$$
$$N(1 - \varpi_{11} - \varpi_{12} - \varpi_{17}) = 257 . 757, \qquad N(1 - \varpi_4 + \varpi_9 - \varpi_{24}) = 50 . 857.$$

IV. p zum Exponenten 5 gehörig:

$$p = 100m - 19, + 21, - 39, + 41$$

8 fünfgliedrige Perioden:

$$\varpi_r = \omega^r + \omega^{-19r} + \omega^{-39r} + \omega^{41r} + \omega^{21r} = 0,$$

$\varpi_{4r} = 0$, $\varpi_{5r} = 5\omega^{5r}$, d. h. 20te Wurzeln; die Primfactoren der $p = 20m + 1$ in $n = 20$, I. sind daher auch hier prim für:

41, 61, 181, 241, 281, 421, 461, 521, 541, 641, 661, 761, 821, 881, 941.

*) Hier ist ϖ_1 völlig bestimmt durch $\varpi_1 \varpi_5 \equiv \varpi_{24}$ (mod. p).

$n = 100$

V. p zum Exponenten 10 gehörig.

4 zehngliedrige Perioden mit 3 Fällen, wo überall $\varpi_r = 0$, $\varpi_{4r} = 0$.

V, 1. $p = 100m + 19, -21 + 39, -41$;

$\varpi_{5r} = 5(\omega^{5r} + \omega^{-5r})$, d. h. $n = 20$, II, 1; die dortigen Primfactoren der $p = 20m-1$ sind daher auch hier prim für folgende Primzahlen:

59, 79, 139, 179, 239, 359, 379, 419, 439,
479, 619, 659, 719, 739, 839, 859, 919.

V, 2. $p = 100m + 9, -11, +29, -31$;

$\varpi_{5r} = 5(\omega^{5r} + \omega^{45r})$, d. h. $n = 20$, II, 2; die dortigen Primfactoren der $p = 20m+9$ sind daher auch hier prim für folgende Primzahlen:

29, 89, 109, 229, 269, 389, 409, 509, 569, 709, 769, 809, 829, 929.

V, 3. $p = 100m - 9, +11, -29, +31$;

$\varpi_{5r} = 0$, $\varpi_{20r} = 10\omega^{20r}$, d. h. $\lambda = 5$, I; die dortigen Primfactoren der $p = 5m+1$ sind daher auch hier prim für folgende Primzahlen:

11, 31, 71, 131, 191, 211, 271, 311, 331,
431, 491, 571, 631, 691, 811, 911, 971, 991.

VI. p zum Exponenten 20 gehörig.

2 zwanziggliedrige Perioden mit 2 Fällen, wo durchaus $\varpi_r = 0$, $\varpi_{4r} = 0$.

VI, 1. $p = 100m + 3, -13, -17, +23, +27, -33, -37, +47$;

$\varpi_{5r} = 4(\omega^{5r} + \omega^{15r} + \omega^{45r} + \omega^{35r})$, d. h. $n = 20$, III, 1; die dortigen Primfactoren der $p = 20m + 3, +7$ sind daher auch hier prim für die Primzahlen:

3, 23, 47, 67, 83, 103, 127, 163, 167, 223, 227, 263, 283, 347, 367, 383, 463, 467, 487, 503, 523, 547, 563, 587, 647, 683, 727, 787, 823, 827, 863, 883, 887, 947, 967, 983.

$n = 100$

VI, 2. $p = 100m - 3, +13, +17, -23, -27, +33, +37, -47$;

$w_{5r} = -4\omega^{25r}$, d. h. 4te Wurzeln; die Primfactoren der $p = 4m+1$ in $n = 4$, I. sind daher auch hier prim für folgende Primzahlen:

13, 17, 37, 53, 73, 97, 113, 137, 173, 197, 233, 277, 313, 317, 337, 353, 373, 397, 433, 577, 613, 617, 653, 673, 677, 733, 773, 797, 853, 877, 937, 953, 977, 997.

$n = 120$

I. $p = 120m + 1$.

32 primitive Wurzeln, deren Gleichung:

$$\omega^{32} + \omega^{28} - \omega^{20} - \omega^{16} - \omega^{12} + \omega^{4} + 1 = 0;$$

unter den nichtprimitiven, d. h. den 60ten, 40ten und 24ten Einheitswurzeln, lassen sich die beiden letzteren durch die primitiven ausdrücken, indem

$$\omega^{3r} = \omega^{23r} - \omega^{43r}, \qquad \omega^{5r} = \omega^{17r} - \omega^{29r} + \omega^{41r} - \omega^{53r}.$$

Ferner sind die aus 16 primitiven Wurzeln bestehenden Ausdrücke zu bemerken:

$$\omega + \omega^{7} - \omega^{11} + \omega^{13} + \omega^{17} + \omega^{19} - \omega^{23} + \omega^{29} - \omega^{31} + \omega^{37} - \omega^{41} - \omega^{43} - \omega^{47} + \omega^{49} - \omega^{53} - \omega^{59} = \sqrt{30}$$

$$\omega - \omega^{7} + \omega^{11} + \omega^{13} + \omega^{17} - \omega^{19} + \omega^{23} + \omega^{29} + \omega^{31} - \omega^{37} - \omega^{41} + \omega^{43} + \omega^{47} + \omega^{49} - \omega^{53} + \omega^{59} = \sqrt{-30}.$$

Congruenzwurzeln mod. p.

p	ω	ω^{7}	ω^{11}	ω^{13}	ω^{17}	ω^{19}	ω^{23}	ω^{29}
241	+ 12	− 72	+ 3	− 50	− 18	+ 59	+108	+ 75
601	+116	−176	− 21	−106	−279	+223	+ 71	− 87

p	ω^{31}	ω^{37}	ω^{41}	ω^{43}	ω^{47}	ω^{49}	ω^{53}	ω^{59}
241	− 45	+ 29	+ 49	+ 67	− 53	+ 80	+ 77	+ 20
601	+ 76	+237	−221	− 28	− 17	+229	−140	− 57

$n = 120$

Congruenzwurzeln mod. p^2

in der Form $a + bp^1$, so dass zunächst für die primitiven ω^r die Werthe von b folgen:

p	ω	ω^7	ω^{11}	ω^{13}	ω^{17}	ω^{19}	ω^{23}	ω^{29}
241	− 12	+ 5	+109	−108	− 8	− 76	+ 28	− 51
601	−150	+ 64	+ 59	+130	−289	+ 5	− 45	+251

p	ω^{31}	ω^{37}	ω^{41}	ω^{43}	ω^{47}	ω^{49}	ω^{53}	ω^{59}
241	+ 21	+ 66	+ 67	− 97	− 54	− 15	− 82	+ 40
601	− 71	+226	+291	+238	+257	+ 42	−218	− 35

alsdann für die nichtprimitiven ω^{2r} die Werthe von $a + bp$*)

p	ω^2	ω^8	ω^{14}	ω^{16}	ω^{22}
241	− 97− 46p	+100− 44p	−118+ 25p	+119− 83p	+ 9− 69p
601	+234− 36p	+ 18+222p	−276−239p	−277+180p	−160− 73p

p	ω^{24}	ω^{26}	ω^{32}	ω^{34}	ω^{38}
241	+ 91+ 9p	+ 90− 35p	− 58+ 67p	+ 83+ 48p	+107− 37p
601	−178+ 35p	−183+105p	−199+174p	−289−277p	−154− 91p

p	ω^{46}	ω^{48}	ω^{56}	ω^{58}	ω^{64}
241	+ 96+ 71p	+ 87− 15p	+ 24+ 10p	+ 82+ 85p	− 10− 46p
601	+233+229p	−169+214p	− 37− 15p	−244+212p	− 65− 71p

p	ω^{72}	ω^{88}	ω^{96}	ω^{104}	ω^{112}
241	− 36− 67p	+ 54+ 58p	+ 98+ 72p	− 81+ 37p	+ 94
601	+ 32− 84p	+151+165p	−287−164p	+243+ 36p	+167− 90p

*) Nämlich für die nicht eliminirbaren 60ten, 15ten und 5ten Einheitswurzeln.

$$n = 120$$

Normen complexer Zahlen in ω.

$$N(1 - \omega^9 + \omega^{10} - \omega^{17}) = 25 . 241 . 601 ,$$

$$N(1 - \omega^8 - \omega^{47}) = N(1 + \omega^{39} + \omega^{52}) = N(1 + \omega^5 - \omega^{13} + \omega^{39}) = 16 . 601 ,$$

$$N(1 - \omega^{11} + \omega^{56}) = 241 . 1321 , \qquad N(1 + \omega^{10} + \omega^{19}) = N(1 + \omega^{11} + \omega^{40}) = 241^3 ;$$

ferner mit Congruenzwurzeln mod. p^2: $N(1 + \omega^2 - \omega^{46} + \omega^{47} - \omega^{50}) = 241^2 . 601$,

$$N 1 + \omega + \omega^2 + \omega^5 + \omega^{25} - \omega^{26} + \omega^{35} - \omega^{42}) = 241^2 . 78479881 \text{ (?)},$$

$$N(1 + \omega^{13} + \omega^{16} - \omega^{29} - \omega^{31} - \omega^{36} - \omega^{59}) = 16 . 19^2 . 601^2 ,$$

$$N(1 - \omega^7 - \omega^{12} - \omega^{22} - \omega^{42} - \omega^{52} + \omega^{57} + \omega^{58}) = 601^2 . 21961 . —$$

Dass die Primfactoren der beiden Primzahlen in verschiedenem Grade ideal sind, geht aus diesen und späteren Normen hervor.

II. p zum Exponenten 2 gehörig.

16 zweigliedrige Perioden, und zwar mit 15 Fällen (wovon 13 primitiv):

II, 1. $p = 120m - 1$; $\varpi_r = \omega^r + \omega^{-r} = \omega^r - \omega^{60-r}$,

$\varpi_1 \varpi_k = \varpi_{k-1} + \varpi_{k+1}$, $\Pi(\varpi_r) = 1$; nichtprimitiv: ϖ_{2r} ($n = 60$. II, 1) nebst ϖ_{8r} ($n = 15$. II, 1) und ϖ_{24r} ($\lambda = 5$, II); ϖ_{3r} ($n = 40$, II, 1) nebst ϖ_{6r} ($n = 20$ II, 1); ϖ_{5r} ($n = 24$. II, 1) nebst ϖ_{10r} ($n = 12$. II, 1) und ϖ_{15r} ($n = 8$ II, 1); $\varpi_{30r} = 0$, $\varpi_{40r} = -1$; auch ist $\varpi_{3r} = \varpi_{17r} + \varpi_{23r}$, $\varpi_{5r} = \varpi_{7r} + \varpi_{17r} - \varpi_{19r} - \varpi_{29r}$.

Congruenzwurzeln mod. p.*)

p	ϖ_1	ϖ_7	ϖ_{11}	ϖ_{13}	ϖ_{17}	ϖ_{19}	ϖ_{23}	ϖ_{29}	ϖ_5	ϖ_{10}	ϖ_{25}
239	− 28	+108	− 48	+ 78	− 96	+114	− 23	− 43	− 59	−106	+ 81
359	+138	−102	+ 93	+175	+110	−164	+ 27	+ 50	+122	+163	+103
479	− 59	−217	+ 21	−120	+211	+ 54	+ 78	−129	+ 69	− 31	−118
599	−156	−182	− 82	−224	+ 12	+129	− 97	+187	+113	+188	− 53
719	−111	−173	−239	+278	− 91	+287	+331	+ 25	+143	+315	−181
839	−247	− 32	+189	+ 76	−324	−296	+282	−319	+259	− 41	+230

*) Hier ist ϖ_1 völlig bestimmt durch die lineäre Congruenz $\varpi_1 \varpi_2 \equiv \varpi_1 + \varpi_3$ oder $\varpi_1 \varpi_3 \equiv \varpi_2 + \varpi_4$ (mod. p), d. h. durch die Congruenzwurzeln bei $n = 60$ und $n = 40$; da aber auch die bei $n = 24$ Relationen zu denen der ϖ_r haben, so wird dadurch an jenen bestimmt, was vermöge der willkührlichen Festsetzung des Zeichens bei $n = 12$ unbestimmt geblieben ist, und deshalb sind die Werthe von ϖ_5, ϖ_{10}, ϖ_{25} in die obige Tafel aufgenommen.

$n = 120$

$f(\varpi_1)$, Primfactoren der Primzahlen p. $Nf(\varpi_1) = -p$.

p	$f(\varpi_1)$	p	$f(\varpi_1)$	p	$f(\varpi_1)$
239	$1 - \varpi_{11} + \varpi_{14}$	479	$1 - \varpi_{19} + \varpi_{32}$	719	$1 + \varpi_8 + \varpi_{19}$
359	$1 - \varpi_8 - \varpi_{13}$	599	$1 + \varpi_2 - \varpi_{13}$	839	$1 + \varpi_3 - \varpi_{10}$ *)

II, 2. $p = 120m + 59$;

$$\varpi_r = \omega^r + \omega^{59r} = \omega^r + \omega^{60-r},$$

$\varpi_1 \varpi_k = -\varpi_{k-1} + \varpi_{k+1}$, $\Pi(\varpi_r) = 1$; nichtprimitiv: ϖ_{2r} (sowie ϖ_{8r} und ϖ_{24r}) wie II, 1, dagegen ϖ_{3r} $n = 40$. II, 2 (desgleichen ϖ_{6r} $n = 20$. II, 2) und ϖ_{5r} $n = 24$, II, 2 (sowie ϖ_{15r} $n = 8$. II, 2, aber ϖ_{10r} $n = 12$, II, 1); auch ist $\varpi_1 + \varpi_{19} = \varpi_{21}$, $\varpi_1 + \varpi_{11} - \varpi_{13} - \varpi_{23} = -\varpi_{25}$.

Congruenzwurzeln mod. p.**)

p	ϖ_1	ϖ_7	ϖ_{11}	ϖ_{13}	ϖ_{17}	ϖ_{19}	ϖ_{23}	ϖ_{29}	ϖ_5	ϖ_{10}	ϖ_{25}
59	+ 16	− 21	+ 12	+ 15	+ 19	− 18	− 26	+ 25	− 3	+ 11	+ 20
179	− 26	− 72	− 71	− 52	− 48	− 44	+ 19	− 6	− 14	+ 19	+ 64
419	+198	+ 89	+110	+ 78	−179	−139	− 6	− 75	+ 87	+ 29	+183
659	− 17	−281	+148	+237	−264	+298	+100	+210	+105	−176	+182

Normen complexer Zahlen in $\overset{2}{\varpi}$.

$N(1 + \varpi_8 + \varpi_{17}) = 59 \,.\, 1979$, $N(\varpi_{10} - \varpi_{23}) = 179 \,.\, 1619$,

$N(\varpi_9 - \varpi_{32}) = 59 \,.\, 419$, $N(\varpi_{13} + \varpi_{16}) = 59 \,.\, 659$;

$N(1 \pm \varpi) = 2521$ $(p = 120m + 1)$, $N(2 - \varpi_{19}) = 601 \,.\, 2281$,

$N(1 - \varpi_{13} + \varpi_{23}) = 241^2$, $N(\varpi_{19} + \varpi_{23} + \varpi_{32}) = 241 \,.\, 1321$.

*) Indem man ϖ_3 und ϖ_{10} zur Abkürzung braucht, sonst ist

$$f(\varpi_1) = 1 - \varpi_2 + \varpi_{14} + \varpi_{17} - \varpi_{22} + \varpi_{23} + \varpi_{34}.$$

**) Hier ist ϖ_1 völlig bestimmt durch $\varpi_1 \varpi_3 \equiv -\varpi_1 + \varpi_3$ oder $\varpi_1 \varpi_3 \equiv -\varpi_2 + \varpi_4$ (mod. p). Wegen ϖ_5 etc. vgl. bei II, 1.

$n = 120$

II, 3. $p = 120m - 59$;

$$\varpi_r = \omega^r + \omega^{-59r} = 0,$$

$\varpi_{2r} = 2\omega^{2r}$, d. h. 60te Einheitswurzeln; die hierher gehörigen Primzahlen:

61, 181, 421, 541

haben daher auch hier keine anderen Primfactoren als die $p = 60m + 1$ in $n = 60$, I.

II, 4. $p = 120m + 49$:

$$\varpi_r = \omega^r + \omega^{49r},$$

also die primitiven Perioden, wofür $\Pi(\varpi_r) = 1$,

$$\varpi_1 = \omega + \omega^{49}, \quad \varpi_7 = \omega^7 - \omega^{43}, \quad \varpi_{11} = \omega^{11} + \omega^{59}, \quad \varpi_{13} = \omega^{13} + \omega^{37},$$
$$\varpi_{17} = \omega^{17} - \omega^{53}, \quad \varpi_{19} = \omega^{19} - \omega^{31}, \quad \varpi_{23} = \omega^{23} + \omega^{47}, \quad \varpi_{29} = \omega^{29} - \omega^{41};$$

nichtprimitiv: ϖ_{2r} ($n = 60$. II, 7), ϖ_{8r} ($n = 15$, II, 2), ϖ_{3r} ($n = 40$. II, 6), ϖ_{6r} ($n = 20$ II, 2), ϖ_{24r} ($\lambda = 5$ II), $\varpi_{5r} = 2\omega^{5r}$ (24te Wurzeln), $\varpi_{10r} = 2\omega^{10r}$ (12te Wurzeln), $\varpi_{15r} = 2\omega^{15r}$ (8te Wurzeln), $\varpi_{30r} = 2\omega^{30r}$ (4te Wurzeln), $\varpi_{40r} = 2\omega^{40r}$ (3te Wurzeln), wobei $\varpi_1 - \varpi_{29} = -\varpi_9$, $\varpi_1 - \varpi_{13} = -\omega^{25}$; ferner:

$$\varpi_1^2 = 2\omega^{50} + \varpi_2, \quad \varpi_1\varpi_7 = -\omega^{80}, \quad \varpi_1\varpi_{11} = -2 - \varpi_{48},$$
$$\varpi_1\varpi_{13} = -\varpi_2 + \varpi_{14}, \quad \varpi_1\varpi_{17} = \omega^{30}, \quad \varpi_1\varpi_{19} = -2\omega^{80} - \varpi_8,$$
$$\varpi_1\varpi_{23} = -1, \quad \varpi_1\varpi_{29} = 2\omega^{30} - \varpi_{18}.$$

Congruenzwurzeln mod. p.*)

p	ϖ_1	ϖ_7	ϖ_{11}	ϖ_{13}	ϖ_{17}	ϖ_{19}	ϖ_{23}	ϖ_{29}
409	+115	− 92	− 6	− 68	−77	− 85	+32	+40
769	− 64	+294	+199	−228	−25	+123	−12	−34

Primfactoren der Primzahlen p.

Für $p = 409$ ist $f(\varpi_1) = 1 + \varpi_8 + \varpi_{12}$; für $p = 769$ hat man die Normen:

$$N(1 + \varpi_7 - \varpi_{14} + \varpi_{17}) = 9 . 769, \quad N(1 + \varpi_5 + \varpi_9 + \varpi_{15}) = 4 . 769,$$
$$N(\varpi_7 - \varpi_{23} + \varpi_{34}) = N(2 + \varpi_1 + \omega^{30}) = 4 . 49 . 769.$$

Ferner ist:

$N(1 \pm \varpi) = 36$, $N(1 - \varpi_{22} - \varpi_{33}) = 4 . 241$, $N(1 + \varpi_1 + \varpi_{88}) = 13^2 241$, aber $N(1 + \varpi_3 - \varpi_{14}) = 601$.

---

* Hier ist ϖ_1 völlig bestimmt durch $\varpi_1\varpi_2 \equiv \varpi_3 - \varpi_{39}$ oder $\varpi_1\varpi_3 \equiv -\varpi_{16} - \varpi_{88}$ oder $\varpi_1\varpi_5 \equiv 2\varpi_6$ (mod. p); sowie als Gemeinwurzel quadratischer Congruenzen (vgl. oben).

$n = 120$

II, 5. $p = 120m - 49$; $\varpi_r = \omega^r + \omega^{-49r}$,

also die primitiven Perioden, wofür $\Pi(\varpi_r) = 1$,

$\varpi_1 = \omega - \omega^{11}$, $\varpi_7 = \omega^7 + \omega^{17}$, $\varpi_{13} = \omega^{13} - \omega^{23}$, $\varpi_{19} = \omega^{19} + \omega^{29}$,
$\varpi_{31} = \omega^{31} + \omega^{41}$, $\varpi_{37} = \omega^{37} - \omega^{47}$, $\varpi_{43} = \omega^{43} + \omega^{53}$, $\varpi_{49} = \omega^{49} - \omega^{59}$;

nichtprimitiv: ϖ_{2r} ($n = 60$ II, 6), $\varpi_{8r} = -\omega^{48}$ (5te Wurzeln), ϖ_{3r} ($n = 40$. II, 7), $\varpi_{6r} = 0$, $\varpi_{24r} = 2\omega^{24r}$ (5te Wurzeln), ϖ_{5r} ($n = 24$. II, 1), ϖ_{10r} ($n = 12$. II, 1), $\varpi_{30r} = 0$, $\varpi_{40r} = -1$, wobei $\varpi_1 + \varpi_{31} = \varpi_{21}$, $\varpi_1 - \varpi_{13} - \varpi_{37} + \varpi_{49} = -\varpi_{25}$;

ferner:

$\varpi_1^2 = 2\omega^{72} + \varpi_2$, $\varpi_1\varpi_7 = -\omega^{48}$, $\varpi_1\varpi_{13} = -2\omega^{24} + \varpi_{14}$,
$\varpi_1\varpi_{19} = 1$, $\varpi_1\varpi_{31} = -\omega^{72}$, $\varpi_1\varpi_{37} = -2\omega^{48} + \varpi_{38}$,
$\varpi_1\varpi_{43} = \omega^{24}$, $\varpi_1\varpi_{49} = 2 - \varpi_{10}$.

Congruenzwurzeln mod. p.*)

p	ϖ_1	ϖ_7	ϖ_{13}	ϖ_{19}	ϖ_{31}	ϖ_{37}	ϖ_{43}	ϖ_{49}
71	+ 4	− 24	− 3	+ 18	+ 22	− 15	+ 19	+ 29
191	− 80	+ 3	+ 64	+ 74	− 21	− 66	+ 55	+ 91
311	+132	+ 28	+100	−139	−143	− 22	+ 99	+ 87
431	+205	+167	− 80	+ 82	− 32	− 75	+ 23	−202
911	+423	−433	+162	+ 28	+379	+178	+ 87	+262

Normen complexer Zahlen in $\frac{2}{\varpi}$.

$N(1 + \varpi_{13} - \varpi_{14}) = 71 . 2711$, $N(1 + \varpi_{21} - \varpi_{49}) = 191^2$,
$N(1 - \varpi_{13} - \varpi_{43}) = 5 . 311^2$, $N(2 + \varpi_{38} + \varpi_{49}) = 25 . 431 . 191$;
$N(1 \pm \varpi) = 19^2$, $N(1 - \varpi_4 - \varpi_7) = 241^2$, dagegen:
$N(1 - \varpi_{13} + \varpi_{37}) = 241$ und $N(1 - \varpi_8 - \varpi_{43}) = 601$.

*) Hier ist ϖ_1 völlig bestimmt durch $\varpi_1\varpi_3 \equiv \omega^{24} - \varpi_{14}$ (mod. p). Obgleich hier derselbe Fall stattfindet wie II, 1, sind ϖ_5, ϖ_{10}, ϖ_{25} doch nicht aufgenommen worden, weil deren Werthe bei $n = 12$, 24 für keine der Primzahlen sich ändern.

$n = 120$

II, 6. $p = 120m + 41$; $\varpi_r = \omega^r + \omega^{41r} = \omega^{21r}$,

d. h. 40te Einheitswurzeln, also haben die hierher gehörigen Primzahlen:

41, 281, 401, 521, 641, 761, 881

auch hier die Primfactoren der $p = 40m + 1$ in $n = 40$. I,

II, 7. $p = 120m - 41$; $\varpi_r = \omega^r + \omega^{-41r}$,

also die primitiven Perioden, wofür $\Pi(\varpi_r) = 1$,

$$\varpi_1 = \omega - \omega^{19}, \quad \varpi_7 = \omega^7 - \omega^{13}, \quad \varpi_{11} = \omega^{11} + \omega^{29}, \quad \varpi_{17} = \omega^{17} + \omega^{23},$$
$$\varpi_{31} = \omega^{31} + \omega^{49}, \quad \varpi_{37} = \omega^{37} + \omega^{43}, \quad \varpi_{41} = \omega^{41} - \omega^{59}, \quad \varpi_{47} = \omega^{47} - \omega^{53};$$

nichtprimitiv: ϖ_{2r} ($n = 60$, II, 4), ϖ_{8r} ($n = 15$, II, 2), ϖ_{3r} ($n = 40$. II, 1), ϖ_{6r} ($n = 20$. II, 1), ϖ_{24r} ($\lambda = 5$. II), ϖ_{5r} ($n = 24$. II, 4), $\varpi_{10r} = 0$, ϖ_{15r} ($n = 8$. II, 1), $\varpi_{30r} = 0$, $\varpi_{40r} = 2\omega^{40r}$; auch ist $\varpi_1 + \varpi_{41} = \varpi_{21}$ und $\varpi_1 + \varpi_7 + \varpi_{31} - \varpi_{37} = -\varpi_{25}$.

Ferner:

$$\varpi_1^2 = 2\omega^{80} + \varpi_2, \quad \varpi_1\varpi_7 = \varpi_8 - \varpi_{14}, \quad \varpi_1\varpi_{11} = -\varpi_{48}, \quad \varpi_1\varpi_{17} = \varpi_{18} + \varpi_{24},$$
$$\varpi_1\varpi_{31} = \varpi_8, \quad \varpi_1\varpi_{37} = \varpi_2 - \varpi_{56}, \quad \varpi_1\varpi_{41} = 2 - \varpi_{18}, \quad \varpi_1\varpi_{47} = \varpi_{48} + \varpi_{88}.$$

Congruenzwurzeln mod. p.*)

p	ϖ_1	ϖ_7	ϖ_{11}	ϖ_{17}	ϖ_{31}	ϖ_{37}	ϖ_{41}	ϖ_{47}
79	− 34	− 18	+ 27	− 6	+11	− 20	+ 26	+ 37
199	+ 5	+ 89	+ 92	+ 70	− 1	− 57	+ 62	− 29
439	+216	−102	− 20	+193	−92	− 78	+163	− 16
919	− 63	−345	+418	−230	+98	−243	+400	+440

Normen complexer Zahlen in $\frac{3}{\varpi}$.

$$N(1 - \varpi_1 - \varpi_{56}) = 79^2, \qquad N(1 + \varpi_{31}) = 4.199,$$
$$N(1 - \varpi_{16} - \varpi_{47}) = 4.439, \qquad N(1 + \varpi_2 - \varpi_{41}) = 79.919;$$

dagegen: $N(1 - \varpi_1 + \varpi_{11}) = 601$, $N(1 - \varpi_{14} - \varpi_{41}) = N(1 + \varpi_{17} - \varpi_{22}) = 11^2 241$.

*) Hier ist ϖ_1 völlig bestimmt durch $\varpi_1\varpi_2 \equiv \varpi_3 - \varpi_{21}$ oder $\varpi_1\varpi_3 \equiv -\varpi_{16} - \varpi_{22}$ oder $\varpi_1\varpi_5 \equiv \varpi_6 - \varpi_{24}$ (mod. p); denn da hier die Perioden 12 ter Einheitswurzeln null sind, kann der Collisionsfall nicht eintreten (vgl. bei II, 1).

$n = 120$

II, 8. $p = 120m + 31$; $\varpi_r = \omega^r + \omega^{31r}$,

also die primitiven Perioden, wofür $\Pi(\varpi_r) = 256$,

$$\varpi_1 = \omega + \omega^{31}, \quad \varpi_7 = \omega^7 - \omega^{37}, \quad \varpi_{11} = \omega^{11} - \omega^{41}, \quad \varpi_{13} = \omega^{13} + \omega^{43},$$
$$\varpi_{17} = \omega^{17} + \omega^{47}, \quad \varpi_{19} = \omega^{19} - \omega^{49}, \quad \varpi_{23} = \omega^{23} - \omega^{53}, \quad \varpi_{29} = \omega^{29} + \omega^{59};$$

nichtprimitiv: $\varpi_{2r} = 0$, $\varpi_{8r} = 2\omega^{8r}$ (15te Wurzeln), ϖ_{3r} ($n = 40$. II, 5), $\varpi_{6r} = 0$, $\varpi_{24r} = 2\omega^{24r}$ (5te Wurzeln), ϖ_{5r} ($n = 24$. II, 4), $\varpi_{10r} = 0$, $\varpi_{40r} = 2\omega^{40r}$ (3te Wurzeln), wobei $\varpi_1 - \varpi_{11} \equiv \varpi_{21}$, $\varpi_1 + \varpi_7 - \varpi_{13} - \varpi_{19} = -\varpi_{25}$; ferner:

$$\varpi_1^2 = 2\omega^{32}, \quad \varpi_1\varpi_7 = 2\omega^8, \quad \varpi_1\varpi_{11} = -2\omega^{72}, \quad \varpi_1\varpi_{13} = -2\omega^{104},$$
$$\varpi_1\varpi_{17} = 2\omega^{48}, \quad \varpi_1\varpi_{19} = -2\omega^{80}, \quad \varpi_1\varpi_{23} = 2\omega^{24}, \quad \varpi_1\varpi_{29} = -2.$$

Congruenzwurzeln mod. p.*)

p	ϖ_1	ϖ_7	ϖ_{11}	ϖ_{13}	ϖ_{17}	ϖ_{19}	ϖ_{23}	ϖ_{29}
31	− 6	+ 7	− 5	+ 3	− 11	+ 12	− 13	− 10
151	− 16	+ 33	+ 59	+ 2	− 1	− 23	− 64	+ 19
271	+ 73	− 83	− 51	+ 17	− 32	−101	− 49	− 52
631	+114	−176	+146	+315	+ 4	−121	−294	−155
751	−237	−185	−209	−220	+198	−327	+ 69	−263

Primfactoren der Primzahlen p.

Für $p = 151$ $\quad f(\varpi_1) = 1 + \varpi_{17}$;

für $p = 271$ $\quad f(\varpi_1) = 1 - \varpi_{17} + \omega^{48}$.

Normen complexer Zahlen in $\frac{2}{\varpi}$.

$$N(\varpi_1 - \omega^{40}) = N(1 + \varpi_7 - \omega^{24}) = N(1 - \varpi_1 - \varpi_7) = 31^2,$$
$$N(2 + \varpi_{23} - \omega^{88}) = 31 . 631, \qquad N(1 - \varpi_{13} - \varpi_{17} + \omega^{16}) = 11^2 . 631,$$
$$N(1 - \varpi_5 - \varpi_{27}) = 31 . 751 = N(1 + \varpi_5 + \varpi_{11} - \varpi_{13});$$
$$N(1 + \varpi_7 + \omega^8) = N(\varpi_{19} + \varpi_{23} - \omega^{64}) = N(1 - \varpi_7 + \varpi_{13} - \omega^{16}) = 31 . 241,$$
$$N(1 + \varpi_{13} - \varpi_{25} - \omega^8) = 601.$$

*) Hier ist ϖ_1 völlig bestimmt durch $\varpi_1\varpi_3 = -2\omega^{64}$ oder $\varpi_1\varpi_5 \equiv -2\omega^{96}$ (mod. p).

$$n = 120$$

$$\text{II, 9.} \quad p = 120m - 31\,; \qquad \varpi_r = \omega^r + \omega^{-31r},$$

also die primitiven Perioden, wofür $\Pi(\varpi_r) = 1$,

$$\varpi_1 = \omega - \omega^{29}, \quad \varpi_7 = \omega^7 + \omega^{23}, \quad \varpi_{11} = \omega^{11} + \omega^{19}, \quad \varpi_{13} = \omega^{13} - \omega^{17},$$
$$\varpi_{31} = \omega^{31} - \omega^{59}, \quad \varpi_{37} = \omega^{37} + \omega^{53}, \quad \varpi_{41} = \omega^{41} + \omega^{49}, \quad \varpi_{43} = \omega^{43} - \omega^{47},$$

nichtprimitiv: ϖ_{2r} ($n = 60$, II, 2), ϖ_{8r} ($n = 15$, II, 1), ϖ_{3r} ($n = 40$, II, 6), ϖ_{6r} ($n = 20$, II, 2), ϖ_{24r} ($\lambda = 5$, II), $\varpi_{5r} = -\omega^{45r}$ (8te Wurzeln), $\varpi_{10r} = \omega^{30r}$ (4te Wurzeln), $\varpi_{15r} = 2\omega^{15r}$ (8te Wurzeln), $\varpi_{30r} = 2\omega^{30r}$ (4 te Wurzeln), $\varpi_{40r} = -1$, wobei $\varpi_1 + \varpi_{41} = -\varpi_9$, $\varpi_1 - \varpi_{13} - \varpi_{37} + \varpi_{41} = -\omega^{45}$; ferner:

$$\varpi_1^2 = -2\omega^{30} + \varpi_2, \quad \varpi_1\varpi_7 = \varpi_8 + \varpi_{24}, \quad \varpi_1\varpi_{11} = 1 - \varpi_{48},$$
$$\varpi_1\varpi_{13} = \varpi_{14} - \varpi_{18}, \quad \varpi_1\varpi_{31} = 2 + \varpi_{32}, \quad \varpi_1\varpi_{37} = \varpi_6 + \varpi_{22},$$
$$\varpi_1\varpi_{41} = \omega^{30} + \varpi_{18}, \quad \varpi_1\varpi_{43} = -\varpi_{16} - \varpi_{48}.$$

Congruenzwurzeln mod. p*)

p	ϖ_1	ϖ_7	ϖ_{11}	ϖ_{13}	ϖ_{31}	ϖ_{37}	ϖ_{41}	ϖ_{43}
89	− 11	− 28	− 1	+ 13	+ 18	− 27	+ 34	+ 3
449	+156	+ 93	+ 50	+129	+125	− 55	+207	+ 46
809	+256	−371	+330	−143	+301	−136	+230	+170
929	+245	+355	−125	−390	+415	−176	+376	− 16

Normen complexer Zahlen in $\frac{3}{\varpi}$.

$$N(1 + \varpi_{11}) = 9.89, \qquad N(1 - \varpi_7 + \omega^{45}) = 9.449,$$
$$N(1 - \varpi_{16} - \varpi_{21}) = 9.809, \qquad N(1 + \varpi_{13} + \varpi_{29}) = 9.929;$$
$$N(1 + \varpi_1 + \varpi_{11}) = 241^2, \qquad N(\varpi_{22} - \varpi_{32} - \varpi_{43}) = 81.241,$$

dagegen: $N(1 - \varpi_2 + \varpi_{43}) = 601$.

*) Hier ist ϖ_1 völlig bestimmt durch $\varpi_1\varpi_2 \equiv -\varpi_{32} - \varpi_{56}$ oder $\varpi_1\varpi_5 \equiv -\varpi_{14}$ (mod. p).

$n = 120$

II, 10. $p = 120m + 29$; $\varpi_r = \omega^r + \omega^{29r}$,

also die primitiven Perioden, wofür $\Pi(\varpi_r) = 1$,

$$\varpi_1 = \omega + \omega^{29}, \quad \varpi_7 = \omega^7 - \omega^{23}, \quad \varpi_{11} = \omega^{11} - \omega^{19}, \quad \varpi_{13} = \omega^{13} + \omega^{17},$$
$$\varpi_{31} = \omega^{31} + \omega^{59}, \quad \varpi_{37} = \omega^{37} - \omega^{53}, \quad \varpi_{41} = \omega^{41} - \omega^{49}, \quad \varpi_{43} = \omega^{43} + \omega^{47};$$

nichtprimitiv: ϖ_{2r}, ϖ_{8r} und ϖ_{24r} wie II, 9, ϖ_{3r} ($n = 40$, II, 7), ϖ_{6r} (wie II, 9), ϖ_{5r} ($n = 24$, II, 6), $\varpi_{10r} = \omega^{30r}$ (wie II, 9), $\varpi_{15r} = 0$, $\varpi_{30r} = 2\omega^{30r}$, $\varpi_{40r} = -1$; wobei $\varpi_1 + \varpi_{41} = \varpi_9$, $\varpi_1 - \varpi_{13} - \varpi_{37} - \varpi_{41} = -\varpi_5$; ferner:

$$\varpi_1^2 = 2\omega^{30} + \varpi_2, \quad \varpi_1\varpi_7 = \varpi_8 - \varpi_{24}, \quad \varpi_1\varpi_{11} = \varpi_{24},$$
$$\varpi_1\varpi_{13} = \varpi_{14} + \varpi_{18}, \quad \varpi_1\varpi_{31} = -2 + \varpi_{32}, \quad \varpi_1\varpi_{37} = -\varpi_6 + \varpi_{22},$$
$$\varpi_1\varpi_{41} = -\omega^{30} - \varpi_{22}, \quad \varpi_1\varpi_{43} = -\varpi_{16} + \varpi_{48}.$$

Congruenzwurzeln mod. p.*)

p	ϖ_1	ϖ_7	ϖ_{11}	ϖ_{13}	ϖ_{31}	ϖ_{37}	ϖ_{41}	ϖ_{43}	ϖ_5	ϖ_{35}
29	− 5	+ 4	− 1	− 13	+ 2	+ 10	+ 12	+ 11	+ 14	+ 6
149	− 39	+ 30	+ 41	+ 56	− 72	+ 21	− 16	+ 69	− 49	− 50
269	−109	+ 55	+103	+ 60	+ 61	+ 63	−107	− 78	+125	− 28
389	+ 15	+194	+ 36	+ 85	+169	+137	−139	+ 50	+ 68	+ 40
509	− 80	− 87	+183	+ 22	+157	+228	−111	− 5	+219	+251

Normen complexer Zahlen in $\frac{2}{\varpi}$.

$$N(1 + \varpi_{11}) = 5 . 29, \qquad N(\varpi_{18} - \varpi_{41}) = 5 . 149,$$
$$N(1 + \varpi_6 - \varpi_{37}) = 5 . 509, \qquad N(1 + \varpi_{13} - \varpi_{31}) = 29 . 269,$$
$$N(1 + \varpi_8 + \varpi_{43}) = 29 . 389; \qquad N(1 + \varpi_2 + \varpi_{43}) = N(1 - \varpi_8 + \varpi_{37}) = 25 . 241,$$
$$N(\varpi_1 + \varpi_2 - \varpi_{31}) = 601^2.$$

*) Hier ist ϖ_1 vollständig bestimmt durch $\varpi_1\varpi_3 \equiv \varpi_{32} - \varpi_{56}$ (mod. p); dabei findet ein ähnlicher Fall statt wie bei II, 1, aber mit dem Unterschied, dass hier die ϖ_{5r} selbst bei $n = 24$ nicht völlig bestimmt, sondern dem Zeichen nach willkührlich festgesetzt waren (übrigens tritt bloss bei $p = 149$ eine Zeichenänderung gegenüber von $n = 24$. II, 6 ein).

$n = 120$

II, 11. $p = 120m - 29\,; \qquad \varpi_r = \omega^r + \omega^{-29r}$,

also die primitiven Perioden, wofür $\Pi(\varpi_r) = 256$,

$$\varpi_1 = \omega - \omega^{31}, \quad \varpi_7 = \omega^7 + \omega^{37}, \quad \varpi_{11} = \omega^{11} + \omega^{41}, \quad \varpi_{13} = \omega^{13} - \omega^{43},$$
$$\varpi_{17} = \omega^{17} - \omega^{47}, \quad \varpi_{19} = \omega^{19} + \omega^{49}, \quad \varpi_{23} = \omega^{23} + \omega^{53}, \quad \varpi_{29} = \omega^{29} - \omega^{59};$$

nichtprimitiv: $\varpi_{2r} = 0$, $\varpi_{8r} = 2\omega^{8r}$ (15te Einheitswurzeln), ϖ_{3r} ($n = 40$. II, 4), $\varpi_{6r} = 0$, $\varpi_{24r} = 2\omega^{24r}$ (5te Wurzeln), ϖ_{5r} ($n = 24$. II, 7), $\varpi_{10r} = 0$, ϖ_{15r} ($n = 8$. II, 2), $\varpi_{30r} = 0$, $\varpi_{40r} = 2\omega^{40r}$, wobei $\varpi_1 + \varpi_{11} = \varpi_{21}$, $\varpi_1 - \varpi_7 - \varpi_{13} + \varpi_{19} = -\varpi_{25}$; ferner:

$$\varpi_1^2 = -2\omega^{32}, \quad \varpi_1\varpi_7 = 2\omega^8, \quad \varpi_1\varpi_{11} = -2\omega^{72}, \quad \varpi_1\varpi_{13} = 2\omega^{104},$$
$$\varpi_1\varpi_{17} = -2\omega^{48}, \quad \varpi_1\varpi_{19} = -2\omega^{80}, \quad \varpi_1\varpi_{23} = 2\omega^{24}, \quad \varpi_1\varpi_{29} = 2.$$

Congruenzwurzeln mod. p.*)

p	ϖ_1	ϖ_7	ϖ_{11}	ϖ_{13}	ϖ_{17}	ϖ_{19}	ϖ_{23}	ϖ_{29}
211	+ 88	+ 79	− 54	+ 13	− 81	+ 86	+ 16	+ 24
331	+ 16	− 31	+150	+ 2	+ 1	−128	− 64	−124
571	+279	+229	+148	− 14	+163	+ 54	+187	−176
691	+211	−344	+176	−122	− 34	+212	+229	+262
811	−216	−152	+305	+137	+296	−234	− 32	−398

$f(\varpi_1)$, Primfactoren der Primzahlen p.**)

p	$f(\varpi_1)$	p	$f(\varpi_1)$	p	$f(\varpi_1)$
211	$1 - \omega^{16} - \varpi_{25}$	571	$1 + \varpi_7 + \varpi_9$	811	$1 + \varpi_1 + \varpi_{15}$
331	$1 - \varpi_{17}$	691	$1 - \varpi_{23} + \omega^{88}$		

*) Hier ist ϖ_1 völlig bestimmt durch $\varpi_1\varpi_3 \equiv -2\omega^{64}$ oder $\varpi_1\varpi_5 \equiv 2\omega^{96}$ (mod. p).

**) Auch ist $N(1 + \varpi_{23} + \varpi_{29}) = 241$, $\quad N(1 + \varpi_{13} - \varpi_{25} - \omega^8) = 601$.

$n = 120$

II, 12. $p = 120m + 19$; $\varpi_r = \omega^r + \omega^{19r}$,

also die primitiven Perioden, wofür $\Pi(\varpi_r) = 1$,

$$\varpi_1 = \omega + \omega^{19}, \quad \varpi_7 = \omega^7 + \omega^{13}, \quad \varpi_{11} = \omega^{11} - \omega^{29}, \quad \varpi_{17} = \omega^{17} - \omega^{23},$$
$$\varpi_{31} = \omega^{31} - \omega^{49}, \quad \varpi_{37} = \omega^{37} - \omega^{43}, \quad \varpi_{41} = \omega^{41} + \omega^{59}, \quad \varpi_{47} = \omega^{47} + \omega^{53};$$

nichtprimitiv: ϖ_{2r} ($n = 60$. II, 4), ϖ_{8r} ($n = 15$. II, 2), ϖ_{3r} ($n = 40$. II, 2), ϖ_{6r} ($n = 20$. II, 1), ϖ_{24r} ($\lambda = 5$. II), ϖ_{5r} ($n = 24$. II, 7), $\varpi_{10r} = 0$, ϖ_{15r} ($n = 8$. II, 2), $\varpi_{30r} = 0$, $\varpi_{40r} = 2\omega^{40r}$, wobei $\varpi_1 + \varpi_{41} = \varpi_{21}$, $\varpi_1 - \varpi_7 - \varpi_{31} - \varpi_{37} = -\varpi_{25}$; ferner:

$$\varpi_1^2 = -2\omega^{80} + \varpi_2, \quad \varpi_1\varpi_7 = \varpi_8 + \varpi_{14}, \quad \varpi_1\varpi_{11} = -\varpi_{48},$$
$$\varpi_1\varpi_{17} = \varpi_{18} - \varpi_{24}, \quad \varpi_1\varpi_{31} = \varpi_{32}, \quad \varpi_1\varpi_{37} = \varpi_2 + \varpi_{56},$$
$$\varpi_1\varpi_{41} = -2 - \varpi_{18}, \quad \varpi_1\varpi_{47} = -\varpi_6 + \varpi_{48}.$$

Congruenzwurzeln mod. p.*)

p	ϖ_1	ϖ_7	ϖ_{11}	ϖ_{17}	ϖ_{31}	ϖ_{37}	ϖ_{41}	ϖ_{47}
19	+ 3	− 5	+ 8	+ 3	+ 1	− 2	− 5	+ 2
139	+ 67	− 60	+ 30	− 8	+ 39	− 66	+ 34	− 18
379	+132	+167	+115	+ 16	−180	− 58	− 42	+ 33
499	−200	−182	+186	− 78	+ 92	+ 58	+144	+151
619	+ 10	+ 58	+210	+303	−104	− 97	+ 44	−240
739	−109	+ 63	+304	−221	+268	−224	+236	−270
859	−309	+149	+152	−419	+158	−266	+406	+ 85

Normen complexer Zahlen in $\frac{2}{\varpi}$.

$N(1 - \varpi_{31}) = 4 \cdot 19$, $N(\varpi_1 - \varpi_{17}) = N(\varpi_{14} - \varpi_{31}) = 19 \cdot 139$,

$N(1 + \varpi_7 + \varpi_{56}) = 4 \cdot 379$, $N(\varpi_1 - \varpi_2) = 4 \cdot 499$,

$N(1 + \varpi_{41} - \varpi_{88}) = 4 \cdot 619$, $N(1 - \varpi_3 - \varpi_{11}) = 19 \cdot 859$,

$N(\varpi_{37} + \varpi_{47}) = 19^4$; $N(1 + \varpi_1 + \varpi_{11}) = 241^2$,

$N(1 + \varpi_{11} + \varpi_{14} + \varpi_{31} + \varpi_{34}) = 25 \cdot 601 \cdot 36721$.

*) Hier ist ϖ_1 vollständig bestimmt durch $\varpi_1\varpi_2 \equiv \varpi_3 + \varpi_{21}$ oder $\varpi_1\varpi_3 \equiv \varpi_{22} - \varpi_{48}$ oder $\varpi_1\varpi_5 \equiv \varpi_6 + \varpi_{24}$ (mod. p).

$n = 120$

II, 13. $p = 120m - 19$; $\varpi_r = \omega^r + \omega^{-19r}$,

also die primitiven Perioden, wofür $\Pi(\varpi_r) = 3^8$,

$\varpi_1 = \omega - \omega^{41}$, $\varpi_7 = \omega^7 - \omega^{47}$, $\varpi_{11} = \omega^{11} + \omega^{31}$, $\varpi_{13} = \omega^{13} - \omega^{53}$,
$\varpi_{17} = \omega^{17} + \omega^{37}$, $\varpi_{19} = \omega^{19} - \omega^{59}$, $\varpi_{23} = \omega^{23} + \omega^{43}$, $\varpi_{29} = \omega^{29} + \omega^{49}$;

nichtprimitiv: $\varpi_{2r} = -\omega^{42r}$ (20te Wurzeln), $\varpi_{8r} = -\omega^{48}$ (5te Wurzeln), $\varpi_{3r} = 0$, $\varpi_{6r} = 2\omega^{6r}$ (20te Wurzeln), $\varpi_{24r} = 2\omega^{24r}$ (5te Wurzeln), ϖ_{5r} ($n = 24$, II, 6), $\varpi_{10r} = \omega^{30r}$, $\varpi_{15r} = 0$, $\varpi_{30r} = 2\omega^{30r}$ (4te Wurzeln), $\varpi_{40r} = -1$, wobei $\varpi_1 - \varpi_{13} - \varpi_{17} + \varpi_{29} = -\varpi_5$; ferner:

$\varpi_1^2 = -3\omega^{42}$, $\varpi_1\varpi_7 = -3\omega^{48}$, $\varpi_1\varpi_{11} = -3\omega^{72}$, $\varpi_1\varpi_{13} = -3\omega^{54}$,
$\varpi_1\varpi_{17} = 3\omega^{18}$, $\varpi_1\varpi_{19} = 3$, $\varpi_1\varpi_{23} = 3\omega^{24}$, $\varpi_1\varpi_{29} = 3\omega^{30}$.

Congruenzwurzeln mod. p.*)

p	ϖ_1	ϖ_7	ϖ_{11}	ϖ_{13}	ϖ_{17}	ϖ_{19}	ϖ_{23}	ϖ_{29}
101	− 40	+ 33	+ 4	+ 46	+ 27	− 43	− 45	− 26
461	+134	− 92	− 22	+ 15	+194	+203	−202	+ 63
701	+ 73	+198	+ 41	−308	+ 92	−144	−221	+188
821	+327	−283	−408	+ 29	−257	−354	−345	+163
941	−304	−355	+317	+220	−382	+195	+303	− 95

Normen complexer Zahlen in $\frac{2}{\varpi}$.

$N(1 - \varpi_1 - \omega^{54}) = 125 . 101$, $N(1 + \varpi_1 + \omega^{42}) = 25 . 101^2$,
$N(1 - \varpi_{19} - \varpi_{23}) = 5 . 461$, $N(1 + \varpi_{17} - \omega^{42}) = 101 . 701$,
$N(2 - \varpi_{29} + \omega^{24}) = 5 . 16 . 821$; $N(1 \pm \varpi) = 5 . 1181$,
$N(1 + \varpi_1 - \omega^{72}) = N(1 - \varpi_{29} - \omega^{48}) = 241^2$,
$N(1 - \varpi_{17} - \varpi_{23}) = 601^2$.

---

*) Hier ist ϖ_1 völlig bestimmt durch $\varpi_1\varpi_5 \equiv 3\varpi_6$ (mod. p).

$n = 120$

II, 14. $p = 120m + 11$; $\varpi_r = \omega^r + \omega^{11r}$,

also die primitiven Perioden, wofür $\Pi(\varpi_r) = 1$,

$$\varpi_1 = \omega + \omega^{11}, \quad \varpi_7 = \omega^7 - \omega^{17}, \quad \varpi_{13} = \omega^{13} + \omega^{23}, \quad \varpi_{19} = \omega^{19} - \omega^{29},$$
$$\varpi_{31} = \omega^{31} - \omega^{41}, \quad \varpi_{37} = \omega^{37} + \omega^{47}, \quad \varpi_{43} = \omega^{43} - \omega^{53}, \quad \varpi_{49} = \omega^{49} + \omega^{59},$$

nichtprimitiv: ϖ_{2r} ($n = 60$. II, 6), $\varpi_{8r} = -\omega^{48}$ (5te Wurzeln), ϖ_{3r} ($n = 40$. II, 4), $\varpi_{6r} = 0$, $\varpi_{24r} = 2\omega^{24r}$ (5te Wurzeln), ϖ_{5r} ($n = 24$. II, 2), ϖ_{10r} ($n = 12$. II, 1), ϖ_{15r} ($n = 8$. II, 2), $\varpi_{30r} = 0$, $\varpi_{40r} = -1$, wobei $\varpi_1 - \varpi_{31} = \varpi_{21}$, $\varpi_1 - \varpi_{13} - \varpi_{37} + \varpi_{49} = -\varpi_{25}$; ferner:

$$\varpi_1^2 = -3\omega^{72} + \varpi_2, \quad \varpi_1\varpi_7 = -\omega^{43}, \quad \varpi_1\varpi_{13} = 2\omega^{24} + \varpi_{14},$$
$$\varpi_1\varpi_{19} = 1, \quad \varpi_1\varpi_{31} = -\omega^{72}, \quad \varpi_1\varpi_{37} = 2\omega^{48} + \varpi_{38},$$
$$\varpi_1\varpi_{43} = \omega^{24}, \quad \varpi_1\varpi_{49} = -2 - \varpi_{10}.$$

Congruenzwurzeln mod. p.*)

p	ϖ_1	ϖ_7	ϖ_{13}	ϖ_{19}	ϖ_{31}	ϖ_{37}	ϖ_{43}	ϖ_{49}
11	+ 5	− 1	− 1	− 2	− 4	− 4	+ 3	+ 3
131	+ 32	− 56	+ 7	− 45	+ 27	+ 13	+ 10	− 34
251	+ 41	+ 62	− 85	+ 49	− 22	− 67	+ 15	− 57
491	+ 76	−151	+ 13	+ 84	− 89	+180	+ 30	+160
971	+ 18	+335	−312	+ 54	+ 35	−199	−283	−111

Normen complexer Zahlen in $\frac{2}{\varpi}$.

$$N(1 + \varpi_7) = 11^2 = N(\varpi_{19} - \omega^{72}), \qquad N(2 + \varpi_{19}) = 11 \,.\, 4931,$$
$$N(1 - \varpi_5 - \varpi_{13}) = 11^3 \,.\, 131, \qquad N(1 + \varpi_7 - \varpi_{21}) = 11 \,.\, 251,$$
$$N(1 + \varpi_{27} - \varpi_{43}) = 11 \,.\, 491, \qquad N(\varpi_2 - \varpi_{31}) = 11 \,.\, 971;$$
$$N(1 - \varpi_7 + \varpi_{26}) = 11^2 \,.\, 241, \qquad N(1 + \varpi_1 + \varpi_{19}) = 241^2,$$
$$N(\varpi_1 + \varpi_2 + \omega^{48}) = 11^2 \,.\, 601.$$

*) Hier ist ϖ_1 völlig bestimmt durch $\varpi_1\varpi_3 \equiv \omega^8 + \varpi_{14}$ (mod. p). Es ist hier zwar an sich derselbe Collisionsfall, wegen der Congruenzwurzeln für $n = 24$, wie in II, 1, allein bei obigen Primzahlen hat er keine Abweichung von den früheren Bestimmungen in $n = 24$ und $n = 12$ zur Folge.

$n = 120$

II, 15. $p = 120m - 11$; $\varpi_r = \omega^r + \omega^{-11r}$,

also die primitiven Perioden, wofür $\Pi(\varpi_r) = 625$,

$$\varpi_1 = \omega - \omega^{49}, \quad \varpi_7 = \omega^7 + \omega^{43}, \quad \varpi_{11} = \omega^{11} - \omega^{59}, \quad \varpi_{13} = \omega^{13} - \omega^{37},$$
$$\varpi_{17} = \omega^{17} + \omega^{53}, \quad \varpi_{19} = \omega^{19} + \omega^{31}, \quad \varpi_{23} = \omega^{23} - \omega^{47}, \quad \varpi_{29} = \omega^{29} + \omega^{41},$$

nichtprimitiv: ϖ_{2r} ($n = 60$. II, 7), ϖ_{8r} ($n = 15$. II, 2), ϖ_{3r} ($n = 40$. II, 5), ϖ_{6r} ($n = 20$. II, 2), ϖ_{24r} ($\lambda = 5$. II), $\varpi_{5r} = 0$, $\varpi_{10r} = 2\omega^{10r}$ (12te Wurzeln), $\varpi_{15r} = 0$, $\varpi_{30r} = 2\omega^{30r}$, $\varpi_{40r} = 2\omega^{40r}$, wobei $\varpi_1 + \varpi_{29} = -\varpi_9$; ferner:

$$\varpi_1^2 = -2\omega^{50} + \varpi_2, \quad \varpi_1\varpi_7 = \varpi_8 - \varpi_{56}, \quad \varpi_1\varpi_{11} = 2 - \varpi_{48},$$
$$\varpi_1\varpi_{13} = \varpi_{14} + \varpi_{48}, \quad \varpi_1\varpi_{17} = \varpi_6 + \varpi_{18}, \quad \varpi_1\varpi_{19} = -2\omega^{80} + \varpi_8,$$
$$\varpi_1\varpi_{23} = \varpi_{24} - \varpi_{48}, \quad \varpi_1\varpi_{29} = 2\omega^{30} + \varpi_{18}.$$

Congruenzwurzeln mod. p.*)

p	ϖ_1	ϖ_7	ϖ_{11}	ϖ_{13}	ϖ_{17}	ϖ_{19}	ϖ_{23}	ϖ_{29}
109	−11	+33	−21	−1	+46	+36	−8	−39
229	−9	+86	+67	−42	−55	−47	−69	−70
349	−32	+69	−70	−39	−89	+64	+111	+17
709	+318	+120	−131	+176	+285	−41	−291	−186
829	+244	−411	+279	−32	+145	+336	−23	−173

Normen complexer Zahlen in $\mathfrak{z}_\varpi$.

$N(1 + \varpi_{13}) = 4.109$, $N(3 + 2\varpi_1) = 81.229$,

$N(1 + \varpi_7 + \varpi_{11}) = 4.11^2.349$, $N(1 - \varpi_{29} + \omega^{50}) = 4.709$,

$N(1 - \varpi_2 - \varpi_{19}) = 4.829$; $N(1 + \varpi_{22} - \varpi_{33}) = 241^2$,

$N(\varpi_{23} + \varpi_{34} - \varpi_{88}) = 4.109.241$, aber $N(1 - \varpi_8 - \varpi_{17}) = 601$.

*) Hier ist ϖ_1 völlig bestimmt durch $\varpi_1\varpi_2 \equiv \varpi_3 - \varpi_{39}$ oder $\varpi_1\varpi_3 \equiv -\varpi_{48} + \varpi_{88}$ (mod. p).

$n = 120$

III. p zum Exponenten 4 gehörig.

8 viergliedrige Perioden, und zwar mit 8 Fällen, wovon 7 primitiv.

III, 1. $p = 120m + 7, -17$; $\qquad \varpi_r = \omega^r + \omega^{7r} + \omega^{49r} + \omega^{-17r}$,

also die primitiven Perioden, wofür $\Pi(\varpi_r) = 81$,

$$\varpi_1 = \omega + \omega^7 + \omega^{49} - \omega^{43}, \qquad \varpi_{11} = \omega^{11} - \omega^{17} + \omega^{59} + \omega^{53},$$
$$\varpi_{13} = \omega^{13} - \omega^{31} + \omega^{37} + \omega^{19}, \qquad \varpi_{23} = \omega^{23} + \omega^{41} + \omega^{47} - \omega^{29};$$

nichtprimitiv: ϖ_{2r} ($n = 60$. III, 1), $\varpi_{8r} = -\omega^{80r}$ (3te Wurzeln), ϖ_{3r} ($n = 40$. III, 3), ϖ_{6r} ($n = 20$. III, 1), $\varpi_{24r} = -1$, $\varpi_{5r} = 2(\omega^{5r} + \omega^{35r})$ (d. h. $n = 24$ II, 4), $\varpi_{10r} = 0$, ϖ_{15r} $2(\omega^{15r} - \omega^{45r})$ (d. h. $n = 8$. II, 1), $\varpi_{30r} = 0$, $\varpi_{40r} = 4\omega^{40r}$, wobei $\varpi_1 + \varpi_{23} = \varpi_3$ und $\varpi_1 - \varpi_{13} = -\omega^{25} - \omega^{55}$; ferner:

$$\varpi_1^2 = -2\omega^{80} + \varpi_2, \qquad \varpi_1\varpi_{11} = -3, \qquad \varpi_1\varpi_{13} = -3\omega^{80}, \qquad \varpi_1\varpi_{23} = -2 + \varpi_6.$$

Congruenzwurzeln mod. p.*)

p	ϖ_1	ϖ_{11}	ϖ_{13}	ϖ_{23}	p	ϖ_1	ϖ_{11}	ϖ_{13}	ϖ_{23}
7	+ 2	+ 2	+ 1	− 3	487	−137	+ 96	+ 34	−129
103	−37	+ 14	−40	+49	607	− 27	+135	+ 44	−207
127	+22	− 29	−55	+37	727	− 97	+ 45	+286	−272
223	+32	− 21	−52	−90	823	−238	−287	+265	−323
367	+53	− 97	+23	−48	967	−252	+472	+194	− 5
463	−86	+210	+10	+46					

Normen complexer Zahlen in $\frac{4}{\varpi}$.

$$N(1 + \varpi_{13}) = 7^2, \qquad N(\varpi_1 - \varpi_{11}) = 7^4,$$
$$N(1 - \varpi_1 - \varpi_{15}) = 7 . 103, \qquad N(1 + \varpi_6 + \varpi_{13}) = 7 . 127,$$
$$N(\varpi_2 + \varpi_{22}) = 7 . 223, \qquad N(1 - \varpi_{23} - \omega^5 - \omega^{35}) = 7 . 367,$$
$$N(1 - \varpi_{23} - \varpi_{33}) = 7 . 487; \qquad N(\varpi_3 + \varpi_6 - \varpi_{13} + \varpi_{16}) = 4 . 241,$$
$$\text{aber} \qquad N(1 - \varpi_{23} - \omega^{25} - \omega^{55}) = 601 .$$

*) Hier ist ϖ_1 vollständig bestimmt z. B. durch $\varpi_1\varpi_5 \equiv 2 + 2\varpi_6$ (mod. p) oder als gemeinschaftliche Wurzel der Congruenzen $\varpi_1^2 \equiv -2\omega^{80} + \varpi_2$, $\quad \varpi_1 + \varpi_{23} \equiv \varpi_3$, $\varpi_1\varpi_{23} \equiv -2 - \varpi_{22}$ (mod. p).

$n = 120$

III, 2. $p = 120m - 7, + 17;$ $\quad \varpi_r = \omega^r + \omega^{-7r} + \omega^{49r} + \omega^{17r},$

also die primitiven Perioden, wofür $\Pi(\varpi_r) = 256$,

$$\varpi_1 = \omega - \omega^{53} + \omega^{49} + \omega^{17}, \qquad \varpi_7 = \omega^7 - \omega^{11} - \omega^{43} - \omega^{59},$$
$$\varpi_{13} = \omega^{13} + \omega^{29} + \omega^{37} - \omega^{41}, \qquad \varpi_{19} = \omega^{19} - \omega^{47} - \omega^{31} - \omega^{23},$$

nichtprimitiv: ϖ_{2r} ($n = 60$. III, 2), ϖ_{8r} ($n = 15$. III), $\varpi_{3r} = \omega^{15r}$ (8te Wurzeln), $\varpi_{6r} = -\omega^{30r}$ (4te Wurzeln), $\varpi_{24r} = -1$, $\varpi_{5r} = -2\omega^{45r}$ (8te Wurzeln), $\varpi_{10r} = 2\omega^{30r}$, $\varpi_{15r} = 4\omega^{15r}$, $\varpi_{30r} = 4\omega^{30r}$, $\varpi_{40r} = 2$, wobei $\varpi_1 - \varpi_{13} = -\omega^{45}$; ferner:

$$\varpi_1^2 = 4\omega^{30} + \varpi_2, \qquad \varpi_1\varpi_7 = 4, \qquad \varpi_1\varpi_{13} = 4\omega^{30}, \qquad \varpi_1\varpi_{19} = 4 - \varpi_8.$$

Congruenzwurzeln mod. p.*)

p	ϖ_1	ϖ_7	ϖ_{13}	ϖ_{19}	p	ϖ_1	ϖ_7	ϖ_{13}	ϖ_{19}
17	− 3	− 7	+ 6	− 5	593	−266	+214	+126	+273
113	− 40	− 34	+55	+35	617	−145	−183	−284	+252
137	− 37	+ 11	+ 4	+ 1	857	−279	+172	+390	−334
233	− 37	− 19	+60	−31	953	+ 82	+186	−254	+ 30
257	− 14	− 37	−78	−33	977	+398	−108	−140	−335
353	+125	+161	+55	+45					

Normen complexer Zahlen in $\mathfrak{k}$.

$N(1 + \varpi_7 + \varpi_{13}) = 9 \cdot 17^2$; $\qquad N(1 - \varpi_{19}) = 2 \cdot 137$,

$N(1 + \varpi_7 + \omega^{15}) = 2 \cdot 617$, $\qquad N(1 - \varpi_7 - \varpi_{19}) = 4 \cdot 113^2$,

$N(2 + \varpi_{17} + \varpi_{56}) = 17 \cdot 593$; $\qquad N(3 + \varpi_1) = 2 \cdot 17 \cdot 241$,

$N(1 - \varpi_{14} - \varpi_{19} + \omega^{45}) = 25 \cdot 241$, $\qquad N(2 - \varpi_1 - \varpi_{13}) = 241^2$,

$N(3 + 2\varpi_2 + \varpi_{13}) = 2 \cdot 17 \cdot 601$, $\qquad N(1 + \varpi_7 + \varpi_8 + \varpi_{14}) = 16 \cdot 601$,

$N(1 - \varpi_7 + 2\varpi_{13}) = 2 \cdot 9 \cdot 7 \cdot 601$ (hier ist also 241 und 601 gleichartig).

*) Hier ist ϖ_1 völlig bestimmt durch $\varpi_1\varpi_3 \equiv \varpi_8$ (mod. p).

$n = 120$

III, 3. $p = 120m + 13, + 37$; $\varpi_r = \omega^r + \omega^{13r} + \omega^{49r} + \omega^{37r}$,

also die primitiven Perioden, wofür $\Pi(\varpi_r) = 625$,

$$\varpi_1 = \omega + \omega^{13} + \omega^{49} + \omega^{37}, \qquad \varpi_7 = \omega^7 - \omega^{31} - \omega^{43} + \omega^{19},$$
$$\varpi_{11} = \omega^{11} + \omega^{23} + \omega^{59} + \omega^{47}, \qquad \varpi_{17} = \omega^{17} - \omega^{41} - \omega^{53} + \omega^{29};$$

nichtprimitiv: $\varpi_{2r} = -\omega^{50r}$ (12te Wurzeln), $\varpi_{8r} = -\omega^{80r}$ (3te Wurzeln), ϖ_{3r} ($n = 40$. III, 2), $\varpi_{6r} = -\omega^{30r}$ (4te Wurzeln), $\varpi_{24r} = -1$, $\varpi_{5r} = 0$, $\varpi_{10r} = 4\omega^{10r}$ $\varpi_{15r} = 0$, $\varpi_{30r} = 4\omega^{30r}$, $\varpi_{40r} = 4\omega^{40r}$, wobei $\varpi_1 - \varpi_{17} = -\varpi_9$; ferner:

$$\varpi_1^2 = 5\omega^{50}, \qquad \varpi_1\varpi_7 = 1, \qquad \varpi_1\varpi_{11} = -5, \qquad \varpi_1\varpi_{17} = 5\omega^{30}.$$

Congruenzwurzeln mod. p.*)

p	ϖ_1	ϖ_7	ϖ_{11}	ϖ_{17}	p	ϖ_1	ϖ_7	ϖ_{11}	ϖ_{17}
13	+ 6	+ 4	+ 3	− 2	613	+205	−181	+299	+ 44
37	+ 16	+ 15	+ 2	− 12	733	−316	−132	+341	+161
157	− 19	+ 61	− 8	+ 67	757	−240	−390	+205	−333
277	+ 42	− 27	+112	− 72	853	−150	−377	−199	−267
373	+ 74	−137	−116	−128	877	− 26	−418	−101	−342
397	−105	−134	−189	− 3	997	−313	−454	−430	+437

Normen complexer Zahlen in $\frac{4}{\varpi}$.

$N(2 + \varpi_{17}) = 13 . 37$,

$N(1 - \varpi_1 + \varpi_7) = 9 . 37^2$,

$N(2 + \varpi_8 - \varpi_9) = 13 . 277$,

$N(2 - \varpi_1 - \varpi_{17}) = 241^2$,

$N(\varpi_{14} + \varpi_{17}) = 4 . 13^2$,

$N(2 + \varpi_9 + \varpi_{14}) = 13 . 373$,

$N(3 + \varpi_{17}) = 13 . 397$;

$N(1 + \varpi_7) = 601$.

*) Hier ist ϖ_1 völlig bestimmt z. B. durch $\varpi_1\varpi_3 \equiv -4 + \omega^{40}$ (mod. p).

$$n = 120$$

III, 4. $p = 120m - 13, -37; \qquad \varpi_r = \omega^r + \omega^{-13r} + \omega^{49r} + \omega^{-37r},$

also die primitiven Perioden, wofür $\Pi(\varpi_r) = 36$,

$$\varpi_1 = \omega - \omega^{47} + \omega^{49} - \omega^{23}, \qquad \varpi_7 = \omega^7 + \omega^{29} - \omega^{43} - \omega^{41},$$
$$\varpi_{11} = \omega^{11} - \omega^{37} + \omega^{59} - \omega^{13}, \qquad \varpi_{17} = \omega^{17} + \omega^{19} - \omega^{53} - \omega^{31};$$

nichtprimitiv: ϖ_{2r} ($n = 60$. III, 3), ϖ_{8r} ($n = 15$. III, 1), ϖ_{3r} ($n = 40$. III, 2), ϖ_{6r} ($n = 20$. III, 1), $\varpi_{24r} = -1$, $\varpi_{5r} = 2(\omega^{5r} + \omega^{55r})$ ($n = 24$. II, 2), $\varpi_{10r} = 2(\omega^{10r} - \omega^{50r})$ ($n = 12$. II, 1), $\varpi_{15r} = 2(\varpi^{15r} + \omega^{45r})$ ($n = 8$. II, 2), $\varpi_{30r} = 0$, $\varpi_{40r} = -2$, wobei $\varpi_1 - \varpi_7 = -\varpi_3$, $\varpi_1 + \varpi_{11} = -\omega^{25} - \omega^{35}$; ferner:

$$\varpi_1^2 = 2 + \varpi_2 - 2\varpi_{10}, \qquad \varpi_1\varpi_7 = 1 - \varpi_6, \qquad \varpi_1\varpi_{11} = -3 + \varpi_{10},$$
$$\varpi_1\varpi_{17} = -2 + \varpi_8.$$

Congruenzwurzeln mod. p.*)

p	ϖ_1	ϖ_7	ϖ_{11}	ϖ_{17}	p	ϖ_1	ϖ_7	ϖ_{11}	ϖ_{17}
107	+ 3	− 13	− 7	− 40	563	+162	+ 76	+244	− 28
227	+ 82	+ 8	+103	+ 53	587	−163	+127	+115	− 32
347	+136	+127	+ 35	−151	683	+140	− 90	+ 10	−304
443	− 28	+ 84	− 6	+ 97	827	+125	+149	+282	+357
467	+160	− 83	− 39	+137	947	+269	−135	+150	+143

Normen complexer Zahlen in $\frac{4}{\varpi}$.

$N(1 + \varpi_1 - \omega^{25} - \omega^{35}) = 18.107$, $\qquad N(\varpi_1 + \varpi_{56}) = 3.227$,

$N(1 + \varpi_6 - \varpi_7) = 8.563$; $\qquad N(1 \pm \varpi) = 54$,

$N(2 - \varpi_{11}) = 4.241$, $\qquad N(1 - \varpi_3 - \varpi_8) = 6.241$,

dagegen (wie III, 3): $\qquad N(1 - \varpi_1 + \varpi_2) = 601$.

---

*) Hier ist ϖ_1 vollständig bestimmt durch $\varpi_1\varpi_3 \equiv -1 + \varpi_2$ (mod. p), also durch die Congruenzwurzeln bei $n = 60$ und $n = 40$; da also die Relationen mit denjenigen bei $n = 24$ dabei nicht in Betracht kommen, so tritt der Fall wie bei II, 1 ein und man hat bei folgenden vier Primzahlen anstatt der Congruenzwurzeln bei $n = 24$ und $n = 12$ zu setzen:

p	ϖ_5	ϖ_{10}	ϖ_{25}	p	ϖ_5	ϖ_{10}	ϖ_{25}
107	−27	−18	+ 4	467	+220	−166	−121
347	+69	−95	−171	947	+278	−368	−419

$n = 120$

III, 5. $p = 120m + 23, + 47$; $\varpi_r = \omega^r + \omega^{23r} + \omega^{49r} + \omega^{47r}$,

also die primitiven Perioden, wofür $\Pi(\varpi_r) = 36$,

$$\varpi_1 = \omega + \omega^{23} + \omega^{49} + \omega^{47}, \qquad \varpi_7 = \omega^7 + \omega^{41} - \omega^{43} - \omega^{29},$$
$$\varpi_{11} = \omega^{11} + \omega^{13} + \omega^{59} + \omega^{37}, \qquad \varpi_{17} = \omega^{17} + \omega^{19} - \omega^{53} + \omega^{31};$$

nichtprimitiv: ϖ_{2r}, ϖ_{8r}, ϖ_{6r}, ϖ_{24r}, ϖ_{10r}, ϖ_{30r}, ϖ_{40r} wie III, 4; aber ϖ_{3r} ($n = 40$. III, 3), sowie $\varpi_{5r} = 2(\omega^{5r} - \omega^{55r})$ ($n = 24$. II, 1), und $\varpi_{15r} = 2(\omega^{15r} - \omega^{45r})$ ($n = 8$. II, 1), wobei $\varpi_1 + \varpi_7 = \varpi_3$, $\varpi_1 - \varpi_{11} = -\omega^{25} - \omega^{35}$; ferner:

$$\varpi_1^2 = -2 + \varpi_2 - 2\varpi_{10}, \qquad \varpi_1\varpi_7 = 1 + \varpi_6, \qquad \varpi_1\varpi_{11} = -3 - \varpi_{10},$$
$$\varpi_1\varpi_{17} = 2 + \varpi_8.$$

Congruenzwurzeln mod. p*)

p	ϖ_1	ϖ_7	ϖ_{11}	ϖ_{17}	p	ϖ_1	ϖ_7	ϖ_{11}	ϖ_{17}
23	− 8	− 4	+ 7	+ 1	647	−259	−225	− 22	−149
47	−21	+ 17	− 6	+ 5	743	−293	+260	− 3	+132
167	+61	+ 20	+ 40	− 28	863	− 52	−387	+290	+117
263	+26	− 9	+ 21	+114	887	+225	−145	+283	+405
383	−22	+ 31	+ 77	−178	983	+437	+223	+ 20	−190
503	+ 8	+211	−218	+223					

Normen complexer Zahlen in $\mathfrak{A}$:

$$N(1 - \varpi_{17}) = 2 . 23, \qquad N(1 + \varpi_{11} + \varpi_{17}) = 2 . 47,$$
$$N(1 + \varpi_1 - \omega^{10} + \omega^{50}) = 8 . 167, \qquad N(2 + \varpi_{11} + \omega^{10} - \omega^{50}) = 2 . 263$$
$$N(3 + \varpi_{11}) = 18 . 743; \qquad N(\varpi_2 + \varpi_8 - \varpi_{33}) = 9 . 241,$$
$$\text{dagegen: } N(1 - \varpi_6 + \varpi_8 + \varpi_{11}) = 601,$$
$$\text{während } N(2 - \varpi_3 - \omega^{10} + \omega^{50}) = 4 . 601.$$

*) Hier ist ϖ_1 völlig bestimmt durch $\varpi_1\varpi_3 \equiv 1 + \varpi_2$ (mod. p); es tritt daher ganz derselbe Fall ein wie III, 4, wesshalb statt der Congruenzwurzeln bei $n = 24$ und $n = 12$ für folgende zwei Primzahlen zu setzen ist:

p	ϖ_5	ϖ_{10}	ϖ_{25}	p	ϖ_5	ϖ_{10}	ϖ_{25}
223	+105	−23	−5	743	−351	−139	+290

$n = 120$

III, 6. $p = 120m - 23, -47$;

$$\varpi_r = \omega^r + \omega^{-23r} + \omega^{49r} + \omega^{-47r} = -\omega^{25r},$$

d. h. 24te Einheitswurzeln, daher haben die hierher gehörigen Primzahlen:

73, 97, 193, 313, 337, 433, 457, 577, 673, 937

auch hier nur die Primfactoren ($n = 24$, I) der $p = 24m + 1$.

III, 7. $p = 120m + 43, -53$; $\varpi_r = \omega^r + \omega^{43r} + \omega^{49r} + \omega^{-53r}$,

also die primitiven Perioden, wofür $\Pi(\varpi_r) = 324$,

$$\varpi_1 = \omega + \omega^{43} + \omega^{49} - \omega^7, \qquad \varpi_{11} = \omega^{11} - \omega^{53} + \omega^{59} + \omega^{17},$$
$$\varpi_{13} = \omega^{13} - \omega^{19} + \omega^{37} + \omega^{31}, \qquad \varpi_{23} = \omega^{23} + \omega^{29} + \omega^{47} - \omega^{41};$$

nichtprimitiv: $\varpi_{2r}, \varpi_{8r}, \varpi_{6r}, \varpi_{24r}, \varpi_{10r}, \varpi_{30r}, \varpi_{40r}$ wie III, 1, dagegen: ϖ_{3r} ($n = 40$. III, 2), $\varpi_{5r} = 2(\omega^{5r} - \omega^{35r})$ ($n = 24$, II, 7), $\varpi_{15r} = 2(\omega^{15r} - \omega^{45r})$ ($n = 8$. II, 2), wobei $\varpi_1 - \varpi_{23} = -\varpi_3$, $\varpi_1 - \varpi_{13} = -(\omega^{25} - \omega^{55})$; ferner:

$$\varpi_1^2 = 2\omega^{80} + \varpi_2, \qquad \varpi_1\varpi_{11} = -3, \qquad \varpi_1\varpi_{13} = 3\omega^{80}, \qquad \varpi_1\varpi_{23} = -2 - \varpi_6.$$

Congruenzwurzeln mod. p.*)

p	ϖ_1	ϖ_{11}	ϖ_{13}	ϖ_{23}	p	ϖ_1	ϖ_{11}	ϖ_{13}	ϖ_{23}
43	+ 3	− 1	− 7	− 18	547	−166	− 56	−108	+ 76
67	− 18	−11	+ 5	− 14	643	+256	−319	−198	−302
163	− 41	+12	+ 56	− 67	787	+245	+318	−111	+234
283	− 74	+88	− 2	−140	883	+319	+155	+293	+223
307	− 65	+52	+ 37	+ 58	907	− 63	+216	−284	−297
523	−196	−24	+105	+254					

*) Hier ist ϖ_1 völlig bestimmt z. B. durch $\varpi_1\varpi_5 \equiv -2 + \varpi_6$ (mod. p).

$n = 120$

Normen complexer Zahlen in $\frac{4}{\varpi}$.

$$N(1 + \varpi_{11}) = 3 \,.\, 43\,, \qquad N(\varpi_1 - \varpi_2) = 3 \,.\, 67\,,$$

$$N(1 + \varpi_{23} - \omega^{25} + \omega^{55}) = 3 \,.\, 163\,, \qquad N(2 + \varpi_{13}) = 3 \,.\, 283\,, \text{ u. s. w.;}$$

$$N(1 - \varpi_{13} - \omega^{25} + \omega^{55}) = 9 \,.\, 241\,, \qquad N(2 + \varpi_2 + \varpi_{11}) = 4 \,.\, 241\,,$$

dagegen $\quad N(1 + \varpi_1 + \varpi_2 - \varpi_{23}) = 601\,.$

III, 8. $p = 120m - 43\,, + 53\,; \qquad \varpi_r = \omega^r + \omega^{-43r} + \omega^{49r} + \omega^{53r}\,,$

also die primitiven Perioden, wofür $\Pi(\varpi_r) = 16$,

$$\varpi_1 = \omega - \omega^{17} + \omega^{49} + \omega^{53}\,, \qquad \varpi_7 = \omega^7 + \omega^{59} - \omega^{43} + \omega^{11}\,,$$

$$\varpi_{13} = \omega^{13} + \omega^{41} + \omega^{37} - \omega^{29}\,, \qquad \varpi_{19} = \omega^{19} - \omega^{23} - \omega^{31} + \omega^{47}\,;$$

nichtprimitiv: ϖ_{2r}, ϖ_{8r}, ϖ_{6r}, ϖ_{24r}, ϖ_{10r}, ϖ_{30r}, ϖ_{40r} wie in III, 2; ϖ_{3r} ($n = 40$, III, 1), $\varpi_{15r} = 0$, $\varpi_{5r} = 2(\omega^{5r} + \omega^{25r})$ ($n = 24$, II, 6), wobei $\varpi_1 + \varpi_{13} = -\varpi_9$, $\varpi_1 - \varpi_{13} = -(\omega^5 - \omega^{25})$; ferner:

$$\varpi_1^2 = \varpi_2\,, \qquad \varpi_1\varpi_7 = -2\,, \qquad \varpi_1\varpi_{11} = 6\omega^{30}\,, \qquad \varpi_1\varpi_{19} = -\varpi_8\,.$$

Congruenzwurzeln mod. p.*)

p	ϖ_1	ϖ_7	ϖ_{13}	ϖ_{19}	ϖ_5	ϖ_{35}
53	− 18	+ 6	+ 21	+ 10	− 14	+ 4
197	+ 6	− 66	− 61	+ 84	− 67	− 47
293	+116	− 96	+ 63	−107	− 53	− 11
317	−157	−107	−152	+146	+ 5	− 64
557	−115	−247	+182	−202	+260	− 45
653	+229	− 77	−281	+165	+143	+242
677	−220	− 80	+ 49	+373	+269	−224
773	−130	+333	+340	−241	−303	+199
797	+291	− 63	− 4	−395	−295	−335

*) Hier ist ϖ_1 völlig bestimmt durch $\varpi_1\varpi_3 \equiv -3 + \varpi_{56}$ (mod. p). Die Relation der ϖ_r mit den 24ten Wurzeln bestimmt die Zeichen von ϖ_5 und ϖ_{35}, über welche bei $n = 24$ willkührlich verfügt worden ist (vgl. den Fall II, 10).

$n = 120$

Normen complexer Zahlen in $\overset{4}{\varpi}$.

$N(\varpi_2 - \varpi_7) = 5 \,.\, 53$, $\quad N(1 - \varpi_7 + \omega^5 + \omega^{25}) = 2 \,.\, 197$,

$N(1 + \varpi_8 + \varpi_{19}) = 5 \,.\, 293$, $\quad N(\varpi_9 + \varpi_{56}) = 2 \,.\, 653$,

$N(4 + \varpi_{13}) = 80 \,.\, 797$; $\quad N(1 \pm \varpi) = 10$,

$N(1 - \varpi_2 + \varpi_{14} - \varpi_{17}) = 13^2 \,.\, 241$, $\quad N(1 + 2\varpi_2 + \varpi_3 + \varpi_8) = 2 \,.\, 5^3 \,.\, 241$

$N(3 + \varpi_{13}) = 10 \,.\, 601$, dagegen:

$$N(1 - \varpi_9 - \varpi_{13} + \varpi_{14} + \omega^{30}) = 601 \,.$$

Made in United States
Orlando, FL
05 November 2026

90230603R00385